矿山地质选集

第三卷 六十四种有色金属及中国铂业

主编　汪贻水
　　　彭　觥
　　　肖垂斌

中南大学出版社
www.csupress.com.cn

内容简介

《矿山地质选集》是值中国地质学会矿山地质专业委员会成立35周年之际,根据"国务院关于加强矿山地质工作的决定",将我国各矿山地质工作者及中国地质学会矿山地质专业委员会35年来在做好矿山地质工作方面所取得的成绩、进展和突破,以其阶段性总结、著作、论文形式集结出版,以达到承前启后,促进提升的作用。选集共分十卷,内容包括矿山地质实用手册,实用矿山地质学理论与工作,六十四种有色金属及中国铂业,矿山地质与地球物理新进展,工艺矿物学研究与矿山深部找矿,3DMine在矿山地质领域的研究和应用,尾矿库设计、施工、管理及尾矿资源开发利用技术手册,铅锌矿山找矿新成就,铜金矿山找矿新突破,矿山地质理论与实践创新。

本卷为《矿山地质选集丛书第三卷:六十四种有色金属及中国铂业》,是《矿山地质选集》丛书主编汪贻水、彭觥、肖垂斌选编自《六十四种有色金属》(汪贻水、王志雄、沈建忠编著,中南工业大学出版社1998年出版)、《中国铂业》(主编:汪贻水,副主编:彭觥、肖垂斌、王小文、尹克强,冶金工业出版社2012年出版)以及《宝玉石资源与首饰市场》(彭觥编著,以前未出版)。本卷介绍了六十四种有色金属的基本知识,、资源概况、性质与用途及生产流程;提出振兴中国铂业以及铂族元素勘查和开发的战略和战术;探索了矿山宝玉石资源的开发和利用及市场状况。本书涵盖面广、内容丰富,对矿山地质工作者具有启发思维、扩充知识的作用。

本书主要供矿山地质工程师使用,对从事矿山地质领域的科研、设计、教学、矿山管理人员也是一部极为重要的参考书。

图书在版编目(CIP)数据

矿山地质选集第三卷:六十四种有色金属及中国铂业/汪贻水,彭觥,肖垂斌主编.—长沙:中南大学出版社,2015.8

ISBN 978 – 7 – 5487 – 1877 – 2

Ⅰ.矿... Ⅱ.①汪...②彭...③肖... Ⅲ.①矿山地质 – 文集②有色金属 – 文集③铂 – 有色金属矿床 – 矿业 – 概况 – 中国 – 文集

Ⅳ.①TD1 – 53②TG146 – 53③F426.1 – 53

中国版本图书馆 CIP 数据核字(2015)第 186312 号

矿山地质选集第三卷:六十四种有色金属及中国铂业

主编 汪贻水 彭 觥 肖垂斌

□责任编辑	刘石年 胡业民	
□责任印制	易建国	
□出版发行	中南大学出版社	
	社址:长沙市麓山南路	邮编:410083
	发行科电话:0731-88876770	传真:0731-88710482
□印 装	湖南地图制印有限责任公司	

□开 本	880×1230 1/16	□印张 28.75	□字数 987 千字
□版 次	2015 年 8 月第 1 版	□印次	2015 年 8 月第 1 次印刷
□书 号	ISBN 978 – 7 – 5487 – 1877 – 2		
□定 价	196.00 元		

《矿山地质选集》编委会

前　言

今年是中国地质学会矿山地质专业委员会成立 35 周年。35 年来，全国矿山地质找矿、勘探和开发取得了巨大成就，矿山地质学的理论研究和矿山地质找矿的新技术、新方法也有了长足的进展，发表的地质论著数以千计。此次就中国地质学会矿山地质专业委员会成立 35 周年之际，我们选择了部分论文著作编辑出版这套《矿山地质选集》，共分为十卷。第一卷为矿山地质实用手册，第二卷为实用矿山地质学理论与工作，第三卷为六十四种有色金属及中国铂业，第四卷为矿山地质与地球物理新进展，第五卷为工艺矿物学研究与矿山深部找矿，第六卷为 3DMine 在矿山地质领域的研究和应用，第七卷为尾矿库设计、施工、管理及尾矿资源开发利用技术手册，第八卷为铅锌矿山找矿新成就，第九卷为铜金矿山找矿新突破，第十卷为矿山地质理论与实践创新。

自中华人民共和国成立特别是改革开放 30 多年以来，广大地质工作者在全国范围内开展了大规模的矿产勘查工作，作出了巨大贡献，有力地为我国工农业生产及国民经济增长提供了矿产资源保障。矿业的发展，也给矿山地质工作带来了极为繁重的任务，但意义也极为重大。2006 年 1 月 20 日国发[2006]4 号文《国务院关于加强地质工作的决定》指出："矿山地质工作对合理开发利用资源、延长现有矿山服务年限意义重大。按照理论指导、技术优先、探边摸底、外围拓展的方针，搞好矿山地质工作。加强矿山生产过程的补充勘探，指导科学开采。加快危机矿山、现有油气田和资源枯竭城市接替资源勘查，大力推进深部和外围找矿工作。开展共伴生矿产和尾矿的综合评价、勘查和利用。做好矿山关闭和复垦的地质工作。"

为贯彻上述宗旨，中国地质学会矿山地质专业委员会及其有关矿山 35 年来，竭尽全力，将扩大矿山接替资源、延长矿山服务年限作为首要任务，为发展矿山地质工作作出了重要贡献，为许多大、中型矿山提供了大量的补充资源，例如中国铂业——金川大型铜镍（铂）硫化物矿床；中国古铜都——铜陵及周边地区找矿理论及实践；紫金矿业及山东玲珑金矿的找矿进展；戈壁明珠——锡铁山铅锌矿和西南麒麟——会泽铅锌矿以及广东凡口铅锌矿的深边部找矿突破，均使这些大矿山获得了新的生命，全国矿山地质工作也取得了宝贵的经验。

为适应建设资源节约型、环境友好型社会的总体要求，必须以科技进步为手段，以管理创新为基础，以矿产资源节约与综合利用为重要着力点，全面提高矿产资源开发利用效率和水平。多年实践证明，工艺矿物学研究在矿产资源评价和矿产综合利用过程中起到了极其重要的作用，尤其在低品位、共伴生、复杂难选等矿产资源及尾矿资源的开发利用过程中取得了明显的效果。许多矿山在这一方面取得了重要进展和可观的效益。

加强矿山管理和环境地质工作，合理规划地质资源的开采，防止乱挖滥采，提高采、选回收率，减少贫化损失和浪费，也是矿山地质的一项重要工作，要大力开发利用排弃物质，变废为宝，增加矿山收益。

矿产资源是矿业发展的基础，人才资源是矿业发展的保障。中国地质学会矿山地质专业委员会成立 35 年来，一直得到我国老一辈地质学家的关心和支持。一方面是他们对学会和对矿山地质发展的关心和支持，另一方面，在他们的培养和帮助下，大批年轻的矿山地质工作者不断成长、崛起。在大家共同努力下，开创出今天的矿山地质事业的大好局面。《矿山地质选集》所收录的部分论文著作，反映了我国老一辈和新一代地质工作者在矿山地质理论研究、矿山地质地球物理找矿新方法新技术、计算机技术和 3DMine 软件在矿山地质中的应用、矿山深边部找矿等方面的新进展、新突破。只是鉴于选集篇幅所限，无法将 35 年来矿山地质工作者的论文全部选入，敬请谅解！

展望未来，虽形势大好，但任务仍然艰巨。唯有以此为新的起点，努力攀登新的高峰！

让我们共同努力吧！

《矿山地质选集》编委会

2015 年 3 月

目　录

一、六十四种有色金属

I　有色轻金属

II　有色重金属

III　贵金属

IV　稀有轻金属

V　稀有难熔金属

VI　稀有分散金属

VII　稀土金属

VIII　其他有色金属

二、中国铂业

I　铂的资源

II　铂的资源回收

一、六十四种有色金属

Ⅰ 有色轻金属

1 铝(aluminium)

1.1 铝的发现小史

Aluminium 一词是从古罗马语 alumen(明矾)衍生而来的。1746 年德国科学家波特(J. H. Pott)用明矾制得氧化铝。1807 年英国人戴维(H. Davy)电解熔融氧化铝得到金属,第二年戴维给预想的金属取名为 alumium,后改为 aluminium。1825 年丹麦科学家奥斯忒(H. C. Oersted)用钾汞齐还原无水氯化铝,获得几毫克金属铝。1827 年德国科学家沃勒(F. Wohler)用钾还原氧化铝得到少量金属铝。1854 年法国科学家德维尔(S. C. Deville)用钠还原 $NaAlCl_4$ 配合盐制得铝,并建厂生产一些头盔、餐具及玩具,其价格昂贵,等同于黄金。1886 年(美)霍尔(Hall)和(法)埃鲁特(Heroult)同时提出了冰晶石 - 氧化铝熔盐电解炼铝方法。1888 年美国匹兹保建立第一家电解铝厂,铝生产进入一个新阶段。1956 年世界铝产量超过铜,跃居有色金属首位。

1.2 铝的性质

铝的标准电极电势(25℃)为 - 1.662 V,电化当量 0.3356 g/(A·h)。表 1 - 1 为纯铝的主要物理性质。

表 1 - 1 纯度为 99.99%的金属铝的主要物理性质

密度(20℃)	2.70	g/cm^3
熔点	660.1	℃
沸点	2520	℃
平均比热(0~100℃)	917	J/(kg·K)
熔化热	10.47	kJ/mol
汽化热	291.4(估算值)	kJ/mol
热导率(0~100℃)	238	W/(m·K)
电阻率(20℃)	2.67	$\mu\Omega\cdot cm$

1.3 铝的资源

铝在地壳中的平均含量为 7.47%,次于氧和硅居,第三位。自然界中铝矿物和含铝矿物约有 250 多种,其主要含铝矿物见表 1 - 2。

表 1-2 主要铝矿物与含铝矿物的含铝量

矿物名称	化学式	Al_2O_3/%	Al/%
刚玉	Al_2O_3	100	52.9
一水软铝石	$Al_2O_3 \cdot H_2O$	85	45
一水硬铝石	$Al_2O_3 \cdot H_2O$	85	45
三水铝石	$Al_2O_3 \cdot 3H_2O$	65.4	34.6
高岭石	$Al_2O_3 \cdot 2SiO_2 \cdot 2H_2O$	39.5	20.9
红柱石	$Al_2O_3 \cdot SiO_2$	63.2	33.3
硅线石	$Al_2O_3 \cdot SiO_2$	63.2	33.3
正长石	$K_2O \cdot Al_2O_3 \cdot 6SiO_2$	18.4	9.7
钙长石	$CaO \cdot Al_2O_3 \cdot 2SiO_2$	36.7	19.4
霞石	$(Na,K)_2O \cdot Al_2O_3 \cdot 2SiO_2$	33.2	17.6
丝钠铝石	$Na_2O \cdot Al_2O_3 \cdot 2CO_2 \cdot 2H_2O$	35.4	18.7
明矾石	$K_2SO_4 \cdot Al_2(SO_4)_3 \cdot 4Al(OH)_3$	37	19.6
冰晶石	Na_3AlF_6	—	12.9

目前我国提炼铝的矿石主要是铝土矿，以一水硬铝石型为主，其次为少量三水铝石型铝土矿。

我国铝土矿分为沉积型、堆积型和红土型三种，占我国铝土矿储量92%以上的沉积型铝土矿又可按铁和硫成分的不同划分为低铁硫铝土矿、高铁铝土矿和高硫铝土矿。我国目前开采利用的主要是低硫铝土矿，其品质、特征、产地见表1-3。

表 1-3 中国铝土矿类型及特点

类型	亚型	主要矿物	特征	典型矿床
古风化壳型（占98.33%）	修文式	一水硬铝石	石炭系铝土矿超覆在寒武系、奥陶系碳酸盐岩岩溶侵蚀面上，铝土矿之下华北有山西式铁矿，贵州有清镇式铁矿	贵州小山坝
	新安式	一水硬铝石	铝土矿分布同上，但铝土矿之下无湖相沉积铁铁矿	河南张窑院
	平果式	一水硬铝石	上二叠统层状铝土覆在下二叠统碳酸盐岩之上，并有近代岩溶风化堆积铝土矿	广西平果那豆
	遵义式	一水硬铝石	铝土矿与下伏地层连续过渡，与上覆地层之间有侵蚀间断	贵州荀江
红土型（占1.17%）	漳浦式	三水铝石	第三系到第四系玄武岩经近代风化作用形成的残、坡积红土型铝土矿	福建漳浦

各国对铝土矿床都有严格的工业要求。氧化铝的含量和铝硅比值[Al_2O_3/SiO_2]是评价铝土矿质量的主要依据。铝硅比值不同，其炼铝的方法也不同。

根据我国已知铝土矿床工业指标及数理统计资料和生产实践经验，仅对一水硬铝石沉积型矿床提出一般要求（见表1-4），而对堆积型、红土型铝土矿床，因缺乏生产实践经验，仅列出矿床实例的工业要求（见表1-5）。

表1-4 一水硬铝石型沉积矿床一般要求

矿石类型 型类石矿 项目		一水硬铝石型	
		沉积矿床	
		露采	坑采
边界品位	Al_2O_3/SiO_2	1.8~2.6	1.8~2.6
	$Al_2O_3/\%$	≥40	≥40
块段工业品位	Al_2O_3/SiO_2	≥3.5	≥3.8
	$Al_2O_3/\%$	≥55	≥55
可采厚度/m		0.5~0.8	0.8~1
夹石剔除厚度/m		0.5~0.8	0.8~1
剥采比(m^3/m^3)		10~15	

表1-5 我国某些铝矿床的工业要求

矿区名称	品位要求					有害组分允许含量/%				开采技术条件			
	边界品位(A/S)*		矿块最低平均品位 A/S	矿区最低平均品位 A/S	Al_2O_3 /%	S	CO_2	MgO	P_2O_5	可采厚度/m		夹石剔除厚度/m	剥采比/($m^3\cdot m^{-3}$)
	表内	表外								露天	地下		
山西克俄	2.1	1.8	2.6	3.5		0.7				0.5	0.7	0.5	12
河南贾沟	2.6			3.8	45	0.7				0.5	0.3	0.5	16
河南张窑院	2.6	2.1		3.8	45					0.5	0.8	0.8	
贵州小山南坝	2.6	2.1	3.5		40	0.7	2	1	0.6	0.5	0.8	露0.5 地1	15
广西太平（堆积型）	2.6		≥0.5	3.8（单工程）	40	≤0.3	≤1.3	CaO+MgO	≤0.6	≥0.5		露0.5 地1	见注①
广东海南岛（红土型三水铝石）	2.6	2.1			28			≤1.5		0.2			12~15

*A/S 为 Al_2O_3/SiO_2 的缩写，后同。①含矿率：边界≥200 kg/m³，矿区（段）平均≥300 kg/m³

　　对铝土矿综合评价，还要全面考虑到铝土矿矿石中含有镓、钒、铌、钽、钛、铈及放射性元素等有用组分。目前已综合利用的主要有镓。沉积型铝土矿层常常相变为耐火黏土，其上部、下部常共生多种有用矿产，如"山西式铁矿"、硫铁矿、熔剂灰岩、煤层、油页岩等，常共生在一起；红土型铝土矿常共生有钴土矿等。对具有价值的共生矿产，应注意综合评价。

　　根据铝土矿其他质量标准，又划分为不同的矿石类型。

（1）三氧化二铁：

低铁型，$Fe_2O_3 < 3\%$；

含铁型，$Fe_2O_3\ 3\%~6\%$；

中铁型，$Fe_2O_3\ 6\%~15\%$；

高铁型，$Fe_2O_3 > 15\%$。

（2）硫：

低硫型，S < 0.3%；

中硫型，S 0.3%~0.8%；

高硫型，S > 0.8%。

表1-6、表1-7和表1-8分别为铝土矿品级标准以及用作电熔刚玉原料和高铝水泥原料的质量要求的有

关标准。

表 1-6　铝土矿品级标准（GB 3497—83）

品级	品位		用途
	A/S（不小于）	Al$_2$O$_3$/%（不小于）	
1	12	73	研磨料、高铝水泥、铝氧
		69	铝氧
		66	铝氧
		60	铝氧
2	9	71	铝氧、高铝水泥
		67	铝氧
		64	铝氧
		50	铝氧
3	7	69	铝氧
		66	铝氧
		62	铝氧
4	5	62	铝氧
5	4	58	铝氧
6	3	54	铝氧
7	6	48	铝氧（三水铝石）

表 1-7　铝土矿用作电熔刚玉原料的质量要求（企业标准）

项目＼企业	第二砂轮厂	第四砂轮厂	备注
Al$_2$O$_3$/%	≥85	≥80	
Fe$_2$O$_3$/%	<5	<6	
SiO$_2$/%	<5.6		
TiO$_2$/%	3.5~6.5	<5.5	①一水硬铝石型铝土矿
CaO/%	<0.4		②熟料
CaO+MgO/%		<1.2	③供矿品位
烧失量/%	<0.5	<1	
A/S	≥15	≥12	
进厂块度/mm	<250	20~300	
烧生率		<4	

表 1-8　铝土矿用作高铝水泥原料的质量要求（企业标准）

项目	郑州水泥厂	浙江萧山炼铁厂	备注
Al$_2$O$_3$/%	>72	>70	
SiO$_2$/%	<6	<6	①一水硬铝石型铝土矿
Fe$_2$O$_3$/%	<2	<1.5	②生料
TiO$_2$/%		<4	③供矿品位
A/S	>7	>7	

全世界已查明的铝土矿的工业储量约 250 亿 t，加上远景储量共约 350 亿 t。储量丰富和产量较大的国家有几内亚、澳大利亚、巴西、牙买加、印度等国。这些国家的铝土矿多属于高铁低硅的三水铝石型，适合于用较简单的拜耳法生产氧化铝。

中国已探明的铝土矿主要分布于河南、山西、贵州、山东、广西等地，除个别地区外都为低铁高铝的一水硬铝石型，杂质主要是高岭石中的 SiO_2 和少量的 Fe_2O_3、TiO_2。中国还有丰富的明矾石矿。浙江、安徽两省有以亿吨计的钾明矾石资源，是生产氧化铝和钾肥的原料。此外，在云南等地也发现有较丰富的霞石资源。

和各种常用有色金属矿石相比，铝矿中的铝含量高得多，而铝矿的储量又非常丰富，这就使铝工业在资源上占有较大的优势。

1990 年全世界生产铝土矿 11258.6 万 t，主要生产国有：澳大利亚(4139.1 万 t)、几内亚(1752.4 万 t)、牙买加(1093.7 万 t)、巴西(987.6 万 t)、苏联(535.0 万 t)、苏里南(326.7 万 t)、印度(434.0 万 t)、南斯拉夫(295.2 万 t)、匈牙利(255.9 万 t)、希腊(250.4 万 t)、圭亚那(142.4 万 t)。目前我国年产铝土矿仅 200 万 t左右。

1990 年世界金属铝产量为 1803.2 万 t，其中：美国 404.8 万 t、加拿大 156.7 万 t、澳大利亚 123.3 万 t、巴西 93.0 万 t、挪威 87.1 万 t。我国年产金属铝 75 万 t，居挪威之后。

1.4 铝的制取

铝的制取包括由矿石生产氧化铝，再由氧化铝生产金属铝两大部分。

氧化铝生产方法主要有拜耳法、碱石灰烧结法、拜耳 - 烧结联合法等。拜耳法一直是生产氧化铝的主要方法，其产量约占全世界氧化铝总产量的 95%。

1.4.1 拜耳法

由奥地利拜耳(K. J. Bayer)于 1888 年发明，其原理是用苛性钠($NaOH$)溶液加热溶出铝土矿中的氧化铝，得到铝酸钠溶液；溶液与残渣(赤泥)分离后，降低温度，加入氢氧化铝作晶种，经长时间搅拌，铝酸钠分解析出氢氧化铝；氢氧化铝经过洗涤，在 950 ~ 1200℃ 温度下煅烧，便得氧化铝成品；析出氢氧化铝后的溶液称为母液，经蒸发浓缩后返回配料循环使用。

拜耳法的简要化学反应如下：

溶出：

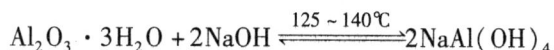
$$Al_2O_3 \cdot 3H_2O + 2NaOH \xrightleftharpoons{125 \sim 140℃} 2NaAl(OH)_4$$

或

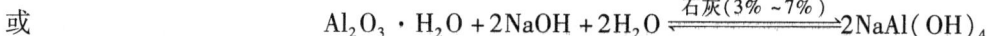
$$Al_2O_3 \cdot H_2O + 2NaOH + 2H_2O \xrightleftharpoons[\text{石灰}(3\% \sim 7\%)]{240 \sim 260℃} 2NaAl(OH)_4$$

分解：

$$NaAl(OH)_4 \rightleftharpoons Al(OH)_3 \downarrow + NaOH$$

煅烧：

$$2Al(OH)_3 \longrightarrow Al_2O_3 + 3H_2O$$

拜耳法生产的经济效果决定于铝土矿的质量，主要是矿石中的 SiO_2 含量，通常以矿石的铝硅比，即矿石中的 Al_2O_3 与 SiO_2 含量的质量比来表示。因为在拜耳法的溶出过程中，SiO_2 转变成方钠石型的水合铝硅酸钠($Na_2O \cdot Al_2O_3 \cdot 1.7SiO_2 \cdot nH_2O$)，随同赤泥排出，所以矿石中 1 kg SiO_2 大约要造成 1 kg Al_2O_3 和 0.8 kg $NaOH$的损失。铝土矿的铝硅比越低，拜耳法的经济效果越差。直到 20 世纪 70 年代后期，拜耳法所处理的铝土矿的铝硅比均大于 7 ~ 8。由于高品位三水铝石型铝土矿资源逐渐减少，如何利用其他类型的低品位铝矿资源和节能新工艺等问题，已是研究、开发的重要方向。

1.4.2 碱石灰烧结法

该法适用于处理高硅的铝土矿。该法是将铝土矿、碳酸钠和石灰按一定比例混合配料，在回转窑内烧结成由铝酸钠($Na_2O \cdot Al_2O_3$)、铁酸钠($Na_2O \cdot Fe_2O_3$)、原硅酸钙($2CaO \cdot SiO_2$)和钛酸钙($CaO \cdot TiO_2$)组成的熟料；然后用稀碱溶液溶出熟料中的铝酸钠，此时铁酸钠水解得到的 $NaOH$ 也进入溶液，如果溶出条件控制适当，熟料中的原硅酸钙就不会大量地与铝酸钠溶液发生反应，而与钛酸钙、$Fe_2O_3 \cdot H_2O$ 等组成赤泥排出；溶出熟料得

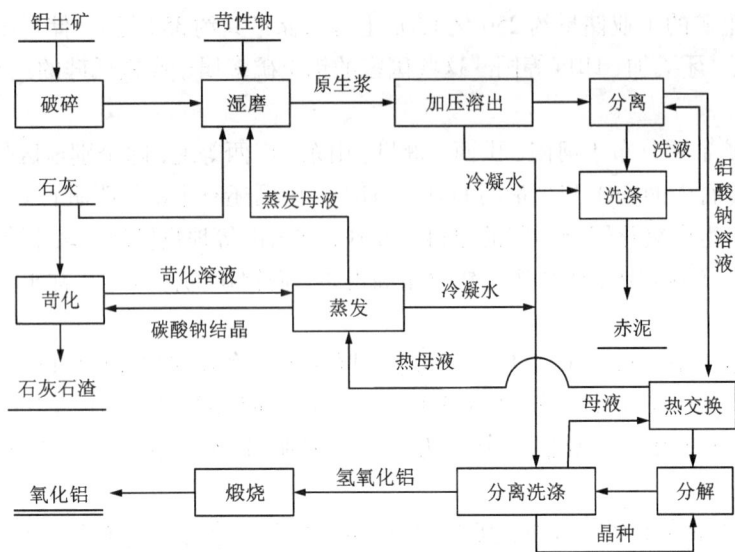

图 1-1　拜耳法工艺流程

到的铝酸钠溶液经过专门的脱硅过程，SiO_2 形成水合铝硅酸钠（称为钠硅渣）或水化石榴石 $3CaO \cdot Al_2O_3 \cdot xSiO_2 \cdot (6-2x)H_2O$ 沉淀（其中 $x \approx 0.1$），而使溶液提纯；把 CO_2 气体通入精制铝酸钠溶液，和加入晶种搅拌，得到氢氧化铝沉淀物和主要成分是含碳酸钠的母液；氢氧化铝经煅烧成为氧化铝成品。水化石榴石中的 Al_2O_3 可以再用含 Na_2CO_3 的母液提取回收。

碱石灰烧结法的主要化学反应如下：

烧结：

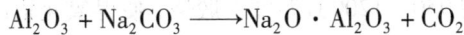
$$Al_2O_3 + Na_2CO_3 \longrightarrow Na_2O \cdot Al_2O_3 + CO_2$$

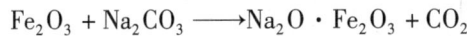
$$Fe_2O_3 + Na_2CO_3 \longrightarrow Na_2O \cdot Fe_2O_3 + CO_2$$

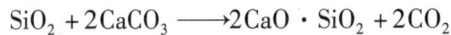
$$SiO_2 + 2CaCO_3 \longrightarrow 2CaO \cdot SiO_2 + 2CO_2$$

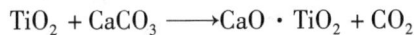
$$TiO_2 + CaCO_3 \longrightarrow CaO \cdot TiO_2 + CO_2$$

熟料溶出：

$$Na_2O \cdot Al_2O_3 + 4H_2O \longrightarrow 2NaAl(OH)_4（溶解）$$

$$Na_2O \cdot Fe_2O_3 + 2H_2O \longrightarrow Fe_2O_3 \cdot H_2O \downarrow + 2NaOH（水解）$$

脱硅：

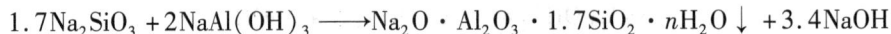
$$1.7Na_2SiO_3 + 2NaAl(OH)_3 \longrightarrow Na_2O \cdot Al_2O_3 \cdot 1.7SiO_2 \cdot nH_2O \downarrow + 3.4NaOH$$

$$3Ca(OH)_2 + 2NaAl(OH)_4 + xNa_2SiO_3 \longrightarrow 3CaO \cdot Al_2O_3 \cdot xSiO_2 \cdot (6-2x)H_2O \downarrow + 2(1+x)NaOH$$

分解：

$$2NaOH + CO_2 \longrightarrow Na_2CO_3 + H_2O$$

$$NaAl(OH)_4 \longrightarrow Al(OH)_3 \downarrow + NaOH$$

中国碱石灰烧结法生产氧化铝的主要技术成就是：在熟料烧成中采用低碱比配方，在熟料溶出工艺中采用二段磨料和低分子比溶液，以抑制溶出时的副反应损失，使熟料中 Na_2O 和 Al_2O_3 的溶出率分别达到94% ~96% 和92% ~94%。Al_2O_3 的总回收率约90%，每吨氧化铝的 Na_2CO_3 的消耗量约95 kg。碱石灰烧结法可以处理拜耳法不能经济利用的低品位矿石，其铝硅比可低至3.5，且原料的综合利用较好是其特色。

碱石灰烧结法的常用流程见图 1-2。

1.4.3　拜耳-烧结联合法

该法可充分发挥上述两法的优点，取长补短，利用铝硅比较低的铝土矿，求得更好的经济效果。联合法有多种形式，均以拜耳法为主，而辅以烧结法。联合法的目的和流程连接方式不同，又分为串联法、并联法和混联法三种工艺。

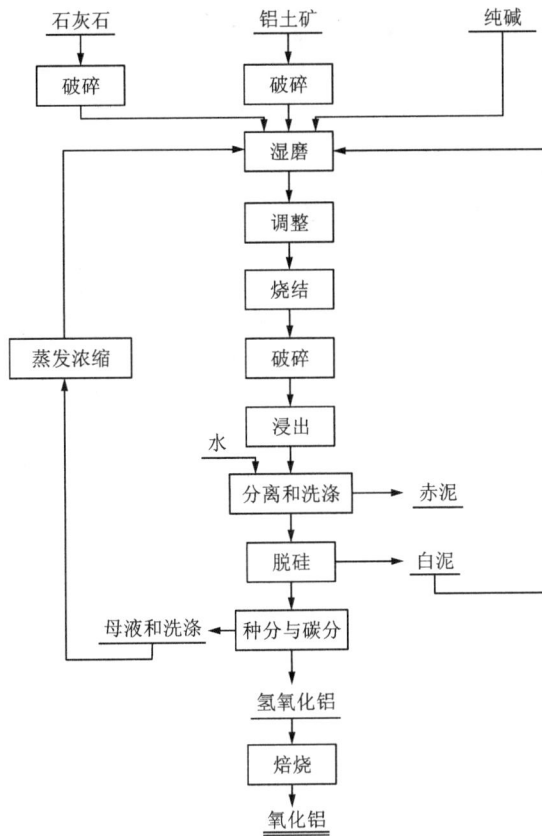

图 1-2 碱石灰烧结法流程

1.4.4　铝电解

铝电解的原理是使直流电通过以氧化铝为原料、冰晶石为熔剂组成的电解质，在 950~970℃下使电解质熔液中的氧化铝分解，在阴极上析出的铝液汇集于电解槽槽底，而在阳极上析出二氧化碳和一氧化碳气体。铝液从电解槽中吸出，经过净化除去氢气、非金属和金属杂质并澄清，然后铸成各种铝锭，其流程如图 1-3 所示。

铝电解过程的电化学反应冰晶石－氧化铝溶液具有离子结构，其中阳离子有 Na^+ 和少量 Al^{3+}，阴离子有 AlF_6^{3-}、AlF_4^- 和 $Al-O-F$ 络合离子以及少量 O^{2-} 和 F^-。在温度 1000℃下，钠的析出电位大约比铝负 250 mV。由于阴极上离子的放电不存在很大的过电压，所以阴极反应是：

$$Al^{3+}(络合的) + 3e \longrightarrow Al$$

而阳极反应是：

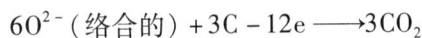

$$6O^{2-}(络合的) + 3C - 12e \longrightarrow 3CO_2$$

铝电解过程的总反应式是：

$$2Al_2O_3 + 3C \longrightarrow 4Al + 3CO_2$$

由于溶解在电解质熔体中的触媒被 CO_2 所氧化，引起电解效率降低，所以铝电解的总反应式实际上应为：

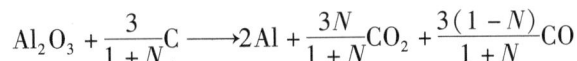

$$Al_2O_3 + \frac{3}{1+N}C \longrightarrow 2Al + \frac{3N}{1+N}CO_2 + \frac{3(1-N)}{1+N}CO$$

式中，N 为阳极气体中的 $CO_2/(CO+CO_2)$ 体积百分比。

在冰晶石－氧化铝熔液中，Al_2O_3 的含量一般保持在 3%~5%，为了改善电解质的性质，通常添加铝、镁、钙和锂的氟化物。

1.5　铝的用途

在各种常用的金属中，铝的密度小，导电、导热和反光性能都很好；铝的电导率相当于国际标准退火铜的 62%~65%，约为银的一半，如果就相等的质量而言，铝的导电能力超过这两种金属。铝在低温下（-198℃）不

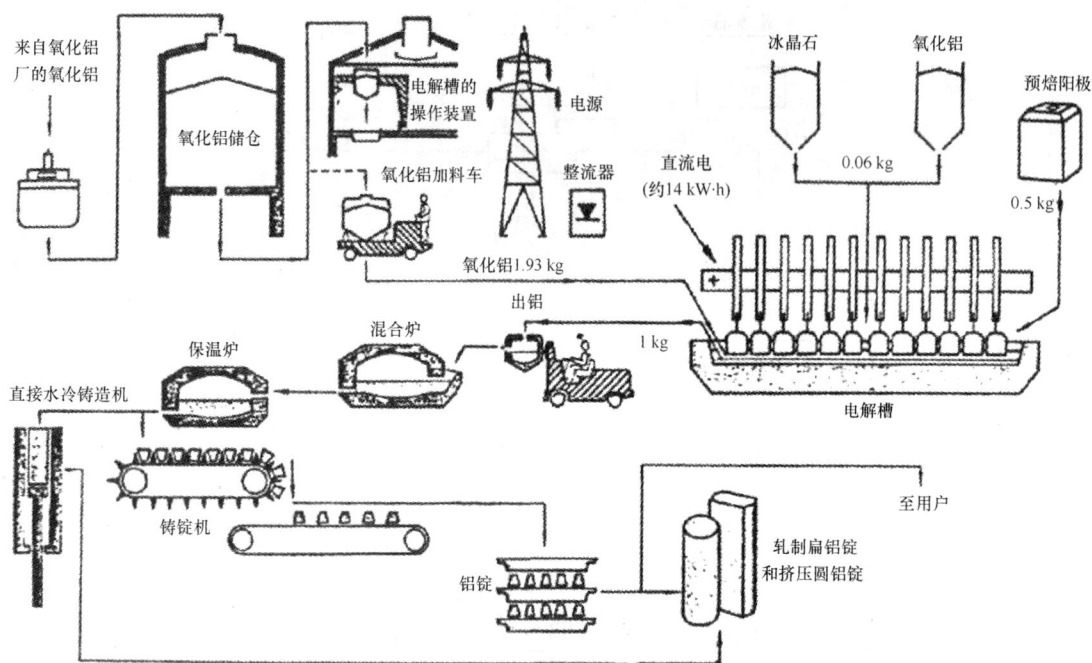

图1-3　铝电解流程

变脆。在空气中铝的表面上生成一层致密而坚硬的氧化铝薄膜，厚度为$0.005 \sim 0.02~\mu m$，而成为本体铝的天然保护层，因而铝有良好的抗腐蚀能力。此外，还可以用阳极氧化或电镀的方法，在铝材和铝制品表面生成色彩鲜艳的表层。铝的表面也可电镀其他金属。铝和多种铝合金有很好的延展性，可以进行各种塑性加工，制成铝丝、铝箔和铝材。铝的熔点低，铸造性能好，铸造铝合金的使用量也很大。

铝对氧的亲和力很大，氧化铝的生成热ΔH_{298}为$-400.9 \pm 1.5~kJ/mol$，所以铝可以作炼钢用的脱氧剂和一些高熔点金属氧化物（如MnO_2、Cr_2O_3）的金属热还原剂。铝和氮、硫和卤族元素在高温下发生反应，生成如AlN、Al_2S_3、$AlCl_3$之类的化合物。这些化合物（除AlN外）和铝在真空中加热到$1000℃$以上时，生成相应的低价铝化合物。这些低价化合物，在低温下发生歧化分解，生成金属铝及其三价化合物（例如：$AlCl_3 + 2Al \longrightarrow 3AlCl$）。$AlN$加热到$2000℃$以上温度时，开始分解为单质元素。

铝是两性元素，它与大多数稀酸可缓慢地反应，但是能迅速溶解于浓盐酸中。浓硝酸使铝钝化。铝与苛性碱溶液发生强烈反应，迅速溶解，生成铝酸根离子：$2Al + 2OH^- + 6H_2O \longrightarrow 2Al(OH)_4^- + 3H_2 \uparrow$。铝在各个工业部门和日常生活中应用广泛。航空工业是传统的用铝部门。在建筑工业中用铝合金作房屋的门窗和板壁。用铝和铝合金制造的各种车辆，由于质量轻，可减少运输能量消耗，从而可以补偿炼铝时所消耗的能量。在电力输送方面，铝的用量早已居首位，现在90%的高压导线是用铝制的。在食品工业方面，从仓库、储槽到罐头盒，乃至饮料容器等都可用铝制造。

参考文献

［1］中国矿产信息研究院. 中国矿产［M］. 北京：中国建材工业出版社，1993.

［2］全国矿床储量委员会. 矿床工业要求参考手册［M］. 北京：地质出版社，1987.

［3］中国百科全书总编辑委员会. 矿冶［M］. 北京：中国大百科全书出版社，1984.

2 镁(magnesium)

2.1 镁的发现小史

1808 年英国化学家戴维(H. Davy)用电解汞和氧化镁的混合物制得镁汞齐,首次获得金属镁。Magenesium 是希腊的城市名,是戴维制得金属镁的地方。1828 年法国科学家比西(A. A. B. Bussy)用钾还原熔融氯化镁制得金属镁。1833 年英国科学家法拉第(M. Faraday)又用电解熔融氯化镁的方法制得金属镁。1886 年德国用此法进行工业生产。

2.2 镁的性质

镁的化学性质活泼,固态镁在潮湿空气中很容易被氧化,熔融镁会在空气中强烈地燃烧。300℃时,镁开始与氮反应,生成氮化镁(Mg_3N_2)。镁不溶于碱性溶液,但能溶解在各种有机酸和无机酸(氟氢酸和铬酸除外)中。表 2 - 1 所示为镁的主要物理性质。

表 2 - 1 镁的主要物理性质

密度(20℃)	1.74	g/cm³
(熔点时,固态)	1.64	g/cm³
(熔点时,液态)	1.57	g/cm³
熔点	649	℃
沸点	1090	℃
平均比热(0~100℃)	1038	J/(kg·K)
熔化热	8.71	kJ/mol
汽化热	134.0	kJ/mol
热导率(0~100℃)	155.5	W/(m·K)
电阻率(20℃)	4.2	μΩ·cm

2.3 镁的资源

镁是自然界分布很广的重要有色金属,属二价碱土金属,约占地壳质量的 2.35%。

镁的资源丰富,种类很多,最主要的是海水、盐湖卤水中的氯化镁和光卤石以及呈碳酸盐形式的菱镁矿和白云石。

菱镁矿 $MgCO_3$,含 MgO 47.81%;

白云石 $MgCO_3 \cdot CaCO_3$,含 MgO 21.7%;

水镁石 $Mg(OH)_2$,含 MgO 69%;

光卤石 $KCl \cdot MgCl_2 \cdot 6H_2O$,含 $MgCl_2$ 34.5%。

我国菱镁矿产地 24 处,矿石储量 28 亿 t,全国总储量约 80 亿 t。其特点:比较集中,辽宁占总量 84.7%,山东占 10%;大型矿数量多、储量大,10 个大型矿的储量占全部储量 94%;质量好、杂质少(MgO 含量 46%~47.26%),一级品(MgO >46%)以上的矿石量占全国总储量的 14%。

世界各地还有很多含镁的盐湖、地下卤水和盐矿床。海水是取之不尽的镁资源,据估算 1 km³ 海水中含有 130 多万吨的镁。中国辽宁、山东产菱镁矿,各省都有白云石矿,青海有盐湖卤水和光卤石,沿海盐场的副产品卤水,均可作炼镁的原料。

1990 年世界镁产量 37 万 t,中国镁产量 0.8 万 t。

目前镁矿石的工业要求,可参考以下资料。

（1）提取金属镁用的白云石

青海民和白云岩矿床：

氧化镁（MgO）≥19%；

二氧化硅（SiO_2）≤3%；

氧化钠＋氧化钾（$Na_2O + K_2O$）≤0.3%；

可采厚度≥4 m；

夹石剔除厚度≥2 m；

剥离比＜1。

我国对用作熔剂和耐火材料的白云岩分级见表2-2。

表2-2　我国对用作熔剂和耐火材料的白云岩分级

项目	一般要求				南京白云岩矿		
	特级	I	II	III	特级	I	II
氧化镁/%	≥19	≥19	≥17	≥16	≥20	≥19	≥17
酸不溶物（包括 SiO_2）/%	≤4	≤7	≤10	≤12	≤4	≤7	≤10
二氧化硅/%	≤2	≤4	≤6	≤7	≤2	≤3	≤6
磷/%	/	/	/	/	＜0.1	/	/
可采厚度/m	≥2				≥2		
夹石剔除厚度/m	≥1～2				≥2		
剥离比	1:1～2				/		
备注	①提炼金属镁用的白云石相当于上述分级中的特级 ②各品级的品位要求，均为单样边界品位圈定矿体之要求						

（2）提取金属镁用的菱镁矿（国外资料）

氧化镁（MgO）42%～46%；

轻烧镁86%～88%；

二氧化硅（SiO_2）≤1.8%；

氧化钙（CaO）≤1.8%；

可采厚度2～4 m；

夹石剔除厚度2 m；

剥离比：＜1。

（注：二氧化硅、氧化钙、氧化钾都是有害杂质。）

我国对用作金属镁、耐火材料的菱镁矿石的要求见表2-3。

表2-3　我国对用作金属镁、耐火材料的菱镁矿石要求

项目	氧化镁/%	氧化钙/%	二氧化硅/%	三氧化二铝＋三氧化二铁/%	用途
制金属镁	≥45	≤1.5	≤1.5	≤1.5	
耐火材料	≥47	≤0.6	≤0.6		高纯镁砂
	≥45	≤1.5			制砖镁砂
	≥43	≤1.5			镁硅砂
	≥41	≤2			冶金镁砂

2.4 镁的制取

金属镁的现行生产方法可分为两大类，熔盐电解法和热还原法。目前世界上用这两种方法生产的镁，分别占80%和20%左右。

2.4.1 熔盐电解法炼镁

熔盐电解法包括氯化镁的生产及电解制镁两大步骤。

氯化镁的生产 按使用原料的不同可分三种方法

（1）以菱镁矿或氧化镁（轻烧的菱镁矿或氢氧化镁）为原料，配以碳还原剂，经过混合、制团、干燥或焦化后，加入竖式电炉，通氯气，于900～1100℃氯化，主要反应为：

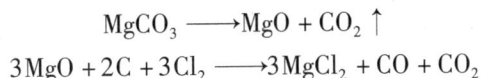

$$MgCO_3 \longrightarrow MgO + CO_2\uparrow$$

$$3MgO + 2C + 3Cl_2 \longrightarrow 3MgCl_2 + CO + CO_2$$

由于氧化镁的氯化是放热反应，所以氯化时只需要补充一定数量的电能，就可维持反应继续进行。氯化产物为无水氯化镁熔体。

（2）以海水或盐湖的卤水为原料，经净化、浓缩、制粒（或直接利用卤水喷雾）进行脱水制得无水氯化镁。用卤水制镁的最大困难是六水氯化镁在脱除最后两个结晶水的同时由于发生水解而生成$Mg(OH)Cl$和MgO，两者都是电解过程的有害杂质。为了消除这种产物，工业上采用两步脱水：第一步是用200℃左右的热气流把$MgCl_2 \cdot 6H_2O$脱水至$MgCl_2 \cdot (1～2)H_2O$；第二步是把经过脱水的低水氯化镁再在HCl气氛下彻底脱水，得到粒状的无水氯化镁。或是将低水氯化镁进行熔融氯化脱水，使水解产生的MgO转化成$MgCl_2$而得到无水氯化镁熔体。也有用海水和煅烧白云石（或贝壳）反应，生成氢氧化镁沉淀，然后与盐酸反应生成氯化镁溶液，最后经热气流脱水制得含有1.25～1.5摩尔分子水的氯化镁，如美国道屋（Dow）法。

（3）以光卤石为原料，先在沸腾炉或回转窑中于400～550℃下脱水，获得含水5%～8%的光卤石。然后再在电炉中熔融或在氯化器中熔融氯化，制得无水光卤石熔体。

电解制镁 1886年工业上开始以熔盐电解法生产镁后，电解制镁的技术得到不断发展。电解法炼镁流程见图2-1。20世纪70年代以来，无水氯化镁的生产工艺有所突破，电解槽日趋于大型化，结构不断完善，有的已实现了密闭和自动化控制。镁电解槽的电流大小已由最初的300 A，发展到（9～25）万 A，每吨镁的直流电耗也由最初的35000～40000 kW·h下降到12800～17000 kW·h。

镁电解采用多组分氯盐作电解质。向氯化镁电解质中加入其他组分的目的是要降低熔点和黏度，提高熔体的电导率以及降低$MgCl_2$的挥发分和水解作用等。电解过程的两极反应为：

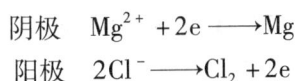

$$阴极 \quad Mg^{2+} + 2e \longrightarrow Mg$$

$$阳极 \quad 2Cl^- \longrightarrow Cl_2 + 2e$$

阴极产生的液态镁因比电解质的密度小而上浮于表面；阳极产生的氯气则通过氯气罩排出。

镁电解槽按槽型分埃奇（I.G.）型、道屋型和无隔板型电解槽三种，其中无隔板槽包括阿尔肯（Alcan）式、苏联式和挪威式等多种类型。

（1）埃奇型电解槽：于1925年首先在德国使用，是一种有内衬的钢板槽，装有石墨阳极和铸钢阴极，两极之间有隔板，起分隔析出镁和氯气的作用。它以无水氯化镁或无水光卤石为原料。前者电解质的典型组成为：$CaCl_2$ 35%～40%，KCl 4%～7%，$NaCl$ 40%～48%，$MgCl_2$ 8%～15%，于680～720℃电解；后者电解质的典型组成为：$MgCl_2$ 9%～14%，KCl 66%～72%，$NaCl$ 18%～20%，于690～720℃下电解。

（2）道屋型电解槽：美国首先使用，是当今世界上产镁量最多的一种槽型。槽体为铸钢，没有内衬，钢制阴极与石墨阳极间没有隔板，外部用天然气加热。以含水氯化镁（$MgCl_2 \cdot 1.25H_2O$）为原料，典型电解质组成为$NaCl$ 60%，$CaCl_2$ 20%，$MgCl_2$ 20%，在700～720℃下电解。

（3）无隔板型电解槽：20世纪60年代以来，无隔板电解槽发展很快。这种槽子的阴阳极之间没有隔板，但设有隔墙把槽腔分成电解室和集镁室两部分，阴极析出的镁汇集到集镁室。无隔板电解槽具有单位槽底产能高、电耗低、密闭性好、氯气浓度高和便于实现大型化、自动化等优点，从而得到了越来越广泛的应用。

阿尔肯型电解槽于1940年首先在加拿大阿尔肯公司研制，目前在日本使用。以无水氯化镁为原料，典型的电解质组成为$MgCl_2$ 18%～23%，$CaCl_2$ 20%～25%，$NaCl$ 55%～58%，MgF_2 2%。于670～685℃下电解。这种

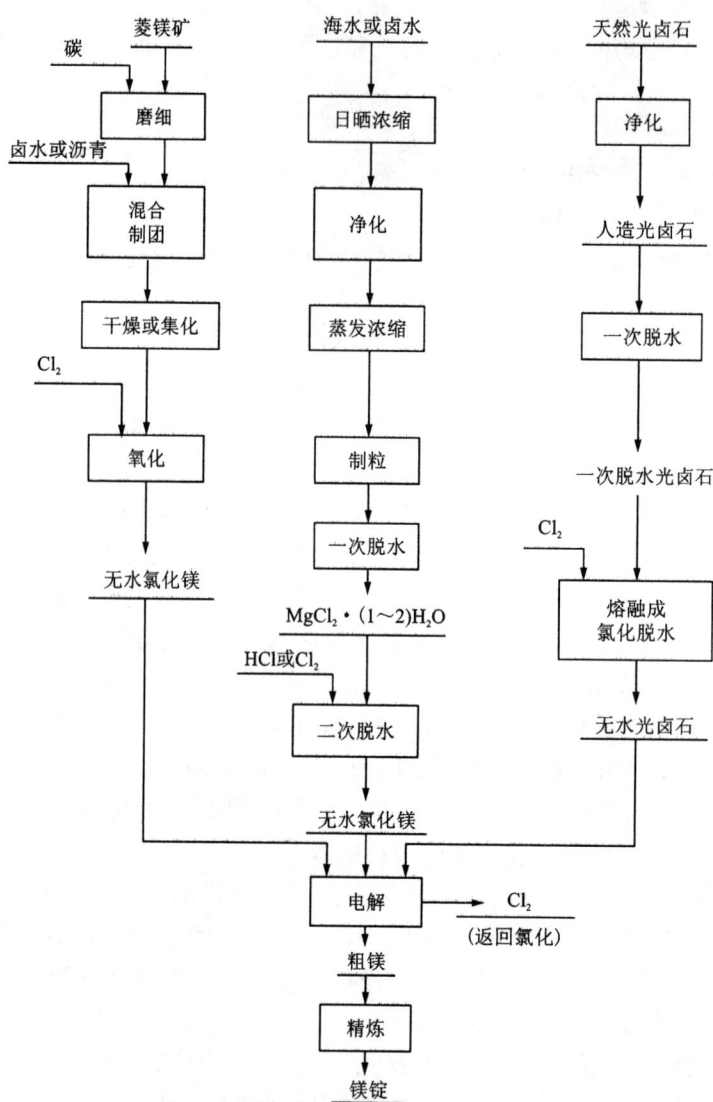

图 2-1　电解法炼镁流程

电解槽多在钛厂使用，用来电解以镁还原四氯化钛所副产的氯化镁。苏联无隔板电解槽，按阴阳极插入方式及集镁室配置的不同，而具有多种形式。电解使用两种原料，熔融的氯化镁和光卤石。挪威新式无隔板槽，电流大小为 25 万 A，是当代容量最大的镁电解槽。以粒状无水氯化镁为原料，实现了全流程密闭自动控制。

各种电解槽的主要技术指标见表 2-4。

表 2-4　各种电解槽的技术指标

槽型		电流大小/kA	电流效率/%	槽电压/V	直流电耗/(kW·h·kg⁻¹)
	埃奇型	150	80~85	5.5~7.0	15.18
	道屋型	90	80	6.0	16.5
无隔板型	阿尔肯式	80	90~93	5.7~6.0	14
	苏联式	105~150	78~85	4.6~4.85	12.8~13.5
	挪威式	250	85~90	5	2.8~14

2.4.2 硅热还原法炼镁

该法有皮江法炼镁，又称皮吉昂法(Pidgeon Process)，和马格尼特法炼镁(Magnetherm Process)两种方法。

皮江法 该法是20世纪40年代初由加拿大发展起来的，以煅烧白云石为原料，以硅铁粉(含Si>75%)为还原剂，两者混合制团，置于耐热钢制还原罐中还原，还原温度1150~1200℃，抽真空使保持$(10^{-2}~10^{-1})×133.3$ Pa的残压。还原反应为：$2(CaO \cdot MgO)_{(固)} + Si(Fe)_{(固)} \longrightarrow 2Mg_{(气)} + 2CaO \cdot SiO_{2(固)} + Fe(Si)_{(固)}$。反应产生的镁蒸气在还原罐的延伸端(500℃)冷凝，得到冠状结晶镁。这种方法流程短，建厂快，但间歇操作和生产能力低的缺点，限制了它的发展。现在加拿大、意大利和日本仍然保留这种方法的生产。

马格尼特法 该法是法国于20世纪60年代研究成功的一种新工艺，流程见图2-2。炉料中除有煅烧白云石和硅铁外，还加入煅烧过的铝土矿，加Al_2O_3的主要目的是降低渣的熔点，便于液态排渣。硅在硅铁中的活度随硅浓度的下降而下降，当硅浓度降到18%~20%时，还原反应便会停止，因此装料中需配入过量的硅铁。此外，在配制炉料时应使渣的分子比为：$CaO/SiO_2 \leqslant 1.8$，$Al_2O_3/SiO_2 \geqslant 0.26$。

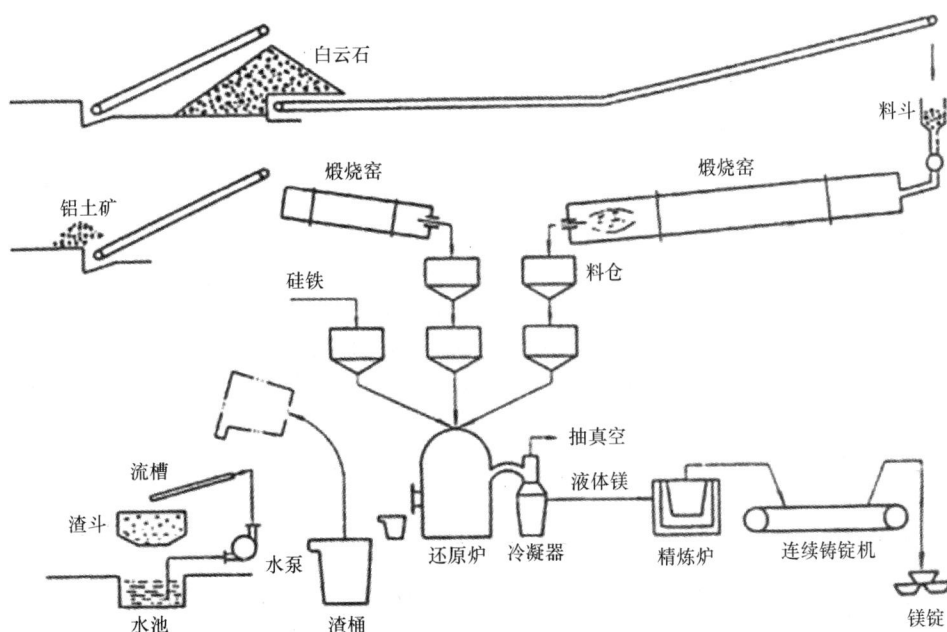

图2-2 马格尼特法炼镁流程

炉料连续地加入还原炉内，利用熔渣电阻加热，在1600℃及4666.27 Pa的残压下进行还原：

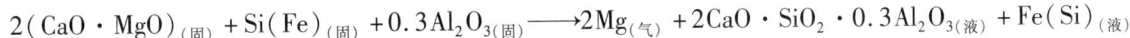

$$2(CaO \cdot MgO)_{(固)} + Si(Fe)_{(固)} + 0.3Al_2O_{3(固)} \longrightarrow 2Mg_{(气)} + 2CaO \cdot SiO_2 \cdot 0.3Al_2O_{3(液)} + Fe(Si)_{(液)}$$

还原产生的镁蒸气在冷凝器(675℃)凝结成液态镁流入收集罐中，经过精炼，然后铸锭。炉渣积聚到一定程度后，通入氩气破坏真空，拆卸收气罐排出炉渣。从炉渣分离出低品位硅铁(含$Si_2$0%，可用作炼钢的脱氧剂)后，以水急冷，直接制成水泥。

尽管马格尼特法的产品纯度略低于皮江法，但该法具有生产半连续化、单体设备产能大(一台4500 kW的炉子，可日产7~9 t镁)、不产生污染环境的气体等优点。因此，20世纪70年代以来，除法国之外，美国、南斯拉夫和巴西等国也先后采用了该技术。

2.4.3 炼镁能耗

从原料的制取到镁锭的铸造，用电解法和热还原法生产，每吨镁的能量消耗分配和比较见表2-5。

表 2-5　炼镁方法能耗比较(kW·h·t^{-1})

项目	硅热还原法		电解法
	皮江法	马格尼特法	
原料处理	1700	1700	2500
还原反应	12000	8700	13500
硅铁	6750	6750	
回收硅铁		-900	
熔炼	520	520	520
合计	20970	16770	16520

由表 2-5 可见,两种方法都要消耗大量的能量,因此,降低能耗是发展炼镁技术的主要努力方向。

粗镁精炼　用电解法和热还原法生产的粗镁,均含有少量的金属和非金属杂质,一般用溶剂或六氟化硫(SF_6)精炼,镁的纯度达到 99.85% 以上,可满足用户的一般要求。更高纯度的镁可通过真空蒸馏、用活性金属(如钛、锆等)或者氯化物精炼提纯,得到 99.99%~99.999% 的高纯镁。

化学成分合格的镁锭,须进行表面处理,以防止氧化腐蚀。表面处理的方法有重铬酸盐镀膜、阳极氧化、酚醛树脂涂层和油纸包装等。

废镁再生　废镁的再生对提高镁的产量和合作价值具有重要意义。美国 1980 年产再生镁 14000 t,约占总消费量的 13%。镁及镁基合金的加工碎屑,熔炼过程的残渣,汽车、飞机等的废弃含镁部件,都是再生镁的主要原料。一般采用磁选等物理方法去除杂质,然后熔炼铸造。回收再生镁所需的能量约相当于由镁矿炼成粗镁所需能量的 2.5%。再生镁产品主要用于制造压铸和铸造件、阴极保护用阳极以及配制铝基和锌基合金。

2.4.4　镁的用途

镁主要用于制造铝合金,镁作为合金元素可以提高铝的机械强度,改善机械加工性能以及耐碱腐蚀性能。由于镁基合金(含铝、锰、锌、锂等)的结构件或压铸件的比强度(单位质量的强度)大,在汽车、航空、航天等工业中,用镁代替部分的铝,可减轻结构的质量。镁和卤素的亲和力强,是用金属热还原法生产钛、锆、铪、铀、铍等的重要还原剂。镁可用作生产球墨铸铁的球化剂。在钢铁冶炼中镁可代替碳化钙脱硫,可以使钢中硫的含量下降得更低,且在这方面的用量增长较快。在有机合成中,应用镁的格里纳德(Grignard)反应,可以合成多种复杂的有机化合物。镁还用作化工槽罐、地下管道及船体等阴极保护的阳极材料;镁用来制造干电池、镁-海水储备电池。镁由于燃烧热高,燃烧时发出耀眼光焰,还用来制作照明弹、燃烧弹和焰火等。此外,镁还可以作为一种新的储能材料,每立方米 MgH_2 蓄能 $19×10^9$ J。

1979 年西方国家原镁消费分配比例为:铝合金添加剂 47%,压铸件 15%,化工和冶金还原剂 14%,球墨铸铁 10%,结构件 7%,钢铁脱硫 3%,其他 4%。

3 钾(potassium)

3.1 钾的发现小史

钾是从草木灰(potash)中提取的,所以命名为 potassium。1807 年英国化学家戴维(H. Davy)用电解氢氧化钾的方法制取金属钾。把钾投入水中会在水面上急速奔驰,发出丝丝的声音,而且出现淡紫色的火焰。

3.2 钾的性质

钾的化学性质比钠更活泼,在空气中猛烈燃烧,生成淡黄色的超氧化钾(KO_2);遇水放出氢气并爆炸。钾同卤素反应激烈,同液体溴接触会爆炸,同许多卤素有机化合物作用,也会发生爆炸反应。钾同一氧化碳在 60℃时就能生成爆炸性的羰基化合物[$K_6(CO)_6$],但同氮不反应。液氨是钾的良好溶剂。钾也溶于乙二胺、苯胺和汞中。钾的还原性极强,能使多种金属化合物还原成金属。

钾的物理性质见表 3 – 1。

表 3 – 1 钾的主要物理性质

密度(20℃)	0.86	g/cm³
熔点	63.2	℃
沸点	759	℃
平均比热(0~100℃)	754	J/(kg · K)
熔化热	2.34	kJ/mol
汽化热	79.5	kJ/mol
热导率(固)	104	W/(m · K)
电阻率(20℃)	6.8	μΩ · cm

3.3 钾的资源

含钾的矿物很多,具有工业价值的主要有钾盐(KCl),其中常含有氮、碳酸气等包裹体,NaCl、Fe_2O_3 等机械混入物以及 KBr、RbCl、CsCl 等类质同象混入物。其他矿物有:

光卤石 $KCl \cdot MgCl_2 \cdot 6H_2O$,含 KCl 26.7%,$MgCl_2$ 34.5%

钾盐镁矾 $KCl \cdot MgSO_4 \cdot 3H_2O$,含 KCl 30%,MgO 16.19%

杂卤石 $K_2SO_4 \cdot MgSO_4 \cdot 2CaSO_4 \cdot 2H_2O$,含 K_2O 15.20%,MgO 6.69%

钾镁矾 $K_2SO_4 \cdot MgSO_4 \cdot 4H_2O$,含 K_2O 25.69%,MgO 10.99%

无水钾镁矾 $K_2SO_4 \cdot 2MgSO_4$,含 K_2O 22.70%。MgO 10.99%

软钾镁矾 $K_2SO_4 \cdot MgSO_4 \cdot 6H_2O$,含 K_2O 23.39%,MgO 10.01%

我国钾盐矿床主要包括青海察尔汗现代盐湖钾盐矿床、云南江城勐野井钾盐矿、四川自贡邓井关地下卤水钾盐矿。

3.3.1 云南江城勐野井钾盐矿(坑道开采)

该盐矿是一古钾盐矿床,其一般工业指标为:

边界品位 KCl 3%;

最低工业品位 KCl 6%;

可采厚度 0.5 m;

夹石剔除厚度 0.5 m;

岩盐中含 KCl 0.5%时,做伴生钾计算储量。

3.3.2 盐湖型钾盐矿(露天开采)

该类型盐矿的一般工业指标见表3-2。典例的矿床有青海柴达木察尔汉盐湖钾镁盐矿，具体工业指标如下。

表3-2　盐湖型钾盐矿一般工业指标

项目		氯化钾(KCl)		伴生钾盐
		固体矿	卤水	
边界品位/% 工业品位/%		2 6	0.5 1	岩盐中伴生KCl≥0.5%， 可计算伴生钾盐储量
品级划分	富矿/% 贫矿/%	≥12 6~12	— —	
可采厚度/m		富矿0.3 贫矿0.5	—	
夹石剔除厚度/m		0.5	—	

(1)液体卤水钾矿：

边界品位 KCl 0.5%；

最低工业品位 KCl 1%；

密度指标不予考虑，但应进行测定。

品级划分：

a级 KCl ≥1%；

b级 KCl 0.5%~1%；

c级 KCl <0.5%。

伴生元素工业指标按实有含量计算储量

(2)固体钾矿：

边界品位 KCl 2%；

最低工业品位 KCl 6%；

夹石剔除厚度 0.5 m；

最低可采厚度　露采：厚度不作要求；

　　　　　　　坑采：富矿 0.3 m；贫矿：0.5 m。

矿石工业品级：富矿 KCl≥12%；贫矿 KCl 6%~12%

钾盐矿床常与岩盐、镁盐、芒硝、石膏等伴(共)生，并常伴生有硼、锂、碘、溴、铯等元素，要注意综合评价。

世界钾盐探明总储量170亿t，苏联、加拿大、德国、以色列、约旦最多，占总储量97%。最近世界产 K_2O 3000万t。

我国是钾盐资源贫乏国家，总储量为3.96亿t，现在全国钾盐总计年产量8万t，其中制盐母液生产3万t，盐湖卤水生产5万t。近年来进口钾肥量200万t。

3.4 钾的制备

钾在熔盐中的溶解度很大，易渗透和侵蚀石墨阳极，同氧和一氧化碳生成爆炸性的超氧化钾和羰基钾，所以不能用电解法制取钾。工业上用钠置换法制取钾：$Na + KCl \longrightarrow K + NaCl$。因为钾沸点比钠低，若将钾不断从体系中分离出去，就能不断地产生钾蒸气，具体又分间歇法和连续法两种。

3.4.1 钾的间歇法制备

先将原料氯化钾破碎成小于30 mm的颗粒，在干燥炉内于200~250℃烘干至含水小于0.1%。干燥后的氯化钾和钠块加入密闭反应釜内，通氮气置换釜内的空气后，抽真空至余压 13.33 kPa 左右，加热到 680～720℃。反应产生的钾蒸气上升到塔顶的冷凝器中：一部分冷凝成液体，作为回流液返回精馏柱；另一部分经支管流出冷凝，收集于储罐中。得到的金属钾纯度在 98% 以上，总回收率以 KCl 计约为 70%。反应完成后，蒸馏出残留的少量钠钾合金，可作为原料返回使用，残渣（NaCl - KCl）熔融排出。采用不同的加料配比，可制得不同组成的钾钠合金。

3.4.2　钾的连续法制备

工艺流程见图 3 - 1。主要过程在不锈钢塔内进行。塔的上部为精馏区，下部为反应区，内充不锈钢环。从塔的底部导入液体钠，经反应塔旁的叉管加热并汽化后，沿反应塔上升。熔融的氯化钾由塔中部加入，与上升的钠蒸气反应生成钾钠合金。经过精馏区分离，钾蒸气冷凝成液体，部分返回作回流液，部分取出为成品。反应物氯化钠通过塔底不断排出。为保证操作安全，体系在氮气正压下操作。连续法的缺点是设备腐蚀严重。工业金属钾的纯度为 96% 以上，经真空蒸馏，可制得 99.99% 以上的高纯钾，其中含氧（10～50）×10^{-6}、碳（10～50）×10^{-6}、钠（10～50）×10^{-6}。高纯钾一般要保持在充氩气的密闭容器中。

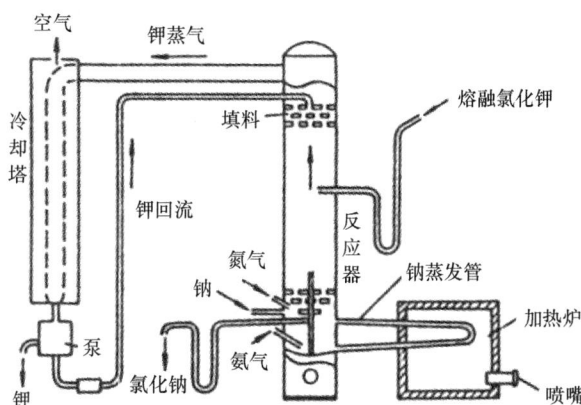

图 3 - 1　连续法提钾工艺流程

3.5　钾的用途

主要用于制钾肥，部分用于化工原料。在加工中还可综合回收氯及其衍生物、镁化合物、工业用盐以及碘、溴、硼、锂、铯、铷等。钾肥是农业三大肥料之一，对粮食及其他作物的增产有重要的作用。钾肥主要为氯化钾和硫酸钾，属酸性肥料。氯化钾用量最大，适于粮食作物及棉花等。硫酸钾适于麻类、菸草、甘蔗、甜菜、柑类水果等。其次还有钾镁硫酸盐肥料，适于土豆等。

化工用钾盐主要为氯化钾（KCl），为制作其他钾化合物的原料。各种钾的化合物用于火柴、焰火、黑色炸药、医药、农药、纺织、染料、制革、电子管、制皂、印刷、玻璃、陶瓷、电池、照相等工业部门；此外也用于航空汽油及钢铁、铝合金的热处理。

广泛用作潜艇以及宇宙飞船中的供氧源。制取钾比制取钠困难得多，所以它的价格通常为钠的 10 倍左右。20 世纪 70 年代末世界生产钾数百吨，价格约 5 美元/kg。每公斤 KO_2 吸收二氧化碳和水后能释放出 336.6 L 氧气。制造 KO_2 是金属钾的主要用途。

钾钠合金（Na - K）可作传热介质，在原子反应堆中用作热载体。惰性气体经 Na - K 清除不纯物质后，氧和水的含量均可小于 1×10^{-6}。钾也可在磁流体发电中作燃料添加剂，以提高高温气体的导电性。

4　钠（sodium）

4.1　钠的发现小史

钠是由碱（Soda）提取的，所以命名为 Sodium。1807 年英国化学家戴维（H. Davy）用电解氢氧化钠的方法制得金属钠。1890 年英国人卡斯特纳（H. Y. Castner）在英国建厂，采用电解法，由氢氧化钠制取钠。1921 年美国人东斯（J. C. Downs）研究成功电解熔融氯化钠制取金属钠，大幅度降低成本。1940 年以后，汽车工业发展，生产汽油抗暴剂四乙基铅需用大量钠，使钠生产规模日趋扩大。

4.2　钠的性质

金属钠很柔软。钠在空气中表面迅速氧化，失去光泽。120℃时燃烧，并产生浓的白色烟雾；低于 160℃ 和供氧不足时，生成氧化钠（Na_2O）；250～300℃下供氧充足时，生成过氧化钠（Na_2O_2）。钠的化学性质非常活泼，遇水剧烈反应，放出氢气和大量的热。这种热可以熔化金属并点燃氢气，并产生爆鸣声。钠同氢在室温下不反应，200～350℃时反应生成氢化钠（NaH）。钠与 CO_2 气体在室温下反应缓慢，但与干冰（固态 CO_2）接触时立刻爆炸。钠与 CO 在 250～400℃时反应，生成羰基钠[$Na_6(CO)_6$]；在 600～850℃生成碳酸钠和碳化钠。

表 4-1 所示为钠的主要物理性质。

表 4-1　钠的主要物理性质

密度（20℃）	0.970	g/cm^3
（熔点）	0.927	g/cm^3
（500℃）	0.833	g/cm^3
熔点	97.80	℃
沸点	883.0	℃
平均比热（0～100℃）	1227	$J/(kg \cdot K)$
熔化热	2.64	kJ/mol
汽化热	98.0	kJ/mol
热导率（0～100℃）	128	$W/(m \cdot K)$
电阻率（20℃）	4.7	$\mu\Omega \cdot cm$

4.3　钠的资源

钠广泛分布于自然界，主要有食盐（NaCl）、芒硝（Na_2SO_4）、天然碱（Na_2CO_3）。

食盐的化学成分为氯化钠。原矿中常含钾盐、镁盐、芒硝、石膏以及硼、锂、锗、镓、铯、铷、溴、碘和金属等。

盐湖矿床的工业要求可参考表 4-2 中的内容：

表 4-2　盐湖矿床的工业要求

类别	氯化钠（NaCl）含量/%					可采厚度/m	备注
	边界品位	工业品位	品级划分				
			Ⅰ级	Ⅱ级	Ⅲ级		
盐湖固体盐（池盐）	≥30	≥50	≥86	71～85	50～70	0.3	
岩盐	≥10～15	≥20～30	≥86	61～85	30～60	坑采法 0.3	水溶法指标见实例
天然卤水		≥5～10	—	—	—		

世界盐湖资源总量 6.4×10^6 亿 t，产量 1.7 亿 t。我国 118 处盐矿产地，钠盐总量 3645 亿 t，产量 2000 万 t。芒硝是硫酸盐类，包括三种矿物，主要是：

芒硝 $Na_2SO_4 \cdot 10H_2O$，纯矿物含 Na_2O 19.3%，SO_3 24.8%。

无水芒硝 Na_2SO_4，纯矿物含 Na_2O 43.68%，SO_3 56.32%。

钙芒硝 $CaSO_4 \cdot Na_2SO_4$，纯矿物含 Na_2O 22.3%，CaO 2.01%，SO_3 57.6%。

工业要求包括：

边界品位：Na_2SO_4 30%。

矿石品级：

Ⅰ级 Na_2SO_4（干基）>90%；

Ⅱ级 Na_2SO_4（干基）>80%；

Ⅲ级 Na_2SO_4（干基）>70%。

对矿石中的 NaCl、$CaSO_4$、$MgSO_4$、Fe_2O_3 及水不溶物不作要求，但要查清含量，以便分离和利用。

（注：露天水溶开采泥质芒硝矿，Na_2SO_4 可 >8%。）

世界芒硝储量 33.9 亿 t，产量上亿吨。我国 97 处芒硝储量为数亿吨，产量上亿吨。

天然碱主要包括天然碱和天然苏打。

天然碱：$Na_2CO_3 \cdot NaHCO_3 \cdot 2H_2O$，含 Na_2O 41.4%，CO_2 38.94%。

天然苏打 $Na_2CO_3 \cdot 10H_2O$。

对于天然碱的固体矿石工业要求，边界品位 $NaCO_3 + NaHCO_3$ 25%，工业品位 $Na_2CO_3 + NaHCO_3$ 20%，可采厚度 ≥0.5~1 m。

世界天然碱总储量 239 亿 t，产量上亿吨，我国 13 处天然碱的总储量只有 6000 万 t，属于贫乏之国。

4.4 钠的制取

金属钠制取有卡斯特钠法和东斯法。

4.4.1 钠的卡斯特钠法制取

在 350℃ 下电解熔融的氢氧化钠（NaOH）。1925 年前，曾用此法大量生产金属钠，由于电解时在阳极生成的水，同电解质中的钠又发生反应，生成 NaOH 和 H_2，所以电流效率不超过 50%；后为电解氯化钠法取代。

4.4.2 钠的东斯法制取

东斯法即电解氯化钠法，是目前工业上通用的方法（见熔盐电解）。虽然各种形式的钠电解槽都有自己的特点，但基本上沿用东斯槽的结构形式。东斯电解槽结构图（见图 4-1）。

东斯电解槽为钢制圆形壳体，内衬耐火砖，中间有一石墨阳极，周围为环状钢制带斜孔的阴极。阳极和阴极间隔有铁丝网或开孔的薄钢板制成的"隔膜"，使在阴极生成的钠不与阳极生成的氯气相遇。阳极和阴极间的间隙应保持在 40~50 mm。钠从阴极析出后，因密度小于熔融电解质，沿阴极上浮，进入一个倒置环状的钠收集罩，并沿上升管进入收集罐中。上升管的温度控制在 200℃ 左右，使在电解时与同时析出的钙在此管内结晶析出。上升管中装有定时转动的刮刀，将附在管壁上的钙刮下，返回熔体中，并发生 $Ca + 2NaCl \longrightarrow CaCl_2 + 2Na$ 反应，以增加钠的产量，保持电解质组成的稳定。氯气在阳极析出，从阳极室导出。通用的电解质组成（质量）为：$CaCl_2$ 58%，NaCl 42%；操作温度 580~600℃，槽电压 6~7 V，阴极电流密度为 9600 A/m^2 左右，电流效率可达 80% 以上。原料氯化钠无须经过除钙、镁和硫根等精制过程。制得的粗钠夹杂有氯化物、氧化物和钙，在液体石蜡保护下，加热至 110~130℃，加压过滤，能除去大部分杂质；所得金属钠送铸钠机铸锭，包装。工业金属钠的纯度在 99.6% 以上，含钙 <0.04%，含氯化物 0.005%。将工业钠在 13.3322 Pa、400℃ 下真空蒸馏，在氮或氩气保护下，可制得 99.95% 的高纯钠产品。

4.5 钠的用途

钠主要制成铅钠合金用于汽油抗爆剂四甲基铅或四基铅的生产。冶金工业中用钠作还原剂，制取钛、铪、钽等金属，用钠量增长很快。钠用作铸造铝-硅合金的变质剂，使共晶体内的硅变成细小的纤维结构，从而提高合金的强度和塑性。化学工业中钠用于制造氰化钠、过氧化钠、氢化钠和氨基钠等化合物，它们在冶金、制药、农药、印染工业中均有广泛的用途。金属钠在还原脂类制取脂肪醇的用量日益增加。钠和钠钾合金的导热

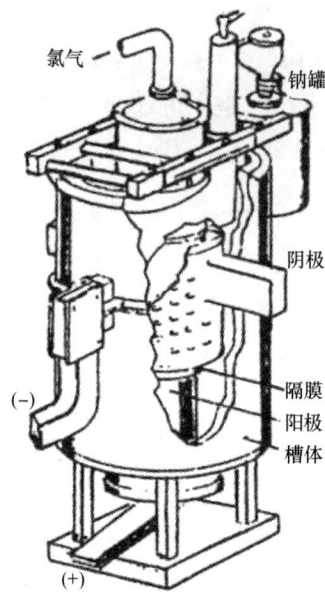

图 4 – 1　东斯电解槽结构图

性和热稳定性好，中子吸收截面小，可以用作快中子增殖反应堆中的载热体。金属钠有很好的导电性，已被制成"钠电缆"，很有发展前途。钠的基本光谱线 $D_1 = 5890\text{Å}$，$D_2 = 5896\text{Å}$，利用这种特性制造的钠灯，光电转化率高，发光量大，光线柔和，已广泛用于照明。此外，钠还是研究中的钠 – 硫电池的负极材料。

　　金属钠须保存在液体石蜡中，绝对不可与水接触。钠着火时，应使用干燥的碳酸钠、氯化钠、石棉灰等粉末灭火，禁止用水、泡沫灭火器和四氯化碳灭火器。处理残存的钠和钠渣时，应采用水蒸气，或水蒸气和氮气的混合气清洗。直接用水处理会引起爆炸。

5 钙（calcium）

5.1 钙发现小史

钙即"石灰"之意，calcium 一词来源于拉丁文 calx（石灰）。1808 年英国科学家戴维（H. Davy）首先通过电解石灰和氧化汞的混合物制取了钙汞齐，后再蒸馏得到金属钙。

5.2 钙的性质

钙在常温下与空气中氧生成灰黄色氧化钙。与水作用生成氢及氢氧化钙。易与稀酸作用。钙的主要物理性质见表 5-1。

表 5-1 钙的主要物理性质

密度（20℃）	1.54	g/cm^3
熔点	839	℃
沸点	1484	℃
平均比热（0~100℃）	624	$J/(kg \cdot K)$
熔化热	8.67	kJ/mol
汽化热	167.1	kJ/mol
热导率（0~100℃）	125	$W/(m \cdot K)$
电阻率（20℃）	3.7	$\mu\Omega \cdot cm$

5.3 钙的资源

自然界钙分布很广，资源十分丰富。主要的含钙矿物有石灰石（$CaCO_3$）、白云石[$CaMg(CO_3)_2$]、石膏（$CaSO_4$）、萤石（CaF_2）、磷灰石[$Ca_5(PO_4)_3F$]、石棉（$CaSiO_3 \cdot 3MgSiO_3$）等。成分为 $CaCO_3$ 的矿物，除石灰石外，还有白垩、方解石和冰洲石等。中国东北产白云石，西藏、山东、江苏、宁夏、山西产石膏，浙江产萤石，云南产大理石。此外，中国还有大量的冰洲石和方解石。近年来世界金属钙的产量达 1000~2000 kg。

5.4 钙的制取

5.4.1 钙的还原法制取

该法是生产金属钙的主要方法。通常用石灰石为原料，经煅烧成氧化钙，以铝粉作还原剂。粉碎的氧化钙与铝粉按一定比例混合均匀，压制成块，在 1.333 Pa 真空和 1050~1200℃温度下反应，生成钙蒸气和铝酸钙，其反应式是：

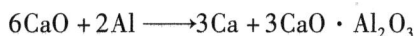

$$6CaO + 2Al \longrightarrow 3Ca + 3CaO \cdot Al_2O_3$$

还原出来的钙蒸气在 400~750℃下结晶。结晶钙再在氩气保护下熔融铸锭，得到致密的钙锭。还原法生产钙的回收率一般在 60% 左右，工艺流程见图 5-1。

5.4.2 钙的电解法制取

较早的电解是接触法，后来改进为液体阴极法电解。

接触法电解是拉特瑙（W. Rathenau）于 1904 年首先应用的。所用的电解质为 $CaCl_2$ 和 CaF_2 的混合物。电解槽阳极用碳素如石墨等作内衬，阴极用钢制成。电解析出的钙漂浮在电解质表面，同钢制阴极接触而冷凝在阴极上。随着电解的进行，阴极相应提升，钙在阴极形成一个胡萝卜形的棒状物。1000 A 的电解槽，电解质的温度约为 800℃，阴极电流密度为 40~60 A/cm^2，槽电压 25~30 V。接触法生产钙的缺点是：原料消耗大，金属钙在电解质中的溶解度高，电流效率低，产品质量差（含氯 1% 左右）等。

```
                石灰石
                  │
                  ▼
              ┌────────┐
              │  煅烧  │ ──────────→ 二氧化碳
              └────────┘                              │
                  │                                   │
                  ▼                                   ▼
              ┌────────┐                        ┌────────┐
              │  粉碎  │                        │  还原  │
              └────────┘                        └────────┘
    铝粉           │                                  │
     │            ▼                              结晶钙
     └──────→ ┌────────┐                            │
              │  混合  │                             ▼
              └────────┘                        ┌────────┐
                  │                             │  熔铸  │
                  ▼                             └────────┘
              ┌────────┐                            │
              │  压块  │                            ▼
              └────────┘                          钙锭
                  │
                  └────────────────────────────────┘
```

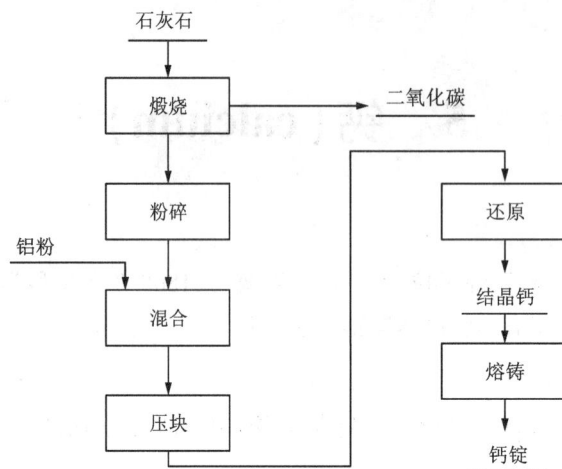

图 5-1　还原法制钙流程

　　液体阴极法是以铜钙合金(含钙 10% ~ 15%)作为液体阴极,石墨电极作阳极。电解析出的钙沉积在阴极上。电解槽槽壳用铸铁制作。电解质是 $CaCl_2$ 和 KCl 的混合物。选择铜作液体阴极的合金成分是因为铜钙相图中在高钙含量区域内,存在着非常广泛的低熔点区域,可以在低于 700℃ 时制取含钙 60% ~ 65% 的铜钙合金。同时由于铜的蒸气压小,在蒸馏时容易分离。此外,含钙 60% ~ 65% 的铜钙合金的密度较大(2.1 ~ 2.2 g/cm^3),能保证与电解质很好地分层。一台电流强度为 7600 ~ 8000 A 的电解槽,槽电压为 9.5 ~ 10.5 V,电解质温度 670 ~ 700℃,阳极电流密度为 1.9 ~ 2.1 A/cm^2,电解质组分控制在 $CaCl_2$:KCl =(78% ~ 82%):(22% ~ 18%)。阴极合金中钙含量不超过 62% ~ 65%。电流效率约为 70%。每公斤钙消耗 $CaCl_2$,为 3.4 ~ 3.5 kg。

　　电解生产的铜钙合金在 1.333 Pa 真空和 750 ~ 800℃ 温度条件下进行第一次蒸馏,以除去易挥发的钾、钠等杂质。然后在 1050 ~ 1100℃ 下进行第二次真空蒸馏,钙在蒸馏罐上部冷凝、结晶,而残铜(含钙 10% ~ 15%)留在罐底,返回电解槽使用。取出的结晶钙即为工业钙,品位为 98% ~ 99%。如果原料 $CaCl_2$ 中钠、镁总含量 < 0.15%,则铜钙合金经过一次蒸馏,即可得到含量≥99% 的金属钙。

5.4.3　钙精炼

　　工业钙再经高真空蒸馏处理可得高纯度钙。一般控制蒸馏温度为 780 ~ 820℃,真空度 1×10^{-4} Pa。蒸馏处理对净化钙中氯化物效果较差,可在低于蒸馏温度时,添加氮化物,使形成 $Ca_nCl_oN_p$ 形式的复盐。这种复盐蒸气压小,不易挥发而残留在蒸馏残渣中。通过添加氮化物和真空蒸馏净化,钙中杂质元素氯、锰、铜、铁、硅、铝、镍等的总和可降到 $(1000 ~ 100) \times 10^{-6}$,即得 99.9% ~ 99.99% 的高纯度钙,再经挤压或轧制成棒和板,或切成小片,分装在密闭容器中。

5.5　钙的用途

　　钙可用作钢和生铁熔炼时的脱氧、脱硫和脱磷剂。在铸铁中添加少量的锂钙合金能增加其流动性,并可显著提高强度。有色冶金利用钙去除铝和锡中的铋和锑。钙是多种元素的方便而有效的还原剂,它已用来制取钛、钒、锆、铍、铌、铀、钽及其他难熔金属。钙用于铜、镍、特种钢和青铜的冶炼,它能化合硫、磷、过量碳杂质。已经有钙分别和硅、锂、钠、硼、铝制成的合金。把钙加到铅中能增加铅的硬度,制造轴承时可用钙铅合金。

　　钙具有化合氧和氮的性能,所以钙可以用来净化惰性气体,还可用作真空无线电设备的去气剂。此外,在石油工业上,钙用作脱硫剂和脱碳剂。

　　近些年来,以无机钙盐为主要原料制成的钙塑料广泛用于建筑业、包装、日用品材料等方面。这种材料的化学性能稳定、能耐高温低温,有良好的隔热性、耐水性、耐溶剂性,还有优越的粘结性和可印刷性,可以像木材一样进行切削、层压成型等加工。钙塑料的另一些优点是燃烧速度慢、烟量少、不易引起火灾,也不会造成公害。此外,钙的化合物在医药工业中是制造维生素 A 及其他药物的原料。

6 锶(strontium)

6.1 锶的发现小史

锶是苏格兰的镇名。英国人霍普(T. C. Hope)1792 年在苏格兰斯特朗申镇(Strontium)的铅矿床中发现。1808 年英国化学家戴维(H. Davy)用铂作为阳极、汞作为阴极,电解氢氧化锶制得锶汞剂,1823 年德国化学家本生(R. W. &lnsen)用电解熔融氯化锶的方法制得金属锶。

6.2 锶的资源

自然界含锶矿物有 10 多种,主要有:

天青石 $SrSO_4$,含 Sr 45% ~47%;

菱锶矿 $SrCO_3$,含 Sr 55% ~60%。

我国四川、江苏、云南等锶矿床,工业上的要求比较严格。

边界品位 $SrSO_4 \geqslant 15\%$;

工业品位 $SrSO_4 \geqslant 25\%$;

可采厚度 $\geqslant 1$ m;

夹石剔除厚度 $\geqslant 1$ m。

6.2.1 矿床实例

(1)四川合川干沟锶矿床

边界品位:

贫矿 $SrSO_4 > 10\%$;

富矿 $SrSO_4 \geqslant 40\%$;

单工程平均品位 $SrSO_4 \geqslant 20\%$。

块段平均品位:

贫矿 $SrSO_4 \geqslant 20\%$;

富矿 $SrSO_4 \geqslant 60\%$;

可采厚度 1 m;

夹石剔除厚度 1 m。

(2)江苏溧水爱景山锶矿(脉状天青石矿)

边界品位 $SrSO_4 \geqslant 15\%$;

工业品位 $SrSO_4 \geqslant 25\%$;

有害杂质 $BaSO_4 \leqslant 4\%$,$CaO \leqslant 0.5\%$;

可采厚度 1 m;

夹石剔除厚度 1 m。

(3)云南金顶铅锌矿床中共生的天青石矿

边界品位 Sr$\geqslant 10\%$;

Ⅰ级品 Sr$\geqslant 27\%$;

Ⅱ级品 27% > Sr$\geqslant 18\%$;

Ⅲ级品 18% > Sr > 10%;

可采厚度 1 m;

夹石剔除厚度 4 m。

6.2.2 锶资源的综合评价

由于锶与钙、镁等元素在化学性质上相近,在含钙镁的矿物及岩石中,如白云岩、石灰岩、含石膏的黏土层、岩盐、卤水中如有锶存在，应注意综合评价。

表6-1为国外制取 $SrCO_3$ 和 $Sr(NO_3)_2$ 时对天青石的质量要求。

表6-1　国外制取碳酸锶和硝酸锶对天青石的质量要求

项目	制碳酸锶	制销酸锶
$SrSO_4$/%	不小于90	不小于95
$CaSO_4$/%	—	不大于1.5
$BaSO_4$	不大于2	不大于2
F/%	不大于0.1	—
块度/英寸	不大于6	-6+1/4

6.3　锶的性质

锶化学性质活泼，在自然界中只能以化合物形式存在。锶元素有四种同位素 $^{84}Sr(0.56\%)$、$^{86}Sr(9.86\%)$、$^{87}Sr(7.02\%)$、$^{88}Sr(82.56\%)$。其中 Sr^{87} 可以是 Rb^{87} 的裂变产物。物理性质见表6-2。

表6-2　锶的主要物理性质

密度(20℃)	2.60	g/cm^3
熔点	770	℃
沸点	1375	℃
平均比热(0~100℃)	734	$J/(kg \cdot K)$
熔化热	8.4(估算值)	kJ/mol
汽化热	154.5	kJ/mol
热导率(0~100℃)	125	$W/(m \cdot K)$
电阻率(20℃)	23	$\mu\Omega \cdot cm$

锶的化学性质比钙活泼，但不及钡。锶在300~400℃时与氢反应生成 SrH_2，锶与氧、氮、硫反应生成相应的二价化合物。在高温下锶能和 CO_2 反应生成 SrC_2。SrC_2 遇水反应生成乙炔。金属锶能溶于液氨中。

6.4　锶的制取

工业上制取锶和锶盐是将天青石矿磨细，用10%盐酸浸泡，除去碳酸钙和大部分硫酸钙，使锶、钙分离。然后加入碳酸钠溶液，在60~70℃下进行强烈搅拌，大约85%的硫酸锶($SrSO_4$)转化成碳酸锶($SrCO_3$)沉淀。再用盐酸溶解，$SrCO_3$ 转化成氯化锶($SrCl_2$)，过滤除去未反应的 $SrSO_4$ 和石英等。滤液用碳酸钠沉淀出 $SrCO_3$，经过洗涤、烘干，作为制取其他锶盐和锶的原料。20世纪70年代，金属锶都用铝热法(见金属热还原)制得。若需制取高纯锶可用真空蒸馏法精制。锶应保存于液体石蜡或充氩气的密封容器中。

6.5　锶的用途

金属锶在工业上用途较少。氢氧化锶用于精制甜菜糖。硝酸锶大量用于制造红色焰火和信号弹。碳酸锶可用于彩色电视显像管。

7 钡(barium)

7.1 钡的发现小史

1774 年瑞典化学家舍勒(C. W. Scheek)发现氧化钡是一种密度大的不溶于水的固体氧化物,称之为(Baryta)"重土"。1808 年英国化学家戴维(H. Davey)用汞作阴极,铂作阳极,电解重晶石($BaSO_4$)制得钡汞剂,经蒸馏去汞后,得到一种纯度不高的金属,并以希腊文 barys(重)命名。

7.2 钡的性质

钡的化学性质十分活泼,在高温下与氧和卤素剧烈反应,并放出大量的热。与水反应强烈,放出氢气。温度升高后,可与氢生成氢化钡(BaH_2),与氮生成氮化钡(BaN_2),与碳生成碳化钡(BaC_2)。钡的还原性很强,它可以还原大多数金属的氧化物、卤化物、硫化物而得到相应的金属。主要的物理性质见表 7 - 1。

表 7 - 1 钡的主要物理性质

密度(20℃)	3.50	g/cm^3
熔点	729	℃
沸点	2130	℃
平均比热(0~100℃)	2850	$J/(kg \cdot K)$
熔化热	7.66	kJ/mol
汽化热	177.1	kJ/mol
电阻率(20℃)	60	$\mu\Omega \cdot cm$

7.3 钡的资源

自然界主要钡的矿物有三种。

重晶石的化学成分为硫酸钡($BaSO_4$),含 BaO65.7%,$SO_3$34.33%。

毒重石的化学成分为碳酸钡($BaCO_3$),含 BaO77.7%,CO_2 22.3%。毒重石一般不能富集成矿,只在重晶石矿床中以副矿物产出。

上述矿物中,一般均含有锶、钙等杂质。

此外,硅钡石($BaSiO_5$)含钡 50%,亦可作为生产化学制品的钡来源。

7.3.1 对于各类含钡的矿床工业要求

一般的要求如下:

边界品位:$BaSO_4$30%;工业品位:$BaSO_4$50%;可采厚度:≥1 m;夹石剔除厚度≥1 m

(毒重石的要求可参照上列指标)

具体矿床也稍有区别:

(1)福建永安李坊重晶石矿

边界品位 $BaSO_4$30%;

最低工业品位 $BaSO_4$50%。

矿石品级划分:Ⅰ级品 $BaSO_4$ >90%;Ⅱ级品 $BaSO_4$50%~90%。

可采厚度 1.5 m;

夹石剔除厚度 1.5 m。

(2)湖北随县重晶石矿

边界品位 $BaSO_4$50%;

工业品位 $BaSO_4$70%。

矿石品级划分：Ⅰ级品 $BaSO_4$ >90%；Ⅱ级品 $BaSO_4$70% ~90% 。

可采厚度0.7 m；

夹石剔除厚度1 m。

（3）广西象州潘村、寺村重晶石矿

边界品位 $BaSO_4$20% ；

工业品位 $BaSO_4$45% ；

可采厚度0.8 m；

夹石剔除厚度2 m。

上述指标适用于脉状矿。

堆积矿（指可随原生矿附带开采）：含矿率500 kg/m³（ $BaSO_4$ >45% ），可采厚度0.3 m。

（4）浙江伴生重晶石矿床

边界品位无要求；

工业品位8%；

可采厚度1 m；

夹石剔除厚度2 m。

对钡矿床要进行综合评价。重晶石常与各种硫化物（黄铁矿、黄铜矿、方铅矿、闪锌矿）及其氧化产物以及石英、碧玉、菱镁矿、菱锰矿、天青石、萤石等矿物共生；在有色金属矿、金银稀土矿床中重晶石是主要脉石矿物，应注意综合评价综合勘探。

7.3.2　工业部门对钡矿石质量的要求

（1）化工用毒重石

$BaCO_3$ >36% ；

R_2O_3 <1.5% ； CaO <7% 。

（2）化工用重晶石（富矿或精矿）

品级	$BaSO_4$/%	SiO_2/%	Fe_2O_3/%	Al_2O_3/%	水溶盐/%
Ⅰ级	95	<1.5	<0.5	<1.0	<0.3
Ⅱ级	90	<2.5	<1.5	<2.0	<1.0
Ⅲ级	85	<2.5	<1.5	<2.0	<1.0

（3）橡胶填充料用重晶石粉

品级 ＼ 项目	水分/%	$BaSO_4$/%	SiO_2/%	水溶物/%	比重
Ⅰ级	0.3	97	<0.5	<0.3	4.3 ~4.6
Ⅱ级	0.5	95	<0.5	<0.3	4.3 ~4.6

7.3.3　钻井泥浆加重剂用重晶石粉

国际 O. C. N. A 标准：

密度4.2 ×10³kg/m³；

湿筛分析：用 U. S 200 目筛余量 <3% ；

　　　　　 用 U. S 325 目筛余量5% ~15% ；

水溶盐（物）<0.1% ；

视黏度：当密度为2.5 ×10³kg/m³重晶石粉蒸馏水悬浮液加1% 的石膏后，视黏度不得超过125 mPa·s。

我国重晶石资源丰富储量居世界第一，全国100 处储量3 亿t。1990年全国重晶石产量（300 ~400 ）万t。

7.4 钡的制取

7.4.1 氧化钡的制取

采用优质重晶石矿,或经手选和浮选,除去铁和硅后,得到含硫酸钡($BaSO_4$)大于96%的精矿。将粒度小于20目的矿粉与煤或石油焦粉按重量比4:1混合,在反射炉内于1100℃下焙烧,硫酸钡被还原成硫化钡(BaS),俗称"黑灰"。用热水浸出得到BaS溶液。向BaS水溶液中加入碳酸钠或通入二氧化碳,使硫化钡转化成碳酸钡($BaCO_3$)沉淀。将$BaCO_3$与炭粉混合后,于800℃以上煅烧,制得氧化钡(BaO)。BaO能在500~700℃氧化生成过氧化钡(BaO_2),700~800℃时BaO_2又分解生成BaO;因而要求煅烧产物在惰性气体保护下冷却或淬冷,以免生成BaO_2。

7.4.2 铝热还原法生产金属钡

因配料不同,铝还原氧化钡的反应可能有两种,反应式为:

$$6BaO + 2Al \longrightarrow 3BaO \cdot Al_2O_3 + 3Ba \uparrow$$

或

$$4BaO + 2Al \longrightarrow BaO \cdot Al_2O_3 + 3Ba \uparrow$$

这两种反应在1000~1200℃时,都只能生成少量的钡,因此,必须用真空泵将钡蒸气不断地从反应区转移到冷凝区,反应才能不断向右进行。反应后的残渣有毒,须要处理才能弃去。

7.5 钡的用途

金属钡的主要用途是作消气剂,以除去真空管和电视显像管内的痕量气体。在蓄电池极板的铅合金中加入少量的钡,能改善性能。钡也可作球化剂和脱气合金,用于制造球墨铸铁和精炼金属。钡的化合物用途广泛,重晶石可作钻探用的泥浆。锌钡白($BaSO_4$、ZnS和ZnO的混合物)俗称立德粉,是一种常用的白色颜料。钛酸钡($BaTiO_3$)压电陶瓷广泛用作仪器中的换能器。钡盐(如硝酸钡)燃烧时,呈明亮的绿黄色,大量用于制造焰火和信号弹。硫酸钡常用于医学X射线肠胃诊察,俗称"钡餐造影"。

金属钡用充氩气的塑料袋包装后,再装入充氩气的铁桶内密封保存。钡经真空蒸馏可制得高纯钡。

Ⅱ　有色重金属

8　铜（copper）

8.1　铜的发现小史

铜是人类最早发现和使用的紫红色金属。我国新石器时代晚期开始使用。夏代（公元前21—前16世纪）已进入青铜时代。湖北大冶铜录山是世界上最早竖炉炼铜的古遗址。当时是采用孔雀石为原料，木炭做还原剂，通过火法鼓风熔炼得到高纯铜。我国又是世界上最早使用湿法炼铜的国家。

8.2　铜的性质

铜是优良的导电体和导热体，电导率为银的94%，热导率为银的73.2%。铜在干燥空气中不氧化，在含有二氧化碳的湿空气中表面形成一层铜绿；与碱溶液反应很慢，但易与氨形成配合物。铜的标准电极电势为+0.337 V，铜不能置换酸溶液中的氢，但溶于有氧化作用的酸中。二价铜的电化当量为0.0003294 g/C。

铜的主要物理性质见表8-1。

表8-1　铜的主要物理性质

密度（20℃）	8.96	g/cm^3
熔点	1083.4	℃
沸点	2560	℃
平均比热（0～100℃）	386.0	$J/(kg \cdot K)$
熔化热	13.02	kJ/mol
汽化热	304.8	kJ/mol
热导率（0～100℃）	397	$W/(m \cdot K)$
电阻率（20℃）	1.694	$\mu\Omega \cdot cm$

8.3　铜的资源

8.3.1　铜矿物的种类

铜在自然界中，主要呈硫化物及其类似化合物和铜的氧化物、自然铜以及铜的硫酸盐、碳酸盐、硅酸盐等矿物，约有280多种，主要矿物16种，兹列举如下：

（1）自然铜 Cu

自然铜含 Cu 约100%

（2）铜的硫化物

黄铜矿 $CuFeS_2$，含 Cu 34.6%；

斑铜矿 Cu_5FeS_4，含 Cu 63.3%；

辉铜矿 Cu_2S，含 Cu 79.9%；

铜蓝 CuS，含 Cu 66.5%；

方黄铜矿 $CuFe_2S_3$，含 Cu 23.4%；

黝铜矿 $3Cu_2S \cdot Sb_2S_3$，含 Cu 46.7%；

砷黝铜矿 $3Cu_2S \cdot As_2S_3$，含 Cu 52.7%；

硫砷铜矿 Cu_3AsS_4，含 Cu 48.4%。

（3）铜的氧化物

赤铜矿 Cu_2O，含 Cu 88.8%；

黑铜矿 CuO，含 Cu 79.9%。

（4）铜的硫酸盐、碳酸盐和硅酸盐

孔雀石 $CuCO_3 \cdot Cu(OH)_2$ 含 Cu 57.5%；

蓝铜矿 $2CuCO_3 \cdot Cu(OH)_2$ 含 Cu 55.3%；

硅孔雀石 $CuSiO_3 \cdot 2H_2O$ 含 Cu 36.2%；

水胆矾 $CuSO_4 \cdot 3Cu(OH)_2$ 含 Cu 56.2%。

铜的矿床工业要求见表 8-2：

表 8-2　铜矿床的工业要求

项目	硫化矿石		氧化矿石
	坑采	露采	
边界品位 Cu/%	0.2 ~ 0.3	0.2	0.5
工业品位 Cu/%	0.4 ~ 0.5	0.4	0.7
可采厚度/m	≥1 ~ 2	≥2 ~ 4	≥1
夹石剔除厚度/m	≥2 ~ 4	≥4 ~ 8	≥2

江西德兴斑岩型铜矿床	安徽铜官山矽卡岩型铜矿床	云南易门沉积变质型铜矿床	甘肃白银厂火山岩黄铁矿型铜矿床	甘肃金川铜镍型铜矿床
0.2	0.2	0.3	0.3	0.3
0.4	0.4	0.5	0.5	0.5
2	2	1	1	2
4	4	2	2	2

铜矿石的自然类型一般按物相分析含氧化铜和硫化铜的比例不同，分为硫化矿石（含氧化铜在 10% 以下）、混合矿石（含氧化铜 10% ~ 30%）和氧化矿石（含氧化铜在 30% 以上）三种。

8.3.2　铜矿床中铜的综合评价

当铜矿床的伴生组分达到表 8-3 所列含量时，要认真进行取样分析研究，作出综合评价。

表 8-3　铜矿床伴生有益组分评价参考表

元素或组分	Pb	Zn	Mo	Co	WO$_3$	Sn	Ni	Bi
含量/%	0.2	0.4	0.01	0.01	0.05	0.05	0.1	0.05

元素或组分	Au	Ag	Cd、Se、Te、Ga、Ge、Re、In、Tl
含量	0.1 g/t	1 g/t	>0.001%

对于铜品位较低的矿石，需经过选矿，使品位富集成为铜精矿。

按冶金部 1976 年颁发的标准，铜精矿的含铜品位应达到 8% ~ 28%。在实际生产中含铜品位一般 10% ~ 20%，个别有达 30% 者。富铜品位大于 5% 以上者可不经过选矿，与铜精矿混合直接入炉冶炼。

铜精矿中的有害杂质砷、氟、锌、镁等，影响冶炼工艺和污染环境卫生，在矿料入炉时要进行控制，或在冶炼中加以回收处理。

铜精矿中有害组分的含量：

砷 <0.3%

氟 <0.1%

锌 <6%

氧化镁 <5%

全世界铜储量 3.5 亿 t，其产量为 1000 万 t。我国铜储量 6000 多万 t，每年产量（含进口粗铜）不断增长，1993 年产量为 73 万 t。

8.4　铜的制备

金属铜的生产有火法及湿法二种。

8.4.1　火法炼铜

以铜精矿为原料，经过焙烧、熔炼、吹炼、精炼而生产电解铜（见图 8－1）。

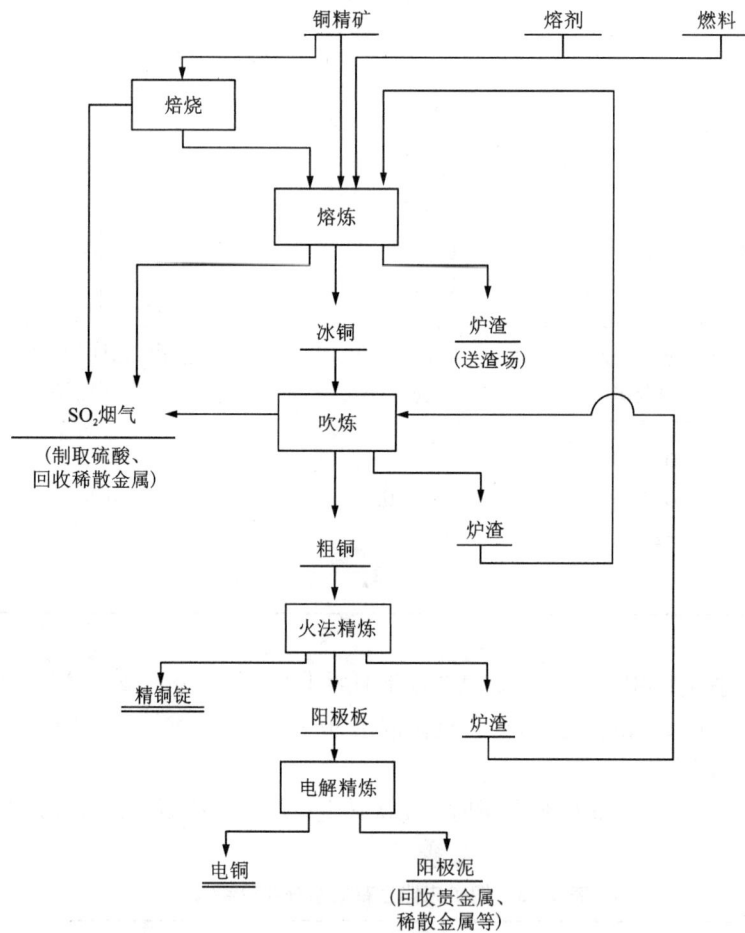

图 8－1　火法炼铜流程

　　焙烧　分半氧化焙烧和全氧化焙烧（"死焙烧"），脱除硫、砷、锑。此过程为放热反应，通常不需另加燃料。造锍熔炼一般采用半氧化焙烧，以保持形成冰铜时所需硫量；还原熔炼采用全化焙烧；硫化铜精矿湿法冶金中的焙烧，是把铜转化为可溶性硫酸盐，称硫酸化焙烧。焙烧用的流态化焙烧炉（沸腾炉）见图 8－2。焙烧技术条件见表 8－4。

表8-4 焙烧过程主要技术条件和指标

焙烧类别	温度/℃	空气直线速度/$(m \cdot s^{-1})$	床能率/$[t \cdot (m^2 \cdot d)^{-1}]$	脱硫率/%
全氧化	750~800	0.3~0.4	8.5~9.5	88~93
半氧化	600~700	0.5~1	35~55	50~55
硫酸化	620~700	0.12~0.4	3~5	

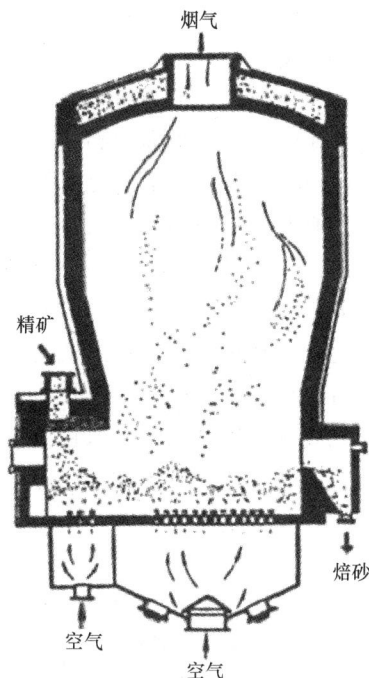

图8-2 流态化焙烧炉

熔炼 主要是造锍熔炼,铁部分氧化,并与脉石、熔剂等造渣,产出含铜较高的冰铜($x\text{Cu}_2\text{S} \cdot y\text{FeS}$)。冰铜中铜、铁、硫的总量常占80%~90%,炉料中的贵金属,几乎全部进入冰铜。

熔炼过程主要反应为:

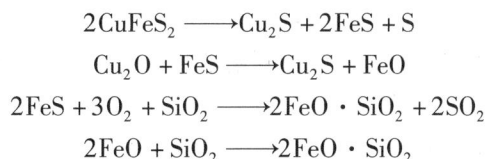

$$2\text{CuFeS}_2 \longrightarrow \text{Cu}_2\text{S} + 2\text{FeS} + \text{S}$$
$$\text{Cu}_2\text{O} + \text{FeS} \longrightarrow \text{Cu}_2\text{S} + \text{FeO}$$
$$2\text{FeS} + 3\text{O}_2 + \text{SiO}_2 \longrightarrow 2\text{FeO} \cdot \text{SiO}_2 + 2\text{SO}_2$$
$$2\text{FeO} + \text{SiO}_2 \longrightarrow 2\text{FeO} \cdot \text{SiO}_2$$

造锍熔炼的传统设备为鼓风炉、反射炉、电炉等,新建的现代化大型炼钢厂多采用闪速炉。

鼓风炉熔炼 为回收精矿中的硫,将硫化铜精矿混捏成膏状,再配以部分块料、熔剂、焦炭等,分批从炉顶中心加料口加入炉内,形成料封,减少漏气,提高SO_2浓度。混捏料在炉内经热烟气干燥、焙烧形成烧结料柱,块状物料也呈柱状环绕在烧结料柱的周围,以保持透气性,使熔炼作业正常进行。沈阳冶炼厂等原采用此法。

反射炉熔炼 适于处理粉状精矿。反射炉熔炼过程脱硫率低,仅20%~30%,适于处理含铜品位较高的精矿。反射炉产规模可大型化,对原料、燃料的适应性强,长期来一直是炼铜的主要设备,至20世纪80年代初,全世界保有的反射炉能力仍居炼铜设备的首位。70年代以来,世界各国都在研究改进反射炉熔炼,有的采用氧气喷撒装置将精矿喷入炉内,加强密封,以提高SO_2浓度。中国白银公司第一冶炼厂将铜精矿加到原反射炉中的熔体内,鼓风熔炼,提高了熔炼强度,烟气可用于制取硫酸。

反射炉为长方形,用优质耐火材料砌筑。燃烧器设在炉头部,烟气从炉尾排出,炉料由炉顶或侧墙上部加入,冰铜从侧墙底部的冰铜口放出,炉渣从侧墙或端墙下的放渣口排出。炉头温度1500~1550℃,炉尾温度

$1250 \sim 130℃$，出炉烟气 $1200℃$ 左右。熔炼焙烧矿时，燃料率 $10\% \sim 15\%$，床能率 $3 \sim 6\ t/(m^2 \cdot d)$。铜精矿直接入炉，燃料率 $16\% \sim 25\%$，床能率为 $2 \sim 4\ t/(m^2 \cdot d)$，称生精矿熔炼。中国大冶冶炼厂采用原 270 平方米反射炉熔炼生精矿。

电炉熔炼　炼铜采用电阻电弧炉即矿热电炉，对物料的适应性非常广泛，一般多用于电价低廉的地区和处理含难熔脉石较多的精矿。电炉熔炼的烟气量较少，若控制适当，烟气中 SO_2 浓度可达 5% 左右，有利于硫的回收。

铜熔炼电炉多为长方形，少数为圆形。大型电炉一般长 $30 \sim 35\ m$，宽 $8 \sim 10\ m$，高 $4 \sim 5\ m$，采用六根直径为 $1.2 \sim 1.8\ m$ 的自焙电极，由三台单相变压器供电。电炉功率 $3000 \sim 50000\ kV \cdot A$，单位炉床面积功率 $100\ kW/m^2$ 左右，床能率 $3 \sim 6\ t/(m^2 \cdot d)$，炉料电耗 $400 \sim 500(kW \cdot h)/t$，电极糊消耗为 $2 \sim 3\ kg/t$。中国云南冶炼厂采用 $30000\ kV \cdot A$ 电炉熔炼含镁高的铜精矿。

闪速熔炼　将硫化铜精矿和熔剂的混合料干燥至含水 0.3% 以下，与热风（或氧气、或富氧空气）混合，喷入炉内迅速氧化和熔化，生成冰铜和炉渣。其优点是熔炼强度高，可较充分地利用硫化物氧化反应热，降低熔炼过程的能耗。烟气中 SO_2 浓度可超过 8%。闪速熔炼可在较大范围内调节冰铜品位，一般控制在 50% 左右，这样对下一步吹炼有利。但炉渣含铜较高，须进一步处理。

闪速炉有奥托昆普（Outoktampu）型和国际镍公司（Inter – national. Nickel Co. ）型两种。70 年代末世界已有几十个工厂采用奥托昆普型闪速炉，中国贵溪冶炼厂也采用此种炉型。

冰铜吹炼　利用硫化亚铁比硫化亚铜易于氧化的特点，在卧式转炉中，往熔融的冰铜中鼓入空气，使硫化亚铁氧化成氧化亚铁，并与加入的石英熔剂造渣除去，同时部分脱除其他杂质，而后继续鼓风，使硫化亚铜中的硫氧化进入烟气，得到含铜 $98\% \sim 99\%$ 的粗铜，贵金属也进入粗铜中。

一个吹炼周期分为两个阶段：第一阶段，将 FeS 氧化成 FeO，造渣除去，得到白冰铜（Cu_2S）。冶炼温度 $1150 \sim 1250℃$。

主要反应是：
$$2FeS + 3O_2 \longrightarrow 2FeO + 2SiO_2$$
$$2FeS + SiO_2 \longrightarrow 2FeO \cdot SiO_2$$
第二阶段，冶炼温度 $1200 \sim 1280℃$ 将白冰铜按以下反应吹炼成粗铜：
$$2Cu_2S + 3O_2 \longrightarrow 2Cu_2O + 2SO_2$$
$$Cu_2S + 2Cu_2O \longrightarrow 6Cu + SO_2$$

冰铜吹炼是放热反应，可自热进行，通常还须加入部分冷料吸收其过剩热量。吹炼后的炉渣含铜较高，一般为 $2\% \sim 5\%$，返回熔炼炉或以选矿、电炉贫化等方法处理。吹炼烟气含 SO_2 浓度较高，一般为 $8\% \sim 12\%$，可以制酸。吹炼一般用卧式转炉，间断操作。表压为 $98.06\ kPa$ 的空气通过沿转炉长度方向安设的一排风眼鼓入熔体，加料、排渣、出铜和排烟都经过炉体上的炉口。

粗铜精炼　分火法精炼和电解精炼。火法精炼是利用某些杂质对氧的亲和力大于铜，而其氧化物又不溶于铜液等性质，通过氧化造渣或挥发除去。

火法精炼的产品叫火精铜，一般含铜 99.5% 以上。火精铜中常含有金、银等贵金属和少量杂质，通常要进行电解精炼。若金、银和有害杂质含量很少，可直接铸成商品铜锭。

电解精炼是以火法精炼的铜为阳极，以电解铜片为阴极，在含硫酸铜的酸性溶液中进行。电解产出含铜 99.95% 以上的电铜，而金、银、硒、碲等富集在阳极泥中。电解液一般含铜 $40 \sim 50\ g/L$，温度 $58 \sim 62℃$，槽电压 $0.2 \sim 0.3\ V$，电流密度 $200 \sim 300\ A/m^2$，电流效率 $95\% \sim 97\%$，残极率为 $15\% \sim 20\%$，每吨电铜耗直流电 $220 \sim 300\ kW \cdot h$。中国上海冶炼厂铜电解车间电流密度为 $330\ A/m^2$。

电解过程中，大部分铁、镍、锌和一部分砷、锑等进入溶液，使电解液中的杂质逐渐积累，铜含量也不断增高，硫酸浓度则逐渐降低。因此，必须定期引出部分溶液进行净化，并补充一定量的硫酸。净液过程为：直接浓缩、结晶，析出硫酸铜；结晶母液用电解法脱铜，析出黑铜，同时除去砷、锑；电解脱铜后的溶液经蒸发浓缩或冷却结晶产出粗硫酸镍；母液作为部分补充硫酸，返回电解液中。此外，还可向引出的电解液中加铜，鼓风氧化，使铜溶解以生产更多的硫酸铜。电解脱铜时应注意防止剧毒的砷化氢析出（见水溶液电解）。

火法炼铜的其他方法　已应用于工业生产的方法还有：

三菱法(Mitsubishi·process)将硫化铜精矿和熔剂喷入熔炼炉的熔体内，熔炼成冰铜和炉渣，而后流至贫化炉产出弃渣，冰铜再流至吹炼炉产出粗铜。此法于1974年投入生产。

诺兰达法(Noranda.process)制粒的精矿和熔剂加到一座圆筒形回转炉内，熔炼成高品位冰铜。所产炉渣含铜较高，须经浮选选出铜精矿返回炉内处理。此法于1973年投入生产。

氧气顶吹旋转炉法 用以处理高品位铜精矿。将铜精矿制成粒或压块加入炉内，由顶部喷枪吹氧，燃料也由顶部喷入，产出粗铜和炉渣。中国用此法处理高冰镍浮选所得的铜精矿。

离析法 该法用于处理难选的结合性氧化铜矿。将含铜1%~5%的矿石磨细，加热至750~800℃后，混以2%~5%的煤粉和0.2%~0.5%的食盐，矿石中的铜生成气态氯化亚铜(Cu_3Cl_3)并为氢还原成金属铜而附着于炭粒表面，经浮选得到含铜50%左右的铜精矿，然后熔炼成粗铜。此法很少采用。

该炉系一固定长方形炉(100 m^2)，熔池用隔墙分为熔炼区和沉淀区，炉头(沉淀区)装有一粉煤燃烧器、供冰铜和炉渣过热，炉中(熔炼区)设1~2个燃烧器，用于补充热量不足。铜精矿、熔剂、金精矿和返回烟灰等炉料(含水<8%)，通过上料皮带、炉顶料仓、加料皮带连续由熔炼区顶部的加料口加入炉内，料口用压缩空气气封。通过放置两侧堵风口往熔池鼓风(含氧浓度45%~50%)。熔体通过隔堵下部通道进入沉淀区进行渣铜分离。炉渣(含铜0.8%~1%)从渣口间断放出入瓶化炉瓶化，冰铜(含铜45%~50%)据转炉吹炼进程放出吹炼，烟气(含硫10%~15%)经净化送制酸。

8.4.2 湿法炼铜

该法是用溶剂浸出铜矿石或精矿，而后从浸出液中提取铜的。主要过程包括浸出、净化、提取等工序。目前世界上湿法炼铜的产量约占总量的12%。

湿法炼铜目前主要用于处理氧化铜矿。有氧化铜矿直接酸浸和氨浸(或还原焙烧后氨浸)等法；①硫酸化焙烧-浸出法是将精矿中的铜转变为可溶性硫酸铜溶出；②氨液浸出法是将铜转变为铜氨配合物溶出，浸出液在高压釜内用氢还原，制成铜粉，或者用溶剂萃取-电积法制取电铜；氯盐浸出法是将铜转变为铜氯络合物进入溶液，然后进行隔膜电解得电铜。

氧化铜矿酸浸法流程 氧化铜矿一般不易用选矿法富集，多用稀硫酸溶液直接浸出，所得溶液含铜一般为1~5 g/L，可用硫化沉淀、中和水解、铁屑置换以及溶剂萃取-电积等方法提取铜。近年来，萃取-电积法发展较快。其主要过程包括：①用对铜有选择性的肟类螯合萃取剂(LiX64，N510，N530等)的煤油溶液萃取铜，铜进入有机相而与铁、锌等杂质分离。②用浓度较高的H_2SO_4溶液反萃铜，得到含铜约50 g/L的溶液。反萃后的有机溶剂，经洗涤后，返回萃取过程使用。③电积硫酸铜溶液得电铜，电解后液返回用作反萃剂。生产流程见图8-3。

硫化铜精矿焙烧浸出法 硫化铜精矿经硫酸化焙烧后浸出，得到的含铜浸出液，经电积得电铜。此法适于处理含有钴、镍、锌等金属硫化铜精矿，但铜的回收率低，回收贵金属较困难，电能消耗大，电解后液的过剩酸量须中和处理，所以一般不采用。

从贫矿石和废矿中提取铜 铜矿开采后坑内的残留矿、露天矿剥离的废矿石和铜矿表面的氧化矿，含铜一般较低，多采用堆浸、就地浸出和池浸等方法，浸出其中氧化形态的铜，而所含硫化铜则利用细菌的氧化作用使之溶解。浸出液中的铜可用铁置换得海绵铜，或者用溶剂萃取-电积法制取电铜。几种贫矿石、废矿石的浸出条件和生产规模见表8-5。

表8-5 贫矿石、废矿石浸出条件和生产规模

浸出方法	矿物性质	操作条件	工厂实例
就地浸出(崩落法开采后的残留矿)	氧化矿(含有部分硫化物)，含Cu 0.5%~1%	浸出剂含H_2SO_4 1~5 g/L，浸出液含Cu 1~2 g/L，浸出时间5~25年	美国城市服务公司(Ciries Service Co.)迈阿密矿(Miami)，年产钢7000 t

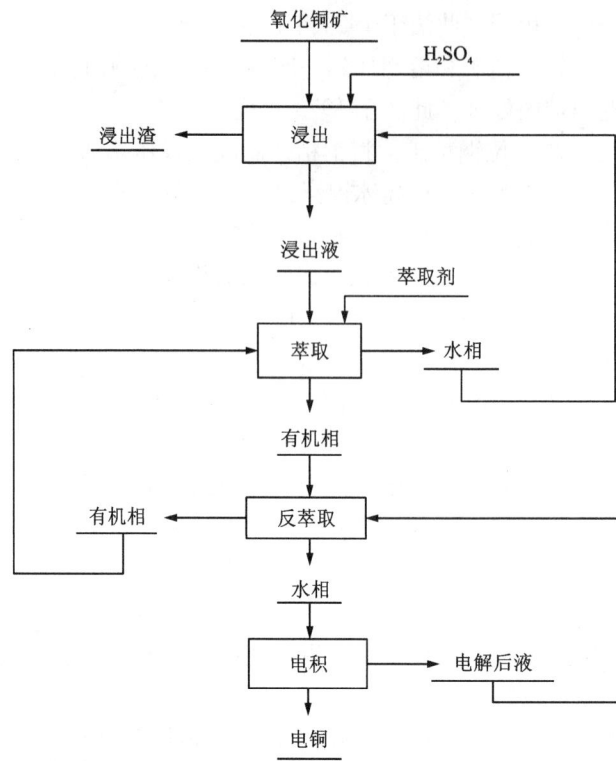

图 8 - 3　氧化铜矿酸浸流程

续表 8 - 5

浸出方法	矿物性质	操作条件	工厂实例
废矿石堆浸（露天矿剥离的废矿石）	氧化矿和硫化矿，含 Cu 0.2% ~ 1%	浸出剂含 H_2SO_4 1 ~ 5 g/L，浸出液含 Cu 1 ~ 2 g/L，浸出时间 3 ~ 20 年	巴布亚新几内亚（Papua New Guinea）布干维尔钢公司（Bouga - ineille Copper Led.）潘古那矿（Panguna）年产电钢 9000 t
堆浸（铜矿表层的氧化矿）	含 Cu 0.5% ~ 1%	浸出剂含 H_2SO_4 2 ~ 10 g/L，浸出液含 Cu 2 ~ 5 g/L，浸出时间 100 ~ 180 天	英国大牧场开发公司（Ranchera Exploration & Developmenr Co.），蓝鸟矿（Bluebird），年产电铜 7500 t
池浸	氧化矿，含 Cu 0.5% ~ 2%	浸出剂含 H_2SO_4 5 ~ 100 g/L，浸出液含 Cu 2.5 ~ 40 g/L，浸出时间 5 小时 ~ 10 天	赞比亚恩昌加联合铜矿公司（Nchanga Consolidated - Copper Mines Ltd.）钦戈拉铜矿（Chingola），年产电铜 10 万 t

8.5　铜的用途

铜容易与锌、铅、镍、铝和钛组合成合金。铜及其合金被广泛地应用于电器、机械、车辆、船舶工业和民用器具等方面，是现代工业、农业、国防和科学技术不可缺少的有色金属。例如，铜用以制作电线、电缆、电机设备、无氧铜制造超高频电子管，黄铜制造枪弹和炮弹，白铜（铜锌镍合金）用以制造航空仪的弹性元件，锡青铜用以制造轴承、轴套等，铜的化合物在农业上用来作杀虫剂和除草剂，铜还是制造防腐油漆的主要成分。

9　铅（lead）

9.1　铅发现小史

铅是人类较早提炼出来的金属之一。公元前3000年埃及使用了铅制小人像，中国商代（公元前16—11世纪），铅就用于青铜器。西周（公元前11世纪—前771年）的铅戈中含铅达99.75%。

我国的铅生产规模在解放初期相当小，现在已达到较高水平。

9.2　铅的性质

铅在空气中表面易氧化成铅膜，或碱式碳酸铅。铅系两性金属可和HCl、H_2SO_4作用生成盐类。

铅的物理性质见表9-1。

表9-1　铅的主要物理性质

密度（20℃）	11.68	g/cm^3
熔点	327.4	℃
沸点	1750	℃
平均比热（0~100℃）	129.9	J/(kg·K)
熔化热	4.98	kJ/mol
汽化热	178.8	kJ/mol
热导率（0~100℃）	34.9	W/(m·K)
电阻率（20℃）	20.6	μΩ·cm

9.3　铅的资源

铅的矿物分成原生矿物和次生矿物两大类。我国已发现的铅矿物和含铅矿物有42种，具有工业意义的有11种，常见的为以下几种：

方铅矿 PbS，含 Pb 86.6%；

硫锑铅矿 $Pb_5Sb_4S_{11}$，含 Pb 55.42%；

脆硫锑铅矿 $Pb_4FeSb_5S_{14}$，含 Pb 40.16%；

车轮矿 $PbCuSbS_3$，含 Pb 42.40%；

白铅矿 $PbCO_3$，含 Pb 77.6%；

铅矾 $PbSO_4$，含 Pb 68.3%；

铬铅矿 $PbCrO_4$，含 Pb 64.1%；

钼铅矿 $PbMoO_4$，含 Pb 56.4%。

对于铅矿床工业要求可参见表9-2。铅精矿质量标准参见表9-3。

表9-2　铅精矿工业要求

项目	硫化矿	混合矿	氧化矿
边界品位/%	0.3~0.5	0.5~0.7	0.5~1.0
工业品位/%	0.7~1.0	1.0~1.5	1.5~2.0
可采厚度/m	≥1~2	≥1~2	≥1~2
夹石剔除厚度/m	≥2~4	≥2~4	≥2~4

注：①小于可采厚度时用米百分值计算。

②硫化矿：铅氧化率<10%；混合矿：铅氧化率10%~30%；氧化矿：铅氧化率>30%。

③根据我国当前铅锌矿生产一般技术经济指标的计算，矿区工业品位一般要求：硫化矿（Pb+Zn）4%~5%，混合矿（Pb+Zn）6%~8%，氧化矿（Pb+Zn）8%~10%。这个数据也可供矿床经济评价和考虑矿区是否转入详细勘探的参数用。

表 9 - 3 　铅精矿质量标准（ YB 113—81 ）

品级	铅不小于/%	杂质不大于/%				
		Cu	Zn	As	MgO	Al_2O_3
一	70	1.5	5	0.3	2	4
二	65	1.5	5	0.35	2	4
三	60	1.5	5	0.4	2	4
四	55	2.0	6	0.5	2	4
五	50	2.0	7	协议	2	4
六	45	2.5	8	协议	2	4
七	40	3.0	9	协议	2	4

在铅锌矿床中常伴生多种具有综合利用价值的伴生组分，如铜、钨、锡、钼、铋、砷、汞、钴、镍、金、银、铂、稀有金属、稀散元素、铀以及硫铁矿、萤石、天青石、重晶石等，应注意综合评价。其详细要求见锌矿部分的内容。

全世界铅金属储量 15700 万 t。我国铅储量 3300 万 t，1990 年产量 26.8 万 t。

9.4　铅的制备

炼铅的原料主要是硫化铅矿，采出的矿石品位一般低于 3%，须经选矿得到铅精矿再进行冶炼。铅精矿一般成分为：铅 40% ~75%，锌 1% ~10%，硫 16% ~20%，还常含有银、铜、铋、砷、锑等伴生或共生金属。

铅的冶炼过程和方法如下：

9.4.1　硫化铅精矿炼铅

该法主要包括烧结焙烧、鼓风炉熔炼等过程，流程见图 9 - 1。

烧结焙烧　目的是将精矿中的 PbS 氧化为 PbO，并烧结成块。烧结块含铅 40% ~50%，含硫低于 2%。流程中的一部分二氧化硫浓度高的焙烧烟气可用于生产硫酸。

还原熔炼　该过程是将烧结块配以焦炭装入鼓风炉，从炉的下部鼓入空气使焦炭燃烧，保持风口区的温度在 1300℃ 左右，含有 CO 的高温烟气在炉内向上运动，使炉料中氧化铅还原成铅，氧化铁等形成炉渣。液体铅和炉渣流入炉缸，进行分离。铅液在向下流动过程中捕集金、银、铜、铋等金属。所得含铅约 98% 的粗铅，送往精炼。

9.4.2　粗铅精炼

该法分火法精炼和电解精炼。火法精炼的基建投资省，生产费用低，为世界许多炼铅厂采用。电解精炼除铋效果好，若粗铅含铋高时，则宜采用电解精炼。

火法精炼　①熔析精炼和加硫除铜。熔析是利用铜在铅中的溶解度随温度的降低而减小的特性，降温除去部分铜，加硫是使铜生成 Cu_2S 进一步除去。经过这两段作用，铅中含铜可降至 0.001% ~0.002%。②碱性精炼除砷、锡、锑。除铜后的铅液不断流经熔融的氢氧化钠和氯化钠，同时加入硝石（NaNO_3）作氧化剂，使砷、锡、锑分别氧化生成砷酸钠（Na_3AsO_4）、锡酸钠（Na_2SnO_4）和锑酸钠（Na_3SbO_4），它们易溶于氢氧化钠和氯化钠的混合熔体中而与铅分离。③加锌除银。加锌于含银的铅液，生成浮于铅液表面的"银锌壳"。银锌壳一般比粗铅含银高 20 倍，是提取银的原料。铅液中残存的锌（0.6% ~0.7%），可用碱性精炼法或氯化精炼法除去。真空蒸馏除锌法也已被一些工厂采用。④加钙、镁除铋。在一定温度下铋与钙可生成 Bi_2Ca_3 和 Bi_3Ca，铋和镁可生成 Bi_2Mg_3，此法可使铅中的铋降至 0.01% ~0.02%。

火法精炼作用都可在用铸铁制造的精炼锅内进行。氧化法除锌也可使用反射炉。

电解精炼　粗铅中的铜、锡等杂质，对电解有害，电解前先用火法初步精炼，以除去铜、锡。电解时阳极中须含有千分之几的锑，以便使阳极泥致密而不脱落，故在铸造阳极前须调整铅液中的含锑量。电解是以火法初步精炼的粗铅为阳极，以电解精铅薄片为阴极，在硅氟酸铅和硅氟酸溶液中进行的。

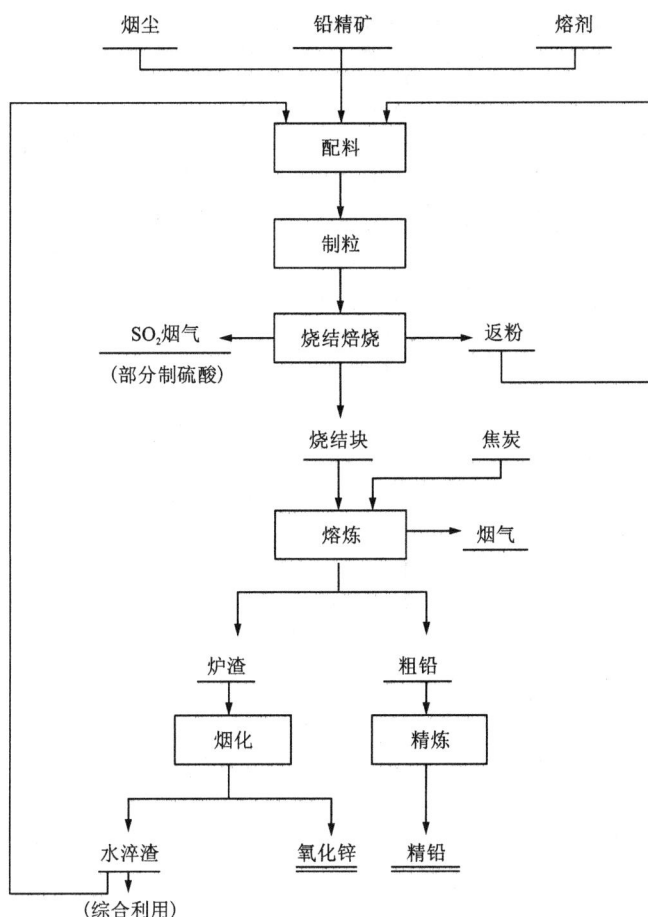

图 9 - 1 炼铅流程

9.4.3 炼铅新工艺

20 世纪 60 年代以来,许多国家先后研究了多种直接处理铅精矿产出粗铅的新方法,以取代传统的烧结机 - 鼓风炉流程。基夫塞特法(KIVCET)——氧气闪速熔炼、电炉贫化炉渣,正在建设生产工厂。氧气顶吹旋转转炉(TBRC)炼铅方法,已为瑞典的炼铅厂所采用。氧气底吹炼铅法(QSL)正在进行工业试验。奥托昆普(Outokumpu)闪速熔炼炼铅法——氧气闪速熔炼、电炉插以还原喷枪贫化炉渣,已完成中间试验工厂。此外,用氯盐浸出铅精矿的湿法炼铅的研究也取得了一些进展。

9.4.4 再生铅

蓄电池用铅量在铅的消费中占很大比例,因此废旧蓄电池是再生铅的主要原料。有的国家再生铅量占总产铅量的一半以上。

再生铅主要用火法生产。例如,处理废蓄电池时,通常配以 8% ~ 15% 的碎焦,5% ~ 10% 的铁屑和适量的石灰、苏打等熔剂,在反射炉或其他炉中熔炼成粗铅。

铅冶炼过程有价金属的回收 炼铅原料大部分是硫化铅精矿,小部分是铅锌氧化矿,其中都含有许多有价金属,可在冶炼过程中予以回收。中国硫化铅精矿中常含有以下有价金属:铅、锌、铜、砷、锑、铋、镉、汞、金、银、硒、碲、铟、锗、铊。炼铅主要采用烧结 - 鼓风炉熔炼,其有价金属的分布见图 9 - 2。

在烧结过程,95% 以上的汞进入烟气,70% 的铊,30% ~ 40% 的镉、硒、碲,以及一小部分砷、锑、铋等金属进入烟尘,其余留在烧结块和返粉中。在鼓风炉熔炼过程中,几乎全部的金、银和大部分铜、砷、锑、铋、锡、硒、碲进入粗铅;95% 以上的锌、锗和 50% 以上的铟进入炉渣;80% ~ 90% 的镉进入烟尘。在火法初步精炼过程中,粗铅中的铜、锡、铟大部分进入浮渣,金、银、铋等金属留在铅中。在铅电解精炼过程,比铅更正电性的金属如金、银、铜、锑、铋、砷、硒、碲等不溶解而留在阳极泥,比铅更负电性的金属如铁、锌、镍、钴与铅一起溶解,进入电解液,但不在阴极析出。

铅精矿

烧结焙烧 → 收尘 → 烟气（回收Hg）

返粉

烟尘（回收Cd、Ti）

烧结块

鼓风炉熔炼

炉渣　　　粗铅　　　烟尘（回收Cd、Zn、In、Ti、Se、Te）

烟化　　　火法初步精炼

炉渣（综合利用）　　　氧化锌（回收Zn、In、Ge、Pb、Sn）　　　阳极板

浮渣（回收Pb、Sn、Cu、In、As）

电解精炼

电铅　　　阳极泥（回收Au、Ag、Pt、Pd、Sb、Bi、Te）

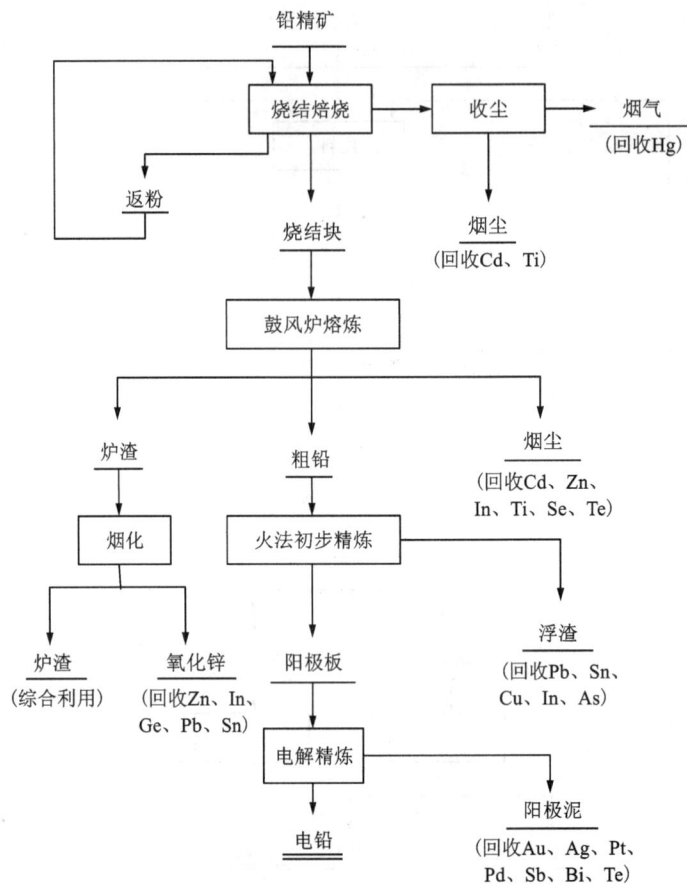

图 9 - 2　炼铅过程中有价金属的分布

　　从烧结机烟气中可回收汞，烟尘一般返回配料，经循环富集后，回收镉和铊。处理鼓风炉烟尘可回收镉、锌、铟、铊等金属。

　　浮渣熔炼时产出粗铅、冰铜（包括砷冰铜）、炉渣和烟尘，可从冰铜和炉渣中回收铜、铅，从烟尘中回收铟和砷。处理含锡较高的粗铅时，高锡浮渣可经重选得到铅精矿和锡精矿，分别回收铅、锡。

　　中国低品位铅锌氧化矿在鼓风炉熔矿过程中，一部分铅、锌、镉、锗挥发进入烟尘，一部分进入粗铅，大部分留在熔渣。熔渣经烟化炉挥发，铅、锌、镉、锗进入烟尘，再从烟尘中予以回收。

9.5　铅的用途

　　铅广泛应用于各种工业，大量用来制造蓄电池；在制酸工业和冶金工业上用铅板、铅管作衬里保护设备；电气工业中作电缆包皮和熔断保险丝。含锡、锑的铅合金用作印刷活字，铅锡合金用于制造易熔铅焊条，铅板和镀铅锡薄钢板用于建筑工业。铅对 X 射线和 γ 射线有良好的吸收性，广泛用作 X 光机和原子能装置的防护材料。汽油内加入四乙基铅 $[Pb(C_2H_5)_4]$ 可提高其辛烷值。用作颜料的铅化合物有铅白 $[2PbCO_3 \cdot Pb(OH)_2]$、铅丹（Pb_3O_4）、铅黄（$PbCrO_4$）、密陀僧（PbO）等。盐基性硫酸铅、磷酸铅和硬脂酸铅用作聚氯乙烯的稳定剂。还用在橡胶、玻璃、陶瓷工业，醋酸铅用于医药部门。

　　美国 1979 年用铅量比例为：蓄电池 61%，汽油添加剂 12%，颜料 6%，弹药 4%，建筑材料 3%，电气 2%，其他 12%。

10 锌(zinc)

10.1 锌的发现小史

人类很早就使用了含锌的铜合金。中国最早掌握炼锌技术，明代《天工开物》称锌为倭铅。欧洲人在公元前5世纪得到过锌。大约16~18世纪，中国锌传入欧洲，被称为 tuwtenagne，纯度98%。英国布里斯托尔(Brestal)于1738年开始生产锌。1746年德国化学家马格拉夫(S. A. Merggraf)将异极矿($H_2Zn_2SiO_5$)与木炭煅烧，制出金属锌。19世纪平罐炼锌在法国、比利时得到发展。

10.2 锌的性质

锌在室温下性脆，加热到100~150℃变软，能压片抽丝。但到200℃以上又变脆，易碎为粉末。锌是活性金属，常温下在空气中表面生成致密的碱式碳酸锌[$ZnCO_3 \cdot 3Zn(OH)_2$]薄膜，阻止本体锌继续氧化。锌加热至225℃后氧化激烈，燃烧时呈蓝绿色火焰。加温时锌同氟、氯、溴、硫作用生成化合物。锌属负电势金属($\phi° = -0.763$ V)，易溶于酸，也易从溶液中置换某些金属，如金、银、铜、镉等。重要化合物有氧化锌(ZnO)、硫酸锌($ZnSO_4$)、氯化锌($ZnCl_2$)。表10-1所示为锌的主要物理性质。

表10-1 锌的主要物理性质

密度(20℃)	7.14	g/cm^3
熔点	419.5	℃
沸点	911	℃
平均比热(0~100℃)	394	$J/(kg \cdot K)$
熔化热	7.2	kJ/mol
汽化热	115.1	kJ/mol
热导率(0~100℃)	119.1	$W/(m \cdot K)$
电阻率(20℃)	5.96	$\mu\Omega \cdot cm$

10.3 锌的资源

自然界锌的矿物种类较多，常见矿物有：

闪锌矿 ZnS，含 Zn 67.1%；

纤维锌矿 ZnS，含 Zn 67.1%；

菱锌矿 $ZnCO_3$，含 Zn 52.1%；

异极矿 $Zn_4Si_2O_7(OH)_2 \cdot H_2O$，含 Zn 54.3%；

硅锌矿 Zn_2SiO_4，含 Zn 58.6%；

水锌矿 $Zn_5(CO_2)_2 \cdot (OH)_6$，含 Zn 59.6%。

各类锌的矿床的工业要求见表10-2。典型矿床的工业要求参见表10-3。锌精矿的质量标准见表10-4。

表 10 - 2　三类锌矿床的工业要求

项目	硫化矿	混合矿	氧化矿
边界品位/%	0.5 ~ 1.0	0.8 ~ 1.5	1.5 ~ 2.0
工业品位/%	1.0 ~ 2.0	2.0 ~ 3.0	3.0 ~ 6.0
可采厚度/m	≥1 ~ 2	≥1 ~ 2	≥1 ~ 2
夹石剔除厚度/m	≥2 ~ 4	≥2 ~ 4	≥2 ~ 4
备注	①小于可采厚度时用米百分值计算 ②硫化矿：锌氧化率 < 10%；混合矿：锌氧化率 10% ~ 30%；氧化矿：锌氧化率 > 30% ③根据我国当前铅锌生产一般技术经济指标的计算，矿区工业品位一般要求，硫化矿(Pb + Zn)4% ~ 5%，混合矿(Pb + Zn)6% ~ 8%，氧化矿(Pb + Zn)8% ~ 10%，这个数据也可供矿床经济评价和考虑矿区是否转入详细勘探的参考。		

表 10 - 3　几个典型铅锌矿床的工业要求

矿床类型		边界品位/%	工业品位/%	可采厚度/m	夹石剔除厚度/m
云南金顶层控型沉积 - 改造矿床	铅	0.3	1.5	1 ~ 1.5	3 ~ 4
	锌	0.8	3		
湖南桃林中温热液沿断层破碎带充填脉状矿床	铅	0.5	0.7	1.2	2
	锌	1.0	1.0	1	
甘肃小铁山受变质火山 - 沉积型矿床	铅	0.5	0.7	1	2
	锌	0.7	1.2		
湖南水口山中偏高温热液接触交代型矿床	铅	0.5	0.7	1.2	2
	锌	1.0	1.0		
辽宁关门山受古岩溶作用改造的层控型矿床	铅	0.5	1.0	1	> 2
	锌	0.7	2.0		

表 10 - 4　锌精矿质量标准(VB 114—81)

品级	锌不小于/%	杂质不大于/%					
		Cu	Pb	Fe	As	SiO_2	F
一	59	0.8	1.0	6	0.2	3.0	0.2
二	57	0.8	1.0	6	0.2	3.5	0.2
三	55	0.8	1.0	6	0.2	4.0	0.2
四	53	0.8	1.0	7	0.3	4.5	0.2
五	50	1.0	1.5	8	0.4	5.0	0.2
六	48	1.0	1.5	13	0.5	5.5	0.2
七	45	1.5	2.0	14	协议	6.0	0.2
八	43	1.5	2.5	15	协议	6.5	0.2
九	40	2.0	3.0	16	协议	7.0	0.2

　　在锌矿床中常伴生多种具有综合利用价值的伴生组分，如铜、钨、锡、钼、铋、砷、汞、钴、镍、金、银、铂、稀有金属、稀散元素、铀以及硫铁矿、萤石、天青石、重晶石等，应注意综合评价，其一般要求见表 10 - 5。

表 10 - 5　对伴生组分综合评价的一般要求

伴生组分	矿石品位/%	伴生组分	矿石品位/%
Cu	0.06	Ag	>2(g/t)
WO₃	0.06	Cd	0.01
Sn	0.08	In	0.001
Mo	0.02	Ga	0.001
Bi	0.02	Ge	0.001
S	4	Se	0.001
Sb	0.4	Te	0.001
CaF	5	Tl	0.001
Au	>0.1(g/t)	Hg	0.005
As	0.2	U	0.02

全世界锌金属储量 24 亿 t，产量逐年增长，1980 年产量 614 万 t。我国锌储量为 3300 万 t，1993 年产量为 85.69 万 t。

10.4　锌的制取

硫化铅锌矿浮选产出的锌精矿，成分一般为：锌 50% 左右，硫 30% 左右，铁 5% ~ 14%，还含有少量铅、镉、铜和贵金属，以及微量的铟、锗、镓、铊等稀散金属。用硫化锌精矿炼锌的方法有湿法和火法。20 世纪 70 年代各种炼锌方法产锌量的大致比例是：湿法炼锌 74%，火法炼锌 26%（其中竖罐法 5.6%、横罐法 2.2%、鼓风炉法 11.4%、电热法 6.8%）。

10.4.1　湿法炼锌

该法主要有焙烧、浸出、浸出液净化和电积等工序。锌精矿焙烧后用电解废液进行中性浸出，使大部分氧化锌溶解，得到的矿浆分离出上清液和底流矿浆。上清液净化后电积产出金属锌，熔铸成锭。底流矿浆进行酸性浸出以溶解残余的氧化锌，酸性浸出液返回到中性浸出；含锌约 20% 的酸性浸出渣，须进一步处理，传统方法采用回转窑挥发，回收其中的锌、铅和部分稀散金属（见图 10 - 1）。

焙烧　目的是把精矿中的硫化锌转变为可溶于稀硫酸的氧化锌，即酸溶锌。

焙烧采用流态化焙烧炉，焙烧温度 850 ~ 900℃，过剩空气系数 1.1 ~ 1.2。焙烧矿中可溶锌应占全锌量的 90% 以上，尽量减少不溶于稀酸的铁酸锌（ZnO·Fe₂O₃）和难溶的硫化锌。

浸出　浸出的作用是使焙烧矿中的锌最大限度地溶解。按作业终点控制的酸度可分为中性浸出和酸性浸出。

（1）中性浸出　用电积锌的废电积液和各种过滤返回液配制的溶液浸出焙烧矿，得到含锌 120 ~ 170 g/L 的浸出液，净化后送往电积。浸出作业中通常用鼓入空气、加二氧化锰（MnO₂）或电积返回阳极泥的方法，将 Fe²⁺ 氧化成 Fe³⁺，控制浸出终点的 pH 为 5.2 ~ 5.4，使铁、砷、锑、锗水解沉淀。浸出条件：温度 55 ~ 60℃，时间 60 min 左右，液固比（9 ~ 13）:1。

（2）酸性浸出　为溶解中性浸出矿浆中残余的氧化锌，常采用 1 ~ 2 段酸性浸出。浸出条件为：终点残酸 3 ~ 5 g/L，温度 60 ~ 75℃，时间 120 ~ 150 min，液固比（7 ~ 9）:1。

浸出液净化　中性浸出液常含有砷、锑、铜、镉、钴、镍等杂质，电解前必须净化除去。这些杂质的标准电极电势均比锌高，可用锌粉置换净化。一般先除铜、镉，后除钴、镍，其余杂质一般能同时除去。为防止氧化，净化槽一般采用机械搅拌，而不用空气搅拌。中国于 1965 年试验成功的流态化置换槽，效果很好。作业温度一般在 50℃ 上下，时间不宜太长。除钴、镍时要求温度为 70 ~ 80℃，并添加 CuSO₄、As₂O₃、锑粉或锑盐作活化剂。用 As₂O₃ 时放出的剧毒的 AsH₃ 气体，必须采取安全措施。As₂O₃ 现已逐渐为 Sb₂O₃ 和锑粉所代替。少数工厂用黄药或 α 亚硝基 β 萘酚除钴。

锌的电积　该工序是以含有硫酸的硫酸锌水溶液为电解液，含银 0.5% ~ 1% 的铅板为阳极，压延铝板为阴极，进行电积。阴极析出锌，阳极放出氧。为了提高电流效率，除降低电解液中的杂质含量外，还应控制电解

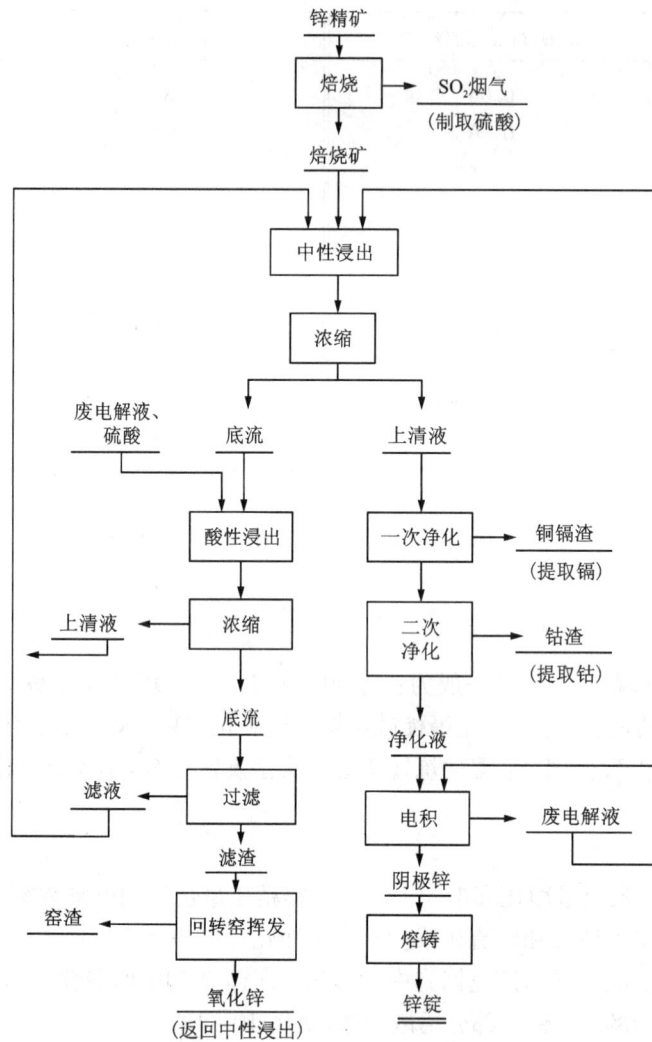

图 10 - 1　湿法炼锌传统流程

液温度。通常采用空气冷却塔或真空蒸发器冷却电解液。锌电积的技术条件是：电流密度 400 ~ 600 A/m²，温度 35 ~ 40℃，槽电压 3.3 ~ 3.6 V，电流效率 85% ~ 92%。每吨阴极锌消耗直流电 3000 ~ 3300 kW·h。阴极锌电积周期一般为 24 h 或 48 h，锌片可用人工或机械剥离。阴极锌片经洗涤干燥后用感应电炉熔铸成锭。电积锌的品位通常为 99.94% ~ 99.99%。

锌浸出渣的处理 20 世纪 60 年代发展的热酸浸出 - 黄钾铁矾或针铁矿等方法，使湿法炼锌工艺进一步完善。新方法的特点是先以高温高酸溶解渣中的铁酸锌，再以人造矿物的方法除去溶解的铁，所得含锌溶液返回焙烧浸出系统，回收其中的锌。此法锌回收率高，并有利于锌精矿的综合利用。热酸浸出的作业条件是：温度 90℃ 以上，终点残酸 40 ~ 60 g/L，时间 3 ~ 4 h。为强化作业，有的厂采用终点残酸大于 100 g/L 的超高酸浸出。高酸浸出的金属浸出率(%)为：锌 97 ~ 99，铜、镉、铟、镓大于 90，铁 70 ~ 85。

除铁方法有三种：①黄钾铁矾[KFe₃(SO₄)₂(OH)₆]法；②针铁矿法；③赤铁矿法。

硫化锌精矿加压浸出　在高压釜内加压通氧的条件下，用锌废电解液浸出硫化锌精矿，使 ZnS 转变成 $ZnSO_4$ 和单质硫。浸出矿浆先经浮选分出粗单质硫，再经浓密，分出铁铅渣，所得 $ZnSO_4$ 溶液经净化、电积得电积锌；粗单质硫经热过滤得纯单质硫；铁铅渣送铅冶炼回收铅、锌。20 世纪 80 年代初只有加拿大两家锌厂在原有传统湿法炼锌的扩建部分采用此方法。扩建部分省去焙烧、制酸等工序。

10.4.2　火法炼锌

硫化锌精矿经焙烧使硫化锌转变为氧化锌，然后在高温、强还原气氛中，用碳质还原剂还原产出锌蒸气，经冷凝得到金属锌。

目前,火法炼锌主要为竖罐蒸馏法和鼓风炉法。

竖罐炼锌 它主要有锌精矿焙烧、压团、焦结、蒸馏等工序。焙烧采用氧化焙烧,使精矿中的硫尽可能全部氧化,同时使大部分铅、镉等杂质挥发。焙烧条件为:温度 1080~1120℃,空气过剩系数 1.05~1.1。焙烧设备采用流态化焙烧炉。

在锌焙烧矿中配入 50% 优质焦煤和适量的黏合剂经混合、辗压制成的团块,送焦结炉加热至 800℃,形成具有(500~600) kgf/cm² 抗压强度的焦结团块,间歇地加入密闭蒸馏竖罐。罐体用导热性良好的碳化硅砖砌成,高 8 m 以上,横断面为矩形。气体或液体燃料在罐外燃烧室中燃烧,热量传至罐内,温度维持在 1100℃ 左右。炉料从罐的上部加入,连续向下运动。还原出来的锌蒸气随炉气上升,经上延部进入冷凝器,冷凝成锌液。蒸馏后的残渣落入水封罐底排出,一般含锌 3%~5%(中国葫芦岛锌厂为 1%~3%),含碳 30% 左右。中国竖罐炼锌厂用漩涡炉处理残渣,从中回收锌、铜、贵金属和稀散金属。竖罐排出的炉气含锌 35% 左右,冷凝产出粗锌,冷凝效率为 94%~97%,炉气中所余的锌蒸气经湿法收尘得到部分被氧化的锌粉(俗称蓝粉)。废气含一氧化碳 75%,净化后返回蒸馏炉作燃料。竖罐的生产率按单位受热面积计,一般为每日 160 kg/cm²。中国工厂中,受热面积为 100 m² 的大型竖罐日产锌量达 20 t。锌的总回收率约为 95%~96%,每吨锌耗标准煤 1.84 t。竖罐炼锌流程见图 10-2。

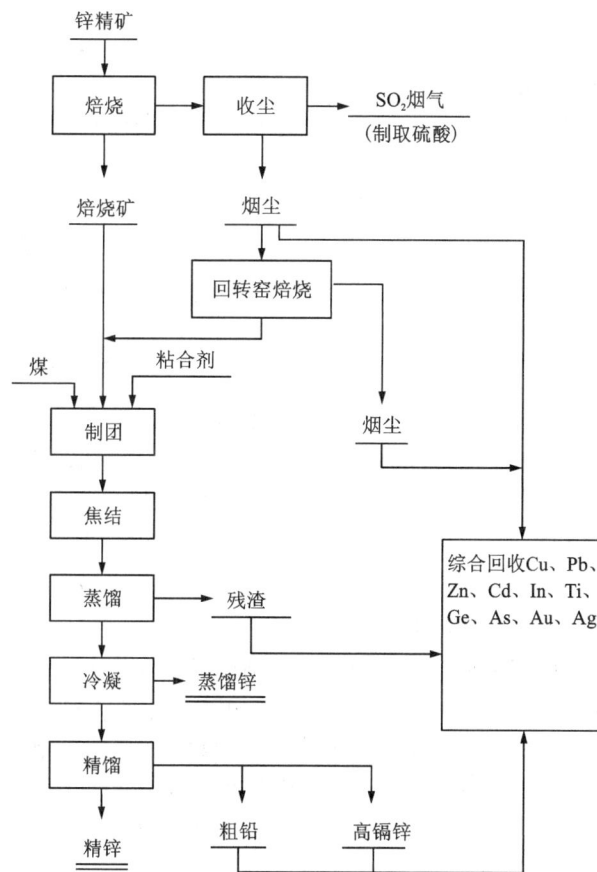

图 10-2 竖罐炼锌流程

鼓风炉炼锌 该法是英国于 1950 年发展的方法,称为 ISP 法,它将热交换和氧化锌还原过程在同一容器内进行。鼓风炉既能处理锌、铅混合硫化矿或锌铅氧化矿,也能处理铅锌烟尘等。硫化锌铅精矿经烧结焙烧成烧结矿,配以焦炭,加入鼓风炉内,鼓入预热空气,使焦炭燃烧,在高温和强还原性气氛中进行还原熔炼。还原所得锌蒸气从炉顶排出,经铅雨冷凝得粗锌,同时从炉底排出还原熔炼所产的粗铅。一般所说的标准炉,炉身断面为 17.2 m²,风口区断面为 11.2 m²,配有一套 5.5 m² 铅雨冷凝器。鼓风炉的处理能力以燃烧焦炭量表示,经强化操作,炉的日燃焦炭量已超过 200 t。燃烧一吨焦炭可产锌 1~1.2 t 以上。锌的回收率为 90%~94%,铅的回收率为 93%~96%。中国韶关冶炼厂采取鼓风炉法。

粗锌精馏　火法炼锌一般产出品位为 97% ~ 99% 的粗锌，可直接用于镀锌工业，如需精锌，可通过精馏精炼法，利用各种金属沸点的不同除去其中的铅、铜、镉、铁等杂质。精馏在精馏塔内进行。精馏塔包括两个部分：铅塔及其冷凝器和镉塔及其冷凝器。粗锌先从熔化炉流入铅塔，塔内温度维持约 1000℃，高沸点的铅、铜、铁与部分锌共熔，经塔底流入精炼炉得低镉粗锌、硬锌和粗铅。大部分锌和全部镉挥发，经冷凝器冷凝成液体后导入镉塔，使锌与镉进一步分离。精馏塔由若干个碳化硅塔盘叠加而成。一般两个铅塔配一个镉塔。一座由 61 块塔盘(1220×610 mm) 组成的铅塔，每天可精炼 50 t 粗锌。精馏可产出 99.99% 的精锌，回收率可达 99%，并可综合提取铅、镉、铟、锗等。此外，也有采用真空蒸馏精炼粗锌的。

10.4.3　锌冶炼过程中有价金属的回收

炼锌的主要原料是硫化锌精矿。目前炼锌主要采用湿法和火法。硫化锌精矿常含有以下有价金属：锌、铜、铅、镉、汞、钴、镍、砷、锑、锡、铋、锗、镓、铟、铊、硒、碲、银、金。

湿法炼锌过程中有价金属的回收在热酸浸出黄钾铁矾法应用于炼锌生产后，铜、镉、铅的富集回收率可达 85% ~ 90%；铟、镓、铊、锗的富集回收率可大幅度增高。

①在流态化焙烧过程中，90% 以上的汞进入烟气，冷凝后进入酸泥，可从酸泥回收。其余有价金属几乎都留在焙砂中。

②在焙砂的中性或酸性浸出过程中，99% 的镉、钴，80% ~ 85% 的铜，以及一部分稀散金属进入溶液，其余留在渣中。

③在浸出液净化过程中，铜、镉富集于用锌粉置换所得的铜镉渣中，它是提镉的主要原料。在提镉过程中可综合回收铜、铊和锌。浸出液净化过程用黄药除钴时，钴和剩余的铜镉富集于黄酸钴渣中。在从钴渣提钴过程中，可综合回收铜、镉、锌。

④在回转窑处理浸出渣烟化过程中，铅、镉、铟、锗、镓、铊和锌挥发进入氧化锌烟尘，有价金属的挥发率为(%)：锌 85，铅 95，铟 72，锗 31，镓 14，铊 87，镉 91。窑渣可回收铜、银、金。

⑤回转窑氧化锌在多膛炉内焙烧脱氟、氯时，铊富集于烟尘中，是提取铊的原料。焙烧后的氧化锌，经两次浸出，铟、锗、镓等富集于酸性浸出液中，以锌粉置换，所得的置换渣，是回收铟、锗、镓的原料。氧化锌浸出渣可回收铅。

竖罐炼锌过程有价金属的回收这个过程有价金属的分布情况见图 10-3。

在流态化焙烧过程中，90% 以上的镉，30% 的铅，20% 的铊，10% 的铟，5% 的银进入烟尘；约 95% 的汞，5% 的镉、铅进入烟气，其余有价金属留在焙砂中。在团矿焦结过程中 50% 以上的铟、10% ~ 15% 的镉、5% 的铅进入焦结烟尘，其余有价金属留在焦结矿中。在锌蒸馏过程中，90% 以上的金、银，80% ~ 90% 的铜、锗、镓，60% ~ 70% 的铊，10% 的铟、铅留在残渣中；15% ~ 20% 的铅，5% ~ 10% 的镉、铟进入粗锌。在锌精馏过程中，粗锌中的铅、铟进入粗铅，镉进入高镉锌。

①流态化焙烧烟气含有汞，经冷凝形成汞氽，用蒸馏法精馏后，再经麂皮过滤而得金属汞。

②从镉尘提镉时，可综合回收铟、铊、硫酸锌和铅泥，并可从铅泥回收铅、银、铋。

③焦结炉烟尘的主要成分是含铟氧化锌。在提铟过程中，可综合回收镉、铅和硫酸锌。

④蒸馏残渣可用选矿、漩涡熔炼等方法处理，采用漩涡炉熔炼时，97% 的铅，90% 的锗，82% 的锗挥发富集于烟尘；70% 以上的铜和钴富集于冰铜。残渣所含固定碳可在漩涡熔炼中用作燃料和还原剂。漩涡熔炼过程有价金属回收率(%)为：银 93，锌 91，铜 75，铅 98，锗 88。

⑤含铟粗铅熔化后鼓风氧化时，铟进入浮渣。浮渣经酸浸、置换、熔炼、电解得金属铟。酸浸渣可回收铅。

⑥高镉锌可返回蒸馏炉富集，然后在镉精馏塔直接提取精镉。

铅锌鼓风炉熔炼过程中有价金属的回收　回收过程见图 10-4。

①烧结机的烟尘，冷凝器的浮渣，洗涤器收集的蓝粉，也称返粉(见锌)，一般都返回配料工序，使一部分镉、锑、砷等金属在熔炼过程中循环。

②铅锌混合精矿烧结时，原料中大部分镉、铊和小部分铅挥发，进入烟尘。当烟尘中镉、铊富集至一定含量时，可从其中回收。原料含汞较高时，可从烧结机烟气中回收。

③熔炼时，烧结矿中的金、银、铜、铋、锑等金属大部分富集于粗铅，在粗铅精炼时，分别回收；熔炼过程中产出砷冰铜(黄渣)或冰铜时，铜和小部分金、银进入其中，可在处理时回收。

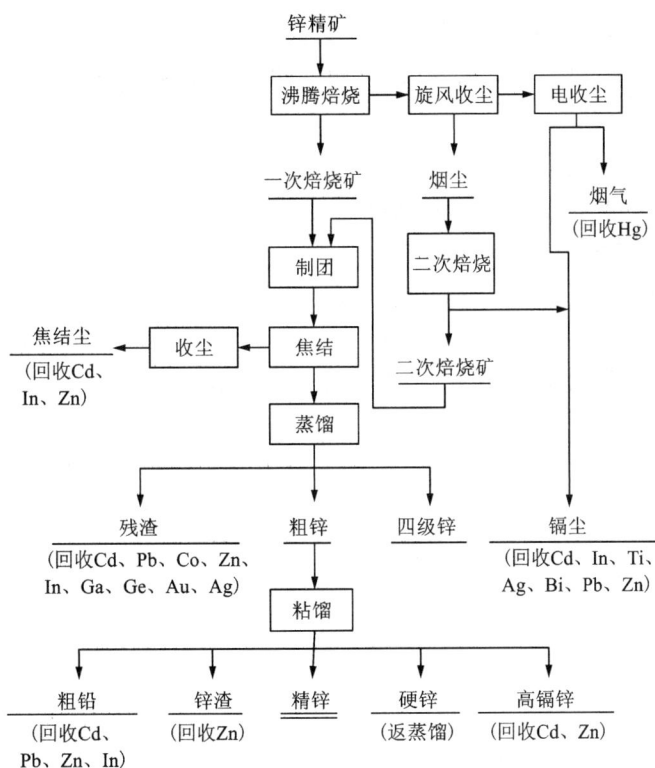

图 10 – 3　竖罐炼锌过程有价金属的分布

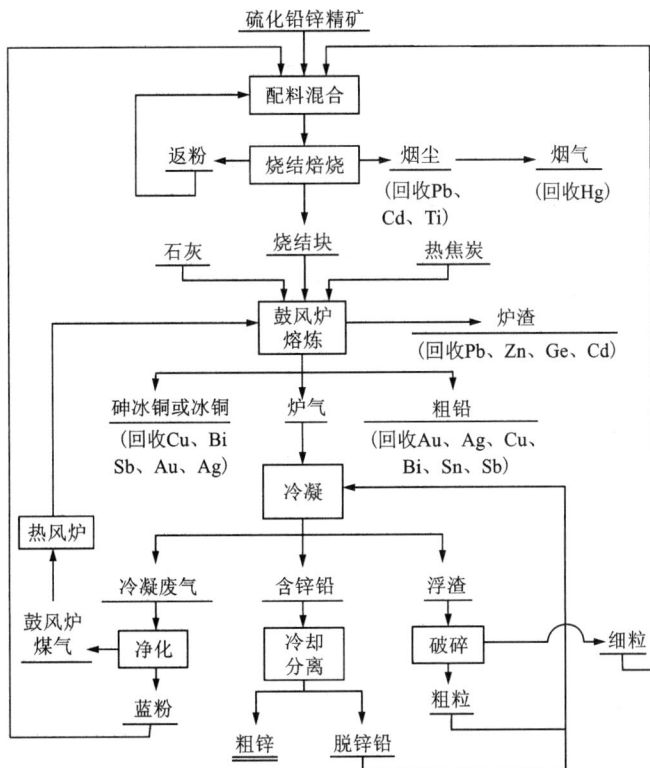

图 10 – 4　鼓风炉炼铅锌过程有价金属的分布

④烧结矿中的镉有 50% 进入粗锌，粗锌还含有少量铅，均可在精馏过程中回收。

⑤铅锌鼓风炉渣含锌6%~8%，含铅0.8%~1.5%，并含有少量的镉、锑、锡等金属，用烟化炉处理炉渣，使这些金属进入烟尘，再从其中回收。

⑥铟主要富集于粗铅和粗锌，部分锗也进入粗锌，可在粗铅、精炼和粗锌精馏过程中回收。镓和部分锗进入炉渣，可从炉渣烟化的烟尘中回收。

10.5　锌的用途

锌广泛用于制造各种合金，如黄铜、白铜、青铜等。锌含量40%以下的黄铜使用价值最大，在黄铜中加入锡、镍、锰、铁、钨、铅等成分后能改变其物理性能，因此，这类合金叫做特种黄铜。锌的另一种用途是镀锌，也用于制造干电池，由于锌在铸造工业上的浇铸时能充满模内很精细的地方，故在汽车工业上常作为精度铸件的原料，锌的化合物可用于纺织工业以及医药、橡胶，制造油漆、颜料、染料等，农业上制作杀虫剂，锌还用以制微晶锌板、用于传真制版和压铸合金等技术。典型锌合金的性能和用途见表10-6。

表10-6　典型锌合金的成分、性能和用途

类别		主要成分/%	状态	搞拉强度	伸长率/%	用途
铸造锌合金	压力铸造	Zn-4Al-0.5Cu-0.055Mg	铸态	28.7	10	汽车零件、家用器具、装饰品、玩具和机器零件等
		Zn-4Al-1Cu-0.055Mg	铸态	33.5	7	
	重力铸造	Zn-0.03Al-1.25Cu-0.01Mg-0.20Ti	铸态	23	5	可代替锡青铜制作低转速中温工作的轴承、机器外罩、滑轮、门锁等
		Zn-9Al-1.5Cu-0.045Mg	金属型铸	32	1.5	
		Zn-11Al-0.75Cu-0.02Mg	金属型铸	37.5	5	
		Zn-27.5Al-2.25Cu-0.015Mg	砂型铸	41	3	
变形锌合金		Zn-0.006Cd-0.015Pb-0.005Fe-0.67Cu-0.14Ti	轧件纵向	17	28	电池负极、胶印印刷版、建筑用屋面板、落水槽等
			轧件横向	22	16	
		Zn-0.035Cd-0.28Pb-0.005Fe-0.003Cu	轧件纵向	14	42	
			轧件横向	18	30	
		Zn-0.8Cu-0.15Ti	轧件纵向	20	26	层面板、拉锁、日用五金等
			轧件横向	28	14	

11 锡(tin)

11.1 锡的发现小史

中国早在 3000 年前(公元前 12 世纪)就用锡石炼锡。战国的《周记·考工记》详述了各种用途的青铜中铜锡配比。明代的《天工开物·五金篇》详述了锡冶金技术。欧洲古代产锡地主要是康沃尔(Cornwall)、波希米亚(Bohemia)、萨克森(Saxony)。阿格里科拉(G. Agricola.)在《论冶金》中记述了 16 世纪炼锡用的鼓风炉和康渥尔在 18 世纪初使用的反射炉炼锡。

11.2 锡的性质

锡是人类最早发现和使用的金属之一。常温下呈银白色,随温度变化有三种同素异性体。在 13.2℃以下为 α 锡(灰锡),13.2~161℃为 β 锡(白锡),161℃以上为 γ 锡(脆锡)。β 锡(白锡)属四方晶系。α 锡(灰锡)属金刚石型等轴晶系。β 锡转变成 α 锡时呈粉状,这种现象称为"锡疫"。1911—1912 年,英国探险家斯科特(R. F. Scott, 1868—1912)去南极探险,他和四名助手于 1912 年 1 月 17 日到达了南极中心。在返回供应点时,发现供应点用锡焊接的油罐,在严寒气候下,产生锡而破裂,造成燃料油流失,食物被油污染,导致了斯科特等人饥寒交迫而死的悲剧。常温下,锡表面生成致密的氧化物薄膜,阻止锡的继续氧化。在赤热温度下,锡迅速氧化并挥发。

表 11-1 所示为锡的主要物理性质。

表 11-1 锡的主要物理性质

密度(20℃)	7.3	g/cm^3
熔点	231.9	℃
沸点	2625	℃
平均比热(0~100℃)	266	$J/(kg \cdot K)$
熔化热	7.08	kJ/mol
汽化热	296.4	kJ/mol
热导率(0~100℃)	73.2	$W/(m \cdot K)$
电阻率(20℃)	12.6	$\mu\Omega \cdot cm$

11.3 锡的资源

在自然界中锡主要呈自然元素、金属互化物、氧化物、氢氧化物、硫化物、硫盐、硅酸盐、硼酸盐等形式存在。目前已发现锡矿物和含锡矿物 50 余种,其中具有工业意义的主要矿物为:

锡石 SnO_2,含 Sn78.8%;

黄锡矿 Cu_2FeSnS_4,含 Sn27.6%;

圆柱锡矿 $Pb_3Sb_2Sn_4S_{14}$,含 Sn26.5%;

硫锡铅矿 $PbSnS_2$,含 Sn30.51%;

辉锑锡铅矿 $Pb_5Sb_2Sn_3S_{14}$,含 Sn17.09%。

对于原生锡矿及砂锡矿的工业要求分别参见表 11-2,表 11-3。

表 11 - 2　原生锡矿的工业要求及典型锡矿床实例

项目	要求	备注
工业品位(Sn)	0.2% ~ 0.4%	坑采矿体厚度小于可采厚度时应考虑以米百分值计算
可采厚度	0.8 ~ 1 m	
夹石剔除厚度	2 m	
边界品位(Sn)	0.1% ~ 0.2%	

矿区名称	边界品位/Sn%	最低工业品位/Sn%	最低可采厚度/m	夹石剔除厚度/m
广西大厂锡石 - 硫化物矿床	0.15	0.3	1	4
云南个旧松树脚锡石 - 硫化物砂卡岩矿床	0.1	0.2	0.8	2
广西栗木老虎头含锡花岗岩矿床	0.15	0.25	1	2
广东阳春锡石 - 石英18号矿体	0.1	0.2	0.7	2

注：①本参考指标以全锡计算，适用于以锡石为主的矿床。

　　②当矿石中胶态锡、硫化锡等占一定比例时(>10%)，要提高指标。

　　③以胶态锡、硫化锡为主的矿石，要按照采、选、冶技术经济条件另行制定指标。

表 11 - 3　砂锡矿工业要求及典型砂锡矿实例

项目	用化学分析法确定品位(锡石中锡)	用重砂、淘洗法确定锡石含量(锡石纯度 Sn > 60%)
边界品位	Sn 0.02%	锡石 100 ~ 150 g/m³
工业品位	Sn 0.04%	锡石 200 ~ 300 g/m³
可采厚度(m)	≥0.5	≥0.5
夹石剔除厚度(m)	≥2	≥2

矿区名称	边界品位		最低工业品位		最低可采厚度 /m	夹石剔除厚度 /m
	化验/Sn%	淘洗锡石 /(g·m⁻³)	化验/Sn%	淘洗锡石 /(g·m⁻³)		
云南个旧牛屎坡残坡积砂矿	0.02		0.04		0.5	2
广东新会牛牯岭冲积砂矿		200		300		
广西望高冯屋排冲积砂矿		100	300		1	2
广西贺县新桂残坡积砂矿	0.02		0.04		1	2

锡精矿质量标准见表 11 - 4。

一、六十四种有色金属

49

表 11-4　锡精矿质量标准(VB 736—82)

类别	品级	锡不小于/%	杂质不大于/%					
			S	As	Bi	Zn	Sb	Fe
一类	一级品	65	0.4	0.3	0.10	0.4	0.2	5
	二级品	60	0.5	0.4	0.10	0.5	0.3	7
	三级品	55	0.6	0.5	0.15	0.6	0.4	9
	四级品	50	0.8	0.6	0.15	0.7	0.4	12
	五级品	45	1.0	0.7	0.20	0.8	0.5	15
	六级品	40	1.2	0.8	0.20	0.9	0.6	16
	七级品	35	1.5	1.0	0.30	1.0	0.7	17
	八级品	30	1.5	1.0	0.30	1.0	0.8	18
二类	一级品	65	1.0	0.4	0.4	0.8	0.4	5
	二级品	60	1.5	0.5	0.5	0.9	0.5	7
	三级品	55	2.0	1.0	0.6	1.0	0.6	9
	四级品	50	2.5	1.5	0.8	1.2	0.7	12
	五级品	45	3.0	2.0	1.0	1.4	0.8	15
	六级品	40	3.5	2.5	1.2	1.6	0.9	16
	七级品	35	4.0	3.5	1.4	1.8	1.0	17
	八级品	30	5.0	4.0	1.5	2.0	1.2	18

注：①一类是直接入炉锡精矿产品；二类是冶炼前需加工处理的锡精矿产品。

②锡精矿中铅、钨为有价元素，应报出分析数据。

③自产自用锡精矿产品，可自订企业标准执行。

对于原生锡矿床中常伴生有钨、铅、锌、铜、锑、铌、钽、铍、铋等，有时还有硫、砷和铁。砂锡矿中通常共生、伴生有自然金、黑钨矿、白钨矿、独居石、金红石、褐钇铌矿、白铅矿、闪锌矿、黄铜矿、方铅矿等有用矿物，以及铌、钽等稀有元素，故应该进行综合评价。

对于锡精矿有严格质量要求。

全世界锡资源比较富的国家有马来西亚、印度尼西亚、巴西、苏联，其储量分别为111万t、68万t、65万t、30万t，总储量为10000万t，其产量为25多万t。

我国锡储量丰富，每年产量5万余吨，有三分之一的金属锡和二分之一的锡精矿供出口。

11.4　锡的制取

锡矿的品位很低，如脉矿含锡0.2%，砂矿含锡0.04%即有开采价值。采出的矿石经选矿产出含锡40%~70%的精矿。20世纪70年代以来中国除出精矿外，还选得一些含锡1%~5%的中矿。这种中矿难以用一般的选矿方法进一步富集，改用烟化炉处理，得到含锡约50%的烟尘，从而提高了选矿总回收率。由砂矿选出的锡精矿含杂质少，可直接熔炼；由脉矿选出的锡精矿含杂质多，有些工厂先进行炼前处理，再行熔炼。炼锡过程通常分为炼前处理、还原熔炼和粗锡精炼三个阶段(见图11-1)。

11.4.1　锡制取的炼前处理

有以下几种方法：①锡精矿中配入一定量的煤粉，在900℃左右焙烧，精矿中的硫被氧化成SO_2除去，挥发脱除大部分砷和一部分锑。往料中添加少量食盐，可使部分铅生成氯化铅挥发。焙烧还能使锡精矿中铁的化合物转化成四氧化三铁，便于用磁法选出。②将锡精矿再磨细，用多种选矿方法综合精选，以得到较纯的锡精矿。如用浮选法分离铅、砷和锑矿物，用磁选法分离铁矿物和黑钨矿，用重选法分离石英。③用盐酸浸出锡精矿，其中大部分铁、铅、砷、锑、铜、锌、镉、铋等杂质溶解，而锡石和石英不溶解。浸出渣为较纯的锡精矿，并可从浸出液中回收有价金属。④锡精矿含钨较多时，加苏打烧结，生成钨酸钠，用热水浸出，再从水溶液中回收钨。

11.4.2　锡制取的还原熔炼

以反射炉熔炼为例：锡精矿配入一定量的无烟煤和石英石、石灰石等熔剂，加热到约1250~1350℃，氧化

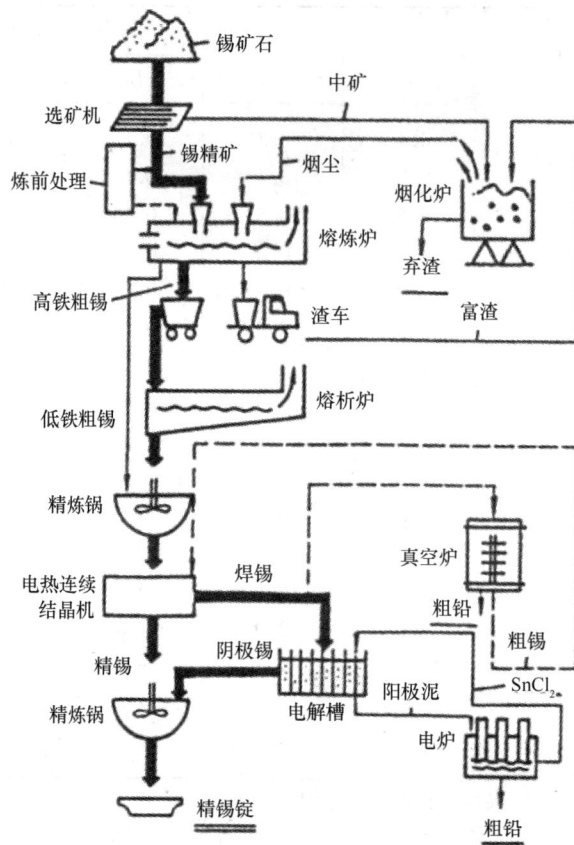

图 11-1　炼锡流程

锡按下式还原成金属锡：

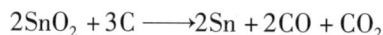

$$2SnO_2 + 3C \longrightarrow 2Sn + 2CO + CO_2$$

　　氧化钛等杂质的熔剂熔化成炉渣，原料中的锡约有82%还原成金属，10%进入炉渣，8%进入烟尘。熔炼中部分氧化铁被还原成金属铁，并与锡生成合金，称为硬头。所产炉渣含锡8%～10%，称为富渣。此渣须经再次还原熔炼，渣含锡可降到约3%，称为两段熔炼。二次炉渣再送到烟化炉处理，使弃渣中的含锡量降到0.1%以下。中国工厂把富渣直接送入烟化炉处理，也能使弃渣中的含锡量降到0.1%以下。炼锡一般采用反射炉、鼓风炉、回转炉或电炉。

11.4.3　粗锡精炼

　　还原熔炼得到的粗锡用火法或电解法精炼成精锡。

　　火法精炼　可分五步：①熔析精炼除铁、砷。将高铁粗锡锭堆放在斜底反射炉内，加热到232℃后缓慢地升温，锡开始熔化并沿斜底流入粗锡锅内，加热保温。粗锡中的铁、砷、锑、铜、硫等杂质与锡生成的合金或化合物，以及各杂质相互作用形成的化合物，熔点较高，大部分留在炉内，成为固体渣，使粗锡初步提纯。②凝析除砷、铁。向锡精炼锅中的粗锡液面喷水，降温到略高于232℃，加锯木屑搅拌。粗锡中的砷和铁呈化合物形态凝析出来，随部分炭化木屑上浮成渣，称为炭渣，捞出后锡中含铁量即可达到要求，含砷量降到0.05%左右。近来有的厂采用离心机过滤分离粗锡中的铁和砷，效果很好。③加硫除铜。往320℃的锡液中加硫粉，搅拌，硫与锡液中的铜生成硫化亚铜浮渣，锡中含铜量即能达到要求。④结晶法除铅铋。基本原理为液态含铅粗锡温度降至略低于液相线时，开始析出含锡高的结晶体，然后将结晶体缓慢移向温度较高处，使它部分熔化，再降温结晶，晶体得以提纯，液体流向温度略低的地方，又部分结晶，提高液体的含铅量，如此反复，即可除去锡中的铅。同时，铅在液相中富集，当液相温度接近于共晶温度(183℃)时，可得含铅约35%的"焊锡"。中国于20世纪40年代将此法用于生产，并研究成功电热连续结晶机。⑤加铝除砷、锑。将铝片加到锡液中，经过搅拌，使铝熔化在锡中，与砷、锑生成熔点较高的化合物，然后降温，加锯木屑再搅拌，化合物随锯木屑上浮成渣，捞出后，锡中砷、锑的含量即可达到要求。必须注意此种浮渣遇水立即产生剧毒的砷化氢。有的厂采用加二氯化锡除铅，加钙、镁除铋的方法。中国已采用真空蒸馏处理焊锡，分离锡铅。

电解精炼 有些工厂采用电解法精炼粗锡。以初步除去杂质粗锡为阳极，精锡为阴极进行电解。中国有的炼锡厂采用氯化物电解液电解含铅31%～34%的焊锡，得到精锡。电解过程中阳极所含的铅成为氯化铅阳极泥，把它与适量的焊锡一起加热到800℃，生成二氯化锡和粗铅。二氯化锡可配制电解液，循环使用。

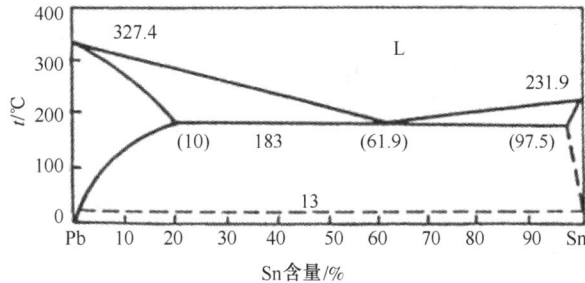

图 11-2 Sn-Pb 系状态图

11.4.4 高纯锡的制取

高纯锡在电子工业中用作高级焊料、超导材料和半导体器件，一般纯度为99.999%。通常以精锡作原料，在硫酸盐溶液中进行隔膜电解，生产高纯锡。如果纯度要求更高，可再用真空蒸馏或区域熔炼法提纯。

11.4.5 锡冶炼过程有价金属的回收

锡精矿中常含有以下的有价金属：锡、铅、砷、锌、铜、铟、银、镉、铋。有的锡精矿还含有钽、铌、钨等金属。炼锡过程有价金属的分布见图 11-3。

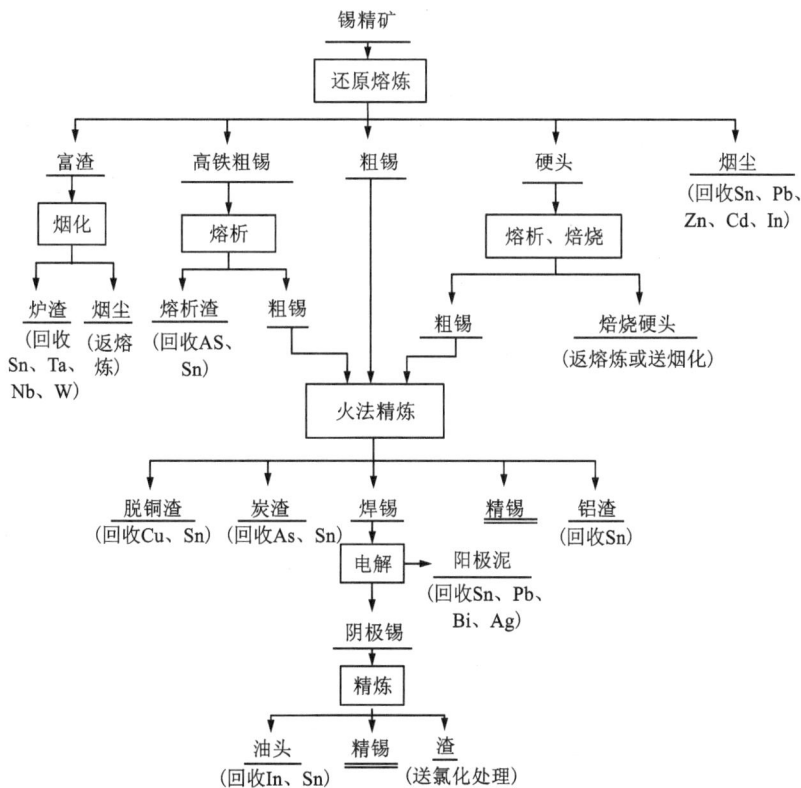

图 11-3 炼锡过程有价金属的分布

在焊锡电解精炼过程中，铅成为氯化铅沉淀，与不溶的锑、砷、铋、铜、银一并留在阳极泥中，铁、铟溶于电解液中。熔铸阴极锡时，夹带的电解液也随之蒸发浓缩漂浮在锡液上面，称为"油头"。"油头"含的铟和锡，可用溶剂萃取法回收。阳极泥用氯化蒸馏法处理，产出的二氯化锡气体冷凝后，返回作电解液；留在氯化锅中的粗铅，经电解精炼得电铅，并可从铅阳极泥中回收锡、铋、银等。反射炉烟尘返回，进行二次还原熔炼，使锡、铅还原成金属；锌、铟、镉、锗富集在二次烟尘，再从中回收。熔析渣经焙烧后返回熔炼，焙烧所得烟尘用蒸馏法提取白砷。脱铜渣经浮选，得铜精矿和细粒锡产品。铜精矿经氧化焙烧、硫酸浸出、浓缩结晶产出结晶硫酸铜。中国还可从某些锡矿的炼锡炉渣中回收钽、铌、钨。

11.5　锡的用途

　　纯锡与弱有机酸作用缓慢，因而常用于制造镀锡薄板(带)，俗称马口铁，用作食品包装材料。纯锡也可用作某些机械零件的镀层。锡易于加工成管、箔、丝、条等，也可制成细粉，用于粉末冶金。锡能同几乎所有的金属制成合金，用得较多的有焊锡、锡青铜、巴氏合金、铅锡轴承合金和铅字合金。还有许多含锡特种合金，如锆基合金，在原子能工业中作核燃料包覆材料；钛基合金，用于航空、造船、原子能、化工、医疗器械等部门；铌锡(Nb_3Sn)金属间化合物，可作超导材料；锡银汞合金，用作牙科金属材料。

　　锡的重要化合物有二氧化锡(SnO_2)、二氯化锡($SnCl_1$)、四氯化锡($SnCl_4$)以及锡的有机化合物，分别用作陶瓷的瓷釉原料、印染丝织品的媒染剂、塑料的热稳定剂，也可用作杀菌剂和杀虫剂。

12 钴（cobalt）

12.1 钴发现小史

钴的拉丁文原意就是"地下恶鬼"。数百年前，德国萨克森州有一个规模很大的银铜多金属矿床开采中心，矿工们发现一种外表似银的矿石，并试验炼出有价金属，结果十分糟糕，不但未能提炼出值钱的金属，而且使工人因二氧化硫等毒气导致中毒。人们把这件事说成是"地下恶鬼"作祟。在教堂里诵读祈祷文，为工人解脱"地下恶鬼"迫害。这个"地下恶鬼"其实是辉钴矿。

1753 年，瑞典化学家格·波朗特（G. Brandt）从辉钴矿中分离出浅玫瑰色的灰色金属，制出金属钴。1780 年瑞典化学家伯格曼（T. Bergman）确定钴为元素。

12.2 钴的性质

钴是具有光泽的钢灰色金属，比较硬而脆，有铁磁性，加热到 1150℃ 时磁性消失。钴的化合价为 2 价和 3 价。在常温下不和水作用，在潮湿的空气中也很稳定。在空气中加热至 300℃ 以上时氧化生成 CoO，在白热时燃烧成 Co_3O_4。氢还原法制成的细金属钴粉在空气中能自然生成氧化钴。

钴的主要物理性质见表 12 - 1。

表 12 - 1 钴的主要物理性质

密度（20℃）	8.9	g/cm^3
熔点	1492	℃
沸点	2930	℃
平均比热（0~100℃）	427	$J/(kg \cdot K)$
熔化热	15.5（估算值）	kJ/mol
热导率（0~100℃）	96	$W/(m \cdot K)$
电阻率（20℃）	6.34	$\mu\Omega \cdot cm$

12.3 钴的资源

钴在地壳中含量 0.35%（质量），海洋中钴总量约 23 亿 t，自然界已知含钴矿物近百种，大多伴生于镍、铜、铁、铅、锌等矿床中，含钴量较低。

辉砷钴矿 $CoAsS$，含 Co35.5%，一般 25% ~34%；

砷钴矿 $CoAs_{3-2}$，含 Co28.2%，一般 15% ~24%；

硫钴矿 Co_3S_4，含 Co57.99%，一般 40% ~53%；

硫镍钴矿（Co, Ni, Fe）$_2S_4$，含 Co20% 以下；

含钴黄铁矿（Fe, Co）S_2，含 Co3% 以下；

土状钴矿 $CoMn_2O_5 \cdot 4H_2O$，含 Co32%，一般 1% ~25%；

纤维柱石 $CuCo_2S_4$，含 Co17.5%；

钴华 $3Co_2O_3 \cdot As_2O_5 \cdot 8H_2O$，含钴 38.6%。

单独钴矿床一般分为砷化钴矿床、硫化钴矿床和钴土矿矿床三类，其工业要求见表 12 - 2。

表 12 - 2　钴矿床工业要求

项目	硫化钴（及砷化钴）	钴土矿
边界品位（钴）/%	≥0.02	≥0.3
工业品位（钴）/%	≥0.03 ~ 0.06	≥0.5
边界含矿率（钴土矿）/(kg·m⁻³)		≥1
工业含矿率（钴土矿）/(kg·m⁻³)		3 ~ 5
夹石剔除厚度/m	≥1	≥0.3 ~ 1
剥离比	1	<1

注：①一般对钴土矿粒度要求大于 0.3 cm。
　　②边界和工业含矿率系指钴土矿在矿层中的含量。
　　③边界和工业品位指钴金属在钴土矿中的含量。

　　钴除单独矿床外，大量分散在矽卡岩型铁矿、矾钛磁铁矿、热液多金属矿、各种类型铜矿、沉积钴锰矿、硫化铜镍矿、硅酸镍矿等矿床中。品位虽低，但规模往往较大，是提取钴的主要来源。

　　综合矿床伴生钴的评价指标尚无统一规定，一般选冶性能好的矿石，含钴品位大于 0.01%，钴精矿（黄铁矿）的品位 0.2% 便有价值，如果金属矿床规模大，而矿石综合回收钴效果好，钴有多少算多少。

　　世界上的主要钴矿有四种类型：①铜钴矿，以扎伊尔、赞比亚储量为最大，扎伊尔的产钴量占全世界产量的一半以上；②镍钴矿，包括硫化矿和氧化矿；③砷钴矿；④含钴黄铁矿。这些钴矿含钴均较低。海底锰结核是钴的重要远景资源。从含钴废料中回收钴也日益受到人们的重视。1979 年世界（中国除外）矿山产钴量和钴储量见表 12 - 3。

表 12 - 3　世界矿山产钴量和钴储量

国别	储量/短吨*	产量/短吨*	品位/%
扎伊尔	1300000	16535	0.25 ~ 0.45
赞比亚	400000	3500	0.09 ~ 0.4
美国	350000		0.01 ~ 0.8
菲律宾	200000	1430	0.03 ~ 0.12
新喀里多尼亚	100000	230	0.05
澳大利亚	50000	1700	0.08 ~ 0.12
摩洛哥	50000	1000	1.2
加拿大	30000	1522	0.03 ~ 0.11
博茨瓦钠	30000	300	0.06
芬兰	20000	1320	0.2
其他国家	850000	7400	
总计	3400000	32000	

* 1 短吨 = 907.1849 kg。

　　我国已探明钴金属估算储量近数十万吨。分布于全国 24 个省（区），其中主要有甘肃、山东、云南、湖北、青海、河北和山西。这七个省的合计储量占全国总保有储量的 71%，其中以甘肃储量最多，占全国的 28%。此外，安徽、四川、海南和新疆等省（区）也有一定的储量。

　　世界钴产量 1986 年达到顶峰 3 万 t，以后不断下降，到 1989 年只有 2.5 万 t 左右。扎伊尔和赞比亚是最大的钴生产国，其产量约占世界总产量的 70%。它们的生产受铅、镍价格影响。如果铜、镍价格不发生大的跌落，钴的生产形势就会比较稳定。

　　目前我国年产钴精矿三四百吨（含钴量）、金属钴三四百吨。主要生产矿山有：甘肃金川白家嘴子铜镍矿区、吉林磐石红旗岭和通化赤柏松铜镍矿区、湖北铁山铁矿和大冶铜录山铜铁矿、山东金岭铁矿、山西蓖子沟铜矿和四川会理拉拉厂铜矿等。白家嘴子的产量占了全国矿山总产量的90%(《中国有色金属工业年鉴》编辑委员会,1991)。

12.4 钴的制取

钴矿物的赋存状态复杂,矿石品位低,所以提取方法很多而且工艺复杂,回收率低。一般先用火法将砷钴精矿、含钴硫化镍精矿、铜钴矿、钴硫精矿中的钴富集或转化为可溶性状态,然后再用湿法使钴进一步富集和提纯,最后得到钴化合物或金属钴。主要提钴工艺流程见图12-1。

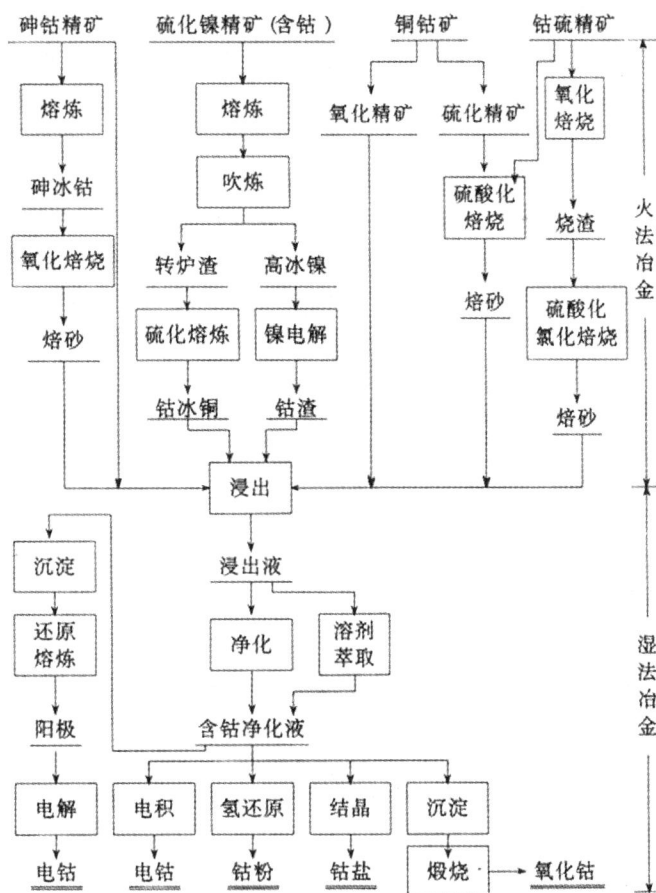

图12-1 提钴工艺流程

12.4.1 硫化镍矿提钴

硫化镍精矿一般含镍4%~5%,含钴0.1%~0.3%。镍的火法熔炼过程中,由于钴对氧和硫的亲和力介于铁镍之间,在转炉吹炼高冰镍时,可控制冰镍中铁的氧化程度,使钴富集于高冰镍转炉渣中,分别用下述方法提取:①富集于高冰镍中的钴,在镍电解精炼过程中,钴和镍一起进入阳极液。在净液除钴过程中,钴以高价氢氧化钴的形态进入钴渣,钴渣含钴6%~7%,含镍25%~30%。从此种钴渣提钴的一种方法是:将钴渣加入硫酸溶液中,通二氧化硫使之溶解,制得含硫酸镍、硫酸钴和少量铜、铁、砷、锑等杂质的溶液;再用活性镍粉置换除去铜;通空气,氧化水解除去铁,通氯气氧化,加苏打中和沉淀钴,若所得氢氧化钴含镍较高,可再次溶解、沉淀分离钴镍,使其含镍小于1%;经煅烧制得氧化钴出售,也可将氧化钴制成粗金属钴,经电解精炼得电解钴。加拿大和前苏联的镍厂都用此法回收钴。中国的工厂也有类似作法。从钴渣提钴的另一种方法是以亚硫酸钠作为还原剂,将钴渣溶解于硫酸溶液中,得到含硫酸镍、硫酸钴和少量铜、铁、锰、锌等杂质的溶液,而后用黄钾铁矾法除去溶液中的铁(见锌),用烷基磷酸类,如二-2-乙基己基磷酸(D-2-EHPA)或其他烷基磷酸脂类萃取剂萃取其中的铜、铁、锰、锌等,并分离钴镍。萃取过程中获得的氯化钴溶液,用氟化铵除钙、镁后,再用草酸铵沉淀钴。所得草酸钴在450℃下煅烧,得到的氧化钴粉,可作为最终产品,也可用氢还原法制取金属钴粉。②富集于炼镍转炉渣中的钴，在还原硫化熔炼过程中，与镍一起转入钴冰铜。转炉渣成分一般为：钴0.25%~0.35%，镍1%~1.5%；钴冰铜成分一般为：钴1%~1.5%，镍5%~13%。钴冰铜可以直接浸取（常压或加压酸浸），也可以将钴冰铜焙烧成可溶性化合物后再酸浸。浸出液可按钴渣提钴工艺流程处理。

加拿大舍利特高尔顿公司(Sherritt Gordon Mines Ltd.)用高压氨浸法处理硫化镍精矿和高冰镍时，钴留于镍的氢还原尾液中，通硫化氢于尾液，得硫化钴和硫化镍的混合沉淀物。此混合物用硫酸高压浸出、净化除杂质后，通氧、加氨、加压，使二价钴氧化成可溶性的$[Co(NH_3)_5 \cdot H_2O]_2(SO_4)_3$，而镍则以镍铵硫酸盐形态沉淀出来，实现镍钴分离，溶液用高压氢还原产出钴粉，也可用萃取法净液、分离出镍后电积得电钴。

12.4.2　含钴黄铁矿提钴

世界上从含钴黄铁矿中提钴较有代表性的工厂是芬兰科科拉钴厂(Kokola Cobalt plant)，精矿焙烧脱硫后，再配以部分精矿在流态化炉内进行硫酸化焙烧，再经浸出、浓密、洗涤，浸出液通硫化氢使钴呈硫化钴沉淀。再利用上述舍利特高尔顿的高压浸出法和高压氢还原法生产钴粉。中国含钴黄铁矿的钴品位较低，仅为0.02%~0.9%，浮选产出的钴硫精矿含钴0.3%~0.5%，硫30%~35%，铁35%~40%。钴硫精矿在流态化焙烧炉内于580~620℃下进行硫酸化焙烧，使钴、镍、铜等金属转化为可溶性的盐类，焙砂用水或稀硫酸浸出，用次氯酸钠将浸出液中的铁氧化成高价铁后，用脂肪酸钠依次萃取铁和铜。然后，通入氯气使钴氧化，加碱水解生成高价氢氧化钴沉淀，而与镍分离。在反射炉内使氢氧化钴脱水、烧结，烧结块配以石油焦和石灰石在三相电弧炉内还原熔炼成粗金属钴。粗钴浇铸成阳极，进行隔膜电解，得到纯度较高的金属钴。钴硫精矿也可先经900~950℃氧化焙烧，再配以氯化钠或氯化钙以及少量的钴硫精矿于680℃下进行硫酸化氯化焙烧。焙砂按上述流程提钴。

12.4.3　砷钴矿提钴

砷钴矿经选矿得到含钴10%~20%的精矿，其中含砷20%~50%。处理砷钴矿的方法主要有两种，一种是先用火法熔炼产出砷冰钴，再用湿法提钴。另一种是用加压浸出法制得含钴溶液，再从中提取钴。中国采用前者：将精矿配以焦炭和熔剂在反射炉或电炉内熔炼，使部分砷呈三氧化二砷挥发，产出砷冰钴(旧称黄渣)。如果原料含硫高，还产出部分钴冰铜。砷冰钴和钴冰铜磨细后焙烧，进一步脱除砷和硫；焙砂用稀硫酸浸出，用次氯酸钠氧化浸出液中的铁，再用苏打调整pH为3~3.5，使铁成为氧化铁和砷酸铁沉淀。滤液用铁屑置换除铜后，用次氯酸钠使钴氧化，加碱水解生成高价氢氧化钴沉淀而与镍分离。所得氢氧化钴在反射炉内于1000~1200℃下煅烧，获得氧化钴，并使其中的碱式硫酸盐分解，将硫除去。然后配入木炭，在回转窑内于1000℃左右还原成金属钴粉。也可将氢氧化钴熔炼成粗金属钴，再进行电解得电钴。焙砂的浸出液也可和前述硫化镍矿提钴一样，采用萃取法净液分离提钴。

加压酸浸法处理砷钴精矿是将精矿用稀硫酸浆化，用高压釜浸出，操作压力3430 kPa，温度190℃，浸出时间3~4 h，钴的浸出率95%~97%。浸出液除砷、铁、铜、钙等杂质后，加入液氨，使钴形成钴氨配合物，在高压釜内，用氢还原得到钴粉，其操作压力(4900~5390)kPa，温度190℃。此法流程简单，回收率高，劳动条件好。

12.4.4　铜钴矿提钴

扎伊尔的卢伊卢钴厂(Luilu Cobalt Plant)是世界上处理铜钴矿最大的钴厂。铜钴矿经选矿获得氧化精矿和硫化精矿。氧化精矿品位为：铜25%，钴1.5%；硫化精矿品位为：铜45%，钴2.5%。首先将硫化钴矿在流态化焙烧炉内进行硫酸化焙烧，然后将焙砂和氧化精矿一起用铜电解废液浸出。氧化精矿中的钴主要呈三价氧化物形态，在硫酸中溶解度很小，但在铜电解废液中可由其中的亚铁离子将钴还原，溶于电解废液中，Co^{3+}(不溶性)$+ Fe^{2+} \longrightarrow Co^{2+} + Fe^{3+}$。

钴的浸出率可达95%~96%。含钴和铜的浸出液用电解法析出铜，而钴和其他金属杂质留在溶液中。除杂质后，将溶液中的钴用石灰乳沉淀为氢氧化钴，溶于硫酸中，得到高浓度的硫酸钴溶液，最后用不溶阳极电积金属钴。

12.5　钴的用途

12.5.1　金属钴主要用于制取合金

钴基合金是钴和铬、钨、铁、镍组中的一种或几种制成的合金的总称。含一定量钴的刀具钢可以显著地提高钢的耐磨性和切削性能。含钴50%以上的司太立特硬质合金即使加热到1000℃也不会失去其原有的硬度，如今这种硬质合金已成为含金切削工具和铝间用的最重要材料。在这种材料中，钴将合金组成中其他金属碳化物晶粒结合在一起，使合金具更高的韧性，并减少对冲击的敏感性能，这种合金熔焊在零件表面，可使零件的寿命提高3~7倍。航空航天技术中应用最广泛的合金是镍基合金，也可以使用钴基合金，但两种合金的"强度机制"不同。含钛和铝的镍合金强度高是因为形成组成为 $Ni_3Al(Ti)$ 的相强化剂，当运行温度高时，相强化剂颗粒就转入固溶体，这时合金很快失去强度。钴基合金的耐热性是因为形成了难熔的碳化物，这些碳化物不易转为固溶体，扩散活性小，温度在1038℃以上时，钴基合金的优越性就显示无遗。这对于制造高效率的高温发动机来说，钴基合金恰到好处。

在航空涡轮机的结构材料使用含20%~27%铬的钴基合金，可以不要保护覆层就能使材料达高抗氧化性。核反应堆供热汞作使热介质的涡轮发电机可以不检修而连续运转一年以上。据报道美国试验用的发电机的锅炉（SNAP-2和SNAP-8）就是用钴合金制造的。

12.5.2　钴的磁性

钴是磁化一次就能保持磁性的少数金属之一。在热作用下，失去磁性的温度叫居里点，铁的居里点为769℃，镍为358℃，钴可达1150℃。含有60%钴的磁性钢比一般磁性钢的矫顽磁力提高2.5倍。在振动下，一般磁性钢失去差不多1/3的磁性，而钴钢仅失去2%~3.5%的磁性。因而钴在磁性材料上的优势就很明显。

钴金属在电镀、玻璃、染色、医药医疗等方面也有广泛应用。

13　镍（nickel）

13.1　镍的发现小史

古埃及、中国和巴比伦人都曾用含镍量很高的陨铁制作器物。云南人生产的白铜中含镍很高，被欧洲人称为"中国银"。1751 年瑞典矿物学家克朗斯塔特（A. F. Cronsteclt）用分离方法制取金属镍。金属镍大量用于社会经济发展，已有一百多年的历史。

13.2　镍的性质

镍具有良好的机械强度和延展性、难熔、在空气中不氧化的特性。常温下在潮湿空气中表面形成致密的氧化膜，能阻止本体金属继续氧化。盐酸、硫酸、有机酸和碱性溶液对镍的侵蚀极慢。镍在稀硝酸中缓慢溶解。强硝酸能使镍表面钝化而具有抗腐蚀性。镍同铂、钯一样，纯化时能吸大量的氢，粒度越小，吸收量越大。镍的重要盐类为硫酸镍（$NiSO_4 \cdot 6H_2O$）和氯化镍（$NiCl_2 \cdot 6H_2O$）。表 13 – 1 为镍的主要物理性质。

表 13 – 1　镍的主要物理性质

密度（20℃）	8.9	g/cm^2
熔点	1455	℃
沸点	2915	℃
平均比热（0～100℃）	452	$J/(kg \cdot K)$
熔化热	17.71	kJ/mol
汽化热	374.3	kJ/mol
热导率（0～100℃）	88.5	$W/(m \cdot K)$
电阻率（20℃）	6.9	$\mu\Omega \cdot cm$

13.3　镍的资源

13.3.1　镍矿物的种类

自然界镍的矿物种类多，有工业价值的主要矿物大约 10 余种：

镍黄铁矿（Fe, Ni）$_9S_4$，含 Ni 22%～42%；

紫硫镍（铁）矿 $FeS \cdot Ni_2S_3$ 或（Fe, Ni）$_3S_4$，含 Ni 38.9%；

针镍矿 NiS，含 Ni 64.7%；

辉（铁）镍矿 Ni_3S_4［（Ni, Fe）$_3S_4$］，含 Ni 57.9%（42%～54%）；

含镍磁黄铁矿 $Fe_{1-x}S$（$x = 0 \sim 0.2$），含 Ni0.25%～14.22%；

方硫镍矿 NiS_2，含 Ni 47.8%；

红砷镍矿 NiAs，含 Ni 43.9%；

砷镍矿 NiAs（接近于 $Ni_{11}As_2$），含 Ni 54.0%（51.9%）；

辉砷镍矿 NiAsS，含 Ni 35.4%；

暗镍蛇纹石（Ni, Mg）$_3O \cdot SiO_2 \cdot nH_2O$，含 NiO 2%～47%；

镍绿泥石（Ni, Mg）$_3Si_2O_6$（OH）$_4$，含 NiO 20%～40.2%*；

绿高岭石 $RO \cdot R_2O_3$（$4 + n$）SiO_2，含 NiO 含 1.1%～1.8%，或 $RO \cdot R_2O_3$（$3 \sim 3.5$）$SiO_2 \cdot nH_2O$；

绿镍矿 NiO，含 Ni 78.6%；

镍磁铁矿 $NiFe_2O_4$，含 NiO 31.9%，或（Fe, Ni）$_2O_4$；

镍矾 $NiSO_4 \cdot 6H_2O$，含 NiO 28.4%；

碧矾 $NiSO_4 \cdot 7H_2O$，含 NiO26.6%；

翠镍矿 $NiCO_3 \cdot 2Ni(OH)_2 \cdot 4H_2O$，含 NiO 59.6%。

13.3.2 镍矿石的工业要求

我国镍的矿床的工业要求详细情况见表 13-2

表 13-2　我国对镍矿的工业要求

项目	硫化镍矿			氧化镍硅酸镍矿
	原生矿石		氧化矿石	
	坑采	露采		
边界品位 Ni/% 工业品位 Ni/% （单工程单矿层计）	0.2~0.3		0.7	0.5
	0.3~0.5		1	1
可采厚度/m （真厚度）	≥1	≥2	同原生矿石	1
夹石剔除厚度/m （真厚度）	≥2	≥3	同原生矿石	1~2

注：①混合矿石与原生矿石的工业指标相同

②矿体厚度小于最低可采厚度，而品位又高于最低工业品位，可采用米百分值。

表 13-3　镍矿的品级分类

矿石品级名称	镍品位/%	
	下限	上限
特富矿石	3	/
富矿石	1	<3
贫矿石	0.3~0.5	<1

硫化镍矿石按镍含量可分下列三个品级，富矿石及贫矿石需经选矿，特富矿石可直接入炉冶炼。

硫化镍矿床的矿石按硫化率，即呈硫化物状态的镍（SNi）与全镍（TNi）之比将矿石分为：

原生矿石 SNi/TNi >70%；

混合矿石 SNi/TNi 45%~70%；

氧化矿石 SNi/TNi <45%。

硅酸镍矿石按氧化镁含量分为：

铁质矿石 MgO <10%；

铁镁质矿石 MgO 10%~20%；

镁质矿石 MgO >20%。

镍矿石主要有害杂质有铜（在硅酸镍矿）、铅、锌、砷、氟、锰、锑、铋、铬等。

在矿床综合评价中，对硫化镍矿床普遍含铜，无需单独制定指标和圈定矿体，当镍品位达不到指标而铜可形成单独矿体时，其指标可按铜执行。除铜外，一般常伴生有铁、铬、钴、锰、铂族元素、金、银及硒、碲等。

我国几个典型镍矿的情况表 13-4。

表 13－4　典型镍矿的情况

矿床类型	矿石类型	边界品位/%		最低工业品位/%		最低可采厚度/m	夹石剔除厚度/m
		富矿	贫矿	贫矿	富矿		
甘肃白家嘴子硫化镍矿床	原生矿石	1	0.3	>1	0.5	1	2
	氯化矿石	0.7		1			
吉林红旗岭硫化镍矿床	原生矿石	0.2		0.3		1	2
	氧化矿石	1		>1			
云南墨江元江风化壳硅酸镍矿床		0.5~0.8		1		0.8~1.2	2~3

元素	Pt、Pd	Os、Ru、Rh、Ir	Au	Ag	Co	Se	Te
单位	g/t				%		
含量	0.03	0.02	0.05~0.1	1.0	0.01	0.0005	0.0002

部分伴生有用组分含量要求见表 13－5。

表 13－5　西北青海元石山铁镍矿床

项目	镍			土状褐铁矿（伴生）	
	I 级品	II 级品	III 级品	富矿	贫矿
工业品位/%	>0.8	0.5~0.8	0.2~0.5	>40	20~40
最低可采厚度/m	2	2	2	1	2
夹石剔除厚度/m	1	1	1	1	1

注：①铁矿石中有害组分允许含量：S<0.3%，P<0.2%，Pb<0.1%，Zn<0.1%，Sn<0.07%，As<0.07%，Cu<0.2%

②在镍铁矿石中，Co≥0.015%，Cr_2O_3≥3% 可综合利用。应该注意铂族元素的回收。

③硅酸镍 III 级品的利用问题，尚待试验确定。

在蛇纹岩、滑石等矿床中含有较高的镍，常有回收价值，在评价该类矿床时对镍要注意综合评价。

吉林红旗岭硫化镍矿床的伴生有用组分含量如下：

Cu　平均 0.63%~0.80%；　　　Co 0.008%~0.13%；

Se　0.0002%~0.0023%；　　　Te 0%~0.004%；

Pd　　<0.05 g/t；　　　　　　Au <0.1~0.16 g/t；

Pt　0.05~0.1 g/t；　　　　　　Ag 4.5~8.5 t/t；

S　　0.026%~21.35%；　　　　Fe 8.88%~26.9%。

某冶炼厂利用该矿之精矿回收 Co、Pt、Pd、Au、Ag 金属。

江西弋阳樟树墩蛇纹岩矿床中含 Ni 0.21%，在制钙镁磷肥时可得含镍 4%~6% 的磷镍铁，回收率在 70% 左右，并可回收钴和铬。

表 13－5 所示为有关西北青海元石山铁镍矿床的情况。

镍精矿按化学成分，分为三级，若以绝对干品位计算，应符合以下规定：

表 13 - 6　镍精矿的化学成分

等级	镍不小于/%
1	5.00
2	4.00
3	3.00

注：①鼓风炉用镍精矿中含氧化镁不大于16%。

②精矿水分不大于12%，在冬季，精矿水分不大于8%。

③精矿中不得混入外来夹杂物。

（以下略）

对于高冰镍技术标准（试行草案）冶标（YB）74—63，规定如下：

（1）高冰镍是炼镍工艺过程中的中间产品，系铜镍硫化物并含有少量其他金属的复杂混合物。本标准适用于由转炉（或反射炉）吹炼所得的高冰镍，用作生产电解镍的原料。

（2）按化学成分高冰镍分为下列品号（见表13 -7）

表 13 - 7　高冰镍的品号及化学成分

品号	不小于镍/%	不大于铁/%
一号高冰镍	50	4
二号高冰镍	45	4
三号高冰镍	40	5

（3）高冰镍应浇铸成锭，其形状为扁平状，每块重量应不超过50 kg。

（4）高冰镍铸锭不得有夹层，表面应尽可能平整，不得有明显的夹渣层及外来夹杂物质。

（5）同一炉产出之高冰镍组成一批，生产厂（矿）的技术检查科须逐批进行验收。生产厂（矿）必须保证高冰镍质量符合本标准的要求。

有关镍铳精矿的技术条件，本标准适用于高冰镍经选矿所得的镍铳精矿，供镍电解和制造镍粉用。

（1）镍铳精矿按化学成分，分为二个等级，均以绝对干品位计算，应符合以下规定（表13 -8）：

表 13 - 8　镍铳精矿的等级与化学成分

等级	镍不小于/%	杂质不大于/%
		铜
1	65.00	3.50
2	62.00	5.00

（2）镍铳精矿中不得混入外来夹杂物。

我国金川镍矿资源及分布情况（见图13 -1，表13 -9）。

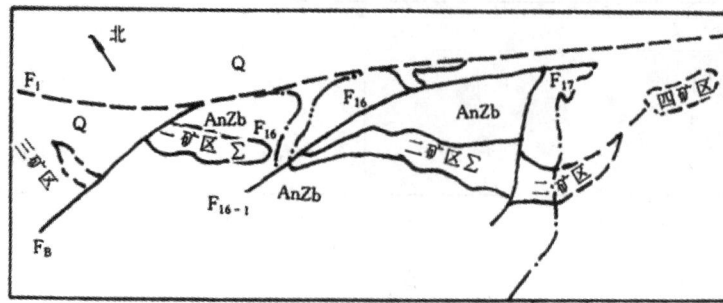

AnZb—前震旦系变质岩；Σ—含矿超基性岩体；F_1—断层

及其编号；Q—第四纪砂砾岩

图 13 - 1　金川镍矿各矿区位置图

表 13 - 9　金川镍矿床主要金属及伴生元素储量总表

矿区	镍/t	铜/t	钴/t	铟/kg	钯/kg	金/kg	银/kg	锇/kg	铱/kg	钌/kg	铑/kg	硫/×10⁴	硒/t
一	933720	527747	28332.0	23248.6	13450.5	9538.5	294900.2	876.8	663.7	659.8	320.0	188.1	1073.4
二	4099883	2676987	112691.6	90458,6	44824.4	59584.3	1221763.4	4761.0	4161.8	4056.9	1935.9	1761.6	5526.9
三	217569	145655	7711.0	79432.1	3080.1	4316.0	64831.0	396.7	300.3	298.5	144.8	96.2	3010.0
四	234971	122840	10732.2	251.4	515.4	1509.0	50540.0	156,7	104.6	106.0	52.2	96.6	309.1
全矿床	5486143	3473229	159457.8	121901.7	61870.4	74947.8	1572034.6	6191.2	5230.4	5121.2	2452.9	2142.5	7210.4
	548 (3T)	347 (3T)	16 (3T)	121 (T)	67 (T)	74 (T)	1572 (T)	6 (T)	5 (T)	5 (T)	2 (T)	2142 (3T)	7210 (T)

世界镍储量 4000 万 t，其产量为 88 万余吨。我国镍储量 500 多万吨，年产镍逐年增加，1993 年为 3.05 万 t。

13.4　镍的制取

13.4.1　硫化镍矿炼镍

镍矿的开采品位一般含镍 0.3% ~2%。硫化矿通常用浮选法选出含镍 4% ~8% 的铜镍混合精矿。有些工厂将混合精矿再分选出镍精矿（含镍 10% 左右）、铜精矿和磁硫铁精矿。镍精矿或混合精矿通常用火法冶炼，产出中间产品高冰镍，使铜和镍以硫化物的形态富集，然后精炼提纯得金属镍（见图 13 - 2）。

火法冶炼　火法炼镍包括焙烧、熔炼、吹炼三个工序：

（1）焙烧。该工序使精矿中的部分硫化铁氧化为氧化铁，放出大量热，基本上是自热过程，设备主要有多膛焙烧炉、直线型烧结机、回转窑或流态化焙烧炉（沸腾炉）等。中国金川冶炼厂采用回转窑，直径 3.6 m，长52 m，每座窑日处理精矿 500 t。

（2）熔炼。该工序是将焙烧矿和熔剂加热熔化，使焙烧矿中的氧化铁和石英熔剂造渣除去，并脱除部分其他杂质。焙烧矿中的二硫化三镍（Ni_3S_2）、硫化亚铜（Cu_2S）和硫化亚铁（FeS）结成低冰镍，贵金属也进入其中。传统熔炼设备有鼓风炉、反射炉，在电价低廉地区或熔炼难熔炉料时也可用电炉（见图 13 - 3）。中国金川冶炼厂是采用 16500 kVA 电炉。新建工厂常采用闪速炉。闪速熔炼可将焙烧和熔炼合为一个过程。但炉渣含镍较高，需要用电炉贫化，以降低渣的含镍量。

（3）吹炼。该工序是把空气鼓入熔融的低冰镍，使其中的硫化亚铁氧化成氧化亚铁与加入的石英石（SiO_2）造渣除去，产出由二硫化三镍和硫化亚铜组成的高冰镍，其主要成分为镍和铜 70% ~75%，硫 20% ~25%。根据吹炼制度的不同，铁含量为 0.5% ~3%。如果铁含量降得更低，则低冰镍中的钴大部分进入转炉渣。中国金

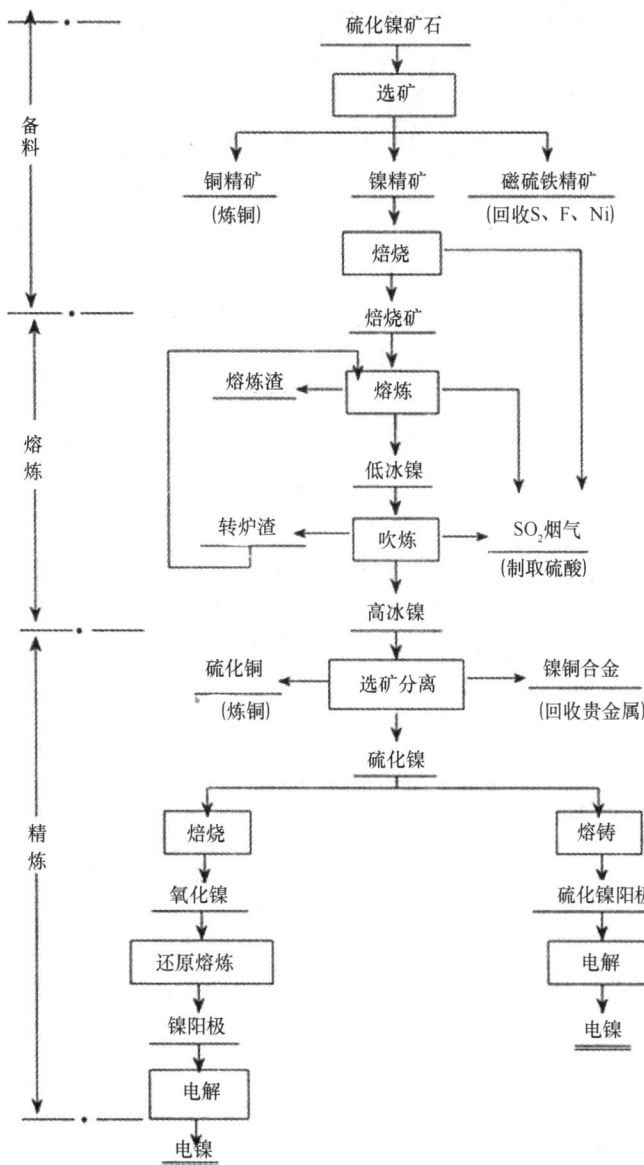

图 13-2　硫化镍矿炼镍流程

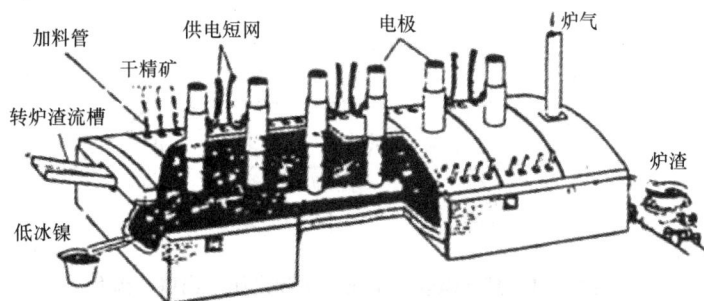

图 13-3　炼镍电炉

川冶炼厂就是从转炉渣中回收钴；有的工厂宁肯残留较多的铁，以便有更多的钴保留在高冰镍中，再从净化电解液所得钴渣中回收钴。炼镍吹炼转炉与炼铜转炉相同(见图 13-3)。

　　高冰镍浮选和镍的电解精炼　吹炼转炉产出的液态高冰镍经缓慢冷却三天左右，其中的硫化镍、硫化亚铜和少量铜镍合金分别结晶离析。然后将高冰镍磨细到小于280目，先用磁选法分出少量"合金"，再用浮选法分离，得到硫化镍和硫化亚铜精矿。90%左右的铂族金属富集在"合金"中。加拿大、苏联和中国均采用此法。浮选所得硫化镍可制成金属镍阳极或硫化镍阳极进行电解精炼。

（1）金属镍阳极电解　该法是将硫化镍焙烧成氧化镍，用电炉或反射炉还原熔炼产出粗镍。以此粗镍作阳极，纯镍片作阴极，在隔膜电解槽内进行电解。电解液为硫酸镍（$NiSO_4$）和氯化镍（$NiCl_2$）的混合液。为防止阳极中溶解的杂质在阴极析出，阴、阳极用隔膜分开。电解时阳极新液送入阴极室，利用隔膜两侧的液面差，通过隔膜渗透到阳极室；从阳极室流出的阳极液经净化后，返回阴极室，循环使用。电解过程中所减少的镍离子可用氯水或硫酸浸出残阳极或用电解的方法造液予以补充。

（2）硫化镍阳极电解　该法是将硫化镍直接熔铸成阳极，在隔膜电解槽中进行电解，阳极中硫化物的硫被氧化成单质硫，留在阳极泥中，而镍离子则进入溶液，然后在阴极沉积成金属镍。硫化镍阳极电解的阴、阳极电流效率相差较大，需往电解液中补充较多的镍离子（其他过程与金属镍阳极电解相同）。中国金川冶炼厂采用硫化镍阳极电解，电解液成分为：$Ni^{2+} > 60$ g/L，SO_4^{2-} $90 \sim 150$ g/L，Na^+ $20 \sim 60$ g/L，Cl^- $35 \sim 70$ g/L；电流密度 $200 \sim 250$ A/m²；阳极泥含硫 70% ～ 95%，熔融脱硫后可返回熔炼，并可从中回收贵金属；阴极镍含镍99.95%以上。

在电解过程中，阳极所含铜、铁、钴等杂质均进入电解液，因此从阳极室流出的阳极液需要净化。一般采用镍粉置换沉淀除铜；通入空气使铁氧化后水解沉淀；通入氯气使钴氧化成高价钴，加 $NiCO_3$ 或 Na_2CO_3 沉淀出 $Co(OH)_3$，这种沉淀物称为钴渣，是提钴的重要原料。中国金川冶炼厂用高冰镍浮选所得的硫化镍精矿和含硫的阳极泥净液除铜。

高冰镍提取镍的其他方法　主要方法有：

（1）硫酸浸出－电积法　芬兰奥托昆普公司（Outokumpu Oy）用此法处理含硫6%的金属化高冰镍（70%的铜和镍呈金属状）。浸出分三段：第一段在 pH 为5.5、温度90℃的条件下浸出镍、钴，浸出液用 NiOOH 氧化除钴后，用不溶阳极电积镍。浸出渣再经两段浸出，剩余的镍和部分铜进入溶液，溶液以电解脱铜后，返回第一段使用；从含铜较高的浸出渣中回收铜和贵金属。美国镍港（nickel Port）精炼厂采用硫酸常压浸出和高压浸出联合流程，浸出液用高压釜还原生产镍粉。此法所用高冰镍一般成分为：Ni 40%，Cu 40%，S 20%。常压浸出的浸出渣再经高压浸出，压力 3920 kPa，温度200℃，高压浸出液电解脱铜后，返回常压浸出（见图13－4）。

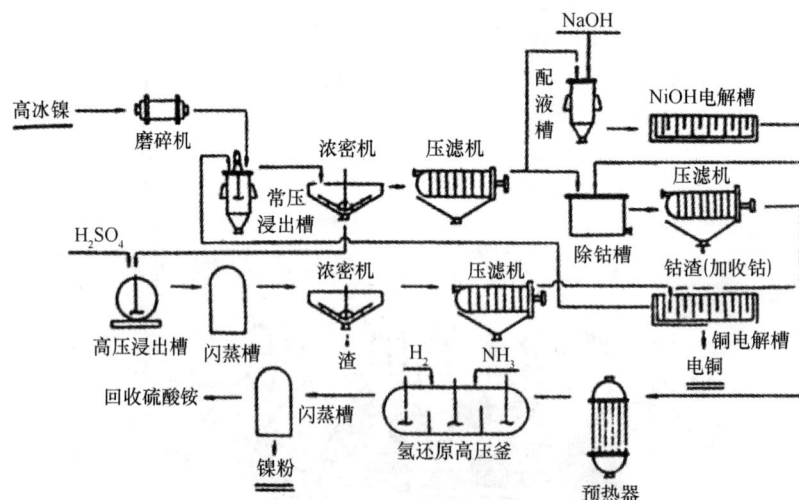

图 13 － 4　高冰镍硫酸常压浸出和高压浸出联合流程

（2）盐酸浸出和通氯气浸出法　高冰镍用盐酸浸出，浸出液经溶剂萃取除铁、钴后，结晶析出二氯化镍，再经高温水解成氧化镍，最后用氢还原产出镍粉。也可通氯气于二氯化镍（$NiCl_2$）溶液浸出高冰镍，浸出液经用高冰镍置换铜，萃取除钴，净化除铁、铅后，用不溶性阳极电积，产出电镍。挪威克里斯蒂安桑（Kristiansand）精炼厂采用此法，金属浸出率高，净液方法较简便，但溶液对设备的腐蚀性较强。

（3）羰基法 在常压下一氧化碳在50℃左右同活性较大的镍接触时，产生气态羰基镍 $Ni(CO)_4$；在温度约230℃时，羰基镍可分解成金属镍。英国克莱达奇（Clydach）工厂用此法精炼镍。1973年加拿大铜崖（Copper Cloff）精炼厂采用高压羰基法炼镍。

（4）高压氨浸法 加拿大舍利特高尔顿（Sherrit Gorden）公司用此法处理硫化镍精矿或高冰镍。其过程包括浸出、蒸氨除铜、氧化水解、加氢还原等工序。浸出在高温高压下进行，使镍、钴、铜的硫化物同氧和氨反应，生成可溶性的氨配合物，铁转化为 Fe_2O_3 沉淀。蒸氨除铜是用蒸汽加热浸出液，蒸发除去游离氨，并使铜与溶液中不饱和的硫氧酸根（$S_2O_3^{2-}$，$S_3O_3^{3-}$）反应生成硫化铜沉淀。氧化水解是使溶液中残余的不饱和硫氧酸根形成稳定的硫酸根，最后从充氨溶液中用高压氢还原产生镍粉。

13.4.2 氧化镍矿炼镍

氧化矿有褐铁矿型氧化镍矿和硅酸镍矿两类，含镍均约为1%~2%。两者均难以用选矿方法富集，多直接冶炼。冶炼方法依矿石类型分火法和湿法。火法又分为硫化熔炼和直接炼镍铁两种方法。湿法有氨浸法和酸浸法。

氧化镍矿硫化熔炼 基本上和处理硫化矿的火法冶炼相同，一般采用鼓风炉熔炼。熔炼时加入黄铁矿或石膏作硫化剂，使氧化镍转变为硫化镍，形成低冰镍。低冰镍用转炉吹炼成高冰镍，再精炼成金属镍。

氧化镍矿直接炼镍铁 此法流程简单，为许多国家所采用。炼镍铁多用电炉，也可用鼓风炉或回转窑（见图13-5）。

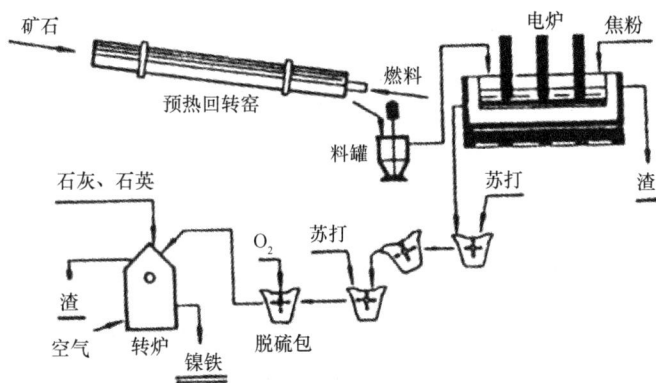

图13-5 氧化镍矿炼镍铁流程

矿石在回转窑预热或部分预还原后，送入三相电弧炉，同时加入焦炭粉进行还原熔炼。产出的粗镍铁从电炉放入窑包内，加苏打脱硫，然后用炼钢转炉鼓风氧化除去硅、铬、碳、磷等杂质，产出含镍和钴约29%的精炼镍铁。也可用氧气顶吹转炉将电炉产出的粗镍铁吹炼到含90%的镍和钴，然后电解产出电镍。转炉渣可以用于炼铁。中国某些地区用含镍蛇纹石加磷灰石在鼓风炉或电炉中炼出镍磷铁，其炉渣为钙镁磷肥。镍磷铁吹炼除磷和铁后，用电解法产出电镍。

氧化镍矿氨浸法 矿石经选择性还原焙烧使镍还原成金属态，而铁尽量少还原。焙砂中的镍可用含氨的碳酸铵溶液浸出。浸出液经氧化除铁后，通过蒸发除去氨和二氧化碳。使镍呈碱式碳酸镍沉淀。碱式碳酸镍可煅烧成含 Ni 85%~90%的烧结镍；也可用硫酸铵再溶解，加 $(NH_4)_2S$ 除铜后，氧化水解，消除其中的不饱和硫氧酸根，再用高压氢还原生产镍粉。从还原后的尾液中还可回收钴和硫酸铵。

氧化镍矿高压酸浸法 古巴莫阿湾（Moa Bay）镍厂用此法处理褐铁矿型氧化镍矿。在高温高压下镍和钴浸出率在95%以上，而铁浸出很少。浸出液中和后，在高压釜里通 H_2S，得到镍钴硫化物（含 Ni 55%，Co 6%，S 35.6%），再以硫化物生产金属镍。

13.4.3 镍冶炼过程有价金属的回收

炼镍的主要原料是硫化镍精矿，其中常含有以下有价金属：镍、铜、钴、铅、铟、铊、硒、碲、铂、锶、锇、铱、钌、铑、金、银。中国金川有色金属公司镍冶炼过程回收有价金属的流程见图13-6。

```
                            镍铜精矿
                              │
                            ┌─┴─┐
                            │焙烧│────→ 烟尘
                            └─┬─┘       (返焙烧)
                              │
                            焙烧矿
                              │
                            ┌─┴─┐
                            │熔炼│─────────→ 烟尘
                            └─┬─┘          (回收Ni、Cu、Co、Cd、
                              │              Pb、In、Ti、Ge)
                            低冰镍
                              │
        ┌────┐   转炉渣   ┌──┴──┐
        │电炉贫化│←───────│转炉吹炼│────→ 烟尘
        └──┬──┘          └──┬──┘       (返焙烧)
         ┌─┴──┐              │
         │    │            高冰镍
       钴冰铜  炉渣           │
      (回收Co、            ┌─┴─┐
       Ni、Cu)            │浮选│
                         └─┬─┘
              ┌────────────┼────────────┐
            铜精矿        镍精矿        镍铜合金
          (回收铂族金属、    │         (回收铂族金属、
           Au、Ag、Cu、Ni) ┌┴─┐        Au、Ni、Cu)
                         │熔铸│
                         └┬─┘
                         阳极
                          │
                        ┌─┴─┐
                        │电解│
                        └─┬─┘
              ┌───────────┼───────────┐
            镍阳极泥      电镍        阳极液
          (回收铂族金属、Au、          (回收Co、Cu)
           Ag、Cu、Ni、Se)
```

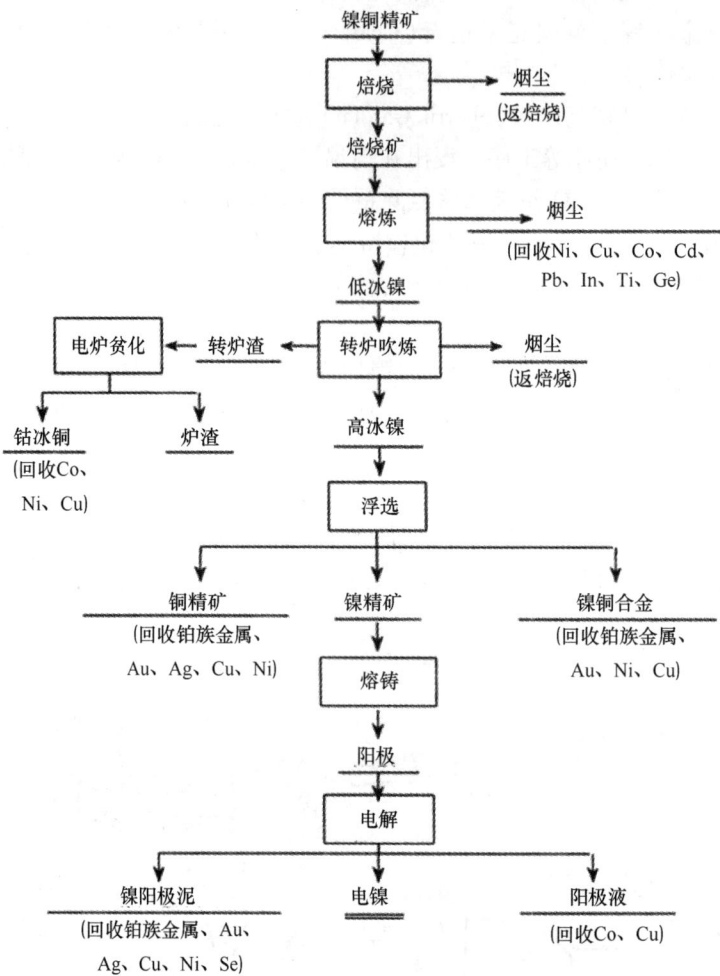

图 13 – 6　中国金川炼镍过程回收有价金属的流程图

13.5　镍的用途

镍是一种十分重要的有色金属原料。镍的主要用途是制造不锈钢、高镍合金钢和合金结构钢，被广泛用于飞机、雷达、导弹、坦克、舰艇、宇宙飞船、原子反应堆等各种军工制造业；在民用工业中，镍常制成结构钢、耐酸钢、耐热钢等，大量用于各种机械制造业、石油工业中；镍与铬、铜、铝、钴等元素可组成非铁基合金。镍基合金、镍铬基合金是耐高温、抗氧化材料，用于制造喷气涡轮、电阻、电热元件、高温设备结构件等；镍还可作陶瓷颜料和防腐镀层；镍钴合金是一种永磁材料，广泛用于电子遥控、原子能工业和超声工艺等领域，在化学工业中，镍常用作氢化催化剂。近年来，在彩色电视机、磁带录音机和其他通讯器材等方面镍的用量也正在迅速增长。

美国 1979 年镍的用途和用量比例如下：不锈钢、合金钢等 47%，各种非铁基合金 33%。镀层 16%，其他 4%。1979 年镍的国际市场平均价格为 1.93 ~ 3.00 美元/磅（1b = 0.4536 kg）。

14 锑 (antimony)

14.1 锑的发现小史

公元前 18 世纪匈牙利曾发现小锑块。1556 年阿格里科拉(G. Agricola)提出了用矿石溶析生产硫化锑的方法，但误将硫化锑认为是金属锑。1604 年德国人瓦伦廷(B. Valentine)记述了锑与硫化锑的提取方法。18 世纪已用熔烧还原法炼锑并制出电解锑。1930 年以来广泛使用鼓风炉熔炼法炼锑，以及多种挥发熔炼和挥发焙烧方法炼锑。

我国明代发现了锡矿山的锑矿，但被误认为是锡矿，到清朝末年才知道是锑。1908 年从法国引进挥发焙烧法，开始炼锑。我国锑产量在世界上占有很大的比重。1942 年王庞佑与美国人霍德森(Hodson)共同取得飘浮熔炼——氢气还原熔炼的专利权。

14.2 锑的性质

锑为银白色性脆金属，常温下耐酸。普通金属锑也称灰锑，在 90℃ 以下为同素异体黄锑。

金属锑的蒸气骤然冷却会凝固成为无定形的黑锑。黑锑化学性质活泼，有时会自燃，在 90℃ 以上，渐变为灰锑。此外，用三氯化锑电解会得到含有少量三氯化锑的黑色锑。这种锑在摩擦或撞击时，会发生爆炸，称为爆锑，所以电解制锑时应加以注意。锑在常温下不与空气作用，高温下在空气中可生成 Sb_2O_3、Sb_2O_4 或 Sb_2O_5，也可与水作用生成 Sb_2O_3 和氢气。表 14 - 1 为其主要物理性质。

表 14 - 1 锑的主要物理性质

密度(20℃)	6.68	g/cm^3
熔点	6330.5	℃
沸点	1590	℃
平均比热(0~100℃)	209	$J/(kg \cdot K)$
熔化热	19.89	kJ/mol
汽化热	167(Sb_2 估算值)	kJ/mol
热导率(0~100℃)	23.8	$W/(m \cdot K)$
电阻率(20℃)	40.1	$\mu\Omega \cdot cm$

14.3 锑的资源

已知锑矿物和含锑矿物 120 多种，但具有工业利用价值的矿物仅有十种。辉锑矿是主要的锑矿物。

辉锑矿 Sb_2S_3，含 Sb 71.4%；

方锑矿 Sb_3O_3，含 Sb 83.3%；

锑华 Sb_2O_3，含 Sb 83.3%；

锑赭石 $Sb_2O_3 \cdot Sb_2O_4 \cdot H_2O$，含 Sb 74%~79%；

黄锑华 $Sb_3O_5(OH)$，含 Sb 74.5%；

硫氧锑矿 Sb_2O_3S，含 Sb 68.5%；

天然锑 Sb，含 Sb 100%；

硫汞锑矿 $HgSb_4S_8$，含 Sb 51.6%；

脆硫锑铅矿 $Pb_4FeSb_6S_{14}$，含 Sb 35.5%；

黝铜矿 $3Cu_2S \cdot Sb_2S_3$，含 Sb 25%。

对于各类锑矿床有不同要求：

边界品位含 Sb 0.7%

工业品位含 Sb 1.5%

可采厚度≥1 m

夹石剔除厚度≥2 m

我国锑矿石往往与金、钨、铅、锌、汞，以及锡、铜、铋、砷、硫、铁、镍、钴、锰、镉、铂、钯、钌、硒等相伴生。当杂质砷超过 0.05%，铁超过 0.02%、硫超过 0.04%、铜超过 0.01%，或者杂质总量超过 0.15% 时，就不符合我国金属锑标准化学成分的工业要求，则要系统地加以查定。表 14-2 为某些典型锑矿的工业采用指标。

表 14-2　典型锑矿的工业采用指标

矿床类型	边界品位/%	工业品位/%	可采厚度/m	夹石剔除厚度/m	含矿系数	米百分值
贵州晴隆大厂锑矿田似层状矿床	>0.7	1.5	1	2	0.3	/
安徽东至花山锑矿小型脉状矿床	0.7	块段 1.5 矿区 3.5	1	2	/	/

对锑矿床评价中，要针对我国锑矿床多系单金属矿床，近年锑多金属共生矿床有所增加，锑多与钨、金、汞或铅、锌共生，凡在选矿、冶炼中具有综合回收价值者，要做好综合评价。

湖南沃溪锑、金、钨矿床　该矿床属热液充填型，为中低温热液石英脉型锑、金、钨矿床，具有易选、易炼等特点，各项经济技术指标较好(见表 14-3)。

表 14-3　湖南沃溪锑、金、钨矿的工业指标

工业要求	锑(Sb)	金(Au)	钨(WO$_3$)
边界品位	0.7%	2 g/t	0.1%
工业品位	1%	4 g/t	0.2%
可采厚度/m	≥0.6		

锑精矿质量标准(YB 2419—82)本标准适用于经选矿所得的商品锑精矿，主要作锑品生产用。

技术条件按矿石类型和化学成分，锑精矿分为硫化矿、混合矿和氧化矿三大类，前两大类又分为粉精矿和块精矿两种。以干矿品位计算，应符合以下品级规定。

硫化锑精矿(硫化锑中的含锑量与精矿中总含锑量之比大于 85%)的品级见表 14-4。

表 14-4　硫化锑精矿的品级标准

类别	品级	锑不小于/%	杂质不大于/% 砷	铅
粉精矿	一级	55	0.6	0.15
	二级	45	0.6	0.15
	三级	35	0.4	0.15
	四级	30	0.4	0.15
块精矿	一级	60	0.6	0.15
	二级	50	0.6	0.15
	三级	40	0.4	0.15
	四级	30	0.4	0.15
	五级	20	0.2	0.10
	六级	10	0.2	0.10

混合锑精矿(硫化锑中的含锑量与精矿中总含锑量之比在15%~85%范围内)的品级见表14-5。

表14-5   混合锑精矿的品级标准

类别	品级	锑不小于/%	杂质不大于/%	
			砷	铅
粉精矿	一级	55	0.6	0.15
	二级	45	0.6	0.15
	三级	35	0.4	0.15
	四级	30	0.4	0.15
块精矿	一级	60	0.6	0.15
	二级	50	0.6	0.15
	三级	40	0.4	0.15
	四级	30	0.4	0.15
	五级	20	0.2	0.10
	六级	10	0.2	0.10

氧化锑精矿(硫化锑中的含锑量与精矿中总含锑量之比小于15%)的品级见表14-6。

表14-6   氧化锑精矿的品级标准

类别	品级	锑不小于/%	杂质不大于/%	
			砷	铅
块精矿	一级	60	0.6	0.2
	二级	50	0.6	0.2
	三级	40	0.4	0.15

全世界锑的储量450万t,每年产量约15万t,我国锑的储量200万t,年产量1993年为8.3万t。

14.4　锑的制取

辉锑矿矿石通过手选-浮选或重介质选-浮选,选出块矿、富块矿和精矿,然后冶炼。锑的冶炼方法分火法和湿法。

14.4.1　火法炼锑

硫化矿经挥发焙烧或挥发熔炼(见挥发与蒸馏),使Sb_2S_3变成Sb_2O_3(俗称锑氧),再经还原熔炼和精炼,成为金属锑。还可用沉淀熔炼法直接生产粗锑。氧化矿一般用鼓风炉炼成粗锑。硫化矿火法炼锑流程见图14-1。

锑氧生产有四种方法:

(1)硫化锑块矿的挥发焙烧,其反应为:

$$2Sb_2S_3 + 9O_2 \longrightarrow 2Sb_2O_3 + 6SO_2$$

焙烧中气态Sb_2O_3随炉气排出,经过冷凝、收尘即得锑氧。未挥发的Sb_2O_3可进一步氧化成不挥发的Sb_2O_4,留在渣中。为减少这种损失,焙烧时可加入碳质还原剂。现代焙烧设备为回转窑,中国有些厂使用中国式竖炉。竖炉的进料粒度为20~200 mm,焦率6%~7%,床能率3~3.6 t/(m²·d),渣含锑1%~2%,回收率90%~93%。

(2)硫化锑精矿闪速挥发焙烧。将80%为-200目的精矿干燥至含水0.5%,随空气从回转窑头喷入,悬浮于气流中。在高温和湍流条件下,硫化锑迅速氧化成氧化锑,随炉气从窑尾排出,进入收尘系统(见冶炼烟气收

硫化锑矿石

选矿

块矿　　　　　精矿

制团

锑块

竖炉焙烧　　　鼓风炉挥发熔炼　　　闪速挥发焙烧　　　旋涡挥发熔炼

烧渣　　　冰锑（焙烧后返回熔炼）　　贵锑（回收Au、Ag）　　渣　　　烧渣　　　　　　　渣

锑氧　　　　锑氧　　　　　锑氧　　　　锑氧

反射炉：还原熔炼 →泡渣（鼓风炉处理）；精炼 →碱渣（湿法处理）

锑锭

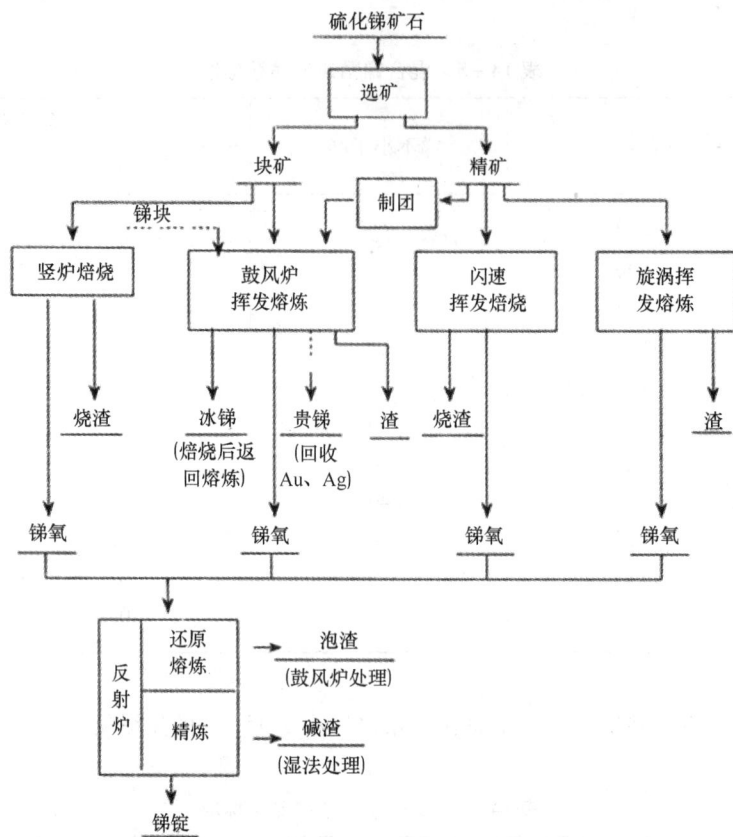

图14-1　火法炼锑流程

尘），锑回收率约96%。大部分脉石落入窑内，与烟气反向流动，从窑头排出。窑头还装有补充热量用的喷油嘴。

（3）硫化锑精矿鼓风炉挥发熔炼。中国锡矿山矿务局研究发展的低料柱、热炉顶操作的鼓风炉，既能处理硫化锑精矿球团，也能处理硫化锑和氧化锑的混合精矿球团以及泡渣等含锑物料。处理硫化精矿时，大部分 Sb_2S_3 氧化成 Sb_2O_3 而挥发，小部分熔融的 Sb_2O_3 和 Sb_2S_3 直接作用生成金属锑，其反应为：

$$2Sb_2O_3 + Sb_2S_3 \longrightarrow 6Sb + 3SO_2$$

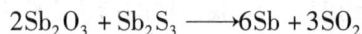

还生成少量冰锑（锑锍）和金属锑一起从炉底流出，冰锑可直接或焙烧后返回配料。如果精矿中含有金银，而产出的金属锑较少，常向鼓风炉前床内加入一定量的锑，以捕集金银，捕集了金银的锑称为贵锑。鼓风炉的床能率为 $28 \sim 30 \ t/(m^2 \cdot d)$，锑回收率95%～99%，渣含锑1%左右，焦率约35%左右。

（4）硫化锑精矿漩涡炉挥发熔炼。将氧化铁矿石、石灰石、石英石和木炭磨细，与硫化锑精矿混合加入漩涡炉，进行挥发熔炼。锑的挥发率可达97%以上。

还原熔炼和火法精炼　挥发焙烧和挥发熔炼所产锑氧含杂质较少，配入煤和少量纯碱（ Na_2CO_3 ），在反射炉内还原熔炼成粗锑。锑氧中的脉石，煤的灰分以及部分砷、锑的氧化物与纯碱反应所生成的多泡质轻的"泡渣"，浮在锑液表面。扒出泡渣，即得粗锑。如需精炼，可继续加入纯碱，碱熔化后把压缩空气鼓入锑液，进行碱性精炼。锑液中的砷、硒、碲等杂质被氧化生成相应的钠盐，硫、铜生成硫化铜和硫化钠进入碱渣除去。含铁高时，可降温，使铁以 Sb_2Fe、Sb_2Fe_3，形态析出，剩下的少量铁，加硫除去。一般需进行多次精炼才能得到合格精锑。铸锭前把低砷优质锑氧加入炉内，锑氧熔化后再铸锭，使锭块外包一层熔融锑氧，俗称"衣子"，保护精锑不再氧化，并使锑锭缓慢冷却，表面可形成美丽的凤尾草状结晶花纹，这是享有盛名的中国优质锑锭的特征。

电解精炼　采用电解方法进行精炼，能获得纯度较高的锑并能回收粗锑中的贵金属和其他有价金属。电解液为氢氟酸和硫酸的水溶液，电流密度 $100 \sim 110 \ A/m^2$，槽电压约 $0.9 \ V$，电能消耗为 $550 \sim 590 (kW \cdot h)/t$。

金、银富集于阳极泥。

沉淀熔炼 此法适于处理富矿。硫化锑和金属铁一起加热发生如下反应：

$$Sb_2S_3 + 3Fe \longrightarrow 2Sb + 3FeS$$

可得粗锑。熔融的硫化铁的密度与熔锑相近，须加入碳酸钠、硫酸钠、氯化钠等熔剂，以降低硫化铁熔体的密度，便于熔锑沉降。此法不宜处理含铅的矿石，因进入粗锑的铅用一般精炼法不能除去。小规模生产多用坩埚炉，大规模生产用反射炉，有的厂用电炉。

氧化锑矿石的鼓风炉熔炼 鼓风炉适应范围大，可处理难熔矿石，对矿石的品位要求不严格，还允许氧化矿中混有部分硫化矿。熔炼时以铁矿石、石灰石为熔剂，以焦炭为还原剂，产出粗锑。美国用鼓风炉处理含锑 25%~40% 的氧化矿、混合矿和富渣等。

14.4.2 湿法炼锑

用硫化钠、氢氧化钠溶液浸出硫化锑精矿，硫化锑与硫化钠作用生成溶于水的硫代亚锑酸钠（Na_3SbS_3）；以此溶液配制成阴极液，以氢氧化钠溶液为阳极液，进行隔膜电积，得到含锑 96%~98% 的电锑。

14.4.3 锑白

生产锑白（Sb_2O_3）是锑的主要用途之一。中国用精锑生产锑白一般用反射炉。将精锑投入反射炉熔化，向锑液中鼓入一次空气，向液面上鼓入二次空气，使锑蒸气完全氧化。氧化锑出炉后与大量冷空气汇合，迅速冷却，进入收尘系统，即得优质锑白。

14.4.4 生锑

生锑即工业用纯净 Sb_2S_3，是由高品位辉锑矿熔析而得，呈针状结晶，又称针锑。将硫化锑块矿破碎至粒度为 20~30 mm，加入反射炉，添加 1%~2% 的纯碱助熔剂，在 900~1000℃ 下，三硫化二锑熔融析出，扒出残渣，出炉铸锭，即得含锑 71%~73% 的生锑。

14.5 锑的用途

锑产品主要为精锑及锑的化合物，即三氧化二锑、三硫化二锑等。

锑性脆，不能单独使用。铅、锡中加入适量的锑，能增加其硬度和强度。含锑合金和锑化合物的主要用途见表 14-7。

表 14-7 含锑合金和锑化合物的主要用途

名称	成分	用途
铅基合金	锑 3%~12% 锑 10%~24%，锡 3%~12% 锑 6%~15% 锑 0.5%~2% 锑 10%~18%，锡 15%~25%，铜 3%	蓄电池极板 印刷铅字 铅板、铅管、枪弹 电缆包皮 轴承
锡基合金	锑 5%~15%，铜 3%~10% 锑 6%~10%，铜 1%~3% 锑 0~8%，铅 20%~2%	轴承 锡器 焊料
锑白	$Sb_2O_3 > 98\%$	搪瓷、油漆的白色颜料、阻燃剂
硫化锑	Sb_2S_5	橡胶的红色颜料
生锑	Sb_2S_3	火柴、发烟剂
超纯锑	$Sb > 99.9999\%$	制造远红外装置半导体使用的 AlSb、InSb、GaSb

1979 年美国用锑量的比例（%）为：阻燃剂 51，运输工具（包括蓄电池）20，陶瓷和玻璃 15，化学工业 5，其他 9。1978 年世界市场垆的平均价格为 200 美分/磅（1b = 0.4536 kg）。

15　汞（mereury）

15.1　汞发现小史

我国古代用汞与铅合成制作汞齐，广泛用于炼丹术。汉代魏伯阳《参同契》、晋代《抱扑子》等著作中，记载汞硫合成丹砂、汞铅合成汞齐。宋代《金华仲碧丹经秘旨》和明代《天工开物》，均记述了炼汞技术及其设备。新中国成立以来，炼汞设备发展到流态化焙烧炉、回转蒸馏炉。

地中海沿岸国系炼汞历史早，亚里士多德（Aristotle）称汞为"液银"。希腊作家戴奥斯科瑞德（Dioscor - ioles）叙述了蒸馏法等炼汞技术。10 世纪，罗马人用汞齐法提取黄金。西班牙的阿尔马登（Almaden）炼汞最著名。阿格里科拉（G. Agricola）对炼汞工艺作了叙述。现在国际上装普通商品汞的罐就起源于古代罗马，每罐装 100 里泊（Libele），合 76b（34.5 kg）

15.2　汞的性质

汞化学性质稳定，与硫生成 HgS，与氯生成 $HgCl_2$（升汞）和 Hg_2Cl_2（甘汞）。是常温下唯一呈现液态的银白色金属，$-38.89℃$ 时凝成固体。

表 15 - 1 为汞的主要物理性质。

表 15 - 1　汞的主要物理性质

密度（20℃）	13.546	g/cm^3
熔点	-38.87	℃
沸点	357	℃
平均比热（0~100℃）	138	$J/(kg·K)$
熔化热	2.324	kJ/mol
汽化热	61.1	kJ/mol
热导率（0~100℃）	8.65	$W/(m·K)$
电阻率（20℃）	95.9	$\mu\Omega·cm$

15.3　汞的资源

自然界已知的汞矿物和含汞矿物约二十多种，主要的有以下几种：

自然汞，含 Hg 100%；

辰砂（黑辰砂）HgS，含 Hg 86.2%；

灰硒汞矿 HgSe，含 Hg 71.7%；

辉汞矿 Hg（S, Se），含 Hg 83.8%；

碲汞矿 HgTe，含 Hg 61.5%；

甘汞 Hg_2Cl_2，含 Hg 84.9%；

氯汞矿 Hg_4Cl_2O，含 Hg 90.2%；

黄氯汞矿 Hg_2ClO，含 Hg 88.65%；

橙红石 HgO，含 Hg 92.87%。

对于各类汞矿床，一般工业要求为：

边界品位 0.04%；

工业品位 0.08%~0.10%；

可采厚度≥0.8~1.2 m；

夹石剔除厚度≥2~4 m。

以上指标用于圈定矿体。

由于汞矿勘探一般只能圈定含矿体，上列指标则用于勘探工程中圈定见矿厚度，并据以计算含矿系数及矿体平均品位。

评价含矿体时按含矿系数与品位乘积提出要求，即：含矿系数×矿体平均品位≥0.04。

若矿体平均品位低于最低工业要求，则列为表外储量。

有两点值得注意：

(1)边界品位的要求用于单样及单工程，最低工业品位用于块段，其下限用于规模较大、矿山开采条件和建设条件较好的矿床，最低可采厚度及夹石剔除厚度下限用于陡倾斜矿床，反之均用上限。矿体厚度小于最低可采厚度时用米百分率(厚度×品位)确定指标(见表15-2)。

表15-2　汞矿床的工业要求

矿床类型		边界品位/%	工业品位/%	最低可采厚度/m	夹石剔除厚度/m	含矿系数
褶皱类型	贵州务川木油厂矿床	0.04	0.08	1	≥2	
断裂类型	贵州丹寨宏发厂矿床	0.04	0.08	0.5	≥2	>0.1
	陕西旬阳公馆矿床	0.04	0.08	0.5	≥1	>0.3
	广西南丹益兰矿床	0.04	0.08	0.5	≥2	

(2)普查评价阶段，必须认真研究矿床经济评价问题。鉴于当前的生产实况，矿床的平均品位应达0.12%~0.15%，才宜进一步部署详细地质工作。

汞矿常伴生有分散元素硒、放射性元素铀等，在普查勘探中应注意综合评价，同时对具有综合利用价值的共生矿产或上覆、下伏的有用矿产，应阐明其矿物种类，含量变化，分布规律及其回收情况等。

一定数量的砷在冶炼时会随辰砂升华而降低水银的纯度，一定数量的辉锑矿也易于结焦而影响汞回收率；因此，评价中要确定其含量，搞清伴生组分对矿石加工的有益或不利影响。

表15-3、15-4分别为朱砂和湿法朱砂两质量标准

表15-3　朱砂质量标准(YB 748—70)

等级	硫化汞不小于/%	杂质(硒)不大于/%
特	98	0.10
1	97	0.20
2	96	0.40

注：①特级朱砂粒度规定5 mm以上，如用户对粒度有特殊要求，可与生产厂家协商解决。

　　②各级朱砂除硒以外的杂质，如用户有特殊要求，可与生产厂协商议定。

表15-4　湿法朱砂质量标准(GB 3631—83)

品级	硫化汞不大于/%	杂质不大于/%	
		Se	Fe
一	99.00	0.050	0.10
二	98.00	0.100	0.10

注：①产品不得混入机械混合物；

　　②产品表面应清洁，洗涤液静置后应清澈透明，其pH与当地天然水pH之差应小于0.5。

世界汞储量12.755万t，年产量6000 t。我国汞储量8万t，最高年产2684 t，1993年产量为515 t。

15.4　汞的制取

汞的冶炼　有火法和湿法。火法炼汞包括矿石或精矿的焙烧和汞蒸气的冷凝两个过程。此法工序少，技术经济指标较高，是传统的炼汞方法。火法炼汞流程见图15-1。湿法炼汞包括矿石用硫化钠或次氯酸盐溶液浸出、浸出液净化、净化液电积或置换等过程。湿法虽能减少空气污染，但技术经济指标不如火法，未广泛应用。

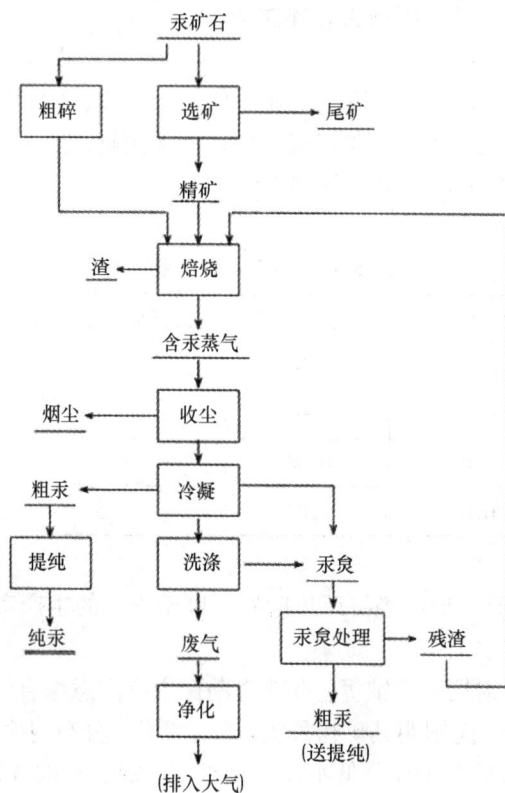

图15-1　火法炼汞生产流程

15.4.1　汞的火法炼汞

焙烧和蒸馏　焙烧精矿可大幅度减小处理量，相应地减少烟气量，减轻环境污染。世界上普遍采用回转窑焙烧原矿的工艺。从防治污染考虑，有向用多膛炉焙烧精矿发展的趋势。中国炼汞用回转蒸馏炉处理精矿，或用改进了的流态化焙烧炉（沸腾炉）焙烧原矿；一些小厂也使用直井炉。各种类型炉子的主要数据和特点见表15-5。

表15-5　炼汞焙烧炉主要数据

炉型	规格/m	炉料粒度/mm	每炉处理矿石能力/(t·d⁻¹)	燃料种类和燃料率/%	炉料品位/%	汞回收率/%	特　点
直井炉	Ø22.2~3.16	块矿<100	30~70	焦炭3.5~5或白煤	0.15	>92	结构简单，易建设，投资少，水电消耗小，机械化水平低
沸腾炉	锥形床Ø1.33 Ø1.46	粉碎矿<13	300 400	粉煤8~9	0.06	>91	生产能力大，热效率较高，可处理低品位矿石，烟尘量大（11%~14%），污染防治工作量大

续表 15 - 5

炉型	规格/m	炉料粒度/mm	每炉处理矿石能力/(t·d^{-1})	燃料种类和燃料率/%	炉料品位/%	汞回收率/%	特 点
回转炉馏炉	Ø0.3～1.0 长 3.0～8.0	精矿或返回品	2～20	电、重油或煤气	14.4	>99	隔焰加热,有利于汞的冷凝回收和污染防治,热效率较低
回转窑	Ø0.9～2.5 长 11.0～36.0	块矿<75	30～400	重油2.5～3.5 或煤气	>0.2	95～96.6	利于大量处理低品位矿石;污染防治工作量大
多膛炉	Ø3.0～8.0 6～13 层	碎矿<30 或精矿	100～400	重油2.5～4.7 或煤气	约2.2～3.4	约94～98	用于焙烧精矿,有利于污染防治

硫化汞矿石焙烧在氧化气氛中进行,反应温度为450～900℃反应式为HgS + O$_2$——→Hg + SO$_2$,生成的汞呈气态,经冷凝得液态汞。硫化汞矿石也可在有限空气或密闭的蒸馏炉中加石灰、铁屑使汞还原后蒸馏。焙烧过程中,要注意防止矿石中的砷、锑硫化物生成易挥发的低价氧化物(As$_2$O$_3$、Sb$_2$O$_3$)。这种氧化物随汞蒸气进入冷凝系统凝结,将增大汞氧量。焙烧温度控制在550～900℃,并供给充足的空气,可使砷、锑生成不挥发的高价氧化物(As$_2$O$_5$、Sb$_2$O$_4$)留于渣中。烧渣含汞可降到十万分之几(见挥发与蒸馏)。

汞蒸气冷凝 焙烧还原产生的汞蒸气在冷凝器中凝聚为液态汞。炉气中常夹带一定数量的烟尘,如果这些烟尘进入冷凝器与凝结汞一起沉积,就会形成汞氧,所以在炉气进入冷凝器之前必须除尘净化。除尘时气流温度应保持在汞蒸气的露点以上。焙烧原矿时,通常每立方米炉气含汞数克到数十克,此时汞的露点约为100～160℃。因此进入冷凝器的炉气温度一般控制在200℃左右,以防止汞蒸气过早冷凝。由于冷凝后排出的气体含汞量随温度的升高而急剧增加,因此,冷凝器出口尾气温度应低于50℃,甚至降到20℃以下,以使汞蒸气尽量冷凝。如果降温、除雾措施得当,尾气含汞量可降低到20 mg/m^{3}以下。汞蒸气冷凝多采用外部空气 - 水冷却的多级管式冷凝器。根据导热、防腐等要求,冷凝器用铸铁、陶瓷、不锈钢等材料制作。收尘、冷凝系统应密封,保持负压操作,定期用高压水冲洗,清理凝结在冷凝器内的汞和汞氧。生成的汞氧须加处理以回收汞。

15.4.2 汞的提纯和包装

汞的提纯方法一般用麂皮或毛呢过滤,必要时再用酸、碱液洗涤,可获得纯度为99.995%以上的普通商品汞。如进一步用臭氧氧化,在真空或惰性气氛中蒸馏或用电解法,可制取99.9999%以上的高纯汞。普通商品汞装入特制的铁罐贮存。高纯汞装入特制的瓷罐或塑料罐(每罐汞净重分别为1、3、5 kg)贮存。

15.4.3 汞毒及其防治

慢性汞中毒的症状是头晕、神经过敏、齿龈发炎和肌肉颤动等。急性汞中毒可以造成神经系统的永久性损伤,甚至危及生命。炼汞厂的含汞废气、废水、废渣是主要的汞污染源。用软锰矿或硫氰酸盐法净化含汞废气,含汞量可降到3～0.1 mg/m^3。含汞废水采取闭路循环,定期吸附或沉淀等方法净化,含汞量可降到0.5～0.05 mg/L。炼汞炉排出的热渣先在密闭系统中冷却回收汞,再用来充填废矿井或堆存。厂区应设立监测站,工作区要有安全技术措施,如加强通风,用活性物质(如硫磺)喷洒污染面。工作人员要戴防毒面具,定期化验尿、血中的含汞量等。汞中毒人员应立即治疗。

15.5 汞的用途

汞广泛用于化学、电气、仪表及军事工业,也用于医药。

在汞的总消费量中,金属汞约占30%,化合物状态的汞约占70%。冶金工业中常用汞齐法提取金、银、铊等有色金属;化学工业中,用汞作阴极电解食盐溶液制取高纯烧碱和氯气。汞常用于制造汞弧整流器、水银真空泵、水银灯以及各种测温、测压仪表等。汞与酒精、浓硝酸溶液混合加热可制成良好的起爆剂——雷汞[Hg(CNO)$_2$]。汞的一些化合物在医药上有消毒、利尿和镇痛作用。汞银合金是很好的牙科材料。此外,汞可用作原子核反应堆的冷却剂和防原子辐射材料;也用于制造精密铸件的铸模。美国1979年汞用量比例为:电气仪表45%,电解氯碱工业19%,防腐油漆17%,工业控制仪表6%,其他13%。1979年伦敦市场汞的平均价格为291.00美元/罐。

16　镉（cadmium）

16.1　镉的发现小史

镉拉丁文原意是菱锌矿（Cadmia）转意命名为 Cadmium。德国人施特罗迈尔,（F. S. L. stromeyer）以及赫尔曼（K. S. L. Herman）、罗洛夫（J. C. H. Roloft）分别从碳酸锌、氧化锌中发现的这种新元素。

16.2　镉的性质

镉是银白色带蓝色光泽的金属，是显著的亲硫元素。镉在湿空气中缓慢氧化并失去光泽。加热时生成棕色的氧化层。镉蒸气燃烧产生棕色的镉烟雾。不溶于碱液，与硫酸、盐酸和硝酸作用生成相应的镉盐。

镉的主要物理性质见表 16 – 1。

表 16 – 1　镉的主要物理性质

密度（20℃）	8.64	g/cm^3
熔点	320.9	℃
沸点	767	℃
平均比热（0~100℃）	233.2	J/(kg·K)
熔化热	6.14	kJ/mol
汽化热	99.6	kJ/mol
热导率（0~100℃）	103	W/(m·K)
电阻率（20℃）	7.3	μΩ·cm

16.3　镉的资源

镉的主要矿物有硫镉矿（CdS），含 Cd77%，菱镉矿（CdCO$_3$），含 Cd74.5% 及方镉矿（CdO）等，但均不形成单独矿床。镉赋存于锌矿、铅锌矿和铜铅锌矿石中，尤其是在浅色的闪锌矿中含量较高，一般 0.1%~0.5%，高达 5%，镉在浮选时主要进入锌精矿，在焙烧过程中富集于烟尘中，在湿法炼锌厂的硫酸锌溶液净化过程中产出的铜镉渣（含 Cd 4%~20%），火法炼锌厂的粗锌精馏过程中产出的镉灰（含 Cd 10%~30%）和某些铜、铅冶炼厂的富镉尘均可提镉。

对于各类镉矿床及选矿产品工业要求是锌矿和铅、锌矿石中含 Cd 0.01%~0.09%。

铅、锌精矿中含 Cd 0.03%~0.2%。

全世界镉伴生在锌矿中，储量 53.6 万 t。每年产量约 2 万 t。我国镉储量 38 万 t。1993 年我国产镉 1161 t。

16.4　镉的制取

镉的提取主要是两种方法，即湿法和联合法。

湿法提镉为中国多数工厂所采用，主要包括：铜镉渣浸出（见浸取）、置换沉淀海绵镉、海绵镉溶解、镉液净化、电解沉积和熔化铸锭等工序，流程见图 16 – 1。

铜镉渣主要含有锌、镉、铜等金属及其氧化物，还有少量的砷、锑、铁、钴、镍、铊等。用 15 g/L 的硫酸溶液在 80~90℃浸出，当酸含量降至 4~5 g/L 时加 MnO$_2$，使镉、铁氧化，加石灰水 [Ca(OH)$_2$] 中和除铁、砷和锑。此时，浸出液成分为 Cd > 10 g/L，Fe < 1 g/L，Cu 0.05 g/L，pH = 5.2~5.4。浸出液调整 pH 为 3~4 后，加入锌粉（为理论量的 1.2~1.3 倍）置换，得海绵镉。硫酸锌滤液（含 Cd < 50 mg/L）返回锌系统。海绵镉经自然氧化后，用含 40~70 g/L 的 H$_2$SO$_4$ 溶液浸出。用 KMnO$_4$ 氧化并加石灰水中和水解，以进一步除铁。过滤后的滤液用新鲜海绵镉置换除铜。电解滤液得电积镉（见水溶液电解）。镉电积的操作与锌电积相似，但由于镉易长成

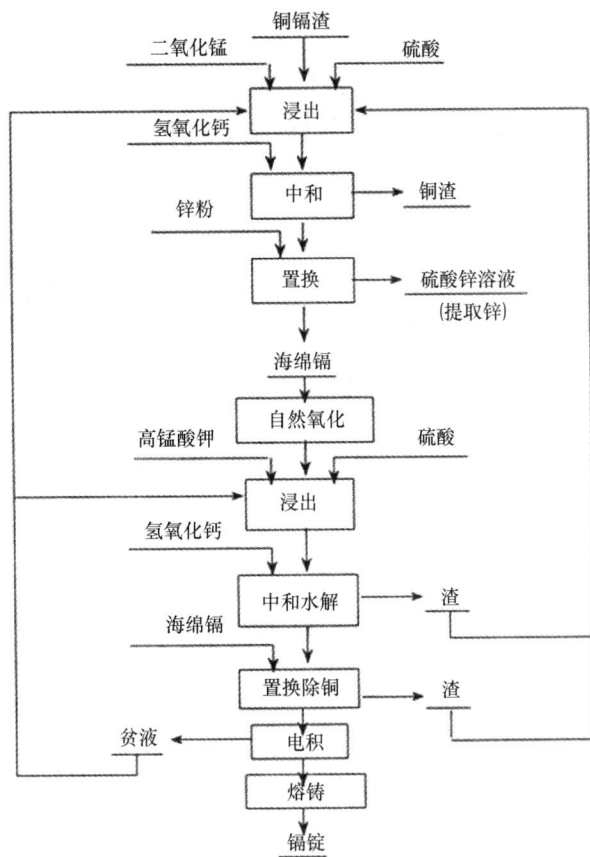

图 16 - 1　铜镉渣提镉流程

树枝状结晶，所以用低电流密度(65 ~ 100 A/m²)电解。电流效率 80% ~ 90%，槽压 2.4 ~ 2.5 V。电解液成分(g/L)：Cd 60 ~ 150、Zn 30 ~ 40、H_2SO_4 100 ~ 160，温度 25 ~ 30℃，为了改善镉在阴极的析出状态，可添加动物胶。电镉在熔融烧碱覆盖下熔化并脱锌，制成镉锭、镉棒和镉粒等形状。含杂质较多的树枝状镉，可用真空蒸馏法单独处理。

由于浸出和置换过程中能产生剧毒的砷化氢(AsH_3)，其他过程中也产生含镉的有害气体，所以应有良好的通风排气等安全措施。

联合法提镉　是中国火法炼锌厂和铜铅冶炼厂采用的方法。镉尘先经焙烧脱去砷、锑等杂质，得到浸出性能良好的焙砂，再用稀硫酸浸出。浸出液经氧化水解脱去铁、砷，有时还加碳酸锶($SrCO_3$)脱铅。净化后的含镉溶液用锌粉置换得到海绵镉，加压成团，在铸铁锅中于熔融烧碱保护下，铸成粗镉锭。将粗镉加入精馏塔内精馏提纯，杂质从塔的下部渣锅中排出；精镉由塔顶镉蒸气冷凝产出，纯度在 99.99% 以上。镉的回收率可达 99.7%。

镉害防护　被镉污染的空气比被镉污染的食物对人体的危害更严重。冶金车间工作环境空气中含金属镉和可溶性镉尘的极限值规定为 200 μg/m³，氧化镉烟雾的极限值为 100 μg/m³。含镉大于 0.5 μg/L 的废水不许排放。

16.5　镉的用途

镉可以制造轴承合金、特殊易熔合金、耐磨合金、焊锡，镉对盐水和碱液有良好的抗蚀性能，可以用作钢构件的电镀防腐层，但近年来因镉的毒性，此项用途有减缩的趋势。镍-镉和银-镉电池具有体积小，容量大的优点，因而镉在电池制造中用量日增，镉是制造钎焊合金和低熔点合金的主要成分之一。镉具有较大热中子俘获截面，因此含银 80%，铟 15% 和镉 5% 的合金可用作原子反应堆的控制棒，在铜中加入 0.05% ~ 1.3% 的镉可改进机械性能，尤其是冷加工性能，而导电率则下降很少。镉的化合物曾经广泛用于制造颜料、塑料稳定剂、荧光粉、硫化镉、硒化镉、碲化镉，具有较强的光电效应，用于制造光电池。

17　铋（bismuth）

17.1　铋的发现小史

希腊、古罗马时代人们就使用铋，但不知道是一种金属元素，铋的名字取自德文白色金属（Wism. ut）。大约在 16 世纪，阿格里科拉（G. Agricola）将此名拉丁化为 bismntum。长时期铋被人们误认为是铅、锡、银、锑等。直到 1753 年，若弗鲁瓦（C. Ggeoffroy）和伯格曼（T. Bergman）才确定铋是一种元素，1860 年以后，铋开始初具工业规模。

17.2　铋的性质

铋性脆，富有光泽。铋在凝固时体积增大，膨胀率为 3.3%。铋是逆磁性最强的金属，在磁场作用下电阻率增大而热导率降低。除汞外，铋是热导率最低的金属。铋及其合金具有热电效应。铋的硒、碲化合物具有半导体性质。室温下铋在湿空气中轻微氧化，加热到熔点时则燃烧生成三氧化二铋（Bi_2O_3）。铋同盐酸作用缓慢，同硫酸反应放出 SO_2，同硝酸反应生成硝酸盐。

铋的主要物理性质见表 17 - 1。

表 17 - 1　铋的主要物理性质

密度（20℃）	9.80	g/cm^3
熔点	271	℃
沸点	1564	℃
平均比热（0 ~ 100℃）	124.8	$J/(kg \cdot K)$
熔化热	10.89	kJ/mol
汽化热	179.2	kJ/mol
热导率（0 ~ 100℃）	9	$W/(m \cdot K)$
电阻率（20℃）	117	$\mu\Omega \cdot cm$

17.3　铋的资源

17.3.1　铋矿物种类

自然界存在少量的铋，主要铋矿物：

辉铋矿 Bi_2S_3，含 Bi 81.2%；

泡铋矿 $Bi_2CO_5 \cdot (2 ~ 3)H_2O$，含 Bi 87%；

铋华 Bi_2O_3，含 Bi 89.6%；

自然铋 Bi，含 Bi 95% ~ 99%；

方铅铋矿 $2Pb \cdot Bi_2S_2$，含 Bi 42%；

菱铋矿 $nBi_2O_3 \cdot mCO_2 \cdot H_2O$；

铜铋矿　$3Cu_2S \cdot 4Bi_2S_3$。

铋单独矿床少，常与铅、锌、铜、钨、钼、锡等矿伴生，其单独开采工业品位为 0.5%。

17.3.2　矿床实例

（1）广东英德长岗岭石英脉型铋矿床　该矿为辉铋 - 黄铁矿石英大脉型矿床，其工业指标如下：

边界品位 Bi 0.2%；

块段最低平均品位 Bi 0.4%；

最低可采厚度 0.8 m；

夹石剔除厚度 0.5 m。

铋来源上属多金属矿床,应该重视综合评价。

(2)广东棉土窝钨矿床

边界品位WO₃ 0.10%,

　　　　WO₃ + Bi 0.13%;

矿块最低平均品位WO₃ 0.15%,

　　　　　WO₃ + Bi 0.20%;

矿区最低平均品位WO₃ 0.50%,

　　　　　WO₃ + Bi 0.70%;

最低可采厚度 0.7 m,小于 0.7 m 时按米百分值计算。

伴生组分最低平均品位的要求:

Cu 0.10%,Bi 0.08%;

Mo 0.02%,Sn 0.05%。

(3)湖南郴县天鹅塘铅锌铋多金属矿

表外边界品位:Pb0.5%,Zn0.8%;

表内边界品位:Pb0.6%,Zn1%;

最低工业平均品位:Pb0.8%,Zn1.2%,Bi0.1%,Fe 30%;

最低可采厚度:1 m;

最大夹石厚度:2 m;

伴生有益元素:Sn 0.1%,Cu 0.04%。

世界铋金属量×××万 t,年产量约4400 t。我国铋金属量50万 t,1993 年产铋约1052 t。

17.4　铋的制取

铋的冶炼分粗炼和精炼两步。

17.4.1　火法粗炼

粗炼的方法因原料而异。以硫化铋精矿、氧化铋和硫化铋的混合矿、氧化铋渣以及氯氧化铋等作为炼铋原料时,采用混合熔炼法,配入适量的铁屑、纯碱、萤石粉、煤粉等,在反射炉中进行混合熔炼,得到粗铋,送去精炼。

以铅的火法冶金精炼过程中产生的钙镁铋浮渣为原料的炼制方法是:先将浮渣加热,使其中所含的铅下沉取出。继续加热熔渣,熔化后,加入氯化铅或通入氯气,以除去钙和镁,得到富含铋的铅铋合金,再送精炼。

17.4.2　火法精炼

一般分为四个步骤:①氧化除砷、锑、碲等;②加锌除银;③氯化除铅锌;④高温除氯。火法精炼流程见图 17 - 1。粗铋在 680 ~ 720℃熔化,其中铁、砷、锑等氧化成为干渣。为了减少铋被带走,通常用氢氧化钠作熔剂,熔化干渣,然后捞出。鼓风是为了进一步氧化砷、锑、碲、铁、锡等杂质,使砷、锑形成 As_2O_3 和 Sb_2O_3,大部分挥发掉。粗铋中的银,可以加锌除去。粗铋中残余的锌、铅、铜则在 350 ~ 500℃通入氯气除去。最后在氢氧化钠及硝酸钾熔盐覆盖下,插树脱氯,所得铋锭纯度可达99.99%。如原料中含铅高时,可在除银前先氯化除铅。

17.4.3　湿法提铋

将含铋的原料用盐酸浸出,浸出液用大量的水稀释,使氯化铋水解成氯氧化铋沉淀。如需要提高纯度,可重复操作数次。氯氧化铋在盐酸存在下用铁粉或锌粉进行置换沉淀,制取海绵铋;或与碳酸钠、碳混合后,熔融还原,直接制取粗铋。中国从锡矿中选出铋中矿,用盐酸浸出,分离锡和砷后,将氯化铋溶液进行隔膜电解,制取海绵铋。海绵铋为中间产品,还需精炼。

电解精炼对分离大量的银很有效。但在提炼高纯铋时,仍需与火法精炼配合。

17.5　铋的用途

铋主要用途是以金属形态用于配制易熔合金,以化合物形态用于医药。前者熔点范围为 47 ~ 262℃,最常

粗铋

熔化 → 熔化渣

空气　　NaOH

氧化 → (A、Sb、T的氯化物)

锌块

除银 → 渣 (Ag、Zn)

Cl$_2$

除铅锌 → 渣 (Pb、Zn)

NaOH、KNO$_3$

高温插树脱氯 → 渣

铸锭

铋锭

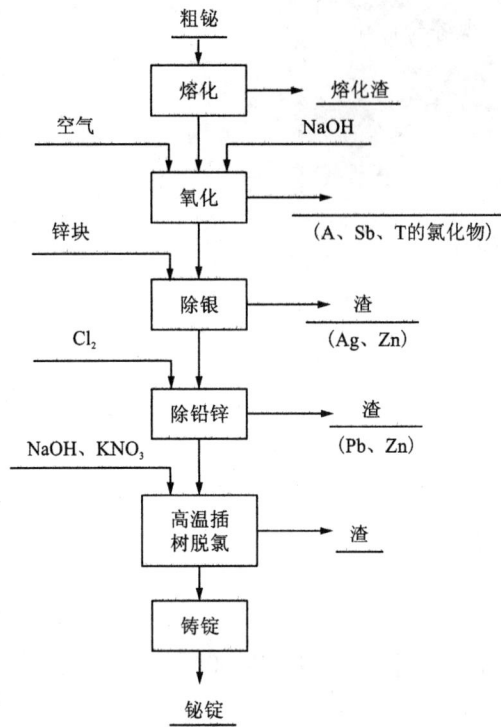

图 17 −1　粗铋火法精炼流程图

用的是铋同铅、锡、锑、铟等金属组成的二元、三元、四元、五元合金。改变这些金属在合金中所占的百分比，就可获得一系列不同熔点和不同物理性质的合金；这些合金用于消防装置，做自动喷水器的热敏元件，锅炉和压缩空气缸的安全塞、焊料、金属热处理的熔浴介质等。铋合金具有在冷凝时不收缩的特性，用于铸造印刷铅字和高精度的铸型。铋及其合金常作为铸铁、钢和铝合金的添加剂，以改善合金的切削性能。含锑 11% 的铋合金用于制造红外线检测计。铋锡和铋镉合金用作硒整流器的辅助电极。利用铋在磁场作用下电阻率急剧减小的特性来制作磁力测定仪。铋锰合金可制永磁合金。铋的热中子吸收截面很小并且熔点低、沸点高，可用作核反应堆的传热介质。碲化铋（Bi$_2$Te$_3$）广泛用于制造温差电制冷元件和低温温差电源。三碲化锑铋（BiSbTe$_3$）作为温差电器元件用于太阳能电池。铋银铯合金用于制造光电放大器。硫化银铋（BiAgS$_2$）用于制造半导体仪器。铋镉温差元件用于报警装置。

20 世纪 70 年代后期，世界铋矿（以铋计）年产量估计为 3630 ~ 4080 t。秘鲁是世界铋矿产量最高的国家，其次为玻利维亚和澳大利亚。消费铋最多的国家是美国，1976 年为 1093 t，1979 年为 1153 t，主要依靠进口。其中 25.5% 用于冶炼易熔合金，27% 用作冶金添加剂，45.7% 用于制药，其他用途约占 1.8%。纯度为 99.99% 和 99.999% 的铋，1976 年的价格分别为 16.52 美元/公斤和 17.62 美元/公斤。中国近年铋的年产量约为 400 ~ 500 t。

Ⅲ 贵金属

18 金(gold)

18.1 金的发现小史

金是最早发现的金属,新石器时代已识别了黄金。公元前3000年,埃及、美索不达米亚用黄金制作饰物。我国公元前14世纪,已掌握了制造金器的技能。河南安阳等地出土的殷商文物中即有金箔。

18.2 金的性质

纯金为黄色,极细金粉为黑色,金的胶状溶液呈红色、蓝色或紫色。根据金件在试金石上划痕的颜色可以判断其含金量。首饰中的金含量常用K表示。纯金为24K。金的延展性极好,可制成0.00001 mm厚的金箔或拉成只有0.5 mg/m的细丝。金的电导率仅次于银和铜,热导率为银的74%。

金的化学性质十分稳定,从室温到高温,一般均不氧化。金不溶于一般的酸和碱,但可溶于王水,也可溶于碱金属氰化物溶液。此外,酸性的硫脲溶液、溴的溶液、沸腾着的氯化铁溶液,有氧存在的钾、钠、钙、镁的硫代硫酸盐溶液等,能很好地溶解金。碱金属的硫化物能腐蚀金,生成可溶性硫化金。金的主要物理性质见表18-1。

表18-1 金的主要物理性质

密度(20℃)	19.3	g/cm^3
熔点	1063	℃
沸点	2860	℃
平均比热(0~100℃)	130	J/(kg·K)
熔化热	12.81	kJ/mol
汽化热	342.4	kJ/mol
热导率(0~100℃)	315.5	W/(m·K)
电阻率(20℃)	2.20	μΩ·cm

18.3 金的资源

金在地壳中含量稀少,主要呈游离状态,少量为碲化金($AuTe_n$)。

18.3.1 金矿物种类

目前已发现金矿物近20种,分为:①自然元素、天然合金和金属互化物;②硫化物;③硒化物;④碲化物;⑤锑化物等。最常见的是金的自然元素和碲化物。主要的则是自然金(含金>80%)和银金矿(含金50%)。在自然界中,金常与银共生,并与黄铁矿、方铅矿、毒砂、闪锌矿、黄铜矿、黝铜矿、辉钼矿等矿物关系很密切,常和它们伴生在一起。

金矿床分原生脉金矿床和次生砂金矿床。脉矿中的金叫岩金(脉金),砂矿中的金叫砂金。20世纪以前多开采砂金。20世纪70年代世界岩金产量已超过砂金,占总产金量的65%~75%。

中国黑龙江、内蒙古、四川等省区盛产砂金。山东、河南、河北、吉林、湖南和台湾等省是主要岩金产地。

对于不同金矿床,其工业要求不一。

(1)岩金

边界品位:1~2 g/t;

最低工业品位：3～5 g/t；

矿床平均品位：5～8 g/t；

可采厚度：≥0.8～1.5 m；

夹石剔除厚度：≥2～4 m；

无矿段剔除长度：上、下坑道对应时 10～15 m；上、下坑道不对应时 20～30 m。

注：①品位指标，当矿石易采易选建设条件好的，取其下限值；反之，取其上限值。②最低可采厚度与夹石剔除厚度，当矿床产状陡时取其下限值；反之取其上限值。表 18－2 为矿床实例。

表 18－2　对砂矿床的工业要求

矿床名称	边界品位/(g·m⁻³)	最低工业品位/(g·m⁻³)	最小可采宽度/m	夹石剔除宽度/m	最小可采厚度/m	矿量/10⁴ m³	底板坡度/‰	备注
黑龙江桦南砂金矿	0.09	0.21	70	40		1600		船采
	0.1	0.3						水枪采
	1	2.5	20	20	1.5			地下开采
黑龙江小奇拉河砂金矿	0.07	0.17	40	40				船采
吉林珲春砂金	0.07	0.20	40	40		≥3001		船采
吉林金仓砂金矿	0.06	0.18	30	30	2.5			船采

（2）砂金，其工业要求如表 18－3 所示。表 18－4 为砂金的各种开采方法及工业要求。

表 18－3　岩金矿床的矿床实例

矿床名称	原工业指标							新工业指标							备注
	边界品位/(g·t⁻¹)	最低工业品位/(g·t⁻¹)	矿床平均品位/(g·t⁻¹)	最低可采厚度/m	夹石剔除厚度/m	无矿段剔除长度(m) 对应	不对应	边界品位/(g·t⁻¹)	最低工业品位/(g·t⁻¹)	矿床平均品位/(g·t⁻¹)	最低可采厚度/m	夹石剔除厚度/m	无矿段剔除长度/m 对应	不对应	
山东焦家金矿	3	5	8	0.8	2	15	30								新指标指冶金工业部黄金局1980年以冶黄生字第145号文下达的对我国黄金生产矿山修订的工业指标
河南金硐岔金矿	2	5	8	0.8	2.0			1	4	5.5	1.5	2.0	10	20	
河北金厂峪金厂	3	5	9	1	2～4			1.5	3.5	4	1.0	3.0	10	20	
吉林夹皮淘金矿	2.5	4	6	1	2			1.5	4	6	1	2	15	30	
浙江遂昌金矿	2	5		0.8	2			1	3	5	1	2	10	20	

表 18-4　砂金的开采方法及工业要求

项目	露天开采						地下开采
	全面开采				水枪开采	分别开采	
	采金船开采						
	南方		北方				
	50~100 开	150~300 开	50~100 开	150~300 开			
混合砂边界品位/(g·m⁻³)	0.05~0.07	0.04~0.06	0.06~0.08	0.05~0.07	0.1	0.3~0.5	
混合砂块段最低工业品位/(g·m⁻³)	0.16~0.18	0.14~0.16	0.18~0.20	0.16~0.18	0.3	0.6~1.0	
最小可采宽度/m	30~35	40~50	30~35	40~60	20		
无矿地段(夹石)剔除宽度/m	30~35	40~60	30~35	40~60			
矿体最低可采矿砂量/万 m³	150~450	900~2000	100~300	600~1400			
矿砂层边界品位/(g·m⁻³)							1
矿砂层块段最低工业品位/(g·m⁻³)							3
矿砂层采幅高度/m							1.3~1.5

各类矿床中,与金伴生多种元素及有用矿物颇多,应进行矿床的综合评价。

金矿床中伴生有用组分多。在岩金矿床中常伴生有银、铜、锌、铅、钨、锑、钼、硫、铋、钇等。在砂金矿床中,常伴生有金红石、石榴石、钛铁矿、白钨矿、独居石、刚玉等。为了综合利用矿产资源,当伴生组分达到一定含量时,应做出综合评价(见表 18-5)。

表 18-5　岩金矿床中伴生组分评价参考数值

元素或组分	Cu	Pb	Zn	WO₃	Sb	Mo	S
含量/%	0.1	0.2	0.4	0.05	0.4	0.01	2.0

注:①铜、锌、铅、锑、钼含量均指硫化物中的含量。

②硫指硫铁矿中之硫。

③在金矿床中普遍含银,伴生银的含量评价数值视其回收情况而定。

全世界黄金储量 44000 多吨,南非占 23000 余吨,前苏联 6200 余吨、美国 2400 余吨,加拿大近 1500 t。全世界产量约 1200 t,南非最高年份达 900 余吨,苏联最高年份达 500 多吨。

我国黄金储量居世界第四,全国金矿床(点)6000 个,形成规模 1000 多处。我国历史上是产金大国之一,1078 年产量达一万余两,1888 年产量 13.5 t。现在黄金产量中,岩金、砂金产量占总产量的 75%,伴生金产量占 25%。1993 年产金 20.1 t。

18.4　金的制取

含金 3 g/t 以上的脉矿即为可采金矿。含金 1.5 g/t 的矿石也被利用起来。脉金矿通常经过选矿富集成精矿后,再用氰化法提金;或先用重选和混汞法提取游离金后再用氰化法进一步提金;也可不经选矿直接用氰化法提取。砂矿多用重选法选出精矿,熔炼提取金;或用重选加混汞法提取。提取金(银)的另一重要方法是将含金 50 g/t 以上的精矿或含金 30 g/t 左右的块矿,作为炼铜、铅的配料,在冶炼过程中,金(银)富集于阳极泥而后回收。

18.4.1　金的重选法制取

谚语"沙里淘金"就是最简单的重选法。常用重选设备有跳汰机、摇床和溜槽。现代水上开采砂金的设备是装有采矿、选矿、排除尾矿等机械的采金船。

18.4.2　金的浮选法制取

金-铜、金-铅、金-锑、金-铜-铅-锌-硫等多金属含金矿石,先用浮选法选出含金 60~150 g/t 的硫化物精矿，再提取金。

18.4.3　金的混汞法制取

利用金与汞形成汞齐特点，使金同其他金属矿物和脉石分离，所得汞膏经加热蒸馏除汞后得到金。此法用于处理含粗粒金的矿石，金的最高回收率为85%。在容器内混汞称为"内混汞"，通常磨矿和混汞同时进行；在容器外混汞称为"外混汞"。砂金矿常用内混汞。外混汞很少单独使用，常与浮选、重选和氰化法联合使用。因汞有剧毒，此法已渐少用。

18.4.4　金的氰化法制取

是近代从矿石中提取金最有效、最常用的方法，包括氰化浸出、锌置换和金泥熔炼等工序。在充分供氧的条件下，矿石中的金、银溶于碱性氰化物溶液，生成可溶性氰化物配盐。通常用浓度为0.03% ~0.3%的氰化钠或氰化钾溶液浸出，其反应为：

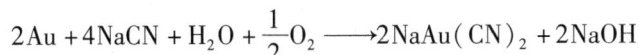

$$2Au + 4NaCN + H_2O + \frac{1}{2}O_2 \longrightarrow 2NaAu(CN)_2 + 2NaOH$$

为防止氰化物被水解和被溶液中的二氧化碳分解，以及减少氰化物和氧被铜、铁、砷、锑等硫化物的消耗，常以石灰乳[Ca(OH)$_2$]作保护碱，维持溶液 pH 为11 ~12。细磨物料和延长浸出时间可提高浸出率。

浸出液经真空脱氧后，用锌置换沉淀得金泥，其反应为：

$$Zn + 2NaAu(CN)_2 \longrightarrow Na_2Zn(CN)_2 + 2Au$$

金泥用10% ~15%的硫酸溶液洗涤除锌（也可不经酸洗）后，加入苏打、硼砂、石英等熔剂熔炼成金银合金，再行精炼。

氰化浸出分为渗滤浸出和矿泥搅拌浸出。前者适于处理渗透性好的大粒物料，设备简单，费用低，多用于小型金矿，但金的浸出率低，一般仅60% ~70%；后者用于处理粒度小于0.3 ~0.4 mm的物料，金的浸出率可高达98%。

18.4.5　复杂含金矿石的处理

含铜高的矿石，若铜为氧化物，可先用硫酸浸出铜后再氰化提金；若铜为硫化物，可先浮选分离铜，或经焙烧、浸出后再氰化提金。含砷、锑的硫化矿，常用浓度小于0.02%的稀碱氰化液浸出提金，或浮选出精矿，焙烧挥发除砷、锑后再氰化提金。含碲金矿石在氰化液中难于溶解，多磨成极细矿后氰化处理提金，或先经氧化焙烧再氰化浸出，也可在氰化液中加溴化氰（BrCN），进行溴氰化法处理提金。含碳质金矿石氰化时，因碳粒或石墨能吸附溶解的金，使大量金进入尾渣等，降低浸出液含金量，所以常向矿浆中加煤油或松节油等，以降低碳质对金的吸附能力。氰化前先用氯气处理也很有效。

氰化处理高泥质金矿石时，可在氰化浸出的矿浆中加入活性炭吸附金，解吸后回收金，此法称为碳浆法（carbon – in – pulp，缩写 CIP），在美国已用于生产。前苏联用离子交换树脂从氰化矿浆中吸附金的方法称树脂矿浆法（resin – in – pulp，缩写 RIP）。碳浆法和树脂矿浆法是氰化法的重要改革。

20世纪70年代处理低品位金矿石和金矿废石的"堆浸法"得到广泛的应用。堆浸法包括矿石筑堆、稀氰化液喷淋、浸出液活性炭吸附、载金炭解吸、解析液电解回收金银等工序。

18.4.6　金的电解精炼

金泥熔炼所产的金银合金，经电解银后所得的阳极泥以及处理铜、铅阳极泥所得的银电解阳极泥（见银）均须电解精炼以提取纯金。银电解阳极泥含金25% ~45%，经过富集，使含金量达85%以上，再用电解精炼法提取纯金。富集方法有硝酸蒸煮法和二次电解法。硝酸蒸煮法是利用金在硝酸中的不溶性，使它与其他金属分离。此法污染环境，采用较少。二次电解法是在银电解阳极泥中配入少量银粉，铸成含金35%左右的银阳极，再次进行银电解。二次电解产出的阳极泥含金可达90%，铸成金阳极进行电解精炼。金电解时，锇、铱、铑、钌进入阳极泥，铂和钯进入溶液，可进一步回收。由于银溶解后立即与电解液中的氯离子生成氯化银，附着在阳极上，造成阳极钝化，所以金电解精炼常采用非对称脉动电流消除阳极钝化。析出的阴极金洗净后，熔铸成重11 ~13 kg的金锭。金电解精炼的技术条件为：电解液含 AuCl$_3$250 ~500 g/L，HCl 150 ~200 g/L；电解液温度50 ~70℃；阴极电流密度400 ~700 A/m^2；槽电压0.4 ~0.8 V；同极中心距80 ~120 mm；交流和直流电流的强度之比为(1.5 ~2):1；阴极电流效率95%。金电解槽用耐酸材料制成。为了防止含金溶液的漏损，槽外须设保护套槽。

18.4.7　从含金废料中回收金

含金废料种类繁多，组成各不相同，应选择适当的回收方法，一般分火法和湿法。火法是将固体废料如镀件、电器触头和电子器件等熔炼成贵铅，再从贵铅中回收金。湿法处理途径有：①用溶剂溶出废件中的金，再用电解法或置换法从溶液中回收；②溶去废件中的杂质，使金留于不溶物中，再处理不溶物以回收金。含金废液可视其成分的不同用电解法、置换蠕变时，裂纹往往在晶界上萌生和扩展。

18.5　金的用途

金主要用作装饰品和货币储备。还可用作红外线的反射面、陶瓷和玻璃的着色剂，并可用作牙科材料。在电子、航空等工业中，金可用作表面涂层和焊料、精密仪器的零件或镀层。金的放射性同位素[198]Au，在医疗上用作示踪原子。金铂合金用于制造人造纤维的喷丝头。随着科学技术的发展，特别是尖端技术的发展，黄金及其合金在电子、电气、宇航和国防尖端工业中的应用也日益广泛。

某些工业国家(不包括前苏联和东欧各国)1970—1980 年黄金消费量和伦敦市场金价见表 18-6。

表 18-6　黄金的消费量和价格

项目	1970	1975	1978	1979	1980
首饰/t	1062	519	1000	737	120
电子工业/t	89	67	85	94	81
牙科/t	59	62	87	87	62
其他工业/t	62	60	75	74	64
纪念章/t	54	21	46	33	15
货币/t	46	244	259	290	179
总消费量/t	1372	973	1552	1315	521
平均价格/(美元·金衡盎司$^{-1}$)	35.90	161.10	193.30	307.36	611.10

金的计量单位常用金衡盎司(troy ounce)，一金衡盎司等于 31.1035 克。

19　银（silver）

19.1　银的发现小史

银是较早使用金属之一。国外一些地方公元前3000年已使用银器，拉加什（Lagcsh）已发现公元前2800年的银瓶。中国春秋时期（公元前8~5世纪），已有"错金银"工艺。《山海经》、宋代《云麓漫钞》、明代《教图杂记》等著作，都已详细记述了银矿的开采和灰吹法炼银技术。

19.2　银的性质

在所有的金属中，银具有最好的导电性、导热性和对可见光的反射性，并有良好的延展性。贵金属中银的化学性质最活泼。最有工业价值的银化合物是硝酸银和卤化银。银的主要物理性质见表19-1。

表19-1　银的主要物理性质

密度（20℃）	10.5	g/cm^3
熔点	960.8	℃
沸点	2163	℃
平均比热（0~100℃）	234	$J/(kg \cdot K)$
熔化热	11.43	kJ/mol
汽化热	251.2	kJ/mol
热导率（0~100℃）	425	$W/(m \cdot K)$
电阻率（20℃）	1.63	$\mu\Omega \cdot cm$

19.3　银的资源

19.3.1　银矿物的种类

银广泛分布于自然界，呈单质状态的较少，多以硫化物状态伴生于其他有色金属矿石之中。主要矿物有：

自然银 Ag，含 Ag 100%；

辉银矿 Ag_2S，含 Ag 87.1%；

角银矿 AgCl，含 Ag 75.3%；

硫锑铜银矿 $8(AgCu)S \cdot Sb_2S_3$，含 Ag 74.32%；

淡红银矿 $3Ag_2S \cdot AsS_3$，含 Ag 65.42%；

脆银矿 $Ag_2S \cdot Sb_2S_3$，含 Ag 68.33%；

硫锑银矿 Ag_3SbS_3，含 Ag 59.76%；

硒银矿 Ag_3Se_2，含 Ag 73.15%；

碲银矿 Ag_2Te，含 Ag 62.86%。

上述银矿物除独立呈粗粒单晶存在，嵌布于脉石矿物中外，还可与方铅矿、闪锌矿、黄铁矿、黄铜矿等呈微细的连晶出现，也有呈分散状态赋存于上述矿物中。

19.3.2　银矿床的工业指标

银矿床及伴生银矿床中的银工业指标比较严格。我国以银为主的矿床已相继发现数处，但大部分银是在铜矿、多金属矿、铜镍矿及金矿床中，呈伴生组分出现的。现将部分银矿床的工业指标综合归纳如下：

边界品位：Ag 40~50 g/t；

工业品位：Ag 100~120 g/t；

可采厚度：≥1 m；

夹石剔除厚度：≥2～4 m。

作为伴生组分的银，在提炼铅、锌、金、铜的时候，可顺便把银提炼出来。因此，一般均未规定伴生银的工业指标。不要求单独圈定矿体而是根据分析结果进行储量计算。当银在主组分精矿中富集性好时，可采用有多少算多少的办法。

19.3.3　银矿床实例

（1）河南破山银矿

单一银矿体：

边界品位：Ag 50 g/t；

最低工业品位：Ag 120 g/t；

最小可采厚度：1 m；

夹石剔除厚度：4 m；

含银铅锌矿石：伴生 Ag 20 g/t。

（2）浙江遂昌金银矿

金：边界品位：≥5 g/t；

　　块段最低工业品位：≥2 g/t；

　　可采厚度：0.8 m；

　　夹石剔除厚度：2 m。

银：①在金矿体内的有多少算多少。

　　②紧接金矿体的单一银矿体：

　　边界品位≥50 g/t，

　　块段最低工业品位≥100 g/t。

银矿床的综合评价是相当重要的，因为银大部分在我国已是属于铜矿、多金属矿床的伴生组分，只有少部分是从银矿床中探明的。因此，在勘探多金属矿床时，应重视综合评价银及其他伴生组分；当银的平均含量达到 40～50 g/t 时，也可按主元素进行评价。相应在勘探银矿床时，亦应注意对铅、锌、金、镉、锗、镓、硫等伴生组分的综合评价工作。

一般独立银矿，银的品位应大于 150 g/t；共生银矿，银的品位为 100～150 g/t；伴生银矿，银的品位可在 100 g/t 以下。

全世界银储量约 18 万 t，每年产量约 10000 余 t。我国银矿储量丰富，主要在我国的赣北、陕南、豫南、吉西、冀北、浙江及两广等地，1993 年产银 750 t。

19.4　银的制取

银多与铜、铅、锌等重金属硫化矿共生，主要的提取方法是通过选矿使银富集于重金属硫化物精矿中，在冶炼这些重金属过程中提取；与金共生的银，在金的氰化过程中回收。粗颗粒的自然银和银-金矿采用混汞法或重选-混汞法处理。辉银矿和角银矿可用重选法富集，也可直接氰化。

由于矿石中银含量较金高，并且银和硫化银比金难于氰化，所以银的提取常用较高浓度的氰化液（0.2%～0.6%NaCN），并须延长浸出时间，提高搅拌强度，增大充气量。氯化银比硫化银易于氰化，所以硫化银矿多先经氯化焙烧再氰化。从软锰矿中提取银，须先进行还原焙烧，使高价锰的氧化物还原为 MnO，然后再氰化，以减少氰化剂的消耗。

从阳极泥中提取银，是现代生产银的重要手段。熔炼含银硫化铜、铅精矿的过程中，银富集于铜、铅电解精炼的阳极泥中。银和金在铜、铅阳极泥中呈单质状态，或同硒、碲、氯形成化合物（Au_2Se，Ag_2Se，Au_2Te，Ag_2Te，$AgCl$）。铜和铅阳极泥，银成分随所处理的原料不同而异，波动范围很大。

19.4.1　从铜阳极泥提银

该法一般可分为硫酸化焙烧、水浸脱铜并用金属铜置换银、熔炼贵铅、精炼金银合金、银电解精炼等工序。工艺流程见图 19-1。

（1）硫酸化焙烧　使阳极泥中的铜转化为硫酸盐，即将含水 20% 左右的铜阳极泥与工业用浓硫酸混合成泥浆状，送入外加热式回转窑进行焙烧。控制窑内温度：进料端为 220～300℃，窑中部为 450～550℃，出料端为

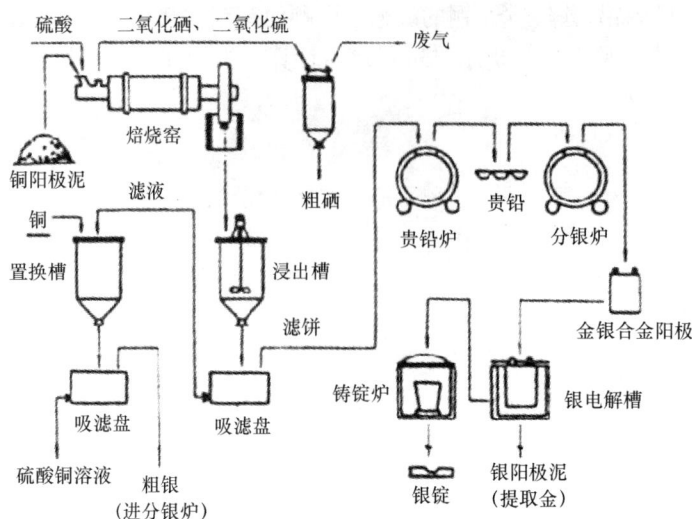

图 19 – 1 铜阳极泥提银流程

600 ~ 680℃。从排出的烟气中可回收硒。

（2）水浸脱铜 硫酸化焙烧后的铜阳极泥中，大部分铜和部分银转化为硫酸盐，用水浸出；再用金属铜置换银，铜进入溶液，银沉积成单质银。

（3）熔炼金银合金 脱铜、硒后的阳极泥配入煤粉、石灰（CaO）、苏打（Na_2CO_3）、铁屑等，在贵铅炉内进行还原熔炼，使金银富集于贵铅，其他金属大部分进入烟气或炉渣中。贵铅主要是铅，含金银约 30% ~ 40%，还含有少量的铜、砷、锑、铋等杂质。将贵铅在分银炉内进行氧化精炼，其中的杂质被氧化成不溶于金银的氧化物，进入烟气或形成炉渣除去，产出含金、银约 97% ~ 98% 的合金。贵铅炉的形状与炼铜转炉相似，但无固定风管，炉的两端或一端装有重油喷嘴。分银炉的结构与贵铅炉完全相同，仅容积较小。

（4）银电解精炼 将金银合金铸成阳极、用银板或不锈钢板作阴极，在硝酸银溶液中进行电解。在电解过程中，银和铜、铋、锡、铁、镍等都进入溶液。其中锡、铋沉淀。阳极中的铅，部分进入溶液，部分氧化成二氧化铅，附着于阳极表面。金和大部分铂、钯不溶而留在阳极泥中，仅少量铂、钯进入溶液。阴极析出的银呈树枝状结晶，容易造成极间短路，须在阴极两侧装设玻璃或硬塑料制的刮杆，不断往复摆动，把它刮入槽底。为防止银被阳极泥污染，须用两层布袋包裹阳极。析出的银用蒸馏水洗净，熔铸成重 15 ~ 16 kg 的银锭。电解精炼的技术条件为：电解液含 $AgNO_3$ 120 ~ 160 g/L，HNO_3 5 g/L，$Cu(NO_3)_2$ 小于 80 ~ 100 g/L，电解液温度 35 ~ 50℃，阴极电流密度 250 ~ 450 A/m^2，槽电压 1.5 ~ 2.5 V，同极中心距 100 ~ 160 mm。银电解槽的电极有立式和水平式两种，中国工厂采用立式电极电解槽。银电解所产含金 25% ~ 45% 的阳极泥，用于回收金、银和铂族金属（详见金，铂族金属）。

19.4.2 从铅阳极泥中提银

铅阳极泥中锑、铋、砷含量较高。还原熔炼时，将锑、铋、砷等金属与铅生成低熔点合金，因此比铜阳极泥容易熔化。既有铜阳极泥又有铅阳极泥的工厂，通常都利用这一特点，将铜、铅阳极泥合并处理，使熔点降低，贵铅与炉渣易于分离，可减少炉渣带走的金、银。铅阳极泥一般含铜、硒都很低，无须脱铜、脱硒。铅阳极泥含铋较高，在贵铅氧化精炼成金银合金过程中，铋以三氧化二铋（Bi_2O_3）的形态富集于炉渣，这种炉渣是提取铋的重要原料。

19.4.3 从锌精矿中提银

硫化锌精矿含银较低，通常每吨含银数十克到数百克。锌铅混合精矿在铅锌鼓风炉熔炼时，银进入粗铅，再从粗铅中提取。竖罐炼锌时，残渣中的银用漩涡熔炼的方法回收。在湿法炼锌过程中，银富集于硫酸化焙烧矿的浸出渣中。因浸出流程不同，渣中锌、铅、银等金属的含量也不同，则可按其组成选择适当的方法：①浸出渣与铅精矿混合处理，在铅冶炼过程中回收银；②用浮选法选出银精矿，再用浸出、置换等方法提取银；③在

650℃下进行硫酸化焙烧，经水浸、浮选，从浮选精矿中提取银；④加入10%左右的氯化钠，在600℃下进行氯化焙烧，使银成为氯化银后，再用氰化法提取；或用饱和氯化钠的盐酸溶液浸出后，再用置换沉淀法提取。

19.4.4 从含银废料中提银

世界上银的总消费中，用于生产感光材料的约占40%。这种用途的银70%~90%成为废料。所以从此种废料中回收银十分重要。回收方法如下：①感光底片灰化后加硼砂、苏打、密陀僧(PbO)熔炼成贵铅后回收银。②感光底片用2 g/L的苛性钠溶液洗煮，洗下其上的银化合物，再回收银。③废感光乳剂中的银，先用6%的硫酸加热3~4小时破坏明胶，得到溴化银沉淀，然后熔炼成贵铅回收银；或者将溴化银沉淀溶解于稀盐酸溶液中，加铁屑置换，然后熔炼回收银。④废定影液和洗液中的银，可用硫化钠或食盐使之沉淀或直接用铝、锌、铁等置换银。现在多采用废定影液直接电解的方法，得到88%~96%的阴极银。电解的阳极为碳棒，用不锈钢制成回转阴极。其电解条件为：阴极电流密度30 A/m^2，阴极转速小于200 r/min，槽电压1~1.5 V，温度20~30℃。镶、镀银的废旧器件也是回收银废料之一，通常根据银层厚薄的不同，用机械方法使银与基体金属(如黄铜或铜)分开，或将整个器件溶于硫酸或硝酸中，再从溶液中提取。若银层极薄，可采用直接熔炼贵铅的方法回收银。

19.5 银的用途

古代的银及银合金大量用于造币和装饰品。近代，利用银具有很强的导电性、延展性和传热性，多用于制造电子工业和发电设备的零件。银易溶于硝酸或热的浓硫酸，硝酸银是无色晶体，由于它的稳定性和在水中的易溶性，及对有机组织有破坏作用等，因此它在医药上用作消毒剂和腐蚀剂，并用于制造感光材料的卤化银。银的配合物主要用于镀银工业上。

20　铂族金属（PGE）

20.1　铂、铱、锇、钯、铑、钌的发现小史

铂族金属包括：铂（Pt）、铱（Ir）、锇（Os）、钯（Pd）、铑（Rh）和钌（Ru）六种金属，其中，铂、铱、锇为重铂族，钯、铑、钌为轻铂族。铂族金属与金银统称贵金属。

铂是"小银"（platina）演化为 Platinum 而来，美洲人印第安人早已知道，第一个西班牙人德. 乌略阿（D. A. Deulloa）到南美洲知道"小银"。1741 年伍德（C. Wood）把"小银"带到欧洲。1803 年英国人（沃拉斯顿）（W. H. Wollaston）确定拉铂工艺。同时从铂的王水溶液中分离出两个新元素钯和铑。1804 年英国人（S. Tenllant）从自然铂的王水不溶物中发现锇和铱。1844 年俄国人克劳斯（K. Krays）发现钌。

20.2　铂族性质

铂族金属中除锇为蓝灰色金属外，其他均为银白色金属。它们对普通的酸和化学试剂有优良的抗蚀性能。铂不与普通酸作用，但能缓慢地溶解于王水中生成氯铂酸（H_2PtCl_6）。钯对酸的抗蚀能力稍差，能很快地溶解于硝酸中。铱、铑、钌能抗单一的酸和化学试剂的侵蚀，甚至在王水中也很难溶解。

铂和铑的抗氧化性很好，在空气中能长期保持光泽。在高温下铂和铑与氧气作用生成挥发性的氧化物，增加它的蒸发速度。粉末状的铱在空气或氧气中于 600℃时氧化，生成一层氧化铱（IrO_2）薄膜。这种氧化物在高于 1100℃时分解，使金属恢复原有光泽。铱是唯一可以在氧化性气氛中使用到 2300℃而不严重损失的金属。钌、锇容易被氧化，在室温下，锇的表面就生成蓝色的氧化膜（OsO_2）。四氧化锇（OsO_4）和四氧化钌（RuO_4）都是挥发性的有毒化合物，能刺激黏膜，侵害皮肤。钯有吸氢和透氢的特性：一定体积的钯常温下能吸收比它本身大 900 倍甚至 2800 倍的氢气。铂和钯对气体有很强的吸附能力，当粒度很细（如铂黑、钯黑）或呈胶态（如胶体铂）时，吸附能力就更强，因此它们具有优良的催化特性。铂族金属为过渡金属，有多个化合价，最稳定的化合价如下：钌为 +3；铑为 +3；钯为 +2，+4；锇为 +3，+4；铱为 +3，+4；铂为 +2，+4 它们有生成配合物的强烈倾向，最常见的是生成配位数 4 或 6 的配合物。总之，它们的化学性质很复杂。

纯铂和钯有良好的延展性，不经中间退火的冷塑性变形量可达到 90% 以上，能加工成微米级的细丝和箔。铑和铱的高温强度很好，但冷塑性加工性能稍差。用粉末冶金方法制得的金属钌在 1150～1500℃时才能进行少量塑性加工，而锇即使在高温下也几乎不能进行塑性加工。

铂族金属的主要物理性质见表 20 - 1。

表 20 - 1　铂族金属的主要物理性质

性　质	铂	铱	锇	钯	铑	钌
元素符号	Pt	Ir	Os	Pd	Rh	Ru
原子序数	78	77	76	46	45	44
原子量	195.09	192.22	190.2	106.4	102.9055	101.07
晶体结构	面心立方	面心立方	密排六方	面心立方	面心立方	密排六方
密度(20℃)/($g \cdot cm^{-3}$)	21.45	22.65	22.16	12.02	12.41	12.45
熔点/℃	1769	2443	3050	1552	1960	2310
沸点/℃	3800	4500	5020 ± 100	2900	3700	4080 ± 100
比热(25℃)/($cal \cdot g^{-1} \cdot K^{-1}$)	0.0314	0.0307	0.0309	0.0584	0.0589	0.0551
电阻率(0℃)/($\mu\Omega \cdot cm$)	9.85	4.71	8.12	9.93	4.33	6.80

续表 20-1

性　质	铂	铱	锇	钯	铑	钌
熔化热/(kJ·mol^{-1})	19.7	26.5	29.3	16.7	22.4	26
汽化热/(kJ·mol^{-1})	502.8	612.5		361.7	494	592.0
热导率(0~100℃)/(cal·cm^{-1}·s^{-1}·℃$^{-1}$)	0.17	0.35	0.21	0.18	0.38	0.25
电阻温度系数(0~100℃)/℃$^{[-1]}$	0.003927	0.00427	0.00427	0.0038	0.00463	0.0042

20.3　铂族资源

20.3.1　铂族矿物的种类及其工业指标

目前发现的铂族矿物和含铂族元素的矿物已超过 80 种,加上变种和未定名矿物已达 200 个。在自然界中,铂族金属主要呈自然元素、自然合金、锑化物、硫化物、硫砷化物和铋碲化物的单矿物存在,部分呈类质同象存在于硫化物,如黄铜矿、镍黄铁矿、紫硫镍(铁)矿等中。常见矿物见表 20-2。

表 20-2　常见铂族金属矿物

矿物名称	化学式	元素种类	一般含量(%)	备注
自然铂	Pt	Pt	83.2~100.0	
铁自然铂	Pt·Fe	Pt	74.8~90.22	
砷铂矿	PtAs$_2$	Pt	46.6~59.3	
碲铂矿	PtTe$_2$	Pt	31.0~46.3	
铋碲铂矿	Pt(Te、Bi)$_2$	Pt	30.34~41.0	
锑钯矿	Pd$_{5+x}$Sb$_{2-x}$	Pd	66.9~70.8	
碲钯矿	PdTe$_2$	Pd	21.7~33.2	
铋碲钯矿	Pd(Te、Bi)$_2$	Pd	25.6	
单斜铋钯矿	PdBi$_2$	Pd	17.6~20.3	$x=0.06$
硫锇矿	OsS$_2$	Os	64.3~72.4	
硫砷铱矿	IrAsS	Ir	55.3~66.5	
砷钌矿	RuAs	Ru	43.4~44.7	
峨嵋矿	OsAs	Os	46.5~51.2	
硫砷铑矿	RbAsS	Rh	41.3	
铱砷铂矿	(Pt·Ir)As$_2$	Pt It	44.9~45.7 10.7~12.0	

铂族金属矿床的工业指标见表 20-3。

表20-3　铂族金属矿床的工业指标

矿床类型		金属种类	边界品位	工业品位	块段品位	最小可采厚度/m	夹石剔除厚度/m
原生矿床	超基性岩含铜镍型矿床	Pt + Pd[①]	0.3 ~ 0.5 (g/t)	≥0.5 (g/t)	1.0 (g/t)	1 ~ 2	≥2
		pt	0.25 ~ 0.42 (g/t)	≥0.42 (g/t)	0.84 (g/t)		
		Pd	1.25 ~ 2.1 (g/t)	≥2.10 (g/t)	4.20 (g/t)		
	伴生矿床[②]	Pt、Pd	0.03 (g/t)				
		Os、lr Ru、Rh	0.02 (g/t)				
砂矿床	松散沉积型矿床	Pt + Pd	0.03 (g/m³)	≥0.1 (g/m³)		0.5 ~ 1	≥1
		Pt	0.025 (g/m³)	0.085 (g/m³)			
		Pd	0.125 (g/m³)	0.42 (g/m³)			
	砂砾岩型矿床	Pt + Pd	0.1 ~ 0.5 (g/m³)	1 ~ 2 (g/m³)			
		Pt	0.085 ~ 0.42 (g/m³)	0.84 ~ 1 (g/m³)			
		Pd	0.42 ~ 2.1 (g/m³)	4.2 ~ 8.4 (g/m³)			

现在铂和金的国际价格很相近，故一般工业要求可参照本书的岩金及砂金要求进行评价。以前铂和金的差价较大，所以一般工业要求也较低，已不适用，但为了对照，现将原指标列后，以供参考。①铂与钯的比例为：Pt∶Pd = 4∶1；②达到此指标时，要对其进行评价和综合回收利用的研究工作，如能回收利用，有多少算多少。

10.3.2　各类铂族矿物的综合评价

在原生铂族金属矿床中，铂族金属常与铜、镍、钴、铬、金、硒、碲等矿产共生；其围岩（超基性岩）有的可制钙镁磷肥和建筑材料；在铂族金属砂矿床中，铂族金属常与金共生，要注意综合评价。和基性岩、超基性岩有关的矿产，常伴有铂族金属，在评价主矿产时，要注意铂族金属的综合评价。矿床实例见表20-4。

表20-4　典型铂族矿床的综合评价

矿床类型	边界品位	工业品位	块段品位	可采厚度/m	夹石剔除厚度/m
西南某超基性岩含铜镍铂矿床	Pt + Pd 0.5 (g/t)	Pt + Pd 0.5 (g/t)	—	1	2
河北某热液蚀变透辉岩型铂矿[①]	Pt + Pd ≥ 0.3 (g/t)	Pe + Pd ≥ 0.5 (g/t)	Pt + Pd ≥ 1 (g/t)	2	3
西北某松散沉积物中砂铂矿床	0.03 (g/m³)	>1 (g/m³)			

①上述指标 Pt∶Pd = 4∶1

我国金川超基性岩型含铂族金属的铜镍矿床，铂族金属有多少算多少；西藏某铬铁矿中的 Pt 亦可综合回收利用。

铂族金属全世界储量18000 t，其中铂、钯量约占90%，每年产量280多 t。

我国铂族金属储量约240余 t。

1993年产铂280 kg、钯140 kg、锇铱钌铑20 kg、总计440余 kg。

20.4　铂族提取

20.4.1　铂族金属的提取

砂铂矿或含铂族金属的砂金矿用重选法富集可得精矿，铂或锇、铱的含量能达70%～90%，可直接精炼。

20世纪50年代以来铂族金属主要从铜镍硫化物共生矿中提取，小部分从炼铜副产品中提取。铜镍硫化共生矿在火法冶金时,精矿中所含的铂族金属90%以上可富集于铜镍冰铜(锍)中。再经转炉吹炼富集成高冰镍后,经缓冷、研磨、浮悬和磁选分离,可得含铂族金属的铜镍合金。把这种合金经硫化熔炼,细磨磁选,以分离铜镍,产出含铂族金属更富的铜镍合金。将此合金铸成阳极,进行电解时,铂族金属进入阳极泥。阳极泥经酸处理后,就可得到铂族金属精矿。采用羰基法从镍精矿或铜镍合金制取镍时,铂族留于羰化残渣中,经硫酸处理或加压浸出其他金属后可得铂族精矿。我国金川有色金属公司将含铂族的铜镍合金,再次硫化熔炼和细磨、磁选得到富铂的铜镍合金,用盐酸浸出分离镍,用控制电位氯化法分离铜,然后提取铂族金属。

铂族含量高的高冰镍(如南非的原料),现在直接用氧压下硫酸浸出,或氯化冶金分离其他金属后获得铂族精矿。铂族精矿经过直接溶解、分离、提纯,或先将锇、钌氧化挥发分离后,再分离、提纯其他铂族金属。在铜的火法冶金和电解精炼过程中,铂族金属和金银一起进入阳极泥。用此种阳极泥炼出多尔银(即含少量金的粗银),铂族金属富集于多尔银中。铂族金属在火法炼铅过程中进入粗铅,可用灰吹法除铅得多尔银,则铂族便富集其中;如果粗铅加锌脱银,则铂族金属富集于银锌壳中,然后脱锌得多尔银。多尔银电解精炼时,为了避免钯损失于电解银中,银阳极的含金量常控制在小于4.5%,同时控制金钯比等于或大于10。若部分钯和少量铂进入硝酸银电解液,可用活性炭吸附,或用"黄药"选择性沉淀加以回收。通常在电解银时,铂族金属富集于银阳极泥中。如铂族金属含量较高,可先用王水溶解阳极泥,然后分别回收;如含量较低,常用硫酸溶解除银,残渣铸成粗金电极,然后电解提金;铂、钯富集于电解母液中,用草酸沉淀金后,用甲酸钠沉淀回收铂和钯;富集于金阳极泥中的其他铂族金属还可再分离。

20.4.2 铂族金属再生

铂族金属稀有而贵重,历来重视回收。废催化剂、废电器元件、含铂的残破器皿、废电镀液、珠宝装饰品厂的废料等都可从中回收铂族金属。这些废料含铂量高时可直接分离提纯;含量低时,须先行富集。流体废料可以加廉价金属进行置换,或加硫化物使其沉出;也可用电解沉积或离子交换法富集。固体废料可用铜或铅熔炼捕集回收。

20.4.3. 铂族金属的分离和提纯

铂族金属的提取和精制流程因原料成分、含量的不同而异,典型流程见图20-1。将铂族金属精矿或含铂族金属的阳极泥用王水溶解,钯、铂、金均进入溶液。用盐酸处理以破坏亚硝酰化合物(赶硝),然后加硫酸亚铁沉淀出金。加氯化铵,铂呈氯铂酸铵[$(NH_4)_2PtCl_6$]沉淀出,煅烧氯铂酸铵可得含铂99.5%以上的海绵铂。分离铂后的滤液,加入过量的氢氧化铵,再用盐酸酸化,沉淀出二氯二氨配亚钯[$Pd(NH_3)_2Cl_2$]形式的钯,再在氢气中加热煅烧可得纯度达99.7%以上的海绵钯。

经上述王水处理后的不溶物与碳酸钠、硼砂、密陀僧(PdO)和焦炭共熔,得贵铅。用灰吹法除去大部分铅,再用硝酸溶解银,残留的铅、铑、铱、锇、钌富集于残渣中。将此残渣与硫酸氢钠熔融,铑转化为可溶性的硫酸盐,用水浸出,加氢氧化钠沉出氢氧化铑,再用盐酸溶解,得氯铑酸。溶液提纯后,加入氯化铵,浓缩、结晶出氯铑酸铵[$(NH_3)RhCl_6$]。在氢气中煅烧,可得海绵铑。

在硫酸氢钠熔融时,铱、锇、钌不反应,仍留于水浸残渣中。将残渣与过氧化钠和苛性钠一起熔融,用水浸出;向浸出液中通入氯气并蒸馏,钌和锇以氧化物形式蒸出。用乙醇-盐酸溶液吸收,将吸收液再加热蒸馏,并用碱液吸收得锇酸钠。在吸收液中加氯化铵,则锇以铵盐形式沉淀,在氢气中煅烧,可得锇粉。在蒸出锇的残液中加氯化铵,可得钌的铵盐,再在氢气中煅烧,可得钌粉。

浸出钌和锇后的残渣主要为氧化铱(IrO$_2$),用王水溶解,加氯化铵沉出粗氯铱酸铵[$(NH_4)_2IrCl_6$],经精制,在氢气中煅烧,可得铱粉。

将铂族金属粉末用粉末冶金法或通过高频感应电炉熔化可制得金属锭。

近年来,用溶剂萃取法分离提纯铂族金属的工艺得到应用,常用的萃取剂有磷酸三丁酯(IBP)、三烷基氧膦(TRPO)、二丁基卡必醇(DBC)、烷基亚砜等。

20.4.4 制取高纯铂族金属

一般将金属溶解后,经反复提纯,精制方法有载体氧化水解、离子交换、溶剂萃取和重复沉淀等,然后再以铵盐沉出,经煅烧可得相应的高纯金属。

20.5 铂族金属和合金的用途

铂族金属和合金有很多重要的工业用途。过去主要是制造蒸馏釜以浓缩铅室法制得稀硫酸,也曾用铂铱合

铂族金属精矿
王水 → 溶解

溶液(Pt,Pd,Au)　　　渣(Rh,Ir,Os,Ru,Ag)　　　　　　渣(Ir,Os,Ru)
　　　　　　　　　　　　　　　　　　　　　　Na₂O₂　　NaOH → 熔融
HCl → 赶硝　　　硼砂,PbO　Na₂CO₃ 焦炭 → 熔炼　　　　水 → 浸出

FeSO₄或S₂HO₃ → 沉淀金　　　贵铅 → 灰吹　　　溶液(Os,Ru)　　渣(Ir)
　　　　　　　　　　　　　　　　　　　　　　Cl₂ → 氧化　　王水 → 溶解

溶液(Pt、Pd)　粗金　　HNO₃ → 溶解　　　蒸馏　　　　溶液
NH₄Cl → 沉淀铂　　　　　　　　　　锇,钌四氧化物蒸气　NH₄Cl → 沉淀铱
　　　　　　　　　　　　　　　　　乙醇盐酸 → 吸收

钯溶液　　　氯铂酸铵　　渣(Rh,Ir,Os,Ru)　溶液(提银)　溶液　　粗氯铱酸铵
NH₃·H₂O → 中和　　煅烧　NaHSO₄ → 熔融　　　　　蒸馏　　(NH₄)₂S N₂H₄·H₂O → 溶解
HCl → 沉淀钯　　海绵铂　　水 → 浸出　　　　　　　　　　　　溶液

二氯二氨铬亚钯　　　　　溶液(Rh)　　四氧化锇　溶液(H₂RuCl₆)　HNO₃ → 氧化
氢中煅烧　　　　　NaOH → 沉淀铑　　NaOH → 吸收　　NH₄Cl → 沉淀铱
海绵钯　　　　　　氢氧化铑　　　锇酸钠溶液　　　　　氧铱酸铵
　　　　　　　HCl → 溶解　　NH₄Cl → 沉淀锇　NH₄Cl → 沉淀钌
　　　　　　　　氯铑酸　　　锇盐OsO₂(NH₃)₄Cl₂　氯钌酸铵　　氢中煅烧
(NH₄)₂S　NaNO₂ → 提纯　　氢中煅烧　　氢中煅烧　　铱粉
氯铑酸铵　NH₄Cl → 浓缩结晶　锇粉　　钌粉
氢中煅烧
海绵铑

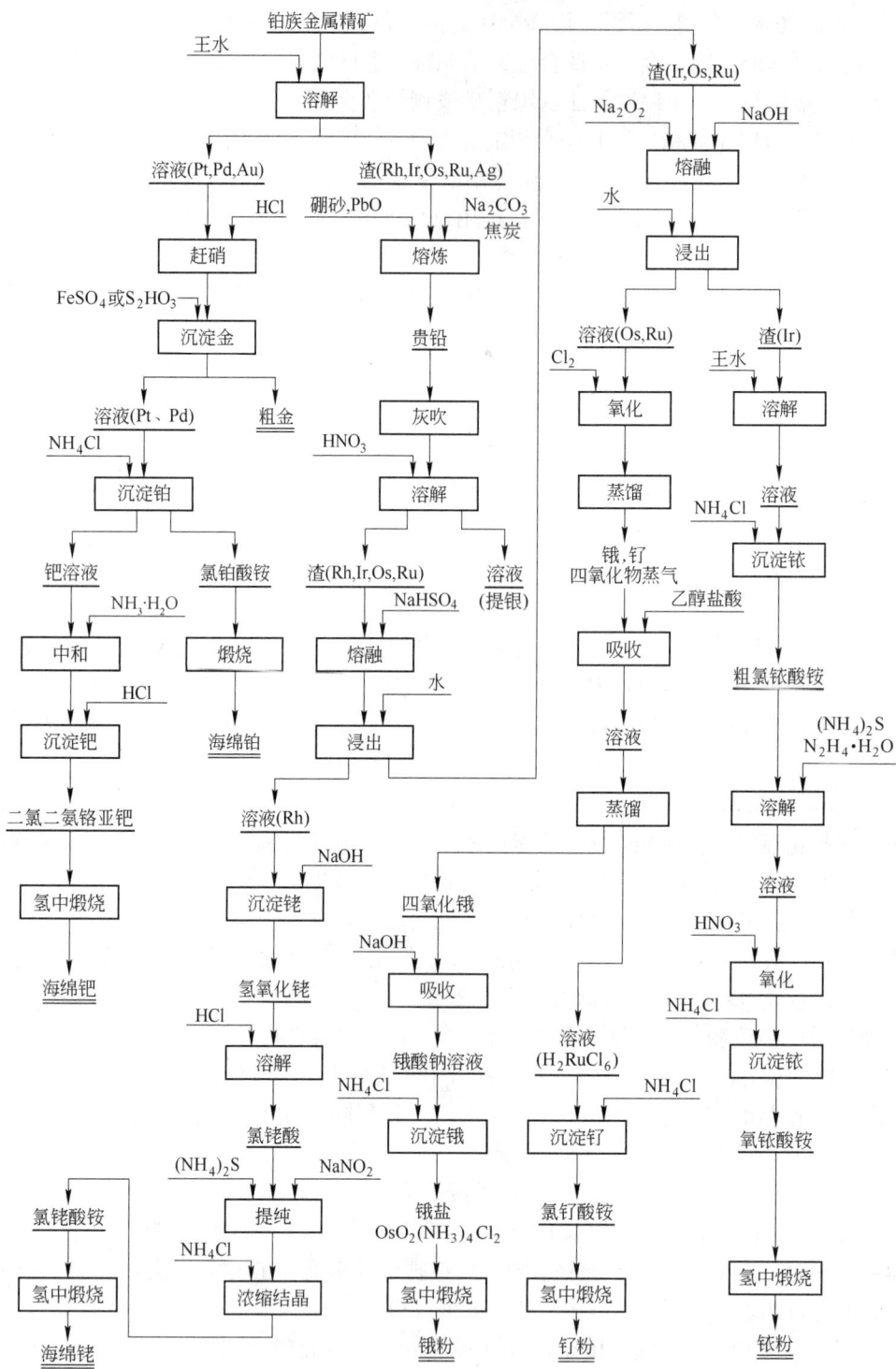

图 20-1　铂族金属的分离和提纯流程

金制造标准的米尺和砝码。在 19 世纪中叶，俄国曾制造铂铱合金币在市场上流通。

目前，铂族金属及其合金的主要用途为制造催化剂。因其活性、稳定性和选择性都好，化学工业上的很多过程（如炼油工业的铂重整工艺）都使用铂族催化剂。氨氧化制硝酸时，使用铂铑合金网作催化剂。近年来又在铂铑网下增加金钯捕集网以减少铂、铑的损失。钯是化学工业中加氢的催化剂。此外消除汽车排气污染的催化剂用量增长极快。在美国用于汽车排气净化的铂，1978 年为 60 万金衡盎司（1 金衡盎司 = 31.103 克），占总消费量的 51.3%，1979 年为 66 万金衡盎司，占 66%。

铂铑合金对熔融的玻璃具有特别的抗腐蚀性，可用于制造生产玻璃纤维的坩埚。生产优质光学玻璃时，为

防止熔融的玻璃被玷污，也必须使用铂制坩埚和器皿。1968 年国际实用温标规定，在 630.74～1064.43℃范围内的测温标准是 Pt－10 Rh/Pt 热电偶。用于测量 13.81～903.89 K 温域的标准仪器是铂电阻温度计，其电阻器必须是无应变退火后的纯铂丝，100℃时的电阻比(R_{100}/R_0)应大于 1.39250。

铂铱、铂铑、铂钯合金有很高的抗电弧烧损能力，被用作电接点合金，这是铂的主要用途之一。铂铱合金和铂钌合金用于制造航空发动机的火花塞接点。由于铂化学性质稳定，纯铂、铂铑合金或铂铱合金制造的实验室器皿如坩埚、电极、电阻丝等是化学实验室的必备物。铂钴合金是一种可加工的磁能积(即电磁能密度)高的硬磁材料。铂和铂合金广泛用于制造各种首饰特别是镶钻石的戒指、表壳和饰针。铂或钯的合金也可作牙科材料。

铂、钯和铑可作电镀层，常用于电子工业和首饰加工中。银和铂表面镀铑，可增强表面的光泽和耐磨性。近年来涂钌和铂的钛阳极代替了电解槽中的石墨阳极，提高了电解效率，并延长了电极寿命，是氯碱工业中一项重要的技术改进，为钌在工业上的使用开辟了新途径。锇铱合金可制造笔尖和唱针。钯合金还用于制造氢气净化材料和高温钎焊焊料等。在化学工业中还使用包铂设备。

Ⅳ　稀有轻金属

21　铍（berylium）

21.1　铍的发现小史

　　1798 年法国人沃克兰（L. N. Vonguelin）发现铍的氧化物。1828 年，德国化学家沃勒（Fwohlev）和法国化学家比西（A. B. Bussy）各自用钾还原氯化铍的方法，分别制得单质的铍。沃勒将它命名为 berylium（Be），比西命名为 glucinium（Gl），1957 年才由国际纯粹化学与应用化学联合会按照 berylium 定名。1898 年法国人勒博（P. Lebeau）用电解氟化钠—氟铍酸钠熔体的方法制得小颗粒的铍。

21.2　铍的性质

　　铍是浅灰色金属，在室温下的抗氧化能力近似于铝，在干燥空气中于 600℃ 可长时间抗氧化；于 800℃ 可短时间抗氧化。铍在低温高纯水中具有优良的抗蚀性。室温下，铍易与稀硫酸反应，与浓硫酸反应缓慢；与稀硝酸和醋酸发生反应，与浓硝酸和冰醋酸不发生反应；但在高温下则与浓硝酸发生反应。铍与浓的碱溶液激烈反应；在略高于铍熔点的温度下，与碳反应生成碳化铍；略高于 900℃ 时可与氮作用，1000℃ 下粉末状金属可与氨作用生成氮化铍。

　　X 射线对铍有很高的透过能力。铍核被中子、α 粒子、氚核及 γ 射线撞击或照射时产生中子，因此铍是一种中子源材料。铍原子的热中子吸收截面为 0.009 靶恩（b，$1b = 10^{-28} m^2$）。

　　表 21-1 所示为铍的主要物理性质。

表 21-1　铍的主要物理性质

密度（20℃）	1.848	g/cm^3
熔点	1287	℃
沸点	2470	℃
平均比热（0~100℃）	2052	$J/(kg \cdot K)$
熔化热	14.65	kJ/mol
汽化热	309.0	kJ/mol
热导率（0~100℃）	194	$W/(m \cdot K)$
电阻率（20℃）	3.3	$\mu\Omega \cdot cm$

21.3　铍的资源

21.3.1　铍矿物的种类

　　已发现铍矿物和含铍矿物有 60 多种，常见的约 40 余种，湖南的香花石及顾家石是我国首先发现的铍矿床。表 21-2 为铍的常见矿物。

表 21-2　铍金属的主要矿物

矿物名称	化学式	BeO 含量/%	备注
绿柱石	$Be_3Al_2(Si_6O_{18})$	9.26~14.4	好的可作宝石
硅铍石(似晶石)	$BeSiO_4$	43.67~45.67	
羟硅铍石	$Be_4(Si_2O_7)(OH)_2$	39.6~42.6	
金绿宝石(铍尖晶石)	$BeAl_2O_4$	19.5~21.5	好的可作宝石
日光榴石	$Mn_8(BeSiO_4)_6S_2$	8~14.5	

21.3.2　各类铍矿床的工业要求

主要铍矿床的工业指标见表 21-3。

表 21-3　铍矿床的工业指标

矿床类型	边界品位		工业品位		最小可采厚度/m	夹石剔除厚度/m
	机选 BeO/%	手选绿柱石/%	机选 BeO/%	手选绿柱石/%		
气成-热液矿床	0.04~0.06	0.05~0.10	0.08~0.12	0.2~0.7	0.8~1.5	≥2.0
花岗伟晶岩矿床	0.04~0.06	0.05~0.10	0.08~0.12	0.2~0.7	0.8~1.51	≥2.0
碱性长石花岗岩类矿床	0.05~0.07	-	0.10~0.14	-	1~1.5	≥4.0
残坡积类砂矿床	0.6 kg/m³	-	2~2.5 kg/m³	0	-	

注：绿柱石粒径>0.5 cm，矿物品位在>0.1%~0.2%就适于手选，手选矿石的尾矿具机选价值者和不适于手选的矿石属机选矿石。

(1)新疆某铍、锂、钽、铌花岗伟晶岩矿床

手选绿柱石最低工业品位绿柱石0.1%，机选最低工业品位BeO 0.06%，最低工业品位米百分值0.06，最低可采厚度1 m。

该矿床还有锂、钽、铌、铯可综合利用。

(2)新疆某气成-热液铍矿床

①原生矿床

边界品位：手选绿柱石0.10%，机选BeO 0.03%~0.04%。

最低工业品位：手选绿柱石0.20%，机选BeO 0.05%~0.06%。

最低可采厚度：急倾斜1 m，缓倾斜1.5 m，夹石剔除厚度无。

②坡积砂矿床

边界品位：绿柱石0.6 kg/m³；最低工业品位：绿柱石1 kg/m³。

绿柱石精矿质量见表 21-4。

表 21-4　绿柱石精矿质量标准(YB 746—75)

精矿种类	等级	BeO/%	杂质/%		
			Fe_2O_3	Li_2O	F
浮选精矿	1	10	≤2	≤1.2	≤0.5
	2	≥8	≤3	≤1.5	≤1.0
	3	≥8	≤4	≤1.8	≤1.0
手选精矿	1	10	≤4	≤1.5	≤0.5
	2	≥8	≤5	≤1.8	≤1.5

此外，铍矿床中常有锂、钽、铌、钨、锡、铅、锌及云母等伴生。应注意综合评价。BeO 在花岗伟晶岩类矿床及气成－热液矿中≥0.04%；在碱性钠长石花岗岩类矿中≥0.04% ~0.06% 即有意义。

全世界铍的储量 38 万 t，年生产量最高达 1315 t，最低 200 t。我国是铍资源大国，15 个省（区）铍矿产储量丰富，1993 年产铍 11.7 t。

21.4　铍的制取

金属铍先从绿柱石中提取氧化铍，第二步由氧化铍制取金属铍。氧化铍的提取有硫酸盐法和氟化物法。

21.4.1　硫酸盐法

该法首先是将绿柱石在 1600 ~1700℃下熔融，熔体用冷水水淬，得到的细粒状玻璃体，须磨细到 -200 目，再与浓硫酸混合，在 250 ~300℃反应，使铍、铝氧化物转化成水溶性硫酸盐，而二氧化硅则不与硫酸发生反应，入渣弃去。在浸出液中加氨中和游离的硫酸，产生的硫酸铵同硫酸铝化合形成铝铵矾 $[NH_4Al(SO_4)_2 \cdot 12H_2O]$ 沉淀，从而使铝大部分除去。然后利用铍、铝离子在碱性溶液中稳定性的不同，使铍、铝进一步分离。例如在溶液中加入乙二胺四乙酸（EDTA）螯合剂和氢氧化钠可使铝、铁、铬、锰、稀土等杂质保持在溶液中。然后把溶液加热到接近沸点，铍酸钠便水解生成氢氧化铍沉淀而与杂质分离。于 750 ~800℃煅烧氢氧化铍，即成工业氧化铍（见图 21 -1）。

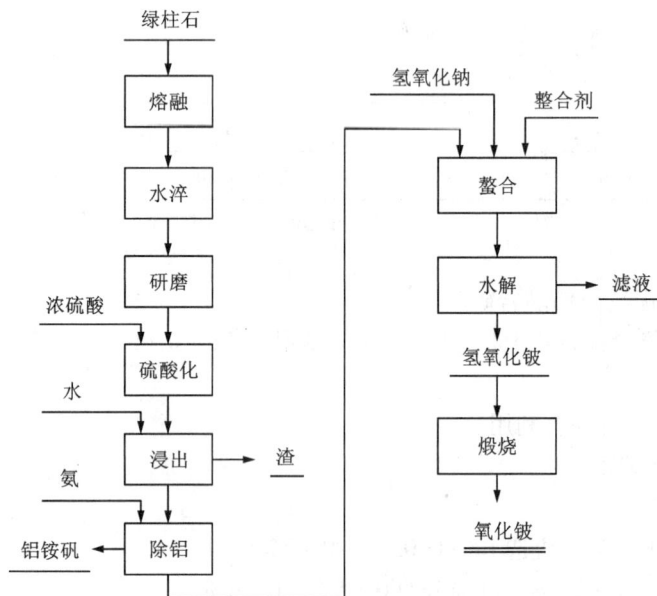

图 21 -1　硫酸盐法生产氧化铍流程

21.4.2　氟化物法

将磨细的绿柱石和氟硅酸钠或氟铁酸钠混合制块，在 750℃下烧结，矿石中的铍转化为水溶性的氟铍酸钠，而铝、铁、硅等仍保留氧化物状态。烧结块磨细后，用水浸出、过滤，滤液中加入氢氧化钠，得到铍酸钠溶液。煮沸溶液，铍酸钠便水解沉淀，得到工业纯氢氧化铍，再煅烧成氧化铍。残液用硫酸高铁处理，生成氟铁酸钠沉淀，回用制块。此法制铍的回收率在 90% 以上，比硫酸盐法高。

21.4.3　从含水硅铍石提取

20 世纪 60 年代末开始以含水硅铍石为提取铍的原料。这种原料中的铍呈简单的硅酸盐形态，用硫酸在近沸温度直接浸出。所得铍溶液，用溶剂萃取处理，以 D2EHPA［二（2 - 乙基己基）磷酸］煤油萃取，铍进入有机相，然后用碳酸铵溶液反萃，反萃液通过分步水解，除去铁和铝，最后加热到 95℃，得 $Be(OH)_2 \cdot 2BeCO_3$ 沉淀。

21.4.4　金属铍的生产

氧化铍极难直接还原成金属，生产中先将氧化铍转化为卤化物，然后再还原成金属。有两种工艺：氟化铍镁还原法和氯化铍熔盐电解法。

21.4.5 氟化铍镁还原法

将氢氧化铍溶于氟氢化铵（$NH_4F \cdot HF$）溶液中，得氟铍酸铵［$(NH_4)_2BeF_4$］溶液，然后加碳酸钙除铝，加过氧化铅（PbO_2）除锰、铬，加多硫化铵［$(NH_4)_2S_x$］除重金属杂质，经真空蒸发，浓缩结晶得纯净的氟铍酸铵。结晶在900℃进行热分解，得熔融氟化铍，铸成小锭，用于还原。镁还原按 $BeF_2 + Mg \longrightarrow Be + MgF_2$ 进行反应。还原过程开始于900℃，结束时升至1300℃，以利金属与渣分离。生产中镁的用量通常只有化学计算值的70%。过量的氟化铍可以降低渣的熔点和黏度，有助于金属铍的聚结和渣的分离，还能防止因反应放热而使温度急升、引起镁的大量挥发。在还原产物进行水浸处理时，过量的氟化铍迅速溶解，使金属铍珠更易分离。还原所得金属铍珠经真空熔炼，除去未反应的镁、氟化铍和氟化镁等杂质后，铸成铍锭（见图21-2）。

21.4.6 氯化铍熔盐电解法

先将氧化铍和碳还原剂混合，加焦油等黏结剂制成球团，在900℃以上焦化，所得焦化块装入氯化炉，在700~900℃下通入氯气进行氯化，得到氯化铍。氯化铍在镍制坩埚内进行熔盐电解。坩埚内放置镍制圆筒作阴极，中心悬置石墨棒作阳极。纯无水氯化铍与等量的纯氯化钠混合、熔融，在350℃下进行电解。电解周期结束后取出沉积物，用冰水浸洗，除去溶盐，得到鳞片状的金属铍经真空熔炼，浇铸成锭。

为制备较高纯度的铍，可将粗铍用真空蒸馏、熔盐电解精炼或区域熔炼等方法进行精炼。

21.4.7 铍毒

20世纪40年代初期开始逐步确认铍及其化合物对人的危害。铍及其化合物的粉尘、烟雾能引起人体很多器官时发生急性或慢性中毒。急性中毒是由于短时间接触或吸入大量毒物引起的，病

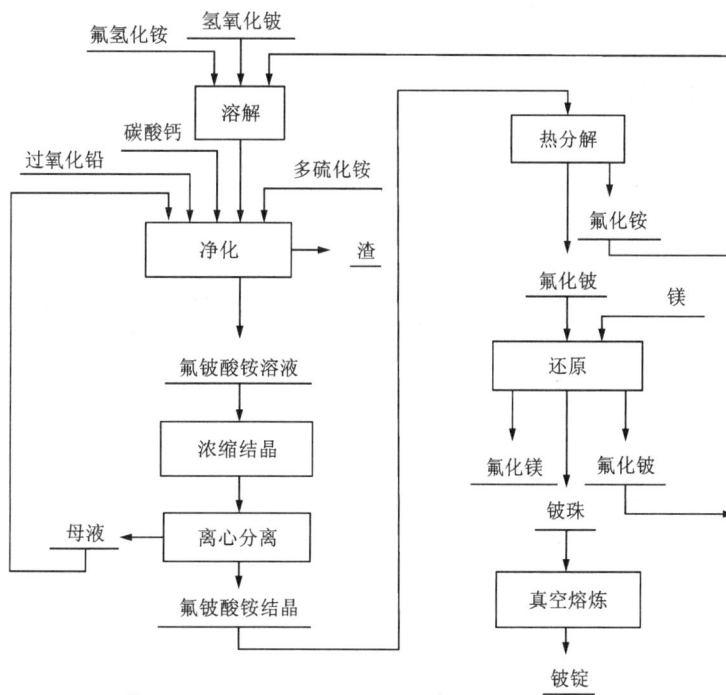

图21-2 氟化铍镁还原法制取金属铍流程

症包括接触性皮炎，皮肤溃疡，眼结膜炎，呼吸系统的鼻粘膜炎、咽炎、支气管炎、化学性肺炎等。慢性中毒是迟发生的，发病时间可迟至接触毒物后20年。主要表现为肺部的长期延续性病变。

铍的毒害主要产生于粉尘、烟雾的吸入和接触，各国曾制定了防范性的卫生标准。1949年美国确定空气含铍允许浓度的标准：①车间工作时间内空气中铍的浓度平均不得超过 2 $\mu g/m^3$；②任何时间一次检测车间空气中铍浓度不得超过 25 $\mu g/m^3$，③铍厂邻近地区空气中铍的月平均浓度不应超过 0.01 $\mu g/m^3$。

21.5 铍的用途

工业用铍大部分以氧化铍形态用于铍铜合金的生产，小部分以金属铍形态应用，另有少量用做氧化铍陶瓷等。

铍是国际工业上的重要材料，由于它的中子吸收截面小，散射截面大，对热中子有很大的反射性能和减速作用，因而金属铍被用作原子能反应堆的防护材料和制备中子源。在宇航和航空工业制造火箭、导弹、宇宙飞船的转接壳体和蒙皮，大型飞船、空间渡船的结构材料，制作飞机制动器和飞机、飞船、导弹的导航部件，火箭、导弹、喷气飞机的高能燃料的添加剂。在冶金工业中是合金钢的添加剂，是可制作铍铜、铍镍、铍铝等合金，也用于制作耐火材料与特种玻璃、集成电路、天线等。

22 锂（lithium）

22.1 锂的发现小史

锂即希腊人"石头"（Lithos）之意。1817 年瑞典人阿尔费德松（J. A. Arfvedson）研究透锂长石时首次发现锂。以希腊文 Lithos（石头）命名。1818 年英国人戴维（H. Davy）通过电解碳酸锂制得金属锂。1855 年德国人本生（R. W. &lnsen）和英国人马提生（A. Moathiessen）通过电解熔融氯化锂制得较大量的金属锂。1923 年德国人首先开始锂的工业生产。

22.2 锂的性质

锂在潮湿空气中迅速失去光泽，形成氧化锂、氢氧化锂和碳酸锂的混合物覆盖层。因此锂要保存在煤油、石蜡油或充氩密封容器中。

锂的主要物理性质列于表 22 - 1 中。

表 22 - 1 锂的主要物理性质

密度（20℃）	0.534	g/cm^3
熔点	181	℃
沸点	1342	℃
平均比热（0 ~ 100℃）	3517	$J/(kg \cdot K)$
熔化热	2.89	kJ/mol
汽化热	147.8	kJ/mol
热导率（0 ~ 100℃）	76.1	$W/(m \cdot K)$
电阻率（20℃）	9.29	$\mu\Omega \cdot cm$

22.3 锂的资源

22.3.1 锂矿物及含锂矿物

自然锂矿物和含锂矿物有 150 种，常见有 20 多种，主要矿物如表 22 - 2 所示：

表 22 - 2 常见主要锂矿物

矿物名称	化学式	含量/%		
		Li_2O	Rb_2O	Cs_2O
锂辉石	$LiAl(Si_2O_6)$	15.8 ~ 8.1	0.002 ~ 0.007	0.002 ~ 0.008
锂云母	$KLi_{1.5}Al_{1.5}[AlSi_3O_{10}](F, OH)_2$	3.2 ~ 6.45	1.51 ~ 3.80	0.02 ~ 1.082
锂磷铝石	$LiAl[PO_4]F$	7.1 ~ 10.1		
透锂长石	$Li[Al, Si_4O_{10}]$	2.9 ~ 4.8		
铁锂云母	$KLiFeAl[Si_3AlO_{10}](F, OH)_2$	1.1 ~ 5	1.22 ~ 2.05	0.02 ~ 0.22

表 22 - 3 锂矿床的各种工业指标

矿床类型	边界品位/%		工业品位/%		可采厚度/m	夹石剔除厚度/m
	机选 Li_2O	手选锂辉石	机选 Li_2O	手选锂辉石		
花岗伟晶岩类矿床	0.4 ~ 0.6	-	0.8 ~ 1.1	5.0 ~ 8.0	≥1.0	≥2.0
碱性长石花岗岩类矿床	0.5 ~ 0.7	-	0.9 ~ 1.2	-	≥1.0 ~ 2.0	≥1.0
盐湖矿床(卤水中的氯化锂)	-	-	1000 mg/L	-	-	-

注:锂辉石粒径 >3 cm,矿物品位 >2% ~3% 就适于手选,应划分出手选矿石,进行手选矿物储量计算;手选矿石的尾矿具机选价值者和不适于手选的矿石都属机选矿石。

22.3.2 锂矿床的主要工业要求

各类锂矿床及工业指标见表 22 - 3。几种锂矿床的工业要求如下:

(1)江西某钽铌锂铍钠长石花岗岩矿床

边界品位 Li_2O 0.5%;

最低工业品位 Li_2O 0.80%;

夹石剔除厚度 4 m。

(2)新疆某铍锂钽铌花岗伟晶岩矿床

边界品位:(脉体边界);

最低工业品位:Li_2O 0.60%;$(Ta,Nb)_2O_5$ 0.015%;BeO 0.04%。

(3)青海某含锂盐湖卤水矿

边界品位:LiCl 150 mg/L;

最低工业品位:LiCl 200 mg/L。

锂常与铌、钽、铍、铷、铯、云母、长石、萤石伴生;盐湖锂矿常伴生有钠盐、钾、芒硝、镁盐、天然碱、硼、溴、碘等。在矿床评价时要注意综合利用。

(4)新疆某锂、铷、铯、铍、钽、铌花岗伟晶岩矿床

边界品位:(构造带边界):

最低工业品位:BeO 0.06%;Li_2O 0.70%;Ta_2O_5 0.01%;Nb_2O_5 0.03%。

最低可采厚度:1 m。

工业米百分值:BeO 0.06;Li_2O 0.7;

Ta_2O_5 0.01;Nb_2O_5 0.03。

手选矿物最低工业品位:绿柱石 0.1%;锂辉石 2.6%;铯榴石 0.2%。

锂辉石精矿质量标准(YB 836—75)见表 22 - 4。

表 22 - 4 锂辉石精矿质量标准(YB 836—75)

等级	Li_2O	杂质/%			
		Fe_2O_3	MnO	P_2O_5	$K_2O + Na_2O$
1	≥6	≤3	≤0.5	≤0.5	≤3
2	≥5	≤3	≤0.5	≤0.5	≤3
3	≥4	≤4	≤0.6	≤0.6	≤4
4	≥3.5	≤4.5	≤1.0	≤1.0	≤4

锂云母精矿质量标准(GB 3201—82)见表 22 - 5。

表 22 - 5　锂云母精矿质量标准(锂盐用) (GB 3201—82)

品级	主成分不小于/%	
	$Li_2O + Rb_2O + Cs_2O$	Li_2O
特级品	6	4.7
一级品	5	4.0

玻璃、陶瓷用：

品级	主成分不小于/%			杂质不大于/%	
	$Li_2O + Rb_2O + Cs_2O$	Li_2O	$K_2O + Na_2O$	Fe_2O_3	Al_2O_3
一级品	5	4	8	0.4	26
二级品	4	3	7	0.5	28
三级品	3	2	6	0.6	28

锂的世界储量总计 216 万 t，智利占 126 万 t，每年产量 3.5435 万 t。我国锂储量丰富，1993 年产锂 41.9 t。

22.4　锂的制取(包含锂化物和金属锂制取)

22.4.1　锂化合物的制取

先将含 Li_2O 0.9% ~ 1.3% 的伟晶岩硅酸盐矿石进行重选和浮选，得到含 Li_2O 6% ~ 6.5% 的锂辉石精矿或含 Li_2O 4% ~ 5% 的锂云母精矿；然后按硫酸法或石灰法工艺流程处理。

硫酸法　将锂辉石(α - 型，属单斜晶系，密度 3.15 g/cm^3) 精矿在回转窑内于 1000 ~ 1100℃ 焙烧，α 锂辉石转变成为 β 锂辉石(属四方晶系，密度 2.4 g/cm^3)，冷却后，磨细到 -100 目，与相当于锂当量过剩 35% 的浓硫酸混合，于另一钢质回转窑中在 250℃ 下焙烧，酸中的氢离子置换 β 锂辉石中的锂离子，生成硫酸锂(Li_2SO_4)

$$Li_2O \cdot Al_2O_3 \cdot 4SiO_2 + H_2SO_4 \longrightarrow H_2O \cdot Al_2O_3 \cdot 4SiO_2 + Li_2SO_4$$

焙烧产物用水浸出，得到不纯的硫酸锂溶液；加入石灰石粉以中和过剩的硫酸，过滤，得到不含铁、铝的硫酸锂(约 10%) 溶液；再加消石灰和碳酸钠，除去小量的镁和钙。滤液加硫酸调整 pH 为 7 ~ 8，经蒸发浓缩，得到含硫酸锂约 20% 的溶液，清滤后，于 90 ~ 100℃ 加入 28% 的碳酸钠溶液，生成碳酸锂沉淀；再经离心分离、洗涤、干燥得碳酸锂。母液中残留约 15% 的锂和大量的硫酸钠，使它冷却到 0℃，析出十水芒硝($Na_2SO_4 \cdot 10H_2O$) 后，返回浸出过程。碳酸锂和盐酸反应，可制得氯化锂，供电解金属锂使用。流程如图 22 - 1 所示。

石灰法　该法适用于从锂云母中提取锂。根据锂云母精矿的组成计算，每份精矿配入 3 ~ 3.5 份的石灰石，磨细到 -200 目，于 950℃ 焙烧。烧块用水急冷，以保持锂呈可溶状态。湿磨浸出，得到氢氧化锂溶液。经过蒸发、结晶和重结晶提纯，得到单水氢氧化锂。结晶母液中残留 30% ~ 40% 的锂，通入 CO_2，生成碳酸锂沉淀。母液富含钾、铷、铯，是提取铷、铯的重要原料。

从矿石提取锂化合物的方法还有硫酸钾法、氯化焙烧法和碱压煮法等。

卤水提锂　从卤水中提锂的方法，因卤水组成而异。我国自贡卤水含锂约 70 mg/L，经过熬制食盐，回收硼、钾、碘、溴之后母液中锂富集到 2 g/L。母液进一步除去钙、镁后，蒸发浓缩，析出大部分的氯化钠，然后加碳酸钠，沉淀出碳酸锂。

22.4.2　熔盐电解制金属锂

工业生产金属锂采用 LiCl - KCl 熔盐电解法。由于氯化钠、氯化钙、氯化镁的分解电压低于氯化锂的分解电压，熔盐中如含有钠、钙、镁离子，将先于锂或与锂同时析出。因此必须保证这些杂质的含量很低。如果溶盐中氧、氮或水汽存在，电解时会由于氧化锂、氮化锂和氢氧化锂的生成以及它们的乳化作用，增加锂的胶粒溶解量，降低熔盐电导率，影响电解效率。

锂的电解一般在类似于钠电解槽的槽内进行。槽体可由耐火砖砌成，内衬是经过磷酸处理的石墨，以软钢作阴极，石墨作阳极，极间距 7 ~ 9 cm。保持电解质含氯化锂 67% ~ 71%，阴极电流密度 2.3 A/cm^2，阳极电流密度 0.8 ~ 1.2 A/cm^2，于 8.3 ~ 9 V，在 450 ~ 490℃ 下电解，阳极析出氯气，阴极析出金属锂。锂的密度因小于电解质的密度而上浮，沿导管流出槽外，在液体石蜡中固化成锭。所得金属锂的纯度不低于 99%。控制液态锂

图表流程图（由上至下）：

锂辉石精矿 → 焙烧 → 磨细 →（硫酸）酸化焙烧 →（水、石灰石粉）浸出 → 浸出渣

硫酸锂溶液 →（消石灰、碳酸钠）净化 → 钙镁渣

净化 → 蒸发浓缩 →（碳酸钠）沉淀碳酸锂 → 母液

沉淀碳酸锂 →（HCl）氯化，浓缩，结晶，干燥 → 无水氯化锂

母液 → 冷却结晶 → 母液、芒硝

无水氯化锂 →（氯化钾）熔盐电解 → Cl₂、金属锂

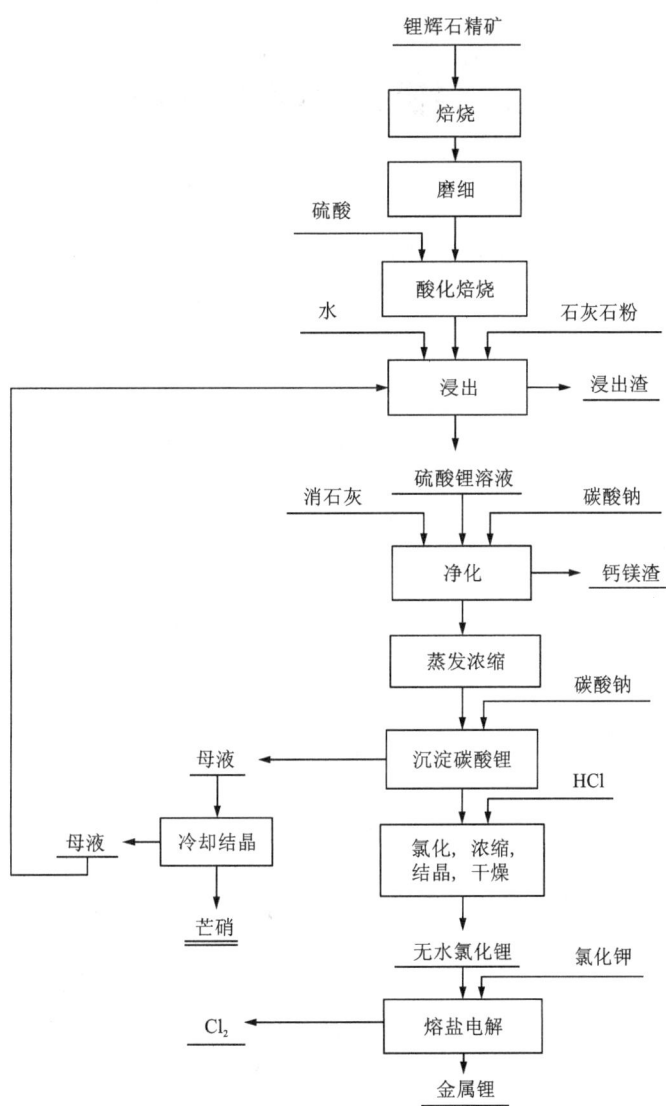

图 22 - 1　锂辉石－硫酸法提锂流程

与大气接触的时间和保持低的槽温，可以显著降低氧和氮的含量。金属锂还可以在非水介质中电解制取或采用液体阴极电解制取。

电解锂在 670℃ 真空蒸馏，可以获得含钠小于 0.005% 的高纯锂。真空蒸馏对降低氧、氮、磷含量也很有效，但能量消耗大，产量低。用 5 μm 孔径的烧结不锈钢过滤器于 200℃ 过滤锂，也能降低碳和钙的含量。用钇、铈、钛等活性金属处理熔融锂，可使锂中氮和氧的含量分别下降到 20×10^{-6} 和 150×10^{-6}。

锂塑性良好，可以挤压成各种规格的棒和丝，可以冷轧成厚度 0.05~0.56 mm 的锂箔带。锂有很好的自焊性，室温下，只要稍加压力，锂片就会焊接起来，而且容易与其他金属黏结在一起，锂也可以制成锂粒、锂粉和直径 10~30 μm 的锂分散体。锂的加工和包装都必须在干燥空气(相对湿度不大于 2%)中进行。

22.5　锂的用途

1944 年开始大量使用无水氢氧化锂作潜水艇中的 CO_2 吸收剂。用氢化锂作军用气球的充气氢源。1950 年锂开始用于热核武器氢弹。1960 年以后锂开始用于民用工业如润滑脂、空调、合成橡胶、炼铝、医药和玻璃陶瓷等生产部门，且已成为当前锂的主要用途。由于锂的电化当量高(3.86 (A·h)/g，在所有元素中仅次于铍)，并具有各种元素中最高的标准氧化电势(+3.045 V)，锂电池已在某些军事和电子部门应用，以及在电力车辆推进和峰值电力贮存方面试用。锂将是第一代氘氚聚变反应堆的重要燃料和反应堆的冷却剂。锂能与多种元素制成合金，例如铝锂、硼锂、铜锂、镁锂、铅锂、硅锂、硅硼锂和银锂等，而用于原子能、航空、航天、焊接等工业。

23　铷（rubidium）

23.1　铷的发现小史

铷即拉丁文"深红色"之意。1861 年德国人基尔霍夫（G. R. Kirchhoff）和本生（R. W. Bunsen）研究锂云母的光谱时，发现在深红区有一新线，表征有一个新元素，于是就根据拉丁文 rubid（深红）而命名。同年本生采用电解熔融氯化铷方法制得金属铷。

23.2　铷的性质

金属铷的熔点很低，质软，有延展性。铷的其他物理性质见表 23 – 1。

表 23 – 1　金属铷的主要物理性质

密度（20℃）	1.53	g/cm³
熔点	38.8	℃
沸点	688	℃
平均比热（0～100℃）	356	J/（kg·K）
熔化热	2.198	kJ/mol
汽化热	75.8	kJ/mol
热导率（固）	58.3	W/（m·K）
电阻率（20℃）	12.1	μΩ·cm

铷在空气中能自燃，同水甚至同温度低到 – 100℃的冰接触都能猛烈反应，生成氢氧化铷并放出氢。天然铷由稳定同位素 ^{85}Rb（占 72.5%）和放射性同位素 ^{87}Rb（占 27.85%）组成。^{87}Rb 衰变，产生 β 射线和稳定同位素 ^{87}Sr，半衰期 5.9×10^{10} 年。上述反应常被用来确定岩石、古老矿物和陨石的年龄。

23.3　铷的资源

铷无单独工业矿物，常分散在锂云母、铁锂云母、铯榴石和盐矿层、矿泉之中。对于铷矿床工业要求见表23 – 2。

表 23 – 2　铷矿床的工业指标

矿床类型	边界品位机选氧化物/%	工业品位机选氧化物/%
含锂云母矿石的碱性长石花岗岩类与花岗伟晶岩类矿床	0.04～0.06	0.1～0.2
盐湖矿床		0.06

例如新疆某锂、铷、铯、铍、铌、钽花岗伟晶岩矿床。其中文象变文象石英微斜长石带：平均含 Rb_2O 0.152%；糖粒状钠长石带：平均含 Rb_2O 0.130%；块体微斜长石带：平均含 Rb_2O 0.128%。该矿床的锂、铍、铌、钽都是主要矿种，铷伴生在该矿床中达到一定含量即可综合回收利用。

全世界铷的储量 17 万 t，年产量约 4 t。我国储量 629 t，1993 年生产铷若干公斤。

23.4　铷的制取

提取的铷化合物主要方法有复盐沉淀法、溶剂萃取法、离子交换法等多种。中国自贡从卤水回收铷采用磷钼酸铵沉淀法。卤水经熬盐、析钾后，母液含铷为 2.8～3.5 g/L。通入氯气使有机物或其他还原性物质氧化，再加入过量 50% 的磷钼酸铵粉末，常温下按下式反应：

$$(NH_4)_3H_4[P(Mo_2O_7)_6] \cdot xH_2O + 3RbCl \longrightarrow Rb_3H_4[P(Mo_2O_7)_6] \cdot xH_2O\downarrow + 3NH_4Cl$$

沉淀用 0.01 mol/L 的硝酸铵和 0.3 mol/L 的硝酸混合溶液洗去吸附在沉淀物中的钾；再以 9 mol/L 的硝酸铵从磷钼酸铷中将铷置换出来，进入溶液；而磷钼酸铵则返回利用。将富集铷的溶液蒸干，于 300~350℃ 焙烧，得纯度大于 80% 的硝酸铷，它是进一步制取铷盐的原料。

从锂云母 – 石灰法的提锂母液中提取铷化合物的方法是：先向富含钾、铷、铯的混合碳酸盐溶液中通入二氧化碳，使钾生成碳酸氢钾（$KHCO_3$）沉淀。加盐酸和稍稍过剩的四氯化锡盐酸溶液，使铯生成氯锡酸铯（Cs_2SnCl_6）沉淀。再加入过量四氯化锡，生成氯锡酸铷（Rb_2SnCl_6）沉淀。也可用 BAMBP（一种取代苯酚）萃取剂从碱金属碳酸盐溶液或氯化物溶液中萃取铷。

用金属热还原法以钙还原氯化铷，用镁或碳化钙还原碳酸铷，均可制得金属铷。

23.5　铷的用途

铷是制造电子器件（光电倍增管光电管）、分光光度计、自动控制、光谱测定、彩色电影、彩色电视、雷达、激光器，以及玻璃、陶瓷、电子钟等的重要原料；在空间技术方面，离子推进器和热离子能转换器需要大量的铷；铷的氢化物和硼化物可作高能固体燃料；放射性铷可测定矿物年龄，此外铷的化合物应于用制药、造纸业。

24 铯（cesium）

24.1 铯的发现小史

铯的拉丁文意思是"天蓝色"。1860 年德国化学家本生（R. W. Btmsen）和基尔霍夫（G. R. Kirchhoff），研究矿泉水的光谱时，发现有新元素谱线，并根据光谱线的颜色拉丁文 caesins（天蓝色）而命名为 cesium。1881 年塞特贝格（Setterberg）在电解氰化铯－氰化钡混合熔盐时，制取金属铯。

24.2 铯的性质

在碱金属中，铯的熔点和沸点最低，蒸气压最高，密度最大，正电性最强，电离势和电子逸出功最小。

铯的主要物理性质列于表 24 – 1。

表 24 – 1　铯的主要物理性质

密度（20℃）	1.87	g/cm^3
熔点	28.5	℃
沸点	670	℃
平均比热（0～100℃）	234	$J/(kg \cdot K)$
熔化热	2.09	kJ/mol
汽化热	66.6	kJ/mol
热导率（固）	36.1	$W/(m \cdot K)$
电阻率（20℃）	20	$\mu\Omega \cdot cm$

铯在空气中猛烈燃烧，遇纯氧则爆炸，生成橙色的超氧化铯（CsO_2）；与水作用，生成氢氧化铯，放出氢气。自然界中铯有稳定同位素 ^{133}Cs。放射性同位素 ^{137}Cs 是原子反应堆的裂变产物。

铯和其他碱金属可形成低熔点合金。如含钠 12%、钾 47%、铯 41% 的合金，熔点为 –78℃；含铷 13%、铯 87% 的合金，熔点为 –39℃；含钠 5.5%、铯 94.5% 的合金，熔点为 –29℃。

24.3 铯的资源

目前已知铯的独立矿物有四种。常见的有铯榴石 $Cs(AlSi_2O_6) \cdot nH_2O$。铯绝大多数分散在锂辉石、锂云母、铁锂云母中。在钾长石、天河石、钾盐和光卤石等矿物中与钾、钠、锂呈类质同象。有关铯矿的综合利用的工业指标见表 24 – 2。

表 24 – 2　综合利用伴生铯矿参考性工业指标

矿床类型	边界品位机选氧化物/%	工业品位	
		机选氧化物/%	手选铯榴石/%
花岗伟晶岩类矿床	—	—	0.3
含锂云母矿石的碱性长石花岗岩类与花岗伟晶岩类矿床	0.05～0.06	—	
盐类矿床	0.02		

新疆某锂、铷、铯、铍、铌、钽花岗伟晶岩矿床手选铯榴石最低工业品位为 0.2%。

铯精矿企业标准，铯榴石精矿 $Cs_2O \geq 20$%。

全世界铯的储量 17 万 t，铯的产量每年约 30 t，美国 20 世纪 70 年代每年约需 10 余吨。我国铯储量丰富，

1993 年度产铯较少。

24.4 铯的提取

从铯榴石中提取铯化合物的传统方法有盐酸法，工艺流程见图 24 – 1。铯榴石精矿（含 CsO 20% ~ 30%）磨细后，以浓盐酸搅拌浸出，精矿中的铯转化成氯化铯，以水稀释，并加入三氯化锑盐酸溶液，析出氯化锑铯复盐（3CsCl·2SbCl₃）。由于锑铯复盐在盐酸溶液中的溶解度比铷、钾复盐小，铷、钾大部留在母液中而与铯分离。锑铯复盐加入 10 倍量的水，煮沸，水解生成白色的碱式氯化锑沉淀，反应式为：

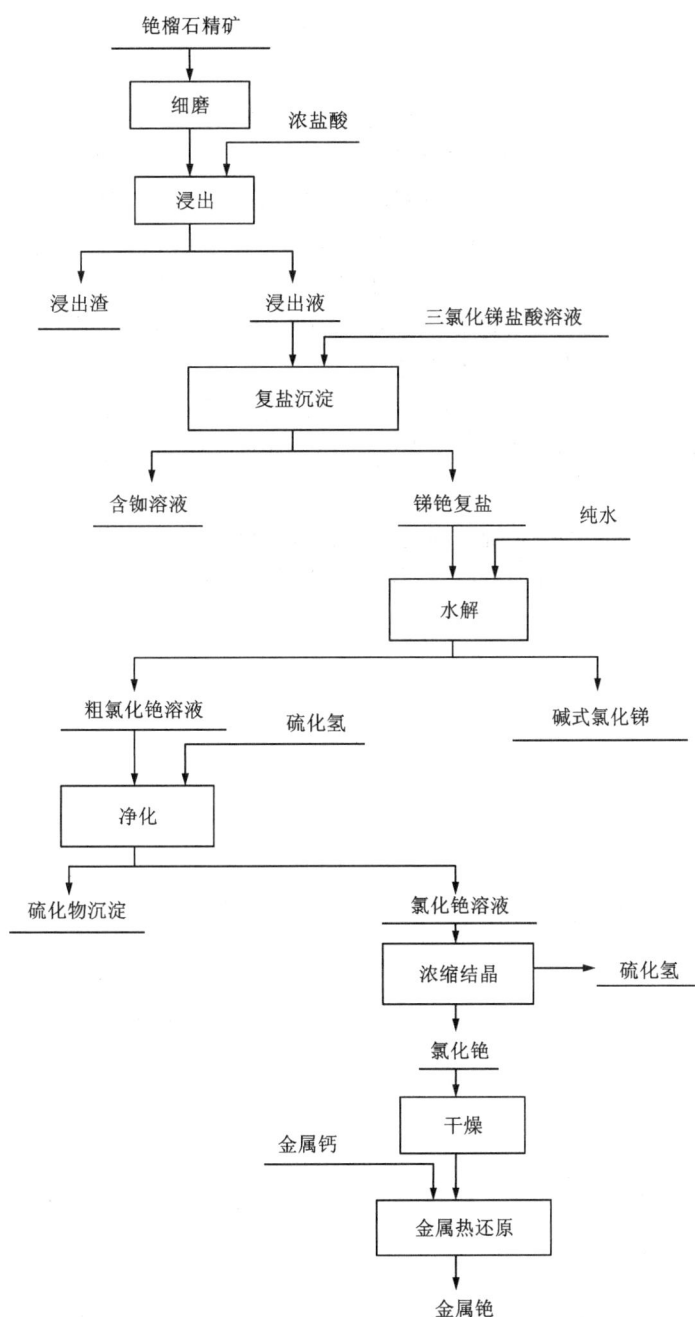

$$3CsCl \cdot 2SbCl_3 + 2H_2O \longrightarrow 3CsCl + 2SbOCl\downarrow + 4HCl$$

图 24 – 1 盐酸法从铯榴石中提取铯流程

氯化铯重新进入溶液，溶液中通入 H₂S 气体，除去残余的锑及其他重金属。将精制液煮沸，蒸发浓缩，冷却结晶，经干燥可得到氯化铯。

除此之外，还有氯化焙烧法、盐熔法和硫酸法。氯化焙烧法是将铯榴石同碳酸钙和氯化钙混合，在 800 ~

900℃熔烧后以水浸出。盐熔法是将铯榴石与氯化钠和碳酸钠混合，于800～850℃熔融，再以水浸出。两种方法的浸出液经过净化，均可以用4－仲丁基－2(a－甲苄基)苯酚(简称BAMBP)－脂肪烃煤油萃取，以盐酸或二氧化碳加水反萃，得氯化铯或碳酸铯产品。

对于金属铯的制取，常用金属热还原法以钙还原氯化铯。此法在小于0.13 Pa真空下，温度700～900℃进行还原反应，产生的铯蒸气，经冷凝后成液态收集。熔盐电解法制取金属铯是以液态铅作阴极，石墨作阳极，于700℃电解氯化铯，由阴极得到含铯8.5%的铅铯合金。合金于600～700℃真空蒸馏，除去铅等杂质，制得纯铯。真空管用的铯一般是在真空中于850℃以锆还原铬酸铯制得的：

$$4CsCrO_4 + 5Zr \longrightarrow 2Cr_2O_3 + 5ZrO_2 + 8Cs \uparrow$$

铯成气态直接进入真空管中。

24.5 铯的用途

铯的主要工业用途是制造光电池、光电倍增管和电视摄像管以及用作真空管的吸气剂。由钠和铊激活的碘化铯可制作工业和医疗用的X射线图像放大板或荧光屏。用铯形成的人工铯离子云，可以进行电磁波的传播和反射。铯在多种有机、无机合成中用作助催化剂或催化剂。铯盐还用于生产激光用的玻璃、低熔点玻璃和纤维透镜玻璃。铯可用于制作铯原子钟，1976年国际度量衡局规定一原子秒相当于[133]铯原子基态的两个超精细能级之间跃迁所对应的辐射的9192631779个周期的持续时间。20世纪70年代铯原子钟的准确度已经达到500万年误差仅一秒的水平。在铯离子热电转换器、铯离子发动机、磁流体发电系统以及超临界蒸气发电系统等新能源研究中均用到铯。多种铯盐用于微量分析和用作药物。

金属铯的活性很强，在空气中燃烧会喷溅，产生浓密的碱性烟雾，伤害眼睛、呼吸系统和皮肤。因此在生产、贮存及运输时必须严格防止金属铯同空气或水接触。金属铯转移时，一般在熔融状态(65℃)进行。常用的方法有针筒抽吸，虹吸，惰性气体中倾注、压送，或真空抽吸等。铯的氯化物亦可作高能固体燃料，铯可制造人工铯离子云、铯离子加速器，以及反作用系统材料与烟火制造材料。用铯的化合物制成的红外辐射灯可发现夜间不易发现的信号，铯还用于跟踪、阻截和摧毁飞行敌机的"瞄准"弹。

Ⅴ 稀有难熔金属

25 钛（titanium）

25.1 钛的发现小史

钛乃为希腊一个神的名字。1791年英国格雷戈尔（W. Gregor）研究钛铁矿时，认为其中含一种新的金属元素。1795年奥地利科学家克拉普罗特（M. H. Klaproth）研究金红石时，发现这种新元素，以希腊神话人物提坦神（Titans）命名。

1910年美国亨特（M. A. Hunter）用金属纳还原四氯化钛制得较纯的金属钛。卢森堡的克劳尔（W. J. kroll）1932年用钨还原四氯化钛制得钛。1940年又在氩气保护下用镁还原四氯化钛制得钛。这就是20世纪70年代工业生产的基础。

25.2 钛的性质

钛在水溶液中低价态的某些性质同钒和铬相似。钛在高温下容易与氧、氮、氢、水汽、氨、CO、CO_2等气体反应，所以是良好的吸气剂。当吸收量小时，呈固溶体存在；吸收量大时，则生成相应的化合物如TiH_2、TiO等。钛的表面能生成致密的氧化膜，有保护作用。因此钛在海水、碱性溶液、硝酸、含水氯气中有很强的抗腐蚀能力；在浓度小于5%的稀盐酸和稀硫酸中，也有一定的抗腐蚀能力。

氢化钛很脆，易磨成粉末，常制成钛粉，作粉末冶金原料。钛在一定温度范围内吸氢，升高温度后放氢，因此20世纪70年代开始研究用作贮氢材料。

钛的主要物理性质列于表25-1。

表 25-1 钛的主要物理性质

密度（20℃）	4.5	g/cm^2
熔点	1667	℃
沸点	3285	℃
平均比热（0~100℃）	528	$J/(kg \cdot K)$
熔化热	18.8（估算值）	kJ/mol
汽化热	425.8	kJ/mol
热导率（0~100℃）	21.6	$W/(m \cdot K)$
电阻率（20℃）	54	$\mu\Omega \cdot cm$

钛的物理性质与其中杂质种类和数量有密切关系，尤其是杂质氧、氮、碳会增加其硬度和脆性，杂质铁虽然增加其硬度，但降低其耐蚀性。因此工业用钛对于杂质含量和硬度有严格的要求。

25.3 钛的资源

含钛矿物种类繁多，达70多种，主要的有以下三种

金红石 TiO_2 含$TiO_2$90%~99%，变种有锐钛矿等。

钛铁矿 $FeO \cdot TiO_2$ 含TiO_2 43.64%~48.83%。

钛磁铁矿 $(Fe \cdot Ti)_3O_4$ 含TiO_2 12%~16%。

工业利用的只有前二种，其一般工业要求见表25-2。

表 25-2　钛资源的一般工业要求

矿石类型		边界品位	工业品位	可采厚度/m	夹石剔除厚度/m
原生矿($TiO_2\%$)	金红石	1	1.5	≥0.5~1	
砂矿矿物/($kg \cdot m^{-3}$)	金红石	≥1	≥2		≥0.5~1
	钛铁矿	≥10	≥15		

(1)湖北大阜山金红石矿床

边界品位(金红石 TiO_2)：1.00%

工业品位(金红石 TiO_2)：1.50%

可采厚度≥1 m，夹石剔除厚度≥2 m。

(2)安徽古井金红石砂矿床

边界品位(矿物)：1 kg/m³

块段平均品位(矿物)：2 kg/m³

可采厚度≥0.5 m

剥离比≤4

(3)广东保定钛铁矿砂矿床

边界品位(矿物)：富矿 20 kg/m³；贫矿 10 kg/m³

工业品位(矿物)：富矿 30~40 kg/m³；贫矿 15 kg/m³

可采厚度≥1 m

夹石剔除厚度≥1 m

钛铁矿一般伴生于与基性岩有关的钒钛磁铁矿矿床中，在利用钒钛磁铁矿时，应重视钛的综合利用，河北大庙钒钛磁铁矿对伴生 TiO_2 的要求为 >5%。原生金红石矿也多与其他有用矿产伴生，在砂矿中常与独居石、锆英石(尚需注意铪)、石榴石等伴生，应注意综合回收。

钛的世界储量 11 亿 t，年产量为 7.5 万 t。我国钛储量丰富，1993 年产钛 1485 t。

25.4　钛的提取

25.4.1　钛的冶炼

制取金属钛的原料主要为金红石，其中含 TiO_2 大于 96%。缺少金红石矿的国家，例如前苏联，则采用钛铁矿制成的"高钛渣"，其中含 TiO_2 90% 左右。近年因天然金红石涨价和储量日减，各国都趋向于用钛铁矿制成富钛料，即高钛渣和人造金红石。

富集　方法有电炉法、锈蚀法、酸浸法等。

经过选矿，制得钛铁矿精矿，其中含 TiO_2 大约为 48%~62%。①钛铁矿精矿与石油焦、纸浆混合后，在电炉中进行熔炼，可得到生铁和高钛渣，其中 TiO_2 含量视用途不同而加以控制。②也可将钛铁矿在回转窑内用炭还原，所得的还原料为细粒铁、低价氧化钛和金红石的混合物。经过稀 NH_4Cl 或稀 HCl 溶液的锈蚀，铁进入溶液除去。成品为人造金红石。③如果所用原料中杂质 CaO、MgO、Al_2O_3、SiO_2 等较高，宜采用酸浸法。酸浸法所用酸可以是盐酸或硫酸。根据不同的原料，有的矿在酸浸前还要加以预氧化和预还原处理。钛铁矿经酸浸后可制得人造金红石。

氯化　金红石或人造金红石，采用流态化氯化法，工艺简单，操作连续，产量高。也有掺用少量高钛渣(含 $TiO_2 \approx 92\%$)的流态化氯化法。纯用高钛渣进行流态化氯化的方法是中国创造的。制取金属钛的流程见图25-1。

金红石(或高钛渣)与适量的石油焦混合后，加入流态化炉，通入氯气在 800~1000℃ 下进行氯化，其反应式为：

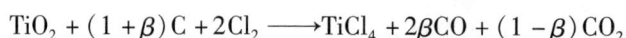

$$TiO_2 + (1+\beta)C + 2Cl_2 \longrightarrow TiCl_4 + 2\beta CO + (1-\beta)CO_2$$

式中的 β 为排出炉气中 $CO/(CO+CO_2)$ 的比值。纯 $TiCl_4$ 为无色透明液体。但此过程所得粗 $TiCl_4$ 含有杂

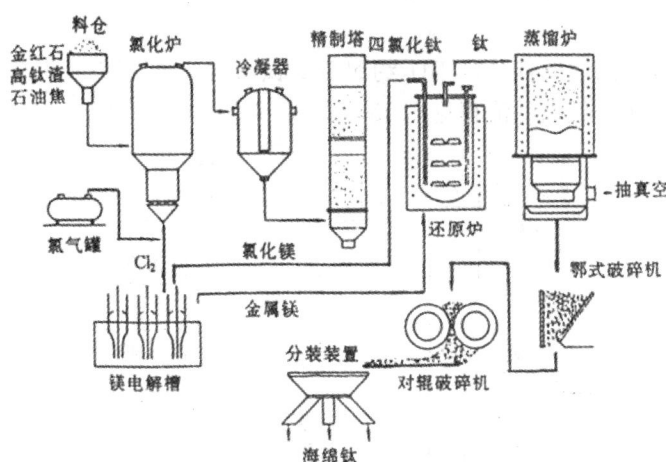

图 25-1 制取金属钛流程

质，呈红棕色。其中的杂质如 $FeCl_3$、$AlCl_3$、$SiCl_4$ 等的沸点和 $TiCl_4$ 的沸点相差较大，用分馏法较易分离。但 $VOCl_3$ 的沸点 127.4℃ 和 $TiCl_4$ 的沸点 135.9℃ 相近，分离困难。常用分离方法有三种：①加铜或铝使 $VOCl_3$ 还原成高沸点的 $VOCl_2$ 加以分离；②加硫化氢，使钛成硫氯化物，还原钒而除去；③加矿物油所生成的炭将钒还原成低价化合物而易于分离。三种方法各有利弊，工业上都有采用。

海绵钛的制取 金属热还原精 $TiCl_4$ 得到金属钛呈海绵状，工业上叫作海绵钛。还原用的金属为镁或钠。

镁热还原过程为间歇作业，在惰性气体氩或氦的保护下进行，还原温度为 800~900℃。在还原过程中间歇排出生成物 $MgCl_2$，反应式为：

$$TiCl_4 + 2Mg \longrightarrow 2MgCl_2 + Ti$$

还原所得产物中夹有 $MgCl_2$ 和金属镁，可用真空蒸馏法除去并回收，也有用酸浸法除去的。真空蒸馏温度为 950~1000℃，要求最后真空度为 1.33×10^{-3} Pa 左右。

钠热还原过程比镁热还原过程易于实现连续化，还原温度为 800~900℃。其化学反应式为：

$$TiCl_4 + 2Na \longrightarrow TiCl_2 + 2NaCl$$
$$TiCl_2 + 2Na \longrightarrow Ti + 2NaCl$$

因此既可以一次还原，也可以分两段进行。后者在工业上叫作二段还原法。还原产物中杂有 NaCl 和少量钠，用 0.5%~1% HCl 浸洗除去。

进入半工业阶段的制钛方法为 $TiCl_4$ 熔盐电解法，熔盐为 KCl-LiCi、KCl-NaCl、KCl-NaCl-$BaCl_2$ 等体系，所得金属钛纯度高，硬度低(HB80)，因此制成的钛合金加工性能好。

钛的提纯 纯度较高的金属钛，系用 TiI_4 加热分解而得，实际上是海绵钛的进一步提纯(见化学迁移反应)。过程的化学反应如下：

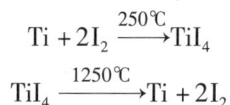

$$Ti + 2I_2 \xrightarrow{250℃} TiI_4$$
$$TiI_4 \xrightarrow{1250℃} Ti + 2I_2$$

海绵钛装在反应罐的周围，罐壁保持250℃，已经加在罐中的碘与钛反应生成 TiI_4 气体，反应罐中悬挂钛丝，通电加热到 1250~1300℃，此时 TiI_4 气体在钛丝上热分解而沉积，产品为结晶棒状的纯钛。这种钛仅用在科学研究和一些特殊用途中。

25.4.2 钛白

在整个钛工业中，制取金属钛耗用的金红石和钛铁矿，仅占总量的 10% 左右，而制取钛白耗用的，则占 90%。

TiO_2 是商品钛白的主要成分，为白色粉末，加热时略带微黄，有两种晶形(天然的还有一种板钛型)；一种是金红石型，属四方晶型；一种为锐钛型，也属四方晶型，但当加热到610℃时开始转化为金红石型，到915℃时可以完全转化，转化速度视杂质的种类和含量而异。TiO_2 折射率和稳定性高，遮盖性能和光泽好，是优质的白色颜料。钛白近年大量用于油漆、造纸、塑料、橡胶、化纤、搪瓷、电焊条等工业。钛白的工业生产方法有硫酸法和氯化－氧化法两种。

硫酸法　原料为钛铁或高钛渣。钛铁矿含 TiO_2 约 50%，钛渣含 TiO_2 72%~85%。因此用高钛渣可以减少酸耗和环境保护费用。硫酸法生产钛白的流程见图 25－2。

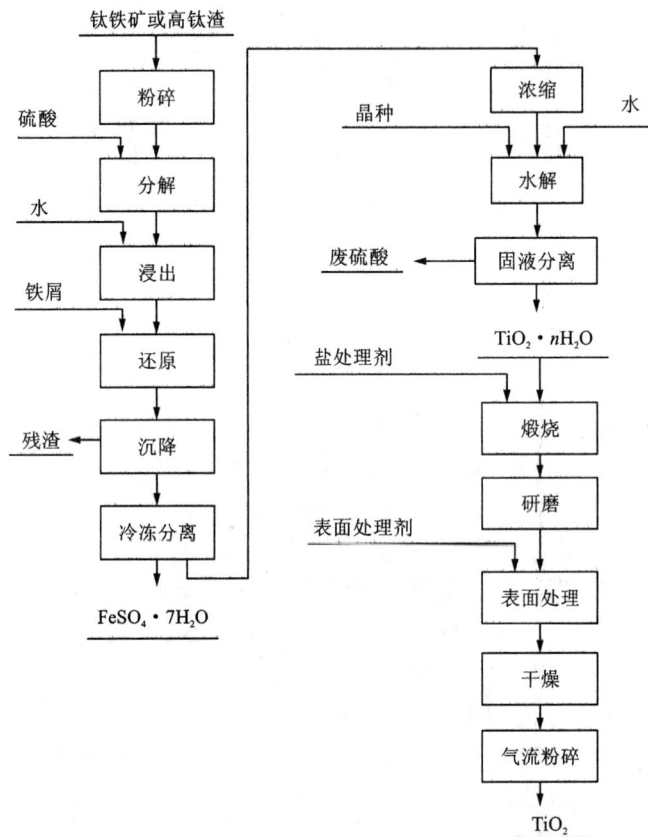

图 25－2　硫酸法生产钛白流程

将原料磨细至 -200~-325 目，以浓硫酸在约 200℃下分解，加水得 $TiOSO_4$ 溶液。加铁屑使 Fe^{3+} 还原成 Fe^{2+}，除去不溶残渣后，冷冻至 -3~-5℃以分离 $FeSO_4 \cdot 7H_2O$，浓缩后加入晶种进行水解，得 TiO_2 的水合物。以固液分离，加盐处理剂，煅烧、研磨和表面处理后得钛白粉。

硫酸法的主要缺点是废酸量大，处理困难，副产品 $FeSO_4 \cdot 7H_2O$ 用途不大，用高钛渣作原料，虽然减少了 $FeSO_4$ 和废酸量，但环境保护费用仍大。

氯化－氧化法以金红石为原料，通过氯化精制得到的精 $TiCl_4$，经氧化和后处理即可得优质钛白。其反应式如下：

$$TiCl_4 + O_2 \longrightarrow TiO_2 + 2Cl_2$$

反应副产氯气可送回氯化工段使用，上述反应所产生的热量不足以维持反应所需的温度（900~1200℃），必须外加热。氯化－氧化法所得钛白质量好，成本较硫酸法略低。近来新建的钛白工厂大多采用氯化－氧化法。

1979 年工业国家钛白的年产量约为 220 万 t，70% 左右用硫酸法生产，30% 左右用氯化氧化法生产。美国的产量为 67 万 t，60% 以上用氯化氧化法生产。

钛合金是以钛为基加入其他元素组成的合金。钛工业化生产是 1948 年开始的。因航空工业发展的需要，使钛工业以平均每年 8% 的增长速度发展。目前世界钛合金加工材料年产量已达 4 万 t，钛合金牌号近 30 种。

钛加工是用金属塑性加工方法，将钛锭加工成各种尺寸环、板、带、箔材，管材、棒材、线材等产品，也可以用铸造和粉末冶金等方法制成各种形状零部件。生产工艺流程见图 25－3。

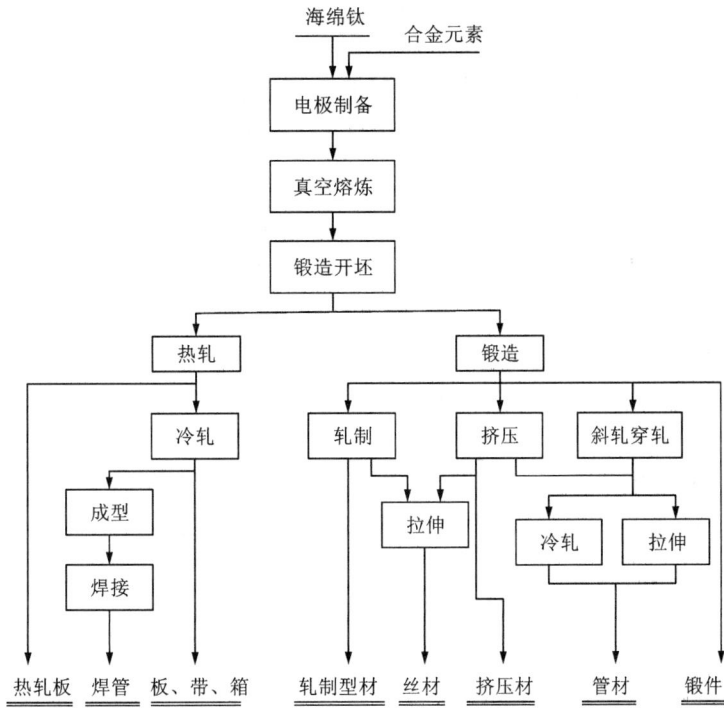

图 25-3 钛材简明生产工艺流程

25.5 钛的用途

由于钛和合金具有质量轻、强度高、抗蚀性好、耐高温、耐超低温等特性，因而在宇航、航空、舰船、铁路、化工、电力、海水淡化、轻工、食品等部门有着广泛的用途。钛在医学上主要利用来做矫正外形手术的材料。目前钛矿原料90%用来制造钛白。主要含钛矿物金红石还是优质电焊条涂层不可缺少的原料。

26 锆（zirconium）

26.1 锆的发现小史

1789 年德国科学家克拉普罗特（M. H. Klaproth）在锆石中发现了一种新的氧化物，起名叫 zirconia。1824 年瑞典人贝利乌斯（J. J. Berzelius）用钾还原 K_2ZrF_6 制得金属锆，由于含杂质多，锆为脆性的黑色粉末。1914 年德国人莱利（D. Lely）等用高纯钠还原提纯的 $ZrCl_4$ 制得韧性的金属锆。1925 年范·阿克耳（A. E. Van Arkel）和德布尔（J. H. de Boer）两人，在电热丝上解离 ZrI_4 获得延展性更好的金属锆。1944 年美国矿务局在克劳尔（W. J. Kroll）的指导下，成功研究了延性锆的较大规模的生产方法。

26.2 锆的性质

金属锆在常温下，表面有一层致密的氧化物层覆盖，仍有金属光泽。在 700℃时，可以吸收 30% 的氧原子、20% 的氮原子和 50% 的氢原子。锆粉和锆屑，由于比表面大，活性特大，容易引起自燃和爆炸。表 26-1 所示为锆的主要物理性质。

表 26-1 锆的主要物理性质

密度（20℃）	6.49	g/cm^3
熔点	1852	℃
沸点	4400	℃
平均比热（0~100℃）	289	$J/(kg \cdot K)$
熔化热	20.1（估算值）	kJ/mol
汽化热	579.9	kJ/mol
热导率（0~100℃）	22.6	$W/(m \cdot K)$
电阻率（20℃）	44	$\mu\Omega \cdot cm$

26.3 锆的资源

已知锆矿物约 50 种。表 26-2，26-3 分别列出了锆矿物的主要品种及工业指标。

表 26-2 主要常见锆矿物

矿物名称	化学式	含量/%		备注
		ZrO_2	HfO_2	
锆石（锆英石）	$Zr[SiO_4]$	55.3~67.3	<2	
含（富）铪锆石	$(Zr \cdot Hf)[SiO_4]$	48.18~60.03	2~16.73	含 HfO_2 >4% 为富铪锆石
异性石	$(Na \cdot Ca)_5Zr$ $Si_6O_{17}(OH \cdot Cl)_2$	11.84~12.82		

表 26-3 对锆矿床的工业指标

矿床类型	边界品位		工业品位		最小可采厚度 /m	夹石剔除厚度 /m
	ZrO_2/%	锆英石/（$kg \cdot m^{-3}$）	ZrO_2/%	锆英石/（$kg \cdot m^{-3}$）		
滨海砂矿床	0.04~0.06	1~1.5	0.16~0.24	4~6	0.5	-
风化壳矿床	0.3		0.8		0.8~1.5	-
内生矿床	3.0		8.0		0.8~1.5	≥2.0

对于中南某海湾锆石砂矿床：

边界品位：矿物 1 kg/m³；

工业品位：矿物 2 kg/m³；

可采厚度：0.5 m；

夹石剔除厚度：2.0 m。

锆石常与烧绿石、钛铌钙矿伴生，砂矿则常与钛铁矿、金红石、锐钛矿、独居石、磷钇矿、锡石、铌铁矿伴生，锆石中常含铪(Hf)，应注意综合评价。表 26 - 4 为广东某矿的工业指标。

表 26 - 4 广东某钛、锆、独居石海滨砂矿床

边界品位/(g·m⁻³)		工业品位/(g·m⁻³)	可采厚度/m	夹石剔除厚度/m
钛铁矿	富矿 2 万	3 万 ~ 4 万		
	贫矿 1 万	1.5 万	1	1
锆英石	1000	2000		
独居石	250	500		
剥离系数	< 1.0			

锆英石矿的质量标准列于表 26 - 5。

表 26 - 5 锆英石精矿质量标准(YB 834—75)

等级		(Zr、Hf)O₂/%	杂质/%		
			TO₂	P₂O₅	Fe₂O₃
一级品	一类	≥65	≤0.5	≤0.15	≤0.30
	二类	≥65	≤1.0	≤0.30	≤0.30
二级品		≥63	≤2.0	≤0.50	≤0.70
三级品		≥60	≤3.0	≤0.80	≤1.00

世界锆储量 3600 万 t(ZrO_2)，南非，澳大利亚、美国居前列。我国 1993 年底锆矿储量 372 万 t，当年产量为 7111 t。

26.4 锆的提取

由锆石制取金属锆的工艺流程见图 26 - 1。而 20 世纪 70 年代已用直接氯化法。锆石加适量的石油焦，通入氯气在 1000℃ 左右进行流态化氯化，其主要反应为：

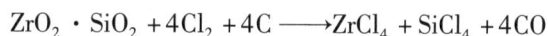

$$ZrO_2 \cdot SiO_2 + 4Cl_2 + 4C \longrightarrow ZrCl_4 + SiCl_4 + 4CO$$

$ZrCl_4$ 在常温下呈固态，437℃ 时升华。因此在冷凝器中所得的 $ZrCl_4$ 为气态凝固而成，控制好传热速度等条件，可以得到致密度高的产品。$ZrCl_4$ 可以还原得到 $ZrCl_3$ 和 $ZrCl_2$，它们是电解制取金属锆时熔盐中的主要组分。例如制取一般工业锆，无须分离铪，可用升华提纯法制成精 $ZrCl_4$ 后，再用镁还原制得海绵锆。

对于锆铪的分离，主要有 HNO_3 系 TBP（磷酸三丁酯）萃取法和 $HCl - HNO_3$ 系 TBP 萃取法。前者矿石分解用 NaOH 熔融法，带来一系列的困难，包括萃取中出现三相的困难。后者使用 $ZrCl_4$ 为原料，避免了上述困难，但也有溶液腐蚀性强的缺陷。所得 ZrO_2，再进行氯化得到 $ZrCl_4$，工业上叫作二次氯化。$ZrCl_4$ 经过升华提纯，然后用金属热还原法制得粗锆，真空蒸馏除去 $MgCl_2$ 和回收多余的镁。这一过程与钛的还原流程相似，唯一不同处为镁需经预处理提纯。镁还原法的化学反应为：

$$ZrCl_4 + 2Mg \longrightarrow Zr + 2MgCl_2$$

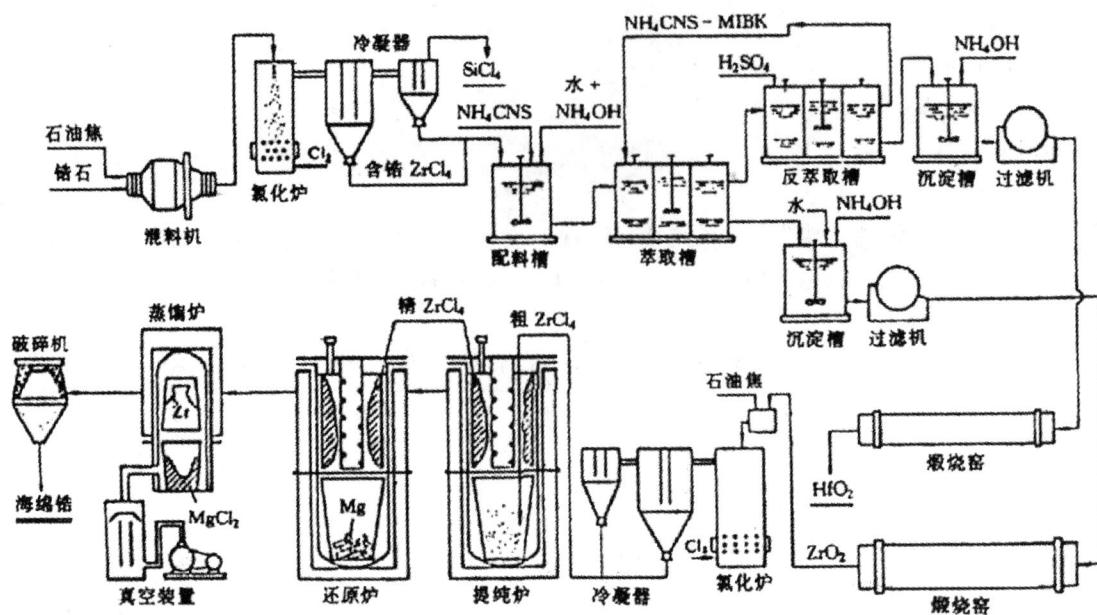

图 26-1　锆石制取金属锆流程

还原温度为 850℃ 左右。真空蒸馏温度为 950～1000℃。因锆本身有吸气作用，所以最后的真空度一般为 $1.33 \cdot 10^{-3}$ Pa。

碘化物热分解法可制取纯度较高的锆，它是用 ZrI_4 在热丝上分解制得的，工业上叫作结晶棒。在这一过程中有 ZrI_2 和 ZrI_3 参与作用。

锆粉在电真空中用作吸气剂，在热电池中用作热源。除常用的海绵锆氢化、磨细然后脱氢的生产方法以外，还有用 CaH_2 还原 ZrO_2 的制粉法。这种方法所得的锆粉，含氯很少，比海绵锆氢化法制取的锆粉更适合用作吸气剂。粒度细达 2～3 μm 的锆粉容易与氧反应引起自燃和爆炸，在包装、运输、使用时必须注意安全。

熔炼和加工锆及锆合金采用真空自耗电弧重熔炉熔炼铸锭。最常用的型材为管材。成型方法包括锻造、挤压、拉伸，与钛管的加工方法基本一样。

26.5　锆的用途

锆原子的热中子吸收截面为 0.180±0.004 靶恩。原子核反应堆中常用的锆合金有 Zr-2，Zr-4。它们的热中子吸收截面小，耐腐蚀性能好，加上有相当好的力学性能，用在 ^{235}U 富集度小的水冷却铀堆中。锆有强烈的吸氢性能，可作贮氢材料，最大吸氢量相当于 ZrH1.93 倍。如吸氢量超过 ZrH 中的含氢量，锆的脆性增大，很容易磨成粉末。锆对于稀盐酸和稀硫酸的耐腐蚀性能很好，在 50% 的 NaOH 溶液中的耐腐蚀性能比钽还好，因此在化学工业中有广阔的前途。含铪 2% 对锆的耐腐蚀性能没有显著影响，但用作反应堆核燃料元件包覆材料的锆应同铪分离。

锆的物理性能和力学性能受杂质碳、氮、氧的影响很大。例如用碘化锆热分解制得的锆结晶棒的电阻率为 44.1 μΩ·cm，如果外推到不含氧时，则应为 38.8 μΩ·cm。

ZrO_2 因熔点高（2675℃）和化学稳定性好，是良好的耐火材料。它因在晶型转变时体积发生变化，通常要加入稳定剂 CaO 或 Y_2O_3。加入稳定剂后的 ZrO_2，有离子导电性，近年用作固体电解质和测定钢中氧含量的探头。ZrC 的熔点为 3500℃ 左右，莫氏硬度在 8～9 之间；ZrN 的熔点为 2980℃ 左右，莫氏硬度为 8。两者都可以作为硬质合金的添加剂。ZrB_2 具有金属的导电性和导热性，熔点在 3000℃ 左右；在空气中 1000℃ 以上不耐氧化。

$ZrOCl_2$ 是一种重要的锆化合物。制造方法一般先以 NaOH 熔融处理锆石，以水溶去 Na_2SiO_3 后，溶在浓盐酸中结晶即得 $ZrOCl_2 \cdot 8H_2O$，再加工制成其他的锆化合物。$ZrOSO_4$ 是一种良好的制革鞣剂，工业上叫作锆鞣剂。

27　铪（hafnium）

27.1　铪的发现小史

铪是哥本哈根（Copngagen）拉丁名（Itafnium）

1923 年德国人科斯特（D. coster）和匈牙利人赫维西（G. Von Hevesy）在研究几种锆精矿的 X 射线时发现的一种元素。他们便以发现地哥本哈根市命名了这种元素。

27.2　铪的性质

铪的外层电子为 $5d^2 6s^2$，与锆的 $4d^2 5s^2$ 相似，原子半径由于"镧系收缩"的缘故，与锆几乎相等。因此铪和锆的化学性质极为相似，很难分离。

铪原子的热中子吸收截面为 115 ± 5 靶恩，比锆的 0.18 靶恩大得多。铪在热中子反应堆中作为控制棒用时，要求含铪量大于 95%；所以两者必须分离，以便在得到反应堆用的锆的同时，也得到作控制棒用的铪。

粉末铪极易与空气作用而自燃。但大块致密的铪，因表层有不透气的氧化铪覆盖层，在常温下却极为稳定。铪在 876～1034℃ 的范围内与氮的反应速度比锆快。铪在 703℃ 时吸氢后可得 $HfH^{[1.86]}$；在 500℃ 反复吸氢而后冷却到室温可得 $HfH^{[2.1]}$；在高温下，铪的耐氧化能力比锆略好，在高温水中的耐蚀能力也比锆好。铪在盐酸、硫酸和硝酸中的耐蚀性比锆略差。

表 27-1 所示为铪的主要物理性质。

表 27-1　铪的主要物理性质

密度（20℃）	13.1	g/cm^3
熔点	2227	℃
沸点	4600	℃
平均比热（0～100℃）	147	$J/(kg \cdot K)$
熔化热	24.07	kJ/mol
汽化热	571.1	kJ/mol
热导率（0～100℃）	22.9	$W/(m \cdot K)$
电阻率（20℃）	32.2	$\mu\Omega \cdot cm$

27.3　铪的资源

含锆的矿物中都含铪，与锆呈类质同象，铪主要赋存在锆英石中。当铪的含量达到一定时可形成独立矿物铪石 $HfSiO_4$ 含 HfO_2 72.52%。

铪常伴生在锆矿床中，锆英石精矿含铪达 0.5%～2% 以上者就可作为铪矿单独开采。若低于上述要求，也可从含铪锆石中综合回收。

全世界铪的储量为 39.4 万 t，每年产量为 80 t。

我国的铪矿床于山东、湖南、广西等九个矿区，1993 年储量为 1756 t。

27.4　铪的制取

铪的冶炼与锆基本相同，一般分五步。第一步为矿石的分解，有三种方法：①锆石氯化得到（Zr，Hf）Cl_4。②锆石的碱熔。锆石与 NaOH 在 600℃ 左右熔融，有 90% 以上的（Zr，Hf）O_2 转变为 Na_2（Zr，Hf）O_3，其中的 SiO_2 变成 $Na_2 SiO_3$，可用水溶除去。Na_2（Zr，Hf）O_3 用 HNO_3 溶解后可作锆铪分离的原液，但因含有 SiO_2 胶体，给溶剂萃取分离造成困难。③用 $K_2 SiF_6$ 烧结，水浸后得 K_2（Zr，Hf）F_6 溶液。溶液可以通过分步结晶分离锆铪。第二步为锆铪分离，可用盐酸 – MIBK（甲基异丁基酮）系统和 HNO_3 – TBP（磷酸三丁酯）系统的溶剂萃取分离方法。利用高压下（高于 2.026×10^6 大气压）$HfCl_4$ 和 $ZrCl_4$ 熔体蒸气压的差异而进行多级分馏的技术，可省去二次氯化过程，降低成本。但由于 $(Zr, Hf)Cl_4$ 和 HCl 的腐蚀问题，既不易找到合适的分馏柱材质，又会使 $ZrCl_4$ 和 $HfCl_4$ 质量降低，增加提纯费用，20 世纪 70 年代仍停留在中间厂试验阶段。第三步为 HfO_2 的二次氯化以制得还原用粗 $HfCl_4$。第四步为 $HfCl_4$ 的提纯和加镁还原。本过程与 $ZrCl_4$ 的提纯和还原相同，所得半成品为粗海绵铪。第五步为真空蒸馏粗海绵铪，以除去 $MgCl_2$ 和回收多余的金属镁，所得成品为海绵金属铪。如还原剂不用镁而用钠，则第五步改为水浸。生产全流程如图 27 – 1 所示：

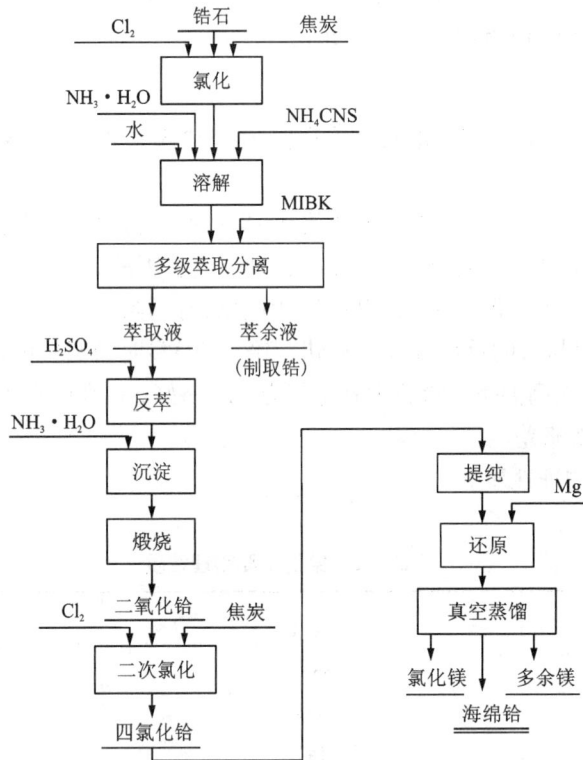

图 27 – 1　铪生产工艺流程

　　从全流程图中可以看出，原子能级 HfO_2 是制造原子能级 ZrO_2 时同时得到的产品。从二次氯化起，提纯、还原、真空蒸馏等过程同锆的工艺流程几乎完全一样。

　　海绵铪自坩埚中取出时要格外小心，以免自燃。大块海绵铪要破碎成一定尺寸的小块，以便压成自耗电极，再熔铸成锭。破碎时也应防止自燃。海绵铪的进一步提纯与钛和锆一样，采用碘化物热分解法，但控制条件与锆略有不同，在碘化罐四周的海绵铪小块，保持温度为 600℃，而中心的热丝温度为 1600℃，比制取锆的"结晶棒"时的 1300℃ 为高。铪的加工成型包括锻造、挤压、拉管等步骤，与加工锆的方法一样。

27.5　铪的用途

　　纯铪具可塑性、易加工、耐高温抗腐蚀，是原子能工业重要材料。铪的热中子捕获截面大，是较理想的中子吸收体，可作原子反应堆的控制棒和保护装置。铪粉可作火箭的推进器。在电器工业上可制造 X 射线管的阴极。电灯丝和电子管内的吸气剂。铪的合金可作火箭喷嘴和滑翔式重返大气层的飞行器的前沿保护层，Hf – Ta 合金可制造工具钢及电阻材料。铪还应用于冶金、化工、火药及特种耐火材料。

28　钒（Vanadium）

28.1　钒的发现小史

钒即"女神"之译名。1801 年西班牙矿物学家里奥（A. M. Delkio）在研究墨西哥锡马潘（Zimapan）的铝矿时发现的。因钒的盐类与酸加热时呈红色，就以 erythronuin（赤元素）命名，后来里奥又接受了这种红色物质是铬的不纯物，可能是铬酸铅的解释。

1830 年瑞典化学家塞弗斯托姆（N. G. Jefstrom）用瑞典塔贝里（Tabevg）附近的矿石冶炼生铁，分离出一个新元素，以女神凡娜迪斯（Vanadis）命名为 Vanadium。

28.2　钒的性质

钒是一种可锻金属，但含有氧、氮或氢的钒则变脆。钒是电的不良导体，其电导率仅为铜的十分之一。钒的主要物理性质见表 28 - 1。

表 28 - 1　钒的主要物理性质

密度（20℃）	6.1	g/cm^3
熔点	1902	℃
沸点	3410	℃
平均比热（0～100℃）	498	$J/(kg \cdot K)$
汽化热	457.2	kJ/mol
热导率（0～100℃）	31.6	$W/(m \cdot K)$
电阻率（20℃）	19.6	$\mu\Omega \cdot cm$

钒的电阻率温度系数（0～100℃）0.0034，原子的热中子吸收截面 5.00 靶恩，原子的快中子（1 兆电子伏特）吸收截面为 3 毫靶恩。

室温时，致密的钒对氧、氮和氢都是稳定的。钒在空气中加热时，氧化成棕黑色的三氧化二钒（V_2O_3），蓝黑色的四氧化二钒（V_2O_4），或橘红色的五氧化二钒（V_2O_5）。在较低的温度（180℃）下，钒与氯作用生成四氯化钒（VCl_4）。高温下与碳及氮生成碳化钒（VC）及氮化钒（VN）。钒能耐盐酸、稀硫酸、碱溶液和海水的腐蚀，但能被硝酸、氢氟酸或浓硫酸腐蚀。

28.3　钒的资源

自然界的钒多呈分散状态，常与其他元素伴生产出，富集成工业矿床的很少。含钒矿物 65 种，较重要的含钒矿物有以下几种：

绿硫矾矿[$V_2S + nS$]，含 V 换算成 V_2O_5 在 25% 以下；

钒云母 $2K_2O \cdot 2Al_2O_3 \cdot (Mg.Fe)O \cdot 3V_2O_5 \cdot 10SiO_2 \cdot 4H_2O$，含 V_2O_5 19%～29%；

硫钒铜矿 Cu_3VS_4；

钒铅锌矿（Pb, Zn）$_2$（OH）VO_4，含 V_2O_5 22.7%。

对于钒的单独矿床：

边界品位：V_2O_5 0.5%；

工业品位：V_2O_5 0.7%。

对于钒为伴生组分的矿床：

$V_2O_5 \geqslant 0.1\% ～0.5\%$

矿床实例——湖南大福坪钒矿：

边界品位：V_2O_5富矿：0.8%；一般矿：0.5%。

块段平均品位：V_2O_5富矿为1.0%；一般矿为0.7%

可采厚度：$\geqslant 0.7$ m；夹石剔除厚度：$\geqslant 0.7$ m。

钒为伴生组分的矿床对五氧化二钒的要求不一，安徽凹山铁矿对五氧化二钒的要求为$>0.1\%\sim 0.2\%$，安徽某铀钒矿对五氧化二钒的要求边界品位0.3%，工业品位0.5%；贵州某磷矿对五氧化二钒的要求$>0.2\%$。河北大庙钒钛磁铁矿对五氧化二钒的要求为$>0.18\%$。

钒的单独矿床很少。多伴生在磁铁矿、煤矿、铀矿、磷矿、铝土矿等矿床中。因此，在普查勘探时应注意综合评价。

全世界钒的储量为1578万t，产量约为30000 t，我国五氧化二钒资源约2800万t，1993年产钒4000 t。

28.4 钒的提取

钒的生产先由矿石中提取钒的氧化物（或其他化合物）。继而用其生产钒铁合金或金属钒。

28.4.1 钒化合物的制取

从含钒矿石提取钒时，一般是把矿石破碎、磨细，然后与钠盐（如氯化钠、硫酸钠或碳酸钠等）混合；在850℃焙烧，钒转变为可溶于水的偏钒酸钠（$NaVO_3$）；用水浸出（见浸取），加硫酸，调整pH到$2\sim 3$，即可沉淀出六钒酸钠（$Na_4V_6O_{17}$），俗称"红饼"；把它于700℃下熔化，即得黑紫色致密的工业五氧化二钒（$V_2O_5 > 86\%$，Na_2O占$6\%\sim 10\%$）。将红饼溶于碳酸钠溶液，并调节pH，使铁、铝和硅等杂质沉淀分离，再加NH_4Cl使钒沉淀为偏钒酸铵（NH_4VO_3）；经过$320\sim 430$℃煅烧，即得纯度为99.8%的V_2O_5。

从钾钒铀矿提取钒，可用硫酸直接浸出，也可以先将矿石焙烧，再用水和稀盐酸或硫酸浸出。矿石中80%的钒和铀溶解，然后用叔胺、季胺或烷基磷酸溶剂萃取分离钒和铀。

从钒钛磁铁矿提取五氧化二钒，见图28-1，先经磁选除去钛铁矿和废石，将所得精矿经高炉或电炉炼成含钒生铁，再用转炉吹炼造出高钒渣，然后将粉状高钒渣与氯化钠混合焙烧，使钒成为可溶性的偏钒酸钠，最后用前述处理含钒矿石的方法回收钒。磁选所得含钒磁铁矿也可以与硫酸钠一起直接焙烧，生成可溶于水的偏钒酸钠，趁热用水浸出。加硫酸调整pH为$2\sim 3$，煮沸，沉淀出红饼。还可以加氯化铵沉淀出白色偏钒酸铵；加氯化钙，使钒成钒酸钙沉淀；加硫酸亚铁沉淀出钒酸铁，送去炼钒铁。

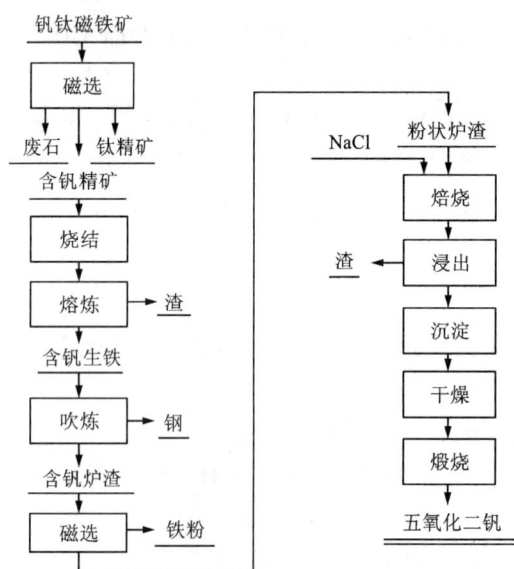

图 28-1 从钒钛磁铁矿提取五氧化二钒流程

28.4.2 金属钒的制取

工业上采用金属热还原法，主要有钙热还原法以及20世纪70年代发展的铝热还原和真空电子束重熔联合法。后者可以制得供核反应堆用的纯钒。此外也可用真空碳热还原法。

钙热还原法 以高纯 V_2O_5 为原料，配入超过理论量 50%～60% 的金属钙，用碘作熔剂和发热剂，置于密封的反应器或"反应弹"内反应。得到致密金属锭或熔块，其中约含碳 0.2%，含氧 0.02%～0.08%，含氮 0.01%～0.05% 和氢 0.002%～0.01%。

铝热还原法 将 V_2O_5 与高纯铝在"反应弹"中反应生成致密的钒铝合金，然后在 1790℃ 高温高真空中脱铝，再经真空电子束重熔，除去合金中残余的铝和溶解的氧等杂质，所得金属钒的纯度大于 99.9%。也可以经过两次电子束熔炼，获得纯度更高的钒锭（见图 28-2）。

真空碳热还原法 该法是制备可锻钒的重要方法之一。把 V_2O_5 先用氢还原成 V_2O_3，再与炭黑混合，在真空炉中经多次高温还原，制得的钒块约含碳 0.02%，含氧 0.04%，它在室温下是可锻的。

金属钒还可以用碘化物热分解法提纯，制得纯度为 99.95% 的钒。用氢在 1000℃ 还原钒的氯化物也可制得可锻钒。

28.4.3 钒的合金的制取

钒和铁组成的铁合金，主要在炼钢中用作合金添加剂，高钒钒铁还用作有色合金的添加剂。常用的钒铁有含钒 40%、60% 和 80% 三种。我国钒铁生产的主要原料是钒钛磁铁矿。其主要过程是：矿石经选矿富集后，通过高炉炼出含钒生铁，在雾化炉或转炉吹炼过程中提取钒渣；钒渣经粉碎后配加钠盐（纯碱、食盐或无水芒硝）进行氧化钠化焙烧，使钒成为可溶的偏钒酸钠（$NaVO_3$），浸取净化后加硫酸铵沉淀出多钒酸铵 [$(NH_4)_2V_6O_{16}$]，再经脱氨熔化，铸成片状五氧化二钒。要求成分为 V_2O_5 97%～99%，$P < 0.05\%$，$S < 0.05\%$，$Na_2O + K_2O < 1.5\%$。此外也从含钒铁精矿或含钒碳质页岩直接通过化学处理提取五氧化二钒。冶炼钒铁的主要方法电硅热法和铝热法

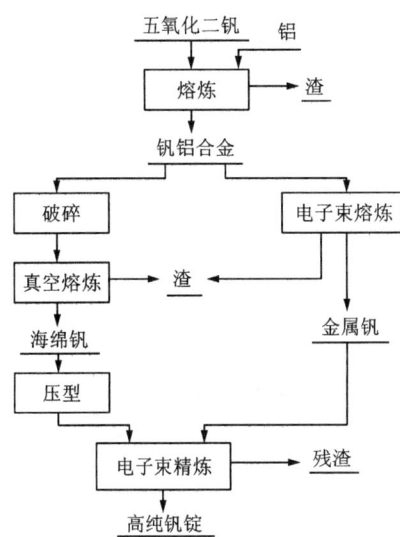

图 28-2 铝热还原法生产高纯钒流程

电硅热法 片状五氧化二钒用 75% 硅铁和少量铝作还原剂，在碱性电弧炉中，经还原、精炼两个阶段炼得合格产品。还原期将一炉的全部还原剂与占总量 60%～70% 的片状五氧化二钒装入电炉，在高氧化钙炉渣下，进行硅热还原。当渣中 V_2O_5 小于 0.35% 时，放出炉渣（称为贫渣，可弃去或作建筑材料用），转入精炼期。此时，再加入片状五氧化二钒和石灰，以脱除合金液中过剩的硅、铝等，俟合金成分达到要求，即可出渣出铁合金。精炼后期放出的炉渣称为富渣（含 V_2O_5 达 8%～12%），在下一炉开始加料时，返回利用。合金液一般铸成圆柱形锭，经冷却、脱膜、破碎和清渣后即为成品。此法一般用于含钒 40%～60% 的钒铁冶炼。钒的回收率可达 98%。炼制每吨钒铁耗电 1600 kW·h 左右。

铝热法 用铝作还原剂，在碱性炉衬的炉筒中，采用下部点火法冶炼。先把小部分混合炉料装入反应器中，即行点火。反应开始后陆续投加其余炉料。通常用于冶炼高钒铁（含钒 60%～80%），回收率较电硅热法略低，为 90%～95%。

28.5 钒的用途

钒主要制成钒铁用作钢铁的合金组分，它具有能细化钢铁基体晶粒的作用，故广泛用于各类钢种。钒在非铁合金中主要用于制造钛合金（Ti-6Al-4V）。钒可以控制铜基合金中的气体含量，并改善其微观结构，在内燃机活塞的铝基合金中加入少量钒，可以增强合金的强度，并降低其热胀系数。钒的快中子吸收截面小，对液态钠有良好的耐蚀性，并有抗高温蠕变强度，可作快中子增殖堆燃料棒的包覆材料和释热元件。钒的金属间化合物 V_3Ga 是超导材料。V_2O_5 广泛用作有机和无机氧化反应的催化剂，用于生产硫酸、精炼石油；用来制作吸收紫外线和热射线的玻璃以及玻璃、陶瓷的着色剂。钒的氧化物和偏钒酸盐用于生产印刷油墨和黑色染料。

29　铌(niobium or columbium)

29.1　铌的发现小史

1801 年英国化学家哈奇特(C. Hatchett)在分析矿石时发现一种新元素,命名为钶(columbium)。1844 年德国化学家罗瑟(H. ROSE)发现一种类似钽的金属元素,就用钽的女儿(Niobe)命名为 niobium。1866 年查明钶和铌系一种元素,1951 年国际纯粹化学与应用化学联合会将其名字统一为铌。仍有少数国家用钶来命名。

29.2　铌的性质

铌的超导转变临界温度 9.25 K,原子的热中子吸收截面 1.1 靶恩,标准电极电势 Nb/Nb^{5+} 0.96 V。铌和钽的化学性质很相似,都是非常稳定的化学元素。铌对于很多腐蚀性介质在冷态或稍热的条件下不起反应。致密的铌在空气中只在温度高于 200℃ 时才明显氧化。铌同氯于 200℃、同氮于 400℃、同氢于 250℃ 才发生反应。常温下铌对许多种酸和盐的溶液都是稳定的,但溶于氢氟酸、氢氟酸和硝酸的混合酸以及浓碱溶液。铌有多种氧化物,最稳定的为五氧化二铌(Nb_2O_5)。铌同氢生成固溶体和金属氢化物(NbH,NbH_2)。铌对氢的吸收是可逆的,在加热和真空下又能将氢析出。氮化铌(NbN)为浅灰略带黄色的化合物,其超导转变临界温度为 15.6 K。

铌同一些原子半径小的元素如硼、碳、硅、氮等生成的化合物都具有很高的熔点和很大的硬度。铌同卤素生成卤化物、卤氧化物和配酸盐,其中重要的有:五氟化铌(NbF_5)、五氯化铌($NbCl_5$)、三氯氧铌($NbOCl_3$)、氟铌酸钾(K_2NbF_7)和氟氧铌酸钾($K_2NbOF_5 \cdot H_2O$)。

表 29 - 1 所示为铌的主要物理性质。

表 29 - 1　铌的主要物理性质

密度(20℃)	8.6	g/cm^3
熔点	2467	℃
沸点	4740	℃
平均比热(0 ~ 100℃)	268	$J/(kg \cdot K)$
熔化热	26.78	kJ/mol
汽化热	683.7	kJ/mol
热导率(0 ~ 100℃)	54.1	$W/(m \cdot K)$
电阻率(20℃)	16.0	$\mu\Omega \cdot cm$

29.3　铌的资源

29.3.1　铌矿物和含铌矿物的种类

铌和钽的物理化学性质相似,在自然界矿物中多为共生。划分铌矿或钽矿主要是根据矿物中钽和铌的含量。一般将含 $Nb_2O_5:Ta_2O_5$ 大于 20 的矿物称为铌矿,含 $Nb_2O_5:Ta_2O_5$ 为 3 ~ 20 的矿物称为铌钽矿,其他为钽矿。含铌矿物已发现有 130 种左右,其中最主要的是烧绿石[$(Ca, Na)_2(Nb, Ta, Ti)_2O_6(OH, F)$]和铌铁矿[$(Fe, Mn)(Nb, Ta)_2O_6$]。其他还有褐钇铌矿[$(Y, Er, Ce, Fe)(Nb, Ta, Ti)O_4$],钽铁矿[$(Fe, Mn)(Ta, Nb)_2O_6$]黑稀金矿[$(Y, Ca, Ce, U, Th)(Nb, Ta, Ti)_2O_6$]和钛铌钙铈矿[$(Na, Ce, Ca, Sr)(Ti, Nb)O_3$]等。铌、钽酸盐的砂矿也有工业开采价值。我国已发现具有工业价值的含铌矿物有:铌铁矿、铌钽铁矿、褐钇铌矿、含铌钛铁金红石、易解石、烧绿石等以及一些含钽铌酸盐的砂矿,其主要矿物的化学式和含量见表 29 - 2。

表 29 - 2　铌的主要矿物及主要成分

矿物名称	化学式	含量/%	
		Ta_2O_5	Nb_2O_5
铌铁矿 - 钽铁矿	(Fe、Mn)(Ta、Nb)$_2O_5$	<14.55 >72.18	>63.77 <10.33
褐钇铌矿	Y(Nb、Ta)O_4	2.5~11.09	33.64~42.9
易解石	(Ce、Th)(Nb、Ti)$_2O_5$	0.26~3.3	21~35
铌易解石	(Ce、Ca、Th)(Nb、Ti)$_2O_5$	0.51	41.13
铌铁金红石(钛铁金红石)	(Ti,Nb,Fe)O_2	0.31	6.71~23.67
烧绿石(黄绿石)	CaNaNb$_2O_6$F	1.44~6.65	56.01~67.77
锰钽矿	MnTa$_2O_6$	70~86	1.91~10.33
重钽铁矿	FeTa$_2O_6$	73.98~86.01	1.17~1.37
黄钇钽矿	YTaO_4	49.4~55.5	9.15
细晶石	CaNaTa$_2O_6$(OH)	55~77	0.40~10.13

世界上多数铌矿石的品位为 0.2%~0.6%，选矿后得到的标准铌精矿品位为 50%~65%(Nb,Ta)$_2O_5$。世界铌矿储量(以铌计)已查明的为 760 万短吨(1 短吨 = 907.2 kg)。

我国铌储量 1993 年约为 390 万 t，当年产量为 16.349 t。

对于一些铌矿床的一般工业要求见表 29 - 3：

表 29 - 3　铌矿床的工业指标

矿床类型	$\frac{Ta_2O_5}{Nb_2O_5}$	边界品位/%		工业品位/%		最小可采厚度/m	夹石剔除厚度/m
		(Ta+Nb)$_2O_5$	或 Ta_2O_5	(Ta+Nb)$_2O_5$	或 Ta_2O_5		
花岗伟晶岩类矿床	>1.0	0.012~0.015	0.007~0.008	0.022~0.026	0.012~0.014	0.8~1.5	≥2
碱性长石花岗岩矿床	>1.0	0.015~0.018	0.008~0.01	0.024~0.028	0.012~0.015	1.5~2.0	≥4
风化壳(褐钇铌矿或铌铁矿)矿床	/	0.008~0.010	重砂品位 80~100 g/m³	0.016~0.020	重砂品位 250~280 g/m³	0.5~1.0	
原生铌矿床	/	0.05~0.06		0.08~0.12		5.0	≥5
河流类砂矿床(铌铁矿或褐钇铌矿)	/	0.004~0.006	重砂品位 40 g/m³	0.01~0.012	重砂品位 ≥250 g/m³	0.5	≥2

铌钽常与锂、铍、铯、锆、锡、钍等元素伴生，在砂矿中常与独居石、锡石、金红石、锆英石、钛铁矿等伴生在一起，除上述金属矿物伴生外，还有一些非金属矿物如长石、石英等，在花岗伟晶岩型的矿床中常产有各种宝石、玉石、彩石矿物和石材等，因此应注意综合评价。

29.3.2　铌的矿床实例

江西某钽、铌、锂、铍钠长石花岗岩矿床

边界品位：Ta_2O_5 0.008%；最低工业品位：Ta_2O_5 0.01%；夹石剔除厚度：4 m；锂矿体边界品位：Li_2O 0.5%；最低工业品位：Li_2O 0.8%(用于单工程)。

该矿床除 Li 外尚有 Be、Rb、Ce 等稀有金属伴生，脉石矿物长石可作玻璃原料，都能综合回收利用，提高了矿床价值。

湖北某花岗伟晶岩钽铌矿床

边界品位:$(Nb、Ta)_2O_5$ 0.015%；最低工业品位:$(Nb、Ta)_2O_5$ 0.020%；最低可采厚度 0.5 m；夹石剔除厚度 1.0 m。

广西某花岗岩钽铌矿床

边界品位:Ta_2O_5 0.006%；最低工业品位:Ta_2O_5 0.010%；最低可采厚度 1 m；夹石剔除厚度 4 m。

广东某风化壳铌铁矿床

边界品位:100g/m³；最低工业品位:150g/m³；最低可采厚度:0.5 m；夹石剔除厚度 >2 m。

华北某含铌、稀土铁矿床

边界品位:Nb_2O_5 >0.05%；工业品位:Nb_2O_5 >0.1%。

矿石品级:一级品 Nb_2O_5 >0.1%；

　　　　　二级品 Nb_2O_5 >0.05% ~0.099%。

铌铁矿—钽铁矿和其他铌钽矿物精矿质量标准(YB 830—75)如表 29-4 所示；褐钇铌矿精矿质量标准(YB 831—75)见表 29-5。

表 29-4　铌钽矿物精矿质量标准(YB 830—75)

等级	类型	$(NbTa)_2O_5$/%	Ta_2O_5/%	杂质/%		
				TiO_2	SiO_2	WO_3
一级品	1	≥60	≥35	≤6	≤7	≤5
	2	≥60	≥30			
	3	≥60	<20			
	4	≥60	≥20			
二级品	1	≥50	≥30	≤7	≤9	≤5
	2	≥50	≥25			
	3	≥50	≥17			
	4	≥50	<17			
	5	≥50	<17	≤9	≤9	≤6
三级品	1	≥40	≥24	≤8	≤11	≤5
	2	≥40	≥20			
	3	≥40	≥13			
	4	≥40	<13			
四级品	1	≥30	≥20	≤10	≤13	≤5
	2	≥30	≥15			

表 29-5　褐钇铌矿精矿质量标准(YB 831—75)

等级	$(Nb,Ta)_2O_5$/%	杂质/%		
		TiO_2	SiO_2	P
一级品	≥35	≤4	≤4	≤0.5
二级品	≥30	≤5	≤0.5	≤0.5

29.4　铌的提取

提取铌主要包括分解精矿、分离钽铌、制取化合物和金属、精炼等过程。金属铌的工业生产方法有碳热还原法、钠热还原法和铝热还原法。

29.4.1　碳热还原法

该法制取金属铌工艺流程见图 29 - 1。

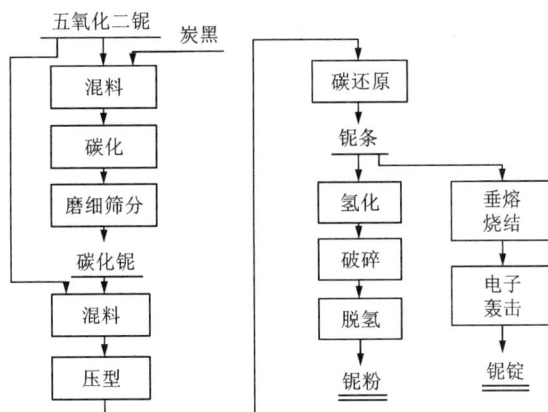

五氧化二铌　炭黑　　　　　　碳还原

混料　　　　　　　　　　铌条

碳化　　　　　　　　氢化　　　垂熔烧结

磨细筛分　　　　　　破碎　　　电子轰击

碳化铌　　　　　　　脱氢

混料

压型　　　　　　　　铌粉　　　铌锭

图 29 - 1　碳热还原法制取金属铌流程

首先将五氧化二铌和炭黑混合，在氢气中制得碳化铌：

$$Nb_2O_5 + 7C \xrightarrow{1800℃} 3NbC + 5CO \uparrow$$

再将碳化铌同五氧化二铌混合，在真空下还原成金属铌：

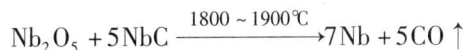

$$Nb_2O_5 + 5NbC \xrightarrow{1800 \sim 1900℃} 7Nb + 5CO \uparrow$$

五氧化二铌还可用炭黑在真空下直接还原成金属铌；

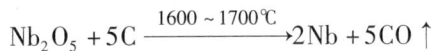

$$Nb_2O_5 + 5C \xrightarrow{1600 \sim 1700℃} 2Nb + 5CO \uparrow$$

铌条经氢化破碎得铌粉，或经垂熔，电子束熔炼得铌锭。

29.4.2　钠热还原法

用钠在 950 ~ 1000℃下将氟铌酸钾还原成铌粉：

$$K_2NbF_7 + 5Na \longrightarrow Nb + 5NaF + 2KF$$

29.4.3　铝热还原法

将五氧化二铌用铝还原成金属铌：

$$3Nb_2O_5 + 10Al \longrightarrow 6Nb + 5Al_2O_3$$

致密金属铌一般用铌粉压制的坯块在 2100 ~ 2300℃下烧结，然后再用真空电弧、电子束或等离子束进行熔炼。高纯单晶铌可用无坩埚电子束区域熔炼法制备。

29.5　铌的用途

铌以铌铁形式用于钢铁工业，消费量占世界铌消费量的 85% 以上，多用于碳素钢和高强度低合金钢。铌在钢中的主要作用是通过控制脱溶碳化铌的大小和分布，而达到提高钢的抗磨损性、抗腐蚀性、晶粒细化和脱溶强化，从而改善钢的性能。铸铁中添加铌能析出坚硬耐磨的碳氮化铌相，从而提高强度和延长使用寿命。铌在高温合金中的消费量占总消费量的 10% 左右。铌和铌合金可用作宇宙飞船及其重返大气层时的耐高温结构材料、原子反应堆的结构材料，并且用于制造石油和化学工业中的耐酸设备、热交换器和加热器等。含铌、镍、钴的超级合金（superalloy）可用于制作喷气发动机的部件。铌同钛、锡、锆、铝、锗的合金或金属化合物所形成的超导体具有重要意义，铌钛合金和铌锡化合物（Nb_3Sn）是目前已经应用的主要超导材料。铌在酸性电解液中也能形成阳极氧化膜，这种阳极氧化膜的性能虽不如钽的阳极氧化膜稳定，但由于钽的资源较少，所以，以一部分铌代替钽，用铌钽合金制造小型电解电容器，这种电容器已在民用电子产品中逐步得到应用，并有广阔前景。氧化铌可作高折射率的光学玻璃的添加剂。铌酸锂是一种优良的压电晶体，用于彩色电视滤波器和雷达延迟线等。铌酸锶钡单晶可制造激光通信装置的调制器。碳化铌可制造超硬工具和模具。二硒化铌粉可作电动机械和仪表装置的自润滑填充剂。1981 年铌在美国各部门的消费比例为：交通运输 32%，建筑工业 31%，石油及天然气 16%，机械工业 11%，其他 10%。

30　钽（tantalum）

30.1　钽的发现小史

钽是由瑞典化学家埃克贝里（A. G. Ekeberg）在 1802 年发现的，按希腊神话人物 Tantalus（坦塔罗斯）的名字命名为 Tantalum。1903 年德国化学家博尔顿（W. Von Bolton）首次制备了塑性金属钽，用作灯丝材料。1940 年大容量的钽电容器出现，并在军用通信中广泛应用。第二次世界大战期间，钽的需要量剧增。20 世纪 50 年代以后，由于钽在电容器、高温合金、化工和原子能工业中的应用不断扩大，需要量逐年上升，促进了钽的提取工艺的研究和生产的发展。我国于 20 世纪 60 年代初期建立了钽的冶金工业。

30.2　钽的性质

钽的线胀系数在 $0 \sim 100\,℃$ 之间为 $6.5 \times 10^{-6}\,K^{-1}$，超导转变临界温度为 4.38K，原子的热中子吸收截面为 21.3 靶恩。表 30 - 1 所示是钽的主要物理性质。

表 30 - 1　钽的主要物理性质

密度（20℃）	16.6	g/cm^3
熔点	2980	℃
沸点	5370	℃
平均比热（0～100℃）	142	$J/(kg \cdot K)$
熔化热	24.7（估算值）	kJ/mol
汽化热	782.5	kJ/mol
热导率（0～100℃）	57.55	$W/(m \cdot K)$
电阻率（20℃）	13.5	$\mu\Omega \cdot cm$

在低于 150℃ 的条件下，钽是化学性质最稳定的金属之一。与钽能起反应的只有氟、氢氟酸、含氟离子的酸性溶液和三氧化硫。在室温下与浓碱溶液反应，并且溶于熔融碱中。致密的钽在 200℃ 时开始轻微氧化，在 280℃ 时明显氧化。钽有多种氧化物，最稳定的是五氧化二钽（Ta_2O_5）。钽和氢在 250℃ 以上生成脆性固溶体和金属氢化物如：Ta_2H，TaH，TaH_2，TaH_3。在 800～1200℃ 的真空下，氢从钽中析出，钽又恢复塑性。钽和氮在 300℃ 左右开始反应生成固溶体和氮化合物；在高于 2000℃ 和高真空下，被吸收的氮又从钽中析出。钽与碳在高于 2800℃ 时以三种物相存在：碳钽固溶体、低价碳化物和高价碳化物。钽在室温下能与氟反应，在高于 250℃ 时能与其他卤素反应，生成卤化物。

30.3　钽的资源

钽和铌的物理化学性质相似，故多共生于自然界的矿物中。划分钽矿或铌矿主要是根据矿物中钽和铌的含量。钽铌矿物的赋存形式和化学成分复杂，其中除钽、铌外，往往还含有稀土金属、钛、锆、钨、铀、钍和锡等。钽的主要矿物有：钽铁矿 [（Fe, Mn）（Ta, Nb）$_2O_6$]、重钽铁矿（$FeTa_2O_6$）、细晶石 [（Na, Ca）Ta_2O_6（O, OH, F）] 和黑稀金矿 [（Y, Ca, U, Th）（Nb, Ta, Ti）$_2O_6$] 等。炼锡的废渣中含有钽，也是钽的重要资源。已查明世界的钽储量（以钽计）约为 134000 短吨，扎伊尔占首位。1979 年世界钽矿物的产量（以钽计）为 788 短吨（1 短吨 = 907.2 kg）。我国钽的储量 1993 年为 83470 t，当年的产量为 18.027 t。

30.4　钽的提取

钽铌矿中常伴有多种金属，钽冶炼的主要步骤是分解精矿，净化和分离钽、铌，以制取钽、铌的纯化合物，最后制取金属。矿石分解可采用氢氟酸分解法、氢氧化钠熔融法和氯化法等。钽铌分离可采用溶剂萃取法［常用的萃取剂为甲基异丁基酮(MIBK)、磷酸三丁酯(TBP)、仲辛醇和乙酰胺等]、分步结晶法和离子交换法。

钽和铌的工业生产工艺流程见图30-1。

30.4.1　钽铌化合物的分离

首先将钽铌铁矿的精矿用氢氟酸和硫酸分解，钽和铌呈氟钽酸(H_2TaF_7)和氟铌酸(H_2NbF_7)溶于浸出液中，同时铁、锰、钛、钨、硅等伴生元素也溶于浸出液中，形成成分很复杂的强酸性溶液。含钽铌浸出液用甲基异丁基酮萃取，钽铌同时被萃入有机相中，用硫酸溶液洗涤有机相中的微量杂质，得到纯的含钽铌的有机相，洗液和萃余液合并，其中含有微量钽铌和杂质元素，是强酸性溶液，可综合回收。纯的含钽铌的有机相用稀硫酸溶液反萃取铌得到含钽的有机相。铌和少量的钽进入水溶液相中，然后再用甲基异丁基酮萃取其中的钽，得到纯的含钽溶液。纯的含钽的有机相用水反萃取就得到纯的含钽溶液。反萃取钽后的有机相返回萃取循环使用。纯的氟钽酸溶液或纯的氟铌溶液同氟

图30-1　钽铌生产工艺流程

化钾或氯化钾反应，分别生成氟钽酸钾(K_2TaF_7)和氟铌酸钾(K_2NbF_7)结晶，也可与氢氧化铵反应生成氢氧化钽或氢氧化铌沉淀。钽或铌的氢氧化物在900~1000℃煅烧生成钽或铌的氧化物。

30.4.2　金属钽的制取

(1)金属钽粉可采用金属热还原(钠热还原)法制取。在惰性气氛下用金属钠还原氟钽酸钾：

$$K_2TaF_7 + 5Na \longrightarrow Ta + 5NaF + 2KF$$

反应在不锈钢罐中进行，温度加热到900℃时，还原反应迅速完成。此法制取的钽粉，粒形不规则，粒度细，适用于制作钽电容器。金属钽粉亦可用熔盐电解法制取：用氟钽酸钾、氟化钾和氯化钾混合物的溶盐做电解质，把五氧化二钽(Ta_2O_5)溶于其中，在750℃下电解，可得到纯度为99.8%~99.9%的钽粉。

(2)用碳热还原Ta_2O_5亦可得到金属钽。还原一般分两步进行：首先将一定配比的Ta_2O_5和碳的混合物在氢气氛中于1800~2000℃下制成碳化钽(TaC)，然后再将TaC和Ta_2O_5按一定配比制成混合物，再在真空中还原成金属钽。金属钽还可采用热分解或氢还原钽的氯化物的方法制取。致密的金属钽可用真空电弧、电子束、等离子束熔炼或粉末冶金法制备。高纯度钽单晶用无坩埚电子束区域熔炼法制取。

30.5　钽的用途

钽在酸性电解液申形成稳定的阳极氧化膜，用钽制成的电解电容器，具有容量大，体积小和可靠性好等优点，制电容器是钽的最重要用途，20世纪70年代末的用量占钽总用量2/3以上。钽也是制作电子发射管、高功率电子管零件的材料。钽制的抗腐蚀设备可用于生产强酸、溴、氨等化学工业。金属钽可作飞机发动机的燃烧室的结构材料。钽钨、钽钨铪、钽铪合金用作火箭、导弹和喷气发动机的耐热高强材料及控制和调节装备的零件等。钽易加工成形，在高温真空炉中作支撑附件、热屏蔽、加热器和散热片等。钽可作骨科和外科手术材料。碳化钽用于制造硬质合金。钽的硼化物、硅化物和氮化物及其合金用作原子能工业中的释热元件和液态金属包套材料。氧化钽用于制造高级光学玻璃和催化剂。1981年钽在美国各部门的消费比例约为：电子元件73%，机械工业19%，交通运输6%，其他2%。

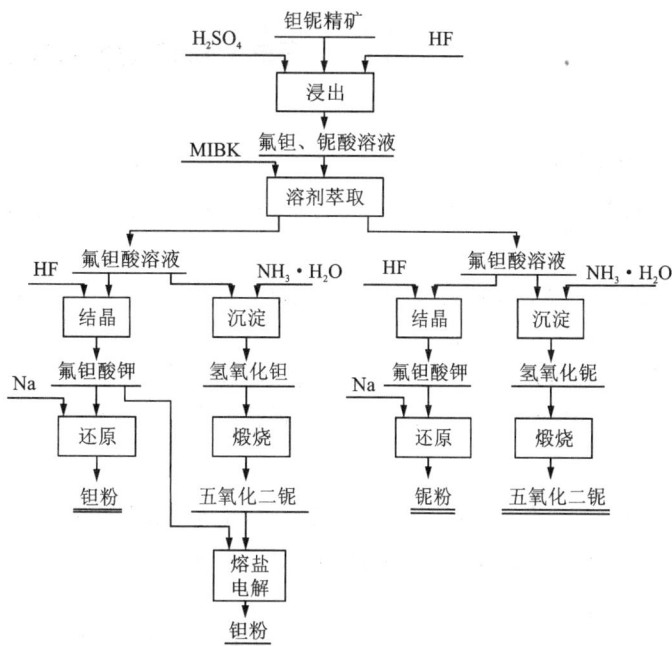

31　钨（tungsten，wolfram）

31.1　钨的发现小史

钨的瑞典文 tungsten 是重（tung）石头（sten）之意。由瑞典化学家舍勒（C. W. Scheele）于 1781 年从白钨矿中发现的一种新元素。

钨的德文 Wolfram 是狼（wolf）、泡沫（rahm）复合词。因为锡矿中含钨，冶炼过程中钨进入炉渣，降低了锡的产出率，好像被狼吞食一样。

1738 年至 1927 年，先后由西班牙、法国、美国、德国科学家制取氧化钨、钨钢、钨丝及碳化钨硬质合金。

中国从 20 世纪初，大规模开采钨矿，新中国成立以来，钨的冶炼及加工业得到了巨大发展。

31.2　钨的性质

钨熔点高，在 2000～2500℃高温下蒸气压仍很低。钨的硬度大，密度高，高温强度好。钨的电子逸出功为 1.55 eV。钨的主要物理性质数据列于表 31－1。

表 31－1　钨的主要物理性质

密度（20℃）	19.3	g/cm^3
熔点	3400	℃
沸点	5555	℃
平均比热（0～100℃）	138	$J/(kg \cdot K)$
熔化热	46.9（估算值）	kJ/mol
汽化热	737（估算值）	kJ/mol
热导率（0～100℃）	174	$W/(m \cdot K)$
电阻率（20℃）	5.4	$\mu\Omega \cdot cm$

常温下钨在空气中是稳定的，400℃开始失去光泽，表面形成蓝黑色致密的三氧化钨（WO_3）保护膜。740℃时三氧化钨由三斜晶系转变为四方晶系，保护膜被破坏。在高于 600℃的水蒸气中钨氧化为二氧化钨（WO_2）。钨在常温下不易被酸、碱溶液和王水侵蚀，但溶解于浓硝酸和氢氟酸的混合酸。钨能被氧化性熔盐如硝酸钠等迅速腐蚀。室温下钨与氟反应，高温下钨与氯、溴、碘、一氧化碳、二氧化碳和硫等反应，但不与氢反应。

31.3　钨的资源

目前已发现的钨矿物和含钨矿物有二十余种，其中具有工业价值的矿物有：

黑钨矿（Fe・Mn）WO_4，含 WO_3 76%；

白钨矿 $CaWO_4$，含 WO_3 80.6%。

其一般工业要求见表 31－2。矿床实例的工业指标列于表 31－3。

表 31－2　一般工业要求

工业指标＼矿床类型	石英大脉型	石英细脉带型	石英细脉浸染型	层控型	矽卡岩型
边界品位（WO_3）/%，边界米百分值	0.08～0.10 0.064～0.08	0.10	0.10	0.10	0.08～0.10
工业品位（WO_3）/%，米百分值	0.12～0.15 0.096～0.12	0.15～0.20	0.15～0.20	0.15～0.20	0.15～0.20

续表 31 - 2

矿床类型 / 工业指标	石英大脉型	石英细脉带型	石英细脉浸染型	层控型	矽卡岩型
运用米百分值厚度/m	<0.8				
可采厚度/m		1~2	1~2	0.8~2.0	1~2
夹石剔除厚度/m		3	2~5	2~3	3

表 31 - 3　钨矿床实例

矿床类型	边界品位(WO₃)/%	工业品位(WO₃/%	可采厚度/m	夹石剔除厚度/m
江西大吉山石英大脉型钨矿床	0.1 边界米百分值 0.08	0.15 最低米百分值 0.12	0.8	
江西盘古山石英大脉型钨矿床	0.08 边界米百分值 0.05	0.12 最低米百分值 0.08	0.8	
江西上坪石英细脉带型钨矿床	0.1	0.15	1	
福建行洛坑石英细脉浸染型钨矿床	0.1	0.15	2	5
广东莲花山石英细脉浸染型钨矿床	0.12	0.18	1	2
湖南柿竹园石英细(网)脉 - 云英岩 - 矽卡岩型钨多金属矿床	0.10　　　伴生组分 Mo 0.01, Bi 0.04	0.15　　0.04　　0.07	2	4

钨矿床中伴生的有用组分有锡、钼、铋、铜、铅、锌、锑、铍、钴、金、银、铌、钽、稀土、锂、砷、硫、磷、压电水晶和熔炼水晶、萤石等。它们大多数组分是钨的冶炼工艺中和钨制品中的有害杂质,但经选冶富集综合回收,则可成为有用组分。

据我国目前生产技术经济水平,当钨矿床中伴生组分达到了表 31 - 4 中所列的含量时应注意综合评价。

表 31 - 4　评价钨矿床经济水平的伴生组分

元素或组分	含量/%)	元素或组分	含量/%
Cu	0.05	Ta_2O_5	0.01
Zn	0.5	Nb_2O_5	0.08
Pb	0.2~0.3	BeO	0.03
Co	0.01	Sb	0.5
Sn	0.03	Li_2O	0.3
Mo	0.01	TR_2O_3	0.03
Bi	0.03	S	2

注:①钨矿石中的 Au、Ag、Ga、Ge、Cd、In、Sc…等元素含量达到多少可回收,目前尚无成熟经验,在勘探中可与有关部门商定。
②Ta_2O_5 和 Nb_2O_5 系指呈单矿物时的含量。

我国钨的储量,1993 年为 529.83 万 t,当年钨精矿产量 4.44 万 t。中国的钨矿储量占世界总储量一半以上,主要集中于湖南、江西、广东和福建等省。1997 年世界主要产钨国家(中国除外)的钨矿储量和产量如表 31 - 5 所示。表 31 - 6,表 31 - 7 为我国钨产品的有关国家标准。

表31-5 1979年世界钨矿的储量和产量/万吨钨

国家	储量	产量	国家	储量	产量
加拿大	27.0	0.26	韩国	8.2	0.26
苏联	21.0	0.86	其他国家	44.55	1.53
美国	12.5	0.30	总计	124.15	3.53
澳大利亚	10.9	0.32			

表31-6 特级钨精矿国家标准(GB 2825—81)

品种	WO₃ 不小于/%	杂质不大于/%														用途举例
		S	P	As	Mo	Ca	Mn	Cu	Sn	SiO₂	Fe	Sb	Bi	Pb	Zn	
黑钨特-Ⅰ-3	70	0.2	0.02	0.06	–	3.0	–	0.04	0.08	4.0	–	0.04	0.04	0.04	–	优质钨铁
黑钨特-Ⅰ-2	70	0.4	0.03	0.08	–	4.0	–	0.05	0.10	5.0	–	0.05	0.05	0.05	–	优质钨制品。特纯、化纯三氧化钨、仲钨酸铵、钨材、钨丝等
黑钨特-Ⅰ-1	68	0.5	0.04	0.10	–	5.0	–	0.06	0.15	7.0	–	0.10	0.10	.010	–	
黑钨特-Ⅱ-3	70	0.4	0.03	0.05	0.010	0.3	–	0.15	0.10	3.1	–	–	–	–	–	
黑钨特-Ⅱ-2	70	0.5	0.05	0.07	0.015	0.4	–	0.20	0.15	3.0	–	–	–	–	–	
黑钨特-Ⅱ-1	68	0.6	0.10	0.10	0.020	0.5	–	0.25	0.20	3.0	–	–	–	–	–	
白钨特-Ⅰ-3	72	0.2	0.03	0.02	–	–	0.3	0.01	0.01	1.0	–	–	0.02	0.01	0.02	合金钢(直接炼钢)优质钨铁
白钨特-Ⅰ-2	70	0.3	0.03	0.03	–	–	0.4	0.02	0.02	1.5	–	–	0.03	0.02	0.03	
白钨特-Ⅰ-1	70	0.4	0.03	0.03	–	–	0.5	0.03	0.03	2.0	–	–	0.03	0.03	0.03	优质钨制品。特纯、化纯三氧化钨、仲钨酸铵、钨材、钨丝等
白钨特-Ⅱ-3	72	0.4	0.03	0.05	0.010	–	0.3	0.15	0.10	2.0	0.1	–	–	–	–	
白钨特-Ⅱ-2	70	0.5	0.05	0.07	0.015	–	0.4	0.20	0.15	3.0	2.0	0.1	–	–	–	
白钨特-Ⅱ-1	70	0.6	0.10	0.10	0.020	–	0.5	0.25	0.20	3.0	3.0	0.2	–	–	–	

注：①表中"－"者为杂质不限。②本标准不包括人造白钨，该产品另订标准执行。③精矿中钽铌为有价元素，供方应报出分析数据。④根据用户需要和资源特点，钨矿特级品可另订企业标准执行。⑤照钨精矿特级品Ⅰ类产品中Sb、Bi、Pb的杂质要求和钨精矿特级品Ⅱ类产品中Fe、Sb的杂质要求暂不作交换依据。但供方应报出分析数据。

表31-7 一、二级钨精矿国家标准(GB 2825—81)

品种	WO₃/%	杂质不大于/%									用选举例
		S	P	As	Mo	Ca	Mn	Cu	Sn	SiO₂	
黑钨一级Ⅰ类	65	0.7	0.05	0.15	–	5.0	–	0.13	0.20	7.0	钨铁
黑钨一级Ⅱ类	65	0.7	0.10	0.10	0.05	3.0	–	0.25	0.20	5.0	硬质合金、触媒、钨材
黑钨一级Ⅲ类	65	0.8	P+As 0.22		0.05	1.0	–	0.35	0.40	3.8	钨材、钨丝、硬质含金触媒
黑钨二级	65	0.8	–	0.20	–	5.0	–	–	0.40	–	
白钨一级Ⅰ类	65	0.7	0.05	0.15	–	1.0	–	0.13	0.20	7.0	钨铁、硬质合金
白钨一级Ⅱ类	65	0.7	0.10	0.10	0.05	1.0	–	0.25	0.20	5.0	钨材、钨丝、硬质合金触媒
白钨一级Ⅲ类	65	0.8	0.05	0.20	0.05	1.0	–	0.20	0.20	5.0	钨材、钨丝、硬质合金触媒
白钨二级	65	0.8	–	0.20	–	1.5	–	–	0.40	–	

注：①表中"－"者为杂质为不限。②精矿中铌钽为有互利原则上，标准中规定的个别杂质项目指标及钨杂砂以及钨难选物料等产品按国家统一价格规价元素，供方应报出分析数据。③供需双方有特殊要求和其他要求(如铁、锑、药剂等)时可协商解决。④钨细泥、钨杂砂以及钨难选物料等产品按国家统一价格规定执行。

钨精矿在国际贸易中常以每吨度为计价单位，一吨精矿中每含10 kg三氧化钨为一吨度。1980年美国钨精矿平均价格为 145 美元/吨度。

31.4　钨的提取

冶炼过程包括精矿分解、钨化合物提纯、钨粉和致密钨制取等步骤。钨冶炼工艺流程见图 31-1。

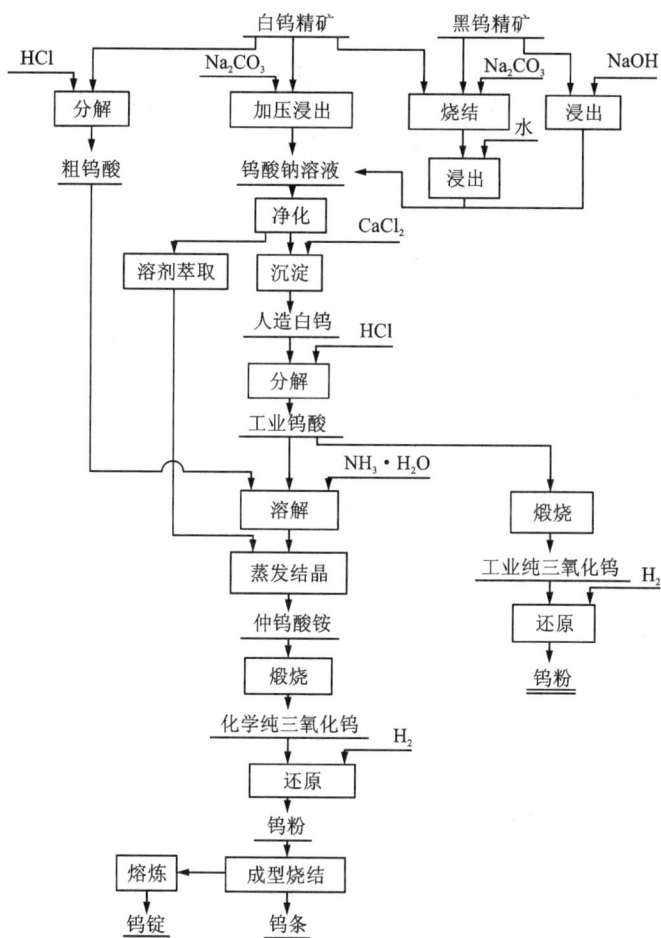

图 31-1　钨冶炼工艺流程

31.4.1　钨精矿分解

方法有火法和湿法。

(1)火法分解常用碳酸钠烧结法。此法是使黑钨精矿和碳酸钠一起在回转窑内于 800~900℃下烧结，主要化学反应为：

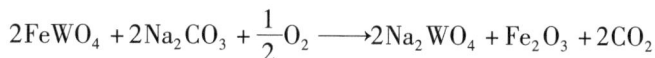

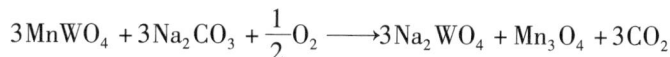

$$2FeWO_4 + 2Na_2CO_3 + \frac{1}{2}O_2 \longrightarrow 2Na_2WO_4 + Fe_2O_3 + 2CO_2$$

$$3MnWO_4 + 3Na_2CO_3 + \frac{1}{2}O_2 \longrightarrow 3Na_2WO_4 + Mn_3O_4 + 3CO_2$$

处理白钨精矿时还需加入石英砂，以得到溶解度小的原硅酸钙，烧结温度约为 1000℃，主要化学反应为：

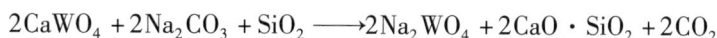

$$2CaWO_4 + 2Na_2CO_3 + SiO_2 \longrightarrow 2Na_2WO_4 + 2CaO \cdot SiO_2 + 2CO_2$$

经约两小时的烧结，精矿分解率可达 98%~99.5%、烧结料在 80~90℃下用水浸出，过滤后得钨酸钠溶液和不溶残渣。

(2)湿法分解又分为碱分解法和酸分解法。分解黑钨精矿时，用氢氧化钠溶液在 110~130℃或更高的温度下浸出，主要化学反应为：

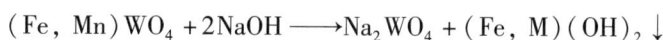

$$(Fe, Mn)WO_4 + 2NaOH \longrightarrow Na_2WO_4 + (Fe, M)(OH)_2\downarrow$$

而白钨精矿则用碳酸钠溶液在高压釜内于 200~230℃浸出，主要化学反应为：

$$CaWO_4 + Na_2CO_3 \longrightarrow Na_2WO_4 + CaCO_3 \downarrow$$

或用盐酸于90℃分解，得固态粗钨酸：

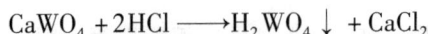

$$CaWO_4 + 2HCl \longrightarrow H_2WO_4 \downarrow + CaCl_2$$

湿法处理钨精矿的分解率可达到98%～99%。

31.4.2　钨化合物提纯

钨酸钠溶液所含硅、磷和砷等杂质在溶液中分别呈硅酸钠、磷酸氢钠和砷酸氢钠状态。煮沸溶液并用稀盐酸中和，当溶液 pH 为8～9时，硅酸钠水解成硅酸凝聚沉淀，加入氯化镁和氯化铵溶液，使磷、砷生成溶解度很小的磷酸铵镁和砷酸铵镁沉淀除去。加硫化钠到钨酸钠溶液中，钼先于钨形成硫代钼酸钠，用盐酸中和，使溶液 pH 为2.5～3.0时，钼成难溶的三硫化钼沉淀除去。在净化后的钨酸钠溶液中加入氯化钙溶液，得钨酸钙（$CaWO_4$）沉淀（即人造白钨）。用盐酸分解钨酸钙沉淀得工业钨酸，钨酸于700～800℃煅烧，就得到工业纯三氧化钨。如要制取化学纯三氧化钨可将工业钨酸溶解于氨水中，得到钨酸铵溶液，硅等杂质留于渣中。溶液经蒸发结晶处理，得到片状的仲钨酸铵[$5(NH_4)_2O \cdot 12WO_3 \cdot 5H_2O$]晶体。由于仲钼酸铵的溶解度大于仲钨酸铵，结晶后，仲钨酸铵晶体的含钼量降低。仲钨酸铵干燥后，于500～800℃下煅烧，即得化学纯三氧化钨。70年代采用叔胺（R_3N）溶剂萃取法或离子交换法使钨酸钠溶液转换成钨酸铵溶液，简化了工艺流程，提高了钨的回收率。

31.4.3　钨粉制取

工业上采用氢还原三氧化钨或仲钨酸铵的方法制取钨粉。还原工艺取决于对产品钨粉的粒度、粒度组成及含氧量的要求。氢还原三氧化钨制取钨粉一般分两步：先在550～800℃将三氧化钨还原成二氧化钨，再在750～900℃使二氧化钨还原为钨粉。也可先将仲钨酸铵通氢或不通氢还原成蓝色氧化钨（蓝钨），再用氢还原成钨粉。钨粉的粒度、粒度组成是钨粉的重要质量指标。还原在管式电炉或回转式电炉内进行。

31.4.4　致密钨的制取

钨粉经过成型、烧结、熔化等处理，得到致密钨。成型是将钨粉装入钢质压模，用水压机压制成坯条或坯块。大型的坯使用液体等静压法成型，可以得到密度较均匀的坯块。钨坯条烧结分两步：先在1100～1200℃低温烧结，再把电流直接通过坯条进行垂熔（即高温烧结）。经过垂熔的钨条的密度达到17～19 g/cm³。小型、异型和大型钨坯块的烧结通常用辐射加热或感应加热法以达到烧结所需的高温，此时，不必将低温烧结和高温烧结分开作业。制取大型钨锭时，通常使用真空或惰性气体保护的电弧熔炼法和电子束熔炼法。制取高纯度的致密钨，通常用电子束熔炼法或区域熔炼法提纯。后法可得到钨单晶，纯度可达99.99%以上。

31.5　钨的用途

钨大部分用于生产硬质合金和钨铁。钨与铬、钼、钴组成的耐热耐磨合金可用于制作刀具、金属表层硬化材料、燃气轮机叶片和燃烧管等。钨可与钽、铌、钼等组成难熔合金。钨铜和钨银合金用作电接触点材料。高密度的钨镍铜合金用作防辐射的防护屏。金属钨的丝、棒、片等用于制作电灯泡、电子管的部件和电弧焊的电极。钨粉可烧结成各种孔隙度的过滤器。钨的一些化合物可作荧光剂、颜料、染料，并用于鞣革和制作防火织物等。

32 钼(molybdenum)

32.1 钼的发现小史

1778 年瑞典化学家舍勒(C. W. Scheele)用硝酸分解辉钼矿,从中发现了一种新元素,以希腊文 molybdenum(似铅)命名。1782 年瑞典化学家耶尔姆(O. J. Hjelm)首次制取金属钼。

32.2 钼的性质

钼在常温下很稳定,高于600℃时很快地被氧化成三氧化钼。钼粉可吸收氢,钼与氢不发生化学反应,当温度高于700℃时,水蒸气能将钼氧化成二氧化钼。温度高于800℃,钼与碳及碳氢化物或一氧化碳生成碳化钼(MoC)。钼可耐稀硫酸、氢氟酸、磷酸等酸的腐蚀,但不耐硝酸、王水和氧化性熔盐的腐蚀。在常温下耐碱,可是当加热时则被碱腐蚀。

表 32 - 1 所示是钼的主要物理性质。

表 32 - 1 钼的主要物理性质

密度(20℃)	10. 2	g/cm^3
熔点	2615	℃
沸点	4610	℃
平均比热(0 ~ 100℃)	251	$J/(kg \cdot K)$
汽化热	590. 3	kJ/mol
热导率(0 ~ 100℃)	137	$W/(m \cdot K)$
电阻率(20℃)	5. 7	$\mu\Omega \cdot cm$

32.3 钼的资源

钼矿分布虽广,但只有极少数矿床有开采价值。美国是钼矿最丰富的国家,产量占世界总产量的60%以上,其次是智利和加拿大。中国的钼矿产于东北、西北和中南等地区。具有工业价值的钼矿物为辉钼矿,其开采量占钼矿总开采量的90%。辉钼矿容易浮选,可由含钼0.06% ~0.3%的原矿选得含钼47% ~50%的精矿。钼的次生矿钼钨钙矿[Ca(Mo, W)O$_4$]、铁钼华(Fe$_2$O$_3 \cdot$MoO$_3 \cdot 7\frac{1}{2}$H$_2$O)、钼铅矿(PbMoO$_4$)和钼铜矿[2CuMoO$_4 \cdot$Cu(OH)$_2$]等也有一定开采价值。主要钼矿生产国(中国除外)的钼矿储量和产量(1979 年,以钼计)如表 32 - 2 所示。

表 32 - 2 钼矿的储量和产量

国名	储量/kt	产量/t
美国	5350	65303
智利	2450	13560
加拿大	635	11173
秘鲁	227	1783
其他	1181	12991
总计	9843	104810

自然界中已知的钼矿物及含钼矿物约有 30 种，其中具有工业价值的是辉钼矿（MoS_2）含 Mo59.96% ，其他较常见的含钼矿物还有：

铁钼华 $Fe_2(MoO_4)_3 \cdot 8H_2O$ 含 Mo 39.1% ；

钼华 MoO_2 含 Mo66.7% ；

钼钙矿 $CaMoO_4$ 含 Mo48% ；

钼铅矿 $PbMoO_4$ 含 Mo26.1% ；

胶硫钼矿 MoS_2 含 Mo59.96% ；

蓝钼矿 $Mo_3O_4 \cdot nH_2O$ 。

表 32 - 3 为硫化钼矿床的工业指标；表 32 - 4 为一些矿床实例的工业指标。

表 32 - 3　硫化钼矿床的工业指标

指　标 项目　 矿石类型及开采方式	硫化矿石	
	露采	坑采
边界品位（Mo%）	0.03	0.03 ~ 0.05
工业品位/Mo%	0.06	0.06 ~ 0.08
可采厚度/m	≥2 ~ 4	≥1 ~ 2
夹石剔除厚度/m	≥4 ~ 8	≥2 ~ 3

表 32 - 4　矿床实例

矿床类型	边界品位/%	工业品位/%	可采厚度/m	夹石剔除厚度/m	备注
陕西金堆城斑岩型钼矿床	0.03	0.06	2	4	
辽宁杨家杖子矽卡岩型钼矿床	0.03	0.06	1	3	
广东白石障脉型钼钨矿床	0.05	0.08	2	4	细脉型
	0.08	0.12	0.8		薄脉型

钼矿石中常伴有钨、铋、铜、铅、锌、钴、铁、金、铌、铍、铼、铟、硒、碲、铀、硫等，尤其是铼主要伴生在辉钼矿中，为炼取钼时的重要副产品，当钼矿床伴生组分达到表 32 - 5 中含量要求时应注意综合评价。

表 32 - 5　钼矿床伴生组分

元　素	含量/%
WO_3	0.06
Cu	0.1
Pb	0.2
Zn	0.4
Fe	10
S	1
Bi	0.03
Re	10 g/t

经过选矿所得的钼精矿产品，供生产氧化钼块、钼铁、钼盐及金属钼等用。钼精矿的技术要求按化学成分，分为三个品级九个品种，以干矿品位计算应符合表 32 - 6 所示的规定。

表 32-6 钼精矿质量标准（GB 3200—82）

品级	种类	Mo 不小于/%	杂质含量不大小/%						
			SiO₂	As	Sn	P	Cu	Pb	CaO
特级	一类	51	7.0	0.05	0.04	0.03	0.20	0.30	2.80
	二类	51	8.5	0.03	0.02	0.02	0.20	0.15	1.40
	三类	51	5.0	0.10	0.10	0.05	0.50	0.60	1.50
一级	一类	47	9.0	0.07	0.07	0.05	0.30	0.40	3.00
	二类	47	11.0	0.05	0.05	0.03	0.30	0.20	2.00
	三类	47	6.0	0.20	0.15	0.10	1.00	1.50	1.50
二级	一类	45	12.0	0.07	0.07	0.07	0.30	0.50	3.30
	二类	45	13.0	0.06	0.06	0.04	0.30	0.30	2.00
	三类	45	6.0	0.25	0.15	0.15	1.50	1.50	2.00

注：①表中一类、二类系利用浮选方法生产的钼精矿产品，三类系锡、钨、钼等多金属矿综合回收的钼精矿产品。②钼精矿中铼为有价元素，供方应报出分析数据。

我国钼的储量 1993 年为 853.49 万 t，当年产钼精矿 4.07 万 t。

32.4 钼的提取

钼生产的主要原料为辉钼精矿。提取过程包括氧化焙烧，三氧化钼、钼粉和致密钼的制取等主要步骤，工艺流程见图 32-1。

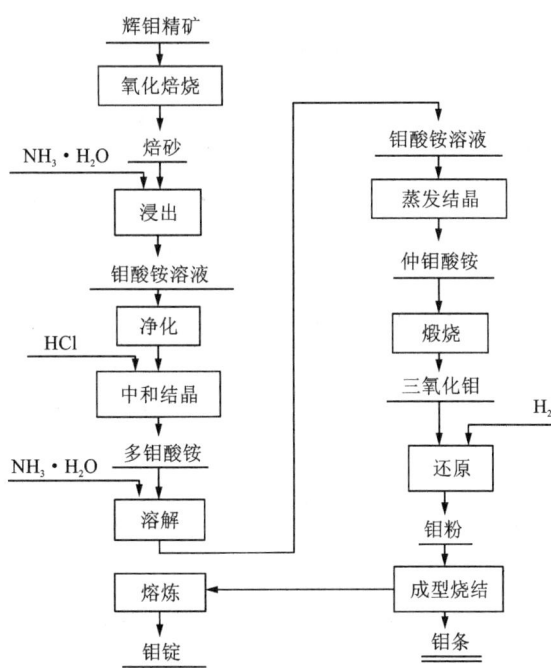

图 32-1 金属钼的提取流程

32.4.1 辉钼精矿的氧化焙烧

辉钼精矿的氧化焙烧一般在 600℃ 下进行，主要化学反应为：$2MoS_2 + 7O_2 \longrightarrow 2MoO_3 + 4SO_2 \uparrow$。焙烧温度不能超过 650℃，否则会出现 MoO_3 的大量挥发和炉料黏结。焙烧设备多采用连续操作的多膛炉或间歇操作的反射炉，也可以用流态化炉焙烧。

32.4.2　三氧化钼的制取

将焙砂用氢氧化铵溶液浸出，生成钼酸铵溶液：

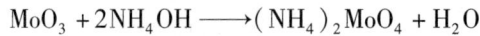

$$MoO_3 + 2NH_4OH \longrightarrow (NH_4)_2MoO_4 + H_2O$$

溶液中的铜、铁等杂质用硫化铵或硫化钠使它生成硫化物沉淀除去，然后加入硝酸铅除去过剩的硫离子，将溶液加热到 55～65℃，用盐酸调节 pH 为 2～2.5，在激烈的搅拌下析出多钼酸铵[$(NH_4)_2O \cdot mMoO_3 \cdot nH_2O$]。为了进一步去除钙、镁、钠等杂质，可将多钼酸铵重新溶于氢氧化铵溶液中形成钼酸铵，过滤后将溶液蒸发，使氨挥发，而钼生成仲钼酸铵结晶[$(NH_4)_2O \cdot 7MoO_3 \cdot 4H_2O$]，经脱水和煅烧后得到纯度99.95%的三氧化钼。氧化钼的制取还可采用升华法，将焙砂在 900～1000℃下加热，三氧化钼因蒸气压较高不断挥发，经布袋收尘器收集后，得到纯度大于99%的三氧化钼细粉。利用此法也可处理金属钼废料以回收钼。

32.4.3　金属钼粉的生产

在管状电炉中用氢还原三氧化钼。工业生产还原过程分两步：先在 450～650℃下将 MoO_3 还原成 MoO_2，再在 900～950℃下将 MoO_2 还原成钼粉。MoO_3 还可用碳还原成钼粉，但纯度较差。

32.4.4　致密钼的制取

(1)粉末冶金法，是将钼粉用酒精甘油溶液润湿混合，在压力约 3 kgf/cm^2 下压制成坯条或坯块。将坯条在氢气氛中于 1100～1200℃下预烧结，随后把电流直接通入坯条，使之加热到 2200～2400℃进行高温垂熔，得致密金属钼坯条。

(2)熔铸法，一般是将已烧结的钼条进行了真空自耗电弧重熔，可以得到重达数吨的钼锭，为了制取高纯钼锭，可采用真空电子束熔炼法和区域熔炼法。

钼合金是以钼为基体加入其他元素组成的合金。工业生产的钼合金可分为 Mo－Ti－Zr 系、M－W 系、Mo－Re系等系列合金。钼及钼合金可用常规塑性加工方法生产板、带、箔、管、棒、线、型等材料。表32－7所示为工业生产中的有关合金的成分和性能。

表32－7　工业生产的几种钼合金的成分和力学性能

系列	主要成分/%	状态	温度/℃	抗拉强度	屈服强度	伸长率/%
				/(×980 Pa)		
Mo－Ti－Zr	Mo－0.5Ti－0.02C	消除应力	21	91	84	10
			1093	42	35	
			1649	7.7	4.9	
	Mo－0.5Ti－0.1Zr－0.02C	消除应力	21	98	87.5	10
			1093	49.7	44.1	
			1649	8.4	6.3	
Mo－W	Mo－30W	消除应力	21	85	74.8	26
			982	46		25
Mo－Re	Mo－50Re	50%冷加工	200	168	147	4
			1200	35		4
			1600	14		8
Mo	>99.9	消除应力	21	77	70.3	10
			1093	21	19.6	

钼铁(ferromlybdenum)为钼和铁组成的铁合金，一般含钼50%～60%，用作炼钢的合金添加剂。

冶炼钼铁的原料主要为辉钼矿(MoS_2)。冶炼前通常把钼精矿用多膛炉进行氧化焙烧，获得含硫小于

0.07%的焙烧钼矿。钼铁冶炼一般采用炉外法。炉子是一个放置在砂基上的圆筒,内砌黏土砖衬,用含硅75%的硅铁和少量铝粒作还原剂。炉料一次加入炉筒后,用上部点火法冶炼。在料面上用引发剂(硝石、铝屑或镁屑)点火后即激烈反应,然后镇静、放渣、拆除炉筒。钼铁锭先在砂窝中冷却,再送冷却间冲水冷却,最后进行破碎,精整。金属回收率为92%~99%。在炼钢工业中近年广泛采用氧化钼压块代替钼铁。

32.5 钼的用途

钼主要用于钢铁工业,用作生产各种合金钢的添加剂,并能与钨、镍、钴、锆、钛、钒、铼等组成高级合金,可提高其高温强度、耐磨性和抗腐蚀性,其中的大部分是以工业氧化钼压块后直接用于炼钢或铸铁,少部分熔炼成钼铁后再用于炼钢。低合金钢中的钼含量不大于1%,但这方面的消费却占钼总消费量的50%左右。不锈钢中加入钼,能改善钢的耐腐蚀性。在铸铁中加入钼,能提高铁的强度和耐磨性能。含钼18%的镍基超合金具有熔点高、密度低和热胀系数小等特性,用于制造航空和航天的各种高温部件。金属钼在电子管、晶体管和整流器等电子器件方面得到广泛应用。氧化钼和钼酸盐是化学和石油工业中的优良催化剂。二硫化钼是一种重要的润滑剂,用于航天和机械工业部门。

钼和钨、铬、钒的合金钢适用于制造高速切削的刃具、军舰的甲板、坦克、枪炮、火箭、卫星等的合金构件和零部件。

金属钼大量用作高温电炉的发热材料和结构材料,真空管的大型电极和栅极,半导体及电光源材料,因钼的热中子俘获截面小及具高持久强度,还可用作核反应堆的结构材料。

钼的化合物在颜料、染料、涂料、陶瓷玻璃、农业肥料等方面也有广泛的用途。

33　铼（rhenium）

33.1　铼的发现小史

铼为稀散元素，发现较晚。1872 年俄国人门捷列夫（Д. И. менделеев）根据元素周期律预言，在自然界中存在一个尚未发现原子量为 190 的"类锰"元素。1925 年德国化学家诺达克（W. Noddack）用光谱法在铌锰铁矿中发现了这个元素，以莱茵河的名称 Rhein 命名为 rhenium。以后，诺达克又发现铼主要存在于辉钼矿，并从中提取了金属铼。铼由于资源贫乏，价格昂贵，长期以来研究较少。1950 年后，铼在现代技术中开始应用，生产日益发展。中国在 60 年代开始从钼精矿焙烧烟尘中提取铼。

33.2　铼的性质

铼为难熔金属，熔点仅次于钨，表 33－1 所示为铼的主要物理性质。铼常温下在空气中化学性质稳定，300℃时开始氧化。铼不溶于盐酸，但溶于硝酸和热浓硫酸中生成铼酸。

表 33－1　铼的主要物理性质

密度（20℃）	21.0	g/cm^3
熔点	3180	℃
沸点	5690	℃
平均比热（0～100℃）	138	$J/(kg \cdot K)$
汽化热	712	kJ/mol
热导率（0～100℃）	47.6	$W/(m \cdot K)$
电阻率（20℃）	18.7	$\mu\Omega \cdot cm$

33.3　铼的资源

含铼的矿物很少，迄今只查明有辉铼矿（ReS_2）和铜铼硫化矿物（$CuReS_4$），而多以微量伴生于钼、铜、铅、锌、铂、铌等矿物中。具有经济价值的含铼矿物为辉钼矿。一般辉钼精矿中铼的含量在 0.001% ～0.031% 之间。但从斑岩铜矿选出的钼精矿含铼可达 0.16%。生产铼的主要原料是钼冶炼过程的副产品。从某些铜矿、铂族矿、铌矿甚至闪锌矿的冶炼烟尘和渣中以及处理低品位钼矿的废液时，都可以回收铼。

1978 年和 1979 年世界铼的总产量分别为 7210 kg 和 7260 kg。联邦德国、智利、加拿大和苏联是铼的主要生产国。1979 年纯度为 99.99% 的铼粉的价格为 950 美元/磅。

工业要求：

钼矿和铜钼矿矿石中：含 Re 0.0002%。

铜钼精矿中：含 Re 0.005% ～0.009%。

辉铜矿精矿中：含 Re 0.001% ～0.03%。

辉钼矿精矿中：含 Re 0.001% ～0.2%。

我国铼的储量为 250 t。1993 年产量为 130 kg。

33.4　铼的提取

先提取纯的铼化合物，然后用氢还原法或水溶液电解法制得铼粉，再用粉末冶金方法加工成材。

33.4.1　铼化合物的提取

铼和钼共生于辉钼矿。在氧化焙烧辉钼精矿时，硫化铼和硫化钼同时氧化。由于铼的高价氧化物具有易挥发性和易溶于水及含氧溶剂的性能，所以用湿法冶金处理辉钼精矿的焙烧烟尘可得到高铼酸溶液。在多膛炉内焙烧钼精矿的最后阶段，当温度达到 600～650℃时，铼以 Re_2O_7 状态挥发（见图 33－1）。如果此时采取加强搅拌或喷吹富氧空气等强化焙烧措施，就能促进铼的挥发。焙烧钼精矿时铼的挥发率一般为60%～70%，采取强化措施后，可提高到90%以上。用湿法冶金处理含铼烟尘得到的溶液，经多次循环富集，可得含铼0.72 g/L、钼24 g/L和硫酸300 g/L的富铼溶液。加入漂白粉或通入氯气，使低价铼氧化成为高价铼，用异戊醇溶剂萃取这种溶液，铼萃入有机相中，再用氢氧化铵溶液反萃取，得铼酸铵溶液，铼的回收率为98%。二烷基乙酰胺也能有效地分离钼和铼。富铼溶液还可采用离子交换法来处理：通氯气使钼、铼、铁氧化；加入碳酸钠，使铁和铜沉淀；过滤后的溶液，通过凝胶型强碱性阴离子交换树脂201#，钼和铼分别以 MoO_4^- 和 ReO_4^- 形态吸附在树脂上；然后用氢氧化钠溶液淋洗钼；再用硫氰化铵溶液淋洗铼；得到纯的铼溶液。铼的回收率可达到98%。纯的铼溶液采用重复结晶法制备纯度为99.6%的铼酸铵，然后在结晶母液中加入氯化钾得到铼酸钾，铼的总回收率为97%左右。

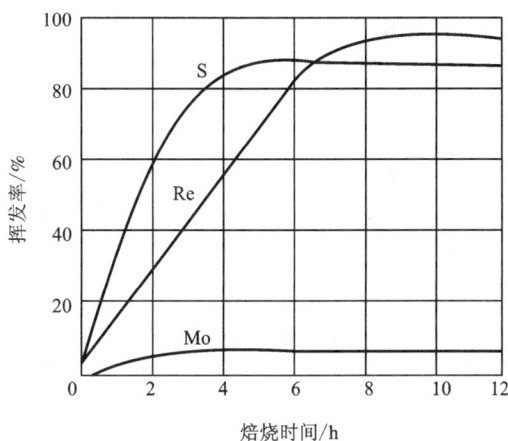

图33-1 辉钼矿焙烧时铼、钼、硫的挥发率

33.4.2 金属铼的制备

可采用的方法有水溶液电解法和高铼酸盐氢还原法或二氧化铼氢还原法，高铼酸铵氢还原法应用较普遍。这种制备方法是将高铼酸铵磨细后，装入钼舟，在密闭管状炉中于800℃下用氢还原，可得纯度大于99.5%的铼粉。制取更高纯度的铼粉也有两种方法：①将纯度较低的铼粉在750℃通氯气制成氯化铼，进行水解获得高纯二氧化铼，再进行氢还原制成铼粉，纯度可高于99.9%。②使氧化铼升华提纯，对铼氧化物(Re_2O_7)进行速度很慢的蒸馏，得到铼酸溶液；用氨水中和，得到高铼酸铵；用氢还原，得纯度高于99.9%的铼粉。

33.4.3 铼的加工

一般采用粉末冶金的方法。铼的加工性能与其纯度有密切的关系。先把高纯度的细铼粉压制成密度为9.5 g/cm³的压条；再在真空烧结炉中预结，以提高压条的强度，除去挥发性的杂质，然后在氢气氛中于2850℃下烧结，杂质进一步挥发，体积收缩约15%～20%，密度提高到理论值的85%～93%。铼粉中的杂质钾，对成品密度有很大影响。由于铼的形变硬化很强，因此在塑性加工铼棒时，须经过多次退火。两次退火之间，可加工的断面收缩率一般不超过10%。例如直径为1.5 mm以下的铼丝，用钻石拉模，拉丝断面收缩率控制在10%左右。铼丝直径减小后，断面收缩率可允许提高到40%。在铼的加工过程中，退火温度约1600～1700℃，退火所需时间一般为10～30 min，在氢气或氢氮混合气体气氛下进行。经过退火的铼，维氏硬度(HV)一般为250～275，其晶粒大小在0.010～0.040 mm之间，铼丝直径可加工至0.075 mm，铼箔厚度可加工至0.025 mm。

33.5 铼的用途

铼主要用作石油工业的催化剂，铼具有很高的电子发射性能，广泛应用于无线电、电视和真空技术中。铼具有很高熔点，是一种主要的高温仪表材料。铼和铼的合金还可作电子管元件和超高温加热器以蒸发金属。钨铼热电偶在3100℃也不软化，钨或钼合金中加25%的铼可增加延展性能；铼在火箭、导弹上用作高温涂层用，宇宙飞船用的仪器和高温部件如热屏蔽、电弧放电、电接触器等都需要铼。

VI 稀有分散金属

34 镓(gallium)

34.1 镓的发现小史

1871 年,俄国化学家门捷列夫(Д. Д. МеНДелееВ)根据他的元素周期表,预测"类铝"元素。1875 年法国布瓦特德民(P. E. L. de Boisbaudran)终于在闪锌矿(ZnS)中找到这种元素,为了纪念他美丽的故乡(Galla),便将这种元素命名为 Gallium。

34.2 镓的性质

镓在常温空气中稳定,因为表面覆有一层薄的氧化膜,即使在红热时也不再被空气氧化。镓的熔点低,沸点高,是液态范围最大的金属。有关镓的物理性质数据见表 34 – 1。

表 34 – 1 镓的主要物理性质

密度(20℃)	5.91	g/cm^3
熔点	29.7	℃
沸点	2205	℃
平均比热(0 ~ 100℃)	377	J/(kg · K)
熔化热	5.594	kJ/mol
汽化热	270.5	kJ/mol
热导率(0 ~ 100℃)	41.0	W/(m · K)
电阻率(20℃)	25.759	$\mu\Omega \cdot cm$

34.3 镓的资源

镓在自然界仅发现了一种单独矿物硫镓铜矿($CuGaS_2$)。镓主要赋存在闪锌矿、霞石、白云母、锂辉石、铝土矿及煤矿中。一般,镓都是作为副产品在含铝矿物(铝土矿、铝硅酸盐)及锌矿冶炼过程中和从煤焦化烟尘中进行回收。当前镓主要是从氧化铝生产中回收制取。

铝土矿矿石中,含 Ga 0.01% ~ 0.002% 。

黄铁矿矿石中,含 Ga 0.02% ~ 0.03% 。

闪锌矿矿石中,含 Ga 0.01% ~ 0.02% 。

锗石中,含 Ga 0.1% ~ 0.8% 。

煤矿中,含 Ga 0.003% ~ 0.005% 。

(煤的灰分中常含有 0.01% 至 0.1% 的镓,在煤气厂的灰尘中,镓的含量达 0.3% ~ 0.5%)。

明矾石中,含 Ga 0.0022% ~ 0.0044% 。

与碱性岩有关的岩浆矿床,在磷灰石 - 霞石矿石及精矿中,含 Ga 0.01% ~ 0.04% 。

我国镓储量 11.5704 万 t,1993 年产金属镓 0.858 t。

34.4 镓的提取

34.4.1 从氧化铝生产过程中回收镓

在氧化铝生产过程中,镓富集在循环母液中。烧结法母循环液中镓的含量较低,可在溶液中加入石灰乳,使铝成为难溶的铝酸钙沉淀，滤去沉淀后，再通入二氧化碳，便得富镓化合物沉淀。用氢氧化钠溶液溶解沉淀，然后进行电解，即可制得纯度为99.99%的金属镓。用拜耳法处理含氧化铝较高的铝土矿时，在铝酸钠溶液水解后的循环母液中含镓量为原矿的20倍。从返回液中制取富镓化合物的沉淀可采用碳酸化的方法。铝和镓沉淀的pH值不同，在第一次碳酸化时，将反应进行到析出约90%的铝为止，此时大部分镓留在溶液中。第二次碳酸化后，镓和氢氧化铝共沉淀，Ga_2O_3在沉淀中的含量为1%~2%。再用氢氧化钠溶解，经水溶液电解制取金属镓。

34.4.2 从湿法炼锌过程中回收镓

焙烧含镓较高的硫化锌精矿，镓进入焙砂。用酸浸出锌时，大部分镓进入渣中，可用烟化炉或回转窑处理浸出渣，所得氧化锌烟尘经H_2SO_4浸出，锌粉置换沉淀，镓进入置换渣(锗也同时进入此渣中)。用酸浸出后，可用烷基磷酸和氧肟酸($R-CoNH-OH$，其中R为C_5~C_9)作为溶剂萃取剂，如果酸度选择适当，可同时萃取镓和锗。用稀硫酸反萃，镓进入水相(锗留在有机相中)，经过水解，碱化造液后电解，可得含量为99.99%的镓。

34.4.3 超纯镓的制备

如果要制备化合物半导体，则镓的纯度要求达到99.9999%~99.99999%。我国采用化学处理、电解精炼和拉晶提纯等方法，可以制得纯度为99.9999%以上的超纯镓。在纯度为99.99%的粗镓中，杂质集中于表层氧化膜，用3 mol/L的高纯盐酸在60~70℃下酸洗处理，除去电极电势较负的杂质如锌、铝、铁、钙、镁等，可得纯度为99.995%的镓，供进一步提纯。

在进行碱性电解提纯时，首先采用高电流密度进行预电解，使电解液中的杂质在阴极先析出，然后再用净化的电解液进行电解。电解槽用有机玻璃制成，阳极和阴极均用铂丝，外有套管，中有隔板，阳极和阴极的电流密度为200 A/m^2，槽电压为2~3 V，温度为40~50℃。精炼得到的镓纯度能达到99.999%以上。

进一步提纯使用拉晶提纯法，即籽晶杆用水冷却，用红外加热器加热熔体，严格控制温度，并在熔体表面覆盖一层5%~10%的超纯盐酸，然后进行低速拉晶。拉晶提纯对除去微量的铜、锌、银、镍、锡等杂质有明显的效果，镓的纯度能提高到99.9999%以上。

34.5 镓的用途

镓主要用于制备ⅢAV族化合物半导体材料。在微波器件领域内，砷化镓是最有前途的半导体材料。用镓砷磷、镓铝砷制成的红色发光管，用磷化镓制成的绿色发光管等，已在电子计算机及其他电子仪器中广泛应用。砷化镓、镓铝砷还可作固体激光器材料，用于光导纤维通信，还能用作太阳能电池的材料以及制作大规模高速集成电路。钇镓石榴石(GGG)用作磁泡存储器，是镓的一种新用途，这使镓的生产出现新的高峰。钒镓化合物(V_3Ga)可用作超导材料。镓有很高的光反射能力，可把它挤压在两块玻璃板之间制成镜子。镓还用于制备易熔合金。镓化合物可用于分析化学、医药和有机合成的催化剂。

20世纪50年代末期，世界每年镓的消耗量还不足100 kg，1978年即达14~16 t。镓的主要生产国有瑞士、美国、联邦德国、加拿大和中国等。1979年美国镓的价格为750美元/公斤。

35　铟（Indium）

35.1　铟的发现小史

1863 年德国人赖希（F. Reich）和里希特（H. T. Richter）在研究闪锌矿时，用光谱分析含氧化锌的溶液，发现一条鲜蓝色新谱线，随后分离出一种新的金属。根据谱线颜色，按拉丁文 indium（蓝色）命名。

35.2　铟的性质

铟的化学性质与铁相似。常温下纯铟不被空气或硫氧化，温度超过熔点时，可迅速与氧和硫化合。铟的可塑性强，有延展性，可压成极薄的铟片，很软，能用指甲刻痕。表 35 – 1 所示为金属铟的主要物理性质。

表 35 – 1　铟的主要物理物质

密度（20℃）	7.30	g/cm³
熔点	156.4	℃
沸点	2070	℃
平均比热（0 ~ 100℃）	243	J/(kg·K)
熔化热	3.27	kJ/mol
汽化热	232.4	kJ/mol
热导率（0 ~ 100℃）	80.0	W/(m·K)
电阻率（20℃）	8.8	μΩ·cm

35.3　铟的资源

目前已知铟矿物有：

硫铟铜矿 $CuInS_2$；

硫铟铁矿 $FeInS_2$；

水铟矿 $In(OH)_3$。

铟主要呈类质同象存在于铁闪锌矿、赤铁矿、方铅矿以及其他多金属硫化物矿石中。此外锡石、黑钨矿、普通角闪石中也含铟。铟的主要来源是闪锌矿，含量为 0.0001% ~ 0.1%（有时达 1%），在铅锌冶炼的过程中作为副产品回收，锡冶炼厂也回收铟。

工业要求：

（1）赤铁矿石中，铟的平均品位为 0.1%，可作铟矿单独开采。

（2）含铜、铅、锌的锡石和黑钨矿石中含铟 0.01% ~ 0.03%。

（3）铜钼矿床中，含铟 0.001% ~ 0.003%。

（4）多金属硫化物矿石中，含铟 0.0005% ~ 0.001%。

（5）含锌黄铁矿硫化物矿石中，含铟 0.001% ~ 0.03%。

1978 年和 1979 年世界精炼铟的产量分别为 1.43×10^6 和 1.36×10^6 金衡盎司（1 金衡盎司 = 31.1035 克）。美国是世界产铟和消费铟最多的国家。其他产铟国家有日本、苏联、加拿大、秘鲁和英国等。1979 年美国金属铟的平均价格为 12.79 美元/金衡盎司。

我国铟的储量 1.2324 万 t，1993 年产 14.407 t。

35.4　铟的提取

在竖罐炼锌过程中的焦结炉烧结时，焙砂中的铟约 50% 以上是进入烟尘，这是在焦结温度 850 ~ 930℃下低价铟化合物（In_2O，InO）有很高的蒸气压的缘故。在竖罐蒸馏炉中还原团矿时，10% 以上的铟被蒸馏出来进入粗锌。如果在精馏塔中精炼粗锌，则铟和铅一起富集在铅塔中，可在以后炼铅过程中回收铟。

近年来湿法炼锌发展迅速，绝大部分的铟是从湿法炼锌的浸出渣中回收的。加拿大的工厂把浸出渣送往铅鼓风炉与铅精矿一起熔炼，50%以上的铟进入炉渣。炉渣再在烟化炉中处理，铟和铅、锌一起挥发进入烟尘中，然后将捕集的烟尘再浸出，浸出渣再返回铅鼓风炉。铟在生产过程中循环富集，最后集中在粗铅中，铅在电解精炼前须经除铜和吹炼，吹炼浮渣中含铟量约占铅中总含铟量的90%。浮渣、溶剂和炭在反射炉中熔炼，铟主要富集在炉渣中，含量达到2.5% ~3%。这种炉渣中的铜大部分可用浮选法分离。浮选尾矿在回转窑烧结后，和石灰、焦炭混合，以电弧炉还原熔炼，可得含铟4.6%的Pb – Sn – Sb – In合金。少部分氧化铟挥发富集在烟尘中，因此熔炼过程中铟的回收率约为65%。将上述合金制成阳极，进行电解精炼，用硅氟酸和硅氟酸铅作电解液，阴极上生成铅锡合金（铅90%，锡10%），而铟和锑则呈稳定的锑化铟形态留于阳极泥中，含铟约33%。将阳极泥与硫酸混合后在300℃进行焙烧，用水浸出铟，溶液过滤后调整pH为1，加入氯化钠，用铟板从溶液中置换出铟；在pH = 1.5时，用铝板或锌板置换沉淀铟。将得到的海绵铟洗净，压块熔化作为阳极（99.5%铟）进行电解精炼。粗铟阳极放在布袋中，以防止细粒杂质铅、锡和铜的污染。电解铟的纯度为99.97%，其中主要杂质为镉（0.002%）。

现代湿法炼锌流程，采用高温高酸处理中性浸出渣的方法，可使大部分金属进入溶液。在用黄钠铁矾法沉淀铁时，铟集中于沉淀物中。沉淀物用稀酸浸出，可进一步用溶剂萃取回收。

对于高纯铟，它可用电解法制取。但由于镉、铊的氧化还原电势和铟接近，用电解法不能除去，而镉是铟中主要杂质，所以在电解之前须进行除镉。工业除镉有蒸馏法、溶剂萃取法和在甘油碘化钾溶液中加碘去镉等方法。铟电解在陶瓷容器内进行，电解液为氯化铟和氯化钠的水溶液。电解液中加氯化钠，可减少溶液的电阻。溶液需保持微酸性（pH = 2），以免铟水解。阴极铟清洗后在高纯石墨坩埚中铸锭，纯度为99.9999%。

制造化合物半导体材料如磷化铟、锑化铟等须使用99.9999%以上的高纯铟。制取这种高纯铟，须强化提纯手段如直拉单晶法提纯，并切去单晶头尾和使用更高纯的试剂等。

35.5 铟的用途

铟是制造半导体、焊料、无线电工业、整流器、热电偶的重要材料。纯度为99.97%的铟是制作高速航空发动机银铅铟轴承的材料，低熔点合金如伍德合金中每加1%的铟可降低熔点1.45℃，当加到19.1%时熔点可降到47℃。铟与锡的合金（各50%）可作真空密封之用，能使玻璃与玻璃或玻璃与金属粘接。金、钯、银、铜同铟组成的合金常用来制作假牙和装饰品。

铟是锗晶体管中的掺杂元素，在PNP锗晶体管生产中使用铟的数量最大。铟化合物半导体材料有：锑化铟可用作红外线检波器的材料；磷化铟可以制作微波振荡器。研究中的光纤维通信中InGaAsP/InP异质结激光器，也是铟的新用途。

36　铊（thallium）

36.1　铊的发现小史

1861 年英国人克鲁克斯（W. Crookes）研究硫酸厂制酸残渣时，由光谱中发现一种具有特殊绿色谱线的元素，第二年生产出少量金属，根据拉丁文 thallus（绿色的嫩枝）命名。

36.2　铊的性质

铊是银白色金属，铊的氧化物（Tl_2O_3）特别是一氧化铊（Tl_2O）和氯化铊挥发性强，铊盐具有毒性。铊的主要物理性质列于表 36-1 中。

表 36-1　铊的主要物理性质

密度（20℃）	11.85	g/cm^3
熔点	304	℃
沸点	1473	℃
平均比热（0~100℃）	130	$J/(kg \cdot K)$
熔化热	4.3	kJ/mol
汽化热	166.2	kJ/mol
热导率（0~100℃）	45.5	$W/(m \cdot K)$
电阻率（20℃）	16.6	$\mu\Omega \cdot cm$

36.3　铊的资源

铊大部分赋存在伟晶岩和气成矿床的钾长石及云母中，以类质同象置换钾。铊具有显著的亲硫性，所以在白铁矿、黄铜矿、方铅矿、闪锌矿及雄黄等硫化物矿中也有分布。目前已发现铊的工业矿物有：

红铊矿 $TlAsS_2$，含 Tl 59%~60%；

硒铊银铜矿（Cu，Tl，Ag）$_2$Se，含 Tl 16%~19%；

硫砷铊铅矿（Cu，Ag，Tl）$_2$S·PbS·$2As_2S_3$，含 Tl 18%~25%；

辉铊锑矿 Tl（As，Sb）$_2S_3$，含 Tl 32%。

已知的铊矿物均无工业价值。铊主要是从有色重金属硫化矿冶炼过程中作为副产品回收的。铊的氧化物（Tl_2O）特别是一氧化铊（Tl_2O）和氯化铊挥发性强。它们在铜、铅、锌硫化物精矿焙烧、烧结和冶炼时大部分挥发进入烟尘，如炼铅时有 60%~70%的铊进入烧结、焙烧烟尘中。铅鼓风炉烟尘的铊含量约占精矿中铊含量的 23%。硫酸厂焙烧黄铁矿时，炉气净化系统的富铊烟尘也可作提取铊的原料。由于铊盐有毒，所以在有色重金属冶炼流程中回收铊，既要有利于有色重金属资源的综合利用，又要防止污染环境。

（1）含有铊独立矿物的热液矿床：

苏联北高加索矿区含铊矿石中含 Tl 0.01%~0.1%。

白铁矿和黄铁矿中含 Tl 0.1%~0.2%

（2）黄铁矿和铜矿石中 Tl 0.0025%~0.1%。

（3）锑汞矿矿石中含 Tl >0.01%。

（4）各类铅锌矿矿床矿石中含 Tl 0.004%~0.01%。

（5）含铊的变质锰矿床氧化锰矿石中含 Tl >0.01%

（6）盐类矿床中含 Tl 0.002%~0.008%。

1977—1978 年工业金属铊的价格约为 17.63 美元/公斤，高纯金属铊为 4 美元/金衡盎司（1 金衡盎司为

31.1035克)。

我国铊的储量0.8304万t，1993年产铊0.24 t。

36.4 铊的提取

36.4.1 铊的提取

铊在冶炼原料中含量很低，必须先行富集。火法富集可使物料的含铊量提高10倍以上，烟尘中铊多半是氧化铊、硫酸铊和氯化铊。用稀硫酸浸出含铊烟尘时，锌、镉、铁及其他元素同时进入溶液。含铊0.05～1 g/L的稀溶液可用高锰酸钾将Tl^+氧化成Tl^{3+}，根据铊、锌、镉在不同pH下沉淀的原理，以氢氧化钠中和溶液至pH为4～5，并加热至70～80℃，使铊从溶液中以氢氧化铊的形态沉淀析出。如果溶液含铊大于5 g/L时，则可在20℃加过量的氯化钠使铊以难溶的氯化铊形态沉淀下来。

工业上回收铊的方法还很多，以铅烧结烟尘回收铊为例，铅烧结烟尘经反射炉熔炼富集后，得到含铊2%左右的富铊灰，用浓度为120～150 g/L硫酸浸出，固液比为1:5，温度为90℃，搅拌4小时，浸出率在95%以上。浸出液用软锰矿氧化，溶液过滤后，用工业氯化钠、工业硫酸分别调整氯离子浓度为0.5 mol/L，酸度为1.5 mol/L，作为萃取铊的原料液，再以15% A - 101(二烷基乙酰胺) - 二乙苯为萃取剂进行溶剂萃取。洗涤后的含铊有机相用1.5 mol/L醋酸铵进行反萃取。反萃取液经用亚硫酸钠还原，浓硫酸溶解，锌板置换沉淀，即得品位为99.99%的铊。将铊压制成块，并在熔融氢氧化钠保护下铸锭。

36.4.2 高纯铊制备

高纯度铊可采用电解精炼法。用一般方法制得的铊，尚含有铜、铅、镉等杂质，先用碱和硝酸钠与金属铊进行熔炼，使铅生成Na_2PbO_2除去，如铅含量超过0.03%，则需熔炼2次。此法也可使铜、镉成为氢氧化物除去，电解精炼时，阴极用纯铊或钽片，电解质中铊含量为30～40 g/L，硫酸浓度为70 g/L，温度为55～60℃，阴极电流密度为100 A/m^2，阳极电流密度为200 A/m^2，阳极套以布套，经过二到三次电解精炼，可获得99.999%的高纯铊。

36.4.3 铊毒

铊能伤害神经系统。铊中毒往往是由于吸入或皮肤接触铊及其化合物粉尘，或食用受铊污染的食物和饮水所造成的。主要症状是疲乏无力、肢体疼痛、脱发、脱皮、甚至失明。空气中可溶性铊化合物的容许浓度为0.1 mg/m^3。

36.5 铊的用途

在电子工业中，用铊激活碘化钠晶体可制作光电倍增管。铊及其化合物可用作光学玻璃、电子元件的玻璃密封及放射线的屏蔽窗等。硫化铊和硫氧化铊可以制造对红外线很灵敏的光电管。溴化铊或碘化铊的固溶体单晶能透过红外线，可用于红外线通信。由72%铅，15%锑，5%锡和8%铊组成的合金可以制造轴承。含铊8.5%的汞铊合金，其熔点为 - 60℃，比汞的溶点低20℃，可用于低温仪表。全世界每年铊的消费量不过数千公斤。

37　锗（germanium）

37.1　锗的发现小史

1871 年俄国人门捷列夫（Д. И. Менделеев）根据元素周期律预言自然界存在一种原子量为 72 的化学元素，其性质和硅相似，称之为"类硅"。1886 年德国人温克勒（C. A. Winkler）在分析硫银锗矿时发现和分离出这个元素。同时，用他祖国的名字 Germary 命名。

37.2　锗的性质

锗具有半导体性质。在高纯金属锗中掺入三价元素如铟、镓、硼等，得到 P 型锗；掺入五价元素如锑、砷、磷等，得到 N 型锗。锗的禁带宽度（300K）0.67 eV，本征电阻率（27℃）47 $\Omega \cdot$ cm，电子迁移率（3900 ± 100）$cm^2/(V \cdot s)$，空穴迁移率（1900 ± 50）$cm^2/(V \cdot s)$，电子扩散系数 100 cm^2/s，空穴扩散系数 48.7 cm^2/s。

表 37 – 1 所示为其主要的物理性质。

表 37 – 1　金属锗的主要物理性质

密度（20℃）	5.32	g/cm^3
熔点	937	℃
沸点	2830	℃
平均比热（0～100℃）	310	$J/(kg \cdot K)$
熔化热	32.2	kJ/mol
汽化热	341.2	kJ/mol
热导率（0～100℃）	56.4	$W/(m \cdot K)$
电阻率（20℃）	8.9×10^3	$\mu\Omega \cdot cm$

37.3　锗的资源

锗通常以分散状态存在于其他矿物，独立的矿物很少，主要有：

锗石 $Cu_3(Fe, Ge, Ga, Zn)(S, As)_4$，含 Ge 10%；

硫锗铁铜矿（Cu, Fe）$_2$（Fe, Ge, Ga, Zn）（S, As），含 Ge 7.7%；

硫银锗矿 Ag_8GeS_6，含 Ge 6.7%；

黑硫银锡矿 Ag_8SnS_6，含 Ge 1.8%。

工业上主要是在处理硫化矿时作为副产品回收或从炼焦烟尘中回收。其工业要求如下

（1）各类铅锌矿床中

①铅锌矿石中：含 Ge 0.001%；

②锌精矿中：含 Ge 0.01%；

③氧化铅锌矿：含 Ge 平均 0.004%～0.005%。

矿石中含锗在 0.002% 以上都有回收价值。

（2）不同类型的煤含锗为 0.001%～0.1%，低灰分煤（亮煤）中较多。

（3）在赤铁矿石中，含锗达 0.008% 时可以作锗矿单独开采。

（4）铜和富银矿石中：含 Ge 0.002%；

（5）铁镁矿石中：含 Ge 0.001%～0.01%；

（6）温泉水中：含 Ge 0.0005%。

锗通常以伴生状态存在于闪锌矿、某些铁矿及其他硫化矿物中。闪锌矿含锗量为 0.01%～0.1%。各种煤

含锗在 0.001% ~0.1% 之间，低灰分煤(亮煤)中含锗较多。

锗是锌电解时最有害的杂质之一，当电解液中含锗超过 0.1 mg/L 时，就必须将锗除去。现代工业生产的锗主要是铜、铅、锌冶炼的副产品。

20 世纪 70 年代末世界上每年生产的锗约 110t(不包括废锗回收)。1980 年美国市场本征锗的价格约为 784 美元/公斤。二氧化锗为 487 美元/公斤。

中国于 1959 年开始从含锗的氧化铅锌矿、闪锌矿和煤灰中回收锗，并进行工业生产。

我国锗储量丰富，1993 年锗的产量约 15 t。

37.4　锗的提取

37.4.1　锗的提取

锗的制取第一步是从重有色金属冶炼过程回收锗的富集物。以炼锌为例：在火法炼锌过程中，锌精矿首先经过氧化焙烧，然后加入还原剂和氯化钠，在烧结机上烧结焙烧，锗以氯化物或氧化物形态挥发进入烟尘。如不采用氯化烧结措施，锗将富集于最后锌蒸馏的残留物中。在湿法炼锌过程中，如锌精矿含锗不高时，大部分锗在硫酸浸出渣中，小部分锗进入溶液。在锌溶液净化过程中，由于锗的亲铁性质，氢氧化铁沉淀时吸附锗，锗进入铁渣。锌溶液用锌粉置换镉时，残留的锗和镉同时为锌粉所置换。如将浸出渣熔化，然后用烟化炉挥发铅、锌，则锗以一氧化锗状态挥发，富集于烟尘中。烟化炉可用来处理含锗的氧化铅、锌矿。将氧化矿在鼓风炉内熔炼，再用烟化炉处理炉渣挥发锗，挥发率大于 90%。现代炼锌多用湿法，在处理含锗较高的硫化锌精矿(含锗 100 ~150 g/t)时，首先使锗富集于浸出渣中，用烟化炉处理，烟尘含锗 0.1%，用酸浸出，溶液净化后，加丹宁($C_{76}H_{52}O_{46}$)沉淀，沉淀物中含锗 3% ~5%；经烘干、煅烧，得到含锗 15% ~20% 的锗灰，作为提锗原料。

37.4.2　高纯锗单晶的制备

首先将富集物用浓盐酸氯化，制取四氯化锗，再用盐酸溶剂萃取法除去主要的杂质砷，然后经石英塔两次精馏提纯，四氯化锗($GeCl_4$)的含砷量可降至 1 μg/L 以下，再经高纯盐酸洗涤，可得高纯四氯化锗，用高纯水使四氯化锗水解，得高纯二氧化锗(GeO_2)。一些杂质会进入水解母液，所以水解过程也是提纯过程。纯二氧化锗经烘干煅烧，在还原炉的石英管内用氢气于 650 ~680℃ 还原得到金属锗。还原终结时逐渐升温至 1000 ~1100℃，使锗熔化，将石墨舟从还原炉中缓缓拉出，控制温度，把杂质驱至尾端，这种方法称为定向结晶法。切去锗锭的尾端，其余部分的纯度大大提高，电阻率可达 20 Ω·cm 以上。

半导体器件所需的锗，纯度通常以电阻率表示，规定在 20℃ 时在锭底部表面测出的电阻率应为 30 ~50 Ω·cm，其杂质总含量为 10^{-8}% ~10^{-9}%，必须采用区域熔炼提纯法进一步提纯。

锗单晶的制备方法有两种：一种是直拉法，另一种是区熔匀平法。

①直拉法是将锗锭置于坩埚中熔化，然后用一固定在拉杆上的锗晶体作籽晶，垂直浸入温度略高于熔点的熔融锗中，以一定的速度从熔体向上拉出，熔融锗便按籽晶的结晶方向凝固。通过控制拉速、坩埚和籽晶转速等措施，以及自动控制炉温和单晶直径等技术，可以制成 N 型电阻率为 0.003 ~40 Ω·cm，P 型电阻率为 0.002 ~40 Ω·cm，位错密度为 500 ~3000 cm^{-2}，直径为 20 ~300 mm 的锗单晶。

②区熔匀平法所用的炉子为水平式石英管加热炉，能生产电阻率均匀的锗单晶，电阻率的径向均匀度为 ±3%，纵向均匀度为 ±7%，位错密度为 10^3 cm^{-2}，单晶截面为 5 ~12 cm^2。

红外器件所用锗单晶为 N 型，电阻率 5 ~40 Ω·cm，单晶直径可达 300 mm，多晶直径可达 600 mm。探测器级锗单晶用于制作锂漂移探测器和高纯锗探测器。后者要求锗单晶的净杂质含量更低(<10^{10}原子/cm^3)。锗单晶的性能用型号、电阻率均匀性、位错密度、少数载流子寿命和载流子浓度等指标来表示。

37.4.3　废锗回收

从锗加工废料中回收锗很重要。自冶炼到制成锗晶体管整个过程，特别是区熔提纯、拉制单晶、切片、磨片和抛光锗片的加工过程中，会产生大量的含锗废料。这些废料的含锗量为：切割粉 60% ~70%，碎片 80% ~90%，滤纸 20%，腐蚀液 2% ~10%。从废料中回收锗的方法很多，主要有：①用氯气在石英窜器内使锗氯化成四氯化锗，然后蒸馏回收；②用新鲜的 NaOCl 于 80℃ 处理锗残渣，生成锗酸钠(Na_2GeO_3)，然后加入氢氧化铵，生成锗的沉淀物($Na_2O)_x(NH_4)_yGe_2O_3$，回到四氯化锗生产流程。在处理含氢氟酸的腐蚀液时，加入氢氧化铵，可生成氟化铵和锗酸铵($NH_4)_xGe_2O_3$ 沉淀。在四氯化锗水解过程中产生的水解液和洗涤液中含有少量(约 6 ~7 g/L)的锗，回收的方法是用硫酸镁和氢氧化铵使锗沉淀为正锗酸镁。

37.5 锗的用途

锗在电子工业中的用途，已逐渐被硅代替。但由于锗的电子和空穴迁移率较硅高，在高速开关电路方面，锗比硅的性能好。锗主要用于电子工业中，用来生产低功率半导体二极管三极管，锗在红外器件，γ 辐射探测器方面有着新的用途，金属锗能让 $2 \sim 15 \ \mu m$ 的红外线通过，又和玻璃一样易被抛光，能有效地抵制大气的腐蚀，可用以制造红外窗口、三棱镜和红外光学透镜材料。锗还与铌形成化合物，用作超导材料。二氧化锗是聚合反应的催化剂。用氧化锗制造的玻璃有较高的折射率和色散性能，可用于广角照相镜头和显微镜。$GeO_2 - TiO_2 - P_2O_5$ 类型的玻璃有良好的红外性能，在空间技术上可用于保护超灵敏的红外探测器。锗还可用来制造药品。

VII 稀土金属

38 稀土金属(RE, rare earth metals)

38.1 稀土金属的发现小史

稀土元素是元素周期表ⅢB族中的钪、钇、镧系等十七种元素的总称(常用R或RE表示),它们的名称和化学符号是钪(Sc)、钇(Y)、镧(La)、铈(Ce)、镨(Pr)、钕(Nd)、钷(Pm)、钐(Sm)、铕(Eu)、钆(Gd)、铽(Tb)、镝(Dy)、钬(Ho)、铒(Er)、铥(Tu)、镱(Yb)、镥(Lu),通常把镧、铈、镨、钕、钷、钐、铕称为轻稀土或铈组稀土;钆、铽、镝、钬、铒、铥、镱、镥、钇、钪称为重稀土或钇组稀土。

稀土是历史遗留的名称,从18世纪末叶开始被陆续发现。当时人们惯于把不溶于水的固体氧化物称作土,例如把氧化铝叫陶土,氧化镁叫苦土。稀土是以氧化物状态分离出来,很稀少,因而得名稀土。稀土元素的原子序数是21(Sc)、39(Y)、57(La)至71(Lu)。它们的化学性质很相似,这是由核外电子结构特点所决定的。它们一般均生成三价化合物。钪的化学性质与其他稀土差别明显,一般稀土矿物中不含钪。钷是从铀反应堆裂变产物中获得,放射性元素^{147}Pm半衰期2.7年。过去认为钷在自然界中不存在,直到1965年,荷兰的一个磷酸盐工厂在处理磷灰石中,才发现了钷的痕量成分。因此,我国1968年将钷划入64种有色金属之外。

1787年瑞典人阿累尼乌斯(C. A. Arrhenius)在斯德哥尔摩(Stockholm)附近的伊特比(Ytterby)小镇上寻得了一块不寻常的黑色矿石,1794年芬兰化学家加多林(J. Gadolin)研究了这种矿石,从其中分离出一种新物质,三年后(1797年),瑞典人爱克伯格(A. G Ekeberg)证实了这一发现,并以发现地名给新的物质命名为Ytteia(钇土)。后来为了纪念加多林,称这种矿石为Gadolinite(加多林矿,即硅铍钇矿)。

1803年德国化学家克拉普罗兹(M. H. Kla. proth)和瑞典化学家柏齐力阿斯(J. J. Berzelius)及希生格尔(W. Hlisinger)同时分别从另一矿石(铈硅矿)中发现了另一种新的物质——铈土(Ceria)。1839年瑞典人莫桑得尔(C. G. Mosander)发现了镧和镨钕混合物(didymium)。1885年奥地利人威斯巴克(A. V. Welsbach)从莫桑得尔认为是"新元素"的镨钕混合物中发现了镨和钕。1879年法国人布瓦普德朗(L. D. Boisbalader)发现了钐。1901年法国人德马尔赛(E. A. Demarcay)发现了铕。1880年瑞士马利纳克(J. C. G. De Marignac)发现了钆。1843年莫桑得尔发现了铽和铒。1886年布瓦普德朗发现了镝。1879年瑞典人克利夫(P. T. Cleve)发现了钬和铥。1878年马利纳克发现了镱。1907年法国人乌班(G. IJrbain)发现了镥。1974年美国人马瑞斯克(J. A. Marisky)等从铀裂产物中得到钷。1879年瑞典人尼尔松(L. F. Nilson)发现了钪。从1794年加多林分离出钇土至1947年制得钷,历时150多年[1][2]。

表38-1中列出了有关具体的内容。

表38-1 稀土元素的发现简史

镧 La	1839	瑞典 C·G·莫桑得尔	用稀硝酸处理硝酸铈而获得铈土与镧土
铈 Ce	1803	M·H·克拉普罗兹等	从硅铈石中发现铈土
镨 Pr	1885	德国 A. 威斯巴克	从几种元素的混合物中发现
钕 Nd	1885	同上	同上
钷 Pm	1947	马林斯基等	在铀的分裂产物中发现人造元素,1964年从磷灰石中发现天然元素
钐 Sm	1875	L. 布瓦菩德朗	用氢氧化铵沉淀时发现钐土(Sm与Eu的混合物)
铕 Eu	1896	法国 E·A·德马塞	同上

续表

钆 Gd	1880	法国 J·C·G·马得纳克	从铌钇矿中发现
铽 Tb	1843	C·G·莫桑德尔	用发现镧土的方法研究钇土时发现
镝 Dy	1886	L·布瓦菩德朗	在分出的沉淀物中发现钬土（Ho 和 Dy）
钬 Ho	1878	瑞典 M·德拉芳登等	同上
铒 Er	1843	C·G·其桑德尔	同 Tb
铥 Tm	1879	瑞典 P·Tv 克利夫	从铒土中发现
镱 Yb	1907	法国 G·乌班	从铒土中发现钇土
镥 Lu	1907	同上	从钇土中发现
钇 Y	1794	芬兰 J·加多林	从硅铍钇矿中发现钇土
钪 Sc	1879	瑞典 L·F·尼尔逊	从硅铍钇矿与黑稀金矿中提取稀土时发现

38.2　稀土金属性质

稀土金属的光泽介于银和铁之间。杂质含量对它们的性质影响很大，因而载于文献中物理性质常有明显差异。镧在 6 K 时是超导体。大多数稀土金属呈现顺磁性，钆在 0℃时比铁具有更强的铁磁性。铽、镝、钬、铒等在低温下也呈现铁磁性。镧、铈的低熔点和钐、铕、镱的高蒸气压表现出稀土金属的物理性质有极大差异。钐、铕、钆的热中子吸收截面比广泛用于核反应堆控制材料的镉、硼还大。稀土金属具有可塑性，以钐和镱为最好。除镱外，钇组稀土较铈组稀土具有更高的硬度。有关稀土金属的物理性质的数据列于表 38-2。

表 38-2　稀土金属的物理性质

元素名称	原子序数	原子量	熔点/℃	沸点/℃	密度24℃/(g·cm^{-3})	熔化热/(×4.184 J·mol^{-1})	汽化热/(×4.184 kJ·mol^{-1})	电阻率25℃/(Ω·cm)×10^{-6}	铁磁居里温度/K	逆磁居里温度/K	晶体结构	常见化合价
钪	21	44.9559	1541	2836	2.989	3369	89.9	52	无	无	密排六方	+3
钇	39	88.9059	1522	3338	4.469	2732	101.3	59	无	无	密排六方	+3
镧	57	138.9055	918	3464	6.146	1482	103.1	61~80	无	无	双C轴密排六方	+3
铈	58	140.12	798	3433	6.770	1238	101.1	70~80		12.5	面心立方双C轴密	+3，+4
镨	59	140.9077	931	3520	6.773	1652	85.3	68			双C轴密排六方	+3
钕	60	144.24	1021	3074	7.008	1705	78.5	65		20	双C轴密排六方	+3
钷	61	145	1042	3000	7.264							+3
钐	62	150.40	1074	1794	7.520	2061	49.2	91		15	菱形	+3，+2
铕	63	151.96	822	1529	5.244	2204	(41.9)	91		90	体心立方	+3，+2
钆	64	157.25	1313	3273	7.901	2403	95.3	127	293.2		密排六方	+3
铽	65	158.9254	1365	3230	8.230	2583	93.4	114	221	229	密排六方	+3
镝	66	162.50	1412	2567	8.551	2577	70.0	100	87	179	密排六方	+3
钬	67	164.9304	1474	2700	8.795	4033	72.3	88	20	132	密排六方	+3
铒	68	16.26	1529	2868	9.066	4757	76.1	71	20	85	密排六方	+3

续表 38 - 2

元素名称	原子序数	原子量	熔点/℃	沸点/℃	密度24℃/(g·cm⁻³)	熔化热/(×4.184 J·mol⁻¹)	汽化热/(×4.184 kJ·mol⁻¹)	电阻率25℃/(Ω·cm)×10⁻⁶	铁磁居里温度/K	逆磁居里温度/K	晶体结构	常见化合价
铥	69	168.9342	1545	1950	9.321	4025	55.8	74		57	密排六方	+3
镱	70	173.04	819	1196	6.966	1830	36.5	28	无	无	面心立方	+3，+2
镥	71	174.97	1663	3402	9.841	(4457)	102.2	60	无	无	密排六方	+3

稀土金属的化学活性很强。当和氧作用时，生成稳定性很高的 R_2O_3 型氧化物（R 表示稀土金属）。铈、镨、铽还生成 CeO_2、Pr_6O_{11}、PrO_2、Tb_4O_7、TbO_2 型氧化物。它们的标准生成热和标准自由焓负值比钙、铝、镁氧化物的值还大。稀土金属氧化物的熔点在 2000℃ 以上，铕的原子半径最大，性质最活泼，在室温下暴露于空气中立即失去光泽，很快氧化成粉末。镧、铈、镨、钕也易于氧化，在表面生成氧化物薄膜。金属钇、钆、镥的抗腐蚀性强，能较长时间地保持其金属光泽。稀土金属能以不同速率与水反应。铕与冷水剧烈反应释放出氢。铈组稀土金属在室温下与水反应缓慢，温度增高则反应加快。钇组稀土金属则较为稳定。稀土金属在高温下与卤素反应生成 +2、+3、+4 价的卤化物。无水卤化物吸水性很强，很容易水解生成 ROX（X 表示卤素）型卤氧化物。稀土金属还能和硼、碳、硫、氢、氮反应生成相应的化合物。稀土金属合金如镧镍合金（$LaNi_5$）具有大量吸氢的能力，是良好的贮氢材料。

38.3 稀土金属资源

38.3.1 稀土金属矿物

目前世界上已知的稀土矿物及含有稀土元素的矿物有 250 多种，稀土元素含量较高的矿物有 60 多种，有工业价值的矿物不到 10 种，主要有：

独居石（Ce，La，Dy…）PO_4，含 TR 65.13%；

氟碳铈矿 $Ce[(CO_3)F]$，含 TR 74.77%；

氟菱钙铈矿 $Ce_2Ca[(CO_3)_3F_2]$，含 TR 60.30%；

氟碳铈镧矿（Ce，La）FCO_3，含 TR >70%；

褐廉石（Ca，Ce）$_2$（Al，Fe）$_3$（SiO_4）（Si_2O_7）O(OH)，含 TR 23.12%；

烧绿石 $NaCaNb_2O_6F$，含 TR 10% ±；

磷钇矿 YPO_4，含 TR 62.02%；

硅铍钇矿 $YaFeBe_2(SiO_4)_2O_2$，含 TR 51.51%；

褐钇铌矿 Y(Nb，Ta)O_4，含 TR 39.94%；

钛钇矿（Y，Al）(TiNb)$_2$(O，OH)$_6$，含 TR 32.41%。

上述稀土矿物为重要的稀土矿物，在我国具有重要的或比较重要的工业意义。

38.3.2 稀土金属矿物的工业要求

稀土元素常共生在一起，分离困难，一般按稀土元素总量计算储量。

（1）轻稀土

①含氟碳铈矿、独居石的原生矿床

边界品位：Ce_2O_3 1%；工业品位 Ce_2O_3 1%；可采厚度≥2 m；夹石剔除厚度≥2 m。

②独居石砂矿

边界品位：矿物 100～200 g/m³；工业品位：矿物 300～500 g/m³；可采厚度≥1 m；夹石剔除厚度≥1 m。

（2）重稀土

①含钇（磷钇矿、硅酸钇矿）伟晶岩和碳酸岩矿床

工业品位：Y_2O_3 0.05%～0.1%；可采厚度≥1～2 m；夹石剔除厚度≥2 m。

②磷钇矿砂矿

边界品位：矿物 30 g/m³；工业品位：矿物 50～70 g/m³；可采厚度≥0.5 m；夹石剔除厚度≥2 m。

③风化壳离子吸附型稀土矿

边界品位：TR_2O_3重稀土0.05%，轻稀土0.07%；工业品位：TR_2O_3重稀土0.08%，轻稀土0.1%；可采厚度≥1 m；夹石剔除厚度≥2 m。

38.3.3　稀土金属矿床实例

内蒙某大型含铌－稀土－铁矿床：

稀土工业指标分三种情况。

(1)铁矿体(含铌)中的稀土，没有具体工业指标要求，不单独圈定稀土矿体，根据铁矿中的稀土含量计算储量；

(2)铁矿体内的夹层

边界品位：TR_2O_3≥1%；工业品位：TR_2O_3≥2%；可采厚度3 m；夹石剔除厚度3 m。

(3)铁矿上下盘含稀土白云岩(即围岩)

边界品位：TR_2O_3≥1%；工业品位：TR_2O_3≥2%；可采厚度8 m；夹石剔除厚度4 m。

(4)广东某海滨独居石砂矿床

边界品位(能利用)：250 g/m³；边界品位(暂不能利用)：100 g/m³；块段平均品位：300 g/m³；矿区平均品位：500 g/m³；可采厚度1 m；夹石剔除厚度1~2 m。

38.3.4　稀土金属矿床的综合评价

稀土矿石或矿砂一般均含多种工业矿物。独居石、磷钇矿等稀土矿物往往与钛铁矿、锆英石、金红石、锡石和黑钨矿等有用矿物富集在一起；铌－稀土－铁矿床是一个富含许多种有用矿物的矿床，不仅含有大量的稀土矿物，还含有多种铁矿物和铌矿物，另外，还有可以综合利用的锰、钍、钛、锆等。有关稀土金属矿床物的资料见表38－3，表38－4，表38－5。

表38－3　独居石粗矿质量标准(YB 832—75)

级别	TR_2O_3 + ThO_2 不小于/%	杂质含量(不大于)/%			备　注
		TiO_2	ZrO_2	SiO_2	
一级	65	2	2	3	
二级	60	2.5	2.5	4	
三级	55	3	3	5	
四级	50	4	4	6	

表38－4　氟碳铈矿－独居石混合精矿技术条件(YB 833—82)

品级	稀土氯化物不小于/%	杂质不大于/%			
		TFe	F	P	CaO
一级品	60	7	7	5	5
二级品	55	9	7		
三级品	50	10	7		
四级品	45	10	8		
五级品	40	10	9		

表 38 - 5　磷钇矿精矿标准(内部试行)(YB 838—75)

级别	Y_2O_3(不小于)/%	杂质不大于/%		
		TiO_2	ZrO_2	SiO_2
一级	35	2	1.0	4
二级	30	4	1.5	5
三级	25	6	2.0	6

38.3.5　稀土金属在地壳中的丰度

稀土在地壳中占 1.0153%，其中铈的地壳丰度最大(0.0046%)，其次是钇、钕、镧等(见表 38 - 6)。

表 38 - 6　稀土金属的地壳丰度/10^{-6}

Sc	5	Pr	5.53	Eu	1.06	Ho	1.15
Y	28.1	Nd	23.9	Gd	6.36	Er	2.47
La	18.3	Pm	4.5×10^{-10}	Tb	0.91	Tm Yb	0.2 2.66
Ce	46.1	Sm	6.47	Dy	4.47	Lu	0.75

稀土的丰度与常见金属锌、锡、钴相近。最重要的稀土矿物是：氟碳铈镧矿(Ce, La)FCO_3，工业精矿含稀土约 60% 和 70%(按氧化物计，下同)，大量产于美国加利福尼亚州；氟碳铈镧矿与独居石共生，工业精矿含稀土约 60% 和 68%，大量产于中国内蒙古自治区白云鄂博；独居石[$CePO_4$，$Th_3(PO_4)_4$]是钛铁矿、金红石、锆英石加工的副产品、工业精矿含稀土约 60%，主要产于澳大利亚、马来西亚、印度、巴西等国；磷钇矿是钇和重稀土的重要资源，工业精矿含钇约 30%，主要产于马来西亚；离子吸附型稀土矿分为重稀土型和轻稀土型两类，在用电解质溶液渗浸法直接从原矿中浸出稀土时，前者所得混合稀土氧化物中氧化钇含量约为 60%，后者为少铈富镧钐铕的轻稀土，产于中国。表 38 - 7 所示为世界稀土金属资源的资料。

表 38 - 7　世界各国稀土资源估计

国家	工业储量	地质资源	总资源
美国	453.6	2358.70	2812.30
加拿大	22.7	99.79	122.47
巴西	31.75	16.33	48.08
苏联	45.36	861.83	907.19
芬兰、挪威、瑞典	5.44	10.89	16.33
马尔加什	1.81	3.63	5.44
南非(阿扎尼亚)	0.45	1.36	1.81
埃及	0.91	9.07	9.98
马拉维	1.36	4.54	5.90
非洲其他国家	1.81	3.18	4.99
马来西亚	2.72	4.54	7.26
印度	90.72	181.44	272.16
亚洲其他国家	6.35	11.79	18.14

续表 38 - 7

国家	工业储量	地质资源	总资源
澳大利亚	36.29	22.68	58.97
总计	701.27	3589.17	4291.02

注：表内单位为万吨，按氧化物计。

　　我国稀土资源极其丰富，其特点可概括为：储量大、品种全、有价值的元素含量高、分布广。

　　我国稀土的工业储量（按氧化物计）是国外稀土工业储量的 2.2 倍。国外稀土资源集中在美国、印度、巴西、澳大利亚和苏联等国，工业储量（按氧化物计）为 701.11 万吨。我国不仅有轻稀土为主的包头稀土矿，而且有中、重稀土含量高的离子吸附型稀土矿，此外还有两广、两湖的独居石、磷钇矿。国外主要以轻稀土为主的氟碳铈镧矿和独居石，而以重稀土为主的磷钇矿很少。而我国仅离子型矿、磷钇矿和独居石中的氧化钇工业储量约为国外的 1.28 倍。

38.4　稀土金属提取

38.4.1　从氟碳铈镧矿中提取稀土

　　将含 7% ~ 10% 稀土氧化物原矿，经热泡沫浮选，得到含 60% 稀土氧化物的精矿。再用 10% 盐酸浸出，除去精矿中的方解石等碳酸盐矿物，使精矿中稀土氧化物品位上升至 70%。最后再焙烧浸出的精矿以除去氟碳铈镧矿中的二氧化碳，得到含 85% 稀土氧化物产品。此法称为选冶联合流程。

　　盐酸 - 氢氧化钠法是处理氟碳铈镧矿提取混合稀土的方法之一（见图 38 - 1）。将含 70% 稀土氧化物的精矿，先用过量浓盐酸分解精矿中的稀土碳酸盐，使其生成可溶性氯化稀土（RCl_3）。

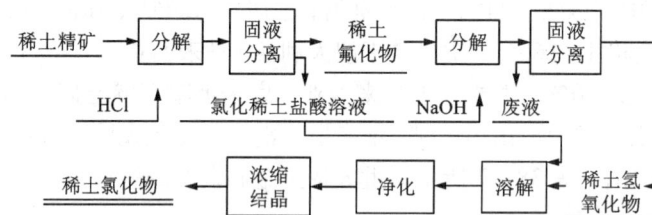

$$R_2(CO_3)_3 \cdot RF_3 + 9HCl \longrightarrow RF_3 \downarrow + 2RCl_3 + 3HCl + 3H_2O + 3CO_2 \uparrow$$

图 38 - 1　盐酸 - 氢氧化钠法提取混合稀土流程

　　经固体和液体分离后，残渣中的氟化稀土（RF_3）用碱溶液转化成混合稀土氢氧化物 $RF_3 + 3NaOH \longrightarrow R(OH)_3 + 3NaF$，再用分解精矿溶液中的过量盐酸溶解稀土氢氧化物 [$R(OH)_3$]，反应生成的氯化稀土溶液 $R(OH)_3 + 3HCl \longrightarrow RCl_3 + 3H_2O$，经中和后除去杂质，浓缩结晶为混合稀土氯化物（$RCl_3 \cdot 6H_2O$）。

　　氯化冶金法处理氟碳铈镧精矿是制取无水混合氯化稀土的重要方法。将含 70% 稀土氧化物精矿与碳粉、黏合剂混匀制成团块，在竖式炉中 1000 ~ 1200℃ 高温下通入氯气，精矿中的稀土和杂质绝大部分被氯化。低沸点的杂质元素氯化物以气体形态排出；而高沸点的稀土、钙、钡等碱土金属氯化物成为熔体流入熔盐接收器，出炉冷却后得无水氯化稀土，用以制取混合稀土金属，并从混合稀土电解渣中回收钐和铕。

38.4.2　从独居石中提取稀土

　　根据它的伴生矿物的不同性质，采用磁选、电选、重选或浮选方法使它与伴生的有价矿物锆英石、钛铁石、金红石分开。精选所得的独居石精矿中氧化稀土、氧化钍（$R_xO_y + ThO_2$）含量为 55% ~ 68%。独居石的处理方法是将磨好的精矿粉在常压或加压下用 NaOH 溶液分解，稀土、钍生成难溶性的氢氧化物，$RPO_4 + 3NaOH \longrightarrow R(OH)_3 + Na_3PO_4$ 和 $Th_3(PO_4)_4 + 12NaOH \longrightarrow 3Th(OH)_4 + 4Na_3PO_4$，稀土用盐酸溶解并控制酸度后进入溶液，$R(OH)_3 + 3HCl \longrightarrow RCl_3 + 3H_2O$，与钍及其他杂质分离，稀土溶液浓缩结晶得氯化稀土。独居石矿还可采用硫酸法处理。

　　从氟碳铈镧矿 - 独居石混合型稀土精矿提取稀土可采用酸法、碱法、氯化法。硫酸强化焙烧 - 溶剂萃取法是将含约60%稀土氧化物的混合型精矿在回转窑内用浓硫酸进行高温分解，使精矿中的铁、磷、钍、钙、钡等转化为难溶性物质，焙烧后的固体料经水浸除去杂质，得到纯净的稀土硫酸盐溶液，再经有机溶剂萃取和盐酸反萃，最后得到混合氯化稀土溶液。浓缩结晶，可得混合氯化稀土；或直接进行分组分离，制取单一稀土化合物。

38.4.3 稀土化合物分离和提纯

从精矿提取所得的混合稀土化合物中分离提取单一的稀土元素，不仅要将这十几个化学性质极其相近的稀土元素分离出来，而且还必须将稀土元素和伴生的杂质分离开来。其方法主要有化学法、离子交换法和溶剂萃取法等。

化学法 该法有分步结晶法、分级沉淀法和选择氧化还原法。前两种分离方法已被离子交换和有机溶剂萃取法所代替。选择氧化还原法是基于某些稀土金属可以氧化成 +4 价状态（Ce、Pr、Tb）或还原成 +2 价状态（Sm、Eu、Yb），其化学性质与 +3 价稀土金属有明显差异。利用稀土金属有不同的氧化还原电势，可以达到分离的目的。铈的氧化和钐、铕、镱的还原分离法仍被广泛采用。

离子交换法 该法是分离高纯单一稀土的有效方法。利用稀土配合物稳定常数之间的微小差异，使稀土离子在树脂床上进行交换反应，产生不间断的解吸－吸附过程，从而在树脂床的不同部位展开不同富集程度的稀土带，最后达到互相分离的目的。将混合稀土离子荷载在装有磺化聚苯乙烯－二乙烯苯树脂的离子交换柱上，用氨羧配合剂淋洗。为使被分离的稀土离子在树脂床上有足够的交换次数，防止稀土配合离子迅速穿过树脂床，必须使用延缓离子（它能使稀土带的上端被解吸出来的稀土离子再次吸附在树脂上），起到阻滞作用，保证分离有效进行。常用的延缓离子有 Cu^{2+} － H^+、H^+ 等。由于各种稀土元素性质极其相似，树脂对相邻 3 价稀土离子的选择性极小，不能像简单盐那样进行置换分离，因此必须使用氨羧配合剂作淋洗剂。常用的氨羧配合剂有乙二胺四乙酸（EDTA）、羟乙基乙二胺三乙酸（HEDTA）、氨三乙酸（NTA）等。

溶剂萃取法 该法具有规模大和连续化等特点，是稀土元素进行分组或分离的重要方法。稀土盐类在一定的萃取体系和设备中，经有机相与水相多次接触和再分配，达到多元素组和单个元素分离。使用的萃取剂有含氧溶剂类（酮、醚、醇、酯类化合物）、磷类（如磷酸三丁酯、二－2－乙基己基磷酸）、胺类（三烷基胺、氯化三烷基胺）、羧酸类（脂肪酸、环烷酸）以及能和金属离子形成螯合物的螯合萃取剂。使用的萃取设备有混合澄清萃取器、萃取塔和离心萃取器。

在中性配合萃取体系中，萃取剂是中性有机化合物磷酸三丁酯（TBP）、甲基膦酸二甲庚酯（P350）等。被萃取物是无机盐 $R(NO_3)_3$，它们结合生成的萃合物是中性配合物。中性磷氧类萃取剂最重要，其中 P350 萃取稀土能力比 TBP 强。在 P－350 或 TBP 硝酸体系萃取分离稀土时，影响分配比和分离系数的因素有：酸度、稀土浓度、盐析剂和萃取浓度等。

在酸性配合萃取体系中，萃取剂是有机弱酸 HA。最重要的是酸性磷氧萃取剂二－2－乙基己基磷酸（P204），它在非极性溶剂（煤油）中通常是以二聚分子 H_2A_2 的形式存在，二聚体是通过两个氢键 O 键号 H⋯O 结合起来的，能在酸性溶液中进行萃取。其分配比随着原子序数的增加（离子半径的减少）而增加。在离子缔合萃取体系中，萃取剂是含氧或含氮的有机物，被萃取物通常为金属配阴离子，二者以离子缔合方式成为萃合物进入有机相，最重要的是胺类萃取剂（伯、仲、叔胺和季铵盐）。它们只能萃取可生成配阴离子的金属元素（如稀土），不能生成配阴离子的碱金属、碱土金属不能被萃取，所以选择性较高。

在用 P204 煤油－HCl－RCl_3 体系进行稀土分离时，可将稀土混合物分成轻、中、重三组。控制一定的水相盐酸浓度和有机相浓度，在不同的酸度下，P204 与稀土元素的配合能力不同，从而按预定的界限分组。首先以钕、钐为界，将钐、铕及其后面的重稀土萃入有机相中，钕及其以前的轻稀土留在萃余液中；然后再以钆、铽为界，先以 2 mol/L 的盐酸反萃获得钐、钆富集物，再用 5 mol/L 的盐酸反萃又获得重稀土富集物，达到分组的目的。各组富集物可进一步分离为单一稀土。

38.4.4 稀土金属及其合金的制取

1826 年瑞典人穆桑德尔首次用金属钠、钾还原无水氯化铈制得杂质很多的金属铈。1875 年希勒布兰德（W. Hillebrand）和诺尔顿（T. Norton）首次用氯化物熔盐电解法制得少量的金属铈、镧和镨钕混合金属。到 20 世纪 30 年代末，发展了金属热还原法和熔盐电解法从稀土卤化物制取工业纯稀土金属的工艺。

金属热还原法 氟化物钙热还原是将无水稀土氟化物与超过理论量10%～15%的金属钙颗粒混合压实，装

入钽坩埚,置于高真空电炉中,充入惰性气体,在高于渣和金属熔点50～100℃温度下,按下式

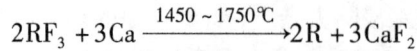

$$2RF_3 + 3Ca \xrightarrow{1450～1750℃} 2R + 3CaF_2$$

进行还原反应。在反应温度下保持约15 min,然后冷至室温,除去渣并取出金属,金属回收率为95%～97%。但产品含钙0.1%～2%、钽0.05%～2%(还原所得的钪和镥中的钽含量高至2%以上),含氧、氟等杂质亦高,需再经高真空重熔和蒸馏(或升华)除去杂质。此法可制取除钐、铕、镱和铥以外的镧系金属。

氯化物热还原过程常用的还原剂为锂或钙,还原反应式是:

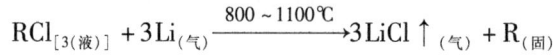

$$RCl_{[3(液)]} + 3Li_{(气)} \xrightarrow{800～1100℃} 3LiCl \uparrow_{(气)} + R_{(固)}$$

或

$$2RCl_3 + 3Ca \xrightarrow{800～1100℃} 3CaCl_2 + 2R$$

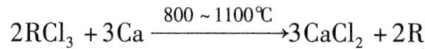

由于反应温度较低,可以采用较钽便宜的钛、钼坩埚,且可减少坩埚对金属的污染。用高纯锂还原稀土的装置见图38-2。

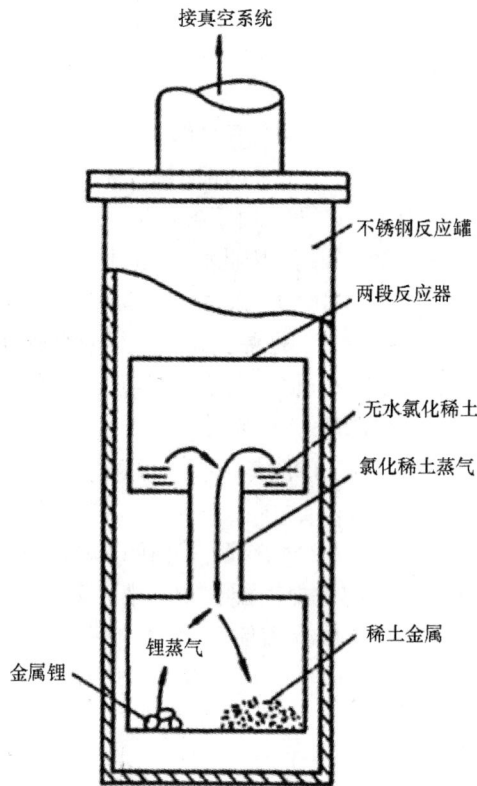

图38-2　锂还原稀土氯化物装置

中间合金法制备钇组稀土金属　在还原炉料中添加一定比例的镁和氯化钙以形成稀土镁合金和 $CaF_2 - CC_2$ 低熔点的熔渣。用钙还原无水 YF_3 时,将金属钙和镁装入坩埚(见图38-3),而 YF_3 和 $CaCl_2$ 装入上部的加料漏斗,密封反应罐抽真空至1.33Pa,再充入氩气,然后加热至950℃,使 YF_3 和 $CaCl_2$ 落入坩埚,炉料按下式进行还原和合金化反应:

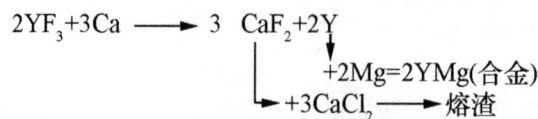

$$2YF_3 + 3Ca \longrightarrow 3\ CaF_2 + 2Y$$
$$+2Mg = 2YMg(合金)$$
$$+3CaCl_2 \longrightarrow 熔渣$$

保持20～30 min后取出坩埚,得到含镁24%的钇镁合金。将这种合金于950℃下按一定升温速度真空蒸馏。得到的海绵钇含钙和镁均小于0.01%,金属纯度约99.5%～99.7%。海绵钇经真空电弧炉重熔变为致密

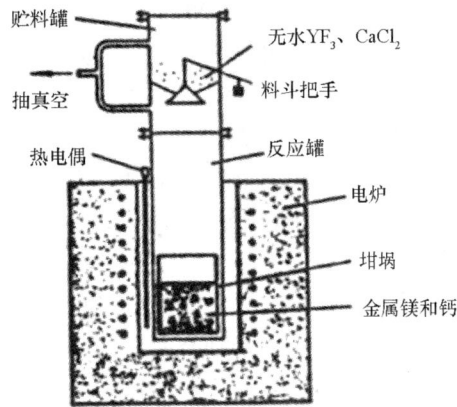

图 38 – 3 中间合金法还原制备金属钇的装置

金属，回收率为 90% ~ 94%。

氧化钐、氧化铕、氧化镱和氧化铥的镧（铈）还原法金属钐、铕、镱和铥的蒸气压高，以蒸气压较低的金属如镧、铈、甚至铈族混合稀土金属为还原剂，在高温和高真空下还原 Sm_2O_3、Eu_2O_3、Yb_2O_3 和 Tm_2O_3，同时进行蒸馏，可以得到相应的金属。采用经过灼烧的 R_2O_3 粉料和表面清洁（无氧化膜）的金属还原剂混合压制成块。在真空度 0.133Pa 和 1300 ~ 1600℃ 条件下，经过 0.5 ~ 2 h 还原蒸馏，可以得到较高的金属回收率。还原蒸馏设备见图 38 – 4。这种方法也适用于制取金属镝、钬和铒，只是需要更高的温度和真空度。Eu_2O_3 的还原反应激烈，还原温度较还原钐、镱、铥的氧化物低 100 ~ 500℃，操作应在惰性气氛中进行。

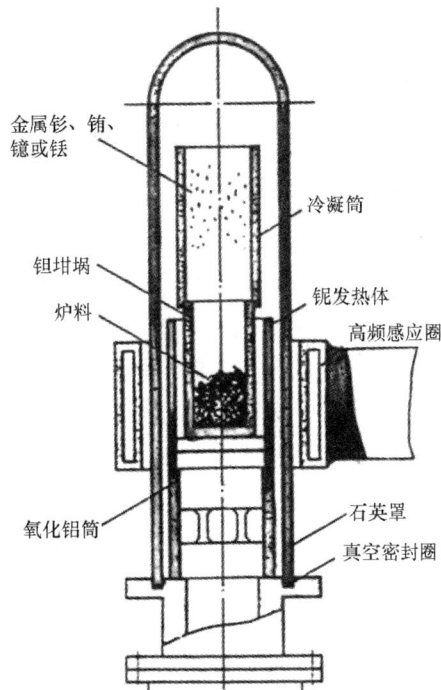

图 38 – 4 还原蒸馏装置

熔盐电解法 制取稀土金属的主要工业生产方法。20 世纪 70 年代氯化稀土电解槽的规模已达 5 万 A，年产稀土金属数千吨，主要是铈族混合稀土金属，其次是金属铈、镧、镨和钕。按稀土熔盐电解体系分为两类，一是 RCl_3 – KCl（NaCl）体系，电解稀土氯化物；二是 RF_3 – LiF – BaF_2（CaF_2）体系，电解稀土氯化物。氯化物体系电解的电解质是由 35% ~ 50% 无水 RCl_3 和 KCl 配制的。原料中杂质的含量（%）规定为：$Fe_2O_3 < 0.07$，Ca < 3，

Th <0.03，$SO_4^{2-}<0.05$，$PO_4^{3-}<0.01$。电解温度高于金属熔点，电解制取混合稀土金属和铈时为 850~900℃，电解制取镧时为 900~930℃；电解制取镨钕合金时约为 950℃。用钼棒作阴极，电流密度为 3~5 A/cm²。用石墨作阳极，电流密度 <1 A/cm²。槽电压 8~9 V，极间距是可调的。金属直收率为 80%~90%，纯度为 98%~99.5%。

电解法也可用于制取稀土和铝、镁乃至过渡族金属的合金。按作用原理分为两种方法：

(1)以液态金属如铝或镁为阴极，在 YR–LiF 或在 YCl_3–KCl 体系中电解 Y_2O_3 或 YCl_3，使 Y^{3+} 在液态铝或镁阴极上还原析出，生成 Y–Al 或 Y–Mg 合金，钇含量分别可达 20% 和 48%；

(2)共同析出电解合金组元制取 Y–Al 及 Y–Mg 合金。电解制取 Y–Al 合金时，使用摩尔比 LiF∶YF_3＝1∶4 的电解质，在电解温度为 1025℃ 和阴极电流密度为 0.6 A/cm² 工艺条件下，电解含量为 14%~17% 的 Al_2O_3 和 Y_2O_3 混料，则 Y^{3+} 及 Al^{3+} 在阴极上共同还原析出，形成 Y–Al 合金。电解制取 Y–Mg 合金时，用 YCl_3–$MgCl_2$–KCl 体系的电解质在 900℃ 条件下进行电解，则 Y^{3+} 和 Mg^{2+} 离子在阴极上共同还原析出，形成 Y–Mg 合金。

38.4.5 稀土铁合金的制取

以稀土氧化物、氢氧化物、碳酸盐或稀土精矿为原料(中国还采用含稀土的高炉渣)，用硅铁合金为还原剂，进行还原熔炼。配料时加入石灰和少量萤石以提高熔渣的碱度和流动性。控制配料比可冶炼出稀土金属含量为 25%~50% 的 R–Si–Fe–Ca 合金。稀土金属总回收率达 70%~80%。将此种合金进行炉外配镁，可得到 R–Si–Fe–Mg 合金。

38.4.6 稀土金属提纯

工业大量使用的是工业纯稀土金属，较高纯度的稀土金属主要供测定物理化学性能之用。目前主要有四种提纯方法在试验室中使用，即真空熔融，真空蒸馏或升华，电迁移和区域熔炼。

真空熔融法 将蒸气压较低的稀土金属，如钪、钇、镧、铈、镨、钕、钆、铽和镥，在真空度大于 1.33×10^{-4} Pa，用高于金属熔点 200~1000℃ 的温度进行熔融提纯。在这种情况下，蒸气压高的杂质如碱金属、碱土金属以及氟化物、低价氧化物(RO)能被蒸馏出去，但对钽、铁、钒、铬这些沸点高的杂质的去除效果较差。

真空蒸馏法 又名真空升华法。在真空度为 1.33×10^{-4}~10^{-7} Pa 和温度为 1600~1725℃ 下蒸馏提纯钇、钆、铽、镥以及在 1550~1650℃ 下升华提纯钪、镝、钬、铒、铥、钐、铕、镱。在这种条件下，钽、钨等蒸气压低的金属杂质和含碳、氮、氧的化合物便会留于坩埚中。此法往往同真空熔融法并用。

电迁移法 将稀土金属棒在超高真空或惰性气氛中通上直流电，在比金属熔点低 100~200℃ 下保持 1~3 周。在高温和直流电场作用下，各种杂质元素因为有效电荷，扩散系数和迁移率不同，便沿试棒向两端富集。切去试棒两端，中段可再次进行电迁移提纯。在试验室中用电迁移法对镧、铈、镨、钕、钆、铽、钇、镥进行提纯，去除碳、氧和氮这些杂质的效果显著(见电迁移法金属提纯)。

区域熔炼法 稀土金属棒在区域熔炼炉中以很慢的速度(如提纯钇时为 0.4 mm/mim)，进行多次区熔，对去除铁、铝、镁、铜、镍等金属杂质有明显效果，但对氧、氮、碳、氢无效。此外，电解精炼，区熔–电迁移联合法提纯稀土也有一定效果。

38.5 稀土金属的用途

1980 年全世界稀土产品的生产量约为 34000 吨(以氧化物计)，主要用于冶金、石油化工、玻璃陶瓷、荧光和电子材料。世界历年消费分配比(不包括中国)见表 38–8。

表 38–8 世界历年稀土产品消费分配/%

用途	1974	1975	1976	1977	1978	1979	1980
冶金	44	45	32	34	32	43	34
石油化工	34	36	38	39	32	26	35
玻璃陶瓷	20	17	28	26	35	31	31
荧光和电子材料	2	2	2	1	1	<1	<1

稀土金属及其合金在炼钢中起脱氧脱硫作用，能使两者的含量降低到 0.001% 以下，并改变夹杂物的形态，细化晶粒，从而改善钢的加工性能，提高强度、韧性、耐腐蚀和抗氧化性等。稀土金属及其合金用于制造球墨铸铁、高强灰铸铁和蠕墨铸铁，能改变铸铁中石墨的形态，改善铸造工艺，提高铸铁的机械性能（见合金钢，铸铁）。

在青铜和黄铜冶炼中添加少量的稀土金属能提高合金的强度、延伸率、耐热性和导电性。在铸造铝硅合金中添加 1% ~1.5% 的稀土金属，可以提高高温强度。在铝合金导线中添加稀土金属，能提高抗张强度和耐腐蚀性。Fe – Cr – Al 电热合金中添加 0.3% 的稀土金属，能提高抗氧化能力，增加电阻率和高温强度。在钛及其合金中添加稀土金属能细化晶粒，降低蠕变率，改善高温抗腐蚀性能。

用铈族混合稀土氯化物和富镧稀土氯化物制备的微球分子筛，用于石油催化裂化过程。稀土金属和过渡金属复合氧化物催化剂用于气体净化，能使一氧化碳和碳氢化物转化为二氧化碳和水。镨钕环烷酸 – 烷基铝 – 氯化烷基铝三元体系催化剂用于合成橡胶。

稀土抛光粉用于各种玻璃器件的抛光，CeO_2 用于玻璃脱色，同时提高其透明度；Pr_6O_{11}、Nd_2O_3 等用于玻璃着色；La_2O_3、Nd_2O_3、CeO_2 等用于制造特种玻璃；在陶瓷工业中稀土可用于制造陶瓷釉料、耐火材料和陶瓷材料。

单一的高纯稀土氧化物如 Y_2O_3、Eu_2O_3、Gd_2O_3、La_2O_3、Tb_4O_7 用于合成各种荧光体，如彩色电视红色荧光粉、投影电视白色荧光粉、超短余辉荧光粉、各种灯用荧光粉、X 光增感屏用荧光粉以及光转换等荧光材料。稀土金属碘化物用于制造金属卤素灯，它们的发光效率达 80 ~100 lm/W，色温为 5500 ~6000 K，接近日光，可以代替炭精棒电弧灯作照明光源。高纯 Y_2O_3、Nd_2O_3、Ho_2O_3、Gd_2O_3 是很好的激光材料。

用稀土金属制备的稀土 – 钴硬磁合金，具有高剩磁、高矫顽力的优点。钇铁石榴石（YIG）铁氧体是用高纯 Y_2O_3 和氧化铁制成的单晶或多晶的铁磁材料。它们用于微波器件（如 YIG 器件）。高纯 Gd_2O_3 用于制备钆镓石榴石（GGG），它的单晶用作磁泡的基片。

金属镧和镍制成的 $LaNi_4$ 贮氢材料，吸氢和放氢速度快，每摩尔 $LaNi_5$ 可贮存 6.5 ~6.7 摩尔氢。在原子能工业中，利用铕和钆的同位素的中子吸收截面大的特性，作轻水堆和快中子增殖堆的控制棒和中子吸收剂。稀土元素作为微量化肥，对农作物有增产效果。^{170}Tm 放出弱 γ 射线，用于制造手提 X 光机。打火石是稀土发火合金的传统用途，目前仍是铈组稀土金属的重要用途。

VIII　其他有色金属

39　硅（silicon）

39.1　硅的发现小史

　　1810 年瑞典人贝采利乌斯（J. J. Berzelius）在加热石英砂、炭和铁时，得到一种金属，根据拉丁文 silex（燧石）命名为 Silicon。当时得到的实际是硅铁，1824 年分离出硅，定为元素。至 1854. 年法国人德维尔（S. C. Deville）用混合氯化物熔盐电解法制得晶体硅；以后，得到纯度超过 99% 的纯硅；更后，美国杜邦公司用锌还原四氯化硅得到纯度超过 99.97% 的针状硅。

39.4　硅的性质

　　金属硅的性质和锗、锡、铅相近，其主要物理性质见表 39 – 1。

表 39 – 1　硅的主要物理性质

密度（20℃）	2.329	g/cm^3
熔点	1420	℃
沸点	3415	℃
平均比热（0～100℃）	729	$J/(kg \cdot K)$
熔化热	50.66	kJ/mol
汽化热	384.8	kJ/mol

　　硅具有半导体性质，其禁带宽度（330 K）为 1.107 eV，本征电阻率（300 K）为 $2.3 \times 10^5 \ \Omega \cdot cm$，电子迁移率（20℃）为 1350 $cm/(V \cdot s)$，空穴迁移率（20℃）为 480 $cm^2/(V \cdot s)$，电子扩散系数（300 K）为 34.6 cm^2/s，空穴扩散系数（300 k）为 12.3 cm^2/s。

39.3　硅的资源

　　硅的地壳丰度达到 25.8%，在自然界与氧结合成 SiO_2，与金属结合生成金属的硅酸盐。最纯的硅矿物为石英和硅石。

　　工业上把二氧化硅及杂质含量等符合要求的石英岩、石英砂岩、脉石英叫作硅石，主要矿物组分为石英，化学成分主要为二氧化硅，含有少量三氧化二铁、三氧化二铝、氧化钙、五氧化二磷等杂质。

39.3.1　硅资源的一般工业要求

　　根据不同的用途，对化学成分及主要物理性能的要求分别参见表 39 – 2，表 39 – 3，表 39 – 4。

表 39 – 2　耐火制品的成分与性能

品级	化学成分/%				耐火度/℃	吸水率/%
	SiO_2	Al_2O_3	CaO	Fe_2O_3		
特级	≥98	≤0.5	≤0.4	≤0.5	1750*	≤3
I 级	≥97	≤1.0	≤0.5	≤1.0	1730*	≤4
II 级	≥96	≤1.3	≤1.0	≤1.5	1710*	≤4

表39-3 铁合金及工业硅的成分及性能

品级	化学成分/%				
	SiO_2	Al_2O_3	Fe_2O_3	CaO	P_2O_6
特级	≥99	≤0.3	≤0.15	≤0.2	≤0.02
Ⅰ级	≥98	≤0.5	–	≤0.3	≤0.02
Ⅱ级	≥97	≤1.0	–	≤0.5	≤0.03

注：矿石块度一般20~250 mm，<20 mm者一般要求不大于10%。

表39-4 熔剂等用硅成分与性能

用途	化学成分/%				
	SiO_2	Al_2O_3	Fe_2O_3	CaO	P_2O_6
熔剂用	≥90~95	≤2~5	≤1~3	≤3	–
硅铝用	≥98.5	≤0.5	–	–	–
结晶硅用	≥98~99	≤0.0	≤0.5	≤0.5	≤0.03
石英玻璃用	≥99.95	极微	极微	极微	极微

硅石中的Al_2O_3、CaO、Fe_2O_3在生产硅铁时，消耗SiO_2；在制作耐火材料时降低硅砖耐火度；P_2O_5在炼钢时，影响钢的质量。

开采技术条件的要求：
可采厚度：2 m；
夹石易剔除厚度：1~2 m；
采剥比：1:3~5 m。

39.3.2 硅矿床实例

表39-5，表39-6中分别列出了河南坡头石英岩和辽宁石门石英岩的品级、要求。

表39-5 河南坡头石英岩（硅砖用）

品级	化学成分/%				耐火度/℃	吸水率/%	剥离比
	SiO_2	Al_2O_3	Fe_2O_3	CaO			
特级	>98	<0.5	<0.5	<0.5	>1750		
Ⅰ级	>97	<1.0	<1.0	<1.0	>1730	2	<1
Ⅱ级	<96	<1.2	<1.5	<1.2	<1710		

表39-6 辽宁石门石英岩

用途	品级	化学成分/%				耐火度/℃	吸水率/%	剥离比
		SiO_2	Al_2O_3	Fe_2O_3	CaO			
硅砖用	Ⅰ级	>98	<1.0	<0.5		>1770		
	Ⅱ级	>97	<1.3	<1.0		>1750	1	1
	Ⅲ级	>96	<1.6	<1.5		<1730		
硅铁用	Ⅰ级	>97.5	<1.0	<0.3	<0.02			
	Ⅱ级	>96	<1.5	<1.0	<0.03			

冶金工业部 1982 年 5 月 1 日颁布的 YB 2416—81 号硅石质量标准参见表 39 – 7，表 39 – 8。

表 39 – 7　耐火制品用

品级	化学成分/%			耐火度/℃	吸水率/%
	SiO$_2$	Al$_2$O$_3$	CaO		
特级品	≥98	≤0.5	≤0.4	≤1750*	≥3
I 级品	≤97	≤1.0	≤0.5	1730*	≤4
II 级品	≥96	≤1.3	≤1.0	1710*	≤4

表 39 – 8　铁合金及工业硅用

品级	化学成分/%				
	SiO$_2$	Al$_2$O$_3$	Fe$_2$O$_3$	CaO	P$_2$O$_6$
特级品	≥99	≤0.3	≤0.15	≤0.2	≤0.02
I 级品	≥98	≤0.5	–	≤0.3	≤0.02
II 级品	≥97	≤1.0	–	≤0.5	≤0.03

注：产品块度划分为下列五处规格（节录）

　　20 ~ 40mm，40 ~ 60 mm，60 ~ 120 mm，120 ~ 160 mm，160 ~ 250 mm。

对于宝钢硅石原料质量要求

（1）炼钢用：SiO$_2$ > 95%，Al$_2$O$_3$ < 2%，水分 < 5%；粒度 10 ~ 30 mm。

（2）炼铁用：化学成分同上，粒度 < 3 mm。

我国 1993 年产硅 40.703 t。

39.4　硅的提取

硅是在电弧炉中还原硅石（SiO$_2$ 含量大于 99%）生产的。使用的还原剂为石油焦和木炭等，作用有三：①导电；②作为具有活性的碳完成还原反应；③造成一个结实、多孔性的炉床，使化学反应迅速完成。使用直流电弧炉时，能全部用石油焦代替木炭。石油焦灰分低（0.3% ~ 0.8%），采用质量高的硅石如中国硅石（SiO$_2$ 大于 99.5%），可直接炼出制造硅钢片用的高质量硅。炼硅电弧炉向大容量发展，电炉功率由 20 世纪 60 年代的 5000 ~ 7000 kV·A 扩大到 70 年代末的 60000 kV·A。

39.4.1　超纯硅（多晶硅）的制备

超纯硅的生产，除个别工厂采用硅烷热分解法外，一般都采用氢还原三氯氢硅方法。

三氯氢硅的合成　用金属硅和氯化氢气为原料，在流态化氯化炉中进行反应，三氯氢硅的沸点为 31.5℃，与绝大多数杂质的氯化物挥发温度相差较大，所以可用精馏法提纯。三氯氢硅极易挥发和水解，产生强腐蚀的盐酸气，因此精馏设备必须防止水汽和空气混入。小规模生产超纯硅可采用聚四氟乙烯，特制玻璃或石英作为精馏设备材料，大规模生产则须采用耐腐蚀的金属或合金材料以免铜、铁、镍等重金属杂质混入，影响超纯硅的质量（见超纯金属）。

三氯氢硅氢还原　在超低碳的不锈钢或镍基合金制成的水冷炉壁还原炉内，用氢将三氯氢硅还原成硅。炉内有不透明石英装置（有透明石英内层和观察孔）和用细硅芯或钽管制成的发热体。细硅芯是用超纯硅在特制的硅芯炉内制成。在进行化学气相沉积之前，由于硅在常温时电阻率很高，因此硅芯须在石英装置外用电阻加热到 300℃ 或用几千伏的高压电启动。经过提纯的氢气（含水蒸气量很少，露点在 -70℃ 以下）在挥发器中将三氯氢硅自炉底带入炉内，于 1100 ~ 1150℃ 进行还原反应，使硅沉积在发热体上，其主要化学反应如下：

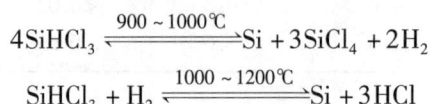

$$4SiHCl_3 \xrightleftharpoons{900 \sim 1000℃} Si + 3SiCl_4 + 2H_2$$

$$SiHCl_3 + H_2 \xrightleftharpoons{1000 \sim 1200℃} Si + 3HCl$$

$$SiCl_4 + H_2 \xrightleftharpoons[]{1100 \sim 1200℃} Si + 4HCl$$

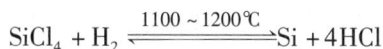

同时也发生一些副反应，如：

$$SiHCl_3 \rightleftharpoons SiCl_4 + H_2$$

$$SiHCl_3 \rightleftharpoons SiCl_2 + HCl$$

但是生产过程中，三氯氢硅氢还原法所生产的多晶棒是供区域熔炼法生产单晶硅用的。硅棒直径为 50 ~ 100 mm。供直拉法生产单晶用的硅棒直径为 50 ~ 150 mm。还原尾气中的三氯氢硅和四氯化硅在 − 80℃ 以下冷凝回收。氢气净化后可以循环使用。二氯化硅在高温下是稳定的，在较低温度时生成少量的 $(SiCl_2)_x$，这是一种油状物质，容易与水汽反应而腐蚀炉壁。由于 $SiCl_2$ 的生成影响硅在高温时的实收率，同时因为难于达到平衡状况，使硅的沉积速度较慢。

三氯氢硅氢还原制取超纯硅的方法沉积速度较慢，只有 0.5 mm/h。消耗电能很多，副产品四氯化硅量大，因此研究了很多新的综合利用方法。根据已发表的资料，其中最有前途的方法是将四氯化硅转化为三氯氢硅、二氯二氢硅、硅烷，然后还原或分解成为超纯多晶硅。

多晶硅纯度的鉴定　主要通过测定电阻率并计算杂质浓度，能保证多晶硅产品质量达到 N 型电阻率大于 300 Ω·cm（其中 500 ~ 1000 Ω·cm 的产品达到 60% ~ 70%），P 型电阻率大于 3000Ω·cm（其中 5000 ~ 10000 Ω·cm的产品大于 50%）。最高质量的多晶硅纯度能达到 N 型电阻率 1000 ~ 2000 Ω·cm。P 型电阻率 5000 ~ 10000 Ω·cm。由于器件对晶体的电学参数的不同要求和不同的晶体制造工艺，对多晶硅中的硼、施主杂质浓度、重金属杂质含量有不同的要求，多晶硅可大致分为四类（表 39 - 9）：

表 39 - 9　多晶硅的成分

类别	硼含量/ppba	施主杂质/ppba	重金属杂质/ppba
探测器元件	≤0.02	≤0.15	≤0.1
功率器件	≤0.1	≤0.2	≤0.1
大规模集成电路	≤0.2	≤0.8	≤0.1
太阳能电池	—	—	—

其中太阳能电池级多晶硅纯度要求较低，但 20 世纪 80 年代初要求每公斤价格降至 10 美元以下。

39.4.2　单晶硅的制备

直拉法单晶用直拉法制单晶硅的硅单晶炉与锗单晶炉基本相同。炉内有炉室和拉制室，两室中间有闸阀。一般使用电阻加热，温度和晶体直径均采用自动控制，在纯氩气氛下进行常压或减压拉晶。减压拉晶工艺不但能改善晶体生长条件，而且有助于降低晶体中碳的含量。晶体掺杂方法有两种：制备中、高阻单晶采用母合金掺入法；制备重掺杂的单晶（如掺锑的外延衬底单晶）则直接加入掺杂的元素（N 型单晶掺磷，P 型单晶掺硼）。要制造良好（晶体完整）的硅单晶体，应在拉晶炉内建立合理的热场，选择拉晶条件，找到最好的动态热场，得到平坦微凹向熔体的固液界面，并严格控制籽晶的拉速与转速以及坩埚转速等技术条件。现代的直拉单晶炉能生产直径大于 125 mm 的硅单晶。直拉法因为使用石英坩埚而掺入氧，通常都要经过热处理以消除氧对电阻率的影响。根据原始氧含量及器件热处理温度，氧沉淀（Si_xO_y）可以成为吸除缺陷的中心。为了获得稳定的吸除缺陷能力，氧含量须控制在 $(8 \sim 11) \times 10^{17} cm^{-3}$，氧可以增加硅片强度，但氧含量过多会导致硅片翘曲。单晶硅中碳原子数含量在 $5 \times 10^{15} \sim 5 \times 10^{16} cm^{-3}$ 之间。碳含量高对器件性能有害。目前直拉硅单晶的生产水平为：直径 50 ~ 100 mm，并正向 125 ~ 150 mm 过渡；晶向〈111〉，〈100〉；电阻率范围：N 型电阻率为 0.03 ~ 50 Ω·cm；P 型电阻率 0.001 ~ 80 Ω·cm；位错密度小于 500 cm^{-2}；无漩涡缺陷；少数载流子寿命 10 ~ 50 μs。

区熔法单晶硅的区熔提纯与锗不同，不使用容器，称为悬浮区熔法。区熔过程对多晶硅中分凝系数小的杂质有一定的提纯作用，但对分凝系数大的杂质如硼则不起作用。多晶硅能用化学方法提纯（如三氯氢硅精馏及氢还原）得到很高的纯度，因此区熔法在硅的生产中，一般作为制作单晶的手段，而不作为提纯手段。在区熔炉炉室内，将硅棒用上下夹头保持垂直，有固定晶向的籽晶在下面，在真空或氩气条件下，用高频线圈加热（2 ~

3 MHz)，使硅棒局部熔化，依靠硅的表面张力及高频线圈的磁力，可以保持一个稳定的悬浮熔区，熔区缓慢上升，达到制成单晶或提纯的目的。线圈结构对保证操作顺利起非常重要的作用。现代大型区熔炉能拉制直径大于 100 mm 的硅单晶。掺杂方法主要是使用气相掺杂法：掺磷化氢(PH_3)或乙硼烷(B_2H_6)。如要制取电阻率均匀性好的区熔单晶硅，可用中子嬗变法（核嬗变掺杂法），把单晶置于原子反应堆中辐照，使同位素^{30}Si 转变为^{31}P，以达到掺杂的目的。制成的单晶须经过热处理，以消除辐射造成的晶格损伤。目前区熔硅单晶的生产水平：直径 50 ~ 100 mm；晶向 ⟨111⟩，⟨100⟩；电阻率范围：P 型 0.1 ~ 3000 Ω·cm，N 型 0.04 ~ 800 Ω·cm；位错密度小于 500 cm^{-2}；无漩涡缺陷；少数载流子寿命 1000 ~ 2500 μs；氧、碳含量小于 1×10^{-6}（中子掺杂单晶为 N 型，电阻率范围为 50 ~ 200 Ω·cm；断面电阻率均匀性为 3% ~ 5%；少数载流子寿命 ≥100 μs）。

探测器级硅单晶　探测器级硅单晶要求有很高的纯度，采用悬浮区熔法提纯，所用多晶硅是在三氯氢硅精馏以前，采用配合物除硼或其他化学方法（如氧化铝吸附等）除去有"不利分配系数"的杂质，再进行氢还原，所得多晶在高真空下进行多次区熔提纯后再制成单晶。目前探测器级硅单晶的生产水平：直径 33 ~ 50 mm（直径 <33 mm 是有位错的硅单晶，较大直径是无位错硅单晶）；晶向 ⟨111⟩；P 型硅单晶电阻率范围为 3000 ~ 20000 Ω·cm，N 型电阻率为 800 ~ 20000 Ω·cm；少数载流子寿命大于 1000 μs；氧含量 $<0.4 \times 10^{-6}$；碳含量 $<0.6 \times 10^{-6}$。

太阳能电池级硅单晶　主要是廉价的、光电转换效率高的晶体。铸造大晶粒多晶硅、气相生长多晶硅薄膜和非晶态硅的研究工作都在进行。此外，枝蔓状和片状单晶也已小量生产。

无位错单晶工艺　现代硅单晶，无论是直拉单晶或区熔单晶都是使用无位错工艺的生产方法。无位错单晶抵抗二次缺陷的能力强，晶体的少数载流子寿命长，同时也是制备大直径硅单晶所必须使用的方法。用鼓棱法生产的无位错硅单晶，在生长期间，由于过剩热点缺陷（自填隙原子、空位）的凝聚，形成条纹状分布的漩涡缺陷。这种缺陷在器件生产的热氧化过程中，形成层错，导致器件反向耐压特性降低，漏电流增加。因此在单晶生长过程中要增加晶体冷却速度，以防止漩涡缺陷的形成。当晶体生长速度大于某个临界值时，无论直拉法或区熔法，都能生产无漩涡缺陷的单晶。根据器件的需要，单晶硅掺杂的范围很大（10^{10} ~ 10^{20} cm^{-3}），晶体的杂质分布要非常均匀，要控制晶体的宏观（轴向及径向电阻率）及微观（条纹）均匀性。

抛光片的生产　切片、磨片及抛光片的技术是硅材料生产中一个重要组成部分，其质量优劣与器件性能密切相关。目前世界上的硅工厂大都生产抛光片，所用设备要求精密度高和操作自动化，要有先进的化学 - 机械抛光工艺，并要求在高纯净化室内进行操作，能生产光洁度、平整度高的高质量的抛光片。目前直径为 100 mm 的硅抛光片生产水平：厚度公差 ±10 ~ 15 μm；不平行度 6 ~ 10 μm；弯曲度 20 ~ 50 μm；平整度 <4 μm。

39.4.3　多晶硅、单晶硅、硅抛光片的质量控制

硅工业发展的速度很快，与集成电路工艺密切相关。集成电路的集成度越来越高，最近用几微米的配线技术和深度为数百埃（Å）的杂质扩散技术（64KRAM 的线宽为 3 μm，256KRAM 只有 1.5 μm），已能在约 5 mm 见方的硅单晶片上，制得 15 万个元件的高集成化的集成电路。除了器件工艺本身的条件更加严格，对硅单晶的纯度、完整性、均匀性、几何尺寸精度和晶体缺陷等参数，也有着更高的要求。为了满足日益严格的要求，硅的生产工艺及设备必须能稳定的进行操作以保证质量。并在多晶硅、单晶硅及硅抛光片的生产过程中，进行严格的日常质量检查制度，要有先进的测试方法及仪器设备。例如三氯氢硅在精馏前后，要分析三氯氢硅中的甲基硅烷、二氯硅烷、四氯化硅及磷、砷、硼等杂质。所用仪器有气相色谱仪、原子吸收光谱及紫外光谱等。同时在小型石英设备内用三氯氢硅氢还原法沉积多晶硅棒并测定其 N 型及 P 型电阻率，间接确定其纯度。多晶硅每炉要测定其 N 型及 P 型电阻率和少数载流子寿命。用低温（20K）恒温装置的红外分光光度计测定硅中氧、硼、碳、磷、砷、铝等杂质含量。用中子活化分析技术测定硅中重金属杂质含量。单晶硅要测定型号、电阻率、少数载流子寿命、位错密度等参数及氧、碳含量。用霍尔效应测量杂质浓度及补偿度。要作漩涡缺陷检验，为了显示漩涡缺陷，一般采用高温水汽氧化法，晶片经氧化处理后，用氢氟酸除去氧化层，然后用择优腐蚀显示。也可用铜缀饰结合 X 射线形貌图进行检验。为了消除漩涡缺陷，可用透射电镜或高压电镜的电子显微技术进行点缺陷本性的研究。切、磨、抛工艺也必须经常检查硅片的晶向、厚度、翘曲、厚度偏差、表面情况各种参数。在单晶硅的生产过程中不合格的中间产品，不能进入下一道工序，以保证最后产品质量的稳定性和可靠性。

目前大规模集成电路正向超大规模集成电路发展。对硅单晶有新的质量要求。例如纯度要求更高，对重金属杂质含量要求 $\leqslant 0.001 \times 10^{-9}$（即分析灵敏度达到 10^{-9} 级）。对晶体完整性也同样有更高的要求。因此对硅单

晶漩涡缺陷产生的原因，杂质与缺陷的关系，硅片背面处理以吸除点缺陷和杂质以及制造表面完整层等方法，都在进行研究。硅的表面状态影响器件的特性，在集成电路的集成度提高以后，表面状态是至关重要的特性；采用的测试手段有俄歇电子能谱仪，二次离子质谱仪等精密仪器设备。要求微缺陷的测定工作在较小的容积范围内进行，即微区分析以及在界面区及表面区域进行分析。

39.4.4　硅钢片（silicon steel sheets）

这是一种含碳极低的硅铁软磁合金，一般含硅量为 0.5% ~ 4.5%。加入硅可提高铁的电阻率和最大磁导率，降低矫顽力、铁芯损耗（铁损）和磁时效。主要用来制作各种变压器、电动机和发电机的铁芯。世界硅钢片产量约占钢材总量的 1%。

1900 年英国哈德菲尔德（R. A. Hadfield）等首先发现含 Si 4% 的 Si - Fe 合金有良好磁性。1903 年德国和美国相继生产含 Si1.0% ~ 4.5% 的热轧硅钢片，并于 1906 年代替低碳钢用来制造电机和变压器铁芯。1934 年美国戈斯（N. P. Coss）采用两次冷轧法制成（110）[001] 晶粒择优取向的含 Si3% 的冷轧硅钢片。1968 年日本田口悟等采用硫化锰和氮化铝综合抑制剂并使用一次大压下率冷轧法，制成（110）[001] 高磁感取向硅钢，这种材料的晶粒取向更加准确，铁损和磁性进一步改善。历年来，硅钢的铁损值下降示意曲线见图 39 - 1。

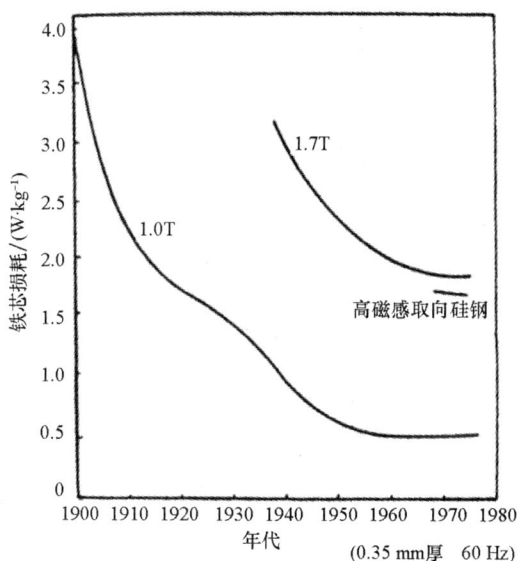

图 39 - 1　硅钢的铁损值逐年下降示意

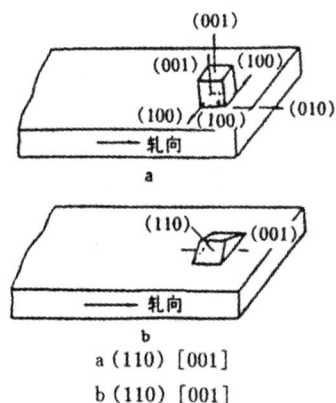

图 39 - 2　两种取向硅钢片中晶粒排列示意

1949 年美国制成厚度小于 0.1 mm 的冷轧（110）[001] 取向薄硅钢带，用于电子工业。1957 年联邦德国制成（100）[001] 立方取向硅钢片，其纵横向磁性都高，但因工艺复杂，至今未正式生产。图 39 - 2 是（110）[001] 和（110）[001] 取向硅钢片中晶粒排列示意图。含硅 6.5% 的 Si - Fe 合金的磁致伸缩约为零、磁导率高、铁损低、制成的变压器无噪声，但因加工困难，未得到广泛应用。20 世纪 70 年代采用液态快冷技术制成 6.5Si - Fe 微晶薄带，研制了更薄的取向硅钢片和（100）面织构（晶间无取向）的硅钢片等新品种。

中国于 1953 年开始生产热轧低硅硅钢片（Si 1% ~ 2%）；1955 年开始生产热轧高硅硅钢片（Si 3.0% ~ 4.5%）；1962 年开始生产冷轧取向薄硅钢带。20 世纪 70 年代开始生产冷轧取向硅钢带。

39.4.5　硅铁（ferrosilicon）

铁和硅组成的铁合金。硅铁主要作为炼钢的脱氧剂和合金添加剂，还用于铸造、选矿、焊条、轻金属工业和作为冶炼某些金属的还原剂。冶炼硅铁的主要原料是二氧化硅矿石（石英、硅石），矿石中的 SiO_2 一般要求高于 96%、冶炼高硅硅铁时高于 98%，矿石中的 P_2O_5 一般不应超过 0.02%，Al_2O_3 不应超过 1.5%。硅铁常用的品种含硅为 45%、75% 和 90%。

39.4.6　硅砖（filica brick）

二氧化硅（SiO_2）含量不低于 93% 的耐火材料制品。

二氧化硅有七个结晶型变体和一个非晶型变体。这些变体可分两大类：第一类变体是石英、鳞石英和方石英，它们的晶型结构极不相同，彼此间转化很慢；第二类变体是上述变体的亚种——α、β 和 γ 型，它们的结构相似，相互间转化较快。在理论上，它们之间的相互转变关系如图 39 - 3 所示。

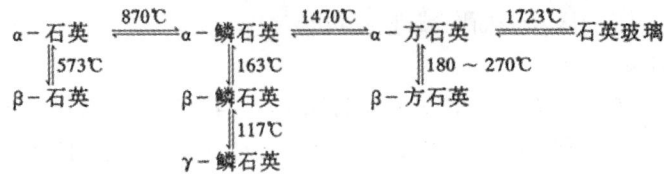

$$\alpha-石英 \xrightleftharpoons{870℃} \alpha-鳞石英 \xrightleftharpoons{1470℃} \alpha-方石英 \xrightleftharpoons{1723℃} 石英玻璃$$

$$\Big\updownarrow 573℃ \qquad \Big\updownarrow 163℃ \qquad \Big\updownarrow 180\sim270℃$$

$$\beta-石英 \qquad\quad \beta-鳞石英 \qquad\quad \beta-方石英$$

$$\Big\updownarrow 117℃$$

$$\gamma-鳞石英$$

图 39 - 3　二氧化硅变体的转变关系

　　制造硅砖的原料为硅石。硅石原料的 SiO_2 含量越高，耐火度也越高。最有害的杂质是 Al_2O_3，K_2O，Na_2O 等，它们严重地降低耐火制品的耐火度。硅砖以 SiO_2 含量不小于 96% 的硅石为原料，加入矿化剂（如铁鳞、石灰乳）和结合剂（如糖蜜、亚硫酸纸浆废液），经混炼、成型、干燥、烧成等工序制得。硅砖属酸性耐火材料，具有良好的抗酸渣侵蚀的能力，荷重软化温度高达 1640～1670℃，在高温下长期使用体积比较稳定。硅砖的矿相组成主要为鳞石英和方石英，还有少量石英和玻璃质。鳞石英、方石英和残存石英在低温下因晶型变化，体积有较大变化，因此硅砖在低温下的热稳定性很差。使用过程中，在 800℃ 以下要缓慢加热和冷却，以免产生裂纹。所以不宜在 800℃ 以下有温度急变的窑炉上使用。硅砖的性质和工艺过程同 SiO_2 的晶型转化有密切关系，因此，真密度是硅砖的一个重要质量指标。一般要求在 2.38 以下，优质硅砖应在 2.35 以下。真密度小，反映砖中鳞石英和方石英数量多，残余石英量少，因而残余线膨胀小，使用中强度下降也小。

　　硅砖主要用于砌筑焦炉的炭化室和燃烧室的隔墙，玻璃池窑的窑顶、池墙，硅酸盐制品的烧成窑。现代大型焦炉，为了提高生产能力，需要减薄焦炉炭化室和燃烧室的炉墙，因而要求使用高致密的高导热性硅砖。

39.5　硅的用途

　　在钢铁工业中广泛用硅铁作合金添加剂，在多种金属冶炼中用作还原剂。冶炼铝合金时加入少量的纯度为 98% 的冶金级硅可大大改善铝合金的性能。冶金级硅的产量主要与钢铁和铝工业有关。此外纯度为 98%～99% 的金属硅可用来生产三氯氢硅一类的中间产品，配制几百种硅树脂润滑剂和防水化合物等。金属硅也是电子工业超纯硅的原料。单晶硅用量虽仅为全部硅消费量的 1%，但占极为重要的地位，最主要的用途是用于制作大规模集成电路和功率器件。单晶硅的质量日益提高，直径不断增大，成本不断降低，生产半导体硅已成为当代重要的新兴工业。1980 年世界上多晶体的生产能力为 2695 t，其中用于制作集成电路的为 2110 t，用于功率元件的为 247 t。主要生产多晶硅的国家为联邦德国、美国、日本等。1980 年多晶硅的价格为 65～83 美元/公斤，用于集成电路的单晶硅为 400～500 美元/公斤，用于功率元件的中子掺杂单晶硅为 700 美元/公斤，探测器级高阻单晶硅为 5000～14000 美元/公斤。

40 硼（boron）

40.1 硼发现小史

1808 年英国化学家戴维（H. Davy）和法国化学家盖·吕萨克（J. L. Gay – I. Ussac）、泰纳尔（L. J. Thenard）几乎同时用钾还原硼酸酐（B_2O_3）制得硼。1892 年法国人穆瓦桑（H. Moissan）用金属镁还原硼酸酐制得纯度为 98.3% 的硼。

40.2 硼的性质

硼有多种同素异形体：四方晶体、α 菱形体、β 菱形体及无定形体。无定形硼是一种由深棕色到黑色的粉末。晶体硼是非常硬而脆的固体，有由乌黑到银灰的金属光泽。硼的电导率随温度的升高而增加，例如从 290 K 升至 1070 K，电导率约增加 200 万倍。^{10}B 的优异物理性能之一是能吸收中子，其热中子吸收截面为 775 靶恩。石墨中有百万分之一的硼足以减缓或停止铀 – 石墨核反应堆的链式反应。表 40 –1 所示为硼的主要物理性质。

表 40 –1 硼的主要物理性质

密度（25 ~ 27℃）		
四方晶体	2.31	g/cm^3
α 菱形体	2.46	g/cm^3
β 菱形体	2.35	g/cm^3
无定形	2.30	g/cm^3
熔点	2079	℃
沸点	3660	℃
比热（20℃）	0.307	cal/(g·K)
燃烧热（25℃）*	302.0 ± 3.34	kcal/mol
升华热（25℃）	577.8	kJ/mol

* 燃烧热 [1 kcal/mol = 4186.75 J]

硼的化学性质主要取决于它的物理状态。无定形硼在空气中甚至在常温下就缓慢氧化，而晶体硼在加热时也很稳定，只能同强氧化剂缓慢地发生作用。高温下无定形硼能在空气中燃烧，产生红色火焰；也能同卤素、氮和金属作用，形成卤化硼、氮化硼和金属硼化物，但不与氢直接发生作用。硼与氢可形成一系列的共价氢化物——硼烷。

40.3 硼的资源

40.3.1 硼矿的种类

硼在自然界分布很广，已知含硼矿物百余种。作为硼酸工业原料的主要是含水和某些无水硼酸盐矿物。硼硅酸盐中的硅钙硼石亦具一定工业意义。

主要矿物有：

硼镁石 $Mg_2B_2O_5·H_2O$，含 B_2O_3 38.4%。

水方硼石 $CaMgB_6O_{11}·6H_2O$，含 B_2O_3 50.53%。

钠硼解石 $NaCaB_5O_9·8H_2O$，含 B_2O_3 42.95%。

硼镁铁矿 $(Mg·Fe)_2Fe(BO_3)O_2$，含 B_2O_3 17.02%。

硼钾镁石 $KMg_2B_{11}O_{19}·9H_2O$，含 B_2O_3 56.92%。

硅钙硼石 $CaBSiO_4(OH)$，含 B_2O_3 21.8%。

硼砂 $Na_2B_4O_7 \cdot 10H_2O$，含 B_2O_3 36.51%。

硬硼钙石 $Ca_2B_6O_{11} \cdot 5H_2O$，含 B_2O_3 50.81%。

方硼石 $5MgO \cdot MgCl \cdot 7B_2O_3$，含 B_2O_3 59.77%。

板硼石 $CaB_3O_3(OH)_5 \cdot 4H_2O$，含 B_2O_3 37.03%。

天然硼酸 $B(OH)_3$，含 B_2O_3 56.30%。

白硼钙石 $4CaO \cdot 5B_2O_3 \cdot 7H_2O$，含 B_2O_3 49.30%。

遂安石 $Mg_2B_2O_5$，含 B_2O_3 38.20%。

40.3.2 硼矿物的工业要求

（1）硼镁石矿

边界品位：B_2O_3 3%；工业品位：B_2O_3 5%；可采厚度 ≥1 m；夹石剔除厚度 ≥1 m。

矿石品级划分：Ⅰ级 B_2O_3 >11%（不需选矿直接加工）；

Ⅱ级 B_2O_3 5% ~10%（需经选矿才能加工）。

注：目前所有低品位矿石选矿试验结果，尾矿中含 B_2O_3 均大于1%；原沿用的边界品位与实际开采利用差距较大，故在硼矿规范中予以修改。

（2）盐湖硼矿

①固体硼矿层

边界品位：(B_2O_3) 1.5%；工业品位：(B_2O_3) 2%；可采厚度 ≥0.3 m；夹石剔除厚度 ≥0.6 m。

②含硼卤水及晶间卤水

边界品位：(B_2O_3) 400 mg/L；工业品位：(B_2O_3) 1000 mg/L。

40.3.3 硼的矿床实例

（1）辽宁宽甸硼镁石为主的硼矿

边界品位：B_2O_3 1%；工业品位：B_2O_3 5%；可采厚度 1 m；夹石剔除厚度 1 m。

矿石品级划分：富矿 B_2O_3 >10%；贫矿 B_2O_3 >5% ~10%

（2）西藏杜加里盐湖硼矿

①固体硼矿

边界品位：B_2O_3 >1.5%；工业品位：B_2O_3 >2%；可采厚度 0.3 m；夹石剔除厚度 0.6 m。

②卤水、晶间卤水中的 B_2O_3 和 LiCl

三氧化二硼（B_2O_3）：

边界品位：400 mg/L；工业品位：1000 mg/L。

氯化锂（LiCl）：

边界品位：150 mg/L；工业品位：200 mg/L。

（3）青海柴达木大柴旦盐湖硼矿

①固体硼矿

边界品位：$B_2O_3 \cdot$ 0.5%；工业品位：B_2O_3 1.5%；可采厚度 0.3 m；夹石剔除厚度 0.6 m。

Ⅰ级品 B_2O_3 ≥6%；Ⅱ级品 B_2O_3 1.5% ~%；Ⅲ级品 B_2O_3 0.5% ~1.5%。

②卤水、晶间卤水（B_2O_3 和 LiCl）

三氧化二硼（B_2O_3）：

边界品位：400 mg/L；工业品位：1000 mg/L。

氯化锂（LiCl）：

边界品位：150 mg/L；工业品位：200 mg/L。

③伴生石盐和芒硝

石盐：

Ⅰ级品 NaCl ≥50%；Ⅱ级品 NaCl 30% ~50%。

芒硝：

最低边界品位：Na_2SO_4 15%；最低工业品位：Na_2SO_4 30%；最低可采厚度：0.3 m；夹石剔除厚度：0.6 m。

另外，对伴生钾、镁、溴等元素按实有品位计算储量。

（4）辽宁翁泉沟硼镁铁矿

边界品位：B_2O_3 1%，TFe≥20%；工业品位：B_2O_3 5%，TFe≥25%。

矿石品级划分：

Ⅰ级 B_2O_3>9%；Ⅱ级 B_2O_3 5%~9%；可采厚度 1 m；夹石剔除厚度 1 m。

注意：以含铀硼镁铁矿石地质矿产部系统实验室已完成实验室试验，能初步解决分离问题，其工业利用尚待进一步工作。

（5）综合评价

①硼镁石、硼镁铁矿常与磁铁矿、赤铁矿紧密共生，形成磁铁矿 – 硼镁铁矿综合矿床。且有放射性、稀有分散元素赋存。共生的蛇纹岩，可作含硼的钙镁磷肥的原料。均应作综合勘探、评价。

②盐湖硼矿必须综合考虑其他盐湖矿产。如石盐、芒硝、天然碱、石膏、镁盐、钾盐、氯化锂等。

1965 年 10 月 10 日国家科学技术委员会发布了实施硼酸的质量标准（见表40 – 2）。

表 40 – 2　硼酸质量标准

指标名称	一级品/%	二级品/%
硼酸（H_3BO_3）	≥99	≥96
水不溶物（烘干后）	≤0.05	≤0.15
硫酸盐（SO_4）	≤0.1	≤0.4
氯化物（Cl）	≤0.02	≤0.05
铁（Fe）	≤0.002	≤0.005

注：由井盐卤水生产的硼酸，其氯化物含量允许一级品≤0.2%，二级品≤0.3%。

40.4　硼的提取

工业上制取硼用金属热还原法和熔盐电解法：

40.4.1　镁（或铝）热还原法

在高温下还原三氧化二硼：

$$B_2O_3 + 3Mg \longrightarrow 2B + 3MgO$$

得到粗硼。把粗硼分别用盐酸、氢氧化钠和氢氟酸处理，先后除去氧化膜、氧化硼和硼化物，可获得纯度为95%~98%的棕色无定形单质硼。

40.4.2　熔盐电解法

这是一种较经济的、适于大量生产的方法。用 KBF_4 和 KCl 作电解质，其典型组成（质量）为：70% KCl，12% KF，17.8% KBF_4 和 0.2% H_2O。用内衬石墨的电解槽，以蒙乃尔合金作阳极，结构致密的石墨作阴极，在750~800℃下电解。阴极电流密度约80 A/dm^2，槽电压 5~6 V。在阴极得到的结晶状硼粉，经过洗涤，干燥后，纯度可达94%~96%。电流效率74%，电能消耗约 55 kW·h/kg。

40.4.3　提纯

用氢还原三溴化硼可将粗硼进一步提纯为高纯硼：硼粉和溴蒸气在石英蒸馏釜中于900℃发生如下化学反应：

$$2B + 3Br_2 \xrightarrow{900℃} 2BBr_3$$

为了除去 BBr_3 液体中的过量 Br_2，可加入适量的活性炭、锌粒或铝片。所产生的 BBr_3 蒸气冷凝后成为微黄或无色液体。然后将 BBr_3 液体放入石英精馏塔中，在950℃下精馏提纯。将高纯的 BBr_3 液体和氢气分别通入石英反应管内，在900℃还原成硼粉。产品暗棕色，粒度在200目以上，纯度可达99.999%。

40.5　硼的用途

硼矿是一种用途广泛的化工矿物，硼与氢、锂、铍等的化合物能燃烧，是高能喷气燃料。

　　硼和硼的化合物，广泛用于化工、冶金、光学玻璃、国防、原子能、医药、橡胶及轻工业等部门。

　　化学工业上，用以制硼砂、硼酸、硼的各种化合物和元素硼。还用作制造硼素肥料。硼砂、硼酸主要用作洗涤剂、漂白剂、医药及化妆品。

　　冶金工业上，用来冶炼硼钢。硼砂有熔融金属氧化物的能力，用作冶金熔剂。硬硼钙石可代替萤石用于碱性氧化转炉炼钢。铜铝合金加入微量硼可提高其导电性能。

　　硼在高温下能同氧和氮起反应，在冶金工业中常用作去气剂。加 $0.001\% \sim 0.005\%$ 的硼到钢中，可提高高温强度，使钢的晶粒细化，提高淬透性。钢件表面渗硼后，能显著增加表层硬度，同时也提高化学稳定性。把 $0.001\% \sim 0.003\%$ 的硼加到可锻铸铁中，可缩短热处理时间，使石墨细化，分布均匀。

　　在国防航天工业中，硼的化合物可作高能喷气燃料和火箭燃料。碳化硼用于制造喷气机叶片和金属陶瓷。氮化硼是超高温、超硬质材料，用以制造火箭喷嘴、燃烧室内衬等。硼的同位素吸收中子能力强，所以硼化物在原子反应堆中用作控制棒调节器和防护屏材料。塑料加入硼就具备有防辐射性能。

　　硼还大量用于玻璃、陶瓷工业，制造高品质耐热硼硅酸玻璃、玻璃纤维、光学透镜、绝缘材料和玻璃钢。硼和钴、钛、镍等可制成金属陶瓷。硼还用于制造搪瓷和珐琅、彩釉等。

　　此外，硼还用作防腐剂、焊接剂、制造超硬度研磨材料。

　　近年来，硼晶体用于制作滤光器、热敏电阻和耐热耐蚀窗口。高纯硼可作为半导体材料硅和锗的掺杂剂。碳化硼和氮化硼都是硬磨料。金属硼化物已作为金属陶瓷中的一种成分，用于制造耐高温材料。

41 硒(selenium)

41.1 硒的发现小史

1817 年瑞典化学家贝采利乌斯(J.J. Berzelius)发现,按希腊文 Selen(月神)命名 Selenium。

41.2 硒的性质

硒最显著的特性是在光照下的导电性能比在黑暗中的导电性能成千倍地增加。硒的禁带宽度 1.79 ± 0.01 eV。硒有多种同素异形体,其性能参见表表 41 - 1,表 41 - 2。

表 41 - 1 硒的主要物理性质

沸点	684.9	℃
平均比热(0~217℃)	0.081	cal/(g·K)
熔化热	16.5	cal/g
汽化热	79.6	cal/g
电阻率(18℃)	12	$\Omega \cdot cm$

表 41 - 2 硒的多种同素异形体的性质

性质 \ 形态	无定形		结晶形	
	粉状	玻璃状	单斜晶形	六方品形
颜色	红	黑(有红色层)	深红	灰或深灰
密度/g·cm³	4.25	4.28	4.46	4.79
熔点/℃	40~50 软化	40~50 软化	170~180	217

硒在空气中加热燃烧,生成二氧化硒;在一定温度下(灰硒约为71℃)可被水氧化。硒溶解于强碱溶液中形成硒化物,但也形成硒酸盐和亚硒酸盐。

41.3 硒的资源

硒主要赋存在黄铜矿、黄铁矿、方铅矿中,有时也存在于辉钼矿、铀矿中。主要的硒矿物有:硒铜矿(Cu_2Se);硒铜银矿$(Cu、Ag)_2Se$;硒银铅矿$(Ag_2Pb)Se$;辉汞矿 $Hg(SeS)$。一般不形成单独矿床,工业价值不大。工业上主要是在冶炼硫化矿物时综合回收。

工业要求:

(1)铜镍矿石中含 Se 0.0005% ~0.006%,该类矿床的硫化物中含 Se 0.002% ~0.017%(铅锌矿石中含 Se 0.001%)。

(2)含硒独立矿物的硒化物矿床含 Se 0.08%,可作硒矿单独开采。

(3)铜、锌黄铁矿矿石中含 Se 0.0025% ~0.006%。

(4)含铜黄铁矿矿床中含 Se 0.001% ~0.012%,硫化物中含 Se 0.1%。

(5)辉钴矿或辉锑矿碲化物 – 硒化物型的矿石中含 Se 0.0001% ~0.002%。

(6)汞矿中含 Se 0.003%。

(7)含硒凝灰岩或灰质页岩中黄铁矿含 Se 0.7% ~1.8%。

(8)自然硫矿床中含 Se 0.2% ~0.3%。

(9)火山灰及斑脱岩中含 Se 0.003% ~0.005%。

（10）硫化物矿床铁帽及氧化带矿石中含 Se 0.01% ~ 0.1% 。

（11）含铜砂页岩中含 Se 0.002% 。

（12）磷块岩中含 Se 0.02% 。

（13）含钾、钒的铀矿床及沥青质和碳质页岩的沉积铀矿床中含 Se 0.002% ~ 0.01% 。

1979 年世界硒产量估计为 1500 t，其中加拿大和美国 625 t，日本和澳大利亚 500 t，欧洲 285 t，南美和非洲 90 t。此外还从电子工业废料中回收硒 55 t。70 年代末以来硒的价格下降。1979 年欧洲市场工业纯硒的平均价格为 24.7 美元/公斤。我国硒的储量 1.47047 万 t，1993 年产 62.968 t。

41.4　硒的提取

工业上硒一般是从铜电解精炼的阳极泥中提取。硒在阳极泥中的主要存在形式是 Cu_2Se，Ag_2Se 等，含量 3% ~ 14% 。目前广泛采用硫酸化焙烧法，此法的主要优点是：硒的回收率高（>93%），适用于处理多种原料。

硫酸化焙烧法回收硒的生产流程是：首先将阳极泥在 140℃ 脱水，然后与浓硫酸混合，加入回转窑内进行硫酸化焙烧，在 250℃ 时发生下列反应：$Cu_2Se + 6H_2SO_4 \longrightarrow 2CuSO_4 + SeO_2 + 4SO_2 + 6H_2O$，当温度提高到 700 ~ 750℃ 时，二氧化硒（SeO_2）挥发（SeO_2 315℃ 升华），二氧化碲因挥发性较差，与硫酸卤盐一道留在焙烧渣中。从焙烧炉出来的含二氧化硒的烟气进入吸收塔，SeO_2 被水吸收形成亚硒酸（H_2SeO_3），并被烟气中的二氧化硫（SO_2）还原成单质硒：$H_2SeO_3 + 2SO_2 + H_2O \longrightarrow Se + 2H_2SO_4$。沉淀物经过过滤、洗涤和干燥，得到 98% ~ 99% 的粗灰硒。吸收液中尚含有占原料含硒量 3% ~ 10% 的硒，可采用铜置换法从中获得 Cu_2Se 沉淀，再返回硫酸化焙烧工序处理，或用 SO_2 还原法从中直接沉淀出粗硒。

此外，还有苏打焙烧法回收硒。

对于高纯硒的制取方法有蒸馏法和氧化 - 还原沉淀法，后者广泛应用于制备纯度大于 99.992% 的纯硒。其方法是首先向熔融粗硒通氧气氧化，使硒成 SeO_2 挥发并进入吸收罐，与其中的离子交换水生成亚硒酸溶液，然后通入 SO_2，从溶液中沉淀出纯硒。

为制取纯度超过 99.999% 的高纯硒，可采用真空蒸馏法、离子交换法、硒化物热分解及二氧化硒气相氨还原法等。

41.5　硒的用途

工业纯硒约 55% 用于玻璃的着色和脱色颜料。高质量信号用的透镜玻璃含硒 2% 。加入硒的平板玻璃用作太阳能的热传输板和激光器窗口红外过滤器。在冶金工业上，硒可以改善碳素钢，不锈钢和铜的切削加工性能；大约有 30% 的硒以高纯形式（99.99%）与其他元素作成合金。硒还用于制造低压整流器，光电池，热电材料以及各种复印复写的光接收器。其余 15% 的硒，以化合物形式用作有机合成的氧化剂、催化剂、动物饲料微量添加剂（0.1×10^{-6}）。硒加入橡胶中可增加耐磨性质。硒及硒化物加入润滑脂中，可用于超高压润滑。

42 碲(tellurium)

42.1 碲的发现小史

1782 年德国矿物学家米勒·冯·赖兴施泰因(F. J. Muller Von Reichenstein)在研究德国金矿石时,得到一种未知物质。1798 年德国人克拉普罗特(M. H. Klaproth)证实了此发现,并测定了这一物质的特性,按拉丁文 Tellus(地球)命名为 Tellurium。

42.2 碲的性质

碲有两种同素异形体,一种为六方晶系,原子排列呈螺旋形具有白色金属光泽;另一种为无定形,呈黑色粉末。碲的主要物理性质数据见表42-1。

表 42-1 碲的主要物理性质

密度(20℃)结晶形	6.24	g/cm^3
无定形	6.015	g/cm^3
熔点	450	℃
沸点	988	℃
平均比热(0~100℃)	134	$J/(kg \cdot K)$
熔化热	17.6	kJ/mol
汽化热(Te_2)	107.6	kJ/mol
热导率(0~100℃)	3.8	$W/(m \cdot K)$
电阻率(0℃)	1.6×10^5	$\mu\Omega \cdot cm$

碲的化学性质和硒相似。碲在空气或氧中燃烧生成两性的二氧化碲,并发出蓝色火焰。碲同卤素发生强烈作用,生成碲的卤化物。和硒相反,在高温下碲几乎不同氢发生作用。

42.3 碲的资源

碲主要与黄铁矿、黄铜矿、闪锌矿等共生,含量仅 0.001% ~0.1%;主要碲矿物有碲铅矿(PbTe),含 Te 38%;碲铋矿($BiTe_2$),含 Te 48%;辉碲铋矿(BiTeS),含 Te 36% 以及碲金矿($AuTe_2$),碲铜矿等。以上矿物很少见,均无工业价值。工业上主要是从电解精炼铜和铅的阳极泥及处理金、银矿时回收碲。

工业要求

(1)铜、镍矿石中含 Te 0.0002% ~0.0006%。

(2)自然硫矿床中含 Te 0.001% ~0.02%。

(3)含铜黄铁矿矿石中含 Te 0.001% ~0.016%。

(4)含铜黄铁矿中含 Te 0.01% ~0.08%。

(5)铜钼硫化物矿床中含 Te 0.0008% ~0.005%。

(6)铜、钼矿石中含 Te 0.03%。

(7)铜、铅、锌矿石中含 Te 0.001%。

(8)辉钴矿、碲化物 - 硒化物型的矿石含 Te 0.0002% ~0.0007%。

(9)各类型低温碲金矿床含 Te 0.001% ~0.01%。

1993 年,我国碲的工业储量 1.3446 万 t,当年产量为 3.990 t。

美国、加拿大、日本、秘鲁和斐济等国 1979 年产金属碲约 290 t,大约消费 280 t。苏联也是碲的重要生产国。中国辽宁、湖南、广东、台湾等地有工业规模的碲生产。1979 年工业纯碲的价格为 44.1 ~50.7 美元/公斤。

42.4　碲的提取

铜电解精炼所得的阳极泥是碲的主要来源。处理阳极泥的主要方法是硫酸化焙烧法。其他方法如苏打烧结法等应用较少。根据阳极泥中碲含量的高低，采用不同的处理方法：

（1）对含碲高的阳极泥（3%左右），干燥后在250℃下进行硫酸化焙烧，然后在700℃使二氧化硒挥发，碲则留在焙烧渣中。焙烧渣先用水浸出硫酸铜，再用 NaOH 碱液浸出，得到亚碲酸钠溶液。浸出液用硫酸中和，生成粗氧化碲沉淀。沉淀物必须进行净化，过程一般是一次或两次重复沉淀氧化物（先溶于碱中，再用酸中和）。将净化后的氧化碲溶解于 NaOH 溶液中，保持溶液中碲为 100 g/L、NaOH 160 g/L，然后进行水溶液电解，可得含碲为 98% ~99% 的碲。

（2）对含碲低的铜阳极泥和铅电解阳极泥混合处理时，可进行还原熔炼。熔炼时控制还原温度和炉内气氛，使碲和铋进入贵铅，再把贵铅送入分银炉进行氧化吹炼，生成含铋 15% ~30% 的铋渣。然后以碳酸钠和铁屑为熔剂在 1000 ~1200℃ 高温下处理铋渣，可生成粗铋，并产出含碲 5% ~9% 的苏打渣，将苏打渣破碎、水浸，浸出液用硫酸中和，生成粗氧化碲；用 NaOH 溶液溶解，并用 Na$_2$S 除去杂质铅，电解得纯度为 98% 的工业碲。

（3）对于高纯碲的制取主要采用电解法。该法以工业碲为阳极，外表面用聚氯乙烯微孔塑料作隔膜，用不锈钢板作阴极，电解液为亚碲酸钠（Na$_2$TeO$_3$）溶液，保持 TeO$_2$ 浓度为 168 ~183 g/L，电解温度为 45℃，电流密度为 200 A/m^2，在阴极上可获得纯度为 99.995% 的碲。以电解碲为原料，在 460 ~500℃、133.322 × (10^{-3} ~10^{-4}) Pa 真空下精馏提纯，可得 99.999% 的高纯碲。采用氢气氛水平区域熔炼法，利用 H$_2$ 与硒发生作用而几乎不与碲反应的原理，进一步除去杂质硒，获得纯度为 99.9999% 碲。最后，可用拉晶法提纯，纯度可高于 99.9999%。

42.5　碲的用途

碲在冶金工业中的用量约占碲的总消费量的 80% 以上。加入少量碲，可以改善低碳钢、不锈钢和铜的切削加工性能。在白口铸铁中，碲用作碳化物稳定剂，使表面坚固耐磨。在铅中添加碲，可提高材料的抗蚀性能，可用作海底电缆的护套；也能增加铅的硬度，用来制作电池极板和印刷铅字。碲可用作石油裂解催化剂的添加剂以及制取乙二醇的催化剂。氧化碲用作玻璃的着色剂。

高纯碲可用作温差电材料的合金组分，其中碲化铋是良好的制冷材料。化合物半导体 As$_{32}$Te$_{48}$Si$_{20}$ 是制作电子计算机存储器的材料。超纯碲单晶是一种新型的红外材料。高纯碲用量虽少，作用颇大。

43 砷（arsenic）

43.1 砷的发现小史

公元前4世纪希腊人亚里士多德（Aristotle）著作中已提到可能是雄黄的物质，称之为 arsenikon，希腊文 arsen 为强烈的意思，说明当时的希腊人已知砷化物的强烈毒性。拉丁文 arsenium 和 arsenic 正是由这一词演变而来。中国古代文献中称剧毒的三氧化二砷为砒石，砒字来源于"貔"，是古书上说的一种凶猛的野兽。1250年，欧洲的马格努斯（A. Magnus）用硫化砷与肥皂一起加热，首次制得元素砷。

43.2 砷的性质

砷在空气中加热至200℃时，出现明显的磷光，温度更高（400℃）时燃烧，呈蓝色火焰，形成三氧化二砷（As_2O_3）烟雾，并放出持久的大蒜味。砷在613℃时升华。金属砷不溶于水，但溶于硝酸和热硫酸中。

表43 - 1中列出了砷的主要物理性质的有关资料。

表 43 - 1 砷的主要物理性质

密度（灰砷）	5.73	g/cm^3
（黑砷）	5.73	g/cm^3
（黄砷）	1.97	g/cm^3
熔点（28atm）	817（估算值）	℃
比热（25℃）	24.6	J/（mol·K）
熔化热	27.74	kJ/mol
升华热	31.97	kJ/mol
电阻率（0℃）	26	μΩ·cm

43.3 砷的资源

43.3.1 砷矿物种类

雄黄 AsS，含 As 70.00%。

雌黄 As_2S_3，含 As 60.91%。

毒砂（砷黄铁矿）FeAsS，含 As 46.01%。

砷华（砒霜）As_2O_3，含 As 75.74%。

斜方砷铁矿 $FeAs_2$，含 As 72.8%。

43.3.2 砷的一般工业要求

（1）雄黄、雌黄矿石

边界品位：As 5%（As_2S_2 7%）；工业品位：As 10%（As_2S_2 14%）；可采厚度 0.5 ~ 1 m；夹石剔除厚度 1 m。

（2）毒砂矿石

边界品位：As 3% ~ 5%（As_2S_2 4% ~ 7%）；工业品位：As 5% ~ 6%（As_2S_2 7% ~ 9%）；可采厚度 0.5 ~ 1 m；夹石剔除厚度 1 m。

43.3.3 砷的矿床实例

（1）湖南石门界版峪雄黄矿

边界品位：（AsS）6%（表外储量）；工业品位：（AsS）>10%（表内储量）；最低可采厚度 1 m。

（2）广西宾阳大马山毒砂矿

边界品位：As 3%；工业品位：As 5%；可采厚度 0.5 m。

（3）云南南华砷矿

边界品位：As 3%；工业品位：As 5%；可采厚度 0.7 m（小于 0.7 m 按百分值计算）；夹石剔除厚度 0.5 m。

43.3.4　砷资源的综合评价

砷矿床主要见于低温热液型矿床中，常与辰砂、辉锑矿、白铁矿共生；砷矿床还常伴生金、银、铜、铅、硒及稀有、稀散元素；应注意综合评价。

我国 1993 年产金属砷 342.213 t。

近年来砷及其化合物的世界年产量（以 As_2O_3 计）约 5 万 t，其中金属砷约千吨。美国砷产量最大，其次是墨西哥、法国、瑞典、秘鲁、苏联、菲律宾等国。1980 年美国市场砷的价格（As99%）为 300 美分/磅，三氧化二砷（95%）33.25 美分/磅。

43.4　砷的制取

43.4.1　砷（包括化合物）的制取

氧化砷的制取通常是将含砷高（As 0.3% 以上）的硫化物精矿在回转窑、多膛炉或流态化炉内于 600～700℃ 下焙烧，砷以 As_2O_3 挥发，挥发率可达 90%～95%。含砷烟气应在进入收尘器以前，迅速通过 175～250℃ 温度区，以免冷凝成玻璃砷而粘结堵塞管道。收集到的烟尘一般含 As_2O_3 1%～30%，把它和煤、黄铁矿或方铅矿混合，在反射炉中于 500～700℃ 下焙烧，得到含 As_2O_3 90% 的粗白砷。粗白砷在反射炉内再升华一次，得到 As_2O_3 含量为 99% 的精白砷。它是砷产品中用量最大的。中国炼锡厂是将冶炼收集的砷尘，放在电热回转窑内，间接加热至 800℃，使 As_2O_3 挥发，在收尘器内回收。

金属砷的制取一般采用 As_2O_3 碳还原法。将白砷与焦炭混合，放入钢罐内，用电炉或其他工业炉，加热至 700～800℃，使砷蒸发，然后冷凝回收，可得纯度超过 99% 的金属砷。

制取氧化砷和金属砷的流程见图 43-1。

43.4.2　高纯砷的制备

半导体材料（如硅）所需的掺杂剂用砷，要求为 99.999% 的高纯砷，而化合物半导体（如砷化镓）则要求砷的纯度达到 99.9999%～99.99999%。中国制备高纯砷的工艺流程为：粗砷-氯化-精馏-三氯化砷氢还原。主要提纯过程是精馏。特别是采用砷填料精馏塔，可有效地除去硫和硒等难除的杂质。

三氯化砷可在 850～900℃，以氢气还原成为金属砷，其反应如下：

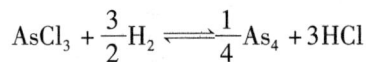

$$AsCl_3 + \frac{3}{2}H_2 \rightleftharpoons \frac{1}{4}As_4 + 3HCl$$

产出的砷蒸气在冷凝器内冷凝，控制适当的冷凝温度和氢气流量，可以制备具有金属光泽的高纯砷（99.9999%～99.99999%）。

43.4.3　砷毒

所有可溶性砷化物都有毒。砷和硫化砷是不溶物质，毒性小，但刺激皮肤。无机砷比有机砷毒性更大，三价砷比五价砷毒性大 20 倍。砷毒和铅毒有相辅作用，一般这两种金属共存于同一生物中时，其毒性都会有所增加。生产中严禁用喷水来冷却含砷的热渣和把含砷废渣露天堆放，并要有严格的劳动保护措施。车间内空气中的含砷量，一般规定为 0.004 mg/m³。砷化氢是剧毒的气体，在制备化合物半导体如镓砷磷时，要防止砷化氢中毒。砷化氢在空气中的最大容许浓度为 0.0510^{-6}。

图 43-1　制取氧化砷和金属砷的流程

43.5　砷的用途

在冶金工业上，用于熔炼砷合金，如砷铅合金用以制弹头；砷铜合金用于制造汽车、雷达零件等。在农业上用作杀虫剂、除草剂和其他农药。在医药、木材防腐、制革、制乳白色玻璃、军用毒药烟火方面亦有广泛用途。此外，含砷矿物如雄黄、雌黄还可作中药。高纯砷主要用于生产化合物半导体如砷化镓、砷化铟、镓砷磷、镓铝砷等以及用作半导体掺杂剂。这些材料广泛用于制作二极管、发光二极管、隧道二极管、红外线发射管、激光器以及太阳能电池等。

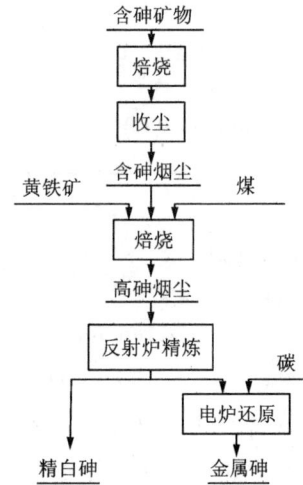

44　钍(thorium)

44.1　钍发现小史

1828 年瑞典化学家贝采利乌斯(J. J. Berzelius)从挪威的黑色矿石中分离出钍,并按北欧神话中的战神 Thor 命名。1890 年,氧化钍开始应用于汽灯纱罩。20 世纪 40 年代,钍被认为是一种潜在的核能源,再次受到重视。不过直到 70 年代,钍的实际用量仍不大。

44.2　钍的性质

金属钍长期暴露在大气中会失去光泽。钍粉在空气中可能自燃。纯金属钍有良好的塑性加工性能,可以压延、锻造。天然钍只有一种同位素^{232}Th,具有放射性,经过钍放射系衰变,最后变成^{208}Pb。^{232}Th 不能裂变,但吸收中子后的反应生成物^{233}U 能裂变。

44.3　钍的资源

44.3.1　主要矿物

已经知道的钍矿物和含钍矿物约有 120 多种,其中大部分含铀和稀土元素,主要钍矿物有:

方钍石(Th, U, Ce)O$_2$,含 ThO$_2$ 70% ~80%

钍石 ThSiO$_4$,含 ThO$_2$ 48% ~72%

独居石(Ce, La, Dy)PO$_4$·ThO$_2$,含 ThO$_2$ 5% ~10%

44.3.2　工业要求

(1)独居石型钍矿床(砂矿)

独居石矿物:100 ~300g/m^3

独居石中含 ThO$_3$:4%

(2)方钍石、钍石矿床

含 ThO$_2$:0.1%

我国钍矿资源丰富。

44.4　钍的提取

44.4.1　钍化合物的提取

从独居石提炼钍有酸法和碱法,流程见图 44 - 1。

(1)酸法是将独居石精矿与过量的浓硫酸在 155 ~230℃条件下反应,用冷水浸出,得到钍、铀、稀土(Th、U、R)的混合硫酸盐溶液,加入氢氧化铵或焦磷酸钠使钍沉淀,而稀土则仍留在溶液中。将沉淀物溶解于硝酸中,以磷酸三丁酯(TBP)萃取,可得到纯的硝酸钍[Th(NO$_3$)$_4$]。也可以采用胺类萃取剂,直接从硫酸盐浸出液萃取,与稀土分离。

(2)碱法是将磨细的独居石,用50%的氢氧化钠溶液于138℃左右反应,然后将矿浆稀释、洗涤、过滤,得到混合金属的氢氧化物。把这种氢氧化物溶解于盐酸,加入氢氧化钠中和,钍和铀几乎完全沉淀而与稀土分离。再把沉淀溶解于硝酸,用溶剂萃取法分离钍和铀,得到纯的钍化合物。

44.4.2　金属钍的制取

常用钙在氯化钙的存在下还原(见金属热还原)氧化钍。还原反应在衬有耐火材料的反应弹中,于1000℃的惰性气氛中进行。反应产物用水稀醋酸溶去其中的氧化钙和未反应的钙,即得钍粉。钍粉于1300 ~1400℃真空烧结,得到致密的可塑性纯金属钍,其中主要杂质为氧。也可以在氯化锌存在下,用钙还原氟化钍(660℃),还原产物为钍锌合金,经真空蒸馏脱锌,得金属钍。用镁于900℃还原氯化钍,得到含钍20%的钍镁合金,然后用920℃真空脱镁,得海绵钍。再用1800 ~1850℃,在氧化铍坩埚中进行,通过电弧熔炼或电子束熔炼,得纯金属钍锭。

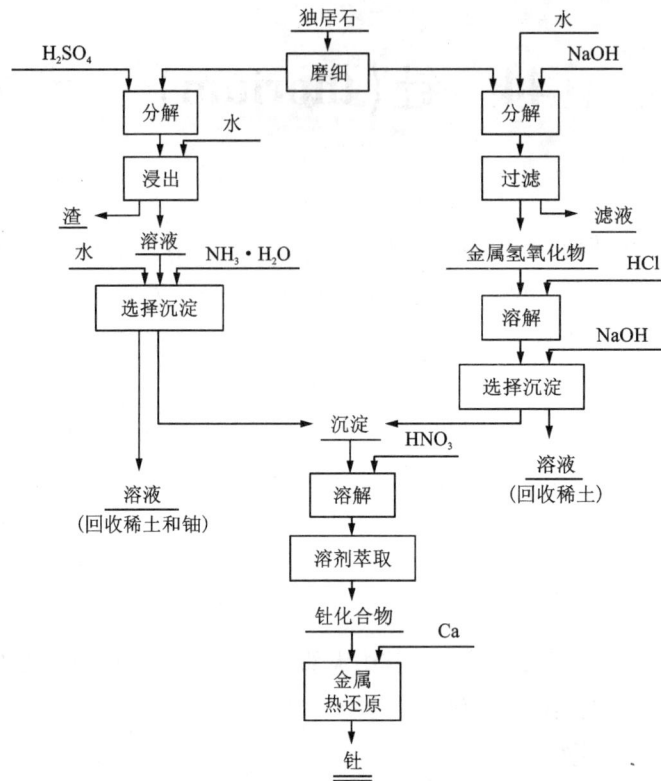

图 44 - 1　从独居石提取钍的流程

此外碘化钍(ThI_4)热分解法，$KF - NaF - KThF_5$熔盐电解法以及电迁移法金属提纯法均可制得高纯度的钍。

近年世界各国钍的储量(以 ThO_2 计)估计为 790000 短吨，其中美国 150000 短吨，，加拿大 230000 短吨，巴西 60000 短吨。

44.5　钍的用途

钍的用途包括能源用途和非能源用途，目前主要是用于非能源方面，制造白炽灯罩。在冶金工业上用以炼制各种优质合金，镁钍合金在温度超过 200℃时仍有很高的机械强度，用于飞机和火箭。钍铝合金除可增大延展性外，还能耐海水的侵蚀。在铁、钴、铜、银、铂、金、钨等金属中加入钍，可使合金获得良好的结构和耐热性。氧化钍用来作耐火材料及研磨物质的组成部分。新钍能发现钢铁中的裂隙，同时它具有高度极化性，可用来清除积聚在机械上的静电。钍的强烈的 α 射线可用于医学。^{232}Th 在反应堆中制取^{233}U，可作为核燃料，但现在尚处于研究试验阶段，它是一种潜在的核能材料。

二、中国铂业

Ⅰ 铂的资源

开拓铂族元素新资源的重要途径

涂光炽

（中国科学院地球化学研究所，贵阳，550002）

摘　要： 简略介绍了几种在 20 世纪 90 年代报道或发现的工业铂族金属矿床，它们之中有一些是已知矿床重新认识和评价的新成果。

关键词： 与镁铁岩、超镁铁岩无明显空间联系的工业铂族元素矿床；重新评价；金与铂族的共生

关注贵金属事业发展的人们都一致认为，20 世纪 70 年代和 80 年代是世界范围内黄金开拓突飞猛进的 10 年：黄金产量大增，一系列超大型金矿（如加拿大的赫姆洛、西南太平洋的波盖拉、澳大利亚的奥林匹克坝金矿及与富碱斑岩有关的斑岩型金矿及金、铜矿等）被发现与开发。

同一时期，在铂族元素资源开拓方面也取得了令人瞩目的突破，即在 20 世纪 80 年代前，铂族元素只是在有色金属冶炼过程中作为伴生组分被回收，而在这之后，两个"庞然大物"的独立铂族矿床（南非布什维尔德和美国的斯蒂尔沃特）相继投产，在苏联西伯利亚克拉通北缘的诺里尔斯克暗色建造中找到了铂族矿化富集部位。这 3 个独立铂族元素矿床的共同点是：都产在大面积镁铁岩 - 超镁铁岩层状杂岩体的富挥发分（Cl，F 等）部位。

进入 20 世纪 90 年代后，人们几乎不约而同地将寻找铂族元素矿床的注意力转向与基性 - 超基性杂岩无明显联系的其他地质体，并已经或即将获取重要成果。值得注意的是，这些已被发现的、具有一定规模与含量的铂族矿化地质体，常常就是已知的金属矿床，特别是金矿床、铜矿床及矿床附近地段。换言之，新找到的铂矿化实际上早就赋存于已知矿床中，但由于某些原因过去未发现。可以说，90 年代铂族矿床发现史就是一部"旧地重游"、对已知矿床再次认识与评价的历史。下面试举例说明。

（1）地跨德国东南与波兰西南的大规模 Zechstein 砂（页）岩铜银矿带已开采百余年，工作及研究程度颇高。对矿床中金、铂族金属异常和金、铂族金属矿物，在 1993 年前 Kucha 曾做过一些工作，但观察及取样均局限于含碳甚高的还原性岩性层（如黑色页岩）中。1993 年后经过波兰几个地质调查与勘探单位的联合作业，对 Lubin 及另一些矿床投入了较多工作量（包括对 Lubin 矿床 78 个钻孔岩芯中取样 400 个，其他矿床 42 个钻孔岩芯取样 100 个，并自开采坑道中取样 600 个）。细致的重新观察、鉴定、评价说明，矿床中确实存在 Au - Pt - Pd 矿化富集地段，但它们主要赋存于赤铁矿化发育的氧化性岩性中，因而它们基本独立于铜银矿体之外，后者主要产于还原性岩性中；当还原性岩性与氧化性岩性过渡时即可能出现 Au - Pt - Pd 矿化。

金、铂族金属与其他矿物大致形成 3 种不同矿物组合，即：1）金、铂族元素矿物、赤铁矿、铜蓝组合；2）金、铂族元素矿物、硫化物组合，后者包括辉铜矿、蓝辉铜矿、斑铜矿、铜蓝，但这一组合也含铁的氧化物矿物；

3）金、银、铂族元素矿物、硫化物、砷化物组合。镍、钴、钯呈砷化物，此矿物组合中依然存在铁的氧化物矿物。在1）、2）组合中，金呈自然金，在3）组合中则为银金矿。

金和铂族元素含量在矿床中变化较大，自十万分之几到百万分之几十。最富样品含金 100×10^{-6}、铂 1.1×10^{-6}、钯 1.6×10^{-6}。金和铂族金属分布的共同趋势是在氧化矿石中富集，而最高含量则常在氧化还原过渡带。Kucha 的工作已说明，在还原性岩性中金的含量鲜有超过 10×10^{-9} 者；铂、钯亦然。它们的含量在全氧化矿石中为 $(20 \sim 500) \times 10^{-9}$，在还原性矿石中不足 20×10^{-9}，在氧化还原过渡带中，则铂含量为 $(0.5 \sim 2) \times 10^{-6}$，钯为 $(0.40 \sim 7) \times 10^{-6}$。

整个金与铂族金属工业矿化层厚为 $0.5 \sim 1.5 \mathrm{m}$。此矿化层切穿地层而平行于氧化还原过渡界面，并处于铜银矿层之下。据 Oszczepalski 等的推算，仅在 Polkovice – Sieroszowice 矿化面积约 $1.30 \mathrm{km}^2$ 范围内，金资源量为 150 t（平均品位 0.5×10^{-6}），铂资源量 17 t（0.2×10^{-6}），钯资源量 7 t（0.1×10^{-6}），Au：Pt：Pd 为 21：2：1。与早已开采的铜、银矿化层相比，在水平分布上，金、铂族金属矿化层似较开阔一些，但在垂直分布上却较局限。

目前，在波兰西南 Lubin 及其他砂（页）岩型铜银矿床的古老矿业基地上所进行的金、铂族金属重新评价，无疑将给波兰带来巨大的经济效益。

（2）黑色岩系（或称黑色页岩、含碳岩系等）通常指含碳较高（一般含碳质大于 1% 或 0.5%）的未变质或浅变质碎屑岩系，也可有碳酸盐岩、硅质岩和火山物质夹层。黑色岩系中可以赋存重要的、大型 – 超大型矿床，如乌兹别克斯坦的穆龙套金矿，前面举例中的德、波接壤地带的砂（页）岩型铜银矿床，我国黔东大河边重晶石矿床等。

Kucha、Pasava 及范德廉等对不同地区、不同时代的黑色岩系进行了铂族元素地球化学研究。进入 20 世纪 90 年代后，黑色岩系中发现了工业铂族矿化，并开展了较系统的矿床学、矿物学及地球化学研究。这里，试举两例说明。这两个实例中，铂族元素本身具有工业开发意义，与之伴生的某些金属也具有重要价值。

Дустлер 等报道了干谷 Сухонлог 金矿经重新评价，已成为铂族金属 – 金矿床。干谷原是一个拥有 1000 t 储量以上的巨大金矿。它产于西伯利亚克拉通东南缘，中晚元古代形成的裂陷槽中沉积的巨厚黑色岩系中（$750 \sim 850 \mathrm{m}$），其有机碳含量常大于 2%。重新评价包括了金矿体及其上、下盘围岩 400 余个样品的详细铂族矿物和地球化学工作。共找到矿石矿物 75 种，其中铂族矿物有自然铂、铜铂合金（Pt_3Cu）、铁铂合金（$Pt_3Fe – PtFe$）、钯银碲铋矿（Pd，Ag）（Te，Bi）与硫铂矿（PtS）等。具有重要理论意义的是干谷矿床含有 10 种自然金属矿物，即自然金、自然铂、自然银、自然锡、自然铅、自然铜、自然钨、自然铬、自然钛与自然铁，还有 14 种天然合金（或金属固溶体）矿物。在铂族元素中，铂有主要地位，其他 5 种次要且分布零星。铂在金矿体内及金矿体上盘都有分布。虽然文中未给出或暗示铂族金属储量，但作者明确指出，经过此项研究，干谷已可称为铂 – 金矿床。作者也未列出干谷矿床铂族金属品位数据，但提到若干黑色岩系金矿中（除干谷外，还有穆龙套，邻近我国的库姆多尔等），都存在铂族金属大于 1 g/t 的品位。在干谷金矿体上部还有铂品位大于 $3 \sim 5$ g/t 的样品。

1992 年，Hulbert 等报道了在加拿大北部中、上泥盆统黑色岩系中发现 Ni – Zn – PGE 综合矿床。$80 \mathrm{km}^2$ 以上的整个 Nick 盆地均有此矿化层分布，其平均品位：Ni 为 5.3%，Zn 为 0.73%，PGE + Au 为 770×10^{-9}。另外，Re 可高达 61×10^{-6}，Se、As、Mo、P、Ba、U 含量也异常。但含矿层厚度仅 $3 \sim 10 \mathrm{cm}$。为了展示黑色岩系中可能出现的各种微量元素及其含量，这里列出 Hulbert 给出的 9 个代表性样品分析结果（见表 1）。

表 1　NICK 含矿层几个代表性样品分析结果　　　　　　　　　　（单位：10^{-9}）

样品	1035	NICK – 2	NICK – 3	NICK – 4	NICK – 5	NICK – 7A	NICK – 7B	NICK – 8X	DDH – 1
C	2.2	2.20	2.50	1.40	1.30	1.80	2.20	1.70	1.90
S	29.10	32.40	20.70	32.70	31.70	27.80	31.70	26.10	20.20
F	349	353	360	293	336	275	533	225	229
Cl	240	<100	<100	123	<100	112	<100	<100	<100
V	880	590	740	370	720	530	570	730	560
Cr	240	160	140	160	140	160	150	180	190

续表1

样品	1035	NICK-2	NICK-3	NICK-4	NICK-5	NICK-7A	NICK-7B	NICK-8X	DDH-1
Co	250	350	240	290	250	290	390	170	130
Cu	350	390	250	400	360	340	410	230	170
Ni	48000	78000	51000	62000	59000	56000	76000	38000	23000
Pb	82	90	64	100	95	84	100	57	67
Zn	10000	8700	3500	12000	2900	11000	13000	1400	6100
Se	941	2000	1400	2000	1800	1600	2400	1100	610
Sb	65	83	57	105	95	69	94	64	44
As	2434	3500	2170	3600	3500	3000	4200	3300	1900
Bi	0.42	1.7	1.3	1.5	1.5	1.3	1.5	1.3	1.1
Mo	3920	2467	2372	1907	1704	2363	2968	2472	1411
U	40	60.5	59	44.7	42.7	51.4	107.7	15.8	15.8
Y	74	170	160	110	87	87	200	44	27
Zr	29	31	53	18	24	27	33	25	31
Ba	4300	3800	4200	2300	4900	2300	2900	3900	1900
Ag	4	6	3	4	5	4	4	3	3
Pd		308	228	264	247	91	319	158	99
Pt		618	427	510	446	149	609	314	208
Au		103	67	138	141	29	82	69	57
Os		60	45	42	15	70	60	15	17
Ir		2	1.4	2.2	1.8	2.4	3	1.2	0.8
Ru		<30	<30	<30	<30	<30	<30	<30	<30
Rh		13	13	5	11	4	4	8	5
Re		23000	23000	10000	61000	40000	40000	34000	11400

从表1中可以看出：

1）含矿层 C、S 量均高，而挥发分 F、Cl 量也不低。

2）各种元素含量在整个盆地中相当稳定。

3）Pb、Zn 含量相差可达两个数量级。

4）Pt/Pd 值约为 1.9。

矿物学研究说明，Ni 主要赋存于方硫镍矿（NiS_2，vaesite）中，Zn 赋存于闪锌矿中，而 Mo 可能存在于尚待查定的 Mo-S-C 化合物中。Mo、Re 存在同步增长趋势。

加拿大 Nick 盆地中、下泥盆统黑色岩系与我国华南下寒武统黑色岩系在多金属元素异常、垂直分布局限和水平分布开阔，以及出现于高磷高硅岩相等方面均十分类似。

尽管 Nick 盆地镍金属储量可以达到 90 万吨，伴生的锌和铂族金属也较可观，但矿体太薄，短期内将不可能开发，这就使它远逊于俄罗斯干谷了。

（3）许多金矿床，特别是绿岩带型、变质碎屑岩型、侵入岩内外接触带型常受剪切带控制（多为脆性或脆韧性），这是金矿地质在野外观察时容易引起注意的一个方面。20 世纪 90 年代，剪切带控制的铂族矿化也是人们重视的问题。

巴西的 Serra Pelada 提供了剪切带控矿（金和铂族）的一个实例。它虽然于 20 世纪 70 年代末即被发现，地表剧烈红土化部分被成千上万个体户开采，但研究程度颇低，也鲜为外界知晓。最近巴西国家矿业公司正在对深部进行系统钻探与评价。初步了解，它是一个既大又富的综合金 – 铂族金属矿床。

Serra Pelada 矿床产于元古界浅变质碎屑岩系中。此岩系受到脆韧性变形作用，产生剪切带和不对称褶皱。Moroni 等认为，一个倒转向斜翼部的 NW—SE 向剪切带控制了矿化。钻孔资料显示，矿化厚度可达 150 m，但矿化程度很不均匀。金的背景值约为 0.21×10^{-6}，但部分矿体 Au + PGE 可超过 1000×10^{-6}，最富样品中 Au 为 1400×10^{-6}，Pd 为 410×10^{-6}，Pt 为 310×10^{-6}，In 和 Rh 也常达 10^{-6} 级。矿化为少硫化物型，自然金及组成经常变化；Au – Pd – Pt 自然合金是主要贵金属矿物。另外，含少量砷硫钯矿（atheneite）（Pd，Hg）As_3、汞钯矿（potarite）PdHg 及若干尚待命名的 Pd、Pt 硒化物矿物。

矿区地处热带湿地，新构造运动不发育，故红土化作用剧烈而深透。钻孔中 200 m 深度以下常出现 K – Mn 氧化物矿物。对此种矿物的 $^{40}Ar/^{39}Ar$ 和 K – Ar 年龄测定给出了 70 Ma 的数据，即可能是红土化作用较早期的年龄值。

Moroni 等在讨论 Serra Pelada 矿床为何发育此极高品位的 Au、Pd、Pt 时倾向性认为，这是由于低温浅成矿化与热带红土化作用多期次重叠的结果。

值得一提的是，矿化层常由两种岩性互层组成，一种是灰 – 黑色富非晶态碳的粉砂岩，一种是富高岭石、赤铁矿、褐铁矿的黄、棕色粉砂岩。看来，与本文前述波兰 Lubin 砂岩矿床类似，氧化还原界面对矿化富集也起了一定作用。

这里应当思考一下，为何在与基性、超基性杂岩无明显空间联系的地质体中的工业铂族矿床迟至 20 世纪 90 年代才被发现，但一旦被发现，就在世界上若干地区（如西伯利亚、巴西、波兰）的几个不同地质环境中，几乎同时被发现。本文作者认为原因可能多种，但两个重要因素是值得考虑的：一是铂族成矿和找矿思路的开拓。大量的野外和实验室实践都已证明，铂族金属成矿已冲破了镁铁岩，超镁铁岩杂岩的禁区，向多种环境、多种类型开拓。它们可形成于岩浆结晶分异过程、高温热液作用、低温热液作用、热水沉积过程和风化过程；它们可以产出于地下，也可出现于地表。另一重要因素是低检测线及高分辨率分析测试手段的引进。前述的一些文章都列举了微粒微量测试及鉴定的各种手段、方法，使呈微米至纳米级的铂族金属矿物查定及 10^{-9} 级含量的检测成为可能。另外，为了获得高回收率的各种含铂族精矿，对选矿流程也要下一番工夫。Дустлер 在文章中就给出了选矿流程及每一程序精矿和尾矿砂中各种铂族元素含量。

小结

（1）20 世纪 90 年代与镁铁岩 – 超镁铁岩无明显空间联系的工业铂族金属矿床新类型相继被发现，是引人注目的找矿新成就。其中相当一部分铂族元素矿床是对已知矿床重新认识和评价的结果。建议在新一轮找矿中重视这一问题。

（2）本文所提供的几个实例都说明了铂族元素与金在不同类型矿床中均存在密切的共生关系，这是值得在找矿和评价中深加关注的。

（3）看来，在一定因素制约下，还原环境、氧化环境及氧化还原过渡环境都可以促使金和铂族元素的运移、沉淀与富集。应对这些制约因素及其差别、地质背景等深入研究。

（4）黑色岩系可以是多种金属大规模或大范围成矿场所。目前，为了工业开发及利用，含矿层（矿体）厚度是必要考虑的因素。一般说，较大厚度的黑色岩系有较大可能赋存较大矿体（穆龙套、干谷、库姆多尔等可作为实例）。

参考文献

［1］Kucha H. Platinum – group metals in the Zechstein copper deposits，Poland 1982.

［2］Kucha H，Przybylowicz W，Lankosz M. EPMA micro – PIXE，synchrotron accumulations of Au and PGE in black shale and organic matrix，Kupferschief er，Poland 1993.

［3］Oszczepalski S，Rydzewski A，Speczik S. Rote fule – related Au – Pt – Pd mineralization in SW Poland：new data 1999.

［4］Pasava J. Anoxic sediments – an important environment for PGE：An overview 1993.

［5］Fan D L. Polyelements in the lower Cambrian black shale series in Southern China 1983.

[6] Distler V V. Forms of occurrence of PGE and their genesis in the gold deposit of Suhoe Log(Russia) 1996.

[7] Hulbert L J, Gregore D G, Paktunc D. Sedimentary Ni, Zn and PGE mineralization in Devonian black shalesat the Nick property, Yukon, Canada: a new deposit type 1992.

[8] Moroni M, Ferrario A, Girardi V A. Towawds a model for the Serra Pelada Au – Pd – Pt deposit, Serra dosCarajas, Brazil 1999.

[9] Vasconcelos P M, Renne P R, Brimhall G H, Becker T A. Direct dating of weathering phenomena by ^{40}Ar/^{39}Ar and K – Ar analysis of supergene K – Mn oxides 1994.

简论铂族金属

汪贻水

（中国地质学会矿山地质专业委员会，北京，100814）

1 发现小史

铂族金属（PGE）包括：铂（Pt）、铱（Ir）、锇（Os）、钯（Pd）、铑（Rh）和钌（Ru）6 种金属，其中，铂、铱、锇为重铂族，钯、铑、钌为轻铂族。铂族金属与金银统称贵金属。铂是"小银"（Platina）演化为 Platinum 而来，美洲人、印第安人早已知道，第一个西班牙人乌尔洛（A. De. Ulloa）到南美洲知道了"小银"。1741 年伍德（C. Wood）把"小银"带到欧洲。1803 年英国人沃拉斯顿（W. H. Wollaston）确定了拉铂工艺，同时从铂的王水溶液中分离出两个新元素钯和铑。

钯以神女（Palias）命名为 Palladium。

铑以玫瑰红色（Rhodon）命名为 Rhodium。

1804 年英国人（S. Tenllant）从自然铂的王水不溶物中发现锇和铱。

锇的希腊字氧为 Osme，命名为 Osmium。

铱的希腊字铱为 Iris，命名为 Iridium。

1844 年俄国人克劳斯（K. Krays）发现了钌，以拉丁文命名为 Ruthenium。

2 铂族性质

铂族金属中除锇为蓝色金属外，其他均为银白色金属。它们对普通的酸和化学试剂有优良的抗蚀性能。铂不与普通酸作用，但能缓慢地溶解于王水中，生成氯铂酸（H_2PtCl_6）。钯对酸的抗蚀能力稍差，能很快地溶解于硝酸中。铱、铑、钌能抗单一的酸和化学试剂的侵蚀，甚至在王水中也很难溶解。

铂和铑的抗氧化性很好，在空气中能长期保持光泽。在高温下铂和铑与氧气作用生成挥发性的氧化物，增加它的蒸发速度。粉末状的铱在空气或氧气中于 600℃ 时氧化，生成一层氧化铱（IrO_2）薄膜。这种氧化物在高于 1100℃ 时分解，使金属恢复原有光泽。铱是唯一可以在氧化性气氛中使用到 2300℃ 而不严重损失的金属。钌、锇容易被氧化，在室温下，锇的表面就生成蓝色的氧化膜（OsO_2）。四氧化锇（OsO_4）和四氧化钌（RuO_4）都是挥发性的有毒化合物，能刺激黏膜，侵害皮肤。钯有吸氢和透氢的特性：一定体积的钯常温下能吸收比它本身大 900 倍甚至 2800 倍的氢气。铂和钯对气体有很强的吸附能力，当粒度很细（如铂黑、钯黑）或呈胶态（如胶体铂）时，吸附能力就更强，因此它们具有优良的催化特性。铂族金属为过渡金属，有多个化合价，最稳定的化合价如下：钌为 +3；铑为 +3；钯为 +2、+4；锇为 +3、+4；铱为 +3、+4；铂为 +2、+4。它们有生成配合物的强烈倾向，最常见的是生成配位数 4 或 6 的配合物。总之，它们的化学性质很复杂。

纯铂和钯有良好的延展性，不经中间退火的冷塑性变形量可达到 90% 以上，能加工成微米级的细丝和箔。铑和铱的高温强度很好，但冷塑性加工性能稍差。用粉末冶金方法制得的金属钌在 1150~1500℃ 时才能进行少量塑性加工，而锇即使在高温下也几乎不能进行塑性加工。

铂族金属的主要物理性质见表1。

表1 铂族金属的主要物理性质

性质	铂	铱	锇	钯	铑	钌
元素符号	Pt	Ir	Os	Pd	Rh	Ru
原子序数	78	77	76	46	45	44

续表1

性质	铂	铱	锇	钯	铑	钌
相对原子质量	195.09	192.22	190.2	106.4	102.9055	101.07
晶体结构	面心立方	面心立方	密排六方	面心立方	面心立方	密排六方
密度(20℃)/(g·cm⁻³)	21.45	22.65	22.16	12.02	12.41	12.45
熔点/℃	1769	2443	3050	1552	1960	2310
沸点/℃	3800	4500	5020±100	2900	3700	4080±100
比热容(25℃)/[J·(g·K)⁻¹]	0.0314	0.0307	0.0309	0.0584	0.0589	0.0551
电阻率(0℃)/(μΩ·cm)	9.85	4.71	8.12	9.93	4.33	6.80
熔化热/(kJ·mol⁻¹)	19.7	26.5	29.3	16.7	22.4	26
汽化热/(kJ·mol⁻¹)	502.8	612.5	361.7	494	592.0	
热导率(0~100℃)/[cal·(cm·s·℃)⁻¹]	0.17	0.35	0.21	0.18	0.38	0.25
电阻温度系数(0~100℃)/℃⁻¹	0.003927	0.00427	0.0042	0.0038	0.00463	0.0042

3 铂族资源

3.1 铂族矿物的种类及其工业指标

目前发现的铂族矿物和含铂族元素的矿物已超过80种，加上变种和未定名矿物已达200个。在自然界中，铂族金属主要呈自然元素、自然合金、锑化物、硫化物、砷化物和铋碲化物的单矿物存在，部分呈类质同象存在于硫化物，如黄铜矿、镍黄铁矿、紫硫镍(铁)矿等中。常见铂族金属矿物见表2。

表2　常见铂族金属矿物

矿物名称	化学式	元素种类	一般含量/%	备注
自然铂	Pt	Pt	83.2~100.0	
铁自然铂	Pt·Fe	Pt	74.8~90.22	
砷铂矿	PtAs₂	Pt	46.6~59.3	
铂碲矿	PtTe₂	Pt	31.0~46.3	
铋碲铂矿	Pt(Te,Bi)₂	Pt	60.34~41.0	
锑钯矿	Pd₅₊ₓSb₂₋ₓ	Pd	66.9~70.8	x=0.06
碲钯矿	PdTe₂	Pd	21.7~33.2	
铋碲钯矿	Pd(Te,Bi)₂	Pd	25.6	
单斜铋钯矿	PdBi₂	Pd	17.6~20.3	
硫锇矿	OsS₂	Os	64.3~72.4	
硫砷铱矿	IrAsS	Ir	55.3~66.5	
砷钌矿	RuAs	Ru	43.4~44.7	
锇砷矿	OsAs	Os	46.5~51.2	
砷铑矿	RhAs₂	Rh	41.3	
铱砷铂矿	(Pt,Ir)As₂	Ir	10.7~12.0	
		Pt	44.9~45.7	

铂族金属矿床的工业指标见表3。

表3 铂族金属矿床的工业指标

矿床类型		金属种类	边界品位/(g·t⁻¹)	工业品位/(g·t⁻¹)	地段品位/(g·t⁻¹)	最小可采厚度/m	夹石剔除厚度/m
原生矿床	超基性岩含铜镍型矿床	Pt + Pd①	0.3 ~ 0.5	≥0.5	1.0	1 ~ 2	≥2
		Pt	0.25 ~ 0.42	≥0.42	0.84		
		Pd	1.25 ~ 2.1	≥2.10	4.20		
	伴生矿床	Pt、Pd	0.03				
		Os、Ir、Ru、Rh	0.02				
砂矿床	松散沉积型矿床	Pt + Pd	0.3(g/m³)	≥0.1(g/m³)		0.5 ~ 1	≥1
		Pt	0.025(g/m³)	≥0.085(g/m³)			
		Pd	0.125(g/m³)	≥0.42(g/m³)			
	砂砾岩型矿床	Pt + Pd	0.1 ~ 0.5(g/m³)	≥1 ~ 2(g/m³)			
		pt	0.85 ~ 0.42(g/m³)	≥0.84 ~ 1(g/m³)			
		pd	0.42 ~ 2.1(g/m³)	≥4.2 ~ 8.4(g/m³)			

① 上述指标 Pt：Pd = 4：1。

现在铂和金的国际价格很相近，故一般工业要求可参照本书的岩金及砂金要求进行评价。以前铂和金的差价较大，所以一般工业要求也较低，已不适用，但为了对照，现将原指标列后，以供参考。(1)铂与钯的比例为：Pt：Pd = 4：1；(2)达到此指标时，要对其进行评价和综合回收利用的研究工作，如能回收利用，有多少算多少。

3.2 各类铂族矿物的综合评价

在原生铂族金属矿床中，铂族金属常与铜、镍、钴、铬、金、硒、碲等矿产共生；其围岩（超基性岩）有的可制钙镁磷肥和建筑材料；在铂族金属砂矿床中，铂族金属常与金共生，要注意综合评价。和基性岩、超基性岩有关的矿产，常伴有铂族金属，在评价主矿产时，要注意铂族金属的综合评价。

西北金川超基性岩型含铂族金属的铜镍矿床，铂族金属有多少算多少；西藏某铬铁矿中 Pt 亦可综合回收利用。

铂族金属全世界储量18000 t，其中铂、钯量约占90%。

4 铂族提取

4.1 铂族金属的提取

砂铂矿或含铂族金属的砂金矿用重选法富集可得精矿，铂或锇、铱的含量能达 70% ~ 90%，可直接精炼。

20世纪50年代以来铂族金属主要从铜镍硫化物共生矿中提取，小部分从炼铜副产品中提取。铜镍硫化共生矿在火法冶金时，精矿中所含的铂族金属90%以上可富集于铜镍冰铜（锍）中。再经转炉吹炼富集成高冰镍后，经缓冷、研磨、浮悬和磁选分离，可得含铂族金属的铜镍合金。把这种合金经硫化熔炼，细磨磁选，以分离铜镍，产出含铂族金属更富的铜镍合金。将此合金铸成阳极，进行电解时，铂族金属进入阳极泥。阳极泥经酸处理后，就可得到铂族金属精矿。采用羰基法从镍精矿或铜镍合金制取镍时，铂族留于羰化残渣中，经硫酸处理或加压浸出其他金属后可得铂族精矿。我国金川有色金属公司将含铂族的铜镍合金，再次硫化熔炼和细磨、磁选得到富铂的铜镍合金，用盐酸浸出分离镍，用控制电位氯化法分离铜，然后提取铂族金属。

铂族含量高的高冰镍（如南非的原料），现在直接用氧压下硫酸浸出，或氯化冶金分离其他金属后获得铂族精矿。铂族精矿经过直接溶解、分离、提纯，或先将锇、钌氧化挥发分离后，再分离、提纯其他铂族金属。在铜的火法冶金和电解精炼过程中，铂族金属和金银一起进入阳极泥。用此种阳极泥炼出多尔银（即含少量金的精银），铂族金属富集于多尔银中。铂族金属在火法炼铜过程中进入精铅，可用灰吹法除铅得多尔银，则铂族便富集其中；如果粗铅加锌脱银，则铂族金属富集于银锌壳中，然后脱锌得多尔银。多尔银电解精炼时，为了避免钯损失于电解银中，银阳极的含金量常控制在小于4.5%，同时控制金钯比等于或大于10。若部分钯和少量铂进入硝酸银电解液，可用活性炭吸附，或用"黄药"选择性沉淀加以回收。通常在电解银时，铂族金属富集于银阳极泥中。如铂族金属含量较高，可先用王水溶解阳极泥，然后分别回收；如含量较低，常用硫酸溶解除银，残渣铸成精金电极，然后电解提金；铂、钯富集于电解母液中，用草酸沉淀金后，用甲酸钠沉淀回收铂和钯；富集于金阳极泥中的其他铂族金属还可再分离。

4.2 铂族金属再生

铂族金属稀有而贵重，历来重视回收。废催化剂、废电器元件、含铂的残破器皿、废电镀液、珠宝装饰品厂的废料等都可从中回收铂族金属。这些废料含铂量高时可直接分离提纯；含量低时，须先行富集。流体废料可以加廉价金属进行置换，或加硫化物使其沉出；也可用电解沉积或离子交换法富集。固体废料可用铜或铅熔炼捕集回收。

4.3 铂族金属的分离和提纯

铂族金属的提取和精制流程因原料成分、含量的不同而异，典型流程见图1。将铂族金属精矿或含铂族金属的阳极泥用王水溶解，钯、铂、金均进入溶液。用盐酸处理以破坏亚硝酰化合物（赶硝），然后加硫酸亚铁沉淀出金。加氯化铵，铂呈氯铂酸铵[$(NH_4)_2nCl_6$]沉淀析出，煅烧氯铂酸铵可得铂99.5%以上的海绵铂。分离铂后的滤液，加入过量的氢氧化铵，再用盐酸酸化，沉淀出二氯二氨配亚钯[$Pd(NH_3)_2Cl_2$]形式的钯，再在氢气中加热煅烧可得纯度达99.7%以上的海绵钯。

经上述王水处理后的不溶物与碳酸钠、硼砂、密陀僧（PdO）和焦炭共熔，得贵铅。用灰吹法除去大部分铅，再用硝酸溶解银，残留的铅、铑、铱、锇、钌富集于残渣中。将此残渣与硫酸氢钠熔融，铑转化为可溶性的硫酸盐，用水浸出，加氢氧化钠沉出氢氧化铑，再用盐酸溶解，得氯铑酸。溶液提纯后，加入氯化铵，浓缩、结晶出氯铑酸铵[$(NH_4)_3RhCl_6$]。在氢气中煅烧，可得海绵铑。

在硫酸氢钠熔融时，铱、锇、钌不反应，仍留于水浸残渣中。将残渣与过氧化钠和苛性钠一起熔融，用水浸出；向浸出液中通入氯气并蒸馏，钌和锇以氧化物形式蒸出。用乙醇－盐酸溶液吸收，将吸收液再加热蒸馏，并用碱液吸收得锇酸钠。在吸收液中加氯化铵，则锇以铵盐形式沉淀，在氢气中煅烧，可得锇粉。在蒸出锇的残液中加氯化铵，可得钌的铵盐，再在氢气中煅烧，可得钌粉。

浸出钌和锇后的残渣主要为氧化铱（IrO_2），用王水溶解，加氯化铵沉淀析出粗氯铱酸铵[$(NH_4)_2IrCl_6$]，经精制，在氢气中煅烧，可得铱粉。

将铂族金属粉末用粉末冶金法或通过高频感应电炉熔化可制得金属锭。

近年来，用溶剂萃取法分离提纯铂族金属的工艺得到应用，常用的萃取剂有磷酸三丁酯（IBP）、三烷基氧膦（TRPO）、二丁基苄必醇（DBC）、烷基亚砜等。

4.4 制取高纯铂族金属

一般将金属溶解后，经反复提纯，精制方法有载体氧化水解、离子交换、溶剂萃取和重复沉淀等，然后再以铵盐沉淀析出，经煅烧可得相应的高纯金属。

5 铂族用途

铂族金属和合金有很多重要的工业用途。过去主要是制造蒸馏釜以浓缩铅室法制得稀硫酸，也曾用铂铱合金制造标准的米尺和砝码。在19世纪中叶，俄国曾制造铂铱合金币在市场上流通。

目前，铂族金属及其合金的主要用途为制造催化剂。因其活性、稳定性和选择性都好，化学工业上的很多过程（如炼油工业的铂重整工艺）都使用铂族催化剂。氨氧化制硝酸时，使用铂铑合金网作催化剂。近年来又在铂铑网下增加金钯捕集网以减少铂、铑的损失。钯是化学工业中加氢的催化剂。此外消除汽车排气污染的催化剂用量增长极快。在美国用于汽车排气净化的铂，1978年为60万金衡盎司（1金衡盎司＝31.103克），占总消费量的51.3%，1979年为66万金衡盎司，占66%。

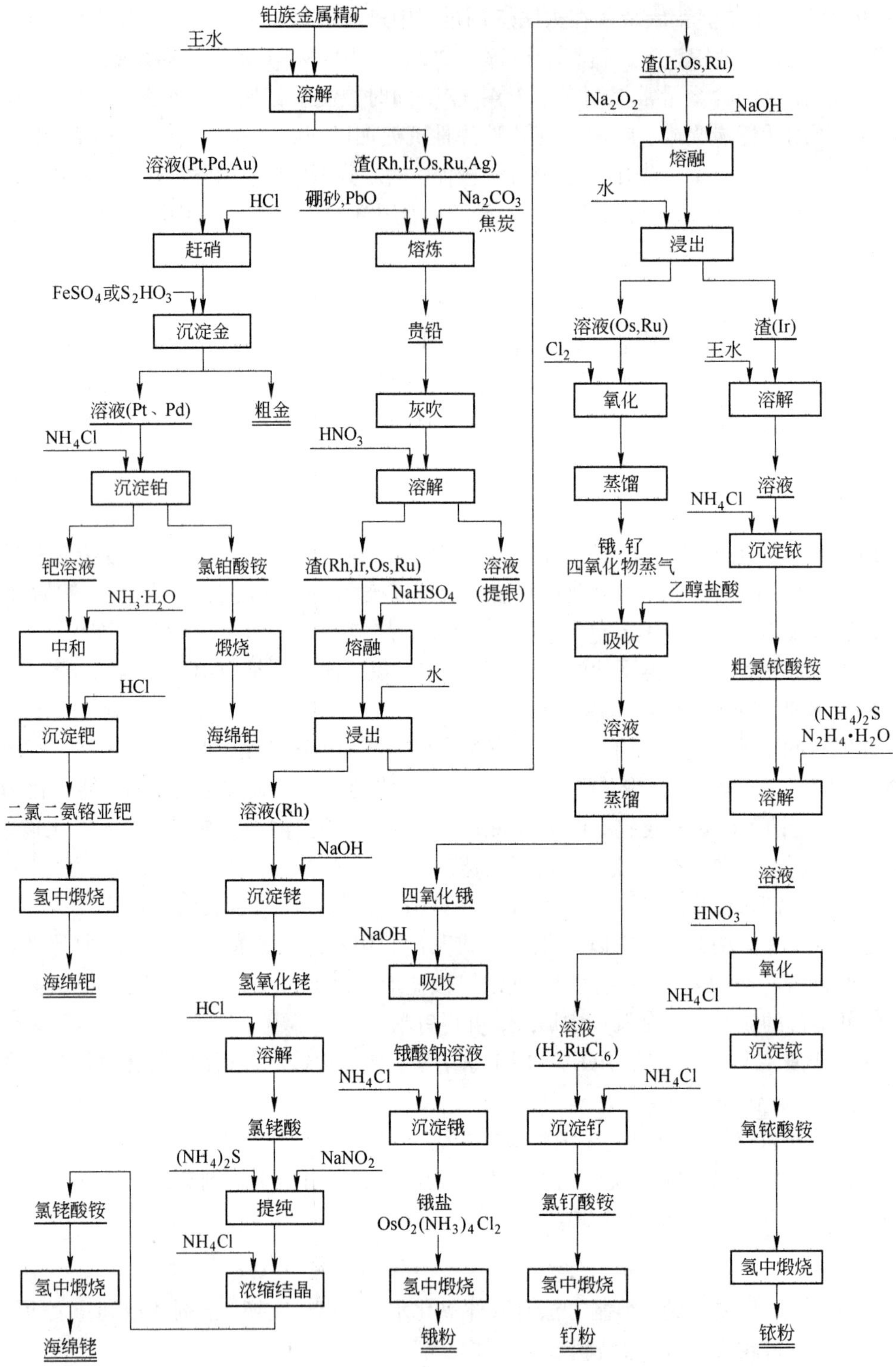

铂族金属精矿
王水 → 溶解

溶解 → 溶液(Pt,Pd,Au) ／ 渣(Rh,Ir,Os,Ru,Ag)

【左路：溶液(Pt,Pd,Au)】
溶液(Pt,Pd,Au) + HCl → 赶硝
FeSO₄或S₂HO₃ → 沉淀金
沉淀金 → 溶液(Pt、Pd) ／ 粗金
溶液(Pt、Pd) + NH₄Cl → 沉淀铂
沉淀铂 → 钯溶液 ／ 氯铂酸铵
钯溶液 + NH₃·H₂O → 中和
中和 + HCl → 沉淀钯 → 二氯二氨铬亚钯 → 氢中煅烧 → 海绵钯
氯铂酸铵 → 煅烧 → 海绵铂

【中路：渣(Rh,Ir,Os,Ru,Ag)】
渣(Rh,Ir,Os,Ru,Ag) + 硼砂,PbO + Na₂CO₃ 焦炭 → 熔炼
熔炼 → 贵铅 → 灰吹
HNO₃ → 溶解
溶解 → 渣(Rh,Ir,Os,Ru) ／ 溶液(提银)
渣(Rh,Ir,Os,Ru) + NaHSO₄ → 熔融
水 → 浸出 → 溶液(Rh)
溶液(Rh) + NaOH → 沉淀铑 → 氢氧化铑
氢氧化铑 + HCl → 溶解 → 氯铑酸
(NH₄)₂S、NaNO₂ → 提纯
提纯 → 氯铑酸铵 ／ 浓缩结晶
NH₄Cl →
氯铑酸铵 → 氢中煅烧 → 海绵铑

【锇支路】
四氧化锇 + NaOH → 吸收 → 锇酸钠溶液
锇酸钠溶液 + NH₄Cl → 沉淀锇 → 锇盐 OsO₂(NH₃)₄Cl₂ → 氢中煅烧 → 锇粉

【右中路：溶液(Os,Ru)】
溶液(Os,Ru) + Cl₂ → 氧化 → 蒸馏 → 锇,钌四氧化物蒸气
乙醇盐酸 → 吸收 → 溶液 → 蒸馏
蒸馏 → 四氧化锇 ／ 溶液(H₂RuCl₆)
溶液(H₂RuCl₆) + NH₄Cl → 沉淀钌 → 氯钌酸铵 → 氢中煅烧 → 钌粉

【右路：渣(Ir,Os,Ru)】
渣(Ir,Os,Ru) + Na₂O₂ + NaOH → 熔融
水 → 浸出 → 溶液(Os,Ru) ／ 渣(Ir)
渣(Ir) + 王水 → 溶解 → 溶液
溶液 + NH₄Cl → 沉淀铱 → 粗氯铱酸铵
(NH₄)₂S、N₂H₄·H₂O → 溶解 → 溶液
溶液 + HNO₃ → 氧化
NH₄Cl → 沉淀铱 → 氯铱酸铵 → 氢中煅烧 → 铱粉

图1　铂族金属的分离和提纯流程

铂铑合金对熔融的玻璃具有特别的抗蚀性，可用于制造生产玻璃纤维的坩埚。生产优质光学玻璃时，为防止熔融的玻璃被玷污，也必须使作铂制坩埚和器皿。1968年国际实用温标规定，在630.74~1064.43℃范围内的测温标准是 Pt-10Rh/Pt 热电偶。用于测量13.81~903.89 K温域的标准仪器是铂电阻温度计，其电阻器必须是无应变退火后的纯铂丝，100℃时的电阻比（$R_{100}R_0$）应大于1.39250。

铂铱、铂铑、铂钯合金有很高的抗电弧烧损能力，被用作电接点合金，这是铂的主要用途之一。铂铱合金和铂钌合金用于制造航空发动机的火花塞接点。由于铂化学性质稳定，纯铂、铂铑合金或铂铱合金制造的实验室器皿如坩埚、电极、电阻丝等是化学实验室的必备物品。铂钴合金广泛用于制造各种首饰特别是镶钻石的戒指、表壳和饰针。铂或钯的合金也可作牙科材料。

铂、钯和铑可作电镀层，常用于电子工业和首饰加工中。银和铂表面镶铑，可增强表面的光泽和耐磨性。近年来涂钌和铂的钛阳极代替了电解槽中的石墨阳极，提高了电解效率，并延长电极使用寿命，是氯碱工业中一项重要的技术改性，为钌在工业上的使用开辟了新途径。锇铱合金可造笔尖和唱针。钯合金还用于制造氢气净化材料和高温钎焊焊料等。在化学工业中还使用包铂设备。

参考文献（略）

铂族金属

倪集众

（中国科学院地球化学研究所，贵阳，550002）

1　铂族金属概述

铂族金属包括铂（Pt）、钯（Pd）、锇（Os）、铱（Ir）、钌（Ru）、铑（Rh）6 种金属。

铂族金属以其特别可贵的性能和资源珍稀而著称；与金、银合称"贵金属"。但其发现与利用相对于金、银来说要晚得多。金、银饰品在人类纪元之前的墓葬中就有发现，而人类对铂族金属的了解和利用，不过两百多年的历史。其中铂发现最早，1735 年由尤尔洛（A. De. Ulloa）发现，其余几种元素都迟至 19 世纪才陆续被了解，如钯是 1804 年由沃拉斯顿（W. H. Wollaston）发现的，钌是 1844 年克劳斯（K. Krays）发现的。虽然发现较晚，但很快了解到它们有一些可贵的功能，因而被广泛应用于现代工业和尖端技术中。因此被称为"现代贵金属"。据报道，从公元前 4000 年到 19 世纪末，全球累计产金 2.9 万吨，19 世纪世界平均年产金 123 t；到 1973—1980年，世界平均年产金量达 1375 t。铂族金属的世界产量从 1969 年开始超过 100 t，20 世纪 80 年代末便翻了一番，达到 200 t（张文朴，1997），20 世纪 90 年代初年产近 300 t。从这些数据不难体会出"贵金属"与"现代贵金属"深层的含义：二者都是珍稀而贵重的，而铂族元素虽然绝对数量比不上金、银，但其发展的速度深刻体现出"现代"的含义。

1.1　矿物原料特点

铂族金属既具有相似的物理化学性质，又有各自的特性。它们的共同特性是：除了锇和钌为钢灰色外，其余均为银白色；熔点高、强度大、电热性稳定、抗电火花蚀耗性高、抗腐蚀性优良、高温抗氧化性能强、催化活性良好。各自的特性又决定了不同的用途。例如铂还有良好的塑性和稳定的电阻与电阻温度系数，可锻造成铂丝、铂箔等；它不与氧直接化合，不被酸、碱侵蚀，只溶于热的王水中；钯可溶于浓硝酸，室温下能吸收其体积350~850 倍的氢气。铑和铱不溶于王水，能与熔融氢氧化钠和过氧化钠反应，生成溶解于酸的化合物；锇与钌不溶于王水，却易氧化成四氧化物。它们的主要物理和力学性质见表 1。

表1　铂族金属的物理和力学性质

元素 / 性质	Ru	Rh	Pd	Os	Ir	Pt
密度（20℃）/（g·cm^{-3}）	12.45	12.41	12.02	22.61	22.65	21.45
熔点/℃	2310	1963	1554	3045	2447	1772
沸点/℃	4080	3700	2900	5020	4500	3800
比热容（20℃）/[J·(kg·K)$^{-1}$]	230.5	246.4	244.3	129.3	128.4	131.2
伸长率/	%	5	40	40		
热导率（0~100℃）/[W·(m·K)-1]	105	150	76	87	148	73
线胀系数/K^{-1}	9.1×10^{-4}	8.3×10^{-4}	11.1×10^{-4}	6.1×10^{-4}	6.8×10^{-4}	9.1×10^{-4}
电阻率（0℃）/（μΩ·cm）	6.80	4.33	9.93	8.12	4.71	9.85
电阻温度系数（0~100℃）/℃$^{-1}$	0.0042	0.0046	0.0038	0.0042	0.0043	0.0039
磁化系数/（cm^3·g^{-1}）	0.427×10^6	0.09903×10^6	5.231×10^6	0.052×10^6	0.133×10^6	0.9712×10^6
逸出功/eV	74.54	4.90	4.99	4.8	5.40	5.27

续表1

元素\性质	Ru	Rh	Pd	Os	Ir	Pt
维氏硬度(退火态)	200~350	100~102	40~42	300~670	200~400	40~42
抗拉强度(退火态)/(N·mm^{-2})	496	688	172	1090	125	
弹性模量/(N·mm^{-2})	4.17×10^5	3.16×10^5	1.17×10^5	5.56×10^5	5.16×10^5	1.72×10^5

目前,已发现200余种铂族元素矿物。可分为4大类:(1)自然金属:自然铂、自然钯、自然铑、自然锇等;(2)金属互化物:钯铂矿、锇铱矿、钌锇铱矿,以及铂族金属与铁、镍、铜、金、银、铅、锡等以金属键结合的金属互化物;(3)半金属互化物:铂、钯、铱、锇等与铋、碲、硒、锑等以金属键或具有相当金属键成分的共价键型化合物;(4)硫化物与砷化物。铂族元素的主要矿物及其组成见表2。工业矿物主要有砷铂矿、自然铂、等轴铋碲钯矿、碲钯矿、砷铂铑矿、碲钯铱矿及铋碲钯镍矿。砷铂矿和等轴铋碲钯矿多见于原生铂矿床,自然铂多产于砂铂矿。

铂族金属矿物在矿石中的含量一般甚微,以每吨几克(g/t)计,矿物颗粒小,6个元素在不同的矿床中含量各异。如南非的布什维尔德杂岩中铂是主要元素,以铂为100的话,钯为40,钌为10,铑为6,铱为1,锇不及1。俄罗斯的诺里尔斯克则以钯为主(是铂的3倍)。加拿大的萨德伯里矿石中铂、钯比率接近。

铂族金属在矿石中常以有色金属的硫化物、砷化物和硫砷化物为其主要的载体矿物,特别是自然金、自然银、黄铜矿、磁黄铁矿、镍黄铁矿、辉砷镍矿与斑铜矿等(见表2),如在自然金中铂可达600 g/t,钯达1000 g/t;黄铜矿中的含钯量是磁黄铁矿中的100倍。

表2 铂族元素的主要矿物及其组成

类别	矿物名称	化学式	主要化学组分/%
自然元素及金属互化物	自然钯	Pd	Pd 8.6~100.0
	自然铂	Pt	Pt 83.2~100.0
	铁自然铂	Pt, Fe	Pt 74.8~90.2, Fe 8.8~18.5
	自然铱	Ir	Ir 78.8~95.0
	自然锇	Os	Os 78.0~99.8
	自然钌	Ru	Ru 64.4~1.1
	铂自然铑	Rh, Pt	Rh 41.7, Pt 59.6
	钯自然金	Au, Pd	Au 85.2, Pd 12.3
	铂自然铜	Cu, Pt	Cu 28.5~31.0, Pt 68.5~73.8
	正方铁铂矿	Pt, Fe	Pt 60.9~82, Fe 14.9~26.6
自然元素及金属互化物	红石矿	Cu, Pt	Cu 24.4~24.7, Pt 73.8~76
	等轴锇铱矿	Ir, Os	Ir 54.1~82.2, Os 16.3~40.9
	铱锇矿	Os, Ir	Os 47.3~80.3, Ir 15.2~49.7
	汞钯矿	PdHg	Pd 34.8~35.9, Hg 64.1~65.2
	铅钯矿	Pd_3Pb_2	Pd 37.2~44.6, Pb 49.2~58.7
	锡钯矿	Pd_3Sn_2	Pd 58, Sn 38

续表2

类别	矿物名称	化学式	主要化学组分/%
各种化合物	砷铂矿	PtAs	Pt 46.6~59.3, As 37.6~46.8
	砷钯锑矿	$Pd_8(As, Sb)_3$	Pd 76.8~78.5, As 16.1~17.1
	锇砷矿	$OsAs_2$	Os 46.5~51.2, As 42.3~45.0
	锑钯矿	Pd_5Sb_2	Pd 66.9~70.8, Sb 27.7~32.5
	硫钌矿	RuS_2	Ru 46.7~67.0, S 31.8~41.4
	硫锇矿	OsS_2	Os 64.3~72.4, S 25.0~26.6
	硫铂矿	PtS	Pt 75.7~86.2, S 12.4~17.6
	硫钯矿	PdS	Pd 52.4~73.5, S 20.0~25.2
	硫镍钯铂矿	(Pt, Pd, Ni)S	Pt 31.5~68.8, Pd 8.5~38.5, Ni 3.5~8.3
	硫砷铑矿	RhAsS	Rh 41.3, As 33.3, S 16.4
	硫砷铱矿	IrAsS	Ir 55.3~66.5, As 21.5~36.4, S 6.6~14.3
	碲钯矿	$PdTe_2$	Pd 21.7~33.2, Te 50.8~67.8
	碲铂矿	$PtTe_2$	Pt 31.0~46.3, Te 44.2~61.4
	等轴碲铋钯矿	PdTeBi	Pd 18.0~25.5, Te 27.7~33.0, Bi 36.6~48.0
含铂族元素矿物	含铂钯自然金	Au	Au 84.6~95.6
	含铂钯银金矿	Au, Ag	Au 58.4~80.1, Ag 9.0~29.2
	含铂钯自然银	Ag	Ag 67.3~97.5
	含铂自然铋	Bi	Bi 大量
	含钌铑镍黄铁矿	$(Fe, Ni)_9S_3$	Fe 15.4, Ni 37.6, S 30.7

1.2　用途与技术经济指标

铂族金属早期主要用作首饰，20世纪50年代后开始大量应用于石油、汽车、电子、化工、原子能，以及环境保护行业。它们在这些工业中用量不大，但起着关键的作用，故素有"工业维生素"之称。

铂的用途最广，可单独或与其他铂族金属联合使用。铂可作制造硝酸与氨的催化剂，生产高质量的航空汽油；用作电器与电子工业上的接触点和铂铑合金热电偶、铂铱火花塞电极；玻璃工业上用作铂坩埚；国防工业上可制造导弹发射燃料——过氧化氢的催化剂与宇宙飞行器的燃料电池电极等。钯主要作低电流的接触点和化工中的催化剂；钯合金管可做提纯氢气用的扩散设备。铑对可见光谱的反射率高，故可用做反射镜面；铱、锇、钌作为铂和钯的添加剂，提高它们的硬度、抗拉强度、耐蚀性和熔点。铱的耐磨性使之可用做钢笔的笔尖。铂族金属的具体用途见表3。

表3　铂族金属的用途

部门	用途	使用金属
电子、电工	电接点	Pt、Pd、Ir、Ru 的合金
	导电及电阻浆料	Pd、Ru、Ag、Au
	电极：集成电路、激光等	Pd、Au
	磁性材料	Pt-Co、Pd-Co 合金
	燃料电池	Pt、Ru
	热电偶	Pt、Rh、Ir
	发热体	Pt、Rh 及其合金
传感器	300~500 Ω 稳定的热敏电阻	Pd
	氧气传感器电极	Pt、Rh、Ir、Ru
	露点传感器	Ru、Pd 浆料

续表3

部门	用途	使用金属
单晶	控制高纯度单晶用坩埚	Ir、Rh、Pt 合金
表面处理	电镀：首饰及半导体等	Rt、Rh、Pd、Ru
焊料	空调、弱电、汽车及飞机	Pd－Ag、Pt、Au 等
汽车工业	废气净化催化剂	Pt 或 Pd(氧化)；Pt－Rh(还原)
航空工业	发动机火花塞电极	Pt－Ir 合金
石油及石油化学	石油精炼、加氢化、异构化等的催化剂 C₁ 化学	Pt、Pd 等 Rh
化学工业	硝酸生产 苛性钠制造用电极 耐腐蚀钛合金 高纯氢精制 合成纤维用喷丝头	Pt－Rh、Pt－Rh－Pd Ti 上镀 Ru、Pd、Pt 加入 Pd(0.15%～0.3%) Pd 薄膜 Pd－Au 合金
玻璃工业	玻璃纤维及光导纤维制造用熔解炉 弥散强化合金制造光学玻璃用坩埚	Rt－Rh Pt、Pt－Rh 合金
环境保护	脱臭用催化剂	Pt－Pd 合金
实验器皿	坩埚、蒸发皿、舟	Pt、Ir(纯度 99.7% 以上)
原子能	控制材料，放射性同位素来源 除去重水中的氚	Ir、Au 等 铂催化剂
首饰	戒指、项链等	Pt、Au、Ag 合金
医疗	牙科材料 治癌药物	Pd、Au、Ag 合金 Pt、Pd 的化合物
货币	纪念币	Pt
其他	钢笔笔尖、工艺品等	Ir、Os、Pt、Pd、Rh

目前铂族元素用得最多的是触媒剂和汽车工业，1996 年全球消耗的 143 t 铂族金属中这两大用户分别占消耗量的 35.8% 和 28%。用于汽车尾气净化催化剂的贵金属用量增长很快。目前全球每年生产蜂窝状催化剂 5000 多万个，每个需用铂族金属 1.2 g。1993 年仅此一项就花去铂 53 t，钯 22 t，铑 11 t，总共 86 t，占当年铂、钯工业用量的 50%，铑用量的 90%。近年来正在研究改用较便宜的含钯催化剂代替铂－钯－铑三元催化剂。

1.3 矿业简史

1778 年哥伦比亚发现砂铂矿，并开始采掘。1817 年俄罗斯发现乌拉尔彼尔姆砂铂矿并予以利用。南非 1908 年开始开采原生铂矿。从 19 世纪后期到 20 世纪 50 年代后，美国、澳大利亚、日本、芬兰、新西兰，以及一大批发展中国家(如中国、缅甸、巴西、智利、埃塞俄比亚、塞拉利昂、刚果·金、赞比亚)先后发现铂矿，但从储量到产量，仍一直以俄罗斯、南非与加拿大三国位于前列。

早期以开采砂矿为主，主要是哥伦比亚与俄国。到 19 世纪后期，加拿大发现大型原生矿。20 世纪 20 年代南非发现布什维尔德矿床，使原生铂开始取代砂矿。随后，苏联在 20 世纪 60 年代发现了诺里尔斯克铂矿，美国发现斯蒂尔沃特铂矿，使原生铂矿完全代替了砂矿。

我国是铂族金属稀缺的国家之一。20 世纪 50 年代前只有个别小型砂铂矿，1959 年发现金川含铂铜镍矿，1966 年镍电解车间投产，铂族金属的生产与利用才有了转机。20 世纪 70 年代相继发现了一些小矿体，开始利用低品位的含铂贫矿，也从多金属矿石与斑岩铜矿石的冶炼过程中回收一些铂族金属；并对铂矿进行了较多的地质地球化学研究，但找矿勘探方面始终未有大的突破；相反，随着经济的发展，铂族金属的供需矛盾日趋尖锐，靠进口弥补不足。

2　铂族金属资源

2.1　资源状况

世界有 60 多个国家找到了含铂族金属的矿床或有远景的岩体。南非、俄罗斯、加拿大、津巴布韦、美国和澳大利亚等国家在储量和远景上占最大的优势。南非的铂矿主要产于德兰士瓦省布什维尔德杂岩中，远景储量达 6000 多吨。俄罗斯的铂矿集中于西伯利亚的诺里尔斯克 – 塔耳纳赫地区，估计远景储量有 10000 t。加拿大的铂矿主要在安大略省的萨德伯里，远景储量有 500 ~ 1000 t。津巴布韦铂矿的储量加资源量有 3000 多吨，主要产于著名的大岩墙岩体中。美国的铂矿资源集中在斯蒂尔沃特基性 – 超基性杂岩的铬铁矿矿床中。

1995 年，世界铂族金属储量与基础储量分别为 56000000 kg 和 66000000 kg。储量最多的国家依次为南非、俄罗斯、加拿大和美国(见表 4)。这 4 个国家无论是储量还是基础储量，都占全球的 95% 以上，其他国家都只占很少份额，我国仅占世界储量的万分之三。

表 4　1995 年世界铂族金属储量和基础储量

国家　　　　　　　　　储量	储量/kg	基础储量/kg
世界合计	56431000	66091000
南非	50000000	59000000
俄罗斯	5900000	6000000
美国	250000	780000
加拿大	250000	280000
其他国家	31000	31000

截至 1996 年，我国铂族金属保有储量为 310086 kg，其中 A + B + C 级为 23537kg；较上述国家的绝对值相差甚远，也远远不能满足经济发展的需要。

2.2　地理分布

我国分布有铂族金属矿床的 10 个省(市、区)中，A + B + C + D 级储量 10000 kg 以上的省有甘肃(177513 kg)、云南(77856 kg)、四川(27975 kg)和黑龙江(10134 kg)，这 4 省共计储量 293478 kg，占全国的 94.6%。其他省(市、区)如河北、青海、新疆、北京、内蒙古也有一些小矿点，储量甚少。

从 1996 年我国铂矿、钯矿与铂钯(未分)矿保有储量看，我国的铂矿和钯矿主要分布在甘肃，分别占全国铂矿与钯矿的 90.7% 与 91.3%，其次是河北，分别为 5.8% 和 2.3%。其他省区只占极少份额。铂钯(未分)矿主要在云南(占全国的 66.8%)，其次是四川(占全国的 25.5%)。

其他几种铂族金属的分布也主要在甘肃、云南和黑龙江。甘肃省的铑、铱、锇、钌储量分别占其全国储量的 59.3%、64.4%、74.0% 和 84.9%；云南分别占储量的 39.4%、29.4%、9.8% 与 13.2%。这两个省的相应数据相加，除了锇都占到全国储量的 95% 以上；只是云南的锇储量(占 9.8%)稍逊于黑龙江(占 15.2%)。

我国主要的铂族金属矿床的概况见表 5。

表5　我国主要的铂族金属矿床

矿区名称	地理位置	矿化特征				
		矿体数/个	主矿体(长×宽×厚)/(m×m×m)	累积探明储量/kg	保有储量/kg	品位/(g·t⁻¹)
喀拉通克硫化铜镍矿	新疆富蕴县	22	Ⅲ1：725×282×(2~105)	Pt 1740 Pd 2161	Pt 1740 Pd 2161	Pt 0.07 Pd 0.09
安益铂钯矿	云南牟定县	3	中部矿带：1060×860×(14~28)	Pt + Pd 9605	Pt + Pd 9605	
朱布铂钯矿	云南元谋县	6	东边部矿体：1700×660×(0.65~11.57)	Pt + Pd 5930 Ir 157 Os 100 Ru 483 Rh 89	Pt + Pd 5915	Pt + Pd 0.89 Ir 0.039 Rh 0.022
大红山铁铜矿	云南新平	3	4400 号：4400×(800~1500)×8.65	Pt + Pd 1300	Pt + Pd 1300	Pt + Pd 0.0089
荒草坝铂钯矿	云南大理	37	KT35：632×160×17.35	Pt + Pd 4917	Pt + Pd 4917 Os 35 Ir 214 Ru 91 Rh 86	Pt + Pd 0.7953 Ir 0.03 Rh 0.012 Os 0.005 Ru 0.012
金宝山铂钯矿	云南弥渡县	80	K121：2125×(400~600)×(4.00~38.98)	Pt + Pd 45246	Pt + Pd 45246 Ir 1057 Rh 1098 Os 490 Ru 461	Pt + Pd 1.4555 Ir 0.03 Rh 0.0364 Os 0.005 Ru 0.012
五星铂钯矿	黑龙江鸡东县	57	Ⅶ号矿体：420×?×10	Pt + Pd 8330	Pt + Pd 8330	Pt 0.289 Pd 0.49
小南山铜镍矿	内蒙古四子王旗	1	Ⅰ号矿体：450×25×7.5	Pt 781 Pd 868 Ir 53 Rh 37 Os 70 Ru 84	Pt 781 Pd 868 Ir 53 Rh 37 Os 70 Ru 84	Pt 0.44 Pd 0.44 Ir 0.027 Rh 0.019 Os 0.035 Ru 0.043
金川白家嘴子铜镍矿	甘肃金昌市	5	见表8	Pt 122802 Pd 62138 Ir 4377 Rh 2040 Os 5045 Rh 4265	Pt 111154 Pd 55788 Ir 4209 Rh1963 Os 4852 Ru 4103	
杨柳坪铂镍矿	四川丹巴县	45	杨柳坪矿段Ⅰn₂：1612×(110~270)×8.64 协作坪矿段：Ⅰ₃：800×(170~180)×(1.84~64.5) 正子岩窝Ⅱn₂：1037×(115~320)×26.18	Pt + Pd 27975	Pt + Pd 27975	
红石砬铂矿床	河北丰宁县					

金川硫化铜镍矿床是我国最大的铂族金属资源产地，保有储量为 170000 kg，铂的品位 $0.06 \sim 0.538$ g/t，钯 $0.05 \sim 0.24$ g/t。

2.3 资源特点

我国铂矿资源有以下特点：

(1) 资源分布集中。表 5 显示，我国的铂族金属资源 95% 以上分布于甘肃、云南、四川、黑龙江和河北 5 省，其中仅甘肃省就占全国储量的 57.5%。这几个省的储量集中于甘肃金川、云南金宝山和四川杨柳坪 3 个大型矿床。

(2) 矿石品位低。铂族元素以铂与钯为主，且铂大于钯，已探明的铂钯矿品位都仅为全国储量委员会 (1985) 确定的工业要求指标的 $1/3 \sim 1/5$。全国铂族金属矿的平均品位为 0.796 g/t，Pt 品位为 0.341 g/t，Pd 品位为 0.386 g/t，Os + Ir 品位为 0.041 g/t，Rh + Ru 品位为 0.028 g/t。以铂族金属为主的矿床，品位为 1.468 g/t，富矿品位为 2.33 g/t；与铜镍共生者品位为 0.768 g/t，铜镍矿中的伴生组分者品位为 0.436 g/t。国外几个大型铂矿床的平均品位：南非布什维尔德杂岩为 $3.1 \sim 17.1$ g/t，麦伦斯基层为 $30 \sim 60$ g/t，俄罗斯诺里尔斯克为 $6 \sim 350$ g/t，加拿大萨德伯里为 3.34 g/t，美国斯蒂尔沃特为 147 g/t；相比之下，我国铂矿的品位是十分低的。

我国铂族金属矿床的平均 $Pt:Pd = 1.3954:1$。在全部铂族金属储量中铂占 38.5%，钯占 19.3%，铂钯（未分）占 35.4%，铑、铱、锇与钌分别占 1.1%、2.1%、2.1% 和 1.5%。

(3) 矿床类型多样。大部分储量集中于共生或伴生矿中，我国铂族金属矿床类型有岩浆熔离型、热液再造型和砂铂矿，还有一些铂族金属含在黑色岩系、热液或矽卡岩型多金属矿床及斑岩铜钼矿中。按全国矿产储量委员会 (1985) 确定的铂族金属参考工业指标，原生矿的边界品位为 $0.3 \sim 0.5$ g/t，工业品位为 0.5 g/t，根据 1990 年的资料，可将我国铂族金属矿床分为单一矿、共生矿与伴生矿 3 类。单一矿 (Pt + Pd≥0.5 g/t) 13 处，储量 82.9 t；共生矿 (Pt + Pd≥0.5 g/t) 8 处 44.41 t；伴生矿 (Pt + Pd < 0.5 g/t) 10 处 184.11 t。共生矿与伴生矿共占 73%。1996 年的统计资料表明，93.4% 的铂族金属（探明储量）与铜镍硫化物、多金属共生或伴生。

金川铜镍硫化物矿床储量大、规模大，但铂族金属品位低，只能从冶炼过程中回收。其他一些矿床，如金宝山和朱布铜镍硫化物矿床虽然铂族金属相对品位较高，但铜镍硫化物的含量低，都是铜、镍、铂的贫矿石。

产于含铬铁矿超镁铁岩体出露地区的铂矿，铂族金属品位极不稳定。

3 铂族金属资源地质特征

3.1 矿床时空分布及成矿规律

3.1.1 时空分布

(1) 岩浆熔离型的含铂钯铜镍矿床。在我国这类矿床有 86% 产于地台区，14% 产于地槽区。产于地台区的铂族金属矿床矿石质量较好。在地台区边缘的基性－超基性岩中，如中朝地台西南缘的龙首山岩带与扬子地台西缘的康定－元谋岩带矿化较好。这些岩带往往受深断裂控制，特别在不同构造部位复合地带常有含矿体产出 (王秀璋等，1994)。如金川白家嘴子含矿岩体位于阿拉善台块南缘隆起区构造线由东西向变为北西向的转折部位，金宝山含矿岩体位于扬子地台边缘红河大断裂的东北侧。

这类含矿岩体属橄榄岩－辉石岩、橄榄岩－辉长岩、辉长苏长岩型。富铂矿体常集中于岩体下盘，也有部分产于岩体上盘的一定层位内。

这类矿床的时代多为吕梁期、加里东期与海西期。

(2) 含铂铬铁矿矿床。在我国，铂族金属在含铬铁矿的岩体与铬矿体中分布普遍，但品位往往很低；岩体本身的矿化意义不大，一般只是起到提示附近寻找砂铂矿的作用。

这类矿床在地槽区与地台区均有产出：地槽区常见于地背斜或边缘凹陷带及褶皱带中，地台则多见于台背斜。与之相关的基性－超基性岩常为阿尔卑斯型单斜橄榄岩、方辉橄榄岩，或同心圆状岩体；后者常以纯橄榄岩为核心，外圈有透辉橄榄岩与透辉岩不连续环绕，边部局部地段见角闪石岩。铬铁矿产出的岩相常有铬铁岩相、纯橄榄岩相、方辉橄榄岩相；铂族金属的产出与铬铁矿矿体一致。岩体侵入的围岩既有寒武系－奥陶系灰岩（如小松山岩体），也有前震旦纪片麻岩（如大道尔吉岩体、松树沟岩体）。与基性－超基性岩有关的铂族金属矿化取决于岩石类型与岩相组合；一般以铂矿化为主，矿化除了集中于铬铁矿体中外，也普遍见于纯橄榄岩、辉石岩中,铂族矿物主要为铂铁合金。铂族元素品位较低。以高寺台为例:铂矿化仅见于铬矿化带内,一般铬富集体即为铂富集体,铂品位一般小于 0.02 g/t,个别的为 0.02~0.026 g/t,Pd 小于 0.02 g/t,Ir 小于 0.003 g/t,Os 一般小于 0.003 g/t,少数为 0.04~0.023 g/t。

这些岩体风化剥蚀后,有可能在其附近形成砂铂矿。

(3)热液再造型铂矿。这类矿床是镁铁质-超镁铁质岩带的岩石中的铂族元素经后期活化、迁移而富集成矿,因而它不像含铂的铜镍硫化物矿床和铬铁矿那样有明显的主金属矿化的找矿标志。目前我国仅发现唯一的红石砬矿床(王秀璋等,1994)。它产于内蒙古地轴前震旦系片麻岩带之中,同位素年龄 6.65 亿年。岩体由角闪透辉岩与角闪岩组成。铂族矿物是热液条件下的产物。

(4)砂铂矿。砂铂矿是含铂铬铁矿的超镁铁质岩体经风化、剥蚀,在迁移过程中逐渐富集,在适宜的气候条件下易形成砂铂矿床。主要分布在我国北方的河流阶地和河床中。

3.1.2 我国铂矿床成矿规律

成矿的最佳类型是含铂钯岩浆熔离型铜镍矿床。此类矿床主要分布于地台边缘,特别是深断裂与其他构造的复合部位。岩体时代主要为吕梁期、加里东期与海西期。

拉斑玄武岩岩浆侵位前的深部分异可产生富铂的岩浆,侵入地台边部后可形成大型的含铂-钯的铜镍硫化矿床。

不同类别岩浆形成的岩体含铂性不同,有各自的铂族元素组合。拉斑玄武岩岩浆形成的硫化铜镍矿床才含有铂。地台区的二辉橄榄岩与橄榄辉长苏长岩是最有利的含铂岩相;形成含铂、钯的砷-碲-锑-铋化物。褶皱带与台内的橄榄辉长苏长岩易形成贫铂型的硫化铜镍矿床。阿尔卑斯型方辉橄榄岩类岩体与同心式岩体易形成铂族金属的自然元素与金属互化物,它们是砂铂矿的矿源体(王秀璋等,1994)。

含铂族元素丰度较高的超镁铁质岩石如经后期热液的活化,可形成热液再造型铂钯矿床,铂族矿物常与次闪石、绿帘石及方解石密切共生(王秀璋等,1994)。

3.2 矿床类型

我国铂矿床几乎都与基性-超基性岩密切相关。王秀璋等(1994)按形成条件,将其分为 3 类:岩浆熔离型硫化铜镍铂-钯矿床、热液再造铂矿床及砂铂矿床(表6)。

表6 我国铂族金属矿床成因分类

矿床类型		构造环境	含矿岩体类型	矿体及矿化作用特征				矿床实例
				矿体赋存部位	共生矿物	铂族元素矿物组合	硫化物的含铂丰度	
岩浆熔离铜镍铂钯矿床	含伴生铂的铜镍矿床	地台边缘的深断裂带	拉斑玄武岩岩浆分异的橄榄岩-辉长岩,辉长岩侵入岩体	多赋存于岩体的下盘,部分在岩体的中上盘,以及成硫化物矿脉产于构造带中。含铂硫化物的分异可在晚期阶段形成铂富集体	主要为磁黄铁矿、镍黄铁矿、黄铜矿、方黄铁矿、透闪石、绿帘石、方解石	铂、钯的砷-碲-铋-锑矿物,铂、钯的硫-砷-锑矿物	(2~20)×10⁻⁶	金川白家嘴子、杨柳坪、核桃树、小南山
	铜镍铂共生矿床						(45~140)×10⁻⁶	金宝山、朱布
	铜镍铂强烈分异矿床	冒地槽	单辉橄榄岩-透辉岩-闪辉岩	赋存于岩体中部的透辉岩岩相中。含铂硫化物的强烈分异,铂富集体可产于贫硫化物地段			(1.5~120)×10⁻⁶	五星
热液再造铂矿床		台背斜	同心式岩体带中的透辉岩闪辉岩	岩体膨大部位的透辉岩岩相中	透闪石、绿帘石、方解石	铂、钯的硫-砷-锑矿物		红石砬

续表6

矿床类型	构造环境	含矿岩体类型	矿体及矿化作用特征				矿床实例
			矿体赋存部位	共生矿物	铂族元素矿物组合	硫化物的含铂丰度	
砂铂矿床	矿源岩为台背斜区的同心式纯橄榄岩－单辉岩岩体，铂族矿物与铬铁矿共生或独立浸染状产于岩石中。砂铂矿物主要为铱、铂、锇的自然金属与金属互化物						
	矿源岩为优地槽区阿尔卑斯型的纯橄榄岩－方辉橄榄岩岩体，铂族矿物与铬铁矿密切共生。砂铂矿物主要为锇、钌、铱、铂的自然金属与金属互化物						野牛沟、东巧

资料来源：王秀璋，等，1994。

此外，我国还有一些矿床中也含有一定量的铂族金属，在综合利用时应予以注意。

（1）黑色岩系镍钼多元素富集层中的铂族金属。湖南、湖北、四川、贵州、广西、广东、江西、浙江、安徽，以及北方的陕西、山西与河南等广大地区，分布有所谓"黑色岩系"（或"黑色页岩"），有的地方统称其为"石煤层"；这是一套黑色碳质页岩、黑色碳泥质硅质岩、黑色碳质硅质岩，其分布的地区在大地构造上相当于中朝地台与扬子地台及秦岭－祁连地槽褶皱带两侧。岩系的时代为震旦纪—早寒武世、志留纪和二叠纪；特别是南方的寒武纪早期以含较高有机碳为特征的沉积序列。整套岩系可分为石煤层、磷块岩系、钒矿层和镍钼多元素富集层。

镍钼多元素富集层除了富含 Ni 与 Mo 外，还富集有 Pt、Pd、Os、Ru、Ag、Au、P、Se、As、Tl、Cu、Pb、Zn、Re、Fe、U 和稀土元素。其岩性序列为：磷块岩－黑色碳质粉砂质页岩（含或不含磷结核）—镍钼多元素富集层—黑色碳质白云质页岩—黑色条纹状碳泥质硅质岩—黑色碳质水云母页岩。镍钼多元素富集层中含铂族金属 0.54～0.75 g/t（见表7）；另据报道，个别地区的镍钼多元素富集层中 Ir 含量特别高（达 0.211±0.010 g/t）。黑色岩系的其他层位（磷块岩、钒矿层、石煤与岩石）中铂族元素含量则低得多，一般低 1～2 个数量级。各类矿石与岩石的 Pt/Pd 值有明显的变化。Pt、Pd 与 Ni 的关系最为密切，Pt、Pd、Au 与 Ni、Mo、Se、Tl 具正相关关系，与 V 不相关。镍钼矿石中 Os/Ru 为 17～27（范德廉，1981）。

表7　下寒武统镍钼多元素富集铂族金属与金的含量

地区	样品数/个	Pt/(g·t^{-1})	Pd/(g·t^{-1})	Os/(g·t^{-1})	Ru/(g·t^{-1})	Au/(g·t^{-1})
贵州织金	1	0.21	0.26	0.113	0.004	0.70
湖南大庸	10	0.25	0.325	0.181		
湖南慈利	2	0.20	0.26	0.08	0.004	0.40
平均	13	0.22	0.28	0.125	0.004	0.65

资料来源：陈南生，等，1982。

镍钼多元素富集层的矿物成分很复杂，主要有黄铁矿、白铁矿、硫钼矿、二硫镍矿、辉镍矿、针镍矿、紫硫镍矿、黄铜矿、闪锌矿、白云母、水云母、锆石、独居石等数十种之多，唯独没有找到铂族元素矿物。试验表明，铂族元素主要富集在硫化物相中，但选矿试验过程中也未见铂、钯在硫化物重选产品中有富集的趋势；估计铂族元素可能呈金属原子态或细分散硫化物状态被吸附。

（2）热液型与矽卡岩型多金属矿床中的铂族金属在安徽的铜陵、贵池、安庆与滁州等地区，热液型与矽卡岩型的斑铜矿－黄铜矿、辉钼矿－黄铜矿及黄铁矿－磁铁矿 3 种矿物组合的矿石中，检测到矿石内含有 0.023～0.034 g/t 的铂、0.015～0.018 g/t 的钯及 0.2～2 g/t 的金。个别样品如铜陵铜官山铜矿床胶状黄铁矿矿石中铂达 0.15 g/t，金达 1.49 g/t。这些含铂较高的矿石大都产于矿体接触带的内侧黄铜矿与磁铁矿较富的矿石类型中。该地区 40 多个单矿物样品中发现有 Pt 0～0.36 g/t（一般 0.02～0.08 g/t），Pd 0～0.25 g/t（一般 0～0.03 g/t）。其中铜陵的 3 个样品 Pt、Pd 分别达 0.36 g/t、0.027 g/t（斑铜矿－黄铜矿），0.3 g/t、0.027 g/t（黄铜矿)、0.1 g/t、0.83 g/t(辉钼矿),安庆地区一个黄铜矿中 Pt 为 0.21 g/t,Pd 为 0.25 g/t。测试表明,铂族金属在单矿物中的富集次序为:斑铜矿→黄铜矿、辉钼矿→黄铜矿→毒砂、黄铁矿→磁黄铁矿。无论矿石还是单矿物中,一般都是 Pt 大于 Pd,Pt:Pd≈2:1。其他铂族金属含量都较低;只有辉钼矿单矿物中锇含量较高:铜官山的两个辉钼矿 Os 达 0.183 g/t 和 0.218 g/t。尚没有找到单独的铂族元素矿物,仅发现含钯的银金矿。

另外,近年来国内外都在斑岩铜矿与斑岩钼矿中发现铂族金属矿化。我国在西藏江达县玉龙铜钼矿的斑岩体、围岩及接触带中发现了铂族金属,Pt 0.1 g/t,Pd 0.1 g/t,Rh 0.01 g/t;远景储量达 3.4 t。

(3)镁铁-超镁铁质岩石中的铂族金属主要见于扬子地台西缘和北缘。已经在川西攀枝花铁矿、盐边高家村层状岩体和云南牟定安益岩体中发现铂族金属矿化。在攀枝花铁矿中找到过砷铂矿。安益的铂钯矿体产于二长钛磁铁单辉岩底部与含二长单辉岩顶部,Pt + Pd 品位达 0.3 ~ 0.55 g/t,储量为 51 t(其中工业储量 5.3 t)。

3.3 典型矿区(床)

3.3.1 金川白家嘴子含铂铜镍矿床

该矿床位于甘肃金昌市。构造上位于阿拉善台块南缘隆起区,处于构造线方向由东西向转变为北西向的转折部位。岩体围岩为前寒武系白家嘴子组。岩体同位素年龄为 15.09 亿年和 15.26 亿年。岩体呈不规则的岩墙状,出露面积为 1.34 km²,长约 6500 m,宽 20 ~ 527 m,垂直最大延深超过 1100 m,由二辉橄榄岩、斜长二辉橄榄岩、橄榄二辉岩及二辉岩岩相组成(见图1)。一般认为岩浆在侵位之前已在深部发生硫化物的熔离和分异。

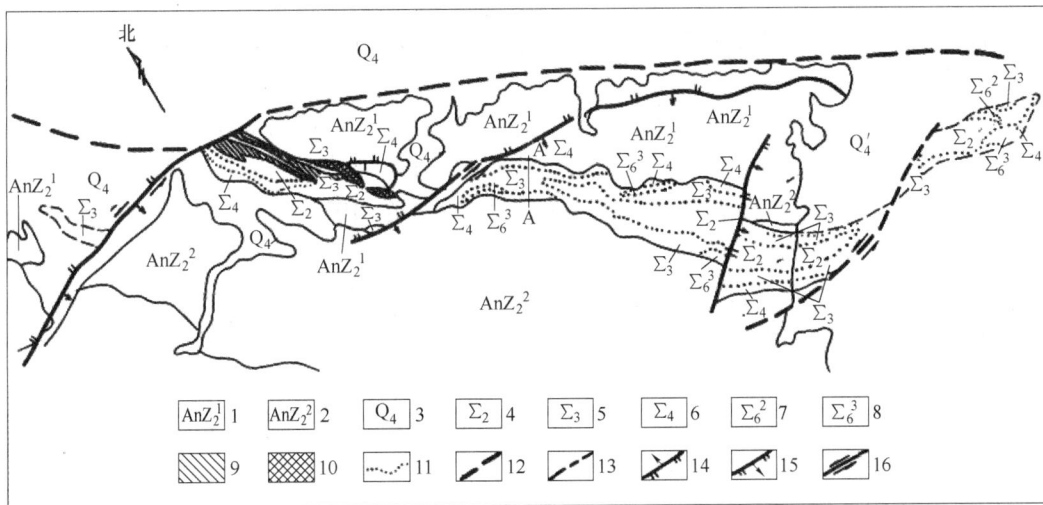

图1 金川白家嘴子矿区地质略图

(据甘肃地质局第六地质队,1972 简化)

1—前寒武系白家嘴子混合岩第一段;2—前寒武系白家嘴子混合岩第二段;3—第四系;4—含二辉橄榄岩;5—二辉橄榄岩;
6—橄榄二辉岩;7—斜长含二辉橄榄岩;8—斜长二辉橄榄岩;9—熔离矿体;10—深熔贯入矿体;11—侵入体岩相界线;
12—深断裂;13—实测与推测地质界线;14—逆断层;15—正断层;16—推测平推断层

岩体平均含 Pt 0.1 g/t,含 Ni 0.42%、Cu 0.23%、S 2%。各矿区的保有储量和铂族金属品位见表8。

表8 金川白家嘴子铜镍矿床各矿区概况

矿区	矿体数/个	主矿体及其规模/m	累计探明储量/kg	保有储量/kg	品位/(g·t⁻¹)
I 矿区	217	24 号矿体:1300 × (120 ~ 770) × (3 ~ 172)	Pt 21030 Pd 12204	Pt 13186 Pd 7639	Pt 0.21 Pd 0.12
I ~ II 矿区之间	9	I 号矿体:240 × (200 ~ 340) × (18 ~ 56)	Pt 92165 Pd 772 Ir 42 Rh 21 Os 51 Ru 4265	Pt 88361 Pd 772 Ir 42 Rh 21 Os 51 Ru 4103	Pt 0.28 Pd 0.35 Ir 0.018 Rh 0.01 Os 0.023 Ru 0.018

续表8

矿区	矿体数/个	主矿体及其规模/m	累计探明储量/kg	保有储量/kg	品位/(g·t⁻¹)
Ⅱ矿区	351	Ⅰ号矿体：1600×(230～905)×(18～202)	Pt 1413 Pd 45567 Ir 4230 Rh 1967 Os 4837 Ru 4119	Pt 1413 Pd 43782 Ir 4062 Rh 1890 Os 4644 Ru 3957	Pt 0.64 Pd 0.14 Ir 0.013 Rh 0.006 Os 0.014 Ru 0.012
Ⅲ矿区	57	Ⅰ号矿体：463×(275～660)×(28～149)	Pt 7943 Pd 3080	Pt 7943 Pd 3080	Pt 0.24 Pd 0.09
Ⅳ矿区	57	Ⅰ号矿体：860×(49～641)×(1～94)	Pt 251 Pd 515 Ir 105 Rh 52 Os 157 Ru 106	Pt 251 Pd 515 Ir 105 Rh 52 Os 157 Ru 106	Pt 0.05 Pd 0.012 Ir 0.0028 Rh 0.0014 Os 0.0042 Ru 0.0034

含铂的硫化铜镍矿化主要产于岩体下部及近底部的二辉橄榄岩岩相带中。矿体可分为岩体近底部的海绵晶铁构造的富矿体、岩体中部及富矿体边部的稀疏浸染状构造的贫矿体、脉状贯入式富矿体，以及岩体边部接触交代矿体。主矿体似层状或透镜状，铜、镍储量占全矿床的85%，其中的含铂富集体长几十米至几百米，厚1至几十米。铂族金属富集体内 Pt:Pd:Os:Ir:Ru:Rh 的比值：1号富集体是1115:205:2:1.5:1.5:1；2号富集体是198:68:2.2:1.8:1.7:1。稀疏浸染状矿石的 Pt + Pd 品位一般为0.1～0.35 g/t。矿体中铂与铜、镍的相关系数分别为0.85和0.64；钯与铜、镍的相关系数分别为0.92和0.72。

铂钯的赋存状态：在铂钯矿物相、硫化物相、氧化物与硅酸盐相中 Pt 分别为71.4%～99.4%、0.3%～28.6%与0～4%；Pd 分别为74.6%～88.3%、10.6%～25.4%与0～2.1%。富矿体中铂族元素呈含铂、钯的砷-碲-铋矿物，贫矿体中则呈含铂、钯的砷-锑-锡矿物(师占义，1973)。铂主要以砷铂矿产出，粒径多为0.076～0.5 mm，个别达1 mm。钯主要呈碲-锑-铋的化合物，粒径多在0.076 mm 以下。

铂钯富集体多呈透镜状，所在部位的岩相基性程度较高。一般贫铂的铜镍矿石中，铜矿物近90%为黄铜矿；铂钯富集体中，黄铜矿数量降至50%左右，方黄铜矿增多，并有少量墨铜矿。铂钯富集体的矿石中金、银、碲、铋含量明显增高。

锇、钌、铱、铑未见有明显的富集。在贯入式的富磁黄铁矿、镍黄铁矿的致密块状矿石中，此4个元素的含量相对较其他类别的矿石高。

3.3.2　金宝山铂钯(含石膏)矿

该矿位于云南弥渡县。构造上位于扬子地台的西南缘红河大断裂(北西向)的东北侧；处于三江地槽系哀牢山复背斜与扬子地台滇中台坳的交接部位。铂矿床赋存于海西期含云母超镁铁岩体之中。围岩为泥盆系下统板岩及砂岩。岩床呈北西向产出。岩体南段长2200 m，宽1050～1228 m，厚8～56 m；北段长2560 m，宽760～1240 m，厚25～170 m。岩床向北倾6°～30°，以Ⅰ号岩体最大(见图2)。

岩体中心相为含少量辉石的橄榄岩(辉橄岩)，边缘相有少量橄辉岩与辉石岩；辉石以单斜辉石为主，亦见有斜方辉石。岩石遭受强烈的蛇纹石化、次闪石化、绿泥石化及碳酸盐化。

铂钯矿体呈似层状、透镜体，在岩床中没有特定的部位，但以中上部的矿体较富。矿体中的硫化物含量一般很低，但品位较富的地段含硫化物明显增高。硫化物矿物有黄铁矿、磁黄铁矿、黄铜矿、镍黄铁矿及紫硫镍矿。贵金属矿物有砷铂矿、碲铂矿、铋碲铂矿、硫铂矿、铋碲钯铂矿、锑钯矿、六方锑钯矿、等轴铋碲钯矿、黄铋碲钯矿、铋碲钯矿、砷锡钯矿、锡钯矿、铱锇矿、铁铂矿、自然铂、自然金及自然银。近地表的矿石强烈氧化。铬尖晶石副矿物常见。铂族矿物既有与铜镍硫化物共生的组合(铂、钯的铋碲化物与砷化物)，又有与铬铁矿共生的组合(铂族金属的天然合金)。

在Ⅰ号岩体中，Pt + Pd 的品位高于0.3 g/t 者占43%。矿石铂+钯的平均品位为1.4555 g/t，Pt/Pd 值一般为1:1～1:2.6，只有少数低品位矿石中为铂略大于钯。锇、铱、钌、铑一般较贫。Pt + Pd 与 Os + Ir + Ru + Rh 的比值为1:13～1:18，互为正消长关系。铜品位一般为0.08%，镍一般为0.17%，铜、镍的最高品位分别为0.9%与0.45%。铜、镍与铂、钯均呈明显的正相关关系，相关系数为0.8～0.89。

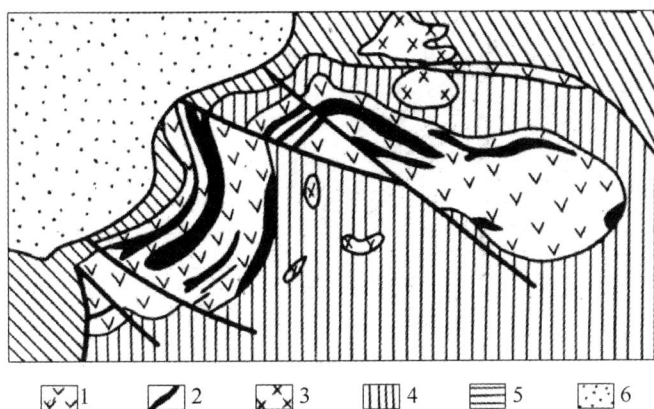

图2 金宝山铜镍铂矿床地质示意图

(据云南地质局11地质队)

1—橄榄岩；2—铂钯矿体；3—辉绿辉长岩；4—泥盆系下统板岩与砂岩；5—上三叠统砂岩；6—第三系

3.3.3 五星铂矿床

该矿床位于黑龙江省鸡东县。含矿岩体位于兴安褶皱区吉黑海西褶皱系老爷岭中间隆起的东缘，侵位于早古生代拗陷的二叠纪沉积岩层之中。岩体呈北东向延伸，中部被后期辉长闪长岩隔断成两部分，西部岩体出露长2 km，最宽处1.6 km；东部岩体长1.8 km，为往南倾50°的不规则单斜岩体。下部岩相以含橄单辉橄榄岩为主，中部岩相以透辉岩为主，上部岩相以含闪单辉岩及角闪单辉岩为主。

矿化产于岩体中部的透辉岩岩相中，产状与岩相一致。矿化的特点是含矿组分分异显著，含矿带内铂－钯与铜－镍－钴富集的空间不完全重合，呈一组相互平行的铜－铂钯、镍、钴似层状矿体(见图3)。铂的品位为0.289 g/t，钯的品位为0.49 g/t；总的来说，铂钯的品位随铜镍硫化物的减少而升高：稠密浸染状矿石、中等浸染状矿石、稀疏浸染状矿石与星点浸染状矿石的铂含量分别为1.5 g/t、2.9 g/t、20 g/t与120 g/t。局部有角砾状矿石。铂钯富集体主要为呈贫硫化物的星染矿石，其特征是富含黄铜矿。铂与铜、镍的相关系数分别为0.26和0.38；钯与铜、镍的相关系数分别为0.27和0.26。Pt:Pd值为1:1.6。已发现26种铂族矿物，以砷铂矿－锑钯矿系列的矿物为主，有砷铂矿、立方锑钯矿、等轴砷锑钯矿及少量亮碲锑钯矿、等轴锑钯矿、自然铂及六方钯矿等。

3.3.4 红石硐铂矿床

按王秀璋等(1994)的定义，该矿床是我国唯一的一个热液再造型铂矿床。

红石硐铂矿床位于河北丰宁县。含矿岩体侵位于内蒙古地轴前震旦系片麻岩带之中，岩体同位素年龄为6.65亿年。岩体长7 km，宽数十米至420 m，陡倾斜。岩体主要由角闪透辉岩及角闪岩组成。岩体中心为透辉岩相，两侧为角闪透辉岩及角闪岩相。铂矿床产于透辉岩相之中(见图4)。

铂矿体由复杂的透镜体群组成，产状大致与透辉岩相带一致。矿化的透辉岩较富磷、铁及结晶水，透辉石受较强的透闪石化、黑云母化和绿帘石化蚀变。铂族金属主要为铂与钯。Pt:Pd:Rh:Ir大致为395:80:1.2:1。铂族矿物主要为硫铂矿与砷铂矿，其次有等轴砷钯矿、锑等轴砷钯矿、铂单斜砷钯矿、丰滦矿、砷丰滦矿、锑钯矿、红石矿、铂铁合金等。矿物粒径多为0.01~0.04 mm，个别粗达0.6 mm。铂族矿物多产于富含绿帘石的红化细脉中，也常在造岩矿物粒间或与次闪石、绿帘石蚀变矿物连生，或沿造岩矿物的解理充填。铂族矿物是热液条件下的产物。除铂、钯外，尚可综合利用磷(磷灰石)及铁(磁铁矿)。

此外，在角闪辉石岩岩相中还有铜铁硫化物型的铂钯矿化，但未构成铂族金属富集体，其比值为Pt:Pd≈1:1。铂族矿物主要为硫铂矿、砷铂矿、锑铅钯矿，其次有碲铂矿。硫化物为黄铜矿及黄铁矿，呈硫化物细脉充填于岩石的节理裂隙之中。

3.3.5 杨柳坪铂镍矿

这是一个有远景的大型熔离型铂钯矿，位于四川丹巴县。大地构造上位于松潘甘孜褶皱系东南缘丹巴复背

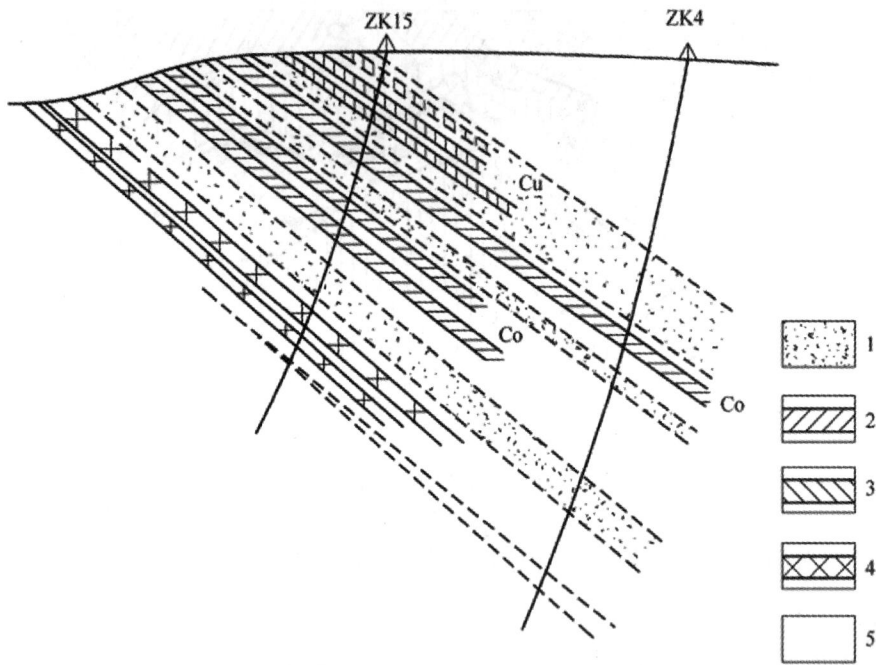

图 3　五星铂矿床二营 8 线矿带剖面

（赵树斌，1975）

1—铂钯矿富集体；2—钴矿体；3—铜矿体；4—镍矿体；5—透辉岩

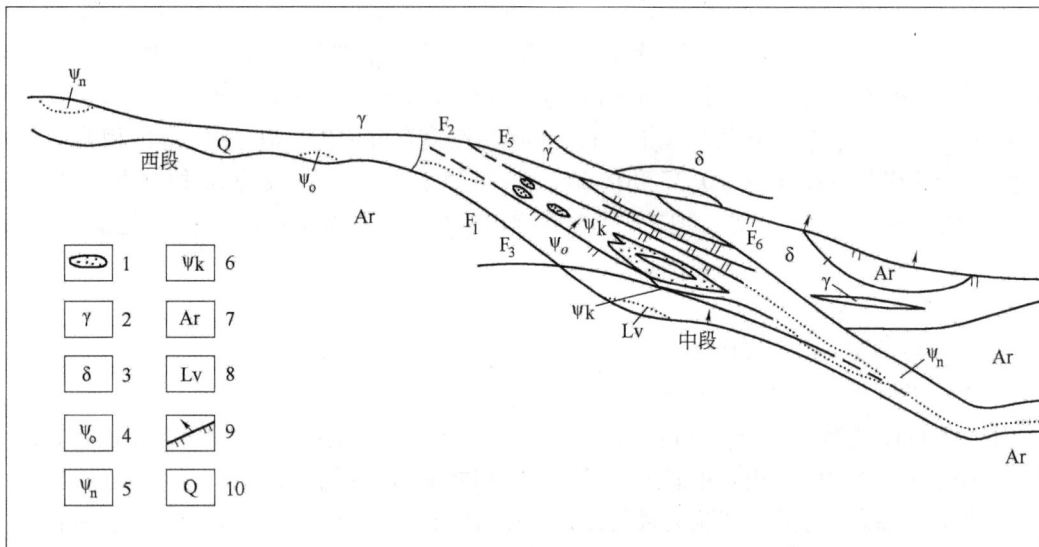

图 4　红石砬铂矿床地质略图

（据河北地质局第四地质队）

1—铂矿体；2—花岗岩；3—闪长岩；4—角闪岩；5—角闪透辉岩；6—透辉岩；7—片麻岩；
8—石榴角闪岩；9—破裂带；10—第四系

斜南端的银厂沟倾没背斜内。含矿基性－超基性岩体沿背斜轴部及两翼浅变质岩系层间裂隙贯入或顺层侵入。岩体自变质强烈，从底部至顶部主要由蛇纹岩－次闪石岩－辉石岩组成。铂镍矿体呈似层状、矿脉赋存于岩体的中下部。矿体长一般 200 ~ 300 m，最长 1600 m，一般厚 3 ~ 5 m，最厚 60 多米，倾斜延深 60 ~ 120 m。矿石中镍品位 0.3% ~ 0.5%（最高 3.39%）；铂族金属品位 0.3 ~ 0.5 g/t（最高 3.19 g/t）；其中杨柳坪矿段铂族金属品位 0.49 g/t，正子岩窝矿段品位 0.62 g/t。矿石矿物主要有磁黄铁矿与镍黄铁矿，其次为黄铁矿、磁铁矿及少量的辉砷钴矿、砷铂矿、六方锑钯矿、碲锑钯矿等。矿石以稀疏浸染状为主。

4 铂族金属资源开发阶段

4.1 地质勘查

我国目前主要利用铜镍硫化矿床中共生与伴生的铂族金属，因此尚未有正式的铂族金属勘探规范。下面只是列出参考指标（见表9）。只要达到指标，就要进行综合利用的研究，有多少算多少。

表9 铂族金属的一般工业要求

矿床类型		金属种类	边界品位/(g·t^{-1})	工业品位/(g·t^{-1})	地段品位/(g·t^{-1})	最小可采厚度/m	夹石剔除厚度/m
原生矿床	超基性岩含铜镍型矿床	Pt + Pd	0.3 ~ 0.5	≥0.05	1.0	1 ~ 2	≥2
		Pt:Pd = 4:1	0.25 ~ 0.42	≥0.42	0.84		
		Pt	12.5 ~ 2.1	≥2.10	4.21		
		Pd	0.125 ~ 0.21	0.21	0.42		
	伴生矿床①	Pt、Pd	0.03				
		Os、Ir、Ru、Rh	0.02				
砂矿床	松散沉积型	Pt + Pd	0.03(g/m³)	≥0.01(g/m³)		0.5	≥1
		Pt	0.025(g/m³)	0.085(g/m³)			
		Pd	0.125(g/m³)	0.42(g/m³)			
	砂砾岩型矿床	Pt + Pd	0.105(g/m³)	1 ~ 2(g/m³)			
		Pt	0.085 ~ 0.42(g/m³)	0.84 ~ 1(g/m³)			
		Pd	0.42 ~ 2.1(g/m³)	4.2 ~ 8.4(g/m³)			

①达到指标时就要进行综合利用研究，有多少算多少。

由于原生矿床中铂族金属常与铜、镍、钴、铬、金、硒、碲等矿产共生，有的围岩（基性 – 超基性岩）可制钙镁磷肥或做建筑材料；在砂矿床中，铂族金属常与金共生，因此对铂族金属矿床都要注意综合评价。另一方面，在评价与基性岩、超基性岩有关的矿产，如硫化铜镍矿床、铬铁矿矿床、钒钛磁铁矿矿床，或在评价与热液型、矽卡岩型多金属矿床及斑岩型铜钼矿床的主矿时，要注意铂族金属的综合评价。

下面列出几个矿床实例（见表10），以供参考。

表10 铂族金属矿床勘探实例

矿床类型	边界品位/(g·t^{-1})	工业品位/(g·t^{-1})	块段品位/(g·t^{-1})	可采厚度/m	夹石剔除厚度/m
西南某超基性岩含铜镍铂矿床	Pt + Pd≥0.5	Pt + Pd 0.5		1	2
河北某热液蚀变透辉岩型铂矿①	Pt + Pd≥0.3	Pt + Pd≥0.5	Pt + Pd≥1	2	3
西北某松散沉积物中砂铂矿床	0.03(g/m³)	>1(g/m³)			

①Pt:Pd = 4:1。

4.2 矿山开采

无论是国外还是国内，铂族金属矿产的开采都以砂铂矿为先。国外最早是1778年哥伦比亚开采砂铂矿，随后是1817年俄罗斯在乌拉尔发现砂铂矿；开采原生铂矿最早是南非（1908年）与加拿大（1909年）。20世纪20年代、60年代和70年代先后在南非、苏联与美国发现大型原生铂矿；至今，这些国家的铂矿开采与生产始终居世界前列。我国砂铂矿开采最早可追溯到 19 世纪初叶的清朝晚期；原生铂矿的开采则是 1949 年之后的事。

我国没有以单独开采铂为对象的矿床。铂族金属都是在开采铜镍矿或制作钙镁磷肥的过程中顺便回收的。因此铂矿的开采受到主金属矿床开采的制约。

4.3　选矿与加工技术

国际市场上的商品铂族金属一般为金属锭或海绵状、棒状、片状，也有条带状、丝状或箔状。商品级的产品含铂族元素不得低于 99.8%，其中含铂和钯必须大于 99.5%。用于实验器皿或电接头的铂族金属原料要求纯度大于 99.9%，用于热电偶和高温计者纯度须在 99.999% 以上。

目前我国已在选冶过程中综合回收与铜镍硫化物伴生的铂族金属。金川的铂族元素矿物有数十种。铂矿物和含铂的矿物有砷铂矿、自然铂与金属互化物（铂金矿、铂金钯矿）等，钯矿物和含钯的矿物有钯金矿、单斜铋钯矿、铋碲钯矿与含钯自然铋等。砷铂矿与金属互化物占铂矿物的 90% 以上。砷铂矿粒度 0.042~1 mm，以 0.1~0.3 mm 最多见。以矿物形态存在的铂在铜镍富矿中占 92%~99%，在贫矿中占 83%~94%。钯也以矿物的形式存在为主。铑、铱、锇、钌主要含在磁黄铁矿、镍黄铁矿、紫硫镍铁矿与黄铜矿中（为原矿的 10 余倍）。

铜镍富矿的选矿流程采用一段粗选直接产出部分合格精矿，二、三段粗选精矿集中精选的流程（见图 5），通过合理球磨，采用合适的旋流器分级，使小于 0.074 mm 的粒度在一、二、三段分别达到 55%、70% 和 80%，提高了矿物单体解离度。Ni 回收率稳定在 89%~90%，Cu 回收率 82%~85%，Pt、Pd 回收率达 80% 以上，富集比 3~4 倍。Ru、Rh、Os、Ir 的回收率近 70%。

贫矿石采用另一套流程，回收率：Cu 41%、Ni 55% 以上，但铂族金属的回收率不高，除铂回收率达 70% 外，其余回收率均不足 50%。

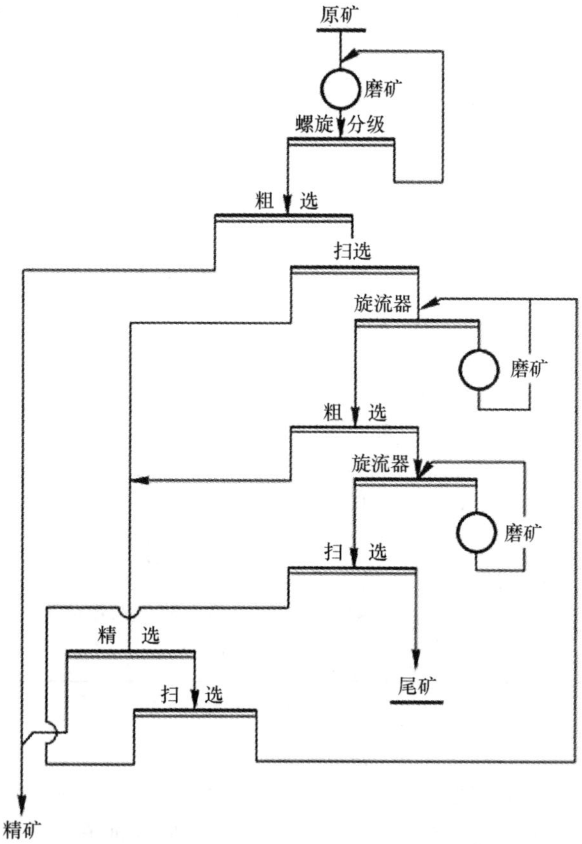

图 5　金川富矿选矿工艺流程

铜镍混合精矿用火法熔炼，用转炉吹炼得到高锍，使贵金属在熔炼阶段被金属相捕集。当高锍中铜镍比为 0.3:1、合金产率 10% 时，从中可回收 95% 以上的贵金属。合金中的贵金属含量比高锍中高 10 倍，合金经处理后得到更富的二次铜镍合金。其中铂族金属与金含量可达 2500 g/t。二次合金经盐酸浸出镍，控制电位氯化浸出铜与镍，经浓硫酸浸煮除贱金属和四氯乙烯脱硫，得到铂钯 12% 左右的贵金属精矿，再进一步分离提纯（见图 6）。

金川有色金属公司总的铂、钯的冶炼回收率为 50%~60%，锇、铱、钌、铑的冶炼回收率为 30%~40%（金铭良，1997）。

低品位的铂矿床中铂族金属矿物的利用须采用另一套流程。这些铂矿床中主要为砷铂矿，其次有等轴铋碲钯矿。矿物粒度小（0.005~0.09 mm），常与金属硫化物紧密共生。铂、钯在硅酸盐中有一定含量：角闪石中分别为 0.3 g/t 和 0.5 g/t；黑云母中分别为 0.54 g/t 与 0.08 g/t。矿石中的铜、镍和铂族金属品位均低，无开采价值；但是由于其脉石矿物的总成分与制造钙镁磷肥的蛇纹石成分相近，因此可选择磷矿石与铂矿石适当配比，使之达到制作钙镁磷肥的要求；在制作钙镁磷肥的过程中回收铂族金属（见图 7）。半工业试验表明，磷镍铁中金属回收率为：Pt 97.5%，Pd 99.5%，Ni 86.54%，Cu 65.38%。磷镍铁经两次吹炼，产出铜镍合金，其中含 Ni 45.47%，Cu 28%，Pt 287.5 g/t，Pd 180 g/t。对铂矿石的金属总回收率为：Pt 92%，Pd 95%，Ni 78.1%，Cu 46.3%。

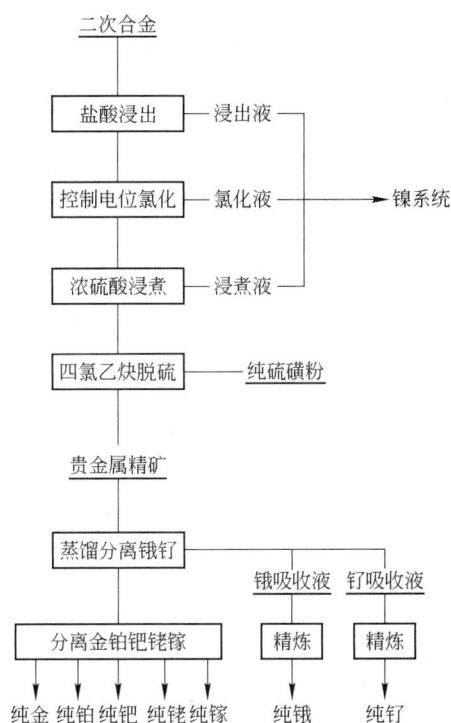

图6 从二次合金中提取贵金属的工艺流程

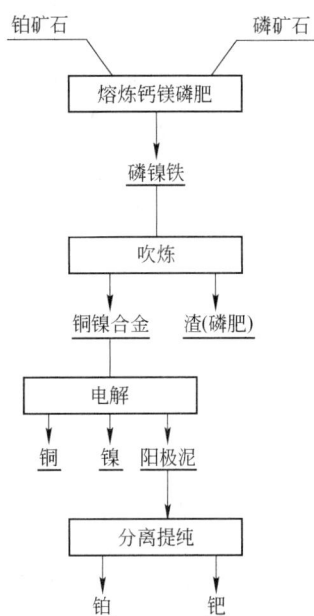

图7 低品位铂矿石综合利用原则流程

5 铂族金属资源供需形势

5.1 生产现状

全世界1994年生产铂与钯共227.2 t，1995年生产铂与钯共230 t(见表11)，另有少量的其他铂族金属。

表11 1995、1997年世界主要国家铂族金属产量

国家	铂/kg		钯/kg	
	1995年	1997年	1995年	1997年
世界	130000	128000	100000	99200
南非	100000	102000	44000	44000
俄罗斯	15000	15000	40000	40000
加拿大	6000	6000	7000	7000
美国	2000	1960	6000	6440
其他国家	3000	2700	2000	1800

我国铂族金属资源量小，产量也少；产量受到主金属矿山生产的限制，在世界上只占很少的份额。1978年前，年产量大约为100 kg，20世纪80年代达到200 kg左右，90年代年产也不过三四百千克。表12是金川有色金属公司铂族金属的产量，基本上可代表全国的生产概况。

表 12　金川有色金属公司铂族金属产量

年份	铂/kg	钯/kg	钌/kg	合计/kg
1977	59	25		84
1988	399		10	409
1994	250	130	12.9	392.9
1995	283	137	25.5	445.5

金川有色金属公司是我国生产铂族金属的最大厂家。该公司 1988 年平均每万吨镍产铂族金属 180.89 kg。生产的铂族金属以铂为主，钯其次；铂、钯比约为 1.8:1。这种情况与南非、哥伦比亚相似；这两个国家的铂、钯比分别为 1.36:1 与 1.93:1。而苏联、美国和加拿大生产的铂族金属则以钯为主；铂、钯比分别为 1:2.84，1:3.5，1:1.05。

1995 年我国生产铂 290 kg，钯 171 kg，共计 461 kg，此外还有少量的铑、铱、锇、钌。全国能生产铂族金属的厂矿不过两三家。此外，我国的铂族金属还通过另外两条途径取得：一是某些冶炼厂，如上海冶炼厂、沈阳冶炼厂和株洲冶炼厂在炼铜的过程中回收少量的铂族金属。1980 年全国通过这一途径回收的铂族金属有 15～17 kg（付荫平，1981）。另一条途径是从废旧仪器、仪表及冲剪的下脚料中回收。近年来包括铂族金属在内的贵金属由于电子工业中用量的增加，使废弃的电子元件、电路板、报废的计算机、影视通信器材及生产加工过程中的冲剪屑等成为贵金属的重要二次资源。国外也很重视从汽车尾气净化催化剂中回收铂族金属：铂族金属在汽车工业中的用量已占相当份额；全球每年生产蜂窝状催化剂 5000 万个以上，每个需用 1.2 g 铂族金属，如 1993 年用铂 53 t，钯 22 t，铑 11 t，合计 86 t。铂钯用量占当年全部工业消耗的 50%，铑占 90%。当年从废催化剂中回收铂 8.9 t，钯 3.3 t，铑 0.9 t。目前我国从铂钯废弃物中回收的总量不是太多。据中国科学院昆明贵金属研究所统计，全国每年回收再生铂族金属 2.5 t（其中 80% 在部门内部循环使用）。但对铂族金属稀缺的我国来说，其经济效益是不可忽视的。

5.2　生产布局

除金川有色金属公司从选冶过程中、云南某矿从钙镁磷肥制作过程中生产铂族金属外，某些冶炼厂可在冶炼铜矿石时回收铂族金属。此外，近年来二次资源的回收已引起重视。这一工作由各使用部门分头进行，回收的铂族金属一般都在本系统内循环使用。

5.3　供需形势

铂族金属的产量虽然绝对量不多，但相对来说，近 30 年来产量直线上升：20 世纪 60 年代末世界产量开始超过 100 t，80 年代末达到 200 t 以上，并持续增长至 1990 年的 280 t。这说明铂族金属的供需起了巨大变化，在尖端工业中的应用日益广泛，需求量的增加刺激了生产的大幅度上升。

国际铂族金属的最大用户是日本，其次为美国，1980 年两国的用量共占世界用量的 80.8%（付荫平，1981）。行业的最大的主顾是汽车制造与石油化工等。1996 年用于汽车工业的铂族金属达 40 t（美国占 26 t，日本消耗 6 t）。由于世界市场铂族金属的供不应求，因此造成近年来市场坚挺，价格上扬。

我国铂族金属总体供需形势也是供不应求。近年来年总产量最高也不超过 500 kg，需求缺口达 90%，主要靠进口弥补（见表 13）。

从 1987—1989 年的进口量可大致看出我国铂族金属的消费构成：机械电子工业占 40%，化学工业占 10%，石油化学工业占 10%，航空航天工业占 6%，电子工业占 4%，建材工业占 4%，中国科学院占 4.5%，国家科学技术委员会占 4.5%，解放军总后勤部占 1.5%，核工业占 0.5%，邮电、轻工、医药行业各占 1%，上海市占 4%，北京市占 2%，四川省占 2%，江苏、浙江、山东、安徽与辽宁各占 1%～1.5%。近年来，汽车制造业用的催化剂、石油工业、电器、牙科与轻工（玻璃）等行业的铂族金属用量将会有较大幅度的增长。

表 13 列出了 1995 年我国铂族金属进出口状况。

表 13   1995 年我国铂族金属进出口状况

进出口产品类别	出口		进口	
	数量/kg	金额/万美元	数量/kg	金额/万美元
未锻铂与铂粉	2	2	69	87
铂板与铂片			132	137
其他铂的半制成品	8	10	561	603
未锻钯与钯粉	2585	12	38	11
钯板、钯片及其他铂的半制成品	486	232	299	19

在我国铂族金属资源甚为匮乏的情况下，建议加强找矿与研究，在一些有可能找到铂矿的地区（如扬子地台西缘与北缘、天山褶皱系及韵律性的层状岩体、科马提岩的出露地区）加强找矿工作；注意低品位铂矿的综合利用研究，提高回收率；抓紧二次资源的回收利用及其研究工作。总之，在我国铂族资源匮乏的情况下，既要"开源"，也要"节流"，适度进口，缓解供需矛盾。

参考文献（略）

世界铂资源形势预测

夏既胜[1]　　秦德先[1]　　付黎涅[2]

（1. 昆明理工大学矿产地质研究所，昆明，650093；2. 昆明有色勘察设计研究院，昆明，650031）

摘　要：世界铂矿的探明储量已达 4.65×10^6 kg，但资源分布不均匀，三分之二以上的铂分布在南非。近年来由于科学的飞速发展，铂的用途越来越广泛，供应量和需求量持续增长。本文分析了近几年来铂的储量、产量、销量以及国际形势后，认为今后几年铂在汽车、首饰、计算机、核工业、环境等领域的需求还会持续不断地增加，预测铂的市场价格总体上会出现上扬趋势。

关键词：铂；价格；供应量；需求量

引言

铂，最早是在南美洲发现的，1775 年在哥伦比亚首先发现了铂的砂矿床。至今已有 60 多个国家和地区找到了各自的铂（族）矿，但三分之二以上的铂分布在南非，其年产量皆居世界首位，其次是俄罗斯。

铂可用作汽车工业的催化剂、珠宝首饰、化学工业和石油工业催化剂、玻璃及人造纤维工业用的坩埚、漏板和晶体生产的容器等。其中用于汽车工业催化剂及珠宝方面的铂约占其总耗量的 80% 左右。近年来，在汽车废气净化剂方面用铂量也猛增不减，在医药方面，人们已开始将铂的某些络合物作为有效的抗癌物质；另外，在核工业部门，铂的用量也越来越多。

1　世界储量、产量、销量、贸易及价格的时空变化

1.1　储量

现有的 60 多个国家中，拥有探明铂金属储量的只有 10 个，它们分别为：南非、俄罗斯、美国、加拿大、哥伦比亚、埃塞俄比亚、日本、澳大利亚、津巴布韦以及土耳其。

据美国矿务局（U.S Bureau of Mines）对世界 4 个市场经济国家（即南非、美国、加拿大和津巴布韦）16 个主要铂族金属矿的资源评价表明，全球目前已探明的铂族金属储量达 8.15×10^6 kg。其中铂为 4.65×10^6 kg，占 57%，以 1995 年世界对铂的需求及供给量计，这些铂矿可保证世界对铂的需求在 35 年以上。

尽管世界铂的总勘探储量保证程度较好，但如前所说，矿产资源储量分布很不均衡。四分之三以上的储量集中在南非、俄罗斯、美国和加拿大等国，它们占世界铂储量的 98%。

1.2　产量和供需状况

近年来，由于整个世界铂的需求量逐年上升，铂的供应量也逐年上升，从 1989 年的 97100 kg 增长到 1998 年的 142900 kg，而 1989 年铂的世界总需求量仅为 98300 kg，到 1998 年，总需求量达到 146400 kg。需求量的平均年增长率为 4.893%，而供给量的年均增长率只有 4.717%，因此，需求量的年均增长率大于供给量的年均增长率。自 1994 年以来，每年的总生产量均小于需求量（见图 1），就 1998 年来说，世界总生产量只有 142900 kg，而需求量为 146400 kg，供需缺口为 3500 kg，而最为突出的是 1997 年，当年铂的供应量为 140900 kg，而总需求量为 146600 kg，供需缺口为 5700 kg，供需缺口之大超出了业内人士的预料。各国铂供应比例见图 2。

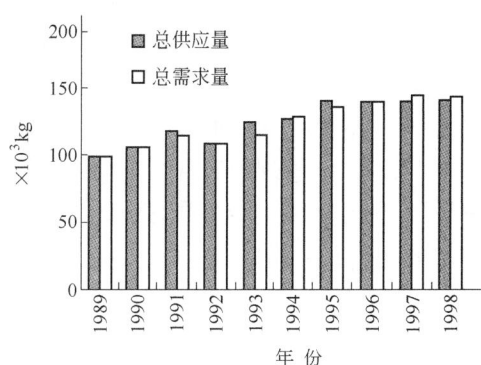

图 1 世界铂供需图

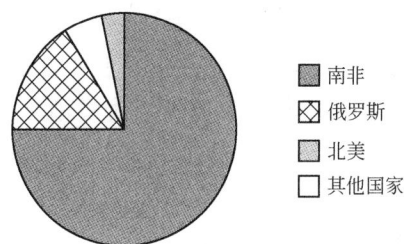

图 2 各国铂供应比例图（1998 年）

1989—1998 年铂的世界供需情况见表 1。

表 1 世界铂供需情况/kg

年份	1989	1990	1991	1992	1993	1994	1995	1996	1997	1998
供应情况										
南美	74.3×10^3	78.2×10^3	78.5×10^3	78.0×10^3	95.3×10^3	89.6×10^3	95.5×10^3	96.1×10^3	104.9×10^3	106.3×10^3
俄罗斯	15.6×10^3	20.4×10^3	31.2×10^3	21.3×10^3	19.3×10^3	28.6×10^3	36.3×10^3	25.5×10^3	24.1×10^3	
北美	5.5×10^3	5.2×10^3	6.2×10^3	5.7×10^3	6.2×10^3	6.2×10^3	6.8×10^3	6.8×10^3	6.8×10^3	8.1×10^3
其他国家	1.7×10^3	1.8×10^3	2.0×10^3	3.4×10^3	3.7×10^3	4.0×10^3	2.8×10^3	3.7×10^3	3.7×10^3	4.4×10^3
总供应量	97.1×10^3	105.6×10^3	117.9×10^3	108.4×10^3	124.5×10^3	128.4×10^3	141.4×10^3	141.2×10^3	140.9×10^3	142.9×10^3
需求情况										
汽车	41.2×10^3	43.5×10^3	44.4×10^3	44.0×10^3	44.5×10^3	53.0×10^3	525.4×10^3	53.3×10^3	53.3×10^3	51.1×10^3
化工	4.7×10^3	6.1×10^3	6.8×10^3	6.1×10^3	5.1×10^3	5.4×10^3	6.1×10^3	6.5×10^3	6.7×10^3	7.4×10^3
电气	5.5×10^3	5.8×10^3	5.0×10^3	4.7×10^3	4.7×10^3	5.2×10^3	6.8×10^3	7.8×10^3	8.6×10^3	9.1×10^3
玻璃	4.0×10^3	3.8×10^3	3.4×10^3	2.3×10^3	2.3×10^3	4.6×10^3	6.4×10^3	6.4×10^3	7.5×10^3	6.8×10^3
投资	4.5×10^3	5.7×10^3	8.9×10^3	7.2×10^3	8.6×10^3	11.2×10^3	9.8×10^3	6.8×10^3	6.8×10^3	8.2×10^3
珠宝	36.9×10^3	38.7×10^3	41.7×10^3	42.8×10^3	45.8×10^3	49.3×10^3	51.3×10^3	53.9×10^3	61.2×10^3	62.2×10^3
石油	2.1×10^3	4.0×10^3	4.3×10^3	3.4×10^3	3.0×10^3	2.6×10^3	3.4×10^3	5.2×10^3	4.8×10^3	3.7×10^3
其他	4.4×10^3	3.4×10^3	3.4×10^3	4.3×10^3	5.2×10^3	6.8×10^3	10.1×10^3	7.2×10^3	8.4×10^3	8.9×10^3
需求情况										
欧洲	17.0×10^3	20.0×10^3	22.3×10^3	24.4×10^3	25.4×10^3	26.5×10^3	24.9×10^3	23.9×10^3	24.7×10^3	24.8×10^3
日本	47.3×10^3	52.4×10^3	58.1×10^3	53.0×10^3	56.0×10^3	60.8×10^3	62.8×10^3	56.8×10^3	53.4×10^3	50.6×10^3
北美	25.4×10^3	22.4×10^3	23.1×10^3	20.0×10^3	21.5×10^3	26.6×10^3	28.8×10^3	33.5×10^3	36.7×10^3	37.7×10^3
其他地方	8.6×10^3	10.2×10^3	11.3×10^3	10.8×10^3	12.3×10^3	15.9×10^3	20.7×10^3	26.5×10^3	31.8×10^3	34.3×10^3
总需求量	98.3×10^3	105.0×10^3	114.8×10^3	108.2×10^3	115.2×10^3	129.8×10^3	137.1×10^3	140.6×10^3	146.6×10^3	146.4×10^3

从表 1 可以看出，铂的总需求量的增长主要是珠宝、汽车、化工、电气方面的增长，而作为珠宝业，其需求增长量最明显：从 1989 年的 36900 kg 增长到 1998 年的 62200 kg，增长率为 6.85%。另外，在核工业及环境等新领域的广泛应用，也是其需求量迅速增大的主要原因之一。对于区域性需求来说，日本一直是铂的最大消费

国，每年需求皆居世界首位，总需求量几乎超过北美和欧洲的总和。但近年来北美和其他国家，特别是我国，需求量迅猛增长。

1.3 价格的时空变化

由于铂的生产主要集中在世界上少数几个国家及地区，然而它们的应用却涉及石油、化工、汽车、电子、航空、航海等高科技领域，许多国家都将铂及铂族金属作为战略物资，严格控制、管理和储备。影响铂价格的因素很多，归结起来，它受主要生产国的产量、销售量及生产国的政治经济、社会稳定状况及国家的政策、策略变化所影响。近几年，铂的价格稳中略有所升，1997 年在 12.1 ~ 17.5 美元/g 间波动，平均为 14 美元/g，而 1998 年的最低价为 11.8 美元/g，最高价为 15.1 美元/g，平均 13.1 美元/g。所以 1998 年的平均价格比 1997 年低6.4%，而 1999 年 1 ~ 8 月份的平均价格为 13.5 美元/g（见表2），比上年高 0.3%。

表 2　1999 年 1 ~ 8 月份世界铂金属价格表

月份	1	2	3	4	5	6	7	8	平均
平均价格/美元·g^{-1}	13.5	13.8	13.9	13.0	13.0	13.6	13.3	13.3	13.5

图 3 列出了 1991—1998 年间世界铂的价格情况，从图中可以看出，近几年来，铂的价格总在一定的范围内波动，经历了 1991 年和 1992 年的劣势之后，1994 年回升，1995 年达到 15.0 美元/g，1996 年再次略有下跌，但到 1997 年，由于俄罗斯供应紧张，导致了国际市场铂价趋于坚挺，但月平均价高低起伏很大，并于 4 月份期间达到近 17.6 美元/g 的历史最高价。到了 6 月份，由于受到了俄罗斯及亚洲金融危机影响跌至 12.3 美元/g，而此时需求走向疲软，从而使 10 月底价格进一步跃至 11.8 美元/g，经过市场调整，到年底又反弹至 12.8 美元/g，进入 1998 年及 1999 年以后，价格在平稳的基础上走向下跌趋势。

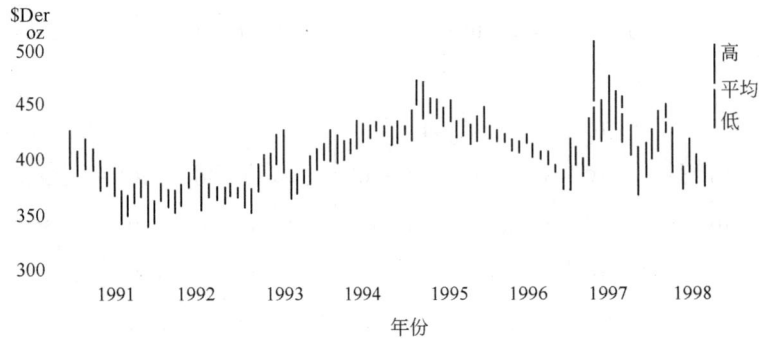

图 3　1991—1998 年世界铂价格(月最高、最低和平均)

2　主要矿床及分类

由于铂族元素矿床研究程度低和不断发现铁族元素矿化地质背景的影响。其分类长期以来一直是颇为复杂的，且认识上难以获得统一。国外出现很多种不同的分类方案，其中有代表性的是纳尔德雷特(1984)分类法、麦克唐纳(1987)分类法、利哈乔夫分类法、加拿大赫尔伯特(1988)分类法，以及澳大利亚霍森(1989)的分类法。现只将赫尔伯特的分类方案列于表3。

表3　铂族元素矿床的分类(赫尔伯特,1998)

矿床类型	实　例
1. 正岩浆型 　(1a)岩浆混合的	南非布什维尔德杂岩体的 US－2 层,梅林斯基层 美国斯提耳活特火成杂岩体的 J－M 层 津巴布韦的大岩墙
(1b)岩浆混染的	加拿大的拉斯德斯列斯 苏联的诺里尔斯克 加拿大的萨德贝里 澳大利亚的卡姆巴尔达
(1c)岩浆晚期的	加拿大的汤普森 南非布什维尔德杂岩体的纯橄榄岩筒
2. 冲积型 　(2a)砂矿 　(2b)古砂矿	哥伦比亚的乔科 苏联的乌拉尔 南非的维特瓦特斯兰德
3. 热液型	美国的新拉姆布莱 加拿大的拉斯本湖 美国的阿拉尔斯托克 波兰的含铜页岩 澳大利亚的科罗内申希尔

　　在我国,梁有彬等人(1998)著的《中国铂族元素矿床》一书中,根据铂族元素产出的地质环境、容矿岩类型、共生元素组合、成矿作用性质、矿化类型等,将我国铂族元素矿床划分为岩浆型、热液型和外生型三大类型和九个亚类,其分类见表4。

表4　铂族元素矿床的分类

矿床类型		含矿岩体或岩石类型	实　例
岩浆型	铜镍型	铁质超基性岩体	金川、金宝山、五星、红石湾、拉水峡、岔路子
		铁质基性、超基性杂岩体	新街、红格、攀枝花、安益、太庙－黑山
		铁质基性岩体	喀拉通克、尾洞、黄花滩、小南山、红石磊、红洞沟
	铬铁矿型	蛇绿岩、镁铁质－超镁铁质侵入岩体	大道尔吉、尾洞、黄花滩、小南山、红石磊、红洞沟
	钒钛磁铁矿型	层状基性岩体、基性超大型基性杂岩体、斜长岩岩体	新街、红格、攀枝花、安益、太庙－黑山
热液型	矽卡岩型	酸性或基性侵入岩体与碳酸盐岩或火山沉积岩接触带岩石	铜绿山、铜山口、大红山
	斑岩型	花岗斑岩、石英斑岩、构造破碎带	德兴、玉龙、多宝山
	热液型	不同时代的沉积岩、变质岩、构造破碎带	铜井、三道沟、银洞山
	石英脉型	硫化物石英脉、硅化蚀变岩石	金山、夹皮沟
外生型	镍钼型	黑色岩系、含碳质黑色页岩	大庸、慈利、积金、遵义、德泽、金溪
	砂铂(族)矿	产于现代河床、河漫滩、低谷洼地、风化壳、坡地	酸刺沟、红坑、阿尔腾哈拉

目前，对于独立开采的原生铂族元素矿床，其边界品位定为 0.50×10^{-6}，工业品位定为 5.0×10^{-6}；砂铂（族）矿床边界品位为 0.3 g/m^3，工业品位为 0.5 g/m^3。

3 趋势与展望

3.1 需求量的趋势与展望

3.1.1 汽车需求仍趋坚挺

随着西方各国严格控制汽车尾气排泄规定的实施，汽车工业净化催化剂对铂族金属需求仍趋坚挺。美国、日本及西欧国家正在实施低排放汽车计划（NLEV）。在美国将采取新的催化系统检测制度，它要求将汽车的废气排放量减少 40%，西欧各国还从税收上鼓励生产和使用清洁汽车，因此许多汽车都安装了尾气净化设备，这必然会使得铂在汽车方面的需求持续增长。

3.1.2 首饰需求日趋活跃

首饰方面的增长是铂需求量增长的重要因素，它已保持 15 年持续不变的增长趋势。虽然 1998 年，日本受经济疲软以及再次征收消费税的影响，其铂首饰需求量下降 36%，但此时美国和中国的需求剧增大大弥补了日本需求的下降，据估计，目前铂首饰已占首饰市场份额的 33%。

在中国，1998 年用于首饰的铂需求量比上年增长约 50%，达 1560 kg。美国市场需求增势也较强劲，1998 年的需求量比 1997 年增长 170 kg，达 620 kg，同年欧洲市场需求量也增长 10%，达 610 kg。估计，今后几年铂在首饰方面的需求还将继续上升。

3.1.3 其他方面的需求将略有所升

铂金属在其他方面的需求态势主要取决于世界经济，1998 年由于世界经济欠佳，因此铂在其他工业方面的实际消费量较为呆滞。大致仍维持在 1997 年的水平，但进入 1999 年后，它在计算机、核工业及环境方面的应用开始活跃起来。随着科学的高速发展，它在催化剂以及其他新领域将得到越来越广泛的应用，因此需求增加在所难免。

3.2 供需预测

从铂的世界供需图看（见图 1），1989 年其需求量稍大于供应量，而后几年，除 1992 年和 1994 年超过平衡外，基本上是供应量稍大于需求量，但是 1996 年以来，都是需求量大于供应量，一旦市场上原来储存的铂耗尽之后，供不应求现象就会显露出来。

因此，今后几年随着亚洲金融危机的消失及俄罗斯经济的复苏，工业用铂量日趋增加，加之铂在首饰领域的需求量也迅速增加，而总供应量增加必然缓慢，这势必会导致供不应求现象，从而使得价格趋于上升，但由于一些库存铂在高价格下会被抛售出来，冲击市场，使得价格会在一定范围内产生波动现象。但不管怎样，预计今后几年内铂的年均价格上扬是在所难免的。

参考文献

[1] 梁有彬，等. 中国铂族元素矿床[M]. 北京：冶金工业出版社，1998：225~230.

[2] 吴海瀛. 国际铂族金属市场近况[J]. 世界有色金属，1999，12：3~15.

[3] Mining Journal Ltd.，Summary & Outlook[M]. London，1999：2~5.

铂族元素矿床地球化学勘查的战略和战术

成杭新[1,2] 赵传冬[1,3] 庄广民[1] 姚文生[4]

(1.中国地质科学院地球物理地球化学勘查研究所,河北廊坊,065000;2.吉林大学,长春,130026;
3.中国地质大学,北京,100083;4.河南省地质矿产局中心实验室,郑州,450053)

摘　要:最近 10 年,PGE(铂族元素)地球化学勘查取得许多进展,在此对主要进展作一简短的评述。(1)通过对已知其他金属矿床的再认识和再评价,发现新类型 PGE 矿床;(2)通过对已知 PGE 矿床的地球化学勘查,发现新的找矿靶区;(3)在空白区通过 PGE 地球化学填图,发现规模巨大的 PGE 地球化学省或巨省,为寻找 PGE 矿床提供了直接的找矿信息。根据中国的具体情况提出了中国 PGE 地球化学勘查的战略目标是:采用迅速掌握全局,逐步缩小靶区的找矿战略,力争用 5~10 年时间使 PGE 矿床找矿获得重大突破。部署工作应以西南 Pt、Pd 地球化学省、新-甘-青 Pt、Pd 地球化学省、雅鲁藏布江 Pt、Pd 地球化学省为重点地区。根据 1∶20 万化探资料,建议以康滇地轴为首选地区,找寻的 PGE 矿床类型包括诺里尔斯克型和构造蚀变岩型 PGE 矿床(新类型)。PGE 地球化学勘查的战术是样品测试时除测试 Pt、Pd 外,还要分析 Au、Cu、Ag、Ni、As、Sb、Bi、Cd、Hg、F、S、Pb、Zn 等元素。进行异常评价中如发现 Pt、Pd、Cu、As、Cd 元素和 Pt、Pd、Cu、As、Cd、Pb、Zn 元素组合异常时要引起特别重视,这往往是 PGE 矿化的特征标志。

关键词:PGE;地球化学勘查;新进展;战略与战术

1970—2000 年,勘查地球化学在斑岩铜矿、铀矿及金矿勘查中已取得巨大找矿成就(吴传璧等,1999),而中国的区域化探扫面计划由于它获得的高质量海量数据已使勘查地球化学在矿产勘查中起到左右全局的战略作用。据统计,在 1980—1995 年的 15 年中,中国 90% 的金矿是由勘查地球化学方法所发现的(地质矿产部勘查技术司,1992;奚小环等,1997),显示出勘查地球化学在贵金属勘查中的强大生命力。也使科学家认识到,PGE 地球化学勘查也具有取得巨大成功的前提和条件。

1　PGE 矿床地球化学勘查新进展

自从 1924 年南非布什维尔德杂岩体勒斯腾堡层状岩套发现梅林斯基铂矿层以来(Wagner,1929),又相继在美国斯蒂尔沃特及津巴布韦大岩墙等发现 PGE 矿床,它们与俄罗斯的诺里尔斯克铜镍硫化物 Pt、Pd 矿床(Von Gruenewaldt,1991)共同构成世界铂族金属储量的分布格局。之后,PGE 地球化学勘查取得的主要进展包括 3 个方面:(1)通过对已知其他金属矿床的再认识和再评价,发现新类型 PGE 矿床;(2)通过对已知 PGE 矿床的地球化学勘查,发现新的含矿层位和靶区;(3)通过 PGE 地球化学填图,发现规模巨大的 PGE 地球化学省或巨省,为找寻 PGE 矿床提供了直接的找矿信息。

1.1　其他金属矿床的再认识和再评价

其他金属矿床中 PGE 超常富集的发现,往往是在矿床开采前或开采过程中进行综合评价和综合利用时无意中发现的。典型案例是俄罗斯干谷金矿床中 Pt、Pd 超常富集的发现(Дистеф 等,1996)。干谷金矿床位于俄罗斯伊尔库茨克,产出构造环境为大陆内部近 SN 向裂谷系,主要岩系为晚里菲期的含碳陆源和陆源碳酸盐岩系(见图 1)。

该矿床开始是以 Au 作为主要开采对象,开采前,对可供综合利用的元素进行评价时发现金矿体中也富含 PGE 及其他 20 余种元素。根据这一情况,对干谷金矿床进行了以 PGE 为主要勘查对象的补充勘查工作,使干谷金矿床变成金-铂巨型矿床。矿床总体呈层状产在围岩交代蚀变带、硫化物和硫砷化物矿化带内。通过化探原生晕的研究,发现垂向上 PGE 的原生晕位于金原生晕的上方,后经钻孔取样证实大于 1 g/t 的铂矿体在空间上基本与金矿体重叠,主要分布在金矿体的中、上部(见图 2)。成因上该矿床属变质中温热液交代成矿。PGE 成矿作用的主要阶段发生在主要金矿化之前,石英包裹体均质化温度资料显示 Au 的成矿温度为 275~190℃。PGE 成矿温度为 395~310℃。

由此可见,对已知其他金属矿床,特别是金、银、铜、镍硫化物、铅锌矿床的再评价和再认识是发现 Pt、Pd

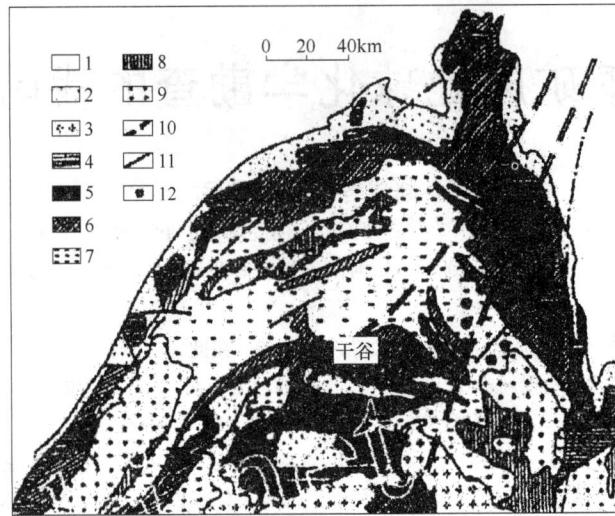

图1 干谷金铂矿床概略地质图（据 Дистеф，1996 简化）

1—西伯利亚地台盖层显生宙建造；2—前寒武陆源沉积建造；3—下元古界花岗岩，斜长花岗岩系；
4—下、中里菲期陆源碳酸盐建造；5—上、中碳质页岩沉积建造；6—上、中里菲期碳酸盐－陆源沉积建造；
7—下、中里菲期含碳沉积建造；8—下元古界砂岩－页岩建造；9—古生界花岗岩；10—埋藏裂谷构造轮廓；
11—次级裂谷构造的轴部；12—金、铂矿床

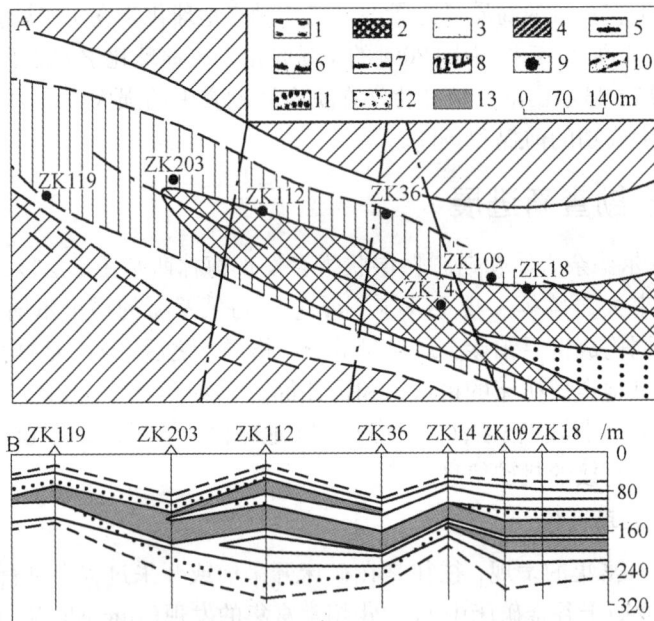

图2 干谷金铂矿床概略地质矿带剖面图（据 Дистерф，1996 简化）

1—里菲期泥质岩和含碳粉砂岩；2—里菲期粉砂岩；3—里菲期泥质岩；4—里菲期石灰岩；
5—强硅化细脉和糜棱岩化带；6—逆掩断层；7—断层；8—热液蚀变带；9—钻孔；
10—硫化物富集带；11—金矿体分布范围；12—贫铂矿石带；13—富铂矿石带

矿床的重要途径之一。

1.2 已知 PGE 矿床外围的地球化学勘查

表生环境中 PGE 含量能够反映隐伏 PGE 矿床（Cawthon，2001；Coker 等，1991；Cook 等，1993，1994；Fletcher 等，1995；Wood 等，1990）。与南非地质科学委员会协作，中国河南省地质矿产局中心实验室在南非布什维尔德杂岩体开展的 PGE 地球化学勘查工作获得巨大成功（Wilhelm 等，1997）。该研究区位于南非勒斯腾堡

地区，覆盖面积为 3850 km²，平均采样密度为 1 个/km² 水系沉积物样，采样介质为活性水系沉积物。著名的布什维尔杂岩体中的 Merensky 和 UG－2 铂矿层均位于研究区内。

图 3 为南非勒斯腾堡地区水系沉积物中的 Pt、Pd 地球化学异常图。可以看到以 5 ng/g 为下限圈出的 Pt、Pd 地球化学块体面积达 3000 km²，20 ng/g 下限圈定的面积近 2000 km²，其内部浓集中心十分醒目，逐步浓集轨迹极其明显。由于在研究区西南，异常还未圈闭，故布什维尔德地区的 Pt、Pd 异常规模应比目前已知的还要大。如将其置于全球尺度下，进行更大面积的地球化学填图，目前的 5 ng/g 下限明显偏高，其合理的下限应在 0.8 ~ 1 ng/g 之间，则布什维尔德地区的地球化学块体可能也是全球规模最大的 Pt、Pd 块体。目前已知的铂矿均位于 80 ng/g 的浓集中心内。值得关注的是在布里茨地区新发现一条长度大于 100 km 的 Pt、Pd、Au 异常带（图中虚线范围，Au 未成图）。它与布什维尔德铂矿区的区别在于布什维尔德铂矿区除 Pt、Pd 异常外，还有 Ni、Cr 等元素的异常，而布里茨地区缺乏这两个元素的异常。长期以来地质学家认为该地区不具备找寻 PGE 矿床的远景（Wilhelm 等，1997）。异常发现后很快引起南非地质科学委员会和一些矿业公司的极大兴趣，并先后在该异常带内进行采样密度为 25 个/km² 的水系沉积物测量和异常查证工作，现已在该地区获得重大突破。表明勘查地球化学方法是找寻 PGE 矿床的有效方法。

1.3 PGE 地球化学填图

联合国教科文组织的国际地质对比计划曾设专门项目国际地球化学填图（1GCP259，1989—1994）和全球地球化学基准（IGCP360）研究地球化学填图所涉及的有关问题（Damley，1990，1995），对地球化学填图中 Pt、Pd、Os、Ir、Rh、Ru、Au 等 20 余种地壳丰度小于 3×10^{-6} 的元素，规定它们的分析检出限必须小于这些元素的地壳丰度值（Xie Xuejing，1995）。研究已经表明，其 PGE 的地壳丰度值明显偏高（成杭新等，1998）。因此，PGE 地球化学填图所面临的最大困难是 PGE 的分析检出限必须达到或接近其地壳丰度值，且分析方法既要经济又要快速，这也是国际上近 40 年来已完成或正在进行的 50 余项地球化学填图计划均没有分析 PGE 的主要原因。河南省地质矿产局中心实验室通过近 15 年的持续研究获得重大突破，利用预富集光谱法，于 1995 年将 Pt、Pd 的分析检出限降到 0.1 ng/g（张洪等，1996），于 2001 年将 Os、Ir、Rh、Ru 的检出限降到 0.01 ng/g，这就从分析技术上为开展 PGE 地球化学填图奠定了基础。

2 中国 PGE 地球化学勘查的战略与战术

川滇黔桂 Pt、Pd 地球化学巨省的发现已引起各方广泛的关注，由于已在四川会理找到高品位的 Pt、Pd 矿，使其今后仍将是各方关注的焦点。而对规模如此巨大的 Pt、Pd 地球化学巨省勘查战略的研究将是中国在合理的时间内找寻 PGE 矿床并获得突破的关键。

2.1 PGE 地球化学勘查的战略

谢学锦院士（1997，1999）通过对中国海量高质量 1:20 万化探数据和找矿实践的系统研究，提出以直接信息（尤其是化探信息）为先导，运用超低密度的地球化学测量技术，通过地质化探资料的综合，迅速掌握全局，逐步缩小靶区，直至找到大型特大型矿床的找矿战略。图 4 所示就是这种战略在逐步缩小靶区中的一个实例。图 4 中（a）是在川滇黔桂 Pt、Pd 地球化学省发现后，为了迅速掌握全局，采用 1 组合样/64 km² 的密度制作的贵州西部 Pt 地球化学异常图，可以看出贵州西部存在两个 Pt 地球化学省。之后又分别采用 1 组合样/16 km²、1 组合样/4 km² 的密度[图中（b），（c）]达到逐步缩小靶区的目的，在两年时间内将研究面积从 42560 km² 缩小到可以进行异常查证的 144 km²。

根据实例认为，我国 PGE 地球化学勘查的战略目标应该是在 5 ~ 10 年内采用迅速掌握全局，逐步缩小靶区的勘查战略，使我国 PGE 找矿获得重大突破。但实施这样的找矿战略也面临许多问题，由于受当时分析技术的限制，我国 1:20 万化探扫面中没有分析 PGE，目前仅有零星 1:20 万图幅分析了 Pt、Pd，无法用纵观全局的新思路来挑选靶区，在选择异常查证的具体地区上余地不大，这也是我国 PGE 找矿至今未能像找金一样获得重大突破的主要原因。早在 1991 年，谢学锦就预测利用已建立的样品库（1:20 万化探扫面）及在金矿化探上形成的思路和取得的经验技术，我国会比任何其他国家都有可能在 PGE 勘查地球化学上取得突破性进展。因此，只要将我国 3 个 Pt、Pd 地球化学省内所有 1:20 万化探扫面副样补测 PGE，就可能迅速圈出最有远景的找矿靶区。

根据最近 2 年对川滇黔桂 Pt、Pd 地球化学巨省内康滇地轴中的 1:20 万化探扫面样品的 Pt、Pd 分析数据（1

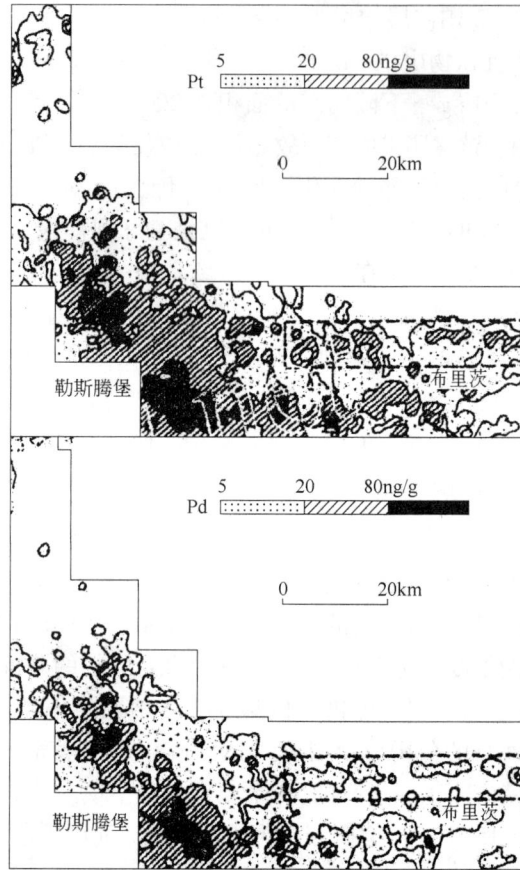

图3　南非 Bushveld 地区水系沉积物中 Pt、Pd 地球化学异常图

（矿床位置据 Wilhelm, 1997；图中虚线是新发现的铂钯异常带）

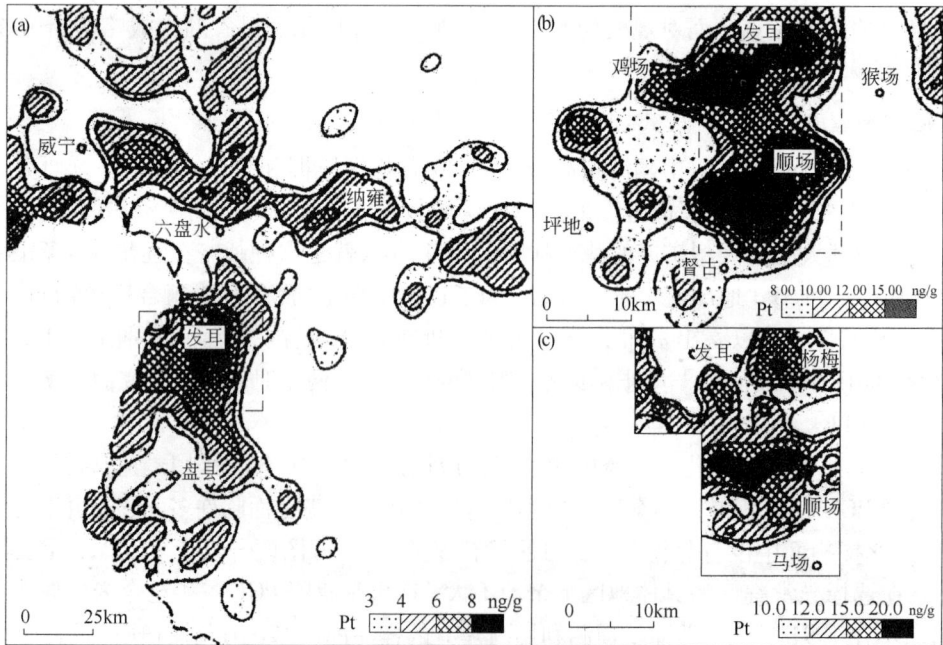

图4　贵州西部铂靶区逐步缩小靶区示意图

个分析数据/4 km²），已在康滇地轴最北端杨柳坪铂 – 铜矿床及其外围发现一个近 1000 km² 的 Pt、Pd、Cu、Ni、Co、Cr、As、Sb、Au 等规模巨大的组合异常；在康滇地轴中段 1:20 万米易幅、盐源幅分别圈定明显受构造和岩体控制的区域 Pt、Pd、Cu、Ni、Co、Cr、As、Sb、Au、Pb、Ag 多元素组合异常；而在康滇地轴南段 1:20 万会理幅不但发现 1:20 万区域化探 Pt、Pd 异常，而且在局部地段 1:5 万水系沉积物测量中发现 Pt、Pd、Cu、As、Sb、Au、Pb、Ag 等 20 余种元素的套合异常。

因此，对应于这样的战略目标，应优先挑选康滇地轴作为实施该战略的第一步，优先对康滇地轴内全部 16 个 1:20 万图幅的化探扫描副样分析 Pt、Pd，并从中挑选出一些异常进行查证。

由于康滇地轴目前已知的 PGE 矿床(点)主要为铜镍硫化物型和热液型，如杨柳坪、大岩子，其矿床特征接近诺里尔斯克铜镍硫化物型，因此诺里尔斯克铜镍硫化物型仍是康滇地轴找寻 PGE 矿床的主要类型之一。

资料表明，玄武岩既是 PGE 高背景地区，又是成矿物质供应丰富的地区(成杭新，2000；赵传冬，2001)，构造活动，特别是伴有热液活动的构造活动对 PGE 有明显的富集作用。这已被最近发现的鱼海子金铂矿点所证实。鱼海子金铂矿点主要赋存在韧性剪切带中，矿石为全岩热液蚀变的玄武岩。尽管鱼海子金铂矿点的规模还不大，但从矿化特征看应是一全新矿化类型。而从康滇地轴内的 1:20 万化探扫面资料中，已发现多个 Pt、Pd、Cu、Ni、Co、Cr、As、Sb、Au、Pb、Ag 等多元素套合异常，这些异常的浓集中心，明显受构造控制，同时又具有热液活动的元素组合，而其所处的地质背景主要为峨眉山玄武岩，如米易县城南侧就存在上述特征的多元素套合异常。因此，在康滇地轴构造蚀变玄武岩(韧性剪切带)型(新类型)PGE 矿床的找寻应引起足够的重视。

2.2　PGE 地球化学勘查的战术

根据我国的具体情况，PGE 地球化学勘查的战术应包括 PGE 异常查证的各个方面。由于 PGE 异常查证的研究刚刚起步，作为找矿的一种战术手段，应当采取生产与科研相结合，科研指导生产的战术来完成找矿的突破，因此，在安排异常查证时应同时设置 Pt、Pd 异常查证方法或异常源追踪的研究课题，及时有效地解决异常查证中发现的问题。根据对大岩子铂铜矿床原生晕的研究，该矿床的指示元素有 Pt、Pd、Au、Ag、Cu、Ni、As、Sb、Cd、Hg、F 等元素，而米易大槽 Pt、Pd 矿床的指示元素有 Pt、Pd、Au、Cu、Ni、As、Sb、Bi、Cd、Hg、F、S、Pb、Zn。因此在样品测试中除对 Pt、Pd 分析之外，还要分析 Au、Cu、Ag、Ni、Sb、Bi、Cd、Hg、F、S、Pb、Zn 等元素。

由于 Pt、Pd 分析有时会遇到"颗粒效应"(nugget effect)，使同一样品的多次 Pt、Pd 分析数据可能出现较大的差异，这常给异常评价带来困惑。因此，在进行异常评价中如发现 Pt、Cu、As、Cd 元素和 Pt、Pd、Cu、As、Cd、Pb、Zn 元素组合异常时，要引起特别重视，这往往是 PGE 矿化的特征标志。

参考文献

[1] 成杭新，刘占元，赵传冬.初论盘江流域 Pt、Pd 地球化学巨省[J].长春科技大学学报，2000，30(3)：226～330.

[2] 成杭新，谢学锦，严光生，等.中国泛滥平原沉积物中 Pt、Pd 丰度值及地球化学省的初步研究[J].地球化学，1998，27(2)：101～106.

[3] 地质矿产部勘查技术司.地质矿产部化探发展四十年[J].物探与化探，1992，16(5)：333～345.

[4] 奚小环，张连.地质矿产部"八五"期间物探、化探、遥感勘查若干新进展[J].物探与化探，1997，11(1)：1～5.

[5] 谢学锦.中国化探发展新战略.勘查地球化学专业委员会会志，1991，1:3～5.

[6] 谢学锦.论矿产勘查史：经验找矿、科学勘查与信息勘查[M].北京：地质出版社，1997，254～266.

[7] 张洪，陈方伦.PGE 分析方法矿床地球化学与地球化学勘查[M].北京：地质出版社，1996，1～90.

[8] 赵传冬.贵州西部 Pt、Pd 地球化学背景值及对找寻 Pt、Pd 矿的启示[J].贵金属地质，2001，9(4)：220～222.

河北省丰宁县红石砬铂矿床

陈希廉

（中国地质学会矿山地质专业委员会，北京，100814）

1　自然地理及经济地理环境

1.1　矿区地理位置

该矿区位于河北省承德市丰宁满族自治县东南部，属丰宁县波罗诺镇管辖。矿区中心地理坐标为：东经117°16′24″；北纬41°10′04″。

丰宁满族自治县地处河北省北部，与首都北京接壤，既是河北省环京津县之一，又是连接北京与内蒙古的重要通道，拥有得天独厚的区位优势，自然资源丰富，开发潜力巨大。由于满族人口占多数，所以1987年经国务院批准建立丰宁满族自治县。

1.2　地形特征

丰宁县地处冀北山地，西部处于内蒙古高原南沿，南部属燕山山脉，地形自西北向东南倾斜。地形复杂，由丘陵、山川、河谷、平地构成，形成许多天然旅游资源。毫松坝、宜肯坝从境内东北延伸到西南，把全县自然分成为坝上和坝下两个地形区。坝上平坦开阔，起伏和缓，形成大面积草场。坝下山峦起伏，峰岭连绵。最高峰云雾山海拔2047 m。河流交错，川谷纵横，低山、丘陵广泛分布，海拔在600～1000 m。

红石砬铂矿区分为紧邻的梁底下、五道沟两个矿段，且均位于岔水沟分水岭附近，属中低山构造剥蚀地貌区，海拔标高一般为750～900 m，坡度20°～30°。

1.3　气候特征

丰宁气候属于中温带、半湿润、半干旱、大陆性、季风型、高原山地气候。冬季受西伯利亚气团影响，气候寒冷干燥；夏季受太平洋副热带高压影响，盛行偏南风，气候较温和；春秋两季，是两种气团的转换季节，风向多变，气温变化剧烈。春季气温回暖快，天气干燥少雨；秋季气温急骤变凉，昼夜温差大。

受地形影响，坝上和坝下气候有所差别。坝上气候：冬季寒冷干燥，夏季凉爽风沙大，年平均气温为0.8℃，1月份平均气温为－18.8℃，7月份平均气温为17.5℃，年平均降水量为442 mm，无霜期为75天，年平均为6级的大风日约50天；坝下气候：较坝上温和湿润，年平均气温为6.1℃，1月份平均气温为－11.9℃，7月平均气温为22.1℃，年平均降水量为503 mm，无霜期可达125天。

1.4　土地资源及植被

丰宁有充裕的土地资源。有耕地106万亩，高出全国人均水平1.5倍。水田和水浇地20万亩。丰宁草场资源得天独厚，全县有草场836万亩，人均25亩，是全国人均水平的5倍。丰宁有繁盛的林木和野生动植物资源。林业用地532万亩，占河北省林地面积20.5%，森林覆盖率36.5%。

1.5　水资源及水能源

丰宁水资源丰富。共有较大河流5条，有滦河、牤牛河、潮河、汤河及天河，各河多支流。潮河发源于丰宁的连桂乡哈拉海湾村，在丰宁境内全长157 km。滦河发源于骆驼沟乡孤石村小梁山南，上源称闪电河，成"弓"形向南流经大滩、北梁等6个乡汇入隆化县，在丰宁境内全长104 km。牤牛河发源于化吉营乡松木沟村冰朗山脚下，在丰宁境内全长93 km。汤河发源于邓栅子乡南台村猴顶山脚下。在丰宁境内全长57 km。

丰宁县是滦河、潮河的发源地。地上水总径流量5.07亿立方米，地下水年可开采量2.94亿立方米。水能源理论贮量为6.7万千瓦。

1.6　人力资源

丰宁县辖9镇17乡，总人口37.4万人，有满、蒙、回、汉等13个民族，满族人口占总人口的62.5%。

该市工业生产不发达，近年才开始发展旅游业，所以人口结构中农民仍然占多数。由于农业生产多在山区，而且生产技术落后，产量低，农民年人均纯收入仅 1009 元，故劳动力低廉。

1.7 矿产资源

该县矿产资源丰富，经过地质工作，已经探明可开发的矿产有 30 余种，300 多处。有金、银、铜、铁、钼、镁、铅、锌等金属矿，以及油母页岩、煤、花岗岩、大理石、珍珠岩（perlite）、石灰石、高岭土、沸石（zeolite）和萤石（fluorite）矿等非金属矿。工业储量：金 30 t、银 1500 t、铁矿石 7500 万吨、钼矿石 3800 万吨、硅石 1 亿吨、油母页岩 13.3 亿吨、煤矿 480 万吨、沸石 5000 万吨以及铂钯矿等铂族矿床（下面将作专门介绍）。虽然承德地区矿产资源较丰富，但是，由于丰宁县属于贫困的山区，缺乏资金，目前已开发的矿产尚不多，现在只有金矿山 5 个、银矿山 1 个、铁矿山 4 个、萤石矿 1 个。

1.8 矿区交通运输条件

丰宁县交通便捷，有 111、102 国道和 16 条省级公路贯穿县境，是北京通往内蒙古的重要通道。沙通铁路虎什哈车站距县境 10 km，距县城 60 km。虎什哈至丰宁的地方铁路已经竣工。红石砬铂矿区东距承德市直距约 58 km，承德市也与北京有铁路相通；西距丰宁县城直距约 54 km，南距滦平县城直距约 21 km，东南距波罗诺镇 11.5 km，距大屯火车站约 23 km，有 112 国道从矿区中部通过，交通极为便利。

1.9 建设矿山的基础设施条件

全县建有 110 kV 输变电站 1 座，线路 73 km。35 kV 输变电站 5 座，线路 95 km，供电能力 1.24 万 kW。通讯畅达，开通万门程控电话与国内、国际通信联网，以及卫星地面传输、光缆通讯、移动通信和无线寻呼业务，服务条件日益改善。县城建有丰宁宾馆、九龙宾馆、华林宾馆、建设宾馆等服务接待设施。为了扩大招商引资，加快经济开发与发展，经省政府批准，在县城南部设立了"省级高新技术火炬园区"，制定了更加优惠的政策，完善了水、电、路等基础设施条件。

2 红石砬铂矿床的找矿勘探及科研工作

2.1 普查找矿工作

从 20 世纪 50 年代开始，就开始在河北省开展大面积的区域地质调查工作。在区域地质调查时发现承德地区（丰宁、隆化、滦平及承德县、市等）分布有较多基性岩（basicrock）、超基性岩（ultrabasic rock），而且按大地构造分区单元，上述的基性、超基性岩浆岩都有可能来自地壳深处的地幔（earth mantle）。从矿床学理论分析，这种条件是很好的铂族矿床的成矿条件，因此，许多地质勘探部门及科研单位，纷纷在承德地区开展重砂法等找矿工作。例如，中国科学院地球化学研究所和中国地质科学院等，在该地区都进行了大量工作。乃至在红石砬铂矿床勘探已经结束后，还以解剖麻雀的方法，对红石砬铂矿床进行地球化学异常晕的研究，以便有助于在矿区深部或其附近地区发现新的矿体。

2.2 地质勘探工作

1971—1977 年，河北省的地质队在该矿区持续开展了 7 年的地质工作，投入了大量的人力物力，主要包括：1:5000 比例尺的地形地质测量 4.25 km²，1:1000 比例尺的地形地质测量 1.782 km²，还绘制了各种大比例尺的勘探线剖面图、储量计算图以及矿体纵投影图等；探矿工程方面，主要包括：岩心钻探 25396.51 m，坑道探矿 4858.09 m，地表槽探 21965.90 m³，化学分析取样 25258 件，偏光显微镜（polarizing microscope）及反光显微镜（reflecting microscope）等的岩矿鉴定 623 件，并分两次分别于 1974 年及 1977 年提交了该矿区的详细勘探报告。

2.3 矿床科研工作

由于我国以前已发现的铂矿床较少，红石砬铂矿床的发现，引起了各部门的高度重视，所以许多科研部门都投入了大量的野外及室内的研究工作，对其矿床形成规律、矿床成因类型、合理选矿工艺以及铂族新矿物等开展了大量研究，特别是通过研究还发现了国内外首次发现的几种新矿物（下面将有阐述）。还通过地球化学的研究，阐明了该矿床地球化学异常晕的特点。

现将通过找矿勘探及地质研究所了解的从区域地质，到矿区地质及矿床地质的条件和科研成果介绍如下。

3　红石砬铂矿床形成的区域地质背景

3.1　大地构造背景

按我国老地质学家黄汲清的大地构造单元划分，承德地区（含丰宁）属于内蒙地轴与燕辽准地槽（有人名之为燕辽沉降带）的交界地带，前者是古生代长期隆起的稳定古陆（相当于地盾 craton，但成长条形），后者是地史上活动的沉降带；按李四光从地质力学观点进行的大地构造单元划分，该矿区所处大地构造位置，属于北"纬向大构造带"（是一个在北纬 40 多度，环绕全球的深大断裂带），在我国称为"天山—阴山东西向复杂构造带"的东段。无论按何种分类，该区都属于地史上地壳曾经有过强烈运动而且有深大断裂的地带。这种大地构造，有利于来自地幔基性、超基性岩浆的侵入。该大地构造单元中，还有次级的断裂、褶皱和构造盆地等。红石砬铂矿床，就是处于该大地构造单元中的次级构造"丰宁—承德深断裂带"中，接近于它与"丰宁—隆化深断裂带"的交汇处（见图 1）。

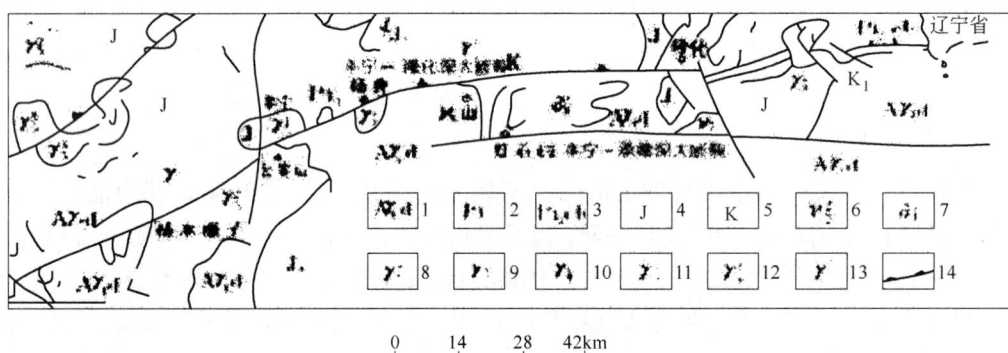

图 1　红石砬铂矿与丰宁—承德及丰宁—隆化深大断裂略图
1—上太古界单塔子群；2—下元古界；3—中元古界长城系；4—上侏罗统；5—下白垩统；6—中元古代基性侵入岩；
7—新太古代中性侵入岩；8—新太古代酸性侵入岩；9—古元古代花岗岩；10—石炭纪花岗岩；
11—三叠纪花岗岩；12—侏罗纪花岗岩；13—白垩纪花岗岩；14—深断裂

3.2　区域地层及岩浆活动

该区域的地层有太古代古老结晶基底（片麻岩等）大面积出露，元古代，古生代地层缺失，中生代陆相盆地沉积及火山喷出物点缀在基底之上，有近代冲积物沿沟谷分布。

区域的岩浆活动频繁，大致可分为三期侵入和喷出，即吕梁期侵入花岗岩及闪长岩、海西期超基性－基性侵入岩和燕山期侵入岩。

海西期超基性－基性侵入岩就是在上述的断裂带上，在承德地区，从东到西有：(1) 涝泥塘含铬铁矿纯橄榄岩（dunite）体：长约 10 km，宽约 2 ~ 4 km；(2) 黑山—大庙含钒钛铁矿的基性岩体：长约 20 km，宽约 8 km；(3) 丰宁—滦平超基性岩群：共有 37 个岩体。这些基性岩、超基性岩正是有利于形成铂族矿床、铬铁矿矿床或钒钛铁矿等矿床的母岩。这些矿床从矿床成因学上看，多属于岩浆矿床。

4　红石砬铂矿的矿区地质条件

4.1　矿区地层及岩浆岩

矿区均为古老变质岩地层，属太古界单塔子群凤凰嘴组，分片麻岩（gneiss）及片岩（schist）两类。矿区的岩浆活动，自震旦纪至燕山期，以浅成岩（hypabyssalrock）及中等深度的深成岩（plutonite）侵入为特色，以酸性及超基性岩为主体，中性岩次之，基性岩多属脉岩，但黑山—大庙含钒钛铁矿的基性岩体属于较大岩体。其中，在超基性岩体中多含有铂族元素，有含铂超基性岩体之称。红石砬超基性岩体是丰宁—滦平超基性岩群中 37 个岩体中的第二大岩体，长约 7 km；该岩体呈巨大岩墙状横贯矿区，由透辉岩（bistagite）、角闪石岩（hornblendite）及二者过渡型岩石所组成。

4.2 矿区地质构造

该矿区处于三家背斜(anticline)北翼,岩层呈单斜(monocline)产出,丰宁—大庙深断裂具有决定性控制作用,由于形成很早,再加上继承性活动强烈,产生了一系列从属于深断裂之碎裂群,岩石节理异常发育,碎裂构造非常明显,尤其是,含铂岩体的次生构造极其发育,在热液阶段,普遍发生蚀变作用,造岩矿物重新组合。蚀变(alteration)总趋势是:中段比两端强,下部比上部强,核心比两侧强。一般蚀变作用强的地方,铂族矿化相应强些,但也有例外。

5 红石砬铂矿的矿床地质条件

5.1 矿床的赋存条件

红石砬铂矿床产于红石砬超基性杂岩体中,杂岩体沿近东西向承德大庙深断裂带侵位于内蒙地轴太古宇单塔子群凤凰嘴组片麻岩系之中(见图2),岩体透辉石 K – Ar 同位素年龄为 665 Ma,据河北省有关地质队的调查,岩体走向长达 7000 m,最宽处达 420 m,最窄仅有 10 m 左右,面积 0.76 km^2。根据岩性及含矿特征,岩体可划分为三段:

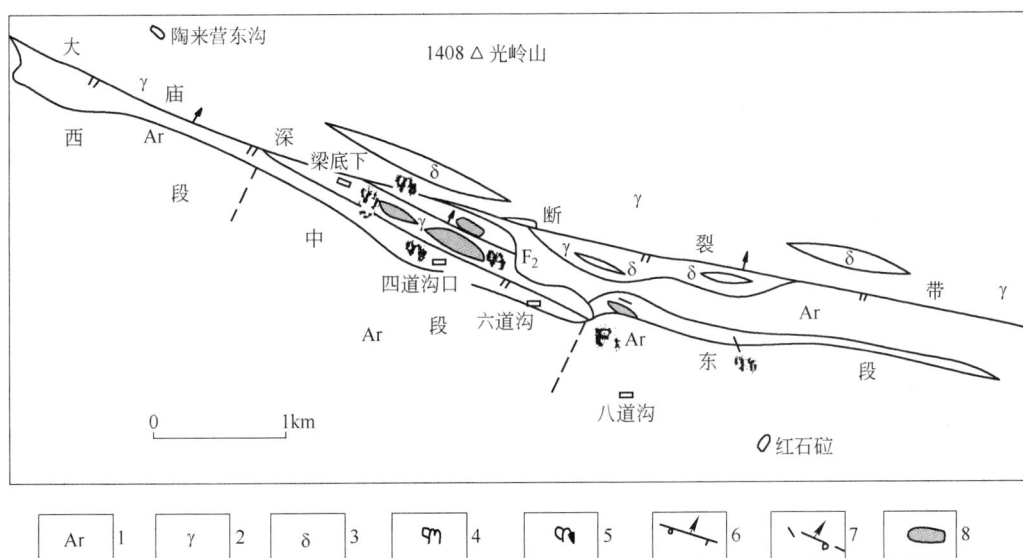

图 2　红石砬铂矿地质略图

1—太古宇片麻岩系;2—花岗岩;3—闪长岩;4—透辉岩;5—闪辉岩、辉闪岩;
6—深断裂带;7—压扭性破裂带;8—铂矿体

东段:岩性主要为闪辉岩、辉闪岩。岩体膨大处发育弱的硫化物和铂族矿化,不具工业意义。

中段:是岩体最膨大部位。工业铂矿体主要就赋存在此段中。岩相分异明显。中心部位由镁质偏高的透辉岩组成,称为透辉岩相。上、下盘由铁质偏高的闪辉岩、辉闪岩和角闪石岩组成,称为角闪石岩相。

西段:主要为角闪石岩。岩体遭受了强烈的热液蚀变。主要的蚀变有黑云母化、绿帘石化、阳起石化、碳酸盐化等。铂族矿化与热液蚀变关系密切。

按矿体产出特征和共生元素组合,该矿床可分为中段不含硫化物的蚀变透辉岩型和东段含硫化物的辉闪岩型两种铂矿。蚀变透辉岩型铂矿赋存于岩体中部核心透辉岩相中。

5.2 矿体特征

梁底下矿段(见图2)工业矿体可分为4个,即露头矿体1个,编号为1—1号,隐伏矿体3个,编号为2—1号、2—2号、2—3号。其中,1—1号矿体规模最大,是五道沟矿体的西延部分,总长达1100 m,宽60~80 m,由透镜体群组成,剖面上作斜列式展布,最大斜深270 m(108 m),最小斜深160 m(124 m),赋存标高在550 m以上。矿体产状与围岩接触产状基本一致,向北东倾斜,倾角一般67°~75°,最大81°(128号勘探线),最小61°(108号勘探线)。五道沟矿段矿体形态最完整,大部分出露于地表,梁底下矿段矿体零散些,地表出露很少，特别是探矿工程 TC96～TC110 之间长 170 m 地段，矿体隐伏地下深达 70 m，至 160 线以西矿体趋于尖灭。

矿体厚度与品位之间无明显依存关系。1—1 号矿体最大厚度可达 55.16 m，最小仅 1.46 m，平均为 13.00 m。在 PT12 坑道中，厚度变化系数很小，只为 18%，但总体看矿体厚度是不稳定的。

单矿层铂钯品位最高为 23.74 g/t（ZK69 孔），平均品位为 1.00 g/t，多数矿石品位分布不均。

铂钯比为 5.3∶1，与五道沟矿段相比，梁底下矿段铂钯比值要高些。隐伏矿体品位一般不高，单矿层铂钯品位最高为 4.07 g/t（ZK76068 孔），平均品位为 0.93 g/t。最大的 2—3 号矿体，平均厚 7.54 m，铂钯含量 0.95 g/t，铂钯比为 1.3∶1。

5.3　矿石特征

矿石品位较富。Pt 品位高于 Pd，Pt∶Pd 比值在 5～7 之间。当 Pt 品位增高时，Pd 含量也升高，其含量接近于 1 g/t。伴生有金和磷，可综合回收。

矿石中铂族矿物以硫铂矿、砷铂矿为主，其次有铜铂矿、铁铂矿、砷锑铂钯矿、红石矿（PtCuAs）、丰滦矿 [Pd,(As, Sb)]、广林矿（Pd_3As）等。铂矿物颗粒仅 0.01～0.04 mm，主要呈浸染状嵌布于透辉石、角闪石、阳起石的解理或晶隙间。由于铂族元素粒度细小，矿石与非矿石无明显识别标志，只能根据化学分析，利用人工重砂、电子探针及光薄片鉴定，从微观入手，确定铂族元素赋存状态。

伴生有益组分中，P_2O_5 的品位在 1—1 号矿体中较高，最高可达 9.85%，平均 2.41%。可熔铁含量平均 4.10%。P_2O_5 及可熔铁含量，与铂钯元素无明显的消长关系。

矿石成因不同，其结构构造也不同。如熔离成因的矿石结构，与节理裂隙无关，蚀变作用不明显，包括油珠状、球粒状、皮壳状等结构；交代成因的矿石结构与节理、裂隙有关，蚀变作用明显，包括自形粒状、网脉状、骸晶状等结构。矿石构造以浸染状为主，其次为细脉充填状构造。

矿石自然类型可分为两大类：

（1）不含硫化物与透辉岩有关的铂矿石：是主要矿石类型，铂族矿物以硫铂矿、砷铂矿占决定性优势，钯类矿物不多，铂钯比约为 5.3∶1。

（2）含硫化物与角闪透辉岩有关的铂矿石：铂族矿物以砷铂矿、锑钯矿为代表，铂钯比约为 1∶1，此类型所占比例很小。

在矿区内人工重砂中，已发现铂族矿物 7 类 18 种，包括自然铂 1 种、硫化物 3 种、砷化物 4 种、锑化物 1 种、碲化物 2 种、砷碲化物 2 种、金属互化物 5 种，其中有红石矿、广林矿、丰滦矿及等轴铂铜矿。在 18 种矿物中，硫铂矿占 79.6%，居绝对优势，砷铂矿占 18.5%，其余 16 种仅占 1.9%。

在矿区内天然重砂中，与铂族矿物一起产出的尚有：自然铜、自然金、自然银等 7 种矿物。

围岩、矿体、夹石在野外不易区分，全凭化学分析数据加以圈定。所谓围岩或夹石，本身也具有一定矿化，只不过其品位低于目前工业指标而已。

5.4　矿床类型

红石砬铂矿床的工业类型属于一个新类型，在勘探时初步定为：岩浆熔离－气成高温含磷铂矿床。这种铂矿不像含铂族的铜镍硫化物矿床和铬铁矿矿床那样有明显的主金属矿化，也不像层状镁铁堆积岩型独立铂族矿（如南非布什维尔德杂岩体默林斯基层和 UG－2 铬铁岩层）有弱的铜镍硫化物矿化和铬铁矿化标志层。

6　红石砬铂矿床找矿勘探及科研工作成果

6.1　勘探所采用的矿床工业指标及其所获得的储量

6.1.1　储量计算所采用的矿床工业指标

采用我国原地矿部制订的铂矿床工业指标（见表 1 中"原生矿床"中的"岩浆热液透辉岩型铂钯矿床"的指标）。

表 1　我国过去执行的铂钯矿床储量计算的工业指标

矿床类型		金属种类	边界品位 /(g·t⁻¹)	工业品位 /(g·t⁻¹)	块段品位 /(g·t⁻¹)	最小可采 厚度/m	夹石剔除 厚度/m
原生矿床	超基性岩含铜镍型矿床	Pt + Pd	0.3 ~ 0.5	≥0.5	1.0	1 ~ 2	≥2
		Pt	0.25 ~ 0.42	≥0.42	0.84		
		Pd	1.25 ~ 2.1	≥2.10	4.20		
	岩浆热液透辉岩型铂钯矿床	Pt + Pd	Pt + Pd≥0.3	Pt + Pd≥0.5	Pt + Pd≥1	2	3
	伴生矿床	Pt、Pd	0.03				
		Os、Ir Ru、Rh	0.02				

截至目前为止，我国大多数矿床还是采用双品位指标制来圈定矿体，即用边界品位和工业品位两个品位指标来圈定矿体。所谓"边界品位"并不同于"边际品位"，前者是指划分单个样品是矿石还是岩石的品位指标；而边际品位是指划分可采单元，抑或不可采单元的平均品位指标。

至于"工业品位"，是指圈定计算储量块段或采场的平均品位指标。它有些与边际品位相似，但它所考虑的块段的大小大大超过开采单元。

6.1.2　储量计算的结果

按上述矿床工业指标圈定矿体并计算储量结果，累计探明"表内储量"+"表外矿石储量"1365.1 万吨，平均品位：铂 0.64 g/t，钯 0.14 g/t，铂钯合计 0.78 g/t。此外可供综合利用的 P_2O_5 的平均品位 2.22%，可供综合利用的可溶铁 SFe 的平均品位 4.69%。金属总储量：铂 8625 kg，钯 1914 kg，铂钯含量 10539 kg。其中，梁底下矿段（主要矿段）矿石储量为 1024.8 万吨，平均品位：铂 0.84 g/t，钯 0.16 g/t，铂钯品位 1 g/t；折合金属量：铂 8608 kg，钯 1639 kg。可见其他非主要矿段的金属量并不多。上述品位与国外大矿（如南非的布什维尔德等）相比较是较低的，但是还是高于我国铂族矿床的平均品位，我国全国铂族矿床的铂金属含量平均值为 0.796 g/t，其中 Pt 的平均品位为 0.341 g/t，Pd 的平均品位为 0.386 g/t，Os + Ir 的平均品位为 0.041 g/t，Rh + Ru 的平均品位为 0.028 g/t；Pt：Pa = 1.3954：1。在全国铂族金属储量中，铂占 38.5%，钯占 19.3%，铂钯（未分）占 35.4%，其他铂族元素铑、铱、锇和钌仅分别为 1.1%、2.1%、2.1% 和 1.5%。

表内储量与表外储量：这是我国在 1999 年前，通用的已探明储量的分类，所谓"表内储量"，是当前就可以开采利用的储量，而"表外储量"是指由于品位稍低或选矿效果稍差等原因，而现在还暂时不值得开采利用，但不久将来有望开采利用的储量。这种"表外储量"的性质与美国地调局所划分的"次经济储量"近似，但又不完全相同。

介于前述边界品位与工业品位之间的矿石，如果它与其邻近的高品位矿石平均后，其平均品位高于工业品位，那么这种矿石仍然可归入表内储量，否则列入表外储量。这种圈定不同储量的办法很复杂。这里不再详述。

6.2　科学研究成果

6.2.1　发现新铂族矿物的成果

从 20 世纪 70 年代开始，在丰宁一带（包括红石砬铂矿床）进行找矿勘探过程中，陆续发现了很多铂族新矿物。前已述及，根据 1977 年的勘探报告，发现了 4 种过去全世界从来没有发现的新铂族矿物，包括：红石矿、丰滦矿、广林矿及等轴铂铜矿。但是，根据后来的进一步研究发现，等轴铂铜矿的鉴定有错，广林矿也存在疑问，所以当时真正发现的是两种新矿物。

由于红石砬铂矿床被肯定，后来又在红石砬及其周围地区扩大了找矿范围，又发现了许多新的铂族矿物。现将截至 2001 年，在丰宁红石砬及其外围地区，所发现的并已被 IMA（国际矿物协会）新矿物与矿物命名委员会通过认同的铂族矿物已达10种。还有其他两种，是否已得到IMA的承认，目前还未找到资料。由此可见，在红石砬及其附近地区发现的铂族矿物新品种众多，这不仅意味着该地区存在着铂矿床的新类型，而且也说明该地区有较广泛的铂族矿床分布的可能，因而存在着找铂族元素矿床的较好远景。

兹将新发现的铂族矿物列于表2中，其中编号为1~10的矿物，已得到IMA的通过和承认。

表2　红石砬铂矿床及其附近发现的铂族新矿物

编号	矿物名称	英文名称	化学式
1	红石矿	Hongshiite	Pt_4Cu_5
2	承德矿	Chengdeite	Ir_4Fe
3	道马矿	Daomaite	$CuPtAsS_2$
4	马兰矿	Malanite	$Cu(Pt,Ir)_2S_4$
5	马营矿	Mayingite	Ir_3BiTe
6	双峰矿	Shuangfengite	$IrTe_2$
7	伊逊矿	Yixunite	Pt_3In
8	大庙矿	Damiaoite	$PtIn_2$
9	长城矿	Changchengite	$IrBiS$
10	高台矿	Gaotaiite	Ir_3Te_8
11	铂双峰矿	PlationShuangfengite	$(Ir,Pt)Te_2$
12	富碲马营矿	Telluromayingite	$Ir(Te,Bi)_2$

6.2.2　矿床化学异常晕的研究成果

由于按我国标准，红石砬铂矿床属于大型铂矿床，而且存在着很好的找矿前景，所以有的高校和地质科研部门在该矿区进行了矿床化探异常晕发育规律的研究，以便为今后采用化探手段在矿区及其附近探找隐伏矿体提供依据。现将所进行的工作及其成果介绍如下：

（1）研究方法。在红石砬矿区及其外围，进行了水系沉积物测量，测量采样密度约4个点/km²。样品主要分布于一级水系中和二级水系近源头部位。为了研究红石砬铂矿分散流顺流持续特征，在四道沟以下的二、三级水系和岔水沟门以下的大河中，按200~500 m间距采集水系沉积物样品。

在梁底下矿段、四道沟矿段下方一、二、三级水系中采集了粒度和组分研究样品。样品自然风干后，过尼龙筛，分别筛取 -900 μm、 -450 μm、 -300 μm、 -154 μm、 -75 μm等混合粒级和 -900 ~ +450 μm、 -450 ~ +300 μm、 -300 ~ +200 μm、 -200 ~ +154 μm、 -154 ~ +75 μm 的截取粒级样品。采用密度为 2.90 g/cm³ 的重液，分离轻、重组分。

在矿区不同部位进行了岩石、土壤剖面测量，在同一地点分别采取岩石及其上方的残积土壤样品。在四道沟主矿体上方采集了残积土壤粒级试样和组分试样。

采用化学光谱法测定 Pt、Pd 和 Au 3 种元素，分析检出限为：$w(Pt) = 0.2 \times 10^{-9}$、$w(Pd)$ 和 $w(Au) = 0.1 \times 10^{-9}$。还采用发射光谱法、原子吸收法和原子荧光法等测定了 As、Sb、Ag、Pb、Cr、Ni、Co、Cu、V、Ti、Mn 等元素。

（2）研究结果。在超基性岩中，Pt、Pd、Au、Cr、Co、Ni、Cu 等元素均出现异常（见图3）。但是，与铂矿化关系密切的仅有 Pt、Pd 和 Au 3 种元素。红石砬铂矿床仅发育 Pt 和 Pd 的强异常，伴生 Au 异常，未圈出 Cr、Co、Ni、Cu、As、Sb 等异常，异常组分简单。这与红石砬含铂超基性杂岩体成因及其中特殊的铂族矿化特征是一致的。因此，Pt、Pd 等铂族元素是寻找这种矿化类型的最可靠的直接指示元素。

岩石、土壤以及水系沉积物中 Pt、Pd 的分布和异常模式与铂矿化特征、矿床剥蚀程度等有关，也取决于表生作用中 Pt 和 Pd 的地球化学行为。

表生环境中，Pt、Pd 可以呈矿物碎屑、可溶态等多种形式迁移形成次生分散晕。然而，铂、钯矿物抗风化

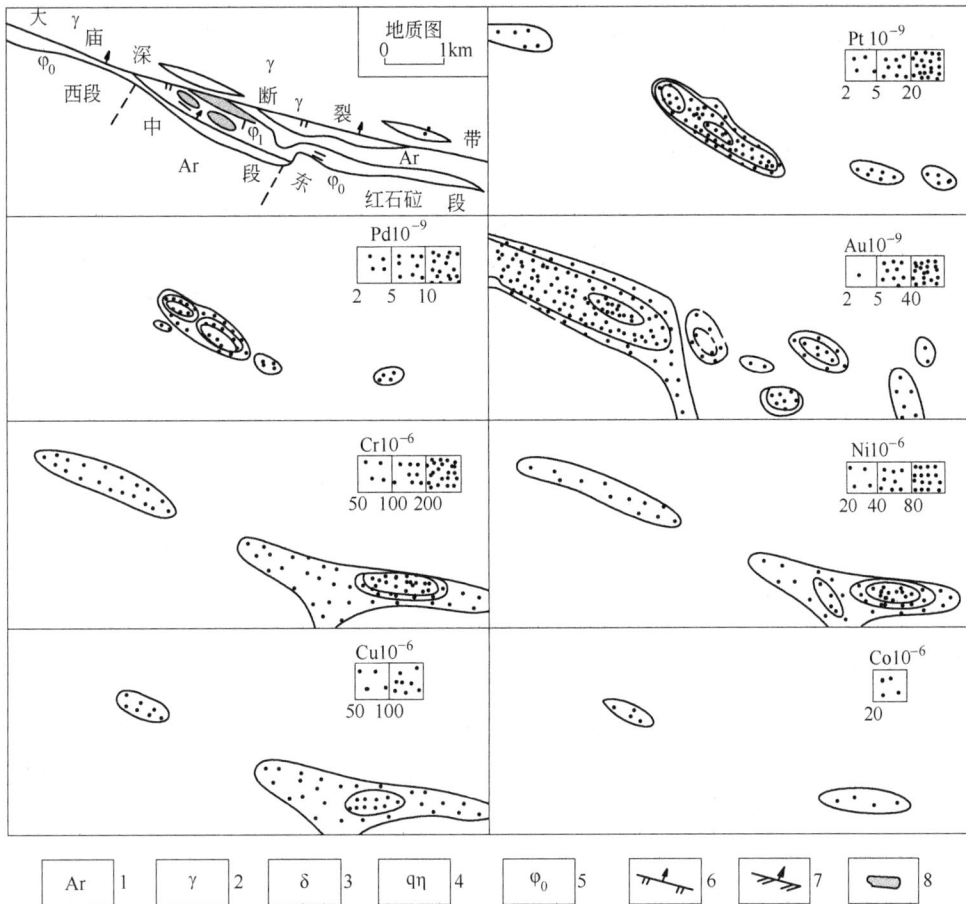

图3　河北省红石砬铂矿区地球化学异常图

1—太古宇片麻岩系；2—花岗岩；3—闪长岩；4—透辉岩；5—闪辉岩、辉闪岩；6—深断裂带；
7—压扭性破裂带；8—铂矿体

能力、地球化学活动性不同，从而在次生介质中形成各自特征的分布、分配模式。

以上规律有助于今后在红石砬铂矿区及其周围地区利用化探手段进行隐伏矿体的化探找矿工作。

7　红石砬铂矿床的开采条件

7.1　开采的有利条件

（1）大部分矿石可进行山坡露天开采。红石砬铂矿的主矿体是1—1号矿体，已出露地表，规模最大，总长达1100 m，宽60～80 m，最大斜深延长270 m，但标高差仅108 m，赋存标高在海拔550m以上，可进行山坡露天开采；而且开采的剥离量少，开采成本低。至于其他小矿体尽管需地下开采，但储量不大。

（2）工程地质条件好。矿体顶底板及矿体本身，岩石坚固性能较好，露采时可采用较陡的露天最终边坡角和台阶坡面角，这样露采时可减少剥离量，降低剥采比。地下开采时也有利于巷道的维护，减少支护工作量。

（3）矿床水文地质条件简单。因当地雨量不大，而且地形条件有利，露采时基本可自流排水；地下开采涌水量也不大。

（4）开采的贫化率低。由于矿体围岩和夹石中都有矿染，即含有有用组分的品位较低，所以当其混入采出矿石时，不会大幅度降低采出矿石的品位。

（5）当地劳动力价格低廉而且不难找到熟练的矿工。虽然丰宁矿业不发达，但是承德地区矿业还是很发达的，例如，黑山钒钛铁矿是一个大型露天矿，现在产量大幅度下降，也不难找到能操作电铲、大型穿孔设备和翻斗车的熟练工人。又如，大庙钒钛铁矿是从20世纪60年代就已开采的地下矿山，采用了凿岩台车、各种装岩机及装药器等设备，不久前才闭坑，所以也不难找到下岗能进行各种设备操作的熟练工人。

7.2　开采的不利条件

对于未出露地表的小矿体尚需进行地下开采，增加了开采的复杂性。好在这些矿体储量有限，对于投资的整体效益影响不大。

8　红石砬铂矿床的选矿及综合利用问题

8.1　选矿试验结果

对该矿已进行的选矿实验研究，矿石的选矿方案有两种，一种称优先浮选法，即先浮选铂—再浮选磷—最后磁选铁；另一种称混合浮选法，加入黄药及石蜡皂，可使铂族元素及磷灰石同时浮出。两种方案相比较，以前者更合理。以深部矿石样品为例，按第一种方案，铂精矿品位可达 1660 g/t，回收率 88.47%，钯品位 100 g/t，回收率 85.25%。

8.2　综合利用问题

根据我国权威研究部门对该矿尾矿利用问题的研究成果，不仅选矿中在提取铂钯的同时，可以综合回收磷和铁，而且大部分尾矿都可以综合利用。由于选矿时除了提取铂族矿物外，也提取了磷灰石，而尾矿中又富含钙和镁，所以利用两者很适合生产钙镁磷肥；此外，生产钙镁磷肥有富余的尾矿，由于尾矿中主要是基性的造岩矿物，还适合于生产铸石等。

9　开发红石砬铂矿床的初步经济分析

首先要说明的是，在 20 世纪 70 年代某矿山设计院对该矿进行采、选设计时，由于当时资金非常匮乏，所以设计的生产规模很小，以致按当时的生产规模，矿山生产的寿命高达 60 年。显然这对于取得规模经营效益是不利的。下面先根据当时的设计进行分析。

根据 20 世纪 70 年代，某矿山设计研究单位初步设计的分析计算：红石砬铂矿如建设一个日处理 500 t 的浮选厂，可年产铂金属 130 kg，钯金属 19 kg，磷肥 15840 t。当时，矿产品的价格及生产成本与现在相比，差别已太大，所以当时的产值和成本已没有参考价值。故下面的产量按当时的数值，而产值和成本按现价。

现将按目前价格对产值的计算叙述如下：

铂金属的价格即使按 300 元/g 计，其年产值也可达到 3900 万元；钯的价格按其预测的最低价格 73.37 元/g 计，年产 19 kg，其产值为 139 万元（按 100 万元计算）。以上铂钯的总产值约为 4000 万元。

至于年产 15000 多吨的磷肥，如果按较低的售价 400 元/t 计，钙镁磷肥的总产值将约为 600 万元。铂钯及钙镁磷肥的总产值将达到 4600 万元。

如果在选矿中还综合回收铁精矿，由于矿石中含的是磁铁矿，易于用磁选方法回收，所以即使按采、选综合回收率仅 60%，也可回收铁精矿约 6500 t 以上，按承德地区目前铁精矿售价每吨 650 元计，其产值亦可达到 422 万元。

按此计算，铂、钯、钙镁磷肥及铁精矿的总产值可达：

$$4000 + 600 + 422 = 5022 \text{ 万元}$$

至于企业年成本，由于该矿目前还没有很具体的设计，只能参照其他露天矿及相似矿石的选矿成本。按目前物价估算，处理每吨原矿石的综合成本约 170 元/t［包括采、选、冶（含磷肥）及管理费、折旧费、税费等］，那么年总成本约 2550 万元，产值减去成本后：年总利润约为 2511 万元。

但是，以上的计算是在矿山寿命 60 年，选场年处理矿石仅 15 万吨条件下计算的结果。根据矿产经济专家的见解，这个矿山的生产寿命应为 20 年较为合适，如果按此计算，那么由于规模经营效应，其采、选、冶每吨矿石的综合成本可降低到 150 元，同时考虑到如果是外资经营，可以有很大的税费方面的优惠，按此计算的结果列于表 3。

表3　红石砬铂矿按不同生产规模的效益比较

原计划日处理 矿石量/t	原处理量时的 年产值/万元	原处理量时的 年总成本/万元	原处理量时的 年利润/万元	按60年寿命的 总利润/万元
500	5022	2550	2472	148320
增加3倍后 处理量/t	增加3倍处理量时的 年产值/万元	增加3倍处理量时的 年总成本/万元	增加3倍处理量时的 年利润/万元	按20年寿命的 总利润/万元
1500	15066	6750	8316	166320

必须说明的是：目前该矿还没有进行综合品位指标优化的研究，也没有合理的矿山生产规模研究，更没有具体开采设计和具体选厂设计，所以以上的计算只能属于估算性质。

参考文献（略）

世界铂族金属矿产资源及开发

张 莓

（国土资源部信息中心，北京，100037）

1 资源/储量及分布

1.1 铂族金属矿床的主要类型

铂族金属矿床主要有 3 种类型：(1) 与基性–超基性岩有关的硫化铜–镍–铂族金属矿床，是世界铂族金属储量和产量的最主要来源，著名矿床有：南非布什维尔德、俄罗斯诺里尔斯克、加拿大萨德伯里、我国金川等；(2) 与基性–超基性岩有关的铬铁矿–铂族金属矿床，如：南非布什维尔德杂岩体中与 UG–2 铬铁岩层有关矿床、俄罗斯的纯橄榄岩中与巢状铬铁矿矿体有关的矿床；(3) 铂的砂矿床，主要分布于俄罗斯、加拿大、美国和哥伦比亚。

与上述传统类型不同，近年俄罗斯在伊尔库茨克发现产在黑色页岩系中的苏霍伊洛克（干谷）矿床有金储量 1550 t，铂储量约 250 t。俄地质学家认为，这一新类型的发现将改变世界铂族资源来源的格局。

1.2 世界铂族金属的储量与资源

目前世界铂族金属储量和基础储量分别为 71000 t 和 80000 t。南非铂族金属储量居世界首位，其次有俄罗斯、美国和加拿大，四国储量合计占世界总储量的 99%（见表 1）。世界铂族金属资源量估计在 10 万吨以上。就目前世界产量来说，储量的静态可供年限为 136 年。

世界上的铂族金属主要产于南非的布什维尔德杂岩体和俄罗斯诺里尔斯克超基性岩体的矿床中。

表 1 世界铂族金属储量和基础储量

国家或地区	储量/t	基础储量/t	国家或地区	储量/t	基础储量/t
南非	63000	70000	加拿大	310	390
俄罗斯	6200	6600	其他	800	850
美国	900	2000	世界总计	71000	80000

资料来源：Mineral Commodity Summaries, January 2009.

2 生产矿山产量及成本

世界铂族金属产量主要来自 5 个矿区：南非布什维尔德、俄罗斯诺里尔斯克、美国斯蒂尔沃特、加拿大萨德伯里和津巴布韦大岩墙。

2008 年世界铂产量约为 200 t，钯为 205 t。最大铂族金属生产国——南非矿山的铂产量为 144.37 t，占世界铂总产量的 72.2%；钯产量 77.56 t，约占世界总产量的 37.8%。第二大铂族生产国——俄罗斯矿山的铂产量为 19.5 t，占世界铂总产量的 9.8%；钯产量 84 t，约占世界总量的 41%。这两个国家生产的铂和钯分别占世界总产量的 82% 和 78.8%。世界各国铂和钯产量列于表 2。

表2 2007年、2008年世界各国铂和钯产量

国家	2007年产量/t		2008年产量/t	
	铂	钯	铂	钯
澳大利亚	0.20	0.85	0.00	0.00
博兹瓦纳	0.20	2.00	0.00	0.00
加拿大	6.21	16.85	5.78	15.78
哥伦比亚	1.10		0.00	
俄罗斯	29.20	98.00	19.50	84.00
南非	158.08	82.40	144.37	77.56
美国	3.85	14.06	3.55	11.85
津巴布韦	5.30	4.17	5.64	4.39
矿山总产量	204.14	218.33	178.84	193.58
其他国家	10.86	6.67	21.16	11.42
世界总产量(估计数)	215.00	225.00	200.00	205.00

资料来源:RMG,2009.

2008年世界主要铂族生产矿山有37座(未包括我国),其中铂矿23座、钯矿3座、镍矿10座、金矿1座。铂总产量约179 t,钯总产量约194 t(见表3)。铂产量最大的公司依次为:Anglo American(76.82 t)、Implats(35.93 t)、Norilsk(23.05 t)、Lonmin(21.23 t),4家公司产量合计157.03 t,约占世界矿山总产量的88%。钯产量最大的公司依次为:Norilsk(95.85 t)、Anglo American(45.96 t)、Implats(16.51 t)、Lonmin(9.95 t),4家公司产量合计168.27 t,约占世界矿山总产量的87%。

表3 2008年世界主要铂族金属生产矿山产量

国家	矿山名称	产权权属	2008年产量/t		主矿产
			铂	钯	
博兹瓦纳	Phoenix	Norilsk Nickel	0.00	0.00	Ni
加拿大	Falconbridge Sudbury	Xstrata	0.00	1.00	Ni
加拿大	Inco Sudbury and Thompson	Vale	5.16	7.18	Ni
加拿大	Lac des Iles	N Am Palladium	0.62	6.60	Pd
加拿大	Raglan	Xstrata	0.00	1.00	Ni
俄罗斯	Amur Artelj	Amur Mining Coop	0.00		Au
俄罗斯	Levtyrinyvayam	Renova	0.00		Pt
俄罗斯	Medvezhy Rucheu	Norilsk Nickel	1.00	2.00	Ni
俄罗斯	Oktyabrsky	Norilsk Nickel	12.00	43.00	Ni
俄罗斯	Taimyrsky	Norilsk Nickel	3.50	17.00	Ni
俄罗斯	Talnakhskoye	Norilsk Nickel	3.00	17.00	Ni
俄罗斯	Zapolyarny(Norilsk)	Norilsk Nickel	0.00	5.00	Ni
南非	Amandelbult Section	Anglo American	14.34	6.76	Pt
南非	Bafokeng – Rasimone	Anglo American, RoyalBafokeng Nation	5.30	2.16	Pt

续表3

国家	矿山名称	产权权属	2008 年产量/t		主矿产
			铂	钯	
南非	Everest South	SavCon, Aquarius	2.34	1.16	Pt
南非	Impala	Implats	30.60	11.77	Pt
南非	Kroondal	SavCon, Aquarius	7.31	3.57	Pt
南非	Lebowa(Atok)	Anglo American	2.26	1.57	Pt
南非	Lonmin Limpopo(Messina)	Lonmin	0.69	0.51	Pt
南非	Lonmin Platinum Division	Lonmin	20.54	9.44	Pt
南非	Marikana	Anglo American, SavCon, Aquarius	2.59	1.14	Pt
南非	Marula(Winnaarshoek)	Implats	2.21	2.27	Pt
南非	Modikwa	Anglo American, ARM	4.08	3.88	Pt
南非	Mototolo	Anglo American, Xstrata, Kagiso	2.61	1.52	Pt
南非	Nkomati Polymetallic	ARM, Norilsk Nickel	0.40	0.90	Ni
南非	Northam(Zondereinde)	Anglo American, Lonmin	5.60	2.70	Pt
南非	Pandora	Anglo American, Lonmin	1.52	0.66	Pt
南非	Potgietersrust(Platreef)	Anglo American	5.52	5.74	Pt
南非	Rustenburg Section	Anglo American	21.78	10.94	Pt
南非	Twickenham	Anglo American	0.31	0.31	Pt
南非	Two Rivers	ARM, Implats	3.46	1.98	Pt
南非	Union Section	Anglo American	9.61	4.35	Pt
南非	Western Limb Tailings	Anglo American	1.30	4.23	Pt
美国	East Boulder	Norilsk Nickel	1.05	3.70	Pd
美国	Stillwater	Norilsk Nickel	2.50	8.15	Pd
津巴布韦	Mimosa	Aquarius, Implats	2.52	1.92	Pt
津巴布韦	Ngezi	Implats	3.12	2.47	Pt
总计			178.84	193.58	
其他			21.16	11.42	
世界总产量			200.00	205.00	

资料来源：RMG, 2009.

表4列出了非洲和北美洲24座铂族金属主要生产矿山2007年和2008年的经营成本和边界成本。2007年他们的铂和钯产量分别占当年世界矿山总产量的82.6%和50.4%。2008年为76.9%和48.5%。

2007年他们的铂族金属平均经营成本为534美元/oz。其中低于612美元/oz的铂(126.83 t)和钯(85.87 t)分别占24座矿山总产量的76%和79%；低于511美元/oz的铂(80.38 t)和钯(62.01 t)分别占24座矿山总产量的48%和57%。

2008年他们的铂族金属平均经营成本为622美元/oz。其中低于860美元/oz的铂(132.39 t)和钯(80.83 t)分别占24座矿山总产量的81%和81%；低于618美元/oz的铂(102.83 t)和钯(65.66 t)分别占24座矿山总产量的 67% 和 66%。

表 4　2007 年、2008 年世界主要铂族金属生产矿山经营成本

国家	矿山名称	2007 年产量/t		2008 年产量/t		经营成本/(美元·oz^{-1})	
		铂	钯	铂	钯	2007 年	2008 年
加拿大	Lac des Iles	0.76	8.91	0.62	6.60	225	283
南非	Amandelbult Section	17.85	8.69	14.34	6.76	477	594
南非	Bafokeng – Rasimone	5.93	2.50	5.30	2.16	653	710
南非	Everest South	3.24	1.65	2.34	1.16	470	464
南非	Impala	33.78	15.09	30.60	11.77	481	585
南非	Kroondal	7.61	3.69	7.31	3.57	427	482
南非	Lebowa(Atok)	2.93	1.97	2.26	1.57	723	846
南非	Lonmin Limpopo(Messina)	1.11	0.76	0.69	0.51	1362	1090
南非	Lonmin Division	24.20	11.01	20.54	9.44	542	552
南非	Marikana	2.63	1.16	2.59	1.14	726	868
南非	Marula(Winnaarshoek)	2.11	2.17	2.21	2.27	464	513
南非	Modikwa	3.56	3.55	4.08	3.88	662	708
南非	Mototolo	2.88	1.72	2.61	1.52	450	520
南非	Northam(Zondereinde)	6.20	2.60	5.60	2.70	584	744
南非	Crocodile River	1.63	0.76	1.84	0.83	669	689
南非	Potgietersrust(Platreef)	5.05	5.21	5.52	5.74	612	841
南非	Rustenburg Section	22.76	12.01	21.78	10.94	690	860
南非	Two Rivers	3.00	1.86	3.46	1.98	472	536
南非	Union Section	9.63	4.51	9.61	4.35	590	618
南非	Western Limb Tailings	1.37	0.53	1.30	4.23	566	663
美国	East Boulder	1.21	5.54	1.05	3.70	403	432
美国	Stillwater	2.64	8.52	2.50	8.15	292	351
津巴布韦	Mimosa	2.46	1.87	2.52	1.92	382	423
津巴布韦	Ngezi	2.84	2.30	3.12	2.47	511	598
总计/平均		167.38	108.58	153.79	99.36	534	622
世界矿山总产量		204.14	218.33	200.00	205.00		

资料来源：RMG, 2009；Metals Economics Group – Strategic Report, 2008, Vol. 21, No. 1; 2009, Vol. 22, No. 1.

3　在建和可建项目

3.1　近期在建和扩建矿山

至 2010 年，世界铂族金属在建和扩建矿山有 12 座(见表 5)。其中：南非 7 座、津巴布韦 3 座、赞比亚 1 座、

我国 1 座。12 座矿山的铂族金属总含量为 5408 万盎司（折合 6125.1t），可增加生产能力 109 万盎司/年（折合 33.9 t/a）。

表5　至 2010 年世界铂族金属的主要在建和扩建矿山

项目名称	国家	年份	开发现状	投资/百万美元	铂族品位/(g·t⁻¹)	铂族金属量/千盎司	铂族金属产能/千盎司
Elandsfontein 440JQ	南非	2007	预产	204	2.42	14285	160
Blue Ridge	南非	2008	矿建	143	3.13	9040	75
Makwiro	津巴布韦	2008	扩产	340	1.74	87288	70
Smokey Hills	南非	2008	矿建	49	3.68	1199	35.8
Mimosa(Wedza Phase V)	津巴布韦	2008	扩建	23.2	3.87	11106	28
Munali	赞比亚	2008	矿建	124	0.27	150	18
Pilanesberg	南非	2009	矿建	240	1.82	6242	152.5
Leeuwkop 402JQ 可能推迟	南非	2010	矿建	420.3	2.31	30983	160
Elandsfontein JV	南非	2010	可研	328	4.99	14340	155
Elandsfontein 440JQ	南非	2010	扩建				140
Unki	津巴布韦	2010	可研	200	4.13	22151	58
Yunnan	中国	2010	矿建	63.1		146	38.6
总计				2134.6		19693	1090.9

资料来源：Metals Economics Group – Strategic Report，2008，Vol.21，No.3。

3.2　2010 年后可建矿山

2010 年后世界有可供建设的铂族金属矿山 20 座（见表6）。其中：南非 18 座、津巴布韦 1 座、芬兰 1 座。20 座矿山的铂族金属总含量为 63111.1 万盎司（折合 1962.9 t）。

表6　2010 年后世界铂族金属的主要可建矿山

项目名称	国家	开发现状	铂族品位/(g·t⁻¹)	铂族金属量/千盎司
Booysendal	南非	预可研	3.99	103000
Ga – Phasha	南非	预可研	5.56	90329
Der Brochen	南非	预可研	4.91	79426
Tjate	南非	可研	7.26	65805
Kennedy's Vale	南非	预可研	3.67	60766
Akanani	南非	预可研	4.42	29634
Phosiri	南非	预可研	6.43	28135
Mooiplats	南非	预可研	5.41	26856
Imbasa Inkosi	南非	预可研	4.62	24830
Unki	津巴布韦	可研	4.13	22734
Pandora	南非	预可研	4.33	22641
Elandsfontein Jv	南非	可研	4.99	15046
Mphahlele	南非	可研	4.66	12720

续表6

项目名称	国家	开发现状	铂族品位/(g·t⁻¹)	铂族金属量/千盎司
Tomio	芬兰	预可研	2.42	12138
Spitzkop	南非	预可研	2.07	10907
Kliprivier	南非	预可研	2.30	8105
Aurora	南非	预可研	1.35	5951
Rooderand(West Bushveld)	南非	预可研	2.20	4472
De Wildt	南非	预可研	3.40	4416
Loskop	南非	预可研	4.04	3200
总计/平均			4.44	631111

资料来源：Metals Economics Group – Strategic Report, 2008, Vol.21, No.3.

3.3 处于勘查阶段和查明储量/资源量阶段的矿床项目

1998 年全球铂族金属勘查投资为 2120 万美元，之后连年增加，2007 年达到 2.88 亿美元。据不完全统计，2008 年全球与铂族金属有关的初期勘查项目 94 个，正在获取储量/资源量的项目 39 个(见表 7)。这预示未来探明铂族金属的储量将增加。

表 7　世界与铂族金属有关矿床的勘查项目

国家	勘查/个	预可研/个	可研/个	国家	勘查/个	预可研/个	可研/个
南非	18	2	13	土耳其	16		
坦桑尼亚	7		7，某些在建	瑞典	1		
津巴布韦	1			泰国	1		
俄罗斯		4		英国	1		
芬兰		5		乌拉圭	1		
加拿大		4		格林兰	1		
澳大利亚		2		中国		1	
美国	48			总计	94	19	20

资料来源：RMG, 2009。

4 中国铂族金属资源及开发利用

4.1 资源储量及地理分布

我国铂族金属主要产于铜镍硫化物矿床中，均属伴生矿产，有少量砂矿床。主要矿床有甘肃金川白家嘴子、云南弥渡金宝山、新疆富蕴喀拉通克等。

近些年来由于没有查明新的矿产地，储量呈下降趋势(见表 8)。2008 年全国查明铂族金属矿产地 36 处，铂族金属查明资源储量合计 324.13 t，其中：资源量 309.511 t，基础储量 14.619 t(含储量 3.514 t)。

表8　2004—2008年我国铂族金属查明资源储量统计

年份	查明资源储量（金属量）/t		
	总计	基础储量	
		合计	储量
2004	344.275	15.290	4.118
2005	342.017	14.879	3.727
2006	338.470	14.807	3.654
2007	338.30	14.697	3.550
2008	324.13	14.619	3.514

资料来源：全国矿产储量数据库。

　　我国查明铂族金属的资源储量主要分布在甘肃（144.03 t，占全国的44.43%）、云南（106.45 t，占全国的32.84%）、四川（41.50 t，占全国的12.8%）、黑龙江（10.75 t，占全国的3.32%）、河北（10.41 t，占全国的3.21%）、新疆（5.59 t，占全国的1.72%），它们合计占全国的98.32%。

4.2　勘查程度

　　2008年我国铂族金属普查阶段矿区5处，查明资源储量50.59 t，占总查明资源储量的15.6%；详查阶段矿区23处，查明资源储量105.73 t，占总查明资源储量的32.6%；勘探阶段矿区8处，查明资源储量167.81 t，占总查明资源储量的51.8%（见表9）。

表9　2008年我国铂族金属查明资源储量勘查程度

类别	普查	详查	勘探	合计
矿区数/处	5	23	8	36
查明资源储量（金属量）/t	50.59	105.73	167.81	324.13
其中：基础储量（金属量）/t	5.142	1.321	8.156	14.619
占总查明资源储量的百分比/%	15.61	32.62	51.77	100.00

资料来源：全国矿产储量数据库。

　　我国铂族金属查明资源储量矿床类型以伴生矿为主，勘查程度取决于主矿。目前，铂钯勘探矿区只有河北丰宁红石砬铂矿、云南朱布铂钯矿。

4.3　矿山开发利用

4.3.1　已利用矿区

　　目前我国铂族金属已开发利用矿区占用的查明资源储量约占我国总量的48%。主要产区有甘肃金川白家嘴子龙首矿区和Ⅰ—Ⅱ矿区，新疆富蕴喀拉通克，内蒙古四子王旗小南山，云南金平白马寨、弥渡金宝山、牟定安益、大理迎风、朱布，青海祁连县玉石沟等。

4.3.2　可利用矿区

　　可利用矿区占用的查明资源储量约占我国总量的31%。主要有甘肃金川白家嘴子Ⅲ矿区和Ⅳ矿区、云南永仁珙山箐、黑龙江嫩江多宝山铜（钼）、内蒙古达茂旗黄花滩、吉林新安和吉林省通化县金斗等。

4.4　勘查发现

　　近年来，金川集团公司矿山工程分公司、金川镍钴研究设计院、中国地质调查局西安地质调查中心、成都理工大学、中科院地球化学研究所联合攻关，在西北甘蒙北山地区发现镍矿带。区内已发现铜镍矿床有甘肃黑山、中坡山1号笔架山、新疆哈密等矿床。目前，金川集团公司已在该区黑山完成了镍铜矿床地质详查评价，以镍 0.3% 的边界品位，圈定资源储量已达大型规模。据了解，金川集团公司首期投入资金 9 亿元，主要用于该区黑山矿区建设开发，一期日处理矿石量 3000 t。

内蒙古二连浩特附近的苏尼特左旗，已圈定主要含矿异常区，控制了数个厚数百米、宽 500 m、长数公里的矿化带，并已打到厚达 20 m 的含镍矿层（含镍 0.2% ~ 0.3%）。矿区位于华北板块与俄罗斯板块缝合带上，拥有大面积的超基性岩体，区内已有正在生产的高品位铜镍矿（镍品位 5% ~ 13%，铜 3% ~ 5%），极有可能发现新的大型、超大型高品位铜镍多金属矿。

河南省地矿局近期在唐河县周庵一带发现一处大型铜镍矿床。含镍矿带西起邓州市林扒镇，东至唐河县黑龙镇，埋深 400 ~ 900 m。已查明资源储量中，有镍 32.43 万 t、铜 12 万 t、金 12.87 t、银 588 t、硫 60.63 万 t、三氧化二铬 46.53 万 t、钴 1.06 万 t。

新疆哈密近地表处发现与纯橄榄岩有关的镍矿体，新疆喀拉通克和吉林红旗岭深部及周边找矿也有所获。陕西民营企业在山阳－柞水地区发现有与深大断裂带有关的镍矿化。

4.5 产量与需求

4.5.1 产量

近些年我国铂族金属产量逐年增长（见表 10）。2007 年为 3.14 t，其中铂 1.688 t，同比上升 15.0%，钯 1.452 t，同比增长 20.2%，其余铂族金属产量甚少。2007 年金川公司铂族金属的产量为 1.6 t，约占全国总产量的 51%。

表 10   2003—2007 年我国矿山铂钯金属产量   （单位：kg）

产品名称	2003 年	2004 年	2005 年	2006 年	2007 年
铂	997	1303	1615	1468	1688
钯	500	675	883	1208	1452
铑		4	13		
钌		18	18		
铱					
合计	1497	2000	2520	2676	3140

资料来源：有色金属工业统计资料汇编，2003—2007。

4.5.2 需求

目前世界首饰和汽车用铂量占铂消费总量的 3/4 以上。其中我国、日本、北美和欧洲是主要的铂消费国，其消费总量占世界总需求的 80%。我国铂族金属主要用于首饰、硝酸工业、石化工业及玻璃、玻纤工业。

据安泰科公司估计，2007 年中国汽车工业用铂量约 24.11 万盎司（折合 7.5 t）；玻纤工业 64.22 万盎司（折合 19.97 t）；据黄金矿业服务有限公司估计，铂首饰需求 80.3 万盎司（折合 24.98 t）；合计 168.63 万盎司（折合 52.45 t）。

据安泰科公司估计，2007 年我国汽车工业催化剂中钯用量达 37.3 万盎司（折合 11.6 t）；据 GFMS 资料，我国钯首饰消费量为 64.1 万盎司（折合 19.94 t）；合计 101.4 万盎司（折合 31.54 t）。

4.5.3 进出口贸易

2006 年和 2007 年我国铂族金属的净进口量分别为 35.33 t 和 39.23 t。贸易逆差分别为 21.68 亿美元和 12.94 亿美元（见表 11）。

表11 2006年、2007年我国铂族金属进出口情况

名称	进口				出口			
	数量/t		金额/万美元		数量/t		金额/万美元	
	2006年	2007年	2006年	2007年	2006年	2007年	2006年	2007年
铂及其制品	30.68	45.46	88966.69	133423.66	6.25	27.72	1691.27	671.43
钯及其制品	9.57	17.33	9805.89	18382.74	4.64	0.33	385.72	367.18
铑及其制品	2.18	3.49	30542.81	66248.19	0.01	0.00	66.18	25.06
铱、锇、钌及其制品	4.17	1.10	2335.11	1642.05	0.42	0.09	103.32	163.87
合计	46.61	67.37	131650.5	218071.01	11.31	28.14	2246.49	1227.53

资料来源：中华人民共和国海关统计年鉴，2006—2007。

5 讨论和建议

5.1 讨论

(1)从长期角度来说，世界铂族金属查明储量/资源充裕，地理分布集中。国际大公司控制着已开发和可供未来开发矿山的生产能力可以满足国际市场的需求。

(2)从未来一两年内的短期角度来说，2008年国际金融危机阻碍了全球经济的持续增长，汽车需求量萎缩，铂族金属的需求下降，国际市场价格大幅下降至矿山经营成本区域附近，矿山产量减少，勘查投资亦将下降。部分待建矿山的建设时间可能会推迟。

(3)随着全球经济的复苏，市场需求转旺，美元贬值，国际市场铂族金属的价格将大幅度上扬，必将超过2008年初的高点(见图1)。

图1 国际市场铂价格

(4)我国可形成铂族金属矿产条件有利的地区不多，查明资源储量极少，近期难以找到巨大的矿床。国内目前几乎没有可供近期建设的大型矿山，近期和未来长期产量难以大幅度增加。2007年我国铂族金属消费量估计为49 t左右(国内矿山产量3.14 t，净进口量39.23 t，再生产量6 t)，每年有90%以上的原料靠进口补充国内需求。

(5)我国未来10年经济仍将以较高的增长速度发展(年均GDP增速8%~10%)，工业发展将步入新阶段，铂族金属需求量将快速增加。

5.2　建议

（1）利用国内外成矿条件的研究成果，加强国内找矿。

（2）充分开展铂族金属的再生回收工作。

（3）矿业公司可以购买国外铂族金属矿山或投资国外铂族金属生产公司的股权。

（4）国内企业应利用国际市场价格低迷的时机进行企业商业储备，国家有关机构应该建立国家储备机制，择机购买。

参考文献

［1］Patricia J. Loferski，Platinum － Group Metals. U. S. Geological Survey，Mineral Commodity Summaries，2009.

［2］Production Costs：Platinum Group Metals. Metals Economics Group － Strategic Report，January /February 2009，Vol. 22，No. 1.

［3］Production Costs：Platinum Group Metals. Metals Economics Group － Strategic Report，January/February 2008，Vol. 21，No. 1.

［4］World Platinum Supply Pipeline. Metals Economics Group － Strategic Report，May/June 2008，Vol. 21，No. 3.

甘肃金川铜镍矿体中铂、钯赋存状态研究

於祖相

（中国地质科学院地质研究所，北京，100192）

金川铜镍矿石伴生元素品位列于表 1；金川各矿带各类矿石中找到砷铂矿数量列于表 2。

表 1　金川铜镍矿石伴生元素品位

项目 \ 平均品位	分析	富矿石		贫矿石		表外矿石	
		样品数	平均品位/%	样品数	平均品位/%	样品数	平均品位/%
Ni	组合	39	1.92	101	0.63	28	0.25
Pt	组合	39	0.92	101	0.35	28	0.23
Pa	组合	39	0.045	101	0.02	28	0.015
Pt	组合	39	0.48(g/t)	101	0.35	28	0.25(g/t)
Au	组合	39	0.25	97	0.49	28	0.23
Se	组合	39	0.0021	21	0.0007	28	0.00044

表 2　金川各矿带各类矿石中找到砷铂矿数量

人工重砂编号	矿石类型	采集地点	矿石重量/kg	矿石品位		找到砷铂矿重量/g
				$Pt/(g \cdot t^{-1})$	$Pd/(g \cdot t^{-1})$	
$A_4 + A_7$	氧化带富矿	12 行地表	303	原矿 1.0 ~ 0.25 mm 0.63 0.25 ~ 0.1 mm 0.55 <0.1 mm 0.69	0.33 0.35 0.42	粗重 130.4 去杂质纯 115.85
A_{11}	氧化带富矿	12 行地表	511①	0.66	0.35	粗重 224.64 去杂质纯 207.3
A_{12}	原生带(矿石部分氧化)	10 行坑道	284	0.65 0.90	0.57 0.60	粗重 20.99 去杂质纯 19.75
A_{13}	原生带富矿	12 行坑道	90	0.33 0.26	0.43 0.56	粗重 10.02 去杂质纯 7.37
A_5	原生带富矿	12 行钻孔	181	0.20	0.14	有
A_6	原生带富矿	30 行坑道	74	0.15	0.14	有

①为过筛后的总重，A_{11} 样 B4 级的重量未列入。

砷铂矿热浓盐酸、热稀硝酸中的溶解度见表 3 和图 1。

表3 砷铂矿在热浓盐酸、热稀硝酸中的溶解度

实验次数	I								II		III	
酸中溶解值 r	热浓盐酸中		热稀盐酸中(1:5)		热浓硝酸中		热稀硝酸中(1:5)		热浓硝酸中		热浓硝酸中	
溶解时间/min	Pt	Pd	Pt	Pd	Pt	Pd	Pt	Pd	Pt	Pd	Pt	Pd
5	0	0	0	0								
10	0	0	0	0	3		0.8				10	
20	0	0	1	0	4		0.5				15	
30	0	0	0	0	5.8		0.5				27	
60	0.5	0	1.2	0	14		0.5		14		62	
120	0.5	0	0	0	28		84		26		100	
240	1	0	1.5	0	50		145		42		220	
480	1	0		0	105		165				315	

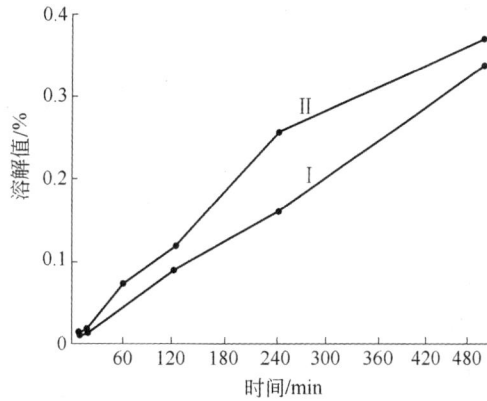

图1 砷铂矿在浓、热硝酸中溶解度曲线

金川矿体中主要矿物铂、钯元素含量列于表4；金川铜、镍矿石中砷铂矿的形态见表5、表6。

表4 金川矿体中主要造矿矿物铂、钯元素含量

矿物名称		黄铁矿	准紫镍铁矿	黄铜矿
样重/g		48.36	100.61	1000.98
Hd 溶有	Ptγ	8.5	1.0	0.3
	Pdγ	0.5	43	5
HNO₃ 溶有	Ptγ	0	5	0
	Pdγ	0	0	0
不溶部分	Ptγ	2.5	67	2.5
	Pdγ	0.4	195	36
总量	Ptγ	11	73	2.8
	Pdγ	0.9	235	41
总品位/(g·t⁻¹)	Ptγ	0.22	0.73	0.28
	Pdγ	0.02	238	0.41

表5 金川铜、镍矿石中砷铂矿的形态（一）

矿物名称		黄铁矿	准紫镍铁矿	黄铜矿	磁铁矿
样重/g		34.45	46.5	470.8	144
HNO_3 溶有	Ptγ	2.5	3.2	0.3	
	Pdγ	0.5	124.5	4.5	
Hd 溶有	Ptγ	0.5	0	0.3	0
	Pdγ	0	0.8	2.5	25
不溶部分	Ptγ	800	1.2	4.0	
	Pdγ	0	3.8	4.0	
总量	Ptγ	802.5	4.4	4.6	0
	Pdγ	0.5	127.7	21	25
总品位/$(g \cdot t^{-1})$	Ptγ	23.29	0.09	0.09	0
	Pdγ	0.01	2.74	0.43	0.17

表6 金川铜、镍矿石中砷铂矿的形态（二）

单行及聚行种类		数量/个	各种晶形/%	各类晶形/%
四面体	正常四面体	1	0.42	3.84
	双四面体	4	1.71	
	双四面体带六面体	4	1.71	
六面体	六面体带四面体	1	0.42	2.56
	六面体带八面体	2	0.85	
菱形十二面体	压扁菱形十二面体	3	1.28	4.70
	延伸菱形十二面体	4	1.71	
	菱形十二面体带有小面的	4	1.71	
八面体	八面体有时带不清楚六面体	116	49.57	90.17
	八面体带有显著六面体	45	19.23	
	八面体带六面体菱形十二面体	24	10.25	
	八面体沿一个结晶轴方向伸长	15	6.41	
	压扁八面体有时带六面体	10	4.26	
	八面体歪晶	1	0.42	
列入统计砷铂矿总数		2659		
外形清楚砷铂矿总数		234		
其所占比例/%		8.80		

自砷铂矿到 Cu - Ni 硫化物矿床的晶体形貌（见图2和图3）。

参考文献（略）

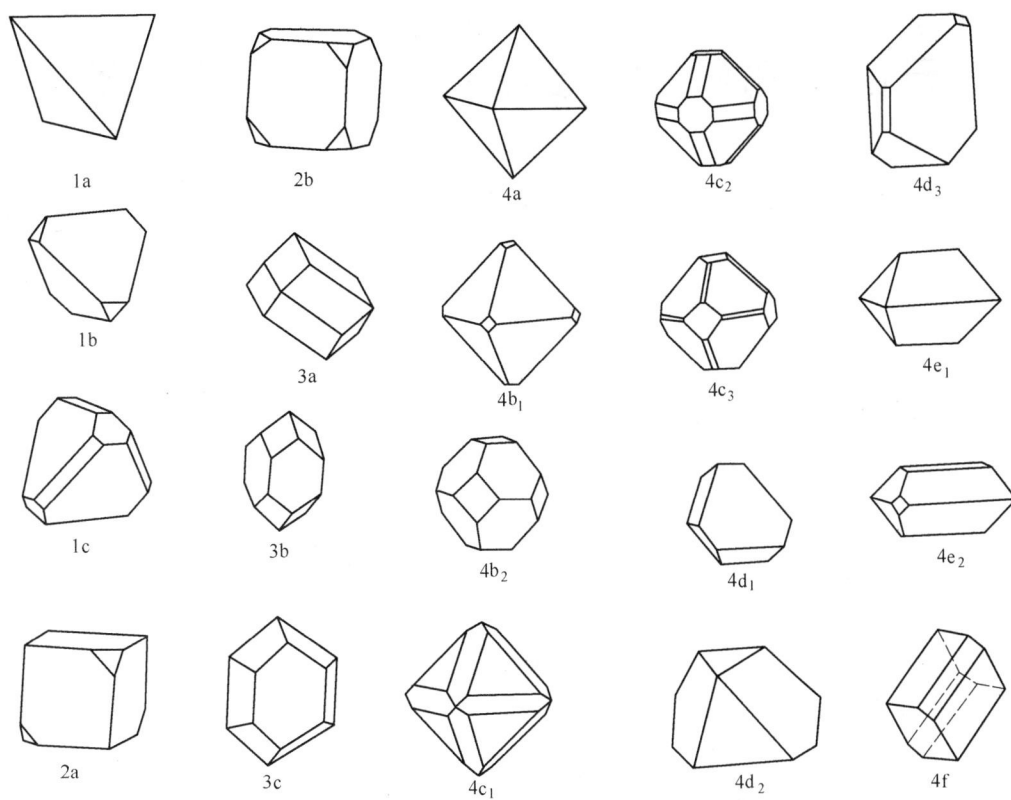

图 2　自然的与合成的晶体形貌

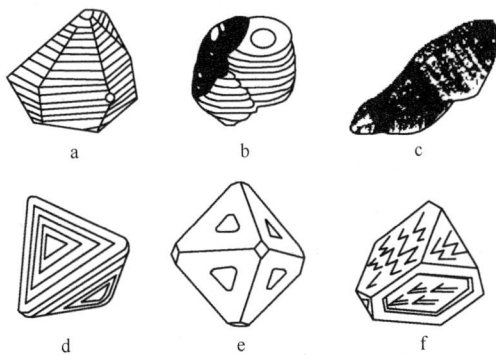

图 3　原生的晶体形貌

元谋朱布铂钯矿地质特征及成因类型

王小文　　王在权

（云南新科特经贸有限公司，昆明，650224）

1　概况

朱布铂钯矿位于元谋县城 357° 方向，平距 15 km。该矿于 1961 年 3 月由云南省地质局第三地质队对朱布含铂超基性岩体进行了评价，并于 1964 年 9 月提交了《云南省元谋县朱布矿区含铂基性 – 超基性杂岩体普查评价报告》，1970 年 12 月云南省地质局第三地质队对该矿区进行了勘探工作，至 1971 年 9 月提交了《云南省元谋县朱布铂钯矿详细地质勘探报告》，该报告经"云地革生字第 57 号"审查通过，2006 年 10 月云南新科特经贸有限公司委托云南省有色地质 310 队对朱布铂钯矿资源储量进行分割，并于 2007 年 1 月提交《云南省元谋县朱布铂钯矿资源储量分割报告》。

2　矿区地质特征

2.1　矿区地质

2.1.1　地层

矿区（见图 1）主要出露前震旦系昆阳群地层和第四系地层。

昆阳群地层（$Pt_1 kn$）：主要出露于北侧、南西侧及南东侧，以云英片麻岩、片岩为主。岩层大体倾向北东，倾角 45°～65°。

片麻岩：主要出露于矿区南部，为二云母斜长花岗片麻岩及黑云母斜长花岗片麻岩，它形粒状或鳞片状花岗变晶结构、片麻状结构。由斜长石、石英、云母等矿物组成，此外有少量普通角闪石、正长石、磷灰石、钛铁石等。斜长石主要为中长石，呈不规则柱状与石英相互镶嵌成锯齿状接触，云母呈片状 – 鳞片状，有时呈束状分布于浅色矿物间。

片岩：主要出露于矿区北侧，为黑云母片岩，鳞片状花岗变晶结构，片状构造，由黑云母、石英、斜长石及少量正长石、磁铁矿组成；其次为角闪片岩、斜长角闪片岩，呈鳞片状、蠕虫状纤维变晶结构，片状构造，岩石由角闪石、中性斜长石、石英、黑云母构成，此外有磁铁矿、黄铁矿、磷灰石等副矿物。

在矿区东部见绿泥石绢云母石英片岩，为鳞片状 – 粒状变晶结构，变余片麻状构造，由石英、白云母、斜长石等构成。

第四系（Q）：主要为一套河、湖相堆积，厚 0～40 m，自下而上分为：

砾石层：为透镜体，厚度不稳定，分布在基岩风化层上，砾石成分复杂，主要为脉石英及石英岩、花岗片麻岩等变质岩，厚 0～10 m。

粉砂～砂层：下部黄 – 白色，上部黄红 – 褐红色，斜层理发育，夹小砾石层，胶结弱，垂直节理发育，厚 0～5 m。

冲积砾石层：由巨砾及砾石、棕红色砂土组成，胶结极差，巨砾及砾石主要为灰色钙质石英砂岩，分布不规则，厚 0～17 m。

棕红色黏土层：主要为黏土、砂质黏土，少量夹薄层砂砾，为本区耕作层，厚 0～8 m。

2.1.2　构造

矿区内 $Pt_1 kn$ 为一单斜构造，倾向 NE60°，倾角 50°～60°，为元谋复式背斜的东北翼，由于岩体侵入的影响，在北部接触带局部有扭曲。矿区断裂主要为一倾向 NE80°—正东 90°，倾角 75° 以上的断裂带。该断裂带为本区岩浆侵入的通道，在辉岩 – 辉长岩岩盆侵入后又复活动，后期橄榄岩、辉岩两次沿其上升。断裂带在地表

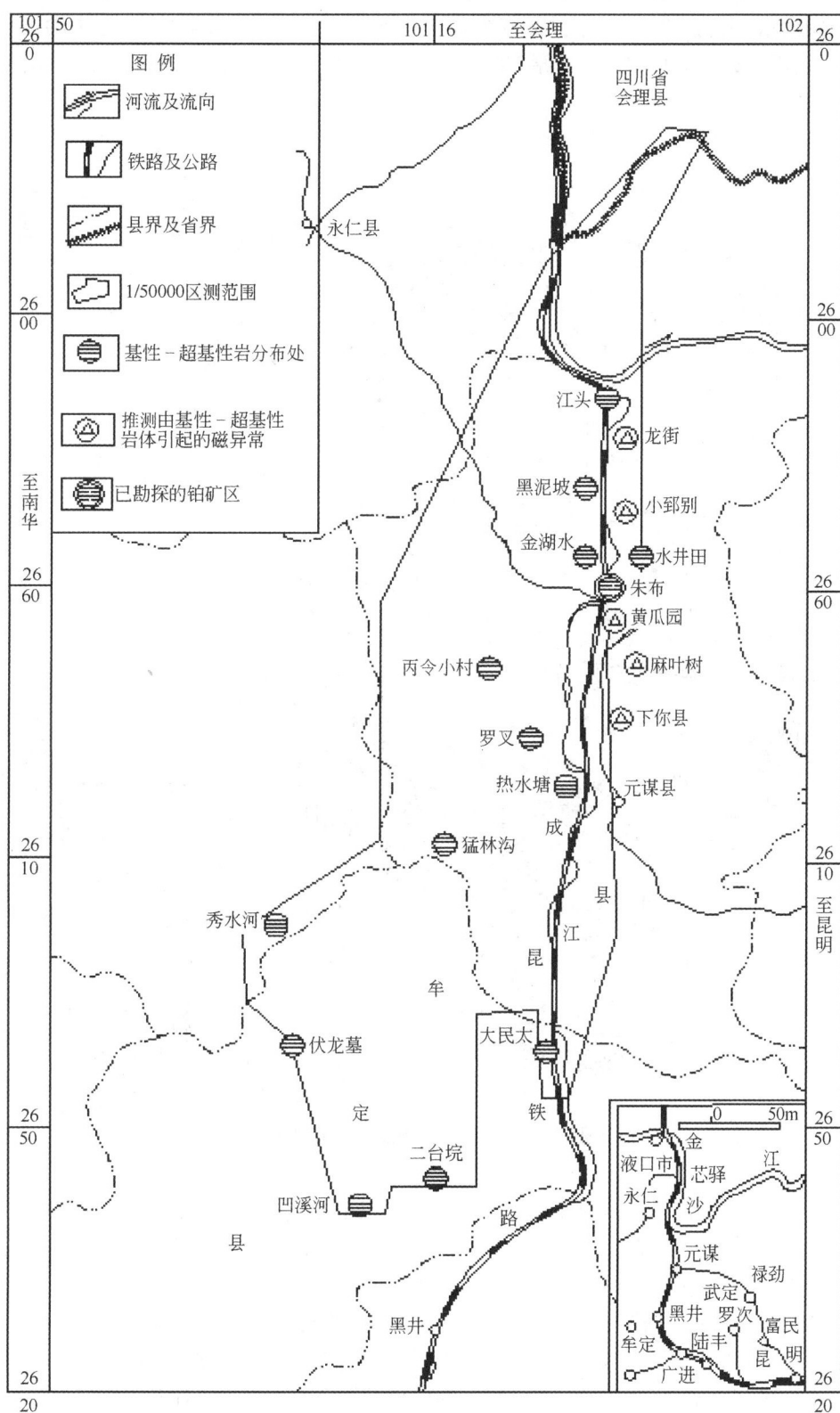

图1　元谋地区基性－超基性岩体分布示意图

及钻孔中主要表现为糜棱岩化带。其中可发现细粒辉岩、橄榄岩、片麻岩及辉绿岩、闪长岩的碎块。根据糜棱岩化带的发育，断层大部分为规模不大的正断层，规模大的有：

F_1断层（见图2）：地表在Ⅵ－Ⅸ勘探线间出露长约170 m，总长600 m以上。主体分布于岩体西侧边缘，即为西侧边部矿体底板，局部穿入到片麻岩中。Ⅱ线以北、ⅩⅢ线以南远离矿体，进入围岩。断层走向近南北，标高 1000 m 以上，倾向东，倾角 70°~80°，向下变为直立至倒转。已控制垂深 420 m，尚未尖灭。断层带由断层泥、糜棱岩和少量角砾组成，厚 1~5 m、最厚 10 m。造成西侧矿体中深部缺失。推测 F_1 断层原为岩体侵入通道，后具继承性活动。

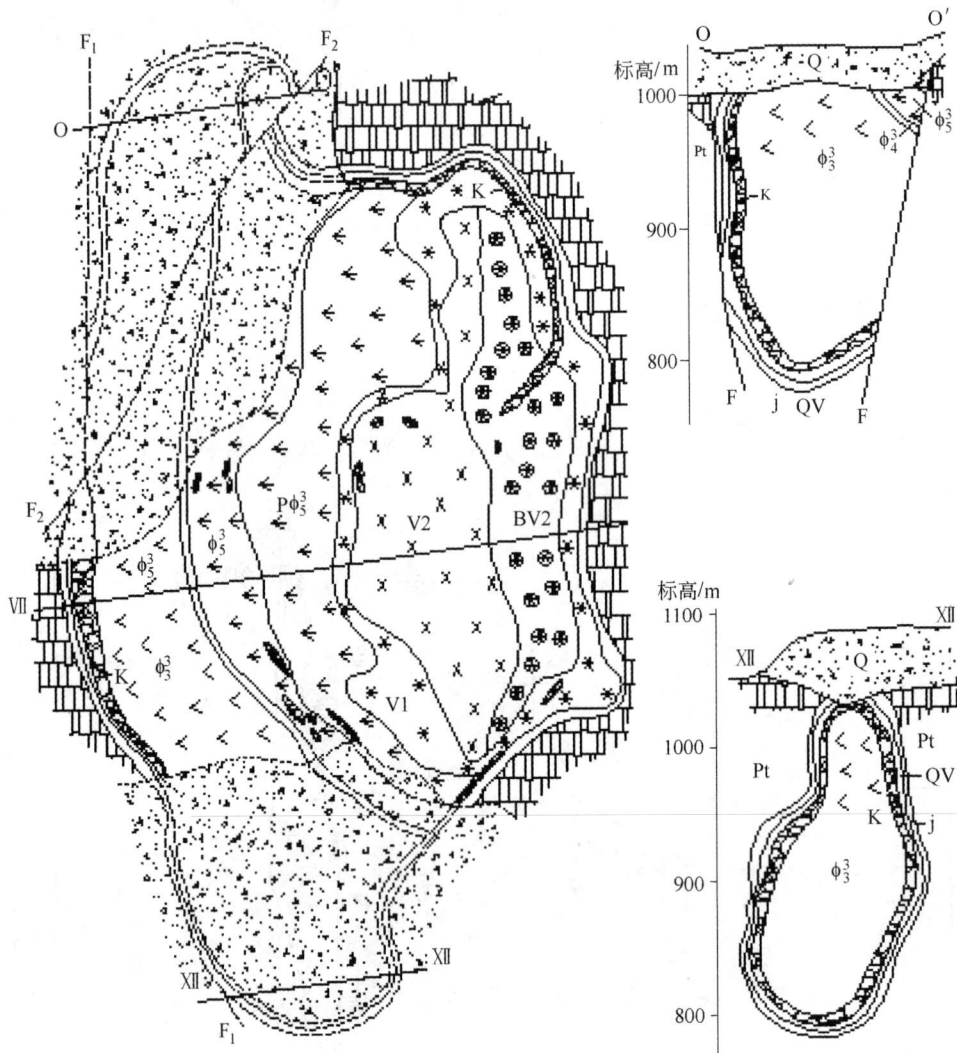

图 2　朱布岩体平面地质图和横剖面图

F_2 断层：分布于岩体西北，地表未见出露，延长 350 m 以上。走向北东—南西，东段倾向 307°，西段倾向 300°，倾角 80° 左右。正断层，垂直断距大于 50 m，上盘向东稍有平移。断层带宽 1~4 m，许多地段与脉岩重合，断层带由断层泥、糜棱岩和脉岩碎块组成。

F_1、F_2 断层在岩体内Ⅲ－Ⅴ勘探线一带相交，推测 F_2 断层错动 F_1 断层。

F_3 断层：分布于岩体东北部，延长 300 m 以上。倾向 60°~75°，倾角 30°~50°，正断层，斜断距约 15 m。断层为厚不到 1 m 的脉岩填充。在标高 1100 m 以上即已离开岩体进入围岩，对矿体影响不大。

2.1.3　岩浆岩

朱布基性－超基性杂岩体，沿南北向的断裂侵入于前震旦纪 Pt_1kn 的中下部的片岩、片麻岩中。岩体南北长 500 m、东西宽 400 m，面积约 0.2 km²，为同脉不同相多期侵入杂岩体。杂岩体以最先侵入的分异良好的辉岩－辉长岩岩盆为主体；其后有橄榄岩沿辉岩－辉长岩西缘的断裂带侵入；最后含矿辉岩－橄榄岩呈为数众多、大小不等的透镜状岩体侵入充填在前述岩体的底部接触带和内部裂隙中。

2.1.3.1 岩体形状规模及产状

杂岩体在平面上近似呈圆形,横切面呈 V 形,岩体东部接触带向西倾斜,倾角 40°~60°,且向深部变缓。西部接触带为一断裂带,岩体与围岩间是糜棱岩,岩体在浅部向东倾斜,倾角 65°~75°,向深部逐渐变陡至直立。不同岩相岩体按侵入先后描述如下:

辉岩 - 辉长岩体:为矿区基性 - 超基性杂岩的主体,呈岩盆状,分布在中部和东部,在平面上呈椭圆形,近南北向分布,长 500 m、宽 300 m,分异良好,主要由辉岩及辉长岩构成,辉长岩构成核心,辉岩围绕辉长岩呈环行分布,但辉岩环带在西边较厚达 100 余米,北、东、南三面较薄,只几米至十几米。

岩盆北、东、南三面均与围岩 Pt$_1$kn 的片岩、片麻岩及部分石英岩等呈侵入接触。接触面产状,东部与围岩层理走向平行,倾向西,倾角 40°~60°;南北两端与其斜交或垂直。西部与橄榄岩墙为突变侵入接触,接触面向东倾斜,倾角 70°~80°。

橄榄岩岩体:分布于矿区西部,沿辉岩 - 辉长岩岩盆西缘的断裂带侵入,呈陡立规则的厚板状岩墙。走向为 N—S 至 NNW—SSE,倾向东,倾角 10°,40 m 标高以上为 65°~70°,向下渐变为 75°~78°,至 950 m 水平近于直立,再下即向西倒转。

含矿辉岩 - 橄榄岩岩体:是矿区唯一具有较强的铜、镍、铂钯矿化的岩体。此类岩体矿化普遍,分布众多,但规模较小。主要分布在杂岩体的底部与围岩接触带上;也充填于辉岩 - 辉长岩体中的裂隙内,均呈透镜状、脉状。矿区内较大的含矿辉岩脉有 3 条:最大的一条分布在矿区西部,橄榄岩墙西缘的糜棱岩带中,地表出露长 125 m、厚 1~13 m,岩体上部产状为 80°∠(65°~78°),向下变陡并迅速尖灭;第二条含矿辉岩脉分布在矿区北部,辉岩 - 辉长岩岩盆底部接触带内,长约 150 m、厚 1.6~6.5 m,倾向南西,倾角 55°~60°,延伸 100 m以上;第三条含矿辉岩脉,分布在矿区南部,充填于辉岩 - 辉长岩岩体中的裂隙内,地表出露 30 m,分布长 20 m,岩脉总长为 50 m 左右,厚 1~3m,延伸估计不超过 60 m,产状 50°∠50°。

脉岩:早期以酸性脉岩为主,在岩体周围的片岩、片麻岩中,主要呈 NNE—SSW 向分布。晚期主要为基性 - 中性脉岩,在杂岩体及围岩中均有分布,主要呈 NNW—SSE 向发育,沿节理裂隙充填穿插,其形状严格受裂隙的控制,一般长几米至十几米,宽不超过 2 m。晚期脉岩与杂岩体强烈蚀变有重要联系。

2.1.3.2 岩相带的划分

矿区基性 - 超基性杂岩体属中深成相组的岩盆岩墙相和岩脉相侵入岩,其特点为岩性变化复杂。根据成分、结构及产状特点分为下列岩性带:

辉岩 - 辉长岩岩盆相:岩盆由底部边部至中心,由辉岩 - 含长辉岩 - 辉长岩构成,局部发育有橄榄辉岩分异体。其中辉岩和辉长岩是岩盆的主要部分。岩盆边缘至中心可分为 3 个带:细粒辉岩带、中粒辉岩带、细粒辉长岩带,其特征如下:

(1)细粒辉岩带。不连续环状发育于岩盆的边缘,宽度多在 1 m 以下,由单辉辉石岩和单辉橄榄岩、橄榄辉石岩构成,岩石为辉黑至黑色细粒致密块状,一般为半自形粒状结构,有时因含橄榄石而具嵌晶结构,又因蚀变而成变余状,主要由单斜辉石组成,并含少量橄榄石、棕色角闪石、黑云母、磁铁矿、钛铁矿等。岩石受强烈蚀变,辉石、橄榄石大部分均被柱状、粒状、纤维状次闪石所交代,并有绿帘石化、绿泥石化、钠黝帘石化、碳酸盐化等,个别有绢云母化现象。

(2)中粒辉岩带。围绕辉长岩成环状分布,是构成岩盆的主要部分,由单辉橄榄辉石岩、单辉辉石岩及含长辉石岩构成,一般为辉黑至黑色,次闪石化强烈的呈绿灰色,中粒块状。岩石结构因岩性不同而有差别,辉石岩一般是半自形 - 它形粒状变晶结构。橄榄辉石岩常见有嵌晶结构,而含长辉石岩中,辉石一般为自形 - 半自形粒状,斜长石则以不规则充填状发育于次闪石或辉石的间隙。其结晶顺序是橄榄石→辉石→斜长石。辉石是主要的造岩矿物,多已次闪石化,次闪石又常进一步变为绿泥石。橄榄石一般为熔蚀浑圆状,经常呈嵌晶状发育于后结晶的粗大辉石或次闪石中,普遍有不同程度的蛇纹石化,少数有次闪石化。斜长石有绿泥石化、钠黝帘石化,有时有绢云母化和少量石英析出,同时其本身发生去钙长石化作用而变为偏酸性。次要矿物有棕色普通角闪石、黑云母和斜方辉石,但数量很少。

(3)辉长岩带。发育于岩盆中心,粗粒、它形 - 半自形、块状,变余辉长结构。单斜辉石和斜长石均为中粒半自形晶,但辉石全部次闪石化,斜长石大部均已绿泥石化。

辉长岩岩性略有变化,在南部为暗色辉长岩,中、北部矿物成分近于石英辉长岩、闪长岩,个别地段成分接近辉长斜长岩。

辉长岩与辉岩为过渡关系，不仅在矿物成分、结构上是渐变的，在化学成分上也是渐变的。

橄榄岩岩墙相：呈陡立的岩墙状侵入于西部接触带的断裂带中，岩性较均一，除边缘有宽 1 m 左右的冷凝边外，一般不能分出不同岩性的带，但局部橄榄石有富集而成橄榄岩或纯橄榄岩的小分异体，但由于体积太小不能圈出。橄榄岩为黑绿色粗粒变余嵌晶状结构，常见有不规则的蛇纹石细脉和方解石细脉沿裂隙发育，岩石主要由橄榄石和单斜辉石构成，因蚀变成变余残留状。经常被嵌于粗大的单斜辉石、棕色角闪石、黑云母或次闪石中，普遍有蛇纹石化，有时变为次闪石、绿泥石和滑石；单斜辉石均已次闪石化，仅有少量残留在角闪石中，有时有绢云母化、绿泥石化、碳酸盐化现象。次要矿物有棕色角闪石和黑云母，偶见斜方辉石。副矿物主要是磁铁矿和钛铁矿。

橄榄岩与辉岩为突变接触，不仅具有特征的冷凝边，而且辉岩中未见橄榄石。在垂直磁异常剖面上，可见异常由高峰迅速下降，显然为二次侵入造成。

含矿辉岩–橄榄岩岩脉相：含矿辉石岩–橄榄岩一般呈透镜状岩脉充填于杂岩体的底部接触带及其裂隙中。

含矿岩体的岩性复杂，贯入辉岩–辉长岩岩盆中的一般为单辉辉石岩，在杂岩底部接触带中的有单辉橄榄岩、单辉橄榄辉石岩、单辉辉石岩和含长辉石岩等，其中仍以单辉辉石岩为主，单斜辉石大部分已次闪石化，橄榄辉石岩中的橄榄石有熔蚀现象及角闪石黑云母的反应边和蛇纹石的网状脉。

2.2 矿体特征

矿体的矿化与基性–超基性杂岩体中后期侵入的辉岩岩脉有关，因此矿化界限与该类岩体界限一致，除晚期的辉岩脉外，在早期辉岩–辉长岩岩盆及橄榄岩岩墙中均未见有矿化，且含铜、镍、铂、钯都很低。

矿体一般位于含矿辉岩矿化带的中下部，呈不规则的透镜状。在地表由于淋滤作用影响，地表局部矿脉的下盘围岩有次生矿化。总之，矿体与矿化严格受含矿辉岩脉的控制。矿区按产出部位分为上悬矿体和边部矿体。

2.2.1 边部矿体

边部矿体主要产于内接触带，西北部深处有的地段稍偏于岩体内部，东坡（见图 3）上端贯入到辉长岩相带中，局部外接触带也有矿化。除局部矿化很差和因断层而缺失外，在岩体四周边部和底部连续存在。尤其东坡及南北两端，品位、厚度都较稳定。

西坡边部矿体（原称 I 号矿体）：矿体位于橄榄岩西部断裂–接触带中，地表出露长 125 m，为矿区最大的矿体。矿体产状受侵入通道断裂带的控制，走向 NNW—SSE，倾向 NE75°～85°，倾角地表部分（1040 m 以上）65°～68°，向下变陡至 70°～80°。矿体位于矿化带的中下部，其下限两者一致，矿体上界极为复杂，界限极不规则。

组成矿体的岩石主要为橄榄岩，碳酸盐滑石化不发育。顶板与不含矿的橄榄岩呈速变过渡。地表矿体抗风化能力强，顶板则风化厉害，差异明显，易于识别。底板为断层破碎带。

主要有用组分含量与东坡相比，具有铜、镍高而铂、钯低的特点。

东坡边部矿体（域号矿体）：矿体为似层状，位于辉岩–辉长岩北部接触带中，地表出露极少，地表出露部分为矿体的顶端，矿体产状受辉岩–辉长岩体接触带的控制，浅部倾向 220°～235°，倾角 55°～65°左右，厚度为 1～6 m，平均 4 m 左右，矿体边界一般与含矿辉岩脉的边界一致。两端向西转弯，底部与西侧相连。

组成矿体的含矿岩石，东坡标高在 1000 m 以上，主要是碳酸盐滑石岩，与顶板辉石岩–辉长岩为突变关系，顶板出现斑杂状粗–伟晶次闪石化带，铂、钯品位有一飞跃。1000～900 m 间碳酸盐滑石岩约占 50%，往下以含矿橄榄岩或不同程度碳酸盐滑石化的橄榄岩为主，与顶板不含矿的橄榄岩在岩性上虽无明显差异，但硫化物含量激增，铂、钯品位也突然增加。深部以含矿橄榄岩为主，与顶板不含矿橄榄岩呈逐渐过渡，常形成很厚的矿化带。南北两端与东坡中深部相似，即矿层主要为橄榄石，或具碳酸盐滑石化，与顶板为速变过渡。

矿层底板在深部和北端是不含矿的混染辉长岩或角岩，界线比较清楚；中深部、浅部和南端底板混染辉长岩，强烈黑云母化和矿化，有时角岩，甚至角岩化的片麻岩均有矿化，界线不清楚。

2.2.2 上悬矿体

矿体产于岩体内部，少数分布于辉长岩相带内，大部分集中于辉长岩相带的中、下部，或靠近辉长岩相带

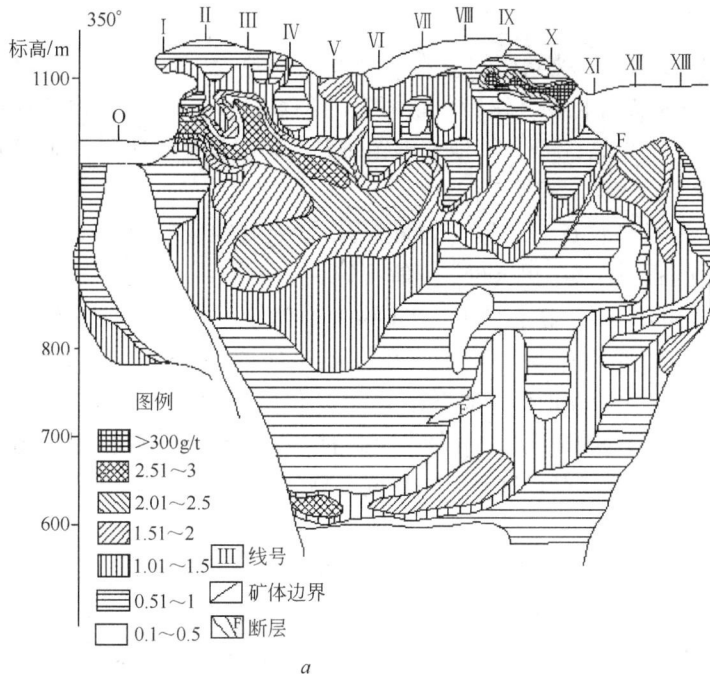

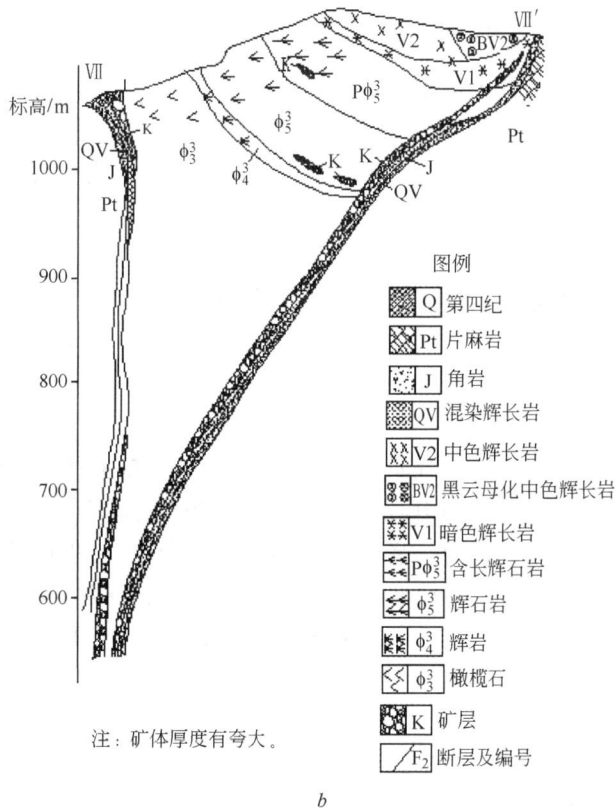

a

b

图3 东坡边部矿体工程平均品位分级分区纵投影图

的橄榄岩相中。多数靠近岩体东侧边部。矿体为大小不等的透镜体、囊状体，常成群出现。

上悬矿体由辉长岩－橄榄岩组成，与围岩为速变过渡，围岩中无明显的矿化蚀变；由碳酸盐滑石岩组成，与围岩为突变过渡，围岩中出现斑杂状粗－伟晶次闪石化带。

2.2.3 矿石质量特征

2.2.3.1 矿石成分

矿石矿物组成：金属硫化物以磁黄铁矿、黄铁矿、黄铜矿、镍黄铁矿和紫硫镍矿为主，次为方黄铜矿、白铁矿、黑铜矿，偶见方铅矿、闪锌矿等，有时还见与铂族矿物密切共生的微量细小矿物如辉砷镍钴矿、硫钴矿、红砷镍矿、辰砂、辉钼矿等。

铂族元素绝大多数（80％以上）呈独立矿物存在。已发现的铂族矿物有 5 类（砷化物、硫砷化物、铋化物、铋碲化物、硫化物）15 种，其中以砷化物及铋碲化物两类的种数最多。15 种矿物又以砷铂矿为主，约占铂族矿物的 58％，次为等轴铋碲钯矿，约占 35％，其他如砷铂锇矿、砷锡钯矿、铋碲铂矿、铋碲钯镍矿等均很少。矿石中还见有极少量的自然金、碲银矿、碲铅矿。

脉石矿物主要为辉石、基性斜长石、橄榄石等硅酸岩矿物及其蚀变矿物蛇纹石、滑石、黝帘石、次闪石、绿泥石、绢云母等，少量为角闪石、石英、黑云母、方解石等。

矿石有用组分含量及其相互关系：矿石含 Pt + Pd 约为 1.29 g/t，Cu 为 0.26％，Ni 为 0.29％，Os、Ir、Ru、Rh 分别为 0.004％ ~0.039 g/t，个别高者达 0.056 g/t。含 Cr_2O_3 为 0.38％，Co 为 0.013％，Au 为 0.12 g/t，Ag 为 2.04 g/t。铂钯含量与铜、镍含量成正消长关系，Pt/Pd 比值一般为 2:1 ~3:2，个别样品则 Pd > Pt。铜、镍含量相近，但浅部及顶板处矿体含铜稍高于镍，镍大致为铜的 2/3，少数铜、镍相等；深部和外接触带矿体则 Ni 含量 >Cu 含量，尤其是有金属硫化物矿脉的地方，镍品位更高。

2.2.3.2 矿石的结构、构造

矿石结构：矿石结构为自形－它形粒状结构，其中金属硫化物以半自形－它形结构为主，部分为自形。铂族矿物呈自形、半自形、它形结构的均有。

矿石构造：矿石构造以稀疏浸染状为主，稠密浸染状少见，局部出现斑点状、豆状、海绵陨铁状和细脉状构造等。

2.2.3.3 矿石类型

按含矿岩石种类划分，以橄榄岩型最为重要，少量为辉石岩、橄辉岩、辉长岩、碳酸盐滑石岩、混染辉长岩及角岩等类型。

按矿石中金属矿物的密集程度划分，矿石类型以稀疏浸染状为主，局部出现稠密浸染状、斑点状、海绵陨铁状、细脉状等类型。

2.2.3.4 含矿围岩及夹石

含矿围岩和夹石同含矿岩石类型相同，仅硫化物含量较低，以橄榄岩为主，次为辉石岩、橄辉岩、辉长岩、碳酸盐滑石岩、混染辉长岩及角岩等。

3 矿床成因

朱布含矿岩体各岩相带基本连续，没有十分明显的间断，但缺少底部矿体，与就地垂直分异形成的矿床有所不同。据已有资料分析，成矿作用应以重力分异为主，但构造应力在成岩、成矿的不同阶段起了重要作用。其形成机制可能是：已上侵的含硫化物硅酸盐熔浆，在冷凝固结过程中，硫化物仍不断熔离并向底部聚集，在其尚未晶出时，由于构造应力的作用，将这些残留的硫化物熔浆挤入已经固结的岩体与围岩之间的裂隙接触带内，形成了具有流动构造的包壳状边部矿体，固其成因类型仍属岩浆熔离矿床。

参考文献（略）

河南省唐河县周庵发现含 30 余吨铂族金属及 400 余万吨铜镍硫化物矿床

群　集

（中国地质学会矿山地质专业委员会，北京，100814）

1　矿床基本特征

矿床位于杨子古板块与华北古板块俯冲带内，处于秦岭—大别基性、超基性岩带南亚带随枣岩群的西段。矿床成因为岩浆熔离型铜镍矿床。含矿岩体属隐伏超基性岩体，位于板块碰撞后，局部不均匀拉张的裂陷槽环境，隐伏于新生界地层之下，侵位于中元古界片岩、大理岩地层中。岩体侵位时代为加里东期。矿体呈层状，产出于超基性岩体内接触带蚀变壳岩体内部的二辉橄榄岩接触带，埋深 300~850 m。岩体平面形态呈西窄东宽的不规则三角形，长轴走向为 40°。在不同的勘探线上，岩体形态不完全一致，12 勘探线呈椭圆形，36 勘探线呈不规则的盆状，19 勘探线则显示为"竹笋"状或岩墙状。

2　发现过程

该矿床是在航磁异常查证的基础上发现的。1977 年河南省地质局航测队在南阳地区进行了 1:5 万航磁测量，发现唐河南部的湖阳—黑龙镇一带存在 5 个航磁正异常。其中 YC77-39 异常强度最大，形态也最为规则，经地质钻探查找后，发现其中的超基性岩体存在铜镍硫化物矿化。但由于矿体埋藏深度较大，矿石品位低，其工业价值曾一度被否定。

2004 年至 2006 年 4 月，对周庵矿床再度开展详查，钻探工作量 29014.14 m，证明它实为伴生钴、金、银的大型铂族元素和铜镍硫化物矿床，仅铜、镍、铂、钯的资源价值达 439.88 亿元。2008 年 4 月，河南省地质矿产勘查开发局第一地质勘查院完成了河南省唐河县周庵含铂族－铜镍硫化物矿床的勘探工作，求得镍金属量 328.39 万吨，铜金属量 117.53 万吨，伴生有数量可观的有用组分金属铂 18.4 t、钯 15.7 t、金 12.16 t、银 402.22 t、钌 4.65 t、锇 0.71 t、铑 0.17 t、铱 0.3 t、钴 13.1 万吨。

3　发现意义

周庵矿床的发现表明我国境域内，特别是秦岭—大别造山带，仍具有广阔的大型、超大型铂族－铜镍矿床的找矿前景。该矿床的发现，填补了河南省在铂族—铜镍矿床方面的空白，对在周边寻找同类矿床具有指导意义。建成投产后，必将带动和促进当地就业和经济发展，具有巨大的社会效益和经济效益。

参考文献（略）

四川大岩子铂－钯矿床（点）热液成矿的地球化学证据

成杭新[1]　　赵传冬[1]　　庄广民[1]　　刘英汉[1]　　张　勤[1]　　赵支刚[2]

（1. 中国地质科学院地球物理地球化学勘查研究所，河北廊坊，065000；2. 攀西地质大队，四川西昌，550004）

摘　要：大岩子铂－钯矿区的岩石有白云岩、辉石岩脉、辉绿岩脉，矿体赋存在构造蚀变破碎带中，以外接触带的白云岩一侧为主，次为内接触带的辉石岩，矿石类型有矿化白云岩和矿化辉石岩两种类型。通过对含矿白云岩、含矿辉石岩、断层泥及辉绿岩的地球化学特征研究，认为大岩子矿床先后经历超基性岩浆的侵入，即形成辉石岩脉；基性岩浆的侵入，即形成辉绿岩脉；富含 Pt、Pd 的岩浆期后热液活动，即形成以 Pt、Pd 为主、伴生 As、Cu、Ag、Cd 的热液矿床，其中 Pt、Pd 的富集成矿主要与热液活动有关。

关键词：Pt－Pd 矿床；热液成矿；地球化学证据；大岩子

在我国发现 3 个铂、钯储量大省以来（Cheng 等，1997；成杭新等，1998），中国找寻铂族矿产资源的前景引起了广泛关注。四川会理大岩子铂－钯矿床（点）的发现，就是这一背景下的产物。大岩子铂－钯矿床先后于 1958 年和 1974 年开展过铜、镍矿的找矿工作，但未进行过铂矿资源的勘查工作。1998 年，四川攀西地质队通过对该矿床的铂资源再评价，经初步工程揭露和控制最终确定该矿床为接触带型铂－钯矿床（点），Pt＋Pd 为 0.34～16.39 μg/g，探明 D＋E 级储量为 2388 kg（赵支刚等，2000）。本文从矿石中微量元素的分布特征出发，初步讨论该矿床热液成矿的地球化学特征。

1　大岩子矿床地质特征

大岩子铂－钯矿床的大地构造位置为康滇地轴中段攀西裂谷带，按造山带观点，位于扬子地台西缘龙门山—锦屏山陆内造山带的锦屏山前缘基底隆起带上（骆耀南，1998）。

矿区出露地层以震旦系灯影组白云岩为主，次为白垩系小坝组（K1X）泥质砂岩及第四系坡残积层，其中震旦系灯影组白云岩第三段下部（Zbd23）为含矿岩系。主要岩石类型有条带状、条纹状含矿白云岩、砖红色含矿白云岩和黄褐色含矿白云岩（见图 1）。

矿区内主要构造系 F₃、F₄断层组成的韧性剪切带，呈 NNE 向展布，破碎带宽 20～50 m（见图 1），系矿区的主要控矿构造。剪切带中除白云岩外，还有大量辉绿辉长岩、辉石岩及辉绿岩脉侵入到震旦系灯影组地层之中。

大岩子矿床属接触带型铂－钯矿床，具有明显的热液蚀变特征。接触带围岩有明显的分带性，自东至西，分别为条带状硅化白云岩→褐铁矿化白云岩→孔雀石化矿石→铜蓝→孔雀石化矿石→孔雀石化白云岩→褐铁矿化白云岩（刘秉光，2002）。

矿区内自东向西已分别圈出 Ⅰ、Ⅱ、Ⅲ、Ⅳ号 4 个矿体，其中Ⅳ号矿体赋存于矿区中部的第四系残坡积层中，为前人开铜矿时遗弃的古矿渣。Ⅰ～Ⅲ号矿体主要赋存在蚀变破碎白云岩中，以Ⅰ、Ⅳ号矿体为主，是矿床最主要的矿化类型。蚀变破碎辉石岩中也出现铂矿化，但圈不出工业矿体。

主要矿石矿物有砷铂矿、铜锑钯矿、碲铋钯矿、黄铜矿、斑铜矿、自然铜、自然金、银金矿、黄铁矿及孔雀石、蓝铜矿和蓝辉铜矿等（张光弟等，2002）。

2　样品采集与分析

矿石样品采自矿区不同中段的坑道，地表岩石背景样品按（100～300）m×20 m 的网度采集，累计采集矿石样品 38 件，岩石背景样品 118 件。样品由中国地质科学院地球物理地球化学勘查研究所分析，质量监控站采用无污染玛瑙罐加工破碎至 80～74 μm，样品的 Pt、Pd、Au 数据由河南省岩矿测试中心测试，其他元素数据由物化探研究所中心实验室采用 ICP－MS、AAS、AES、XRF 大型分析仪器测试。分析中分别插入 GPt1、GPt2、

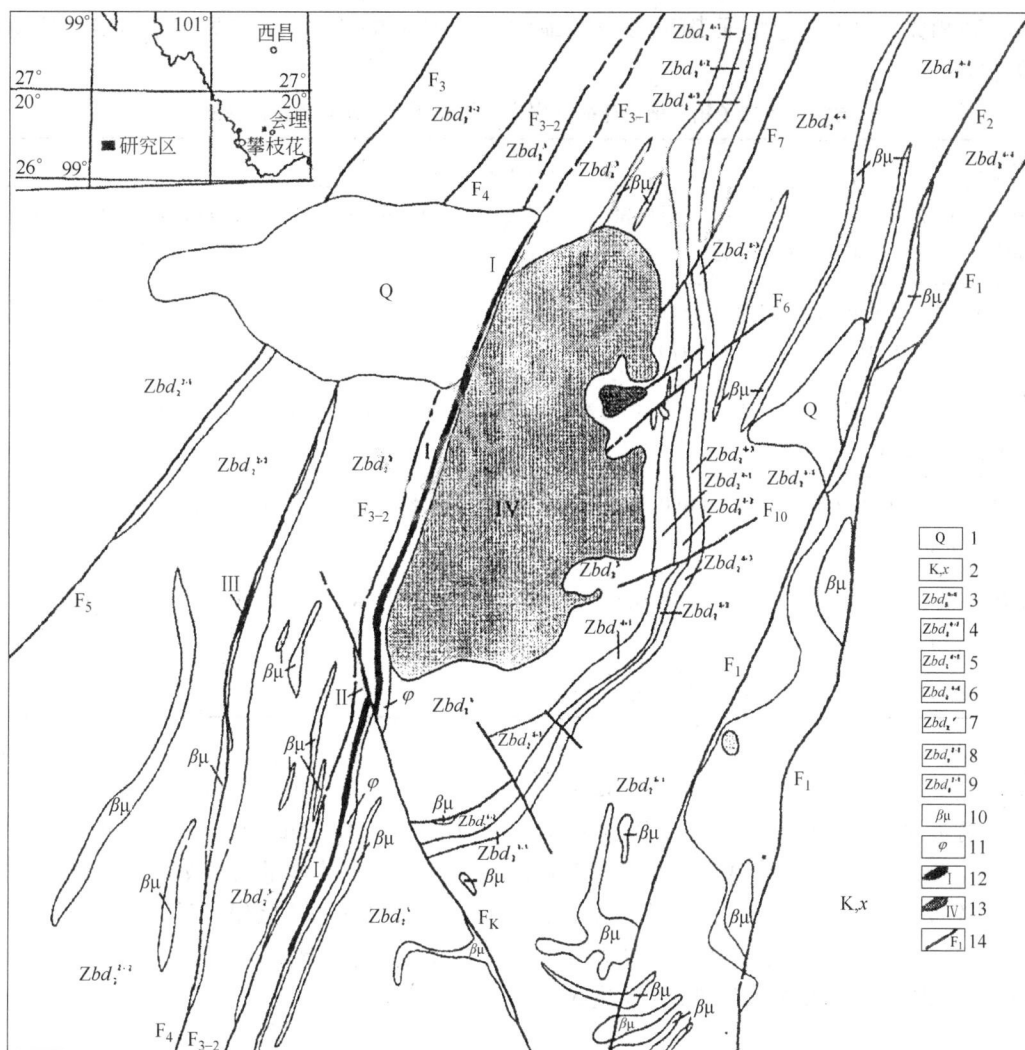

图 1　大岩子矿区地质图

1—第四系；2—小坝组；3—灯影组第四段第四层；4—灯影组第四段第三层；5—灯影组第四段第二层；
6—灯影组第四段第一层；7—灯影组第三段；8—灯影组第二段下部；9—灯影组第二段上部；10—辉绿岩脉；
11—辉石岩脉；12—矿体及编号；13—古矿渣；14—断层及编号

GPt4、GSIY9、GSD12、GSD13、GSD17 标样进行分析质量监控。监控结果显示 Pd、Pt 的准确度（RE%）在 -2% ~ 28% 之间，精密度（RD%）在 5% ~ 10% 之间，其他元素的准确度（RE%）在 -5% ~ 5% 之间，精密度（RD%）均小于 10%。

3　讨论

大岩子矿区的岩石类型主要为白云岩，其次为辉石岩脉、辉绿岩脉，矿体赋存在辉石岩脉与白云岩的构造蚀变破碎带中，以外接触带的白云岩一侧为主，次为内接触带的辉石岩中，因此矿石类型有矿化白云岩和矿化辉石岩两种类型。野外地质调查发现，矿脉穿插辉石岩脉、辉绿岩脉，同时辉绿岩脉穿插辉石岩脉，表明辉石岩脉形成在先，辉绿岩脉形成其后，最后形成矿脉。

大岩子矿区岩石样品中 62 种元素的背景值计算表明，大岩子矿区 Pt、MgO、CaO 含量高于含碳酸盐岩出露地壳的平均化学组成，其他 59 种元素明显较扬子地台低，表明该地区具有形成铂矿的物质基础。

对大岩子矿区矿石样品中 26 种元素的相关系数计算表明，当置信度为 0.01 时，相关系数 γ 大于 0.418 为显著相关。从表 1 可以看出，与 Pt 显著相关的元素有 Pd、Au、Ag、Cu、S、Sn、Cd、As、Bi、Pb、Zn、SiO$_2$；与 Pd 显著相关的元素有 Au、Ag、Cu、S、Sn、Cd、As、Bi、Pb、Zn、SiO$_2$；与 Cu 显著相关的元素有 Ni、S、Sn、Cd、As、

Bi、Pb、Zn、SiO_2；Ni 与 Pt、Pd、Au、Ag、S、Sn、Cd、Bi、Pb、Zn、SiO_2 均不相关，Ni 与 Cu、As、Co、Cr、TFe_2O_3 显著相关。Pt、Pd 相关元素的组合特征表明，大岩子矿区 Pt、Pd 矿的形成主要与岩浆期后热液活动有关，而与 Ni 矿的形成无关。

表1　大岩子铂－钯矿床矿石中成矿元素和伴生元素相关系数表

元素	相关元素（相关系数）
Pt	Pd(0.96)，Au(0.87)，Ag(0.99)，Cu(0.88)，S(0.81)，Sn(0.49)，Cd(0.98)，As(0.66)，Bi(0.83)，Mo(0.83)，Pb(0.98)，Zn(0.50)，SiO_2(0.43)
Pd	Au(0.96)，Ag(0.95)，Cu(0.85)，S(0.76)，Sn(0.52)，Cd(0.94)，As(0.65)，Bi(0.89)，Mo(0.51)，Pb(0.94)，Zn(0.49)，SiO_2(0.51)，MgO(−0.47)
Au	Ag(0.91)，Cu(0.87)，S(0.83)，Sn(0.57)，Cd(0.88)，As(0.68)，Bi(0.97)，Pb(0.86)，Zn(0.49)，SiO_2(0.61)，MgO(−0.58)，CaO(−0.44)
Ag	Cu(0.92)，S(0.88)，Sn(0.53)，Cd(0.99)，As(0.70)，Bi(0.89)，Mo(0.54)，Pb(0.97)，Zn(0.51)，SiO_2(0.48)，MgO(−0.44)
Cu	Ni(0.50)，S(0.90)，Sn(0.53)，Cd(0.86)，As(0.67)，Bi(0.90)，Mo(0.49)，Pb(0.83)，Zn(0.46)，SiO_2(0.46)，MgO(−0.44)
Ni	As(0.47)，Co(0.76)，Cr(0.78)，TFe_2O_3(0.63)

　　表2 示出的是大岩子矿区主要岩（矿）石中 62 种元素的平均含量。从表中可以看出，大岩子矿区微量元素的地球化学分布特征对辉石岩而言，Ag、B、Bi、Cs、Cu、F、Ga、Hg、Li、Mo、Nb、Ni、P、Rb、Sb、Sc、Ta、Th、Ti、U、V、W、Zr、REE、TFe_2O_3、K_2O 元素的含量较扬子地台辉石岩中的含量高，成矿元素 Pd、Pt 元素的含量明显比扬子地台辉石岩和大岩子矿区的背景值低，由此可见，辉石岩脉的岩浆侵入活动，主要导致亲石元素和亲硫元素 Cu、Ni 的富集，而成矿元素 Pd、Pt 等并未从此次岩浆活动中得到成矿富集，因子分析（F_3）也显示存在一次 Ni、Co、Cr、TFe_2O_3 富集的岩浆活动（见表3）。

表2　大岩子铂－钯矿床主要岩（矿）石中主元素和微量元素的平均值

元素	矿石类型		白云岩		辉绿岩		辉石岩		断层泥	矿区背景
	白云岩	辉石岩	大岩子	扬子地台	大岩子	扬子地台	大岩子	扬子地台		
Ag	14423	1670	114	52	110	75	80	53	157	46
As	387.6	18.2	10.2	3.7	3.45	3	1.5	1.5	10.1	2.6
Au	668.9	97.7	1.21	0.43	1.14	0.7	0.4	0.81	1.1	0.4
B	2.3	6.8	2.1	13.4	5.7	10	6.2	5.4	153	1.2
Ba	11	121	28	81	79	320	97	103	247	18
Be	0.12	0.69	0.31	0.45	1.3	0.4	2.46	0.25	4.56	0.38
Bi	6.41	0.99	0.11	0.06	7.6	0.18	0.12	0.06	0.43	0.05
Cd	32488	239	142	74	52	110	24	87	26	74
Co	11.7	70.9	2.7	1.3	53.7	41	50.8	62	1.7	2.6
Cr	46.4	14647	12.5	5.6	258.2	116	157.1	1090	84.4	13.2
Cs	0.04	1.65	0.53	0.4	4.08	2.1	1.68	0.45	16.56	0.07
Cu	19637	10658	35.7	3.7	71.9	57	123	32	11.8	8.3
F	140	436	361	305	1053	470	1776	335	7489	144

续表2

元素	矿石类型		白云岩		辉绿岩		辉石岩		断层泥	矿区背景
	白云岩	辉石岩	大岩子	扬子地台	大岩子	扬子地台	大岩子	扬子地台		
Ga	1.6	9	0.3	1.4	9.4	20.3	23.3	11.4	30.8	2
Hg	308.6	17.8	5.7	14	19.3	14	9.4	6	17.9	5.5
Li	4.1	29	2.9	8	20.9	11	36.3	5	47.5	3.6
Mn	213	889	348	510	388	1250	319	1000	66	308
Mo	1.33	0.45	0.28	0.57	0.23	0.43	0.33	0.21	0.25	0.23
Nb	0.36	10.26	0.36	2	13.47	10	40.2	6	24.6	0.73
Ni	684.6	1549.7	25.36	4.2	126.7	71	486.3	320	30	8.7
P	210	685	252	145	837	880	1715	390	2730	256
Pb	649.4	11.2	4.3	8.5	5.2	13	5.4	8	7.1	3.5
Pd	4142	593.33	1.43	0.14	3.18	0.76	0.22	5.1	5.35	0.41
Pt	6600	783.33	4.77	0.12	1.39	0.47	0.33	6.4	5.45	1.16
Rb	0.8	5.7	6.9	8	26.7	30	43.3	6	122	2.2
REE	11.41	69.96	12.73	24.92	67.57	108.05	270.70	58.95	185.7	10.78
S	266	71	61	190	55	540	8	130	63	62
Sb	69.52	1.45	1.12	0.27	0.57	0.2	0.9	0.11	1.23	0.49
Sc	1.2	18.1	2.2	1.1	26.5	32	48.5	33	15.8	1.6
Se	1.327	1.194	0.058	0.05	0.071	0.12	0.047	0.04	0.055	0.057
Sn	3.29	1.1	0.47	0.5	0.91	1	2.54		6.62	0.51
Sr	10	44	36	122	38	330	18	156	40	35
Ta	0.05	0.79	0.3	0.09	1.09	0.5	2.81	0.3	2.35	0.12
Th	0.14	1.75	0.8	0.9	2.61	2.4	5.39	0.8	17.74	0.27
Ti	280	7343	333	304	6356	7700	19091	3650	6163	235
Tl	0.124	0.206	0.089	0.12	0.12	0.3	0.177	0.22	0.778	0.037
U	2.18	1.55	0.98	0.87	1.54	0.6	2.89	0.35	16.16	0.9
V	44	129	34	11	138	230	277	150	224	32
W	2.2	13.9	3.6	0.26	0.52	0.56	41	0.2	43	0.1
Zn	202	57	35	15	45	100	82	90	31	11
Zr	7	109	6	14	76	136	339	64	349	5
Al_2O_3	0.76	7.6	2.36	0.97	8.85	16.25	18.79	6	25.93	1.52
CaO	9.86	14	26.99	30.4	20.9	9.3	0.75	12.65	3.64	26.24
TFe_2O_3	2.17	12.22	1.67	0.71	5.6	10.45	13.51	10.01	2.25	1.6
K_2O	0.01	0.13	0.22	0.35	0.75	0.84	1.3	0.23	6.98	0.05
MgO	3.04	18.84	14.35	16.6	13.31	7.14	9.85	18.41	4.28	14.07
Na_2O	0.05	0.14	0.08	0.09	0.01	2.76	0.07	0.75	0.2	0.07
SiO_2	69.91	31.78	17.04	7.85	22.95	48.89	49.09	47.31	44.93	19.24

注: Ag、Au、Cd、Pt、Pd、Hg 单位为 ng/g, Al_2O_3、CaO、Fe_2O_3、K_2O、MgO、Na_2O、SiO_2 单位为%, 其他元素单位为 μg/g; 扬子地台数据据鄂明才等, 1997。

表 3　大岩子矿区矿石样品 R 型主因子载荷

因子	元素（因子载荷）
F_1	B(0.7065)，Ba(0.8057)，Be(0.9463)，F(0.7874)，Ga(0.9831)，Li(0.8197)，P(0.8795)，Rb(0.7903)，Sc(0.7658)，Ta(0.9652)，Th(0.7914)，Ti(0.7774)，U(0.7085)，V(0.8598)，W(0.7843)，Zr(0.9835)，Al_2O_3(0.9622)，CaO(-0.5660)，Na_2O(0.5884)，K_2O(0.7662)
F_2	Ag(0.9314)，As(0.7482)，Au(0.9363)，Bi(0.9527)，Cd(0.8980)，Cu(0.9091)，Mo(0.5578)，Pb(0.8775)，Pd(0.9061)，Pt(0.8925)，S(0.8827)，Sn(0.6910)，Zn(0.5352)，SiO_2(0.6811)，MgO(-0.6657)
F_3	Co(0.7595)，Cr(0.6220)，Ni(0.5392)，TFe_2O_3(0.7727)
F_4	Mn(0.6565)，Sr(0.6268)，Tl(0.5934)
F_5	Sb(0.6791)，Se(0.7445)

　　断层泥中元素含量的分布特征表明，Ag、As、B、Ba、Be、Cs、F、Ga、Hg、Li、Mo、P、Pd、Pt、Rb、REE、Sb、Ta、Th、Ti、Tl、U、V、W、Zr 在断层泥中明显富集（见表2），证明大岩子矿区热液成矿作用确实存在，据断层泥中富集元素的组合特征，初步推测大岩子矿区的成矿热液属含基性成分的中温或中高温热液活动，这次热液活动对大岩子矿床的形成和矿石品位的提高起到极其重要的浓缩富集作用。该次成矿热液活动不但使 Pt、Pd、Au、Ag、Cu 富集成矿，Cd、As 达到或接近到边界工业品位，同时还使 Mo、Pb、Zn 和 REE 得到富集，并与白云岩发生交代导致 Ca、Mg 从白云岩中带出，SiO_2 进入，形成硅化（见表3中 F_2 因子）。

　　矿区白云岩中 Ag、As、Au、Bi、Cd、Co、Cr、Cs、Cu、F、Ni、P、Pd、Pt、Sb、Sc、Ta、V、W、Zn、Al_2O_3、TFe_2O_3、SiO_2 元素的含量，尤其是 SiO_2，明显高于扬子地台白云岩中元素的含量，这既可为成矿提供部分物质来源，也说明成矿热液中富含大量的硅，经成矿热液与白云岩的接触交代在矿体周围形成强烈的硅化。

　　矿床矿体主要赋存在白云岩中。辉石岩中尽管局部地段够工业品位，但未能圈出工业矿体。对矿区两种主要矿石类型的元素地球化学分布特征的研究表明，主成矿元素 Pt、Pd、Cu、Au、Ag、As、Cd 主要富集在白云岩中，Cr、Ni、Ti 主要富集在辉石岩中，这是因为中高温成矿热液与白云岩、辉石岩接触交代过程中，白云岩较辉石岩更易被交代的缘故，也是矿体赋存在白云岩中的主要原因（见表3）。

　　辉绿岩中 As、Sb、Cd 的含量较大岩子矿区岩石背景值低（见表3），由于大岩子矿区矿石中 As、Sb、Cd 高度富集，局部地段已达边界品位，As、Sb、Cd 富集常是热液活动的标志，说明除此次辉绿岩脉的岩浆活动之外（见表3中 F_1 因子），大岩子矿区的成矿作用应存在热液活动，叠加于先前的辉石岩脉、辉绿岩脉岩浆活动之上。辉绿岩脉中 Ag、Au、Be、Bi、Co、Cr、Cu、Cs、F、Hg、Li、Nb、Ni、Pd、Pt、S、Ta、Ti、U、CaO、MgO 等22种元素的含量明显高于扬子地台辉绿岩中的元素含量和大岩子矿区的背景值，也说明辉绿岩脉可能受到后期富含 Pt、Pd、Cu、Ni、Au、Ag 的成矿热液的叠加。

　　通过对上述各种地质体（矿体）的元素地球化学分布特征的初步分析，表明大岩子铂－钯矿床的形成主要与岩浆期后热液活动有关。据元素地球化学分布特点，初步推断大岩子矿床的成矿成晕作用是与岩浆结晶分异作用同步进行的，随着超基性岩浆演变为基性岩浆，Cu、Ni 沉淀于岩浆房下部，在岩浆侵位过程中，沿构造断裂带浸入到震旦系灯影组白云岩中，并在辉石岩中形成 Cu、Ni 矿体。随着岩浆作用的继续进行，岩浆中 Pt、Pd 初步富集并沿辉石岩脉所在的构造带侵位于白云岩中，形成富含 Pt、Pd 的辉绿岩脉。由于岩浆结晶分异作用的不断演化，最后转变为富含基性成分的中高温岩浆期后成矿热液，随着早期的超基性岩浆向基性岩浆及岩浆晚期的残余热液的演变，Pt/Pd 逐步增加，富含 Pt、Pd 的岩浆期后热液主要沿 NE、NW 向断裂构造带扩散，导致大岩子矿区形成以 Pt、Pd 为主，富含 As、Sb、Ag、Cd、Cu 的热液矿床。

4　结论

　　大岩子 Pt－Pd 矿床的形成先后经历超基性岩浆的侵入，形成辉石岩脉；基性岩浆的侵入，形成辉绿岩脉和富含 Pt、Pd 的岩浆期后热液活动，形成以 Pt、Pd 为主，富含 As、Cu、Sb、Ag、Cd 的热液矿床，其中 Pt、Pd 的富集成矿主要与热液活动有关。

参考文献

[1] 成杭新，谢学锦，严光生，等.中国泛滥平原沉积物中 Pt、Pd 丰度及地球化学省的初步研究[J].地球化学，1998，27(2)：101~106.

[2] 成杭新，赵传冬，庄广民，等.铂族元素矿床地球化学勘查的战略和战术[J].地球学报，2002，23(6)：495~500.

[3] 刘秉光.中国 PGE 矿床类型分析[J].地质与勘探，2002，38(4)：1~7.

[4] 骆耀南，俞如龙.龙门山-锦屏山陆内造山带[M].成都：四川科学技术出版社，1998：93~122.

[5] 苏文超，胡瑞忠，漆亮，等.黔西南卡林型金矿床流体包裹体微量元素研究[J].地球化学，2001，30(6)：512~576.

[6] 王学求.走向 21 世纪矿产勘查地球化学[M].北京：地质出版社，1999：61~91.

[7] 鄢明才，迟清华.中国东部地壳与岩石的化学组成[M].北京：科学出版社，1997：93~122.

[8] 张光弟，李九玲，熊群尧，等.四川会理大岩子铂矿矿化特征与成因初探[J].矿床地质，2002，21(增刊)：763~766.

[9] 张洪，刘宏云，陈方伦.铂-钯区域地球化学勘探[J].地球化学，2002，31.

陕西太白金矿含金角砾岩中铂族元素特征

邱士东[1] 朱和平[2] 林龙华[1]

（1. 北京科技大学土木与环境工程学院，北京，100083；

2. 中国科学院地质与地球物理研究所,岩石圈演化国家重点实验室，北京，100029）

摘　要：采用镍硫火法试金（NiS‑FA）结合电感耦合等离子质谱（ICP‑MS）分析了太白金矿硫化物和含金角砾岩中铂族元素的含量，结果显示，其与秦岭地区八卦庙相比铂族元素含量较高，而低于原始地幔，其中铂（Pt）、钯（Pd）、钌（Ru）富集，并结合前人研究资料对铂族元素的来源和迁移机制进行了探讨。铂族元素可能受深源的影响，IPGE（Ir、Os、Ru）可能主要以硫化物形式存在，而 PPGE（Rh、Pt、Pd）可能主要以单质形式存在。

关键词：铂族元素；深源；迁移方式

铂族元素（PGE）包括铂（Pt）、钯（Pd）、铑（Rh）、铱（Ir）、锇（Os）、钌（Ru）。铂族金属因其具有瑰丽的外表和其他金属不可比拟的物理化学特性、持久的使用寿命和稳定的储存价值、独特的生物活性和催化活性，成为一类其他金属和物质不可替代的特殊金属。20 世纪中期，铂、钯被称为现代工业"维生素"，由于其在材料、能源、信息、环保这 4 个国际社会公认的高新技术产业中的重要作用被赞誉为"第一重要的高技术金属"。但是由于铂族元素总量少、品位低、分布不均匀，长期被少数国家垄断着，多数国家供需矛盾突出。全球的铂族金属年产量只有 400 t 左右，其中锇、铱、铑、钌的年产量更少，只有几十吨。中国陆域已发现的铂、钯矿金属储量还不到全球储量的 0.5%，在中国铂族元素产品主要依赖进口。因此，加快寻找铂族金属矿产是十分必要的。

目前，国内外对铂族元素的研究主要集中在与镁铁质‑超镁铁质岩体有关的矿床和铜镍硫化物矿床上。而这些被研究的矿床都是大型‑超大型的，比如布什维尔德杂岩体、金川铜镍硫化物矿，以目前对铂族元素的认识状况找这种大矿是很困难的，也没有普遍意义。近年来在南方黑色岩系发现有铂族元素伴生，对黑色岩系中铂族元素矿床的研究也取得了一系列重要进展。南秦岭泥盆系典型金矿床陕西双王金矿、八卦庙金矿、甘肃礼坝金矿等矿床，产出大地构造环境相似，矿体赋矿围岩均为含碳、泥质的浅变质细碎屑岩和含金角砾岩。这些特征与南方黑色页岩极为相似，铂族元素可能成矿，值得进一步研究。

1　地质背景

太白金矿所在的凤太矿田位于秦岭泥盆系金矿带中部，区域上矿田处于凤镇—山阳深断裂南侧。矿区出露地层为一套浅海相碎屑岩‑碳酸盐岩组成的浅变质岩系，即泥盆系王家楞组、古道岭组和星红铺组。矿体赋存于呈北西西向贯穿该区的含铁白云石胶结角砾岩中。含金角砾岩带长 1115 km，总体延伸方向 290°~310°（见图 1），由大小不等的 5 个主角砾岩体（Ⅰ—Ⅴ）组成，角砾岩体长 550~3600 m。该矿田内还有著名的八卦庙金矿等。含金角砾岩角砾的分选极差，大的可达几米，甚至几十米，小的仅达毫米级。角砾的组成简单，为米黄色钠长岩，其矿物组合、含量、粒度和组构及变质程度与角砾的原岩基本一致。胶结物为多阶段热液活动的产物，以铁白云石为主，其次为方解石、石英、黄铁矿、钠长石等。角砾与胶结物之间的界限十分明显，且二者成分不一致。胶结物以脉状、网脉状充填于角砾间的空隙或围岩的裂隙中，更反映出流体的多期活动性。

2　样品特征和分析方法

样品取自太白金矿主矿体 8 号矿体 1290 m 中段到 1350 m 中段，样品为角砾状钠长石岩，主要矿物有钠长石、含铁白云石、方解石、石英；其次有微量黄铁矿、电气石、金红石等。黄铁矿为本区主要载金矿物，呈浸染状分布于角砾中，或呈浸染状、脉状和团块状分布于胶结物中，与含铁白云石、方解石、钠长石等关系密切，常分布于它们的粒间。

其中 T500A 由从 T506、T509、T511、T513、T516、T517、T522 样品中挑选的黄铁矿组合而成；T500B 由

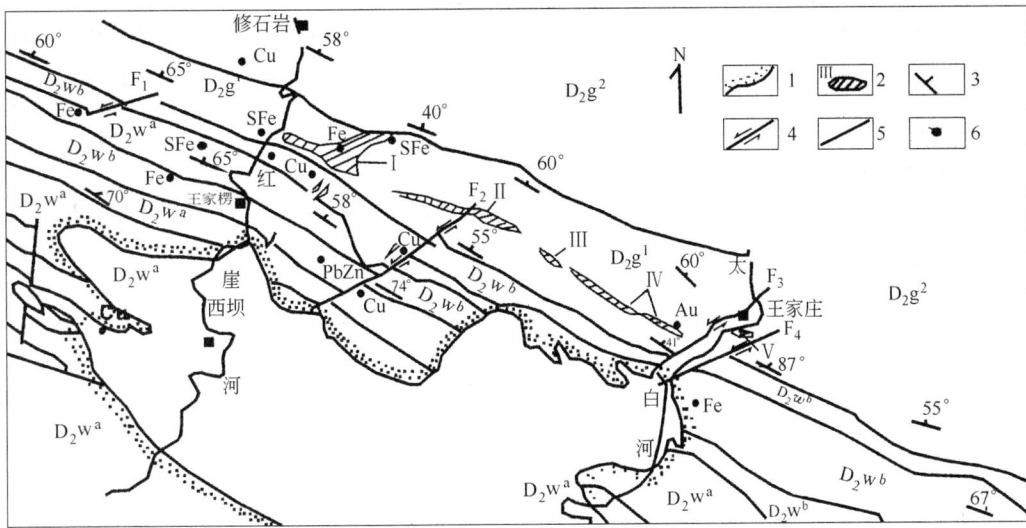

图1　太白金矿区域地质图（据陕西省地矿局区调队，1980）

D₂g²—古道岭组上段；D₂g¹—古道岭组下段；D₂wᵇ—王家楞组上段；D₂wᵃ—王家楞组下段；1—角岩带；
2—含金角砾岩体及其编号；3—地层产状；4—平移断层及产状；5—推测断层；6—矿床、矿化点；
F₁～F₄—断层；Au—金矿；Cu—铜矿；Fe—铁矿；SFe—硫铁矿；PbZn—铅锌矿

T552、T556、T567、T589、T593、T596 样品中挑选的黄铁矿组合而成；T700 由 T702、T708、T736、T756、T786 样品中挑选的黄铁矿组合而成；T001 为上述样品挑选黄铁矿前磨碎混合均匀组合而成；T009 为上述样品挑选黄铁矿后混合均匀组合而成。

　　样品中铂族元素采用镍硫火试金法结合 ICP－MS 测定，具体操作如下：称取 15 g 粉末样品（小于 74 μm），与 20 g 硼酸锂、10 g 碳酸、2 g 羰基镍粉、2 g 硫粉和一定量的二氧化硅充分混合均匀。在试金炉内高温（1150℃）熔融 2 h 后取出镍，用 6 mol/L 的盐酸将其完全溶解，加入 1 mg/mL 的碲溶液和 1 mol/L 的 SnCl₂ 溶液 4 mL 进行共沉淀、抽滤，将沉淀用 2.5 mL 的王水溶解，加入内标镉和铼并稀释到 50 mL 待测，PGE 的测试在国家地质测试中心的 TIA ProExcel 型 ICP－MS 上完成，选用同位素为 ¹⁹³Ir、¹⁰¹Ru、¹⁰³Rh、¹⁹⁵Pt 和 ¹⁰⁵Pd。实验方法的检测限是通过在 TIA ProExcel 型 ICP－MS 连续测定所选用的同位素 11 次，由空白溶液的 3 倍标准偏差计算得到。仪器的检测限、方法的检测限及国家标样 GBW07290（橄榄石）、GBW07291（辉石橄榄岩）和国际标样 WGB1（辉长岩）的测试结果见表1。用上述方法测的结果见表2，表2数据经原始地幔标准化作图示于图2。

表1　PGE 数据分析评价参数　　　　　　　　　　　　　　　　　　　（ng/g）

项目	Ir	Ru	Rh	Pt	Pd
仪器检测限	0.0003	0.0012	0.0016	0.075	0.0032
方法检测限	0.0024	0.0086	0.0048	0.0082	0.0043
GBW07290 测定值	5.50	13.8	1.11	6.76	3.40
GBW07290 参考值	4.3 ± 0.28	14.8 ± 1.87	1.3 ± 0.21	6.4 ± 0.4	4.6 ± 0.29
GBW07291 测定值	6.14	1.39	4.57	57.6	77.8
GBW07291 参考值	4.7 ± 0.65	2.5 ± 0.15	4.3 ± 0.52	58 ± 2.19	60 ± 4.05
WGB1 测定值	0.21	0.14	0.29	6.3	13.6
WGB1 参考值	0.33 ± 0.17	0.3	0.32 ± 0.21	6.1 ± 1.6	13.9 ± 2.1

表2 太白金矿样品中铂族元素含量 （ng/g）

样品原号	T001	T009	T500A	T500B	T700	华夏陆壳	原始地幔
Os	0.29	0.11	1.47	1.77	0.42	1.62	3.40
Ir	0.19	0.05	0.48	0.42	0.23	0.74	3.20
Ru	0.59	0.36	8.21	5.66	2.89	3.29	5.00
Rh	0.11	0.05	0.21	0.13	0.06	0.75	0.90
Pt	1.42	0.50	2.63	1.49	1.45	5.22	7.10
Pd	3.78	1.52	4.98	5.63	2.10	4.51	3.90
Pd/Ir	19.89	30.40	10.38	13.40	9.13	8.24	1.22
Pd/Pt	2.67	3.04	1.89	3.78	1.45	0.86	0.55
Pt/Ru	2.40	1.39	0.32	0.26	0.50	1.58	1.42
IPGE/PPGE	0.20	0.25	1.30	1.08	0.98	0.54	0.97

注：由国家地质测试中心韩慧明等测试。

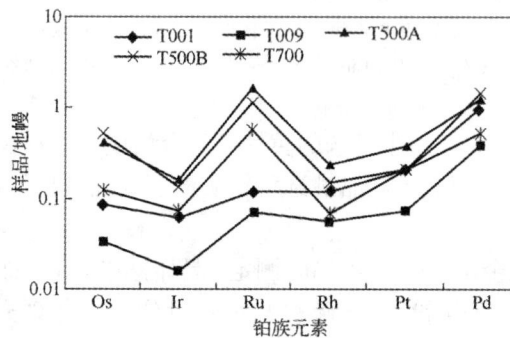

图2 太白金矿含金角砾岩全岩和黄铁矿中 PGE 含量分布图（经地幔标准化）

太白金矿硫化物中铂族元素富 Ru、Pt、Pd，但 Os、Ir 亏损，Ru 主要在硫化物中富集，在太白角砾岩中的含量比较低。而 Pt、Pd 不仅在硫化物中富集而且在原岩中含量也比地壳克拉克值要高。

3 讨论

3.1 铂族元素分布特征

太白金矿含金角砾岩的铂族元素含量为 2.59～6.37 ng/g，比秦岭地区八卦庙金矿中千枚岩和含矿千枚岩中铂族元素（1.16～4.32 ng/g）含量高，而相对于原始地幔铂族元素（23.5 ng/g）亏损。而太白金矿含金角砾岩黄铁矿中铂族元素含量（7.15～17.98 ng/g）明显比八卦庙金矿中的铂族元素含量高（见表2）。在角砾岩中的 IPGE(Ir、Os、Ru)/PPGE(Rh、Pt、Pd) 值为 0.2～0.25；而在黄铁矿中的值为 0.98～1.3，比在原始地幔中的 IPGE/PPGE 稍高，在黄铁矿中和原始地幔中 IPGE/PPGE 相关性较强。

太白金矿含金角砾岩全岩和黄铁矿的 PGE 的原始地幔标准化曲线 IPGE 和 PPGE 均为正斜率（见图2），IPGE 以 Ir、Os、Ru 顺序含量增加，PPGE 以 Rh、Pt、Pd 顺序含量增加。相对于原始地幔而言，黄铁矿中 Ru 明显的正异常，在铂族元素中只有 Ru 能形成 RuS_2，因而太白金矿硫化物中铂族元素比全岩的含量要高得多。硫化物中 Rh、Pt、Os、Ir 亏损，全岩中 PGE 强烈亏损。从图2可以看出 IPGE 在太白金矿硅酸盐和硫化物中分异较 PPGE 明显，表明在角砾钠长岩形成的阶段经历过硫化物的分异作用，由于 PGE 在硫化物/硅酸盐熔体中的配分系数极大，PGE 与硫化物强烈相容，而随硫化物一起从熔体中分离出来，由此造成了钠长岩中 PGE 强烈亏损。

与同一构造带上的八卦庙金矿床相比，太白金矿含金角砾岩 PGE 含量明显高于八卦庙金矿，但是谢玉玲等在八卦庙金矿的电子探针数据(见图3)显示八卦庙金矿床硫化物中铂族元素含量较高,尤其是 Ru,最高可达 1.8%,图 3 为硫化物矿物微区的电子探针数据,而苏瑞侠等测得千枚岩、含矿千枚岩和硫化物中铂族元素较低(1.16~4.32 ng/g),这种差别可能是因铂族元素在八卦庙金矿床硫化物和硅酸盐中的分布极不均匀造成的。苏瑞侠等在八卦庙金矿发现了独立的钌钨矿证实八卦庙金矿确实具有高的 Ru 含量。据此铂族元素总量比八卦庙高的太白金矿更可能含有含量较高的 IPGE 矿物,然而目前还没有相关的报道,有必要进行更深入细致的研究。

3.2　铂族元素的深源性

从大地构造位置上看,太白金矿、八卦庙金矿地处华北地台与扬子地台对接消减带,靠近扬子地台一侧,其北有商县—丹凤深断裂,凤镇—山阳深

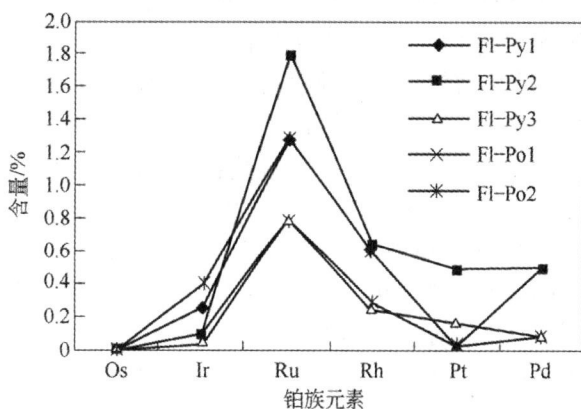

图 3　八卦庙金矿硫化物矿物电子探针分析的 PGE 含量分布图

Fl – Py—黄铁矿; Fl – Po—磁黄铁矿

断裂从矿区以北的上、下白云镇通过。沿深断裂有碰撞型花岗岩和基性、超基性岩分布,说明深断裂可切穿地壳达上地幔,成为幔源热液上升的通道。产于泥盆系细碎屑岩中的金矿床多分布于断裂的南侧,距断裂 10~30 km 范围内,如二台子金矿、凤县八卦庙金矿、太白金矿等。太白金矿含金角砾岩硫化物中的 IPGE/PPGE 与原始地幔中 IPGE/PPGE 的比值相差不大,揭示了其与深源的密切关系。谢玉玲等在太白金矿首次发现了 Cu、Ni 的砷化物和硫化物(黑硫铜镍矿和辉砷镍矿)。这些与深层的基性岩和超基性岩关系密切的矿物的发现是该地区铂族元素受深源热液影响的有利证据。另外,卢武长、郑作平等,储雪蕾、谢玉玲等的碳同位素分析也揭示了深源流体在该区的成矿有重要作用,金矿床硫为地层硫和岩浆硫的混合硫。石准立的稀土特征也表明太白金矿成矿受深部流体的影响。因此太白金矿的成矿很有可能受来自于深源物质的影响。

储雪蕾等对内蒙古大井铜多金属矿床硫化物矿石和矿区出露的基性 – 超基性脉岩进行研究发现,矿石和脉岩的铂族元素特征显示具有深源性,将太白金矿含金角砾岩铂族元素与储雪蕾等内蒙古大井矿床铂族元素进行比较的结果示于图4和图5,样品采自大井和官地两矿床矿井下 600 m 中段,F1862602、F1870104、F1862903 为黄矿,以黄铜矿、黄铁矿为主;F1870306 为黑矿,以方铅矿和闪锌矿为主;F1870201、F1870308a 为基性 – 超基性脉岩,主要矿物为蛇纹石和绿泥石。其余为太白金矿样品。太白金矿铂族元素的分布和内蒙古大井矿床的铂族元素分布相似,硫化物(矿石)中 Ru 富集,IPGE 和 PPGE 分异明显,具有深源的特点。

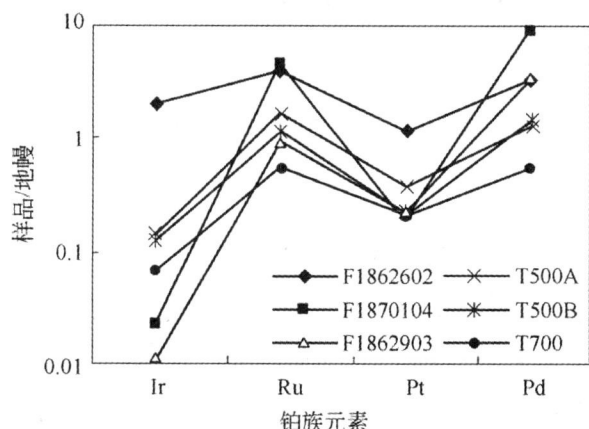

图 4　太白金矿硫化物和内蒙古大井矿石中 PGE 含量分布图
(经地幔标准化)

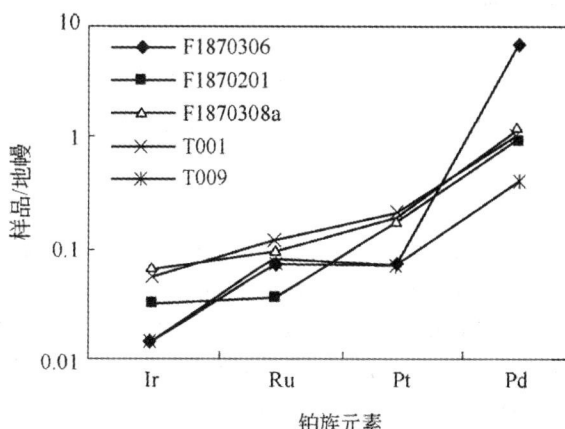

图 5　太白金矿含金角砾岩和内蒙古大井基性 – 超基性脉岩中铂族元素的分布
(经地幔标准化)

3.3　铂族元素的赋存状态和迁移机制

　　铂族元素在自然界一般以以下几种方式赋存：(1)纳米级单质或者合金；(2)独立的单质或者合金矿物，如八卦庙发现的钌钨矿；(3)硫化物；(4)类质同象的形式；(5)配合物形式。太白金矿的成矿阶段包裹体均一温度为 200～336℃，盐度个别较高，因而笔者选用 300℃ Pt – S – Cl – H$_2$O 体系 lgf_{O_2} – pH 相图（见图6），本文所测得 Pt 在含金角砾岩以及其中的硫化物中的含量为 0.5～2.63 ng/g。从图6可以看出，在这种情况下 Pt 只可能以单质形式或 PtS 形式赋存，而以 PtS 形式存在的 pH 值应该小于2，显然在钠长岩中不会有这么低的 pH 值，从表2可知 Pt 在角砾岩和硫化物中基本均匀分布，因而 Pt 可能以纳米级单质均匀分布在含金角砾岩中，PPGE 可能主要以这种方式存在，在该地区至今没有 PPGE 的单矿物发现，也许就是因为 PPGE 主要以纳米级微粒存在，难以用现有手段查明。IPGE 在硫化物和钠长石中分布差异较大，IPGE 在硫化物中可能以硫化物、单质、合金或者其他化合物矿物形式存在，在产出环境相似的八卦庙金矿硫化物中发现 IPGE 的分布也是极不均匀的，同时在该矿床发现的钌钨矿证实了这种可能性是存在的。

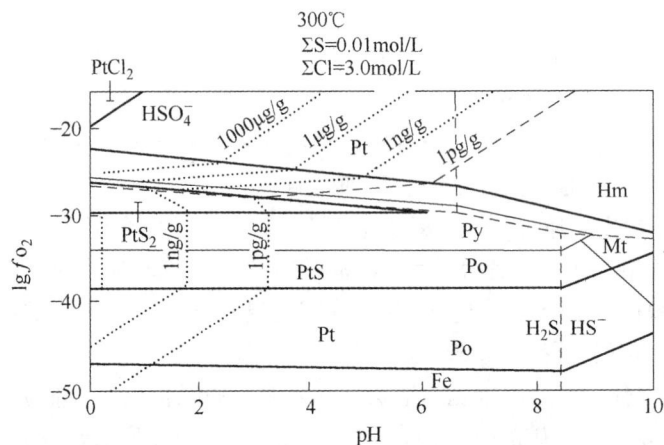

图6　Pt – S – Cl – H$_2$O 体系 lgf_{O_2} – pH 相图

Py—黄铁矿；Po—磁黄铁矿；Hm—赤铁矿；Mt—磁铁矿

4　结论

　　(1)太白金矿含金角砾岩的铂族元素比秦岭地区八卦庙金矿中千枚岩和含矿千枚岩中铂族元素含量高，相对于原始地幔而言，太白金矿角砾岩硫化物中 Ru、Pd 呈明显的正异常，Rh、Pt、Os、Ir 亏损，全岩中 PGE 强烈亏损。

　　(2)太白金矿的铂族元素很有可能受来自于深源物质的影响。

　　(3)PPGE 主要以纳米级微粒存在，IPGE 在硫化物中可能以硫化物、合金或者其他化合物矿物形式存在。

参考文献

[1] 李胜荣，高振敏.华南下寒武统黑色岩系中的热水成因硅质岩[J].矿物学报，1996，16(4)：416～422.

[2] 刘家军，郑明华，刘建明.西秦岭寒武系层控金矿床中成矿元素富集规律[J].黄金地质，1999，5(4)：43～50.

[3] 陈永清，夏庆霖，刘红光.滇东 Pt – Pd – Cu 含矿建造地球化学特征及其含矿性分析[J].中国地质，2003，30(3)：225～234.

[4] 肖启云，李胜荣，蔡克勤.湘黔下寒武统黑色岩系不同矿物组合中的铂族元素特征[J].中国地质，2006，33(5)：1083～1091.

[5] Mcdonough W F，Sun S S. The Composition of the earth[D]. Chemistry Geology，1995，120：223～253.

[6] 苏瑞侠，刘平，郭健，等.秦岭八卦庙金矿金的矿化与铂族金属的富集[J].地质找矿论丛，2001，16(1)：12～18.

[7] Bames S，Naldrett A J，Gorton M P. The Origin of the fractionation of platinum—group element in terresn 21 magmas[J]. Chelmcal Geology，1985，53：303～323.

[8] 谢玉玲，徐九华，何知礼，等.太白金矿流体包裹体中黄铁矿和铁白云石子矿物的发现及成因意义[J].矿床地质，2000，19(1)：54～60.

［9］卢武长.稳定同位素地球化学［R］.成都：成都地质学院出版发行组，1986.

［10］郑作平，于学元，郭健.八卦庙金矿地质及稳定同位素研究［J］.陕西地质，1994，12（2）：22～30.

［11］储雪蕾，樊祺诚，刘若新，等.中国东部新生代玄武岩中超镁铁质的 CO_2 包裹体的 C、O 同位素初步研究［J］.科学通报，1995，40（1）：62～64.

［12］谢玉玲，徐九华，钱大益.太白金矿载金矿物标型特征［J］.北京科技大学学报，1997，19（3）：223～227.

［13］石准立.双王－二台子型金矿矿床地质特征和成矿机制探讨［C］//中国东部金矿床地质研究文集.北京：地质出版社，1993.

［14］储雪蕾，孙敏，周美夫.内蒙古林西大井多金属矿床矿石的铂族元素分布及物质来源［J］.科学通报，2002，47（6）：457～461.

［15］Garmnons C H, Bloom M S, Yu Y. Experimental investigation of the hydrothermal geochemistry of platinum and palladium：I. Solubity of platinum and palladium sulphide minerals in NaCl/ H_2SO_4 solutions at 300℃［J］. Geochimicaet Cosmochimica Acta, 1992, 56：3881～3894.

中国铂族元素矿床类型和地质特征

梁有彬　李艺

（中国有色金属工业总公司矿产地质研究院，广西桂林，541004）

摘　要：根据成矿地质环境、容矿岩石类型、元素共生组合、矿床地质特征和成矿作用性质，将我国的铂族元素矿床划分为岩浆型、热液型和外生型三大类型和九个亚类，而赋存于基性超基性岩体中的铜镍型铂族元素矿床是我国最重要的铂族元素矿床。另外，中元古界含碳质的浅变质岩系和下寒武统黑色岩系具有铂族元素矿床的找矿前景，而有机质对铂族元素的聚集可能具有重要作用。总的来说，我国铂族元素成矿具有广泛的地质环境，并多以伴生的铂族元素矿产产出。

关键词：铂族元素矿床；地质特征；矿床类型；成矿地质环境

中国的铂族元素矿床受到全世界地质工作者的广泛关注，在世界铂族元素矿产资源储量上具有重要地位。地质勘查和研究结果表明，我国铂族元素找矿和理论研究都有较大的进展，对铂族元素成矿地质条件和环境获得了一些新资料和认识。作者长期从事铂族元素地质研究工作，总结并论述了我国铂族元素矿床的成因类型及其地质特征。

1　铂族元素成矿地质环境

岩石学、矿物学和地球化学研究结果表明，铂族元素及其组成矿物，在不同岩石类型和不同成因矿床中，其含量和矿物种类有着明显的差异。铂族元素明显地富集于基性超基性岩及其赋存的铜镍和铬矿床中，反映了铂族元素与上地幔岩浆的亲缘关系。因此，在不同地质环境的基性超基性侵入杂岩带内，寻找与铬铁矿或铜镍矿有关的共生矿床或岩浆型铂族元素矿床，实践证明具有很好的找矿效果，在原有岩石－构造带内又发现了铂族元素矿床或共生矿床。近年来，在沉积变质岩石中一些新的地质环境发现了铂族元素的异常和矿化，甚至形成有工业意义的铂族元素矿床。证明岩浆作用不是控制铂族元素迁移和富集的唯一地质因素和成矿条件，可在岩浆期后热液作用富集和成矿，甚至在热水溶液和表生作用下都有铂族元素的活动和富集。如发现洋底锰结核中铂族元素含量高达$(6 \sim 20) \times 10^{-6}$，海底铁锰结壳中的铂（钯）含量达$1.0 \times 10^{-6}$，大陆架磷块岩中钌含量达$0.01 \times 10^{-6}$，在含硫和有机质的煤矿中铂含量平均达$0.20 \times 10^{-6}$，最高达$10 \times 10^{-6}$，钯含量达$6.1 \times 10^{-6}$，铱含量达$0.22 \times 10^{-6}$，这表明铂族元素成矿具有广泛的地质环境。

我国铜镍型铂族元素矿床主要产于相对稳定的大地构造单元与造山带结合部位的邻近处，常出现在古老地块的边缘，其次在古地块的内部和活动带内的中间地块中。赋矿侵入体通常与规模巨大的、长期构造活动的一级深大断裂或深断裂体系密切相关。例如中朝地台西南边缘和北部边缘岩带、扬子准地台西部和北部岩带、天山—兴安褶皱系岩带、祁连褶皱系北部隆起区与阿拉善台块毗邻处岩带、阿尔泰褶皱带与准噶尔地台接合部位岩带和阴山纬向构造带岩带等。铬铁矿型铂族元素矿床分布于祁连褶皱带中间地块南部蛇绿岩带、贺兰山台褶带北缘蛇绿岩带、雅鲁藏布江—象泉河蛇绿岩带、藏北班公湖—怒江蛇绿岩带、西准噶尔蛇绿岩带和内蒙古索伦山蛇绿岩带等。含铂族元素的钒钛磁铁矿床仅见于扬子板块西缘攀西古裂谷地区和华北地台北缘燕山沉降带内，前者为大型层状的基性超基性杂岩体，后者属镁质超基性岩体。

在扬子准地台的湘黔川鄂古拗陷区东南侧、江南古陆西缘和东部、扬子准地台的滇东台褶带、四川盆地边缘和昆仑—秦岭地槽过渡带等，下寒武统黑色页岩建造发育，为含有机碳较高（一般为5%，高达20%）的硅、泥质岩石，是磷块岩矿床和镍、钼、钒、硒、REE、PGE共生矿床成矿的有利沉积环境。赣东北断裂与乐安河深断裂之间的中元古界双桥山群，发现含碳质千枚岩中铂和钯含量分别为0.056×10^{-6}和0.016×10^{-6}，碳质千枚岩铂和钯含量分别为0.016×10^{-6}和0.007×10^{-6}，表明该地区含碳质的浅变质岩系，具有寻找热液型Au－U－PGE共生矿床和石英脉型金、铂（族）矿床的地质条件和沉积环境。

2 铂族元素矿床类型及其地质特征

国内外对铂族元素矿床还未有统一的分类方案。根据我国铂族元素产出的地质环境、容矿岩石类型、元素共生组合、矿床地质特征和成矿作用等,将我国铂族元素矿床划分为岩浆型、热液型和表生型三大类型和九个亚类,而其中岩浆型是我国最重要的铂族元素矿床类型。

2.1 岩浆型铂族元素矿床

根据赋矿岩石类型和成矿共生元素组合特征,岩浆型铂族元素矿床可分为铜镍型铂族元素矿床、铬铁矿型铂族元素矿床和钒钛磁铁矿型铂族元素矿床三个亚类,其铂族元素的富集作用和元素组合均具有一定的差异性。

2.1.1 铜镍型铂族元素矿床

该类型矿床的铂族元素成矿作用较复杂,可大致分为超基性岩、基性岩和基性超基性岩杂岩体内的矿床。成矿母岩多为铁质基性岩和超基性岩,但亦有镁质超基性岩,铂族元素的富集和成矿与铜镍成矿具有密切关系。由于岩矿浆的演化和熔离作用,在岩浆房中形成多个化学成分有差异的高浓度(富含橄榄石和 PGE 等金属离子)熔融区和中低浓度(含金属离子少)熔融区,在重力作用和扩散作用双重效应下产生岩矿浆分层体系和使不混熔性硫化物微滴不断凝集,铂族元素被硫化物微滴捕集而富集于硫化物熔浆中,形成含铂族元素的铜镍硫化物矿石。由于铂钯与锇、钌、铑的地球化学性质的差异性,在铜镍矿体内形成铂(钯)大于 1×10^{-6} 的相对高铜的铂钯富集体和锇(钌)大于 0.050×10^{-6} 的相对高镍的锇铱钌铑的富集地段。总体上,该类矿床以富 Pt 和 Pd,而贫 Os、Ir、Ru、Rh 为特征。采用 A. J. Naldrett 教授提出的岩浆矿床铂族元素球粒陨石标准化的计算方法,获得了某些矿床铂族元素球粒陨石标准化模式图(见图 1 中 a),属铁质基性超基性岩的 Pt – Pd 配分类型。铂族元素主要形成独立矿物相,呈硫、砷、碲、铋、锑化物和金属互化物产出,主要矿物有砷铂矿、碲铋镍钯矿、锑钯矿、硫铂矿、硫镍钯铂矿、碲钯硫砷铱矿、铅钯矿、铁铂矿、黄碲钯矿、六方锑钯矿等,并与金属矿化物密切共生或包裹于硫化矿物中。一般来说,由于原始岩浆铂族元素含量的变化和富集程度的不同,而形成以铜镍为主的伴生铂族元素矿床和以铂钯为主贫铜镍的铂钯矿床,又可形成铜镍铂(族)共生矿床。如我国金川、金宝山、杨柳坪、喀拉通克等铜镍型铂族元素矿床。

2.1.2 铬铁矿型铂族元素矿床

从成因上来说,我国铬铁矿床可分为蛇绿岩型豆荚状铬铁矿床和侵入岩体型非层状铬铁床。含矿母岩为方辉橄榄岩、纯橄榄岩和橄榄岩,属超镁铁质杂岩体。铂族元素富集与铬铁矿化有密切的成因联系,铂族元素富集体即为铬铁矿矿化体,其矿化作用受原始地幔岩浆中铂族元素类型制约,与富 MgO 岩浆伴生的铬铁矿富含 Os、Ir、Ru,而与富 FeO 熔浆伴生的铬铁矿相对富 Pt 和 Pd。总体上,我国铬铁矿床铂族元素含量较低,并以富 Os、Ir、Ru 而贫 Pt、Pd 为特征。某些矿床铂族元素球粒陨石标准化模式图(见图 1 中 b)属于镁(铁)质超基性岩的 Os 配分类型。主要铂族矿物有含 Os、Ir 的硫钌矿,含 Ir、Ru 的硫锇矿、锇铱矿、铱锇矿、砷矿和硫铂矿等。呈细小的硫、砷化物和金属互化物,包裹于铬铁矿及产于其裂隙中。大道尔吉洛铁矿床铂族元素平均含量为 0.05×10^{-6},而富矿石中平均含量为 0.31×10^{-6};小松山铁矿床中铬铁矿富矿石铂族元素含量可达 0.60×10^{-6},一般为 0.2×10^{-6},罗布莎矿床为 $(0.25 \sim 0.62) \times 10^{-6}$。

2.1.3 钒钛磁铁矿型铂族元素矿床

该类型矿床产于高碱高钛的偏碱性玄武岩浆分异的层状基性超基性杂岩体内,岩石的 M/F 比值为 $0.5 \sim 2$,属铁质基性超基性岩。TiO_2 大于 2.0%,全碱含量在 2.5% 以上,Mg 小于 40%,Ca 为 30% ~ 50%,属"碱钙系"暗色岩或碱性玄武岩系列。钒钛磁铁矿体呈层状和似层状产于辉长岩层底部,可见含磷灰石达 5% 的富磷灰石层分布岩体的中部,最底部见一稳定的伟晶辉长岩层,原生层状构造系由不同矿物组合或由深浅颜色岩石相互更替而成。在钒钛磁铁矿体形成过程中,由于重力作用和熔离结晶作用,使岩浆中的硫化物熔滴相对凝聚并下沉在钒钛磁铁矿体下部,形成与钒钛磁铁矿体分层的富含硫化物矿层。以富含 Pt、Os、Ir、Rh 等铂族元素为特征,其铂族元素平均含量达 0.30×10^{-6}。铂族元素球粒陨石标准化模式图如图 1 中 c。显然,与铜镍型和铬铁矿型的标准化模式图有明显的差别,属铁质基性超基性岩的多元素配分类型,如攀枝花、红格、新街和安益矿床。

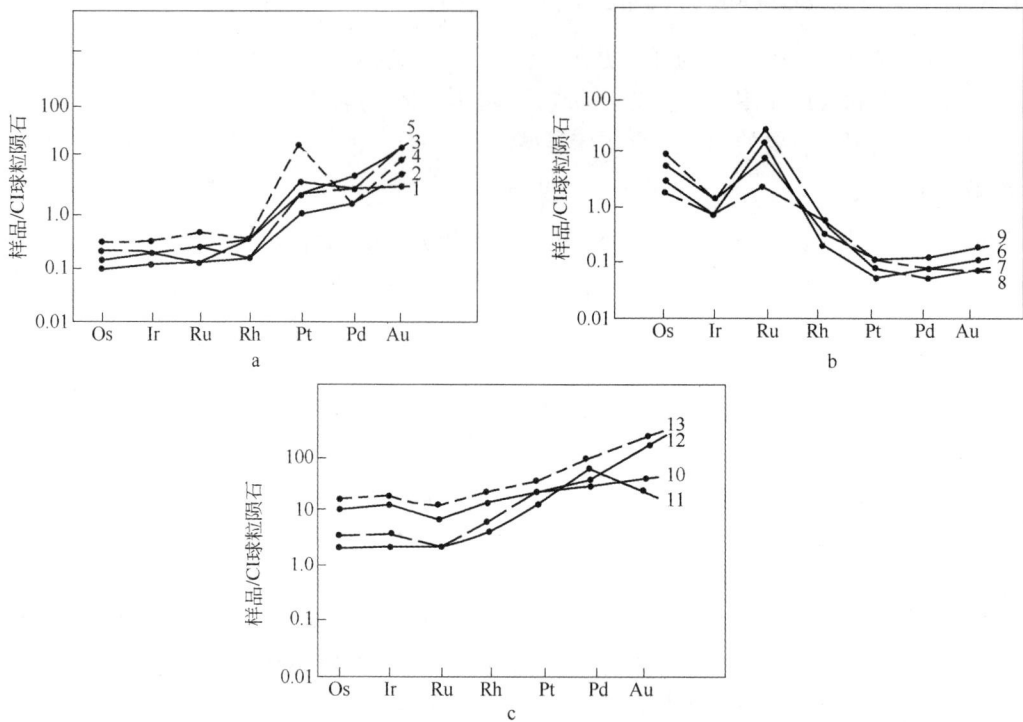

图 1　PGE CI 球粒陨石标准化模式图

a—铜镍型：1—朱布；2—喀拉通克；3—小南山；4—金川铂（钯）矿体；5—金川铜－镍富矿

b—铬铁矿型：6—东巧；7—罗布莎；8—大道尔吉；9—小松山

c—钒钛磁铁矿型：10，11—攀枝花；12，13—新街

2.2　热液型铂族元素矿床

　　热液型铂族元素矿床系指岩浆期后气液流体的热液作用和交代作用所形成的含铂族元素的多金属矿床。如矽卡岩型铜（铁）矿床、斑岩型铜（钼）矿床、热液型铜矿床和硅化型或石英脉型金矿床等。这些热液矿床铂族元素含量一般均较低，主要为 Pt 和 Pd，与中酸性侵入岩有密切联系。因 Pt 和 Pd 元素主要赋存在铜硫化矿物中，而具有综合利用价值，如铜绿山铜精矿含 Pt + Pd 达 0.325×10^{-6}。

2.2.1　矽卡岩型铜（铁）矿床

　　长江中下游地区是我国铜（铁）多金属成矿区，在大冶和铜陵地区的矽卡岩型矿床发现有含低品位的铂和钯，矿石中的铂和钯含量一般都低于 0.10×10^{-6}，且分布很不均匀，但可出现铂钯局部富集现象，且为 Pd > Pt。如铜录山铜铁矿床的铜铁矿石的 Pt 和 Pd 最高含量分别可达 0.174×10^{-6} 和 1.806×10^{-6}，铜录山口铜矿床的铜矿石其 Pt 和 Pd 最高含量分别可达 0.068×10^{-6} 和 0.450×10^{-6}，局部矿石 Pt + Pd 含量可达 0.512×10^{-6}。矿石中可发现碲钯矿，呈圆柱状或柱状包裹于黄铜矿中。钯铂与金、铜、碲一般呈正相关关系。

2.2.2　斑岩型铜（钼）矿床

　　德兴斑岩铜矿床是闻名于国内外的特大型铜矿床，产于中酸性花岗闪长斑岩体内外接触带，形成于岩浆期热液阶段，铜矿体赋存在岩体内外接触带的强、中蚀变带的中上部，属岩浆期后浅成中温热液矿床。铜厂斑岩铜矿床铂族元素含量较低，Pt 和 Pd 含量分别为 0.002×10^{-6} 和 0.003×10^{-6}，而铜矿石的 Pt 和 Pd 平均含量分别为 0.01×10^{-6} 和 0.02×10^{-6}，Pt + Pd 含量最高可达 0.24×10^{-6}。铂族元素矿物有碲钯矿和碲钯铂矿，呈细小颗粒包裹于黄铜矿中，而辉钼矿中铼的平均含量为 2.15×10^{-6}。

2.2.3　热液型铜矿床

　　河北三道沟铜矿是该类型最有代表性的含铂族元素的热液型铜矿。矿体严格受构造裂隙和构造带中各种脉岩控制，呈似层状或透镜状产于强蚀变的榴长岩中，铂钯含量极不均匀，矿石中铜平均含量为 0.3%，Pt + Pd 含量平均为 0.50×10^{-6}，最高含量达 3×10^{-6}，Pt：Pd ≈ 1：1，Rh、Pd 与 Cu 呈正消长关系。铂族元素矿物有碲铂矿、硫铜钴铂矿、碲钯矿和铋碲银钯矿。

2.2.4 热液型金矿床

该类型矿床最有代表性的是江西金山金矿床。含铂族元素金矿体赋存于前寒武系双桥山群的含碳质千枚岩和凝灰千枚岩中,其矿化类型可分为蚀变岩型和石英脉型两大类。蚀变岩型是主要金矿化类型,呈层状和似层状沿层间构造破碎带产出。贵金属的富集作用与碳质、火山凝灰质、硅质岩石有关,黄铁矿化和硅化与金和铂族元素成矿有着密切的生成关系。超糜棱岩金矿石中铂和钯含量分别为 0.47×10^{-6} 和 0.007×10^{-6},具有强烈黄铁矿化的碳质千枚岩金矿石中铂和钯含量分别为 0.34×10^{-6} 和 0.033×10^{-6}。表明我国前寒武系的变质沉积岩赋存有贵金属和多种金属元素,成为热液交代作用成矿的矿源层。

另外,国外与热液有关的锡、钴、铀、铅、锌、汞、锰等矿床也含铂族元素。如保加利亚某锡石 - 硫化物矿床中的黄铜矿含 Pt 痕量、Pd 为 0.03×10^{-6},Rh 为 0.03×10^{-6};而富铜的锡石 - 硫化物矿石则含铂族元素较高,如俄罗斯费斯季瓦利矿床黄铜矿中含 Pt 0.11×10^{-6},Pd 0.03×10^{-6}。摩洛哥的钴 - 砷化物矿床中黄铜矿含 Pt $0.4 \times 10^{-6} \sim 0.7 \times 10^{-6}$,加拿大安大略地区的一些铀矿中发现有富铂族元素的铀矿石,Pt 和 Pd 含量分别为 $0.02 \times 10^{-6} \sim 7.3 \times 10^{-6}$ 和 $0.10 \times 10^{-6} \sim 44.3 \times 10^{-6}$,Os 和 Ir 分别为 0.33×10^{-6} 和 0.43×10^{-6},Ru 和 Rh 分别为 0.35×10^{-6} 和 $(0.006 \sim 0.67) \times 10^{-6}$。俄罗斯米尔加里姆赛铅锌矿床中,Pd 含量达 $0.006 \times 10^{-6} \sim 0.008 \times 10^{-6}$,中亚的汞锑矿床中辰砂含 Pd $0.15 \times 10^{-6} \sim 0.498 \times 10^{-6}$。澳大利亚博格莫亚地区的软锰矿中 Pt 和 Pd 分别为 10×10^{-6} 和 4.0×10^{-6},Ir 为 0.8×10^{-6},Rn 为 0.1×10^{-6}。

2.3 外生型铂族元素矿床

外生型铂族元素矿床是指在外生地质作用下形成的铂族元素矿床。目前在我国仅发现有沉积镍钼型铂族元素矿床和砂铂(族)元素矿床。

2.3.1 沉积镍钼型铂族元素矿床

该类型矿床主要分布在扬子准地台湘黔川鄂古拗陷区的下寒武统黑色岩系建造中,如湖南的大庸和慈利,贵州的遵义和织金,四川的汉源,云南的沾益,浙江的诸暨等地的镍钼矿床。不同矿床的铂族元素、镍、钼、金、银含量如表 1 所示。矿石富含有机碳、磷质、黏土和云母类矿物,多种金属元素和微生物化石,铂族元素特别是铂和钯含量相对较高,主要富集在镍钼金属硫化物层中。大庸镍钼矿床的镍钼矿石 Pt 平均含量为 0.280×10^{-6},最高达 0.434×10^{-6},Pd 平均含量为 0.320×10^{-6},最高为 0.494×10^{-6},Os 平均含量为 0.073×10^{-6},Ir 含量为 0.043×10^{-6},Ru、Rh 含量低微。沉积地质环境为陆棚海盆地或边缘海斜坡地,成矿物质具有多源性,是多种物质来源沉积聚集而成岩成矿,为同生沉积多金属矿床。

表 1 沉积镍钼型铂族元素矿床 PGE 含量

矿床名称	Ni	Mo	Pt	Pd	Os	Ir	Ru	Rh	Au	Ag
湖南大庸	3.01%	3.48%	0.282×10^{-6}	0.320×10^{-6}	0.073×10^{-6}	0.043×10^{-6}	0.005×10^{-6}	0.003×10^{-6}	0.34×10^{-6}	7.20×10^{-6}
贵州织金	2.80%	4.10%	0.210×10^{-6}	0.260×10^{-6}	0.113×10^{-6}		0.004×10^{-6}		0.70×10^{-6}	22.10×10^{-6}
贵州遵义	2.50%	4.00%	0.300×10^{-6}	0.400×10^{-6}		0.03×10^{-6}			0.70×10^{-6}	50.00×10^{-6}
浙江东溪	1.47%	2.82%	0.058×10^{-6}	0.058×10^{-6}	0.094×10^{-6}		0.003×10^{-6}			

2.3.2 砂铂(族)元素矿床

该类型矿床主要见于我国西藏、青海、陕西、河北、新疆、内蒙古等省(区)的基性超基性岩发育区,是一些含铂族元素岩体或矿体经风化、淋滤、冲刷到古河床或现代河床或在风化壳中形成的沉积、残积和坡积的砂铂(族)矿床,一般情况下为砂金、铂(族)矿床。如新疆玛纳斯河一带的黄台子和小吉吾恰依金铂矿点和青海酸刺沟砂铂矿床。黄台子砂矿点（床）Pt 和 Os 含量分别为 0.04×10^{-6} 和 0.006×10^{-6}，铂族矿物有铁铂矿、粗铂矿、铄铱矿、碲钯矿等。青海酸刺沟砂铂矿中 Pt 含量为 0.0162×10^{-6}，内蒙古阿拉善左旗阿尔腾哈拉砂金、铂矿，Pt 含量平均品位 0.055 g/m^3。总体上，我国未发现高含量、规模大的砂金铂（族）元素矿床，找矿和研究均较差。

3　铂族元素成矿作用某些新认识

3.1　有机质对铂族元素富集成矿的意义

近十多年来，国内外地质工作者十分注意研究不同地质年代的黑色页岩多金属成矿作用，特别是发现黑色页岩中的金属矿床伴生有铂族元素和高含量的有机碳。根据加拿大、美国、波兰和我国对黑色页岩化学成分研究结果，表明黑色页岩是铂族元素的重要容矿岩石，铂族元素常与有机质伴生，有机质对铂族元素的富集具有重要意义。我国和加拿大的黑色页岩层序都含有类似的金属硫化物层赋存镍、钼、铂（族）矿床。美国肯塔基上石炭统含硫的煤矿中 Pt 含量达 0.21×10^{-6}，加拿大布莱克伯恩煤矿 Pt 和 Pd 含量异常高，分别达 10×10^{-6} 和 6.1×10^{-6}，认为是循环大气水遇到煤层的富有机质，在还原、低 pH 环境中，分散在溶液中的 PGE 则沉淀下来而赋存在煤层中的结果。我国德兴盆地的前寒武系双桥山群的含碳质千枚岩和凝灰质千枚岩含碳量一般为 3% ~5%，含有 Pt 和 Pd，并赋存有含 Pt 和 Pd 的蚀变岩型金矿体。湖南大庸下寒武统黑色页岩含有机碳达 8% ~12%，上震旦统陡山沱组黑色页岩有机碳达 1.73% ~3.89%，中奥陶统黑色页岩有机碳平均含量为 2.33%，二叠系下统茅口组黑色页岩有机碳为 8.2%。这些黑色页岩往往有金属的聚集和成矿，特别是 Au、Ag、Ni、Mo、V 等形成多金属或贵金属矿床，而伴生有铂族元素，表明缺氧沉积物和变质沉积岩及有机质铂族元素聚集具有重要的意义。

3.2　陆内裂谷作用与铂族元素的矿化

含矿岩体产于陆内裂谷环境，与大面积的溢流玄武岩有密切的空间和成因上的联系，其成因大致相当于拉斑玄武岩浆。俄罗斯诺里尔斯克铜镍铂（族）矿床被认为是与陆内裂谷作用有关的溢流玄武岩中典型的矿床，矿石中铂族元素含量高，且 Pd > Pt，硫的同化作用对成矿具有重要意义。我国川滇地区的攀西古裂谷带二叠纪峨眉玄武岩分布区具备发育诺里尔斯克型矿床的岩石 - 构造环境，一些岩体的岩石化学成分特征很相似，属拉斑系列的铁质基性超基性岩，认为发现这类富铂族元素的岩浆矿床具有较大前景。

3.3　缺氧沉积物和变质沉积物岩层是铂族元素富集的重要容矿环境

有研究资料表明，铂族元素近地表条件下可被雨水活化和在某些热液环境及大气环境下以氯化物络合物的形式存在，也可被 pH 近于中性的偏氧化的热卤水所搬运，显示氯对搬运铂族元素的重要作用。PGE 在湖相和海相环境（包括海底火山活动附近）也可以有明显富集现象。

3.4　金川铜 - 镍 - 铂（族）矿床中的硫化物矿化

金川铜 - 镍 - 铂（族）矿床中的煌斑岩脉具有硫化物矿化，其 Pt 和 Pd 含量分别可达 0.24×10^{-6} ~ 0.46×10^{-6} 和 0.03×10^{-6} ~ 0.06×10^{-6}，辉绿岩脉 Pt 和 Pd 含量分别达 0.02×10^{-6} ~ 0.08×10^{-6} 和 0.10×10^{-6} ~ 0.06×10^{-6}，细晶闪长岩 Pt（Pd）含量达 0.18×10^{-6}，含铜镍硫化物石英脉中 Pt 和 Pd 含量最高可达 0.415×10^{-6} 和 0.444×10^{-6}，而 Pt 和 Pd 平均含量分别为 0.089×10^{-6} 和 0.023×10^{-6}，贯入型纯硫化物块状铜镍矿（脉）中 Os 和 Ru 含量分别为 0.27×10^{-6} 和 0.38×10^{-6}。上述的资料对研究和探索铂族元素的地球化学和成矿具有地质意义。

参考文献

[1] 地质科学院地质矿产所编.铬、镍、钴、铂地质矿产专辑(1~4集)[M].北京：地质出版社，1974.

[2] 梁有彬，等.中国铂族元素矿床[M].北京：冶金工业出版社，1998.

新疆北部镁铁－超镁铁质岩的 PGE 成矿问题研究[*]

王玉往　　王京彬

(北京矿产地质研究院，北京，100012)

摘　要：铂族元素(PGE)矿化主要与镁铁－超镁铁杂岩有关，成矿类型主要为岩浆型矿床，这类 PGE 矿床的形成主要依赖两个条件：一是岩浆中富含 PGE；二是具备 PGE 从岩浆中分离和富集的机制，主要是在岩浆演化过程中硫达到饱和。新疆北部镁铁－超镁铁质杂岩发育，并产有喀拉通克、黄山、黄山东、图拉尔根 4 个大型铜镍矿床和香山、土墩、葫芦、白石泉等中、小型铜镍矿，以及香山西、尾亚等中型钒钛磁铁矿矿床，但迄今尚未发现成型的 PGE 矿床。本文通过对 PGE 矿床的形成机制与镁铁－超镁铁杂岩源区特征研究，探讨了北疆地区 PGE 矿床的成矿问题。综合分析认为新疆北部后碰撞镁铁－超镁铁质岩的岩石类型为经过了分离结晶形成的铁质岩石系列，是 PGE 矿床的有利容矿岩石，矿床的 Sr、Nd、Pb、O、Os 和 S 同位素和含矿岩石地球化学特征表明，铜镍硫化物矿床含矿岩浆在岩浆演化和成矿过程中有地壳物质加入并可导致硫化物熔离作用，说明在成矿机制上也存在形成岩浆型 PGE 矿化的条件。新疆北部 PGE 矿化微弱的原因可能在于该区广泛发育的亏损型地幔源(具正的 εNd 值特征)，这一亏损型地幔可能部分源于洋壳熔融，与产于后碰撞造山带环境、发育于"洋壳"或"不成熟"陆壳基底之上有关，由此决定了原始岩浆为贫 PGE 的源区，因此不利于 PGE 的富集成矿。

关键词：镁铁－超镁铁质杂岩；PGE 矿化；Nd 同位素；成矿机制；新疆北部

1　引言

除少量含 Pt 黑色页岩外，世界上铂族元素(PGE)资源主要来自镁铁－超镁铁杂岩，并与岩浆铜镍硫化物矿化和层状岩体有关的钒钛磁铁矿、层状铬铁矿矿化有密切关系。其中南非布什维尔德火成杂岩蕴藏着世界 Pt 资源的 75%，Pd 资源的 54%，Rh 资源的 82%。我国的 PGE 资源相对贫乏，主要集中在金川和西南地区的"峨眉山大火成岩省"，并多产于铜镍矿化和钒钛磁铁矿化的镁铁－超镁铁杂岩体中。

新疆北部镁铁－超镁铁质杂岩发育，并产有喀拉通克、黄山、黄山东、图拉尔根 4 个大型铜镍硫化物矿床和香山、土墩、葫芦、白石泉等中、小型铜镍矿，以及香山西、尾亚等中型钒钛磁铁矿矿床，但迄今尚未发现成型的 PGE 矿床，而且除喀拉通克外，其他铜镍硫化物矿床和钒钛磁铁矿矿床中也鲜有具工业价值的 PGE 伴生矿化。该区是否具有 PGE 找矿潜力，一直是新疆地质矿产部门和勘查单位，以及广大矿床学家长期关注的科学问题。因此，阐明 PGE 成矿作用与其寄主岩的关系至关重要。

2　PGE 矿床概述

2.1　PGE 的地球化学行为

铂族元素(PGE)矿床的形成主要与幔源岩浆性质及岩浆演化过程密切相关，其成矿过程可归纳为 4 个过程：(1)地幔岩熔融、硅酸盐、氧化物和硫化物加入熔融体；(2)硅酸盐熔融体的结晶和分异作用；(3)硫化物及其他能"收集"Pt 族元素矿物的分凝；(4)在热液作用下 Pt 族元素的重新分配。

在部分熔融过程中，PGE 在硫化物熔体中更趋强烈富集，因此岩浆早期阶段，PGE 可以少量进入造岩矿物，演化到岩浆晚期，伴随铬矿化或叠加了铜镍硫化物矿化时，PGE 才大量析出并形成矿体。实验表明，各铂族金属元素在部分熔融过程中的分配系数排序为：Pd(0.21) < Pt(0.68) < Rh(2.1) < Ru ~ Os ~ Ir(6.3)，并随氧逸度增高而降低。也就是说，在部分熔融过程中，Ir 组 PGE(Ir、Os、Ru)更难熔而保留在难熔相中(如橄榄石、铬铁矿、尖晶石等)，Pt 组 PGE(Pt、Pd、Rh)为不相容元素，主要保留在较早形成的熔融相中(如硫化物)。

在结晶分异过程中，各铂族元素在单硫化物固溶体(固相)与残留硫化物熔体(液相)中的分配顺序为：

---

* 基金项目：国家重点基础研究发展计划"973"项目(2007CB411304，2002CB409806)。

Ir(3.4~11)>Os(4.3)>Ru(4.2)>Rh(1.17~3.03)>Pt(0.05~0.2)>Pd(0.09~0.2)。因此，在硫饱和条件(熔离作用)下 Os、Ir、Ru、Rh 优先进入单硫化物固溶体，Pt、Pd 优先保留于残余硫化物熔体中。实验研究还表明，Ir 在结晶分异作用过程中除受硫化物分异作用的控制外，还受橄榄石和铬铁矿分异作用的控制，而 Pt 组 PGE 则主要受硫化物分异作用的控制，与橄榄石和铬铁矿分异作用无关。也就是说，Ir 组 PGE 除寄存于硫化物中之外，还可寄存于橄榄石和铬铁岩中，而 Pt 组 PGE 则主要寄存于硫化物之中。

在蚀变作用和变质作用过程中，PGE 的地球化学行为主要受其溶解度的控制。基性、超基性岩的自变质作用(蛇纹石化、纤闪石化)可促使 PGE 重新分配，形成新的矿物。在岩浆晚期残余热液中，Pt、Pd 可形成(HCO$_3$)和 S、As 的易熔络合物运移。实验表明 PGE 和金一样，无论是氧化性的热卤水还是还原性的富硫及有机质热液，当它们流经含贵金属的原岩时，PGE 和金可以溶解进入溶液，并以配合物的形式迁移。

岩浆型 PGE 矿床的形成离不开两个条件：一是岩浆中富含 PGE；二是具备 PGE 从岩浆中分离和富集的机制。从上述地球化学行为看，幔源岩浆在演化过程中产生硫过饱和以及硫化物与流体分离是 PGE 分离和富集的有利条件。对不同类型岩浆 PGE 矿床，产生硫饱和的条件会有所不同，如大型层状岩体需要强烈的岩浆分异作用和能产生高 R 因子(原始岩浆与硫化物熔体质量比值)的环境；铜镍硫化物矿床中形成铂族金属矿床的有利条件是硫化物熔体的结晶分异作用。

2.2　PGE 矿床的分布和成矿类型

据美国地质调查局(2005)统计，全球 PGE 储量约 7.1 万吨，其中仅南非就有 6.3 万吨，占全球储量的 88.7%，主要产于 Bushveld 杂岩体，包括著名的 Merensky、UG－2、Platreef 等巨型矿床。其他主要产 PGE 的国家还有俄罗斯(有 Noril'sk－Talnakh 地区、Pechengga 等)、美国(Duluth、Stillwater)、加拿大(Sudbury、Voisey's Bay、Muskox)、津巴布韦(Great Dyke)、澳大利亚(Kambalda 矿田)等。我国探明 PGE 储量约 350 t(据来雅文，2006 数据统计结果)，仅占世界约 0.4%，其中金川约 200 t，占全国储量约 65%，其次为西南地区，有金宝山(45 t)、杨柳坪(28 t)两个大型矿床和安益、朱布、新街、荒草坝、清水河、热水塘等中型矿床，其他零星分布于河南(周庵)、黑龙江(五星)、河北(红石砬)、新疆(喀拉通克)、内蒙古(小南山)等地。

关于 PGE 矿床的分类，目前有不同的划分标准，如按矿床成因，Hulbert(1988)分为岩浆型、热液型和表生型；按元素组合序列，刘秉光(2002)分为 CuNiS－PtPd、FeCr－OsRuPtIr、FeTiV－PtPd、CuNiAu－PtPd、CuMoFe－OsPtPd、TeAsSbBi－PtPd 和 NiMoVUAu－PtPd7 个序列；按形态产状，Naldrett(2004)将岩浆硫化物型 PGE 分为层控型(包括层状和分层状，与硫化物伴生、与铬铁矿伴生和与磁铁矿－磷灰石伴生)和非层控型；根据赋矿围岩特征，苏尚国等(2007)将铂族金属矿床划分为：镁铁质－超镁铁质层状岩体型、镁铁质－超镁铁质 Cu－Ni 硫化物伴生型、Urals(乌拉尔)杂岩体型、与蛇绿岩型相关型、与热液相关型和外生型 6 类。

尽管 PGE 成矿类型多样，尤其是近年来发现的俄罗斯干谷金铂矿使人们认识到黑色页岩型 PGE 矿床的重要性，但目前镁铁－超镁铁杂岩仍是 PGE 矿床的主要源岩，且有关的成因类型主要为岩浆型。岩浆型 PGE 矿床的含矿岩体类型主要有：层状杂岩体、具一定分异程度的小岩体(包括产于稳定地块、陆缘裂谷和造山带等环境)和科马提岩，其中前两类岩体是世界，也是我国主要产铂岩体类型。

3　新疆北部岩浆型矿床的地球化学特征和成矿机制

3.1　含矿镁铁－超镁铁岩及其含铂性

新疆北部(大约北纬 40°以北)镁铁－超镁铁岩亦广泛出露，并主要为具一定分异程度的小岩体，出露面积大多数小于 10 km^2(见表 1)。按矿化类型可分为 3 类：一类与铜镍硫化物矿化有关，岩石组合主要为角闪橄榄岩、角闪辉石岩、角闪辉橄岩、橄榄辉长岩、辉长苏长岩、角闪辉长岩等，岩石类型以拉斑玄武岩系列为主，喀拉通克岩体可出现钙碱性系列岩石；二类是与钒钛磁铁矿化有关的似层状(小)岩体，以尾亚岩体为代表，岩石组合为角闪辉橄岩、橄榄辉长岩、角闪辉长岩、角闪斜长岩等，以富碱、高 Ti 为特征，属碱性系列；三类为具有铜镍矿和钒钛磁铁矿复合型矿化的岩体，岩体具层状、似层状特征，岩石组合具上述一、二类岩体的双重特点，岩石系列主要为钙碱性系列[见图 1(a)]。除兴地塔格 2 号铜镍矿(中元古代)和箐布拉克铜镍矿(中泥盆或早石炭世)以外，其他主要产于二叠纪后碰撞造山阶段。

表1 新疆北部含矿镁铁－超镁铁质杂岩岩石组合

岩体类型	岩体名称	矿床规模	出露面积/km²	岩体形态	岩相组合
后碰撞 CuNi 矿化	喀拉通克1号	大型	0.1	纺锤形	黑云母角闪橄榄苏长岩、角闪辉长岩、黑云母闪长岩、黑云母角闪苏长岩
	喀拉通克2号	中型	隐伏	透镜状	黑云母角闪苏长岩、黑云母角闪辉长岩
	喀拉通克3号	中型	隐伏	透镜状	角闪辉长岩、角闪苏长岩
	黄山	大型	1.71	彗星状	辉长闪长岩、角闪辉长苏长岩、角闪二辉橄榄岩、二辉橄榄岩、角闪二辉岩
	黄山东	大型	2.8	菱形透镜体	角闪橄榄辉长岩、角闪辉长岩、辉长闪长岩、辉长苏长岩、橄榄辉长苏长岩、角闪辉橄岩
	黄山南	中型	4.22	透镜体	角闪辉橄岩、橄榄岩、角闪辉石岩、二辉橄榄岩、角闪辉长岩、苏长岩
	黄山北	矿点	9	环状透镜体	辉石岩、橄榄岩、闪长岩、辉长岩
	香山（中）	中型	0.55	扁豆状	角闪橄榄岩、橄榄岩、苏长岩、辉石岩、角闪辉长岩
	土墩	中型	0.9	不规则椭圆形	辉长岩、角闪辉橄岩、角闪橄辉岩
	葫芦	中型	0.75	透镜状	橄榄岩、辉石岩、辉橄岩
	马蹄	小型	0.15	马蹄形	角闪橄榄岩、角闪二辉橄榄岩、橄榄岩
	图拉尔根	大型	<0.005	透镜体	辉橄岩、角闪橄榄岩、角闪辉石岩、辉长岩、辉橄岩
	白石泉	小型	3.2	不规则椭圆形	闪长岩、辉长岩、苏长岩、辉石岩、橄榄岩
	坡十	小型	3.2	椭圆形	橄榄岩、辉石岩、辉橄岩、橄榄辉长岩、辉长苏长岩
后碰撞 VTiFe 矿化	尾亚	中型	1.4	不规则形	碱性橄榄辉长岩、角闪辉橄岩、角闪辉长岩、角闪斜长岩
	1073高点南西	小型	2.2	蝌蚪形	角闪辉长岩、辉长闪长岩
后碰撞 CuNi - VTiFe 矿化	香山西	中型	1.6	纺锤形	辉石岩、辉橄岩、橄榄辉长岩、角闪辉长岩、钛铁辉长岩、含钛角闪辉长岩、淡色辉长岩
	牛毛泉	矿点	4.5	不规则圆形	橄榄苏长岩、（含钛）橄榄辉长岩、（含钛）角闪辉长岩、角闪斜长岩
	二红洼	矿点	7.67	不规则圆形	二辉橄榄岩、辉长苏长岩、橄榄辉长岩、辉石闪长岩、石英闪长岩
	哈拉达拉	矿点	22	似扁豆状	辉长岩、辉绿岩、辉绿辉长岩、橄榄辉长岩、橄长岩、辉石斜长岩
海西期 CuNi 矿化	箐布拉克	中型	2.4	眼球形	橄榄岩、橄榄辉长岩、辉长岩、闪长岩
中元古代 CuNi 矿化	兴地塔格2号	小型	10	不对称楔形	橄榄岩、辉石岩、辉橄岩、辉长岩

从不同酸度[$\alpha(\mathrm{Si})$]的镁铁指数(m/f)看[见图1(b)]，北疆地区含矿镁铁－超镁铁质岩的m/f值与世界含PGE的铜镍矿和钒钛磁铁矿基本一致，属铁质或富铁质的镁铁－超镁铁岩类，是PGE矿化的有利岩石类型。其中钒钛磁铁矿m/f值小于2.0，属富铁质镁铁－超镁铁岩，而铜镍硫化物矿床m/f值在2~6.5，属铁质岩石，只是本区的复合型矿化岩体与部分铜镍矿化岩体的m/f值可大于和小于2.0，显示了具有富铁质和铁质岩石的双重特点。

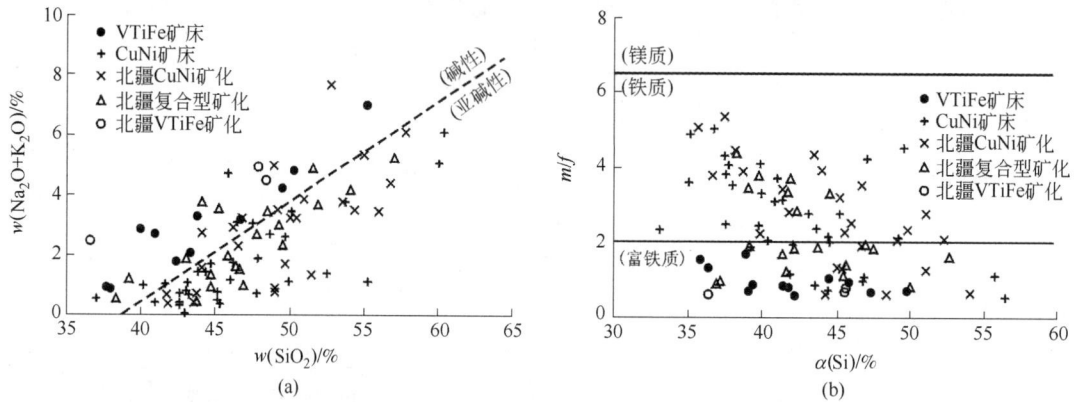

图1 新疆北部及有关地区含矿镁铁－超镁铁岩碱－硅含量(a)和$m/f-\alpha\mathrm{Si}$(b)图解

a—碱性与亚碱性界线(据Irvine等，1971)；b—镁质、铁质、富铁质界线(据邱家骧等，1991)

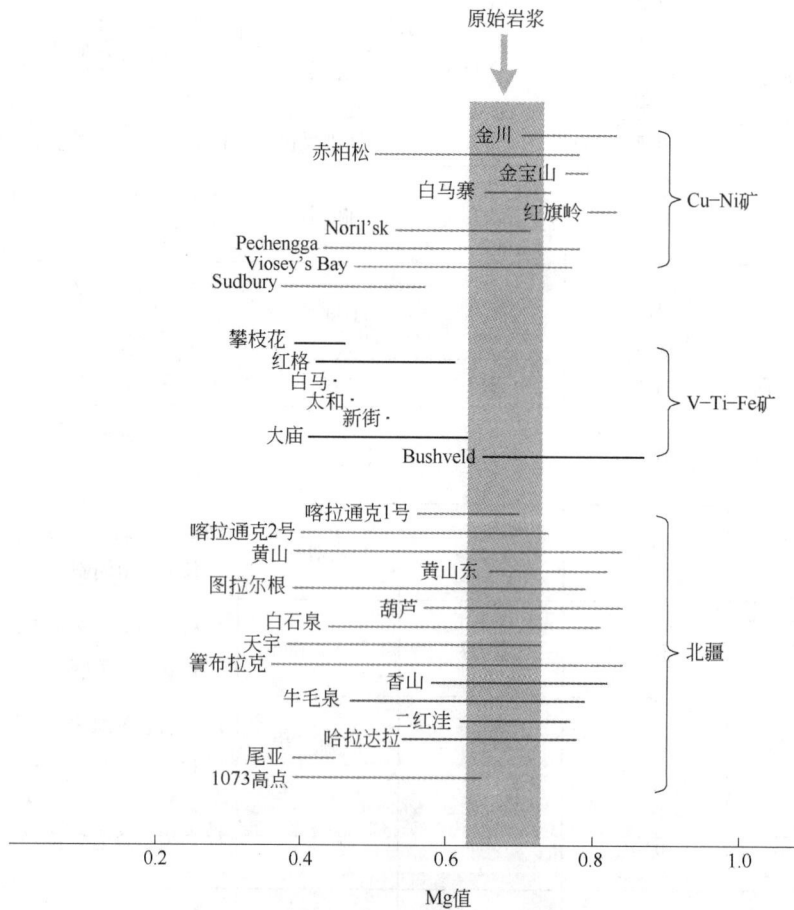

图2 新疆北部及有关地区含矿镁铁－超镁铁岩Mg值范围

(Mg值为各地区不同岩石类型平均值的范围)

一般认为，原生岩浆具有 0.63~0.73 的 Mg 值，本区不同岩石类型计算获得的 Mg 值变化较大，各类型矿化岩石的 Mg 值在 0.36~0.84（见图2），变化范围较宽，应为演化了的衍生岩浆，其中绝大多数小于 0.63，表明存在橄榄石的分离结晶作用。与本区橄榄石矿物的镁橄榄石分子数（Fo 值）偏低特征一致，如喀拉通克（Fo = 74.9~81）、黄山东（Fo = 70~83）、图拉尔根（Fo = 82~84）、香山（Fo = 81.68~83.49）、黄山南（Fo = 83~86）、白石泉（Fo = 78~85）。橄榄石中高的 Fo 含量表明其为原始岩浆在深部岩浆房中结晶的产物，低的 Fo 含量反映其为原始岩浆在深部岩浆房中经过分离结晶作用后形成的进化岩浆的产物。

前人对橄榄石中 Ni 含量的研究表明新疆北部铜镍矿床橄榄石中 Ni 含量明显偏低，说明橄榄石的分离结晶明显伴随了硫化物熔离作用。前已述及，PGE 在硫化物熔体中更趋强烈富集，也就是说，橄榄石分离结晶后的熔体相应有利于 PGE 富集。

3.2 矿床地球化学特征对成矿机制的制约

由于铂族元素，特别是 Pt 组 PGE 主要赋存于硫化物中，硫化物的熔离作用对 PGE 形成起着至关重要作用。大量铜镍硫化物矿床实例研究表明，硫化物的熔离是由于富硫化物的液相和岩浆失去平衡而产生不混熔作用，引起液态不混熔作用的原因是硫在岩浆中的饱和状态。Noril'sk、Voisey's Bay、Sudbury、Duluth、金川等地区的研究表明，除分离结晶外，岩浆混合、外来硫的加入和岩浆与富 Si 围岩的同化混染，都是促使硫化物从硅酸盐熔体中熔离的重要原因。

尽管 Noril'sk、Pechengga 等矿床的熔离作用被证实由外来硫的加入引起，但导致硫化物不混熔的原因并不一定都有外来硫的加入，如 Sudbury、金川等[见图3(a)]。新疆北部铜镍硫化物矿床的 S 同位素特征以在 0 值附近集中的正态分布为特征[见图3(b)]，$\delta^{34}S$ 变化范围极小，仅在 -3.49‰~+3‰，若扣除晚期硫化物脉和围岩地层中的个别样品，$\delta^{34}S$ 值在 -1.51‰~+2.78‰，与陨石硫接近。与喀拉通克矿床相邻的索尔库都克和希勒库都克斑岩 Cu-Mo 矿床硫化物 $\delta^{34}S$ 值分别在 -19.51‰~+1.4‰ 和 +0.4‰~+4.7‰（自测，未发表数据），明显受到不同性质地层 S 的混入，可以推测该区地层中的 $\delta^{34}S$ 应为高的负值或正值，这也说明，喀拉通克铜镍矿的形成可能并没有吸收围岩中的硫，硫基本来自地幔。

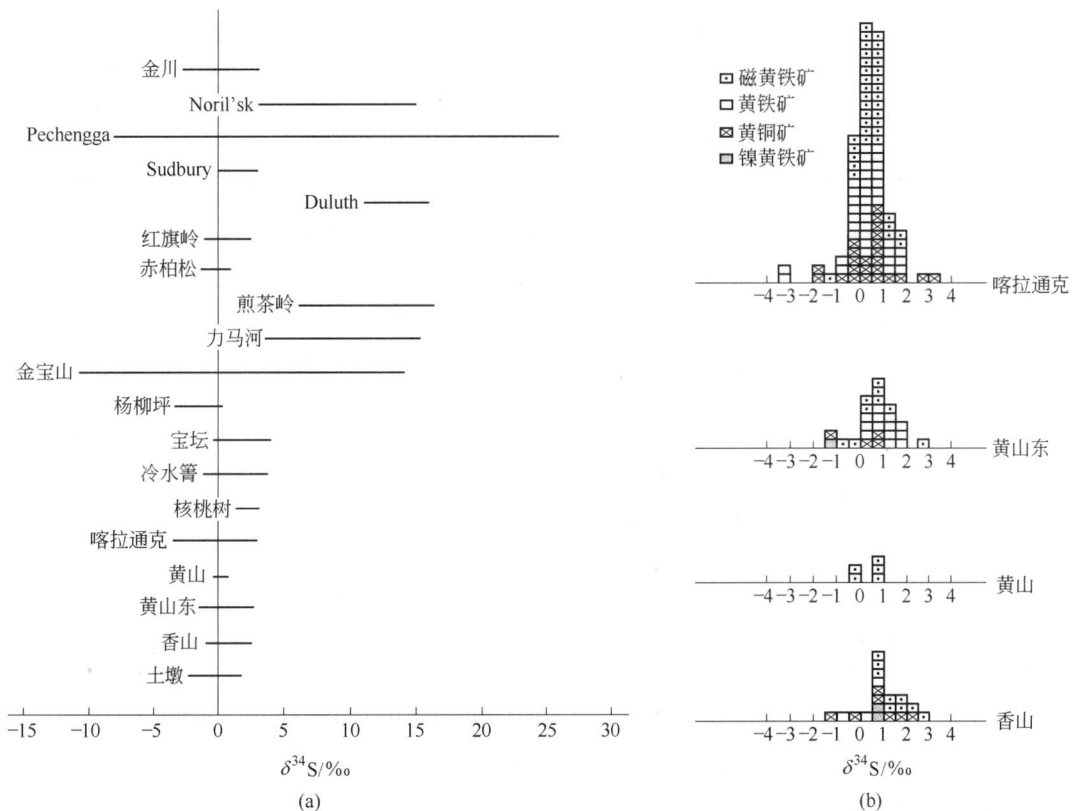

图3 新疆北部及有关地区铜镍(铂)矿床 S 同位素

　　然而，来自 Sr、Nd、O、Pb、Os 等同位素，以及微量元素的证据表明，北疆地区铜镍硫化物矿床的岩浆确实受到地壳物质不同程度的污染。例如，北疆地区铜镍矿含矿岩石的 $(^{87}Sr/^{86}Sr)$ 初始比值在 0.7016 ~ 0.7062，高于洋中脊玄武岩（MORB）的初始值（0.70229 ~ 0.70316），暗示可能受到大陆地壳物质的混染。从大量的氧同位素统计结果来看，该区含矿镁铁-超镁铁岩 $\delta^{18}O$ 在 5.4‰ ~ 11.21‰，绝大部分样品（87.5%）$\delta^{18}O$ 值大于 6.0‰，表明其源区均有地壳物质混入。镁铁-超镁铁岩微量元素表现为大离子亲石元素（LILE）和轻稀土元素（LREE）富集，高场强元素（HFSE）相对亏损，具有高的 La/Sm 和 Th/Ta 值，这些均指示了地壳的混染作用。另外，硫化物的 Re-Os 同位素特征同样指示 Os 有部分地壳物质混入：喀拉通克、黄山东、香山、白石泉的 $(^{187}Os/^{186}Os)$ 初始比值在 0.25 ~ 0.68，$\gamma Os(t)$ 值在 +99 ~ +482，明显低于 Sudbury（+430 ~ +814）、Voisey's Bay（+200 ~ +1100），但高于金川（+16.1 ~ +35.2）、Noril'sk（+4.1 ~ +14.2）等含 PGE 的铜镍硫化物矿床。

　　在岩浆硫化物矿床中，地壳物质加入或者因增加 Si、Fe 的含量和降低 Mg 的含量而降低在岩浆中的溶解度，或者由于 K、Na 的加入使岩浆碱度增加而导致硫的活度增加，从而有利于形成硫化物熔浆。北疆地区铜镍硫化物矿床与国内外含 PGE 铜镍硫化物矿床并没有特别不同之处，地壳物质加入是导致不混熔和促进硫化物发生熔离的主要因素。也就是说在成矿机制上，北疆地区具备成就该类型 PGE 矿化的条件。那么，是什么原因导致该区 PGE 矿化不发育？抑或其他不利条件又是什么？

4　新疆北部地壳特征

4.1　北疆地区镁铁-超镁铁质岩体 PGE 特征

　　从新疆北部铜镍矿床硫化物矿石的 PGE 含量看（见表 2），除喀拉通克 1 号和 2 号矿体和图拉尔根个别样品较高外，其他矿床 PGE 均低于 0.3 g/t 的边界品位。另外从 100% 硫化物重新计算 PGE 含量来看，喀拉通克矿石 PGE 含量为 $(99 ~ 2645) \times 10^{-9}$，平均 573×10^{-9}，图拉尔根为 $(407 ~ 1866) \times 10^{-9}$，比俄罗斯 Noril'sk-Talnakh 地区矿石（平均 82209×10^{-9}）低两个数量级，也比金川（平均 3248×10^{-9}）、加拿大 Sudbury 地区矿石（5964×10^{-9}）低一个数量级。

表 2　新疆北部和金川与镁铁-超镁铁质杂岩有关矿床的 PGE 参数

矿区		$\sum PGE/ \times 10^{-9}$	Pd/Ir	$\dfrac{(Pd+Pt)}{(Os+Ir+Ru)}$	$\dfrac{Ni}{Cu}$	$\dfrac{Ni}{Pd}$	资料来源
黄山东	岩石	1.02 ~ 60.27	0.62 ~ 2.88	0.38 ~ 33.98	1.09 ~ 8.03	55 ~ 1789	[31, 72]
	矿石	74.31 ~ 178.82	5.76 ~ 14.47	0.12 ~ 0.81	6.99 ~ 39.54	4112 ~ 8296	
黄山	岩石	1.20 ~ 2.01	12.20 ~ 29.50	1.73 ~ 3.00	1.28 ~ 28.63	2440 ~ 5211	[84]
	矿石	4.36 ~ 22.05	5.91 ~ 24.21	3.00 ~ 11.13	1.18 ~ 25.76	1745 ~ 7947	
香山	岩石	6.93 ~ 26.79	5.76 ~ 14.47	31.38 ~ 131.35			[85]
	矿石	115.22 ~ 120.98	24.95 ~ 98.25	104.4 ~ 115.8			
图拉尔根	岩石	7.37 ~ 24.58	6.47 ~ 51.75	33.38 ~ 127.87			[85]
	矿石	47.9 ~ 486.5			0.09 ~ 20.74	14.94 ~ 804.6	
葫芦	矿石	40 ~ 128	30 ~ 50	11.67 ~ 35	1.32 ~ 2.55	93 ~ 233	[22]
白石泉	岩石	2.30 ~ 19.36	1.36 ~ 81.54	0.57 ~ 13.91	0.03 ~ 1.09	5.61 ~ 1871	[42]
	矿石	78.34	15.19	7.06	0.81	97.71	
喀拉通克	岩石	0.23 ~ 43.64	2.55 ~ 285.75	0.83 ~ 115.44	0 ~ 1.73	0.74 ~ 263.29	[46, 86]
	浸染矿石	2.72 ~ 743.0	6.39 ~ 424.53	1.82 ~ 303.27	0.28 ~ 4.56	54.02 ~ 848.5	
	贯入矿石	93.47 ~ 1123.02	1.96 ~ 549.35	2.96 ~ 183.25	0.04 ~ 12.08	94.47 ~ 1106	
金川	岩石	9.30 ~ 35.60	2.60 ~ 15	1.67 ~ 10			[87]
	浸染矿石	98 ~ 7159	0.5 ~ 6.92	0.6 ~ 48.65	(1.85)	(203333)	
	贯入矿石	267 ~ 850	3.22 ~ 14.17	1.87 ~ 8.23	(1.56)	(84444)	

北疆地区铜镍矿的 PGE 矿化程度较低，可能是原始岩浆中 PGE 含量过低，也可能是原始岩浆中含有正常的 PGE 含量，但形成母岩浆之前已经发生过硫化物的预先熔离或含 PGE 流体逃逸，而导致硅酸盐熔体中 PGE 含量的降低。

钱壮志等(2009)模拟计算了喀拉通克的 R 因子和母岩浆 PGE 含量，认为初始岩浆并不亏损 PGE，只是由于橄榄石、铬铁矿等的分离结晶和硫化物的深部熔离，使含矿母岩浆 PGE 亏损，柴凤梅等(2006)对白石泉的岩浆也得出了相似结论；然而，孙赫等(2008)对图拉尔根的模拟计算得出了相反的结论，认为是原始岩浆本身 PGE 元素就低。如果原始岩浆 PGE 成分的差异，似乎白石泉矿床也应与喀拉通克一样，具有相对较强的 PGE 矿化，而图拉尔根应相对较弱，但表 2 反映出并不是这样。三个矿床均产于北疆后碰撞拉张阶段，成矿背景相似，从前述原始岩浆的特征(Mg 值)来看，这三个矿床的原始岩浆和演化程度也应该是相似的。

从表 2 可知，北疆地区各类镁铁 – 超镁铁质岩石中 PGE 含量在 $(0.2 \sim 60) \times 10^{-9}$，比层状岩体(如 Bushveld 杂岩 $(198 \sim 1307) \times 10^{-9}$；我国四川新街岩体 $(159 \sim 411) \times 10^{-9}$)低 1~2 个数量级，亦低于 Noril'sk – Talnakh 地区的侵入岩[如橄长岩 $(400 \sim 840) \times 10^{-9}$，橄榄辉长辉绿岩 $(10 \sim 410) \times 10^{-9}$]，和金川矿床相当，与 Brugmann 等(1990)或 Ringwood(1991)的上地幔 PGE 值(16.2/23.7)在误差范围内基本属同一数量级，并不算明显亏损。喀拉通克的贯入式矿体被认为是深部熔离的产物，其 PGE 含量与就地分异的稠密浸染状矿石在一个数量级，但 Pd/Ir 比值也大致相当，甚至高于稠密浸染状矿石，Cu/Pd 和 Ni/Pd 比值也差别不大，所以深部岩浆熔离可能并未造成 PGE 的明显分离和重新分配。而金川则不同，贯入式矿石和浸染状矿石具有明显不同的 Pd/Ir 值和 Ni/Pd 值(表 2)。另外金川岩体硫化物中的 Pt 组 PGE 明显富集，但 Ir 组并没有明显的富集。由于北疆地区贫硫化物岩石中的 PGE 含量与金川相当，推测北疆地区原始岩浆 PGE 含量应低于金川。

关于原始岩浆中的 PGE 较低的原因，孙赫等(2008)认为是由于地幔的部分熔融程度较低造成的。因为在较低的部分熔融过程中，硫化物并未熔出，分异的岩浆相对贫；随着熔融程度的增加，当部分熔融程度达到 23% 以后，硫化物才被完全消耗。

4.2 新疆北部含矿镁铁 – 超镁铁岩的 Nd 同位素

新疆北部后碰撞含矿镁铁 – 超镁铁岩石的 Sr、Nd 同位素特征(见图 4)明显区别于国内外其他含 PGE 岩体。

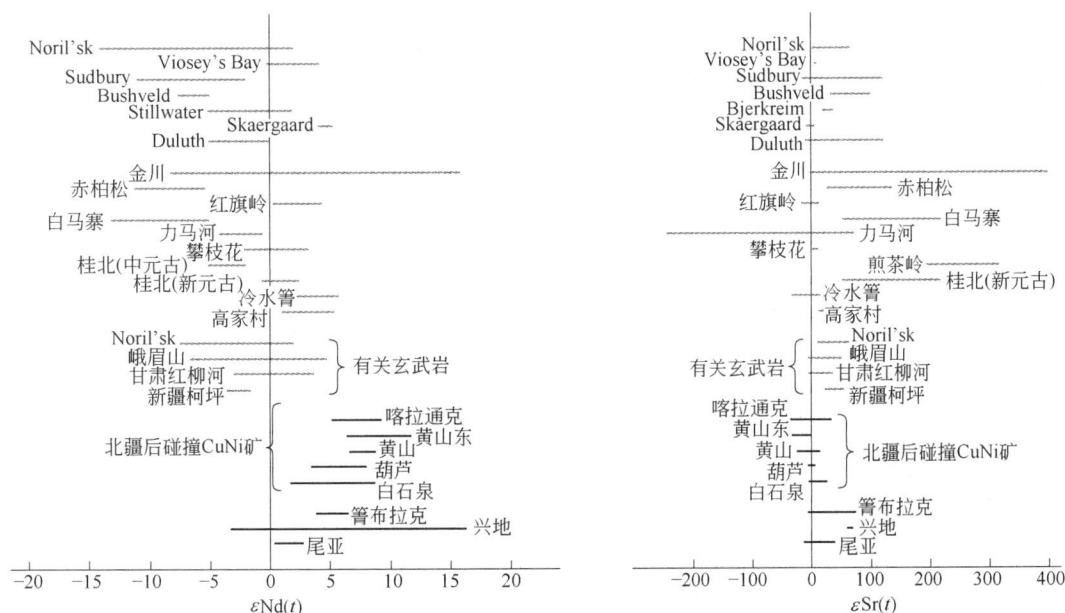

图 4 新疆北部及有关地区铜镍(铂)矿床 εNd 值和 εSr 值

铜镍硫化物矿床 $\varepsilon Nd(t)$ 在 $+1.67 \sim +11.70$，$(^{87}Sr/^{86}Sr)i$ 值在 $0.7016 \sim 0.7067$，$\varepsilon Sr(t)$ 在 $-36.3 \sim +36.5$；

钒钛磁铁矿（尾亚）$\varepsilon Nd(t)$ 在 $+0.22 \sim +2.61$，$(^{87}Sr/^{86}Sr)i$ 值在 $0.7033 \sim 0.7071$，$\varepsilon Sr(t)$ 在 $-13.3 \sim +41.1$。总体以鲜明的正 $\varepsilon Nd(t)$ 值和低的 Sr 初始比值为特征（εSr 在 0 值附近），表现出亏损地幔源区的特点，并可能受到部分陆壳物质混入。同时，它们还具有相似的 Pb 同位素特征，$^{206}Pb/^{204}Pb$ 值在 $17.67 \sim 18.38$，意味着它们应起源于相同的源区。值得注意的是，吉林的红旗岭，四川的冷水箐、高家村等不含 PGE 矿化的铜镍矿床，也具有与本区相似的 Sr、Nd 同位素特征。

对于北疆地区这种亏损地幔源的形成存在两种认识，第一种认为它们是亏损地幔部分熔融的产物，第二种认为它们是早期残余洋壳再次熔融作用的产物。新疆这套幔源岩浆矿床特征显示：（1）岩浆具有明显的"富水冶特征；（2）岩石中 LILE 等不相容元素和轻稀土元素富集；（3）多与早期蛇绿岩套伴生，并与蛇绿岩具有相似的 εNd 值（北疆 5 条蛇绿岩的 εNd 值在 $+2.8 \sim +11.71$）。因此，不能排除原始岩浆部分来自洋壳物质熔融的可能。新疆北部，特别是准噶尔周边地区，缺乏前寒武系基底，蛇绿岩发育，变质程度低，正 $\varepsilon Nd(t)$ 值的花岗岩类分布广泛，多数学者认为属于"洋壳基底"或"初生陆壳"性质。本区与铜镍矿化有关的这套后碰撞幔源岩浆就是在这样的基底上发育起来的。

该区原始岩浆应该是贫 PGE 的，因为洋壳或洋中脊玄武岩（MORB）部分熔融程度最低，其中 PGE 丰度在地球各圈层中也是最低的（见表 3）。

表 3　PGE 在不同岩石（或圈层）中的丰度（$\times 10^{-9}$）

岩石/圈层	洋壳	陆壳	原始地幔	MORB	大陆科马提岩
Pd	<0.2	1.0	3.9	$0.06 \sim 0.113$	$5 \sim 15$
Pt	2.3		8.7	$0.07 \sim 0.142$	$6 \sim 22$
Rh	0.2		1.7	$0.01 \sim 0.012$	$0.5 \sim 1.4$
Ir	0.02	0.1	3.2	$0.028 \sim 0.04$	$0.26 \sim 1.50$
资料来源	[137]			[138]	[14]

从上述分析来看，北疆地区这套后碰撞铜镍硫化物矿床，尽管在成矿机制上有地壳物质加入而促进硫化物熔离的有利因素，但由于该区发育了特殊的洋壳基底，决定了其源区 PGE 背景值较低（但 Cu、Ni 较高），因此不利于 PGE 矿床的富集。从世界主要 PGE 矿床的构造背景来看，主要产 PGE 岩体无一不是形成于稳定地块，具备古老的陆壳基底：Bushveld 杂岩体产于非洲地盾，Noril'sk - Talnakh 矿田产于西伯利亚地台，Duluth、Sudbury、Thompson、Stillwater、Muskox、Lac Des Iles、Coldwell 等产于北美地台，Pechengga、Portimo 等产于波罗的地盾，Kambalda 等产于西澳大利亚地盾；我国金川产于华北地台，金宝山、杨柳坪等产于扬子陆块（西缘）等。古老的陆壳基底成熟度较高，也比洋壳具有相对较高的 PGE 含量（见表 3），与地幔岩浆混合产生的原始岩浆（常具有负的 εNd 值）也相应地富含 PGE，在后期岩浆演化和硫化物熔离过程中更容易使 PGE 富集成矿。

5　结论

新疆北部后碰撞镁铁 - 超镁铁质杂岩发育，其岩石类型为铁质系列，形成铜镍硫化物矿床的含矿岩浆经过了分离结晶和深部硫化物熔离，在岩浆演化和成矿过程中主要由于地壳物质加入，导致硫化物不混熔作用，这些都是铜镍硫化物成矿的有利因素。同时也说明，该区存在形成岩浆型 PGE 矿化的成矿机制。

然而，北疆地区这套幔源岩浆矿床产于后碰撞造山带，发育于"洋壳"或"不成熟"陆壳基底，具有亏损地幔源区特征（正的 εNd 值），可能部分来源于洋壳部分熔融，由此决定了原始岩浆为贫 PGE 的源区，因此不利于 PGE 的富集成矿。

值得指出的是，PGE 矿床的形成需要多种因素的耦合，由于篇幅所限，本文仅就 PGE 的矿源和熔离机制方面讨论了新疆北部 PGE 的成矿条件。对于形成 PGE 矿化的另一重要机制——流体成矿作用，将另文撰文深入探讨。

参考文献

[1] Naldrett T, Kinnaird J, Wilson A, Chunnett G. The concentration of PGE in the earth's crust with special reference to the Bushveld complex[J]. Earth Science Frontiers(China University of Geosciences, Beijing; Peking University), 2008, 15(5): 264~297.

[2] 汤中立, 李文渊. 中国与基性-超基性岩有关的 Cu-Ni(Pt)矿床成矿系列类型[J]. 甘肃地质学报, 1996, 5(1): 50~64.

[3] 刘秉光. 中国 PGE 矿床类型分析[J]. 地质与勘探, 2002, 38(4): 1~7.

[4] 汤中立. 中国镁铁、超镁铁岩浆矿床成矿系列的聚集与演化[J]. 地学前缘, 2004, 11(1): 113~119.

[5] 来雅文. 岩浆硫化铜镍型铂(铂族)矿床类型、分布与峨嵋玄武岩铂钯赋存状态研究[D]. 吉林大学博士学位论文, 2006: 86.

[6] 吕林素, 刘珺, 张作衡, 等. 中国岩浆型 Ni-Cu-(PGE)硫化物矿床的时空分布及其地球动力学背景[J]. 岩石学报, 2007, 23(10): 2561~2594.

[7] 汤中立, 钱壮志, 姜常义, 等. 中国铜镍铂岩浆硫化物矿床与成矿预测[M]. 北京: 地质出版社, 2006: 304.

[8] 刘英俊, 曹励明, 李兆麟, 等. 元素地球化学[M]. 北京: 科学出版社, 1984: 548.

[9] Barnes S J, Picard C P. The behaviour of platinum-group elements during partial melting, crystal fractionation, and sulphide segregation: An example from the Cape Smith Fold Belt, northern Quebec[J]. Geochim. et. Cosmochim. Acta, 1993, 57: 79~87.

[10] Bezmen N S, Asif M, Brugmann G E, et al. Experimental determinations of sulfide-silicate partitioning of PGE and Au[J]. Geochimica et Cosmochim Acta, 1994, 58: 1251~1260.

[11] Fleet M E, Crocket J H, Liu M, et al. Laboratory partitioning of platinum-group elements(PGE) and gold with application to magmatic sulfide-PGE deposits[J]. Lithos, 1999, 47(1~2): 127~142.

[12] Borisov A, Palme H. Solubilities of noble metals in Fe-containing silicate melts as derived from experiments in Fe-free systems[J]. American Mineralogist, 2000, 85(11~12): 1665~1673.

[13] Barnes S J, Van A E, Makovicky E. Proton microprobe results for the partitioning of platinum-group elements between monosulphide solid solution and sulphide liquid[J]. South African Journal of Geology, 2001, 104(4): 275~286.

[14] Brugmann G E, Arndt N T, Hofmann A W, et al. Noble metal abundances in komatite suites from AlexoOntario and Gorgona Island, Columbia[J]. Geochimica et Cosmochim Acta, 1987, 51: 2159~2169.

[15] Capobianco C J, Braka M J. Partitioning of ruthenium, rhodium and padium between spinel and silicate melt and implication for platinum-group element fraction trends[J]. Geochimica et Cosmochim Acta, 1990, 54: 869~874.

[16] Molnar F, Watkinson D H, Jones P C. Multiple hydrothermal processes in footwall units of the North Range, Sudbury igneous complex, Canada, and implications for the genesis of vein-type Cu-Ni-PGE deposits[J]. Economic Geology, 2001, 96(7): 1645~1670.

[17] 苏尚国, 沈存利, 邓晋福, 等. 铂族元素的地球化学行为及全球主要铂族金属矿床类型[J]. 现代地质, 2007, 21(2): 361~370.

[18] USGS. Mineral Commodity Summaries, January[M]. 2005: 124~125.

[19] Hulbert L J, et al. Geological Environments of Platinum Group Elements[M]. Shen CH, et al. (trans.), Beijing: Geological Publishing House, 1988, 140.

[20] Naldrett A J. Magmatic Sulfide Deposits[M]. Springer-Verlag Berlin Heideberg, 2004: 727.

[21] 刘德权, 唐延龄, 周汝洪, 等. 新疆及周边国家、地区超大型矿床成矿特征和远景分析[J]. 华南地质与矿产, 2004(3): 1~12.

[22] 李先梓, 李行, 洛长义, 等. 新疆铂族元素成矿地质条件及找矿方向研究[J]. 中国地质科学院西安地质矿产研究所所刊, 1991(33): 1~93.

[23] 李华芹, 谢才富, 常海亮, 等. 新疆北部有色贵金属矿床成矿作用年代学[M]. 北京: 地质出版社, 1998: 264.

[24] 张作衡, 王志良, 毛景文, 等. 西天山箐布拉克基性杂岩体的地球化学特征[J]. 地质学报, 2006, 80(7): 1006~1016.

[25] 王京彬, 徐新. 新疆北部后碰撞构造演化与成矿[J]. 地质学报, 2006, 80(1): 23~31.

[26] 毛景文, Franco P, 张作衡, 等. 天山-阿尔泰东部地区海西晚期后碰撞铜镍硫化物矿床: 主要特点及可能与地幔柱的关系[J]. 地质学报, 2006, 80(7): 925~942.

[27] Irvine T N, Baragar W R A. A guide to the chemical classification of the common volcanic rocks[J]. Can., J. Earth Sci., 1971(8): 523~548.

[28] 邱家骧, 林景仟. 岩石化学[M]. 北京: 地质出版社, 1991: 276.

[29] Green D H. Genesis of archean peridotic magmas and constraints on archean geothermal gradients and tectonics[J]. Geology, 1975, 3: 15~18.

[30] 潘长云，王润民，赵昌龙.新疆喀拉通克 Y1 含矿岩体的岩石化学特征及其与成矿的关系[J].岩石学报，1994，10(3)：261~274.

[31] 柴凤梅.新疆北部三个与岩浆型 Ni–Cu 硫化物矿床有关的镁铁–超镁铁质岩的地球化学特征对比研究[D].中国地质大学（北京）博士学位论文，2006：154.

[32] 秦克章，丁奎首，许英霞，等.东天山图拉尔根、白石泉铜镍钴矿床钴、镍赋存状态及原岩含矿性研究[J].矿床地质，2007，26(1)：1~14.

[33] 甘肃地质矿产局第六地质队.白家嘴子硫化铜镍矿床地质[M].北京：地质出版社，1984：225.

[34] 张云湘，骆耀南，杨崇喜，等.攀西裂谷[M].北京：地质出版社，1988：325.

[35] 解广轰.大庙斜长岩杂岩体的岩石学特征[J].地球化学，1980(3)：263~277.

[36] Harmer R E, Sharpe M R. Field relationship and Sr isotope systematics of the marginal rocks of eastern Bushveld Complex[J]. Econ. Geol. , 1985, 80: 813~837.

[37] 王润民，赵昌龙，等.新疆喀拉通克一号铜镍硫化物矿床[M].北京：地质出版社，1991：319.

[38] 冉红彦，肖森宏.喀拉通克含矿岩体的微量元素与成岩构造环境[J].地球化学，1994，23(4)：392~401.

[39] 慕纪录.新疆哈密黄山铜镍矿床中浅富矿体特征及形成机制[J].矿物岩石，1996，16(1)：58~67.

[40] 张耀华.新疆黄山东基性–超基性杂岩体地质特征及其含矿性[J].西北地质，1987(4)：15~31.

[41] 孙赫，秦克章，徐兴旺，等.东天山镁铁质–超镁铁质岩带岩石特征及铜镍成矿作用[J].矿床地质，2007，26(1)：98~108.

[42] 柴凤梅，张招崇，毛景文，等.中天山白石泉镁铁–超镁铁质岩体岩石学与矿物学研究[J].岩石矿物学杂志，2006，25(1)：1~12.

[43] 孙盼盼，倪守斌.新疆箐布拉克岩带稀土元素地球化学特征[J].中国科学技术大学学报，2008，38(4)：347~355.

[44] 王玉往，王京彬，王莉娟，等.新疆香山铜镍钛铁矿区两个镁铁–超镁铁岩系列及特征[J].岩石学报，2009，25(4)：888~900.

[45] 王玉往，王京彬，王莉娟，等.新疆尾亚钒钛磁铁矿——一个岩浆分异–贯入–热液型复成因矿床[J].矿床地质，2005，24(4)：349~359.

[46] 李钢柱.新疆喀拉通克铜镍硫化物矿床成矿岩浆作用[D].兰州大学硕士学位论文，2008：56.

[47] Rad'ko V V. Model of dynamic differentiation of intrusive traps in the northwestern Siberian platform, Soviet[J]. Geol. and Geophys. , 1991, 32(7): 70~77.

[48] Brugmann G E, Naldrett A J, Asif M, et al. Siderophile and chalcophile metals as tracers of the evolution of the Siberian Traps in the Noril's Region, Russion[J]. Geochim. Cosmochim. Acta, 1993, 57: 2001~2018.

[49] Naldrett A J, Lightfoot P C, Fedorenko V A, et al. Geology and geochemistry of intrusions and flood basalts of the Noril'sk Region, USSR, with implications for origin of the Ni–Cu ores[J]. Econ. Geol. , 1993, 87: 975~1004.

[50] Ripley E M. Sulphur isotopic abundances of the Dunka Road Cu–Ni deposit, Duluth Complex, Minnesota[J]. Econ. Geol. , 1981, 76: 619~620.

[51] Grinenko L N. Sources of sulfur of the nickeliferous and barren gabbro–dolerite intrusions of the northwest Siberian platform[J]. Int. Geol. Rev. , 1985: 695~708.

[52] Lesher C M, Campbell I H. Geochemical and fluid dynamic controls on the composition of Komatiite2hosted nickel sulphide ores in Western Australia[J]. Econ. Geol. , 1993, 88: 804~816.

[53] Li C S, Naldrett A J. Sulfide capacity of magma: A quantitative model and its application to the formation of the sulfide ores at Sudbury[J]. Econ. Geol. , 1993, 88: 1253~1260.

[54] 刘凤山.铜镍硫化物矿床成矿理论的新进展[J].地质科技情报，1993，12(2)：77~81.

[55] Lightfood PC, Hawkesworth J. Flood basalts and magmatic Ni, Cu, and PGE sulphide mineralization: Comparative geochemistry of the Noril'sk(Siberian Traps) and West Greenland sequences[A]. In: Mahoney J J, ed. Large igneous provinces: continental, oceanic, and planetary flood volcanism[M]. Geophysical Monography 100, American Geophysical Union, 1997: 357~380.

[56] Naldrett A J. World class Ni–Cu–PGE deposits: Key factors in their genesis[J]. Mineralium Deposita, 1999, 34: 227~240.

[57] Li C, Lightfoot P C, Amelin Y, Naldrett A J. Contrasting petrological and geochemical relationships in the Voisey's Bay and Mushuau intrusions, Labrador, Canada: Implications for ore genesis[J]. Economic Geology, 2000, 95: 771~779.

[58] 苏尚国，邓晋福，汤中立，等.镁铁质–超镁铁质岩浆作用与成矿作用的新进展[J].现代地质，2004，18(4)：454~459.

[59] 刘铁庚，梅厚钧，于学元，等.据索尔库都克铜–钼矿床地化特征探讨其成因类型[J].新疆地质，1992，10(2)：176~183.

[60] 张国新，胡蔼琴，李启新，等.新疆北部某些成矿作用的稳定同位素特征[A].涂光炽（主编）.新疆北部固体地球科学新进展[M].北京：科学出版社，1993：389~402.

[61] 王润民,刘德权,殷定泰.新疆哈密土墩 - 黄山一带铜镍硫化物矿床成矿控制条件及找矿方向的研究[J].矿物岩石,1987,7 (1):1~152.

[62] 李承德,慕纪录,竺国强,等.新疆哈密黄山成矿带浅富矿成因与成矿规律[M].成都:成都科技大学出版社,1996:204.

[63] 姚家栋.西昌地区硫化铜(铂)镍矿床成因[M].重庆:重庆出版社,1988:143.

[64] 骆华宝.中国主要硫化铜镍矿床及成因研究[D].中国地质科学院矿床研究所博士论文,1990,98.

[65] Zhou M F, Lesher C M, Yang Z X, et al. Geochemistry and petrogenesis of 270 Ma Ni - Cu - (PGE) sulfide - bearing mafic intrusions in the Huangshan district, Eastern Xinjiang, Northwest China: implications for the tectonic evolution of the Central Asian orogenic belt [J]. Chemical Geology, 2004, 209: 233~257.

[66] Saunders A D, Norry M J, Tarney J. Origin of MORB and chemically depleted mantle reservoirs: trace element constraints[J]. Journal of Petrology(Special Lithosphere Issue), 1988: 425~445.

[67] 张招崇,闫升好,陈柏林,等.阿尔泰造山带南缘镁铁质 - 超镁铁质杂岩体的 Sr、Nd、O 同位素地球化学及其源区特征探讨 [J].地质论评,2006,52(1):38~42.

[68] 王玉往.新疆北部与后碰撞镁铁 - 超镁铁质杂岩有关的成矿作用[D].中国地质大学(北京)博士学位论文,2009:140.

[69] Kyser T K, Carmeron W E, Nisbet E G. Boninite petrogenesis and alteration history: constraints from stable isotope compositions of boninites from Caoevogel, New Caledonia and Cyprus[J]. Contri. Mineral. Petrol., 1986, 93: 222~226.

[70] 王玉往,王京彬,王莉娟,等.新疆黄山地区铜镍硫化物矿床的稀土元素特征及意义[J].岩石学报,2004,20(4):935~948.

[71] 孙赫,秦克章,李金祥,等.东天山图拉尔根铜镍钴硫化物矿床岩相、岩石地球化学特征及其形成的构造背景[J].中国地质, 2006,33(3):606~617.

[72] 孟广路.新疆哈密黄山东铜镍硫化物矿床成岩成矿作用研究[D].兰州大学硕士学位论文,2008:54.

[73] 毛景文,杨建民,屈文俊,等.新疆黄山东铜镍硫化物矿床 Re - Os 同位素测定及其动力学意义[J].矿床地质,2002,21(4): 323~330.

[74] 张作衡,柴凤梅,杜安道,等.新疆喀拉通克铜镍硫化物矿床 Re - Os 同位素测定及成矿物质来源示踪[J].岩石矿物学杂志, 2005,24(4):285~293.

[75] 韩春明,肖文交,赵国春,等.新疆喀拉通克铜镍硫化物矿床 Re - Os 同位素研究及其地质意义[J].岩石学报,2006,22(1): 163~170.

[76] 李月臣,赵国春,屈文俊,等.新疆香山铜镍硫化物矿床 Re - Os 同位素测定[J].岩石学报,2006,22(1):245~252.

[77] 王虹,屈文俊,李华芹,等.哈密地区新发现铜镍硫化物矿床成岩成矿时代的测定及讨论[J].地质学报,2007,81(4):526~530.

[78] Walker R J, Morgan J W, Naldrett A J, et al. Re - Os isotope systematics of Ni - Cu sulfide ores, Sudburyigneous complex, Ontario: Evidence for a major crustal component[J]. Earth Planet. Sci. Lett., 1991, 105: 416~429.

[79] Lambert DD, Foster JG, Frick LR, et al. Re - Os isotopic systematics of the Voisey's Bay Ni - Cu - Co magmatic ore system, Labrador, Canada[J]. Lithos, 1999, 47: 69~88.

[80] 张宗清,杜安道,唐索寒,等.金川铜镍矿床年龄和源区同位素地球化学特征[J].地质学报,2004,78(3):359~365.

[81] 杨胜洪,陈江峰,屈文俊,等.金川铜镍硫化物矿床的 Re - Os "年龄"及其意义[J].地球化学,2007,36(1):27~36.

[82] Walker R J, Morgan J W, Horan M F, et al. Re - Os isotopic evidence for an enriched - mantle source for the Noril'sk - type, ore - bearing intrusions, Siberia[J]. Geochim. Cosmochim. Acta, 1994, 58: 4179~4197.

[83] 罗照华,马拉库舍夫 A A,潘妮娅 H A,等.铜镍硫化物矿床的成因以诺利尔斯克(俄罗斯)和金川(中国)为例[J].矿床地质,2000,19(4):330~339.

[84] 傅飘儿,胡沛青,张铭杰,等.新疆黄山铜镍硫化物矿床成因研究[J].地球化学,2009:38.

[85] 孙赫,秦克章,李金祥,等.地幔部分熔融程度对东天山镁铁质 - 超镁铁质岩铂族元素矿化的约束:以图拉尔根和香山铜镍矿为例[J].岩石学报,2008,24(5):1079~1086.

[86] 钱壮志,王建中,姜常义,等.喀拉通克铜镍矿床铂族元素地球化学特征及其成矿作用意义[J].岩石学报,2009,25(4):832~844.

[87] 王瑞廷.煎茶岭与金川镍矿床成矿作用比较研究[D].西北大学博士学位论文,2002:143.

[88] 汤中立,李文渊.金川铜镍硫化物(含铂)矿床成矿模式及地质对比[M].北京:地质出版社,1995:209.

[89] 王京彬,王玉往,何志军.东天山大地构造演化的成矿示踪[J].中国地质,2006,33(3):461~469.

[90] 高辉,王安建,曹殿华,等.布什维尔德杂岩体 Platreef 矿床与金川铜镍硫化物矿床微量元素地球化学特征对比及其意义 [J].中国地质,2009,36(2):268~290.

[91] 刘秉光,骆耀南,姚永,等.攀西裂谷地区层状镁铁岩的 PGE 矿化作用[J].地学前缘,2008,15(4):269~279.

[92] Czamanske G K, Zen'ko T E, Fedorenko V A, et al. Petrographic and geochemical characterisation of ore – bearing intrusions of the Noril'sk type Siberia: with discussion of their origin[J]. Resource Geology Special Issue, 1995, 18: 1 ~ 48.

[93] Brugmann G E, Naldrett A J, Duke L M. The Platinum – Group Element Distribution in the Dumont Sill Quebec. Implications for the formation of Ni Sulfide Mineralization[J]. Mineralogy and Petrology, 1990, 40: 97 ~ 119.

[94] Ringwood A E. Phase transformation and their bearing on the constitution and dynamics of the mantle[J]. Geochim. Cosmochim. Acta, 1991, 55: 2083 ~ 2110.

[95] 杨合群, 汤中立, 苏犁, 等. 金川硫化铜镍矿床成矿岩浆性质和源区特征讨论[J]. 甘肃地质学报, 1997, 6(1): 44 ~ 52.

[96] 王瑞廷, 毛景文, 赫英, 等. 金川超大型铜镍硫化物矿床的铂族元素地球化学特征[J]. 大地构造与成矿学, 2004, 8(3): 279 ~ 286.

[97] Lorand J P, Keays R R, Bodinier J L. Copper and noble metal enrichments across the lithosphere – asthenosphere boundary of the mantle diapers: Evidence from the Lanzo lherzolite massif[J]. J. Petrol. , 1993, 34: 1111 ~ 1140.

[98] Wendlant R F. Sulfide saturation of basalt and andesite metls at high pressure and temperatures[J]. Amer. Mineral. , 1982, 67: 877 ~ 885.

[99] Hawkesworth C J, Lightfoot P C, Fedorenko V A, et al. Magma differentiation and mineralization in the Siberian continental flood basalts[J]. Lithos, 1995, 34: 61 ~ 88.

[100] Czamanske G K, Wooden J L, Walker R J, et al. Geochemical, Isotopic, and SHRIMP age data form Precambrian basement rocks, Permian volcanic rocks, and sedimentary host rocks to the ore – bearing intrusions, Noril'sk – tanlnakh district, Siberian Russia[J]. International Geology Review, 2000, 42: 895 ~ 927.

[101] Amelin Y L C, Valeyev O, Naldrett A J. Nd – Pb – Sr isotope systematics of crustal assimilation in theVoisey's Bay and Mushuau intrusions, Labrador, Canada[J]. Economic Geology, 2000, 95: 815 ~ 830.

[102] Faggert B E, Basu A B, Tatsumoto M. Origin of the Sudbury Complex by meteorite impact: Neodymium isotopic evidence[J]. Science, 1985, 230: 436 ~ 439.

[103] Naldrett A J, Rao B V, Evensen N M. Contamination at Sudbury and its role in ore formation [A]. In: Gallagher M J et al. Metallogeny of Basic and Ultrabasic Rocks [M]. Spec. Pub. Inst. Min. Met. , London, 1986: 75 ~ 92.

[104] Maier W D, Arndt N T, Curl E A. Progressive crustal contamination of the Bushveld complex: evidence from Nd isotopic analyses of the cumulate rocks[J]. Contrib. Mineral Petrol. , 2000, 140: 316 ~ 327.

[105] Carr H W, Kruger F J, Groves D I, Gawthorn R G. The petrogenesis of Merensky Reef potholes at the Western Platinum Mine, Bushveld complex: Sr – isotopic evidence for synmagmatic deformation[J]. Mineralium Deposita, 1999, 34: 335 ~ 347.

[106] Lambert D D, Walker R J, Morgan W J, et al. Re – Os and Sm – Nd isotope geochemistry of the Stillwater complex, Montana: Implications for the petrogenesis of the J – M reef[J]. Journal of Petrology, 1994, 35: 1717 ~ 1753.

[107] McBirney A R, Creaser R A. The Skaergaard Layered Series, Part VII: Sr and Nd isotopes[J]. J Petrol, 2003, 44: 757 ~ 771.

[108] Lightfoot P C, Naldrett A J. Chemical variation of the Insizwa Complex Transkei and the nature of the parent magma[J]. Can. Min. , 1984, 22: 111 ~ 123.

[109] Xie G H, Wang Y L, Fan C Y, et al. Genetic mechanisms of the Jinchuan ultramafic intrusion and associated super – large sulfide deposit, Northwest China[J]. Science in China, Ser. D, 1998, 41(Supp.): 31 ~ 36.

[110] 赵全国. 通化赤柏松镁铁 – 超镁铁质岩石的形成时代与地球化学特征及对成矿作用的制约[D]. 吉林大学硕士学位论文, 2006: 71.

[111] Wu F Y, Wilde S A, Zhang G L, et al. Geochronology and petrogenesis of the post – orogenic Cu – Ni sulfide – bearing mafic – ultramafic complexes in Jilin Province, NE China[J]. Journal of Asian Earth Sciences, 2004, 23: 781 ~ 797.

[112] 杨言辰, 孙德有, 马志红, 等. 红旗岭镁铁 – 超镁铁岩侵入体及铜镍硫化物矿床的成岩成矿机制[J]. 吉林大学学报(地球科学版), 2005, 35(5): 593 ~ 600.

[113] 管涛, 黄智龙, 许德如, 等. 云南金平白马寨含矿镁铁 – 超镁铁岩体岩石地球化学[J]. 地质科学, 2006, 41(3): 441 ~ 454.

[114] 王焰. 云南二叠纪白马寨铜镍硫化物矿床的成因: 地壳混染与矿化的关系[J]. 矿物岩石地球化学通报, 2008, 27(4): 332 ~ 343.

[115] 张招崇, 李莹, 赵莉, 等. 攀西三个镁铁 – 超镁铁质岩体的地球化学及其对源区的约束[J]. 岩石学报, 2007, 23(10): 2339 ~ 2352.

[116] 周金城, 王孝磊, 邱检生, 等. 桂北中 – 新元古代镁铁质 – 超镁铁质岩的岩石地球化学[J]. 岩石学报, 2003, 19(1): 9 ~ 18.

[117] 陈民扬, 庞春勇. 煎茶岭镍矿床成矿作用同位素地球化学[A]. 陈好寿(主编). 同位素地球化学研究[M]. 杭州: 浙江大学出版社, 1994: 56 ~ 81.

[118] 沈渭洲,高剑峰,徐士进,等.四川盐边冷水铸岩体的形成时代和地球化学特征[J].岩石学报,2003,19(1):27~37.

[119] 朱维光.扬子地块西缘新元古代镁铁质-超镁铁质岩的地球化学特征及其地质背景——以盐边高家村杂岩体和冷水箐101号杂岩体为例[D].中国科学院博士学位论文,2004:125.

[120] 郑中.峨眉山大火成岩省的地球化学特征及其动力学指纹[D].中国科学院研究生院硕士学位论文,2006:134.

[121] 潘金花,郭召杰,刘畅,等.新甘交界红柳河地区二叠纪玄武岩年代学、地球化学及构造意义[J].岩石学报,2008,24(4):793~802.

[122] 姜常义,张蓬勃,卢登蓉,等.柯坪玄武岩的岩石学、地球化学、Nd、Sr、Pb同位素组成与岩石成因[J].地质论评,2004,50(5):492~500.

[123] 姜常义,夏明哲,钱壮志,等.新疆喀拉通克镁铁质岩体群的岩石成因研究[J].岩石学报,2009,25(4):749~764.

[124] 夏明哲,姜常义,钱壮志,等.新疆东天山葫芦岩体岩石学与地球化学研究[J].岩石学报,2008,24(12):2749~2760.

[125] 陈江峰,满发胜,倪守斌.西天山箐布拉克岩带基性-超基性岩的Nd、Sr同位素地球化学[J].地球化学,1995,24(2):121~127.

[126] 王玉往,王京彬,王莉娟,等.新疆尾亚含矿岩体锆石U-Pb年龄、Sr-Nd同位素组成及其地质意义[J].岩石学报,2008,24(4):781~792.

[127] Han B F, He G Q, Wang S G. Post - collisional mantle - derived magmatism, underplating and implications for basement of the Junggar basin[J]. Science in China(Series D), 1999, 42(2):113~119.

[128] Coleman R G. Continental growth of Northwest China[J]. Tectonics, 1989, 8:621~635.

[129] 涂光炽.新疆北部地质演化与成岩成矿作用的若干特点[A].涂光炽(主编).新疆北部固体地球科学新进展[M].北京:科学出版社,1993:3~8.

[130] Wang Y W, Wang J B, Wang L J. REE characteristics of the Kalatongke Cu - Ni deposit, Xinjiang, China[J]. Acta Geologica Sinica, 2004, 78(2):396~403.

[131] 王玉往,王京彬,王莉娟,等.岩浆铜镍矿与钒钛磁铁矿的过渡类型新疆哈密香山西矿床[J].地质学报,2006,80(1):61~73.

[132] 张驰,黄萱.新疆西准噶尔蛇绿岩形成时代和环境的探讨[J].地质论评,1992,38(6):509~524.

[133] 马中平.天山及其邻区蛇绿岩研究与古生代洋盆演化[D].西北大学博士学位论文,2007:129.

[134] 雷敏,赵志丹,侯青叶,等.新疆达拉布特蛇绿岩带玄武岩地球化学特征:古亚洲洋与特提斯洋的对比[J].岩石学报,2008,24(4):661~672.

[135] 肖序常,汤耀庆,李锦轶,等.试论新疆北部大地构造演化[J].新疆地质科学(1),1990:47~68.

[136] Wang J B, Wang Y W, Wang L J. The Junggar immature continental crust province and its mineralization[J]. Acta Geologica Sinica, 2004, 78(2):337~344.

[137] Taylor S R, Mclenman S M. The Continental Crust: its Composition and Evolution [M]. London: Blackwell, 1985:57~72.

[138] Hartmann G. PGE and Au in MORB glasses from depleted mantle melting and in alkali basalts from metasomatized mantle melting [C]. 30th International Geological Congress Abstracts, 1996, volume 2 of 3:384.

[139] 汤中立,闫海卿,焦建刚,等.中国小岩体镍铜(铂族)矿床的区域成矿规律[J].地学前缘,2007,14(5):92~103.

II 铂的资源回收

我国铂族金属开发状况

王淑玲

（国土资源部，北京，100812）

我国铂族金属矿查明资源储量少，且以伴生铂族金属矿为主（占全国查明资源储量的51.2%），基本上没有可供建设利用的独立铂族金属矿。2005年我国矿山铂族金属产量2.52 t，比2004年增加520 kg，供需矛盾仍很突出。

1 资源与储量

1.1 查明资源储量

截至2005年底，全国查明铂族金属矿产地35处，铂族金属查明资源储量342.017 t，比2004年下降2.253 t，降幅约为0.7%，其中，开采2.061 t，损失4.46 kg，勘查增加12 kg，重算增加24.1 kg。查明资源储量构成为：资源量327.138 t。基础储量14.879 t，其中储量3.727t（见表1）。累计查明资源储量392.776 t，其中基础储量15.74 t。

表1 2001—2005年我国铂族金属查明资源储量统计

年份	查明资源储量/t			累计查明资源储量/t	
	总计	基础储量		总计	其中：基础储量
		合计	储量		
2001	348.129	15.688	5.097	388.678	16.210
2002	345.444	15.518	4.406	388.577	16.110
2003	346.304	15.391	4.247	392.336	16.062
2004	344.275	15.29	4.118	392.373	16.068
2005	342.017	14.879	3.727	392.776	15.74

资料来源：全国矿产储量数据库。

据《Mineral Commodity Summaries》，2005年世界主要铂族金属资源储量和储量基础分别为71000 t和80000 t，与2004年相同。资源分布高度集中，主要资源国为南非、俄罗斯、美国和加拿大。其中，南非储量占88.7%，俄罗斯储量占8.7%。

依据主要勘查元素的不同，将铂族金属查明资源储量分为：（1）铂钯矿（以铂钯为主要勘查对象），铂族金属查明资源储量126.553 t；（2）共生铂钯矿（铂钯和某种金属元素同为勘查对象），铂族金属查明资源储量42.510 t；（3）伴生铂族金属矿（铜镍或铬铁矿为勘查对象，铂族金属为综合回收组分），铂族金属查明资源储量172.862 t；（4）砂铂矿，铂金属查明资源储量0.092 t。我国的铂族金属查明资源储量以伴生铂钯矿查明资源储量为主，占总查明资源储量的50.5%。

铂族金属资源分布较为集中。尽管我国有10个省份探明有铂族矿产储量，但主要集中于3个大型矿区，即甘肃金川白家嘴子铜镍矿中伴生铂族金属查明资源储量164.442 t，占我国铂族金属查明资源储量48.1%；云南弥渡金宝山铂钯矿，查明资源储量 48.802 t，占总查明资源储量的 14.2%；四川丹巴杨柳坪镍铂钯共生矿，查明资源储量 42.51 t，占总查明资源储量的 12.4%。3 个矿区查明资源储量之和占我国铂族金属查明资源储量的 74.7%。

1.2 勘查程度

截至 2005 年底，我国铂族金属普查阶段矿区 4 处，查明资源储量 49.85 t，占总查明资源储量的 14.6%；详查阶段矿区 19 处，查明资源储量 106.671 t，占总查明资源储量的 31.2%；勘探阶段矿区 20 处，查明资源储量 185.492 t，占总查明资源储量的 54.2%（见表 2）。我国铂族金属查明资源储量以伴生矿为主，勘查程度取决于主矿，而铂钯矿或共生铂钯矿由于品位低，不具备开发利用的技术经济条件暂无必要进行勘探。目前，铂钯勘探矿区只有河北丰宁红石砬铂矿、云南朱布铂钯矿。铂钯矿以详查阶段查明资源储量为主，占铂钯矿查明资源储量的 83.2%；普查阶段查明资源储量不多。

表 2　截至 2005 年底我国铂族金属查明资源储量勘查程度

类别	普查	详查	勘探	合计
矿区数/处	4	19	20	35
查明资源储量(金属量)/t	49.854	106.671	185.492	342.017
其中：基础储量(金属量)/t	5.142	1.321	8.416	14.879
占总查明资源储量的百分比/%	14.6	31.2	54.2	100

资料来源：全国矿产储量数据库。

1.3 资源储量开发条件

矿石品位是分析资源储量能否开发的重要因素。我国铂钯矿床的铂族金属品位和国外矿床品位相比较，仅是其 1/5 ~ 1/10。我国铂钯矿品位为：铂 0.13 ~ 1.01 g/t；钯 0.12 ~ 0.9 g/t；铂族金属总含量 0.9 ~ 1.68 g/t。1986 年《矿产工业要求参考手册》指出，以前铂族金属矿的工业要求已不适用，应参照岩金及砂金要求进行评价。据此，岩铂最低工业品位应为 3 ~ 5 g/t，砂铂工业品位 0.14 ~ 0.18 g/m³。我国已探明的铂钯矿床的品位低于工业要求甚多，达不到工业矿床标准；共生铂钯矿品位 0.4 ~ 0.6 g/t，也仅是工业要求的 1/5 ~ 1/10，应属伴生铂钯矿。

1.3.1 已利用矿区的查明资源储量

截至 2005 年底，我国铂族金属已开发利用的矿区 12 处（见表 3），合计铂族金属查明资源储量 165.2 t，占我国铂族金属总查明资源储量的 48.3%，多为伴生铂族金属矿。主要矿区有甘肃金川白家嘴子Ⅰ、Ⅱ及Ⅰ~Ⅱ铜镍矿区，伴生铂族金属查明资源储量 142.374 t；其余已开发利用矿区有云南新平大红山铁铜矿、金平白马寨铜镍矿、青海祁连玉石沟铬铁矿、新疆富蕴喀拉通克铜镍矿等矿区和云南朱布铂钯矿。云南朱布铂钯矿是利用矿石冶炼钙镁磷肥及矿渣水泥，从矿渣中回收铂族金属，实际上已变主矿产铂钯为伴生矿产开采利用，该矿区铂族金属查明资源储量 6.333 t。受铂族金属价格看好，利润可观的影响，福建下湖铂钯矿区、青海祁连县洪水梁 101 金矿区、酸刺沟 101 金矿区也开始生产铂族金属。

表 3　截至 2005 年底我国铂族金属查明资源储量（金属量）利用情况

地区	已利用矿区			可规划利用矿区			合计		
	矿区数/处	基础储量/t	查明资源储量/t	矿区数/处	基础储量/t	查明资源储量/t	矿区数/处	基础储量/t	查明资源储量/t
全国	12	8.435	165.2	8	6.389	106.535	20	14.824	271.735
北京	0	0	0	1	0	1.993	1	0	1.993
内蒙古	1	1.142	1.754	0	0	0	1	1.142	1.754

续表3

地区	已利用矿区			可规划利用矿区			合计		
	矿区数/处	基础储量/t	查明资源储量/t	矿区数/处	基础储量/t	查明资源储量/t	矿区数/处	基础储量/t	查明资源储量/t
黑龙江		0	0	1	0	1.804	1	0	1.804
云南	4	5.973	8.059	4	6.389	90.13	8	12.362	98.189
甘肃	3	0	151.834	2	0	12.608	5	0	164.442
青海	3	0.019	0.715	0	0	0	3	0.019	0.715
新疆	1	1.301	2.838	0	0	0	1	1.301	2.838

1.3.2　可规划利用矿区的查明资源储量

可规划利用矿区8处。合计查明资源储量106.5 t，占我国铂族金属总查明资源储量的31.1%。主要有甘肃金川白家嘴子芊、郁铜镍矿区，伴生铂族金属12.608 t，作为主矿（铜）论证将其列入可供规划利用矿区，可作为金川矿山后备基地。北京延庆红石湾铂矿区、云南永仁珙山箐铂钯矿、大理迎风铂钯矿、弥渡县金宝山铂钯矿、牟定安益铂钯矿、黑龙江嫩江多宝山铜（钼）矿区和内蒙古四子王旗小南山铜镍矿区目前也列为可规划利用矿区。

1.3.3　暂难利用矿区的查明资源储量

暂难利用矿区15处，合计铂族金属查明资源储量70.282 t，占我国铂族金属总查明资源储量的20.6%。铂钯矿石品位太低，单一开发铂钯无经济效益，主要有云南牟定碗厂、元谋锰林沟、大理荒草坝、热水塘；四川的丹巴杨柳坪、协作坪、杨柳坪正子岩、河北的丰宁红石砬及承德县高寺台等矿区。

1.4　资源远景

铂矿是我国急缺矿种，20世纪70年代以来开展大量的勘查工作，探明百余吨单一铂族金属矿。随着对铂矿石品位要求的提高，已探明的矿区就成了难以开采的"呆矿"。铂矿勘查工作一度停顿。

"七五"期间曾开展铂矿成矿地质条件的研究工作，认为我国地质构造复杂，槽、台交替频繁，深大断裂发育，基性－超基性岩分布广泛，具有铂族金属的成矿地质条件。扬子地台西缘及北缘，天山优地槽褶皱系等地区层状、非层状基性－超基性岩发育，和国外铂矿成矿地质条件相似，并且有矿化显示，具备成矿远景区的条件。但时至今日除2003年在甘肃省肃北县夏吾特金矿中新查明439 kg钌外，铂族金属矿找矿未取得成效。近年来，俄罗斯在新元古代黑色页岩型金矿如"干谷"等金矿床中，发现了重要的铂族金属矿化，其分布大部分与金矿化重合，品位与金品位相等，储量也相当可观，值得我国借鉴。对金矿等许多矿产找矿的重大进展表明，成矿类型突破具有重大意义。我国应注意研究与新元古代—早古生代黑色页岩有关的多种金属矿床，加强其成矿环境与控矿条件研究，力争在铂族金属找矿上有所突破，缓解我国铂族金属短缺的压力。

2　地质勘查

1999年我国铂族金属找矿有了单独的地勘投入，2005年铂族金属地质勘查投入大幅上升，其中，地质勘查费为1135.66万元，是2004年的6.14倍，勘查从业人数为118人，为2004年的5.6倍，机械岩心钻探工作量5214 m（见表4）。

表4　我国铂族金属地质勘查投入

年份	勘查人数/人	勘查费用/万元	钻探工作量/m
1999	12	25	无
2000	150	198.6	无
2001	105	370.97	无

续表4

年份	勘查人数/人	勘查费用/万元	钻探工作量/m
2002	74	268.90	605(坑探)
2003	138	988.99	2192
2004	21	184.92	200(坑探)
2005	118	1135.66	5214

资料来源：国土资源综合统计年报，1999~2005。

3 矿山建设勘查

我国至今没有以开采铂族金属为主要对象的矿山及可供矿山建设的矿区。铂族金属生产主要是伴生铂钯矿的开发，铂钯矿矿石综合利用及二次资源开发。

3.1 伴生铂族金属矿的开发

甘肃金川铜镍矿伴生铂族金属的产量2005年为2.52 t，比2004年上升26%，以铂、钯为主，是我国铂族金属最重要的生产基地。金川铜镍矿Ⅱ矿区的二期工程正在基建。云南新平大红山铜铁矿、金平白马寨铜镍矿、新疆富蕴喀拉通克铜镍矿、青海玉石沟铬铁矿等已于"八五"期间先后建设投产，按设计规模推算，年回收铂族金属最多15~20 kg。即使今后扩大开采规模，也因铂族金属查明资源储量少、品位低而产量甚少。

3.2 铂钯矿的综合开发利用

云南铂钯矿的铂族金属查明资源储量77.854 t，因矿石品位低，单独开发铂钯矿没有经济效益。云南地矿局、昆明贵金属研究所及有关生产部门进行矿石综合利用研究。朱布铂钯矿已建成投产，利用矿石配以磷灰石或水泥配料冶炼钙镁磷肥或矿渣水泥，然后从冶炼矿渣中回收铂族金属。矿山亏损经营，靠冶炼铂族金属进行补贴。铂钯矿的综合利用能否持续发展的因素很多。云南弥渡金宝山铂钯矿是我国品位最高(铂0.585 g/t，钯0.894 g/t，铂钯含量大于2 g/t)的、规模最大(查明资源储量占14.1%)的铂钯矿，综合利用的内部条件优于朱布，有进行矿山建设可行性论证的必要。据悉，北京延庆红石砬铂矿综合利用正处于研究阶段，发展前途尚不清楚。

3.3 再生铂族金属的开发利用

由于铂族金属使用量增大，价格昂贵，废旧含铂制品回收利用越来越受到国内外的重视。回收种类增多、利用品位降低，由单一回收向综合回收发展。我国铂族金属使用部门多、分布范围广、更新周期短，年废旧铂族金属制品数量大，综合回收潜力可观。据不完全统计，1990年再生铂族金属达2.5 t，2004年已达5.85 t(见表5)，2005年下降到1.198 t。

表5 2004年我国铂族金属二次资源回收情况 （kg）

企业名称	铂产量	钯产量	铑产量	铱产量	锇产量	钌产量	合计
沈阳真研钛科技有限公司			2				2
上海稀贵金属提炼厂	721	1717					2438
上海鑫冶铜业有限公司		3					3
常熟市常宏贵金属有限公司	120						120
通州市联通有色金属制品厂		80					80
南京扬子石化精细化工有限公司		32					32
盐城鑫贵金属有限公司	89	18	2	27		10	146
常熟市鑫盛贵金属有限公司	70						70

续表5

企业名称	铂产量	钯产量	铑产量	铱产量	锇产量	钌产量	合计
南京东锐铂业有限公司	25			21	3		49
溧阳天恒金属提炼有限公司	7						7
浙江宏达金属冶炼有限公司	7	81					88
浙江五洲控股集团有限公司		38					38
兰溪自立铜业有限公司		7					7
万安县万丰金属材料有限公司		19					19
山东盛鑫贵金属有限公司	5		5				10
湖南省郴州市湘晨高科技实业公司	95	324					419
贵研铂业股份有限公司	719	852				721	2292
阜康冶炼厂	15	15					30
合计	1873	3186	9	48	3	731	5850

资料来源：有色金属工业统计资料汇编，2004。

　　由于铂族资源二次开发成本低、利润高，非法收购、冶炼、销售等时有发生，影响资源的充分开发利用，应从速建立管理系统，改进回收流程工艺，提高铂族金属二次开发的产量。

4　产需关系

4.1　产量

　　世界铂族金属的矿山生产主要集中在南非和俄罗斯，约占世界总供应量的80%，铂族金属中产量和消费量最大的是铂和钯，两者合计占90%以上，其次是铑。

　　我国矿山铂族金属生产始于1958年。由于金川镍矿的投产，近些年矿山铂族金属产量逐年增长（见表6）。2005年为2.52 t，其中铂1615 kg，同比上升23.9%；钯883 kg，同比增长30.8%，其余铂族金属产量甚少。我国铂族金属主要以伴生元素形式赋存，在主金属开采时一同采出由冶炼厂回收，其产量受主矿开采规模及品位控制。金川铜镍矿是我国铂族金属主要生产基地。

表6　我国矿山铂钯金属产量　　　　　　　　　　　　　　　　（kg）

产品名称	1999 年	2000 年	2001 年	2002 年	2003 年	2004 年	2005 年
铂	453	608	756	677	997	1303	1615
钯	245	532	327	423	500	675	883
铑						4	13
钌						18	18
合计	698	1140	1083	1100	1497	2000	2520

资料来源：有色金属工业统计资料汇编，1999—2005。

4.2　消费量

　　铂族金属具有催化作用、化学稳定性、热电稳定性及色彩美观等优良属性，被广泛用于工业及首饰业，是不可缺少的贵金属材料。

　　随着世界经济的增长，汽车业和首饰业用铂量不断增长，目前首饰和汽车用铂量占铂消费总量的3/4以上。其中我国、日本、北美和欧洲是主要的铂消费国，其消费总量占世界总需求的80%。

我国铂族金属主要用于首饰、硝酸工业、石化工业及玻璃、玻纤工业,随着汽车工业的发展和环保要求的日趋严格,我国汽车工业铂族金属消费将大幅度增长。

2005年,国际铂价继续攀升,年均价达到845美元/oz的历史新高;中国铂首饰需求降至91万盎司,比2004年下降12.3%,但仍居世界铂消费榜首,这已是连续7年稳居世界第一位。

我国钯的主要应用领域为汽车工业、电子材料、合金材料、石化工业和热电偶等。随着国民经济的稳步发展,各领域中的钯需求也呈上升态势。近年我国汽车业迅猛发展,钯需求将随着汽车工业的发展及对汽车废气排放的环保要求逐步严格而进一步增长。

2005年上海黄金交易所铂金累计成交40.8 t,比上年增加46.89%,成交金额698.67亿元,增长53.6%。

4.3 进出口贸易

2003年4月底,经国务院批准,财政部、国家税务总局出台《关于铂金及其制品税收政策的通知》,对铂金及铂金制品的税收政策做出新规定:对进口铂金免征进口环节增值税;对通过上海黄金交易所销售的进口铂金实行增值税即征即退政策,国内铂金生产企业自产自销的铂金也实行增值税即征即退;对铂金制品加工企业和流通企业销售的铂金及其制品仍按现行规定征收增值税。铂金出口不退税;出口铂金制品,对铂金原料部分的进项增值税不实行出口退税,只对铂金制品加工环节的加工费按规定退税率退税。铂金首饰消费税的征收环节由现行在生产环节和进口环节征收改为在零售环节征收,消费税税率由10%调整为5%。具体征收管理对照财政部、国家税务总局1994年《关于调整金银首饰消费税纳税环节有关问题的通知》规定执行。新规定于2003年5月1日正式执行。

据海关统计资料,2005年我国铂族金属进口贸易有所下降,进口量为33577.74 kg,比2004年下降9.2%;进口额为89931.47万美元,同比上升77.3%。其中铂及其制品进口量及进口额分别为23672.31 kg,同比下降20.8%,进口额77329.25万美元,同比增长61.8%;钯及其制品进口量5854.50 kg,进口额3322.87万美元,同比分别增长7.1%和58.6%;铑及其制品进口量1317.21 kg,进口额8392.62万美元,同比分别大幅度上升485.7%和1456.3%;铱、锇、钌及其制品进口量及进口额分别为2733.72 kg和886.74万美元,同比分别大幅度上升97.9%和174.7%。2005年受出口退税政策取消的影响,我国铂族金属出口贸易大幅度下降,出口量和出口额分别为25787.62 kg、560.20万美元,同比分别上升827.5%和49.3%。其中,铂及其制品出口量14.22 kg,同比下降54%,出口额203万美元,同比上升196.5%。钯及其制品出口量25728.35 kg,出口额278.87万美元,同比分别上升886.7%和13.3%;铑及其制品出口量8.36 kg,同比下降30.3%,出口额61.62万美元,同比上升49.3%;铱、锇、钌及其制品出口量及出口额分别为36.69 kg和16.72万美元,同比分别下降63.4%和72.5%(见表7)。

表7 2005年我国铂族金属进出口情况

名称	进口		出口	
	数量/kg	金额/万美元	数量/kg	金额/万美元
铂及其制品	23672.31	77329.25	14.22	203.00
钯及其制品	5854.50	3322.87	25728.35	278.87
铑及其制品	1317.21	8392.62	8.36	61.62
铱、锇、钌及其制品	2733.72	886.74	36.69	16.72
合计	33577.74	89931.47	25787.62	560.20

资料来源:中华人民共和国海关统计年鉴,2005。

4.4 价格

2005年铂族金属价格呈现两种态势,铂价持续上涨,铑价上升,钯价平稳略有回升。

2005年上半年铂价稳定在840~880美元/oz价位上,下半年不断攀高,11月中旬冲至950美元/oz,12月初,在日本TOCOM投机者的推动下,于12日达1015美元/oz,为25年新高,年底回落至940美元/oz。2005年国际铂年均价创 24 年来最高水平，达 896.57 美元/oz，比 2004 年上涨 6%（见图 1）。2005 年国内铂金价格与国际价格联动一路上涨，从年初的 232.39 元/g，达到年底的 257.86 元/g，同比分别上升 4.5% 和 9.5%，年度铂金最高价 270.96 元/g，最低价 230.79 元/g，分别比 2004 年增长 5.5% 和 8%，全年平均价为 243.32 元/g，比 2004 年上涨了 4.8%。

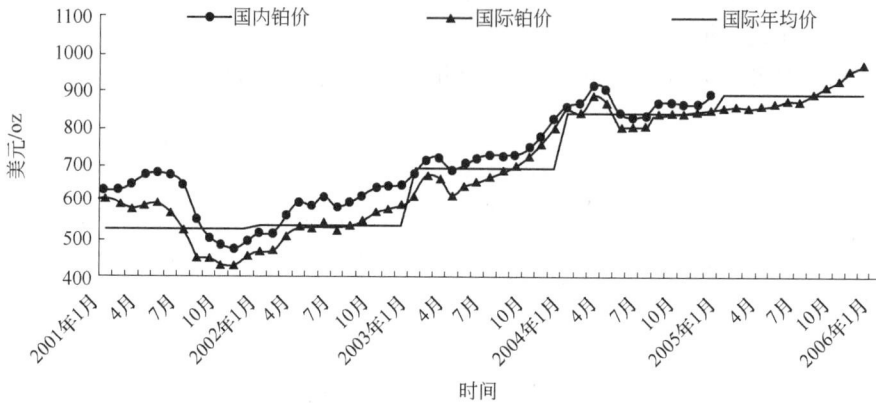

图 1　2001—2005 年国内国际铂价对比

国际钯价 2005 年的大部分时间表现平淡，一直在 180 ~ 200 美元/oz。年底受金价和铂价上涨的影响，尤其是基金的介入，使钯价上升至 250 美元/oz。钯市场的最高价为 296 美元/oz，最低价为 180 美元/oz，全年平均价为 201.37 美元/oz，比 2004 年下降了 12.5%（见图 2）。

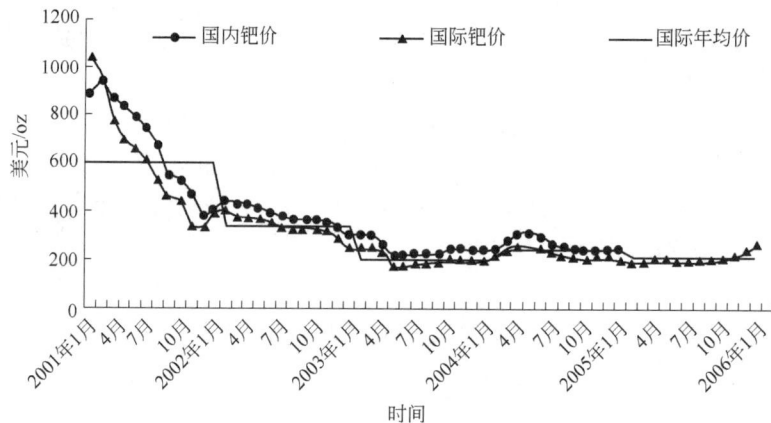

图 2　2001—2005 年国内国际钯价对比

2005 年国内市场钯的价格走势与国际价格基本同步。但国内的价格比国际价格略有滞后；2005 年国内钯的最高价为 79.5 元/g，最低价为 53.8 元/g，全年平均价为 60.58 元/g，比 2004 年下跌 11.5%。

2005 年国际铑价亦呈大幅度上升，年均价为 2002 美元/oz，约为 2004 年的 2.1 倍（见图 3）。

4.5　供需分析

我国铂族金属矿产资源严重不足。需求量呈上升趋势。尽管 2005 年金川矿山铂族金属产量增加使我国铂族金属矿山铂产量增至 2.52 t，但产需相差悬殊，远不能满足需求的增长。缺口将会越来越大，长期依赖进口的格局不可能改变。因此，建议采取特殊政策，强化铂矿地质工作，力争在找矿类型上有新的突破，并充分利用铂族金属的二次资源。同时，实施走出去战略，建立稳定的国外铂族金属供应源。

参考文献（略）

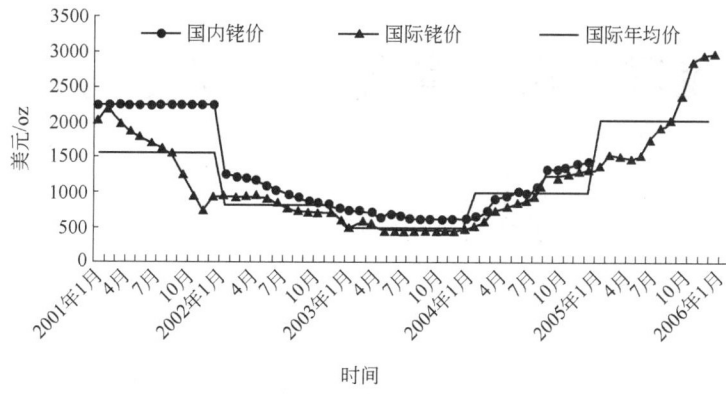

图 3　2001—2005 年国内国际铑价对比

我国铂族金属资源现状与前景

张光弟　　毛景文　　熊群尧

（中国地质科学院矿产资源研究所，北京，100037）

摘　要： 本文简要叙述了我国对铂族金属资源量的需求、保证程度，并对比分析了各种类型铂族金属矿床的资源发展趋势；重点对我国攀西－滇中地区诺里尔斯克苦橄质火山－侵入岩型铜镍铂矿床、上扬子湘黔地区黑色页岩型钼镍铂矿床和四川会理构造蚀变岩型铂族元素矿床进行了资源前景分析，并认为极有可能在这几种类型中取得找矿突破，其中黑色页岩和构造蚀变岩型铂族金属矿床是近期发现的新类型矿床。

关键词： 铂族金属资源；诺里尔斯克铜镍铂矿床；黑色页岩钼镍铂矿床；构造蚀变岩型铂族元素矿床

铂族元素（PGE）是元素周期表第八副族铂（Pt）、钯（Pd）、锇（Os）、铱（Ir）、钌（Ru）、铑（Rh）6 种元素的总称，该类元素具有耐高温、耐腐蚀、抗氧化、高延展性、低膨胀率、电热性稳定、反光性强等特点，可广泛用于航空航天、汽车、电子、珠宝、化工、石油、陶瓷、玻璃装潢等领域。其中汽车制造、珠宝、航空航天和电子元器件加工等是最活跃的消费领域，已成为我国经济的几大支柱产业。它们对铂族金属的需求与日俱增，特别是汽车尾气净化装置和家用电器新型复合材料已成为我国最大的铂族金属消费市场。我国将逐渐成为铂族金属的消费大国。

1　资源现状

与巨大的需求增长态势相比，我国铂族金属资源的保证程度还存在着较大差距。迄今为止，我国还未发现类似南非布什维尔德或俄罗斯诺里尔斯克那样的巨型铜镍铂矿床（它们拥有世界上 90% 以上的铂族金属储量）。尽管我国有金川超大型含铂铜镍矿床，但铂族元素品位低 $[Pt(0.136 \sim 0.37) \times 10^{-6}$，$Pd(0.081 \sim 0.275) \times 10^{-6}]$，只能作为铜镍伴生的副产品。除此之外，已知的含铂矿床一般都规模小、品位低，大多不能成为独立的铂金矿床。由于资源匮乏，我国至今仍然是一个铂族金属进口国。

我国铂族金属矿床类型丰富（见表 1），但 95% 以上的储量都集中于铜镍型矿床中，它们与铁质基性－超基性岩有关，主要分布于我国西部的甘肃金川、新疆喀拉通克、黄山、攀西—滇中地区，以及东北的赤柏松等地区，多以铜镍硫化物的伴生矿床形式产出。目前大型独立的金宝山贫铜镍铂矿床正在建成为我国重要的铂族金属矿山基地。小而富的热液矿床（例如杨柳坪矽卡岩矿床）是民办开采的主要对象。

表 1　我国铂族金属矿床分类

岩石类型	矿床类型	含矿岩石	实例	工业类型
岩浆型	铜镍型 铬铁矿型 钒钛磁铁矿型	铁质基性超基性岩 镁质基性超基性岩 偏碱性基性－超基性岩	金川、杨柳坪、金宝山 罗布莎、攀枝花、新街	伴生、独立 伴生 伴生
热液型	矽卡岩型 斑岩型 构造蚀变岩型	矽卡岩 花岗斑岩石英斑岩 基性超基性构造岩	杨柳坪、铜绿山 德兴、玉龙、多宝山 金宝山、大岩子	伴生、独立 伴生 独立
沉积型	黑色页岩型 砂矿	硅质碳质页岩 冲洪积残坡积	遵义、大庸 酸刺沟、红坑	伴生 独立

2 资源前景

2.1 国际发展趋势

世界上铂族金属资源集中在少数几个国家及地区。其中南非占全球已探明储量的81%，俄罗斯占17%，其余2%分布在美国、加拿大等国家。南非和俄罗斯是世界上主要的铂族金属生产国和产品输出国（见表2）。由于资源集中在少数几个国家及地区，铂族金属工业发展很不平衡，产品价格容易形成垄断，这就促使一些国家加大本土内铂族资源的开发力度，如澳大利亚、加拿大、美国和中国等。

表2 世界铂族金属储量及产量统计

国家	储量/t	产量/t		
		1991 年	1992 年	1993 年
南非	50000	86. 157	85. 535	104. 919
俄罗斯	5900	34. 214	23. 949	21. 772
美国	250			
加拿大	250	9. 331	9. 331	9. 953
其他国家	31			

资料来源：Mineral Commodity Summarles，1994；Metals & Minerals Annual Review，1994.

值得注意的是，近十多年来，世界各国除了关注岩浆铜镍型铂族金属矿床的勘查和研究之外，对热液矿床和黑色页岩型矿床也倾注了巨大的热情。这不仅是因为某些热液脉状或浸染状富矿体往往是地方工业勘查的目标（赫尔伯特等，1991），更重要的是黑色页岩型和构造蚀变岩型矿床被认为是新的铂族金属资源类型和矿床类型。特别是由于黑色页岩型铂族金属矿床评价的新突破，已成为当前评价和研究的热点，其具有代表性的矿床有俄罗斯干谷铂金矿床、波兰蔡希斯坦（Zeckstein）含铜页岩型铂族元素矿床、加拿大育空（Yukon）镍、锌型铂族元素矿床，以及穆龙套型、库姆斯托尔型含铂族元素矿床等（梁有彬等，1999；汤中立等，1989；赫尔伯特等，1991；季斯特列尔等，1997；Seredin，1995；Loukola – Ruskeeniemi，1995；Mronovetal，1995）；其中也不乏大型矿床，例如干谷矿床、穆龙套矿床等。

列特尼科夫（1997）提出一种高碳构造岩金－铂矿床新类型。矿体产于基性－超基性岩断层破碎带及其两侧，以其高碳质为其重要特征。其代表性矿床为东萨彦岭阿尔卑斯型奥斯平斯克－基托依超基性岩碳－铂－金矿床。

成矿研究主要集中于以下几个方面：（1）与岩浆型铂族金属矿床伴生的热液矿床的微量元素、同位素、流体包裹体证据（Erstigneeva et al.，1995；Moltmretal，1997）；（2）黑色页岩成岩成矿与生物－有机质－有机流体的关系（张爱云等，1987；谢树成等，1997；Alsopelal，1995；Baranegr et al.，1995）；（3）黑色页岩海底喷气热水作用（Loukola – Ruskeeniemi，1995；Coveney et al.，1995）；（4）黑色页岩中金属物质来源示踪及其富集条件、趋势与规律（Mironov et al.，1995；Alsop et al.，1995；Erstingneeva et al.，1995）。值得注意的是：（1）目前还没有直接的黑色页岩铂族元素矿床成矿作用模式；（2）Os－Re 同位素资料证明，成矿物质的生成与沉积在时间上是大体一致的（Horan et al.，1994）；铂族金属物质有可能来源于地幔或下地壳（列特尼科夫等，1997；李胜荣等，1995；王登红等，2000）；然而来自深部的这些含矿碱质还原流体是怎样运移到地表，并在构造岩环境和黑色页岩还原环境富集沉淀的，目前仍然缺乏令人信服的论述和证明。

2.2 国内发展趋势与展望

与国际相比，我国虽然具有各类型铂族金属矿床成矿的地质前提，但是由于种种原因，找矿效果不大。近年来，受国际铂金市场和国家需求的促动，以及国外一些新资源、新矿床类型突破性进展的影响，我国铂族金属资源的研究和评价进入了一个新的发展时期。

2.2.1 岩浆型铂族金属矿床仍然是我国铂族金属资源评价的主要目标

从以往的评价效果来看，铜镍型铂族金属矿床的经济意义远大于铬铁矿型和钒钛磁铁矿型。对比发现（梁有彬等，1999；汤立中，1989；J N Iadrett，1998；李学军等，1998），我国攀西—滇中地区具有与诺里尔斯克地区相似的成矿地质背景、火山岩组合、浸入岩类型及矿体特征等。近年来，在该区先后勘查评价的金宝山贫铜镍铂矿床、杨柳坪含铂铜镍矿床以及朱布、核桃树、力马河、荒草坪含铂铜镍矿床等，其特征非常接近诺里尔斯克型铜镍矿床。其中杨柳坪矿床 $Pt+Pd$ 为 0.754×10^{-6}，储量约 50 t，金宝山 Pt 为 0.585×10^{-6}、Pd 为 0.895×10^{-6}，金属储量 47 t，都达到大型规模。可见，该地区是我国诺里尔斯克型铂矿床最有前景的地区。

2.2.2 要注意寻找热液蚀变岩型和脉状富矿体

这里所说的热液蚀变岩型和脉状富矿体应具备以下条件：（1）必须有基性－超基性岩体；（2）围岩为钙镁质或含碳质岩石；（3）岩体产于背斜或穹隆核部，被断层切割（列特尼科夫等，1997；赵支刚等，2000）。

杨柳坪是一个典型的热液矿床实例。小而富的矿体呈团块状、浸染状和脉状，产于岩浆型铜镍（铂）主矿体顶板蚀变基性岩和石炭系大雪组黑色页岩、大理岩中，曾被认为是矽卡岩型热液交代成因；但同位素资料表明，成矿热液可能来自地幔。

四川会理大岩子铂矿是另一种热液交代矿床。矿体产于辉石岩与白云岩接触带（断裂破碎带）两侧。龙舟山韧性剪切断裂带沿接触带展布。白云岩硅化、细粒化，褐铁矿化、孔雀石化、蓝铜矿化。辉石岩滑石化、透闪石化、阳起石化、绿泥石化、泥化。破碎蚀变辉石岩矿体 $Pt+Pd$ 为 14.0×10^{-6}，破碎硅化白云岩矿体 $Pt+Pd$ 为 10×10^{-6}（赵支刚等，2000）。矿体长度控制 400 m，厚 2~5 m，延深控制 99 m。目前沿断裂破碎带北延方向的打矿山、春天坪相继发现了同类矿化，而且前景更加看好。笔者初步认为，该矿床属于构造蚀变岩新类型。

值得注意的是，杨柳坪铂矿和大岩子铂矿同产于康滇南北构造岩浆杂岩带内，并且与诺里尔斯克型铜镍铂矿床伴生。它们共同构成了攀西－滇中地区最有前景的铂族金属资源远景区。

2.2.3 黑色页岩型铂族金属矿床——一种前景看好的新铂族资源类型

近一二十年，国外对黑色页岩铂族金属矿床评价的重大突破促进了我国黑色页岩研究和铂族金属矿床评价工作的迅速发展，国家已加大了投资力度以资助自然科学基金项目和地质大调查项目。目前在贵州遵义、织金，湖南大庸、张家界等地区已发现了重要的矿化线索和评价远景区。

上述地区位于扬子陆块及其东南边缘，在早古生代为陆架海近滨－斜坡环境发育的局限滞流盆地，沉积一套牛蹄塘组硅碳泥质页岩以及粉砂泥质页岩建造，厚约 26~150 m，铂族元素矿化产于底部的钼镍金属层中，金属层厚度在大庸为 0.5~1.8 m；遵义为 0.1~1.0 m，最厚为 2 m；织金为 0.01~0.14 m。金属层内除富含 Mo、Ni 之外，还富集有 PGE、V、Cr、Pb、Zn、He、Sb、As、Au、Ag、P、REE 等。$Pt+Pd$ 质量浓度大庸为 0.602×10^{-6}；遵义为 0.70×10^{-6}；织金为 0.47×10^{-6}（梁有彬等，1999）。以往将这些铂族元素矿化体作为钼镍矿床的伴生组分，其成因同钼镍矿层一样为有机成矿作用参与下的沉积矿床（梁有彬等，1999；张爱云等，1987；Mumwchiek et al.，1994）。但近年的研究发现，钼镍金属层 Os-Re 同位素等时年龄为 560 Ma（Horan et al.，1994）和 541 Ma（毛景文等，2001），稳定同位素和流体包裹体数据支持海底喷气热水沉积的观点（Covey et al.，1992；Ozturk et al.，1997；Lotte et al.，1999），成矿作用与沉积作用几乎是在相近的时间同时进行的。有可能说明，在广阔的早古生代海盆中，一方面海底喷气热流体带入了大量的钼、镍、铂族等矿物质；另一方面这些成矿溶液组成的密度流沿海底斜坡呈胶体形式搬运至狭窄的局限盆地，迅速沉积固定下来，形成横贯川、黔、湘扬子地台稳定的黑色岩系及其金属层。根据这一思路，通过海底喷发相和沉积相环境分析，在川、黔、湘广大地区寻找一定规模的铂族金属工业矿体是极有可能的。

参考文献

[1] A J Niabrett. 诺里尔斯克地 Ni-Cu-PGE 成矿模式及其在溢流玄武岩分布的应用[J]. 四川地质科技情报，1998（4）：259.

[2] B B. 季斯特列夫等. 俄罗斯干谷金矿床中的铂族金属存在形式及其成因[J]. 国外地质科技，1997（7）：37-47.

[3] 范德廉，杨秀珍，王连芳，等. 某地下寒武统含镍钼多元素黑色岩系的岩石学及地球化学特征[J]. 地球化学，1973（3）：143-164.

[4] L J. 赫尔伯特等. 铂族元素的地质环境. 北京：地质出版社，4，椎 A. 列特尼科夫等，1997. 高碳构造岩——金和铂富集的新类型. 国外地质科技，1991（3）：23-26.

［5］梁有彬, 刘同有, 宋国仁, 等. 中国铂族元素矿床［M］. 北京: 冶金工业出版社, 1998, 20.

［6］李胜荣, 高振敏. 湘黔地区牛蹄塘组黑色岩系稀土特征———兼论海相热水沉积岩稀土模式［J］. 矿物学报, 1995, 15 (2): 25 – 29.

［7］辛学军, 杜插松, 胡金文, 方勤建. 安徽铜陵大团山矽卡岩型铜矿床热液成矿作用研究［J］. 地学学报, 1998, 19 (增刊), 30 – 38.

［8］汤中立, 蔡体梁, 杜笑菊编译. 国外铂族元素的地质矿床及资源分析(译文集)［M］. 兰州: 兰州大学出版社, 1989: 264 – 267.

［9］谢树成, 殷鸿福. 生物省机质 – 流体成矿系统［M］. 北京: 中国地质大学出版社, 1997.

［10］赵支刚, 杨大宏, 杨铸生. 四川会理大岩子铂矿地质特征及找矿模式［J］. 西昌地质, 2000, 65(1): 1 – 13.

［11］张爱云, 伍大茂, 郭丽娜, 等. 海相黑色页岩建造地球化学与成矿意义［M］. 北京: 科学出版社, 1987.

［12］D A Lott, R M Coveney, Jr J B Murowchick and R I Grauch, 1999. Sedimentary exhalative Nickel – Molyb – denum ores in south China. Economic Geology, 94: 1051 – 1066.

［13］Ferenc Molnar, David H Watkinson, Peter C Jones and Istvan Gatter. 1997. Fluid inclusion evidence for hydrothermal enrichment of magmatic ore at the contact zone of the Ni – Cu – Pltltinum – group element 4b deposit. Lindsley Mime, Sudbury, Canada, Economic Geology, 92: 674 – 685.

［14］Huseyin ozturk and James R Hein. 1997 Mineralogy and stable siotopes of black shale – hosted manganeseores, southwestern Taurides, Turkey. Scientific Communlactions, 92: 733 – 744.

［15］M F Horan, J W Morgan, R I Grauch et al., 1994. Rhenium and Osmum isotopes in black shales and Ni – Mo – PGE rich sulfide layers. Yukon Territory, Canada, and Hunan and Guizhou province, China, Gecchimica et Cosmochimica Acta, 58: 257 – 265.

［16］R M Coveney, Jr and D F Sangster, 1995. Distinguishing hydrothermal sources of metals for black shales. in: Mineral Deposits: From Their Origin to Their Environmental Impacts, Pasava, Kibek & ak(eds), Balkema, Rotterdam, Brookfield. 939 – 940.

［17］Raymond M Coveney, Jr James B Murowchick, Richarch I Grauch, Michael D Glasoock and Teffery R Denison. 1992. Gold and platinum shales with evidence against extraterrestrial sources of metals. Chemical Geology, 99: 101 – 114.

［18］Tarkan, M Ersugneeva, T & A Gorshkov. 1995. Fomation of some Pt – and Pd – phases in low – temperature hydrothemal solutions. Mineral and Petaol. 49.

我国铂族元素矿床特征及资源潜力分析

耿　林[1,2]　　**翟裕生**[1,2]　　**彭润民**[1,2]

（1. 中国地质大学地质过程与矿产资源国家重点实验室，北京，100083；

2. 中国地质大学岩石圈构造、深部过程及探测技术教育部重点实验室，北京，100083）

摘　要：铂族元素是我国紧缺的战略性矿产资源。我国的铂族元素矿床主要分为岩浆、岩浆热液及沉积 3 种成因和 9 个类型。文章分析了典型铂族元素矿床的基本特征，并对不同类型矿床的资源潜力进行了探讨，认为岩浆成因铂族元素矿床依然是找矿重点，黑色岩系型铂族元素矿床具有重大找矿潜力，对现有金属矿床的含铂族潜力再评价是发现共（伴）生铂矿的一个有效途径，此外，还要重视对热液型矿体的识别和追踪。

关键词：铂族元素矿床；矿床特征；矿床分类；资源潜力

铂族元素（PGE）是贵重的紧缺战略资源，是现代科学和尖端技术发展不可缺少的金属材料，许多发达国家已将其作为重要战略物资进行管理和储备，其地位变得越来越重要。在我国的矿产资源中，铂族元素始终是最紧缺的矿种之一，全国保有储量仅约 310 t，工业储量 23 t，不足世界储量 71000 t 的 3%。甘肃金川是我国目前最大的铂族金属生产基地，每年回收铂金只有 800 kg 左右，全国的铂族金属年产量也不过几吨，目前每年进口量多达 40 t，供需矛盾十分突出。并且由于全球铂族金属的供应高度集中在南非、俄罗斯和北美，致使资源供应链比较脆弱，极易受政治、经济、军事等因素的影响。因此，目前加强国内铂族元素矿床地质特征和资源潜力等研究，对推动我国铂族金属找矿和缓解资源供需矛盾具有重要的现实意义。

1　中国铂族元素矿床主要类型及地质特征

国内外有许多地质学家对铂族元素矿床提出过分类，但由于铂族元素矿床成矿环境的多样性和成矿机制的复杂性，以及新矿床类型的不断发现，致使还没有形成一个被广泛接纳的分类方案。

Naldrett A J（1981）和 Mac Donald A J（1987）提出的成因分类和矿床类型对铂族元素矿床分类研究起到了重要的作用。中国学者对铂族元素矿床分类也进行了大量研究，其中杨星等（1993）、梁有彬等（1998）、刘凤山等（2000）和刘洪文（2002）等都对我国铂族元素矿床提出过不同的分类方案。文章为探讨我国典型铂族元素矿床的特征，在前人研究基础上，对铂族元素矿床类型进行了归纳总结，提出了岩浆、岩浆热液和沉积 3 种成因 9 个类型的分类方案（表 1）。

表 1　中国铂族元素矿床成因分类

矿床类型		含矿岩体或岩石	成矿环境	典型实例
岩浆成因	铜镍硫化物型	超基性岩、基性 - 超基性杂岩、基性岩等	地台与地槽过渡区、地台边缘和地槽区	金川、金宝山、杨柳坪、喀拉通克等
	铬铁矿型	蛇纹岩、镁铁质 - 超镁铁质侵入岩等		大道尔吉、罗布莎、小松山、松树沟等
	钒钛磁铁矿型	铁质基性岩和超基性岩	新街、红格、攀枝花等	

续表1

矿床类型		含矿岩体或岩石	成矿环境	典型实例
岩浆热液成因	斑岩型	花岗斑岩、石英斑岩、花岗闪长岩等	岛和大陆边缘为主	德兴、玉龙、多宝山等
	矽卡岩型	酸性或基性侵入岩与碳盐岩或火山沉积岩接触带的岩石	岛和大陆边缘为主	铜绿山、铜山口等
	热液铜矿型	沉积岩、变质岩、构造破碎带等	大陆边缘	三道沟、银洞山等
	石英脉型	硫化物石英脉、硅化蚀变岩石等	大陆边缘	金山、夹皮沟等
沉积成因	黑色岩系型	含碳及硫化物的暗灰-黑色硅岩-碳酸盐岩、泥质岩（含层凝灰岩）及其变质岩	前陆盆地	大庸、慈利、织金、遵义等
	砂矿型	河床、河漫滩、低谷洼地、风化壳、坡地等	陆河、海滩、原生矿风化区	阿拉坦哈拉、酸刺沟、红坑等

1.1 岩浆成因铂族元素矿床

我国典型的岩浆成因铂族元素矿床主要包括铜镍硫化物型、铬铁矿型和钒钛磁铁矿型3类，其中铜镍硫化物型矿床是我国最主要的铂族金属来源。这3种类型矿床的形成均与特定的超基性岩、基性岩或基性-超基性杂岩的岩浆作用有关，但在铂族元素的富集作用和元素组合方面有一定的差异。

1.1.1 铜镍硫化物型铂族元素矿床

铜镍硫化物型铂族元素矿床多与铁质基性、超基性岩体有关，一般认为是由来自上地幔的高 Mg 拉斑玄武岩或拉斑橄榄玄武岩浆系列经岩浆熔离和不混熔作用形成。在我国，该类矿床主要分布在地台边缘（如华北地台的西南缘、北缘东段，扬子地台的西南缘、南缘和北缘等），褶皱系中也有发现，成矿时代以元古宙和晚古生代为主，矿床形成时的构造环境多为大陆裂谷或裂陷槽。铜镍硫化物矿床中的含铂矿体主要赋存在岩体的下部或中部，铂族元素多与铜镍硫化物伴生。由于 Pt、Pd 在地球化学性质上具有强烈的亲硫性和亲铜性，而 Os、Ir、Ru、Rh 具有较强亲铁性，所以该类矿床多以富 Pt 和 Pd，贫 Os、Ir、Ru、Rh 为特征。矿石构造有海绵陨铁状构造、斑杂状构造、稀疏浸染状构造、星点浸染状构造及致密块状构造等。铂族元素主要形成独立矿物相，呈自然元素、砷化物、碲化物、铋化物、锑化物等产出，少数呈类质同象分布在金属硫化物中。主要铂族元素矿物有砷铂矿、硫铂矿、碲钯矿、硫镍钯铂矿、硫钯矿、碲铋镍钯矿、铅钯矿、铁铂矿、黄碲钯矿、六方碲钯矿等。

1.1.2 铬铁矿型铂族元素矿床

我国铬铁矿型铂族元素矿床主要与镁铁质-超镁铁质侵入岩体（非层状侵入体）及蛇纹岩组合有关，属低 Ca 高 Mg 岩浆系列早期结晶分离的产物，含矿母岩多为方辉橄榄岩、纯橄榄岩和橄榄岩，岩体分布主要受深断裂系统控制。我国含铂（族）铬铁矿的成矿时代以华力西期和燕山期最为重要，其次为加里东期，形成于元古宙或前寒武纪的铬铁矿仅有少数小型矿床。成矿构造位置主要为古生代以来的地槽区和前寒武纪褶皱区，含铂（族）矿体主要分布在岩带的中下部，铂族元素与 Cr 密切共生，铂族元素富集体即为铬铁矿矿体。与国外相比，国内铬铁矿的铂族元素含量普遍较低，并且铂族元素以富集 Os、Ir、Ru，贫 Pt、Pd 为特征。矿石类型有浸染状、致密块状、网脉状、斑杂状及角砾状等，铂族元素常以 Ru、Os-Ru 硫化物及 Ru-Ir-Os、Os-Ir、Pt-Pd 的金属互化物或自然元素形式产出，也见呈硫砷化物和锑化物产出，主要矿物有含 Os、Ir 的硫钌矿，含 Ir、Ru 的硫锇矿、锇铱矿、硫铱锇钌矿、硫铱钌矿、钌铱锇矿、铁铂矿、砷铂矿和硫铂矿等。铂族矿物一般呈细小颗粒包裹在铬铁矿或橄榄石中。

1.1.3 钒钛磁铁矿型铂族元素矿床

我国的含铂（族）钒钛磁铁矿与层状、似层状铁质杂性岩、基性-超基性杂岩关系密切，属岩浆中晚期结晶分离作用的产物。含铂岩体多受深大断裂控制，分布在地台边缘、地台与地槽的过渡带及地槽褶皱中的隆起区，如扬子地台西缘的攀枝花岩带、扬子地台与秦岭地槽褶皱带过渡带上的陕南—鄂西北岩带、天山—阴山纬向构造带上的张家口—承德岩带等，主要成岩成矿时代为海西期和加里东期。赋矿岩石主要为辉长岩类、辉长岩 - 辉石岩 - 橄榄岩类和橄绿岩类，矿体多位于岩体的中下部或韵律旋回的底部。矿石构造包括浸染状、条带状、块状及海绵晶铁状等，铂族元素以 Pt、Pd 为主，Os、Ru 次之，Ir、Rh 含量很少。铂族矿物有砷铂矿、硫锇钌矿、锇铱矿、自然铂、硫铁铂矿等，它们主要分布在金属硫化物中。我国川滇黔地区峨眉山玄武岩广泛分布，其中，攀西裂谷带的镁铁质 - 超镁铁质杂岩内含巨型 V - Ti 磁铁矿矿床及铂族元素矿化，据研究，该镁铁质 - 超镁铁质杂岩与玄武岩套为同源。

1.2 岩浆热液成因铂族元素矿床

岩浆热液成因铂族元素矿床是指岩浆演化过程中气液流体的热液作用和交代作用所形成的含铂（族）多金属矿床。该类矿床主要包括含铂族元素的矽卡岩型金属矿床、斑岩型铜（钼）矿床、热液型铜（金）矿床及石英脉型金矿床等。从目前研究来看，这些热液矿床与中酸性或酸性岩浆关系密切，矿体多位于岩体内部、内外接触带或围岩的有利构造位置，成矿时代主要集中在中新生代和古生代，其铂族元素含量一般较低，并以 Pt 和 Pd 为主。

1.2.1 斑岩型铂族元素矿床

我国典型的斑岩型铂族元素矿床是斑岩铜（钼）矿床，它一般与浅成、超浅成钙碱性 - 次钙碱性中酸性岩有关，矿体多以浸染状、网脉状、似层状和透镜体状就位于侵入体内部及内外接触带，成矿物质主要来自上地幔。铂族元素矿物主要有碲钯矿、碲钯铂矿、斜砷钯矿等，它们呈细小颗粒包裹于黄铜矿、斑铜矿或黄铁矿中。Tarkian 等对世界上 33 个典型斑岩铜矿中的铂族元素进行了研究，分析结果表明，有 23 个矿床的 Pd 含量高出检测限（8×10^{-9}），10 个矿床的 Pt 含量高出检测限（8×10^{-9}），而 Os、Ir、Ru、Rh 含量均低于检测限，并且 Pt、Pd 含量与 Au 含量有明显的正相关关系。我国的许多大型斑岩铜（钼）矿床中也发现了铂族元素矿化，如德兴斑岩铜矿石的铂族元素平均含量为 0.01×10^{-6}，多宝山斑岩铜矿的铂族金属储量达 1804 kg，西藏玉龙斑岩铜矿的铂族金属远景储量达 3400 kg。斑岩铜（钼）矿床中铂族元素的含量虽然很低，但由于矿床规模巨大，并且铂族元素主要与黄铜矿、斑铜矿和辉钼矿共生，可以在铜钼精矿中高度富集，综合利用价值很高。

1.2.2 矽卡岩型铂族元素矿床

我国含铂（矽卡岩）金属矿床主要有矽卡岩型铜 - 铁矿床、矽卡岩型铜 - 钼矿床及矽卡岩型钼矿床等。它们主要与浅成钙碱性中酸性岩或壳幔混合型花岗杂岩有关，成矿母岩多为中酸性花岗闪长岩和石英闪长岩，也有部分闪长岩，矿体多产在岩体与灰岩、泥灰岩、白云岩及钙质页岩的接触带。长江中下游地区是我国最典型的矽卡岩型铜 - 铁多金属成矿区，其中大冶和铜陵等地的矽卡岩矿床已发现含铂族元素，主要是含 Pt 和 Pd，品位一般低于 0.1×10^{-6}，但存在局部富集现象。铂族矿物主要有碲钯矿、碲铂矿及含钯的银金矿，它们多以包体或包晶的形式产在黄铜矿中。

1.2.3 热液铜矿型铂族元素矿床

含铂族元素的热液铜（金）矿床主要是岩浆期后热液活动的产物，铂族元素矿化与围岩蚀变有密切关系，成矿温度一般低于 300℃。矿床主要产在多次构造活动的沉积岩层或岩体的裂隙与破碎带中，矿体明显受断层构造、岩体裂隙及构造破碎带控制，呈似层状、脉状、囊状、网脉状或透镜体状产出。铂族元素以 Pt、Pd 为主，其他元素含量较低，主要呈铋、砷、碲化物形式存在，部分以类质同象分散于黄铜矿、斑铜矿、黄铁矿等金属硫化物或金属氧化物中。矿石构造多为浸染状、块状和角砾状，铂族矿物有碲铂矿、碲钯矿、铋碲银钯矿等。热液铜（金）矿床的铂族元素含量比其他热液矿床相对较高，如河北三道沟铜矿矿石的 Pt + Pd 平均含量为 0.50×10^{-6}，湖北银洞山铜矿矿石的 Pt + Pd 平均含量为 0.296×10^{-6}。

1.2.4 石英脉型铂族元素矿床

硫化物石英脉型金（铜）矿床是该类矿床的典型代表，在其他石英脉型金矿中也发现有铂（族）矿化。裂隙构造和构造破碎带是主要的控矿因素，矿体多为裂隙充填或交代蚀变作用形成的脉状矿体。铂族元素和金矿化与黄铁矿化及硅化有密切的成因关系，贵金属主要赋存在黄铜矿和黄铁矿中，其富集程度受含矿脉岩构造特征及围岩蚀变类型和强弱影响，在脉岩内分布很不均匀。矿石类型有石英脉型、硅化砂质千枚岩型、糜棱岩型等，铂族矿物主要为自然铂、锑钯矿、碲铂钯矿、砷铂矿、钯金矿等。

1.3 沉积成因铂族元素矿床

沉积成因铂族元素矿床是指主要由外生沉积成矿作用形成的铂族元素矿床，该类矿床包括黑色岩系型矿床和砂矿型矿床两种。其中黑色岩系型铂族元素矿床作为一种新的矿床类型，已经引起了国内外地质学家的广泛关注。而目前国内所发现的砂铂矿一般规模都较小，工业价值不大。

1.3.1 黑色岩系型铂族元素矿床

黑色岩系是指含较多有机碳（$C_{有机}$≥1%）及硫化物（铁硫化物为主）的暗灰－黑色的硅岩、碳酸盐岩、泥质岩（含层凝灰岩）及其变质岩石的组合体系。黑色岩系作为地质历史上反复出现的时限沉积相，代表了一种缺氧的海相沉积环境。国内早期对黑色岩系相关矿床的研究主要集中在华南地区。范德廉等对我国典型的黑色岩系型矿床进行了系统研究，发现有 Sn、Au、Cu、Pb、Zn、Gd、V、Mn、Ge、PGE 等 25 种以上有用元素和组分的富集成矿与黑色岩系有关。该类矿床形成的有利构造环境是大陆边缘及持续拉张断裂控制的裂陷槽；矿床的时控性明显，重要含矿岩系一般与重大地质历史转折期有关，其中元古代和古生代是地质历史上最重要的两个成矿时代；成矿物质具有多源性，主要为陆源的，也有海源的，包括海底张裂带喷溢的含矿热液；成矿物质的输送与供应具有多期性、持续性和继承性等特点。

近十几年，国外对黑色岩系的研究取得了重大进展，已在其中发现了一些重要的有色金属和贵金属矿床，如俄罗斯的干谷 Pt－Au 矿床、加拿大育空 Ni－Zn－PGE 矿床、波兰蔡希斯坦 Cu－PGE 矿床等。国内也在四川万源—重庆城口地区、湖南大庸和慈利地区、贵州遵义以及云南沾益德泽、江西都昌、浙江诸暨和桐庐等地的黑色岩系内发现了不同规模铂族元素矿化。

黑色岩系内的铂族矿体一般受层位控制，与上下围岩整合接触，矿体形态以似层状和透镜体状为主，厚度不大，多位于黑色岩系的底部。矿石构造主要为碎屑状、条带状、结核状和浸染状，铂族元素主要赋存在黑色岩系底部的金属硫化物中，以 Pt、Pd 为主，其次是 Os、Ir，而 Ru、Rh 很少。关于矿床成因及成矿物质来源问题还存在较大争议，我国南方早寒武世黑色岩系中 Ni－Mo－PGE 多金属硫化物的来源问题，一直受国内外学者关注，先后提出了地外来源说、海水正常沉积与生物富集共同作用说及海底喷流成因观点，毛景文等则认为这是一种蒸发－还原环境的正常产物，而范德廉等和 Lott 则强调了金属来源的多样性及成矿作用的复杂性。

1.3.2 砂矿型铂族元素矿床

砂铂（族）矿床的发现和开采历史悠久，曾一度是世界铂族金属的主要来源。我国的砂铂族矿床主要分布在青海、内蒙古、西藏、新疆、河北、陕西等省区，通常与基性－超基性岩的分布密切相关，多由含铂族的铬铁矿及铜镍矿体经风化、淋滤冲刷到古河床或现代河床形成冲积砂铂矿，或直接在风化壳中富集形成残积砂铂矿床。它们一般都赋存在全新世早期松散沉积层中，并且铂族元素矿物通常与金密切共生，形成砂金、砂铂矿。铂族元素一般呈自然元素、金属互化物、硫化物及砷化物等形式产出，铂族矿物主要有自然铂、铁铂矿、锇铱矿、铱锇矿、砷铂矿、硫钌矿、碲钯矿等。目前，我国发现的砂铂族矿一般都规模不大，铂族元素品位较低，如内蒙古阿拉善右旗的阿拉坦敖包砂金、砂铂族矿，铂族元素平均含量为 0.055×10^{-6}；青海酸刺沟砂铂矿的铂族元素平均含量为 0.0162×10^{-4}。

2 我国铂族元素矿床找矿潜力分析

铂族金属是我国的紧缺矿种，积极开展铂族元素矿床成矿特征及资源潜力研究具有重要的现实意义。我国西部地区镁铁质，超镁铁质岩石比较发育，尤其是在西南地区与峨眉山大火成岩省有关的铜－镍－铂矿床有多处发现，显示具有较好的铂族资源潜力。另外，新疆阿尔泰和东天山地区的已知岩浆 Cu－Ni 矿床内部和外围也有一定铂族资源潜力。这些在"中国 Pt 地球化学图"上都有明显的显示。因此，在今后铂族元素矿床的找矿中，宜注重以下几方面的问题。

2.1 岩浆成因铂族元素矿床的重要地位

从国内外铂族元素矿床评价来看，岩浆成因铂族元素矿床依然是铂族金属的主要来源，其他类型的矿床都处于次要地位，其中 95% 以上铂族金属储量都集中在铜镍硫化物型矿床中。在我国，铜镍硫化物型铂族金属矿床主要分布于相对稳定的大地构造单元与造山带结合部位附近，常出现在古老地块边缘，找矿应注意古老地台与不同构造单元接壤附近构造发育区的基性－超基性岩石构造带。其中，祁连山褶皱系与阿拉善台块毗连处

的基性 – 超基性岩带、阿尔泰褶皱带与准噶尔地台接合部的基性 – 超基性岩带、川滇地轴西侧丹巴—弥度一带、内蒙古地槽褶皱系的过渡带及阴山纬向构造带南缘等, 都是铜镍型铂族金属找矿的有利岩石 – 构造带, 具有很大找矿潜力。

我国西南部峨眉山大火成岩省是寻找多种类型铂族金属矿床的优选远景区, 谢学锦等所圈定的川滇黔 Pt、Pd 地球化学省就在此区内。王登红等曾将南非布什维尔德地幔柱与我国峨眉山地幔柱进行对比研究, 认为我国峨眉山火成岩区具有寻找与地幔柱相关铂族元素成矿系列的前景。我国攀西—滇中地区与俄罗斯诺里尔斯克地区在成矿地质背景、火山岩组合、侵入岩类型及矿体特征等方面具有相似性, 并且在攀西 – 滇中地区已经发现了杨柳坪、金宝山等大型含铂铜镍矿床, 所以该地区具有寻找诺里尔斯克型铂矿的前景。攀西裂谷带内的川滇地轴岩石 – 构造带是我国钒钛磁铁矿的重要成矿带, 分布于安宁河裂谷和攀枝花裂谷之间的基性 – 超基性层状杂岩体分异良好, 受川滇大陆裂谷带控制, 化学成分以高铝、低钙为特征, 是寻找钒钛磁铁矿型铂族金属矿床的重要远景区。

2.2 黑色岩系型铂族元素矿床的巨大潜力

近十几年来, 我国周边的中亚各国和世界有关国家相继发现了产在黑色岩系中的铂族元素(和金)矿床, 它被认为是新的铂族金属资源类型和矿床类型。我国华南地区早寒武世黑色岩系内铂族金属矿化显著, 研究程度也较高。其中, 四川万源—重庆城口地区上震旦统陡山沱组的黑色岩系内铂族元素矿化明显, Pt、Pd 品位分别达到 $(0.5 \sim 1) \times 10^{-6}$ 和 3.68×10^{-6}, 控制长度达 1.3 km, 找矿远景很好。在贵州、湖南、湖北、江西、浙江等地的早寒武世黑色岩系内也均发现了 Ni、Mo、V、Pb、Zn 等多金属矿床, 并存在不同程度铂族元素矿化, 其中湘黔地区早寒武世黑色岩系内铂族金属品位达 0.69×10^{-6}, 遵义地区达 1×10^{-6}。因此, 华南地区的下寒武统是我国寻找黑色岩系型铂族矿床的首选层位。

此外, 华北地台北缘狼山—渣查尔泰山地区的中元古代裂谷系内黑色岩系也十分发育, 最为典型的是中元古界渣尔泰山群浅变质岩系中的高碳黑色岩系, 其成矿地质背景与俄罗斯等邻国的黑色岩系型铂矿床十分相似, 并且在该区黑色岩系内已经发现了东升庙、炭窑口、甲生盘、霍各乞和朱拉扎嘎等 Cu – Au 多金属矿床, 还在黑色岩系分布区发现有砂铂族矿、铂族元素重砂异常和地球化学异常等重要找矿线索, 具有很好的找铂前景。

2.3 对现有金属矿床的含铂族潜力再评价

近年, 我国铂族元素的检测技术取得了重大突破, Pt、Pd 的分析检出限已降到 0.1×10^{-9}, Os、Ir、Rh、Ru 的检出限也均降到了 0.01×10^{-9}。利用新的铂族元素检测技术和分析方法, 重新对现有的金、铜等多金属矿床进行含铂族性的评价, 是发现共(伴)生铂族矿床的一种有效途径。俄罗斯干谷金矿床中 Pt、Pd 超常富集的发现就是典型例子, 干谷矿床产于西伯利亚克拉通东南缘中晚元古代裂陷槽的巨厚黑色岩系内, 20 世纪 70 年代就被确定为一个储量达 1100 t 的巨型金矿, 在矿床即将开发时发现金矿石中铂族元素含量颇高, 经重新评价发现在金矿体及其上盘都发育铂矿化, 铂族元素的平均品位达 2.65×10^{-6}, 储量不亚于金, 这样干谷金矿就一举成为一个巨型铂 – 金矿床。因此, 在我国新一轮找矿中应当充分重视对现有金属矿床含铂族性的再评价, 并且采用地球化学勘查方法可能会取得比较理想的效果。

2.4 热液型铂族元素富矿体的识别与追踪

铂族金属热液矿床可能出现在基性 – 超基性岩体内部或内外接触带, 也可能出现在远离岩体的适宜构造位置, 受断层构造或裂隙构造控制明显。所以, 寻找热液矿床的范围不应局限于岩体内部, 还要扩展到接触带及围岩的有利构造地段。另外, 由于 Pd 的热液活动性比 Pt 显著得多, 所以在找矿过程中不仅要重视对 Pt 的检测, 还要加强对 Pd 的检测。我国已经在杨柳坪 Cu – Ni – PGE 矿床中发现了热液型富矿石, 在四川会理大岩子地区的辉石岩与变质沉积岩的接触带也发现了铂族金属热液型矿体, 它们都产在康滇南北构造岩浆杂岩带内, 与铜镍硫化物型铂族矿床伴生。因此, 今后在岩浆成因铂族元素矿床的勘查中, 还要注意在有利构造位置对热液型富矿体的识别与追踪。

3 结语

在今后铂族元素矿床的勘查工作中, 通过深入研究国内外已知成矿区带的成矿规律与找矿标志, 采用区域成矿学、地球化学、矿物学等研究方法及先进的分析检测技术，系统分析我国铂族元素矿床特征及资源潜力，开拓找矿思路，则完全有可能在我国实现铂族元素矿床的找矿新突破。

参考文献

[1] 朱训. 中国矿情（域）[M]. 北京：科学出版社，1999：468-488.

[2] 王淑玲. 铂族金属资源的现状及对策研究[J]. 中国地质，2001，28（8）：23-27.

[3] 王登红，刘玉强. 铂族元素矿床研究现状及对山东找铂矿的建议[J]. 山东国土资源，2003，19（5）：18-22.

[4] 靳湘云. 由供应短缺走向供需基本平衡——2004年铂市场回顾及2005年预测[J]. 中国金属通报，2005（9）：27-38.

[5] Naldrett A J. Nickel sulfides deposits classification, composition, and genesis [J]. Economic Geology, 1981, 6: 28-85.

[6] Macdonald A J. Ore deposit models: the platinum group element deposits: classification and genesis [J]. Gcoscience Canada 1987, 14 (3): 155-166.

[7] Hulbert L J. 铂族元素的地质环境[M]. 沈承珩，刘道荣，卢军，等译. 北京：地质出版社，1991.

[8] 杨星，李行，杨钟堂，等. 中国含铂基性超基性岩体与铂（族）矿床[M]. 西安：西安交通大学出版社，1993.

[9] 梁有彬，刘同有，宋国仁，等. 中国铂族元素矿床[M]. 北京：冶金工业出版社，1998.

[10] 刘凤山，王登红. 中国铂族金属矿床找矿方向初探[J]. 中国区域地质，2000，19（4）：434-439.

[11] 刘洪文. 铂族元素矿床特征及成因分类探讨[J]. 吉林地质，2002，21（4）：1-8.

[12] 汤中立，李文渊，中国与基性，超基性岩有关的 Cu-Ni（Pt）矿床成矿系列类型[J]. 甘肃地质学报，1996，5（1）：50-64.

[13] 梁有彬，李艺. 中国铂族元素矿床类型和地质特征[J]. 矿产与地质，1997，11（59）：145-151.

[14] 地质科学院地质矿产所. 铬、镍、钴、铂地质矿产专辑（1-4集）[M]. 北京：地质出版社，1974.

[15] 涂光炽. 中国超大型矿床（玉）[M]. 北京：地质出版社，2000.

[16] Tarkian M, Stribmy B. Platinum-group element in porphry copper deposits: a reconnaissance study [J]. Minerabgy and Petrobsy, 1999 (65): 161-183.

[17] 李晓峰，毛景文，张作衡，斑岩铜矿中铂族元素的研究现状及展望[J]. 矿床地质，2003，22（1）：95-98.

[18] 叶杰，范德廉. 黑色岩系型矿床的形成作用及其在我国的产出特征[J]. 矿物岩石地球化学通报，2000，19（2）：95-102.

[19] 范德廉，张泰，叶杰，等. 中国的黑色岩系及其有关矿床[M]. 北京：科学出版社，2004.

[20] 季斯特列尔 B B. 俄罗斯干谷金矿床中的铂族金属存在形式及其成因[J]. 国外地质科技，1997（7）：37-47.

[21] Kucha H. Platinum-group metals in the Zechstein copper deposits, Poland [J]. Economic Geobgy, 1982, 77 (6): 1578-1591.

[22] 李有禹. 湘西北下寒武统黑色页岩伴生元素研究新进展[J]. 矿床地质，1995，14（4）：346-354.

[23] 张光弟，李九龄，熊群尧，等. 贵州遵义黑色页岩铂族金属富集特点及富集模式[J]. 矿床地质，2002，21（4）：377-386.

[24] Fan D L, Yang R Y, Huang Z X. The lower Canbrian black shale series and iridium anomaly in South China [A]. Academia Sinica (Eds). Developments in geoscience, contribution fo the 27th IGC, Moscow[C]. Beijing: Science Press, 1984: 215-224.

[25] 陈南生，杨学增，刘德权，等. 中国南方下寒武纪黑色页岩和砂质岩系及其共生的层状矿床[J]. 沉积矿床，1982，1（2）：39-51.

[26] 张爱云，伍大茂，郭丽娜，等. 海相黑色页岩建造地球化学与成矿意义[M]. 北京：科学出版社，1987.

[27] 李胜荣，高振敏. 湘黔地区牛蹄塘组黑色岩系稀土特征——兼论海相热水沉积岩稀土模式[J]. 矿物学报，1995，15（2）：225-229.

[28] 李胜荣，高振敏. 湘黔寒武系底部黑色岩系贵金属元素来源示踪[J]. 中国科学（D辑），2000，30（2）：169-174.

[29] Lott D A, Coveney R M, Mulowchiek J B, Sedinentary exhala-tire nickel-molybdenum ores in South China [J]. Economic Geology, 1999 (94): 1051-1066.

[30] Steiner M, Willis E, Erdmann B D, et al. Suhnarlne-hydrothemal exhalative ore layers in black shales from South China and associated fossils-insights in to a Lower Cambrian facies and bio-evolution [J]. Palacogeography, Palaeoclinaloiogy, Palacoeoobgy, 2001, 169 (3/4): 165-191.

[31] Jlang S Y, Chen Y Q, Ling H F, et al. Platinum group elements as useful genetic tracers for the origin of polynetallie Ni-Mo-PGE-Au sulfide ores in Lower Cambrian black shales, Yangtze Platfom, South China [A]. Mao J W, Bierlein F P (Eds). Mineral Deposit Research: Meeting the Gbbal Challenge, proceedings of the 8 th SGA Biennial Meeting (Volume 1), Beijing [C]. Berlin, Heidelberg Springer-Verlag, 2005: 765-767.

[32] Coveney R M, Pasava J. Origins of Au-Pt-Pd-bearing NiMo-As-(Zn) deposits hosted by Chinese black shales [A]: Mao J W, Biedein F P (Eds). Mineral Deposit Research: Meeting the Clobal Challenge, proceedings of the 8th SGA Biennial Meeting (Volume 1), Beijing[C]. Berlin, Heidelberg Springer-Verlag, 2005: 101-102.

［33］Wang M, Sun X M, Ma M Y. Genesis of PGE – poyaetallie deposits in Lower Cambrian black rock series, southern China：Evidence from fluid inclusion and inert gas isotopic studies［A］. Mao J W, Bierlein F P(Eds）. Mineral Deposit Research：Meeting the Global Challenge, proceedings of the 8th SGA BienniaIMeeting（Volume1）, Beijing［C］. Berlin, Heidelberg：Springer – Verlag, 2005：191 – 193.

［34］Mao J W, Lehmann B, Du A D, et al. Re – Os dating of poly metallic Ni – Mo – PGE – Au mineralization in Lower Cambrian black shales of south China and its geobgic significance［J］. Economic Geobgy, 2002, 97：1051 – 1061.

［35］谢学锦. 全球地球化学填图［J］. 中国地质, 2003, 30（1）：1 – 9.

［36］张光弟, 毛景文, 熊群尧. 中国铂族金属资源现状与前景［J］. 地球学报, 2001, 22（2）：107 – 110.

［37］李晓敏, 郝立波, 甘树才, 等. 峨眉山玄武岩分布区内铂族元素异常分析及其找矿远景预测［J］. 矿物岩石, 2003, 23（3）：21 – 25.

［38］成杭新, 谢学锦, 严光生, 等. 中国泛滥平原沉积物中铂、钯丰度值及地球化学省的初步研究［J］. 地球化学, 1998, 27（2）：101 – 106.

［39］王登红, 应汉龙, 骆耀南, 等. 试论与布什维尔德杂岩体有关的铂族元素 – 铬铁矿矿床成矿系列及其对中国西南部的意义［J］. 地质与资源, 2002, 11（4）：243 – 249.

［40］高振敏, 李胜荣. 铂族元素低温富集矿化研究［J］. 矿床地质, 1998（增刊）：393 – 396.

［41］黄占起, 沈存利, 王守光. 内蒙古狼山—渣尔泰山地区与黑色岩系有关的铂族元素矿床找矿前景［J］. 地质通报, 2002, 21（10）：663 – 667.

［42］张洪, 刘宏云, 陈方伦. 铂 – 钯区域地球化学勘查［J］. 地球化学, 2002, 31（1）：55 – 65.

［43］成杭新, 赵传冬, 庄广民, 等. 铂族元素矿床地球化学勘查的战略和战术［J］. 地球学报, 2002, 23（6）：495 – 500.

［44］王登红, 楚萤石, 罗辅勋, 等. 四川杨柳坪 Cu – Ni – PGE 富矿体的成因及意义［J］. 地球学报, 2000, 21（3）：260 – 265.

［45］赵支刚, 杨大宏, 杨铸生. 四川会理大岩子铂矿地质特征及找矿模式［J］. 西昌地质, 2000, 15（1）：1 – 13.

［46］成杭新, 赵传冬, 庄广民, 等. 四川大岩子铂 – 钯矿床（点）热液成矿的地球化学证据［J］. 地球学报, 2005, 26（4）：337 – 342.

金宝山低品位铂钯矿浮选中蛇纹石类脉石矿物的行为研究[*]

许荣华

（昆明理工大学，昆明，650093）

原矿物质组成研究：金宝山矿石岩石蚀变强烈，主要为蛇纹石化、次闪石化、绿泥石化等。它们常与铂钯矿物关系密切，岩石镁铁比值为 0.75~5.30，平均 3.09 属铁质超基性岩。

1 多元素分析

试验原矿多元素分析结果列于表1。

表1 原矿多元素分析结果

项目含量/%	SiO_2	Al_2O_3	Fe_2O_3	FeO	CaO	MgO	K_2O	Na_2O	P_2O_5
	35.93	2.16	6.63	6.54	2.57	30.93	0.14	0.17	0.071
项目含量/%	CO_2	S	TiO_2	MnO	H_2O^+	H_2O^+	Cu	Co	Ni
	0.96	0.58	0.57	0.17	9.15	0.87	0.15	0.036	0.21
项目含量/%	Zn	Pb	Cr	Mn	Sn	As	Sb	Bi	Pt
	0.012	0.04	0.49	0.13	0.07	5.98	1.02	0.17	1.49
项目含量/%	Pd	Ir	Os	Ru	Au	Ag	Rh		
	2.36	0.14	0.054	0.048	0.21	5.45	0.18		

注：贵金属（包括 Au、Ag 和 PGE）元素含量为 g/t。

2 物相分析

2.1 镍物相

镍物相分析结果列于表2。

表2 镍物相分析结果

相别	硫酸镍	氧化镍	硫化镍	硅酸镍	总镍	氧化镍
含量/%	0	0.018	0.152	0.042	0.212	29.302
占有率/%	0	8.491	71.698	19.811	100.00	

2.2 铜物相

铜物相分析结果列于表3。

---

[*] 金宝山有我国"小金川"之称，有 40 多吨铂族金属，是正在建设之中的生产矿山。本文分析资料系录原矿山勘探报告物质组成部分内容。

表3 铜物相分析结果

相别	硫酸铜	自由氧化铜	结合氧化铜	硫化铜	总铜	氧化铜
含量/%	0	0.013	0	0.132	0.145	8.966
占有率/%	0	8.966	0	91.034	100.00	

2.3 原矿主要脉石矿物中铜镍含量

脉石矿物中铜镍含量列于表4。

表4 脉石矿物中铜镍含量

含量 \ 矿物	蛇纹石	角闪石	绿泥石	磁铁矿	铬铁矿	方解石
Cu/%	0.00075	0.00061	0.00061	0.0022	0.00089	0.00047
Ni/%	0.2029	0.02551	0.01662	0.16773	0.01637	0.00378

从上面分析结果可以看出:按铜镍的氧化率值平均达原生矿矿石;以上分析中需要指出的是 MgO 含量达30.9%,而 MgO 又是主要的有害元素,这对剔除有害杂质无疑会增加难度。另外矿石中 H_2O^+ 含量为9.15%,预示出矿石中含结晶水矿物相当多。

2.4 铜镍分布率计算铜镍分布率见表5。

由表5可以看出:铜约90%分配在硫化物中,约9%分配于孔雀石中,其他脉石矿物中分配量很少。镍的分配:硫化镍仅占72%左右,氧化镍包括磁铁矿、铬铁矿、方解石中的镍占9.28%。硅酸镍占19.81%。两部分是不可选的,合计29.09%。

表5 铜镍分布率计算

矿物名称	矿物重量/%	矿物中的含量/%		矿物中的分配率/%			
		Cu	Ni	Cu(相对)	Cu(绝对)	Ni(相对)	Ni(绝对)
蛇纹石	75.11	0.00075	0.02029	0.386	0.376	8.15	7.3
角闪石、辉石	6.74	0.00061	0.02551	0.028	0.027	0.92	0.81
绿泥石、黑云母	2.9	0.00061	0.01662	0.012	0.012	0.26	0.23
方解石	2.57	0.00047	0.00378	0.008	0.008	0.05	0.05
磁铁矿	10.15	0.0022	0.16773	0.153	0.149	9.1	8.1
铬铁矿	1.43	0.0089	0.01637	0.009	0.008	0.12	0.11
黄铜矿、黝铜矿、斑铜矿、铜蓝	0.384	34.38		90.51	88.01		
孔雀石	0.0226	57.4		8.89	8.65		
紫硫镍铁矿、镍黄铁矿	0.352		43.22			81.4	72.24

3 原矿含水率与密度测定

(1)原矿含水率:0.8%。

（2）原矿密度：2.81 t/m³。

4 矿石结构构造

矿石结构：由于整个矿石蛇纹石化强烈，使矿石中绝大多数原生硅酸盐矿物遭受不同程度的蚀变，有的甚至全部蚀变而消失，导致矿石结构发生根本性的变化，总体变成以变质结构为主的结构类型。主要表现为：变晶结构、变余结构、交代结构、碎裂角砾状结构、自形－半自形粒状结构。

矿石构造：主要表现为块状构造、脉状、网状（格）、网脉状（是矿石比较发育的构造类型）、稀疏浸染状构造、定向片状构造、皮壳状构造、梳状构造。

5 矿石矿物组成

试样中有自然元素及金属互化物类、砷化物及硒化物类、锑化物类、碲化物类、硫化物及硫砷化物类、硅酸盐类、氧化物类、碳酸盐类、磷酸盐类的矿物共54种（详见金宝山低品位铂钯矿物质组分工艺矿物学研究）。矿床中铂族元素不以任何形式的类质同象存在于硫化物、氧化物或硅酸盐之中，都是呈铂族单矿物相出现，主要类型有：碲化物、金属互化物、自然元素、硫化物等，而且几乎全部都呈包裹或半包裹嵌布于镍硫化物或磁铁矿或脉石矿物蛇纹石中，或与金属硫化物和氧化物毗连。

金属硫化物主要为磁黄铁矿、黄铁矿、镍黄铁矿、紫硫镍铁矿等；金属氧化物主要为磁铁矿、铬铁矿、褐铁矿等，铂族矿物少量；脉石矿物主要为蛇纹石、角闪石、碳酸盐矿物、辉石、绿泥石、黑云母。矿石中矿物重量百分含量见表6。

表6 矿物质量分数

矿物	蛇纹石	角闪石	辉石	绿泥石	黑云母	方解石	磁铁矿	铬铁矿
质量分数/%	75.11	4.66	2.08	1.81	1.09	2.57	10.15	1.43

其中据《云南省弥渡县金宝山铂钯矿典型矿床研究报告》统计，金属氧化物、金属硫化物及脉石矿物成分含量分别为13.1%、2.1%、84.7%，脉石矿物占有相当大的比例。

6 铂族元素矿物工艺特性

6.1 铂族元素矿物工艺粒度

铂族元素的工艺粒度列于表7。

表7 铂族元素矿物工艺粒度

粒级范围/μm	含量分布/%	累计含量/%
－32 +16	14.6	14.6
－16 +8	32.9	47.5
－8 +4	21.9	69.4
－4 +2	20.1	89.5
－2 +1	9.1	98.6
－1	1.3	
合计	100.00	100.0

由表7可见，铂族元素以微粒为主，优势粒度在2~16 μm，占74.9%。金宝山低品位铂钯矿矿床的铂族元素矿物，其鲜明的特点是：含量微（Pt + Pd品位仅3.85 g/t）、颗粒细（以微粒~极微粒为主）。

6.2 铂族元素矿物嵌布特性

铂族元素矿物嵌布特性列于表8。

表8 铂族元素矿物与其嵌镶矿物统计

铂族矿物	嵌镶矿物含量/%		
	金属硫化物	金属氧化物	脉石矿物
自然元素与金属互化物	6.8	8.9	9.1
砷化物	20	0.6	0
锑化物	5.2	3.4	4.2
硫及硫砷化物	16.8	0.3	0.4
碲化物	11.9	17.9	12.7
合计	42.7	31.1	26.4

从表8可知，铂族元素矿物主要嵌布在金属硫化物中，但是嵌布在金属氧化物（主要为磁铁矿）和脉石（主要为蛇纹石）中的铂族元素也占有相当比例。就嵌镶类型来说，大部分呈包裹或半包裹嵌布，部分与金属硫化物或氧化物微粒毗连成更大的复合颗粒，其他嵌镶类型少见。总之，铂族矿物在矿石中有3种嵌布特征：（1）铂族矿物直接生于脉石之中；（2）与磁铁矿毗连或被其包裹；（3）生于硫化物中或与硫化物连生。

6.3 铂钯矿物单体解离特性

铂钯矿物单体解离特性列于表9。

表9 脉石矿物和金属氧化物中铂钯矿物单位解离度统计

项目		粒度/μm		
		−40+20	−20+10	−10
脉石矿物中铂钯矿物	百分比/%	39.27	39.27	21.45
	累计百分比/%	39.27	78.54	99.99
金属氧化物中铂钯矿物	百分比/%	24.32	48.65	27.03
	累计百分比/%	24.32	72.97	100.00

由表9可知，当矿石磨至 −20+10 μm 时，脉石中铂钯矿物可以解离出78.54%，氧化物中铂钯矿物可以解离出72.97%，如能磨至 −10 μm 时几乎可以全部解离出来，因此矿石的嵌布性质决定了只有细磨才能使铂钯矿物从矿石中解离出来。

7 主要脉石矿物的特征描述

蛇纹石是最主要的脉石矿物，据形态和光学性质，可分为叶蛇纹石、纤蛇纹石、胶蛇纹石3种，纤蛇纹石经X光衍射分析，仍属叶蛇纹石，是纤维状的叶蛇纹石，以脉状产出为主，部分交代原生矿物呈不规则网状、叠层状，网眼中常为胶蛇纹石分布，与叶蛇纹石相互任意向展布，构成叶片状变晶结构，纤状蛇纹石粒度取决于脉的宽度，最长可达数毫米，片状蛇纹石一般都比较细小，最小的仅为数微米。由于蛇纹石占矿石半数以上的数量，所以所有其他矿物都与它接触。由于其解理发育，上述的矿物不少都充填于蛇纹石解理间隙，所以多呈直线、部分呈折线镶嵌，探针分析结果表明蛇纹石中 MgO 含量很高，达 $(41.77 \sim 43.53) \times 10^{-2}$（未加结晶水），因此是含 MgO 的主要矿物。蛇纹石探针分析成分列于表10。

表 10 蛇纹石探针分析成分

元素	Na$_2$O	K$_2$O	MgO	CaO	FeO	MnO	Al$_2$O$_3$	TiO$_2$	SiO$_2$
	0.00	0.17	43.53	0.19	5.65	0.23	2.77	0.29	47.08
含量/%	0.00	0.09	43.18	0.16	7.59	0.44	0.04	0.18	48.32
	0.00	0.19	41.77	0.23	7.49	0.23	5.67	0.35	44.05

其他脉石矿物如角闪石、辉石、黑云母、绿泥石也含有一定量的 MgO，且相互交代。

8 小结

（1）整个矿石经过强烈蚀变后，金属矿物和脉石矿物绝大多数都很细小，矿石中矿物成分比较复杂，这些都是矿石的显著特点，无疑会给回收矿物增加难度。

（2）该矿铂族元素绝大部分以独立矿物相形式赋存在矿石中，且铂族元素矿物种类繁多，颗粒细微，优势粒级为 8~16 μm，累计 90% 在 2 μm 以上。

（3）铂族矿物主要嵌布在金属硫化物中，还有相当部分的铂族矿物嵌布在磁铁矿中（约占 8.8%）。而嵌布在脉石（主要是蛇纹石）中的约有 26%。嵌镶类型方面，铂族矿物主要呈包裹和半包裹嵌镶，部分与金属矿物微粒呈毗连嵌镶，从而构成更粗的复合颗粒。

（4）铜、镍经过分布率初步计算，可以看出：铜、镍主要以单矿物形式存在。90% 以上的铜可选；镍约有 80% 可选。虽然整个矿石粒度细小，但铜镍矿物有相当部分粒度在 0.05~0.15 μm 之间，粒度并不算细小。

（5）有害杂质 MgO 含量高，而且绝大多数脉石矿物本身都不同程度含有 MgO，因此剔除 MgO 会相当困难。据含 MgO 情况，应集中首先剔除蛇纹石。蛇纹石一方面含 MgO 最高，另一方面矿物含量最高，蛇纹石属层状硅酸盐，粒度细小，硬度低，易过粉碎，泥化严重，会影响选矿效果。

参考文献（略）

Ⅲ　铂的加工

先进铂材料与加工制备技术

宁远涛　朱绍武　管伟明　张昆华　陈伏生

(昆明贵金属研究所，昆明，650106)

　　从 20 世纪中叶以后，随着第三次技术革命所带来的科学技术和世界经济的高速发展，铂工业也在世界范围内实现了它的繁荣和快速发展，各种物理形态和化学形态的铂材料迅速地渗透到国民经济、国防建设和高新技术的各个领域，获得了广泛的应用。在许多应用中，铂材料因其高可靠性、高稳定性、不可代替性和可再生循环使用的特性而成为关键材料。同时，铂材料和铂制品的加工与制造技术也获得了发展。本文评述了主要的铂材料及其工业应用，介绍了主要铂材料以及加工和制造技术的某些进展。

1　先进铂材料

1.1　铂族金属功能型合金材料

　　铂族金属合金材料按其应用特性大体可分为功能型精密合金和结构型高温合金。

1.1.1　铂族金属精密合金材料

　　铂族金属精密合金包括高可靠电接触合金、精密电阻合金、电阻应变合金、弹性合金、磁性合金、形状记忆合金等(见表 1)，主要用做各种精密电气和电子仪表中的关键元器件和零部件，赋予仪表高精度、高稳定和高可靠性，广泛用于航空、航天、航海、兵器装备中，属军工配套高可靠材料，是国防科技建设的重要物质和技术基础。应在巩固现有精密合金发展成就的基础上继续创新，发展更先进精密合金材料。

表 1　铂族金属精密合金特征与应用

精密合金材料	主要合金	特性	主要用途
电接触材料	Pt 金：Pt – Ir, Pt – Ru, Pt – W, Pt – Ir – Ru 等； Pd 合金：Pd – Ir, Pd – Ag, Pd – Ag – Cu 等	高稳定性、高可靠性，耐电弧烧损，长寿命	航空发动机点火触头、继电器触头，用于苛刻环境
精密电阻材料	Pt – Ir, Pt – Rh, Pt – Ru, Pt – Cu, Pt – W, Pt – Mo； Pd – Cu, Pd – Ir, Pd – Cr, Pd – V, Pd – W 等	中至高电阻率，低电阻温度系数，高稳定、高耐磨	军用精密电位器、精密标准电阻器
电阻应变材料	Pt – W, Pt – W – Re – Ni – Cr – Y, Pd – Cr, Au – Pd – Cr 等合金系	高的高温化学稳定性，高的应变灵敏度系数	$800 \sim 900$℃静态应变测量、1000℃动态应变测量
弹性材料	Pt – Ag, Pt – Ni, Pt – Ir, Pt – Ru, Pt – W, Pt – Pd – Ag； Au – Pd – Pt(Ag、Ir、Mn、Mo)等	高强度和高比例极限，低弹性模量温度系数	各种精密仪表中的张丝、导电游丝和弹性元件

续表1

精密合金材料	主要合金	特性	主要用途
磁性材料	永磁合金：Pt – Co, Pt – Fe, Pt – Cr, Pd – Fe；磁性薄膜：Pt – Co, Pt – Cr, Co – Cr – Pt；磁光记录多层膜：Co/Pt, Co Pd	高磁能积、高矫顽力；高磁各向异性，小磁畴；垂直磁各向异性	精密仪表磁性元件；高存储密度硬盘；高密度磁光记录介质
形状记忆材料	Fe – Pt, Fe – Pd, Ti – Pd 等	热弹性效应	机械、医学记忆元件等
首饰材料	Pt – Ir, Pt – Ru, Pt – Pd, Pt – Cu, Pt – Co, Pt – Au 等	高稳定、高保值增值	精美首饰和其他饰品

1.1.2 铂族金属测温材料

铂族金属测温材料和元件是用于从低温至高温温度测量的电阻温度计和各种热电偶，主要有高纯 Pt 丝绕温度计和膜式温度计、Pt – Co、Pt – Rh 和 Rh – Fe 合金低温温度计和 Rh/RhFe 低温热电偶；用于中温测量的有 Au – Pd/Pd – Pt – Au、Pd/Pt – Rh(Pt – Ir)、Pt/Pt – Rh 等热电偶；用于高温测量的有 Rh、Ir 和含高 Rh、Ir 的 Pt 合金组成的高温热电偶以及对核辐射不敏感的特殊热电偶(如非晶态合金 Pd – Si – Cr、Pt/Pt – Ru、Pt – 1Mo/Pt – 5Mo 等)，广泛用于冶金、化工、航空航天和核场等各种领域的温度测量和温度监控。

1.1.3 铂族金属钎焊合金材料

铂族金属合金钎料大体可以分为电子工业分级钎焊用钎料和高温耐热型钎料。电子工业用钎料主要有 Pd – Ag 和 Pd – Ag – Cu 系合金，熔化温度为 810~1235℃，蒸汽压低，对多种金属有良好的浸润性，可按其熔点高低分级钎焊各种电子零件。高温耐热型钎料包括含 Ni、Mn 的 Pd 合金、Pt 合金和 Ru 合金等，适于钎焊难熔金属、耐热合金、硬质合金、金属陶瓷和石墨等部件，主要用于燃气涡轮机的叶片、含 Cr、Ti 的高温零部件和微波行波管 W、Mo 合金阴极等部件的钎焊。

1.2 铂族金属结构型高温合金材料

铂基合金高温合金可分为固溶强化合金、沉淀强化合金、弥散强化合金和热强金属间化合物等。固溶强化型合金主要有 Pt – Rh、Pt – Ir、Pt – Pd – Rh 和 Pt – Rh – Au 合金，其中 Pt – Rh 是最稳定合金。视其 Rh 含量不同，Pt – Rh 合金是至今唯一可在 1400~1700℃氧化气氛中使用的高温合金。在保护和中性气氛中，Pt – Ir 合金则可使用到更高温度和承受更高负载。Pt – Pd – Rh 合金则是以部分 Pd 组元取代 Pt 或 Rh 而发展的合金，可在 900~1300℃使用。Pt 基高温合金广泛用于单晶体生长、人造纤维生产、玻璃与玻璃纤维制造、冶金工业用坩埚器具等。

近年，相继发展了 γ/γ' 型 Pt 基、Ir 基和 Rh 基"难熔超合金"，其中以 Pt – Al – Ms(Ms = Co、Cr、Ni、Ru、Re、Ta 等)兼具沉淀强化(沉淀相 Pt_3Al)和固溶强化效应，已证明比 Ni 基超合金有更好的静态抗氧化功能及更高的热强性和抗蠕变能力，是正在开发的新型热强材料。

在高熔点铂族金属的金属间化合物中，Pt_3Zr、Pt_3Hf、RuAl、IrNb 和 RuTa 等金属间化合物具有高熔点和很高的化学稳定性，它们可以铸态或涂层材料使用，在某些应用中可以代替 Ir 坩埚熔化人造晶体材料。RuAl 化合物和 IrNb 和 RuTa 化合物具有一定压缩韧性，通过韧化措施可改善延性，是一类极好的军工配套后备材料。

1.3 铂复合材料

Pt 与 Pt 合金具有良好的可塑性与可加工性，它们几乎对所有材料都具有良好的可焊性，可同大多数金属与非金属材料复合形成用途广泛的复合材料。

1.3.1 弥散强化 Pt 颗粒复合材料

自 20 世纪 60 年代以来，国内外发展了一系列以纳米或亚微米级碳化物粒子或氧化物粒子弥散强化的 Pt 或 Pt – Rh(Au)合金，其中最著名的材料有以 ZrO_2 颗粒强化的 ZGS 型 Pt 合金；以 Y_2O_3 颗粒强化的 ODS 型 Pt 合金；以多种微量元素的复合氧化物弥散强化的 DPH 型 Pt 合金等。它们比 Pt – Rh 合金具有更高的高温持久强度、抗蠕变能力和更长的使用寿命，可用于 1700℃及以下各种高温用途。

1.3.2　Pt 的包覆与层状复合材料

复合材料基体多为耐热陶瓷、耐热合金或 Pt – Pd – Rh 合金，复层材料主要是 Pt、Pt – Rh、弥散强化 Pt 或弥散强化 Pt – Rh 合金（见表2）。这类复合材料具有优良的耐高温抗氧化抗腐蚀特性，主要用作高温结构器件或在中、高温使用的耐蚀抗氧化材料等。

表2　Pt 的主要包覆和层状复合材料及其应用

复合材料		特征与应用
复层材料	基体材料	
Pt、Pt – Rh、弥散强化 Pt 或弥散强化 Pt – Rh 合金	耐热陶瓷	熔化玻璃和光学玻璃坩埚，以避免杂质污染玻璃熔体，节约 Pt 合金
	Mo 基、Ni 基或 Fe 基超合金	形成 Pt/Al$_2$O$_3$/Mo、Pt/ZrO$_2$/Mo（或 Mo 合金）、Pt/扩散阀/Ni（或 Fe）基合金包覆复合材料，用做熔融玻璃搅拌棒等
	Pd、Pd 合金或 Pt – Pd – Rh 合金	制备成弥散强化 Pt（或 Pt – Rh）/Pd/弥散强化 Pt（或 Pt – Rh）三明治复合材料，可节约 50% ~70% 弥散强化 Pt 或 Pt – Rh

21 世纪被誉为复合材料的世纪，其中 Pt 复合材料是一类重要的功能型材料，其广泛的应用既体现了它们的高性能，也节约了 Pt 资源和降低了材料的成本。我国应加强先进复合材料的开发研究与发展。

1.4　铂族金属涂层与薄膜材料

涂层与薄膜材料是采用各种沉积方法在各种基体表面制备的厚度在微米或亚微米级以下的膜材料，涂层可以是纯金属、合金、化合物或金属间化合物等，基体材料可以是各种金属与合金、陶瓷、半导体、化合物和有机聚合物等。铂族金属涂层材料应用广泛，又可极大地节约铂族金属资源，是当前和今后铂族金属材料发展的主要和优先方向。

1.4.1　装饰性铂涂层材料

铂对可见光高的反射率、高的化学稳定性、抗晦暗和不变色等特性以及低的产品成本，这使铂族金属涂层在装饰工业中获得广泛应用。

1.4.2　功能性铂涂层材料

功能性铂涂层是利用铂族金属优异的电、磁、光学和力学特性，以涂层或薄膜形式使用的功能材料，在电气、电子、信息等工业领域中广泛应用，在许多应用中可以替代实体铂合金，降低铂用量和零部件成本。表3列出了功能性铂涂层某些应用。

表3　功能性铂涂层的某些应用

功能材料	涂层材料	基体材料	常用涂层方法	特性
导电层	Pt、P 合金	半导体	溅射、气相沉积、电镀	高可靠、耐蚀、抗氧化
电接触材料	Pt、Pd 及其合金、Pt$_3$Zr、Pt$_3$Hf	金属	电镀、化学镀、物理沉积	高可靠、高耐磨
混合集成电路	Pt, Ag – Pt, Ag – Pd – Pt, Au – Pt 等	半导体	电镀、化学镀、低温烧结铂树脂酸盐	用作导体、电阻器及组装器件等
欧姆接触、肖特基接触	PtSi、Pt$_2$Si、PdSi	Si	电镀、溅射、气相沉积、铂有机化合物热分解	接触电阻低、电迁移小、热稳定性好

续表3

功能材料	涂层材料	基体材料	常用涂层方法	特性
扩散阻挡层	Ti – Pt – Au	半导体	电镀、溅射、气相沉积	Au 与 Ti 间扩散阻挡层，可用作欧姆触点等
各类传感器电极	Pt、Pt 合金、PtSi 等	金属、半导体、介电质	电镀、溅射、气相沉积	传递热、电、声、光、信息
薄膜催化剂或催化电极	Pt、PtRu、PtIr、PtMo 等合金或双金属	碳、金属、陶瓷等	电镀、溅射、气相沉积	高催化活性，用于能源、环保多种催化反应
磁性和数据存储薄膜	Co/Pt、Co/Pd 多层膜、CoPt、CoCrPt 等合金膜		溅射、气相沉积、电镀	高记录密度磁存储硬盘、磁光记录光盘
长波光反射涂层	Pt – Al_2O_3 金属陶瓷	硼硅玻璃、碳、不锈钢	多源磁控溅射	用作太阳能电池的光热接收器
低反射涂层	Pt 黑($6.8\ mg/m^2$)	抛光 Cu	溅射、化学沉积、电化学沉积	热红外光谱区反射率极低，适用于红外技术和辐射计涂层
医学置入材料	Pt、Pt – Ir	聚合物	化学沉积	具有良好的生物相容性

1.4.3 保护性铂涂层材料

铂、铂合金金属间化合物具有高熔点、高抗腐蚀和高耐热性，可作为保护性涂层在化工、玻璃工业、航空、航天、航海和其他高新技术领域应用（见表4）。

表4 Pt 与 Pt 合金高温保护性涂层的应用

器件	涂层/基体材料	涂层方法	特性	应用领域
不溶电极	Pt/Ti、Pt – Ir/Ti	电镀耐强碱、海水腐蚀	氯碱工业、海水净化	
阴极保护电极	Pt/Ti	电镀	耐化学腐蚀，阴极保护	舰船工业、地下水体装置等
其他各类电极	Pt/Ti(Ta、W、Mo、不锈钢等)	电镀	耐强化学腐蚀	各种电化学用途
搅拌器涂层	Pt/Mo(或 Mo 合金)	电镀、热喷涂	熔融玻璃	玻璃制造工业
坩埚涂层	Pt/陶瓷、Pt_3Zr/陶瓷坩埚	热喷涂、溅射	熔融晶体和玻璃	人造晶体、玻璃工业
透平发动机耐热蚀涂层	Pt – 铝化物/Ni 基超合金、Pt – 铝化物/Ti 基合金	喷涂、溅射、电镀、CVD	耐高温气流腐蚀和热腐蚀	航空、航天工业
火箭喷嘴	Pt_3Zr/C – C、Ir/Re、Ir/C 等	溅射、蒸发	超高温保护涂层	航天、军事工业

1.5 铂催化材料

铂具有优良的催化活性和选择性，能有效地催化氢化反应、氧化反应、脱氢反应和氢解反应等各种化学反应，在现代无机化工、石油精炼、清洁能源、环境治理与保护、有机化工、C1 化工和精细化工等领域有广泛应用（见表5）。

表5　铂催化剂在化学化工领域中的某些应用

相关领域	反应、过程或产品	使用铂催化剂
无机化工	氨氧化制备硝酸、化肥、氢氰酸	Pt–Rh、Pt–Pd–Rh、Pt–Pd–Rh–Re 合金网等
石油重整	催化重整 氢化裂解	Pt/Al_2O_3，$Pt–Re/Al_2O_3$ 等 Pt/硅铝氧化物
氢能源	电解法制氢 Pt 催化电极 传统燃料蒸汽重整法制氢 Pt 催化剂 光催化水解离制氢	镀 Pt/Ti、Pt/C、Pt–Ir 等 纳米 Pt、Pt–Rh、Pt–Ni/载体催化剂 Pt/TiO_2
燃料电池	各种类型燃料电池催化电极	Pt/C、Pt–Cr/C、Pt–Ru/C、Pt–Mo/C 等
传感器催化剂	各种气敏传感器催化电极、湿敏传感器催化电极、电化学生物传感器催化电极	Pt、Pt 黑
工业气体净化与污染控制	汽车尾气净化、工业废气净化、污水处理、酸雨气体和温室气体净化等	含有 Pt、Pd、Rh 涂层的三效催化剂和其他 Pt 纳米粒子载体催化剂
石油化工和有机化学化工	氢化、异构化、脱氢及其他	Pt/Al_2O_3、Pt/C、Pt/硅酸盐、Pt/氧化硅，Pt/硅铝氧化物等
精细化工	药物制备；香料制备；染料制备；脂肪酸氢化	Pt、PtO_2、Pt/C、Pd/C、Pd–Pt 催化剂

1.6　铂纳米材料

20 世纪 70 年代，微米技术为社会的发展做出了重要贡献。当今，纳米技术成为 21 世纪的主导技术之一。作为纳米技术的基础，纳米材料是当今材料科学发展的热点和重点。纳米材料包括纳米粒子、纳米原丝、纳米纤维、纳米晶体和纳米复合材料等，贵金属纳米材料则是最活跃和最有成效的一个分支。

以 Pt 纳米粒子作为催化活性物质的各种载体催化剂，对许多化学反应显示了高催化活性，在工业和高新技术领域中有广泛应用，如用作汽车废气净化催化剂、石油重整催化剂、燃料电池、催化电极、氢能制造催化剂、环境治理催化剂等。Pt 与 Pt 合金纳米粒子、纳米丝和纳米薄膜具有优异的电、磁、光学特性，在微电子元件、计算机元件和传感器元件中，它们可以用作电接触材料、欧姆和肖特基低阻接触材料、混合集成电路元件、磁性薄膜、光学薄膜、扩散阻挡层等功能元件和纳米结构器件，可以实现电子装置微型化，在微电子工业中有广泛潜在应用。利用在生物聚合物中 Pt 原子簇的形核与生长，可用来进行蛋白质和 DNA 顺序的微观分析，也用于细胞分离和癌症治疗。纳米铂薄膜材料在生物渗滤方面也有潜在应用，纳米材料和纳米技术在生物医学方面的应用正受到各国科学家的关注和重视。贵金属纳米粒子用于制备电子浆料，可使浆料涂覆更薄更均匀，从而节约 Pt 资源。

贵金属纳米材料在催化活性、电磁学、力学、光学、生物医学等方面显示出特异性能。这些性能正被逐渐认识和利用，并构成 21 世纪重要高科技领域之一。

2　先进铂材料的加工与制造技术

2.1　铂精密合金加工技术

2.1.1　传统加工技术

各种精密铂合金和高温合金制造一般采用坩埚熔炼或非坩埚熔炼方法制备铂合金铸锭或坯锭，然后采用压力加工进行塑性变形和中间热处理，制备成各种成品或半产品型材，再根据对结构和性能的要求进行成品热处理。铂合金的压力加工的一般工艺是：铸锭或坯锭→均匀化退火→热加工开坯→冷加工→中间退火→冷加工

（直至成品）→成品热处理，具体工艺参数应根据不同合金制定。

2.1.2　"强烈变形"加工技术

目前正在兴起的一种被称为"强烈变形"（Severe Plastic Deformation，简写为 SPD）的新加工技术，例如"同通道角压变形"（Equal Channel Angular Pressing）、"高压扭曲变形"（High Pressure Torsion）和"累积轧制结合"（Accumulation Roll Bonding）等。SPD 技术也适用于各种合金、粉末冶金材料、复合材料、Pt 基超合金和金属间化合物加工在内的广泛材料的加工，通过强烈变形可以制备超细晶粒甚至纳米晶粒的实体金属与合金材料，实现材料的高强度与高塑性结合，实现合金元素的超合金化和多相组织均匀化，改善难加工 Pt 合金和高熔点 Pt 金属间化合物的塑性变形和可加工性。

采用包覆 Pt 丝和集束拉拔大变形并配以适当中间退火可以制备直径 1 μm 到纳米尺度的超细 Pt 丝纤维束（见图1）。将 Pt 纤维切断成短纤维，分散放在水中，过滤后就可制成一种非织造的"Pt 纤维织物"，具有优良导电性、耐热性和抗腐蚀性和过滤特性。

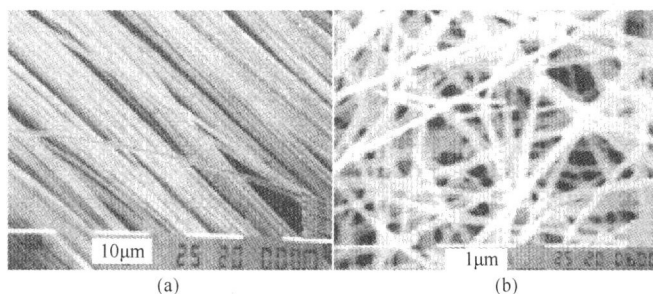

图1　直径 100 nmPt 纤维束（a）及 Pt 纤维织物形貌（b）

2.2　铂复合材料制造技术

2.2.1　弥散强化 Pt 或 Pt 合金制造

弥散强化 Pt 或 Pt 合金是重要的热强材料，它们的制造可采用粉末冶金、内氧化和喷射成形等方法。

粉末冶金法是将 Pt 粉与用作颗粒增强相的氧化物或碳化物粉末进行充分混合、压实和烧结而得到坯锭，然后再通过热加工和冷加工制成板（片）材或丝材。内氧化法是先制备含有活性组元（如 Zr、Y）的 Pt 合金板材或丝材，再在具有一定氧分压的氧化气氛中高温加热处理，使 Pt 合金中的活性组元被氧化形成稳定的氧化物粒子并弥散地分布在铂基体中而得到的材料，然后再将经内氧化处理的材料经大变形和扩散热处理制备成实体弥散强化材料。喷射成形法是采用喷射雾化装置熔化 Pt 合金并在氧气氛中直接喷射雾化，在雾化过程中合金中的活性组元都被氧化，形成"Pt－ZrO$_2$"或"Pt－Y$_2$O$_3$"液滴并雾化成粉末或直接喷射形成锭坯，经粉末冶金或直接加工便得到氧化物弥散分布的 Pt 或 Pt 合金材料。

弥散强化铂采用传统压力加工，也可以采用 SPD 技术提高多相组织均匀性和性能稳定性。

2.2.2　Pt 与 Pt 合金包覆复合材料

（1）Pt/Mo 合金包覆材料以 Pt 或弥散强化 Pt 作为包覆层，以 Mo 或 Mo 合金作为芯层（棒），中间施加氧化铝或稳定化的 ZrO$_2$ 阻挡扩散，制备成 Pt/Al$_2$O$_3$/Mo 或 Pt/ZrO$_2$/Mo（或 Mo－Zr 合金）复合材料。试验证明，Pt/ZrO$_2$/Mo－Zr 复合材料的寿命比 Pt/Mo 复合材料的寿命高约 5 倍。这类复合材料在玻璃工业中用作搅拌器，使用寿命可达到 5 年以上。

（2）Pt/Ni（Fe）基超合金包覆材料

一种带有"扩散调节阀"（见图2）的新型搅拌器是以氧化钇弥散强化的 ODS－Fe（或 ODS－Ni）合金为芯，在其上套一个由 Pt－10% Rh 合金细丝织造的起"扩散阀"作用的针织网，外层再包封 Pt－20% Rh 合金。"扩散阀"将 Fe（或 Ni）合金芯与 Pt 包覆层分开，同时可保持气体通道使有足够的氧达到 ODS－Fe（或 Ni）表面，保证 ODS－Fe（Ni）在高温长期工作期间的弥散强化特性。"扩散阀"中的 Pt 与芯合金接触可以增加氧化物的稳定性。这种新型

图2　带"扩散调节阀"搅拌器

搅拌器的寿命可达 5～10 年，超过"Pt/氧化物/Mo 合金"搅拌器的最高寿命。

2.3　铂涂层技术

铂涂层技术可分为化学沉积法和物理沉积法，具体方法有电镀、化学镀、溶胶－凝胶(Sol－gel)、有机金属化合物气相沉积(MOCVD)、溅射、热喷涂等。

2.3.1　电镀与化学镀

可采用表 6 所列溶液电镀和溶盐电镀液电镀 Pt 和 Pt 合金。

表 6　电沉积 Pt 用电镀液

电解质类型	电镀液
Pt(Ⅱ)型电解质	氯化物镀液；二亚硝基二氨合铂(Pt－P 盐)镀液；二亚硝基硫酸铂配合物(DNS 镀液)；基于四氨 Pt(Ⅱ)配合物镀液(Pt－Q 盐)
Pt(Ⅳ)型电解质	碱性六羟基铂酸盐镀液；磷酸盐镀液
熔盐电解质	氰化钠或氰化钠与氰化钾混合物

采用自动催化化学镀方法可以在金属、非金属、半导体和非导体等各种材料基体上镀 Pt，特别适用于电子工业中非导体材料的金属化、在几何形状复杂部件高渗透性镀铂、在要求高强度高耐磨性的零部件上镀铂和在医疗装置中用作电极的聚合物上镀铂等。

2.3.2　铂有机化合物气相沉积铂(MOCVD)

化学气相沉积是以铂金属有机化合物前驱体在一定温度条件下发生分解或化学反应，其产物以固态沉积在基体上得到涂层。发展了许多铂金属有机化合物前驱体，如乙酰丙酮铂、双六氟乙酰丙酮铂、四(三氟膦)基铂、双－仔－烯丙基铂、仔－烯丙基－仔－茂基铂、(甲基茂基)三甲基铂、三甲基－仔－茂基铂和它们的甲基衍生物等，最常用的是乙酰丙酮铂。沉积方法有热解法和光解法等，基体材料可以是各种金属、Si 和其他半导体、石英、蓝宝石、$KTaO_3$ 单晶等。

2.3.3　铂有机化合物溶液热解制备铂涂层

大多数铂族金属有机化合物在有机溶剂中都有高的溶解度，适合于从溶液经热分解形成 Pt 薄膜。将含有金属有机化合物的溶液直接施加在试样上，蒸发溶剂，金属有机化合物分解，所形成的膜经高温退火结合到试样上。

2.3.4　溶胶－凝胶法

将易于水解的金属化合物(如 H_2PtCl_6)作前驱体，在一定溶液介质中进行水解反应，形成 Pt 溶胶体系，再经缩聚反应使溶胶变成凝胶，凝胶经干燥和热处理等过程形成涂层材料。此法设备简单，工艺易于操作，制品纯度高。

2.3.5　物理气相沉积

物理气相沉积的实质是材料源的不断气化和在基体上的冷凝沉积，最终获得涂层。传统的物理气相沉积过程中不发生化学反应，近年发展的反应气相沉积可以在反应气氛中进行，在基体上生成化合物。物理气相沉积主要有真空蒸发、溅射和离子涂覆等，是成熟的表面处理方法。用物理气相沉积方法可将 Pt 和 Pt 合金沉积到金属、陶瓷、半导体等基体上，制成薄膜或元器件，在传感器、集成电路和电子工业中有广泛应用。

2.3.6　热喷涂

热喷涂是将物料加热至熔化，采用高压气体雾化并喷射到基体或工件上形成涂层的一种表面技术。根据采用的热源不同主要有火焰喷涂、电弧喷涂、等离子体喷涂等。热喷涂的特点是被雾化的熔体微液滴或半熔化微粒在高压作用下喷射到基体上，具有快速凝固特性，所形成涂层成分均匀，晶粒细小，与基体结合强度高。

在热喷涂技术中，铂与铂合金既可以用作涂层材料，也可用作基体材料。当 Pt 与 Pt 合金用作涂层材料时，它们可施加于金属、陶瓷等任何基体上；反过来，Pt 与 Pt 合金也可用作基体材料，如制作成坩埚和各种容器，通过热喷涂技术在 Pt 工件上喷涂各种耐火陶瓷材料以保护 Pt 与 Pt 合金基体。图 3 显示了一种热喷涂装备。Pt 与 Pt 合金热喷涂技术已经广泛用于玻璃制造工业和其他耐化学腐蚀和热腐蚀的涂层领域。

2.3.7　综合沉积技术

在许多实用涂层应用中，常采用化学和物理的综合涂层技术，以获得最佳涂层结构和性能。

2.4　铂纳米材料与载体催化剂制造技术

铂可以用作均相催化剂和非均相催化剂。在均相催化反应中，金属 Pt 和它的氧化物、无机酸盐和有机酸盐都可被用作催化剂的前体，但在催化反应中转变为有机金属配合物。在非均相催化反应中，Pt 可以单晶、多晶或合金箔、丝、网、粉末和载体金属的形式用作非均相催化剂。从实用的观点看，载体催化剂是最好的形式，它使用最少量的铂而达到最大的表面积和稳定的催

图 3　涂层装置和 Pt 喷涂过程

化活性，并可通过添加其他促进剂和合金化元素而改善其催化活性。载铂催化剂的载体主要有碳和各种类型的氧化物、堇青石、沸石等，它们通常是具有高比表面的颗粒、片、丸和蜂窝结构和介孔结构等。作为活性物质的 Pt 粒子越细小和分布越均匀，载 Pt 催化剂的活性越高。铂载体催化剂的制备方法很多，这里仅介绍几种主要制备方法。

2.4.1　吸附－还原法

吸附－还原法是制备铂载体催化剂最常用的方法：第一步是将铂的化合物或配合物浸渍吸附在载体上；第二步是在氢气氛中或采用还原剂使 Pt 配合物还原为金属 Pt 离子，或者采用低温还原剂（如柠檬酸盐离子）在溶液中直接还原配合物。最终的金属 Pt 粒子的尺寸和分布取决于制备过程中各个阶段的操作条件和参数。

2.4.2　蒸发沉积法

此法是在超高真空室内加热金属 Pt，蒸发其原子并沉积在由云母、多孔碳或氧化物载体上制备载铂催化剂。调整金属蒸发温度和载体温度，控制沉积过程中金属的形核和长大速率，可以控制沉积 Pt 粒子的尺寸。在过程参数控制严格的情况下，可以得到粒子尺寸分布狭窄（$1 \sim 10$ nm）和高表面密度（$10^{10 \sim 12}/cm^2$）或体积密度（$10^{18}/cm^3$）的金属粒子。

2.4.3　离子交换法

采用离子交换吸附形式，如以 $Pt(NH_3)_4^{2+}$ 配合物交换硅胶表面的质子，或以 $Pt(NH_3)_4^{2+}$ 配合物取代 Y－沸石中的 Na^+；干燥后在 400℃氢气氛中还原，可制备 Pt 纳米粒子/载体催化剂。以离子交换法制备的 Pt/SiO₂ 催化剂，Pt 颗粒尺寸分布范围 $0.9 \sim 3.5$ nm，其中 75% 粒子尺寸 ≤2 nm，Pt 粒子的弥散度约 60%，SiO₂ 颗粒表面平均负载量 6.3% Pt（质量分数）。

2.4.4　火焰喷射热解(FSP)法制备 Pt 纳米粒子/陶瓷载体催化剂

采用喷射雾化法制造金属或陶瓷粉体材料已是相当成熟的技术。最近，一种改进的火焰喷射热解法（FSP）可以直接合成贵金属纳米粒子/陶瓷载体复合材料。FSP 法的要点是将金属和陶瓷的前驱体溶解在某种可燃性的溶液中，用气体输送这种溶液通过喷嘴使之雾化形成细小弥散液滴，同时，喷射气体被点燃形成喷射火焰，火焰温度可达到 $2000 \sim 2500$℃，溶剂和前驱体蒸发和燃烧；然后迅速淬火至约 400℃，便可以合成得到陶瓷基体载贵金属纳米粒子的复合材料。

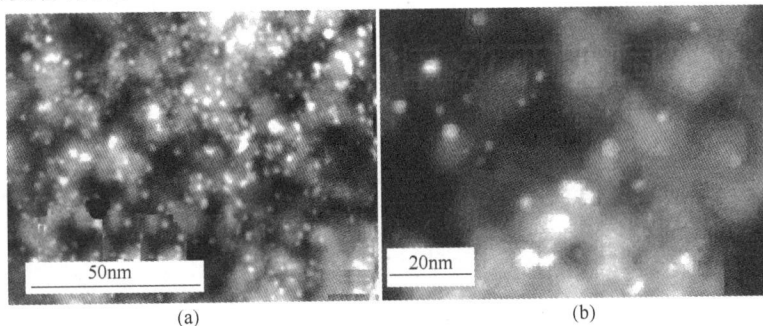

(a)　　　　　　　　　　　(b)

图 4　FSP 法制备的陶瓷基体载 Pt 复合材料形貌

a—单金属 Pd/Al₂O₃；b—双金属 Pd－Pt/Al₂O₃

因陶瓷载体前驱体的熔点一般高于 PGMs，而挥发性一般低于 PGMs，铂族金属（PGMs）纳米粒子/陶瓷载体催化剂的合成机理与步骤大体是：载体在高温由气相形核，通过烧结聚集长大成载体颗粒；然后，在较低温度，PGMs 均匀形核并沉积在载体颗粒表面，或者由前驱体分解的气相 PGMs 均匀沉积在载体表面并随之均匀形核。通过控制前驱体和弥散气体流速及颗粒在高温停留时间，可控制载体颗粒表面积、PGMs 颗粒尺寸和弥散分布（见图 4）。

参考文献

［1］宁远涛. 贵金属合金材料［A］. 昆明贵金属研究所成立七十周年论文集［C］//侯树谦. 昆明：云南科技出版社，2008：67 - 85.

［2］Coupland D R. Advanced Coating Technology ACTTM［J］. Platinum Metals Rev. , 1993, 37 (2)：62 - 70.

［3］Kendall T. Platinum 2006［M］. London：Published by Johnson Matthey, 2006：28 - 47.

［4］Strobel R, Pratsinis S E. Flame Synthesis of Supported Platinum Group Metals for Catalysis and Sensors［J］. Platinum Metals Rev. , 2009, 53 (1)：11 - 20.

以科技促进生产　同社会共进步

杨志先

（无锡英特派金属制品有限公司，江苏无锡，214192）

　　我利用这个机会就我们公司目前的基本情况和经营的心得向大家作一简要的介绍和汇报。

　　我公司于 2002 年 11 月正式运营以来，本着"科技是第一生产力"的企业经营宗旨，不断创新，不断发展。现已经成为国内规模最大、品种最全的集生产、研发贵金属产品的企业之一，是国家火炬计划"锡山新材料产业基地"成员企业、江苏省民营科技企业、中国仪器仪表行业协会仪表材料分会常务理事单位、国家二级计量单位、无锡市重点高新技术企业。

　　我公司系贵金属新材料研发企业，产品广泛应用于冶金、化工、玻璃、电子通讯、航空航天等各个领域。"科技是企业发展的动力，是延续企业生命的源泉"成为公司全体管理者的共识。公司自创办以来，一直潜心于贵金属新材料和新产品的研发。主要产品玻璃纤维用氧化锆弥散强化铂铑合金材料及漏板，是玻纤行业和电子玻璃行业必需的易损易耗产品，由强化后的铂或铂铑合金材料制成，不仅能大幅度地节省材料和资金的占用量，且延长漏板的使用寿命。由于该技术含量和生产成本很高，制作困难，以前，国内只能依赖日本、德国、俄罗斯等国进口，并受制于其技术封锁。国家各科研机构也倾注了历年时间和大量的人力，耗费了大量的财政拨款，但一直没有实质性的研究突破。公司也经历了无数次的努力和失败，终于在 2007 年自主研制成功，并命名为 1 号强化材料，其各项技术指标分别达到和领先于世界顶尖水平，且价格低于国外同类产品，完全替代了进口，为民族工业在世界专业领域的竞争中争了光，改变了国内市场长期以来依赖国外进口的局面，节省了大量的外汇。现该材料产品已逐渐批量投放市场，并首次在国内应用于国家科技部"863"项目——TFT－LCD 玻璃基板项目加工生产关键装备——TFT－LCD 基板玻璃用铂金通道后段试制制造工作，技术水平国内领先。在显示器领域，CRT 已经开始退出市场而 TFT－LCD 正在迅速地取而代之，TFT 行业在国内刚刚起步，市场潜力非常巨大。

　　2010 年试制成功的 2 号强化材料，甚至达到了国际首创，现已申请了国家专利，公司继而将申请国际专利，在适当时期投放市场后，将给我国乃至世界电子玻璃行业带来一场新的材料革命。

　　目前，公司部分产品在国内市场占有率已超过 60%，经营规模和经济效益在同行业中处于遥遥领先的地位。2008 年，公司完成销售收入 1.6 亿元。2009 年预计全年销售收入可达 2 亿元。

　　另外，以金属制品有限公司为基础，为谋多项发展，多种经营。公司在锡山经济开发东区已购置土地 70 亩，注册 1000 万美元，在安镇成立了"无锡英特派药业开发有限公司"。旨在建立具有国内先进水平的新药研究和生产基地，建成后，计划在未来的 1～2 年内，根据公司发展需求，陆续从海内外引进 30 名具有博士和硕士学位的高级人才和吸纳 400 名具有本科学历的实验人员，以他们为骨干，初步建立起一个具有国内先进水平的新药研发团队，完成第一阶段的人才队伍的培养和建设，并与国际各大型制药企业密切协作共同开发新药。第二阶段，利用我们目前已经拥有和即将掌握的专利技术，开发具有自主知识产权的新药。新药开发成功后，公司的销售市场将遍及欧美，年销售目标可达到 2 亿美元。并利用新药的专利保护，可在较长时间内保持良好的销售利润。

　　公司在发展材料的基础工业的同时，将进军新兴能源行业，如：太阳能燃料电池科技项目、新型荧光粉照明等项目，初步酝酿已经完成。计划逐步投资 1.5 亿元和 1.2 亿元。待药业公司初具规模后，以制品公司、药业公司为基础，启动该项目，另设公司择地而建。

　　"多项发展，多种经营"。这是我们对新市场、新产品的开发理念，也是企业在激烈的市场竞争中立于不败之地的法宝。

　　现在，公司已拥有一批研发、销售、国际贸易人才，并吸纳了国内外不同行业的资深专家从事研发工作，为企业发展前景拓展了视野，为新产品投放国际市场注入了不竭的发展动力。目前，公司与瑞士诺华公司

（Novartis）、美国百时美施贵宝公司（Bristol – Myers Squibb）、英国庄信万丰公司（Johnson Matthey）、陕西彩虹电子集团有限公司、深圳赛格三星股份有限公司、石家庄宝石电子集团公司、重庆国际复合材料有限公司、山东泰山玻纤股份有限公司等国内外 300 余家著名企业建立起了广泛的合作关系。

我们的发展目标是：争取在以后的 5 年内，把企业建设成一个集科研、生产于一体的综合性的集团企业和上市公司。

过去的 7 年，是无锡英特派金属制品有限公司创业的 7 年、是打基础的 7 年；今后的 5 年，是公司高速发展的 5 年，是公司成立以来迈出的关键性的第二步、是第二次创业的新 5 年。

我们以"发展企业、振兴中国贵金属制品的民族产业"为己任，贯彻"敬人、敬业、务实、求真"的企业方针，致力于工艺管理和产品的精益求精与自主创新的科技兴企精神。努力成就和巩固"百年老店"的企业风范和"百年精品"的企业品牌！

参考文献（略）

Ⅳ　铂的首饰

我国铂钯首饰市场现状

彭　觥

（中国地质学会矿山地质专业委员会，北京珠宝玉石协会，北京，100814）

中国改革开放30多年来，随着人民收入和生活水平的提高，国内珠宝首饰市场空前繁荣兴旺。据中国珠宝玉石首饰行业协会不久前公布的资料，2006年全国珠宝首饰行业产值超过1600亿元，出口达68.7亿美元。我国国内市场的翡翠、玉雕、黄金、铂金、钻石及珠宝首饰产品销售量均居世界前列。珠宝首饰加工、制造和驰名品牌创建有了大幅度提高。在广东深圳、番禺、四会、揭阳、广西梧州（人造宝石）、浙江诸暨（珍珠）、义乌（流行首饰）、江苏扬州、新疆和田、河南南阳和北京等地已形成了一批各具特色的珠宝、首饰、玉器生产与批发基地，在全面建设小康社会的发展中，珠宝行业必将有更大的发展，展望前景广阔，不远的未来我国必将成为全球珠宝首饰制造与贸易中心之一。

在2007年11月1日开幕的2007年北京国际珠宝展销会上，充分展现出近年来蓬勃发展的新成就，展览面积达3万 m^2，展位1500个，来自意大利、比利时、泰国、美国、缅甸、韩国等国外客商有数千家，国内参展厂家近500家。

当前珠宝首饰流行趋势是多元化，其中黄金、白银及其镶珠宝传统首饰仍在畅销，非贵金属合金如钛金、钨金、不锈钢首饰也正兴起；但在青年消费群体中最受青睐的是铂金、钯金（及其镶钻石）首饰，更是订婚、结婚纪念饰品的首选与主流，2006年销售量达50万盎司（约15 t）。人们对首选的需求经历了"装饰－装饰与保值－装饰与欣赏－装饰个性化"的过程。

首饰制造选材也是由兽皮、贝壳、齿骨、树叶、石料演变到金银、珠宝，向开发天然材料和人工合成材料的多样化方向发展。

铂金（又叫白金）首饰是贵金属首饰的上品，市场价格高于黄金首饰：如北京K黄金首饰每克200元，铂金（Pt990、Pt950）首饰每克分别为418元和408元，钯金（Pd950）首饰每克198元。

纯铂金首饰按其含量分为Pt990、Pt950、Pt900；K白金首饰是以黄金、白银成分为主，含铂、钯、铜等成分较少。

铂金淡雅、钻石纯洁、永恒，镶钻石铂金戒指，是对爱情最完美的诠释，如2007年国际铂金协会在我国推出婚庆铂金首饰"缘定三生"系列、名花"绽放"系列，其款式有"绽梅"、"茉莉"、"紫薇"、"菊花"等12个。秋冬季铂金首饰系列有艳丽型；还有曲线柔美圆润"静艳"和简约飘逸的"愉艳"等。

一些珠宝公司在"首饰年轻化""80后人的代言""满足个性需要冶等经营策略下，推出80C铂金系列。以K铂金、K黄金组合的双色、三色和变色－多色的14K或18K金首饰的彩色金系列观赏性更强，也很时尚，深受青年消费者喜爱。

戴比尔斯（De Beers）

戴比尔斯以天然纯净的铂金搭配钻石制成精美珠宝饰品，以纪念人生美好的瞬间。戴比尔斯推出最新铂金单订婚戒指"Forever Two"，以铂金独有的柔美曲线环拥钻石，辉映钻石璀璨的光华。设计纯粹、典雅、简约，"Forever Two"完美体现出爱情的深意。2010年，戴比尔斯还为喜结良缘的新人设计特别的铂金婚戒系列，其中一款以三颗钻石象征过去、现在和未来，意蕴非常，爱意绵延。

蒂芙尼（Tiffany & Co）

蒂芙尼青睐铂金与钻石的完美搭配，成就顶级铂金订婚钻戒，其创始于1886年的著名六爪镶嵌铂金钻戒，代表精湛的工艺，也象征了爱情的唯美，至今仍是世界上最闻名遐迩的戒指款式之一。蒂芙尼继续采用经典六爪镶嵌工艺，最新推出在款式和设计上堪称现代杰作的 Lucida 戒指。一经推出，其优雅、迷人的外观俘获了世界各地女性的芳心。铂金柔和的轮廓反射出方形钻石的光芒，突出了钻石的天然光彩。这段拥有蒂芙尼祝福的美好婚姻，由此走向天长地久。

卡地亚（Cartier）

卡地亚钟爱铂金，它是最早采用铂金制造珠宝饰品的珠宝品牌之一。如今，卡地亚仍广泛地推出精美铂金饰品，延续着其在精湛工艺上的无比声望。卡地亚以铂金创作，推出新款铂金订婚和结婚戒指系列，充分体现了经典与现代完美结合。如"Love"铂金系列男女婚戒，以其经典独特的螺丝图案（20 世纪 70 年代于纽约创作），吟唱着爱情的矢志不渝，成为了现代表达爱意的最佳方式和忠贞爱情的"护身符"。

伯爵（Piaget）

公司最新"Possession"系列铂金戒指，将两枚铂金和钻石制作的指环合二为一，诠释不离不弃的永恒爱情故事。在天然纯白铂金衬托下，钻石释放出耀眼的光芒。"Possession"包含 4 种由铂金制作的款式，分别为：简约款、单颗钻石款、象征好运的七颗钻石款，以及象征爱情永恒的排钻款。

哈利·温斯顿（Harry Winston）

一枚哈利·温斯顿的铂金订婚戒指，意味着与传奇为伍。作为举足轻重的传奇珠宝巨匠，哈利·温斯顿在 100 多年中书写了众多传颂至今的浪漫佳话。哈利·温斯顿在知名工匠的细心切割和镶嵌下，推出过著名的"Love Madly"系列，堪称真正的艺术杰作。

御木本（Mikimoto）

著名意大利设计师 Giovanna Broggian 精选铂金搭配珍珠，为御木本独家最新创作了铂金系列饰品，以其创新的风格和优雅的造型为世界瞩目。铂金不仅保存了珍珠原有的华美与和谐色彩，更突出了珍珠的独特形状与色彩色泽，令珍珠在每一款饰品中都成为众人焦点。御木本以其完美手工艺，使纯净、永恒、稀有的铂金和珍珠交相辉映，散发着不同寻常的优雅气质。爱情本来就出乎意料，一旦遇见，便是一生承诺。

梵克雅宝（Van Cleef & Arpels）

始终以其经典铂金饰品冠冕钻石的无上魅力，诠释爱情的纯净、永恒与稀有。梵克雅宝的卓越工艺和优良传统，为佩戴者带来美梦成真的醉心一刻。在梵克雅宝的最新婚庆戒指系列中，"Grace"铂金戒指以现代精神诠释经典风尚；刻有"Vendme"的铂金戒指简约大气却又不失细心体贴；"Snowflake"铂金钻石戒指则汲取来自大自然的灵感，以铂金镶嵌钻石形成缠绵缱绻之势，象征婚姻的永恒结合。此外"Eternity"铂金钻石婚戒设计精巧、简洁，传递出爱情的完美和纯洁。

宝诗龙（Boucheron）

150 多年来，宝诗龙始终以铂金传颂爱情的深邃，在宝诗龙最新推出的铂金钻石订婚戒指系列中，巧妙利用纯净的铂金烘托钻石的华美璀璨，尽情赞美爱情的纯洁。该系列的其中一款铂金戒指采用独特的四爪镶嵌工艺，镶爪在钻石下相互缠绕，寓意爱人的亲密和爱情的永恒，成为钻石下隐藏的爱情秘密。铂金不仅意味着珍稀，更是幸福、婚姻和永恒爱情的象征。

宝格丽（Bulgari）

宝格丽以铂金歌颂爱情，见证忠贞不贰的婚姻。宝格丽最新推出"Corona"铂金单钻订婚戒指，从皇冠图案中获取灵感，传递如皇家婚礼般的高贵典雅。戒圈灵动、优雅的曲线，充满独特的时尚感，同时拥有钉镶和密镶钻戒两种款式。公司另一款经典"Marryme"系列铂金戒指设计优雅、简约，在铂金上镶嵌了一颗精美的圆形钻石，全部采用铂金制作了三款"Marryme"婚戒，分别为素戒、镶嵌五颗钻石和密镶钻戒，来传递永恒的爱。

据国际铂金协会资料，2007 年上半年国际市场铂金价格有所上涨，但是作为铂金首饰消费第一大国的中国，价格稳定，销售量增加，与去年同期比增加 10.75%。尤其婚庆、情人节最是火暴，分别增加 43.84% 和 23.43%。影星章子怡作为国际铂金协会形象大使（代言人）经过媒体宣传，促销效果极佳。据香港珠宝展会反馈信息，表明我国铂金首饰在新加坡、马来西亚和印尼等地颇受欢迎。出口前景看好。

钯金首饰出现在我国市场是 2003 年，当时作为一种相对便宜，在美观、稀贵及物理特性等方面，可与铂金相媲美的贵金属。其后因质量标准不完整，向消费者宣传钯金知识不够，某些不安分守法商家趁机以钯充铂谋利损害了物美价廉的铂族重要成员。钯金 2005 年随着一系列措施的落实、制订发展框架方案包括质量标准及命名、分类。出现了健康有序的新局面。

笔者建议，为了开源节流除了大力推广钯金还应研制开发可与足铂金足钯金相媲美的 K 白金、Pt、Pd、Rh 镀膜首饰。

国际铂金协会公布的日、美、欧铂金首饰市场变化摘要如下：

（1）日本根据 GFMS 估计，日本铂需求量已经连续 11 年出现下降，2005 年为 52.5 万盎司（16.3 t）。其中主要原因是高涨的铂价格，对整个产业链中的利润压力产生了一定影响。

JPMCMIA（日本贵金属链制造商协会，有 14 家会员，是具有代表性的最大生产商）报告的钯使用总量仅为 16 万盎司（刚刚超过 5 t）。2005 年白色 K 金产量上升，使得钯在首饰制造中的使用量增加，比上年大约增长了 6%。在日本，钯广泛应用于白色 K 金中，含量高达 15%，以确保合金呈现"白色"。

（2）北美铂钯产量在千年之交达到 36 万盎司（11.2 t）的高峰后，美国铂首饰制造需求并不令人满意。继 2001 年大幅下降之后，随后短暂的恢复，到 2004 年又开始下降，当年首饰产量下降了 3.5 万盎司（1.1 t）。2005 年下降幅度更大，制造业下降了 15%，接近 2001 年。在美国，钯在黄金首饰中应用仅限于 18K 金。而迎合高层次消费的 14K 金产品倾向于使用价格更低的合金。2005 年白色 18K 金产品的增长主要原因是白色首饰在美国仍然比较流行，特别是单件和小型链首饰。2005 年当大型首饰在中级市场占有率越来越大时，一些小规模的商店通过有效的转换市场达到了较高的销售水平（包括铂钯和高含量的 K 金饰品）。

（3）欧洲 2005 年铂首饰制造业需求下降了 5% 多一点，为 20.2 万盎司（6.3 t）。这个下降率和其他地区相比并不大，这大体上反映出在整个市场中，较为高端的生产商占有了更多的份额，而国际品牌售价越高，则对他们而言金属价格在总价中的重要性越小。对生产商来说，如果要生产一件价值 30000 欧元的戒指，那么选用价值 400 欧元还是 500 欧元的铂金（或者甚至是价值 300 欧元的白色 K 金）几乎不需要有太多的考虑。许多品牌在 2005 年都有不错的表现，那些仍然主要定位于婚庆市场的品牌显示出对铂的兴趣有所增加。

2005 年铂首饰制造需求大幅上升 50% 左右，达到 8.4 万盎司（2.6 t）。很大一部分原因是在白色 K 金首饰中钯的使用量更大了。这种变化仍然主要是基于这样的因素，例如，避免由于使用镍引起过敏问题，使用更亮的金属来提升产品品质以及钯比较便宜的价格。虽然所有的主流杂志都在说回归黄色，但白色 K 金在所有黄金首饰中的份额肯定没有减少。

参考文献：见本卷第三部分：宝玉石资源与首饰市场。

振兴我国铂业必由之路——开源节流

彭 觥[1,2]   汪贻水[1]

（1.中国地质学会矿山地质专业委员会，北京，100814；2.北京珠宝玉石协会，北京，100814）

自 2007 年首届全国铂业高层论坛召开以来，迄今已经两年，在此期间在铂矿资源勘查、开发、回收利用和首饰产销售商业市场等都有一些新的进展与新变化。

据权威人士和权威文献评述，近两年世界最大的铂、钯生产供应国南非铂钯矿产的产量有所下降。俄罗斯铂钯矿产量也有所降低。2007 年南非铂金产量为 507.3 百万盎司，钯金为 268.2 百万盎司，俄罗斯铂金产量为 91.7 百万盎司，钯金为 304.9 百万盎司。

2007 年钯金催化剂在柴油汽车应用的突破，扩大了钯金的需求量，确立了替代铂金的地位。在珠宝首饰市场上，钯金首饰由于国际钯金协会（PAI）的努力得以推广，该协会自 2006 年成立以来，在美国、中国设立办事处，宣传钯金这种全新贵金属首饰带来的享受，它与铂金同属一族，美感价值相近，而价格仅为铂金一半左右。如北京国华商场门市零售铂金戒指每克 335～345 元，钯金戒指每克 188～198 元，在国内铂金矿产找矿开发方面有新进展，四川、云南、新疆、河南及河北等地发现矿床规模和储量均有可喜的扩大。金川有色金属公司综合利用与回收铂族资源又取得新进展，昆明贵金属研究所也发挥着积极作用。今后应积极开展产学研合作，振兴铂业。

铂金首饰需求旺盛，据 2009 年 8 月 31 日《珠宝商情》报道，上海黄金交易最近公布的数据显示，2009 年上半年铂金交易量较去年同期增长 81%，而其中大部分是投入了首饰市场。

在婚庆与非婚庆首饰两个主要市场，铂金首饰销售都增长强劲——其中春节、情人节以及"五一"假期是非婚庆首饰消费高峰。此外，铂金婚戒的消费增长明显——2009 年被普遍认为是一个结婚吉年，加上消费者对于铂金的偏爱，这些都推动了铂金婚庆首饰销量增长。同时，一二线城市的铂金首饰销量保持增长态势。

国际铂金协会（PGI）首席执行官高伟政先生表述："近来，随着铂金原料价格保持稳定，铂金需求也不断增长。此外，今年更多新的零售店开业，生产商为了满足不断增加的需求也提高了备货量，这些也推动了铂金首饰销量的增加。"

现在，我国消费者变得更加理性与实际。在首饰选择方面，消费者也更认可贵金属的价值。随着铂金原料的价格下降与铂金黄金之间差价的缩小，更多消费者会选择购买铂金首饰，因为他们认可铂金珍贵的价值。

1 消费需求加速

对于消费类产品，节日与假期消费尤为重要，而首饰消费则一直是节庆消费的热点。根据国际铂金协会最近针对我国 32 个城市的 93 家零售商的市场调查显示，2010 年"五一"期间，素铂金首饰销量较去年同期增长了 27%。

经过我国市场十余年的推广，铂金已经被我国消费者普遍认可是最珍贵的金属，铂金首饰也已成为年轻消费者的首选。作为全球铂金首饰推广组织，国际铂金协会一直不遗余力地通过持续的市场与公关活动来提升消费者对铂金的认知与喜爱，同时也通过有针对性的销售培训来推动零售商的销售业绩。根据全球权威咨询调查机构华通明略公司 2008 年度针对我国 5 个城市（北京、上海、广州、成都与沈阳）、1000 位年龄在 20～40 岁中高收入女性的调查数据显示，受访者提及贵金属首饰会首先想到铂金；超过一半的受访者表示选择贵金属首饰时，会首选铂金首饰。

2009 年，国际铂金协会通过一系列创新性的推广活动，强化铂金的"珍贵"形象。4 月，由国际影星章子怡演绎的铂金全新形象广告片在全国黄金时段播出，传递出"铂金女人，珍贵如你"的信息。同时，为了增强零售商对消费者的吸引力，挖掘更多的潜在顾客，协会在今年也为全国的零售商提供了"陈列优化"项目，营造出耳目一新、优雅的铂金销售环境。

菜百商场相关负责人表示"9月份，铂金对戒销量环比上升近60%。"

国华商场周副总经理表示，"2010年1~8月，铂金对戒的销量较去年同期增长44%，增幅最高。9月份增幅可能更明显。"中国黄金概念店相关负责人介绍，近期以婚庆为主的铂金饰品销量较平日增加一倍以上。

2 展望未来

预计2009年底，在自购、礼品与婚庆首饰方面，铂金首饰消费均将增长。在我国传统文化中，"9"一直象征"长长久久"，同时2009年也是"双春兼闰月"，因此2009年预计将迎来又一个结婚的高峰。据民政部数据显示，中国每年约有1000万对新人登记结婚。同时，根据我国婚姻登记处的数据，2008年我国结婚人数达到1050万对，较2007年增长10.6%；并预计在2009年与2010年将保持6%的增速，结婚人数将分别达到1150万对与1182万对。

展望2009年下半年的我国铂金首饰前景，国际铂金协会表示乐观，得益于稳定的铂金原料价格、中国强劲的婚庆市场，以及协会与国内铂金首饰同业的积极心态，他们对未来我国铂金首饰的发展充满信心。

应该指出，推广铂金首饰促进消费、繁荣市场、美化人们生活具有重要意义，而钯金的延展性和抗氧性等与铂金同样优越，钯金首饰正在受到消费者青睐，但是因为推广历史不长尚未形成"钯金热"，要采取各种措施，包括钯金进口退税和市场促销等推广钯金首饰，让这个物美价廉同样有保值增值的铂族新秀钯金绽放异彩。

我国2008年第一季度，回收铂金显著增长，主要归因于铂金价格的大幅增长(这也发生在日本)。这刺激了消费者的首饰返销，最重要的是，提高了生产商的流动性，尤其是零售商存货的流动性。

2006年中国钯金首饰回收激增，很大部分归因于钯金的流动性及Pd950素钯金存货与Pd990存货的兑换。2007年整体来看首饰回收明显下降，人民币价格的相对稳定也促成了这种下降，尚无大的变化。

电子业的回收仅对钯金(和钌)来讲真正重要，铂金的回收量相对较少。

应继续加大对铂金回收企业的支持。从废料中回收铂已占我国总产量一半以上，是发展铂业有效途径。必须大力扶持包括政策优惠奖励措施、行业规划、科技协作、人员培训及替代品研发等。

3 国外非来自汽车催化剂的回收供应也很重视

国外资料数据表明，在北美从旧汽车催化剂中回收的铂族金属，已成为供应市场最大来源，2007年铂金回收量为17.0 t，钯金为20.3 t，2000年以来，来自旧汽车催化剂的铂金供应增长60%，钯金供应增长4倍。欧洲回收率为70%，日本为55%。日本回收旧铂金首饰也在兴起。

除了来自汽车催化剂的回收，铂族金属的回收供应还有两个不同的种类。首先是所谓的"闭路"系统回收，损失少，铂族金属持续回收并用于新的产品生产，迅速被重新利用。它包括的行业比如玻璃和石油。其次是"开路"系统，大量的铂族金属包含在最终产品尤其是消费品当中。二者的区别是后者的主要结果是大众参与到金属的流动中来，在这种方式中可以鲜明地看到供应的显著增长。除来自旧汽车催化剂的供应之外，这里的两大关键领域是电子业和首饰业。

从地理上看，铂族首饰的回收主要来自日本，其次是我国。来自北美，尤其是欧洲的供应很少。由于这些市场主要被婚庆首饰占据，而这些首饰多是镶嵌宝石或品牌首饰，所有这些是不可能像无品牌或素链首饰一样用于回收的。从金属类别来看，铂金是主要的来自首饰回收的铂族金属。相反，钯金的供应很少，主要来自于钯金首饰地面存货的供应，但该数量很少，钯金虽是新生事物，但来自回收的白色K金首饰的常规供应增加了一些潜力。无论从绝对量上，还是从用于制造的比例上来看，铑的回收仍然非常少，反映了铑基本上是用于首饰的镀层。

首先看日本市场，铂金首饰的总制造量和净制造量多年以来相当接近，因此旧首饰的回收量很低。然而，过去几年来，基于铂金价增长不快，旧铂金首饰的回收开始对日本整个供求平衡产生实质性影响。据GFMS预计，去年首饰的新的净需求量约为20万盎司(6.2 t)，市场总交易额高达28万盎司(9 t)。但这只是其中一部分。首饰回收量比预计的要大得多，有人预计总量也许达到32万盎司(约10 t)。这些数据表明，许多铂金并未找到合适的方式进入首饰制造。或是被用于其他方面，或部分出口。

学习江苏无锡英特派金属制品有限公司自力更生办厂和技术创新的经验。该厂工艺技术创新项目已申请国家专利。TFT(玻璃纤维漏板)已达到进口产品标准，成本仅为进口货成本的1/2。以铂金替代价格昂贵的钌

(Ru)铑(Rh)也进行了探索。

　　我国铂业发展要坚持两个市场两种资源的战略，对于从国外进口铂、钯原料的公有与非公有企业的工业用料与首饰用料应给予平等优惠的政策，尤其应向生产工业铂钯器材的中小型非公有企业倾斜。在找矿和含铂族废料回收等发展铂业战略中要贯彻节流与开源并重，从当前紧迫性出发，废料回收和替代品研发更具现实意义。

参考文献（略）

三、宝玉石资源与首饰市场*

1 中国珠宝开发史略

1.1 中国古代珠宝开发历史

我国宝玉石及首饰业以其历史悠久，技艺精湛，风格独特和产品各类纷繁蜚声海内外。改革开放以来，在继承和发扬优良传统基础上，原料开发日益扩大，工艺技术不断创新，职工队伍与行业规模大发展，使得产品产量与销量飞速增长，市场繁荣。我国成为了当今世界珠宝首饰生产消费大国。

溯本求源，早在石器时期，先民们就开始利用石质装饰物美化自己的生活，例如距今约两万年的北京周口店山顶洞人，用石珠、贝壳、兽牙和鱼骨等加工染色连缀串饰——即原始项链佩带在身上美化生活。尽管这种串饰工艺简单、造型也不够精美，它却标志着石类装饰品的诞生和宝玉石业的起源，对于后来宝玉石业从石器业的诞生并逐步成为独立行业具有重要意义，这是我国文明史上一大事件。

考古资料表明，随着社会生产力的发展到了新石器时代中晚期，出现了大规模的玉质工具、玉器和宝玉石工艺品，如用玉、绿松石等制成珠、环、坠、镯等。这是宝玉石加工从石器业走向独立行业的开端。在全国各地出土了大批这个时期的宝玉石文物，其中最多的、最精美的是浙江的良渚一个墓葬，共发现玉器100多件，占该墓出土文物的90%以上。其中有一件兽面纹的玉琮尤为精致。在内蒙古翁牛特旗三星塔拉出土的红山文化玉龙，龙身卷曲呈"C"型，头部刻画生动，整个作品造型优美，堪称新石器时代玉雕佳作。

先秦文献《山海经》记载，西域墓山（即新疆密勒塔山）多产白玉，黄帝乃取墓山之玉荣，投入钟山之阳。《越绝外书》说：黄帝之时，以玉为兵（即工具），以伐树木，为宫室凿地。《史记》还有轩辕黄帝制订有关管理玉器规章等文字。

这个时期的宝玉石料品种多、产地多、高档料少，相对而言精品也少。考古界专家称之为"彩石玉器阶段"，也叫做玉器孕育期。

夏商周三代尤其是殷商和周代用玉极为广泛。"举凡国家之以祀以飨以朝以聘无一而不用玉，自天予以至庶人，未有身不佩玉者，国家重典社会礼文未有不以玉成之者。""三代铜器为国宝而周之视玉且重于铜"。

在距今3000多年的河南安阳殷墟妇好墓出土玉器达700多件，有各种祭器、礼器：琮、璋、璧、圭、刀、戈和各种佩戴玉饰：块、环、珠等。商朝玉器工艺已有较高水平，造型生动准确，更能代表此时期特点的是出现了在青铜器上镶嵌玉石的珍贵复合器物。

西周专门生产玉器的工人称"玉人"，并设立"掌玉瑞、玉器"的机构玉府，负责玉器鉴定、使用和保管等并建立制度。其玉料特点是和田玉有所增加。珍珠和天河石等也开始使用。《周礼》说：用玉做六器以礼天地四方，璧礼天，黄琮礼地，青圭礼东方，赤璋礼南方，白琥礼西方，玄璜礼北方。把玉视为崇拜物、权力、地位的象征是此时代特色之一。

---

* 本书原稿为13章，由于篇幅所限，选入本卷时略去了原稿中的第三章：宝玉石文献名篇《章鸿钊著：石雅》；原第五章：西方珠宝名店与名人洋洋大观；原第六章：珠宝首饰功能与佩戴艺术。其余10章除少部分删减后均收入本卷。

　　春秋战国的宝石使用范围、原料及加工均有发展，如原料品种有所增加，除和田玉外还有岫玉、独玉、玛瑙、孔雀石、水晶等。隋县曾侯乙墓出土的300多件玉器即有青玉又有碧玉和墨玉；辉县出土的大玉璜由七块美玉和两个鎏金铜兽头组成，曾被誉为"玉器之冠"。诸侯各国有自己的玉器生产基地，如中山王国在首都灵寿（今河北平山）就有王室玉作坊，其产品颇为精美。用玉做流通货币：北方月氏国（包括今宁夏至新疆广大地区）以玉珠做货币，称：珠玉为上币，黄金为中币，刀币为下币。玉从祭品、礼品、装饰品，发展到货币，说明它应用领域也在逐渐增加。由于当时铁器广泛应用于琢玉工具，随之技术也有了改进。因为诸侯割据，前朝的礼崩而乐坏，佩玉形式复杂化。儒家士大夫还比喻玉之特点提出玉有五德（九德）的学说，把玉人格化，如君子比德以玉。德明而玉之真伪自判矣。章鸿钊先生在《宝石说》中指出：玉"系于吾民族之声教文物至深且钜，仅以玩物之属目之，尤未尽玉之本于焉"。这说明春秋战国玉文化对中华民族文化发展影响之深远。

　　秦始皇统一全国，在灭六国时毁弃了先前礼制和玉制，玉器在朝廷很少使用。除玉玺之外，几乎没有遗留其他玉器，玉业受到一定破坏，一位近代学者说：秦代是玉器衰微时期。

　　汉代是我国宝玉石业历史转折点，改变了秦代破坏玉业政策，力求恢复夏商周三代重玉传统，振兴了玉业，如在东汉时南阳玉街成了玉器生产基地之一。汉代玉器不失三代艺术遗风，同时又有创新，如图纹精细。把玉片用金丝银丝制成葬服——金缕玉衣、银缕玉衣。汉代统治者在活着时每逢重大庆典，也着"鳞施"（即腰以上用珍珠，腰以下用玉制成的衣服）。另一方面，随着中原与西域经济文化交往扩大，不仅增加宝玉石资源和产地，也扩大了宝玉石知识。汉以前只知有玉山，汉通西域后始知有玉河产玉（见《宝石说》）。《汉书》西域传说，宾国出珠玑、月珠、珊瑚、琥珀、琉璃、琅玕、朱丹、青碧。章鸿钊在《石雅》中指出：玛瑙本西名。汉武帝派使臣张骞通西域之后，才将原称赤玉的玛瑙定名为玛瑙。对域外大秦、波斯等国宝石生产、利用和输入我国情况有了较多了解。

　　汉代冶炼加工技术有了发展。随之出现了镶玉石的金银装饰品，如河南洛阳金村出土的玉舞女金链组成佩玉，上部用三支玉管排成"丁"字，金链贯穿于其中，当时在铜、铁、漆、木质家具和兵器以及车马用具上镶嵌宝玉石也较为普遍。

　　中外贸易和宗教往来促进了国内外的宝石和宝石知识的交流，晋朝（公元三世纪）印度（天竺）的钻石传入我国。在南京象山东晋王氏墓中出土了一枚镶钻石的金戒指可为例证，还有以舍利子（佛牙骨）为名传来的钻石。章鸿钊先生考证后说，佛教文献上所说的"不生不灭、不垢不净、不增不减的舍利子就是金刚石"。其他"一切宝石均不足以喻比"。俞旭认为：佛舍利就物质成分而言可能分为两个类型，一大确为人体遗骨，另一类则以宝石代之如半透明硅质物蛋白石等。在青海西藏传教的南亚僧侣和译经家大多来自盛产宝石的印度（包括克什米尔）和斯里兰卡等国。因此，他们也带来了宝石知识。东晋末年（公元五世纪）尼泊尔高僧寂护，乌依那密宗大师莲花持一百二十仞玉树琼枝和七彩珠九华玉剑，此剑是用各种宝石镶嵌。孟加拉高僧阿衣侠以"鹰睛"、"虎睛"等宝石识辨人妖，尼泊尔一位译经大师身佩"千年冰冻化成的水精（晶）"和"精魄入地化为石的琥珀，以及瑟瑟明珠等"。佛教经典把宝石分为两等级，一是"神佛之宝"，二是"人之宝"。佛之宝其数为五。一曰"英特拉尼腊"（蓝宝石），二曰"英特位瓦比"（红宝石），三曰"姆顿拉"（绿宝石），四曰"姆顿加成"（大青宝），五曰"蔚蓝大海"（海蓝宝石）。人之宝有金、银、珍珠、青金石、珊瑚等五种。

　　汉及魏晋时随着道教兴起，盛行以玉塞堵死人九窍（阳七、阴二），防止尸体腐朽之风，晋代道家葛洪在《抱朴子》一书中写道："金玉在九窍，则死人为不朽"。可以说这是周代死人口中含玉的发展和当时对玉的迷信表现之一。

　　唐宋时随着经济文化发展，宝玉石业进一步繁荣。《唐书》记载：德宗即位，遣给事朱如玉至安西求玉于于阗，得瑟瑟（蓝宝石）百斤并他宝等。《五代史》有：吐蕃妇人辫发戴瑟瑟珠，云珠之好者，一珠易一良马。西安市郊何家村唐代金银窖中的银罐内出土有红、蓝宝石（颇黎）。野史还说唐明皇收藏有猫眼石等宝石。

　　在玉器业方面除了生产传统摆件外，随着贵金属广泛应用，金银镶玉镶宝首饰有很大发展，如出土的南唐之银鎏金玉步摇、宋代的玉折枝花饰等。提供用玉制砚、镇纸、笔洗、墨床等文具以及铭刻佛经玉器也都是此时期的一个特点。在南宋出现了民办宝玉石商品交易，如杭州（临安）的"七宝社"出售玉花瓶和水晶、宝石等。

　　从唐代开始被视为广义的彩石工艺一个分支——砚石业得到了发展。如端州砚石开采始于唐武德年间。南唐后主李煜曾在歙州设置九品砚务官，专门掌管歙砚生产与进贡事宜。到了宋代石砚代替了砖瓦砚。在此期间，出版了记载50种砚石的《歙州砚谱》等。英国学者李约瑟博士对于这个时期我国玉石科技成果给予了很高评价，他说，在 11 世纪开始时，中国在玉石分类系统方面领先了 200 年。

元、明、清三代的宝玉石行业有了更大的发展，生产、贸易和文献著作空前繁荣。元朝忽必烈曾派人开采于阗玉矿，设驿站运玉料进京，他更偏爱玛瑙，至元 16 年(公元 1279 年)在大都、上都路设玛瑙玉局；明代出现了北京、苏州等宝玉石生产贸易中心，宋应星在《天工开物》中说，良玉虽集京师，巧工则推苏郡；清代时南京、扬州和天津等地宝玉石业有所发展。这个历史阶段我国宝玉石业有以下主要特点：第一，出现了大型玉雕，如元代的"渎山大玉海"，浮雕各种海兽栩栩如生，用玉料 3000 多公斤。清代的玉山子重量达 5000 公斤，乾隆帝亲笔题款"大禹治水"，第二，关于珍珠宝玉石生产介绍内容见《矿山地质选集》第二卷中节译的《天工开物》，其中对于珠宝有专门论述。

1.2 中华人民共和国成立后珠宝业的发展

自 1949 年新中国成立 65 年来，珠宝玉石首饰和工艺美术品生产和商贸以及科研教育有了全新的发展，尤其改革开放以来成就最为显著。

早在 20 世纪 50 年代就开展了金刚石和水晶的地质工作，先后勘探并开采的矿区有沅江金刚石矿、海南黄角岭水晶矿和广西巴平等水晶砂矿。在此期间，新疆中苏合营有色金属公司在阿勒泰稀有金属矿床的地球化学与矿物学研究报告中，首次对该矿区的海蓝宝石和金绿宝石进行了描述。岫岩的岫玉矿和南阳的独玉矿也进行了详细地质评价工作，并分别建成中小型矿山企业，由轻工业部指导下达生产计划和分配计划。60 年代在山东沂蒙地区和贵州东部找到了原生金刚石矿，并开始建设我国第一个原生金刚石矿山企业——建材 701 矿，著名的"蒙山一号"钻石(重 119.09 克拉)产于此矿。

十年动乱使宝玉业发展受到很大挫折。党的十届三中全会给宝玉石业带来了勃勃生机。首先是加强了宝玉石资源勘查和开采工作，如 1979 年 8 月 20 日轻工业部、财政部、冶金工业部和国家地质总局联合颁发《玉石矿山管理和玉石开采管理试行条例》(草案)，文件要求积极勘探高档宝玉石资源，合理地有计划地开采宝玉石资源，同时明确指示各金属矿山加强共伴生宝玉石矿产资源勘查回收和科研工作。笔者作为当时冶金部有色司矿山主管，对"条例"在冶金矿山贯彻落实发挥了积极作用，如主持冶金矿山玉石资源调研组深入现场考察制定回收利用方案并参与北京钢铁学院刘正果教授课题组关于孔雀石矿物学研究等，进一步加强矿山生产技术管理和资源保护与安全生产。1980 年全国地质局长会议决定要采取具体措施开展宝玉石地质工作，举办了宝石学习班，在地质系统普及宝石知识，在重点省区新疆等成立宝玉石地质分队进行宝玉石普查找矿并在北京建立了地质部宝石鉴定研究室。20 世纪 80 年代是中国宝石资源有突破性进展的年代。老矿区产量品种有了扩大：新疆阿勒泰稀有金属伟晶岩矿区进行综合开发，海蓝宝石、碧玺等产量有了增加，还发现了海蓝宝石猫眼和水胆绿柱石等。在辽宁大型金刚石矿的 50 号岩管中发现和回采了数量可观的宝石级金刚石(钻石)。湖北地质人员在竹山绿松石产地开展了找矿工作，增加资源扩大了产量。70 年代末至 80 年代初山东、江苏农民在田间路旁发现了两颗 100 克拉以上的钻石，其中以重量达 158.09 克拉的"常林钻石"最为著名。南北多处宝石级蓝刚玉的发现为我国增添了宝石新品种。海南文昌的蓝宝石属残坡积砂矿，福建明溪和江苏六合的蓝宝石矿均属冲积砂矿并都曾进行了小规模开采，其中有些产品销售国内外市场。山东某地的蓝刚玉矿点分布广、开采点多，唯颜色欠佳。在安徽和青海还找到了红宝石矿点。江苏和黑龙江发现了宝石级石榴子石矿点并进行了少量开采。各地宝石级橄榄石矿点发现也是近 10 年来找矿成就。其中以河北某地矿点最著名，特点是规模大质量优。橄榄石产于橄榄玄武岩中含尖晶石二辉橄榄岩包体内。橄榄石呈黄色，透明体，粒度为 5~7 毫米，最大的达 5 厘米以上。最重的一颗为 130 多克拉，年产量曾达到百万克拉。在云南、内蒙古和湘赣边境的幕府山等也发现海蓝宝石、碧玺和天河石，有的已开采。

黄玉产地有了扩大，除新疆外还在广东和广西找到了砂矿和原生矿，随产量逐年增加而价格也有所降低。唯独红色、黄色、蓝色优质黄玉尚未发现。值得重视的是南岭一带某些钨锡矿床中伴生黄玉的查定和回收也有进展，这是有很大经济意义的。我国玛瑙资源丰富，主要分布在东北和内蒙古等地。其中产量多质量好者是阜新，当地有千种玛瑙万种玉之说。玛瑙产于侏罗纪建昌组安山玄武岩裂隙中，品种有红色、紫色、灰白、缠丝及水胆玛瑙等，深受市场欢迎。紫晶、烟晶和无色水晶的开发也有新进展：河南、云南、青海等地先后发现并部分开采了紫晶。产量不大。矿床类型为矽卡岩-石英脉型及伟晶岩-石英脉型。紫晶多产于石英晶洞周围。北京钢铁学院刘正果教授关于冶金矿山共伴生宝玉石资源研究拓宽了找矿领域。

宝玉石矿物学和宝石矿床的研究有了可喜的进展，应用找矿理论与结晶学理论和物理化学光学技术进行各种宝玉石微观研究，其成果受到国内外学术界重视。

我国人工合成宝石生产和科研成绩显著，已进行实验或生产的有刚玉类、水晶类、立方氧化锆和孔雀石、翡翠等。如立方氧化锆可以大批量生产各种颜色产品，自1981年以来已发展到数十家工厂。上海硅酸盐研究所试制出具有猫眼和星光效应的宝石。浙江衢州化工厂产量最大。

宝玉石的改色是提高宝玉石品级价值的一项重要技术，据报道，国际市场销售的蓝宝石、黄玉以及玛瑙等大部分是经过人工改色、染色，并已被人们公认，其价值与天然颜色的同类宝石相近。蓝宝石改色表明：用高温炉加热处理改色是有效途径，铁、钛等微量元素的变化是改色的主要因素，深改浅比浅改深更困难。黄玉改色技术发展很快，成果显著。无色透明的黄玉经过辐射可呈蓝色再经过加热处理除去染色又增添表面光彩。玛瑙改色传统的方法是把黄灰（多为灰色）玛瑙加热处理变为红色。染成绿、蓝等色是使用无机染料浸染而致。1970年北京玉器厂用重铬酸盐溶液染制绿色玛瑙曾批量生产。

我国的宝玉石鉴定人才队伍迅速壮大，不仅有国内培养的大批工程师和鉴定师，铝百分级师，还有获得GIA和FGA证书的宝石鉴定师。

首饰和宝石加工技术发展迅速，过去只有为数不多的工厂才能制造金银首饰琢磨高档宝石翻面，一些小厂、个体户能切磨57或58个翻光面的戒面，现在可磨出更多的翻面。腰圆型及多刻面项链、坠子加工技术也达到很高水平。如北京首饰进出口分公司设计制作的镶钻石"金三鸟"组合首饰，上海宇宙厂的"爱的项链"镶钻石45颗以及镶钻石、翡翠、红宝石的摆件曾获国际比赛奖。玉雕方面自中华人民共和国成立以来创造了许多优秀作品，如北京的龙盘、虾盘、上海的青玉兽面壶，翡翠百佛钵，扬州的瑶池赴会等，以及1989年展出的翡翠屏风等四件为国宝级作品。

进入21世纪，已形成以深圳、番禺等地为代表的珠宝黄金首饰制造基地。现有全国性奖项，如天工奖、潮宏基杯奖、周大生杯奖，以及地方性独玉奖及国石评选。极大地提高了我国珠宝玉石首饰产品的竞争力和知名品牌生命力。

1.3　我国宝玉石矿山及开采状况

1.3.1　概述

宝石和玉石一般是指具有制作首饰和工艺品价值的矿物和岩石，其主要特点有三：美观、稀少和坚硬耐久。目前人们已发现的宝石矿物（或岩石）有200多种，其中常见的约30种。随着科技发展，还生产出20多种人造宝石。

目前我国已发现宝石、玉石矿种58个，矿点200余处（见下表），已进行规模开采的有数十个矿区，如辽宁瓦房店、山东蒙阴、湖南常德金刚石矿，山东昌乐、海南蓝宝石矿，新疆阿勒泰一带海蓝宝石与碧玺矿，河北张家口和吉林蛟河橄榄石矿以及辽宁岫岩玉矿、河南独山玉矿、新疆和田县阿拉玛斯与且末县塔特勒克苏玉矿等。此外，在我国一些金属和非金属矿山伴生的宝石、玉石资源颇有综合利用价值。作者曾于1981年在《冶金情报》第12期发表《金属矿山宝石、玉石资源的综合利用》一文中提出：开展此项工作一举多得，可以充分合理利用资源，开拓宝玉石原料渠道，增加矿山经济效益。伴生的宝玉石原料主要赋存在：

（1）工业矿物型宝玉石：铜矿中的孔雀石、蓝铜矿、伟晶岩型稀有金属—云母矿床中的贵绿柱石类、贵石榴石，硅石（石英岩）矿中的彩色硅质玉（东陵石等），铁矿中的碧玉、乌钢石。

（2）脉石型宝玉石：钨矿中的水晶、黄玉、火山岩中汞矿的鸡血石、印章石。

（3）围岩型宝玉石：矽卡岩型矿床的蛇纹石玉等。

（4）砂矿中的重砂型宝石：金刚石、黄玉等。

表1-1 我国宝玉石矿种及分布简表

类别	宝玉石品种	产地	类别	宝玉石品种	产地
石榴石	紫牙乌	四川、新疆、青海等9省	石英质玉	东陵玉、密玉	河南
	翠榴石	新疆		玛瑙	黑龙江、内蒙、辽宁、江西、广西、河南、新疆等地
	铁铝榴石	吉林			
	镁铝榴石	江苏、辽宁、福建等地		芙蓉石	新疆、内蒙、江西
独居石	独居石	海南		虎睛石	河南、陕西
黄玉	黄玉(托帕石)	内蒙、广东、广西、江西	叶蜡石	青田石、寿山石等	浙江、福建、内蒙
角闪石质玉	软玉(和田玉、龙溪玉、花莲玉)	新疆、青海、四川、台湾等	表生含氧盐矿物	绿松石	湖北、陕西、河南等
				孔雀石	广东、湖北
辉石质玉	柴达木玉	青海	锂云母	丁香紫	新疆、陕西
	桃花石(粉翠)	青海、北京	霰石类	蓝纹石	四川
杏仁状玻基粗面岩	梅花玉	河南	碳酸盐类	冰洲石	贵州、四川、吉林
				夏珠玉	四川
刚玉类	蓝宝石	东南沿海一带,包括黑龙江、吉林、山东、福建、海南等省	辰砂	鸡血石	内蒙、浙江
			蛇纹石质类	岫玉	辽宁
				祁连玉	青海
	红宝石	安徽、西藏、云南、青海		信宜玉	广东
锆石	白锆石	福建		京黄玉	北京
	红锆石	海南	长石类	独山玉	河南
金刚石	钻石	辽宁、山东、江苏、湖南等地		天河石	新疆等地
			萤石质类	软水紫晶	江西、湖南等地
绿柱石类	海南宝石祖母绿	新疆、内蒙、湖南、云南		软水绿晶	浙江
橄榄石类	橄榄石	河北、吉林	石英质玉	水晶	江苏、广西、山东、广东、海南
电石气类	绿碧玺	内蒙		紫晶	河南、云南、山西、内蒙等地
	彩色碧玺	新疆		烟、茶、墨晶	内蒙
金红石	金红石	山西、四川		贵翠	贵州

1.3.2 重要宝玉石矿床

1.3.2.1 昌乐蓝宝石矿

(1)矿区地质特征及矿山概况

山东昌乐蓝宝石矿是全国最大的蓝宝石矿区,其砂矿分布面积有400 km²。估计总储量达5000万克拉。除了砂矿床,还有高品位的原生矿床。自1986年发现和1989年大规模土法开采以来,累计产量超过1500万克拉,现已建成宝石加工企业近200家,年生产能力达300万克拉,产值1亿多元,成为当地支柱产业之一。县政府1991年发展计划纲要拟用5~10年时间建成创汇能力达到1.5亿美元的国际珠宝石生产基地。

原生矿床:产于新生代玄武质火山岩系中(玄武岩成岩过程见图1-1)。按喷发活动该岩系分为三期:牛山组活动期、山旺组活动期、尧山组活动期。蓝宝石原生矿床主要赋存于尧山组的方山岩体中:其岩石类型包括碧玄岩、碱性橄榄玄武岩,岩体中含有深源的二辉橄榄岩包体、二辉岩包体和少量普通辉石、锆石、镁铝榴石、镁铁尖晶石和蓝宝石巨晶。火山机构控制蓝宝石的赋存空间：在火山口周围，蓝宝石品位较高，在较远处则品位变低。富矿地段主要赋存于方山西北部的碧玄岩中，幔源包体也很发育。这个含矿岩体南北长 2 km，东西宽 1.1 km。也是原生矿山开采最集中的场所。在本矿区内原生矿床风化后形成的砂矿床有残坡积矿床和冲积矿床两个类型。

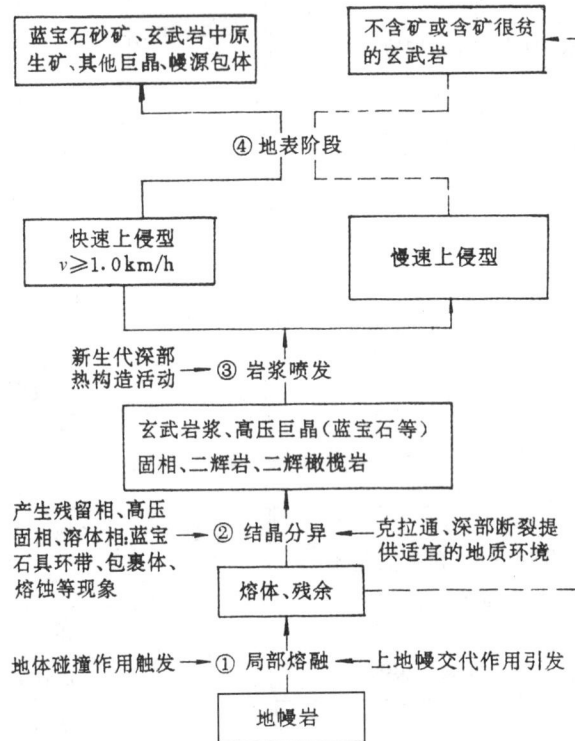

图1-1　山东昌乐玄武岩成岩成矿过程理想结构模型框图（据邓燕华）

1）残坡积矿床，分布在原生矿上部覆盖层中及其丘陵坡地一带。宝石颗粒较大，颜色深，含矿层厚度 1～5 m。

2）冲积矿床，主要分布在冲沟及河谷中，在古河床沉积物中的蓝宝石也有经济价值。含矿层厚度 0.5～4 m。伴生矿物有：锆石、石榴石、尖晶石、磁铁矿等。

（2）蓝宝石质量评价与人工改善

本矿区蓝宝石 85%～90% 呈蓝黑—深蓝色，其他颜色有浅蓝、蓝绿、黄绿、褐色等，色纯度低，透明度差，多数蓝宝石表面被一层黑－灰色薄膜包裹，蓝宝石晶体颗粒粗大，加工出成品率高，对提高加工经济效益具有重要意义。

为了提高本矿区蓝宝石质量，必须进行人工优化处理。近几年来国内已有 20 多个单位开展了此项研究，主要方法有：

1）加热处理法：概括地说，就是把宝石放入高温炉中，通过不同的条件（如温度、气氛或加入少量其他物质）的加热处理，使宝石中的着色离子的含量、体态发生变化，其颜色、透明度等有所改善。

2）真空高温法：真空度为 10 Pa（10^{-4} 大气压）温度 1750～1850℃，使宝石由刚体变软体，造成其内部杂质元素（影响宝石颜色和透明度）向外扩散，在加工时磨去表层，降低原有色深、增加透明度。

3）化学试剂密封给氧高温法：此法是在大坩埚中放入加热后能分解释放氧气的化学试剂，在小坩埚中放蓝宝石，再将小坩埚埋入大坩埚中，然后把大坩埚密封，加热到 1750～1850℃。

4）加助熔剂法：加助熔剂可使蓝宝石软化、温度降低,.同时使蓝宝石中影响颜色不佳的多余的 Fe、Cr、Mn 等离子析滤出来。

5）高温高压水热法：据沈才卿报道：1990 年曾用此法试验并认为可能成为山东蓝色蓝宝石改色的好方法

之一。

将蓝宝石与水溶液一起密封在高压釜中,通过加热,水在100℃沸腾产生水蒸气,温度越高水蒸气压力越大,故在釜中形成高温高压。因为使用的是蒸馏水(或离子交换水),金属离子含量极低,是低浓度区;蓝宝石是高浓度区,在高温高压下,可以实现扩散。

6)熔盐电解法:王传福即BYD汽车公司老板等人在国内首创此法,对山东蓝宝石在改色进行了颇有成效的试验研究。

王传福探索了一种新型的熔盐改色方法,所谓熔盐就是在一定温度下能形成液体的物质,在这种介质中,对宝石施加不同的氧化还原催化环境,使宝石发生各种物理化学变化,从而达到改善宝石品质的目的,比起传统的热处理法,熔盐法有以下几大优点:

①在熔盐介质中可以提供极强的氧化环境,比如在熔盐中电解可以产生氟气和氧气等,甚至是初生态的氟和氧原子,有极强的氧化性;

②在溶盐介质中可以提供极强的还原环境,比如在熔盐中溶解、混合或者电解产生少量的活泼液体金属(一般活泼金属熔点较低,在700℃左右都成液态),这种液体金属在高温下与氧化合的能力极强,也就是吸氧能力,从而具有极强的还原能力;

③理想的熔盐体系可以腐蚀宝石表面的晶格,从而大大加快了通过表面而进行的各种物理化学反应,像氟化物熔盐一般都不同程度地侵蚀刚玉晶格;

④熔盐介质可以提供一种含较高金属离子浓度的环境,保持一定的金属离子浓度梯度,比如在蓝宝石改色中,因蓝宝石中含有铁、铬,希望高温氧化Fe^{2+}到Fe^{3+},用传统的改色方法一般需要1450℃以上的高温,而宝石中的钛离子在如此高的温度下会流失,从而导致宝石颜色不正,而在熔盐体系中,可保持体系中钛离子浓度不低于宝石中钛的浓度,这样形成不了负浓度梯度,扩散也就不能进行,这样方法还可以形成正浓度梯度,从而可以使有价成分流入宝石晶体中。

泰国蓝宝石的改色设备非常简单,在煤气炉中进行,将宝石埋在一种神秘的白色粉末之中加热,这种白色粉末是极其保密的,根据有关单位研究证实:这种白色粉末是以氟化铝为主的混合物,在高温1200~1400℃下,这些混合物形成半熔状态和宝石进行作用,这是一种接近熔盐法的改色方法,熔盐中的氟对改色过程有催化作用,在泰国宝石产地用当地的泥土包着蓝宝石烧也有一定的效果,因为产地的泥土含氟量高。作者用熔盐电解法对山东蓝宝石进行改色试验,收到较好的效果,实验温度只有960℃,保证了宝石中钛不流失,并且实验时间只有30分钟左右,其透明度的改善比1700℃热处理后的效果还好,而不会像热处理后钛的流失而颜色变灰。

还原性熔盐法宝石改色试验,熔盐体系是氟化盐类,还原剂用铝,实验温度为900℃,试验宝石是立方氧化锆,氧化锆脱氧后变黑,这可以解决一些有色带或颜色不均匀的立方氧化锆废品的用途,实验时间只有几分钟。

熔盐法不像传统的热处理简单,它涉及的知识面较广,不但要应用氧化还原部分理论,还要应用各种化合物的性质,高温相图,熔盐技术,电解理论等,下面谈谈选择熔盐法改善宝石颜色的步骤及注意事项:

①盐系的选择:熔盐体系的选择主要取决于:①试验温度;②是否对宝石起作用。试验温度根据宝石的不同而变化,有的宝石由于熔点或者相变温度低,比如海蓝宝石试验温度不能超过800℃,黄玉的试验温度就不能超过1350℃等,低于800℃的盐系可以用氯化物盐系,氢氧化物盐系,高于800℃的盐系可以选择氟化物盐系,一般氟化物熔盐能溶解氧化物类的宝石。

②氧化还原剂的选择和添加:对宝石实施氧化处理时,可以向熔盐中通氧气或空气,如果需要更强的氧化作用,可以采用电解法产生初生态的氧和氟原子;对宝石实施还原处理时,可以向熔盐中加入活泼金属(如Al)。

③为了保持宝石中有价成分不流失,在熔盐中添加该种金属离子,以保持微弱的正浓度梯度,使扩散迁移不能进行。

④为了提高宝石中有价成分的含量,在熔盐中添加该种金属离子,以保持较高的正浓度梯度,便于扩散迁移进行,提高试验温度,延长试验时间,都有利于扩散进行。

⑤在还原性熔盐中,遇空气容易爆炸,实验最好在密封通氩反应器中进行。

⑥在降温前,先让宝石和熔盐分离,否则宝石表面会形成固溶体。

熔盐电解改色法尚在探索阶段,存在的原石损耗率高,成本高等问题还未解决。

(3)评价的主要条件:

蓝宝石是高档宝石，在国际市场加工成品，每克拉（carat）纯正蓝色（所谓矢车菊蓝或芙蓉蓝）蓝宝石售价为几千美元至一万美元以上。山东蓝宝石因质量欠佳，每克拉售价为 100 美元左右。

（4）一般宝石评价依据是：

1）粒度、重量、大小：质量相同，大小不同，价格往往相差几倍至几十倍。也就是说颗粒越大越贵。

2）透明度及颜色：透明度和颜色适中，价值大，山东蓝宝石透明度差，颜色深黑影响其售价，改色后呈灰色也难提高价值。

3）切磨加工质量与款式：一件切磨后的成品宝石的形状款式要多样、新颖和各番面对称度准确，几何度完整，在抛光方面也要精工细作，使艺术观赏效应最佳化。

1.3.2.2　河北万全大麻坪橄榄石矿

矿区行政区划属河北万全县新河口乡大麻坪村，面积 4 km²。1958 年发现，1959 年作为钙镁磷肥配料开采。1980～1981 年开始以贵橄榄石进行勘查和开采，北京市首饰公司曾投资开发。

1990 年大麻坪村宝石公司曾有过月产 75 mm 粒度橄榄石 200 kg 的记录。

矿区的地质构造处于赤城—凌源大断裂与张北滦平深大断裂交汇带，其喷出的第三系汉诺坝碱性玄武岩是成矿载体。橄榄石分布于第三系汉诺坝组下部玄武岩底部含铬尖晶石二辉橄榄岩矿体内，矿体呈不规则的透镜状，似层状分布。

矿床储量、品位及质量：该矿区共分布 17 个橄榄石矿体，宝石级矿体有 11 个，其中 1 号、2 号、3 号矿体的储量约为 23.6 吨，宝石的平均品位大致为：

　>7 mm 的 6.37 g/t

　5～7 mm 的 38.95 g/t

　4～5 mm 的 180.26 g/t

　3～4 mm 的 2036.54 g/t

一些研究人员认为，该矿床是上地幔碱性玄武岩浆沿构造裂隙喷出地表，在冷却之前因重力分异，使夹在其中的固体含贵橄榄石的尖晶石二辉橄榄岩、深源包体沉积在碱性玄武岩浆底部富集成矿的。

该矿所产的贵橄榄石，以颜色纯正的橄榄绿色、透明度高，裂隙少和包体少等特点成为我国优质宝石之一，比吉林蛟河等地所产贵橄榄石胜过一筹。因此，市场颇为畅销。

1.3.2.3　新疆和田玉矿

矿区地质特征与矿山概况。该矿区为我国开发利用最早、质量最佳的软玉矿产地，在河南安阳殷商妇好墓中就发现和田玉雕件，《史记》中记载秦始皇拥有"昆山之玉"。汉代张骞通西域以来，和田白玉开发更为兴旺。大禹治水玉山子（重 5 t）是元代工匠用和田玉料雕琢的名品之一。矿床和主要开采点分布在于田、和田、叶城和且末等地（表 1-2），尤以和田城外白玉河产羊脂玉（仔玉）最名贵。

表 1-2　田玉主要生产矿区简表

产地名称		规模	玉石类型	开采情况
莎车—塔什库尔干地区	塔什库尔干县大同乡西北 5 公里	小型	青玉为主	曾采
和田—于田地区	皮山县新藏公路 382 km 北坡	矿点	青玉、白玉	曾采
	皮山县卡拉达板铁日克东	矿点	青玉、白玉	
	于田县阿拉玛斯玉矿	小型	青玉、白玉	
	和田县奥米坡	小型	青玉、白玉	
	皮山县铁白觅铁日克以东	矿点	青玉	
且末地区	且末县东南 90 km 塔特勒克苏玉矿	小型	青白玉	正采
	且末县以东塔什赛图玉矿	小型	青玉、白玉	正采
	且末县哈达里奇克上游	矿点	青玉	曾采

（据乔云起 1985 年资料）

原生矿(山料)开采主要是采用凿岩爆破传统手工开采方法,效率低、损失率高。由于交通不便运输靠毛驴驮运,加上矿区处于高山,气候寒冷,每年只有6、7、8三个月作业。

次生矿(山流水和仔料):每当夏、秋季雪山解冻玉河涨水时,群众自发踩玉,即站到河水中,用脚触摸,凭经验区分玉石与普通砾石,发现后采集。这种方法历史悠久,《天工开物》已有所评述。

和田玉矿化带分布在昆仑山主峰北坡,呈 NE—SW 向,长 1000 km,含矿层属震旦系。岩相由钙镁质大理岩类组成。上部为钙质大理岩与绿色片岩互层,下部为镁质大理岩夹石英砂岩粉砂岩。玉石矿体赋存于镁质大理岩相与海西期花岗岩接触带。矿体垂直分带明显:上部为白玉、青白玉,下部为青玉。据蒋壬华(1986)研究,青玉与白玉变化与 FeO 含量多少有关,即青玉→青白玉→白玉是因铁含量降低引起的变化。和田玉等软玉矿床地质特征见表1-3。

表1-3 新疆和田等软玉矿床地质特征简表

矿床名称	成因类型	矿床特征	软玉特征	价值
和田—玉田矿床	海西期闪长岩与前寒武系结晶灰岩接触交代矿床	矿体范围大,呈囊状、透镜体状、质量较好,产于大理岩中	白玉、青玉为主,质地细腻	有工艺价值,是白玉、青玉的主要来源
莎车—塔什库尔干矿床	花岗闪长岩侵入体与白云质碳酸盐接触交代矿床	产于前寒武系蛇纹石化透闪石化大理岩中呈透镜体及脉状体	以青玉为主、质地细腻	有工艺价值,是青玉主要来源
且末矿床	片麻状花岗岩与大理岩接触交代矿床	矿体产于接触带上,呈不规则团块状	以青白玉为主,质地细腻	有工艺价值,是青白玉的主要来源
北天山玛纳斯矿床	岩浆期后自变质或区域变质交代矿床	矿体产于海西期超基性岩接触带上。岩石以斜辉橄榄岩为主,强烈蚀变,矿体呈楔状、透镜状	碧玉,绿色,质地较细腻,表面常有皮壳,透闪石占75%~90%,有残余的透辉石及绿泥石等	有工艺价值,是碧玉的主要来源
河卵石次生矿床(俗称仔玉和山流水)	残余、冲积卵石和砾石型外生矿床	仔玉同河卵石共生,也有残坡积软玉和冰川堆积软玉—山流水	青玉为主,也有白玉	有工艺价值,是软玉的主要来源

1.3.2.4 河南独山玉矿

(1)矿区地质特征与矿山概况

独山玉矿位于河南省南阳市东北部独山,所产玉也称独玉、南阳玉。独山玉在我国与和田玉一起被列为高档玉料。

独山玉的开采利用始于我国新石器时期,历史悠久。1958年成立南阳市玉矿正规开采。矿区面积24.3万平方米,现有职工250人,固定资产200万元,已发展成为拥有水平巷道1.2万米,年生产能力80~120 t玉石的现代化矿山企业。1991、1992年国家计委下拨地勘费20万元。由于上部玉石储量减少,独山玉矿准备在零号硐开暗斜井,斜井完成后预计可提供生产8年左右的玉石储量。目前矿山已累计开采2100 t玉料。

矿区处于南阳盆地北缘,秦岭纬向构造带与新华夏系复合部位。伏牛—大别弧形构造带转折部位,朱夏深断裂北侧,方城—南阳隐伏断裂西侧,沿朱(阳关)—夏(馆)断裂带构成区域基性超基性岩带。西侧次级构造控制岩体。

矿区是由一辉长岩体构成的孤山,周围被新生界覆盖,在东北部之蒲山、隐山零星出露下古生界变质岩系如蒲山大理岩(汉白玉)、隐山的蓝晶石岩、石英岩等。据物探资料,大盆窑—独山—季河有一个磁力异常带,宽平均3.5 km,长11.5 km,面积45 km²,总体走向340°,异常带由一系列局部异常构成,常由断续串珠状分布的高磁异常包围低磁异常，根据钻孔资料，高磁异常主要由蛇纹石化橄榄岩体引起。据研究，这种蛇纹石化橄榄岩实际是橄榄质科马提岩，具典型的鬣刺结构，鬣刺最长 30 cm，有片状、板状、竹叶状等各种类型。

区内西北部和北部及个别钻孔的深部有大片海西期和燕山期的花岗岩。独山岩体被认为是"仰冲"抬上来的。

资料表明，矿区还零星分布少量辉石岩、辉长闪长岩。脉岩以煌斑岩为主，还有长石岩脉、石英脉、碳酸盐脉、辉石岩脉及闪长岩脉等。

独山岩体出露部分呈椭圆形，走向 NNW—SSE；长 2.6 km，宽 0.6～1 km，面积约 2.3 km²，岩体两侧受 F_1、F_2 断层控制，根据动力变质情况，将岩体接触带分为辉长糜棱岩带、糜棱辉长岩带和辉长碎裂岩带。

玉脉产于独山中部次闪石化辉长岩碎裂带中上部的次闪石化中粗粒辉长岩中，受岩体构造控制，在构造活动薄弱处，辉长岩裂隙中成脉状产出，赋存于岩体东西两侧挤压破碎带内侧，即第Ⅲ构造带—蚀变辉长碎裂岩带边部，距第Ⅱ构造岩带—蚀变糜棱岩化辉长岩带约 20 m，玉脉密集，形成矿区东坡与西坡两个玉脉密集带，由岩体两侧向岩体内部，随着破碎程度减弱，玉脉分布由密而疏，玉脉带走向与独山岩体及断层走向相同（330°），玉脉密集带长 > 1200 m，宽 60～150 m，工业玉脉矿体走向 55°～95°，倾向 110°～153°；倾角 55°～70°，在糜棱岩化辉长岩中很少见到玉石。独山两侧裂隙产状向内倾。玉石一般分布在辉长岩体浅部，一般在标高 203 m 以上，最深可延至 446 m，矿体呈脉状、透镜状、个别呈网脉状，一般脉长多小于 1～20 m，厚 0.1 至 1～2 m。呈鱼群状产出，沿倾向呈阶梯状、叠瓦状，平面上呈雁行状，具等间距分布的特点，间距约 15～20 m。矿物特征见表 1-4。矿区玉石表内储量 19571 t，其中（A＋B＋C）为 8756 t（截至 1991 年底保有储量，1999 年后按 GB/T 1776—1999 储量分类，但未将原 A、B、C 转换）。

表 1-4　不同品种独玉矿物特征比较简表

玉石品种	岩石名称	主要矿物	次要矿物	其他	矿物粒度/mm
干白玉	强黝帘石化斜长岩	钙长石(An94) 15%～35% 拉长石(An52) 5%～15% 黝帘石 50%～80%	透辉石 1% 绿帘石 5%	方解石 <1% 绢云母 少 榍石 微	斜长石 0.01～0.05
透水白玉	细晶钙长岩	钙长石(An93) 75%～95% 培长石(An80～88) 5%～15%	黝帘石 1% 绿帘石 <1%		斜长石 <0.051～0.5
绿白玉	透辉石强黝帘石化钙长岩	黝帘石 70% 钙长石(An92) 15%～25% 拉长石(An65) 1%～s%	透辉石 1%～5% 阳起石 1%	榍石 1%～3% 方解石 少 葡萄石 少 沸石 少	黝帘石 0.05 斜长石 0.01 绿帘石 0.02
黄独玉	绿帘石、黝帘石化钙长岩	钙长石 40%～65% 拉长石 5%～10% 黝帘石 12%～25% 绿帘石 5%～10%	阳起石 少量	玉石 少量	斜长石 0.02～0.03 绿帘石 0.02～0.04 黝帘石 0.1～0.2
紫独玉	黑云母钙长岩	钙长石(An95) 85%～90% 拉长石 5%～10% 黝帘石 5%	黑云母 1%～5% 绿帘石 1% 阳起石 少	玉石 <1%	斜长石 0.01～0.05 黑云母 0.01～0.04
天蓝玉	含铬白云母钙长岩	钙长石(An96) 90%～95% 含铬白云母 5%～10%	黑云母 1% 绿帘石 少量	榍石 1% 金红石 微量	斜长石 0.03 铬白云母 0.01～0.03
青独玉	辉石钙长岩	单斜辉石 10% 钙长石 80% 拉长石 5%	透辉石 5% 黝帘石 微量	榍石 少量	斜长石 0.03～0.05 透辉石 0.05～0.5

（2）独玉工艺特征与价格

独山玉花色品种多，从工艺特性上归纳为：（1）红独玉（芙蓉玉）、（2）白独玉（水白玉、干白玉、白玉）、（3）黄独玉（黄玉）、（4）绿独玉（绿玉、绿白玉、天蓝玉、翠玉）、（5）青独玉（青玉）、（6）紫独玉（紫色玉）、（7）黑独玉（墨玉），其他则为杂色玉。透明度好的绿色品种称为"南阳翠"。独山玉的硬度高，光泽好、颜色稳定。经轻工部认定批准共分六个级别（括号内为所占比例）：特级（7.5%），一级（10%），二级（60%），三、四级及等外品。1991 年定价为特级 4 万元/吨，一级 2.5 万元/吨，二级 1.5 万元/吨，三级 0.7 万元/吨，四级 0.2 万元/吨，等外 0.1 万元/吨。从目前市场情况看，高档玉料价格偏低，社会上倒卖的特级料为 8 ～ 15 万元/吨。

1.3.2.5　辽宁岫岩玉矿

（1）矿区地质特征与矿山开采概况

驰名中外的岫岩玉矿，位于岫岩满族自治县西北部，海拔 450 m 的哈达碑镇玉石村境内。交通以公路为主。岫玉的开采历史悠久。岫玉色泽鲜艳，质地细腻，晶莹透彻，是玉雕工艺原料的优等材料。用岫玉雕刻的玉件早已驰名中外，其工艺品对推动我国文化的发展，对外贸易和国际文化交流方面占有重要地位。

矿区解放初为民工个体开采，1957 年 7 月收归国有，正式成立地方国营岫玉石矿。建矿以来，在轻工部及省、县各主管部门的领导下，先后进行扩建改建，由原来的平硐开采转入地下深部开采，年产量二千多吨，是我国主要工艺美术原料基地之一。

矿区大地构造处于中朝地台营口—宽甸古隆起的西端。区内广泛出露元古界辽河群古老沉积火山—沉积变质杂岩，构造复杂，变质作用强烈。

玉石矿产于元古界辽河群大石桥组地层中，层位稳定，共有两个蕴矿层，工业矿体主要产于上部蕴矿层。隆起构造使矿床出露，隆起构造中的向斜、复向斜有利于矿床的保存。蕴矿层和矿体都是在区域变质过程中发生塑性流动变形的。蕴矿层为一层以富镁为特点的碳酸盐岩、钙镁硅酸盐岩和硅酸盐岩的海相沉积岩组合。玉石矿、滑石矿和菱镁矿含矿建造与蕴矿层具有一致的变化关系，各含矿建造随岩相的变化而渐变过渡形成成矿系列。玉石矿与近矿围岩具有同生沉积的特点，矿体常成群产出，断续出现。并且随着矿体产出层位不同或产出部位不同而矿石物质成分亦相应变化。玉石矿是在区域变质作用过程中，依靠岩石中的变质热液选择交代地层中所夹的钙镁硅酸盐岩、富镁硅酸盐岩透镜体和团块，或者由沉积而成的富镁、富硅（富铝）的凝聚体直接变质而成。成矿作用依次经过沉积、变质和变质热液交代三个阶段，为层控超变质热液交代矿床。另外，三叠纪闪长岩、花岗岩和晚侏罗纪花岗岩侵入辽河群，对矿床局部有叠加成矿作用或破坏作用。

大理岩、菱镁岩为矿床围岩，围岩蚀变主要有蛇纹石化、滑石化、绿泥石化、碳酸盐化、透闪石化和少量硅化，磁铁矿化。矿体大小不一，形状不规则，常呈透镜状，一般长 100 m，厚 3 ～ 5 m。共有 67 个矿体，分五个矿带（段），其中一号矿带有 36 个矿体，占总储量的 75%。玉石矿体与滑石矿体和菱镁矿体有交替和过渡现象。

玉石矿体主要赋存于前震旦系下辽河群大石桥组白云石大理岩或菱镁层中强烈蛇纹石化地段。构造有利部位区内为背斜倾伏端的上扬子矿段，其矿体最为发育。

矿体分布在蛇纹石化带中心部位，呈透镜状、扁豆状（图 1 - 2）。其发育程度与蛇纹石化强弱及规模大小密切相关。矿体呈雁行排列，多顺碳酸盐层层理呈盲矿体产出。全区共发现矿体 76 个，最长 >200 m，最厚 >20 m，一般长数十米，厚 3 ～ 5 m。

（2）品级划分标准

岫玉类型分为三大类，八个品种：

1）蛇纹石玉；①镁橄榄石蛇纹石玉；②菱镁白云蛇纹石玉；③透闪蛇纹石玉；④透辉蛇纹石玉；⑤滑石蛇纹石玉；⑥绿泥蛇纹石玉。

2）透闪石玉（含透闪石 >25%）。

3）绿泥石玉（含绿泥石 >90%）。

1.3.2.6　湖北郧县、竹山绿松石矿

（1）矿区地质与开采现状

我国是绿松石资源和生产大国，主要集中在鄂、陕、豫三省交界地带，其中以郧县和竹山最著名。这一带清末民初生产一度兴旺，曾有大量精品出口。矿区内共有矿点 80 多处。古采坑和老硐到处可见，都为顺层开

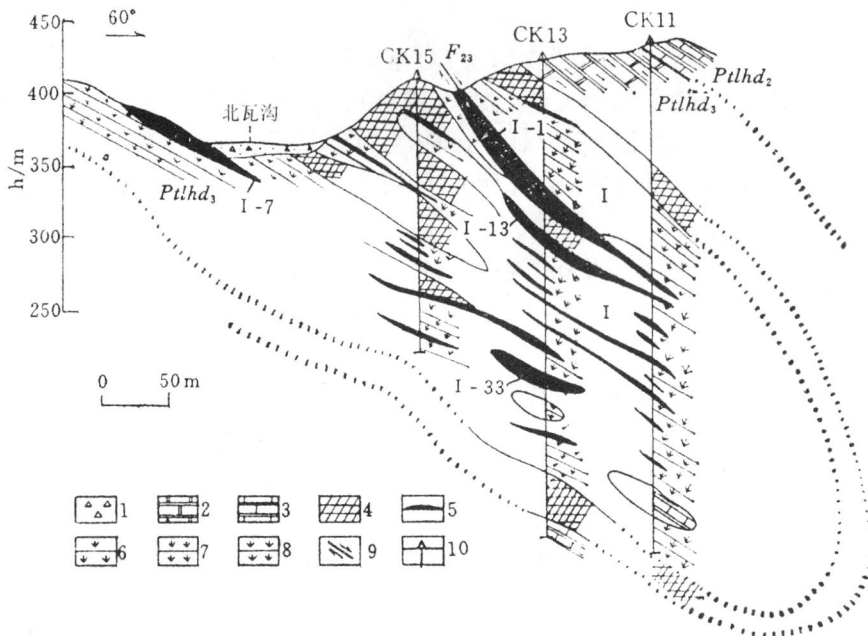

图 1-2　岫岩县北瓦沟玉石矿（60 线）地质剖面图

1—第四系；2—白云石大理岩层；3—白云质大理岩层；4—菱镁（矿）岩；5—蛇纹玉矿体及编号；
6—蛇纹石化带及编号；7—蛇纹透闪岩；8—滑石化蛇纹透闪岩；9—断层线；10—钻孔及编号

（据李庆森等，1992）

采，一般深 10~30 m，最深达 200 m。老硐中清楚可见挤压透镜体，脉状和薄膜状绿松石。

郧县松石矿位于郧县鲍峡镇海拔 900 m 的云盖山。现已有近百年的开采历史；1954 年收归国有，正式建立国营绿松石矿，全矿现有职工 320 人，其中管理干部和生产技术人员 34 人，绿松石年开采量 20 t 左右，产值达 200 万元，利税达 30 万元。

矿区周围 50 km 范围曾进行地质踏勘，发现绿松石矿点十几处，矿化带从云盖寺往西一直延伸到陕西省白河县，往南一直延伸到竹山县，往北延伸到郧西县。其中郧县火烧寺、上阳坡、青龙寨、红岩背、老龙角、店子沟等地储量在 4000 t 以上，若以每年开采 25 t 计算，服务年限在 100 年左右。为了避免探采失调，该矿又开发了两个新矿点：火烧寺和青龙寨，松石质量和品位都很好，具有很大的开发价值。发展前景十分可观。

竹山绿松石矿位于湖北省竹山县喇叭山，该矿区面积为 25 km²，1982 年建矿，现有职工 62 人，累计开采绿松石 60 余吨，创产值 300 余万元，实现利税 27 万余元。

矿区及矿田地质情况：寒武系下统水沟口组是绿松石的含矿层，可分南北两带。母岩皆是含碳或含泥硅质板岩和硅质板岩，北带属南秦岭印支褶皱带，主要构造方向为 NW 向，分布于月光潭—鲍峡向斜中。主要矿点有郧县云盖寺、上阳坡、火烧寺，陕西白河月光潭、穆英寨以及郧西的广山寨、姚坡、马家沟、偏头山、安沟、马栏口、小沟等。南带属北大巴山加里东褶皱带，主要构造线也是 NW 向，矿点有竹山皇坡，喻家岩喇叭山、金莲洞、江家湾、马厂、土地岭等。南北两带之中，由于受 NE 向构造影响，也零星出露有郧县煤炭沟及观音寨矿点。

按岩相特征可分为上、中、下三个含矿层。

（1）上含矿层：分布于碳质绢云片岩所夹的碳质硅质板岩、泥质硅质板岩中。由于岩性相变大，含矿层不太稳定，常常零星分布。含矿层中的层间挤压透镜体不发育，但各种小褶曲层较多，含有较多的磷结核。这种含矿层中的绿松石一般质量差（个体小、硬度低，颜色呈淡绿、月白色）。上含矿层相当于竹山皇城，喻家岩的第 3 矿层，喇叭山的第 3、第 4 含矿层，竹山土地岭、江家湾等矿点、郧西、马家河、姚家坡、安河、广山寨等矿点。

（2）中含矿层：是本区主要含矿层，也是目前开采的主要对象。其中，又可分为上下两段，上段岩性一般为中厚层含炭或含泥硅质板岩，规模较大。如喇叭山和云盖寺的第 2 含矿层，竹山喻家岩的石门沟及郧县将军河上阳坡矿点；下段岩性主要为硅质板岩，夹层少；地形一般为悬崖峭壁，含矿层磷结核少见，褶曲不发育。如竹山皇城、喇叭山、云盖寺的第 1 含矿层。上下两段含矿层除岩性有一定差异外，其他都有共同之处，如层间挤压透镜体发育，规模也较大，并成群出现，节理裂隙长而宽，并较密集，常常形成矿化富集地段，所属绿松石个体大，颜色好（天蓝、绿、蓝绿色），色泽鲜艳，致密度及硬度较高，质量好。

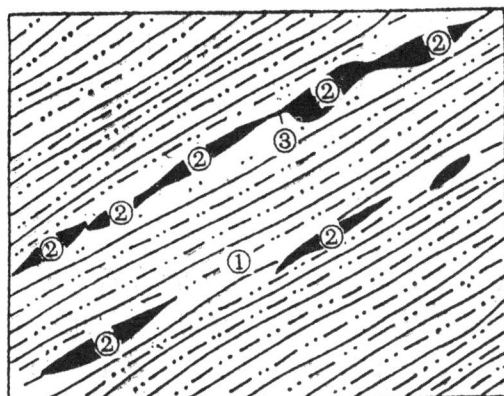

图 1 - 3 郧西姚家坡 PD$_4$ 掌子面素描图
①薄层碳质硅质板岩；②挤压透镜体及绿松石；③裂隙
（据马玉兴，1989）

（3）下含矿层：岩性一般为碳质板岩夹薄层硅质板岩，矿化不佳，仅在竹山皇城、喻家岩的天池洞、溢水的洞子沟一带零星出露。绿松石的分布一般与含矿层中的构造关系密切。这些构造，相互贯通，容易接受地表水渗透。如断层、层间破碎带、节理、裂隙等。断层与绿松石关系密切，几乎所有的绿松石矿点都分布于断层附近。

绿松石矿体按形态分类有透镜状和脉状两类（见图 1 - 3）。透镜状矿体有长达 10 m 者，重数吨，小的不足 1 m。脉状矿体规模小，有些在层面或节理内呈薄膜状无经济价值，可成为找矿标志。

绿松石矿床的成因分类见表 1 - 5。

表 1 - 5 绿松石矿床的成因分类

成因类型	矿床类型	亚型	围岩	含绿松石带的特征	绿松石堆集体类型	伴生矿物	饰用绿松石特征	工业意义	矿床实例
风化壳矿床	产在具硫化物矿化的岩石线性风化壳中	具有分散金属矿化而没有次生硫化物富集带的	流纹岩、粗面岩、二长岩。石英斑岩和安山斑岩，含副矿物磷灰石的碱性花岗岩	网脉状和细脉带，面积从 6 m×25 m 至 (30~80)m×200 m 绿松石延深 20~45 m	细脉，厚 0.2~7 cm。团块，直径 7~10 cm	褐铁矿、多水高岭石、黄钾铁矾、绢云母、高岭石	优质天蓝色绿松石，高级绿松石"胎"	优质绿松石的主要来源	美国的维拉格罗弗，克特兰，布罗山等；伊朗的尼沙普尔；苏联的比留扎坎等
		具有强烈金属矿化和发育的次生硫化物富集带的	含磷页岩、砂岩、粉砂岩和碳质、硅质板岩	细脉带，长 30~60 m，厚 1~3 m 绿松石延深 30~35 m	细脉，厚 0.2 cm 至 2~3 cm	褐铁矿、孔雀石、蓝铜矿、硅孔雀石、银星石、多水高岭石、绢云母、高岭石	浅天蓝色、浅天蓝-绿色、绿色	中档和低档绿松石的重要来源	埃及的瓦迪马哈列；苏联的阿亚卡希等；中国的鄂、陕、豫等
			流纹岩、粗面岩、二长岩、石英斑岩和含副矿物磷灰石的碱性花岗岩	绿松石见于整个次生硫化物富集带，主要在它的顶部层位	细脉，厚可达 6 mm；团块，直径可达 50 mm	辉铜矿、孔雀石、蓝铜矿、多水高岭石、绢云母	浅绿—天蓝色、蔚蓝色	可以在开采铜矿石时顺便回收绿松石	美国的凯斯尔多姆；苏联的卡利马凯尔

（据 Е. Я. Киевленко，1974）。

（2）产品质量与销售

郧县、竹山是我国最重要的绿松石产地，这里的绿松石以其块大、色泽艳丽、色调均匀、致密度高，产量稳定而闻名于世。在国际市场上有较大影响和地位。不论是在国内或国外的一些交易会上，该区所产绿松石及绿松石制品都受到客商的青睐而成为抢手货。

正因为如此，国家十分重视这里绿松石的生产开发利用，在郧县、竹山都建立了国营矿山，并且在政策、资金上给以扶植。仅郧县在1985年以前由轻工部投资216万元，1985年以后又拨贷款50万元，1991、1992年两年拨地质勘探费22万元。在竹山县投资55万元。正是由于国家的支持和扶植，方使这两个矿山得以生存和发展，保证了宝玉石市场的原料供应。

1.4　金属矿山伴生宝玉石利用

我国以玉石、彩石和宝石为原料所雕刻、镶嵌的美术工艺品和首饰等，技艺精湛，久负盛名，已成为人类艺术宝库中的稀世珍品，在国际市场上具有较强的竞争能力，是我国换汇率较高的传统出口商品。但是，由于国产原料缺乏和进口国外原料涨价，使宝石、玉石工艺品和首饰的出口发展缓慢。

实际上我国许多金属矿山伴生有丰富的宝石、玉石（彩石）资源，而目前回收工作只是个开端，进一步开展金属矿山宝石综合利用是大有可为的。搞好这项工作可以一举多得：矿产资源可以合理利用，增加矿山经济收益；支援国家扩大外贸出口和繁荣国内轻工市场，美化人民生活。因此，把这项工作列入当前矿山调整的日程很有必要。

1.4.1　金属矿山宝玉石资源分布特点

宝石和玉石类在金属矿山中有的赋存在矿体（矿石和脉石）中，也有的在矿体之外的围岩中。按其赋存特点可分为如下几个类型：

（1）工业矿物型宝石：铜矿中的孔雀石，锡矿中的宝石级锡石，伟晶岩型稀有金属矿中的绿柱石类宝石、石榴子石类宝石、电气石类宝石，铁矿中的碧玉岩（土玛瑙），石英岩（硅石）矿中的彩色石英岩（东陵石），萤石矿中彩石级萤石等。

（2）脉石矿物型宝石：黑钨矿脉中的水晶、黄晶，火山岩中汞矿的鸡血石—叶蜡石，伟晶岩型稀有金属矿床中的长石、石英—水晶等。

（3）矿床围岩型及伴生的宝石：矽卡岩型矿床蛇纹石化、大理岩化的软玉、汉白玉—大理石及基性超基性岩矿床中的玉类等。

（4）砂矿床中某些重砂矿物中的金刚石（沅江金矿中）、黄玉（台山锡矿中）、刚玉、石榴子石、玛瑙等。

1.4.2　宝石彩石质量鉴定要点

在自然界里，能够作为工艺美术原料的矿物（包括部分岩石）约200种。其化学性质的特点是不水解、不分解，在常态下无毒、稳定、不起任何化学变化。其物理特性是：

（1）硬度：一般宝石玉石硬度比较大，多在摩氏6度以上，只有少数品种如叶蜡石、蛇纹石等以雕刻为主要加工手段的玉料硬度略低。

（2）透明度：宝石原料以透明和半透明为佳品，玉石彩石对透明度的要求较前者宽。

（3）颜色：鲜艳纯正、光彩夺目为上品，具有花纹和晕色则价值更高，而呈现猫眼—游彩（也叫变彩）者是特等珍品。

（4）光泽：由于矿物性质不同，其表面具有不同反射光线的能力，因而产生不同的光泽。如金刚光泽、脂肪光泽、玻璃光泽等，以金刚光泽为最佳。

（5）韧性：琢磨加工工艺要求宝石原料致密、韧性大，这样才能在加工中不致损坏和剥落，因此以韧性大者为优质。

此外，解理、裂隙的多少，粒度块度的大小以及断口形状等也都是综合评价宝石玉（彩）石原料的必要因素。

1.4.3　宝石分类简介

目前随着商品"宝石热"也出现了宝石学的研究"热潮"，宝石学著作和宝石分类法如同雨后春笋，有的按天然性质分类，有的按用途分类，还有的按商业价值分类，这是一个比较复杂的问题。究竟怎样划分更科学，尚需今后进一步研究。为了供读者参考，兹将苏联学者 Е·Я·基夫连科（1980）按国际市场上有代表性的高质量的宝石以其价格高低为顺序的分类表摘录如表1-6。

表1-6 彩石的一般分类

类别	级别	主要宝（玉）石
宝石	I	红宝石、祖母绿、金刚石、蓝宝石（蓝色的）
	II	翠绿宝石，橙色、绿色和紫色蓝宝石，贵蛋白石，翡翠
	III	翠榴石、尖晶石、白色贵蛋白石和火蛋白石、海蓝宝石、黄玉、蔷薇辉石、电气石
	IV	贵橄榄石，锆石，紫锂辉石，月光石（冰长石），日光石（铁正长石），黄色、绿色和粉红色绿柱石，镁铝榴石，铁铝榴石，绿松石，紫水晶，绿玉髓，黄水晶
宝石-玉石	I	青金石、硬玉、软玉、孔雀石、琥珀、无色水晶和烟水晶
	II	玛瑙、天河石、血滴石（赤铁矿）、蔷薇辉石、不透明的虹彩长石、虹彩黑曜岩、绿帘石-石榴石岩（玉）
玉石		碧玉、缟状大理岩、黑曜岩、煤玉、硅化木、滑石菱镁片岩、带花纹的燧石、文象伟晶岩、耀石英岩、萤石、透石膏、寿山石、彩色大理岩

1.4.4 我国金属矿山综合利用宝石和彩石实例

（1）湖北铜录山铜矿和广东石菉铜矿 在这两个矿区的部分矿段（主要是矿床氧化带）赋存有丰富的孔雀石$[Cu_2(OH)_2CO_3]$和硅孔雀石$(CuO \cdot SiO_2 \cdot 2H_2O)$，呈艳丽翠绿色花纹，发着孔雀羽毛的光泽，是适合做工艺品原料的高档彩石。大块可以雕刻成摆设玩物观赏，小的可以制成戒指面、耳环坠、胸花、项链等。据轻工部工艺美术公司资料，出口一对四寸高的孔雀石雕刻的花瓶，所换外汇相当出口106块手表或27辆自行车的价值。近几年上述两个矿山组织了孔雀石的综合回收，在经济上增加了收益，还安排了一些闲散劳动力，为就业开辟了新路子。

（2）浙江昌化汞矿 该矿是全国唯一出产名贵的印章宝石——鸡血石的产地。一对高档鸡血石印章在北京荣宝斋售价近十万元，上中档的售价也在万元以上。低档石料制成玉雕工艺品也能创造可观的利润。所谓鸡血石就是含辰砂（HgS）的叶蜡石（局部受硅化），在蛋白、鹅黄相间的石料中浸染着点点朱红，给人以悦目爽神之感。该矿几年前单打一生产汞，既污染环境又亏损，几乎要下马。后来转产开采鸡血石和叶蜡石（印章石），并办起玉雕车间搞工艺品生产，现已扭亏为盈。

（3）新疆阿尔泰和可可托海 这是我国著名的稀有金属矿区，同时也是我国宝石的重要产地。据调查有20种名贵宝石，如海蓝宝石（绿柱石类）、碧玺（电气石类）、子牙乌（石榴子石类）、芙蓉石（淡红色石英）及天河石等。最近又发现了宝石中的珍品——猫眼海蓝宝石（即海蓝宝石猫眼石）。这种宝石琢磨成弧形戒面（俗称"腰圆"）后，能出现一条亮的光带，随着光线射角的变化或宝石的转动，光带也游动（称为游彩），如同美丽的猫眼。国外金属矿山已发现的猫眼宝石矿物有：孔雀石猫眼，锡石猫眼（俗称蛤蟆猫眼），海蓝宝石猫眼，碧玺猫眼，金绿宝石猫眼，软玉猫眼等。

新疆有色金属公司各矿山在开采中进行了一些综合回收宝石的工作，并已向京、沪工艺美术和首饰生产部门出售了少量产品。从宝石资源来看，潜力还是很大的。

2　历代宝玉石首饰及工艺品精华

2.1　古玉之谜——和氏璧(连城璧)

(1)《韩非子·和氏》记载：公元前 757 年至 741 年楚国人卞和在楚山拾得一块玉璞(被石皮包裹的玉)，曾先后献给楚厉王和楚武王，宫廷玉工看后说是普通石头，以欺君之罪被砍去右足。卞和抱玉哭于楚地荆山家乡，楚文王继位后询问之。他说，我之宝玉被误为石头，忠贞之人被定为欺君之徒。文王听后令玉工切开观察，果然是美玉一块，楚文王获美玉龙颜大悦，遂命名为和氏璧。公元前 283 年，楚国为防止秦国夺宝玉，将其秘藏于盟邦赵国，同年秦昭襄王闻讯后，派使臣赴赵国，愿用 15 座城池换取和氏璧。当时秦强赵弱，赵惠文王派蔺相如持璧赴秦，蔺抵秦后见秦王恃强贪璧，秘派侍从持璧星夜逃归赵国。"完璧归赵"一词由此而来，秦灭六国统一中国，秦王得和氏璧命李斯琢为传国玉玺，并玉工孙寿在玉玺镌刻"受命于天，既寿永昌"八个虫鸟篆字。传国玉玺成为皇帝的宝印和至高皇权象征。

和氏璧可能是哪种岩石矿物？

自从"和氏璧传国玉玺"丢失之后，今人在无法观看真实传国玉玺实物的情况下，只能依据历史典籍中有限的记载，去进行各种客观的解析和推理。

(2)和氏璧特征及产地。在中国历史典籍中提到和氏璧的故事不少，但对和氏璧特征的评述却记载不多。传国玉玺是历代帝王随身携带的珍贵圣物，要想探寻和氏璧的特征，应首推唐代杜光庭在《录异记》中对和氏璧的记述。杜光庭是唐代蜀郡德高望重的道长，在安史之乱时期(755—756 年)，唐玄宗到蜀郡避难达数月，杜光庭因深得唐玄宗宠信而终日伴驾侍奉。杜氏在伴驾过程中应该亲眼见过传国玉玺。因此，他在《录异记》中对传国玉玺特征的描述其可信度应该比较高。

关于和氏璧的产地，根据多种史籍记载，和氏璧产地在鄂西北荆山(今湖北省西北部神农架地区)。例如：西晋刘琨在《重赠卢谌》中记述："握中有悬璧，本自荆山谬。"晋代瘐仲雍在《荆州记》中记载："西北三十里有清溪，溪北即荆山，即卞和抱璞之处。"北宋乐史《太平寰宇记》中有"卞和得玉于荆楚山"。

(3)和氏璧与一般玉石对比：

自然界的矿物岩石与和氏璧特征相近或相似的不少，只有更准确地将传国玉玺与一般玉玺对比，才能鉴别两者的区别。

1)变色及多色。观赏者从两种不同方向观察同一块矿物，可望而出现"侧视之色碧，正视之色白"的"变色"现象，才能算是与和氏璧相似或相近的美玉。而近几年呼声较高的和田玉、岫岩玉、金刚石、电气石、绿松石及萤石等矿物，无论观赏者正视或侧视观察，它们都不会变色。最多也只会呈现一石"多色"的共生现象，而无"侧视之色碧，正视之色白"的"变色"的特征。

2)两种变色矿物。自然界有两种截然不同的变色矿物。和氏璧是同一块矿物在同一种光源下，观察者从两种不同方向观察，会呈现"侧视之色碧，正视之色白"的变色现象。产自俄罗斯乌拉尔的金绿变石，它是在不同光源下才会产生变色现象。同一块金绿变石，它在太阳光下呈现绿色，在白炽灯光下才变成红色。太阳光以绿色光为主，烛光和白炽灯光以红色光为主，因为金绿变石独特的化学成分和晶体结构，所以才呈现两种完全不同的颜色。

3)玉玺及印章。玉玺是中国古代代表皇权和国家的标志，玉玺印面大小一般不小于 10 cm×10 cm。印章是代表个人的标志或印记，印面大小一般不大于 3 cm×3 cm，既然能将和氏璧雕琢成传国玉玺，可以推测这是一块超过 10 cm×10 cm 的巨型晶体。

4)璞与皮壳。璞就是宝玉石矿物在风化过程中形成的表面皮壳。化学性能稳定的矿物(金刚石、水晶等)，一般不会形成皮壳。化学成分复杂性能又不稳定的硅酸盐、碳酸盐及磷酸盐等矿物，容易在氧化、溶蚀过程中形成皮壳。和氏璧是一种带有皮壳的玉石，故又称璞玉。

5)和氏璧属性。和氏璧的矿物属性及玉石属性，也是被国内外地质界、珠宝界长期关注及争论的问题。相近或相似的矿物，在比较中有一些岩石矿物贴近和氏璧。

金刚石：有学者在 2011 年提出，和氏璧是一枚圆形重约 780～800 克拉的无色透明、略带瑕疵、珠状超级大钻石（金刚石）。但是，自然界的金刚石无"变色"特性；金刚石因化学性能稳定，风化后无皮壳；金刚石是在高温高压地质条件下，在地壳深处形成的碳质矿物，更不是"井里之璞"形成的次生矿物。鄂西北地区无金伯利岩分布，历史上在该地区也无发现金刚石记录。

绿松石：有学者认为和氏璧是绿松石。绿松石资源比较丰富，与和氏璧在色泽、产地及皮壳等方面有许多相似点。但是，绿松石也无"变色"性能，虽然它在公元前就是名贯中西的玉石，并且早在石器时代已被先人们所利用。因此，在秦皇宫中也应有不少绿松石制品或饰物。如果和氏璧是绿松石，秦昭襄王还会用 15 座城邑交换吗？

独山玉：有学者认为和氏璧是独山玉。主要根据《南都学坛》（1988 年）提出了和氏璧是独山玉的观点。独山玉主要矿物成分是斜长石，外表易风化成璞。独山玉具色带特征，同一块独山玉下面和侧面可出现带状分布的多种色泽，但不具有"侧而视之色碧，正而视之色白"的变色特征。

蓝田玉：有学者曾撰文称和氏璧是蓝田玉。蓝田玉产自陕西省西安市东南的古城蓝田，是中国古代著名美玉之一。相传在蓝田县鹿原郗张河新石器时代晚期遗址中，已经有蓝田玉石遗物。在隋唐时代的典籍中曾有记载："秦得蓝田水苍玉制玉玺，色绿如蓝，温润而泽；八面正方螭纽……"，说明秦始皇已经对蓝田玉很熟悉。如果说和氏璧确是蓝田玉，高傲的秦王也决不会用 15 座城邑去交换。

和田玉：也有学者提出和氏璧是和田玉。和田玉中有青玉和白玉，也有同一块玉石中有多种颜色的花玉。但是缺少"侧而视之色碧，正而视之色白"的变色特征。

拉长石：持和氏璧是拉长石观点的学者认为，拉长石在自然界比较稀少，其外貌又朴实无华，因而在国内外珠宝市场上很难见到它的芳容。抛光的拉长石具有明显的"侧而视之色碧，正而视之色白"的变色特征，风化形成的籽玉也有较薄的皮壳；产地就在鄂西北神农架原始森林山区。和氏璧的诸多特性与拉长石特性都相近或相似，它是目前诸多玉石中与和氏璧特征最贴近的玉石。另外，与拉长石同属硅酸盐矿物中的月光石，是一种晶莹剔透的长石矿物。由于月光石的内部有特殊的结构因而能产闪烁淡淡的蓝色，恰似幽静夜幕下的月光，它也是硅酸盐斜长石家族中的一员。从前常把月光石和拉长石混在一起，虽然月光石"游彩银灰似秋月"，但是它无变色特性，因此月光石和拉长石明显不同。

从上述 6 种宝玉石矿物综合特征来看，只有变彩拉长石的综合特征更贴近和氏璧。但是，只有今后真正发现了和氏璧实物，才能做最终结论。

被誉为中国地质界一代宗师的章鸿钊先生，是中国最早研究和氏璧的学者。1921 年，章鸿钊先生在《石雅》中就论述和氏璧是产于湖北省西北部荆山地区基性岩的月光石（拉长石），并指出"和氏璧为宝石性质的拉长石，具有碧绿和洁白的闪光，转动一定方向，方能出现。"

第一，我们以今论古角度来考察卞和献玉无疑是古代赌石交易，而且不惜一切，卞和不愧为相玉高手，宫廷玉工是伙无能之辈。

第二，从岩矿光学特征即晶体矿物粒度（岩性结构）与切割加工等因素考察是重要方向。

第三，和氏璧是一种产于火山岩中硅质玉（或水胆玛瑙）类可能性极大。别忘记万种玛瑙千种之说，与变色宝璧相近。

2.2　金缕玉衣

1968 年 5 月的一天，驻守河北满城的一支工程兵队伍，在附近一座山上进行战备施工，开掘隧道，深入十多米后，需要再爆破时，发现了一个幽深的旧洞口中，里边散落着大量马骨头和各式各样陶器等。于是向上级报告，省里进京汇报。经周恩来指示，工程停工，中科院院长郭沫若派考古所发掘队奔赴满城现场进行考古发掘。在《满城县志略》记载，在陵山有帝王陵墓，具体地理位置和年代不详。进入洞内发现是一座古墓道（室），全长 50 多米，宽 30 多米，高 6 米多，墓内有陪葬品数千件。从其中钱币和铜器上铭文中判定，墓主人应该是西汉中山国的一位诸侯王，该诸侯国共有 10 位王，究竟是其中哪个？《汉书》记载在王位上超过 30 年的只有第一代中山靖王刘胜，再与墓中器物铭文比对，确定是刘胜墓。在拨开棺椁遗存后，人们惊喜万分，看到了一套金缕玉衣，从前只有文字记载，这是首次见到实物。

金缕玉衣由金丝编连玉片组成，为汉代皇帝和高级贵族死后穿的，传说穿上它，能让尸体千年不腐。即使在古代，它也是一种宫中秘器，常人很难见到。玉衣究竟是什么形状，古书中也没有详细的记载。这套金缕玉衣是中国考古史上第一次发现。那是 1968 年 7 月 20 日上午，这是考古工作中首次发现保存完整的玉衣。郭沫若先生 22 日来满城汉墓现场，仔细参观了墓室结构和金缕玉衣等重要文物，并给予极高的评价。

随后，在刘胜墓北 100 多米远的山崖上，他们发现了另一个墓葬。经考证，这是刘胜妻子窦绾的墓穴。它比刘胜的墓还要大，令他们意想不到的是这里也出土一件金缕玉衣。同一时间居然出土两套玉衣，这是卢兆荫做梦也没想到的。

满城汉墓的发掘和考古研究成果的消息一发布，就被广泛地报道，一下子轰动了国内外考古界。

银缕玉衣，1970 年 6 月于徐州市土山东汉彭城王家族墓出土。玉衣多用绿色软玉琢制，为男式，全长 1.70 米，共用玉片 2600 余片，有长条、正方、三角、圆形、半月、橄榄等形状，有的玉片上有为方便编缀的墨书编号，玉片四角都有穿编银丝的小方孔，共用银丝约重 800 克。玉衣分头罩、脸盖、前胸、后背、左右袖筒、左右手套、左右拇指、左右裤筒、左右鞋子共 14 个部件。玉衣的每一个部件都是彼此分享的个体，每个部件的周缘都有丝织物缀边，以使每个部件加固定型，便于组合，同时也增加了玉衣的美观。

金缕玉衣与银缕玉衣，表面上看似无区别，仔细观察，除穿编玉片用的金丝、银丝不同质外，还是有一些细微的差别。从整体上看，金缕玉衣所用玉片形状大，形制多，数量少，而银缕玉衣则相反，所用玉片形状小，形制少，数量多。如金缕玉衣的鞋用玉片 69 片，而银缕玉衣则用 189 片之多。银缕玉衣还多拇指一部件。玉衣的脸部最能呈现人体的形态，银缕玉衣技艺更胜一筹。金缕玉衣脸部只在较大的玉片上刻出细线，呈瞑目入睡状态，而银缕玉衣在脸部双眼处配饰橄榄形玉片，犹如双目齐睁。下颚部，金缕玉衣由多片玉片组成，银缕采用一较大的半月形玉片。这种艺术处理，使玉衣脸部更为生动逼真。从这些细微变化，我们可以看到，玉衣的形制更贴合人体，更生动形象。

金缕玉衣与古代葬玉。古人认为玉器是大自然馈赠的宝物，它凝结了天地的精华，把玉片覆盖在人体的不同部位便可以追求死后尸身不朽。这种想法或许正是汉代皇室贵族制作玉衣的初衷，也正是基于这种追求不朽的祈愿，汉代玉衣盛行一时。

在满城汉墓出土玉衣之后，在历年的考古发现中，汉代玉衣相继出土。1973 年，河北定县出土了一件金缕玉衣（详见下节）。1983 年，广州南越王墓出土了一套用丝线穿连的玉衣。1994 年，江苏徐州狮子山汉墓出土了一套金缕玉衣，在当年，随葬玉衣是最高等级的葬礼，没有朝廷的许可，即使地位很高的官员，也无法享用这个特权。

有个称谓"九窍塞"的小玉器，古人认为，人体有 9 个部位可以与天地精华交融，人死后，为了防止体内精气外溢，便需要用 9 种玉器堵住这些出口，这就是九窍塞的来历。

在河北满城刘胜墓中，也出土了一套完整的九窍塞，包括成对的眼塞、耳塞、鼻塞，另外还有口塞、肛门塞和生殖器罩盒，一共 9 件。

就是有洞的地方必须用玉，不是盖起来就是塞住了，目的是想保护尸体不朽。当然这只是主观愿望，实际上是不可能的，但是汉代人确实有一个观念，说玉能保护尸体不朽。在九窍塞中，最特别的是生殖器罩盒。有专家推测，它的形制来源于古代的一种神器——玉琮。古人认为，内圆外方的玉琮可以沟通天地神灵，给人们带来福祉。但奇怪的是，到汉代，文献中再也没有任何关于玉琮的记载。有学者推测，汉代之后，玉琮可能演变成了其他的形制，而生殖器罩盒或许就是其中的一种。

刘胜墓里盖生殖器的罩，就是用前代遗留下来的玉琮改制的，它把玉琮 4 个方形的角给磨圆，但还能看出来有痕迹，上面加一个玉片做盖，这样子就变成盒子了，可见这个生殖器罩盒是利用玉琮做的。

在刘胜夫人窦绾的墓葬中，也有一套完整的九窍塞。而窦绾的生殖器盖则被做成了另一种古代玉礼器——玉圭的形状。尖头长条形的玉圭被认为象征着春天万物的萌发，窦绾的生殖器盖做成这种形制是否带有女性的象征，还是仅仅只是一种巧合，后人已经不得而知了。

在刘胜墓中，还出土了一套放在死者手中的玉器，这是另一种由来已久的葬玉习俗，古人将这种玉器称为"玉握"。玉握也称握玉，西汉中期以前的握玉器形较为多样化，中期以后流行以玉猪作为握玉的习俗。

另一种放在死者口中叫"口含"的葬玉，在汉代也非常盛行。

在新石器时代，古人在死者口中放上粮食、贝壳、玉石等物品，祈求死者在死后的世界里依然能像生前一样享用美食和宝物，这是早期的葬俗。到商代，无法用玉器陪葬的普通平民，便把象征财富的贝壳含在口中，祈求死后能够拥有财富。

战国时期，玉做的口含大量出现，在曾侯乙墓葬中，出土了 20 多件口含，他们被雕成各种动物造型，最特别的是这些口含每件只有蚕豆般大小。

西汉初期的口含，形状就很多，但是西汉中期以后口含主要像蝉，就是知了。

在古人的世界里，蝉虫喝雨露为生，天性高洁，同时蝉是从硬壳中蜕变复生的，而这正暗合了古人祈求死后复生的愿望。放在死者口中的玉蝉琢制得极其精美，凸起的眼睛，背部的翅膀都被刻画得简洁凝练而又栩栩如生。玉蝉一般长 6 厘米，宽 3 厘米，它的大小正好可以覆盖在死者的舌面上。

在古代葬玉中，还流行一种玉枕头。有的玉枕用一块完整的玉石雕制而成，有的则镶嵌在其他材质上。刘胜墓出土的一个镶玉铜枕，工艺极为复杂，枕头两端用两个昂起的龙头做装饰，四周镶嵌镂空的玉片。出土时，玉枕就放在玉衣的头部下方，玉枕的中间是空心的，里面还放着花椒，可能是用于散香驱邪的。

这件玉枕不仅反映了当时独特的葬玉制度，而且也是汉代高超工艺的代表。

同样是汉代，在广州南越王墓中，墓主人死后的枕头是用一袋珍珠做成的，天然形成的珍珠，在古人看来也有着和玉器一样的神性，它们也同样在保佑着墓主人的尸身不朽。

在对古代葬玉制度的研究中，当年的考古队员曾遇到过一个难题。在出土窦绾玉衣的位置，考古队员发现了大量形制不同的玉片。玉片有的为长方形，有的呈菱形，总数超过 200 片。它们的用途会是什么呢？这些散乱的玉片都被完整地复原到了窦绾的漆棺上，漆棺的装饰有 26 块圆形的玉璧，而更多的玉片则被镶嵌在漆棺的内壁上。

古人把漆棺表面的这种青绿色玉璧称为玄璧，认为它不仅能保证死者的尸身不朽，同时还能使死者的灵魂升天。同样在汉代，在马王堆汉墓出土的 T 型帛画中，古人描绘了一个从地狱到人间和天堂的景象，而阻隔地狱和人间的正是玄璧。可以让灵魂出入的玄璧，被镶嵌在墓棺上，它还被用作葬玉，在广州南越王墓中死者的身上摆放了 14 块玉璧，而背部则垫了 5 块玉璧。卢兆荫说，胸部也铺了玉璧，背部也垫了玉璧。汉代玉璧的功用比较多，除了祭祀礼仪用玉璧外，璧也属于葬玉的一部分。

汉代不同的葬玉，不仅数量惊人，而且各类竟多达数十种，正是对生命不朽的向往，让汉代葬玉制度的繁杂达到了无以复加的程度。当年，甚至还出现了通体都由玉片装饰的玉棺。一件奢侈豪华的玉棺在江苏徐州的狮子山楚王墓中，玉棺长 2.8 米，高度 1.07 米，宽度 1.10 米，耗费了不同形制的玉片达 2000 多枚。

1973 年，河北省定县八角廊村 40 号汉墓出土了一件宝贝——金缕玉衣，一时轰动全国。考古专家认为，定县在实行分封制的汉代属于中山国，墓地封土堆积高阔，墓室庞大，不仅有黄肠题凑，而且用五层棺木、金缕玉衣，说明死者地位相当于诸侯王，又从随葬文字推断，当是中山怀王刘修。

值得一提的是，这位中山怀王就是《三国演义》里刘备总提到的中山靖王的第五代孙，而中山靖王刘胜的满城汉墓已在此前 5 年被发现，出土了两件举世震惊的金缕玉衣，这也是金缕玉衣在尘封了 2000 多年之后的首次亮相。

与满城汉墓出土的玉衣相比，这件金缕玉衣是历经盗墓及焚烧后的劫余之物，但色泽却更为缤纷。"这件玉衣应该是幸运地躲过了火焚之灾。"中国文物学会玉器研究委员会副秘书长古方接受采访时强调，如果这件金缕玉衣被火焚，一定凌乱不堪，玉片呈鸡骨白色或灰黑色，像饼干那样粉状易碎，很难再穿缀起来。目前看玉片颜色应该是玉料的原色，经 2000 多年的埋藏，又有了"沁色"，所以颜色显得丰富。

近百玉片"织"双"手套"。据考古队在《文物》上发表的文章记载，尸身所穿的金缕玉衣总长 1.82 米，一共 13 个部件，总计用玉片 1203 片，金丝约 2580 克，玉片用金丝线连缀而成。玉衣所用的玉片都很规整，大多数是梯形和长方形，也有少数三角形和不规则的四边形。和玉衣有关的遗物还有：玉眼盖、玉鼻塞、玉耳瑱、玉蝉形晗、玉屁塞、玉生殖器套，以及其他形制各异的玉配件。绝大部分玉器质地纯细，光泽莹润，琢工精巧。玉衣是件"连体衣"，穿上它全身从头到脚没有外露的部分，以保证"精气不外泄"，最绝妙的是脸盖上还用一整块玉刻出鼻罩，双手作握拳状，大拇指单独分出，左右手分别用玉片 46 和 47 片。

这件国宝出土时有的玉片已经散落，是现代人用两斤黄金重新制成金丝盘口，重新将玉片连缀上。

金缕玉衣为朝廷统一制作。有一个细节引起了考古学家的注意。这件玉衣的裤筒明显被截下了一段，张开后盖在下腹部，又把护档的两块三角形玉簾盖在两腋，胳膊也比袖筒短，两手蜷放在袖筒中，显然有些不合体。"证明玉衣不是按身材制作，确是皇帝特赐的。"当时的专家认为，这也进一步印证了《汉书·霍光传》的记载——权臣霍光死后，皇帝曾赐以金缕玉衣以示荣耀。

但是，如果联系到满城汉墓中山靖王刘胜和妻子窦绾的两具金缕玉衣，一件1.88米长，一件1.72米长，用玉分别为2498块和2160块，用金丝1100克和700克（黄金）；江苏徐州狮子山出土的楚王刘郢客残存玉衣玉片甚至多达4248片，金丝1576克。这些数据出入甚大，似乎金缕玉衣又并非是统一制作完毕，再由皇帝指派颁赐。

究竟金缕玉衣是成衣还是定制呢？古人对此解释说，玉衣是由汉中央政府统一制作，然后御赐给诸侯、重臣的。管理制作玉衣作坊的机构叫"东园匠"，"主做陵内秘器"直属少府管辖。某诸侯王即位后，东园匠开始为他制作玉衣，玉衣制成后就存放在东园匠，等诸侯王去世的时候，朝廷派专人将玉衣送到诸侯国。如果诸侯王由于畏罪自杀、赐死或反叛被杀等非正常原因死亡，就不能再享受玉衣的待遇了。有的诸侯王在玉衣制成前就去世了，玉衣尚未完成，就只能穿着不合身的玉衣下葬了。

2.3　唐代金银

在历史上唐代社会经贞观之治、开元盛世，政治稳定，经济发展，生活富足，对外开放，促进了珠宝首饰工艺美术行业的空前繁荣。其主要成就是：宝玉石利用范围扩大。如《蛮书》记载瑟瑟出自云南山中。这是蓝宝石产地首次出现。白居易的《暮江吟》说：一道残阳铺水中，半江瑟瑟半江红。《唐书》有阗田玉河入夜视月光盛处，必得美玉。杜甫诗中说，"越裳翡翠无消息，南海明珠久寂寥。"文成公主带入西藏的礼物中就有大量绿松石，藏民藏区至今仍流行松石饰品，可谓久盛不衰，也是盛唐珠宝发展史的一段佳话。

金银首饰在胡舞胡乐以及西风熏染下，多彩多姿，款式不断创新。尤以步摇最火暴，所谓步摇即在钗、簪上头附加串饰，女人佩戴后"步则摇动，行则动摇"。白居易《长恨歌》称："云鬓花颜金步摇，芙蓉帐暖度春宵。"

玉石开采以蓝田玉石矿最兴旺，《太真外传》称，太真善击磬，上今采蓝田绿玉琢成一磬备极工巧。

唐代金银器皿及首饰的设计与制作，曾经"西风"熏染，不过异域因素很快便融入本土的文化气息而中土化了。至于首饰，在汉族和其他民族聚居地区，吸取少数民族艺术，在传统的基础上演变发展，不论造型纹样和装饰工艺均有发展。唐代玉带传世品琢有精美的图案，其中以饰"胡人"纹者尤佳。此套"胡人"纹玉带板共16璥。每件长3.5至5.4厘米，现藏陕西省博物馆。玉器为青玉质，体扁，其中呈圭形的铊尾两璥，正方形胯四璥，一边弧圆、一边直形銙十璥。带板的正面皆以浅浮雕加饰阴线纹琢刻成奏乐胡人形象。肩披飘带，身着短衣，足穿尖靴，或跪或坐，神态逼真。背面平整，有与结扎的穿孔。

《唐实录》载："文武三品以上金、玉带，十三銙；四品金带十一銙；五品十銙；六品以犀带，九銙；七品银带；八品、九品石并八銙；庶人六銙，铜铁带。"据此可知，唐代玉带为最高等级，只有帝王及三品以上官员方可使用。唯此套玉带上除两件呈圭形的铊尾外，尚有十四璥銙，比上述三品以上官员用者多一璥，不知何故。

如女子戴冠，唐以前并不盛行，虽然头顶莲花冠的北魏皇后曾经出现在龙门石窟雕刻的礼佛图中，不过究竟不成为风气。戴冠的唐五代女子大致有两类：其一女冠，其一女乐，所戴多为碧罗莲冠。如云谣集杂曲子·柳青娘"碧罗冠子结初成，肉红衫子石榴裙"；和凝、宫词，碧罗冠子簇香莲。今藏台北故宫博物院传唐人宫乐图（当为宋人摹本），绘宫廷生活一角，其中筝者所戴即碧罗冠，睿宗之女金仙公主和玉真公主出家为道士，是著名的例子，玉真公主所戴玉叶冠，竟也讲究得成为传闻。不过此时金银冠仍不多见，苏鹗杜阳杂编提到"轻金之冠"，徐夤有诗咏银结条冠子。所述均为宫廷故事。后者依然是莲冠，而蝉翼轻轻，琼缕千条，自然精细且轻，只是迄今未见与此相合的实物。

男子用到的金银首饰似乎不多，舆服制度中规定的皇太子服有乘马之服一项，其中列出"起梁珠宝钿带"一事，君臣之乳品的"起梁带"制度，乃依品级之异而有别，即"三品以上，玉梁宝钿；五品以上，金梁宝钿；六品以下，金饰隐起而已"。曾出土一副玉带，正是玉梁珠宝钿带的完整实物。

2.4　宋代珠翠

我国利用珍珠及开展商贸活动历史悠久，先秦古籍《韩非子》说，楚国商人到郑国贩卖珍珠，用木兰做匣子装珍珠，并且还"薰以桂椒缀以珠玉，饰以玫瑰，辑以羽翠"。

到了宋代，对外贸易扩大，广州、扬州、江阴都有进口珍珠经营活动。王安石在《江阴见及之作》诗中写道："黄田港北水如天，万里风樯看贾船。海外珠犀常入市，人间鱼蟹不论钱。"朱彧的《萍洲可谈》记载，宋代广州市舶司"凡舶至，帅漕监官莅阅其货而征之，谓之抽解。以十为率，真（珍）珠、龙脑凡细色抽一分"。以上文献说明，各大对外通商港口进口珍珠是经常性业务的主要组成部分。

孟元老《东京梦华录》记北宋首都汴京繁华的市场景象，市民生活衣食住行，对珠宝首饰审美追求。商业街区有专营珍珠的珠子铺，春节集市彩栅里和大相国寺庙会都有珠翠头面店，生意火暴。头面是由珍珠加宝石翡翠串成前后两朵正花，左右两只偏凤相合的统称。还有单件、组合首饰以及婚嫁喜庆首饰等。

吴自牧《梦梁录》记述南宋都临安（今杭州）的商业与市井民风。在各类商店中列出盛家珠子铺和珍珠市。细述"自融合坊北，至市南坊，谓之'珠子市'，如遇买卖（生意兴旺）动以万数"。

宋代宫廷把珍珠视为国库重要财产，如元宝二年（1039 年）出内库珠易钱 30 万籴边储。康定元年（1040 年）出内库珠偿民马。熙宁元年（1068 年）将奉宸库所存珍珠 2343 万颗分为 15 等品种购买马匹。宋徽宗断送北宋王朝后，金兵攻入汴京，从国库共掳走珍珠 423 斤，北珠 40，珍珠扇 100 盒，夜明珠 130 个。

宋代对珍珠的捕捞和养殖也很重视，开国之初，宋太祖为减轻岭南采珠民怨，曾下诏停采海珠。南汉国主实行暴政，强迫珠民深入海底 500 尺处采珠，被溺死者甚多。赵匡胤说："吾当救此一方。"其后宋代实行官府采珠，设官掌管，禁民间捕捞，《文献通考》记载：太平天国二年贡珠百斤，七年贡珠五十斤，径寸者三，八年贡珠一千六百一十斤，皆珠场所采。端州守郭瑞正赠苏东坡诗曰："君恩浩荡似阳春，海外移来住海滨。莫向沙边弄明月，深夜无数采珠人。"形容正是合浦采珠之月夜。

同时大量捕捞的还有湖珠。产自黑龙江、吉林、辽宁等称为北珠（清代称为东珠）。史书说，北珠美者大如弹子，小者如梧子。宋代文人洪迈说，淮河溧水产珠并以竹木小片插入生成佛像形状蚌佛。

2.5　渎山大玉海（玉石酒瓮）

在北京市北海公园南门外，团城上承光殿前的玉瓮亭中，存放着一件巨大玉雕品，重达 6500 公斤，是元朝文物——渎山大玉海。由整块黑白两色玉石制成。玉瓮呈椭圆体，内空，口径最小处 135 厘米，最大处 182 厘米，最大周长 493 厘米，空腔深 55 厘米，体外周身雕有波涛汹涌的大海。下部以浮雕加以队线勾刻的手法表现为旋卷的波浪，上部以阴刻曲线勾画漩涡作底纹。周身主体雕琢出没于海浪波涛中的鱼兽，有龙、猪、马、鹿、犀、螺等，形态各异，神采俱佳。采用浮雕和线刻相结合的方法表现，既粗犷豪放，又细致典雅。动物造型兼具写实气质和浪漫色彩。例如海龙，上身蜷曲前体，瞪眼伸爪，活龙活现，前端瑞云托珠，表现神龙抢珠状，下身未作刻画，隐现沉没海浪状，富于想像。又如猪、马、犀、鹿，造型皆取之于生活，灵活生动。但遍体施鳞，浮于大海，渲染出神秘之感。利用玉色黑白的变化，勾画波浪的起伏，动物的轮廓，如马的额头、背臀，猪的鼻子，龙的眼睛等，表现了光的明暗，在俏色上匠心独具。在如此硕大的形体上作精雕细刻，工艺技术高超。

玉瓮腔内无纹。清代乾隆皇帝御制诗三首并序，概述其形状与经历，由玉工精心镌刻在腔内。其序曰："玉有白章，随其形刻为鱼兽出没于波涛之状，大可贮酒三十余石，盖金元旧物也。曾置万岁山广寒殿内，后在西华门外真武庙中，道人作菜瓮。……命以千金易之，仍置承光殿中。"

从乾隆皇帝的序言，可知这件玉瓮是一件巨型贮酒器。玉瓮是元世祖忽必烈在至元二年（1265）制作的，玉料取自新疆，由大都的皇家玉作加工制作。它的制作意在反映元初国力的强盛。从玉器发展史看，确系划时代的里程碑式的作品，说明中国玉器工艺进入了鼎盛时期。

这件玉瓮制成后，原先置于北海琼岛顶上广寒殿中，作为忽必烈的盛酒器。经过元、明两代的变乱，至清代已遗落于西华门外真武庙中，为道士做菜瓮用。乾隆皇帝用重金将其收回，在团城承光殿前建玉瓮亭，将其存置保护。乾隆不但自己赋诗刻于瓮内，而且命臣下 48 人应制作玉瓮各一首，刻在玉瓮亭的石柱上。由于失落底座，还特地加配底座。底座玉质乳白色，遍饰细巧工丽的卷云纹，属于清代乾隆年间典型的雕刻手法。两者配在一起，是迥然不同的艺术风格。据清宫内务府造办处档案载，玉瓮曾于乾隆十一年、十三年、十四年和十八年，进行过四次修饰，将原来的纹饰略加修改。由于元代与清代在琢玉技法、风格上有所差异，仔细观察实物，后来修整的纹饰大致上还能辨别。

令人意外而高兴的消息是，1988 年春天，玉瓮的原配底座已在北京市宣武区法源寺内发现。发现者张量向中国佛学院能行法师作了调查和实地考察，其玉质、颜色、大小，特别是雕刻风格，均与团城上的元代玉瓮浑然一体。消息传出后，各界群众纷纷要求文物、宗教部门通力协作，使原配底座与玉瓮早日合璧，重新团圆。相信不用多久，这件原配底座将会和玉瓮破镜重圆，以完整的面貌展现在观众面前。历尽沧桑，分久必合。

2.6　金龙冠和珠宝凤冠

北京明十三陵因埋葬永乐朱棣至崇祯朱由检而得名。其中，定陵是万历帝朱翊钧和孝端、孝靖两个皇后的陵寝。

经两年多考古发掘，在定陵出土的万历皇帝的金皇冠和孝靖皇后嵌珠宝点翠凤冠，富丽堂皇，堪称稀世珍宝。朱翊钧（1563—1620），是明代第十三代皇帝，穆宗朱载第三子。隆庆二年（1568）立为皇太子，隆庆六年（1572）穆宗卒，十岁的朱翊钧登基即位，翌年改号为万历元年。初由张居正执政，成年后不问朝政，政权多落宦官之手。在位共48年，是明代统治最久的皇帝。死后谥"范天合道哲肃敦简光文章武安仁止孝显皇帝"，庙号神宗。葬于长陵西南面大岭山下的定陵。

（1）万历皇帝金丝冠。委1958年7月，经过了两年多时间的发掘，考古工作者终于打开了定陵这座神秘的"地下宫殿"。陵墓内出土随葬器物包括金银器、玉器、瓷器、漆器、丝织品和衣物等各类珍贵文物近3000件，其中帝后冠服，金玉珠宝，琳琅满目。特别引人注目的是，在万历帝梓宫头骨旁的一只圆盒中，装有一顶金光灿灿的金丝冠，完整无损，现藏定陵博物馆。

金冠通高24厘米，用极细的金丝编织而成。下檐内外镶有金口，冠的后上方有两条左右对称的蟠龙于顶部汇合，龙首在上方，张口吐舌，两眼炯炯放光，龙身弯曲盘绕，呈现动势。双龙首中间有一颗圆形火珠，四周喷吐出无数火舌，构成二龙戏珠状。整个金冠双龙飞舞，雄猛威严，有着强烈的艺术装饰效果，体现了封建帝王神圣的权力和崇高的地位，成为皇权帝德的象征。

这种形制的金冠，本名"翼善冠"。根据"明史·舆服志"记载，明代皇帝常服，戴乌纱折角向上巾，其后名翼善冠。可见这种冠制源于"折上巾"，亦名"幞头"。相传始于北周武帝时，到唐初才定型。其式样为用黑色纱罗做成半圆球形帽框，上部做小小突起，微向前倾，用二带系脑后下垂，二带反系头上曲折附顶。明代皇帝误解宋人对"折上巾"记载的含义，将本来下垂二巾带改成向上直带，竖于乌纱之后。这种冠帽的形制，在南熏殿旧藏的《历代帝王像》中，描绘得相当细致。山东邹县明初亲王之一鲁荒王朱檀墓出土的乌纱折上巾，也是采用这种形制，与万历帝金丝冠形式相同，惟冠的后上方无二龙戏珠装饰。

此冠装饰题材采用传统的二龙戏珠图案，这类图案自汉代开始便成为一种吉祥喜庆的装饰题材，大多用于建筑彩画和高贵豪华的器皿装饰上，双龙的形制以装饰的构图和面积而定。根据金冠后上方高耸的部位，精心设计两条往上飞腾戏珠的金龙，盘绕在透明的金丝网面上，使金冠呈现出宏伟潇洒、神奇威猛的艺术装饰效果，象征着帝王至高无上的权威。

金冠结构巧妙，制作精细，金丝纤细过发，编织匀称紧密，两条金龙用高超的丝工艺制成。反映了明万历时期皇家金银工艺的技术水平，是明代金钿工艺中的杰作。它是迄今为止我国现存唯一的帝王金冠，堪称国宝。

（2）万历孝靖皇后嵌珠宝点翠凤冠。凤冠，是古代妇女首饰最华贵的一种装饰。虽然早在汉代即已出现，但现在所能见到的完整实物，大多属于明代。1958年7月，北京定陵打开了神秘的地宫大门，在后殿宝床上梓宫旁边，出土了明万历皇帝孝端、孝靖皇后的四顶凤冠，原来都装在六角朱漆箱内，然后再盛放在朱漆木箱内。由于长期的埋藏，使原来凤冠上的珠翠都散乱了。根据原物，重新将它们按原状修复。首次向人们展示了明代帝后凤冠华贵瑰丽的艺术风貌。

孝靖后王氏（1565—1611），为万历帝朱翊钧元配。万历六年（1578），年仅14岁的孝靖被选进内廷，为慈宁宫宫人。万历十年（1582）六月册封为恭妃，生子朱常洛（即光宗泰昌帝）。万历三十四年（1606），她得了孙子，于是加慈圣徽号，进封皇贵妃，五年后就病死了，年仅47岁。死后葬在天寿山东井平冈地。万历四十八年（1620），孝端后王氏及万历帝死后，才从东井迁葬定陵，尊谥曰"孝靖温懿敬让贞慈参天胤圣皇太后"。

孝靖后王氏这件凤冠，现藏定陵博物馆。高27厘米，口径23.7厘米，重2320克。冠框用细竹丝编制，然后髹漆。冠通体嵌各色珠宝点翠如意云片。前部近顶饰九条金龙，龙首朝下，口衔珠滴。其下为点翠八凤，后部另有一凤，凤首均朝下，口衔珠滴。翠凤下缀有三排以红蓝宝石为中心的珠宝钿，其间缀以翠蓝花叶。冠檐底部有翠口圈，上嵌宝石珠花。冠后下部左右悬挂六扇博鬓，每面三扇，其上点翠地，嵌金龙、珠花璎珞。全冠共镶大小红蓝宝石100多粒，珍珠5000余粒。整个凤冠的龙、凤、云、花形象飞舞，色泽瑰丽。

明代凤冠是皇后和妃嫔每逢册封、谒庙和朝会等重大庆典时，作为礼服冠戴的。《明史·舆服志》的帝后冠服记载较为详细，规定皇后礼服为九龙四凤冠，燕居常服为双凤翊龙冠；皇妃礼冠为九翟四凤冠，常服为鸾凤冠。关于皇后凤冠的式样，据洪武三年规定，为圆框，冒以翡翠，上饰九龙四凤，大、小珠花各十二树，冠后两博鬓，十二钿。记乐三年又更定凤冠式样，规定冠上饰翠龙九，金凤四，中间一个龙衔大珠，上有翠盖，下垂珠结，其余龙、凤皆口衔珠滴，珠翠云四十片，大、小珠花各十二树。翠口圈一副，上饰珠宝钿花十二付。冠后三博鬓，饰以金龙、翠云，皆垂珠滴。后来各朝虽有变更，但基本上沿袭了这一冠服制度。定陵出土的四顶凤冠，分别为十二龙九凤、九龙九凤、六龙三凤和三龙二凤，这些凤冠上龙凤数目与明初规定不同，可见明代晚期对原定的冠服制度已不是严格执行了。

从孝靖皇后王氏凤冠内胎式样看，基本上承袭了宋代皇后用金银镶嵌珠宝的凤冠制度，与宋代皇后画像戴的龙凤花钗等肩冠式样完全相合。明代万历帝后画像上也戴有这种凤冠，但画迹只能反映出部分真实。定陵凤冠的出土，使我们对明代晚期凤冠的做法、规格以及工艺成就，有了较多的了解。

孝靖皇后王氏凤冠内胎，用细竹丝编制成圆框，然后在表面及衬里各敷一层罗纱，再髹漆。冠后用金属丝制成六扇舌形博鬓。凤冠通体镶嵌各色珠宝，点翠如意云片。制作精细，冠上九龙均用金丝制成，冠上镶嵌宝石珍珠，采用金掐丝镶嵌工艺，反映出明万历时期，皇家金银器工艺已广泛地应用金掐丝镶嵌宝石点翠工艺，并显示出高超的艺术造诣和技术水平。

此冠装饰华丽，在满饰珠宝点翠如意云片间，装饰九龙九凤，使整个凤冠龙凤飞舞，珠翠缭绕，宛如金龙升腾，奔跃在云海之上，翠凤展翅，翱翔于珠宝花丛之中，金翠交辉，富丽堂皇，令人叹为观止，为明代文物中的稀世之宝。

2.7 慈禧太后陵墓埋珍宝

史料记载：慈禧太后的殉葬奇珍异宝是分两部分，一是棺下一眼"金井"（金眼老井）为风水穴位。动工时用金镐刨土，银铲铲土，她生前喜爱之物放入其中，以祈福求祥。分五批投入宝物。

第一批，光绪五年三月二十五日：金枣花扁镯一双，绿玉福寿多三配件一组。

第二批：光绪十二年三月十二日，红碧玺寿字佩一件、红碧玺镶子母绿一件。

第三批：光绪十六年润月十九日正珠手串一盘、黄碧玺葡萄鼠佩一件、红碧玺葫芦福佩一件、绿玉佛手一件、红碧玺双喜佩一件。

第四批：光绪二十八年三月八日白玉灵芝天然小如意一柄、白玉透雕龙天干地支转心璧一件。

第五批：光绪三十四年十二月十二日（即慈禧死前10天）金镶万寿执壶二件、金镶宝执壶一件、金镶玉杯金盘二份、金镶珠杯盘二件、玉雕如意一双、金佛玉佛各一尊、正珠念珠十二串，寿字雕成珊瑚三盘。

陵寝竣工时，她亲自到地宫视察，在金井旁，将佩戴的18颗珍珠手串从腕上取下，虔诚地投入金井之中，取其点穴吉祥兆头。

二是棺中与身体相伴的珍宝。据亲自主持入殓下葬事宜的大太监李莲英所著《爱月轩笔记》详细记载慈禧相伴在棺内珍宝。

据笔记所载：慈禧尸体入棺前，先在棺底铺上一层金丝镶珠宝的锦褥厚七寸，上面镶着一万二千六百零四粒大珍珠，八十五块红蓝宝石，祖母绿两块，碧玺、白玉二百零三块。在锦褥上盖上一条绣满荷花的丝褥，上面铺满五分重珍珠二千四百粒。在这层圆珠上面又铺绣佛串珠薄褥一层，褥上用二分珠一千三百二十粒。尸体入棺前，先在头前部位，放置一个翡翠荷叶，重二十二两五钱四分，荷叶满绿，叶筋不假人工雕刻，为天然长就，甚为珍贵。在脚下部位，放置一个重三十六两八钱的粉红色荧光夺目碧玺大荷花。慈禧尸体入棺后，头枕荷叶，脚踏莲花，寓意"步步生莲"，期望着尽快地进入西方极乐世界。慈禧身上穿着多层寿衣，金丝串珠绣礼服和外罩绣花串珠褂两件衣服上，用大珍珠四百二十粒、中珠一千粒、一分小珠四千五百粒、宝石一千一百三十块。另外还有串珠九练围绕全身。在臂间摆放十八尊蚌佛。身上又盖有一床织金陀罗尼经被，被上用真金捻成的圆金线织出的佛像、佛经，在经被上还铺珠八百二十粒。慈禧头戴珠冠一顶，冠上镶嵌着外国进贡的一粒鸡卵一样大小的珍珠。在慈禧身旁还有金、银佛每尊重八两，玉翠佛每尊重六两，红宝石佛每尊重三两五钱。在慈禧脚下，左、右各放置一个西瓜、两个甜瓜。西瓜为翡翠所制，青皮红瓤，黑籽白丝；四个甜瓜，均为翡翠雕制，两枚白皮黄籽，粉瓤；两枚青皮、白籽、黄瓤。此外，还有青色粉尖的翡翠桃十个、黄色宝石李子一百个、红黄宝石杏六十个、红宝石枣四十个。在这大小二百来件雕刻的果品之外，又有王公献的两颗翡翠白菜。这白菜为绿叶白心，在菜心上落着一个碧绿的蝈蝈，菜叶旁还停落着两个黄色的马蜂。在慈禧身旁，左边放着一支玉藕，藕分三节，沾有天然生就的灰色泥污，藕上长出绿色荷叶，粉红莲花，另外还有一颗黑荸荠。右边放着一枝红色珊瑚树，上有樱桃一枝，青根、绿叶、红果，树上还落着一只翠鸟。为了填补棺中的空隙，又向棺内倒了四升珠宝，其中有：八分大珠五百粒、二分珠一千粒、三分珠二千二百粒、红蓝宝石二千二百块，仅这一项价值白银二百二十三万两。最后盖上一件宝物，叫做网珠被，被上用了二珠子六千粒。正当要上棺木的盖子时，一位公主又赶来献宝，其中有玉制的八匹骏马和十八尊罗汉，这十八尊罗汉，每个高不及二寸，白身白足，着黄鞋，披红衣，手执红莲花。公主献完宝物，覆盖上网珠被，再加上棺木盖子，最后封闭棺盖。

另有一个版本是李连英葬品清单，这份清单分四项分别记录，分为序号、名称、数量、折合当时白银多少两，举几例以说明之。

"第十二号，红宝石佛，每尊三斤五两，共二十七尊，折银六百二十万两。"

"第十三号，金佛，每尊八斤，共二十七尊，折银六百二十万两。"

据说，还有玉佛和翠佛，各二十七尊，四种佛一百零八尊。

"第十四号，翡翠西瓜，两枚，折银四百万两。"

"第十五号，翡翠甜瓜，两枚，折银四百万两。"

"第十六号，黄宝石李子，一百枚，折银四十六万二千两。"

"第十七号，青色粉尖翡翠桃，十枚，折银三十万两。"

"第十九号，翡翠白菜，两颗，折银三百八十八万两。"

"第二十号，玉藕，三节，折银四百九十万两。"据目击者说，孙殿英很喜欢，欣赏多次，啧啧称奇。这玉藕，一套三节，大小如同真的相仿，沾有天然生成的灰色泥污，藕上长出绿色荷叶，粉红色莲花，旁边还有一棵惟妙惟肖的黑色荸荠。

"第二十五号，金质昭陵六骏马，每匹重十斤，鞍镶宝石七十二块，珠一百二十六粒，折银七十九万两。"据说，这六骏马，太宗李世民按照为帮自己打天下立过赫赫战功的六匹坐骑而塑造的，神态各异，栩栩如生，仿佛能听到这些战马昔日在战场上的嘶鸣长啸、奔腾跳跃之声。

"第五十号，夜明珠，一枚重四两二钱七分，折银一千四百零八万两。"这颗夜明珠，曾被说成是第一宝物。据掘墓的军官后来回忆说，当时进到墓道里，把棺木打开，一道寒光如手电泡一样发出，一看是一颗含在慈禧嘴里的珠子发出的光。

这个记录账单，一共开列编号到第六十五号，其中缺第十八号、第二十六号、第四十号到第四十九号，共缺十二个。不知是什么原因，是原件如此，还是抄件漏掉，不得而知。孙殿英盗墓前找来这些文献，策划实施共盗50多箱。

士兵们一齐动手，用大斧将棺壁破开，内椁撬开只见慈禧头顶翡翠金筋大荷叶，枕着2尺长的玉枕；头戴九龙戏珠凤冠，用纯金线穿着大小不等的夜明珠，金光闪烁；口含大如胡桃的夜明珠，发着白光。衾被上有一朵用珍珠金线穿制而成的大牡丹花；手镯上有用大小钻石镶成的一朵大菊花和六朵小梅花；手里握着一柄用翡翠制成的降魔杵，约3寸多长；脚上穿着一双珍珠鞋，脚下踩着翠玉碧金大莲花；身边摆着17串宝石缀成的念珠，放着8对备用的翠玉手镯，豆大的珍珠，足有三四十斤……

劫掠大约进行了3个小时，墓中随葬品装入木箱运走。

地宫珍宝不计其数，极尽帝皇之奢华，但也展现了中国丰富的宝玉石珍藏以及精湛的手工技艺。

3 中国珠宝首饰产业园区大发展

3.1 昌乐——蓝宝石生产基地

1800 万年前的第三纪玄武岩喷发,在昌乐留下了百余座远古火山群,生成了丰富的蓝宝石矿。昌乐县内蓝宝石资源丰富,原生矿及其风化形成的砂矿分布面积达 450 多平方千米,储量数十亿克拉,是世界四大蓝宝石矿区(泰国、斯里兰卡、澳大利亚、中国昌乐)之一。与其他国家出产的蓝宝石相比,昌乐蓝宝石具有颜色深蓝、颗粒大、晶体纯净、双色性显著、彩色宝石多等特点,深受国内外消费者的青睐。因此,昌乐被珠宝业界誉为"中国蓝宝石之都"。

山东昌乐发现蓝宝石至今已有 20 多年历史,20 世纪 80 年代末昌乐发现蓝宝石,优惠政策吸引了珠宝商云集昌乐,与当地企业合作开采、加工、贸易,至 90 年代初,昌乐已成为国际蓝宝石市场的重要货源地。

1993 年,珠宝交易市场——中国宝石城建成,有效促进了昌乐珠宝产业发展。已形成从蓝宝石开采、宝石加工、首饰镶嵌加工到批发销售完整的产业链条,全县珠宝从业人员达 5 万余人,珠宝、饰品加工、销售企业达 2000 多家,年加工宝石数千万克拉、饰品数亿枚、黄金上百吨,已成为全国最大的蓝宝石、黄金加工交易中心。2001 年,昌乐被中国矿业联合会授予"中国蓝宝石之都"称号。

3.2 东海——水晶之都

东海水晶开发利用历史悠久。中华人民共和国成立后,民间适用性需求除加工制作水晶眼镜外,水晶工艺品基本上是一种奢侈品。国家对江苏东海的水晶资源开发、利用非常重视,从 1953 年起就委托供销社为国家代收购水晶,成立了"地方国营东海水晶 105 矿"专门从事水晶的开采、收购、管理等工作,东海水晶年开采量常年维持在 400~600 吨,占全国的三分之一。一代伟人毛泽东的水晶棺由东海水晶熔制而成。改革开放后,东海人民充分利用水晶及硅资源优势,积极发展水晶及硅系列产品加工业,使其逐步成为东海经济发展中的支柱产业。多年来,东海开发新兴的水晶珠宝加工业,相继建起了中国最大的水晶专业市场,促使东海成为享誉海内外的水晶集散地和辐射中心,并被确立为中国珠宝玉石特色产业基地。"东海水晶"品牌成功实施了国家地理标志产品保护,并获"原产地证明商标"

目前,东海县从事水晶和硅资源加工的大小企业近 3000 家,其中具有一定规模的企业有 500 多家,固定资产过千万元的企业 50 余家。全县从事水晶产业的人员达 20 万人。

东海县年产 2000 万件水晶首饰,500 万件水晶工艺品,东海水晶产品品种齐全、门类繁多,主要产品有水晶首饰、水晶工艺品、水晶观赏石等几十个大类、上百个品种。多年来,东海县委、县政府始终坚持扬长展优,积极扶持水晶产业发展壮大,在政策、人才、科技等方面为水晶产业加快发展提供了强大的支撑。经过多年的发展,东海水晶加工业培育了一批品牌企业,"石来运好"、"淞里水晶"、"晶狐水晶"等已成为省内著名水晶品牌。并已形成了以东海水晶城为中心、辐射周边、布点全国、对接世界的水晶经营销售网络体系,东海水晶年交易额达百亿元,实现利税过亿元,成为全球最大的水晶交易品集散中心。水晶产业的发展,也培养了一大批管理专家和技术骨干,全县拥有省工艺美术大师 4 名、省工艺美术名人 5 人、高级工艺美术师 21 人。

3.3 阜新玛瑙甲天下

3.3.1 阜新玛瑙基本情况

早在 2000 年,玛瑙业被列入阜新经济社会转型规划内容,政府就提出了"城乡互补、基地与市场互动、尽快形成阜新转型替代产业"的发展思路。并且先后在阜蒙县十家子镇和太平区建起了十家子玛瑙城和阜新玛瑙宝石城。特别是 2006 年出台了《关于加快阜新玛瑙特色产业发展实施方案》,明确提出"发挥比较优势,打造玛瑙之都"的工作目标。经过几年的努力,玛瑙精深加工基地、十家子玛瑙工业园区相继在高新区和十家子镇规划建设并投入生产,玛瑙产业得到了迅速发展,阜新玛瑙产业进入了历史的全盛时期。

2000 年全市玛瑙业有各类专业户 3536 户,有从业人员近 1 万人,年产值近 1 个亿。到 2005 年统计有专业户 4000 户,有从业人员 3 万人,年产值 2.5 亿。到 2011 年底统计有专业户 5000 户,有从业人员 5.5 万人,年产值10亿元。城乡两个市场新增专业户一千多家，出现了三个一批，即一批家庭作坊发展成了中等规模玛瑙雕刻厂，一批经销大户在北京、广州、内蒙古等地设立了阜新玛瑙直销店，一批小型来料加工户开始独立加工成品。市场日平均交易额由原来的几万元增加到了近百万元。玛瑙产业产值每年以30%的速度增长，从业人员以20%的速度增长。

中国阜新玛瑙博览会是我国唯一的一个玛瑙的专业展会。自2006年举办首届玛瑙节暨玛瑙博览会以来，已经举办了六届，展会的规模不断扩大，档次不断提升，效果越来越好，其中第四届和第五届被商务部列为全国重点引导支持的国家级重点展会之一。参展商、交易额不断提高，2011年展会期间实现销售额达1千多万元，5万多人次参观了展会，达成投资和销售协议20项。

通过玛瑙博览会这个平台，不但扩大了交易额，吸引了国内外玉雕爱好者和企业，同时也引起相关行业协会和各级行业主管部门的高度关注，玛瑙会展经济稳步提升，有效地促进了产业的快速发展。

阜新市着力挖掘玛瑙文化的内涵。收集阜新玛瑙雕刻大师雕刻的玛瑙精品图片，制作出版了《中华玛瑙志》等有关玛瑙的专著和玛瑙精品画册；创作了《心中的玛瑙城》等玛瑙歌曲；同时将阜新的地域、特色文化与文艺作品结合起来，编排了现代京剧《血胆玛瑙》，并获得国家精神文明建设"五个一"工程奖。

阜新玛瑙业在全国形成了独具魅力特色的城市品牌，知名度和影响力日渐提高。"阜新玛瑙雕"正式列入了国家首批非物质文化遗产名录。2006年阜新市被中国珠宝玉石首饰行业协会授予"中国珠宝玉石首饰特色产业基地"的称号。阜新玛瑙制品被评为辽宁省十佳旅游纪念品，十家子镇被评为全国工业旅游示范点。央视、香港卫视及多家媒体相继从不同角度聚焦玛瑙之都，将玛瑙之都、魅力阜新这一城市文化品牌推介给世界，有力提升了阜新城市的文化力。

3.3.2　基地发展优势

阜新是"中国玛瑙之都"，阜新玛瑙被誉为"辽宁三宝之一"，因其深厚的文化积淀，丰富的资源储量，悠久的加工历史，在全省乃至全国玛瑙业和珠宝业石业界都有其重要而独特的影响，在海内外享有盛誉。

阜新玛瑙文化历史久远。阜新在中国玉文化史上占据着文化"发端"的历史地位。位于阜新境内的新石器早期人类遗址——查海遗址距今7600余年，其中出土了近百件玉玦、玉匕和用玛瑙打制的刮削器，说明早在7600年以前阜新的查海人已经开始使用玉器和玛瑙器具了。也正因为阜新出土了"世界第一玉"和"华夏第一龙"，阜新被史学界誉为"玉龙故乡，文明发端"。

阜新玛瑙资源储量丰富。阜新是全国最大的玛瑙原料产地和加工基地，阜新的玛瑙质地优良，具有品种多、颜色全、纹理美、质地优、料形奇等特点。阜新还采出震惊全国的"玛瑙王"。重达66吨，是迄今为止国内最大的"玛瑙王"，现存放在市街心广场供人们观赏。长30余米、高5米、厚0.6米的"玛瑙长城"，堪称世界之奇。

阜新玛瑙加工历史悠久。阜新玛瑙加工经历了几千年。辽代是阜新玛瑙加工业的黄金时期，当时在阜新曾出土了玛瑙酒杯、玛瑙围棋等大量玛瑙制品。清朝是鼎盛时期，阜新玛瑙成为宫廷贡品。在当代阜新市能工巧匠连续多年在国家级玉石界雕刻大赛中获得奖项，让传统艺术焕发勃勃生机，最近开采出新品种"阜新战国红"市场火暴，与川滇产南红玛瑙皆为热门产品，价格不菲！

3.4　腾飞的岫岩玉石产业

3.4.1　岫玉产业简史

岫岩，是我国最大的玉石产地，东北地区的玉石产业中心，全国玉石原料的70%出产于此，久享"中国玉都"之名。玉石储量丰富，在距今约7000年前的海城小孤山人类遗址中，就已经出现了岫岩玉制品。而在距今6000年前的红山文化牛河梁遗址中，出现了大量以岫岩玉为原材料进行雕刻加工的手工艺品，最具有典型意义的为号称中华第一龙的C形玉龙的出土发掘。

明代宋应星撰写的《天工开物》一书中有"朝鲜西北太尉山有千年璞，中藏羊脂玉，与葱岭美者无殊异"的描述，现已考证太尉山即为岫岩玉所孕生的长白山余脉。

中华人民共和国成立后，先后建起了岫岩县玉石矿、哈达碑镇玉石矿、偏岭镇玉矿、大房身玉石矿、三家子玉石矿等10多家玉石矿企业，年产量上千吨，占全国玉石用料70%以上，是全国最大的玉原料基地。玉石销往国各地。为了保护岫岩玉资源，1999年出台了《岫岩满族自治县玉资源保护条例》，对岫岩玉实行限量开采，年开采量控制在千吨以下。

丰富的岫岩玉资源给岫岩的玉石加工业提供了优越的条件。20 世纪 80 年代以来,全县从事加工的企业有 3000 多家。逐步走向集团化、专业化。兴隆镇出现了树地玉马专业村和五道河玉虎、玉鹰专业村;哈达碑镇出现了瓦沟玉枕专业村。全县 50 万人口中有近 10 万人直接从事玉石加工、销售及其相关的产业,年创产值 4 亿元,实现利税 2000 多万元。

3.4.2 产业发展概况

3.4.2.1 数据分析

2006 年至今,岫岩玉伴随着国内经济形式的发展以及国际宝玉石市场的走势,出现了产业大发展、从业人员增多、企业规模扩大、原材料价格暴涨以及从业人员素质优化等情况,各项数据汇总见表 3 - 1。

表 3 - 1 岫岩玉生产企业、产值及从业人员情况统计表

省份	产值 亿元	利税 亿元	企业数量 个	玉雕大师数量 人	省级以上玉雕大师数量 人	从业人员数量 万人	专科及以上学历从业 人员所占比例/%
2006	6.2	0.7	2700	26	16	5	20
2007	7.4	0.8	3200	26	16	6	22
2008	8.6	1.0	4000	36	26	7	29
2009	9.0	1.2	3900	46	26	8	32
2010	9.8	1.3	3500	56	36	9	38
2011	10.4	1.4	3300	66	36	10	45
2012	11.0	1.5	3000	76	36	10	50

数据显示,自 2006 年以来,岫岩玉产业进入了一个全新的发展阶段。总的来说,就是由原来的以粗放的、小规模的、低附加值的发展模式开始向节约型、可持续型、创新型模式发展。具体表现为产值、利税稳步提高,从业人数逐步扩大,从业人员学历快速提升。尤为突出的是在企业数量上呈现了"缓坡式"的先增后减变化,这表明岫岩玉产业,结构优化技术创新向集约化发展。

3.4.2.2 基地建设项目

(1)中国玉雕会展中心:中国玉雕会展中心位于城区北出口,总投资 2.6 亿元,占地 10 万平方米,总建筑面积 12 万平方米,共有 19200 个国际标准精品展位,内设会议室、商务中心、写字间、玉雕博物馆、餐饮、娱乐等配套设施,拥有 3 万平方米大型玉都广场,预计每年可实现交易额 4 亿元,安置就业 5000 余人。

(2)东北玉器交易中心:东北玉器交易中心坐落在辽宁鞍山岫岩县站前大街东路最繁华地段,占地面积 11180 平方米,营业面积 8800 平方米,经营专业户 1076 个,从业人员 2000 人,年销售收入超亿元,东北玉器交易中心自 1994 年筹建以来,通过加大投入、加强管理、强化服务,现已成为规模较大、质量较优、品种齐全、价格合理、环境优美的宝玉石市场。

(3)荷花玉器批发市场:岫岩荷花市场位于岫岩县城西北路,1992 年 11 月建成使用,场内面积 3300 多平方米,楼层建筑面积 564 平方米。荷花市场共有 300 多个摊位,专业户主要经营各种岫岩玉产品。

(4)玉都:岫岩玉都建成于 1993 年 9 月,坐落在县城中心位置,东西长 176 米,南北宽 44 米,封闭式建筑,总建筑面积 1.2 万平方米。玉都是岫岩玉制品的交易市场,设有 100 多个门面,经营有玉雕人物、花鸟、首饰、装饰品、保健品等中、高档近千个品种,荟萃了岫岩玉雕工艺品之精华。

3.4.2.3 基地发展优势

(1)当地政府大力扶持产业发展:

岫岩县当地政府长期以来大力支持岫岩玉产业的发展,把发展岫岩玉产业当作发展岫岩县经济的头等大事。不仅在市场培养和资源保护等方面给予政策扶持,并且专门成立了鞍山市宝玉石协会专门为岫岩玉产业的制作和销售保驾护航。以政府为推动力先后举办了岫岩玉文化节、玉星奖评选等大型岫岩玉产业节庆活动,并且和中国玉雕产业的翘楚——扬州玉雕厂长期合作,培养岫玉雕刻人才,为提升岫玉产品的品质奠定了基础。

（2）产业可持续发展能力强：

作为中国玉文化的重要组成部分，岫岩玉是中国传统玉石原料中目前可持续发展能力最强的玉种。

首先，岫岩玉拥有如和田玉、独山玉、缅甸翡翠等其他玉种都无法匹敌的原料优势。短期内尚无原材料枯竭的困扰。

其次，作为中国传统玉雕的原材料之一，岫岩玉能够胜任中国传统玉雕中的绝大部分题材和造型，这是其余传统原材料和近些年的新兴玉种所无法比拟的。

最后，当今岫岩玉产业蓬勃发展，人才年龄结构以中青年为主，工艺进步空间大，人才贮备量大。人才优势是保证未来岫岩玉产业发展的核心力量。

3.5　腾冲——翡翠发祥之地

3.5.1　辉煌历史

腾冲县位于云南省西部，与缅甸接壤，是古代南方丝绸之路上的重要出口，素有"极边第一城"之称。在2000多年前的西汉时期，腾冲为"乘象国"，唐宋以来，腾冲、腾越两名称交替使用，先后设府、州、道、厅、县等。两千多年的对外开放，使腾冲成为西南第一通商口岸。

600年前，继承中国玉文化传统的腾冲人，首先发现了翡翠，首开翡翠加工之先河，以"翡翠城"闻名天下，使得腾冲成为翡翠加工的发祥地，世界翡翠贸易的聚散地。夏光南先生在其著作《中印缅交通史》中记到："英人伯琅氏（J. CegginBeown）云：勐拱所产之玉石，实于十三世纪中，为云南驮夫所发现……"。数百年来，腾冲人民秉承中华民族尚玉的文化传统，在祖国边陲谱写出"玉出腾冲"的历史新篇，以腾冲翡翠丰富了中华民族玉文化，为"玉出华夏"做出了新的注解。清末民初是腾冲翡翠加工贸易的鼎盛时期，翡翠经营量占整个缅甸的90%。以腾冲为大本营的跨国商号纷纷崛起，其分支机构遍及缅甸、印度、南洋及国内大都市，辐射到32个国家和地区。"昔日繁华百宝街、名商大贾携赀来"，是腾冲繁华一时的写照，"琥珀牌坊玉石桥"，是富丽堂皇的象征。

纵观翡翠产业在腾冲的兴衰史，可以看到，翡翠加工经营在腾冲根深蒂固，与经济社会发展密切相关，凡翡翠兴旺之期也是经济繁盛之时，这是腾冲特有的经济规律。经过近6个世纪的历史沉积，翡翠文化渗透到了腾冲人生活的方方面面，成为腾冲文化不可分割的重要组成部分。

腾冲翡翠的商业推广应该开始于明代弘治、正德年间，之前的数百年间因为汉文化的渗透较少，人们对翡翠的认识仅处在摸索阶段。随着大量的戍边将士到达腾冲，将中原玉文化知识和玉雕加工技术带到了腾冲，推动了翡翠产业的商业化传播速度。从《徐霞客游记》的相关记载来看，明崇祯年间，腾冲翡翠已在大理、丽江、昆明等地有着非常高的市场知名度，翡翠产品已经进入了寻常百姓的生活。根据翡翠文化学者和翡翠收藏爱好者的研究表明，从明代开始，大理、丽江等地的白族、纳西族妇女、儿童就开始普遍佩带翡翠饰品，并不是只在贵族和富人中进行传播。从民间收藏的明代以来的手镯、戒面、烟嘴、发簪、耳片、帽正、纽扣、锁牌、戒指、手镯等种质不一、优劣不等，适应各阶层消费者的需求。

3.5.2　腾冲翡翠发展的兴衰，经历了五个阶段

第一个阶段为翡翠经营的辉煌时期。时间从明清、民国直至抗日战争时期。当时，全世界的翡翠有90%以上是从腾冲运出的。腾冲就逐步成为了玉石的集散地。现民间收藏的众多玉簪、纽扣、烟嘴等就是当时的翡翠加工户生产制作的。《腾冲县志稿》记载，据当时腾冲海关粗略统计，仅玉石一项，1902年进口玉石271担（每担为150斤），至1917年就增加到801担。属全国玉石进口最多的地方，全国各地所需玉石均由腾冲玉商转运出售。腾冲也因此出现了富甲一方的翡翠大王张宝庭、寸如东、李先和等人。

第二阶段为翡翠交易停止时期。中华人民共和国成立后，因政策的原因，腾冲翡翠一度停止了经营，一直持续到改革开放。这个时期翡翠交易的中心从腾冲转移到了泰国。

第三个阶段为翡翠交易复兴时期。时间从1978年至1998年前后。改革开放恢复了边境小额贸易以后，腾冲边贸企业逐步走入缅甸进口玉石，玉石进口出现了恢复性增长，1996年进口量曾达到34.8万公斤，进口额达1.4亿元，约占当时全国进口量的70%。尽管如此，腾冲却再也没有恢复世界翡翠加工贸易中心的地位。

第四个阶段为翡翠交易二度低落时期（1998年至2002年）。1998年以来，缅甸政府允许玉石以大宗贸易的方式从仰光出口，而云南玉石进口渠道不畅，进口手续繁琐，加之经营管理方式不能适应市场经济的变化，曾一度繁荣的玉石交易转入低谷，腾冲玉石进口额每年以3000万元的速度下滑。2002年，报关玉石毛料进口量

仅为9.98万公斤，企业经营举步维艰。这一时期，亚洲珠宝玉石交易中心却逐步从东南亚转移到广东。

第五个阶段为翡翠再创辉煌阶段（2003年以后）。2003年以来，随着腾冲文化旅游产业的发展，政府采取了相应的措施来刺激翡翠产业的发展。腾冲县历次文化旅游产业发展规划把翡翠产业作为一个重要的项目来进行，"腾冲翡翠"已经成为腾冲三张名片之一。在一系列政策措施的带动下，腾冲的翡翠加工、成品经营逐步恢复，市场逐步扩大。2005年被亚洲珠宝联合会授予"中国翡翠第一城称号"。2007年成立了腾冲县翡翠产业发展领导小组办公室，从此腾冲有了翡翠产业发展的行政管理机构。2008年实现翡翠产业产值12亿元，翡翠再度面临着加快发展的历史性机遇。腾冲凭借国家改革开放的政策和翡翠经营历史悠久的综合优势，迅速成为国内最主要的翡翠毛料集散地，世界各地的翡翠商人云集腾冲，腾冲城可谓是峰煌再现，举世瞩目。

3.6 瑞丽—姐相珠宝集散地

云南瑞丽市作为"东方珠宝城"是从姐相（傣语宝石街）发展起来的，市领导高度重视，将珠宝玉石产业作为重点产业加以扶持。珠宝玉石产业已形成贸易、加工、销售的产业链，在推动经济社会发展、兴边富民、旅游观光购物、扩大对外影响等方面显示出了独特的优势。亮点之一就是珠宝文化产业。

如今的瑞丽已跻身"中国翡翠之源头"，珠宝集散地。

3.6.1 产业壮大，特色明显，效应突出

目前瑞丽市有从事珠宝玉石加工、批发零售、运输、毛料公盘的企业和个体商户5000余家，从业人员3.5万余人，专家和行业人士估计年销售额超过25亿元。近年来瑞丽珠宝玉石产业主要呈现"三多"、"五升"的特点。"三多"：一是珠宝商"多人种"，珠宝商来自全国各地以及缅甸、巴基斯坦、印度等东南亚、南亚国家。在瑞丽你能看到不同肤色不同国籍的人从事着珠宝业，"东方珠宝城"已经成为国际珠宝产业的重要承载基地。二是珠宝"多品种"，原料来源国际化，已成为世界珠宝玉石品种最多、来源地最广的交易市场之一和名副其实的世界宝玉石"标本库"。形成以翡翠为重点，包括钻石、红蓝宝石、树化玉等数十个品种的产品体系；三是雕刻"多工种"，河南工、上海工、广东工、福建工等全国各地的玉雕师入驻瑞丽，他们在瑞丽充分挖掘民族文化、抗战文化、边境文化、珠宝文化，创作出一大批体现瑞丽文化的玉雕作品，形成独树一帜的"瑞丽工"。近年来，瑞丽市每年组织参加在北京举办的中国国际珠宝展和中国玉雕界最高奖项"天工奖"评选，先后获得了金奖、银奖、铜奖等30多个奖项。"五升"：一是珠宝市场数量上升，2009年以来瑞丽珠宝产业乘势而谋、顺势而上，形势喜人，呈现井喷式的发展态势，新增了十多个珠宝商城，打破了以往"五大珠宝园区"的布局，新增经营面积超过5万平方米，本地从事珠宝经营人员比例大幅上升；二是参加缅甸公盘的商家数量上升。缅甸玉石毛料公盘是珠宝行业界采购玉石原料的主要途径，更是玉石市场的风向标。近年来瑞丽参加缅甸内比都玉石毛料公盘的人数不断增长，改变了过去等货上门或者到外地进料的局面；三是珠宝玉石价格飙升。近年来无论是成品还是原料，价格都在节节攀升，涨幅达到平均每年一倍以上；四是毛料进口数量上升。根据瑞丽玉石毛料商人反映，缅甸内比都至瑞丽的陆路进口通道比较顺畅，中低档玉石毛料进口数量上升较快，2006年至今每年玉石毛料进口量都在不断上升；五是文化产业增加值不断上升。瑞丽市文化产业重点是珠宝文化产业，可以说文化产业产值的变化就是珠宝文化产业的"晴雨表"，多年来全市文化产业增加值占GDP的比重不断上升。2006年至2011年全市文化产业增加值分别是1.16亿元、1.59亿元、1.93亿元、2.17亿元、2.64亿元、4.79亿元，分别占GDP的7.7%、8.5%、8.57%、8.76%、8.9%、13.6%。

3.6.2 抓基础设施建设，招商引资促项目落地生根

瑞丽多年来实行基础建设先行，筑巢引凤，促进珠宝市场主体多元化。各地商人落户瑞丽从事珠宝经营；并允许来自缅甸、印度、巴基斯坦等国家的外籍自然人从事珠宝经营，纳入个体工商户备案登记管理，对其子女就学提供帮助。在已建成的珠宝步行街、姐告玉城珠宝园区基础上，又新增了姐告顺珏珠宝城、金龙大厦珠宝城、德龙珠宝城等珠宝专业市场。珠宝玉石产业固定资产投资超过10亿元，经营面积达11万平方米；加快推进金星石木文化城、中国·瑞丽彩色宝石交易中心、瑞丽国际珠宝翡翠学校、广贺罕傣王官遗址公园、畹町抗战博览一条街等特色珠宝文化旅游项目建设；培育出了"勐拱翡翠"、"百美珠宝"、"美珏珠宝"、"样样好珠宝"等知名品牌。珠宝产业项目的建设促进了珠宝旅游逐步走上产业化、规模化发展道路，增强了文化产业的整体实力、扩大了就业、增加了居民收入，解决了至少5万人以上的就业岗位，同时还极大地促进和带动其他产业联动发展。根据旅行社的不完全统计，到德宏州旅游的游客80%以上是冲着瑞丽珠宝而来。

3.6.3　加大宣传促销力度，以文化助推珠宝产业发展

运用报纸、广播、电视、互联网等媒体和省内外大型节庆会展活动，加大宣传力度。近几年来通过积极争取，联系中央和省内外媒体，在中央电视台《天涯共此时》、《走遍中国》、《中国地理》、《城市一对一》等栏目陆续播出了有关瑞丽珠宝的节目，云南卫视举办大型跨年晚会《有一个美丽的地方》；协助引导新华社、中新社、新浪网以及旅游卫视、湖南卫视、浙江卫视等电视台对瑞丽珠宝题材进行了深度报道；创办了"中国瑞丽国际珠宝文化节"，并成功举办4届"神工奖"玉雕大赛、玉石毛料公盘等独具特色文化活动，达到了对外宣传推介瑞丽的目的。

3.6.4　抓牢政策和机遇，多举措促进发展使优势最大化

（1）在中国—东盟自由贸易区全面建设中，云南是我国向西南开放的重要桥头堡，瑞丽是开放试验区。国家为瑞丽提供了各项特殊政策，提供了千载难逢机遇。瑞丽将由对外开放的"边缘"变为国家战略的"前沿"。

（2）交通运输条件即将改善。随着大瑞铁路、龙瑞高速公路、中缅输油气管道的相继开工建设和芒市国际机场的建成，制约瑞丽市发展的交通瓶颈问题将得到有效解决，瑞丽作为黄金口岸的金大门，交通枢纽、贸易枢纽、开放门户的作用更加凸显。

（3）进一步加强中缅交流合作，提供毛料进口保障。2008年年底缅甸允许玉石在仰光公盘后以陆路贸易方式出口玉石，中断了多年的云南玉石毛料陆路运输线再次开通。2010年仰光玉石毛料公盘取消搬迁至内比都举办，为玉石原料进入瑞丽提供了更大的优势。内比都距瑞丽500多千米，比仰光到瑞丽缩短了400千米路程，这意味着陆路运输成本将大大缩减，将成为牢控玉石毛料源头的一次关键契机，也就是说缅甸政府承认中国唯一的陆路玉石毛料进口合法口岸瑞丽是全国珠宝翡翠原料进口流通最便捷之地，与其他基地相比有着明显的区位优势。在发展中我们抓牢机遇抓好中缅交流合作，促进双边发展，从2008年开始，瑞丽与缅甸木姐多次开展"商务定期会谈"，疏通了玉石毛料陆路通道，为发展珠宝玉石产业奠定了原料基础。

3.7　翡翠玉器耀四会

地处广州近郊的四会以"中国玉器之乡"的美名，成功地聚焦了全国乃至全世界玉器从业者和爱好者的目光。

四会玉器加工历史悠久，早在清末民初就有一些人在当地开设"家庭作坊"，从事玉器雕刻加工。到20世纪50~60年代已办起了一批玉器加工厂，玉器加工业开始迅速发展起来。进入20世纪90年代后，四会玉器产业驶入了发展的快车道，玉器加工厂遍地开花，工艺水平不断提高，"高、精、尖"玉雕的工艺产品大批量占领市场，成为四会的一大富民产业。

四会玉器产业主要集中在本市东城街道，玉器产业发展的人才、政策制度环境优势和一年一度的柑橘玉器文化节进行品牌推广，使四会的玉器产业得到了蓬勃发展，玉器已成为四会市的一张响亮名片，东城街道也因此荣获"中国玉器名镇""中华翡翠加工基地""广东省火炬计划玉器设计与制造特色产业基地""省级专业建设先进单位"等美誉。纵览四会玉器产业的发展历程，主要有以下六大特点：

3.7.1　特点一：产业规模优势明显

截至2010年，四会有玉器店2800多家，玉器加工厂500多家（其中产值过亿元企业7家），从业人员近12万人，年加工玉璞7900多吨，年产值约55亿元，年销售额30多亿元，出口创汇8000多万美元，行业利润率达20%以上，为国内之最。四会玉器产品畅销国内外，其中翡翠玉器摆件占国内市场份额的70%，玉器挂件和饰件占国内市场份额的60%，产品还出口东欧、东南亚各国以及港澳台地区。四会玉器市场已成为广东省四大玉器市场之一，也是广东省乃至华南地区玉器行业从业人员最多、全球最大的集产、供、销于一体的翡翠玉器批发市场和玉器加工基地。

3.7.2　特点二：产业体系完整，富有特色

四会的玉器产业由玉器原石拍卖交易场、玉器加工厂、玉器贸易市场、玉器服务业四大部分组成，并在玉器产业链条各环节形成了：无玉不成市的市场特色、"亦厂亦店"和"自产自销"的生产特色、专营翡翠玉的品种特色、加工基地＋批发市场的经营特色。四会有"天光墟"、"玉器街"、"翡翠城"、"中国（四会）国际玉器城"四大专业市场，其中"中国（四会）国际玉器城"占地约16万平方米，是国内首家集玉石拍卖、切割和玉器加工、展销、鉴定等于一体的综合性专业市场，这里建有100000平方米的玉石原料拍卖中心，有21000平方米的玉器市场加工区和约40000平方米的商贸中心（其中加工区内可容纳近400家商铺，商贸中心有A、B两大卖场），

有 60000 平方米的珠宝玉器检测及交易中心，有商务酒店、银行、超市、便捷交通网络等生活配套设施。四会玉器这种产、供、销、服务一体化的完整产业体系，成为独特商业、文化、旅游风景线，每年吸引全国各地及东南亚、港澳台等地的客商 100 多万人次前来参观购买。

3.7.3 特点三：产品向"高、精、尖"方向发展

四会玉器产品种类齐全，包括摆件、玩件、挂件、饰件等，近年来向"高、尖、精、全"方向发展，生产出的玉器产品构思巧妙、工艺精湛，令人叹为观止。仅 2010 年，就有 1 件作品获"天工奖金奖"，1 件作品获"首届玉星奖金奖"，2 件作品获"玉器百花奖金奖"，涌现出以张森才为代表的一批高级工艺美术师，印证了四会较高的玉器设计、制作水平，展现了四会玉器产业巨大的国内影响力。

3.7.4 特点四：兼容并蓄，外地巧匠琢玉四会

四会人开放、包容的品格，吸引了来自四面八方的人在此落地生根，如今近 12 万玉器从业人员中，形成了本地及各省（区）、福建莆田、河南南阳三分天下的格局。此前，四会玉器以首饰、挂件为主，产品较为单调，工艺水平不高。福建莆田人加入四会玉器产业后，创造性地将木雕、寿山石雕的技术运用到玉器加工中来，不仅大大提升了四会玉器的工艺水平，而且使"摆件"这种中高档玉器产品成为四会玉器的主流产品之一。河南南阳人在玉器加工领域有上千年的悠久历史，技术和文化积淀深厚，工艺水平精湛，尤其是在山水、花鸟虫鱼等玉器摆件上最为擅长，他们的到来，大大提升了四会玉器产业的精细化水平。

3.7.5 特点五：构筑公共服务平台，助力玉器产业发展

近年来，四会积极推动玉器产业公共服务平台的建设，建立健全了四会市玉器商会、四会珠宝玉石首饰行业协会、四会市工艺美术协会、四会市珠宝玉器鉴定中心、四会玉器电子商务网、四会市玉器雕刻工艺实训基地、四会市玉器创新开发中心、四会玉器设计与制造公共服务平台、广东省玉器专业镇东城生产力促进中心等产业创新服务体系，为四会玉器产业建设在信息共享、品牌宣传、抱团发展、人才培养等方面发挥了重要作用，成为四会玉器产业可持续发展的有力保障。

3.7.6 特点六：以现代科技改造提升玉器特色产业

为改造提升玉器传统优势产业，四会市主动邀请华南理工大学、广东工业大学等高校加盟街道玉器产业，围绕玉器行业检测、设计、制造、网上展销等行业共性技术问题开展项目研究与应用，联合承担了省部"产学研"结合项目"玉器设计制造数字化平台"和"玉器雕刻设计与展示平台"的开发。此外，东城玉器专业镇还积极参与科技创新活动。截至目前，东城玉器专业镇共承担或参与省市科技计划 15 项，累计获得授权外观专利 18 件。通过"产学研"合作和科技创新活动的开展，一大批先进生产技术和设备引入到玉器产业中来，增强了企业自主创新能力和行业竞争力，进一步提升了四会玉器的档次和水平，有力地推动了玉器产业的转型升级。

百尺竿头，更进一步。历经岁月洗礼的四会玉器产业，正沐浴着政府优惠扶持政策的春风，凭借着深厚的文化、技术、市场、品牌积淀，借力现代科技，行业同心，群策群力，向着打造世界翡翠玉器产业航母的宏伟目标奋勇前进。

3.8 平洲——小玉件大产业

3.8.1 平洲玉雕产业特色

平洲位于广东省佛山市南海区东南部，毗邻广州市荔湾区。平洲是我国翡翠小玉件为主的加工生产、批发基地之一，约有玉器厂商 3000 多家，光身翡翠玉器成品的产销量全国最大。以生产各种手镯、耳扣、怀古、珠链、戒指、戒面、桃心等光身件为主，工艺最佳，售价最廉，有近 30 年的历史。近年由于外地厂商及能工巧匠的不断加盟，使平洲玉器市场的产品除传统的光身饰件外，佛公、观音、花件、摆件、座件、玩件、杂件、印章、龙钩、钟馗、貔貅、花鸟鱼虫、十二生肖等高、中、低档产品应有尽有，形成了目前平洲玉器市场百花齐放、百家争鸣、繁荣昌盛的经营局面。

20 世纪 70 年代中期，由平东墩头村村民创办的平东墩头玉器加工厂，承接广东省工艺品进出口公司的玉器发外加工业务，因工佳、价廉，赢得美誉，也培养大批优秀人才，至今众多乡亲以此为业，致富兴家薪火相传。80 年代改革开放后，私人作坊纷纷涌现，能工巧匠纷纷亲往云南中缅边境，采购缅甸翡翠玉石，以家庭作坊式自营产销，玉器成品以质优价廉为著。不久蜚声内地、港澳台和东南亚，各地玉商上门求购，玉器市场开始形成。90 年代中期，平州镇政府建设平州玉器街，进行规范经营，规范管理，逐渐发展而成亮丽的特色经济产业。并引入外地客商、能工巧匠加盟经营，一派兴旺景像，呈现勃勃生机。

进入 21 世纪的平洲玉器行业，产品多样化：分花件、手镯类，谕憬精品类及玉片、玉芯类。

平州珠宝玉器协会成立 11 年来，以民主管理、依法经营一枝独透，其知名度、影响力、凝聚力与号召力与日俱增，获得翡翠业界的广泛关注和高度赞誉。

2005 年，平洲珠宝玉器协会积极参与"翡翠分级国家标准"的研制工程，产品质量有很大提高。科学合理制定翡翠行业标准，根据必要的生产成本加上合理的经营利润制定翡翠饰品零售的指导价格，规范行业经营行为，提高企业竞争力和信誉，也保障消费者权益。

2006 年 3 月，平洲珠宝玉器协会又与国家珠宝玉石质量监督检验中心合作，共同设立了"国检中心平洲技术咨询服务点"，为"质量第一、信誉第一、服务第一"的服务宗旨，为社会各界提供良好的检测技术和科研服务。

玉雕文化艺术促进联盟成立，吸引了一大批来自全国各地在平洲经营的中青年玉雕技术精英自愿参加，他们身怀绝技，德艺双馨，矢志以玉石为载体承传历史悠久的中华玉文化，进一步提升平洲玉雕作品的设计创意、工艺水平和玉雕作品的传统文化内涵。在珠海博物馆举办了平洲玉雕精品展览会；在澳门威尼斯人大酒店举办"中华翠玉文化节"，一鸣惊人。"联盟"积极组织青年玉雕师参加首届广东省职业技能大赛"平洲玉器城杯"玉器雕刻大赛的初赛、选拔赛和总决赛。在此基础上优中选优，评选出新世纪中国首批国家级玉雕技师和国家级玉雕大师各 20 名，此举得到全国珠宝玉器行业的一致认可和高度赞誉。在珠宝玉器行业最具影响力、公正性和权威性的玉雕天工奖评奖活动中，平洲以优良的翡翠材质、高超的设计工艺水平曾夺得金奖和银奖，一枝独秀、艳压群芳。

3.8.2　2006—2012 年平洲珠宝产业数据

平洲珠宝玉器行业约有玉器店铺 3000 多家，加工厂 500 多家，从业人员超过 2 万人，行业经营者单体规模小，均为个体工商户，人均数目约 3～5 人，主要是合伙经营或师父带徒，形成了小玉器大产业的格局。目前，平洲珠宝玉器特色产业经营商和从业人员本地的占少数，约五分之二；其余主要来自福建、河南、湖南、云南等国内 26 个省市自治区和港澳台地区。据 2008 年统计，平洲的缅甸翡翠加工量约 7500 吨。随后几年，市场兴旺，产销量大增，至 2010 年底统计，年加工能力已跃升至 10000 吨左右。产销量总体持平。产品一部分被流通领域所承接，另一部分被各界人士购买，用于佩戴、把玩或收藏。翡翠的顾客以华人为主，还有亚洲人。

3.9　大力振兴镇平玉雕产业

镇平县位于河南省西南部，历史文化悠久，人文积淀深厚，舜帝时境内为吕国，汉时境内设涅阳、安众侯国，金哀宗正大三年（公元 1226 年）改称镇平县，著名诗人元好问为首任县令，是一代名将彭雪枫将军的故里。镇平县先后荣获了"中国珠宝玉石首饰特色产业基地""中国玉雕之乡""国家级文化产业示范基地""河南省文化改革发展试验区""河南省文化产业示范园区"等荣誉称号，2008 年，镇平玉雕被列入国家级非物质文化遗产保护名录，2010 年，镇平玉雕荣膺"中国新锐城市名片"。

2006 年中国珠宝玉石首饰行业协会把河南镇平确定为特色产业基地后，镇平十分看重这张金字招牌。六年来，政府始终把产业基地建设作为弘扬玉文化、壮大玉产业的难得机遇，摆在突出位置，整合工作力量，实施重点突破，做了大量基础性工作。

一是高起点策划规划。统筹产业基地和玉文化试验区建设，聘请北京大学文化产业研究院进行总体策划，确定了建设"中华玉都"的发展定位、"一心六点"的总体布局和"创意引领、产业支撑、项目带动、文化注入"的思路，先期启动 5 平方千米产业核心区。

二是实施项目带动。从文化与产业的结合入手，规划包装涉及基础设施建设、文化服务体系建设、产业协调整合、玉文化主题旅游、品牌体系建设等 5 大类 70 个重点项目。其中，国际玉城，以玉文化展示传播、玉雕精品销售和旅游购物公园为基本定位，占地 1300 亩，整体建筑为明清风格，一期 4 万平方米，已经开市营业，并被评为 4A 级旅游景区。玉雕大师创意园，由江苏古建设计院按照江南园林风格和 4A 级景区标准规划设计，总占地 600 亩，是集大师创意、加工生产、展示销售、交流研讨于一体的经典文化景观项目，目前示范工坊、玉文化交流中心已基本完工。天下玉源，由清华大学规划设计，以仿汉代建筑风格，玉料公园为基本定位，目前一期翠玉园、独玉园、碧玉园、和田玉园等 10 座建成营业。

三是深入挖掘整理镇平玉雕文化，在玉雕技艺改进、玉雕工艺方面提升强化文化注入；在玉雕创作中注重中西文化结合、古今文化结合、民族文化结合、佛教文化、道教文化结合，形成南北并蓄、中外兼容、多样并举的独特艺术风格，涌现出了一批优秀佳作。

四是注重品牌打造。实施品牌带动战略，在名企品牌打造上，培育了"玉神"、"神圣"、"开元"、"醒石"、"三富"、"玉之魂"、"博奥"、"博涵"等知名品牌。在名师品牌培育上，专门制订了玉文化人才引进、培育规划，建立玉文化人才库，实施分类管理。

六年的艰辛探索与实践、不懈努力与思考，我们深刻感到，镇平建设珠宝玉石首饰特色产业基地，既有独特优势、难得的机遇，同时也面临新的挑战和压力。优势大致有以下几个方面：

一是抓产业基础。目前镇平玉雕加工遍布全县 16 个乡镇 100 多个行政村，其中专业村 50 个，玉雕专业户近 2 万户，拥有 10 个大型玉雕专业市场，各类玉雕精品门店、摊位 2 万多个，基本形成了以规模企业为龙头，以加工小区和专业市场为龙身，以专业村、专业户为龙尾，集原料购进、人才培训、设计研发、雕琢加工、展示销售、文化助推、品牌战略、节会推广、质量检测、旅游观光、宣传推介于一体的比较完备的产业体系。年均交易额 200 亿元。

二是广纳天下美玉。与大部分玉料产地建立了合作关系，既有国内的和田玉、独山玉、岫玉、昆仑玉、蓝田玉、酒泉玉，也有国外的缅甸翡翠、巴西玛瑙、俄罗斯白玉、阿富汗白玉、加拿大碧玉，加工 100 多个品种的玉料。尤其是镇平距南阳独山玉矿 26 公里，有就近开采加工独山玉的便利条件。独山玉作为南阳特有的玉石品种，质地致密、细腻、坚韧、温润、光洁、状如凝脂，色彩丰富，素有"多色玉料"之称，是中国四大名玉之一，远景储量 20 万吨，是镇平玉雕重要的玉料来源地。

三是从业人员众多。全县玉雕从业人员 30 万人，其中县外从业人员接近 10 万人，不仅为镇平，也为包括广东四会、云南瑞丽等地的玉文化产业发展输出了大量中高级人才。仅在广东四会中，镇平玉雕人员就接近 4 万人。目前镇平玉雕从业人员占全国玉雕从业人员的 60% ~ 70%。

四是独特艺术风格。镇平玉雕广泛吸纳京津、苏杭、岭南工艺之长，以内雕、透雕为根本特征，形成了自然美、创意美、技艺美为一体的中部风格。创作领域包括摆件、挂件、饰品等八大类型，体裁涉及人物、山水、花鸟、历史故事等。

3.10 梧州——人工宝石产业之城

广西梧州全市领取了营业执照从事宝石贸易、加工、机械的个体户共有 700 多户，企业 150 多家，原料生产企业 10 户，机械设备生产及经销商 30 多户，还有 500 多户未登记注册的个体户。随着产业升级发展，梧州市的人工宝石生产已完成了技术的升级换代，效率更高的自动化数控机已替代了八角机生产，人工宝石年加工、集散、交易数量达到 120 亿粒以上，占国内产量 80%、世界产量 70% 以上，总价值达到 25 亿元。从业人员由于受自动化机械生产的推广的影响，从几年前的 10 多万人缩减到大约 4 万 ~ 5 万人。

3.10.1 梧州宝石镶嵌企业以及宝石品牌初步建立

在宝石经营者中，具有一定规模的镶嵌企业有旭平首饰有限公司、梧州市旺发新工艺品有限公司、梧州市中天首饰有限公司、梧州市尚美宝石有限公司等。品牌建设上，旭平首饰有限公司创立了"旭平首饰"品牌，梧州市旺发新工艺品有限公司拥有自己的"黎蒙"珠宝品牌，还有部分企业正通过加大科技投入，努力往宝石镶嵌为主的珠宝首饰深加工产品方向进行探索延伸。

3.10.2 梧州宝石产业集群效应初显

梧州被誉为"世界人工宝石之都"，"梧州国际宝石节"成为广西会展最响亮的品牌之一，世界知名品牌"施华洛世奇"开始进驻梧州，我国最大的几家生产宝石的上市企业在梧州都设立了分公司或者办事处。政府专门设立了市宝石办、蝶山区宝石局等管理机构，行业也先后成立了宝石商会、饰品学会、宝石网商商会等民间机构。宝石城及宝石大厦是世界最大的人工宝石交易集散中心，成立了全国第一个专业检测中心，梧州学院专门开设了宝石设计专业，产业链条逐步拓展，生产原料、生产机械基本实现国产化，产、学、研一体化集群模式雏形显现。

3.10.3 产业链待完善

完整的宝石产业链分为上游的立方氧化锆生产，中游的宝石半成品加工，下游的首饰镶嵌、陶瓷制品、军工核电用品生产等。其中比较赚钱的是上游与下游产业（见图 3 - 1）。

上游产业主要是指立方氧化锆的生产。梧州市每年生产宝石半成品所消耗的立方氧化锆约 4620 吨，加上合成红、蓝刚玉，尖晶石等人工宝石的年消耗量达 6000 吨。但是这些大部分来自梧州以外，其中广东东方锆业

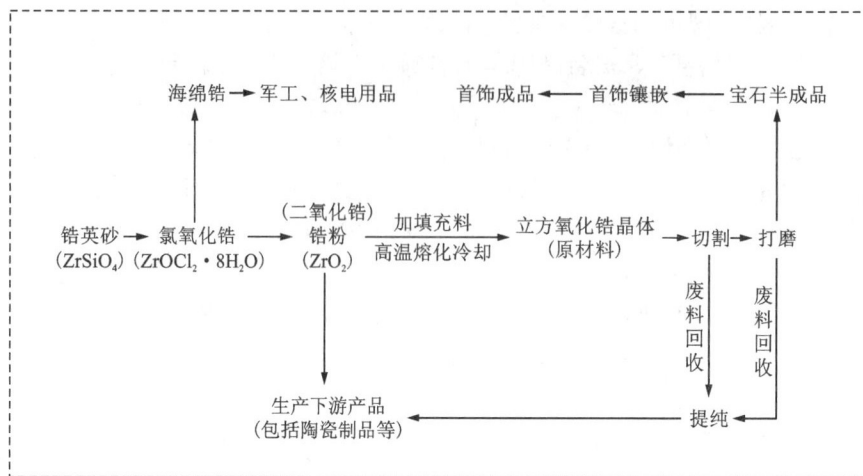

图 3 - 1　宝石产业链示意图

提供了约 69%，江西晶安等其他上游企业提供了约 30%。

由于缺少上游产品生产企业，梧州对原料供给及其价格受到制约，梧州的宝石半成品加工企业易受到上游企业的影响，不得不在人际关系上下功夫以维持良好的供给关系，从而极大地增加了梧州企业的成本及发展后劲力。

中游产品生产企业多，中间产品产量大，价格竞争激烈。

30 来，梧州市宝石产业从研磨加工宝石起步，已发展成为具有原料配件、机械设备、切割研磨、收发配送、经营贸易并可生产几乎所有种类人工宝石产品的产业体系，人工宝石年加工、集散、交易数量达到 120 亿粒以上。但同时，梧州市人工宝石产品系列未能带动钻研精磨、珠宝镶嵌、综合加工等深加工产品发展，整个宝石产业仍处于国际产业链条的低端。

下游产品生产企业数量少，规模小，有待加强品牌建设。

下游产业主要是指首饰镶嵌、陶瓷制品、军工核电用品生产等。目前，梧州市具有一定规模的镶嵌企业有 4 家，相比宝石中间生产企业数量及 120 亿粒宝石中间产品的产量，下游宝石首饰生产的企业数量少，产量不算大，规模还有待进一步提高。

属于梧州本土的人工宝石品牌企业屈指可数，并且在国内外影响力都不够大。许多中小型的企业，缺乏进取精神，创新动力不强，要大力推动知名企业和著名品牌积极培育龙头企业。

3.11　名贵石王：寿山石

寿山石是福建"省石"，是"国石"的第一候选石，素有"天遣瑰宝"、"石中之王"的美誉，独产于福建省福州市晋安区北峰寿山乡、宦溪镇、日溪乡绵延 200 多平方公里的山峦中，是福州市和福建省独有的宝贵资源。

近年来，寿山石产地被命名为首批"国家矿山公园"，寿山石雕刻艺术被列入第一批国家非物质文化遗产名录，被国家文化部授予"中国民间艺术（寿山石）之乡"、"首批国家珠宝玉石特色产业基地"等称号，显示出寿山石文化的神奇魅力，也预示着寿山石产业的美好前景。

福州市、晋安区十分注重寿山石资源保护工作，坚持走可持续发展之路，努力实现寿山石资源的有序开发，确保寿山石的永续利用和自然生态环境不被破坏。

3.11.1　管理保护情况

完善立法，编制规划，有计划保护寿山石资源。

经省人大常委会批准的《福州市寿山石资源保护办法》于 2003 年 3 月 1 日正式施行，使寿山石成为我国第一个由地方人大立法保护的石种，寿山石资源开发利用走上有法可依的轨道。

晋安区政府颁布实施了《福州市晋安区矿产资源开发利用与保护规划》、《寿山国家矿山公园核心景区详细规划》、《福州市北峰建设发展总体规划》等，对 130 平方公里之内的寿山石分布区域，划定禁采区、限采区与可采区，坚持"有所采，有所少采，有所不采"原则，对寿山石资源进行限量开采，杜绝滥采滥挖。出台了《田黄石自然保护区》政策，划定了2亩田黄石保护区。

3.11.2 开发利用情况

（1）以寿山石资源为依托，发展寿山石文化旅游。

作为寿山石的独产地，晋安区以寿山石文化旅游为切入点，在产地建设融自然、人文、乡土风情和石文化艺术为一体的寿山石大观园，相继建成中国寿山石馆、寿山古街、寿山石观光洞、田黄探宝溪、善伯洞风景区、寿山瀑谷、寿山溪漂流及寿山石原石交易市场等景区景点，构筑了晋安区第一个具有区域特色的旅游功能区——寿山石文化旅游区。2003年，寿山石文化被省政府确定为福建省六大文化品牌之一，寿山石文化旅游跻身福州四大旅游品牌行列。近年来，寿山石观光洞建成并对外开放，建筑面积3032平方米的中国寿山石馆和占地40多亩的寿山石文化中心广场顺利落成，寿山真正成了海内外寿山石收藏爱好者的"朝圣圣地"。凭借寿山石文化品牌的独特魅力，带动了北峰旅游业的发展，每年接待国内外游客超过30万人，旅游总收入逾3000万元。晋安区还通过与北京故宫博物院联合主办"中国寿山石精品展"、举办两届中国寿山石文化博览会和海峡两岸寿山石文化书法精品展、寿山石雕刻艺术"十大新秀"评选、中国（福州）寿山石文化旅游节等活动，为寿山石文化旅游推波助澜。

（2）以市场培育为重点，打造寿山石产业链。

随着寿山石的大量开采、雕刻工艺的日臻成熟以及市场需求的急剧扩大，福州市和晋安区专门投资建设了特艺城、藏天园、寿山石文化城、汉唐文化城、寿山村寿山石商贸旅游街、宦溪镇垅头村寿山石原石交易市场等一批寿山石专业销售市场，使寿山石交易从零散无序状态向集中规范方向发展，一个涵盖开采、加工、销售、收藏、研究等环节于一体的、完整的寿山石产业体系已经逐步形成。鼓山镇樟林村自20世纪90年代以来，就一直是全国彩石的重要集散地，全村从事石雕业的达3000多人，建有5000多平方米的"樟林石雕城"。鼓山镇政府投资1000多万元建成的中国寿山石交易中心，经营面积17500平方米，成为集寿山石学术研究、雕技培训、精品展览、雕刻创作、经营销售、原石交易等功能于一体的寿山石文化艺术中心。据统计，仅晋安区目前从事寿山石雕产业的人员达5万人，年产值达数十亿元，晋安区寿山石特色产业基地已经全面形成。

（3）以文化研究为途径，弘扬寿山石文化。

晋安区成立了海峡寿山石文化研究院，聘请中国工艺美术大师郭功森、冯久和、林亨云等20多名雕刻艺术家和理论家担任研究员。组织专家学者对寿山石资源及文化现状进行考察论证，开展大量的寿山石文化研讨和交流活动。近年来，台湾印石艺术收藏协会等团体多次来晋安区，与海峡寿山石文化研究院、寿山印社等寿山石文化机构进行有关寿山石文化艺术的学术交流。《中国寿山石文化大观》、《寿山石学术论文集》、《中国寿山石论文集》、《中华瑰宝寿山石》等专著和画册先后面世；第一首寿山石主题歌《人见人爱寿山石》广为传唱；第一部全面介绍寿山石文化的六集纪录片《中国寿山石》在中央电视台连续播放，进一步加大了寿山石文化的宣传和推广。

以寿山石文化旅游为龙头，加快北峰旅游开发步伐。充分依托福州"后花园"好山、好水、好石头的天赋资质，以寿山石文化旅游为龙头，以寿山国家矿山公园建设为载体，对北峰旅游资源进行深入挖掘，深度开发，完善道路、交通及宾馆、酒店等基础设施和旅游配套设施建设，突出发展国石观赏、避暑度假、登山健身、生态休闲、农业观光、温泉养生等"六大服务产业"，打响寿山石文化旅游和"福州后花园"特色服务品牌，进一步营造"出门旅游看特色，福建特色寿山石"的氛围，提升寿山石文化特色旅游在全省乃至全国的知名度，实现寿山石文化旅游突破福州、跨出福建、融入全国、走向世界的目标。

3.12 青田石雕走向世界

3.12.1 青田石文化产业历史概述

青田石储量丰富，分布于青田县十多个乡镇。主要产地在山口镇至方山乡一带，总称山口叶蜡石矿，质量上乘，多出产名石。青田石品种繁多，有名可称的典型品种有100多种。青田石温润如玉，却有比玉更丰富的色彩，更奇特的花纹。自然界几乎把所有的颜色都印染在青田石里面，使它呈现出青、白、黄、红、棕、紫、绿、蓝、黑、花等绚丽的色彩。青田石不仅因色彩美、质地佳而成为难得的工艺雕刻材料，更以其特有的脆爽而备受文人的青睐，成为历代篆刻家首选的石材。

青田石雕作为传统的工艺精品，其雕刻技巧、风格塑造和情趣意境，都达到了前所未有的完美程度。石雕艺人在创作过程中遵循石材的自然特点，发挥艺术构思的独创性，因材施艺，依色取巧。在创作手法上，将圆雕、镂雕、高浅浮雕、线刻等技法交替运用，加之精雕细刻，创造出具有"精、细、美、奇、真"特点的工艺精品，从而增强了造型与自然物的相似感，堪称巧夺天工。

青田石雕是民间艺术宝库中一颗璀璨的明珠，历史悠久。现在可以查证最早作品是湖州市出土的崧泽文化时期的"青田石璜"，距今约6000年。浙江省博物馆藏有六朝时青田石雕小石猪，记录着1500年前青田石雕的历史踪影。

唐、宋时期，青田石雕有较大进展。从龙泉双塔内发现五代吴越国时期的青田石雕佛像说明，唐代青田石雕题材和技艺有突破性的进展。至宋代，青田石雕吸收了"巧玉石"制作工艺，发挥青田石自身石色、石质和可雕性的优势，开启了多层次镂雕技艺的先河。

据《青田县志》记载，元时"赵子昂始取吾乡灯光石作印"，篆刻大家文彭以青田石作为印材替代金属、牙骨，从明代中叶开始大彰于世。青田石为我国篆刻艺术作出了不可磨灭的贡献。

清代和民国初，青田石雕作为江南名产屡被选作贡品。乾隆八旬万寿节，大臣们用青田石雕制作一套(60枚)"宝典福书"印章作寿礼(现存北京故宫博物院)。随着远洋商贸开通，青田石雕远销英、美、法，多次参加国际性赛会，并在1899年巴黎赛会、1905年比利时赛会、1915年美国太平洋万国博览会上获奖。宣统二年，青田石雕在南京举办的南洋劝业会上获银牌奖。

新中国成立后，青田石雕曾多次被选作国家礼品赠送外国领导人。1972年1月，美国总统尼克松来访，青田石雕被作为国礼赠与了尼克松。1992年，青田石雕邮票发行。青田石雕艺术以新的形式走向世界，走进亿万人家。

改革开放以来，青田石雕发展迅速，青田素有石雕之乡美誉。作品远销40多个国家和地区，享誉海内外。有数十件作品分获中国第二、四、五、六、九届"百花奖"优秀创作设计一等奖。

3.12.2　2009—2012年青田石文化产业现状

2006年以来，青田建设"中国国石文化城"为目标，大力发展、壮大石雕文化产业，在探索发展的道路上留下了令人惊喜的印痕。

(1)2006—2011年青田石文化产业相关数据分析。

至2011年年底，青田县石雕生产企业3000家，其中具有大师品牌的企业68家。专业经营石雕产品的商铺有1000多家，在外地专业经营青田石雕的商铺也有300多家。年销售额最多的达到1000多万元，最低的几十万元。青田县石文化产业年产值从2005年的2亿元跃升至2011年的12.3亿元，产业利税达到500万元。

石文化产业的不断发展得益于石雕人才，青田县在推介青田石雕的同时，加大对石雕人才的培育力度，建立多层次的人才培养机制；出台人才评价制度；开办免费就学的青田石雕艺术学校，每年为行业输送专业人才200多名。此外，选送有潜力的青年艺人到北大等知名院校设立"高级人才班"进行培训深造，使青田县石雕产业"金字塔"型的人才队伍中文化、年龄结构更趋合理，石雕创作队伍日益扩大，一批批艺术人才在这里成长。

目前，青田县石雕产业正迈入从业人员多、产业规模大、产销量高、精品丰富的黄金时期。从事石雕产业人员3.6万人。专业技术人员人数位居浙江省各工艺美术类行业首位。专业技术人员总数达430人。其中，中国工艺美术大师7人，浙江省工艺美术大师24人，丽水市工艺美术大师39人；高级工艺美术师87人，工艺美术师151人，初级工艺美术师191人。非物质文化遗产传承人国家级1人，省级2人。年龄结构情况：高级职称60岁以上9人，40～60岁40人，40岁以下30人，中级职称60岁以上12人，40～60岁55人，40岁以下84人。初级职称60岁以上0人，40～60岁32人，40岁以下159人。学历情况：高级职称高中以上学历的4人，占总数的5%；中级职称高中以上学历的26人，占总数的17%；初级职称高中以上学历的34人，占总数的17%。

(2)基地重点项目。

自2006年以来，县财政和社会各界投入石雕文化产业工程建设经费累计达5亿多元。其中投资8000多万元建设水南石雕工业园区，将276家石雕作坊集中到工业园区加工生产，初步形成石雕加工产业集群；投资2600万元在山口镇建立中国石雕城，投资4000多万元在水南建设青田中国石雕工艺品市场，投资3000万元建设中国原石市场(山口板石)，投资3200万元建设石雕工业园区，投资6000万元建设山口千丝岩石文化主题公园；投资5000多万元建设青田石雕博物馆等，有效提高了产业集中度，完善产业结构，提升产业层次。目前，正在规划兴建青田石国家矿山公园、大师艺术馆群等产业集聚区项目。

为振兴地域文化产业。青田县树立起全新的石文化理念，不断举办石文化产业节会大型活动，实现石雕文化与旅游"比翼双飞"，充分挖掘青田石文化产业的旅游附加值，发展集观光、购物、休闲于一体的青田石文化旅游产业，实现从单纯的山水旅游向文化品位旅游的阶段跨越。

3.13　诸暨打造珍珠产业王国

3.13.1　诸暨珍珠产业发展史

浙江诸暨淡水珍珠养殖始于 20 世纪 60 年代末，历经 40 多年的发展，已初步形成了以养殖基地为基础、特色工业园区为依托，专业市场为龙头的产业经营格局。成为中国最大的淡水珍珠养殖、加工、交易基地，并拥有全国最大的珍珠专业市场和全国唯一的省级珍珠产业加工园区，被国务院发展研究中心命名为"中国珍珠之都"。目前全市从事珍珠养殖、加工及批发、零售的大小企业、作坊达 2381 家，已形成年产 120 亿元的产业经济，是我国珠宝玉石首饰特色基地之一。目前诸暨珍珠产业发展呈现出以下特点：

一是珍珠养殖规模和质量走在前列。全市淡水珍珠养殖面积达 38 万亩，年产珍珠 1400 吨，养殖户达 3000 多户遍布全国五大淡水湖区域 12 个省市，并实现了养殖方式由幼蚌放养向成蚌再养转变，养殖技术由粗放型向高肥、高密型转变，养殖规模由"面大量小"的分散养殖向"面小量大"的集中连片养殖转变，珍珠年产量占世界总产量的 73%，全国总产量的 80%。

二是珍珠企业规模和实力全面提升。全市拥有珍珠深加工企业 315 家，贸易企业 162 家，其中销售额超 5000 万元珍珠企业 19 家，超亿元企业 14 家。上市企业 1 家，国家级重点龙头企业和省级骨干农业龙头企业各 1 家。珍珠产业链不断延伸，珍珠产业已形成了一条完整的产业链条，逐步向规划合理化、环保化方向发展。目前已有多家企业从事蚌壳制品加工，原来是废弃物的蚌壳经过加工成为高档贝瓷产品、高规格建材及装饰品；同时珍珠产业也正积极向生物科技方向发展，珍珠作为传统美容养颜产品近年来被越来越多的消费者所追捧，经过新一轮产业规划后，行业中逐步涌现了一批珍珠粉、珍珠化妆品及美容保健产品等珍珠深加工企业，把原来低档的珍珠经过加工后转化成具有高附加值的珍珠延伸产品。

三是珍珠加工水平和科技含量明显提高。目前，已有珍珠加工设备一万多台(套)，建立了中国第一家淡水珍珠研究所和质量检测中心，拥有国家级和省级高新技术企业各 1 家、省级科技创新服务平台 1 个，企业研发中心 8 家，并成立了浙江诸暨珍珠产业技术创新服务平台。与国内多家高校和科研院所建立了长期合作关系，专门针对行业发展中的一些共性技术问题进行研究。珍珠产业新产品、新技术不断涌现，高档珍珠的产量大幅度提升；高附加值的意形珍珠、有核珍珠以及爱迪生珍珠等产品的开发极大地提升了淡水珍珠的品质和价值。

四是逐渐向品牌化、高端化发展。全市已有营销人员上万人。多家珍珠企业在境外设立分公司，成为我市珍珠产业对外展示企业形象、宣传珍珠文化、拓展外销渠道的重要窗口。目前诸暨珍珠产业有 3 支"中国名牌"产品，4 支中国驰名商标，3 支原产地标记产品，7 支省著名商标，7 支省名牌产品。"山下湖"珍珠还被评为浙江省区域名牌。同时诸暨珍珠由原来以外贸为主逐渐向国内终端转变；由原先的代加工、批发向品牌产品零售化发展。目前诸暨珍珠企业已逐步在大中城市设立分公司、开设专卖店，开拓国内市场，并与国内外知名珠宝品牌进行强强联手；同时韩国明星张娜拉、国内影星黄圣依等成为珍珠品牌代言人。

3.13.2　产业升级势在必行

同时，为着力推进诸暨珍珠产业的升级发展，2000 年 3 月，经国家发改委、国土资源部和建设部审核通过成立省级开发区——浙江诸暨珍珠产业园区，是浙江省 22 个循环经济试点园区之一。

园区内拥有省级珍珠产业技术创新服务平台、省级珍珠行业协会、省级珍珠质量检测中心、第一批省出口基地、省中小企业创业基地等省级平台。华东国际珠宝城是国内珍珠交易一级批发市场，是国务院发展研究中心评定的"中国最大的珍珠、珍珠首饰专业市场"。园区目前正在积极开展整合提升工作。整合提升后，将形成"一心、两区"的珍珠产业空间布局。园区规划面积 11.46 平方千米，入园企业 102 家，累计完成工业性投资 30.47 亿元，累计完成基础设施投资 2.83 亿元。目前园区已形成了从珍珠产品生产加工、珍珠化妆品、珍珠贝壳制品到蚌肉深加工的完整产业链。

2011 年，园区完成工业产值 73.03 亿元，同比增长 35.77%，完成销售 71.85 亿元，同比增长 35.12%；实现利润总额 9.79 亿元，税收 1.23 亿元，利税 11.02 亿元，自营出口 26849 万美元，同比增长 14.9%，签订合同引进外资 1235 万美元。为着力加快珍珠园区配套建设，为入园企业提供更好的发展服务平台，园区将着力建设珍珠产业"四大中心"：

　　一是国检中心(国家珠宝玉石质量监督检验中心诸暨珍珠实验室)：由国家珠宝玉石质量监督检验中心、浙江诸暨珍珠产业园区管理委员会、诸暨市产品质量监督检验所联合设立。这一实验室将从根本上扭转诸暨原来金、银、玉石等珠宝产品无法检测的尴尬局面，通过配件质量的提高促进珍珠产业的健康发展。

　　二是电子商务中心：建成后将延长产业营销触角，增强行业影响力并将珍珠行业电商团结起来，形成虚拟珍珠帝国，将网络的平台效应发挥到极致。

　　三是设计中心：在产业园区内设立珠宝玉石设计工作室，服务园区内企业。届时，将会丰富珍珠成品款式，提高产品附加值，进而帮助淡水珍珠提高行业利润率，走出低价竞争的困局。

　　四是科技创新平台(浙江省诸暨珍珠产业技术创新服务平台)：自2009年12月平台开始使用至今，浙江省诸暨珍珠产业技术创新服务平台与时代同前进，与产业共发展，各项基础设施已较为完备，服务业务开展良好，基本实现良性循环。

3.13.3　打造珠宝产、加、销中心

　　诸暨珍珠市场历经六次变迁，目前华东国际珠宝城是2008年由香港民生集团联合山下湖当地龙头企业共同建设的。

　　华东国际珠宝城以诸暨山下湖40多年珍珠产业链为支撑，以全球珍珠集散中心为基础，打造集产、加、销一条龙服务于一体的中国最大规模的国际性珠宝交易平台。华东国际珠宝城项目分三期建设，总投资30亿人民币，总规划面积达120万平方米：一期市场建筑面积约16.8万平方米，标准厂房、综合办公楼、公寓等市场配套设施已经投入使用，星级酒店即将投入建设。一期市场于2008年4月18日正式开业，入驻商户一千多家，交易商品包括珍珠原料、珍珠首饰、珍珠美容产品、宝玉石、水晶、K金等几千个品种。目前，市场辐射美国、日本、俄罗斯及东南亚等60多个国家和地区，市场淡水珍珠年交易总量占全国的80%，占世界淡水珍珠交易总量的73%以上，奠定了世界淡水珍珠交易中心的地位。珠宝城联合工商部门和浙江省珍珠行业协会，建立了珍珠原料和交易价格指数，目前已在市场交易网上发布。市场先后获得"国家4A级旅游景区"、"浙江省五星级文明规范市场"、"中国百强市场"、"浙江省十大转型升级示范市场"、"浙江省重点培育市场"、"全国重点联系批发市场"、"中国浙商行业龙头市场"、"中国最具商品价值品牌市场50强"、"全国诚信示范市场"等荣誉称号。二期占地950亩(约63万平方米)，建筑面积约123万平方米。三期占地250亩(约17万平方米)，建筑面积约42万平方米。完善与市场、办公、生产、科研、物流相配套的功能区。

　　华东国际珠宝城以现代化、智能化、国际化的建设要求，以珍珠产品为龙头，以金银、宝玉石等首饰为支撑，项目全部建成后，将成为世界性的珍珠珠宝生产与加工中心，集散与物流中心，品牌展示与贸易中心，资金流通与商情发布中心，珠宝文化与商贸旅游购物中心。华东国际珠宝城所在区域无论是商业配套、行政配套、还是公共配套都能为经营户提供各种经营便利。

3.13.4　利用节会提升珍珠业知名度和影响力

　　为进一步提高珍珠产业的知名度和美誉度，自1998年以来诸暨市已连续举办了七届珍珠节。通过珍珠节，美国、日本、韩国、瑞士、澳大利亚、意大利等国家以及中国香港、台湾地区累计有数十万嘉宾客商前来诸暨考察、采购、投资，并有数百只投资项目落户诸暨。

　　珍珠节是诸暨乃至中国珍珠产业发展成果的展示，每届珍珠节上都有标志产业发展的重大活动，如2002年开始举办第一届中国淡水珍珠设计大赛，并形成了此后每届珍珠节都会同期举办珍珠设计大赛的惯例，以此促进珍珠产业的设计加工水平；2006年举办"灵性与时尚"珍珠风尚展示暨第三届中国淡水珍珠首饰设计大赛颁奖晚会，汪涵、瞿颖、吉祥三宝、赵志刚等演艺明星悉数登场；2008年珍珠节上，第六代珍珠市场——华东国际珠宝城正式落成，这也标志了诸暨珍珠产业进入了一个新的时代；2010年珍珠之夜——原创越剧《珍珠传奇》汇演，把珍珠与文化融为一体。厉无畏、阿不来提·阿不都热西提、何鲁丽、王文元、孙文盛、葛焕彪等国家和省部级领导都曾参加过珍珠节。

　　通过珍珠节，我们不仅把国内外客商邀请过来，更重要的是把我们的珍珠产业、珍珠文化推广出去。通过多年的努力诸暨珍珠已在国际上奠定了珍珠之都的地位。同时我们成功挖掘了诸暨独有的珍珠文化，并把诸暨——珠玑、"西施，珍珠射体而孕"等文化加以融合、深化、推广，使珍珠突破传统珠宝产品概念，赋予她历史和文化内涵。

　　今后应提高养珠技术，提升高端产品产量，让产、加、销环节更紧密，提高国际市场竞争力。

3.14 苏州渭塘——珍珠之乡

中国珠宝玉石首饰特色产业基地——苏州相城中国珍珠宝石城,位于"中国淡水珍珠之乡"江苏省重点中心镇——苏州市相城区渭塘镇。特色产业基地集养殖、生产、加工、科研、销售等功能于一体,并拥有商业、旅游、客运一系列配套项目,被倾力打造成集珠宝首饰的产、购、销,配套服务一条龙的综合性国际大平台。

3.14.1 苏州珍珠产业历史回顾

苏州相城渭塘一带,民间珍珠加工手艺代代相传,现已列入苏州市非物质文化遗产名录。

"淡水珍珠,珍在渭塘"。江苏省苏州市相城区渭塘镇是我国淡水珍珠养殖生产的发源地和原产地,在全国最早成功养殖淡水珍珠并进行产业化生产和推广。渭塘珍珠以"大、光、圆、亮"的特点闻名中外,引领了全国淡水珍珠产业的兴起、成长和发展;在世界上最早开办淡水珍珠专业交易市场,并由此走向海内外。

渭塘养珠产业是最早的淡水养珠首创者,1967年至1972为试养推广阶段,1973年至1978年为稳步发展阶段,1979年至1998年为发展鼎盛阶段,1998年至今,为突破转型阶段,渭塘珍珠由此翻开从珍珠之乡向珠宝之都的新篇章。1995年10月费孝通教授视察了市场后,欣然题名"中国珍珠城"。

3.14.2 苏州珍珠(珠宝)产业现状

(1)区位、资源与文化。

苏州是中国著名的旅游城市和经济发达地区,也是"长三角"城市圈中心,以中国珍珠宝石城为中心的珍珠湖区域,面积5平方千米,旁临苏州市环城高速公路,交通方便。因此,基地有大量的潜在消费群和游客群。地处"中国淡水珍珠之乡"的渭塘,是我国淡水珍珠养殖和原珠生产的两大集散地之一。有数千个珍珠养殖户,养殖水面有30多万亩,其中省内10多万亩,江西、湖南、湖北等地20多万亩,占据了全国淡水珍珠养殖面积的40%以上,淡水珍珠资源非常丰富,每年珍珠销售十数亿元(见表3-2)。

表3-2 中国珍珠宝石城珍珠销售情况表

年份	采集收购珍珠/kg	其中销售/kg				销售额 亿元	备注
		饰品	药用	化妆	其他		
2005	340000	286000	33000	500	20500	10.2	
2006	312000	251000	35000	400	25600	10.8	
2007	329000	266000	32000	800	30200	11.2	
2008	374000	297000	36000	1000	40000	11.8	
2009	410000	335000	35000	1500	38500	11.1	
2010	530000	380000	74000	18000	58000	13.1	含二期
2011	570000	415000	92000	22000	41000	13.8	含二期

苏州最早在全国养殖、加工珍珠,国内外先进的加工技术在这里集聚交流,已经培养出成千上万名技艺精湛的技术人员和员工。珍珠文化浓厚,民俗传统悠久。渭塘珍珠对中国珍珠产业的历史贡献与吴越地区人们钟爱珠宝的民俗和擅长珍珠养殖加工的技艺,造就了独特的吴越文化和珍珠文化。《珍珠塔》、《珍珠衫》戏曲传奇在姑苏广为流传。

渭塘珍珠早已名扬海内外,国字头的中国珍珠宝石城闻名世界,是"全国百强集贸市场"、"中国行业一百强"、"中国最大的淡水珍珠市场",被誉为"中华之最"。渭塘还定期举办"中国珍珠节"。

渭塘的珍珠产业从一开始,就十分注重与企业、研究院所及行业同仁的合作发展,与香港珍珠商会等珠宝界八大商会、江苏省淡水水产研究所、苏州市水产研究所、上海水产大学、上海复旦大学、苏州工艺美术学院、相城职业高中等都有长期的合作。香港珍珠商会8个正副会长于2002年联合投资了800多万美元,在渭塘设立了苏州联合珍珠养殖有限公司,淡水珍珠养殖6万多亩,并成为养殖、加工、销售一条龙的龙头企业(见表3-3)。

表 3 – 3　中国珍珠宝石城珍珠养殖统计表

企业	养殖规模				小计/亩
	本省	水面/亩	外省	水面/亩	
江苏杨市珍珠有限公司	南京扬州市	16000	宣城	30000	46000
苏州联合珍珠养殖有限公司	句容南京	14000	常德	31000	45000
苏州天龙珠宝行	—	—	益阳	40000	40000
苏州华兴珠宝行	—	—	嘉兴	15000	15000
苏州顾氏珠宝行	南京	5000	—	—	5000
苏州明润珠宝行	南京	5000	公安	20000	25000
苏州鹏程珠宝行	—	—	安乡	30000	30000
苏州勤丰珠宝行	南京	8000	—	—	8000
苏州民生珠宝行	常熟	5000	—	—	5000
苏州华林珠宝行	—	—	嘉兴	10000	10000
常州晶贝珍珠有限公司	常州	5000	—	—	5000
苏州苏印珠宝行	—	—	泰州	20000	20000
苏州朱泾养殖场	苏州	1000	—	—	1000
苏州东海珍珠养殖	苏州	4500	—	—	4500
苏州鸿盛珠宝行	—	—	象山	20000	20000
常州芙蓉珍珠养殖	武进	5000	—	—	5000
宜兴金莲特种养殖	—	—	官城	40000	40000
合计		68500		256000	324500

注：2010 年养殖面积数据统计，资料来源《渭塘珍珠》。

3.15　海南的砗磲产业

3.15.1　砗磲史话

砗磲本是深海里最大的贝壳类动物，其寿命可达上千年。后人所指的砗磲是其活体消亡之后贝壳形成的化石，质地坚硬，历史上，人们就视砗磲为宝物。

古书记载：汉之前，古人因其外壳巨大的蚌槽似车轮碾过的沟渠形状，故称为车渠。三国时曹丕作《车渠赋序》、明朝李时珍作《本草纲目》，均改称为砗磲，其原因，一说是因其壳质坚硬如石，另一说是视砗磲为宝石的一种，故偏旁加石。

至清代，六品官员佩戴的朝珠和官帽的顶子，就是砗磲珠。《清史稿\本纪\卷九\世宗胤禛\雍正八年》明确规定了官员佩戴顶珠的标准："一品官珊瑚顶，二品官起花珊瑚顶……六品官砗磲顶……"。

古时珍贵稀有的砗磲，还是佛教所尊崇的七宝。在佛家眼里，砗磲具有消灾解厄，除恶聚灵，降临福祉的神奇效力和智慧。可以想象：远古至今，历经万劫磨炼留存下来的原始生命物种，最后成为如此庞然大物的砗磲。还有一说：佛家高僧持砗磲念珠诵佛，功德亦能数倍增长，佛教认为砗磲是有灵性之宝物。

《本草纲目》记载，砗磲有镇心安神、凉血降压的功效，长期佩戴对人体有益，可增强免疫力。

砗磲是海洋深处的稀有贝类的化石，是可以与陆地上的和田白玉相媲美的"有机宝玉"，也是上好的雕刻材料。砗磲本身质白如玉，糯润细腻，承载的历史与文化内涵极为丰厚。

由于历史的尊崇和佛家的背景，人们不仅视砗磲为珍宝，还以能够拥有砗磲为尊贵。海南的砗磲越来越引起人们的关注，砗磲以及雕刻艺术品的价格在不断地攀升，砗磲也逐渐成为收藏的热点。

3.15.2　潭门现象

说到海南砗磲，就不能不提到潭门。

位于海南省琼海市东部的潭门，是一个风景秀丽的滨海小镇。以前的潭门几乎家家有渔船，户户从事渔业生产，祖祖辈辈以南沙、西沙以及黄岩岛等海域为捕捞场，辽阔的南海是哺育他们的"祖宗海"。

21世纪以来，这个面向南海的千年古渔镇，由于砗磲类产品的价格以几何倍数增长，潭门成为"得天独厚"的砗磲之地。如今的潭门——满街尽是白砗磲！

在嘉潭街和富港路，"艺海贝雕"、"潭门贝类工艺品"等店铺鳞次栉比，一个挨着一个，沿街80%的店铺都是销售砗磲贝类工艺品的。据介绍：目前潭门经营贝壳工艺的店铺达200多间，从业人员2000多人。还有的潭门人在海口、广州等城市开办有10多家砗磲贝类工艺经营商店。

随着市场需求的增大，近年来潭门的砗磲加工业也在悄然兴起，镇上有不少砗磲贝壳的专业加工厂，虽然规模不是太大，但已经形成一条完整的流水线，砗磲多被加工成与佛教有关的工艺品。

临街的铺面贵为宝地而"一铺难求"，前来采购、洽谈投资的客商络绎不绝。在"艺宝缘"店铺，笔者看到的彩色砗磲异常美丽。然而，多数的"砗磲"雕刻品造型简陋，工艺粗糙，与质地精美的"海玉"砗磲极不相称。

以砗磲雕刻为龙头的贝壳工艺，在潭门镇已经初步形成了产业，并且有了相当规模，每年砗磲贝类工艺品的营销产值已经达到了两三个亿，已成为潭门当地经济增长的有力支撑。

现在的潭门，一条条平坦的柏油路，一根根形同桅杆的路灯，修缮一新的小镇，是继博鳌之后的又一个海港风情小镇。潭门日均接待游客人数突破2000人次，已成为省内外游客追捧的新热点。

作为特色旅游镇的新潭门，目标是成为中国最美的"小渔村"。而这些新景观的产生，很大程度上是因为潭门有了砗磲，有了新的经济支柱。

3.15.3 砗磲雕刻

砗磲蕴含着深厚的历史与佛教文化，也是很好的宝石雕刻材料。

据了解，海南砗磲行业兴起的时间不长，2010年前后才开始有了砗磲雕刻，由于从业者的技艺所限，水平良莠不齐。商家和小作坊各自为政，生产和定位都以旅游产品盈利为目的，急功近利导致雕刻成品简单粗糙，缺乏艺术和创意。在海口和潭门，笔者鲜见创意与雕刻俱佳的砗磲雕件，这与珍贵的宝石砗磲的优秀品质极不相称。

美石为玉，雕琢成器。砗磲是海洋之化石，是贝中"和田玉"，是海玉之首，是来之不易的雕刻珍材。中华民族有着悠久玉文化历史，玉雕的艺术对砗磲来说有着极强的可借鉴性。在作品创作上，要因材施艺，既保留其自然的原生态之美，也体现其内在的本质之美。

一是有玉性。砗磲化石久藏于深海，经受相当长时间的地质压力，砗磲壳质由于岁月/沉淀而生成玉化现象。这种现象独特而神奇，砗磲玉化所呈现的油透和亮透状，十分难得。

二是温润感。砗磲长年置身海底受海水滋润，壳质晶莹剔透，特别是经抛光之后更是水头十足，结构细腻。观之温润感人，抚之爱不释手，实为难得的宝石美玉。

三是少绺裂。砗磲化石物理性质稳定，玉化程度高，摩氏硬度达到4.0~4.5度，并且极少绺裂，雕刻手感好，完全可与玉石媲美。

四是多色彩。普通的砗磲以白为主，少含黄色。目前发现黄岩岛砗磲有紫色、粉红、红色等多彩色现象，虽数量十分稀少，但尤为难得珍贵。

玉雕艺术讲求三美：材质美、工艺美、寓意美。砗磲具备了玉石的美丽、耐久、稀少的三个要素，可以根据自身的特质精选材料，创作有代表性的砗磲雕刻作品。若能够体现天然色彩，更是锦上添花。

发掘砗磲的内在品质及文化内涵，不只是依赖于雕刻工艺水平的提升，还需要有更好的文化艺术元素的注入，这需要更多的雕刻艺术家和大师的参与，才能达到应有的艺术高度，才能使砗磲真正登上宝玉石雕刻的艺术殿堂。

有一说法：砗磲是"海底之玉"，也即"海玉"，笔者认为有一定的道理。"海玉"观点的提出，主要是针对绝大多数的宝玉石产于陆地而言，这是一个广义概念。像砗磲、珊瑚等可以雕刻的宝玉石材料均来自海洋，海洋的资源极为丰富，包括很多的化石、矿石都可资雕刻。把以砗磲、珊瑚为代表的这些宝玉石称为"海玉"，是一个很好的资源性的概念。

3.15.4 产业展望

海南有了砗磲，就有了宝玉石雕刻的材料资源，结束了没有宝玉石资源的历史。海南在开辟一个新的砗磲艺术雕刻门类与行业的同时，也给当代中国的玉石雕艺术百花苑增添了一朵圣洁典雅的奇葩。

海南是海洋大省、旅游大省，如今拥有宝贵的砗磲资源，当加倍珍惜其价值。在向世人展示砗磲魅力的同时，也需要更多的精力智慧，探索、挖掘其丰富的文化内涵。借助当今精湛的玉雕技艺，打造更能够体现海洋文化、佛教文化、地域文化、大众文化诸多内涵的海南砗磲特色，使之不仅停留在海南之宝，还要争取成为天下之宝。海南发展砗磲文化产业，有自身得天独厚的条件：

第一，资源的优势。砗磲是海南独有的资源，发展砗磲雕刻，形成独树一帜的特色，在国家的玉石雕行业中能够占有独到的一席之地；

第二，专业协会。2013年成立的海南省砗磲协会，专业突出，职能明确，对加强行业服务、自律、协调、功能，对科研开发、鉴定评估、教育培训、专业评审、标准制订、中介咨询、会展招商等业务的开展起到了规范作用，同时也对合理开发、利用砗磲矿化物有了专业的保障。

第三，高校的支撑。砗磲协会依托高校凸显其优势。海口经济学院专门成立了砗磲研究所，利用该校的资源——砗磲专业，为行业与产业的发展提供学术、研究的动力与支撑。

第四，市场的优势。海南作为旅游大省的地位，有利于文化的弘扬与传播。每年几千万人次到海南的旅游资源，无疑会产生巨大的市场效应，也是弘扬砗磲文化的极好机遇，让特色旅游品锦上添花。

3.16　深圳珠宝业——全国之冠

黄金珠宝产业是深圳市的优势传统产业，是罗湖区的支柱产业之一。深圳市黄金珠宝产业主要集中在罗湖水贝—万山片区。为推动黄金珠宝产业发展，政府于2004年8月在罗湖水贝—万山片区成立了深圳市黄金珠宝产业集聚基地(以下简称珠宝基地)，核心面积56.63万平方米，加上二期开发面积共110万平方米。凭借优越的地理位置和良好的经商环境，珠宝基地发展迅速，创造了良好的经济效益和社会效益。近年来，珠宝基地积极拓宽产业发展空间，倾力打造"深圳珠宝"区域品牌，引导企业提高研发设计水平，加速品牌国际化进程，推动产业转型升级，逐步由"中国珠宝制造之都"向"中国珠宝创造之都"转变。

3.16.1　珠宝基地产业特色

(1)集聚效应突出。

目前，珠宝基地已集聚1300多家法人珠宝企业，近2000家个体工商户，专业交易市场20多家。珠宝基地已成为全国黄金珠宝首饰的生产制造中心、信息交流中心和展示交易中心。随着珠宝基地知名度的提高，企业的集聚产生了"滚雪球"效应，知名珠宝企业不断涌入。泰国、印度及欧美等国际珠宝企业都在珠宝基地投资设立公司或分支机构，香港珠宝制造业厂商会召集了近30家会员公司在珠宝基地设立香港珠宝制造业厂商会会员馆进行展示交易，以此加强"香港珠宝"与内地业界的合作。泰国最大的红蓝宝石生产商及批发商——YCP Jewelry珠宝集团在珠宝基地成立了御麒麟珠宝(深圳)有限公司。

国内知名珠宝企业也不断涌入珠宝基地。近年来，四大黄金集团中的中国黄金集团、山东黄金集团和招金集团都在珠宝基地投下巨资设立企业；香港知名珠宝品牌金至尊和六福珠宝，"中华老字号"萃华珠宝、上市公司金叶珠宝、全国最大的黄金珠宝专营公司菜百以及时尚设计先锋TTF等都在珠宝基地设立法人企业。

(2)品牌建设成效明显。

自2004年第一个中国名牌产品诞生以来，珠宝基地名牌产品不断增多，形成品牌荟萃、蓬勃发展的局面。目前珠宝基地共21个珠宝类"中国驰名商标"，占全国的36.2%；23个珠宝类"中国名牌"，占全国的44%；21个珠宝类"广东省著名商标"，占广东省的67.7%；16个珠宝类"广东省名牌"，占广东省的100%。在单个产品品牌发展的同时，政府积极推动"深圳珠宝"区域品牌建设。"深圳珠宝"区域品牌于2008年完成了商标的全类注册，目前有38家成员单位。

为扩大品牌影响力，提高品牌附加值，珠宝基地企业注重加强品牌的宣传和推广，提高品牌知名度。目前，已有十多家珠宝品牌签约海内外一线影视明星作为品牌形象代言人，并在央视及各地卫视播放品牌宣传广告，以此来提升品牌形象，扩大市场知名度。如周大生珠宝已签约台湾明星林志玲、吉盟珠宝已签约台湾电影明星吴佩慈、周大金珠宝已签约台湾影视红星贾静雯、金叶珠宝已签约影视新星杨幂、千禧之星已签约舒淇等。众多一线影视明星的加盟整体提升了深圳珠宝品牌的知名度，加快了珠宝品牌化发展步伐。

(3)产业发展更为高端。

经过几年的发展，珠宝基地低端加工制造环节已逐步外迁，产业链呈现向研发设计、展示交易等高端产业链集中的趋势。

在设计研发上，珠宝基地企业不断加大研发投入，加强与全国各地专业院校机构合作，建立产学研相结合体系。目前珠宝基地技术创新成果显著，拥有发明专利、实用新型专利、外观专利等各种专利产品 1000 多个。同时，珠宝基地还强化与国内外高端品牌合作，开拓高端珠宝市场。如吴峰华设计机构引进英国当代顶级珠宝设计大师 Theo Fennell，联合做珠宝创意设计；TTF、爱迪尔珠宝分别与国际顶级赛车品牌阿斯顿·马丁牵手合作，共同开发高级珠宝。珠宝基地企业也获得了众多国内外设计大赛奖项，其中星光达、缘与美等珠宝企业获得香港国际珠宝设计大赛的大奖，TTF 作品"掌控"获得由国际铂金协会主办的 2012 年第三届铂金首饰设计大赛男士首饰组第二名，成为亚洲地区唯一获奖的珠宝品牌，还获得 2012 年首届 JNA 年度创新企业大奖（制造业），成为中国唯一获此殊荣的珠宝品牌。凭借着出色的设计研发能力，TTF 成为继 MIKIMOTO、BEAUTY GEM 之后，第三家永久入驻瑞士巴塞尔钟表珠宝展 2.1 馆国际顶级展馆的亚洲珠宝企业。在 2010 年第二届全国珠宝首饰制作技能竞赛中，辖区星光达、TTF、宝怡、吉盟、翠绿、甘露、意大隆、缘与美等珠宝企业共获得 24 项大奖，占总奖项的 46%。

（4）珠宝基地影响力广泛。

随着珠宝基地的发展壮大，无论是珠宝基地本身还是区域内的企业，在国内外的知名度和影响力都日益提升。被授予"中国珠宝玉石首饰特色产业基地"称号；2012 年，获得"深圳市外贸转型升级专业型示范基地"称号。同时，珠宝基地已申报"全国知名品牌创建示范区"和"国家外贸转型升级专业型示范基地"称号。

深圳已举办 12 届深圳国际珠宝展览会，是目前全国规模最大的珠宝展会之一。在 2012 年的珠宝展和珠宝节期间，有来自全球 25 个国家和地区的 1200 多家参展商参展，70 多个国家和地区逾 4 万名专业买家前来深圳参观、洽谈和交易。

3.17 世界金、珠、宝 番禺名列前矛

珠宝首饰产业是广州市番禺区的传统特色产业之一。20 世纪 80 年代，番禺珠宝业以"来料加工"的形式率先与香港合作发展。

目前，番禺已成为中国金银珠宝首饰出口量最大的地区之一，是国内最大、亚太地区最具规模最集中的金银珠宝首饰加工基地之一。番禺珠宝镶嵌量超过世界珠宝业"龙头老大"——意大利维琴察，是全球最重要的珠宝生产地之一。

过去二十几年，香港以来料加工的形式逐渐将珠宝制造基地北移，其中在番禺加工生产的珠宝占香港珠宝出口总量约 70%，因此，番港两地珠宝产业发展已经深度一体化。近年，随着中国加工贸易政策的调整，来料加工企业的产业升级转型迫在眉睫，为此番禺珠宝加大转型升级力度。近来"出口转内销"已初见成效，内外销综合并重发展已经成为必然的发展趋势，番禺珠宝特色产业基地的发展前景更加广阔。

3.17.1 番禺珠宝产业发展阶段

经过多年的发展，现已形成了一定规模。目前番禺区拥有珠宝首饰加工及配套企业 400 多家，8 万从业人员，1500 家彩色宝石加工厂。主要分布在沙湾珠宝产业园、大罗塘工业区、小平工业区等多个工业区，是全国最早发展珠宝行业的地区。整个番禺珠宝产业的发展大致经历了萌芽起步、加速发展、升级转型、求新突破四个阶段。

3.17.2 番禺珠宝产业基地建设成果

番禺珠宝以做"外单"起步，"三来一补"的生产模式曾一度强化了番禺珠宝的集群效应。而且，随着加工贸易的规范管理，随着产业转移和国际珠宝产业格局的调整，中国正逐渐成为珠宝产业发展的"重地"。番禺地处广州珠宝产业集群，区位优越，交通便利、产业基础坚实，在继续稳固国际市场地位的同时，开始积极拓展国内珠宝市场，并迅速加大和推进特色产业基地建设。

目前，国际合作方面：番禺珠宝无论产品质量还是款式设计都与国际市场接轨，拥有明显的产品优势。同时，我们注重国际市场影响力的建设，包括比利时驻华钻石委员会、HRD、美国 GIA、迪拜 DIL 等多个机构都是我区的国际战略合作伙伴。同时，番禺区政府重视配置大型项目，并初步体现"项目经济"效应。同时有番禺珠宝学院、广州市番禺区珠宝厂商会等相关机构，进一步为行业拓展内销市场提供智力支撑"番禺珠宝"的国内外市场地位。2006 年番禺成为全国 20 家"中国珠宝玉石首饰特色产业基地"之一，并定位为示范发展区。2007 年番禺被授予"广东省火炬计划珠宝特色产业基地（广州）"的荣誉称号，成为广东省内珠宝业界唯一获此称号的

特色产业基地。2009 年由中国珠宝玉石首饰行业协会、国际有色宝石协会、广州市番禺区人民政府联合举办 2009 年第 13 届国际有色宝石协会（番禺）年会，ICA 年会第一次在中国举办。2009 年番禺珠宝基地与中山大学联合决定将番禺定为中山大学"共青团中央青年就业创业见习基地"；2009 年成立"粤港珠宝内销联盟"，番禺和香港发挥两地的各自优势，联合力量拓展中国珠宝内销市场。2010 年番禺成为国际彩色宝石协会中国（番禺）联络处，2010 年将番禺彩色宝石的企业联合起来成立番禺彩色宝石委员会。2011 年番禺彩宝专委会与珠宝厂商会牵头起草《有色宝石加工工艺》行业标准，该标准有利于规范市场，可以有效地规避竞争，保护合法企业，同时大大加强了番禺在中国彩色宝石市场的重要作用。

珠宝首饰行业是番禺区的传统、特色、优势、主导产业，目前已呈现规模化发展。加工贸易量占全国的 60%，占香港转口贸易的 70%，并几乎承接了香港所有品牌珠宝的加工业务，已成为广州市珠宝产业发展的核心区域之一。

第一，企业国际化程度高，已有以色列、意大利、法国、德国、美国、日本、印度、韩国、加拿大、比利时等投资建厂，技术与资金优势明显。

其次，企业规模大，品牌集聚度高，发展实力强，呈现内外互动、内外并销的发展态势。目前，番禺区 400 家企业中，超过千万人的大厂数十家，而一般的中小型工厂也有数百人，规模化发展效应明显。

第三，业务范围广泛、产品种类齐全、工艺精湛，具有广泛的国际认可度。番禺珠宝业务范围广，涵盖钻石加工、贵金属镶嵌首饰、珠宝首饰设备及珠宝钟表工艺品制造等领域，形成了产品种类齐全、技术全面的发展态势；其次，产品优势明显，集中在钻石毛坯加工和首饰镶嵌业务方面，其中毛坯钻石进出口加工总量占广东省的 1/3，进出口总额占全国 24%，并以"中国工"著称；而首饰镶嵌量大，工艺精湛，番禺也因此被称为"中国的维琴察"。此外，番禺珠宝工艺精湛、国际市场接受度高、市场空间广泛。目前，产品主要经香港出口欧洲、北美、中东、日本、东南亚、销往国内市场，发展前景美好。

3.18　广州花都，珠宝之都

2001 年花都珠宝城建立以来保持高效益高水平发展，被全国工商联授予中华珠宝之都。成为区域支柱产业。目前，花都珠宝产业正将珠宝文化与旅游业、时尚元素与文化创意融合发展，打造具有珠宝产业特色的"花都珠宝小镇"、推动珠宝产业全面转型升级。

3.18.1　产业概况

花都珠宝产业总体规划面积 2300 亩，已开发 1581 亩，其中包括珠宝城一期、二期、三期、四期和珠宝交易中心。有来自法国、意大利、土耳其、波兰、泰国等多个国家和香港、台湾地区的 65 家企业进驻。2006 年花都珠宝产业总产值 4.5 亿元，同比增长 18.4%；出口总值 5572 万美元，同比增长 102.3%；2008 年在全球金融风暴影响下，开始重视和开拓国内市场，由赚取微薄的代加工费向自主品牌经营转变，拉开了中国珠宝品牌大战的序幕。2011 年，花都珠宝产业再上新台阶，年产值达 15.8 亿元，税收总额 3000 多万元，珠宝生产以及相关从业人员由 3000 多人发展到 3 万多人。

花都珠宝产业的营商环境不断改善，涌现出一批优秀的品牌企业，成为行业发展的中坚力量。如石头记饰品、杰宏泰饰品、佛兰饰品、雅式宝石、云峰珠宝、阿塔赛珠宝、保磁饰品等 20 多家品牌企业。其中，石头记公司于 2006 年获广州市著名商标、2007 年荣获广东省著名商标以及中国驰名商标。至 2011 年，石头记公司已拥有超过 1000 家的连锁专卖店，分布在全国 30 多个省市、地区，主要产品有宝玉石饰品、翡翠精品、工艺礼品等。杰宏泰公司的"曼古银"（MGS）品牌是全球连锁品牌，以感性的纯银配以灵性的彩色宝石，产品极具艺术性和时代感，款式典雅大气，色彩极富层次，演绎高贵、率真、诱惑、奔放的多重气质，代表世界时尚复古风潮和古典风格，在欧洲（意大利）与国内多个大中城市开设了近五十家品牌店，建立了品牌加盟、品牌直营销售网络；其中佛兰饰品的"FILON"品牌源自法国，现在佛兰饰品以特有的欧洲式设计，推出独具时尚风格的个性化饰品，在欧洲、美国、非洲、中东等四十余个国家搭建国际销售网络，享有盛誉。

3.18.2　基地建设

（1）花都（国际）珠宝交易中心。

正在筹建中的花都（国际）珠宝交易中心占地面积 152 亩，建筑面积达 20 万平方，配套 2 个珠宝博物馆，3 个主题会所，2 栋酒店公寓，是集办公商贸、鉴定拍卖、展览发布、购物休闲于一体的大型商业中心。

（2）石头记矿物园。

2009年8月15日，全球首个矿物主题乐园——石头记矿物园在花都珠宝城开园。园内汇集了5000多件世界各地的奇石、化石、宝石，向游客呈现奇妙的自然世界，传播迷人的石文化。该园投资逾2亿元，占地面积70亩，主建筑面积17777平方米，是集科教、购物、休闲旅游于一体的国家4A级旅游景区。

（3）云峰珠宝交易市场。

云峰珠宝交易市场首期建筑面积约18000平方米，拥有750余间商铺，可提供黄金、白银、首饰、宝石、半宝石、珍珠、翡翠等多种类别的珠宝交易，是花都区第一个大型珠宝专业交易市场。

（4）云峰翡翠梦想馆。

云峰翡翠梦想馆设计楼层共二层，馆内设有翡翠展区、大师展区、火山LED屏幕景观、光纤灯壁画、环幕影院、咖啡厅、文创售卖区等，通过融入科技与艺术元素，珠宝翡翠更富含时尚气息。云峰翡翠梦想馆规划打造成为珠宝、艺术、科技完美结合的特色珠宝展馆，于2012年9月正式开馆迎客。

（5）花都珠宝小镇。

花都珠宝小镇选址在珠宝城第二期台湾珠宝园区，以"石头记矿物园"为中心点的核心区域。通过对园区及周边、企业建筑物的装饰与改造，紧紧围绕"将工厂变为公园，将车间变为展馆、将办公室变为会所、将园区变为景区"的理念，拟将其打造为5A级特色旅游景区。

3.19　顺德——珠宝首饰业先行者

3.19.1　伦教街道概况

首饰厂区位于广东省佛山市顺德区中心城区伦教街，总面积59.2平方千米，总人口约19.5万人，是中国主要的珠宝首饰加工基地之一，拥有完善的水陆交通网络，得天独厚的投资环境和产业优势。改革开放以来，经济建设和产业升级稳步提升，2011年，伦教规模以上企业工业产值387.56亿元，其中首饰业产值150.66亿元，占38.9%，从业人员6953人。获得"中国珠宝玉石首饰特色产业基地"等荣誉称号。

3.19.2　行业发展简史

顺德伦教珠宝首饰行业是中国珠宝首饰投资发源地之一。早在1988年，香港新世界发展有限公司主席郑裕彤先生在伦教投资办起伦教（周大福）首饰钻石加工厂，生产加工珠宝首饰出口。

在"周大福"的带动下，"周生生"等香港珠宝首饰商纷纷到伦教投资设厂，建立起一批以999.9纯金首饰、白金首饰、钻石加工为主，以宝石、玉器、南洋珍珠等产品为辅的生产型企业，形成了以上市公司"周大福"、"周生生"和国内知名品牌"万辉珠宝"等企业为龙头的珠宝首饰产销基地和规模化、集约化生产的产业集群，成为中国主要的珠宝首饰加工基地。

经过20多年的发展，厚积而薄发，悠久的历史沉淀和丰富的工艺技术积累，奠定了伦教珠宝首饰行业坚实的基础。2008年3月13日成立伦教珠宝首饰商会，现有会员企业70多家。郑裕彤先生于2008年初捐资300万元，资助伦教郑敬怡职业学校的珠宝首饰专业，为珠宝首饰产业的发展培养更多更专业的人才。珠宝首饰业发展成为本地经济发展的特色支柱产业。项目有"珠宝首饰展示文化中心"、合禾珠宝首饰创意基地、电子交易平台，同时积极推动珠宝业与旅游业联动发展。

（1）创意设计和技术工艺新优势。

近年来，建设珠宝首饰展示文化中心创意基地，珠宝行业在研发、设计和技术工艺的创新改造方面的投入逐年增加，并积极引进国内外先进的设计理念，设计出一批具有独特韵味的珠宝首饰，深受市场欢迎。激励企业加强工艺创新，改善生产设备，不断增强自身竞争力以及与旅游业联动。

（2）品牌优势。

伦教已拥有周大福珠宝、周生生珠宝两家上市公司，并拥有"万辉珠宝"等知名品牌。其中周大福还获得"中国驰名商标"、"中国500最具价值品牌"、"中国顶级品牌榜"等荣誉称号；万辉珠宝首饰成为"中国著名品牌"、佛山市民最喜爱的珠宝首饰品牌"。

（3）总部经济优势。

伦教街道卓有成效地推动珠宝产业企业总部经济的发展，周大福、周生生被顺德区认定为总部经济企业，特别是周大福建立总部企业后，产销规模大幅度提升。目前万辉珠宝正在申报总部企业。

（4）人力资源与人才培训优势。

伦教珠宝首饰业已拥有一批对选料、加工、设计等方面都具有丰富经验的从业人员。伦教郑敬怡职业技术学校开设了"首饰加工与经营专业"，并采用"工学结合"培养高素质人才，同时还与武汉中国地质大学合作共建教学培训基地。

3.20　青岛——特色韩版饰品基地

中国饰品产业经过近 20 年的发展，已形成广东、浙江、山东三大产业基地。山东的饰品企业主要集中在青岛，现有饰品及相关企业 3000 余家，其中成品生产企业 1300 余家，材料、配件、电镀、机械等辅助企业 2000 余家，年产值 100 亿元以上，从业人员约 15 万人，所生产的饰品已出口到美国、欧洲等世界各地，占全球饰品市场的 30% 以上。青岛市城阳区是饰品企业最集中的区域，尤以韩国饰品企业为主，"饰界韩流，青岛原创"，表明城阳区在国际饰品产业中具有独特的优势。青岛饰品产业的发展在促进中国饰品产业的合理布局、优化升级方面起到了重要的作用。青岛饰品产业发展的历史经历了如下几个阶段：①从韩国来样来料，青岛加工，韩国销售；②从韩国来样，中国供料，青岛加工，韩国销售；③青岛工厂接外单，青岛加工，青岛出口；④以接单加工出口为主，自主研发生产销售为辅。

3.20.1　青岛城阳区饰品产业相关数据分析

（1）2006—2011 年规模企业工业产值数据分析（见表 3-4）。

表 3-4　2006—2011 年规模企业工业产值数据分析表

年份	2006	2007	2008	2009	2010	2011
规模企业数量 个	43	49	55	55	40	25
工业产值 亿元	19.48	22.93	27.17	28.88	21.00	17.06

注：2010 年前规模企业为年产值 500 万元以上，2011 年统计口径调整为规模企业为产值 2000 万元以上。

从统计数据上看，2006—2008 年饰品相关产业发展速度较快，每年保持 15% 以上的增长速度，受国际经济环境、人工成本上涨等因素影响，2010 年规模企业及产值有了一定程度的下降。由于 2011 年统计口径的变化，规模企业数量下滑幅度较大。

（2）2007—2011 年两大饰品市场分析。

2007—2011 年两大饰品市场（青岛国际工艺品城和青岛中韩小商品城）的销售额保持了较快的增长速度，从 2008 年的 48 亿元增长到 2011 年的 65.73 亿元，增长了 36.94%。近两年虽然工业产值数量有所减少，但两大市场的企业入驻数量、销售额仍旧保持了增长态势。由于城阳区具备了饰品产业发展的良好环境、产业集聚度进一步增强，部分内地饰品企业开始将研发和贸易公司迁至城阳区，生产仍留在内地，城阳区开始逐步由生产基地向设计研发和销售基地转型。

3.20.2　城阳区饰品产业基地重点项目

城阳区重点珠宝饰品交易中心主要包括青岛国际工艺品城和青岛中韩国际小商品城。

青岛国际工艺品城由青岛盛文集团开发和经营，依托青岛城阳作为亚洲最大的韩版饰品制造腹地的天然优势，成为中国北方最大的韩版饰品专业市场，总投资 4 亿元人民币，占地面积约 43000 平方米，市场营业面积约 56000 平方米，现入驻的韩国知名品牌占入驻品牌的 70%，有"韩国南大门饰品市场中国版"的美誉，充分体现"饰界韩流，青岛原创"的特色，年交易额突破 20 亿元。2008 年青岛国际工艺品城被国家旅游总局评定为目前山东省唯一的"国家 AAAA 级旅游购物景区"，并被评为"山东省文化产业示范基地"、"山东省十大专业商品交易市场"，2011 年更入围"山东省文化产业三十强"。

为推动饰品产业设计研发环节向中国转移，盛文集团投资 1.2 亿元，建设盛文珠宝饰品创意文化产业园，将发展成为以珠宝饰品为核心的穿戴类时尚创意设计基地，带动青岛由"亚洲韩版饰品制造腹地"升级为"亚洲韩版饰品创意设计基地"。现已建一期项目建筑面积 30000 平方米。完善的配套设施，吸引了饰品研发、创意设计、品牌时尚等近百家企业入驻。

为把饰品的根留在中国，为提升珠宝专业教育的层次，同时为饰品企业的发展提供研发设计人才，2007 年盛文集团与韩国新罗大学合作联合成立了珠宝饰品研究所，进行韩版时尚饰品研发设计。同时，与新罗大学合作通过盛文珠宝饰品专修学校培养了大量饰品设计人才,成为国内韩版时尚饰品研发设计、人才培训基地。

商户主要来自浙江义乌、广州、福建、江苏以及韩国、日本等地,世界著名品牌施华洛世奇、利安华、天富、皇都及韩国著名企业信永光、一信、制一等大企业,还有产销量及市场占有率居中国首位的新光饰品都已进驻。

3.20.3 突出的发展优势

(1)区位优势。青岛毗邻韩国,形成了产业发展的地缘优势。众所周知,韩国饰品向来领先国际时尚风潮,既是国际饰品行业的流行前哨,又是饰品制造的大本营。有着这样一个区位上的优势,推进青岛、韩国两地之间的合作,无疑为中国的饰品走向国际市场提供了一个非常好的环境和平台。

(2)产业优势。青岛是中国珠宝饰品三大生产基地之一,城阳区是珠宝饰品企业最集中的区域,有着庞大的产业基础。青岛已是饰品行业转移的主要目标城市,中国饰品产业发展潜力最大的城市之一,形成了青岛国际工艺品城、青岛中韩国际小商品城等特大型集散市场,吸引了欧美等全球主流市场采购商的眼光。

(3)贸易优势。青岛是中日韩经济圈中的国际大门,长住韩商10多万人,国际贸易十分活跃,借助韩日与欧美地区长期建立的国际贸易通道,可迅速辐射亚洲和欧美市场。借助中国珠宝饰品北方区域中心的地理位置优势,可大幅度降低中国北方地区商家的采购成本。青岛国际饰品节的举办进一步刺激珠宝饰品的国内外贸易。

(4)成本优势。饰品产业具有劳动密集的特点,过去饰品产业的转移走向是由美洲、欧洲转向亚洲,从香港、台湾转向广州再转向青岛,从韩国、日本转向青岛。在目前各项成本大幅提高的形势下,青岛在中国三大饰品基地中仍然具有产业基础较好、劳动力成本较低、经营成本低的明显优势。

4   钻石资源、市场与戴比尔斯

4.1   全球金刚石资源与开发现状

世界每年生产价值约 130 亿美元的毛坯金刚石，其中约 65% 产自非洲（价值约 85 亿美元）。全球金刚石产业雇用人员（直接和间接）约 1000 万人，涵盖从采矿到零售的各个部门。

2013 年，世界工业级金刚石产量增长，与上年相比增幅约为 6%。同时，全球金刚石珠宝业销售继续看好，目前宝石金刚石销售值每年超过 720 亿美元。

4.1.1   储量和资源

世界上有 35 个以上国家和地区发现了金刚石资源，包括澳大利亚、博茨瓦纳、民主刚果、南非、俄罗斯、加拿大、中国、纳米比亚、坦桑尼亚、安哥拉、美国、津巴布韦、几内亚、塞拉利昂、巴西、中非、加纳、莱索托、圭亚那、委内瑞拉、亚美尼亚等。其中，工业级金刚石储量约为 7.5 亿 ct（表 4 - 1），宝石级金刚石储量基础约为 3 亿 ct。金刚石矿床成因类型主要有：金伯利岩型和砂矿型。世界金刚石资源约 60% 产在非洲。

表 4 - 1   世界工业级金刚石储量   单位：Mct

国家或地区	储量	国家或地区	储量
澳大利亚	270	南非	70
博茨瓦纳	130	中国	10[①]
民主刚果	150	其他	90
俄罗斯	40	世界总计	750

注：①美国地质调查局 2013 年的数据。

资料来源：U. S. Geological Survey, Mineral Commodity Summaries, 2014, Diamond(Industrial)

澳大利亚是世界第一大金刚石资源国，主要是工业级金刚石。澳大利亚的金刚石主要分布在西澳大利亚州，在北方领地也有分布。澳大利亚著名的金刚石矿床是位于西澳大利亚州的阿盖尔（Argyle）金刚石矿床。

民主刚果是世界第二大金刚石资源国，以工业级金刚石资源居多，宝石级金刚石仅占 20% 左右。民主刚果金刚石资源主要沿东开赛省（Kasaï – Oriental Province）桑库鲁河（Sankuru River）的布希马伊河（Bushimaïe River）和卢比拉什（Lubilash）支流一线以及西开赛省（Kasaï – Occidental Province）的奇卡帕河（Tshikapa River）一线分布，主要是砂矿型金刚石矿床。

博茨瓦纳是世界第三大金刚石资源国，以宝石级金刚石资源居多。金刚石矿床主要产在博茨瓦纳东南部，位于喀拉哈里沙漠地区（Kalahari Desert）。成因类型主要是金伯利岩筒型，著名的金刚石矿床包括朱瓦能（Jwaneng）金刚石矿床、奥拉帕（Orapa）金刚石矿床等。按目前生产水平，朱瓦能矿床金刚石储量至少可开发 20 年。

南非是世界第四大金刚石资源国，宝石级金刚石资源约占 40%。金刚石矿床主要位于林波波省、北开普省和高登省，成因类型主要是金伯利岩筒型。

俄罗斯是世界第五大金刚石资源国，宝石级金刚石资源占 55% ~ 60%。金刚石资源主要分布在萨哈共和国和阿尔汉格尔斯克州。萨哈共和国的金刚石储量约占俄罗斯总储量的 80%，阿尔汉格尔斯克州的金刚石储量约占俄罗斯金刚石储量的 18%。剩下的 2% 主要集中在 Perm Oblast。俄罗斯金刚石矿床的成因类型主要是金伯利岩筒型，砂矿型金刚石矿床比例不到 7%。俄罗斯金刚石矿床品位一般较高，金刚石质量可与南非金刚石矿床中的金刚石相比。但由于寒冷气候，开采条件相对较恶劣。根据俄罗斯官方资料，俄罗斯约有 60 个金刚石矿床，其中，约 40 个具经济意义。俄罗斯最大的金刚石矿床是乌达奇尼（Udachni）金刚石矿床，该矿床由两个主矿体构成，含有重砂矿物，有高质量的大金刚石存在。该矿床矿石中平均金刚石品位是 1.55 ct/t，可与博茨瓦纳朱瓦能矿床(品位 1.55 ct/t)以及加拿大的加科丘(Gahcho Kyue)矿床(品位 1.57 ct/t)相媲美。另据弗拉迪斯夫·沃罗特尼科夫(Vladislav Vorotnikov)资料,俄罗斯有金刚石资源量超过 36 亿 ct。

目前,世界金刚石的勘探活动主要集中在安哥拉、博茨瓦纳、加拿大、南非和印度等国。

4.1.2 生产

世界主要的天然金刚石生产国(包括宝石级金刚石和工业级金刚石)有:博茨瓦纳、俄罗斯、加拿大、安哥拉、民主刚果、澳大利亚、南非、纳米比亚、津巴布韦、坦桑尼亚、中非、巴西、几内亚、加纳、塞拉利昂等。其中,博茨瓦纳、俄罗斯、加拿大和安哥拉等是世界最主要的宝石级金刚石生产国,而民主刚果、澳大利亚、津巴布韦和南非等则是世界主要的工业级金刚石生产国。博茨瓦纳和俄罗斯两国既是世界主要的宝石级金刚石生产国也是世界主要的工业级金刚石生产国。根据美国地质调查局矿产品概要 2014 年 2 月资料,2013 年,博茨瓦纳、民主刚果、俄罗斯和澳大利亚是世界四大工业级金刚石生产国,其产量占世界(天然)工业级金刚石总产量的 81%。近 5 年世界工业级天然金刚石产量见表 4-2,世界矿山金刚石(工业级和宝石级)产量见表 4-3。

表 4-2 世界工业级天然金刚石产量

单位:Mct

国家或地区	2009 年	2010 年	2011 年	2012 年	2013 年[①]
澳大利亚	11	10	8	8	11
博茨瓦纳	7	7	23	20	22
民主刚果	4	22	16	17	17
俄罗斯	15	15	15	15	15
南非	3	5	4	4	4
中国	1	1	1	—	—
其他	4	4	10	11	11
世界总计	55	64	77	75	80

注:①为估计值。

表 4-3 世界矿山金刚石产量[①]

单位:Mct

年份	2009 年	2010 年	2011 年	2012 年	2013 年
矿山金刚石产量	124.80	133.10	124.00	115.00	—

注:①既含工业级也含宝石级。

博茨瓦纳目前是世界最大的天然金刚石(宝石级和工业级)生产国。2013 年工业级金刚石产量约为 22 Mct。主要生产公司是著名的戴比尔斯(De Beers)公司与博茨瓦纳政府合资形成的戴比斯瓦纳金刚石公司(Debswana)。该公司在博茨瓦纳经营 4 座金刚石矿山,它们是朱瓦能(Jwaneng)、莱特拉卡内(Letlhakane)、奥拉帕(Orapa)和丹姆沙(Damtshaa),均是露天开采。其中,朱瓦能和奥拉帕是两个世界级的金刚石矿山,朱瓦能也是世界最富饶的金刚石矿山。朱瓦能矿山每年生产金伯利矿石约 930 万 t。朱瓦能也是博茨瓦纳第一个收到 ISO 14001 环境遵守证书的金刚石矿山,自 1986 年以来,该矿山一直保持 5 星级 NOSA 安全评级。

博茨瓦纳其他主要的金刚石生产公司和勘探公司还有:潘戈林金刚石(Pangolin Diamonds)公司、宝石金刚石(Gem Diamonds)公司、卢卡拉金刚石(Lucara Diamonds)公司、博茨瓦纳金刚石(Botswana Diamonds)公司和佩特拉金刚石(Petra Diamonds)公司等。

俄罗斯目前应是世界第二大金刚石(宝石级 + 工业级)生产国,2013 年工业级金刚石产量估计为 1500 万 ct(据美国地质调查局,2014),主要金刚石采矿公司是阿尔罗萨(Alrosa)公司,其产量占俄罗斯金刚石产量的 97%,占世界金刚石总产量的 24%。阿尔罗萨公司拥有并开采俄罗斯最大的金刚石矿山——乌达奇尼(Udachni)金刚石矿山,该矿山是世界最大的金刚石矿山之一,露天开采,属金伯利岩型。

阿尔罗萨公司目前也正在计划开发迈斯卡雅(Mayskaya)和上穆纳(Upper Muna)金刚石矿床。阿尔罗萨公司计划到 2020 年将金刚石产量提高到 4000 万 ct。

　　除乌达奇尼金刚石矿山外，俄罗斯其他金刚石矿山还有朱比利（Jubilee）矿山等。据俄罗斯财政部资料，近 10 年，俄罗斯天然金刚石产量见表 4 - 4。

表 4 - 4　2003—2012 年俄罗斯天然金刚石产量和价值

年份	产量/万 ct	价值/百万美元	价格/（美元·ct^{-1}）
2003	3301.90	1667	50.76
2004	3886.58	2205	56.74
2005	3800.10	2531	66.61
2006	3836.08	2574	67.11
2007	3829.12	2625	68.56
2008	3692.52	2508	67.95
2009	3475.94	2340	67.34
2010	3485.66	2382	68.35
2011	3513.98	2674	76.12
2012	3490.05	2874	82.28

　　若仅根据工业级金刚石产量的话，则民主刚果目前天然金刚石产量可排世界第二位，但综合考虑以往宝石级金刚石产量和工业级金刚石产量的话，则民主刚果天然金刚石产量绝不可能超过俄罗斯而成为世界第二位。2013 年民主刚果工业级金刚石产量估计为 17 Mct。民主刚果金刚石生产主要由小矿业公司进行，质量较差。据报道，民主刚果目前约有 70 万个手工金刚石采矿者。

　　澳大利亚目前是世界第四大工业级金刚石生产国。主要生产矿山是位于西澳大利亚州的阿盖尔矿山。澳大利亚所产金刚石几乎全部来自阿盖尔矿山。因露天采矿减少，该公司的产量从过去每年的 3000 万 ~ 4000 万 ct 减少到目前的水平。阿盖尔矿山金刚石产量有约 5% 为宝石级，约 45% 为廉价宝石级，另 50% 为工业级。澳大利亚另有约 10 万 ct 的金刚石产自艾伦代尔（Ellendale）金刚石矿山。目前，澳大利亚在梅林（Merlin）项目中，试验性的金刚石采矿也正在进行。

　　加拿大目前也是世界重要的金刚石生产国，主要生产宝石级金刚石。主要金刚石生产矿山位于加拿大西北地区，主要有艾卡迪（Ekat）矿山和迪亚维克（Diavik）矿山。艾卡迪矿山自 1998 年 10 月 14 日开始生产，每年平均生产毛坯金刚石 300 万 ct。而迪亚维克矿山是露天矿山，2001 年开始建设，2003 年 1 月投产。该矿山是阿贝金刚石公司（Aber Diamond Corporation）与迪亚维克金刚石矿山公司（Diavik Diamond Mines Inc.）的合资企业。迪亚维克金刚石矿山公司是力拓集团的子公司。该矿山投资 11.3 亿加元建成。迪亚维克矿山预期在其 16 ~ 22 年的寿命周期中，每年生产 150 万 t 金伯利矿石材料，大约每年生产 800 万 ct（价值约 9000 万美元）毛坯金刚石。该矿山雇用人员约 700 名。

　　南非是世界重要的金刚石生产国，生产的金刚石既有宝石级，也有工业级。主要金刚石生产矿山有：威尼莎（Venetia）矿山、奥克斯（Oaks）矿山和库里南（Cullinan）矿山等。

　　世界顶级四大金刚石生产公司是：戴比尔斯（De Beers）、阿尔罗萨（Alrosa）、必和必拓（BHP Billiton）和力拓（Rio Tinto）。该四大金刚石生产公司金刚石产量见表 4 - 5。

表 4-5　全球四家最大金刚石矿业公司金刚石产量　　　　　　单位：Mct

金刚石公司	2009 年	2010 年	2011 年	2012 年
戴比尔斯	24.60	33.00	31.33	27.88
阿尔罗萨	39.90	41.15	41.30	42.70
必和必拓	3.39	2.90	2.10	1.40
力拓	14.00	13.80	11.70	13.10
上述 4 家公司产量	81.60	84.00	86.40	80.90

资料来源：Diamond Mining in Russia. E & MJ. Published：Wednesday, September 11, 2013。

2013 年，世界人造工业金刚石产量为 44 亿 ct，主要的人造金刚石生产国有：中国、白俄罗斯、爱尔兰、日本、俄罗斯、南非、瑞典和美国等。目前，世界上至少有 15 个国家有能力生产人造金刚石。

在目前生产的天然金刚石中，有约 55% 为宝石级，用于珠宝制造；其余约 45% 为工业级，主要用于切割、钻探、研磨和抛光等各种工业用途。在目前工业金刚石的利用中，天然金刚石仅占 3% 左右，合成金刚石约占 97%。

工业金刚石主要用户行业是：电脑芯片生产、建筑物、机械制造、采矿服务（矿产钻探、石油天然气勘探）、石材切割和抛光以及运输体系（基础设施和车辆）。石材切割和公路建设、研磨和修理活动消费了大部分工业金刚石。美国工业金刚石市场约 97% 使用合成工业金刚石，原因是合成金刚石质量可控制，其物理性质可客制化以满足具体要求。

宝石级金刚石在进入销售前，一般要分送到主要的金刚石加工与贸易中心，包括比利时安特卫普、印度孟买、以色列特拉维夫、美国纽约、中国、泰国或南非约翰内斯堡等。专家们根据毛坯金刚石特点进行分类加工和抛光成各种形状，如圆形、椭圆形、梨形、心形等，然后，再根据其加工特点、颜色、透明度和质量等进行再分类。最后，将加工好的各品级金刚石卖给位于世界各地 24 个注册金刚石交易所的金刚石批发商或金刚石珠宝制造商。

美国目前是世界最大的工业级金刚石市场，约占全球的 50%；次为日本，约占 15%。其他主要市场有：意大利 5%；印度 3%；中国 2%；海湾国家（阿联酋、以色列等）2%，其他国家 23%。而在宝石级金刚石市场方面，根据 2011 年数据，美国居世界第一，约占 38%；中国居第二，约占 13%；印度居第三，约占 12%；欧盟居第四，约占 8%；日本与欧盟相同，约占 8%；海湾国家居第六，约占 7%。根据相关研究，宝石级金刚石是目前最受欢迎的奢侈品。

过去 10 年来，世界主要金刚石出口国有：博茨瓦纳、澳大利亚、俄罗斯、南非、加拿大等。近 3 年，博茨瓦纳每年出口金刚石（毛坯金刚石）价值为 40 亿 ~50 亿美元；澳大利亚金刚石出口价值每年达 6 亿 ~7 亿澳元，所产金刚石几乎全部出口，大部分出口到印度；俄罗斯出口金刚石每年约为 40 亿美元；加拿大出口金刚石每年为 20 亿 ~25 亿加元。

自进入 21 世纪以来，为了促进合法来源的毛坯金刚石贸易，2003 年相关国家政府、非政府组织和国际金刚石工业界经过共同努力，实施了金刚石"来源证书"系统（Kimberley Process certification scheme，KPCS），称之为金伯利进程。金伯利进程是一个认证系统，旨在防止来自冲突区的毛坯金刚石进入合法的交易供给链。目前，世界上有 74 个国家为金伯利进程成员国，可确保 99% 的毛坯金刚石来自非冲突区。根据联合国托管体系，仅金伯利进程成员的国家可进口或出口毛坯金刚石。在没有金伯利进程证书的国家，任何人或机构进口或出口毛坯金刚石的行为都是违法行为。

除金伯利进程外，世界金刚石理事会（WDC）也制定了担保体系，以延伸金伯利进程无冲突担保到抛光领域，该体系可保证消费者购买的金刚石来自非冲突区。

此外，为促进负责任的工商经营活动，负责任珠宝实践理事会（Council for Responsible Jewellerv Practices）也于 2005 年 5 月成立，成员来自金刚石和黄金从矿山到零售整个供给链体系。理事会目前有成员 81 个，均承诺以透明和负责任的方式开展经营活动。

2013 年，中国仍然是世界最大的合成金刚石生产国，每年产量超过 40 亿 ct。预计，在未来几年中，中国会继续主导世界合成金刚石生产。

在未来若干年内，美国可能继续是世界工业金刚石的主要消费市场。美国对工业金刚石的需求主要在建筑行业，工业金刚石镶嵌在电锯的刀刃上，用于切割高速公路建设中的水泥和修理工作。

预期，未来数年内，对合成金刚石（磨料粒和粉末）的需求会继续超过对天然金刚石材料的需求。由于生产技术日益提高，合成金刚石产品的成本价将可能继续下滑。

据贝恩公司（Bain & Company）和安特卫普世界金刚石中心（Antwerp World Diamond Centre）（AWDC）预测，未来数年间，全球（宝石级）金刚石需求量年均增长率将达到5.9%。从2012年起，全球毛坯金刚石的供给量年均增长率将为2.7%，到2020年，全球（毛坯）金刚石供给量将会达到157 Mct。对于宝石金刚石市场来说，到2020年，印度和中国两者合计会超过美国，成为全球最大的金刚石珠宝市场。

4.2　中国金刚石资源与开采

我国有较丰富的金刚石资源。主要分布在辽宁、山东、湖南、山西、新疆等省（自治区）。1949年以后，先后在湖南（601）、山东（803、701）和辽宁建成了一定规模的瓦房等金刚石矿山。

金刚石矿分原生矿和砂矿两种。金刚石原生矿的矿石为金伯利岩（角砾云母橄榄岩），1871年在南非金伯利城郊区首次发现。1887年英国科学家C·路易斯命名为金伯利岩。金伯利岩是来自地下深150 km至300 km的上地幔（软流层），在高温（1200℃~1800℃）、高压（4万~7万大气压）、密闭、还原的环境中，金伯利岩浆中的游离C结晶形成金刚石。经构造运动，金伯利岩岩浆沿断裂上升，冷却成岩。岩体多呈管（筒）状和脉（岩墙）状，少数为岩床、岩株状。近年，在西澳大利亚发现钾镁煌斑岩（白榴金云火山岩）中也富含有金刚石。此种岩石在川西裂谷中（攀枝花）也有发现。

金刚石的硬度大、化学性质稳定、耐酸、耐碱、耐磨。金伯利岩风化后成为碎石、砂、泥，而金刚石则原样保存下来。被流水搬运到江、河、湖、海，在有利于积聚处，形成各种类型的金刚石砂矿。如细谷砂矿、阶地砂矿、河床砂矿、河漫滩砂矿、水积砂矿、滨海砂矿等或在原地及其附近形成残积和坡积砂矿。

4.2.1　701矿

（1 矿区地质特征及矿山概况。

山东建材701矿于1966年8月开始筹建，1968年1月第一期工程设计年产2万克拉规模的采矿场，选矿厂破土动工，到1970年7月试车投产；1972年10月又开始动工兴建年产金刚石××万克拉规模的第二期采、选工程，到1976年年底建成投产；同时还建成了年产×万克拉规模的自磨试验选矿厂。自投产以来，共回收金刚石××万克拉。目前，本矿主要开采胜利1号金伯利岩管，开采深度50 m，年采金刚石××万克拉。

矿区地质特征及矿山概况见表4-6。

表4-6　建材701矿胜利1号金伯利岩地质特征及矿山概况）

矿区地理位置	山东省蒙阴县
主要控矿因素	受"新华夏系"构造和"鲁西系"构造复合作用控制
成矿时代	晚白垩世
矿床成因类型、工业类型	偏碱性铁质超基性岩管状侵入体，金伯利岩型金刚石原生矿
矿床勘探类型	Ⅱ类型
矿体赋存部位	岩管位于蒙山单断凸起倒转大背斜轴部之中段，围岩由太古代泰山群万山庄组一套副变质岩组成
矿体形态、规模及产状	胜利Ⅰ号岩管由大、小两个岩体组成，二者在地表相距20 m，由钻孔资料推断；在垂深200 m左右合为一体，并继续向下延伸到600 m以下。岩体从上到下，其横截面积逐渐缩小 ①大岩管：地表形态为椭圆形，长轴方向120°，长98 m；短轴方向为30°，宽50 m，整体倾向南西，倾角85°左右 ②小岩管：地表形态不规则，北段走向近南北向，长65 m，宽15 m，呈豆荚状向北延伸，逐渐变窄，过渡为胜利Ⅱ号金伯利岩脉；南段走向为120°，长43 m，宽15 m，呈长条状。小岩管的整体倾向也是南西

续表 4 - 6

矿区地理位置	山 东 省 蒙 阴 县
矿床规模	大型
主要矿物组成	金刚石
主要伴生有益、有害元素及共生矿产	蛇纹石、镁铝榴石、铬铁矿、钙钛矿、磷灰石及稀散元素,均未作选冶试验和储量计算
矿石性质	矿石类型:斑状金伯利岩型;细粒金伯利岩型;含岩球斑状金伯利岩型;含围岩碎屑斑状金伯利岩型;金伯利角砾岩型 平均品位:$\times \times \times$ mg/m³,其中斑状金伯利岩型最富 矿石结构、构造及理化性质:斑状结构、块状构造和角砾状构造;硬度:5~6级; 比重:2.54;颜色:灰色、灰绿色、蓝灰色、暗灰色、黄褐色、深绿色、黑绿色等矿石易选
矿床开采技术条件	矿体覆盖层厚度:0~5 m,地质构造简单,水文地质条件简单。剥采比:5:1
矿床开采方式 开拓系统 矿山开采方法	垂深100 m以上为露天采矿,矿体出露标高260~240 m之间,台阶高10 m,用硐室斜坡卷扬机运输;240~170 m之间,台阶高14 m,分两次爆破,用环形公路汽车运输,台阶边坡角60°~70°,最终边坡角52°,安全平台宽3 m,清扫平台宽6 m
选矿方法	矿石经多段破碎(或自磨),用重力选矿:淘洗盘、油选、电选、碱熔,最终人工手选
矿产品主要用途	(1)电子技术中用Ⅱ型金刚石作散热片和半导体元器件 (2)工艺装饰品用金刚石 (3)工业上用金刚石制作:拉丝模;刃具;硬度计压头;砂轮刀;玻璃刀;地质钻头;磨料用金刚石
年产矿石量	设计$\times \times$万吨,目前实际$\times$万吨
该矿发现的最大金刚石	"蒙山1号钻石"重119.01克拉,大小为30.3×30.1×27.3(mm),是颗八面体与曲面六八面体的聚形晶体,质佳。是1983年11月14日在自磨试验选矿厂的料仓上人工破碎大块矿石时发现的

(2)生产地质。

1)金刚石的分级、鉴定:

对金刚石按其颗粒大小(重量)、白度(纯白、洁白、白、浅白、白带微黄、一级显黄、二级显黄、三级显黄和四级显黄)、净度(干净、极微瑕1、极微瑕2、微瑕1、微瑕2、小瑕、一级瑕疵、二级瑕疵、三级瑕疵)、颜色(纯蓝白、蓝白、洁白、白、纯银黄、银黄、微黄)等进行分级、鉴定,同时还要按其工业用途(见表4-6)分级、称重,计算其经济价值,进行综合评价。

为了详细查明本矿金刚石中Ⅱ型金刚石的含量,还应用紫外分光光度计对32、33、34号原矿样中所选获的 -4 ~ +1 mm 粒级的金刚石进行逐一测试。查明Ⅱ型金刚石的含量占34.7%,Ⅱ_b型金刚石韵含量占Ⅱ型金刚石的34.7%。

2)特大金刚石与特高品位的处理:

金刚石在金伯利岩中的分布是极不均匀的。据胜利Ⅰ号金伯利岩体中,金刚石的统计:大颗粒金刚石的出现,具有一定的规律。统计结果表明: -16 ~ +8 mm 的金刚石,占金刚石总数的两万五千分之一。 -8 ~ +4 mm 的金刚石,占总数的千分之一, -4 ~ +2 mm 的金刚石占总数的五十分之一……如果取样选获的金刚石总颗数在两万五千颗以上,出现一粒 -16 ~ +8 mm 的大金刚石是正常的;如果取样选获的金刚石的总颗数不到两万五千颗,出现一粒 -16 ~ +8 mm 的大金刚石,就属于特大金刚石,处理方法是:把特大金刚石的重量平均分配到和特大金刚石相应级别的平均组颗数的每一粒金刚石上,然后再乘以该块段中实际选获金刚石的总颗数。公式是:

$$Q = \frac{Q_1}{a}b \qquad\qquad (6-13)$$

式中 Q 为特大金刚石处理后的重量；Q_1 为特大金刚石的原始重量或几颗特大金刚石的平均重量；a 为和特大金刚石相应级别的平均组颗数；b 为求平均品位的块段选获金刚石的实际颗数。

特高品位的出现，一般与特大金刚石的出现有关。在这种情况下，只处理特大金刚石就可以；当样品品位高于该块段平均品位的八倍以上者，就称为特高品位。在与特大金刚石无关情况下，常用以包含特高品位在内的块段平均品位来代替。

（3）探采对比

当胜利Ⅰ号金伯利岩管开采到 212 m 水平时，对其矿体界限反复进行了测量，得出较准确的水平断面图，与地质勘探报告中所提供的水平断面图上的矿体断面几何形态、面积大小进行对比，并计算其重叠率（地质勘探面积和开采实测面积二者的重叠面积与地质勘探面积之比）等（见表 4 – 7），同时还对二者的平均品位进行了对比（见表 4 – 8）。

表 4 – 7　胜利Ⅰ号岩管 212 m 水平断面地质勘探面积和开采面积对照表

项目	岩体	大岩管	小岩管	合计
地质勘探面积（m²）	地表（260 m）面积	3987.5	1360.0	5347.5
	212 m 水平面积	3137.9	1321.6	4459.5
开采实测面积（m²）	212 m 水平面积	3302.0	1250.0	4552.0
	开采/地质（%）	106.16	9688	103.45
实际重叠面积（m²）	重叠面积	2860.0	971.0	3831.0
	重叠率（%）	91.95	75.25	87.06

表 4 – 8　胜利Ⅰ号岩管地质取样与开采取样结果对比表

	大岩管			小岩管			大、小岩管综合		
	地质	开采	开采/地质（%）	地质	开采	开采/地质（%）	地质	开采	开采/地质（%）
取样个数	27	21	77.78	9	11	122.22	36	32	88.89
取样重（ct）	13.13942	39.4449	231.80	4.6609	14.9695	321.17	17.80032	45.4144	255.13
选出金刚石（克拉）	11.84385	27.6217	233.22	11.98075	49.65155	414.43	23.8246	77.27325	324.34
加权平均品位（克拉/t）	0.901	0.907	100.66	2.570	3.317	129.04	1.338	1.702	127.13
算术平均品位（克拉/t）	0.94	0.99	105.32	2.68	3.46	129.10	1.375	1.839	133.75

上表 4 – 7 中可以看出：212 m 水平断面的地质勘探面积和开采实测面积相差不大（3.45%），其中大岩管的开采实测面积比地质勘探面积大 6.16%，而小岩管的开采实测面积反而比地质勘探面积小 3.12%，这反映了小岩管的形态变化较大。工程控制较差的缘故；再就重叠率来看：大岩管为 91.95%，小岩管仅 75.25%，小岩管的重叠率低。也反映了小岩管的形态变化较大的特点；再从表 4 – 8 中看：地质取样和开采取样所计算出的平均品位相差在 30% 以内，因此可以断定，用钻探手段勘探胜利Ⅰ号岩管所提供的 B 级储量是可靠的。

（4）矿产资源的综合利用

建材 701 矿是回收金刚石单一产品的矿山，矿石的平均品位为 0.0000265%。由此可看出开采中的尾矿量是非常大的。因此，金刚石矿尾矿的综合利用，是一项极为重要的工作。

①从尾矿回收细粒金刚石和钙钛矿。

金伯利岩中含有 0.16% 的钙钛矿，0.47% 的磷灰石和 27% ~ 35% 的蛇纹石；在尾矿中含有 0.2 ~ 0.3 mm 粒级的金刚石达 30 ~ 150 mg/t。1971 年开始研究综合回收细粒金刚石和钙钛矿；1973 年试制安装了半工业性生产的选矿新设备（摇床），回收了细粒金刚石；1977 年用泡沫浮选方法回收细粒金刚石，效果较佳。1977 年自行设计了尾矿综合回收车间,设计年回收金刚石×××克拉、钙钛矿 500 t。1979 年土建施工和设备安装,1980 年 7 月试车回收细粒金刚石。经两年多不正常生产(开开停停),回收金刚石××××克拉,产值×百万元。回收金刚石流程见图 4 - 1。

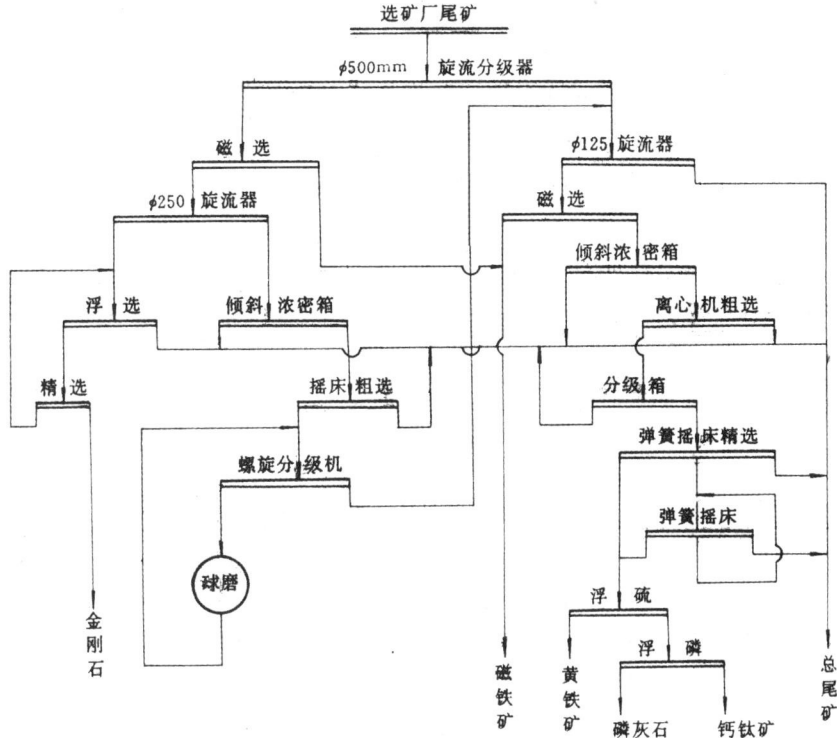

图 4 - 1　尾矿综合回收车间原则流程图

②利用尾矿制长效无机复合化肥。

金伯利岩中含有锂(Li)、镁(Mg)、磷(P)、钾(K)、钙(Ca)、钒(V)、铬(Cr)、锰(Mn)、铁(Fe)、钴(Co)、镍(Ni)、铜(Cu)、锌(Zn)、砷(As)、钼(Mo)等为植物生长、发育所必不可少的元素。用尾矿可制长效无机复合化肥。

4.2.2　建材 803 矿(金刚石砂矿)

矿区地质特征及矿山概况

本矿 1958 年 8 月由郯城县投资,先后在柳沟、小埠岭(1959 年 7 月)各建一个小型选矿厂,土法开采生产金刚石。1962 年由建材部接管并投资,进行半机械化开采,年生产金刚石×××克拉,改称建材 803 矿。作为矿山接替。由苏州非金属矿山设计院设计,1966 年在陈家埠建矿,于 10 月动工,到 1968 年 11 月建成投产,年产金刚石×××克拉。1984 年调整,拟转产玻璃。1988 年国家建材局中国非金属矿工业总公司决定,恢复生产金刚石。根据 1965 年山东地质局第七队所提供的山东省郯城金刚石矿于泉矿区地质勘探报告,1988 年 9 月在于泉矿体南部动工兴建选矿场,自行设计年产金刚石×××克拉,同年 10 月竣工投产;同时,1988 年 11 月开始在罗家莫疃南(属岭红埠)矿区动工兴建选矿厂,设计能力为年产金刚石×××克拉,于 1989 年 5 月竣工。

郯城金刚石砂矿是已被剥蚀和人工破坏的阶地砂矿和坳谷——洼地砂矿,砂矿特点是:矿层薄、分布面积广、无覆盖层和夹层、底部是基岩。该矿经对 153 粒金刚石的测试,Ⅱ型金刚石的含量达 10.78%,过渡型(偏Ⅱ型)占 3.45%,二者之和为 14.23%。

4.3　澳大利亚的钻石矿山

澳大利亚过去一直在东澳勘查金刚石矿,仅发现一些与黄金伴生的小型金刚石砂矿,成效甚少。20 世纪 60 年代以来,实行金刚石普查工作战略西移,把主要力量转到西澳地台找矿。经过十多年的艰苦努力,终于在澳大利亚西北部金伯利地块东南侧的阿盖尔地区发现了 AK1 大型橄榄金云火山岩型（曾译为橄榄钾镁煌斑岩）金刚石原生矿，致使澳大利亚一跃而成为世界主要产金刚石的国家。

值得指出的是，20 世纪 70 年代末在西澳地台新发现的橄榄金云火山岩型金刚石原生矿，是继 1870 年在南非地台首次突破了金伯利岩型金刚石原生矿以来，世界金刚石找矿史上又一次重大转变，不仅丰富了金刚石成矿地质理论，而且开阔了找矿思路，扩大了找矿领域，预示世界金刚石勘查工作在今后一段时期内将会有新的发展。

近十多年来，澳大利亚的十多家矿业公司，陆续加强了金刚石的勘查工作，在西澳、北澳、南澳的一些地方新发现了一批含金刚石的金伯利岩和橄榄金云火山岩，还发现一些金刚石砂矿。主要有：

（1）西澳大利亚南部纳贝鲁地区的金伯利岩，由 5 个含金刚石的岩管组成，同位素年龄值为 18 亿年，是迄今已知世界上最古陆的金伯利岩。

（2）西澳大利亚北部金伯利地块内部的得罗普斯金伯利岩，由 3 个岩管组成，金刚石质量较好。

（3）西澳大利亚北部金伯利地块东南侧的阿盖尔地区的 AK1 橄榄金云火山岩型金刚石原生矿。

（4）西澳大利亚北部金伯利地块西南侧的埃伦代尔地区，共发现 150 多个金云火山岩岩体，其中有 65 个为含金刚石的橄榄金云火山岩岩体。据报道，只有 2 个含金刚石的橄榄金云火山岩岩管具有经济价值。

（5）北澳梯姆贝克里克地区新发现的 2 个金伯利岩岩管，位于澳大利亚中部克拉通。该区发现的金伯利岩含矿较富，金刚石含量达 80～100 克拉/100 吨。金刚石质量好，大多无色透明。

（6）南澳地台阿德雷德地区的含金刚石金伯利岩，金刚石含量较低，不具经济意义。

（7）东澳新南威尔士地区与黄金伴生的小型金刚石砂矿。金刚石晶形完整，无色透明为主，质量较好。

（8）北澳库努努鲁附近布敦轧普地区的含金刚石砾石层，平均品位达 0.5 克拉/立方米，金刚石质量好，宝石级金刚石占 50%，具有开采价值。这个金刚石砂矿是最近发现的，目前尚未开采。

自 1984 年以来一直开采的阿盖尔地区的 AK1 橄榄金云火山岩岩管，地表面积达 45 万平方米，金刚石平均品位为 6.8 克拉/吨，按垂直深度 300 米计算，估算金刚石储量 6 亿克拉。从岩石性质看，凝灰质橄榄金云火山岩含金刚石富，最高品位达 22 克拉/吨，而岩浆岩型橄榄金云火山岩含金刚石极贫，甚至不含金刚石。AK1 岩管中的金刚石质量较差，宝石级金刚石占 6%，准宝石级金刚石占 38%，工业级金刚石占 56%。1990—1992 年，平均年产金刚石 3440 万克拉，收入 2.75 亿美元，平均每克拉金刚石销售价 7.99 美元。值得指出的是，AK1 岩管中含有一定数量的色泽鲜艳的粉红色和玫瑰色的宝石级金刚石，属稀世珍宝，平均每克拉金刚石售价超过 1000 美元。其中一颗 3.5 克拉的玫瑰色宝石级金刚石销售价 350 万美元。

澳大利亚有关矿业公司近几年准备开采的还有一个大型橄榄金云火山岩岩管，即西澳金伯利地块西南侧的埃伦代尔 4 号岩管。该岩管规模大，地表面积达 76 万平方米，平均品位每 100 吨矿石含金刚石 14 克拉，金刚石质量好，其中宝石级金刚石占 60%。具有特色的是，岩管中含一定比例的粉红色和玫瑰色宝石级金刚石。与 AK1 岩管相比，金刚石质量明显提高。这说明，橄榄金云火山岩型金刚石原生矿中的金刚石质量也有高的。

澳大利亚西澳、北澳等地新发现的含金刚石金伯利岩和橄榄金云火山岩，目前正在评价勘探之中，以确定其经济价值。从澳大利亚成矿地质条件来看，金刚石资源潜力大，开发前景很好。

4.4　戴比尔斯（DEBEERS）钻石王国

4.4.1　一颗钻石开启一个伟大公司

南非 1866 年开始采钻石矿，到了 1871 年，开采钻石的热潮如火如荼，在当时称霸全球的英国，许多年轻人纷纷前往南非淘金，塞西尔·罗德斯（Cecil Rhodes）正是其中一员，不过他当时仅靠出租水泵给矿工赚些钱。有一天，他在科尔斯堡（Colesburg Kopje），即如今著名的金伯利地区收购了一颗重达 83.5 克拉的钻石原石。他将这颗原石出售，并用利润购买了一些小型矿藏。很快，这些矿藏为他赚到更多资金，并逐渐发展成为独立的矿业公司——这正是戴比尔斯的前身。

（1）探采海滨钻石砂矿。

虽然早在 1908 年就已知道非洲西南海岸沉积有钻石，但一直到 1960 年才有人尝试去勘探这些沿海的钻石矿。1961 年有一美国德州人组成了海洋钻石公司，但因限于勘探技术，只能在沿海作业。1967 年戴比尔斯公司买下他的股份及船只，但勘探深度也只达到海深 35 米。1970 年海底勘探因不经济，勘探船被卖掉。1970 年到 1983 年间，戴比尔斯公司又继续深海勘探，由于设备、技术的更新，已可勘探至 200 米下的钻石，即沉积在中洋脊的钻石。De Beers Marine 公司拥有一支船队，包括四艘采掘船，一艘地球物理勘探船及两艘取样船，来勘探海中钻石。1994 年在纳米比亚海区域共探取 40 万克拉的钻石。根据该公司的人员表示，从海中探取出的钻石全部是宝石级的。参访者可登矿船参观，了解其作业情形。

整个钻石的开采过程，明显可见地面的开采最容易也最省钱，坑道的挖掘或海上的探取都需要庞大的资金及设备，若非有大企业来支撑长期投资是很难维持的。而地面的掘取也要蕴藏量丰富才能获利。

随着规模不断扩大，塞西尔·罗德斯获得了著名的欧洲银行掌控者罗斯切尔德(Rothschild)家族的财力支持，并于 1888 年正式和巴内·巴纳托(Barney Barnato)共同成立了戴比尔斯联合矿业。当时钻石产业的大趋势是，小的集团不断合并成为大集团，独立矿主需要联合以共同使用土地、公共设施等资源。因此仅仅过了几年，当戴比尔斯成立的时候，它几乎已经掌控了南非整个国家的钻石命脉。

说起"戴比尔斯"这个名字的由来，其实源自当时塞西尔·罗德斯收购的一个农场原本主人兄弟的姓氏，这个农场后来成为塞西尔·罗德斯最赚钱的一处矿产。虽然戴比尔斯兄弟与企业没有任何利益关系，这家传奇公司却以他们的名字命名。

戴比尔斯甚至整个钻石产业，当意识到供求关系对钻石价格的巨大影响时，公司有三方面业务依靠自设矿场及统售机构解决。

1889 年，公司与伦敦的钻石财团达成战略协定，后者每年以约定价格定量采购钻石，从而控制钻石市场供应量以稳定价格。这一协定很快显示出效果——在 1891 至 1892 年的经济萧条时期，钻石价格并没有像其他商品一样暴跌，甚至逆势上涨。

(2)主要业务分三个方面。

①开采宝石级及工业用钻石，在非洲南部自设矿场，其中包括南非，纳米比亚及博茨瓦纳等国家，以价值计，全球有过半数的钻石是由它的钻矿出产的。

②戴比尔斯属下的中央统售机构总部设于伦敦，开采所得的钻胚，连同从其他世界主要生产国按合约购入的钻胚，包括澳洲、博茨瓦纳及俄罗斯等，均会通过中央统售机构发售，销售全球约 80% 的宝石级钻胚。

③管理国际性投资业务，收入主要用于储备，使戴比尔斯及整个钻石业在经济衰退期间免受冲击。

(3)集团分为两个分公司。

①戴比尔斯钻矿公司，持有集团在南非全部资产。

②戴比尔斯百年公司，在瑞士注册，拥有集团在南非以外的全部业务，包括钻胚及工业钻石的全球贸易运作。戴比尔斯百年公司所得利润占集团纯利 78%。

(4)设立中央统售机构

其办事处设在伦敦，是戴比尔斯集团属下一系列公司的总称，这些公司负责购买、分选、评价及销售未经切割的钻石或钻胚。宝石级钻胚会按大小、形状、颜色及素质分为 5000 个等级，这项精细的工作，由驻于伦敦的 600 名经验丰富的分选员负责，钻胚等级一经分选，便在每年举行十次的交易会或称为看货期中出售。届时，来自世界各地 160 名主要钻石制造商(业务集中在切割和打磨)及批发商将会检视及购入预先为他们准备好的钻胚，在南非及瑞士也有举行规模较少的交易会。

4.4.2　一席难求的 DTC 看货商资格

DTC(Diamond Trading Company)是戴比尔斯集团旗下的原石交易与分配机构，总部在英国伦敦。DTC 最重要的角色是分销钻坯，其客户被称为"看货商"。

天然原石由 DTC 依不同等级分成 5000 个不同的类别，将每一个类别装进划分好的"箱子"。DTC 事先设置各个箱子的价格和内容结构。每 5 个星期一次，一年共 10 次在英国伦敦举行看货大会，只有经 DTC 邀请来购买钻石原石的批发商和切磨商才有资格参与。他们被邀请来观看箱子，而且需以整箱且按照事先被标计好的价格购买，而一般 DTC 在事先就已设定好何种类级要卖给哪个看货商，并不是每个看货商有自主的权力任意购买。他们只有被动的权力选择买或不买。目前世界上大多数知名珠宝品牌的钻石都是来自这些"箱子"里面。

由于看货商必须满足一年数亿元的拿货量，跻身 DTC 看货商成为许多珠宝品牌标榜自身实力的标志。DTC 每三年更新一次看货商名单，清除不符合要求者。最近一次是 2012 年 3 月 31 日开始执行的，总共 72 家看货商，而中国只有周大福和周生生名列其中。

4.4.3 惊世宝库"库里南"现世

世界上最著名的钻石，莫过于登上英国女王皇冠和帝国权杖的"库里南（Cullinan）"。其实库里南是总共105颗切磨自同一颗原石的钻石总称。其中最大的钻石"库里南 I"重530.2克拉，也是目前世界最大钻石，被镶嵌于英帝国权杖之上；而世界第二大钻石"库里南 II"重达317.4克拉，被镶嵌于英帝国王冠的正中。诞生"库里南"原石的钻石，在2003年正式改为"库里南矿（Cullinan Diamond Mine）"，而在此之前的整整一百年里，它一直被称作"超级矿（The Premier Mine）"。

1902年，库里南矿首次被发现，然而当时如日中天的戴比尔斯并没能拿下这个极具潜力的宝藏——当时矿产所有者拒绝加入戴比尔斯集团，而转手卖给了两位独立商人伯尔尼哈德和欧内斯特·奥本海默（Bernhard and Ernest Oppenheimer）。1905年，由于"库里南"钻石的发现，奥本海默家族的钻石产业一下跃升至堪与戴比尔斯平起平坐的地位，而这也成为他后期加入戴比尔斯董事会，并登上董事会主席宝座的重要筹码。

第一次世界大战时，库里南钻石矿正式并入戴比尔斯集团，而当1902年塞西尔·罗德斯去世时，戴比尔斯已掌控全世界90%的钻石产业。欧内斯特·奥本海默接替他的位置，并将操控全球钻石价格这一垄断策略发扬光大。

直到2007年11月，戴比尔斯将库里南矿卖给佩特拉钻石天玺财团，这个无尽的宝藏不断出产了众多举世闻名的钻石原石，其中包括353克拉"超凡玫瑰"、426克拉"尼阿乔斯"、599克拉"戴比尔斯世纪之钻"和755克拉的彩钻"金禧钻石"。

如今，在许多大学市场营销课上，钻石这种独特商品，被作为典型的营销成功案例，被不断引用，戴比尔斯神话还能复制吗？

4.4.4 垄断破灭之后的焕然新生

时至今日，戴比尔斯已无法继续当年通过控制钻石供求保持高价的垄断策略，因为自20世纪90年代开始，许多来自俄罗斯、加拿大、澳大利亚以及其他国家的钻石开采商加入竞争，令戴比尔斯的全球钻石产业市场份额从当初的90%降至40%左右。然而即使如此，通过对自身商业模式的调整，戴比尔斯的利润率相比之前却有成倍上升。

2011年11月，南非奥本海默家族将持有的戴比尔斯股权全部出售给英美资源集团（Anglo American plc）。据说出售股权的原因很简单：奥本海默家族目前已经没有人乐意再从事钻石行业了。如今，世界钻石产业几大巨头并立，其中主要有：非洲钻石出产国（如博茨瓦纳共和国政府、纳米比亚共和国政府）、戴比尔斯、力拓集团（Rio Tinto Group）、必和必拓（BHP Billiton）、列夫·利维斯伟（Lev Leviev）、海瑞·温斯顿（Harry Winston）以及埃罗莎（Alrosa）。钻石一家独大的垄断局面宣告破灭。

然而在早期的商业模式调整中，这家历经百年的钻石巨舰早已经开辟了新的航路。2001年，戴比尔斯与全球三大奢侈品集团之一的酩悦·轩尼诗-路易·威登集团（LVMH - Louis Vuitton Moet Hennessy）合作创立了"戴比尔斯钻石珠宝"（De Beers Diamond Jewellers Ltd），并在伦敦旧邦德街（Old Bond Street）开设首家旗舰店，如今已遍布全球众多国家和地区。虽然戴比尔斯作为珠宝品牌不过十多年的历史，但其身后雄厚的钻石资源和高级珠宝定制能力，令其一跃成为高端珠宝界的新贵。

4.4.5 1888大师美钻的色彩盛宴

彩钻是大自然的杰作，珠宝界的稀珍，每一颗都个性鲜明、善于表达、令人痴迷。在一万颗天然钻石中才能诞生一颗彩钻。正是这种极端稀有的奇迹、催人动情的美丽，以及难以抵御的吸引力，将彩钻变成珍贵珠宝界的超级巨星。

在自然界中，彩钻因为内含元素不同，在GIA分级中有上千种颜色，其中以红色、蓝色和绿色钻石最为珍贵，像稀有的粉色钻石在全球唯一的稳定来源只有澳大利亚，而黄色和棕色钻石则比较常见。正是因为自身的稀有和美丽，彩钻的身价不断上涨，拍卖市场上屡创新高的拍卖价格。

拥有极致稀有的彩钻，不仅是富豪贵族的身份标榜，更是珠宝品牌实力和品质的象征。作为控制着世界40%钻石矿产资源的戴比尔斯自然不会缺少令人惊艳的彩色钻石，并且每一颗几乎都是色彩浓郁鲜明的大克拉钻石。2013年，戴比尔斯将这些自然杰作打造成1888大师美钻系列，用以纪念品牌创立125周年。

完美的钻石与充满设计感的底座结合，通过戴比尔斯卓越精湛的切割技艺，散发无法抗拒的生命光彩。浓艳彩钻和大克拉白钻绽放华美的独特魅力，其色泽似乎凝结了时间的迷雾，封装了太阳赐予地球的温暖，在独具设计感的底座烘托下，展现了鲜明的艺术之美。

4.5 著名的钻石与故事

钻石业发展史划分为三个时代，一为印度钻矿时代，二为南非金伯利矿时代，三为非洲扎伊尔的伯里梅尔（Premier）钻矿时代。钻石最先在印度发现，其后印度钻矿枯竭和开采技术原始，便被南非金伯利钻矿取而代之。印度钻石矿中产出了一粒称为光明之山（Koh-i-Noor）的世界上最古老的钻石，重191克拉，1304年发现于印度，后为英国女王维多利来所有，将它磨成重108.93克拉的钻石，镶在女王的皇冠上，这就是著名的女皇王冠上的钻石。

印度自从发现第一粒钻石之后，陆续采出1200多万克拉钻石，但目前的年产量已减到几万克拉了。

发现了重83克拉称为"南非之星"的大钻，从而掀起一股史无前例的寻钻热潮，后来由于过分开采，再者钻矿区域面积小，很快就采空了，现留下一个大空洞，成为观光者的名胜地了。扎伊尔的伯里梅尔钻矿的光芒光彩夺目，把人们带进了钻石新的阶段。每年从伯里梅尔开采出200多万克拉钻石。目前供应仍然充足，并可持续很长时间。该矿所生产的钻石粒大而色泽光亮，举世无双的"库里南"（Cullinan）钻、石，重达3106克拉，就是从该矿中发现的。据称，发现的"库里南"钻石，仅是原钻石晶体的1/3，另外的2/3尚未发现。1954年发现的尼阿科斯钻（Niarchos）重426.5克拉，也是在此矿区中采出的。过去60多年，伯里梅尔钻石矿区已生产出300多粒重逾100克拉的钻石，占全球400克拉以上的钻石产量的25%。

过去人们不会琢磨钻石，多只能用钻石原石作为饰品，金刚石晶体真正成为钻石，变为首饰的时代，大约在1450年，当时琢磨的钻石只有17个面，1558年—1603年当政的英国女王佩戴的钻石戒，只是一个八面体钻石晶体，磨掉了一个顶尖作为戒面的。直到1919年一位住在美国的波兰人名叫塔克瓦斯基（Tolkowsky），设计出58个翻面的钻石切割工艺，至今仍在采用。这个切工是根据钻石的折光率系数等因素而精确计算出来的，不能任意改变，否则磨出的钻石将无光彩或漏光。

人类开采自古以来大于20克拉的宝石级金刚石颇为罕见，而大于100克拉的钻石被视若国宝。据统计世界上发现的大于100克拉的特大金刚石有1900多粒，其中大于500克拉的有21粒，大于1000克拉的仅有2粒。迄今世界上最大的一颗钻石是1905年1月27日在南非扎伊尔伯里梅尔（Premier）发现的，该钻石即"库里南"（Cullinan），重达3106克拉。长100 mm，宽65 mm，厚50 mm。宝石界行家估计"库里南"的价值高达75亿美元。1907年，南非德兰士瓦地方政府将这粒巨钻赠送给了英王爱德华七世。英王把加工这颗巨钻的工程交给了著名的荷兰阿舍尔公司，这家公司曾经加王过"高贵无比"等大钻。接下工程后对这颗巨钻研究了几个月，1908年2月10日这颗巨钻被劈成几大块加工出9颗大钻，96颗小钻，特意留下一块（重9.5克拉）原石未加工。加工出来的成品钻总量为1063.65克拉，加工出来最大的一颗钻石取名"库里南Ⅰ号"（也称为非洲之星），重达530.02克拉，是梨形刻面钻。"库里南Ⅱ号"是一颗切角的长方钻，重317.4克拉，"库里南Ⅲ号"为梨形钻，重95克拉，"库里南Ⅳ"为方形钻，重64克拉，还有一颗心形钻重19克拉，两粒马眼钻，分别重11.5克拉和8.8克拉，最后两粒分别为长方钻（重6.8克拉），和橄榄球形钻（重4克拉）。其中的四粒钻石镶在英国王冠之上，这顶王冠现珍藏在伦敦韦克菲尔德塔的英王室宝库之中。

17世纪初，在印度戈尔康达的钻石砂矿中拾到一颗重309克拉的钻石坯。当时，根据沙赫哲汗的旨意，一位著名的钻石加工专家拟加工成"印度玫瑰"模样，但未能完全如愿，重量损失不少（仅磨出189.62克拉）。这颗美妙无瑕的钻石，后来做了印度塞林伽神庙中一尊神像的眼珠。1739年德里被波斯国王纳吉尔攻占之后，这颗钻石被装饰在纳吉尔宝座之上，取名为"杰尔昂努尔"。之后，以40万卢布的价格卖给了奥尔洛夫伯爵。1773年，奥尔洛夫把这颗钻石奉献给情人叶卡捷琳娜二世作为她命名日的礼物，尔后它被焊进一只雕花纯银座里。镶在了俄罗斯权杖顶端，这位风流女皇依靠奥氏支持她进行宫廷政变上台。奥尔洛夫钻石洁净无瑕，十分罕见。它略带一点淡蓝绿色，晶体中有几个极小的淡黄色包裹体。钻石厚22 mm，宽31~32 mm，长35 mm。目前这颗钻石珍藏在克里姆林宫钻石库。另一颗著名的钻石"沙赫"是1829年波斯王子米尔扎赠送给沙皇政府的，意在修好由于俄国使臣在波斯被害一事而恶化的两国关系。"沙赫"钻石重88.7克拉，浅黄褐色，无瑕，只是晶体深处有几条小裂纹。三个抛光面上都有用波斯文字刻上的铭文。意为"布尔罕·尼扎姆·沙赫二世，1000年（公元1591年）"。中印度为大莫卧尔占据之后，这颗钻石落入他们之手。第二段铭文意为"哲罕吉尔——沙赫之子哲罕·沙赫，1051年（1641年）"。第三段铭文意为"统治者卡德扎尔·法赫特·阿里·沙赫苏丹，1242年（波斯国王，公元1824年）"。这颗钻石被纳吉尔沙赫据为己有。大约是在1739年占领大莫卧尔时期。在什么地方采到这颗钻石无人知晓。据推断，它可能发现于戈尔康达砂矿。能在坚硬无比的"沙赫"钻石上刻上铭文，可见当时波斯艺人技术之精湛令人无法想像。铭文中提到的大莫卧尔帝国执政官沙赫—哲罕，从1627 年执政到 1666 年，后来被儿子杰布夺位并让他在监牢中渡过余生。沙赫—哲罕有极大的宝石癖，他拥有专门的工场，甚至亲自到那去分选和琢磨宝石。他的儿子杰布不仅篡夺了王位，也夺取了父亲的珍宝。宝座以大量宝石点缀。朝晋谒者一面宝座的华盖上悬着一颗重 80～90 克拉的钻石(这可能就是"沙赫")，四周环绕很多祖母绿和红宝石。它悬在大莫卧尔与朝晋谒者之间作为护身宝物。还有一粒非常美丽的钻石，名叫"桑西"钻，重 55 克拉。传说这颗钻石曾镶在勇士卡尔头盔上，后在一次斯杀中丢失。1589 年"桑西"钻出现在葡萄牙国王安东的珍宝库中，后以 10 万旧法郎卖给法兰西珍宝库总管领主德、桑西。"桑西"钻很长时间一直是他家族的传家之宝。后馈赠给法兰西王耿利赫二世，并列入法兰西国宝库清单中。1792 年这颗钻石被洗劫走了。1830 年"桑西"被一位乌克兰工厂主的后裔杰米多夫买走，成交价 50 万法郎，法国政府就此事打了一场官司，五年之后钻石判给了杰米多夫。410 克拉的"摄政王"钻石也有一段动人的故事，传说是一个印度奴隶 1701 年在著名的戈尔康达矿的矿井里拾到的，他想凭这颗钻石改变人生获得自由，于是他趁人不注意举起丁字镐向大腿猛击，血流如注。这位印度人忍痛把钻石藏在伤口深处，并用树叶作绷带把伤口包好。他找到一个英国海轮水手，准备换取自由。海员看到巨钻之后，和奴隶很快谈妥了，水手瞒着船长，把印度人藏在船舱里的黄麻袋里。水手夜晚送饭给奴隶吃，趁其吃饭之机用匕首将奴隶杀死并把受害者投入大海。船停靠在马德拉斯之后，水手以二万英磅把这粒钻石卖给了该城的英国总督彼得爵士。水手得到钱后，很快把钱挥霍一空，最后愧痛难当，自缢而死。1717 年彼得以 340 万金法郎把钻石卖给法兰西摄政王奥尔列昂斯基公爵。公爵吩咐对钻石进行加工——于是才有了钻石"摄政王"。这颗钻石加工后重量为 140.5 克拉，1722 年留多维克十四世加冕时，钻石被镶在他的王冠上。1792 年，辗转到了柏林。后被一个德国珠宝商卖给了拿破仑。18 世纪 90 年代，它被拿破仑作为抵押担保发动远征的抵押物。1940 年希特勒攻占巴黎时，钻石藏在沙姆博尔城大理石壁炉的护墙板中。目前这粒钻石陈列在卢浮宫中。钻石粒度为 30×29×19 mm，钻石琢型、做工精美，灿烂光泽和"出火"都不同凡响。

表 4 - 9　世界特大宝石级金刚石和著名钻石

钻石名称	克拉重	产地和发现时间	备注
库里南 (Cullinan)	3106.00	南非 1905.1.25	切磨出 9 粒天钻，96 粒小钻，最大的两粒分别重 530.20 克拉(非洲之星)和 317 克拉。
高贵无比 (Excelsior)	995.20	南非 1893.6.30	1903 年琢磨出总重 373.75 克拉的 21 颗钻石，最大的重 70 克拉
塞拉利昂之星 (Star of Siena Leone)	969.80	塞拉利昂 1972	此钻价值 1200 万美元
光明之山 (Koh - i - noor)	794.50	印度 1304	第一次琢磨重 186 克拉，第二次重琢磨重 108.93 克拉
大莫卧尔 (Great Mogul)	793.00	印度 1650	加工成玫瑰翻型钻石，重 280 克拉。
沃耶河 (Woyie River)	1770.00	塞拉利昂 1945	—
瓦尔加斯总统 (President Vargas)	726.60	巴西 1938	原石大 56.2 mm×51.0 mm×24.4 mm，1939 年估计 60 万美元，后加工成 25 颗钻石
琼克尔 (Jonker)	726.60	南非 1934	原石长 63 mm，宽 38 mm，加工出 12 颗钻石。最大 142.90 克拉。后改制减到 125.65 克拉。值 350 万美元。
雷兹 (Reitz)	650.80	南非 1895	加工出来钻石重 254.35 克拉

续表 4 - 9

钻石名称	克拉重	产地和发现时间	备注
无名	616.00	南非 金伯利	黄色八面体
鲍姆戈尔德 (Baumgold)	609.25	南非 1923	白色
莱索 B (Lesotho)	601.25	莱索托 1967	白色
高亚斯 (Goyas)	600.00	巴西 1906	白色
莱索托乃 (Lesotho)	527.00	莱索托 1965	白色
温特 (Venter)	511.25	南非 1951	黄色
金伯利 (Kimberley)	503.00	南非 1896	白色
鲍姆戈尔德 2 号 (Baumgold Ⅱ)	490.00	南非 1941	黄色
维克多利亚 1884 (Victoria 1884)	469.00	南非 1884	琢磨出 185 克拉重的钻石。
达尔西·瓦尔加斯 (Darcy Vargas)	455.00	巴西 1939	褐色
尼扎姆 (Nizam)	440.00	印度 1835	琢磨出 277 克拉重的钻石,白色
和平之光 (Light of Peace)	435.00	塞拉利昂 1969	白色
维克多利亚 1880 (Victoria 1880)	428.50	南非 1880	琢磨出一粒重 185 克拉的椭圆钻石和重 20 克拉的圆钻,黄色
戴比尔斯 (De Beers)	428.25	南非 1888	琢磨后重 234.50 克拉,黄色
冰神 (Ice Queen)	426.50	南非 1954	琢磨成三粒钻石,分别重 197.30 和 40 克拉,最大的被希腊船王尼阿尔科斯以 200 万美元买得
比尔格伦 (Belglin)	416.25	南非 1924	褐色
伯罗德利克 (Broderick) 412.50	南非 1928	—	
皮特 (Pitt)	410.00	印度 1701	白色
杜特拉总统 (President Dutra)	407.68	巴西 1949	琢磨成 16 粒钻石,总重 136 克拉。
科罗曼德尔 (Coromander)	400.65	巴西 1941	—
阿尔克 (Arc)	381.00	南非 1921	—

续表 4 – 9

钻石名称	克拉重	产地和发现时间	备注
德阿里欧 （Diario）	375.10	巴西 1941	—
红十字 （Red Cross）	375.00	南非 1910	亮黄色，琢磨成 205 克拉重的方形钻石
维克多利亚 （Victoria）	375.00	巴西 1945	—
拉扎·玛当	367.00	婆罗洲 1787	—
特罗斯 I （Tiros I）	354.00	巴西 1850	—
巴伊亚黑钻	350.00	巴西 1850	1851 年在伦敦"晶莹宫"展览会上展示过。
尼兹姆 （Nizom）	350.00	印度 1850	琢磨钻石重为 277 克拉
鲍勃戈维 （Bob Gore）	337.00	南非 1908	—
巴托斯 （Batos）	324.00	巴西 1937	褐色
奥尔洛夫 （Orloff）	309.00	印度 1700	琢磨成玫瑰形钻石，重 189.60 克拉
迪弗尼 （Tiffany）	287.42	南非 1878	琢磨后重 128.51 克拉，价值近 50 万美元
南方之星 （Star of south）	261.88	巴西 1853	透明的菱形十二面体，卖价 40 万美元，琢磨后重 128.50 克拉，白色
丢泰茨派因	253.70	南非 1964	淡黄色，大 38.1 mm×31.7 mm
大平原 （Great Table）	250.00	印度	—
埃及之星 （Star of Egypt）	250.00	巴西	1880 年加工成重 106.75 克拉钻石，白色
无名	248.00	南非 1967	为世上最大的咖啡钻，琢磨成重 111.9 克拉，圆锥形钻。
丘托伊斯	240.00	南非 1878	—
德兰士瓦 （Trans Vaal）	240.00	南非	第一次磨成重 75 克拉的钻石，第二次改成重 67.89 克拉。
无名	223.60	南非金伯利 1973.11	琢磨出 3 颗，一颗圆钻 85.94 克拉，一颗长方钻 21.03 克拉，一颗马眼钻 6.08 克拉
克鲁格尔	200.00	南非	—
达里埃努尔 （Dary – i – noor）	190.00	印度	1837 年在伦敦"晶莹宫"展示过
月亮 （Moon）	183.00	南非	1942 年在伦敦拍卖

续表 4 - 9

钻石名称	克拉重	产地和发现时间	备注
科罗曼德尔第四 （Coromander Ⅳ）	180.00	巴西 1934	—
米纳斯之星	179.30	巴西 1911	—
虎眼 （Tiger Eyes）	178.50	南非 1913	琢磨成 61.5 克拉钻石
米纳斯—吉拉斯	172.50	巴西	—
美丽的叶莲娜	160.00	西非 1951	琢磨出总重 70.49 克拉的三颗钻石
常林钻 （Changlin）	158.78	中国 1977	淡黄色
自由党人	155.00	委内瑞拉 1942	因纪念委内瑞拉的解放者西蒙·博利瓦尔而得名； 后琢磨成四粒钻石，最大的重 40 克拉
温斯顿	154.50	南非 1952	琢磨出 62.05 克拉的钻石。
皮特尔—罗德斯 （Porter – Rhodes）	153.50	南非 1880	淡蓝白色，1937 年加工成祖母绿形钻，重 56.6 克拉
塔吉·马赫	146.00	印度	—
科罗曼德尔第五 （Coromandei Ⅴ）	141.00	巴西 1936	—
弗罗伦萨 （Florentine）	137.27	印度 14 世纪	柠檬黄色，被琢磨成九射星光状苔藓形
科林萦	1133.00	不详	1887 年被赠送给不列颠历史博物馆，1965 年从厨窗 中被盗，从此下落不明
金色钻 （Golden Down）	133.00	南非 1913	琢磨成 61.50 克拉钻石，黄色
葡萄牙人 （Portuguese）	127.00	不详	琢磨前重 150.00 克拉
德累斯顿英国人 （E. Dresdon）	119.50	巴西 1857	琢磨后重 76.50 克拉，价值 20 万美元
阿克巴尔—沙赫 （Akbar – Shah）	119.00	印度 1618	1866 年加工成圆锥形钻石，重 72 克拉
塔维里耶蓝钻	112.25	印度	琢磨后重 67.50 克拉
雅克斯冯泰因 （Jagersfontein）	112.00	南非 1891	琢磨后重 62.50 克拉
亚洲十字 （Corss of Asia）	109.26	不详	方形钻石
阿什伯格 （Ash berg）	102.00	不详	1949 年在阿姆斯特丹钻石展览会上展示过
嘉斯丁格斯	101.2	印度 十六世纪	—
杰科伯钻石	100	印度	1956 年以 28 万美元卖出。

4.6　钻石中心安特卫普与特拉维夫

4.6.1　安特卫普

安特(ANTWERP)位于欧洲心脏位置，是比利时的最大海港，始建于 13 世纪，1460 年成为欧洲第一个商业城市，并为欧洲北部的商业和交通中心。目前已发展为欧洲第二大港，也是世界著名的亿吨大港之一。它是比利时第二大工业中心。安特卫普在查理五世统治期间(约 16 世纪)迎来了她的全盛时期，现存的许多著名历史遗迹都佐证了那一光辉灿烂的时代，也验证了其作为世界著名文化中心的名副其实的地位。

发达的钻石业是安特卫普人的骄傲，市中心有一条闻名于世的钻石街，如果到了安特卫普却没能在这条钻石街上转转，一定会顿足遗憾。

南非造就了安特卫普的钻石地位。1866 年南非发现了第一颗钻石，几年后又发现了金伯利岩筒，后来还有戴比尔斯联合矿业公司的成立，导致大规模探矿与开矿活动。由于安特卫普的地理位置，川流不息的钻石毛坯纷纷流向安特卫普，钻石贸易的发展，对安特卫普后来成为世界首屈一指的钻石中心有很大的影响及贡献。二战后，安特卫普钻石业得到快速发展，逐步奠定了其钻石中心的地位。随着钻石业的发展，一套极有效率、安全、保证的钻石交易设施及程序逐步成熟，构成了这个钻石城市今日成功的基础。

现在，安特卫普钻石交易中心已形成一套独立完善的基本设施，供国际钻石业使用。钻石交易中心下设四个钻石交易所，并配置有专业化的钻石银行、经纪商、保全与运输公司、旅行社、饭店与旅馆，设施齐全，交易方便，以人为本，以客户服务为中心，其专业服务水平，令人咋舌。

作为世界钻石原石的交易中心，安特卫普有一个非赢利性的专业组织为当地钻石公司及外国买主服务，这个钻石组织叫做钻石高阶层议会，是比利时钻石界的正式代表及组织。钻石高层议会协助进出口交易、雇员管理与促销，并开展其他活动，如颁发鉴定证书、宝石学训练合格者授予钻石分级师(HRD)，筹办国内外研讨会与展览会、推广会等等。

安特卫普钻石中心从事钻石贸易与钻石加工业。这里有成千的经销商进行交易，激烈的竞争使得价格非常吸引人，安特卫普钻石中心每年钻石交易达数十亿美元。世界半数以上的毛坯、切磨钻石及工业用钻石，都经过安特卫普。戴比尔斯的经销商中，最大与最重要的货主大多住在安特卫普。安特卫普还是外地市场钻石原石的世界交易中心。这里区域文化十分多样化，不仅以比利时人为主要成员，还包括以色列、印度、俄国、美国、澳大利亚、日本、荷兰人等等，充分说明了安德卫普对成千上万外国贸易商家的重要性和吸引力。与贸易结合的是安特卫普及其附近 Kempen 区中最高品质的钻石工业。每天成千的工人为著名的品质标记(Antwerp cut)(安特卫普切工)全力以赴。钻石学校广泛训练课程及实验工厂保证传授传统的专业知识，不断地进行工艺的革新。

安特卫普是全世界的钻石生产中心。安特卫普的钻石大多数外销，(由经销商直接销给消费者和旅游者是极少的例外)，经常销往世界的另一端：如美国、日本、新加坡、港台地区及其他地方。最后，这些钻石经各地珠宝商加工辗转后，又有可能再回销给安特卫普的消费者。

安特卫普是比利时的一颗明珠，而比利时则是钻石珠宝的制造国。安特卫普钻石中心的存在对发展钻石生产是极大的促进，皇家美术学院及圣路加学院都有专门的珠宝设计部门。比利时设计家为数众多，且水准高超。许多珠宝设计比赛，例如，两年一度的钻石高层议会奖，奖励珠宝设计方面的创作。许多珠宝生产商及珠宝店的总公司都在比利时。全国珠宝委员会位于布鲁塞尔，代表珠宝商的利益并协调他们的活动。钻石珠宝的交易会分别在比利时境内各地筹办。最有名的是安特卫普的 Jedifaj 交易会，由钻石高阶层议会赞助。在布鲁塞尔也举办类似的活动。钻石珠宝专家也大多住在安特卫普钻石中心附近。安特卫普不仅是钻石中心，也是红宝石、蓝宝石及其他贵重宝石的中心。如外国买主到安特卫普旅行一趟可通过有色宝石贸易商和制造商联盟安排，并将受到此行业的利益保护。

如果业者到安特卫普游览，不仅会被它丰富的历史文化所吸引，更会为其著名的钻石中心(在世界上的位置独一无二)所倾倒。

4.6.2　钻石城——特拉维夫

以色列的特拉维夫(TELAVIV)是世界上最大的钻石切磨中心，有"钻石城"之誉。然而，那包裹在钻石之上的，引得无数英雄、美人竞折腰的浪漫气息，却与这里无缘。当地人称钻石为石头，在他们的眼里，只有几百家钻石加工厂和每年几十亿的外汇收入，具体而又现实。

以色列的钻石加工厂都是私营的，全国从事钻石加工生产的仅 1 万多人，却分别在 725 家钻石加工厂里工作，可见其规模近乎作坊式的小生产。但奇迹就是在这里创造的，这里切磨钻石的出口居全球之冠，全世界 50% 以上的首饰用钻石是在这里切磨的。

在"钻石城"里，人们无暇对那光芒四射、华贵艳丽的宝石想入非非。设计人员及雕琢工人天天从事的就是对钻石的雕琢，这工作本身毫无浪漫可言，却需要更多的精细和耐心。

钻石加工一般分三道工序。首先是分检，即根据不同大小、形状、色调、透明度等，将钻石的原石分类标号。然后是定型，即对原石的内部结构进行分析，以确定用劈还是用锯的方法将其分割，粗切成卵形、圆形、长方形，梨形或心形。在切割过程中，既要剔除瑕疵，保持最佳光洁度，又要尽量减少浪费和损失。最后一道工序是研磨。将切割成形的钻石，根据光学原理反复研磨成光洁平滑的多棱面体。手工操作的切削、粗磨机床，看上去都很简陋。一颗豆粒大小的钻石往往要研磨几个小时，枯燥而单调。在这之后，还要由电脑进行精加工。使每一粒钻石至少达到 50 多个棱面。这样，不同的棱面上会放射出红、黄、蓝、白等不同色调的光芒，令人目眩神迷。

"钻石城"加工的钻石大都是高档首饰，从加工到销售都有严格的管理。建在拉马特甘镇的钻石交易大楼，戒备森严，加之大楼的主色调为黑色，使人倍感肃穆。来这里的人都要办完严格的手续才能入内，墙内暗装的摄像设备，会将每一位进出人员的情况记录下来。每年有逾万名来自世界各地的商人来此交易。一俟成交，传递服务机构立即就能将价值几十万，甚至上千万美元的钻石包装好，武装护送到机场，以确保安全抵达目的地。

随着一颗颗华光闪耀的钻石的诞生，以色列的钻石加工换汇，几乎占了全国出口收入总额的 1/3，取得了举世瞩目的成就。可它的历史并不长，1938 年，两个犹太人从比利时移居到特拉维夫附近的一个小镇。白天，他们一个卖冰激凌，一个在柑橘园工作。晚上两人一起用手工打磨钻石。邻镇的镇长奥维德·本阿密得知他们会磨钻石，认准了"这是一项可赚钱的大事业"，便邀请他们到他的镇上开业，其中名叫兹维·罗森堡的应邀前往。不久，第二次世界大战爆发，当时独霸全球的比利时钻石工业受到严重影响。本阿密瞅准时机，从比利时和欧洲其他国家招来了大批技工，并从南非购买了大量钻石。于是钻石加工业得到了迅速发展。镇长本阿密也被誉为这里钻石工业的开创者。

经过加工而变成宝石的钻石，往往被浪漫和神秘气氛所笼罩，而成为华美的标志。然而，一颗钻石，从南非黑暗的矿井中开采出来，到琢磨成精美华贵的首饰戴到手指上或颈项上，其间实实在在地溶进了无数人的汗水与智慧。

4.7　俄罗斯雅库特金刚石矿区的找矿

4.7.1　区域地质概况

雅库特含金刚石省，位于西伯利亚中部，面积近 150 万平方公里。地质上处于西伯利亚地台的东部。省内包括四个次一级的构造单元：阿纳巴尔台背斜，维柳伊台向斜，维尔霍扬斯克山前凹陷和勒拿－阿纳巴尔凹陷。全省分为五个含金刚石区和十四个小区。

在雅库特含金刚石省内，分布有各个时代的沉积地层和岩浆岩体。太古代的岩石包括各种片麻岩和结晶片岩，构成地台的结晶基底，出露在阿纳巴尔隆起和奥列尼奥克隆起的顶部。地台盖层由古生代、中生代和新生代的岩石组成。下古生界主要是一些浅海相的碳酸盐类岩石，广布于全省，是大多数金伯利岩体的围岩。中生代沉积主要是一些陆源碎屑沉积物，侏罗系和白垩系有较广泛的分布，新生代沉积主要是一些残积、坡积、冲积层。省内大部分金刚石砂矿发育在第四纪沉积物中。

区域性的深大断裂控制着金伯利岩体的分布，金伯利岩往往产在地台次一级构造的衔接带，或者是不同方向的断裂的交切处。同时，沉积盖层的构造对金伯利岩的空间分布也起很大的控制作用，金伯利岩体多产于地台盖层巨大构造的最薄弱的部位。

岩浆活动形成了从太古代到第三纪的一系列的构造岩浆旋回，相应地造成了一系列的岩浆岩。其中暗色岩非常发育，主要是一些粗玄岩、辉长粗玄岩和粗玄玢岩，多以岩墙、岩床产出，时代以三叠纪为主。暗色岩在空间分布上与金伯利岩有一定关系，金伯利岩或分布在暗色岩发育区内，或分布在它的附近。省内金伯利岩浆作用普遍发育，可分为三个岩浆旋回：海西期，基米里期和阿尔卑斯期。每个旋回明显地分为侵入和爆发两期。侵入期形成金伯利岩的岩墙和岩脉，主要分布在该省北部。爆发期则形成金伯利岩筒，主要分布在南部地区。它们在产状、形状、大小、结构构造、物质成分及金刚石含量方面都不相同。前者几乎经常地不含金刚石，后者则往往有不等量的金刚石。

雅库特金刚石矿区在大地构造上位于西伯利亚地台东北部，面积约 150 万平方公里。金伯利岩岩体产于地台内的大型隆起（台背斜）与大型拗陷（台向斜）的交接部位，并且与长期活动的隐伏深断裂带有关。例如，小博图奥宾区和达尔登—阿拉基特区的金伯利岩，与分布在阿纳巴尔台背斜和通古斯台向斜、维柳伊台向斜交接地带的隐伏深断裂带有关。

金伯利岩岩体在空间分布上，具有成带展布、成群出现的特点，往往形成一些面积为 100 ~ 5000 km^2 的金伯利岩岩区或岩田。在每个岩区或岩田内，集中有 5 ~ 10 个至 50 个金伯利岩岩体。雅库特金刚石矿床包括原生矿床和砂矿。主要集中在达尔登—阿拉基特区和小博图奥宾区，目前已发现 400 多个金伯利岩体，含金刚石的有 77 个，其中有工业价值的主要有"和平"、"成功"、"艾哈尔"和"二十三大"几个岩筒。金伯利岩在平面上多呈圆形、椭圆形，直径一般为 36 ~ 60 m 到 600 ~ 800 m，具陡倾角（近 80° ~ 85°）。

雅库特矿床的发现，完全解决了苏联金刚石的自给问题。目前，"和平"、"成功"和"艾哈尔"等三个岩筒已投入开采，苏联天然金刚石产量在世界上仅次于扎伊尔，居世界第二位，其中 80% 来自雅库特矿床。

4.7.2　发现简史

雅库特金刚石矿床的发现，从理论预测到大面积地质普查，从发现第一个金伯利岩筒到扩大矿床远景，经历了较长的时期，大致分为三个阶段：

（1）成矿预测阶段。

从 19 世纪后半期以来，地质工作者不断对西伯利亚地台进行地质调查，通过地层、构造诸方面的研究对比，证明这个古老的前寒武纪地台同产金刚石的南非地台在地质发展上是十分相似的。

20 世纪 30 年代，由于一系列与暗色岩有关的大型工业矿床的发现，开始对暗色岩的成矿作用、矿物学和岩石学进行深入的研究。通过化学和矿物成分的研究，查明这种暗色岩属于地台区广泛分布的所谓流状玄武岩，同南非的卡鲁粗玄岩相似。这进一步说明西伯利亚地台同盛产金刚石的南非地台的相似性。

1937—1939 年，在地台北部首次发现碱性超基性岩石，它不同于和暗色岩有关的碱性岩，而是一种碱性成分的特殊喷出岩，在分解的玻璃中含有黑云母，黑榴石及呈橄榄石假晶的蛇纹石，其矿物与化学成分同南非地台上与金伯利岩相伴产出的岩石十分相近。

在深入研究的基础上，早在 1940 年前后，在叶尼塞河和勒拿河之间西伯利亚地台的北部地区，可能存在典型的金伯利岩和金刚石的原生矿床，地矿部门建议"每一个在西伯利亚地台北部工作的勘探队必须严重注意普查金伯利岩和金刚石的问题，要特别留心在诺里尔斯克和维柳伊地区已开采的贵金属砂矿中寻找金刚石"。当时，这项工作虽然已纳入计划，由于卫国战争的关系，大规模的地质普查工作并未展开。

（2）通过镁铝榴石测量发现矿床阶段。

从 1945 年开始，在雅库特含金刚石省境内进行广泛的有计划的金刚石地质普查工作。经过长期艰苦的努力，于 1954 年在达尔登 - 阿拉基特区发现了苏联第一个金伯利岩筒。

工作之初，这里还是空白区，前人只做过一些零星的地质调查。正规地质测量的全面展开，还是 1950 年开始的。首先进行了 1∶100 万的区测，全面了解该区的地层、构造、地貌等方面的情况。接着，根据预测，在维柳伊河流域的重点地区进行了 1∶20 万的地质测量。同时，在大河流的河谷地段对冲积物取大样，进行重砂测量。当时，沿用乌拉尔的经验，主要是追索与超基性和基性岩浆岩有成因关系的矿物铬尖晶石、铂、钛铁矿等的分散晕，在离岩体很近的重砂中是追索斜方辉石、单斜辉石和橄榄石的分散晕。

1949 年，重砂取样过程中，在维柳伊河流域发现西伯利亚第一颗金刚石。这一发现确证了先前所做的预测的真实性，坚定了找矿的信心，使金刚石的地质普查工作更加活跃起来。

1952 年，在马尔哈河（维柳伊河左岸的大支流）上游和奥列尼奥克河右岸支流发现了金刚石的砂矿。1953 年，马尔哈河上游重砂中发现镁铝榴石，还找到了与钛铁矿和红榴石类石榴石伴生的金刚石。经对比证明这种镁铝榴石同南非金刚石砂矿和金伯利岩筒中所见者极为相似。根据上述情况，有人推测在奥列尼奥克 - 维柳伊河分水岭可能存在金伯利岩的爆发岩筒。同时，在维柳伊河中游地区工作的地质人员详细研究了所发现的金刚石的结晶学特征，得出了有好多金刚石原生源地及这些原生源地就在附近的结论。对镁铝榴石的深入研究表明，同镁钛铁矿、铬透辉石一样，它是金刚石的重要共生矿物。由于它颜色鲜明易于辨认，性脆不能经受长期的冲刷搬运，加之在重砂中的含量远高于金刚石，所以追索它的分散晕（流），可以加速金刚石原生源地的发现，提高重砂测量的效率。从此以后，金刚石地质普查中普遍采用镁铝榴石测量法。1954年，沿达尔登河进行镁铝榴石测量时，发现了苏联第一个含金刚石金伯利岩的"闪光"岩筒。

（3）利用综合找矿方法扩大矿床远景阶段。

第一个含金刚石金伯利岩筒的发现，无论在理论上或实践中都具有重要意义，它解决了西伯利亚重砂中金刚石的原生源地的问题，标志着金刚石的地质普查工作进入一个新的阶段。新阶段的基本特点是：找矿方法的多样化和综合应用、金伯利岩岩石学和矿床分布规律的理论研究深入开展、发现的金伯利岩体数目急剧增加和含金刚石省不断扩大。从1956年开始，除了继续在维柳伊河流域扩大矿床远景发现具有工业价值的金刚石原生矿床外，地质普查工作还向北部极区扩展，相继开辟了阿纳巴尔和前维尔霍扬斯克两个新的含金刚石区。

1）重砂测量。

1955年，根据利用镁铝榴石测量发现岩筒的成功经验，继续应用重砂方法在维柳伊河流域发现了一批岩筒，其中包括西伯利亚最大的金刚石岩筒"成功"（达尔登－阿拉基特区）和最富的岩筒之一"和平"（小博图奥宾区）。通过追索金刚石及其伴生矿物的分散流，特别应用地貌和古地理分析方法，还查明了一些现代的和古老的（前第四纪的）金刚石砂矿（残积、坡积和冲积各种类型）。在上述工作的基础上，总结了该区利用重砂法普查金刚石的经验，成为以后扩大远景和开辟新区时重砂工作的借鉴：①河床砂矿分布最为广泛，如果疏松沉积中几乎普遍散布有金刚石，则金刚石含量较高的砂矿就不常见，富砂矿更少；②阶地砂矿金刚石含量通常比河床砂矿贫得多，大河河谷中的砂矿更是如此；③富金刚石砂矿通常位于离原生源地不远的地方，随着远离原生源地，冲积层中金刚石含量骤减；④金伯利岩筒绝大多数情况下分布在河间地区，常被小支流冲刷。

2）磁法测量。

从1955年开始，通过对已知岩筒"闪光"与"和平"的岩样物性研究，利用磁力测量成功地圈定了这两个岩筒。在试点的基础上，首先在达尔登－阿拉基特区广泛应用地面磁法测量以普查金伯利岩。通常采用1:1万（100 m×40 m和100 m×50 m）和1:5000（50 m×20 m）两种比例尺进行工作。在金伯利岩筒的围岩为碳酸盐类岩石的地区（如达尔登－阿拉基特区的东北部，奥列尼奥克河中游），由于金伯利岩一般都具有磁性，而碳酸盐类岩石实际上无磁性，磁法效果突出，仅1955年夏季利用磁法在达尔登－阿拉基特区圈定了13个岩筒。据达尔登－阿拉基特、中奥列尼奥克、下奥列尼奥克、小博图奥宾四个地区地面磁测效果的分析说明，1:1万的磁测，小金伯利岩体的发现率很低，以100 m×100 m测网工作，只有直径大于200 m的岩筒才能以100%的概率发现，以1:5000的比例尺测量，金伯利岩筒的发现率高达85%，漏掉的只是直径在54 m以下的岩筒；只有比例尺为1:2000的地面磁测，才能以近100%的发现率圈定岩筒。

由于地面磁测法勘探要求在大面积内采用大比例尺的工作方法，在西雅库特原始森林茂密、河湖沼泽广布的自然条件下，工作极为困难、缓慢而昂贵。所以，从1956年开始，又施用航空磁法勘探。采用三种比例尺，一种是1:20万，飞行高度一般为200 m，主要用于含金刚石区区域地质的研究，作用是发现和追索深大断裂，圈出暗色岩及超基性岩分布区，顺便发现大的金伯利岩体；另外两种是1:2.5万和1:1万的，飞行高度分别为50~100 m和25 m，前者用普通飞机，后者用直升机，都是用来普查金伯利岩。根据航磁资料对比表明，1:1万的航空磁测发现金伯利岩的效果，比1:2.5万的航空磁测高10%或15%。而同地面磁法的比较说明，1:1万比例尺的航磁与同样比例尺的地面磁测的效果几乎一样。在碳酸盐类岩层广泛发育的地区，与地面磁法一样，航磁效果也很显著。1956年，在达尔登－阿拉基特区用航磁发现并经地面磁法圈定了45个所谓筒状异常，当年山地工程检查了9个异常，均为金伯利岩筒。例如，"航磁8号"岩筒在1955年1:2.5万的地面磁法测量时曾被漏掉，1956年1:2.5万航磁测量时被发现，岩筒上的ΔT值达1000γ以上。在阿纳巴尔区，曾进行过1:2.5万的航磁测量，飞行高度为50~75 m，所发现的岩筒占该区已发现岩筒总数的75%。

3）航空摄影测量。

在实际工作中，通常把航空磁测同航空摄影测量结合起来进行，其基本程序为：①航空目测；②航磁测量；③航磁资料的整理和解释；④航空摄影测量；⑤航摄照片的室内判读；⑥航磁和航摄资料的嵌合；⑦有选择的航磁复测；⑧航磁补充资料的整理和嵌合，取得地面工作的最终资料；⑨航摄照片的野外地质判读和磁异常的检查；⑩详细的地面地球物理工作。综合航空测量方法可以收到相辅相成的效果，提高航磁、航摄两种方法的效率，缩减地面检查的工作量。例如，达尔登地区一个地段曾进行过1:2.5万航磁测量和1:1.5万航空摄影测量。从图上可以看出，8、9、14、116和117这几个航磁异常显然同暗色岩岩墙有关（航磁异常同暗色岩岩墙不尽吻合是摄影连测不准所致），无须作地面检查。推断的金伯利岩筒轮廓17和18分别位于航磁异常3和115附近，需要作地面检查，经揭露分别是"西伯利亚"岩筒和"子夜"岩筒。

4）综合物化探方法试点

除了上述磁法和航空摄影测量外，还在雅库特含金刚石省境内小规模地进行了中，小比例尺的重力勘探和中比例尺的剖面电法勘探。前者主要是为地质测量和普查工作的方向提供一定的依据。由于金伯利岩与其碳酸盐类围岩的接触带常常是导电的，感应电剖面法被用来在平面上圈定金伯利岩的大致边界，也可以利用此法作基底构造的研究。卡帕测量简便快速，在圈定金伯利岩方面也有一定的应用。水化学法和金属量测量法虽进行过实验性的研究，终无实际应用的成果。总括起来说，在雅库特地区地质条件下，重力、电法和化探方法在区域地质研究方面，尤其是直接普查金伯利岩方面，其实际效果远不能同磁法和航空摄影测量相比。

1967年，雅库特地质局的勘探队同西伯利亚地质－地球物理－矿物原料研究所一道用电子计算机对重－磁资料进行整理和解释，企图在复杂的磁重场背景上区分暗色岩和金伯利岩引起的异常，结果在暗色岩分布地段划分出了金伯利岩引起的局部异常，与推测结果一致。因而，可以说，在覆盖地区和暗色岩发育地段，大比例尺的地质测量和重砂方法依旧是普查金伯利岩的基本方法。

物探工作在雅库特金刚石矿床的勘查中，有着重要的作用。根据区内岩石物性研究的资料可以看出：

①金伯利岩筒与其碳酸盐类围岩的磁性差异明显，暗色岩和集块凝灰岩的磁化率变化范围在金伯利岩的磁化率范围以内；

②金伯利岩的密度变化范围很大，为2.0～2.9克/立方厘米，其平均值低于暗色岩，高于凝灰岩；

③金伯利岩的视极化率高于凝灰岩，更高手碳酸盐岩类；

④金伯利岩的震电效应比围岩高一个数量级。

雅库特采用物探方法揭示金伯利岩筒的试验研究工作是从1954。年开始的，磁法工作结果发现岩筒呈等轴状的 ΔE 异常（筒状异常）。仅在1955年夏季，用磁法就发现了13个新的金伯利岩筒。1956年，除地面磁测外，还采用了1∶2.5万和1∶20万的航磁测量，效果较好，共发现和圈定了45个筒状异常。其中6个经验证是由金伯利岩引起的。

磁法在查明金伯利岩筒方面，取得很大的成功，并积累了大量经验，即使沉积岩覆盖区航磁与地面磁测配合，可以发现几乎所有的磁性金伯利岩体。但在暗色岩覆盖区，由于磁化率相近磁法勘探实际上没有效果。

重力测量能把金伯利岩、凝灰岩岩筒与暗色岩区别开来，但必须作高精度剖面测量。同时在暗色岩发育区应用重力测量遇到更大困难，因为暗色岩岩床厚度变化或二叠纪陆源沉积的透镜体所引起的重力影响，与金伯利岩体所引起的局部异常及其量级完全相同。

垂直电测深可测出暗色岩和侏罗纪沉积层厚度，还可用于暗色岩岩床底板和疏松沉积物的填图。在电剖面的视电阻图上，近地表的金伯利岩和凝灰岩岩筒表现为 ρx 极小值，而出露地表的暗色岩侵入体则表现为 ρx 极大值。但随着地质体的深度增加，异常效应迅速衰减。

（4）X荧光测量

根据雅库特金伯利岩分布区的构造特点，金伯利岩的地球化学标志以及在该区某些金伯利岩筒上岩石地球化学测量的成功经验，对X荧光测量圈定金伯利岩的地表次生分散晕进行了试验研究，选择铬、铁、镍、钇、锆、铌、钡和铈作为指示元素。样品取自一个磁性岩筒和一个非磁性岩筒。

用放射性同位素镉－109（强度为 18.3×10^{13} Sr）和充氩正比计数管对样品中铬、铁和镍含量进行了X荧光测量，以每种元素 $K\alpha$ 线的能谱比值7作为分析参数。用镉－109和充氩正比计数管对钇、锆、铌含量进行测量时，不是分析元素的 $K\alpha$ 线本身，而是分析其在氩上的逃逸峰。用镅－241（强度为 18.3×10^4 Sr）和充氩正比计数管测定钡的含量，这时分析钡 $K\alpha$ 线的能谱比值 η。钡含量按标好的单元素标定曲线估算。铈的含量用同样的放射性同位素和计数管，并根据其 $K\alpha$ 线在氩上的逃逸峰确定。

用上述方法一共测了400多个样品，结果说明X荧光测量可以圈出与金伯利岩有关的指示元素次生分散晕，其中铌和铈提供信息最多，其分散晕的平面分布与金伯利岩体的规模和形状非常相符。

在非磁性岩筒上，根据残积－坡积物中镍、铁、铌和钇元素的异常含量，不仅可以圈出金伯利岩筒，而且可以圈出伴随岩筒出现的金伯利岩浆。

根据上述结果可以认为，应用快速X荧光测量普查和评价无暗色岩覆盖的金伯利岩是有前提的，特别是对非磁性金伯利岩晕和其他侵入岩、喷出岩晕的准则以及测量步骤、比例尺等还须作进一步的研究。

4.8　博茨瓦纳大型金刚石矿发现史

博茨瓦纳从1955年开始金刚石普查工作，历经12年的艰苦努力；投资3200万美元，终于在1967年发现了世界第二个最大的金刚石原生矿床—奥拉帕金伯利岩岩筒（地表面积114公顷）随后又发现了世界最大的宝石级金刚石矿山—"杰旺年"（Jwaneng）岩筒。目前，博茨瓦纳全镜五分之二以上的面积已进行过金刚石查普工作，估计金刚石储量约2亿克拉。使这个原来不产金刚石的国家一跃成为世界主要金刚石生产国，金刚石的产量从20世纪70年代中期的200多万克拉，到1983年增加到1070万克拉，居世界第四位。

4.8.1　区域地质概况

博茨瓦纳在大地构造位置上，处于南非地台的卡拉哈里台向斜的东南边缘。约有80%的的面积被卡拉哈里岩系（第三纪至现代）沉积物所覆盖，只有东部以及西北部的局部地区出露第三纪以前的基岩。全境可分为以下几个构造单元（图4-2）。

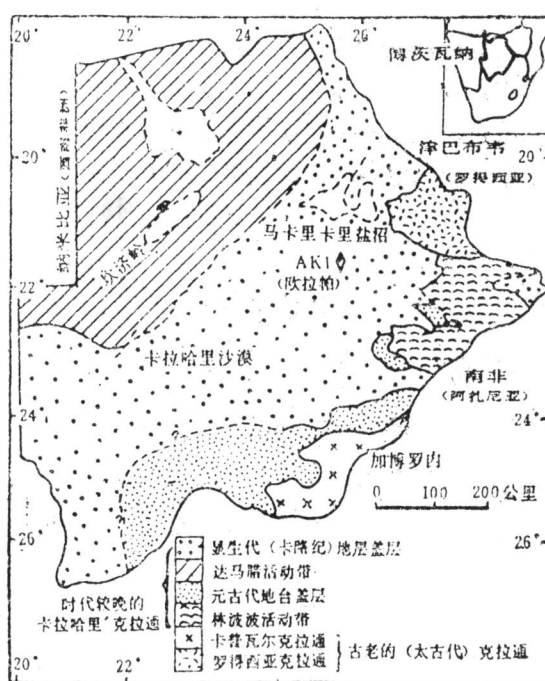

图4-2　博茨瓦纳区域地质图

（1）太古代地盾（古克拉通）区，即由太古代花岗岩和绿岩带组成的古老稳定地块，放射性年龄测定为24～34亿年。在东部的是罗得西亚克拉通，由早太古代的超基性岩，基性岩和酸性变火山岩，以及绿片岩相和早期角闪石相的沉积变质岩、花岗岩组成。在东南部的是卡普瓦尔（Kaapvaal）克拉通，出露晚太古代片麻岩、超基性岩、火山岩和花岗杂岩等岩石，这是一个约24亿年以来稳定的结晶地盾。

（2）活动带区，指的是在元古代各个时期内遭受过强烈构造-变质作用的地区，在东部有林波波活动带，时代较老。构造变质作用时代主要发生在27亿年左右，但在22.5～20亿年间还断续活动。出露岩石为高级变质相（晚期角闪岩相，偶尔为变粒岩相）的片麻岩，以及沉积变质岩和火山岩。在西北部的是达马腊—赞比西活动带，时代晚得多，是卡拉哈里克拉通的分界线。该活动带大部分地区被卡鲁系和卡拉哈里岩系覆盖。

（3）地台区，或称年轻的克拉通（台向斜）区，它保存着未变质的元古代和显生宙的沉积岩和火山岩，其范围包括博茨瓦纳南部和中部广大地区。

古老结晶基底是太古代变质岩、花岗岩。盖层沉积为一套产状平缓的元古代至新生代地层。时代最老的地台盖层是文捷斯多普系，时代21～23亿年，由硅质火山岩、泥岩和页岩组成；往上为德兰士瓦系，下部由石英岩、硅质白云岩、层状燧石岩组成，上部为厚度达4000 m的页岩系（夹石英岩和安山岩）；该系之上是瓦特贝格系，绝对年龄±17 亿年，由陆相砂页岩组成；再往上是卡鲁系(早石炭世—晚侏罗世)，厚度大于 1500 m，包括三个岩组：下部德韦卡组，为底部冰碛和海相沉积；中部埃卡组，为含重要煤层的陆相砂页岩系；上部斯多姆堡组，由底部红层，风成砂岩和厚玄武岩系组成。时代最新的沉积盖层是卡拉哈里系(白垩纪—现代)，由部分固结的风成砂(已钙质胶结砾岩化和硅化)、各种湖相、三角洲相，以及上部未固结的砂层组成，该系最大厚度 100 米。

4.8.2　重砂法找矿法和和新地貌的研究，导致发现了奥拉帕金伯利岩岩筒

1955 年 4 月，德比尔斯金刚石勘探公司的普查队在博茨瓦纳东部的图利地区着手开展金刚石的普查工作，后来渐渐向南扩展，穿过哈博罗内和洛巴策地块。由于在这一地带并未发现什么重要的线索，于是又继续转向西北进行勘查，并穿过卡拉哈里盆地，到达博茨瓦纳西部的坎济地区。普查队在这些地区先后进行了六年的工作，均未收到成果。因此，不得不从西部转回来，重新在图利和哈博罗内之间的卡特伦地区广泛地开展金刚石的普查工作。

1962 年，塞莱克森托拉斯集团的普查队得知在已经干涸了的莫特劳茨(Motloutze)河流域，曾在福莱(Foley)及上游地带的沙滩上发现过三颗小金刚石。于是普查队便转向这里，沿着此河流向上游追索，仍然未发现金刚石的源地，因此该地找矿工作被迫下马。此后，戴比尔斯公司接手金刚石普查工作，该公司的普查队首先检查了前人勘查过的一些河流砾石层取样点，并证实其中有两个点是含金刚石的。他们同样沿着莫特劳茨河而上，到福莱以西约 80 公里处，只找到几颗小金刚石，并继续取样追索直到河流踪迹消失为止。1966 年初，终于在博茨瓦纳找到了两个金伯利岩筒，经选矿试验证明不含矿。虽然发现的这两个岩筒均不含矿，但却进一步鼓舞了地质队员找原生矿的信心。他们将注意力重新转向莫特劳茨河流域的金刚石，并对寻找金刚石原生矿的目标毫不放松。因此，对长期以来一直干涸的河流地带进一步开展详细勘查，结果仍未获得金伯利岩的伴生矿物。但在莫特劳河的上游却奇迹般地发现了一条大而浅的河道，它显然是被位于英特劳茨河发源地以上的一条古老河流切割而成的。

在试图解释这一异乎寻常的现象时，戴比尔斯公司在博茨瓦纳的总地质师 G·拉蒙特想起了该公司前任顾问地质师阿列克斯·杜·托伊特的地质理论。此人认为，几百万年以前，沿着罗得西亚(津巴布韦)大岩墙到博茨瓦纳的一条线，曾发生过一次大规模的隆起运动。果真如此的话，那么莫特劳茨河的真正发源地就应在隆起西部很远的地方，而在隆起以东发现的金刚石可能是在隆起产生和河流被切断以前很久被冲下来的。

为了证实这一理论，普查队从该区向西又进行了大规模的详细区域取样试验，结果只发现了一些不能肯定的、稀稀拉拉的金伯利岩伴生矿物。但是，普查队决定向更西的地区，即到莱特拉卡内和莫皮皮之间的地区进行快速踏勘。在此次踏勘中，发现了大量钛铁矿和镁铝榴石等金伯利岩的伴生矿物。当时是 1966 年 7 月份取得的成果。于是又着手制定了一个更详细的勘查计划，8 个月之后的 1967 年 3 月，普查队在距那三颗多年来作为唯一可靠找矿线索的小金刚石产地约 200 km 的地方，终于发现了一个金伯利岩筒—AK1 岩筒；一个月以后又发现了世界著名的第二个大岩筒—奥拉帕岩筒。至此，博茨瓦纳的金刚石原生矿的普查找矿工作获得了重大突破。

4.8.3　杰旺年隐伏金刚石矿床的发现

杰旺年金伯利岩筒群位于奥拉帕以南 400 km，在首都哈博罗内以西 88 km。该区包括四个金伯利岩筒，其中杰旺年岩筒面积最大(约 54 公顷)，该岩筒埋藏于卡拉哈里沉积物之下，是一个有三个舌状体的岩筒。

1969 年，地质普查队开始对杰旺年地区进行找矿工作。由于地表覆盖较厚，首先应用按网格状采取地表砂样，通过试样分析，发现镁铝榴石及钛铁矿等。随后又进行了航空磁测，圈出了可以指示隐伏岩筒的磁异常，然后在航磁异常上开展钻探，证实该区存在有金伯利岩体。1972 年 3 月首先发现了一个小岩筒，但其金刚石的含量很低；同年 12 月，钻探揭露了"杰旺年"岩筒。这一发现被认为是戴比尔斯公司地质学家的重大胜利，这是经过四年的勘查工作，在覆盖层 40 ~ 60 m 以下发现的金刚石原生矿床。

4.8.4　原生矿床地质特征

博茨瓦纳的金伯利岩岩筒群均产于地台上大型拗陷(卡拉哈里台向斜)和大型隆起(罗得西亚—卡普瓦尔地盾)的交接地带。根据已发现的金伯利岩筒的分布状况，可以分为三个岩筒群，即奥拉帕岩筒群、旺杰年岩筒群和莫楚迪岩筒群。此外，从奥拉帕地区往东，以及博茨瓦纳东南部广大地区，还分布有大片指示矿物异常区，但目前尚未发现金伯利岩岩筒。

（1）奥拉帕岩筒群

该岩筒群包括32个含金刚石的岩筒，分布在直径约50 km范围内。在大地构造位置上，处于近东西向的林波波活动带和北东向的达马腊—赞比西活动带的交汇部位，岩筒主要沿着林波波活动带呈北西西方向展布。在航空照片上，这一地区分布有许多北西向线性构造和一个大岩墙系；航空磁测资料显示强烈的北西西向异常。因此，金伯利岩的侵入可能受北西西向隐伏深断裂控制。

博茨瓦纳最大的"奥拉帕"（亦称AK1）岩筒，是世界第二大岩筒。地表面积114万 m^2，规模为1560 m×950 m。地表呈椭圆形，到深部变为窄长形，在垂深120 m处，岩筒断面减少20%。该岩筒在地形上略高于周围地面，被砂和钙质胶结砾岩覆盖，在航空照片上显示十分清楚的轮廓。岩筒上部约80 m为"沉积金伯利岩"，其边缘带是金伯利岩砂砾，中心为时代较新的沉积物，由薄层页岩、泥岩与粗砂砾、漂砾互层组成。岩筒内可见到滑动褶皱和压实构造，还有直径达2 m的围岩（主要是玄武岩）捕房体。在垂深90 m处，变为深绿色蛇纹石化金伯利岩，已不具沉积特征。垂深300 m处，见到较坚硬的蛇纹石化的浅绿色金伯利岩。在垂深3000 m处仍含金刚石。

在岩筒上部的沉积金伯利岩中，金刚石品位变化很大，在细粒物质中品位很富，中粒物质中，品位大于2.5克拉/立方米。平均品位（到37 m深）为2.2克拉/立方米。仅以37 m深度计算，该岩筒中金刚石探明储量大于8500万克拉，周围地表砂层中还有600万克拉。37 m深度以下的金刚石储量，显然是很大的。采出的金刚石粒度小，只有10%属宝石级。

DK1岩筒，地形上是一个低矮的小山包，位于奥拉帕岩筒南南东45 km处。其地表面积12万 m^2，由钙质结砾岩化的原生金伯利岩组成。该岩筒有一部分被含钙质结砾岩结核的砂和含金刚石的底砾岩覆盖，砾石层平均厚度2 m，金刚石储量在100万克拉以上，品位为0.4克拉/立方米。到37 m深的原生金伯利岩中金刚石储量约200万克拉，品位0.5克拉/立方米。金刚石质量比奥拉帕岩筒的好。

DK2岩筒，距离DK1岩筒仅400 m，地表面积3.5万 m^2，品位（到30 m深）近0.4克拉/立方米。

AK2岩筒，位于奥拉帕岩筒南端。其地表面积0.9万 m^2。岩筒上部30 m为沉积金伯利岩。金刚石品位大于3克拉/立方米。

奥拉帕岩筒群其余的28个岩筒尚未详细勘探。其中只有一个岩筒（BK9）地表面积大于10万 m^2，金刚石品位为0.4克拉/立方米。有四个岩筒地表面积在0.5~3万 m^2 之间，品位0.2~0.4克拉/立方米。另有5个岩筒品位为0.1~0.2克拉/立方米。其余岩筒含金刚石品位较低。

（2）杰旺年岩筒群

该岩筒群位于奥拉帕区以南400 km，首都哈博罗内以西88 km。包括4个岩筒。

杰旺年岩筒是1972年发现的，该岩筒被40~60 m厚地表沉积物覆盖，覆盖层上部15米是松散砂，向下为硬土。岩筒侵入到产状平缓的元古代沉积岩中，其面积约50万 m^2。它由三个岩筒组成，在近地表处，三个岩筒连在一起。岩筒上部50 m，即从地表算起至地下50~100 m深度，为风化的"黄土"。往下，即在垂深100 m以下，变为坚硬的蓝土。该岩筒上部金刚石含量高。初勘表明，金刚石品位为5~6.7克拉/立方米，宝石级金刚石约占15%~20%，金刚石质量高于"奥拉帕"岩筒，低于DK1岩筒。

（3）莫楚迪岩筒群

该岩筒群分布在博茨瓦纳东部加博罗内以北。已知三个岩筒，均不含金刚石。岩筒沿北东向断裂带排列，而且与碱性火成岩——正长岩相伴生。

5　翡翠资源与辨石技巧

5.1　翡翠场区与场口

场口，即开采翡翠玉石的具体地点。场区，即若干场口因开采年代和相似的表现而形成的区域。不同场口的玉石有共性，也有特殊性，特别是一些著名的场口其特性十分鲜明，以至有的特性只属于某一个场口，这就是为什么玉石商见到一块赌石总要先断定它的场口，只有断定了它属于哪个场口，才能根据这个场口的赌石的特殊性来观察、判断这块的赌性。

有的玉石商（赌石业者）断言：不懂场口的人不能赌石，只能买明货和成品。

5.1.1　地理位置

翡翠的主要产地是缅甸北部山地，北纬24°~28°，东经96°线左右，东起和平，西至红木林，北起拉班，南至温柔。乌鲁江谷贯穿整个玉石场区，因而有玉石场地在乌鲁江谷之说。它处于高黎贡山和巴盖崩山的夹峙之中，南北长约240多公里，东西宽约170公里，多数为丘陵地和冲程平地，气候炎热年降雨量达3000毫米以上。当地群众多为软掸、羌、铼、傈等少数民族，每年十月至次年四月挖玉人大约有十万人之多。

5.1.2　场区和主要场口

翡翠的发现至今已有几百年的历史了。其场口如星火燎原，发展到今天有近百个，根据玉石（毛料、原矿）的种类和开采时间的顺序，通常可将整个场区划分为六大场区：老场区、大马坎场区、小场区、后江场区、雷打场区和新场区。

（1）老场区。

位于乌鲁江中游，是开采时间最早的场区，大约是在18世纪开始采石。也是至今面积最大，场口最多，玉石种类繁多的场区。其中较大的场口有27个：老帕敢、育马、仙洞、南英、摆三桥、琼瓢、香公、莫洛根、兹波、格银琼、东郭、回卡、那莫邦巴、宪典、马勐湾、帕丙、结崩琼、三决、桥乌、莫洞、勐毛、苗撇、东莫、大谷地、四通卡、马那、格拉莫。这其中最著名的场口是：老帕敢、回卡、大谷地、四通卡、马那、格拉莫。

这些场口的玉石产量多、质量高，交易中经常遇到，因此必须熟练掌握其特性。老场区部分地段现已开采到第三层，约20米深。第一层为黄沙皮，第二层为黄红沙皮，第三层为黑沙皮。个别场口有蜡壳。

（2）大马坎场区。

该场区毗邻老场区，位于乌鲁江下游，是老场区出现一个世纪以后开始开采的。较大场口有11个：雀丙、莫格跌、大三卡、南丝列、西达别、库马、黄巴、大马坎、那亚董、南色丙、莫龙基地。最著名的场口是：大马坎、黄巴、莫格跌、雀丙。

据现在挖掘的情况看，大马坎场区只挖到了第三层，最深地段挖掘到10多米，主要是两种产品：黄沙皮和黄红沙皮。但石头表皮最为复杂，场口之间差异大。

（3）小场区。

位于恩多湖南面，毗邻铁路线。较大的场口有8个：南奇、莫罕、南西翁、莫六、乌起恭、那黑、通董、莫六磨。最著名的场口是南奇、莫罕、莫六。

该场区其部分地段已挖到第三层，第一层黄沙皮，第二层黄红沙皮，第三层黑沙皮，带蜡壳。

（4）后江场区。

因位于康底江又称后江江畔而得名。产品中小件居多，产区地形狭窄，主要在长约3000多米，宽约150米的地方，散布着10个场口：帕得多曼、比丝都、莫龙、格母林、加莫、香港莫、不格朵、莫东郭、格勤莫、莫地。最著名的场口是格母林、加莫、莫东郭、不格朵。

虽然地方狭窄，后江场区产量高，品种多，质量好，是不可忽视的场区。其局部地区已开采到第五层：第一层仍为黄沙皮，第二层为红蜡壳，第三层为黑蜡壳，此后出现类似水泥色的"毛"，厚约10至50公分不等，再往下是白黄蜡壳，然后又是厚薄不等的"毛"，再往下是白黄蜡壳。

（5）雷打场区。

位于后江上游的一座山上，该区主要是出产雷打石，因而得名。比较大的场口是那莫和勐兰邦。那莫即雷打的意思，雷打石多暴露在土层上，缺点是裂绺多，种干，硬度不够，难以取料，低档货较多。一旦遇上可取料的货，也有较高价值。近年来勐兰邦不断发现中档货色。1992 年年终雷打场传出惊人的消息，发现一块巨大如屋的上等翡翠，目前正由政府组织开采，是否需要为雷打场正名，尚待今后决断。

（6）新场区。

该场区位于乌鲁江上游的两条支流之间。主要是大件料，产品多是白底见青的中低档料；位于表土层下，开采很方便。场口不少，但消失得很快，如 1992 年场口，1991 年场口，早已停采。主要场口有 9 个：莫西撒、婆之公、格底莫、大莫边、小莫边、马撒、邦弄、三客塘、三卡莫。

此外，不倒翁等容易同翡翠混淆的劣质玉石也产于缅甸，待下章中再作论述。

要很快就能辨认所有场口的石头，不是件易事，有的石头，像黄沙皮，各个场口所出的差异不大，就更难了。即便是有独特性的场口的石头，要区别开来也非一日之功，重要的是要善于观察，细致入微，长此以往，日积月累，方可见效。

翡翠场口如群星荟萃，争奇斗艳，今年老帕敢连出高色货，明年某个不知名的小场口一鸣惊人，吸引无数客商，因而切不可唯"名"论，那样兴许你会错失一跃成为亿万富翁之良机。

5.2　辨石技巧

5.2.1　怎样依据皮壳判断石头

皮壳，即是玉石的外皮。

除了部分水石和劣质玉没有皮，其他玉石都有厚薄不等，颜色各异的皮壳。看皮壳，是判断玉石场口的主要依据。不同皮壳的不同表现决定了其内部质地的不同。玉石皮壳的颜色有的随土壤颜色而呈深浅浓淡，但也有杂色的情况，这就给识辨具体场口带来很大难度。这里介绍比较常见的 16 种主要皮壳的特征和场口，为大家开展交易打下牢固基础。

（1）黄盐沙皮。

山石，大小不等，产量丰富。黄色表皮翻出黄色沙粒，是黄沙皮中的上等货的表现。几乎所有场口均有黄盐沙皮，因此很难辨认具体场口。要注意的是：好的黄盐沙皮其表层的沙粒仿佛立起来，摸上去很象荔枝壳。此类石头种好。黄盐沙皮壳上的沙粒大小不至关重要，重要的是匀称，不要忽大忽小，否则其种就会差。如果皮壳紧而光滑，多数种也差。新场区的黄盐沙皮没有雾，种嫩。

（2）白盐沙皮。

山石，大小均有，是白沙皮中的上等货。主要产地在老场区的马那，小场区的莫格叠。需要注意的是有的白盐沙皮有两层皮，表面是黄色，经铁刷刷后呈白色，但不影响其种。

新场区也有少量白盐沙，有皮无雾，种嫩。

（3）黑乌沙皮。

山石，表皮乌黑，产量丰富。主要产在老场区，后江场区，小场区的第三层。小件头居多。其中后江和莫罕场口的黑乌沙略略发灰，也称灰乌沙。老帕敢的乌沙黢黑如煤炭，表皮并覆有一层蜡壳，称黑蜡壳。莫罕、后江、南奇也有黑蜡壳。老帕敢和南奇的黑乌沙容易解涨，是抢手货。但必须善于找色，因蜡壳盖着沙，不易辨认，须仔细寻找。有一条极为宝贵的经验：蜡壳沾在没有沙皮的皮壳上，就显得很硬，不容易掉；有沙的地方蜡壳容易掉。还有，个别的放到水里一泡，就容易掉壳，这多是后江石。

（4）水翻沙皮。

山石，表皮有水锈色，一片片或一股股，少数呈黄黑色或黄灰色。大多数场区均有。老场区马勐湾场口的黄乌沙也带点水锈，很相似。要特别注意，其沙是否翻得匀称。回卡的水翻沙皮子很薄，可以借助光亮透过皮子照色。

（5）杨梅沙皮。

山石，大小不等。表面的沙粒像熟透的杨梅，暗红色。有的带槟榔水（红白或红黄相间）。主要场口为老场区的香公，琼瓢，大马坎场区的莫格叠，马那也有少量。

（6）黄梨皮。

山石，皮黄如黄梨，微微透明。含色率高，多为上等玉石料。

（7）笋叶皮。

半山半水石，黄白色，皮薄，透明或不透明。大马坎最多，老场区也有。

（8）腊肉皮。

水石，皮红如腊肉，光滑而透明。产于乌鲁江沿岸的场口。

（9）老象皮。

山石，灰白色。表皮看似老得起皱，粗糙。看似无沙，摸着糙手，但底好，多有玻璃底。主要产自老帕敢。

（10）石灰皮。

山石，表皮似有一层石灰，用铁刷可刷掉石灰层，露出白沙。该石种好，主要产自老场区。

（11）铁锈皮。

山石，表皮有铁锈色，一片片或一股股。主要产自老场区的东郭场口。但要注意，多数底灰，如果是高色，就能胜过底。

（12）得乃卡皮。

山石，皮厚，如同得乃卡树皮。含色率高，容易赌涨。主要产地为大马坎场区的莫格叠。

（13）脱沙皮。

山石，黄色，表皮容易掉沙粒，有的慢慢变白，有的仍是黄色或红黄色。种好。主要产地为东郭和老场区。

（14）田鸡皮。

山石，产自后江场区，种好，产量丰富。表皮如田鸡皮，皮薄，光滑，多透明，无沙，有蜡壳，易掉。

（15）洋芋皮。

半山半水石，皮薄，透明度高，底子好。多产于大马坎场区的那莫邦凹场口。

（16）铁沙皮。

山石，底好，外形类似鸡皮沙，但看上去分外坚硬。数量不多，主要产于老场区。

上述16种皮壳的表现，均为较常见的并已为人们所确认的好的玉石皮壳的表现。要掌握和运用这些知识尚需细心地观察、熟悉。石头的表现是极其复杂的，就像人的面孔，很难找到两块完全一模一样的玉石。同时，尚有大量表现不规则的皮壳，俗称杂皮壳。对这类皮壳的玉石要慎重，除个别较好外，多数质量较差。此外，还有几种劣质玉石很容易同上述玉石混淆，曾令不少商人倾家荡产，这里也作扼要介绍，以便区分。

（1）不倒翁：产于缅中印边境的喜马拉雅山下。特点是水色好，看似纯净，没有杂质。有的出黄沙皮，有的外表很像大马坎，么格叠的石头。此种玉石的硬度仅有5.5左右，不属于翡翠，但很多人辨认不清，造成巨大的损失。鉴别的方法是：滤色镜下呈浅红色。熟练者肉眼可看出种嫩，有皮没有雾。

（2）绿壳：意为生长在土层表面的石头。整个石头全是绿色，颜色也好，但水分太干，没有底，不能取料。买者往往因看中其绿而上当。有点像1991年场口，有秧有皮，皮外就见绿，硬度也够，但比重差。数量不多，散布较广，老场新场都有。

（3）未姜：类似黑乌沙，八十年代初期，台湾曾有不少人将其当黑乌沙买进，造成重大损失。其松花表现很好，各种形状都有，色味高。辨认特点是其皮肉不分，不论怎么看，怎么切，都是没有底。鉴别要点是没有蜡壳，黑乌沙有蜡壳。石头表面不翻沙。按其表现擦其色却总觉得其色还在里头，找不到根。

（4）水沫子：产地不明。硬度不够，特征是色好，但色里有气泡，形状不一，大小不等，秧比较多，但细小如粉。有皮，硬度不够用钉子划得动。

（5）拨龙：外表如水石，表皮以黄色为多。主要产地老场区的江边。有色，有皮，有秧，但内部有气泡。其他情况同水沫子相似。

关于皮壳的情况介绍，《宝石鉴定法》有如下论述：

目前市场上销售的翡翠原料多是河床里的翡翠大砾石，也称之为仔料，由于这些砾石历经漫长的风化搬运作用，所以表面上均有一层与内部特征不太相同的外皮，也称之为璞。由于一皮相隔，内部玉质的优劣很难推测，所以行家称买仔料为"赌货"。实际上，翡翠行家已经从观察皮的特点推测内部质量，取得了丰富的经验，所以对翡翠仔料的仔细观察十分重要。

粗皮子：皮呈黄色、土黄色、米黄色、棕黄色、黄白色。皮厚质粗，可以看到矿物的粒状结构。行话称之为土仔、新坑。此种料透明度低，硬度低。

细皮子：皮呈红褐色、黑色或黑红色。有的像烟油，有的像粟子皮，有的像红枣，有的像树皮色，虽有浅色的，但深色较多。表皮光滑如卵石，皮薄、坚实，靠近皮的内层有一薄的红层。这种皮的内部玉料质地细腻，透明度好，坚硬，被称之为老坑。

沙皮子：细皮砂粒的外皮称沙皮子。皮的特点介于粗皮子和细皮子之间，也称之为新老坑。这种皮的内部玉料质量变化较大。

1983 张仁山在《翠钻珠宝》中是这样说的：

翡翠原料一般分为两类，即山料和仔料。山料，就是没有风化外表皮，而多为原产地新开的翡翠原料，这种没有外皮的翡翠在南方被称为新山。

仔料，就是具有风化外表皮，多产于河床，残坡等处，经自然的滚磨搬运而成为砾石头的翡翠原料。这种具有外皮的翡翠在南方被称作为老山。

在仔料之中，根据翡翠质量，表皮的粗细程度而分为水仔、土仔和水仔返沙三种。

仔料都有一层粗细厚薄不同的外皮，而且这外皮具有不同深浅颜色，这是由于在地表经风化侵蚀而形成外皮时，各自内部所含的杂质不同，外部的地质环境不同，所以外皮的颜色也多样化。翡翠外皮的基本颜色有白色、黄色、红色、棕色、褐色、灰色和黑色。一般色泽淡，颜色的界线也并不明显，而常常表现出为：淡白色、灰白色、黄白色、浅黄色、土黄色、米黄色、暗黄色、棕黄色、黄褐色、灰褐色、黑褐色、灰黑色、香灰色、棕红色、红褐色、暗红色、黄红色等。

5.2.2 裂绺与雾的表现及危害

（1）裂绺，即裂痕。通常大的称之裂，小的称之绺，也有笼统称之为大绺小绺的。绺对玉石的危害很大，直接影响取料和美观，危及价格，因而是不可忽视的表现。有经验的商人常说：不怕大裂怕小绺；宁赌色不赌绺。一般说来绺的表现不难识辨，这里主要介绍几种危害最大的绺。

1）马尾绺：形状如同马尾巴，破坏性极强，即便是块玻璃底的高绿好料，也无法取料。在琼瓢和回卡场口比较多。

2）糍粑绺：形状如同糍粑干后起的裂绺，此种表现也是不能取料的。

3）鸡爪绺：形状如同鸡爪，破坏性极强。有的延伸到石中，有的只在表皮，故要赌绺。

4）火烟绺：绺的旁边有一股黄锈色，大马坎场区、小场区的石头如出现这种绺，会吃色，将色吃干。老场区的石头有此种绺的也会吃色。回卡、琼瓢、后江的黄锈绺不会吃色。

5）雷打绺：形状如同闪电印在石头上，主要是产在雷打场。

6）格子绺：形状如同格子，主要观察其头尾的深浅，判断绺的影响面和深度。由此取料、定价。

绺的种类很多，张仁山先生对绺的分类极为细致（见附录）。但是，不管绺有多少种类名称，重要的是记住对玉石危害最大的绺，特别是那些不能一眼看透，会延伸至玉石内部的绺，要格外小心。其他绺则一目了然，不赘述了。

（2）雾，即存在于皮壳与肉之间的一种物体。

雾有厚有薄，主要有白雾、黄雾、黑雾、红雾。雾虽然不能直接影响色，但它是山石种嫩或种老的表现，即说明石头硬度高，种老。因而是判断玉石场口的玉石质量和真伪的重要标志，也是决定开价的重要因素。

1）白雾：一般人喜欢赌白雾。把外皮磨去后露出来的白色，如同白蒜皮盖在颜色上，称之白雾。这种雾里的石头颜色显淡，但一旦把雾去掉，色就会浓了。白雾一般在白盐沙和白蟒下边。

2）黄雾：如果该块料有霉松花，一旦把松花擦掉，看着雾很黄，但擦掉雾，色会泛蓝。黄味不足。如果是大件货，要慎重考虑。也有的松花一擦看不见色，是雾把色隔开，结果就不敢赌了。其实再擦下去就露出色来了。

3）黑雾：如果雾厚，则底子灰，色暗；黑雾也有高绿，也有低色，也属于常见的一种雾，但比黄雾少。大马坎比较多。大部分人不喜欢赌黑雾。黑雾爱跑皮。

4）红雾：一般来讲底灰的多，大部分人不喜欢赌红雾。同时红雾爱跑皮，冒到皮上来。雾最怕的是跑到皮上，凡是雾跑皮的石头十个有九个灰，是讲底子灰。

有雾的玉石主要出自大马坎场区和老场区。老场区的四通卡的石头没有雾，大谷地的石头仅有少量的有白雾。

新场区、小场区、后江场区、雷打场区的石头没有雾。

5.2.3　癣的表现及对色的影响

癣，即在石头皮壳出现的大小不等，形状各异的黑色、灰色、淡灰色的印记。有的有光亮。多数呈点点状、片片状或块状，也有的像马牙或苍蝇翅膀。

一般来讲有癣易有色，但是同时癣又吃色。然而睡癣多停留在表皮，危害不大，直癣容易钻进玉石内部，需要多加提防。

癣的主要表现有：黑癣、灰癣、白癣（如同白色马牙）、猪棕癣、癞点癣（如同蛤蟆皮）、枯癣、癣夹绿等等。这里介绍较常见的几种癣。

1）黑癣：如果是睡癣（即指黑亮色，是平的），呈带状，只是一部分有癣，通常把癣擦去会见绿，但需其周围有松花，方可以赌，这样的癣不会进去。有的专赌这种黑如煤炭的癣。癣上不会有松花。切记：直癣不可赌。

2）猪棕癣：像猪棕一样一根根扎去。这种癣破坏性大，能扎进石头很深，甚至无处不有。此种石头只能做花牌。因此开价时不能当色料买。

3）灰癣：癣呈灰色，此种癣会倒处跑。如果癣散开不能赌，如集中在一半，另一半有松花有蟒，可以赌。

4）直癣：看似栽进石头里面，如一颗颗钉子钉进去，而不是平躺在表面。此种癣破坏性最大，通常还带有色、松花，易迷惑人，但切不可赌。

5）黑癣夹大绿块：癣、色块大，但癣是癣，色是色，癣不会乱跑，可以取料。要注意观察是睡癣，还是直癣。

6）癞点癣：就是一点绿上有一个黑点。这种癣多生在点点松花上，松花上就有黑点。有的用灯或隔片一打，黑点跑掉，没有进去，可以赌。如果仍旧存在则不能赌，表示会渗透进去，色到哪里黑点会到哪里。

7）枯癣：周围有色，不论色是什么形状，但中间有一片疤痕，像脓疮一般，叫枯癣。这种石头可以赌，枯癣对于石头的危害不大。

8）小黑点癣：有的黑点会渗透，有的不会渗透，主要看黑点的密度，取料时是否让得开。

9）癣夹绿：即指癣与绿互相掺杂，一潭癣一片绿，你中有我，我中有你。此种石料曾风行制做雕件，大受欢迎。有的工艺可以剔除黑癣，对这样的料开价时要掌握好价格。

10）膏药癣：多半癣不会进去，色癣分开，要注意癣的厚度。不少膏药癣下有高色。

11）角黑癣：大多是一角有癣，不影响全局。

12）满个子癣：这是最危险的癣，有绿也不能赌，往往是癣肉不分。

13）白癣：即指呈马牙状的癣，纵使有色也不能取料，不可赌。

14）乃却癣：形状像苍蝇屎一样，颜色呈咖啡色，哪里有绿追踪到哪里，很危险。

5.2.4　怎样依据蟒赌色

有经验的商人赌色最重要的依据不外乎两点：看蟒和松花的表现。迄今为止，蟒是玉石商通过玉石的外表判断其内部有色无色，色浓色淡的主要根据之一。也是玉石商人从不吐露的秘密。各种专著中从不涉及。本章着重介绍各种蟒的表现和与色的关系。

蟒，即在石头表皮上出现的与其他地方不同的细沙形成的细条或块状，乃至缠绕整个石头的部分。也就是说在一块石头上忽然出现一条或一片，乃至缠绕大半个石头的不同沙粒排列的表皮。有点像被什么东西压、烫出来，出现一种新的"花纹"。蟒摸着不糙手，注意，即便整个石头都缠着蟒，也还会有一小部分是原沙皮。有蟒的石头有的可以据此下赌，有的则必须在蟒上找到松花，方可下赌，这样有较大的把握。有蟒无松花的除个别场口的石头，大部分只能有淡色。

1）白蟒：与石头的原色不同，蟒呈白色，称白蟒；白石头也会有白蟒，很难辨认。此类蟒中，蟒呈灰白色的最佳，特别是黑石头上有灰白蟒像鼻涕一样，赌涨的把握很大。蟒上如果再有一点松花，那就是难得的表现。老场区的老帕敢场口的石头只要有蟒，即可以赌，如果是老帕敢的黑乌沙，有筋一样的蟒也可以赌，其蟒绕到哪个角哪里就有色。磨憨场口的石头光有蟒不可赌。

2）带蟒：即蟒如带状缠绕石头中部，或一头。如果此带如拧结的绳子，称之蟒紧，这种现象往往说明里边的色好。倘若这样的蟒上有松花，那就肯定有色，切莫错过。

3）丝丝蟒：石头表皮上如同木纹丝丝似的蟒。其里面的色也是丝丝，即便是老帕敢的黑乌沙，如果其表皮是丝丝蟒，里边也是丝丝绿，不会连成片。

4）半截蟒松花：不论哪个场口均可赌。如果松花表现很少，要看种是否好。

5）卡三蟒：此种蟒一般都带色，蟒上坑坑凹凹，如同蜂窝。有卡三蟒的石头多半一半皮薄，一半皮厚，含翠量较高，比较好赌。需要注意的是：如果蟒已形成膏药状——即像膏药似的一层皮，那么内部的含翠量就不会高，甚至无色。

6）丝、条、点蟒带松花：难得见到的好赌石。各种蟒都表现在一块石头上。

7）丝蟒带松花：如果种好，色会反弹，如种差，则只有绿丝丝，色比较单。

8）乔面蟒：看着颜色很淡，仿佛一层乔面粉。须泼点水来观察，比较好赌。

9）包头蟒：缠绕某个角的蟒带，如同戴个包头，开价要视蟒带的粗、细，缠绕的部位大小来定。

10）大块蟒：多半擦去即可见色。

11）一笔蟒：形状像毛笔划了一道，看其长短，粗细，要注意找松花。

需要说明的是，大部分人对石头的纹路都不熟悉，看着蟒却还在找蟒。辨认蟒是需要细心和耐心的长期观察，摸索，久而久之才能一眼就辨认出蟒。

5.2.5 怎样依据松花赌色

松花，绿色在皮壳上的表现，是玉石内部的色在表皮的具体反映，是赌色的最重要的依据。

翁花有浓有淡，有疏有密，形状各异，一般讲越绿越鲜越好。外表没有松花的玉石。其内部很少会有色。有的玉石咋看外表无色，切开又是满色，这多半是由于长途运输和人为的磨、擦、切等使松花难以辨认。松花的表现主要有：点点松花，谷壳松花，柏枝松花，一笔松花，带形松花，包头松花，丝丝松花，春色松花，乔面松花，蚯蚓松花，蚂蚁松花、大膏药松花，毛针松花，霉松花、卡子松花、癫点松花等。

1）带形松花：松花如带形缠绕或分布在石头表面，其形状忽粗忽细；有的呈跳跃式发展，忽断忽续，又称跳带松花。

2）大膏药松花：如一块膏药盖在玉石的一面，并且包裹或深及玉石的三分之一。这是一种赌涨成分很高的石头。主要需注意看其渗透深浅。有的仅仅是表皮沾一点。如果是后江石，进一寸即有一寸的色。如果是其他场口需小心。

3）乔面松花：整个石头好像撒了一层绿粉，咋看黄绿，一旦着水就呈现出淡绿色，有的还会有一点点、一潭潭比较硬的绿的表现。乔面松花面积大，覆盖半个石头或整个石头。如果在蟒上就更好。看乔面松花表面的浓淡来赌，表面决定其内部的浓淡。

4）丝丝松花：形状如同头发丝、蛛网，如果生在好种上可赌。特别是其反弹性好的，几丝就可使一个戒面全绿。如种不好，反弹不起，色死，只能做花牌料。

5）点点松花：在石头的表皮上呈点点状，此种松花在石头内部结不起色，很不容易连成一片。表如其里，里如其表。此类石头只能是花牌料。

6）包头松花：如带子缠绕在石头的某一个角上或是某一方，如带绕头。包头的大小决定了绿的大小，包头缠绕的部分即是绿的部分。开价时应注意只能赌缠绕部分。

7）卡子松花：共松花如一个卡子卡在石头上。其表现和开价如同带子松花。

8）癫点松花：松花上有不少黑点，影响美观和价值。其疏密决定取料和价值。

9）一笔松花：形状如同毛笔划出来的一道，有长有短，有粗有细。长者粗者为好，多者为好，开窗多是找这种地方开。石料上有一至二笔松花即可下赌。

10）蚯蚓松花：形状同一条蚯蚓，弯弯曲曲。

11）谷壳松花：这是一种比较难辨认的松花，松花形状酷似白色的糠皮。此种松花一定要生在好种的玉石上，翻沙比较好，只要有几处，其色肯定好。

12）蚂蚁松花：松花如同一队蚂蚁在石头上，这类石头一般只能作雕件料。

13）霉松花：各种形状都有，主要特征是松花不鲜艳，多数泛蓝，偏色。有此种松花的石头大多赌了就垮，只有5%的有赌涨的可能性。

14）柏枝松花：这是很难辨认的松花，白色，其形状如柏树枝，同谷壳松花有相似之处。如不生在好种上，则不能赌，绿色可能难以渗透进去。

15）毛针松花：这也是一种很难辨认的松花，颜色浅淡，或黄或绿或白。容易有高绿、满绿。

16）春色松花：比较少见，色如紫罗兰。如春夹绿，两个色都会渗透，只能做雕件。要格外注意：有春色会死。如果是点点白腊春（有的微微泛点红），玉石内部几乎肯定不进绿，不论其外表绿色多好，都要慎重。有的会错看成白底。

综上所述，松花是判断玉石内部色的比重的最为重要的依据，然而，大多数中国商人接触到的玉石都经过长途运输，还有人为的磨、擦、切，这在判断上就必须将上述因素考虑在内，利用放大镜等辅助手段，进行细致的观察。在这方面，仍有不少成功的赌石例证。好的松花是从皮至里，无法磨掉的。但要切记，有的松花特别鲜艳，面积很大，这就有可能是"暴松花"即绿色全跑在表皮，里边无色，或水头短、干、偏色。

6　白玉与碧玉

中华民族自古就喜爱玉石，传统玉文化久盛不衰。并出现不定期多个玉器兴盛时期，如：红山、良渚、殷商、汉唐及明清等。

玉料的开发利用品种多，地域广，扩展和探寻从未满足。进入 21 世纪的今天，在中原东边疆新玉矿种接连出现，如：黄龙玉、鸡血玉等等。

在国家关于两个市场两种资源的政策指引下进口外国玉料也日益扩大。

6.1　新疆软玉（和田玉）名气最大

和田白玉（软玉）是由透闪石微晶集合体组成，色泽柔和，湿润光洁，质地细腻，晶莹美丽，为历代人们所喜爱。和田玉在新石器时代就被利用，长期以来人们用和田玉制作礼品，装饰品、乐器、欣赏品及祭器，乃至作为一种珍贵的货币，在我国封建社会初期的经济发展中曾起过重要作用。

商代是我国琢玉工艺发展的重要时期，为玉器工艺的发展奠定了基础；尔后出现了周的礼器，秦的玉帛，汉的玉衣，唐的玉莲花，宋的玉观音，元的渎山大玉海，明的了冈别子；到了清代，玉器生产更是绚丽多彩。现藏北京故宫博物院 的"大禹治水图"山子（景），气势雄伟，是我国历史上最大的玉件。历代这些玉器都是用新疆的和田玉雕琢而成的。

和田玉矿矿带分布广泛，从昆仑山北坡的塔什库尔干到阿尔金山北麓长达一千公里。近几年在昆仑山另一侧的青海省也有发现、开采了批量白玉，并为 2008 年奥运会提供了金镶玉奖牌。

6.1.1　软玉的物理化学性质

新疆的软玉主要由纤维状、长柱状和毛毡状透闪石矿物集合体组成。有的软玉属透闪石和阳起石类质同象系列，因而呈现淡绿色。软玉有两种不同成因类型的矿床。和田玉为区域接触变质型；碧玉为超基性岩体内的围岩捕虏体，受超基性岩浆期后热液接触交代作用而形成。所以两种不同类型软玉的伴生矿物各有差异。现将软玉的化学成分、红外光谱、物理性质、光学性质和电子显微镜下的显微组织结构等特征，分别叙述如下。

（1）软玉的化学成分

新疆不同品种软玉的化学成分分析资料和国外软玉的化学成分分析资料对比列于表 6 − 1。

表 6 − 1　中国、加拿大和新西兰软玉化学成分对比

No	1	2	3	4	5	6
产地	中国				加拿大	纽西兰
	新疆于阗	新疆马纳斯	台湾	花莲		
SiO_2	57.31	52.33	58.61	56.05	56.50	55.00
TiO_2		0.01			0.01	0.04
Al_2O_3	0.56	3.21	0.78	1.09	1.28	0.90
MnO		0.12	0.09	0.05	0.13	
CaO	13.30	9.35	10.42	13.20	13.20	11.80
MgO	22.69	22.21	24.09	21.95	21.80	21.80
FeO	0.73	5.14	3.51	4.20	3.31	3.38
NiO		0.2			0.08	
Fe_2O_3	0.1	0.70			0.55	1.60
Cr_2O_3		0.30	0.008	0.19	0.16	

（组成成分/%）

续表6-1

No		1	2	3	4	5	6
产地		中国				加拿大	纽西兰
		新疆于阗	新疆马纳斯	台湾	花莲		
组成成分/%	Na_2O	0.42	0.16	0.40	0.26	0.06	0.20
	K_2O	0.12	0.06	0.06	0.04	0.04	0.20
	H_0^+	3.56	5.35	2.14	2.58	2.8	3.16
	H_2O^-	0.18	0.23	0.2		0.06	1.66
	Co_2	0.19	0.50				
	总计	99.17	99.89	100.33	99.61	100.05	99.85
	Fe/Mg + Fe	3.97	22.97	15.81	19.79	16.37	18.35
	种属	透闪石	阳起石	阳起石	阳起石	阳起石	阳起石

1）从表6-1中可以看出，按照白玉、青白玉、青玉、碧玉、墨玉依次排列，其化学成分有如下变化规律：随着玉石颜色的加深，①氧化铁的含量逐渐增高；②氧化钙和氧化镁有减少的趋势，但不其明显；③三氧化二铝逐渐升高，但墨玉较碧玉又有降低趋势；④碧玉与其他几种玉不同，含有镍，钴，铬等超基性岩特有的元素。

2）国外软玉和新疆软玉的化学成分基本相近，但也有少许差别：①在氧化硅含量方面，新疆产的软玉与加拿大产的软玉相近，而苏联产的软玉二氧化硅变化幅度较大；②苏联产的软玉的三氧化二铝较新疆的软玉和加拿大之软玉含量稍高，可能与含有较多绿泥石杂质有关；③新疆产的软玉中的三氧化二铁较苏联的和加拿大的含量高，最高含量可达2.16%；④新疆产的软玉中氧化铁含量变化幅度大，含量由0.12%～5.84%；⑤氧化锰的含量，新疆产的软玉与苏联产的软玉相近，而加拿大的软玉则偏高；⑥新疆产的软玉氧化镁和氧化钙含量较苏联的和加拿大的均高些；⑦新疆产的软玉氧化钠和氧化钾的含量介于苏联的和加拿大的之间，其中苏联的软玉氧化钠和氧化钾的含量最高；⑧新疆的碧玉和加拿大的软玉均含有三氧化二铬和氧化镍，表明其成因上可能有相同之处。根据电子探针分析资料，和田玉和碧玉均含有微量—少量三氧化二铬。按上述软玉样品的化学成分数值计算矿物属于透闪石类，其成因类型和产地虽然不同，但其化学成分差异并不大。

新疆软玉的微量元素赋存情况，依软玉的品种和成因类型不同而有差异，见表13。从表13可知新疆软玉普遍含锰，含量为0.01%至1%以上；铜在和田玉中含量为0.01%～0.04%者可达半数；铍在和田玉中分布普遍，含量为0.0002%～0.0005%；新疆碧玉则普遍合有铬、镍和钴等超基性岩持有的元素。说明其矿床成因与超基性岩体有关；铋在和田玉中分布比较普遍；金山玉则含有锌、锗、镓等元素。某些微量元素的出现显然与矿床成因类型有关。

我们以昆仑白玉和天山碧玉分别作了电子探针分析，结果列入表14。其分析数据中MgOCaO均比化学分析结果高，尤其是白玉的更高；SiO_2含量则低；碧玉的FeO含量高是其特点，表明碧玉中的透闪石组分偏于阳起石端员，所以显出绿色色调。

6.1.2 软玉的矿物组分和光学性质

新疆的软玉，根据偏光显微镜观察，其主要为透闪石—阳起石系列矿物，而以透闪石为主。常呈毛毡状、纤维状错综交织或交织成破布状纤片连晶。伴生矿物有透辉石、蛇纹石、斜黝帘石、磷灰石、磁铁矿、榍石（白钛石化）、绿泥石、铬尖晶石、钙铬榴石、针镍矿、磁黄铁矿、石墨、铬绿泥石和少量独居石等。

软玉的光学性质：折光率 $Np = 1.6168$，$Nm = 1.6280$，$Ng = 1.6340$；$C \wedge Ng = 14° \pm$；二轴晶负光性，2 V大。毛毡状透闪石的消光方式：在正交偏光下，由平行的纤维所形成的晶簇，在相同角度下不显示消光现象，说明显微纤维是交织在一起的，不是平行消光。

软玉经透射电子显微镜和扫描电子显微镜测试，发现其透闪石的晶形大都是针柱状集合体，并有以下特点：

（1）羊脂玉。其透闪石晶体极微细，粒度为（0.0006 mm × 0.033 mm）～（0.001 mm × 0.01 mm），大者为

0.0086 mm×0.0073 mm，主要特点是矿物组构较均匀，所以质量较好。

（2）白玉。白玉有两种粒度，其晶形为板柱状和长柱状集合体，一般白玉中透闪石晶体较均匀，夹有粗大晶体，而粗白玉则粒度较粗大。白玉的粒度 0.009 mm×0.002 mm 至 0.018 mm×0.006 mm。粗白玉中包有微小透闪石晶体，其粗大晶体呈厚板状连晶。

（3）青白玉。为白玉和青玉过渡类型，在微细透闪石晶体间有稍大的晶体，其斑晶为长柱状，具有弯曲花边，粒度属（0.0006 mm×0.002 mm）～（0.014 mm×0.004 mm）。表明其组构不均匀，有的像白玉那样细，有的粒度则达到细粒级柱状晶体大小。

（4）青玉。由微细的透闪石组成，但有的呈团状分布，表明其组构不均匀。透闪石粒度为（0.0013 mm×0.0053 mm）～（0.006 mm×0.004 mm），其团状粒度属 0.01 mm×0.013 mm，大者为 0.04 mm×0.026 mm。表明青玉质量不如白玉和青白玉好。

（5）墨玉。透闪石组构不均匀，以柱状、粒状为多，在其间有黑色石墨充填，致使玉石显示黑色。透闪石粒度小者为 0.00033 mm×0.0033 mm，大者为 0.008 mm×0.0053 mm，长板状为 0.0086 mm×0.0033 mm。石墨粒度为 0.01 mm×0.0066 mm，有的石墨属充填状分布于透闪石间。

（6）糖玉。糖玉和白玉呈渐变过渡。在糖玉部位中的透闪石粒度为 0.0066 mm×0.0053 mm，细长柱状集合体，其间分布有黑色褐铁矿。在白玉部位，透闪石晶体大小与糖玉相同，说明糖玉是由于氧化铁污染透闪石而形成红色或褐黄色。

（7）碧玉。透闪石的组构不均匀，有的为长板状晶体，其中嵌有透闪石微小晶体，有的透闪石呈团块状，有的透闪石晶体呈变曲状。透闪石单晶粒度为 0.0002 mm×0.03 mm 到 0.05 mm×0.0026 mm。团块直径为 0.053 mm×0.036 mm。说明碧玉的质量不如和田玉好。

（8）金山玉。透闪石组构不均匀，呈团块状和斑状分布，其粒度为 0.00033 mm×0.0066 mm，有的颗粒可达 0.0013 mm×0.01 mm。团块直径为 0.0013 mm×0.006 mm。

6.1.3 软玉的红外光谱特征

红外光谱被称为化合物的"指纹"。它主要反映物质与红外辐射相互作用时振动能级的变化。而各种分子都有自己的特征能级，因而存在各自的特征光谱。红外光谱对矿物阳离子的变化和某些系列矿物的成分和结构，如磷灰石、闪石、蛇纹石等类矿物成分和结构的变化特别敏感。据不完全统计，目前已经发表的大约800种矿物的红外光谱图，没有发现任何两种矿物的红外光谱是完全一样的。为此，我们就可以利用红外光谱来区分和鉴别各种软玉。

6.1.4 软玉的物理性质

软玉的很多物理特征、关系到玉石的质量好坏。现将软玉的颜色、质地、硬度、裂纹、光泽、透明度、体重、韧性等物理性质分别叙述如下。

（1）颜色。

颜色是确定软玉质量的最重要因素之一。新疆软玉按颜色划分有白玉、青白玉、青玉、黄玉、墨玉、糖玉、碧玉和金山玉等。章鸿钊《石雅》称玉石："雪之白，翠之青，蜡之黄，丹之赤，墨之黑者皆上品"。明代李时珍在《本草纲目》中说，"王逸玉论载玉之色曰，白如截肪，绿若翠羽，黄如蒸梨，赤如鸡冠，黑如纯漆，谓之玉符"。《夷门广牍》谓："于田玉有五色，白玉其色如酥者最贵，冷色、油色及雪花者皆次之；黄色如栗者为贵，谓之甘黄玉，焦黄色次之；碧玉其色青如蓝靛者为贵，或有细墨星者，色淡者皆次之；墨玉，其色如漆，又谓之墨玉；赤玉如鸡冠，人间少见；绿玉系绿色，中有饭糁者尤佳；甘清玉色淡青而带黄；菜玉非青非绿如菜叶色最低"。《博物要览》亦记载有白玉、青玉、黄玉、赤玉、墨玉五种。从以上对软玉颜色的描述，可见评定其质量，应"首德次符"即首先要看质地，其次看颜色是否鲜艳美丽。软玉的颜色在质量评定中占有重要地位，现将不同类型的软玉颜色分别叙述如下：

白玉：由白色到青白色，以至灰白色，其中白色者最好。其名稀有羊脂白、梨花白、象牙白、鱼肚白、鱼骨白、糙米白、鸡骨白等。尤其以羊脂玉是白玉中上等材料。其特点是"水头"足，质纯而细。

青玉：从淡青到闪绿的深青色。因颜色不如白玉惹人喜爱，质量比白玉低，目前工艺上很少应用。

黄玉：由淡黄到甘黄，黄闪绿色。其名称有蜜蜡黄、栗色黄、秋葵黄、黄花黄、鸡蛋黄、米色黄、黄杨黄等等。罕见者为蒸栗黄，蜜蜡黄。黄玉之色多淡，少见色浓者，因此色浓者极贵重，优质的黄玉不次于羊脂白玉。

糖玉：糖玉的颜色似红糖色，故称糖玉。糖玉往往和白玉或青白玉呈渐变过渡关系，其糖玉部位中的透闪石晶体呈细长柱状，在细长柱状透闪石之间分布有褐铁矿，说明糖玉的颜色是由氧化铁污染透闪石而形成深浅不同的红色。血红色的糖玉最佳。糖玉的厚薄不一，薄的仅 0.1 mm，厚的达 20 cm 以上。工艺巧妙地利用糖玉和白玉过渡关系形成的双色原料，雕成各种俏色工艺品。

碧玉：有暗绿色、深绿色或墨绿色。质量好者要求颜色要正。深绿色要比暗绿色好，最忌绿色中含闪灰。有的碧玉中见有黑斑、黑点、墨星和玉筋，其质量则降低。碧玉属中档玉石。现在天山出产的软玉均属碧玉。

墨玉：由黑色到淡黑色，其黑色或为点状，或为云状，或为纯黑色，其名称有淡云片、淡墨光、金貂须、美人须，纯漆黑等。在整块料中，墨色的程度有强有弱，深浅分布均有差别。墨玉的黑色是含有微鳞片状石墨而引起。

（2）质地。

质地系指软玉矿物组分结构致密程度，即是矿物组分结晶的微细程度。一般要求质地细腻、纯净、无杂质，无"性"。软玉的主要矿物为透闪石微细晶体，呈绒毛状、毡状、纤维状均匀地交织在一起。如果软玉中含有变斑晶体或其他矿物掺入，则会改变玉石的质地特征，显示出粗糙不舒适感。如果有杂质矿物包裹状掺杂在玉石里，表现明显的称为"石"或"石花"，表现不明显的称为"性"，这些性的产生是由于杂质矿物结晶颗粒的形状多种多样而表现不同的性；这些性和玉石结构是不同的，例如，昆仑山中某些软玉包裹有斜黝帘石变斑晶；在天山碧玉中则分布有菊花状变斑状粗粒透闪石，这些都是影响软玉质量的因素。现根据偏光显微镜的观察，将各种软玉的组织结构特征叙述如下：

白玉（羊脂玉）：为纤维变晶交织结构或毛毡状结构，其透闪石含量99%以上，有的含有微量磷灰石、磁铁矿、榍石和黑云母等。这种羊脂玉的质地细腻，质量好。

粗白玉：由长柱状透闪石集合体组成。其质地粗糙，质量较差。其伴生矿物有磷灰石、磁铁矿、榍石、黑云母。

青玉：具有变斑状纤维蒿状变晶结构，局部为毛毡结构、放射束状结构，有的还残留有变余花岗变晶结构，保留有原大理岩的残余结构。从而可知青玉质地不如白玉细腻。青玉的矿物组分中秀闪石会计师为93%～95%，其他伴生矿物有斜黝帘石变斑晶，淡斜绿泥石、磷灰石、磁铁矿、白钛石等。由于青玉中含有这些杂质矿物，因而显示出变质不彻底的现象。

青白玉：是白玉和青玉的过渡类型，其质地不如白玉细腻，但要比青玉好些。在偏光显微镜下观察，以现有些青白玉亦显示残余花岗变晶结构，但被粒度较大的透闪石替代，其组构不均匀，并有晚期微脉透闪石穿插。说明青白玉的质地处于过渡类型。

碧玉：为纤维蒿状结构，放射状的杂乱聚斑状结构，有的呈现菊花状。而在均匀部位则显示纤维状、毛毡状结构。碧玉的矿物组成以透闪石为主，含量96%～98%，如果其中伴有较粗大的透闪石晶体，则显示杂乱放射状排列。伴生矿物有铬尖晶石和钙铬榴石。钙铬榴石生长于铬尖晶石外围，另外还有针镍矿、磁铁矿、磁黄铁矿、铬绿泥石集合体等，呈星散状分布于碧玉中，构成斑点状嵌入。在毡状透闪石集合体中有含有混浊不清的白钛石，碧玉的质地远不如白玉细腻。

（3）裂纹。

裂纹（工艺上称"绺"）封玉的质量影响很大。古时称绺裂为"玉病"，影响玉的价值。玉的裂纹很容易发现。裂纹有深有浅，有大有小。绺有专用名称，如"碰头绺"就是断裂纹，"胎绺"是不太严重的炸心纹，"抱洼绺"即破碎纹。玉的自然裂纹是受自然力重击，受冷、受热及压力等因素而形成。裂纹强度都与玉石的韧性、脆性等性质有密切关系。一般税来，韧性玉石自然裂纹少，脆性玉石自然裂纹多。有的羊脂玉在偏光显微镜下方可看到显微裂纹具两组方向，这些微纹并不影响工艺加工。有的白玉的微纹裂隙间充填有泥状白钛石，这些不是好的征兆。总之许多软玉，如青白玉，青玉和碧玉等玉石在偏光显微镜下或多或少的都可以发现有显微裂纹，这些裂纹是与形成玉石后，遭受的外力作用有关。裂纹在玉器加工选料时应尽量避开。在开采玉石时，应采取一些预防措施，以保证玉石不受外力的破坏。

（4）硬度和韧性。

软玉是耐磨的材料，硬度较大，经测定显微硬度：白玉为6.7，青白玉为6.6，青玉为6.5，白玉的硬度比青白玉和青玉的硬度要大些。软玉具有强韧性。抗压强度经测定：青玉平均强度为 3617 kg/cm²；粗白玉为

1123 kg/cm^2；碧玉平均为 4129 kg/cm^2；加拿大奥格登山的软玉的抗压强度是 324 ~ 4310 kg/cm^2（4.6 ~ 61.24 磅/平方英寸）；苏联的软玉抗压强度为 7759 kg/cm^2（110000 磅/平方英寸），这些数值变化很大，其原因与软玉的内部结构有关。

（5）光泽。

光泽是软玉对入射光的反射能力。新疆的软玉为油脂光泽，有时为蜡状光泽，并且具有滋润感。所谓滋润感是指光泽柔和，不强不弱，给人以舒服感。玉石的质地和硬度对光泽的影响很大，质细而硬，其光泽必强，粗糙而软，光泽则弱。玉石抛光后的光亮程度称为光洁度。光洁度越高，其亮度则表现越高，亮度高称为硬亮，发强闪光；亮度低称为胶亮，发弱闪光。所以检验玉石质量的好坏，要看玉石抛光后的效果：亮度高而均匀就好，亮度低或者有光不亮的道道、点点、块块就应考虑这种玉石是否有利用的价值。在评价和选择软玉时应注意它的光泽。

（6）透明度。

透明度是指软玉容许可见光透过的程度。鉴定软玉的透明度是以 2 毫米厚的软玉透光程度为标准。按此标准，新疆软玉为半透明和不透明体。玉石透明度的好坏，是选择玉料的依据之一。一般质细、色美、半透明者，就是好玉；反之，就不是好玉。在玉雕行业中把透明度称为"水头"，"灵地"。透明度好者称"水头足"、"地子灵"或"灵坑"。透明度差者称"没水头"、"地子死"或"闷坑"，前者说明料好，后者说明质地差。所以玉石的透明度的确定很重要。

玉石大部分都要求有透明感。玉石颜色的深浅对透明度影响很大，颜色深，其透明度减低，颜色浅则透明度提高。

（7）体重。

新疆软玉的体重，经过实际测定，数值如下（g/cm^3）：白玉 2.922；青白玉 2.976；碧玉 3.006，墨玉 2.66，可以看出白玉体重相对地比较低，系含铁质较少，碧玉含铁质杂质较高，其体重也相对较大。墨玉体重低是因为其玉石中含有石墨之故。

（8）块度和重量。

软玉的块度大小不一，最大直径可达一米以上。按玉石要求除颜色、质地、裂纹和杂质等重要标准外，块度和重量也很重要。一般认为白仔玉特级要求在八公斤以上；一级为三公斤以上；二级为一公斤。碧玉特级块重在四十公斤以上；一级为八公斤；二级为四公斤以上。1980 年在昆仑山某河上游的山地中，发现一块特级的白玉，长 82 厘米，宽 80 厘米，厚 36 厘米，为方形。重达 550 公斤，比和田历史上已知的一块最大的白玉还重 350 公斤。

6.2 软玉的分类

新疆软玉，根据产出地区不同，分为和田玉的碧玉两大类。现按其产出地段、颜色和工艺要求等分述如下。

6.2.1 和田玉的分类

按其产出的地段分为：

（1）仔玉：又名仔儿玉，指河流中的拣的玉石。系原生玉石经剥蚀、冲刷、搬运到水系中的砂矿。其特点是块度小，常为卵圆形，表面很光滑，一般质量好。有的产于山前洪积冲积扇中，裸露地面或埋于地下，其中常有羊脂玉。

（2）山流水：指坠积、块积及冰川洪水等搬运的软玉。距原生矿产地较近。其特点是块大、多棱角、表面光滑。

（3）山料：指原生矿石，称之山玉或宝盖王。

按颜色分：羊脂玉、白玉、青白玉、青玉、墨玉、黄玉、糖玉等。

按工艺分：和田玉按工艺要求可分若干等级，其工艺分类见表 6 - 2。

表6-2　和田玉工艺分类表

品 种	等 极	规 格 要 求
白仔玉	特	羊脂白色质地细腻、无绺、无杂质、块重一般在8公斤以上者
	一	色洁白、质地细腻、无绺、无杂质、块重一般在3公斤以上者
	二	白色、质地细腻而滋润、无碎绺、无杂质、块重在1公斤以上者
白玉山料	一	洁白、质地细腻、无绺、无杂质、块重在6公斤以上者
	二	色泽较白、质地细腻、无碎绺、无杂质、块重在3公斤以上者
青仔玉	一	色浑青绿、质地细腻、无绺、无杂质、块重10公斤以上者
	二	青色、质地细腻、无碎绺、无杂质、块重5公斤以上者

6.2.2　碧玉分类

碧玉主要产于北天山，其次是阿尔金山，其工艺性能主要取决于：颜色、质地细腻程度，裂纹、杂质、透明度和块度大小等。其工艺分类见表6-3。

表6-3　碧玉工艺分表

等 级	规 格 要 求
特	碧绿色、质地细腻、无绺、无杂质、块重在40公斤以上者
一	深绿色、质地细腻、无绺、无杂质、块重在8公斤以上者
二	绿色、质地细腻、无绺、无杂质、块重在4公斤以上者

6.2.3　软玉的工艺加工及其工艺品

新疆软玉自古以来主要供应北京、杨州、上海和天津等地的著名玉雕厂。新疆的玉雕工艺也较发达，并有悠久历史。

由于软玉硬度较高，一般磨具磨不动，所以，前人一向是用"以石刻石"的方法琢磨，故效率很低。随着科学技术的发展，钻石琢磨工具的出现，使玉石雕琢效率大大提高。

软玉的琢磨，一般经过选料、设计、开料、表面磨平、掏膛、雕花、抛光等工序。通过玉雕艺人之手，雕琢成各种各样的工艺品，乃至国宝，例如唐代的绿色玉石戒面（在新疆吐鲁番阿斯塔那出土）；公元1098年雕有十分精致的维吾尔族三咀白玉灯，明代的玉带；清代的青玉镂雕蟠纹桃花洗；双龙耳玉杯；双桃玉洗；双龙玉带扣；赤壁泛图屿等玉器。到了清代乾隆年同，"和田玉"得到大规模的开采。雕制成各种大型玉器。如"大禹治水图"山子（景），重达10660市斤，玉料采自叶尔羌密尔岱山区，是用温润，致密而坚硬的青玉雕成，高2.24 m，宽0.96 m，玉雕卓立如峯，峻岭叠嶂，瀑布急涌，遍山古木苍松，洞穴沟壑，成群结队的民工们在县崖峭壁之上，锤击打石，镐刨砂砾，用简单的杠杆撬石开山。这幅生动逼真的劳动图景，选材于民间夏禹治水的古老传说，以宋人所画的"大禹治水图"为蓝本进行设计，于乾隆四十六年（公元1781年）运往杨州雕琢。干隆五十二年（公元1787年）运回北京安放在故宫乐寿堂内。我国这个迄今最大的软玉工艺品，是经过十余年时间，成千上万的工匠花费了十几万工作日而雕成的。通过巨匠之手，把大禹治水的宏伟场面艺术地显现在巨玉之上，流传至今。是中国玉器工艺美术上的伟大创学，堪称稀世珍宝。乾隆在"大禹治水图"山景背后，题诗曰"功垂万古德万古，为鱼谁弗钦仰视。画图岁久或湮灭，重器千秋难败毁"。道出乾隆雕刻玉山"作歌敬志神禹神"，以博千古之名。

"会昌九老图"玉山，采用和田玉于清代乾隆五十一年（1786年）在扬州琢成。它的用料是青色兼碧黑色的玉石，高1.45 m，宽0.9 m，重830 kg。玉雕四面通景精巧，悬崖峭壁，山间流水，羊肠小道，松竹亭台，松鹤桐荫，九位长须老翁和七个书童，有的立于下有流水的木桥上喁喁交谈：有的立在山腰的亭台里对奕饮茶；有的手持龙首杖观看远景；有的伏于案前倾心弹琴，下嵌金片的铜座，显得山高路远，景物纵深，这件玉山取材于唐代会昌五年(845年),著名诗人白居易晚年退居香山,与九位七十岁上下的士大夫宴游山林的故事。

"秋天行旅图"玉山采用和田玉料以清宫画家金廷标绘"秋天行旅图"为设计蓝本,于乾隆三十一年送往扬州加工制作。大约在乾隆三十五年(1770年)琢成。耗白银三千余两,经五年时间完成。这件玉雕作者巧妙地利用玉石的天然青黄色,琢成山林秋景,是一件富有艺术感染力的作品。还有"丹台春晓冬"玉山,"云龙青玉大翁"等大型玉雕,重量均达数千斤。还有清代宫廷造办处用新疆玉石雕刻国玺、玉书、玉册、玉磬(乐器)以及花翎管、鼻烟壶等物件,均是我国玉雕工艺史上的珍品。

"和田玉"驰名中外,用其雕琢的玉器巧夺天工,令人赞美,往往被视为珍宝。并且出现了许多技艺高超的著名工匠,如琢制秦玉玺的孙寿,宋代琢制玉观音的崔宁,元代广泛传授琢玉技艺的邱长春,明代琢制别子的巧匠陆子冈等人。现代琢玉工艺,在继承传统技法的基础上,更加讲究艺术造型和做工的纤细,形成了现代的风格,品种也大增,尤其是人物、鸟、兽、花卉等。如用羊脂玉雕的双鹿,墨玉雕的双马,形象逼真,惹人喜爱。还有驮龙献璧,青玉五环灯,以及碧玉碗、碧玉镇尺等等大都是新疆一些玉雕厂雕成的。

国内外软玉成分对照参见表6-1。

6.3　俄罗斯碧玉矿开发与贸易

6.3.1　碧玉之山的新发现

俄罗斯的地质普查工作进行得非常彻底和详细,领队的地质工程师萨沙,10号矿就是他发现的。1999年他带领先遣队就开着重型越野车从厚厚的冰层上跃进,令人意外的是,在建设营地时,无意间发现了一块重达300吨的巨大碧玉矿体。这块玉石的发现颇有戏剧性,谁也没有想到营地旁边这座小山一样的岩石是一块巨大的碧玉。当时从发电机的位置往营地拉电线的时候,要在这块大石头上打眼固定,打坏了好几根钻头,石头却纹丝不动。萨沙敲下了一块样品,现场分析,营地一下子沸腾了,这块长满了青草的岩石竟是一直在寻觅的碧玉,剥离风化层之后,这座碧玉矿体内部颜色和纯净度非常好、结构紧密,它的发现实在是一个好兆头。

10号矿的原生矿虽然早就已经被发现,但是直到这一次,才从宝石学的角度对这里进行整体的勘探和商业评估。10号矿的原生矿位于海拔3000米的一处山坡地带。在这里,7月份天气仍然非常寒冷,早晚温度都在零度之下。早上营地旁边的溪流都是冻住的,由于天气的原因,每天工作的时间很有限,所以勘探队一到工作现场,马上就紧张地开始工作。

首先就是要把10号矿伴生的矿藏情况摸清,清除碧玉矿体周边的围岩和混杂矿物。开采时,用炸药将围岩炸开,然后用挖掘机和牵引机将围岩搬走,露出碧玉岩体。俄罗斯的开采技术比较原始,通行的做法是用炸药将大的碧玉矿体破碎成小块。这样开采的岩石经常是外观完好,但内部结构已经被破坏了。所以我们使用的方法是把碧玉矿体和围岩破裂开之后,在矿体上拴上钢索,用大马力的拖拽机整体将矿体拖下来,这样能够最大程度地保留碧玉矿石的块度和内部结构的完整性。1999年7月到9月间勘探队对10号矿的开采工作以清理围岩为主,真正开采并运出山的碧玉矿石不过15吨。

6.3.2　溪流寻宝

1999年勘探队工作的范围非常广,除了10号矿的原生矿石外,还对周边方圆50平方公里范围内的地区做了广泛的地质调查,竟有意想不到的巨大收获。距离营地大约30公里的地方,有一个名为Arahushun的河流,就是在这条河里,勘探队在第一年进山考察的时候发现了一块重达15吨的巨大碧玉子料。在1999年,这条河流也成为我们重点勘察的地区。

从营地到Arahushun的直线距离很近,但是道路中间遍布着悬崖、河滩和密集的树林,虽然乘坐直升飞机进山考察是最便捷的,20分钟就能到达。从安全的角度考虑,勘探队员尽量依靠越野车,骑马甚至步行进行考察,这段路程就要耗费3~5个小时的时间,山路陡峭,很多地方越野车是没有办法通行的,只能骑马或是步行。到达溪流之前要经过一个陡峭的山坡,两边都是悬崖,马走到半山腰就下不去了,人要攀着树枝,用绳子吊着才能慢慢下到河边,然后顺着溪流边的石滩徒步向上游行进。

考察队很快就发现了一块重约800公斤的碧玉子料,阳光照射着玉石上流动的潺潺溪水,溪水闪动着碧绿的光芒,真是难得一见的美丽景色。很快,在距离这块碧玉子料几公里的地方,又发现了一块巨大的碧玉子料,这块子料的大部分在水下,很难估计能有多大,这就带来了一个问题,怎样才能把这样巨大的碧玉子料从连马都下不来的河流中吊起?大家不约而同想到了直升机,很快无线电就呼叫来了直升机,钢索慢慢垂下,固定,直升机上升,但即使开到了最大马力,钢索崩到笔直,这块碧玉的子料仍然是纹丝不动,看来这块碧玉重量已经远远超过了 5 吨，肯定在 10 吨以上。如此难得的碧玉子料是绝对舍不得用炸药破碎的，只能打孔使用膨胀剂来破碎玉石，而这一年勘探队从山外并没有带来能够给坚硬的玉石打孔的柴油钻机，所以就只能眼睁睁地看着这块巨大的玉石子料留在原地。我们在第二年才完成了打孔的工作，在 9 月份冬季到来之际，放上膨胀剂，利用热胀冷缩的原理，用将近一年的时间，慢慢使玉石裂开，在第三年夏天，才把分割成三块的玉石用直升机运出了山。

6.3.3　碧玉出深山

用直升机吊起玉石也是一个技术活，彪悍的俄罗斯飞行员，畅饮了伏特加之后，驾着直升机从两面都是悬崖、近乎天险的环境中，稳稳地将玉石一块块地吊起。在直升机下降和上升的过程中如果撞上树梢就会机毁人亡，驾驶员的技术实在是太高超了。在 1999 年，我们依靠直升机将发现的那块重 800 公斤的子料玉石运出了山外。

到 2001 年对 10 号矿的开发就比较正规了，由于季节的影响，工作队一般都是 7 月初进山、8 月底在下第一场雪之前，将这一年开采出来的碧玉矿石运出山。就像在前文中说的，进山的路程艰辛自不必说，出山的时候也颇具危险。俗话说上山容易下山难，下山的时候，卡车里要载重，出于安全的考虑，只敢装核定载重量的三分之一，即使这样，也可能由于重心不稳而出现事故。2002 年 8 月，在险峻的格列山口，早降的大雪让本来就十分陡峭的山路更加泥泞难行。一辆拉着玉石的载重卡车就是由于重心不平衡，猛然侧翻。

6.3.4　碧玉贸易史

在 1999 年以前，俄罗斯的碧玉是作为一种工艺材质，主要供本国、欧洲制作首饰和艺术品的需要。俄罗斯碧玉贸易的真正兴起，与中国玉石行业的发展有着紧密的联系。

1999 年以前，俄罗斯碧玉的年产量为 20 t。2000 年的年产量为 30~50 t，2002 开始的年产量达到了 100 t。在 2005 年之前，开采碧玉是亏本的，当时碧玉的售价是 1.5~5 美元/公斤，都够不上开采和运输的成本。2005 年 10 号矿的年产量达到了 100 t 左右，这其中只有 1/3 的玉矿石真正有商业价值，而按当时的价格，如果全部运出来连运输成本都不够，我们只能是优中选优。7 号矿年出产量几十吨，但是真正有商业价值的只有十几吨。2000—2005 年，很多河南玉石商人在俄罗斯收购白玉，2005 年，俄罗斯白玉的价格开始上升，普通料的价格大约在 200~300 美元/公斤，优质子料的价格在 500 美元/公斤，因而一部分河南玉石商将视线转向了俄罗斯出产的碧玉。

2005 年对于白玉和碧玉的价格来说都是分水岭，白玉当时 500 美元/公斤的价格简直可以说是天价，在此之后白玉的价格一直在猛涨，现在优质的白玉子料价格在 1 万美元/公斤，而且这也不是绝对的价格。很多时候，根据原石的质量，白玉的价格依然是只高不低的。2005 年后俄罗斯的碧玉原料才开始进入中国市场，这是中国碧玉市场启动的前奏。

2005—2008 年是中国碧玉市场的发展期，俄罗斯的 7 号矿在中国慢慢被广泛采用，主要是制作手镯和圆珠，中国市场对 7 号矿碧玉原料的需求令 BQS 公司加大了对 7 号矿的开发力度。原料上天然存在的黑点使得 10 号矿在中国市场的需求不大，一般使用 10 号矿的玉石原料制作大型玉雕作品和器皿。由于对本土玉石资源和环境保护，新西兰政府不允许本地玉石原料出口，新西兰珠宝商很多使用俄罗斯的 10 号矿原料用来制作工艺精细的碧玉首饰。

2008 年由于北京奥运会的推动，7 号矿的碧玉原料在中国的售价一路飙升。现在碧玉在中国的市场价格仍在飙升，但很多人对 7 号料的解理性并不了解，看到是碧玉就买，很容易蒙受损失。

6.3.5　俄罗斯的碧玉还能开采多少年

7 号矿经过多年开采，表层已经全部被开采完了，要想继续开采的工作难度很大。7 号矿开采的时候大部分时间只能用炸药，这就存在很大的风险。因为 7 号矿的两边都是悬崖，下面的矿脉已经挖下去很深了，矿坑随时会有坍塌的危险。到 2008 年前后，7 号矿的开采也接近尾声了。2008—2010 年碧玉的产量连续翻番，俄罗斯碧玉的年产量达到了四五百吨。到了 2010 年，7 号矿的开采证到期了。经过多年的开采，按照地质矿产专家的估计，理论上 7 号矿的储量还有一千多吨，但是储藏在地下很深的位置，实际开采可能还能出产几十吨到百吨左右，开采难度很大，基本上已经不能再开采了。在开采证到期之后，几大矿山公司基本都对 7 号矿保持了观望的态度。2009 年 10 号矿的原生矿脉也基本开采完了，一些新发现的矿脉仍然可以维持俄罗斯碧玉的稳定供应。

7　祖母绿、准祖母绿与人工合成祖母绿

在著名的哥伦比亚的木佐(Muzo)和巴西圣·特来逊哈（St – Teresinha）祖母绿宝石矿的废旧坑下，矿工及非法的找宝者在那积满污垢和极其危险的矿地中干着冒险的作业。那里就是祖母绿宝石矿业的开端，财富的源泉。

在这个所谓世界第三大祖母绿之圣·特来逊哈矿山，连合格的机械提升设备都没有，而代之以一条简陋的钢丝缆索承担提升任务。钢丝缆索的末端拴接在破烂失修的卷筒绞盘上，由一台陈旧的发动机带动拉曳。矿工们汗水浸泡着伤疤，危险与忧虑相伴，每当跨过有 30 层楼深而没有支护保安的竖井口，面对令人恐怖的锋利裸露的岩石并在井内疲惫地攀登作业时，颇感浮生如梦。

昂贵的祖母绿宝石，就是天然的由铍铝硅酸盐组成的绿柱石矿物族中的一员。至少在公元前 3500 年它就是人类已知的矿物。最早的祖母绿宝石产地，据传说是古埃及女王矿山（Cleopatra's Mines），该矿位于埃及，靠近红海地区（Sikait – Zabara）。埃及人在那里干了几千年。此后，在土耳其和罗马也相继出现了祖母绿矿山。

古代犹太高僧的法衣上镶有十二颗宝石，其中之一被以色列人鉴定为"祖母绿宝石"，如果属实，这颗祖母绿无疑是来自埃及克娄巴特拉矿山。根据《启示录》记载，新耶路撒冷城堡的第四基地用珍宝装饰的古街道中，有人找出了祖母绿宝石饰物。有许多早期在《圣经》中和左罗马时代的传说中的埃及的所谓祖母绿宝石，实属当时在红海的圣徒约翰岛上（St. John）产出的一种漂亮绿色的橄榄石。

优质的祖母绿宝石的价格可以超过钻石。对钻石来说，最好的色调就是无色透明。而祖母绿之所以具有持久的魅力则在于它具有别的宝石所不具有的，柔软绒状的独特鲜艳的绿色。一位罗马学者曾写道："没有任何颜色(无色)固然是令人愉快的颜色——但没有任何绿色可以以假乱真祖母绿的绿色。"一般情况，切削加工好了的钻石，才会被人买去穿戴。

7.1　祖母绿资源开发生产

在哥伦比亚木佐(Muzo)矿山，数以千计的盖套罗斯型探宝器（Guagueras）在沸腾的矿井里，激烈不停地摆动，探索着祖母绿宝石。这大概是由于千年以来世界上最大、最好的祖母绿都产于该矿的原因所致。在矿山的斜坡上，政府的推土机铲剥着油页岩，然后打开带水龙带的水枪、水刀将剥离的的围岩沿山坡冲刷到尾矿中去。揭露出来的含祖母绿的矿石，再用盖套罗斯型探宝器去寻找祖母绿宝石。

有人认为，只要有一颗哥伦比亚木佐矿山祖母绿宝石作标准参照系，就可以在鉴定其他祖母绿时，准确判断什么才是正宗优质祖母绿颜色，而不致失误。"若非具有集千姿百态华丽颜色于一身的祖母绿，人们为什么会趋之旁鹜购买它。"

然而，如何才能确定优质祖母绿呢？这是在宝石学中众多引起好奇和争议的主要课题之一。在现代理论分析法出现之前的一千多年里，几乎任何一种有迷惑力的绿色宝石都曾被叫做祖母绿。

到十九世纪中叶，矿物学家明确定义祖母绿是指那些被微量铬元素交代绿柱石矿物中的铝元素而具有十分鲜艳翠绿特色的珍贵宝石。但同时指出它是一种化学性质严格而颜色不稳定的宝石（故优质祖母绿极为稀少）。经历一个世纪以后，于 1963 年在巴西的萨里林哈(Salininha)地区又发现一种富含钒的深绿色宝石。

宝石世界开始时拒绝承认此种含钒绿柱石晶体为祖母绿。并将含钒绿柱石标本提交美国宝石研究所（GIA）分析。GIA 确定该宝石属"准祖母绿"（AS emeralds），但仍遭到某些哥伦比亚祖母绿宝石商和欧洲学者予以反对。后来，在非洲也发现在一些矿山也产出含钒绿柱石绿颜色的宝石，它们一般也被认为"准祖母绿"（AS emeralds）。

那么，一颗绿柱石晶体在它被认为是正宗祖母绿之前，应该具有什么样的绿色呢？GIA 对此也同样烦恼，无以为对。因为祖母绿的颜色，由于化学成分在一定区间内的一系列变化，可从淡黄色变到带肉红色的绿色。因此 GIA 主任理查德·利迪柯特（Richad – liddicoat）说："争论焦点是含铬—钒问题，作欧洲某些人外，经各方同意作出协定；我们姑且认可，只要一颗绿柱石晶体具有祖母绿的颜色时，它就是祖母绿。"经过全力以赴的研

究，还发现一种含铁的不带绿色的绿柱石(译者注：绿柱石含 Fe^{2+} 时，可呈蓝绿色或深绿色，Fe^{3+} 时则呈淡黄至金黄色)。所以利迪柯特又补充说："虽然不同类型的绿柱石同样可以具有祖母绿般的充分的深绿色，毕竟不能叫做正宗的优质祖母绿宝石。"

另有一种叫透绿柱石的，是无色至淡绿色的纯净绿柱石。还有一种呈金黄色的叫金绿宝石，金绿宝石加热处理可转变成海蓝宝石(译者注：金绿柱石加热至 $400\sim500℃$ 时，可使 Fe^{3+} 还原成 Fe^{2+}，从而使金黄色消失，变成蓝绿色的海蓝宝石)。还有一种含铯而呈粉红玫瑰色甚至红色的绿柱石，常常被作为美国红色祖母绿宝石(American Red Emeralct)在市场上销售。

美国人于 1935 年首次生产出人工合成的祖母绿。明确证实用与自然界祖母绿相对应的化学成分能够在试验室里生长出人工合成祖母绿宝石。这一重要成就，极大地扩展了宝石的国际市场，据热心人估计，仅 200 美元一克拉的廉价合成祖母绿宝石与 2000 美元一克拉的自然祖母绿宝石，成色品位几乎不相上下。

约翰·查萨木在开办了第一家合成宝石公司，该公司能生产祖母绿、红宝石和蓝宝石晶体。他管理的生产炉子，一年"生长"祖母绿的产量不少于一百万克拉。他在那洗涤机大小的坩埚炉里，将锂钼酸盐溶液加热到约 $800℉$ (约 $427℃$)，再向"母液"投放与自然界宝石成分一模一样比例的铍、铝氧化物、硅石和铬。约翰工作在地狱般的宝石合成车间，全身冒汗，却颇为自负地解释说："很多人都作过合成试验，但现在从来极少有人造出祖母绿。而我是采用正确配方，将晶种放进早先熔融的'母液'中，等待一年，再去看我们所需要的产品。""如果将宝石浸泡在那翠绿色的油中……它的色调就会被加深而呈现卓越耀眼的光泽。"这是一位十一世纪的诗人的描述。也正是现代用以临时改善祖母绿美观质量最好的技法之一。

此外，在澳大利亚以及日本和苏联也产出较好的合成晶体，有一小部分是已切割加工好的商品，公众和宝石商们都已接受它们为正统宝石。

祖母绿是铍铝硅酸盐结构的绿柱石家族结晶系列中最珍贵的一员。虽然天然祖母绿常含裂隙包裹体，多数被为是不合要求的。但大部分祖母绿商品至今仍然是由天然祖母绿提供的。微裂隙包体既是天然祖母绿的鉴定凭证，又是对祖母绿外观质量具极不良影响的缺陷。但它可以用油浸法加以掩饰和伪装弥补其缺陷。

洛杉矶市场自然史博物馆的镓彼得·C·凯勒认为，多数这样的绿色绿柱石("准祖母绿")可精确分类为淡色的、半透明至不透明的和致密云雾状的等，并非看上去是深绿色而又接近透明至半透明的绿柱石才是现在被公认的理想的祖母绿。然而，直到古埃及矿山采完停产；那些矿井也沦为埃及沙漠中的断垣残壁时为止，该矿山还是世界上唯一供应著名祖母绿宝石矿物的来源地。

7.2　祖母绿矿山的艰险

十六世纪初，当西班牙人来到南美之后，祖母绿的宝石业界便发生了永久的变化。西班牙征服者开始只掠夺黄金和白银。但一看中墨西哥祖母绿宝石商品，就产生寻找宝石原产地的想法。在 1537 年，他们在从哥伦比亚矿区到奇沃尔(Chivor)地区周围，用武力从土著印地安人手中抢走了不少于 7000 颗(?)祖母绿。

终于，西班牙人获知有一个蕴藏量大、宝石质量好的木佐矿山。因为木佐矿发现后千年来总是一直生产着最大、最好的祖母绿宝石，所以莫佐矿优于其他同类矿山而著称于世。自 1558 年西班牙征服者第一次秘密控制莫佐矿山起，在该矿工作的印地安人就被西班牙人置于奴役环境之下。

一向对钻石独具爱癖的欧洲人和亚洲人，当初并不太理会新大陆的祖母绿宝石。可是，印度、波斯、土耳其和埃及等国的王室显贵们，终于意识到祖母绿晶体的重要性而快速行动起来，立刻抓住不放。于是哥伦比亚的祖母绿被广为开发，将采出的毛坯放入切削成型箱中加工成半圆球形或圆拱形雕刻品。数以千计的每粒重约 300 克拉的那些大祖绿晶体，在 1739 年被波斯人拉迪尔·沙哈(Nadir－SHah)用德里麻袋包装用车运走。这些祖母绿宝石和几颗巨大的钻石，历来都加工成为伊朗王冠上的闪烁夺目的珍宝。

祖母绿宝石从美洲新大陆到旧大陆(欧、亚、非东半球)源源不断地输送着。但哥伦比亚的祖母绿也因此被大量走私流失。据估计，哥伦比亚每年祖母绿产值十亿美元以上，而走私流失掉的就占一半多。在伊可密纳斯(Ecominas)负责督察哥伦比亚采矿工业的总工程师菲利克斯·鲁大(Felix－Rueda)也证实说："据我们部里估计，哥伦比亚的祖母绿宝石 60% 是被走私者非法运走的，其中大多数是运到美国。还有一个重要矿山——科斯卡兹(Coscuez)也被非法开采着。不过，即使是正规合法的生产矿山，照样有人非法走私输出。有什么办法呢？"

一位在波哥大做祖母绿宝石生意的美国商人评述科斯卡兹矿山说："那是地球上最危险的地方，该矿每年举办两次销售活动，销售总金额仅约 36 万美元。而该矿每年生产总值却在 1.8 亿美元以上。"哥伦比亚还有一个叫奇沃尔(Chivor)的矿山，则完全是被私人秘密占有开采的。还有些矿山由政府出租私人经营，期限 5 ~ 10 年，每年总共仅向政府交纳微不足道的一百来万美元费用。

在巴拿马发现的用稀罕的哥伦比亚祖母绿雕刻成圣诞造型的金兽状的一种工艺品实物。西班牙人从印地安人手中掠夺了数千件祖母绿宝石就是包括此种造型的工艺品。

1988 年哥伦比亚政府宣布，全国祖母绿宝石合法出口金额为 1150 万美元。而同一年美国宣布的进口哥伦比亚祖母绿宝石，仅迈阿密港口一处的金额就达 4200 万美元。哥伦比亚政府估计，包括其他矿山出口的祖母绿，共有 2 亿美元非法流失到美国。

征服者的暴力侵犯遍及哥伦比亚祖母绿矿山从未停止过。到木佐矿山参观，主人提出忠告：在所有矿区搞运输都是危险的。乘车上矿有危险，因当地土著"不法之徒"知道旅客带有买祖母绿的现金；从矿山回波哥大时，同样有危险，因为旅客带着新购买的宝石。不管怎样，每位旅客都是他们袭击的目标。所有商人，无论在小车里、飞机上和餐桌上都带着手枪，并用皮带绑在脚踝上、系在弹腰带上或放在旅行袋里。还有一个以色列宝石商旅游团开价要用一公斤粗加工的祖母绿宝石交换六支自动步枪用以自卫。

离独立矿山不远，有一群南非人，及塞内加尔人，他们在扎伊尔边境地区与一批宝石走私贩子勾结起来，提供硬通货收购祖母绿，然后飞往日内瓦高价销售他们的走私宝石。这就是非洲—瑞士最重要的一个世界性的祖母绿黑市市场。

据赞亚估计，自从取缔粗加工宝石走私以来，走私宝石仍占生产总量 50%。赞比亚矿山领导人说："祖母绿是国家资源，而且我们生产的祖母绿将近全世界产量的四分之一。我们打算不再销售未加工宝石，但我们必须制止走私活支，因为走私到瑞士的宝石造成的极大损失。"

以色列和印度两个国家都保存赞比亚取缔出口那种祖母绿坯尾矿，它们两国都没有自己的祖母绿矿山，但都有大型切割加工中心处理赞比亚的祖母绿。以色列的切削加工工厂是依靠高标准和高品质以胜。印度加工厂则依靠大量粗加工产品出售，以易取胜。

他们也感到与赞比亚之间合则两利，最低限度在合作时，可获得赞比亚卡吉姆矿山产量品的一半。而且采取妥协折中的办法，还可以缓和以、印两国因走私与赞比亚产生矛盾。

"我们将收购所有的祖母绿粗坯。"一位以色列商人交底说："不管怎样，祖母绿毛坯也是珍贵的。第一批毛坯，只要其中发现一个好晶面，其余的也就不必多看。"

有先进加工设备而缺乏祖母绿资源，这就是以色列宝石加工业进退两难的困境。为此同以色列同行进行了讨论。他闪说："利用我们的金刚石切削加工专家和自动化仪器设备，对印度那套落后的切割方法进行改进。这样做，意味着我们必须提高宝石加工质量与成品率，同时将生产力提高到印度加工法的 20 倍。"

以色列的宝石加工厂，采用了对称切削、规格标准化和用标准尺寸切削加工的先进工艺，使宝石精加工达到最高最佳质量。

在不同档次的市场上，印度方面固然也有相似的困难，但一个一百多万工人的大型宝石粗加工行业，使印度在以易取胜的宝石进出口买卖中成功地发了不少小财。但是专业化程度太低和宝石质量太差的切割加工产品，市场售价却只相当哥伦比亚宝石价格的小数点。

7.3 祖母绿宝石鉴定与优化处理

长期以来宝石界认为，含铬的绿柱石才是祖母绿。但是到 1963 年在巴西发现含钒的祖母绿也是绿色，稍后在非洲也同样发现了含钒的绿色祖母绿。从此发生了究竟什么是祖母绿的争议。殃本虽然广泛认可含钒绿色绿柱石为"准祖母绿"(As - emeralds)。还是要接受简单测试的挑战。所有含铬正宗祖母绿用切尔西滤色镜(Chelsea filter)观察都是呈红色的。通常含钒绿色绿柱石在切尔西滤色镜下观察能显现红色痕迹者，也被认同为准祖母绿。

一堆凝块状宝石是由美国人查塔姆·克里特德(Chatham - Created)用人工合成方法生成后冷凝成的祖母绿。他采用坚固的电弧炉熔融锂和钼酸盐成为"母液"，然后加氧化铍、氧化铝、硅、铬和籽晶，在 1800℉(≈ 983℃)高温条件下历时一年而生长成的一堆祖母绿凝块，总重 3000 克拉。

天然祖母绿与合成祖母绿两者之间，从杂质包体上就可以加以区别。一个像钉头中毛样的澳大利亚人造宝石，不含气泡杂质。而哥伦比亚天然宝石具有"三相"——包含水、气泡和盐类晶体(即包固体、流体、气体三相的杂质)。

产自哥伦比亚的最好的天然祖母绿大晶体，呈云雾状，具有六条爪形棱柱绿色臂。

特柱皮西祖母绿，是权威宝石，哥伦比亚国家银行保管的一块1759克拉重的祖母绿晶体，它是"五巨人"之一，估计是木佐矿在1946—1968年间生产的。

津巴布韦是位居哥伦比亚、赞比亚和巴西之后的第四大祖母绿生产国。该国祖母绿年产值大约为5～6百万美元。但大多数不断地被走私者运走了。按惯例，它们的高标准祖母绿粗坯多运往以色列，而廉价的产品则运往印度。巴西圣—特莱逊哈矿，是经营最好的矿山。津巴布韦有27处祖母绿矿点，只有两处提交过发现祖母绿矿床规律性地质报告。

祖母绿走私活动，对于外人来说可能是看似不太重要的事情，但是对生产矿山却是严肃而致命的，它是关系到商贸利润的大事。津巴布韦政府每年要为此丧失300万美元的收入，这与官员腐败有关。

在祖母绿的交易中还有另一类欺诈行为，因是加工处理混入合成仿造品，极须顾客小心注意。因祖母绿是唯一被认为包含在缺陷最多的贵重宝石。理由很简单——自然界的祖母绿很少没有缺陷的。一个无色的普通绿柱石则通常是无太多缺陷的，但它不是宝石。

幸好祖母绿的包体(indusions)有两种重要的特征可以派上用场。对宝石学最有用的典型祖母绿包体，首先可确认它是自然产物，其次可核实是否具有该宝石产地所特有"指纹印"(fingerprints)。在显微镜下观察鉴定其包体包含的液体、气体和固的"三相"。从而精确判断哪一块宝石具有哥伦比亚祖母独特无比的特色。

用油浸法掩盖祖母的包裹体微裂隙，是一种有争议而常用的传统工艺。在当今高科技时代，几乎各类宝石都接受过不同程度的修复缺陷处理。比如用无穷小的激光束钻孔器可以逐渐地消灭钻石内部的岩屑缺陷。绿柱石和蓝宝石经加热处理可提高将光度减轻暗度。白色黄玉中杂质通过强光照射可变成宝石蓝色。如果想使带有包体微裂隙的祖母绿获得抛光面，可用折射率与宝石相近的浸油，加压侵入宝石内部掩盖其缺陷，而又对祖母绿毫无损伤。但是任何修饰的寿命都不会保持得太长。

世界上油浸法处理宝石的工艺是相当多的。除雪松油以外，还有哥伦比亚的香油、棕榈油和个别暗色油的油浸法。印度还一直用绿色浸油。巴西用一种叫作奥普照带康(Opticon)的合成树脂以代浸油，它能使宝石包体微裂内部粘结更坚固又不易挥发渗出来。而且合成树脂处理后的宝石又带有几分朦胧云雾状的特殊美感。以色列的祖母绿仍用常规油浸方法。

人们确信，当今世界上出售的任何一件处理过的祖母绿，油浸也只能到达包体微裂隙表面。

7.4 世界祖母绿矿产分布

全球每年祖母绿生产总值约为10亿美元，其中哥伦比亚占一半，赞比亚占20%，巴基斯坦占15%。接下来的津巴布韦有新的记录。此外，阿富汗、澳大利亚、马达加斯加、坦桑尼亚及俄罗斯等国也有少量生产。

哥伦比亚木佐矿由哥伦比亚蒂克米纳斯(Tecmioes)矿业开发公司向政府承租，拥有为期10年的经营权。但是矿区内的贫民和武装探宝者，不相信它的租约是合法的。木佐大多数地表浅部矿，已被暴力侵入者乱挖乱采殆尽，他们疯狂霸占、抢夺那些极易到手的宝石后就跑掉。

木佐祖母绿矿产于侵入黑色油页岩的热液方解石矿脉中。蒂克米纳斯公司为了激励员工的忠诚和积极性，采用独特的组织程序，以250人为一单元，挑选采矿积极、工作一个月以上的工人给予一天工资的奖励。后来，矿山完全开放，由控制木佐矿的三个家族选出一员代理人宏观地管理矿山，将最大最好的宝石据为己有，其余的尾矿毛料作为给工人的资金或红利。

巴西祖母绿矿山，暴力泛滥，掠夺宝石比抢劫现金更为实惠。自开矿以来，被杀者数以千计。千万不要让任何人知道你携带宝石，以保安全！

相比之下，在哥伦比亚斯州(Goias)稍好些，靠近最大国营矿山——桑塔－特莱逊哈(Santa－Teresinha)主要街道交叉路口的露天市场上，每天都有数千克拉宝石公开展示在桌面上由当中介商推销给巴西人和国外顾客。

一位巴西人说服格里皮罗(探矿者)用捶牌打法在矿区划分小规模采矿矿权区，一般每个小区为30平方英尺。划分成功后，格里皮罗(Garimpeiro)从推销采矿矿权区中，获得20000美元的报酬。一个矿权小区开一口矿井，在桑塔－特莱逊哈矿区有15000多居住在200多口矿井周围，每口井深200～400英尺不等，因矿井密岩石土松，地基下沉，同时因下沉面不停向邻近的矿权区扩散，造成连锁威胁，地下黄色炸药爆炸冲击波震动，时常有矿井被震垮。竖井一垮，井旁居民的生命财产一切就化为乌有。有幸逃离者，也许保全生命而已。

巴西矿山祖母绿产量大概是哥伦比亚的五倍，但巴西祖母绿晶体较小，质量较差。两国祖母绿生产总量占全世界祖母绿供应量的70%，不过哥伦比亚年销售产值可达5亿美元，而巴西年产值，在某个时期仅约5000万美元。

赞比亚和津巴布韦祖母绿产量估计约占全世界的25%。因为黑市交易增多变化无常，就没有统计数字来源可供核实了。

俄罗斯在乌拉尔山脉也已开采祖母绿多年，但产量却不大。巴基斯坦是新兴的祖母绿产国，产量已排在世界产祖母绿国家的第五位。该国政府实际只开采了两个矿山，两者都在斯瓦特(Swat)地区，月产量约7000克拉，年产值63万美元。巴基斯坦的冈贾—基里(Gujar - kili)是比较有吸引力的祖母绿矿山，据了解，它位于瓦斯特之比约7000英尺的一个山头上。矿区高出特凯河(Kotkai - River)水面约300英尺。从瓦斯特沿河上游方向步行，淌过三次浅水河滩，只需一小时就可到达矿山。

巴基斯坦的祖母绿生产活动，受到反政府组织影响。在该国东部有一个矿山还继续在800~1400英尺深的井下采矿，产量可观，每年交易额可达百万美元。

阿富汗祖母绿生产行情也曾被看好过，唯一的祖母绿矿山叫北克洛里纳(North - Carolina)。从内尔 - 赫丁尼特(Near - Hiddenite)步行两小时到查尔罗特(Charlotte)以北，还有一个毫不产宝石的所谓祖母绿采坑，已转变为吸引游客观光的景点。该采坑主人说，几年前开始从哥伦比亚和巴基斯坦买进一些廉价的祖母绿，到该采坑周围作为点缀，以便让观光的顾客留有印象，以为该处真的发现并开采着某些宝石之类的东西。

印度的宝石切割加工传统方式：在斋浦尔(Jaipur)学艺的学徒，手摇磨轮将极小的祖母绿磨成25个棱角，是用来装饰手表和其他更贵重的宝石的。以色列厂商采用电了计算机自动控制切削加工，按图案和晶体轮廓，由电脑自行决定最好的切割造型方式。

8　红宝石和蓝宝石及其他的矿床

8.1　红宝石—高贵艳丽之王

8.1.1　红宝石特性

红宝石是刚玉矿物中的亚种。它要化学成分是 Al_2O_3，其中含有一定数量的氧化铬。深红色微透明的红宝石氧化铬的含量可达4%。红宝石颜色不均匀，常见平直的色带。红宝石通常结晶成六边棱柱，端部为平面，属六方晶系，没有解理，断口呈贝壳状，硬度9。红宝石坚韧度极好，抗冲击力强。红宝石多有层纹，聚片双晶发育，优质无裂者不多见。红宝石比重 $3.95 \sim 4.05$ g/cm³，一般为 4.00 g/cm³，透明—不透明，断口为玻璃光泽，抛光面呈玻璃至金刚光泽。红宝石垂直 C 轴晶面通常含有针状金红石晶体包体，往往组成三组交角60°的平行针状体，这对垂直 C 轴面切磨素面的红宝石呈现六射星线起到重大作用。若这些矿物包体只沿平行 C 轴一向排列，就会呈现带状闪光效应，即"猫眼"现象。若这些包体呈不规则的密集形堆积，就可能呈现乳白色团斑（有人称为"勒光"）。极少红宝石还有似金绿宝石的变彩，由蓝色变为紫红色，偶尔由绿色变成微红褐色。红宝石包体还有锆石、尖晶石、云母、赤铁矿、石榴石和刚玉晶体和颗粒，并常有气液包体，呈"指纹"状分布。红宝石有多色性，深紫色和橘红色。红宝石折射率 $1.762 \sim 1.77$，双折射率0.008，色散0.08，红宝石为一轴晶负光性。红宝石颜色有粉红，紫红，暗红，鲜红和鸽血红，一般常见的红宝石的红色色度浅而不正，惟有鸽血红为最佳颜色。有的专家认为只有鲜红或鸽血红的刚玉，才称为红宝石，而粉红、浅红者均称为红色蓝宝石。最近国际宝石组织明确规定，呈红色颜色的宝石级刚玉均为红宝石。红宝石因含微量铬（Cr^3）而呈娇艳红色，所以显示强荧光效应，即能在紫外线下呈现鲜红色荧光。但是世界上不同地区的红宝石在紫外线下荧光不尽相同，见表 8 – 1。

表 8 – 1　不同地质的红宝石的荧光现象

宝石名称	长波下（365 nm）	短波下（253 nm）
缅甸红宝石	深红色	中等红色
泰国红宝石	弱红色	弱红色或无色
斯里兰卡红宝石	橘红色	淡橘红色
坦桑尼亚红宝石	弱红色 – 无色	红色 – 无色

红宝石在滤色镜下呈深红色。它在 693 nm 附近有三条吸收光谱线，在 470 nm 处有一条吸收线。红宝石在吹管或宝石喷灯的火焰中不熔，由高温冷却时可变成绿色，一旦完全冷下来又恢复红色。红宝石极难溶于酸。

8.1.2　红宝石矿区

世界上红宝石产地屈指可数，主要有缅甸、斯里兰卡、巴基斯坦、泰国、柬埔寨、越南和中国等东亚、南亚国家以及澳洲。

红宝石最著名的矿产地首先是缅甸的抹谷（MoGok）地区，据称早在 1000 年前就开始开采红宝石，该地出产一种所谓"鸽血红"的红宝石，其颜色鲜艳夺目，红得如同当地一种鸽子胸部的鲜血一般，这种红宝石称得上是红宝石之冠。从 16 世纪末就有关于开采缅甸宝石的正式记载。由于宝石矿山处于原始密林之中，缅王便抓俘虏去开采，历代王朝对开采红宝石严格控制，可是仍有民间红宝石交易。在 1888 年英国占领缅甸后，矿山被英国的缅甸红宝石矿股份有限公司接管。该公司发现最好的矿床部分位于抹谷城下，于是为了开采宝石，便将该城搬迁了。原先的开采区现在变成了一个大湖。抹谷地区位于缅甸北部达贝克钦市以东，矿化面积近一千平方公里，是世界上最有名的"抹谷宝石带"。这里原生红宝石赋存于镁方解石矽卡岩（即红宝石矽卡岩化大理岩）中。经风化破坏后，抗风化的刚玉等矿物残留在河床中，形成著名的红宝石和尖晶石残 – 坡积矿和冲积矿，其经济价值极高。抹谷是一个古老结晶岩(前寒武纪片麻岩)区，其中穿插一些花岗岩体。抹谷矿区分布有北、中、南三条大理岩带，呈层状或透镜状产出。含红宝石带分布在大理岩同花岗岩或花岗伟晶岩体和岩墙接触带上。红宝石是在富 Al_2O_3 缺 SiO_2 多 Cr^{3+} 条件下的岩浆期后气成高温热液交代白云岩化大理岩时形成的。抹谷红宝石多呈鸽血红色、玫瑰红色、粉红色，颜色鲜明但不均匀，平直的生长线构成"年轮"式的色带。多色性明显，双晶发育。红宝石中均含有诸如绢丝状金红石包体，垂直红宝石晶体 C 轴展开。故而垂直 C 轴切磨可磨出星光，称之星光红宝石。总之最优质的红宝石称之为缅甸红宝石，也称为"鸽血红"。较次级的称为"半血色"和"樱桃色"红宝石。

斯里兰卡也是世界上盛产红宝石的国家，开采历史悠久，早已闻名世界，古代人称之为宝石的岛屿。该国拉特纳普拉(Ratnapura，意为宝石城)地区是红宝石主要产区。红宝石主要来源于前寒武纪时期的古老岩石中，风化后往往变成砾岩，形成含宝石的砾岩层。含宝石的 Highland 群由麻粒岩相的变质岩组成。宝石形成于高温高压的变质条件下，并与片麻岩中大理岩有关。原生矿床中宝石品位低，没有开采价值。红宝石开采主要限于冲积层中宝石富积地段之中。斯里兰卡红宝石颜色稍浅些，呈粉红色的多。由于此类红宝石色浅，所以比缅甸或泰国红宝石更加光亮耀眼，其优质红宝石售价通常高于泰国产优质红宝石。斯里兰卡红宝石常含有锆石晕圈包体和六方柱状磷灰石包体，绢丝状金红石包体较为细长。

泰国是世界闻名的宝石生产交易中心，也是著名的红宝石产地。泰国红宝石矿区位于占他武里的尖竹纹等几个地方。尖竹纹红宝石产在玄武岩中千枚岩捕房体变质岩接触带上。在千枚岩捕掳体中的铝硅酸盐和铝土矿沿着这些岩石接触带析出 Al_2O_3 再形成红宝石。红宝石由这些岩石风化破碎侵蚀坡积或冲积富集后成为砂矿，从而成为有开采价值的矿床。这里的红宝石一般颗粒较小，原石重 1 克拉左右。泰国尖竹纹红宝石呈褐红色或玫瑰红色，聚片双晶发育，色带和生长纹平直，包体少，不见绢丝状金红石包体，但见指纹状包体。泰国红宝石也称为暹罗红宝石，颜色深，很像贵榴石。这种红宝石很少达到优质的缅甸红宝石的质量。

柬埔寨拜林地区红宝矿床地质条件不同于缅甸抹谷红宝石。柬埔寨红宝石产于小的玄武岩体。拜林宝石矿位于柬埔寨西部，矿区地层由古老的前寒武纪拜林结晶杂岩以及泥盆纪和石炭纪地层组成。该区地层的断层带附近一些含宝石的小玄武岩体侵入，还有玄武岩浆喷出。就在这些玄武岩体上原地上覆土壤中形成宝石残积矿。富集程度不高。拜林以南约 28 公里处的博菜矿床几乎完全出产红宝石，拜林东部地区也产出红宝石。该矿区有的红宝石达到"鸽血红"或"缅甸红宝石"色，然而这些红宝石双色性很不明显。

巴基斯坦北部罕萨(Hunza)也出产红宝石，该矿于 1974 年才开始开采。红宝石产自由于中、新生代酸性和基性火成岩侵入到二叠—石炭纪贝蒂群碳酸盐岩中形成的红宝石大理岩。矿化岩层沿走向长达 19 km，厚度达 760 m。红宝石和刚玉品位达 20 克/吨。可称为世界上最富的红宝石矿山之一。其优质红宝石可与缅甸抹谷的"鸽血红"红宝石媲美。

越南红宝石在 1987 年进行勘探，并开始较大规模开采。越南红宝石矿区位于河内西北部约 270 公里的陆安城附近，矿区面积约 300 km^2。含红宝石的山谷一般呈窄条状。这里的红宝石与缅甸抹谷和巴基斯坦罕萨的红宝石有相似的地质条件。在正长岩中发现有粉红色刚玉，由此认为该区红宝石与伟晶岩有关。风化残积作用使红宝石富集，这里含红宝石的第四纪残积物厚达 2~3 m。陆安红宝石颜色为粉红色到深红色，还有浅粉紫色。一般粒度长 2~6 mm，最大的红宝石晶体超过 20 克拉。红宝石晶体较好，说明搬运不很远。越南蔡州也有红宝石矿，红宝石大多数为粉红色和淡红色。总之，这两地的红宝石颜色基本与缅甸红宝石相似，但透明度相当低，裂隙很发育，宝石中包体多呈云雾状。越南红宝石 64% 属雕刻级宝石，30% 属素面级宝石，6% 为刻面级宝石。

澳大利亚在 1978 年找到一个颜色很好具工业价值的红宝石矿，该矿位于北部哈尔茨山脉雷迪山东南大约 6 公里处，这里的红宝石多为素面级的，刻面级的红宝石较少。

应该怎样评价红宝石呢？主要有三项内容，即颜色，质地和粒度。国家有关专家提出用 4C 加 B 加 H 作国标，即净度、颜色、切工、质量 + 火彩(活光) + 优化处理。

8.2 蓝宝石——坚贞优雅之花

8.2.1 蓝宝石特性

蓝宝石的颜色比较多，蓝、黄、绿、灰、黑、白、棕色均有。颜色最好的当数克什米尔蓝宝石，这种蓝宝石固有的靛蓝色略带紫，珠宝界称之为矢车菊蓝，颜色鲜艳悦目，很美丽，属优质蓝宝石品种。矿区位于喜马拉雅山脉的西北端，海拔5000多米，终年浓雾白雪笼罩，开采条件极差，一年只有3个月可以找矿。斯里兰卡开采蓝宝石已有二千年历史。蓝宝石的产地很多，主要有缅甸、泰国、柬埔寨、斯里兰卡、印度、澳大利亚、美国、肯尼亚、坦桑尼亚和中国等。

蓝宝石是宝石级刚玉之一。化学成分是 Al_2O_3，属于六方晶系，晶体多呈短粗六方双锥体或桶状。没有解理，平行($10\overline{1}1$)或(0001)有裂开，硬度为9，断口呈贝壳状，比重3.99~4.1 g/cm^3，韧度极好，不易被损坏。透明或不透明蓝宝石均有，光泽为玻璃光泽或金刚光泽，有的蓝宝石具星光效应。蓝宝石中丝绢包体很常见，有的丝绢包体组成三组相互成60°交叉的影像。蓝宝石中还有锆石，尖晶石、云母、赤铁矿、石榴石、金红石等包体，有时还见有气液包体，呈"指纹"状分布，很明显的六边形生长线和条带在蓝宝石中很常见。蓝宝石折射率1.762~1.77，色散0.018，一轴晶负光性，通常荧光特征不明显，只有斯里兰卡蓝宝石例外，有较强的荧光反映。蓝宝石不熔化，如果加热过高，则会永远失去颜色。蓝宝石包括除红色之外的所有颜色的刚玉类宝石。蓝宝石的颜色与混入一定微量的过渡性元素有一定内在原因和关系。通过研究发现，黄色蓝宝石含镍(Ni)，金黄色蓝宝石是一种珍贵的宝石，价格比较昂贵，有人称"东方黄宝石"、"黄宝石王"等，这种黄色蓝宝石在斯里兰卡、中国山东昌乐均有出产。绿色蓝宝石含铁(Fe^{3+})和铬(Cr^{3+})，产在澳大利亚，中国山东的墨水蓝色蓝宝石，平行晶柱切磨呈现绿色，故有人称为"绿色蓝宝石"。也有含铬离子的浅绿色蓝宝石，有人称之为"东方祖母绿"，但这种宝石十分稀罕。褐色蓝宝石含锰(Mn)或铁(Fe^{3+})，透明的褐色蓝宝石非常罕见，一般不透明。但多有丝绢光泽，能琢磨出星光。山东盛产这种褐色蓝宝石，当地人称之为"铜皮"。真正的蓝色蓝宝石含铁(Fe)和钛(Ti)，翠绿色蓝宝石含钒(V)，紫色蓝宝石含钒(V)或铬(Cr^{3+})，蓝宝石颜色多种多样，以鲜艳蓝色为佳。颜色要求纯正，均匀。颜色不正、色杂，价格就大大降低。蓝宝石二色性十分明显，蓝色蓝宝石呈鲜明蓝色、蓝绿色、黄色蓝宝石呈中黄色—淡黄色，绿色蓝宝石呈浓绿色—黄绿色；橙色蓝宝石呈黄褐色—无色，紫色蓝宝石呈紫罗蓝色—橙色。蓝宝石琢磨一般都选择垂直C轴方向进行，这样可获最好色调，否则就会出现蓝宝石的蓝色不蓝而偏绿或黄色不黄等现象，使宝石的魅力降低。有的蓝宝石也有星光效应，星光的出现与蓝宝石晶体中有规律排列的针状或丝绢状金红石或铝钛酸盐包裹体有关。琢磨得当会出现星光。蓝宝石通常出现六射星光，也有十二射星光，后者较为稀罕。

8.2.2　蓝宝石产地

人们最初是在河床中，山谷冲积或坡积地带发现蓝宝石的。这些作为砂矿的蓝宝石来自原生矿床。①碱性基性煌斑岩中的蓝宝石，呈斑晶均匀分布于岩石中，围岩为隐晶质方沸碱煌斑岩。②碱性玄武岩中的蓝宝石多呈强熔蚀状小晶体，分布很不均匀，含量低，但是它是形成大型蓝宝石冲积砂矿的最主要源岩。这类原生蓝宝石主要赋存在新生代碱性玄武岩中，蓝宝石呈浑圆熔蚀状微斑晶或捕虏晶产出，与锆石，石榴石，尖晶石，磁铁矿等矿物伴生。含蓝宝石的碱性玄武岩低 SiO_2，高 TiO_2，多构成岩颈，火山口和小岩体。③蓝宝石还产在正长岩体与富镁碳酸盐岩内接触变质带中的硅酸盐矽卡岩中，主要是富铝的正长岩体上侵过程中交代富镁碳酸盐岩时熔离出来的三氧化二铝，并从围岩中带入微量铁和钛元素，从而形成蓝宝石。④蓝宝石还产在侵入到白云质大理岩或结晶灰岩中的伟晶岩，发现蓝宝石晶体嵌在长石斑晶之中，由此表明蓝宝石是伟晶岩阶段气成热液交代长石的产物。还有超基性云母云英岩蓝宝石矿床，麻粒岩和角闪岩相的变质成因蓝宝石矿床等。砂矿中的蓝宝石均来自蓝宝石的生成岩或矿床。多数情况下风化剥蚀沉积过程使低品位的蓝宝石矿富集，达到工业品位。

缅甸不仅红宝石世界著名，蓝宝石也闻名于世。缅甸蓝宝石也主要产在抹谷地区，这是一个古老结晶岩的分布区，由各种类型的片岩和片麻岩组成，其中穿插了大型的伟晶岩脉。还有分布十分广泛的大理岩。深成岩体的侵入形成镁质矽卡岩带，蓝宝石等刚玉类宝石就产生这个矽卡岩带中。伴生矿物有尖晶石、镁橄榄石和透辉石。缅甸蓝宝石也称为东方蓝宝石，是极优质的"浓蓝"微紫的宝石。缅甸蓝宝石透明度高、裂隙小、颜色比较接近克什米尔产的蓝宝石，称得上是佳品。泰国也盛产蓝宝石，主要产区有占他武里尖竹纹地区和达吻省，占他武里的蓝宝石产自玄武岩中千枚岩捕虏体变质岩接触带中，有人发现蓝宝石生长在玄武岩里，而多数蓝宝石主要来自冲积或残积砂矿。1977年发现一粒重6454.5克拉的蓝宝石。蓝宝石晶体中少见绢丝状包体，但指纹状液态包体发育，最有特征的是黑色固态包体周围有呈蛛网状裂纹。泰国蓝宝石还有黄色的，灰色的。尤其是星光蓝宝石的颜色从深蓝、褐绿、黄色到白色均有。柬埔寨马德望是世界上重要的蓝宝石产地，蓝宝石来自玄武岩之中，颜色很美丽，而且质量极佳，但颗粒比较小。蓝宝石开采多在黏土质砂矿中进行，矿床的分布面积达 100 平方公里。拜林地区也产蓝宝石，有蓝色的、绿色的、黄色，还产一种所谓的"黑星光蓝宝石"。蓝宝石表面有明显的熔蚀现象，表明蓝宝石同辉石、石榴石、尖晶石等伴生矿物最初是在极深处基性侵入体边缘由变质作用和交代作用形成的。泰国占他武里地区与柬埔寨拜林地区是当今世界上红、蓝宝石的主要生产区域。

斯里兰卡蓝宝石早已闻名于世，开采历史悠久，据称已有 2000 多年，是世界上重要的蓝宝石产地。含蓝宝石的麻粒岩相变质岩、石榴石片麻岩和矽卡岩是著名的斯里兰卡河谷砂矿的源岩，含蓝宝石砂砾层呈短透镜体和沿走向呈不稳定的夹层产出，砂矿埋深 1.5 ~ 15 m，蓝宝石砂矿产在矿层的砾石层中。砂矿以复矿型著称，不仅产蓝宝石和星光蓝宝石，还产猫眼、变石、海蓝宝石、黄玉、碧玺等等宝石。蓝宝石晶形好，尖锥状、桶状、柱状均有。长约 1 cm，透明，颜色有蓝色、天蓝色、绿色等。世界上最大的蓝宝石(重达 19.05 kg)和世界上第三大的星光蓝宝石(重 362 克拉)就产于斯里兰卡砂矿中，这里的蓝宝石质量高、产量大，在世界上首屈一指。

澳大利亚蓝宝石主要产在昆士兰州东部和新南威尔士州两地，蓝宝石的原生矿产在早第三纪上新世碱性玄武岩中，经风化剥蚀后形成砂矿，含矿层厚 1.2 ~ 1.8 m，砂砾层最底部的蓝宝石含量最高。蓝宝石粒度多在 2 mm，有的在 3 ~ 25 mm 之间，大粒的晶体不多。晶体多为柱状、锥状。澳大利亚蓝宝石颜色深，呈黑蓝色，但也有浅蓝、绿色和橙黄色。绿色蓝宝石是世界上最美的蓝宝石之一。不透明或半透明的古铜色蓝宝石具有星光效应。美国蒙大拿州也有蓝宝石矿床，产在碱性煌斑岩中，矿体为岩墙，长 8 km，平均厚 2.5 m，蓝宝石均匀分布在岩石中，蓝宝石晶体多为板状，呈蓝色，单晶，一般重为 0.4 克，粒度较小。该区还有蓝宝石砂矿，产出的优质蓝宝石可与优质缅甸蓝宝石相比。这里的蓝宝石呈"钢青色"或"铁蓝色"，高度透明，有时出现金属光泽，耀眼美丽。

坦桑尼亚蓝宝石主要产在斜长石—辉石杂岩和蛇纹岩中，蛭石矿脉中含蓝宝石，白云母云英岩中有巨大的宝石级刚玉晶体，含矿原岩风化后，蓝宝石成为砂矿富集。蓝宝石晶体为板状，直径 nmm ~ 4 cm，颜色多种多样，有蓝色、绿色、黄色。蓝宝石特征与斯里兰卡的蓝宝石相似。伴生矿物有碧玺、石榴石、锆石和红宝石等。肯尼亚也有蓝宝石产出，蓝宝石品级相当于澳大利亚蓝宝石。

中国近年来发现了不少蓝宝石矿床，主要产地有海南文昌县蓬莱圩，福建明溪，江苏六合，山东昌乐和黑龙江穆棱等。其中以山东昌乐蓝宝石矿床分布面积最大，储量最多，在世界上也属罕见。这里的蓝宝石原岩为碱性橄榄玄武岩，风化后形成蓝宝石砂矿床，据记载矿区每立方米砂土中含蓝宝石约 3 克左右、最高达 10 克。蓝宝石晶体呈六方柱状和不规则块状，晶体粒径均在 5 mm 以上，多为 10 mm，少数大于 30 mm。最大的蓝宝石重达上千克拉。蓝宝石颜色有蓝色、黑蓝色、褐色、绿色、黄色和无色等。蓝色蓝宝石因含铁量高颜色深暗，多需要退色处理，改色后的蓝宝石内部瑕疵少，属优质蓝宝石。黄色蓝宝石金黄透亮美丽悦目。山东蓝宝石多有平直色带。天津市宝玉石研究所加工车间通过琢磨研究发现具浅灰和深蓝相间色带的半透明蓝宝石有时垂直柱面可琢磨出四射星光或六射星光，这种"假星光"的起因有待进一步研究。山东褐色蓝宝石，当地人称之为"铜皮"，也能磨出星光。有的"铜皮"半透明，又显星光，质量不错，市场上售价较高。海南文昌蓬莱圩，含蓝宝石原岩为碱性玄武岩，风化后形成红土层，蓝宝石就富集在红土层中，密切伴生的有红锆石。蓝宝石晶体呈六方柱状、板状，晶体中常含杂质，裂纹多。颜色有发黑的深蓝色，还有蓝色、绿色、灰色和少量灰黄色，透明—半透明，晶体粒度一般 3 ~ 10 mm，最大的粒度达 30 mm × 20 mm × 16 mm。含矿红土层中每立方米砂土中含蓝宝石 3 ~ 50 g 不等。该矿规模较大，仅次于山东蓝宝石矿。福建明溪蓝宝石原矿产在碱性玄武岩之中，风化后形成河床砂砾矿。砂矿中蓝宝石晶体呈桶状，浑园状和不规则状，颜色有蓝色、蓝绿色、绿色、黄绿色等，透明度差，粒度一般 3 ~ 4 mm，最大的 30 mm × 20 mm，重 90 克拉。蓝宝石裂纹发育，包体较多，质量较差。江苏六合蓝宝石原矿也产于碱性玄武岩之中，风化后在山谷中富集成砂矿。蓝宝石晶体呈柱状、桶状和不规则粒状。颜色有蓝色、黄色、绿色和棕色等，晶体粒度多在 4 ~ 10 mm 之间，粒度较大，但透明度差，需退色处理，才能增加透明度，提高质量。1980 年在黑龙江穆棱碱性玄武岩风化土中也发现蓝宝石。颜色呈浅蓝色，透明度高，但粒度较小。

优质的蓝宝石价值也是很高的，归类于钻石、祖母绿、红宝石、金绿宝石等高档宝石之列。世界上蓝宝石的产量极大，但是颜色好、质量佳、粒度大的蓝宝石也不多。市场上出售的蓝宝石绝大多数属于中低档的宝石，往往颜色深浅不均或色调偏暗，必须改色优化处理。

8.3　红宝石、蓝宝石矿床地质

8.3.1　碱性基性煌斑岩

该类型矿床的唯一代表是美国蒙大拿州朱季特河（密苏里河支流）上游的约戈谷矿床。含蓝宝石的基性煌斑岩岩墙于19世纪末被发现，1886—1926年开采，后又停产，尽管还有大量含蓝宝石岩石未采出来。据S·E·克莱博（1952）估计，35年来共产饰用蓝宝石原石250万克拉，价值190万美元，还有约1400万克拉工业蓝宝石，价值60万美元。用这个矿床产的原石琢磨的宝石，估计价值达2500～3000万美元。

矿区位于蒙大拿州所谓"横向火成岩带"的小贝尔特山脉东北边缘，那里沿近东西向深断裂分布着许多新生代的碱性基性侵入岩（正长辉石岩、玄武岩、霞石正长岩、正长岩、煌斑岩等）的岩墙、岩床和岩株。就构造来说，该区为一老地台上的近东西向背斜隆起区，其中有太古代结晶片岩和片麻岩，元古代弱变质的沉积岩（属贝尔特碳酸盐-陆源组），早古生代和泥盆纪黏土页岩和灰岩，早石炭世灰岩（属爱迪生组）和中-晚石炭世黏土页岩。

含蓝宝石的岩墙产在早石炭世灰岩中，而在东缘，产在石炭纪更年轻的岩层中。岩墙走向为近东西向，倾角很陡，近90°，沿走向长约8 km，厚2.5～6 m，平均2.4 m（原文如此——译注）。在不到15 m深的近地表层中，岩石强烈蚀变，是些浅绿-灰色的松散砂-黏土物质和褐色黏土物质，含云母碎片、围岩灰岩包体和较致密的岩墙岩石的残体。随着深度的加大，岩石蚀变程度降低，在离地表80～90 m的深处，岩墙由致密细粒的、几乎是隐晶的岩石组成。这种岩石的斑状结构不明显，并含大量灰岩的小包体。斑晶为黑云母片、浅绿色透辉石和副矿物蓝宝石。有外来的石英、蓝晶石和方解石颗粒。基质中有方沸石。

据S·E·克莱博（1952）的资料，岩石的平均定量矿物成分如下（重量百分比）：透辉石—50，黑云母—20，基质中的方沸石和未鉴定的细粒集合体—25，副矿物（蓝宝石、尖晶石、磷灰石、磁铁矿、锆石等）—5。此外，有时还可见到沸石、钙霞石、歪长石和中长石。

蓝宝石晶体在岩石中的分布比较均匀。但是，根据S·E·克莱博的报道，在岩墙被灰岩强烈混染的地段，以及在岩墙很薄的地方，实际上是没有蓝宝石的。蓝宝石原石的平均含量为35克拉/t，其中包括饰用蓝宝石4克拉/t。晶体很小，晶面完好，但略有熔蚀。原石晶体的一般重量为2克拉，有时为3～4克拉，偶尔达5～10克拉。琢磨后的宝石重量一般不超过1克拉。

在蓝宝石晶体上往往有很薄的一层细粒镁铁尖晶石。蓝宝石颜色均一，但不十分鲜艳。由发白蓝色到浅蓝色或带红色色调的紫色不等。有时也见到蓝宝石型的宝石"猫眼"。其多色性一般不明显，但有些晶体表现明显，蓝色在横向上变为绿-蓝色。

含蓝宝石岩墙的岩石类型不完全清楚。人们认为组成岩墙的岩石接近于方沸碱煌岩、方沸玄武岩、黑云沸煌岩及类似的碱性基性岩浆的脉岩。据S·E·克莱博的资料，含蓝宝石岩石的平均化学成分以下列造岩组分的含量（重量百分比）为特征：SiO_2—28.54，TiO_2—1.06，Al_2O_3—11.73，Fe_2O_3—3.33，Cr_2O_3—0.10，FeO—3.58，MnO—0.14，MgO—11.30，GaO—15.6，BaO—0.41，SrO—0.13，Na_2O—1.0，K_2O—2.32，H_2O—3.67，P_2O_5—0.18，CO_2—5.56，Gl—0.07。根据约戈谷含蓝宝石岩墙岩石的矿物成分和构造特点，可以认为它属于同碱-基性岩浆有成因关系的基性系列的煌斑岩。

关于蓝宝石的成因有两种说法。一种认为蓝宝石是由于岩浆熔融体同其所捕获的氧化铝质围岩反应而形成的。另一种认为它是直接从岩浆熔融体中结晶出来的。鉴于蓝宝石的分布与捕虏体的位置无关，而且在捕虏体周围反应"边"发育不良，所以我们认为第二类说法比较可取。这种说法同A·E·费尔斯曼的观点一致，即贵刚玉是在深部高温条件下在初期结晶阶段从氧化铝过饱和的基性岩浆熔融体中形成的。氧化铝过剩，可能是由于白云母片岩和黏土片岩的同化作用造成的。由于岩浆上升得很快，蓝宝石晶体未得以溶解，只是略被熔蚀。

8.3.2　玄武岩

玄武岩中的蓝宝石是副矿物，呈被强烈熔蚀、以小个晶体为主产出。但是，如果含蓝宝石的玄武岩的很厚的化学风化壳被河流冲刷时，由于天然机械富选的结果，会形成大型的蓝宝石冲积砂矿，其中含极好的蓝宝石晶体。

玄武岩中的蓝宝石原生矿点广泛地分布于柬埔寨、泰国、东澳大利亚境内的有蓝宝石冲积砂矿的地区，也见于老挝和马达加斯加。

（1）柬埔寨和泰国　矿床集中在从南、西两面同巨大的印度支那前寒武纪地块相邻的中生代褶皱带，只有柬埔寨的博胶(安当比)矿床位于这个刚性地块的东部。据 E·G·波斯捷利尼科夫等(1964)的资料,印度支那中间地块基本上由前寒武纪片麻岩、云母片岩和角闪岩组成,上面覆盖着古生代和中生代较薄的平缓产出的沉积岩系。

在缅甸－马来中生代褶皱区地层剖面底部的是前寒武纪结晶片岩和片麻岩,上面是古生代早－中期很厚的灰岩－砂岩－页岩岩系。晚古生代和早中生代沉积为灰岩－陆源建造,而晚中生代沉积为红色碎屑沉积物。侵入岩中有三叠纪普通角闪石－黑云母花岗岩和白垩纪黑云母花岗岩及二云母花岗岩。矽卡岩化灰岩中的红宝石同二云母花岗岩有成因关系。中生代褶皱带在阿尔卑斯期的活化,使新生代玄武岩广泛发育,形成许多岩流和岩被,而沿北西向深断裂,形成许多岩株、岩颈和岩墙。

玄武岩构成一些小山丘,充填在古地形的低地里,有的地方形成上叠河成阶地。玄武岩成分由橄榄石次碱性的,到碱性似长石质的。含蓝宝石的玄武岩富含锆石,属碱性类型。蓝宝石斑晶主要产在岩颈相岩石中,但也见于玄武岩岩流和岩被中。值得指出的是,产在结晶片岩和片麻岩中的碱性玄武岩岩墙、岩颈或岩株,一般都含蓝宝石。

产在玄武岩中的最著名的蓝宝石矿床及与其有关的砂矿,是柬埔寨的拜林和博胶,泰国的北碧、邦卡和帽批。

①拜林矿床。1874 年发现,位于柬埔寨西部科达莫克山地高原西北的拜林城附近。那里的火山机构已被剥蚀揭露出来。碱性玄武岩被强烈破坏,在比较新鲜的地段可以看到橄榄石和普通辉石斑晶,这些斑晶埋在含基性斜长石和副矿物微晶的玻璃质基质中。

在原生矿床附近,有坡积－冲积砂矿。含蓝宝石层产在风化的玄武岩或结晶片岩之上,由粗粒砂和细砾以及少量结晶片岩、片麻岩和玄武岩卵石和漂砾组成。在玄武岩卵石中有浑圆形蓝宝石斑晶,斑晶周围有一层火山玻璃薄膜。含蓝宝石层之上为褐色细粒泥质砂(含少量卵石)和很薄一层软泥(厚约 30 厘米)。

蓝宝石晶体较小,大部用作技术(仪器和钟表)宝石。

②博胶矿床。位于柬埔寨东北部腊塔纳基里省。蓝宝石的原生矿点同碱性玄武岩火山机构有关。有实际价值的是次生矿床。据 P·拉康布(1970)的资料,这些次生矿床位于碱性玄武岩体火山堆积物周围。博胶矿床同拜林矿床不同之处在于它的饰用锆石(风信子石)大大超过蓝宝石。不论在原生矿还是在砂矿中,贵刚玉总是与红色石榴石、镁铁尖晶石、钛磁铁矿、歪长石和锆石伴生。

腊塔纳基里省其他矿床,如 Ьо－луа 和 Ьо－ноак－Ьанг－Танг 矿床,其构造也与此相似。早年大型的Ьиг－Нил 矿床曾是蓝宝石重要产地,该矿床位于柬埔寨东南部甘榜西南 35 公里处。

③北碧矿床。位于泰国曼谷西北 200 km 处的 KВай 河下游河谷里。那里从 1921 年起开采冲积砂矿。这个冲积砂矿是含蓝宝石的玄武岩经剥蚀而形成的。砂矿的细砾含矿层厚几厘米到 0.5 m。蓝宝石和镁铁尖晶石密切共生是该砂矿的特征。

④邦卡矿床。位于尖竹汶城以西 15 km 处,是一个冲积砂矿,沿着由玄武岩组成的锥状山丘周围分布。据资料,砂矿面积为几十平方公里。砾石层中的含矿层厚数厘米到 1 m。其中蓝宝石分布极不均匀。除蓝宝石外还有红宝石、尖晶石、石榴石和锆石。

Ьо－Плой 砂矿的情况也大致如此。该砂矿位于北碧以北 31 km 处,与霞石－橄榄石玄武岩岩株相邻。

印度支那各矿床产的蓝宝石为浅蓝色、绿色、黄色和紫色。也可见到一些星光宝石及有绢丝光泽的宝石。对这些矿床中的蓝宝石成因研究得不够。法国地质人员,特别是 E·索林(1957)认为玄武岩中的蓝宝石是捕虏晶,是玄武质岩浆在深部从结晶片岩中捕获并带到地表的。蓝宝石是橄榄石同残余的钙长岩熔融体在深部发生反应而形成的。

碱性玄武岩中的蓝宝石,和含蓝宝石的煌斑岩中的一样,显然不是外来包体,而是一种副矿物,即是氧化铝过饱和和氧化硅不足的熔融体在岩浆源通道中直接结晶的产物。这些晶体,可能由于前寒武纪基底的高铝质结晶片岩被岩浆同化而使过剩的氧化铝固定下来。由于熔化作用,蓝宝石晶体的原始形态未保存下来,但有时可见到这些晶体具原来的桶状或双锥状晶形。

(2)澳大利亚 形成有工业价值的砂矿的含蓝宝石碱性玄武岩分别分布在澳大利亚东部昆士兰州阿纳基城和新南威尔士州因弗雷尔城附近。这些地区位于海西褶皱区即所谓塔斯曼地槽范围内。在早第三纪发生了玄武岩火山作用,此后是岩石化学风化期。红土化作用因晚第三纪—第四纪构造运动而中断,这些构造运动不仅使晚始新世风化壳受到强烈剥蚀，而且还引起年轻（第四纪）的玄武岩大规模喷发，这些玄武岩在一些地方把含蓝宝石的玄武岩及与其有关的古冲积砂矿覆盖起来。

①昆士兰州阿纳基城地区的矿床。发现于 1870 年。含蓝宝石面积约 900 平方公里。那里广泛分布着早第三纪碱性玄武岩岩被的残体，组成许许多多小山。许多地方的玄武岩中都含蓝宝石晶体。含蓝宝石玄武岩破碎后形成许多冲积砂矿，如鲁比维尔、"蓝宝石镇"和雷特里克－克里克砂矿。据 J·巴利等（1959）的资料，1892 年到 1957 年，从这些砂矿中采出的蓝宝石，价值 150 万美元左右。砂矿的底岩是花岗岩或黏土页岩。含矿层埋深 0.3～1.0 m，但有的地方掩埋在总厚度达 18 m 以上的年轻沉积层和第四纪玄武岩岩被之下。据 O·安德森（1965）的资料，砂矿中的蓝宝石堆集体产在底岩上宽而深的凹坑里。含蓝宝石砾石层的厚度为数厘米到数米。砾石层一般都有漂砾即风化壳硅质产物存在。砂矿中的蓝宝石同锆石、石榴石、镁铁尖晶石和紫水晶伴生。

蓝宝石晶体的颜色纷杂：浅蓝或深蓝色，绿色，橙黄色，常见黄色和绿色或蓝色相间的现象。可见到绢丝光泽的蓝宝石，以及似翠绿宝石的蓝宝石。不透明和半透明的古铜色刚玉具星彩性质。阿纳基城地区的许多蓝宝石的颜色过深，样子不惹人喜欢，但绿色蓝宝石例外，是世界上颜色最美的蓝宝石。

②因弗雷尔城地区的矿床。1851 年发现，位于新南威尔士州东北部。这个地区的矿床包括兵加拉、孔涅克里克、达迪、格伦－埃尔季克、格沃德－里佛、奥班等。该区含蓝宝石玄武岩发育，是冲积砂矿的母岩，砂矿沿弗赖泽斯河谷延伸 1.6 公里。砂矿中的蓝宝石同砂金、镁铁尖晶石、无色和深褐色锆石及普通刚玉伴生。宝石用挖泥机开采，作为砂金的副产品。蓝宝石产量不大，据 J·巴利等的估计，1919—1957 年蓝宝石产值只有 10 万美元左右。从 1970 年开始，矿山采用新设备，因弗雷尔和格伦伊尼斯城地区的蓝宝石产量剧增，据《采矿和矿产》杂志（1970，№ 6—8）的资料，月产值达 22 万美元左右。

因弗雷尔城地区的蓝宝石颜色纷杂，同阿纳基城地区的相似。这里的宝石，蓝的颜色也过浓，一般颜色不匀净，一块蓝一块绿（或黄），或一块绿一块黄。也有星光宝石。

马达加斯加　在安卡拉特雷和旺齐沃罗内镇郊区有些含蓝宝石和红宝石的玄武岩和冲积物。宝石不大，颜色不匀净。这些矿床无工业价值。

8.3.3　镁方解石矽卡岩

镁方解石矽卡岩中的贵刚玉矿床见于缅甸北部的抹谷矿区，以及泰国和阿富汗东部（吉克达列克区）。

缅甸—抹谷含红宝石区，面积约 400 平方公里。在文献上该区被称为"抹谷宝石带"。在该区范围内，分布着含红宝石的矽卡岩化大理岩，破坏后形成著名的有工业价值的红宝石和贵尖晶石残－坡积砂矿和冲积砂矿。

抹谷地区自古以来就是宝石产地，从石器时代和青铜时代用原始挖掘工具开出的老窿可见生产历史之悠久。矿床长期以来由缅甸封建主开采，而从 1886 年到 1931 年租给英国的"缅甸红宝石矿业有业有限公司"开采，据不完全统计，该公司每年的红宝石原石产量为 4～15 万克拉，价值 130～480 万缅甸卢比。近年来，这些矿床已为采矿劳动组合开采。

据 E·G·波斯捷利尼科夫等（1964）的资料，在该区的印度支那中生代褶皱带内，有一极大的前寒武纪岩石组成的复背斜露头。这里广泛分布着麻粒岩、石榴石片麻岩和结晶片岩，夹硅线石石英岩（榴英硅线变岩）。这些深度变质岩系的时代可能为太古代，有的地方含很厚的大理岩层，同钙质片麻岩密切伴生。

变质岩系被 Кобаинг 侵入杂岩的淡色花岗岩切穿。花岗岩富氧化硅（SiO_2 72.4%）和碱金属（Na_2O 3.06%，K_2O 4.52%），贫钙和镁（GaO 2.33%，MgO 0.09%）。

在抹谷区北部，有一条宽的大理岩带，它把花岗岩类岩体的巨大顶垂体以及夹在片麻岩中的碳酸盐类岩石透镜体连在一起。在 Ьернардмио 城以东有一个巨大的正长岩岩体，而在该带的南缘分布着 Летха - Таунг 和 Киетхана 红宝石矿床。在该区的中心部分也有大理岩产出，形成一个在平面上挠曲的大理岩田，在大理岩田的中部有正长岩体出露。该带产有红宝石矿床。第三条大理岩带沿抹谷河谷分布，它包括一组延伸很长的大理岩层和透镜体，产有重要的红宝石矿床：抹谷（Мосок）等。在上述三条大理岩带（特别是在南部的大理岩带）中，广泛地发育侵入杂岩的花岗岩和伟晶岩岩墙。

含红宝石带分布在大理岩同花岗岩或花岗伟晶岩岩体和岩墙的接触带上。含矿的大理岩一般夹片麻岩层或同片麻岩层相邻。大理岩为粗粒结构，白色到灰色或淡褐色，常含石墨。大理岩的矿物成分以方解石为主，含数量不定的白云石。其中 CaO 含量一般为 29.6%～48.17%，MgO 含量为 12.68%～22.38%。

由于同酸性岩浆侵入有关的高温气成热液同白云岩化大理岩发生反应，在这种大理岩中形成了镁橄榄石、透辉石、尖晶石、红宝石,以及含氟矿物金云母、粒硅镁石、方柱石和磷灰石。在沿花岗岩岩墙和裂隙度偏高的地段延伸的镁质矽卡岩发育带中,红宝石和尖晶石呈斑晶和巢状块体产出。

值得指出的是,凡是次生的红宝石残-坡积砂矿,都同白云石化大理岩中的花岗岩岩墙发育带有密切关系。含红宝石的矽卡岩化大理岩是泰国红宝石冲积砂矿的源岩,见于尖竹汶城地区。最大的矿床位于尖竹汶城东南80公里处。

8.3.4 硅酸盐矽卡岩

属该类型的有斯里兰卡的蓝宝石矿点。斯里兰卡分布着很厚的太古代结晶岩系,底部是维贾扬群,包括深变质的沉积岩和紫苏花岗岩。往上是孔兹群(榴英硅线变岩群)的变质杂岩,出露于斯里兰卡中部隆起区的一个北东向宽阔复向斜核部。孔兹群的杂岩以晶质灰岩和白云岩同石英岩和硅线石-石榴石-石墨片岩(即榴英硅线变岩)互层为特征(见图8-1)。

蓝宝石矿点位于康提城东 SE 60 km 处,产在一个穿过孔兹群粗粒白云质大理岩的正长岩体中。大理岩已矽卡岩化,含镁橄榄石、透辉石、金云母、粒硅镁石、尖晶石、磷灰石和黄铁矿。在岩体内接触带的粗粒辉石正长岩中可见到含蓝宝石岩石孤立个体,直径 0.1~0.3 m。这种岩石是奥长石-中长石、富钠的方柱石、细纤维状硅线石颗粒的集合体,含晶形完好的蓝宝石,长一般约 1 cm。其中也有一些金云母片和粉红-淡紫色尖晶石。蓝宝石晶体透明,蓝色和天蓝-绿色,柱状和尖锥状。

A·韦尔斯认为含蓝宝石岩石是正长岩岩浆脱硅的产物。但是,就产状和矿物共生组合来看,应属硅酸盐矽卡岩类。这样的原生矿是斯里兰卡著名的蓝宝石冲积砂矿的来源。

8.3.5 花岗伟晶岩同白云质岩石接触带上的阳起石-透闪石带

这种类型的矿床很特殊,见于克什米尔。其中研究得最好的是苏姆扎姆(Сумджам)矿床,位于克什米尔喜马拉雅桑斯克尔(Занскер)山脉南坡海拔约4500 m,苏姆扎姆镇西(Кевитвер 省)NW 4公里处。据 J·布朗(1956)的资料,含蓝宝石的伟晶岩产在结晶的白云石化灰岩中,这些灰岩在变质岩系的石榴石-角闪石片麻岩和黑云母片岩中形成一些薄层。

该矿床1882年发现。开始发现的是一条被强烈剥蚀的伟晶岩脉,伟晶岩脉下面是富含蓝宝石的砂矿。后来,在该区灰岩中又发现了其他一些含蓝宝石伟晶岩脉,其围岩为阳起石-透闪石岩。J·布朗(1956)指出,伟晶岩已变为松软的白色黏土,深部有致密的长石,上面长满大的蓝宝石晶体。

据 J·布朗的资料,有些伟晶岩脉长 5 m,厚 1 m,几乎垂直产出。在某些地方,伟晶岩脉沿断裂会集成脉系。许多小伟晶岩体也被很厚的含少量镁橄榄石和滑石的阳起石-透闪石岩带所包围。蓝宝石晶体产在长石中,但有时也产在阳起石-透闪石带中。在伟晶岩中蓝宝石晶体长达 5 cm,用 J·布朗形象的说法是,像果料面包中的一粒葡萄干。

蓝宝石晶体颜色纯净,其中常含绿色电气石包裹体。除天蓝色和蓝色的外,尚有紫、绿色和橙黄色的。也有颜色不匀的晶体,其中有的长达12.5 cm,直径7.5 cm。

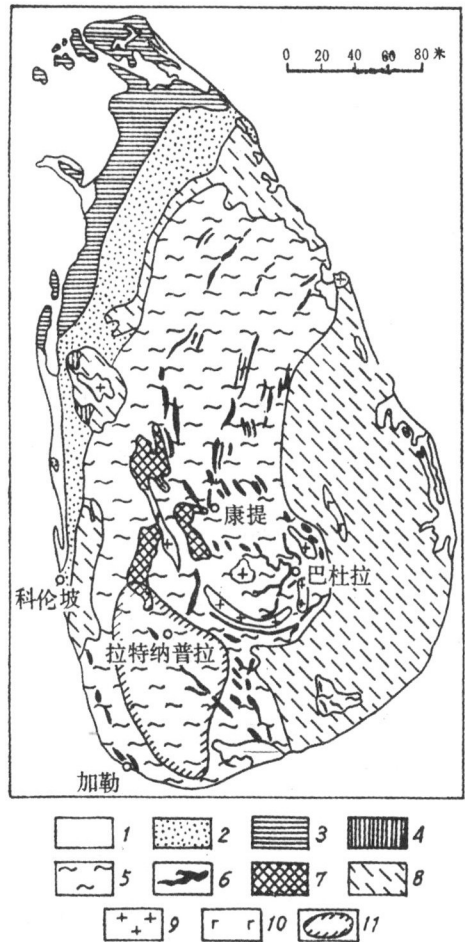

图8-1 斯里兰卡地质构造示意图

1—现代沉积物;2—更新世沉积物;3—中新世沉积物;4—侏罗纪沉积物,太古代孔兹群;5—石英-石榴石-硅线石岩;6—斑花大理岩,太古代维贾扬群;7—紫苏花岗岩和石榴石片麻岩;8—黑云母片麻岩;9—花岗岩、正长岩;10—粗玄岩;11—最富宝石的地区

苏姆扎姆伟晶岩中的蓝宝石比锂电气石(红电气石、绿电气石)结晶得晚，但同阳起石－透闪石岩是同时结晶的。蓝宝石的形成同气成热液与伟晶岩发生反应从而交代了长石有关。这种气成热液的积极活动表现在灰岩与伟晶岩的接触带上形成了很厚的双交代阳起石－透闪石带上。

8.3.6　超基性岩的云母云英岩

云母(黑云母或金云母)云英岩是产在超基性岩中的刚玉斜长岩脉的组成部分。这些岩脉是美国、南非、坦桑尼亚和印度磨料刚玉的重要来源。在矿床中有时可见到各种饰用的刚玉，例如在美国北卡罗来纳州麦空县的"刚玉山"和库尔萨吉矿山中。巨大的含刚玉岩脉产在纯橄岩中，且具有带状结构。它的核部为斜长石，往外是含刚玉和尖晶石的云母(黑云母、金云母或蛭石)带，再往外是阳起石－绿泥石带和滑石带。

云母岩带中的贵刚玉呈稀疏的小颗晶体出现，或在普通刚玉的大晶体上组成透明的"地段"。小晶体的颜色是分带的：有两色的：粉红和红色的，也有三色的：蓝、黄和绿色的。由于晶体不大，所以加工后的宝石重量不超过 1 克拉。

据 L·伊尔(1961)的资料，类似的含红宝石和蓝宝石的矿脉也见于印度泰米尔纳德邦和迈索尔邦。不久前，在坦桑尼亚的云母云英岩中发现了巨大的饰用刚玉堆集体，具有重要经济意义。目前坦桑尼亚的红宝石和蓝宝石原石的年产量达 29.5 万克拉。

在苏联极区乌拉尔拉伊兹超基性岩体的黑云母岩脉中发现了半透明的深红色红宝石堆集体(马卡尔－鲁兹矿点)。

坦桑尼亚：红宝石和蓝宝石矿床见于与肯尼亚交界处的翁巴河流域以及乌鲁古鲁山区离莫罗戈罗城约 50 公里处。这些矿床位于莫桑比克元古代褶皱区。该区内发育有乌查戈德群岩石：花岗片麻岩、麻粒岩、大理岩、片麻岩和结晶片岩(含蓝晶石、石榴石、普通角闪石、云母和石墨)。侵入岩以一些斜长岩大岩体和苏长岩及辉石岩小岩体为代表。属较晚期与褶皱作用同时形成的岩石有花岗岩及与其有关的混合岩。饰用刚玉矿床产在斜长石－辉石侵入杂岩中。

在翁巴河流域坦噶城西北 67 km 处的蛇纹岩中有三类岩脉：①含基性斜长石(拉长石－培长石)、蛭石和刚玉的奥长刚玉岩脉；②含天蓝色绿泥石、蓝宝石和红宝石的蛭石岩脉；③不含刚玉的绿泥石－蛭石岩脉。蛭石显然是由于原生金云母蚀变而形成的。

贵刚玉晶体可从风化的蛭石中手选出来。晶体为板状，平均直径 4 厘米。除了单一的红色、绿色、蓝色和黄色晶体外，还有五彩缤纷的宝石。

俄罗斯：马卡尔鲁兹红宝石矿点位于极区乌拉尔拉依兹早古生代超基性岩体的西南部。该岩体产在元古代变质岩系中，该岩系由角闪岩、炭质片岩、云母片岩和大理岩组成。在南部，该岩体沿构造断裂同辉长苏长岩小岩体相接。该区内还有花岗闪长岩和淡色花岗岩。

红宝石同产在纯橄岩中的厚约 6 m 的斜长岩带状结构岩脉有关。岩脉出露不好，附近有由岩脉风化后形成的坡积砂矿，该砂矿长约 370 m，宽 20~60 m。岩脉的核部由奥长石、中长石粗粒集合体组成，往外逐渐过渡为以黑云母为主的岩石。在同纯橄岩接触带上是阳起石带和滑石带。在过渡带和在黑云母岩石中有铬铁矿，有时占岩石体积的 10%。

红宝石晶体是斜长石－黑云母岩、黑云母岩和黑云母－阳起石岩中的斑晶。含量可达 5% 以上。在含大量斜长石的云母岩中，红宝石呈小颗(2~5 mm)透明晶体产出。在以云母为主的岩石中，红宝石晶体直径可达数厘米。红宝石中有大量裂隙，以及含铬铁矿、金云母和斜长石的包裹体。斜长石－黑云母岩中的红宝石晶体外面一般有一层钠长石－奥长石薄膜。晶体的横断面为六方形，呈板状和桶状。红宝石中有气－液态包裹体，温度 420℃ 时均一化为液相。

关于超基性岩中的刚玉斜长石岩和云母岩的成因问题是长期争论的问题。有人认为这些岩石是脱硅的花岗伟晶岩，是由于伟晶岩熔融体同超基性围岩相互反应而失去大量氧化硅的产物。这时熔融体中的氧化铝过剩，结晶成刚玉，而在接触带上形成含黑云母(金云母)、阳起石、绿泥石和滑石的反应"边"。另一些学者指出，比如说在没有伟晶岩存在时在同更老的沉积岩或火成岩接触带上的超基性岩中也有类似的反应带。他们认为刚玉斜长石岩是热液产物，并把活泼的气－液态溶液同超基性岩本身联系起来解释成因。

8.3.7　变质成岩型矿床

这种成因类型的矿床产在麻粒岩变质相和高级角闪岩变质相的结晶片岩和片麻岩中，红宝石，偶尔为蓝宝石，晶体不大，半透明。这类矿床一般没有实际价值，但在北美、斯里兰卡、马达加斯加、坦桑尼亚和芬兰能形成质量不高的饰用刚玉冲积砂矿。

研究得最充分的是美国北卡罗来纳州麦空县东北部的科维克里克矿床。那里，含金冲积物中有大量红宝石同红榴石伴生。红榴石是铁铝榴石和镁铝榴石成分的石榴石，是矿床附近的变质岩中的特征矿物。

在地质上，该区属于南阿巴拉契亚山脉及德蒙特区的中部带，那里广泛分布着角闪岩变质相硅线石亚相的前寒武纪结晶片岩和片麻岩、超基性岩以及较晚期的古生代花岗岩类岩石和许许多多含云母伟晶岩。该区有很厚的中生代风化壳。

含红宝石和红榴石的金砂矿沿科维克里克河谷延伸5公里。从1895年到1914年，曾用水力法对河流冲积物的富金地段开采过。

砂矿的含矿层由石英卵石、角闪石片麻岩和其他片麻岩卵石及砂泥质组成，其中除金、红宝石、红榴石外，还含浅蓝色和紫色不透明刚玉晶屑、铬铁矿、金红石、钛铁矿、古铜辉石、角闪石、堇青石、蓝晶石、十字石、硅线石和锆石。红宝石晶体不大，板状。据J·普拉特(1906)的资料，所提取出来的红宝石只有一小部分适于琢磨加工。大多数晶体上有裂隙并含金红石和钛铁矿包裹体。由无瑕疵的红宝石晶体琢磨出的宝石，重不超过1~2克拉，只有少数达3~4克拉。

学者认为，冲积物中的红宝石是"榴辉角闪岩"和角闪石片麻岩破坏后形成的，这些岩石出露于科维克里克河上游，并含星星点点的淡色红宝石半透明晶体。据E·海因里希(1950)的资料，在邻近科维克里克矿床的梅宗山坡上，有几个红榴石原生矿点，同紫苏片麻岩和角闪石-黑云母片麻岩有关。

8.3.8 砂矿

砂矿，残积砂矿，残-坡积砂矿，特别是冲积砂矿，是开采红宝石和蓝宝石的主要源地。这是因为含刚玉的岩石在风化、剥蚀和再沉积过程中受到天然淘洗富集。

许多砂矿同原生矿密切相关，并一一介绍了。下面介绍的是含红宝石灰岩风化后形成的特殊冲积-坡积砂矿，以及成因性质尚不完全清楚的一些贵刚玉冲积砂矿。

(1)岩溶洞里的残-坡积砂矿。

这种类型的残-坡积砂矿，以及纯残积砂矿或坡-冲积砂矿，是在由大理岩组成的岩溶化底岩上形成的。底岩上漏斗状的溶洞和形状不规则的凹坑中填充着含红宝石的碎屑-黏土物质。

这种类型的大砂矿见于缅甸抹谷矿区含红宝石矽卡岩化大理岩分布区。在大理岩残山之间的山谷平缓斜坡上，产有碎石-黏土沉积，有的地方为砾石-黏土沉积，厚1.5~2米到15~25米。这一层中除红宝石外还有蓝宝石、贵尖晶石和石榴石。

晶质灰岩中的很宽的裂隙和溶洞中充填着含红宝石晶体的残余黏土物质。黏土中除红宝石外还有尖晶石、紫水晶、粒硅镁石、磷灰石、普通辉石、石墨等矿物。

(2)冲积砂矿。

冲积砂矿是红宝石和蓝宝石的最重要来源。最大的冲积砂矿见于含矿的原生岩如印度支那和澳大利亚含蓝宝石的玄武岩及缅甸含红宝石镁质矽卡岩等风化壳大面积发育的地区。在这种情况下，砂矿源岩的成因类型和地质特点比较容易肯定。例如，1972年有报道说，澳大利亚新南威尔士州的蓝宝石冲积砂矿同厚达300 m左右的新生代玄武岩系的上部有关。含蓝宝石玄武岩的时代为上新世，而其下伏喷出岩的时代为中新—渐新世。砂矿位于现代河谷中，面积0.1 km²。蓝宝石晶体富集在底岩附近的砂砾质薄层和"矿囊"中，同锆石、金红石和镁铁尖晶石伴生。晶体形状为柱状或截锥状，大小为3~25 mm。已开采出来的晶体约有20%左右适于琢成宝石。宝石级晶体的平均重量为20~40克拉。

在许多情况下，冲积砂矿源岩的性质难以肯定或是有问题的。源岩性质不明的红宝石和蓝宝石冲积砂矿的典型代表位于斯里兰卡和美国蒙大拿州。

斯里兰卡：大量的宝石冲积砂矿集中在拉特纳普拉城地区，面积约2000 km²。其中重要的有彼尔马杜尔、拉克万、埃赫涅利雅戈德、巴甘戈德和库鲁维特砂矿。这里的砂矿是综合性的，产蓝宝石(包括星光蓝宝石)、金绿宝石(翠绿宝石和"猫眼石")、海蓝宝石、黄玉、彩色电气石、绿尖晶石(锡兰石)、石榴石和紫水晶。据A·韦尔斯(1956)估算，自拉特纳普拉地区的砂矿开采以来，各种宝石产量已达几百吨。蓝宝石砂矿也见于德迪阿加拉木卡兰、克兰尼甘和奴瓦拉艾里附近。据估计，红宝石、蓝宝石和其他宝石是从斯里兰卡中部隆起的山脉上冲下来的，那里分布着往往被伟晶岩切穿的强烈变质的结晶片岩和片麻岩。

砂矿的底岩是孔兹群岩石，典型的含蓝宝石砂矿剖面如下（自下而上）：

1) 底岩；

2) 含大卵石的砾石层，厚 0.5 m；

3) 含蓝宝石的不稳定砾石层，厚 0.6 m；

4) 具斜交层理的砂层，厚 0.8 m；

5) 含植物根的黑色砂层，厚 1.7 m。

砂矿中的蓝宝石一般同彩色普通刚玉、绿色尖晶石、锆石、电气石、黄玉、石榴石、绿柱石、董青石等宝石和半宝石伴生。除这些矿物外，还有钍石、独居石、褐钇铌矿、铌钇矿和钽铁矿。

蓝宝石源岩的成因类型不明。宝石砂矿是类似于在康提城附近遇到的含蓝宝石麻粒岩破坏后形成的。又有人说蓝宝石的原生矿是伟晶岩型的。但是，在莫塔拉城附近和在哈顿普莱纳平原上的伟晶岩脉（也是产在麻粒岩内）中发现的蓝宝石晶体，为柱状或板状，沿轴面和菱面裂理明显，而砂矿中产的晶体为尖锥状或桶状。

美国：蓝宝石冲积砂矿见于蒙大拿州罗克克里克、密苏里和德雷克顿伍德克里克河流域。唯一的红宝石砂矿位于北卡罗来纳州科维克里克河流域。

罗克克里克蓝宝石砂矿位于格拉尼特县菲利浦斯伯格城西南 26～32 km 处。该区分布着贝尔特群泥岩、新生代混合喷出岩、花岗岩和石英二长岩、凝灰岩和石英岩、砾岩。凝灰岩和砾岩系为阿纳康达加齐河谷所切割。含蓝宝石的砾石沉积物见于阿纳康达加齐河的宽谷中，在该河的主河谷中形成延伸很长的砂矿。含矿层平均厚度 1.5 m，沙普菲尔加齐砂矿的宽度在上游为 9～12 m，在下游 30～60 m，厚 2.4～3.0 m。

蓝宝石为浑圆形，呈深蓝和浅蓝色、蓝绿色、粉红色和黄色。有个别晶体颜色深浅不一，中心部分颜色深些。许多蓝宝石，特别是淡色的或无色的，颜色变幻，有星彩性，有些淡紫色的晶体含大量针状金红石包裹体（长 0.5 mm）。

德雷克顿伍德克里克砂矿位于迪尔洛什县巴塔城西北 19 km 处，其地质结构与上述砂矿相似。河谷型砾石砂矿延伸长 900 m，宽 60 m，含小颗浅色蓝宝石和石榴石。

蒙大拿州砂矿从本世纪初开采。关于蓝宝石开采量的报道互相矛盾。有资料说，1911 年在罗克克里克和德雷克顿伍德克里克砂矿共开采饰用蓝宝石 38.4 万克拉。

密苏里河流域的蓝宝石砂矿位于费利峡谷附近的希连城东北 19 km 处。该砂矿 1865 年被发现，本是一个大型含金阶地砂矿，其中的蓝宝石是副产品。含矿的砾石层高于密苏里河面 30 m，沿河谷延伸 25 公里。砾石层中除砂砾外，还有各种岩石的大漂砾和大岩块，直径达 1 m 以上。含矿层厚 9～12 m。砂矿的底岩为贝尔特群的泥岩。以埃尔多拉多浅滩的砂砾层的蓝宝石最富。

蓝宝石晶体为板状。晶体不大，原石重量 4～6 克拉。颜色较浅，有的几乎无色，部分呈浅蓝色，浅绿色，紫蓝色。偶尔可遇到颜色横向分带的宝石，即一端是蓝色，另一端是红色，中心是紫色。该砂矿的宝石质量不高，主要用作技术原料。

砂矿的源岩不明。S·E·克莱博（1952）认为其源岩是粗玄岩（?）岩墙，由拉长石微晶、磁铁矿和含普通辉石斑晶以及少量红榴石和浅绿色蓝宝石斑晶的火山玻璃组成。但是，这种岩墙很少见，所以 S·E·克莱博又倾向于认为其母岩为白垩纪玄武岩及凝灰岩。也有可能是麻粒岩相的变质岩被冲刷后石榴石和蓝宝石进入到砂矿中形成的。

9 珍珠——生命之光

人们用珍珠为饰品历史久远，我国战国时期齐国人孟尝君有食客三千，他给上客以穿珠履厚遇。楚国人到郑国贩卖珍珠装入精美匣中，郑国人买走了匣子，留下珍珠，故有"买木还珠"的典故。在左罗马、波斯、印度不仅佩戴在身上，还用珍珠点镶在床、楼椅家具及马具上。

在美洲印弟安人古墓考古中发现有珍珠；哥仑布达达南美洲时，从印弟安人茅屋里发现有珍珠。

总之全球各地各民族，认识与开采利用珍珠，经历了诸多变迁，取得喜人成就。

9.1 珍珠生成与形状色彩

9.1.1 珍珠的生成

珍珠源于水中的几种软体动物体内。在淡水，珍珠主要源于河蚌类属的蝶贝(Mussel)、大蛤(Clam)。在海水，珍珠主要源于几种珠母贝(Pinctada)属的珠牡蛎(Pinctada Maxima)、珠牡虾(Pinctada Martensli)。这些软体动物函封于两瓣凸起不等的壳内，一瓣明显凸起，一瓣略平。两瓣壳靠强力筋、闭壳筋控制闭合。多分布于热带、亚热带浅水海域，于海底岩石或珊瑚礁上，生活在海水低潮线以下。

这些软体动物体内怎么会有珍珠呢？人类经历了漫长的认识过程。到16世纪中叶，有人认为珍珠是软体动物的"胆结石"。过了半世纪，有人从这些软体动物贝壳的内壁及珍珠的表面看到了共同点，想到珍珠是软体动物分泌的珍珠流质凝结成的。这个认识已比较接近真实。到17世纪后半叶，有位科学家认为是落入软体动物体内的小砂粒促成的。不久，另一研究家认为是软体动物排泄出的卵演化而成，这个认识就远离真实了。直到20世纪初，科学家从软体动物皮膜层、贝壳内层及珍珠的结构，才弄清了珍珠是怎样产生的：当能分泌珍珠质的软体动物的皮膜层，或因某种微生物，或因某种外来异物侵入，受到刺激，造成一个压痕，伴随皮膜层细胞的增加，分泌出贝壳底质材料，组成微妙的细胞隔膜网络，于是分泌出文石晶体、方解石晶体，珍珠质就分布其上。如此，网络、晶体、珍珠质层层覆盖，逐步形成珍珠。所以，我国珠宝专业人员称珍珠为"千层皮"。从生物学角度看，珍珠实际上是这些软体动物病态的副产物。

珍珠形成的速度，取决于软体动物的大小和该软体动物生活水域的水温高低。个体大、水温高的，珍珠形成得快，反之，就慢。如在水温偏低的日本海在较小的珠牡蛎中，珍珠每年约增厚 1.5 mm，而在近赤道的暖水中，同样大小的珠牡蛎，其成珠速度约为日本海的 10 倍。

9.1.2 珍珠的结构

珍珠结构很有规律。若是圆形的，实际上是由一个比一个大的、许许多多极薄的同心圆珠层相叠而成；若是其他形状的，也是围绕其珠心逐层相叠而成。将珍珠剖成相等的两半，在高倍放大镜下，可清晰看到其同心的层叠结构。珍珠愈大，其层次愈多。每一层次都是由隔膜网络、方解石菱柱构成的不规则小板片、文石菱柱形晶体、珍珠质组成。

珍珠质含量的高低及珍珠层次的多少，决定了珍珠的质量。珍珠质的含量高，珍珠层次多，珍珠的质量就高。不含珍珠质的球体不是珍珠，如生在鲍鱼(即介贝 Shell－fish)体内的珠，就缺少上述精致结构的珍珠层、缺少珍珠质。又如生在大贝壳(Strombus gigas)中的珠，其质地像擦亮的珊瑚、瓷器，尽管其色彩是鲜艳的粉红色，但不是珍珠。

珍珠的表层结构，由目视观察，见到的是十分均匀平滑的；若置于高倍放大镜下观察，则可见到沉积于表层的半透明的文石晶体及方解石晶体组成的板片是相互叠置的、不规则排列的。正因为层面的不规则，才导致珍珠具有绕射性。光线照到珠面就被绕射成虹彩，使珠光灿烂。板片间隙愈密集，珍珠的光泽愈柔美。

当代的珍珠研究家，对珍珠进行酸处理，使其完全脱矿质化，在高倍显微镜下观察，就能十分清晰地看到上述的珠层结构，其角质细胞组成的隔膜网络形状是不规则的。

9.1.3 珍珠的形状

最常见的珍珠形状为近似圆形的，其实珍珠的形状多样。形状对珍珠的价值影响甚大。

(1)最佳形状为圆形珠(我国珠宝专业人员习惯上称其为"精圆"珠)，其形状为圆形，愈圆愈珍贵。

（2）次佳形状包括：

梨形珠，其形体似梨，整体圆滑，惟一端浑圆，另一端略浑然突出。

蛋形珠，其形体酷似蛋，两端均为浑圆，而一端大，另一端略小。

泪滴形珠，（我国珠宝专业人员习惯上称其为"奶滴"、"牛奶坠"、"坠形"、"茄坠"。这实际上是把国际上认定为"梨形"、"蛋形"、"泪滴形"的都划入"奶滴"了。）其形体似下坠的泪滴，一端浑圆，另一端明显尖出。

（其实，我国珠宝专业人员认定为"茄坠"的，应明显区别于"奶滴"。因"茄坠"尖出的一端较长，较粗；从整体看，像只茄子，不像下坠的"奶滴"）

扣形珠：（我国珠宝专业人员习惯上称其为"馒圆"、"合馒圆"。）其形体似扣，上端呈圆弧状，下端近似扁平，珠"腰"为圆或近似圆。

（其实，我国珠宝专业人员对这一形体分类是较细的："馒圆"是指上端呈圆弧状，下端近似扁平的；"合馒圆"是指上端呈圆弧状，下端也是圆弧状的，只不过是上端的弧度大过下端的。）

"草籽湖"，指珠"腰"有一明显凹进的"腰线"的珠。

（"腰线"亦称"腰裙"。这是我国珠宝专业人员对我国淡水湖泊出产的这种形体珠的独特称法。"美人湖"珠光浑浊，无润泽感。而色铅灰、光泽污暗、层皮少的湖珠，又称为"草籽湖"珠。实际上把同有"腰线"的珠又分为两种，这是分类不严谨造成的。）

（3）不佳形状，包括：

六分珠，其形体似圆形的三分之二，一端浑圆，另一端为扁平切面。

半珠，其形体似圆球的一半，一端半圆，另一端平面。

子珠，粒小。其形体近似圆形。

毫珠，（亦即"尘珠"）粒更小。其形体近似圆形。

随形珠，国际上通常称其为"怪相珠"，我国珠宝专业人员对形体难以名状的珍珠的习惯称法，其形体难以准确描述。

贝附珠，我国珠宝专业人员称其为"蚌壳"、"蚌顶"

此种珠黏结于软体动物贝壳的内壁上，采集时，将其从贝壳上撬下，故称其"贝附"、"蚌壳"、"蚌顶"。其形体一端浑圆，另一端总是扁平的。此类珠与"六分珠"、"半珠"明显不同，因其珠内常含黏土，所带水分也多，所以可明显看出表层特别润泽，表层下有污泥的黑斑。

上述三大类（"最佳"、"次佳"、"不佳"）中，不佳形状的显然难以用于饰物，仅"子珠"可勉强搭配于饰物，起到烘托"主体"珍珠的作用。无法用于饰物的珠，多派作药用，将其研磨成珍珠粉。

珍珠粉，作为中成药，在我国颇受器重。据药书记载，它内服，可镇心、压惊、坠痰、生肌、泽面；外用，可治疮疡、润皮肤。

珍珠除上述常见形状外，尚有下述的一些不常见的形状：

桶形珠，其形体似木桶，两端多不浑圆，一端略大，一端略小。珠表层有凹凸。

李形珠，其形体像由两粒"六分"珠粘接在一起，往往珠的两端不一样大。

纺锤形珠，我国珠宝专业人员称其"扁形"珠，其形体似古代纺锤的底座，较扁，珠腰又并非圆形。

翼形珠，我国珠宝专业人员习惯称其为"马牙"，其形体似蛟或蜻蜓的翼，扁而长，一端略大，一端略小。

瑰形珠，其形体似乍开的玫瑰。

羽形珠，其形体似一小撮粘连着的羽绒。

草莓形珠，其形体似一小粒成熟的草莓。珠表层呈草莓表皮那样的颗粒突起状。

犬牙形珠，其形体似颗犬牙，"牙尖"部分的表层少凹凸，"牙根"部分的表层呈杂乱隆起状。

这些形体独特的珍珠，一般说来也无法用于饰物。若珠宝专业人员具有较高的艺术素养，潜心挑拣，巧妙匹配，恰当镶装，往往会获得意外的极佳效果，使本属等外品的怪珠变为具有艺术价值的珍品，使废珠身价大增。如：将两颗形体及大小相似的瑰形珠，巧妙地镶装在两枚订婚戒指上，会使一对追求独特情趣的恋人欣喜若狂，视为珍宝。

此外尚有一种人工加意养殖的"艺术形体"珍珠。养殖者用石质材料、珠贝内壁（即"螺甸"）、细密木料、金属材料，刻制成弥勒佛、红孩儿等艺术形体，殖入软体动物的皮膜层。这些"艺术形体"成了珠核，于是方解石晶体、文石晶体、珍珠质逐层攀附其上。若干年后取出,就成了艺术形体的珍珠。此类"珠"的形体线条多浑圆而简单,因为形体过于精微的珠核,一旦"长"成珍珠,也被覆盖、模糊。此类珠,形体完美,传神者极少,往往无法掩饰其"俗气"。

9.1.4 珍珠的色彩

珍珠白色者居多,所以非珠宝专业人员多误以为珍珠均为白色,其实珍珠是多种色彩的。

我国珠宝专业人员原先对珍珠色彩的分类较粗略:最佳的:白色、粉红色;次佳的:乳白色中微带黄色;不佳的:白色泛青或泛灰黑,黄色。

在提法上,把白色而带微黄的称为"新光";把白色而显著带黄色的称为"次新";把黄色珍珠称为"老光"。此外,把红、紫、墨黑等称为"特色",把古铜色且闪五彩光的称"鲍鱼珠"。

当然,这种粗略的分类、表述,无法准确体现珍珠的色彩。

珍珠的色彩是由"体色"(或称"底色")、"伴色"组成。"伴色"重叠于"体色"之上。

在柔和慢射的光线下观察,很容易看清珍珠的"体色"。当光源适当增强时,珍珠的"伴色"就在珠表面的反光中显示出来。当不仔细观察时,人们看到的是"伴色"叠于"体色"之上所显现出的色彩(通常称之为"表色")。

珍珠的色彩可分为四大类:

(1)淡色:其体色为白、粉红、奶油

1)白色:珍珠的体色为白色或近似白色,仅伴以极轻微的体色色影。再仔细辨别时,可隐约看到粉红、浅灰或浅蓝的极淡的色调。

2)粉红色:珍珠的体色为粉红色,在无伴色的情况下,显现出十分动人的粉红色彩。

3)粉红玫瑰色:珍珠的体色为粉红色,其伴色为玫瑰色。两色重叠,因而往往伴生蓝或绿的表色。其浓淡是由体色及伴色的深浅决定的。

4)白色玫瑰:珍珠的体色为白色或近似白色,其伴色为玫瑰色,显现出白色玫瑰色的表色。

5)奶油色:珍珠的体色为奶油色,在无伴色情况下,由于珍珠产地不同,其奶油色有浓淡区别:浓奶油色(近似中黄褐色);中奶油色(近似浅黄褐色);浅奶油色(近似极淡黄褐色)。

6)奶油玫瑰色:珍珠的体色为奶油色,其伴色为玫瑰色。由于体色与伴色的浓淡不一,两者重叠时,便显现出浓淡不一的奶油玫瑰色。奶油玫瑰色珍珠比奶油色珍珠华贵。

7)花色:珍珠的体色为奶油色,其伴色为玫瑰色,其第二伴色为绿色或蓝色。总之,此类珍珠体色加伴色共有三种色。由于其体色多为暗奶油色,叠上玫瑰色、蓝色,便呈微紫表色。

(2)彩色

彩色是与淡色相对而言。淡色有色,彩色比淡色浓。

彩色珍珠的显著特征是具有明显的体色,通常是绿、黄、蓝、灰、紫的淡色或中间色。其中,有些珍珠,同一珠体有浓淡不一的两种体色,称为"二色珍珠"。

(3)黑色

这里说的黑色,不仅包括真正黑色珍珠,而且包括暗灰色珍珠、暗蓝色珍珠、紫色珍珠、暗绿色珍珠,以及虽为淡色却带有显著金属伴色的珍珠。

黑色珍珠,以黑体色和绿金属伴色者为最佳。浓厚而均匀的黑色是上等黑色珍珠必具的条件。

(4)珠光

珍珠之所以华贵,主要因其有动人而灿烂的珠光。珠光系由沉积于珠层网络上的极微小的文石晶体和珍珠质,使投射于珠面的光线发生绕射所致。凡能体现出虹彩和灿烂珠光的珍珠,沉积于网络上的微小晶体和珍珠质必须有相当多的层次。巨珠之所以能辉煌灿烂,道理也正在这里。

由于风俗习惯不同,文化鉴赏能力各异,每个产地珍珠色彩差别悬殊,形成了各国人民对珠色各有偏爱。如玫瑰色在西欧、北欧的法国、瑞士、瑞典、德国、英国等国备受青睐。白色在美国受欢迎;白色玫瑰色在加拿大、德国、新加坡受钟爱;黄色视为珠色的末等,而在南美洲的巴西却尊为上乘色彩,"人见人爱"。我国则有人老珠黄之说。

9.1.5　珍珠的产地

当今世界最大的海水珍珠产地在波斯湾。沿岸多浅水海域，水深约在 8 m 至 16 m 之间。这样的浅水区十分宽阔，有的从海岸往外延伸可达 90 km。这些海域普遍出产海水珍珠，最集中的产地当数巴林岛北面海域。波斯湾珍珠多为天然珍珠，在约 40 只珠牡蛎中有一只含珠的。波斯湾珍珠，由阿拉伯商人收购，销往印度的孟买。在孟买珍珠的集散地进行初步加工。其中低等级的约占总量的 10%，被销往东方国家；中等品级及精品的约占总量的 90%，进入巴黎珍珠市场，部分再转入北美市场。

在斯里兰卡与印度之间的保克海峡，在北纬 8°~10° 之间的两岸浅水海域；澳大利亚北部沿海，在南纬 10°~15° 之间海域。这两地水温较高，成珠较快。

西亚的红海沿岸海域；日本的本州、四国的东海岸；泰国；墨西哥、巴拿马；加勒比海诸岛沿岸海域及委内瑞纳沿岸海域，亦是珍珠的良好产地。

我国最著名的海水珍珠产地是广西的合浦县。从汉代开始采集，至今已有 1700 多年历史。最盛时期为明代，据记载，弘治十二年，即公元 1499 年，合浦珍珠的年产量为 28000 两。雷州半岛及海南岛也出产珍珠。

当今世界最著名的海水人工养殖珍珠的产地是日本。

至于淡水珍珠，最著名的产地在美国密西西比河的三角洲。其次为苏格兰的南部，印度群岛的珠蛤养殖地及所有温带地区的河川、湖泊。我国几个大淡水湖都出产天然淡水珍珠，最著名的当数浙江吴兴（古称"湖州"），故当地所产的珍珠，称为"湖珠"。

淡水人工养殖珍珠发展较快。我国北起鸭绿江、松花江，南至南方各省的河网、湖泊均有淡水珍珠养殖业。

浙江诸暨山下湖和江苏苏州渭塘已形成生产与贸易两大基地。产量达数百吨。中国淡水养殖珍珠产量占世界总量的 95%。

9.1.6　珍珠的特性

珍珠的成分（近似值）：$CaCO_3$（文石、方解石）占 91.6%；H_2O（水）占 4%；有机物（即珍珠质的有关成分）占 4%；损失占 0.4%。

结晶特性：文石为细小正菱形晶体；方解石为菱柱形晶体；珍珠质、粘胶材料是非结晶体。

硬度：2.5~4（摩氏标准）。

韧性：通常情况下，珍珠韧性较好，但随加工、保存的条件不同，而产生较大变化。如珠龄小，脱水不当，漂白过度，机械抓伤，都严重影响珍珠表层的韧性，乃至于破裂。

比重：东方海水珍珠，比重为 2.66~2.76 g/cm³；

澳洲珍珠，比重为 2.78 g/cm³；

墨西哥珍珠，比重为 2.61~2.69 g/cm³；

淡水珍珠，比重为 2.66~2.78 g/cm³；

次等珍珠，比重均较轻，低于 2.60 g/cm³；

淡水的蛤珠，比重近乎 2.85 g/cm³。

透明度：不透明。优质珠在柔和光线下，呈半透明玉的状态。

光辉：不同品级的珍珠，其光泽也不同：劣质珠，晦暗，即"呆光"；优质珠，绕射出类似金属光泽的灿烂珠光。

（光辉是由珍珠层数的多少，结晶体及珍珠质品质的高低决定的。）

折射率：珍珠为曲面，其折射率由择点测验。折射率为 1.53~1.59；

双折射：为 0.156。

荧光：海水珍珠，荧光较弱（而澳大利亚北部海域的纯白海水珍珠为例外，它具有较强荧光）。

淡水珍珠，凡天然的，均有中度至强烈的黄白色荧光。

影响：珍珠怕热，尤其怕高热。当珍珠接近明火，可致使珍珠燃烧，变成焦褐色，珠体开裂甚至爆裂；当珍珠长时间放置于中热处，也会招致珍珠逐步脱水，乃至于开裂。

珍珠怕酸。珍珠与酸会起化学变化，哪怕是酸性很弱的液体，在长期浸渍中也会明显损害珍珠。如易为妇女忽略的自身的带酸性的汗水及带酸性的香水，都将使珍珠逐渐失去光泽，变得晦暗；严重的，珍珠表面皴起，失去润滑，珍珠就失去装饰作用。

9.1.7 天然珍珠与人工养殖珍珠

天然珍珠又称"真珠",系指软体动物在生长中自然形成的珍珠。研究表明,具有分泌珍珠质特性的淡水蚌属及海水珠母贝属软体动物,其皮膜层受到某种刺激,造成一种压痕,于是皮膜层细胞增殖,围绕这一压痕分泌出角质网络、文石及方解石晶体、珍珠质,逐层加厚而形成"真珠"。

人工养殖珍珠又称"养珠",系依据该软体动物的生长规律和成珠原理,用人工殖入"珠核"的办法,诱导软体动物围绕"珠核"这个刺激点分泌微小晶体和珍珠质,从而成珠。"养珠"的突出特征在于它有"珠核"。

早在13世纪,我国就开始人工养殖珍珠。起初用泥片或珠贝磨制的珠核刺激成珠。养成的是贝附珍珠,即粘连于珍珠贝内壁的珍珠。采集时用竹舌片撬开珠贝刮取。后来也殖入手状小骨、铅质佛像,殖成"艺术形体"的贝附珠。

人工养殖珍珠的技术,直到本世纪初,日本人逐步完善。1907年申请专利,1916年获得承认。这时养殖的已不是贝附珠,而是全珠。这是人工养殖珍珠在技术上的重大进步。领导者为御木本,被誉为日本珍珠之王。

1890年,东京大学的教授教导御木本培殖养珠知识。御木本回家后,他将全部积蓄花在养珠场的研究上,劳心劳力地尝试多年。1893年11月11日,是他们最兴奋的日子,因为他太太发现一颗漂亮的半圆养珠在他插入的蠔体中形成。御木本立刻申请注册专利权。1896年,他终于拿到培殖半圆珠的专利权,便将珠场移去Tatokujima岛。更努力地研究培殖圆形珠的方法。在同一时期,另外两个人也在这方面作出研究:Tatsuhei Mise是一位木匠,Tokichi Nishikawa是一位动物学家,在日本渔业局做渔业技工。1904年,Mise成功地培殖出一颗圆形黄珠。他在1907年初申请专利权,但被拒绝,原因是御木本已经得到半圆珠培殖方法的专利。同年10月,Nishikawa申请圆珠培殖方法的专利,9年后被批准,但那时他已去世7年了!虽然Nishi-kawa的申请比Mise迟了几个月,但Mise的专利被审定为侵越Nishikawa的。所以Nishikawa应该是发明圆形养珠培殖方法的创始人。御木本是Nishikawa的继父,但与他不和。Nishikawa死后,御木本与他的儿子安排,采用他发明的圆形珍珠培殖方法,继续发扬养珠行业。

在19世纪,当圆形养珠面世时,人们认为它是假的东西,只是一种模仿品。1921年,在巴黎及伦敦都有诉讼,意图防止御木本再出售他的养珠。御木本反而控告售真模仿珠的人用[养珠]这个名称去出售他们的假珠子,最后御木本得胜。他花了颇多时间到各地传播关于养珠的知识和资料,纠正人们对养珠的歧视与误解。养珠业有今日的地位,他功不可没。

御木本于1954年去世,享年96。据称他的长寿秘诀是每天都吃一颗珍珠,信不信由你!

9.2 湛江南珠养殖基地

中国南珠最重要的养殖基地在国内有广东湛江、广西北海、以及海南陵水。而这里所要介绍的湛江,即是中国南珠如今最为重要的养殖基地。可以说湛江养殖珍珠业的现状也最大程度地显示了中国南珠的现状。

中国南珠2012年的产量做了基本调查,通过走访各地养殖户和约谈各位中国南珠行业人士,大概得出了一些非官方的数据:湛江徐闻的南珠产量大约为3000 kg,湛江流沙的南珠产量大约为600 kg,广西北海的南珠产量大约为200 kg,海南陵水的南珠产量大约为200 kg,在海南陵水,珍珠养殖海域受当地网箱养鱼和海南省下一步将要把黎安港开发成旅游城而要征用珍珠养殖区域的计划的影响使南珠产量持续下滑。这样,2012年全国海水珍珠总产量大约只有4000公斤,比2011年又减少了近50%,作为"中国南珠"这个珠宝类别的著名品类,以前的产量是按吨计算,现在只能按公斤算,目前的年产量可谓是少之又少。而且从数据上可以看出,广西、海南的南珠养殖规模已经非常小,广西"珠还合浦"的典故也许将真正成了历史,只有湛江成为了中国南珠最重要的生产基地。

9.2.1 湛江南珠养殖业

看到2012年的中国南珠产量,我们一定会质疑中国南珠在产量这么少的情况下以后会怎样发展,兴盛一时的中国南珠会不会资源枯竭?再或者会不会因为南珠产量减少了,市场供不应求,变得物以稀为贵?这样是不是又可以加强养殖户的信心,加大养殖规模,形成良性循环,再创中国南珠的辉煌?在蔡文江看来,中国南珠肯定不会枯竭。因为中国南珠逐渐兴盛的迹象已经开始呈现出来了。

首先,中国南珠养殖时间延长,开珠收获的时间相对延后。

2012年开始养的南珠是在2013年春节前两周开贝取珠的,这是近五年来第一次推迟到春节前开珠,往年都是参加完香港9月珠宝展就急着回湛江看南珠的收成和开珠的情况。今年这样的开珠时间,可以让含有珍珠的马氏珠母贝在低温的海水里多磨练几个月，出来的珍珠自然就会珠层更厚，密度更好，光泽更亮，整体质量都会比往年好得多。而 2012 年龙之珍珠养殖的中国南珠，截至 2013 年 3 月还没开珠，为的就是要生产出可以和日本 Akoya 媲美的中国南珠。

其次，中国南珠的质量提高了，市场价格也提升了。

湛江养殖的中国南珠前几年最便宜的时候卖过 5、6 千元/公斤，现在统珠的价格都已经飙升至 1 万元/公斤。特别是近两年价格有了大幅度的回升，看来中国南珠在国内、外市场里已经有供不应求的情况。但即使是现在的市场价格，对于养殖户来说，相对于较高的养殖成本，他们的利润还是很低。只有养殖户的利润提高了，他们的生产信心提高了，市场上才会有更多高质量的中国南珠。希望未来几年中国南珠的统珠价格可以达到 2 万元/公斤，这样才算是合理的市场价，因为在十几年前，中国南珠就曾经卖到过这个价格。

第三，养殖海域恢复良好，养殖密度有了进一步改善。

由于养殖户之前粗放型、密集型的养殖方式，曾经很多养殖海区都已经老化，影响了中国南珠的养殖质量。现在海区恢复良好，有些养殖户还新开辟了养殖海区，养殖密度也开始逐渐科学合理，这为来年能生产出更好、更优质的中国南珠创造了不可或缺的条件。

另外，国家各级政府的海洋和农业部门都有专项资金持续扶持中国南珠的发展，湛江也发挥了当地广东海洋大学的科研优势，只要政府的支持能真正落实到珍珠产业上，我们的科研机构真正做到科技进步转换成生产力，中国南珠就能发展得更好更快。

9.2.2 中国南珠的市场

在四、五年前，中国南珠大多数是面向出口，主要的市场是美国、日本、韩国和欧洲，近几年由于国际经济形势不景气，中国南珠的市场则更多转回国内，主要分布在北京、上海、北海、海南和湛江，国内积极的市场需求在逐步补充国外市场萎缩的缺口。现在看来，中国南珠正在走一个轮回，曾经历辉煌，曾经历低谷，如今又开始复苏，希望再次走向辉煌。而牵引这个轮回的主要就是市场。

中国南珠的批发市场主要集中在香港每年 3、6、9 月的国际珠宝展上，基本上每家珍珠加工厂的生产规划和产品的准备都是为了香港每年这三次的国际珠宝展，全世界的南珠买家也都把自己的采购计划定在这三个时间段，香港成为了名副其实的集散地。其余的都是比较零散地分布在国内各个加工厂家或不同的珠宝批发市场里，目前国内还没有专业的中国南珠批发市场，而从它的产量和市场占有率情况来看，还不能形成专门的市场。从目前的市场来看，中国南珠高品质和低品质两个极端的产品一直是供不应求，近两年中档的产品也开始畅销，批发价每条 50～100 美元的南珠项链比较受国外客户欢迎。

中国南珠在零售市场里依然显现"珠宝皇后"的贵气，由于成本比较高，一般都是在大型商场的品牌店里销售，主要市场在北京、上海、广州、成都、湛江、北海和海南，特别是湛江、北海和海南，作为中国南珠的原产地和旅游目的地，已经形成浓厚的消费珍珠的氛围，甚至成了送给来宾最体面的地方特产。

国内的需求日渐加大，珍珠市场的良性发展对中国南珠再创辉煌增添了信心，但良性发展的市场需要有优秀的品牌做支撑，中国南珠业里目前还缺少像日本"MIKIMOTO 御木本"和"Tashaki 田崎"这样优秀的珍珠品牌，哪怕是在日本养殖珍珠最低谷的时候，依然有这些优秀的珍珠品牌支撑着他们的珍珠行业形象，规范着他们珍珠行业的标准，引导着珍珠市场健康发展。

9.3 中国珍珠之都：山下湖

浙江诸暨山下湖镇，是全国最大的淡水珍珠养殖、加工、交易基地，拥有全国最大的珍珠专业市场和全国唯一的省级珍珠产业加工园区，被国务院发展研究中心命名为"中国珍珠之都"。据浙江省珍珠行业协会统计，目前诸暨淡水珍珠养殖面积达到 38 万亩，珍珠占全国淡水珍珠总产量的 80%，全世界的 73%，全市从事珍珠养殖、加工及批发、零售的大小企业作坊达 2381 家，已经形成年产值 65.77 亿元的产业经济。这样庞大、系统的产业已然成为全球珍珠业瞩目的焦点。随处可见一流的珍珠产业园以及橱窗中、店铺内陈列的各色珍珠，当地官员说："珍珠的未来就是山下湖的未来。珍珠产业在山下湖有着特殊的地位，山下湖的整体经济要增强，一定要围绕珍珠来发展相关的产业。而且山下湖的人文文化也是与珍珠文化紧密结合在一起的，作为西施故里，西施的美丽文化与珍珠的优雅不谋而合，珍珠不仅仅是山下湖的经济命脉，更饱含山下湖人的人文风采。"

据介绍：每年夏季为珍珠销售的淡季，到了每年 10、11 月是大规模集中开蚌时节，直至第二年的春天都是淡水珍珠批发销售的旺季。除了年初和年中参加的几个珠宝展之外，在珠宝城中的生意大多靠全国各地的老客户维系。在这个市场瞬息万变、风起云涌的时代让有着近50多年养殖经营的诸暨预感到了市场正在悄然发生的变化。以前的那种大批量、低品质的思路已经挣不到太多钱了。现在更应该注重品质和特色，只有不断顺应市场发展，找到立足点顺势而为才能有所发展。

9.3.1 理清现状

淡水珍珠的产量是与养殖户珠农的经济利益息息相关的。首先，淡水珍珠的养殖成本连年递增。养殖成本包括租赁水域成本、人工成本、育苗、插蚌、防病成本以及时间成本。其次，近几年淡水珍珠的收购价格由于受到经济环境的影响而上下波动幅度较大。大量投入后的收益往往存在很多不确定性，很大程度上也增加了养殖的风险性。

据山下湖珍珠集团的相关人士介绍，在湖南湖北，之前一亩养殖河蚌的水域租赁费约为200～300元，现在大约为500多元一亩，在山下湖，品质好的河塘的租赁费用已经达到约1000元一亩。地方政府由于淡水珍珠养殖对水域自然生态环境产生影响，投放饵料、药物等使养殖后的水域很难恢复到之前的状态，所以逐步限制养殖及禁止养殖。人工成本现在无论是在经营环节还是在养殖环节都增长明显，之前每月1000多元的员工工资，如今都要涨到每月3000多元。更令养殖户头疼的是，珍珠养殖需要前期投入大量的资金成本，但是需要五年后才能有所收益。大量、长时间的资金投入使很多中小养殖户望而却步。在如今市场前景不乐观的前提下，承担过多的银行贷款也无形中增加了养殖风险。另外，淡水珍珠养殖从出现到现在约有40多年的时间，很多技术好的老工人年纪慢慢变大，而年轻人又很少愿意吃苦去做珍珠养殖，在珍珠养殖技术工人方面存在新老交替衔接不上的情况。九蝶珠宝董事长介绍，淡水珍珠河蚌养殖插核时大约在盛夏，酷暑炎热，而收蚌时的时节大多又在严冬。工作条件非常艰苦。年轻人很少有人愿意从事这项工作，所以好的养殖工人现在也比较难找。

淡水珍珠的产量是与珠宝发展大趋势息息相关的。珠宝之所以称之为珠宝，必定需要具备珠宝"美"及"稀有"的要素。每年以千吨计的产量使大批的低端珍珠流向饰品市场。宝石级珍珠的出产比例约占总出产量的2%。所以导致产量大的同时，淡水珍珠的产值比较低，相对利润也会比较低。在20世纪90年代至2000年左右，从诸暨销往义乌等地的低档珍珠每条利润只有几毛钱。但即使是这样，众多珍珠商户还争相争抢订单。

这种低档珍珠充斥市场的"箩筐经济"不会长久。珍珠养殖也必将走向高品质、重质量。浙江淡水珍珠近几年的产量正以每年约1/3的比例减少，去年的淡水珍珠的总产量约有1000 t，而今年大约预计只有800 t左右。几年前河蚌的数量大约有几亿只，而今大约只有4000万只河蚌可以收获。

在中小养殖户纷纷缩水，大的珍珠企业在控制产量的同时，则更加注重养殖的生态化，天使之泪珍珠的养殖场均采用生态化养殖，一片河塘在五年的养殖周期结束后会有2年的休养期。这样可以防止连续养殖使河塘的生态平衡受到很大的影响，这也无形中减少了珍珠养殖的规模。大公司在平衡珍珠养殖产量的同时，对珍珠养殖品质的高追求也是淡水珍珠今后产量减少的一大因素。

无论从投放养殖的规模，还是经营户今后的经营理念，都明显地转变。随之而来的，低密度、平衡生态、重品质的思路逐渐成为养殖户的主流。

9.3.2 品牌化经营

山下湖的珍珠产业自诞生以来，就一直处在供求关系失衡、产品竞相压价的怪圈中。曾经有人把这一切都归结为没有品牌，因为没有品牌而导致产品的低附加值，因为没有品牌而导致市场地位低下。其实这完全不能把责任划归在"品牌"上，谈品牌，先要谈品质。而在珍珠的品质方面，国内著名珍珠品牌阮仕珍珠最有发言权。

在不断的发展过程中，阮仕珍珠敏锐地意识到，问题的本质并不止此。这实际上是一种因产能扩张而导致的产品过剩。试想，当在街边小摊都能买到珍珠，珍珠还能在大众心中享有珠宝的尊贵吗？要还"珠"尊贵，必要放弃单纯依靠产量扩张的发展模式，转向提高产品质量的模式。于是，早在2000年，阮仕就坚定信念，退出中低档产品竞争，调整产业链，专攻高端路线。珍珠要从农副产品向珠宝转型，真正的距离不仅仅在于品牌，更在于品质。提升品质是提升产业档次的唯一出路。"珍珠以大为贵、以亮增值，只有走高端路线，才能演绎其尊贵奢华的本色。"产品要高端，原材料就要"高品质"。2000年，一条通过产业升级而让农副产品脱胎成珠宝的路径，该公司投入巨资以科技创新优化产能结构，开发"高亮泽硕核珍珠"，实现原材料的精品化培育，让珍珠亮起来。还引进日本设备，成立珍珠科研中心来开发珍珠漂白增光技术。一年之后，固液双相吸附氧化漂白增光和染色工艺技术宣告攻克。一举提升了中国珍珠在世界珍珠中的地位。

2006 年，山下湖珍珠市场阮仕以 20 万美金的价格卖出了一串珍珠。这是高科技的产物，是走高端路线缔结的硕果。

2013 年 3 月，第一夫人彭丽媛出访时所佩戴的耳钉配饰以及赠送给坦桑尼亚总统夫人的一套珍珠首饰出自浙江品牌——阮仕珍珠，顿时引起众人的追捧和簇拥，阮仕因而收获不少美誉和赞扬，更是让这个国内最知名的高端珍珠品牌坚定了他们坚持品质、坚持走高端珍珠路线的战略方向。

在提高珍珠质量这方面，山下湖的另一领军品牌佳丽公司也是下足了力气。一种新型的淡水珍珠养殖技术成为了淡水珍珠最瞩目的科研发明之一，并成为山下湖珍珠产业重大事件。在佳丽公司二层的车间内，记者看到分选工人正在分选大颗粒珍珠，这种有核淡水养殖珍珠具有颗粒大、正圆率高、光泽亮丽、色彩丰富等特点。深紫色、古铜色、紫罗兰色等具有特别金属晕彩的颜色品种，其品质完全可以与国外顶级海水珍珠相媲美。在分选车间，珍珠平均直径均达到 12 毫米以上，最大的竟然达到 20 毫米，让人惊叹不已。"我们的养殖方式与国外完全不同。"目前这项独有的养殖专利技术只属于该公司拥有。

从阮仕珍珠的"高亮泽硕核珍珠"到佳丽珍珠的"爱迪生"珍珠，我们可以看到作为新时期的珍珠领军品牌早已将品质和科技化融入到珍珠发展中。

而在普通养殖户中，这种品质第一的概念似乎也深入人心。在诸暨的很多养殖户中，如今已经形成了一种更为环保生态的养殖模式：湖中养蚌及淡水鱼类。岸上开设渔民酒家，景色怡人、多种经营、生态养殖。这让养殖产量得到控制的同时，多种经营也让养殖户摸索出一套新的思路。降低了每年养蚌的成本，这样养殖户可以更多的精力放在养殖质量上。时间长、质量高，成为如今大多数珍珠养殖户的代名词。

从珍珠漂白、增光及染色等加工技术的改进开始，到开发纳米珍珠粉、珍珠纤维内衣等，山下湖人在珍珠产品的深加工上从未停下前进的脚步。千足珍珠集团从蚌肉中提取多糖为成分的养生型饮料和化妆品成功面市。山下湖集团研发部相关负责人介绍，从蚌肉中提取多糖，把多糖作为饮料和化妆品的主要成分，蚌肉的附加值一下就提高了 80 多倍。山下湖每年要产生 1500 吨废弃蚌壳，多年来由于得不到有效处理，这曾是当地珠农的心头之患。

诸暨东伟集团首创利用废弃淡水蚌壳替代牛骨粉。烧制出来的陶瓷与牛骨粉做原料的品质不相上下。"东伟集团有限公司有关负责人说，他们投资 2800 万美元建造的蚌壳陶瓷生产线年生产日用陶瓷 700 万件，可以"消灭"1000 多吨废弃蚌壳，依托科技促进珍珠产业转型，提升珍珠品质已经成为诸暨珍珠产业人士的一种共识，很多珍珠企业也寻求与高校、研发机构的合作。省级科技创新服务平台，有效解决了广大企业和养殖户在生产、加工、养殖上的一些技术共性难题，以此促进珍珠产业的整体升级。

9.3.3　内需蓝海，大有可为

2008 年之前，山下湖的珍珠是外销，外销量占总业务量的 70%。历史数据分析，中国珍珠出口占据全球同类商品出口总量的 90% 以上。以"未加工珍珠制品"和"已加工珍珠制品"为主要珍珠出口类型。

定位为全球珍珠批发地，批发商只有极微薄的利润。由于很多关键加工技术由外商掌握，所以国外的珍珠商从山下湖批发廉价珍珠，经过深加工后再高价销售到国内，大量利润被外商等赚取。但现在这种情况已经逐渐转变。近年来，国内消费市场却以每年 40%～50% 的幅度增长。随着国民的文化生活水平提高，对珠宝的投资消费需求转变为情感个性需求，对产品的品质外观、文化理念及国际化设计元素的要求也水涨船高。在国内开设直营店，成为了他们新的战略方向。

2012 年 1 月 4 日，浙江山下湖珍珠集团股份有限公司与杭州叁点零易货交易所签署了《关于推动建立淡水珍珠现货电子交易平台和市场指导价格体系的战略合作协议》。2012 年 1 月 6 日，首批标准化珠宝级淡水珍珠在杭州叁点零易货交易所现货电子交易平台上正式挂牌发售。不到五分钟的时间，三个品级共 80 批珠宝级淡水珍珠通过网络终端被全国各地的交易商订购一空。2012 年 3 月 19 日，淡水珍珠 FP10.0A1 第二次挂牌发售，此次 AAA 级珠宝级共计 192 万珍珠现货，两秒内被投资者扫光，这也表明中国珍珠产业贸易进入了电子现货交易时代。

9.3.4　珍珠加工工艺

璀璨的珍珠需要经过科学的加工工艺才能展现出它最美丽的一面。淡水珍珠的加工有如下流程。

(1)原料分选工作。珍珠从河蚌中剖取后，首先由分选工人进行第一步的分选工作，这里的分选主要分选为高中低三个部分：光泽好、品质高的珍珠；品质中等的珍珠以及形状差、光泽差的珍珠。

（2）打孔。将第一步分选出的高品质的珍珠打半孔，即只在珍珠内打一个半径的孔洞，一般将珍珠中有明显瑕疵的点进行打孔，而保留珍珠中最光洁、光泽度最好的部分。这样的珍珠适合镶嵌吊坠、戒指等可以作为单颗高品质珠宝进行设计加工；中等品质的珍珠打全孔，即孔洞穿透珍珠，这样的珍珠适合做珍珠项链。而品质较差的部分，佳丽公司一般会按公斤批发销售给中小珍珠经营商户。

（3）清洗工作。这一步是将珍珠进行一次彻底的清洗，在清洗过程中可以将珍珠彻底清洗干净。清洗车间，有大木桶不停的旋转，里面大量的颗粒珍珠经过水以及清洗液的清洗一下变得干净美丽。清洗后晾干进行下一步的增光环节。

（4）增光。增光工序的目的就是增加珍珠表面的光泽度，为漂白工序做好预处理。一般增光工序进行五次，根据珍珠表面的质量状况和珍珠的老嫩程度选择增光次数，直到符合要求为止。每道增光工序完毕，均要求对珍珠进行清洗。

（5）抛光。抛光是珍珠加工中的重要工序。将漂白后的珍珠放入抛光桶内，将珍珠与抛光蜡进行混合，开动马达，抛光蜡与珍珠一起转动，开动机器 1～1.2 个小时，将珍珠取出放入克震机中处理约一个小时后，将抛光蜡和珍珠分离即可。

（6）分选。珍珠经过抛光后，就进入到分选车间，这里分为几个小组，有专门分选质量的小组，将有明显瑕疵珍珠都分选掉；也有分选形状的小组，将正圆珠、椭圆珠、米粒珠等分开。

（7）穿珠串。将品质一样、大小一样、形状一样的珍珠按照珍珠项链的标准长度穿成珠串，这样一条半成品的珍珠项链就做成了。大批的珍珠项链再经过打结、穿扣，一件市场上成品的珍珠项链就这样产生了。

9.4　名人与珍珠结缘

若干年前，法国时尚界泰斗德阿里奥夫人曾说过：“只有一种首饰对每个人都适合，配上每套衣服都好看，在几乎每个场合都得体，也是每个女人珠宝盒中不可缺少的，那就是珍珠。”珍珠的光华，莹亮而内敛，美得令人窒息，却不至于喧宾夺主，包容性极强，在任何场合都是配饰中的首选。

珍珠作为有生命的珠宝，似乎具有天然的诱惑力，成为各国“第一夫人”的第一珠宝首饰选择。彭丽媛佩戴的那一对珍珠耳钉，作为身上唯一的首饰，将白色中式套裙的中国文化之美尽情演绎，在举手投足之间尽显“第一夫人”的魅力。

纵观各国第一夫人、皇室成员的珠宝配饰，珍珠首饰也牢牢地占据着首要位置，无论是法国前总统夫人布鲁尼、还是美国现任总统夫人米歇尔都对珍珠情有独钟。因为珍珠的形成过程就像女人的成长一样，一层一层地覆盖其中的点点滴滴，有过欢喜也有过伤痛，最后都化为对生命的感动，让女人变得温润而美丽。因此，也只有充满优雅气质的知性女人才会懂得珍珠、欣赏珍珠。戴安娜王妃的名言：“如果女人一生只能拥有一件珠宝，那我肯定选择珍珠”，正是对珍珠的绝美赞叹。

9.4.1　传播亲切与友善的米歇尔

米歇尔佩戴珍珠的形象从奥巴马竞选总统时就开始进入大众的视野，从最开始，她就被时尚界力捧，被认为形象优雅健康、穿着富有品位，颇有已故“万人迷”总统夫人杰奎琳·肯尼迪的绝代风范，伴随着自己的夫君，为金融海啸之际失落、消沉的美国人民带来了清新的希望。她深谙穿戴之道，知道第一夫人的穿着是传递个人魅力、潜在影响他人的重要印象，要有母仪天下之风范，在配饰上，惟有珍珠可以符合此要求。优雅高贵，亲和友善，不张扬逼人，不落于俗套，不会令人不舒服，在这个需要合作抗衡世界性危机的时刻，尤其需要释放出团结的信号。无论何种场合，米歇尔的珍珠首饰都给了人们一个视觉亮点，它显得那么别致、温柔，无疑在向所有人说，我热爱生活、享受生活，我是一位亲切、友善和与众不同的“第一夫人”。

9.4.2　展现时尚与浪漫的布鲁尼

古往今来，珠宝邂逅爱情的经典故事不胜枚举，每一段被人传诵的浪漫爱情，珠宝总在其中扮演着不可或缺的角色，当法国前总统萨科奇遇到卡拉·布鲁尼时，精致优雅的珠宝则为他传递出爱的信号。爱丽舍宫曾经的女主人卡拉·布鲁尼·萨科奇是当今的传奇，曾经的世界超模，以绝佳的时尚品位和浪漫气质，被誉为现代法国的化身。她对珠宝的好眼光则为世人津津乐道。在各种外事晚宴中，布鲁尼喜欢佩戴彩色不规则的层叠珍珠项链，搭配大波浪长发营造出梦幻般的古堡公主形象，举手投足间展露出浪漫多情，默默无语中征服着与座的各国政要，也被各国夫人们争相艳羡。

9.4.3 进尚先锋杰奎琳·肯尼迪

她喜欢的特大号墨镜、三圈珍珠项链以及合体而女性化的小外套至今仍是全世界女人的衣橱必备。而三圈珍珠项链也成为了杰奎琳的标志。杰奎琳·肯尼迪被誉为美国历史上最美丽的第一夫人以及品位的标杆，肯尼迪夫妇可能是二战之后最耀眼的时尚偶像。杰奎琳时尚、聪慧、充满活力，代表着完美无缺的着装品位，她拥有一种真正将优美和高贵融为一体的魅力。陪伴夫婿出席正式晚宴. 接见外国元首、民众，以及外出度假，她都懂得如何展现自己那简洁、色彩纯净、便于行动的标志性着装风格：粉色或珊瑚色套装、线条简洁优美的连衣裙、短外套以及其他微小的细节，例如蝴蝶结、缎带和腰带，当然少不了的还有珍珠项链……这些都代表着她的风格。她的穿戴极富个性，她独到的审美情趣，成功地引领了美国的流行时尚。而有一点是肯定的：尽管一代代女人都会仿效杰奎琳·肯尼迪，并按照当时的潮流作出些微改动，但她的风格举世无双。而三圈珍珠项链也成为了杰奎琳的标志，婉约柔和的三圈小颗珍珠项链，体现了她独特的气质、高雅的举止。

真正优雅的女人，无疑是应该懂得欣赏珍珠的，因为它是以流水与生命凝结成的珠宝，是充满灵性的珠宝。千百年来，它不仅为历代王侯所青睐，而且也成为众多王妃们争相追逐、佩戴、鉴赏的宝贝。

9.4.4 珍珠王妃——戴安娜（Diana Spencer）

"再见，英格兰的玫瑰"——十几年前，当戴安娜离世的时候，这首瞬间传遍英伦的名曲《风中之烛》成为了人们对戴安娜王妃永不消逝的纪念。如今，十几年过去了，戴安娜王妃的情影依然活在人们身边，她的照片，她的纪念册，她的书，她的慈善事业，她的崇拜者以及她的珍珠情缘。

戴安娜王妃钟爱珍珠，她的高贵气质与处处散发的知性美，完全契合了珍珠的温润典雅。她曾经的一句话："女人如果只能拥有一件珠宝，那必定是珍珠，"不知让多少女人因此成为珍珠的追崇者。

9.4.5 "珍珠泪"王冠的爱情

世界上其实有两顶"珍珠泪"王冠。1825 年，当时的巴伐利亚国王路德维希一世的儿子、日后继承了希腊国王王位的奥托为自己的妻子阿玛丽亚定做了一顶王冠。然而没多久，国王就得了重度精神病，生活无法自理。可怜的希腊王后难以接受这个残酷的事实，终日以泪洗面。这顶饱含国王爱意的王冠也因为王后的忧郁而得到了一个充满悲情色彩的名字：珍珠泪。

世上的王冠本应都是独一无二的，但偏偏这顶"珍珠泪"王冠却有孪生姐妹。第二顶"珍珠泪"王冠（The Cambridge Lover's Knot Tiara）也是充满了传奇色彩。英国伊丽莎白王太后的婆母玛丽王后于 1913 年命著名的王室珠宝商 Garrards 按她祖母剑桥公爵夫人的王冠制造了这顶"珍珠泪"王冠。冠身全部用白银打造而成，原先顶部装饰有珍珠，自由拆卸的款式设计使拥有者可以根据爱好随意更换宝石的种类。因为王冠上镶嵌的珍珠造型很像泪滴，也被称为"珍珠泪"。剑桥公爵夫人终身不被王室认可，到死才被迫封为剑桥公爵夫人。她与王室抗争的经历与后来戴上第二顶"珍珠泪"王冠的戴妃竟如出一辙！

1981 年 7 月 29 日，威尔士亲王查尔斯与戴安娜在白金汉宫举行了盛大的婚礼。不仅是英国人，世界各国善良的人民也都为童话中的"灰姑娘"故事成为现实而欣喜。典礼上，英国女王伊丽莎白二世将这顶"珍珠泪"王冠（The Cambridge Lover's Knot Tiara）赐予了威尔士王妃戴安娜。此时，这顶王冠的顶部珍珠已经被替换为钻石。拆下来的珍珠，被设计成了一套与王冠相配的珍珠首饰。

然而，一种不祥的说法也开始在一些人心中蔓延——根据传说，凡是拥有"珍珠泪"的女性都不会有好的感情归宿。随后一系列的事实似乎也印证了这个说法，戴安娜与查尔斯的婚姻从一开始就充满了痛苦和泪水，"英格兰的玫瑰"最后更是香消玉殒。

有人说，如果伊丽莎白二世没有将"珍珠泪"赐予戴安娜，她与查尔斯的婚姻或许不会认为是悲剧结局。也有人说，也许是"珍珠泪"让英伦玫瑰过早地香消玉殒。"珍珠泪"本身似乎真的具有一种"邪恶"的力量，充满了诅咒，但它和它的主人们却留给了世人一段段动人的传奇故事。

现实版的王妃们，在承载无数羡慕目光的同时也面临着无数挑剔的镜头。怎样才能保证总是大方得体地展现自己及家族的魅力呢？珍珠搭配无疑是现实版"灰姑娘们"的法宝。

9.4.6 丹麦王妃玛丽·唐纳森（Mary Donaldson）

玛丽·唐纳森，这个幸运的澳洲女子无需去亲吻一只青蛙，便深深地抓住了丹麦王子的心。2000 年 9 月 15 日悉尼奥运会开幕式之后，在澳大利亚繁华的悉尼市区一家名叫 Slipinn 的小酒吧里，一对青年男女并非一见钟情地邂逅了，然而故事的结尾却多少有些出人意料，2004 年 5 月 14 日，在丹麦壮丽的圣母大教堂里，玛丽·唐纳森这个平凡的女孩成为了万众瞩目的丹麦王妃。

行事大胆的玛丽·唐纳森亦是一位珍珠迷，常身着各式性感礼服佩戴珍珠与王子谈笑风生地出现在不同的场合。而她耳边摇曳最多的就是洁白、典雅的珍珠耳坠。

9.4.7　西班牙王妃莱蒂齐亚（Letizia Ortiz）

2004年5月22日，西班牙马德里东方广场300架摄像机严阵以待，价值13万美元的2万枝红玫瑰随风摇曳，香气四溢。所有的这一切都是为了人们期待已久的西班牙王储费利佩·德博尔冯·格雷和西班牙女主播莱蒂齐亚·奥缇兹·罗卡索拉诺的婚礼。

西班牙王妃莱蒂齐娅被称为"最迷人王妃"。莱蒂齐亚在婚前是西班牙国家电视台炙手可热的新闻女主播，职业所赋予的气质，令她看起来稍缺一点女性温柔，因此莱蒂齐亚扬长避短，用珍珠搭配理性气质装束，轻而易举地博得了众人的称赞。

9.4.8　英国最小的王妃苏菲（Sophie Rhys-Jones）

英国女王最小的儿媳妇——苏菲王妃外表与戴安娜王妃颇有几分相似，但是不同的是，她是个成功的公关经理，有与新闻界打交道的丰富经验，不会轻易被新闻记者的镁光灯扼杀。苏菲在不同场合均喜欢佩戴大颗粒珍珠项链，将皇室女性的高贵优雅展露无遗。

9.4.9　荷兰王妃马克西玛（Princess Maxima Zorreguieta）

与众多"灰姑娘"的故事一样，2002年嫁给荷兰王子亚历山大的王妃马克西玛也来自平民阶层。

十年来，马克西玛已经成长为一名当之无愧的时尚达人。最初她总是穿着保守的长洋装，或者像她婆婆贝娅特丽克丝女王那样的传统礼服裙。而今，她的着装更加大胆艳丽，鞋跟也越来越高。她最钟爱的品牌包括华伦天奴、Graciela和Naum，而珍珠亦是她确保王妃优雅形象的不二法宝。

9.4.10　香水大王可可·香奈儿（COCO·Chanel）

香奈儿套装的原型是对襟两件或三件套装。品种包括上衣、套头衫和下裙。其基本特征是典型的H型，肩部自然，腰身放松，用本料做腰带（不是皮带），袖子窄小到衣长的四分之三（又称四分之三套装），裙两侧各一排竖褶，长至小腿，衣缘绳边处理，风格简朴，却极富精气神。穿着时可随意配戴各类服饰品，如小帽、围巾、手套、箱包和各种珠宝首饰。这套服装的各部分——无论衣料还是款式，无论着装观念还是服饰机能，都不折不扣地分享了男装的现代性特质，成为女装实现现代化的一例经典。香奈儿也凭此名扬四海，其直线套装的简约外观奠定了后来职业女装的基础，直到今天仍作为日常女装的基本样式之一，"在某种程度上可以和发明电灯的爱迪生相提并论"。

与知名男性们的交往史是香奈儿传奇人生中最引人遐思的部分。她终身未婚，有着众说纷纭的情感故事。她曾用"有成堆的公爵夫人，但只有一个可可·香奈儿"之语回绝公爵的求婚，许多传记都记载了她的罗曼史。与情人们度过的各种生活正好满足了香奈儿把男服用于女装的愿望。她设计的套装品种，如针织开衫、套头毛织衫、宽松的外衣、裙摆的褶裥，全方位地引用男性服装元素。为了更接近男性形象，她直接穿着男装如水手裤出席公共场合，像男人那样抽烟和酗酒，可以肯定，她从男性世界中汲取了大量设计灵感。

珍珠本是一种珍贵宝石，一旦经香奈儿设计，便深化了它的本义。杜威的实用主义哲学和沙文的建筑设计思想渗透在香奈儿的珍珠设计中。香奈儿把"真理即效用"的观念和"形式服从功能"的准则，成功地溶入珠宝设计中，她设计的珍珠项链单向度地向套装贴近，造型朴实、活动自由，以具备实用功能为目的，符合了实际生活的需要。香奈儿本人也是珍珠的忠实粉丝。翻看她的老照片，会发现出镜率最高的配饰就是珍珠。珍珠搭配套装的风格拉直了女性的身体线条，使男女在视觉上趋于平等，又用珍珠加以点缀，利落中不失女性的优雅柔美。这种简单的服饰风格利于复制，上至皇室名流，下至普通妇女都可轻松模仿。

香奈儿以女性身心的自由为先、舒适为美，带着一种女性的自觉，想与男性争得同样的社会地位，甚至树立同样的人生目标。这种抗争最集中体现于她的创作风格。所以在她的作品中，传统的娇弱女人味和多余的肤浅装饰品几乎不存在，实用的、舒适自由的、落落大方的服饰成为她极具女性主义色彩的内心独白。与同时代的现代舞先驱伊莎贝拉·邓肯认为的那样，所要求的解放并不是放浪形骸的肉体满足，而是一种渴望获得独立与完整性的生活诉求。香奈儿珍珠搭配套装的经典造型，让女性借由穿着获得期待已久的解放与自由。

第一套香奈儿套装的诞生距今已整整一个世纪，而属于可可香奈儿的时代为她所谱写的传奇与经典，却永远不会被时光湮灭。

10　三种重要宝玉石矿床

10.1　蛋白石(欧泊)矿床

10.1.1　概述

贵蛋白石见于马达加斯加，法罗群岛，楚科奇、堪察加、乌拉尔和乌克兰，新西兰，日本，中欧，爱尔兰，北美和中美。其中有些报道不甚可靠。尽管偶尔发现贵蛋白石的地点很多，但有工业价值的贵蛋白石矿床极为稀少。目前发现了并正在开采贵蛋白石矿床的国家有澳大利亚、墨西哥和美国(偶尔地)，澳大利亚贵蛋白石产量占世界贵蛋白石总产量的 90% ~ 95%。1970 年，澳大利亚欧泊石的年产值为 1190 万美元。

10.1.2　蛋白石(欧泊)矿床的地质特征

关于贵蛋白石矿床和矿点地质已发表的资料是大量的，但比较零乱。所有的矿床可清楚地分为两大成因类型：内生型(热液型)和外生型(古风化壳型)。

10.1.2.1　热液型矿床

与中生—新生代喷发岩和凝灰岩有关的热液型贵蛋白石矿床，在澳大利亚欧泊石发现前有一定实际意义。主要矿床分布在东斯洛伐克(捷克斯洛伐克)境内喀尔巴阡山南坡。在欧洲，欧泊石矿床还见于西德法兰克福附近、北爱尔兰和法罗群岛。不过，在这些矿点上，贵蛋白石很少见，尽管所产的欧泊石彩色极为美丽。但继欧洲的贵蛋白石矿床后，在中美和北美也发现了大量欧泊石矿床。

热液型贵蛋白石矿床的规模一般不大，其产量占世界总产量的 5% 左右。这类矿床分布在年轻褶皱区，与受到火山期后热液蚀变作用的基性、中性和酸性凝灰岩和喷发岩有关。蛋白石产在火山岩的裂隙、空洞和原生气孔里。贵蛋白石呈细脉产在普通蛋白石中，呈团块产在空洞中。细脉厚度不超过 10 厘米，空洞的直径偶尔可达 20 厘米。

欧泊石的颜色及变彩是多种多样的，有时可见到极名贵的欧泊石，但远比澳大利亚风化壳中的欧泊石容易裂开。贵蛋白石的伴生矿物有普通蛋白石、沸石、绿泥石、玉髓、白铁矿、辉锑矿和辰砂。

(1)墨西哥。墨西哥以产火欧泊石(在格雷罗州)著名。这种火欧泊石是在 1503 年哥伦布第四次美洲之行之后首次传入欧洲的。后来，在克雷塔罗州和奇瓦瓦州西部也相继发现了优质欧泊石。

克雷塔罗矿床：是墨西哥最大矿床之一，位于墨西哥城西北 260 公里处克雷塔罗市郊。这里的欧泊石是 1855 年首次发现的，1870 年开始开采。

贵蛋白石与红褐色和灰色流纹岩有关，产在流纹岩原生空洞的普通蛋白石中，呈细脉产出；有时空洞中填充着疏松物质，其中也可能有漂亮的欧泊石。

在所产的欧泊石中，高档贵蛋白石只占一小部分。大部分是无变彩的浅黄—红色欧泊石，这就给人造成不正确的概念，似乎墨西哥的欧泊石都是无光泽的、无活光的蛋白石。实际上，墨西哥的欧泊石有各种各样的。在圣玛利亚矿段，可以找到显现红色变彩的暗青灰色的、几乎是黑色的欧泊石，也可以找到显现深红色和绿色变彩的颜色轻淡的欧泊石。在辛巴蒂卡矿段，正在开采火红色、乳白色和闪光的欧泊石。U·福萨格(1953)指出，墨西哥火欧泊石，五彩缤纷，从酒黄色的到樱桃红色的都有，而且都能显现红色和绿色变彩。最鲜艳从而也是极其贵重的是显紫蓝色—红色变彩的欧泊石。有人认为，大部分欧泊石显浅红色和褐色色调，是其中含少量铁的氧化物造成的。

(2)美国。在亚利桑那、加利福尼亚、内华达、爱达荷、得克萨斯和俄勒冈诸州共有 20 多个欧泊石矿点。其中多数矿点中的欧泊石，颜色和变彩都好，但无工业价值，原因是许多欧泊石加工后开裂。

所有的欧泊石矿点都与年轻的火山岩有关。F·李奇曼(1962)指出，这些矿点的规模不大，基本上只是收藏家对其感兴趣。

哈特山矿床：是美国最大的欧泊石矿床之一，位于俄勒冈州普拉什市以东 10 公里处。那里，在哈特山坡上有暗红色玻斑玄武岩出露，后者与白色和黄色安山质凝灰岩和流纹质凝灰岩呈互层，上面是很厚的玄武岩岩被。火山岩系总厚度为 1200 米，时代为第三纪。

贵蛋白石产在玄武岩杏仁体和孔洞中。有的地方，玄武岩被裂隙交切，裂隙中充填着玉髓和半透明或绿色蛋白石，其中偶尔也有欧泊石。贵蛋白石为乳白色，浅绿黄色到褐色，也有无色的。显红色和绿色色调的变彩。

莱因保岭矿床：位于内华达州西北边界附近库姆博特县境内，被认为是美国最大的矿床。这里的欧泊石于1908 年首次被发现。矿床的地质构造很特殊，很像风化壳型欧泊石矿床。

在维尔京谷中，含蛋白石火山沉积岩系出露地表，时代为中新世，也可能为前中新世，厚度可达 330 m，其上为晚中新世熔岩。该岩系共分三段：下段是致密凝灰泥岩，可能属于始新世；中段（含蛋白石），由比较疏松的褐色和灰色砂质黏土岩石、层凝灰岩和凝灰岩组成，含硅化木和蛋白石化木化石；上段，以疏松浅色沉积岩和凝灰岩为主，含哺乳类化石。

蛋白石是在松软的蒙脱石质膨润土层中形成的，膨润土层中含大量木化石，蛋白石主要呈木化石假象产出。木质的原始结构一般都在蛋白石化过程中丧失殆尽，偶尔保存下来，其假象便是漂亮的火欧泊石。

贵蛋白石一般呈细脉产在白色或暗色的普通蛋白石中，但有时几乎完全是硅化木化石。例如，黑色欧泊石有时形成直径可达 10 厘米的大块体，其切面上可见到树木年轮花纹。这种欧泊石的内部显现绿色和红色色调的变彩。遗憾的是，大多数欧泊石在加工时容易裂开。

关于莱因保岭矿床蛋白石的成因，有两种观点。一种观点认为，蛋白石是在沉积岩中的火山灰层成岩及其改变为膨润土的过程中形成的；另一种观点认为，膨润土和蛋白石都是由于凝灰岩经热液改造而形成的。也可以认为膨润土的形成与凝灰岩和火山灰的成岩作用有关，而蛋白石的形成与火山期后热液活动有关。在维尔京谷中，热矿泉水一直在起作用。

（3）澳大利亚。澳大利亚热液型贵蛋白石矿床分布在昆士兰州斯普林休尔和新南威尔士州廷坦巴尔和罗基桥。欧泊石多为透明的和半透明的，黑色和深灰色，显现红色和绿色变彩。欧泊石经加工后容易裂开，实际价值不大。

在斯普林休尔区，蛋白石产在杏仁状玄武岩和粗面岩中，充填在大量孔洞、圆形气孔和细裂隙中。贵蛋白石有时产在普通蛋白石团块中心的较大的气孔里。

悉尼市以南 50 km 处廷坦巴尔附近的欧泊石矿床规模较大，但也没有工业意义。欧泊石产在强烈蚀变的玄武岩孔洞中，形成长而细的矿脉，也产在玄武岩风化后形成的土壤中，形成大小如核桃的结核。多数欧泊石透明，显红色和黑色。

10.1.2.2　古风化壳型矿床

与沉积岩古风化壳有关的贵蛋白石矿床，最初是德国地质学家曼格于十九世纪前半叶在澳大利亚发现的。这些矿床分布在澳洲大陆东部所谓大自流盆地即白垩纪和早第三纪地层分布区中。

白垩纪地层分两个群，一个是布利塞兹代尔群（Gr_1），另一个是罗林当斯群（$Gr_1ap \sim Gr_2$），总厚度 1500 m。罗林当斯群（有工业价值的含欧泊石层就产在该群风化壳中）分三个组：罗马组（Gr_1ap）、坦博组（Gr_1）和温顿组（Gr_2）。

第一个组包括粉砂岩、泥岩和黏土页岩，夹砂岩和钙质岩石。坦博组包括钙质黏土和砂岩。温顿组为泻湖－湖相沉积物：黏土和砂岩，夹少量砂质灰岩、石英岩卵石和漂砾以及大量钙质介壳堆积。有些地方，白垩纪地层之上有很厚的一层砂岩和砾石，属艾连组（Pg_2），往往部分地或全部地硅化。白垩纪和早第三纪岩层被挤压成平缓的褶皱，倾角小于 20°。

澳大利亚各种火成岩、变质岩和沉积岩风化壳十分发育。这些风化壳无疑是在中新世形成的，因为受到风化作用的最年轻的岩石，其时代为渐新世，而且被早上新世未蚀变的褐煤不整合地覆盖。据 И·И·金兹堡（1963）的分类，澳大利亚风化壳属于在地台准平原上产生的残余（残积）风化壳这一成因类型。

澳大利亚许多地质学家都把欧泊石矿区的白垩纪和早第三纪沉积岩风化壳划分为三个带。下部带，颜色浅，以灰色和白色高岭石黏土为主，向下逐渐过渡为母岩。该带的视厚度可达 30 米。往上是杂色带，以被铁的氧化物染成红色和黄色的高岭土物质为主，厚 5 m 至 25～30 m。上部带是硅化岩石，厚达 15～20 m，在山包顶上形成坚硬的"帽子"。上部带的底部是瓷状岩石，往上是较粗粒的岩石，具球状构造，并有二氧化硅再沉积的迹象，这是气候性硅化的结果。风化壳的总厚度为 6～15 m 至 50～60 m。

多数欧泊石聚集在风化壳最下部风化程度较弱的岩石即蒙脱石质灰色和浅褐色黏土中，以及有时夹石膏和石英砾岩层的黏土质和钙质砂岩中，只是某些矿床（白崖、伊罗曼加）的欧泊石散布在颜色较浅的高岭土带中。

最大的欧泊石矿床分布在新南威尔士、昆士兰和南澳大利亚三州。这些矿床彼此差别不大，证明其形成方式是一样的。在已开采的蛋白石总数中，贵蛋白石不超过 4% ~50% 。蛋白石主要呈团块和细脉以及贝壳、爬虫动物骨骼、方解石和石膏假象产出。

（1）新南威尔士州。这个含蛋白石区有两个主要矿床：莱廷岭矿床和白崖矿床。

莱廷岭矿床（沃伦古拉矿床）于 1870 年发现，从 1903—1905 年开采至今。矿区地处冲积平原，但有许多由白垩纪沉积岩组成小山岗。其中有许多地方（共开采 28 个矿段）可见到贵蛋白石。

白垩纪岩石属温顿组，其剖面自上而下可分为以下三层：

1）库科兰泥岩，是含石英颗粒的白色或奶油色高岭石质岩石。只要泥岩出露地表，都被玉髓质或蛋白石质二氧化硅胶结，所以十分坚固。视厚度可达 5 m；

2）沃伦古拉砂岩，是含白色泥岩球团的白色细粒黏土质岩石。颗粒（占岩石体积 50% ）组成有石英、玉髓、蚀变长石和火山玻璃。胶结物为不透明黏土物质。地表附近的砂岩有时硅化。真厚度未查明，视厚度 4 ~20 m；

3）芬奇泥岩，是蒙脱石质灰色和浅褐色黏土，松软，不含砂粒，有时被铁的氧化物染成红色。黏土易吸水，吸水后可塑性很强，但晾干后就散开。组成若干个沿走向不稳定又不经常是水平状的层位，厚 1.3 ~7 m。黏土中有 2 ~5 个层位（深 12 ~30 m）含贵蛋白石。

贵蛋白石多聚集在与上覆黏土质砂岩接触处。欧泊石主要呈椭圆形团块、薄层和细脉产出。有时欧泊石交代动植物化石。

莱廷岭矿床出产黑欧泊石，这种黑欧泊石除该矿床外再没有能够形成工业矿体的。由于这种欧泊石罕见，而且异常美观，所以其价格比白欧泊石高得多。黑欧泊石具红色、绿色和深蓝色变彩。

白崖矿床于 1884 年发现，从 1889 年开始大力开采，一直延续至今。含蛋白石矿区是一个平缓平原，面积数百平方公里，间或有些小山岗，由白垩纪泻湖 - 湖相粗粒和巨粒砂岩及其上覆的很厚的一层白色高岭石质黏土组成。黏土主要由高岭石（55% ）和游离二氧化硅（20% ）组成，很可能是长石砂岩风化后形成的。长石砂岩在风化前曾部分地被普通蛋白石交代和胶结。有时在黏土中可见到疏松的砂层和石膏包裹体。沿剖面方向上，黏土被硅化的地表硅质石英岩层代替。后者有时具砾岩构造。

蛋白石产在高岭石质岩石中，呈与层理整合的细脉、团块以及动植物（瓣鳃类介壳、腕足类、海百合、箭石、脊椎动物骨骼等）化石假象产出。曾经发现过一块直径约 15 cm 的菊石，完全被贵蛋白石交代。含蛋白石化生物化石的结核，常常被极细的蛋白石脉切穿。这里还发现过所谓"石化的菠萝"，也就是呈钙芒硝假象的、由蛋白石的尖顶四面柱体组成的放射状集合体。

蛋白石主要产在含蛋白石层位，后者的标志是其上面有很薄的一层硅化砂岩。蛋白石分布不均匀，其薄层延伸不远。贵蛋白石一般呈细脉产在普通蛋白石中。该矿床中的贵蛋白石与莱廷岭矿床中的不同，都是白色的。

（2）昆士兰州。贵蛋白石见于昆士兰州西南部的广大地区，南起该州南界，北至温顿。含蛋白石岩石呈条带状分布，宽约 400 km，在查尔维尔和隆里奇以西绵延 850 公里。新南威尔士州的贵蛋白石矿床可能就与该带的南延部分有关。在昆士兰州西南部先后开采过 40 多个矿床，但目前开采欧泊石的只有四五个矿床。

贵蛋白石矿床受"沙漠砂岩"群岩石分布界线的控制。这个群的岩石呈水平状产出，不整合地产在罗林当斯群早白垩世岩石之上。晚白垩世岩石的厚度为 30 ~60 m，组成一些低矮的山岗和桌状或平顶状山丘，高不过 60 m。晚白垩世岩石分为两段，下段是疏松砂岩和黏土；上段是很坚硬的硅质岩石，厚 5 ~17 m，呈残山保存在山丘面上。

"沙漠砂岩"群的岩石到处都已蛋白石化。普通蛋白石分布很广，而贵蛋白石只是偶尔出现，主要产在被硅质岩覆盖的黏土中。就产出条件来看，可把蛋白石分为产在砂砾层中的和产在砂岩层中的。所谓的蛋白石卵石和"漂砾"，实际上是含贵蛋石的硅质含铁岩石团块（结核），最大直径可达 3 m。这种卵石和漂砾见于含蛋白石黏土和砂岩的整个剖面。含蛋白石层位的埋深一般为 4 ~8 m。

昆士兰州矿床出产各种各样的贵蛋白石，包括黑欧泊石。有些贵蛋白石，不论就花纹（火点状和火焰状）来看，还是就整个变彩来看，都是很特别的。例如"小丑石"，它身上有五彩缤纷的斑纹。

约瓦赫矿床：产大量含蛋白石结核，后者聚集成明显的层位。就这点来说，它是举世无双的。目前，该矿床被认为是昆士兰州最富的贵蛋白石矿床之一。矿区的岩石剖面大体如下（自上而下）：

1）硅质的极坚硬的岩石，厚可达15 m，偶尔更厚；

2）松软的黏土质砂岩和黏土，厚可达15 m，其上界的标志是很薄的一层铁化硅质砂岩。

该矿床的蛋白石产在硅质含铁岩石团块（结核）的核部。含蛋白石层的埋深为8～9 m，由被松软粘土质砂岩胶结的结核组成，厚0.15～0.6 m。结核的直径0.6～20 cm，球形或椭圆形，褐色和巧克力色，具同心环带状结构，深灰色和浅褐色条带相间出现。结核的外壳的化学成分以二氧化硅（27.5%）和含铁的氧化物和氧化铝（67%）为主。结核的中心（核部）往往由贵蛋白石构成。有时在相邻的结核表面之间可见到蛋白石，在其基质中可见到分叉的蛋白石细脉。结核的核部，除由贵蛋白石构成外，尚可由各种颜色的普通蛋白石、组成结核外壳的那种物质（这时外壳可能被贵蛋白石细脉切穿）以及主要由二氧化硅组成的细粒白色物质构成，并含少量水溶液。有些结核是空心的，根本没有核部。

约瓦赫矿床的贵蛋白石是淡乳白色和天蓝白色，具天蓝色、绿色和红色变彩。

海利克斯矿床：该矿床的投产使昆士兰州贵蛋白石近几年的产量保持稳定。蛋白石的堆集体属混合砂岩-砾石型，出现在高于周围平原50～60 m的桌状高地上。这些高地是约瓦赫矿床那一含蛋白石岩系的残山。

在格林绍矿段，地层剖面如下（自上而下）：

1）砂岩，含大量蛋白石化木化石，和乳白色蛋白石；

2）含铁层，厚达6 cm，含蛋白石细脉；

3）白色细粒黏土质砂岩，即"蛋白石砾石"，厚15～20 cm；

4）浅褐色松软黏土；

5）脆性浅色黏土。

贵蛋白石呈细脉或管状产在与下伏黏土接触处附近的细粒砂岩中（是为砂岩蛋白石）或呈脉状充填在产于含铁层之上的砂岩中的铁质结核的裂隙中（是为砾石蛋白石）。结核为扁平状，边缘浑圆，长0.6～3 m，厚0.3～1.2 m。蛋白石包括贵蛋白石，产在结核下部、边缘和中部的大量短而细的放射状和同心状裂隙中。裂隙的充填程度不同，有时是空心的：其中的蛋白石越少，质量越高。贵蛋白石一般产在边缘裂隙中。

在蛋白石质砾石中，蛋白石产在垂直的和水平的管中，也产在薄层中。含蛋白石管沿浅褐色的铁的氧化物钟乳石状产物轴分布，铁的氧化物是在含铁层中形成的，并向下渗到蛋白石质砾石层中。管的直径达5 cm，长0.3 m。管心是空的，或被蛋白石部分地（约等于其直径的四分之一）充填。

海利克斯矿床所产的贵蛋白石，大多为绿色。

（3）南澳大利亚州。1915年，在南澳大利亚州发现库伯佩迪矿床，1930年，在托仑斯湖东北发现贵蛋白石（安达莫卡矿床），1946年，在库伯佩迪发现了一个极富的蛋白石矿层，即艾特迈尔斯矿层。

这两个矿床的欧泊石，断断续续地开采到1958—1960年，当时产量剧增。除这两个大矿床外，南澳大利亚州还有几个小的含蛋白石区。

库伯佩迪矿床：位于斯图尔特山高原，面积180 km²。该矿床有实际价值的是一层含铁高岭石质砂岩，粉红色或褐色，含蛋白石细脉和呈瓣鳃类贝壳假象的蛋白石，其上为浅色硅质黏土岩（含纤维状石膏层）和粉红色或奶油色-斑状黏土（含透石膏的少量鳞片）。剖面的最上部为灰色或褐色石英岩状岩石。

蛋白石细脉厚2～3 mm至5～6 cm，形状不规则。细脉的排列方向多与砂岩层理一致，延伸很长，但有时穿过层理，伸到下伏和上覆黏土质岩石中。这种细脉一般由普通蛋白石组成，有的地方突然变为贵蛋白石。库伯佩迪矿床产的贵蛋白石以浅色的为主。

安达莫卡矿床：规模较小，有八九个矿段产欧泊石。矿区属受切割的地台地区，内有低矮山丘起伏。贵蛋白石产在早白垩世岩石中，后者与莱廷岭矿区的岩石相似。

该矿区的典型剖面如下（自上而下）：

1）石英岩状岩石和砂岩；

2）硅质黏土页岩，有褐铁矿细脉穿插；

3）奶油色和浅粉色黏土和含石膏片和水平状夹层的多孔砂岩，在黏土中偶尔可见到石英岩卵石；

4）褐色坚硬条带状砂岩，是标志层，其下有时为块状石膏层；

5）含蛋白石层（"开采层"），由蒙脱石质白色云母质黏土组成，其上是一层砾岩，砾岩中的石英岩卵石直径可达20～25 cm。该层厚0.3～0.4 m，从高原表面算起埋深20 m，在山坡上有露头。

安达莫卡矿床产的贵蛋白石颜色纷杂，一般都比库伯佩迪矿床产的欧泊石的颜色深些。有些贵蛋白石的颜色很黑，可与莱廷佩迪矿床所产的黑欧泊石媲美。

澳大利亚一些地质学家认为，外生蛋白石矿床是在现代气候性硅化作用过程中形成的，因为这类矿床只出现在能发生这种作用的沙漠区和半沙漠区。有人研究过撒哈拉沙漠出露地表的岩石的现代硅化和蛋白石化作用。他们查明，有些岩石，特别是砂岩，在排水条件良好的高原表面经气候性风化作用后，可转变为石英岩。在斜坡底部、洼地和潜水面附近，岩石经硅化后能形成玉髓（如果渗透水很纯）和蛋白石（如果渗透水矿化度较高）。顺便指出，在非洲还未发现过贵蛋白石。

T·戴维等人（1950）认为，澳大利亚所有的蛋白石矿层都是在中新世形成风化壳的过程中由二氧化硅产生的，这些二氧化硅是长石转变为高岭土和铝土矿时从长石中释放出来的。T·康纳等人（1960）认为昆士兰西部矿床产的贵蛋白石是红土化产物。他们认为红土化作用是一个岩石在地形平坦、温度较高、降水量充沛（足以保持高而稳定的潜水面）条件下发生陆上强烈风化的漫长过程。在这一过程中会发生化学变化，即铝硅酸盐分解，析出碱金属、碱土金属和二氧化硅，随后铁和二氧化硅沉淀下来。

按照这种说法，贵蛋白石和普通蛋白石主要是在风化壳的下部层位（蛋白石带），由于母岩的各种矿物集合体（灰岩的结核、龟甲石和卵石、石英岩的卵石和漂砾、天青石和钙芒硝的块体、钙质介壳等）被二氧化硅交代而形成的。当风化壳变深时，作为在这种条件下是稳定矿物的蛋白石，就被保存在以黏土为主的带中。含蛋白石层形成的时代较老，证明这点的是含蛋白石层与现代地形没有任何关系。蛋白石堆集体见于风化壳的整个剖面，而不是像从沙漠硅化说应当得出的结论那样只产在硅质硬壳层之下。硅质硬壳层的形成时间可能晚得多，是在干旱气候条件下形成的。我们认为，说澳大利亚蛋白石与黏土质岩石风化壳有成因关系，是比较有道理的。

10.2　绿松石矿床

10.2.1　概述

绿松石矿床，甚至是不同地区的，在地质结构和绿松石堆集类型上也相当一致。据认为，所有的绿松石矿床都是次生淋滤成因的，都与含磷的和含铜的硫化物矿化的岩石的线性风化壳有关。这些岩石可以是年轻的酸性喷出岩（流纹岩、粗面岩、石英斑岩、二长岩等）和含副矿物磷灰石的花岗岩，也可以是含磷的沉积岩（页岩、砂岩、粉砂岩）。

在阿尔卑斯成矿区，绿松石矿体既可能直接产在斑岩铜矿床、多金属矿床、铀矿床和金矿床的成矿区里，也可能产在无工业意义的矿化区中。不过，在厚大的次生硫化物富集带里绿松石矿点是不多的。绿松石的主要来源是具有分散金属矿化而没有较发育的胶结带的矿床。

10.2.2　矿床地质特征

10.2.2.1　具有分散金属矿化而没有次生硫化物富集带的矿床

上已指出，这个亚型包括大量的大型绿松石矿床。属这个亚型的，除伊朗、西奈半岛的一些著名矿床外，还有北美、中亚的大多数矿床。这些矿床全都与酸性喷出岩和含磷的沉积变质岩的线性风化壳有关。

（1）酸性喷出岩。产在这类岩石中的有伊朗的尼沙普尔矿床、美国的大多数矿床和塔吉克斯坦北部的库拉明含绿松石区的矿床。

伊朗：伊朗东北部的尼沙普尔矿床，长期以来就是世界上优质绿松石的来源。这些矿床位于尼沙普尔市东北50～60 km处的霍拉桑，产在由早第三纪灰岩和砂岩组成、被断裂切割并被粗面岩和玄武岩覆盖的山里。主要的尼沙普尔矿山位于阿里米尔扎山南坡的麦登村。地下坑道深达100 m，像一座错综复杂的迷宫，水平的、倾斜的和垂直的坑道纵横交错，揭露出很多开采面。同时，矿区内还在普查新的绿松石矿点。

在山北坡和山顶上，有块状喷出岩出露，这些喷出岩含粗大的长石斑晶和略显结晶的基质。南坡为大块状的粗面熔岩，后者由结晶良好的含正长石斑晶的斑岩状粗面岩带棱角的碎屑（其胶结物是富含水的粗面岩质火山玻璃）组成。南坡岩石被裂隙切割，强烈蚀变，从外貌上看很像含红褐色铁质胶结物的构造角砾岩。在角砾岩碎块内部可看到黄铁矿、黄铜矿和磷灰石。山麓附近的喷出岩及与之接触的灰岩含丰富的黄铁矿浸染体。

在矿床上部，绿松石呈稀疏的细脉和被含铁物质胶结的角砾岩覆膜以及与粗面岩碎屑相连的团块产出。此外，绿松石还沿切穿角砾岩的北东向和北西向陡倾斜裂隙分布。在较深处层位上，绿松石见于树枝状和彼此靠近的很长的裂隙带中，即呈疏松的铁化或致密物质充填在裂隙中。致密的蔚蓝色绿松石细脉在一些地方构成近乎等轴状的网状脉。

这种网状脉在裂隙带分布得极不均匀,有时呈树丛状。网状脉中含有优质饰用绿松石,开采方便。

尼沙普尔绿松石据认为是内生作用形成的。在深部,热液沿狭窄的构造裂隙流动,而在地表附近,则沿整个角砾岩带漫流。网状脉中的高级绿松石是由矿化裂隙中的绿松石再沉积而成的。上升的热液饱含铜、磷和铝,这是热液与含长石、磷灰石、黄铁矿、黄铜矿的围岩相互作用的结果。在角砾岩化带上部,由于压力和温度急剧下降,被溶解的化合物就以绿松石、高岭土和铁的氧化物形式沉淀下来。

然而,在尼沙普尔矿床无疑有线型风化壳发育,它是沿角砾岩薄弱带形成的。硫化物氧化带的深度约为100 m,再往下就见不到绿松石矿化。绿松石是由于粗面岩里含长石、黄铜矿、黄铁矿和磷灰石而形成的。

美国 在美国西南部科罗拉多、内华达、亚利桑那、新墨西哥州分布着世界上最大的一些优质绿松石矿床。

这个广阔的含绿松石区的地质结构在很多方面是由断块构造决定的。隆起断块由前寒武纪岩石组成,而下降断块由晚白垩世—始新世沉积岩和喷出岩组成。在某些地方,下降断块被渐新世熔岩和火山碎屑岩所覆盖。断裂和挤压带的走向通常为北西向。除北西向断裂外,还有横向断裂控制着晚白垩世—早始新世含矿斑岩建造的花岗岩类岩石。该斑岩建造中产铜、铅、锌、银等金属的硫化物矿床。大多数金属矿床集中在"拉拉米期横向斑岩带"里,其次生硫化物富集带有时含绿松石。在渐新世末—中新世初,该成矿区是一个风化壳发育的典型准平原。

维拉格罗弗矿床 位于科罗拉多州塞古埃奇县东北,维拉格罗弗城西北 13 km 处。1913 年发现,此后一直是科罗拉多州绿松石的主要来源。绿松石露天开采,采坑深不到 30 m。绿松石的年产值约 4 万美元。该绿松石被认为是美国的优质品。

矿床由一系列可能属早第三纪的风化霏细斑岩(流纹岩)中的含绿松石断裂和裂隙组成。斑岩被比它更新鲜但也受到绢云母化和高岭土化的含磷灰石的石英安粗岩岩墙切穿。在绿松石矿床附近,可见到贫的铜的硫化物矿石,由黄铜矿、含铜黄铁矿和蓝铜矿组成。

绿松石在裂隙的膨胀处或围岩孔洞中形成细脉和小团块。裂隙中见有高岭石,偶尔还有绢云母。绿松石脉壁通常由高岭石组成,而团块的周围则是同心带状结构的贝壳状高岭石。

绿松石质量高,以天蓝色致密绿松石为主,此外还有多孔绿松石,甚至土状绿松石,颜色从蔚蓝色至浅绿灰色。也有些高岭石细脉和团块被铜的化合物着色,看起来与疏松的绿松石相似。

拉哈腊矿床(莫纳萨矿山):位于康焦斯县(科罗拉多州)莫纳萨城以东 16 km 处。该矿床早已为古印第安人所开采,是在 19 世纪末根据老窿重新发现的。1909 年开始开采。未见到有关其绿松石产量的报道,只知道1947 年开采了 900 多公斤商品绿松石和绿松石"胎",价值 3 万美元。

该矿床有六个富含绿松石的矿段,组成一个含绿松石带。每个矿段的规模为 50 m×100 m,延深为 20 m。围岩为强蚀变的流纹岩和粗面岩,已变为疏松物质,但仍保留残余的原始结构,由高岭石、绢云母和破碎的长石斑晶组成。在疏松物质中有时可见到褐铁矿和粒状石英。围岩的时代可能为中新世。

绿松石形成许多细脉,厚可达 0.65~1.0 cm。在细脉的膨胀部分见有绿松石团块,这些团块都包着一层高岭石壳或绢云母壳,有时包着一层铁化石英壳。绿松石的密度一样,但颜色有变化,由浅蔚蓝色到天蓝色。最大的一块绿松石,含有褐铁矿的极细的脉,长 17.3 cm,厚 8.3 cm,价值 1000 美元。从这块罕见的绿松石所在的裂隙中,已经开采了 317 kg 优质绿松石。

值得指出的是,在科罗拉多州米涅拉尔和特勒两县的现代河流沉积物中曾遇到过质量很高的绿松石卵石。

克特兰矿床:位于亚利桑那州东南科奇兹县克特兰城附近。1890 年发现,此后一直用沿含绿松石裂隙走向挖掘的平硐开采。

含绿松石地段位于一大批铜和多金属矿床和矿点中。矿区内有晚寒武世石英岩、大理岩化灰岩和板岩产出,这些岩石均被拉拉米期花岗岩和石英二长斑岩切穿。含绿松石带内的石英岩含绢云母和高岭石的细脉和包体,花岗岩中的斜长石也被这两种矿物交代。

绿松石呈细脉和团块产在绢云母物质和高岭石物质中,这些物质都充填在石英岩和二长斑岩裂隙中。有时裂隙中还有褐铁矿和孔雀石。细脉厚 1.5~38 mm,通常为 3~12 mm。团块少见,但重量有达到 0.5~1.3 kg 的。

该矿床的绿松石,与美国其他矿床的绿松石相比,质量不高。致密的蔚蓝色的或浅蓝色的绿松石顶多占开采出来的原石的 5%，按 1935 年的价格，每公斤 60～90 美元。其余的原石为绿松石"胎"和多孔的浅蓝绿色绿松石。在 1890—1936 年，该矿床共开采了数吨饰用绿松石。

金曼矿床：位于亚利桑那州莫哈维县莫哈维城西北 24 km 处采布列特山坡上。从 1838 年开始进行了断断续续的开采。

该区内分布有前寒武纪片麻岩和炭质片岩，这些岩石均被阿尔卑斯期花岗岩和石英斑岩切穿。该矿床包括若干个孤立的矿段，均受石英斑岩中的断裂控制。绿松石呈细脉和团块产在充填裂隙的黏土物质中。致密蔚蓝色绿松石和优质绿松石"胎"主要呈团块形式产出。产在裂隙膨胀部位的不是致密绿松石，而是多孔的和似黏土状的绿松石，有时是被铜的化合物染上色的高岭石。

采里洛斯矿床：分布在新墨西哥州北部圣菲县境内采里洛斯城东北 12 km 处。那里是个斑岩成矿带，但只有一些没有工业价值的铜、铅、金、银等矿点。

围岩是强烈高岭土化的石英斑岩。绿松石沿裂隙发育，形成许多细脉和团块（大小可达 76 mm×102 mm），产在高岭石中。绿松石的颜色从绿色至浅绿蓝—天蓝色。

矿床由彼此相距 3～5 km 的三个矿段组成。第一个矿段可能是墨西哥古代文明社会绿松石的主要来源之一。含绿松石带厚 60 m，矿化发育深度可达 40 m。另外两个矿段曾在 1880—1910 年大量开采过。其中的一个矿段所产的绿松石不亚于伊朗尼沙普尔矿床的优质绿松石。已开采的绿松石价值超过 200 万美元。

布罗山矿床：位于新墨西哥州西南，锡尔佛城（格兰特县）西南 16 km 处。该区域主要由前寒武纪花岗岩组成，后者被南亚利桑那断裂带中的石英二长斑岩切穿。

绿松石出现在沿着花岗岩和斑岩接触带发育的构造裂隙带中。大的含绿松石地段分布在"阿佐尔"和"帕克尔"铜矿山附近。前者是 1891 年根据老窿发现的，1914 年前大量开采过。在这个时期开采的绿松石价值约 300 万美元。

含绿松石带长 200 米以上，宽 30～60 m，绿松石分布深度 18～30 m。绿松石呈细脉产出，厚 2～3 mm 至 38 mm。在裂隙膨胀部位的绢云母质和高岭石质物质中，可见到优质绿松石的大团块。有些矿石与橄榄绿色多水高岭石伴生。在这个矿段里，除贵重的绿松石外，还开采优质绿松石"胎"。这种绿松石"胎"周身布满蔚蓝色、浅蓝色绿松石细脉，在围岩的紫色或红褐色"地"上显得格外醒目。

在新墨西哥州其他含绿松石矿床中，值得提到的是贾里尔和哈奇特矿床。这两个矿床的绿松石都呈细脉产在有裂隙的强烈蚀变粗面岩和二长斑岩中。在地表附近，绿松石与高岭石、褐铁矿伴生，而在深处与部分氧化的黄铁矿、黄铜矿、黄钾铁矾和石膏伴生。

科特茨矿床：位于内华达州连杰县。绿松石见于含少量黄铜矿和黄铁矿浸染体的花岗斑岩体上部，呈细脉和团块产在黏土物质中。团块直径为 5～30 mm，有时重达 2 kg。曾发现一块含褐铁矿蛛网状包体的绿松石，重约 30 公斤。

除这个矿床之外，内华达州还有 37 个绿松石矿床，1940—1946 年期间所开采的绿松石价值为 12.4 万美元。此后产量急剧下降，1950—1961 年又重新达到很高的水平。

在加利福尼亚州，有大量绿松石采自莫哈维沙漠（圣贝尔纳多县）的强烈分解的脉状花岗斑岩和二长斑岩中。

就地质环境来看，北美的绿松石矿床都是属于外生的，是断裂中岩石线性风化壳未受到侵蚀而保存下来的地段。根据与斑岩铜矿床氧化带和胶结带的形成时间的类比，矿床的时代为早第三纪。

俄罗斯属该亚型的绿松石矿床分布在库拉明含绿松石区。围岩是晚古生代喷发岩：石英斑岩、闪长斑岩和安山斑岩、流纹岩和粗面岩，均含副矿物磷灰石。

库拉明区共有若干个绿松石矿床和矿点。最有意义的是库拉明山脉南坡上的比留扎坎矿床，产在可能属阿尔卑斯期的巨大的东西向比留佐夫断裂中。其余的矿床（绍加兹、可克图尔帕克等）产在山脉北坡安格连河支流上游。

绿松石只出现在岩石破碎带中的一些地段，这些地段长不过 300 m，宽 10～20 m（有时更厚些）。含绿松石带内的岩石均已硅化、铁化、绢云母化、高岭土化和褪色化。其原始成分和结构往往难以确定。在矿床的近地表部分，高岭土化最强烈，较深处高岭土则形成长石斑晶的假像。高岭土化的深度可达 60 m。黄铁矿化发生在深 2.5～30 m 处。在上部层位的孔洞和裂隙里，常可见到黄钾铁矾。含绿松右带在结构上有一个特点，就是石英细脉组成网状结构带。石英脉和细脉带的走向与主要构造断裂的走向一致。

绿松石产在破碎带中，呈细脉和团块状，形成网状脉。这种矿段的面积为 10～30 m²，沿破碎带走向和倾向分布不均匀，以细脉状绿松石为主，细脉厚度为 1～2 mm 至 1～3 cm，偶尔可达 5 cm。在孔洞和裂隙的交叉部位，绿松石呈孤立的透镜状、等轴状和不规则状。团块状的绿松石少见，绿松石往往"胶结"半透明石英晶粒和围岩碎屑。绿松石的颜色主要为蔚蓝色。根据老窿判断，绿松石最大延深为 40～45 m。

比留扎坎矿床：位于库拉明山脉南支，在列宁纳巴德城东北 40 km 处。

绿松石产在从比留佐夫断裂分出去的破碎带和硅化带的强烈高岭土化斑岩中。比留佐夫断裂是一个长达 60 km 的垂直大断裂，沿着这条断裂出现很厚的石英脉和岩石全部硅化的地段。

绿松石构成的短树枝状细脉，厚 0.1～3 cm，也可组成透镜状和等轴状的堆集体。透镜体长 5～6 cm，厚 2～3 cm。绿松石为蔚蓝色，浅蓝绿色，绿色，浅黄 – 褐 – 绿色。有时绿松石含水晶、长石细小晶体包裹体和喷出岩碎屑。

该矿床共有四个富含绿松石带，这四个带在绿松石矿化性质和形态上相似，但原石质量不同。1 号带厚 17～20 m，沿走向可追索长 120 m，绿松石延伸大于 20 m。古代矿工已将其采空。2 号带厚不超过 6 m，长 25 m，绿松石矿化深度为 20～23 m。3 号带长 75 m，厚不超过 10 m，在 25 m 深处还能见到绿松石，但主要富集在离地表不到 10 m 这一段。4 号带的绿松石矿化延深 10 m。越往深处，围岩裂隙度越高，松散的不均质绿松石数量越大。

(2)沉积岩。沉积岩中的绿松石矿床见于埃及西奈半岛和苏联克孜耳库姆含绿松石区。这种绿松石也见于南哈萨克斯坦卡拉套山脉含磷块岩的沉积岩中。

1)埃及：绿松石矿床分布在西奈半岛西南部，面积约 640 km²。该区由古生代灰岩和砂岩组成。有的地方，灰岩和砂岩被玄武岩覆盖。大断层广泛发育，在现代地形上表现为似峡谷状的山谷。

该区共有六个矿床，还在远古时代就已开采。根据 R·韦伯斯特(1962)的资料，其中四个主要开采孔雀石、蓝铜矿和硅孔雀石，而另外两个——瓦迪马哈列和谢尔比特埃尔哈季姆——主要开采绿松石。

瓦迪马哈列矿床：至今仍未失去实际意义。该矿床包括一系列含绿松石矿段，都产在努比亚组(其时代被暂定为石炭纪，但可能更新些)粉红色砂岩上部。砂岩厚度 130 m。在该组的多裂隙砂岩中有一含绿松石层，产在铁化砂岩之下。优质绿松石见于厚度可达 13 mm 的细脉中。绿松石呈浅蓝色。

铁化砂岩层可作为绿松石可靠的普查标志。砂岩由小颗粒的石英经褐色黏土含铁物质胶结而成。含绿松石砂岩比较致密，颜色较淡，有的地段已破碎。当这种砂岩之下为黏土质页岩或泥质胶结的砂岩时，其中的绿松石质量很高。

绿松石的形成与大气水沿裂隙循环有关。富含氧和二氧化碳的水渗过砂岩，分解了含铜、磷、氧化铝和硫的有机物和矿物质。铁的氧化物、氧化硅、氧化铝在潜水面以上沉积下来，而比较活泼的化合物即铜、磷的化合物则在隔水层附近富集起来。在有利的条件下，例如在干燥时期，这些化合物在溶液中的浓度明显提高，于是就会从溶液中沉淀出胶状的绿松石。幅度不大的隆起有助于形成较厚的含绿松石层，因为每当发生隆起后，大气水就会使新的一段未变化的岩石遭受氧化作用。

2)俄罗斯：沉积变质岩中的绿松石矿床集中在克孜耳库姆含绿松石区。该区由古生代沉积变质岩和中生—新生代火山岩组成。侵入岩体由晚志留世钠长斑岩、石炭纪超基性岩和基性岩、晚石炭世—早二叠世花岗岩类岩石组成。

克孜耳库姆含绿松石区有许多矿床和矿点，如中克孜耳库姆的阿亚卡希 1 号和 2 号、图尔拜、扎曼卡斯基尔等，苏尔格努伊兹达格山脉的捷宾布拉克、乌鲁赛等，塔姆迪套和穆龙套山脉的塔斯卡兹甘以及库利朱克套山脉的别利套，等等。

绿松石矿化地段的面积达几平方公里。各矿段一般都是沿着有岩石线性风化壳发育的构造断裂带分布。含绿松石带通常产在由阿尔卑斯期大断裂派生的次一级断裂中。

围岩是亚复理石状岩系，明显地以与细粒砂岩、粉砂岩成互层的页岩为主。几乎到处的岩石都已黄铁矿化。在含绿松石带里有时代不明的闪长岩岩墙和煌斑岩岩墙。短的透镜状石英细脉广泛发育，其走向与含绿松石带走向一致。厚度可达 10～15 cm。交错细脉少，但大部分绿松石与交错细脉有关。

克孜耳库姆区绿松石的形态有各种各样的。有细脉、硬壳、团块、包体，以及浸染体和蛛网状体。浸染和蛛网状绿松石多产在炭质页岩和石墨－石英片岩中，充填在其中的裂隙和孔洞中。较常见的是形态复杂和结构不均一的细脉。长度不超过 2 ~ 3 m，一般为 10 ~ 30 cm，厚度从 1 ~ 2 mm 至 2 ~ 3 cm。细脉厚度增大，绿松石的质量有时提高。绿松石的矿化深度不超过 30 ~ 35 m。

细脉由颜色斑杂的绿松石及与其伴生的铁的氢氧化物、黄钾铁矾、银星石、多水高岭石族矿物组成。细脉中含饰用绿松石的地段不多，而且规模不大。最大的绿松石片体为 25 cm²，但一般不超过 2 ~ 4 cm²。片体厚度平均为 2 ~ 4 mm。团块的最大直径为 4 ~ 5 cm。其形态为浑圆状和透镜状，外面包着一层浅色黏土矿物薄膜。

与石英细脉伴生的绿松石，部分蚀变，质量不佳。多数是浅绿色和浅蓝－绿色的铁质绿松石。有时褐铁矿和水赤铁矿完全交代绿松石，形成浅褐黄色土状集合体。硅化作用发育，这也降低了绿松石的质量。由于多水高岭石发育，绿松石褪色，变成淡白色的，甚至白垩状的。

克孜耳库姆矿床中的蔚蓝色致密饰用绿松石虽然块体较大，但只占总产量的一小部分，而且一般都产在细脉中。

最典型的矿床是阿亚卡希 1 号矿床 它位于中克孜耳库姆乌奇库杜克市东北 35 ~ 38 km 处，扎曼－卡斯克尔套山的西南坡。矿床面积 60 m × 500 m。这里的围岩是彼此互层的和屡遭揉皱的炭质－石英片岩、石英片岩和石英－绢云母片岩。其中整合的石英细脉广泛发育，厚度 3 ~ 5 cm，少数可达 30 cm。在含绿松石带里有煌斑岩岩墙。片岩均黄铁矿化和绢云母化。在地表附近，黄铁矿被褐铁矿交代，褐铁矿可延深至 20 ~ 25 m。破碎带、糜棱岩化带和石英细脉发育带，铁化程度最高。岩墙的次生蚀变表现较强，深度较大。

多水高岭石族矿物形成厚 1 ~ 2 cm 的细脉和透镜体，其数量随深度加大而增加。在地表附近，石膏和碳酸盐被膜发育。风化带和绿松石分布带的深度达 35 m。往下，在片岩里只能见到赤铁矿和稀少的褪色绿松石被膜。绿松石呈厚 2 ~ 3 cm 的细脉穿过片岩和石英脉。在绿松石最富集地段，绿松石胶结石英碎屑，形成形状不规则的直径可达 10 ~ 15 mm 的块体。在该矿床曾见到过较大的透镜状绿松石块体，直径达 5 ~ 8 cm。然而，优质绿松石少见，因为它都已变为次生矿物。绿松石为浅绿蔚蓝色和蔚蓝色。在离地表不到 15 米深处以绿色的为主，在更深处则以蔚蓝色的为主。20 ~ 30 m 深处的绿松石通常变得松软，并且褪色。

10.2.2.2　次生硫化物富集带的矿床

（1）美国。在亚利桑那州巨大的铜矿成矿区内的迈阿密、圣里塔、格劳布等浸染状矿床中，发育有很厚的次生硫化物富集带。其中氧化的和次生的铜矿石里含绿松石堆集体。

凯斯尔多姆绿松石矿床：可以作为典型实例。这个矿床是迈阿密这一巨大铜矿床的一个矿段。位于贾伊拉县迈阿密城以西 8 km 处。

铜矿石为浸染状。围岩是石英二长斑岩。含矿带呈南西方向延伸，并伴有同一走向的石英脉。矿石由黄铁矿、黄铜矿和辉钼矿组成。方铅矿和闪锌矿矿化与北东向断裂有关。富含辉铜矿的矿石产在次生硫化物富集带中，淋滤带发育良好。在这些带中能见到绿松石、孔雀石和蓝铜矿。业已查明，当围岩斑岩里的副矿物磷灰石发生绢云母化时，P_2O_5 含量降低一半（从 0.19% ~ 0.23% 降到 0.08% ~ 0.13%）。

绿松石组成厚可达 6 mm 的细脉和直径可达 50 mm、厚 13 mm 的扁平团块。细脉的脉壁由黏土矿物和绢云母组成。绝大多数绿松石集中在次生硫化物富集带的上部，但也见于更深的裂隙中。裂隙中的黄铜矿几乎未氧化。

致密绿松石从浅绿蔚蓝色到天蓝色，以比较松软的白垩状绿松石为主，组成小细脉或在张裂隙的壁上形成皮壳。这种绿松石为淡白色到淡蔚蓝色。未发现坚硬的和松软的绿松石在分布上有垂直分带现象，因而松软的绿松石并非总是坚硬绿松石的风化产物。绿松石是在碱性介质中沉淀的，证明这点的是其中没有高岭石存在，而且绿松石经常与多水高岭石共生。

（2）俄罗斯。属于阿尔马累克矿田的卡利马凯尔斑岩铜矿床可能成为绿松石的来源。那里的绿松石出现在次生硫化物富集带里，偶尔也见于次生硫化物富集带向原生硫化物矿石的过渡带里。鲜艳的蔚蓝色玻璃状绿松石薄膜偶尔也出现在深约 90 m 处的新鲜岩石中。因为绿松石是早期外生矿物，所以后来被多水高岭石和高岭石交代。证明这点的是，鲜艳的蔚蓝色绿松石逐渐过渡为退色的白垩状绿松石，而且在矿床近地表带里有充填残余绿松石的孔洞存在。优质绿松石见于深 34 ~ 45 m 处。

10.3 青金石矿床

10.3.1 概述

由于青金石的颜色美丽，易于琢磨，所以至今仍保持一级玉石的声望。它被用来制作首饰匣、杯碗、文具、雕像等工艺品，有时与黄金或青铜匹配。高级青金石有时也被镶在戒指和领扣上，不过，这种饰物在灯光下颜色暗淡，不美。青金石碎块可镶嵌在饰物上，也可用来生产优质耐久的佛青颜料。

青金石属方钠石族矿物，化学分子式为$(Na, Ca)_{4-8}(AlSiO_4)_6(SO_4, Cl, S)_{1-2}$。

青金石属等轴晶系，六四面体晶形，有立方体(100)面或八面体(111)面与菱形十二面体(110)面的典型聚形。晶形完好的晶体十分罕见，常见的是致密颗粒状。

青金石为玻璃光泽，沿(110)面解理不完全，断口参差状，摩氏硬度$5 \sim 5.5$。密度$2.38 \sim 2.45 \ g/cm^3$，蓝色。矿物为均质体，仅在某些情况下出现异常双折射。天蓝色青金石的折射率为1.502，蓝色者为1.505。

饰用或玉雕用青金石乃是微粒或细粒至中粒多矿物集合体，其中青金石颗粒与方解石或白云石、透辉石、金云母紧密连生。有时可见到长石、蓝方石、方钠石、海蓝柱石、黄铁矿和其他一些矿物。青金石的颗粒大小为百分之几至十分之几毫米，偶尔直径达几毫米。颗粒为等轴状、拉长状、弯曲状。这种青金石岩——杂青金石显各种美丽色调的深蓝色、浅蓝色、天蓝色、蓝紫色和绿蓝色。阿富汗是世界优质青金石供应国，价值最高的是浓厚的深蓝色青金石，其次是天蓝色和淡蓝色青金石，再次是绿蓝色青金石。

造成青金石各种颜色的原因不十分清楚。起初，有人认为青金石的天蓝色可能是胶状硫进到矿物晶格中造成的，而其颜色的变化则是这种硫的分散程度不同造成的(霍夫曼等人的假说)。但后来对青金石进行的X射线研究未能证实这种说法。根据韦尔的假说，青金石的颜色是由于有相对多的容易极化的硫离子的存在而造成的，这种硫离子由于能吸收相应波长的可见光而产生暗天蓝色或蓝色。青金石的颜色是由染色的硫化物中心(S_2^-和S_3^-)造成的。各种色调取决于这些染色中心的相对浓度，而浓度又取决于矿物形成的物理-化学条件：结晶温度、该系统内硫的含量和其他一些因素。有几种青金石经烧灼后其中的硫酸盐硫转变为硫化物硫，从而使其变为较深的颜色。青金石的颜色及其深浅程度取决于SO_4^-和S_3^-离子根。

杂青金石多带灰色和白色斑点，这是些粒度不同的碳酸盐、长石、透辉石、云母等矿物的堆集体，有损青金石美感。反之，金黄色和青铜色的黄铁矿包裹体可增加青金石的美观。

在自然界，青金石可以通过不同的途径形成。作为沉积矿物，它产在某些遭受硫化氢污染的食盐层中。这种青金石是自生显微包裹体，首次在美国怀俄明州的湖相盐层中发现的。不久前，在滨贝加尔南部前寒武纪"山隘"组含方柱石和透辉石的大理岩中，发现了变质成因的青金石。在意大利的维苏威火山和其他某些火山的熔岩中，发现过自交代青金石。

有工业价值的青金石堆集体与硅酸盐-镁质矽卡岩有关。关于青金石岩的成因有好几种观点。还有一种认为青金石是岩浆成因的。是富碱金属和挥发性组分的伟晶岩熔融体与白云质大理岩相互反应的产物。

青金石不仅沿伟晶岩与白云质大理岩的接触带发育，而且也充填在已结晶的伟晶岩的裂隙中。这一情况，以及不仅伟晶岩有青金石化，而且花岗岩、结晶岩，甚至变质岩——片麻岩也有青金石化，分析了贝加尔和帕米尔矿床中的青金石化作用以后，认为硅酸盐类岩石(伟晶岩、细晶岩、花岗岩等)在氧化硅和铝的来源方面起了消积作用。硅酸盐类岩石和与其接触的白云质大理岩之间不太活动的组分——氧化硅、氧化铝和氧化镁的交换，是通过高温间隙气-水相或气相碱性溶液的扩散方式完成的，形成青金石所必需的钙、铝、硅，有时还有硫，是从围岩中汲取的，而钠和氯是溶液从外部带进来的。

青金石主要产自阿富汗、俄罗斯和智利。世界上最大的、著名的优质青金石矿床——萨雷散格矿床，早在公元前$5000 \sim 6000$年就已为人所知。该矿床位于阿富汗东北部巴达赫尚省境内兴都库什山脉东部交通不便的山区的科克奇河上游。

智利的玉雕用青金石矿床从古代起就已在智利安第斯山脉的高山区内发现。

在北美，有些劣质青金石小型矿床见于美国加利福尼亚州和科罗拉多。在加利福尼亚州南部喀斯喀特峡谷(圣贝纳迪诺县)内，含黄铁矿浸染体的青金石薄层产在逐渐向片理化大理岩过渡的片麻岩状透辉石云母岩中。在科罗拉多州，偶尔从落基山脉萨瓦茨山的一个山峰上开采青金石。在美洲大陆上，在加拿大巴芬岛韵累竟港地区也有青金石矿床，青金石质量不高，呈浅蓝灰色，带蓝色和白色斑纹和黄铁矿包裹体，不易琢磨。

在世界其他地方，非洲、缅甸、印度和朝鲜开采数量不大的含青金石岩石。在非洲，杂青金石的主要产地是安哥拉的洛比托湾矿床。在上缅甸，在抹谷宝石带沿达托夫谷河流域也有青金石矿点。

在世界市场上，青金石的主要供应国是阿富汗、俄罗斯和智利产量约 10 ~ 30 t。

10.3.2　矿床成因类型和地质构造基本特点

所有的青金石矿均属于接触交代矽卡岩产物。根据被交代岩石的成分，可划分为两类：硅酸盐 – 镁质矽卡岩和钙质矽卡岩。

10.3.2.1　硅酸盐 – 镁质矽卡岩

与硅酸盐 – 镁质矽卡岩有关的青金石矿床，从区域地质构造位置上说，产于地台的结晶地盾和中间地块内。而且，不仅围岩时代老，形成青金石矿床的岩浆期后作用的时代也很老。根据这种青金石矿床的特点，可以将其列入 Д·И·戈尔日夫斯基等人，(1965)划分出来的古地台含矿建造。

这种类型的矿床是一段段的含青金石的矽卡岩化硅酸盐岩（花岗岩、细晶岩、伟晶岩，偶尔为片麻岩）巢状带，产在属于深变质的碳酸盐 – 片麻岩杂岩中的白云质大理岩和斑花大理岩厚层中。我们将这类矿床列入硅酸盐 – 镁质矽卡岩类型，是因为青金石和与其伴生的硅酸盐矽卡岩矿物是由于硅酸盐类岩石和与其接触的镁质碳酸盐类岩石被交代而形成的。

世界上几乎所有已知的青金石矿床，其中包括特大型优质青金石矿床，均属于这种类型。它们在地质环境、产状、青金石矿体的矿物成分和内部结构上彼此十分近似。但是，根据构造标志和青金石矿化的发育规模，却可以将这种类型的矿床分为两类：①延伸带，由许多小的青金石矿巢（青金石化的酸性脉状侵入岩段）组成；②堆集体，由为数不多的孤立的和比较大的青金石化伟晶岩或脉状花岗岩段组成。在每一类矿床中，杂青金石的巢状、被壳状和团块状矿体都伴有与镁橄榄石、透辉石、方柱石、金云母共生的大理岩中的斑点 – 浸染状青金石。应该指出，这两类矿床之间，有时也有相似之处。例如，在第一类矿床的含青金石带内，在小的青金石矿巢中，有时也有比较大的青金石化的硅酸盐类岩石段，而在第二类矿床内，有时可见到第一类矿床的特点，即有与孤立的大的含青金石段伴生的小的青金石矿巢发育地段。

在第一类矿床内，由于被交代的地段范围很小，所以双交代置换作用和交代去硅作用最为发育。正因为这样，一些最富的饰用或玉雕用青金石矿床，如苏联小贝斯特拉矿床和阿富汗萨雷散格矿床，都属于第一类矿床。但是，镁质硅酸盐矽卡岩中的大部分青金石矿床属于第二类。脉状花岗岩和伟晶岩中的一段段大的矽卡岩化带，其去硅作用一般较弱，青金石化也不强烈。典型实例是苏联滨贝加尔湖南部的斯柳甸矿床、帕米尔西南部利亚支瓦尔达雷矿床和加拿大累克港矿床。

（1）俄罗斯。已查明两个含青金石的地区：滨贝加尔南部和帕米尔西南部。

滨贝加尔地区的青金石，最早是产于西伯利亚。1850—1859 年，找矿人佩尔米金开始开采青金石，他在哈马尔山脉沿伊尔库特河各支流、斯柳甸卡河和塔累河发现了好几个青金石原生矿床，其中目前最有价值的是小贝斯特拉和斯柳甸矿床。含青金石区沿着哈马尔山构造 – 岩相带北缘的东萨彦深断裂延展，是一个古老结晶岩广泛发育的地区。该区的沉积 – 变质岩系划为哈马尔山群，分五个整合产出的组，各组以其黑云母质、黑云母 – 石榴石质、角闪石质、角闪石 – 辉石质、硅线石质、红柱石和红柱石 – 十字石质片麻岩和片岩，方解石质和白云质大理岩，斑花大理岩在剖面中所占的比例不同而互相区别。大部分研究人员认为该群的时代为太古宙—早元古代。

在大地构造上，滨贝加尔南部含青金石区是一个近东西向的通金—哈马尔山复背斜，在西部，该复背斜与通金—小贝斯特拉复向斜相邻。这些大型的褶皱构造被次一级（宽达 4 ~ 8 km）横向向斜和背斜所复杂化。小贝斯特拉矿床就产在这样的向斜褶皱之中。

青金石矿床和矿点分布在成分多样的正长岩侵入体附近的白云质大理岩中。除碱土正长岩、二长岩和花岗正长岩外，这里还有含霓石和碱性普通角闪石的碱性岩类。含稀土副矿物矿化的花岗伟晶岩和伟晶岩与白岗岩和正长岩有关。这些伟晶岩在斯柳甸卡金云母矿区内广泛分布，其绝对年龄为 550 ± 50 Ma，相当于晚元古代。

岩浆期后产物是各种交代岩，它们往往沿着花岗伟晶岩和伟晶岩中的裂隙和伟晶岩类与白云质大理岩的接触带发育。交代岩分金云母岩、透辉石岩、透辉石 – 方柱石岩、透辉石 – 尖晶石岩、海蓝柱石 – 青金石岩、透辉石 – 青金石岩，等等。

小贝斯特拉青金石矿床是 1851 年发现的，位于小贝斯特拉亚河（伊尔库特河支流）上游，离河口 15 km。青金石产在厚约 90 m 的无名组白云质大理岩层中，该组被挤压成北东向的不大的向斜褶皱，与碱性花岗岩和正长岩体隔着一条断裂。

大理岩的成分不均一：灰色粗条带状的以白云质大理岩为主的岩层与白色富方解石的大理岩层交互出现。在灰色大理岩中，有细小的石墨片，沿岩石层理聚集成带。含青金石的大理岩富含硫化氢，并含少量透辉石、镁橄榄石、金云母、蛇纹石等硅酸盐矿物，其中广泛分布着花岗岩和伟晶岩的顺层透镜体。

矿床内有两个含青金石带：一个在向斜褶皱的西北翼，另一个在与其共轭的东南翼（见图10-1）。每一个含矿带均由一系列彼此相离很近的顺层透镜状和脉状斑花大理岩体组成，斑花大理岩中夹有一段段花岗岩和青金石矿巢。最大的含青金石的斑花大理岩体长140 m以上，在膨大处厚度可达7 m；与其伴生的小斑花大理岩体长10~60 m，厚度2.5~5 m。岩体倾角与大理岩围岩的相同，为50°~60°。在研究得较好的西北矿化带中，含青金石的斑花大理岩发育带总长度大于250 m，宽60~80 m，延伸达100 m或更深。

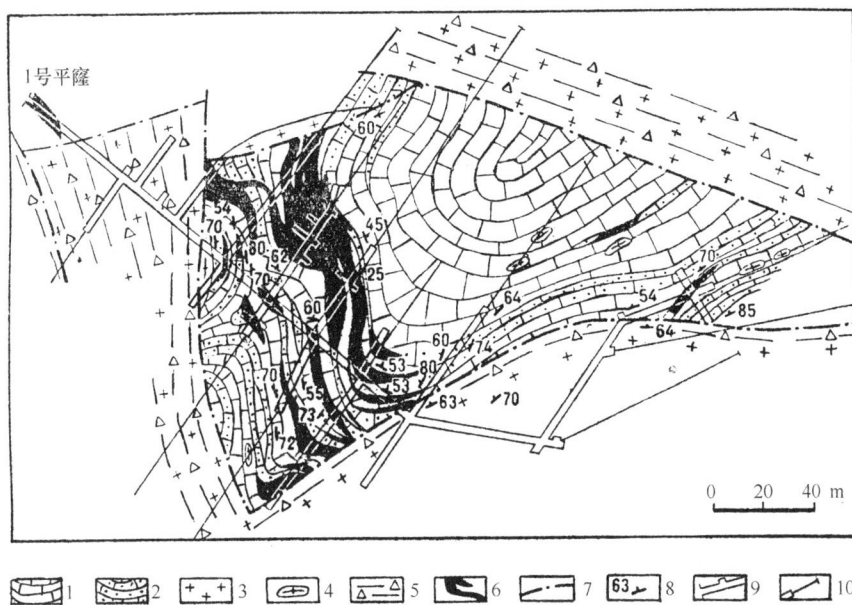

图10-1 小贝斯特拉青金石矿床一号平窿水平上的地质构造示意图

1—灰色中粒条带状方解石-白云质大理岩，含石墨；2—白色细粒方解石大理岩；3—正长岩和花岗正长岩；
4—斯柳甸卡型花岗岩和花岗伟晶岩；5—角砾化带；6—脉状花岗岩和花岗伟晶岩段内的含青金石带；7—断裂；
8—岩石产状要素；9—地下坑道；10—地下钻孔

含青金石斑花大理岩体被矿化以后的破碎作用和岩溶作用所破坏。大理岩和青金石化花岗岩段的岩块、团块被掩埋在松散的砂泥物质中。青金石矿化有以下几种形式：①呈青金石颗粒浸染体分散或聚集在大理岩内，形成一些斑块或条带；②在矽卡岩化花岗岩段中形成被壳和细脉；③杂青金石通常在白色硅酸盐-碳酸盐壳中形成矿巢和团块。

一段段青金石化花岗岩的直径为几厘米至1 m。完全由杂青金石组成的团块，其直径一般不超过0.3 m。在含青金石的斑花大理岩体内，青金石矿巢和团块彼此相离几厘米至几米。矿巢密集地段沿走向延伸由3.5 m至5 m。青金石矿巢和团块有时显现出同心环带结构（由核部至边缘）：①去硅的和透辉石化的花岗岩；②透辉石-青金石带；③透辉石-青金石-金云母带；④方解石-透辉石带。这种环带状结构，是花岗岩和白云岩狭窄接触带上的双交代硅酸盐-镁质矽卡岩的特点。

由于酸性铝硅酸盐类岩石的去硅作用，开始产生的是微斜长石-透辉石带，与此同时，沿接触带的另一侧大理岩发生去白云石化作用，形成镁橄榄石，然后，微斜长石-透辉石带被透辉石-青金石带取代，而白云质大理岩发育成为方解石-镁橄榄石带。在该作用的最晚期，产生了金云母带或金云母-透辉石带，该带是由青金石带发育而成的。同时，方解石-镁橄榄石带发育成为方解石-透辉石带。

在发生双交代青金石化的同时，还发生淋滤-交代青金石化，后一种矿化作用的表现是在大理岩中形成了青金石颗粒及其堆集体。就是说，这些作用配合起来，就形成脉状和透镜状青金石斑花大理岩体，以及其中所包含的青金石矿巢。

　　根据薄片研究资料，玉雕用青金石的平均矿物成分比例如下：青金石36%、透辉石36%、金云母8%、方解石和白云石12%、长石5%、其他矿物（黄铁矿、方柱石等）3%。在这种多矿物集合体中，青金石颗粒与透辉石、金云母、碳酸盐形成连生体，并且往往含有这些矿物的包裹体。

　　斯柳甸矿床位于斯柳甸卡河上游，离该河注入贝加尔湖处14 km。围岩为无名组白云质大理岩，层厚约50 m，其底部是方解石大理岩，顶板是黑云母－石榴石和硅线石片麻岩，围岩走向北东，倾向南东，倾角30°。在白云质大理岩中含有整合产出的石香肠化的一段段伟晶岩和花岗岩体。

　　含青金石的岩石是稀疏而又比较大的伟晶岩（有时为花岗岩）段。主要分布在白云质大理岩层中部。这些伟晶岩（花岗岩）段长4~9 m，偶尔更长些，厚度0.5~1.5 m。其中有许多被富含青金石的交代带切穿，交代带主要沿着伟晶岩与白云质大理岩的接触带和沿着伟晶岩段中的裂隙发育。据Д·С·柯尔仁斯基（1947）的资料，这种含青金石的岩石具有环带状结构：①伟晶岩（核部）；②去硅的伟晶岩；③透辉石－青金石带；④含有少量无色蓝方石和透辉石颗粒的金云母带。整个一段伟晶岩都覆着薄薄的一层白色斑花大理岩，后者由方解石及透辉石和金云母组成。有的地方，比较大的伟晶岩段或花岗岩段之间有一连串的小的青金石化段。这种堆集体的长度可达30 m。

　　滨贝加尔的青金石呈鲜蓝色，有时带浅紫色、浅红色和浅绿色色调，这说明它有向其他种矿物（海蓝柱石、沸石等）转变的趋势。滨贝加尔青金石与阿富汗巴达赫尚青金石的不同之处在于，前者的色调较暗，颗粒较大，黄铁矿含量较少。致密的青金石块很稀少，一般是斑点状的，这是它含透辉石、长石和碳酸盐包体的缘故。饰用青金石出成率不高，贝加尔杂青金石主要用做玉雕材料。

　　青金石矿化见于达尔沙依深断裂附近的阿布哈尔夫短轴背斜东翼，这条深断裂将戈兰组与霍罗格组分开。矿区内广泛分布着前寒武纪的岩浆岩。正如滨贝加尔南部一样，时代最老的是基性岩，即正角闪岩和辉长角闪岩；较晚期的岩浆岩是一些层状、透镜状整合产出的片麻状花岗岩、花岗岩、花岗闪长岩和伟晶岩体。有些人认为这些岩体是侵入岩体，另一些人则认为它们是在超变质过程中在片麻岩选择性熔融时产生的深熔岩。

　　在大理岩与片麻岩、花岗岩和伟晶岩的接触带上，可见到一些厚度由几厘米至2.5 m的矽卡岩化带。矽卡岩可分为尖晶石－镁橄榄石矽卡岩、金云母－透辉石矽卡石和青金石矽卡岩。青金石矽卡岩以复杂的多矿物成分为特点，其中一般以透辉石、金云母和青金石为主，还有少量的方解石、石墨、镁橄榄石、透闪石、方柱石、硅镁石－粒硅镁石族矿物、磷灰石、尖晶石、沸石等。

　　利亚支瓦尔达雷矿床位于霍罗格城东南60 km、利亚支瓦尔达雷河上游（该河是流入沙赫达腊河的巴多姆达腊河的左支流）。青金石矿化沿着难以攀登的大理岩悬崖延伸，长约1 km。后来用地下坑道揭露了原生矿体。

　　在该矿床上，含青金石的一段岩石是厚55~60 m的白色细粒和中粒的含镁橄榄石大理岩和含石墨的大理岩，其下为黑云母－角闪石片麻岩，其上则为含蓝晶石和石榴石的黑云母片麻岩。岩层走向近南北向，倾向北东，倾角35°~45°。含青金石大理岩中一般都有石香肠化的一段段正角闪岩体，以及细晶岩状花岗岩和伟晶岩透镜体，长达10~15 m，厚0.2~5 m。沿着大理岩中的层状裂隙和与细晶岩、伟晶岩及片麻状花岗岩的接触带，有矽卡岩化带出现，其中含金云母、顽火辉石和斜长石等矿物。

　　青金石堆集体不均匀地分布在大理岩内，靠近大理岩段的中部。含青金石带的总长度约400 m。共有三个青金石矿体的富集地段：南段、中段和北段，每段长30~50 m。

　　矿体的一般形态为椭圆形、扁豆形，有时为脉形，少数为等轴圆形。矿体长4 m，宽1~2 m。

　　矿体有明显的环带状结构（由核部至外壳）：①去硅的细晶岩状花岗岩或伟晶岩；②透辉石－青金石带；③金云母带、透辉石－金云母带或方解石－金云母带；④方解石－透辉石带；⑤镁橄榄石斑花大理岩（见图10-2）。很特征的是，含青金石矿体的核部为去硅的酸性岩浆岩，而其边缘则有粗大的金云母片。透辉石－青金石带可依据青金石堆集体所显示的鲜蓝色或浅蓝色色调清楚地划分出来。与此相反，方解石－透辉石和镁橄榄石斑花大理岩这两个边缘带显示白色或灰色，与围岩几乎没有差别。

　　实际意义最大的是分布在南段和中段的椭圆形的大青金石矿体。在这些矿体内，透辉石－青金石带厚度由几厘米至0.6 m，青金石含量达50%以上，因此，这种岩石可作为玉雕材料和饰用－玉雕材料。杂青金石具细粒结构，颜色由天蓝至蓝色，可见到黄铁矿浸染体和细脉。还可见鲜蓝色致密青金石地段，这种青金石有时为

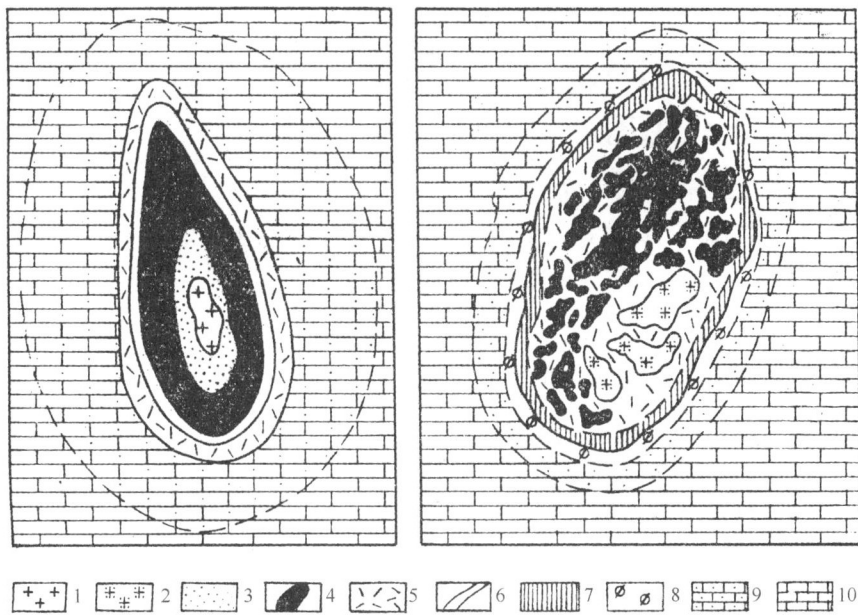

图 10-2　利亚支瓦尔达雷矿床一段青金石化脉状花岗岩结构

1—细晶岩；2—含透辉石的长石岩；3—透辉石化去硅细晶岩；4—透辉石-青金石带；5—方解石-透辉石带；6—金云母带；

7—含斜长石和方柱石的透辉石-蓝方石带；8—透辉石-金云母脉壁带；9—镁橄榄石斑花大理岩；10—白云质大理岩

隐晶质结构，被细粒青金石胶结。大量出现在中段和北段的脉状矿体主要含斑点状劣质青金石，这种青金石富含白色和灰色透辉石和方解石包体。

（2）阿富汗。巴达赫尚含青金石区分布在兴都库什山脉东部科克奇河流域，从大地构造上说，处于古老结晶岩组成的法扎巴德中间地块内。青金石矿床和矿点分布在碳酸盐类岩石中，后者产在总厚度达 10~12 公里的萨雷散格大理岩-片麻岩群底部，该群由黑云母片麻岩、石榴石片麻岩、硅线石片麻岩和角闪石片麻岩与含镁橄榄石、透辉石、方柱石和金云母的白云质大理岩或方解-白云质大理岩与斑花大理岩互层组成。该群岩石是在角闪岩相硅线石-铁铝榴石亚相和部分麻粒岩相角闪石-麻粒岩亚相条件下变质而成的。

含青金石区位于科克奇背斜东翼，背斜走向近南北，岩石倾角 50°~70°。

在萨雷散格矿区本身，在白云质大理岩和下伏片麻岩中，广泛分布着前寒武纪以后的层间花岗岩体，长几百米至几公里。除了这些可能是中生代的花岗岩外，该区内还广泛分布着前寒武纪脉状花岗岩和花岗伟晶岩。据 I·布莱兹等人（1966）的看法，这些岩石参与了褶皱作用，已明显片麻岩化，很可能是在角闪岩相区域变质作用期间产生的花岗岩化产物。

萨雷散格矿床位于科克奇河支流——萨雷散格河谷中，在法扎巴德以南约 70 公里处。这是几千年来尚未枯竭的优质青金石的唯一产地。

含青金石的一段白云质大理岩和斑花大理岩，厚 260~370 m，被挤压成近南北向的向斜褶皱，它使巨大的科克奇背斜一翼复杂化。大理岩中产有花岗岩和伟晶岩脉和透镜体（见图 10-3）。含青金石带产在白云质大理岩段的中部，由一系列层状、透镜状含青金石的斑花大理岩体组成，总厚度达 30~40 m，其中含有青金石矿巢。在主要矿段（中段）内，这些彼此相近、互相平行的矿体与围岩大理岩整合产出。矿体走向为近南北向，倾角 50°~70°，长 70~450 m 以上，厚 1~4 m。主要矿段的特点是，青金石矿巢很多，但分布不均匀。矿巢最密集的地方是岩层皱曲地段和斑花大理岩膨大部位。根据 A·H·迈奥罗地夫等人的资料，青金石块体的平均重量为 3~7 kg，偶尔可达 100~150 kg。一般大小为 30 cm×15 cm×10 cm，最大者不超过 1.0 m×0.8 m×0.5 m。小矿巢一般由细粒至隐晶质的致密青金石组成，而较大的矿巢显示出明显的环带状结构，这一点证明了石香肠化一段段脉状花岗岩和伟晶岩的矿化和青金石化是双交代成因的。

环带状矿巢的结构（由核部至外部边缘）如下：①去硅花岗岩或伟晶岩——长石颗粒与透辉石、方解石和少量青金石颗粒集合体；②含少量金云母、青金石、斜长石等矿物的透辉石岩；③金云母带（与透辉石岩为渐变过

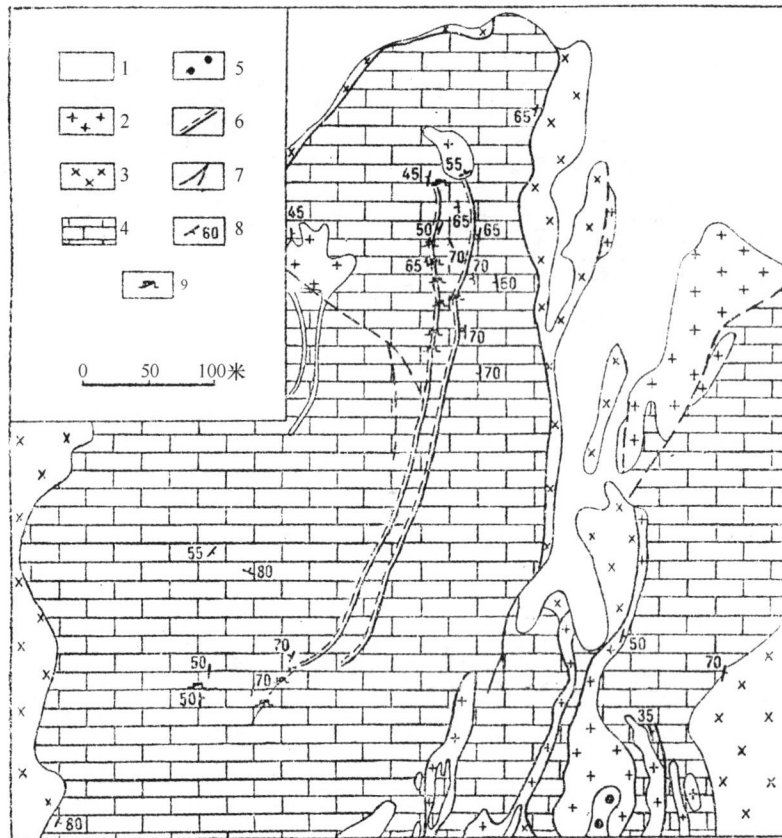

图 10 – 3　萨雷散格青金石矿床地质构造示意图

1—第四纪沉积；2—花岗细晶岩、淡色的和伟晶状的花岗岩；3—贯入片麻岩；4—夹少量结晶片岩层和透
镜体的白云质大理岩和斑花大理岩；5—角页岩；6—含青金石带；7—断裂；8—产状要素；9—平窿口

渡关系）；④细粒青金石岩；⑤镁橄榄石斑花大理岩。第三个带往往缺失，而第 2 和第 4 带往往合二为一，形成透辉石 – 青金石岩；有时透辉石 – 青金石带从外而内被透辉石 – 金云母带代替。

　　萨雷散格矿床的杂青金石具有均一的深蓝和浅蓝色或天蓝色，为细粒和隐晶结构。由于它具有上述特点，所以被列为饰用和饰用 – 玉雕级原料，不愧是世界上质量最好的青金石。据 И·А·叶菲莫夫等人（1967）的资料，其平均矿物成分如下：青金石 25% ~ 40%，透辉石 20% ~ 75%，方柱石（钠柱石）5% ~ 50%，黄铁矿 0 ~ 20%。

　　（3）加拿大。巴芬岛南端的含青金石区研究很差。这里已知有几个含青金石矿化点，其中最有价值的是 Д·Д·霍格思（1971）所研究的累克港矿床。从地质构造上说，该区由加拿大地盾晚元古代深变质碳酸盐 – 陆源岩系组成。

　　累克港矿床位于累克港以北 15 km 处。与上述的一些青金石矿床不同，该矿床中没有矽卡岩化的酸性岩浆岩。代替这种酸性岩浆岩的是产在白云质大理岩中的石英 – 斜长石片麻岩透镜状夹层。在矿区范围内，可见到一个不大的向斜褶皱，由夹大理岩层和整合产出的变质超基性岩体的黑云母片麻岩组成。青金石矿化出现在向斜轴部白色或灰白色粗粒大理岩中，这种大理岩往往为条带状结构，含石墨、金云母的稀散鳞片和透辉石颗粒。共有四条含青金石带，均与围岩整合产出，其中最大者沿走向延伸 168 m，宽 8 m。

　　在矿带范围内，广泛发育着与透辉石、斜长石和金云母共生的斑点 – 浸染状青金石，其次是直径达 1 米的巢状和透镜状杂青金石体。这种杂青金石体为淡天蓝色，主要由青金石（可达 42%）和透辉石（50% ~ 60%）颗粒集合体组成。此外，还有方解石、斜长石、金云母、黄铁矿，有时还有霞石（可达 20%）、方柱石、透闪石和磷灰石。

　　浸染状青金石可能为淋滤 – 交代成因，而杂青金石的巢状堆集体，根据双交代作用所特有的矿物组合来看，是在石香肠化一段段片麻岩层与大理岩围岩的接触带上，经过交代溶液的作用而形成的。

D. D. 霍格思认为，累克港矿床的青金石堆集体与白云石－硬石膏蒸发岩层及其中所包含的页岩层受到区域变质作用有关。根据他的意见，青金石是经过白云石＋硬石膏＋钠长石→透辉石＋青金石的反应－交代方式形成的。

10.3.2.2 钙质矽卡岩

这种类型的矿床，无论在地质环境和产状上，还是在青金石矿体的矿物成分上，均与硅酸盐－镁质矽卡岩型矿床有本质差别。这类矿床见于智利科金博省。卡连等主要矿床位于奥瓦列郡科斯卡德罗河——塔斯卡德罗河支流(流入里奥格兰德河)的上游。在安托法加斯塔省和阿塔卡马省内也有一些小矿床。圣地亚哥省麦利皮亚郡阿库利奥山前的里斯卡里亚·德洛斯·皮拉列斯区附近的奥尔康·德皮叶德罗矿床研究很差。

从地质构造上说，含青金石区是智利安第斯中生代褶皱区内一个巨大的南北向复向斜的东翼，由晚白垩世微变质的砂岩、灰岩、粉砂岩、喷发岩和凝灰岩组成，青金石矿床分布在中生代淡色花岗岩体附近。与花岗岩相邻的陆源－碳酸盐沉积岩系受到强烈接触变质作用。

根据 T·维拉的资料，在与花岗岩的接触带上，发育着含黄铁矿和铜硫化物浸染体的角岩化石榴石岩。该带的厚度为140 m。石榴石矽卡岩之下为白色大理岩化灰岩，厚约100 m，具青金石矿化。再往下是很厚的一段钙质砂岩。

青金石矿带分布在大理岩化灰岩层的底部，离灰岩与砂岩的接触带不远。其中的青金石矿化以细小浸染体、细脉和巢状堆集体形式出现，有的堆集体重量可达几公斤。矿化地段为透镜状，长达几十米，厚为2～4 m。矿化地段沿一个方向一个接一个地出现。

青金石的颜色斑杂，发白，带天蓝和浅蓝色调，少数为深蓝色。由于其颜色发白，所以原石质量一般不佳。根据 M·科贝舍娃－波斯诺娃(1937)和 J·奥斯瓦德(1963)的资料，智利杂青金石的矿物成分，比硅酸盐－镁质矽卡岩型矿床中的简单得多，由大小为0.03～0.07 mm的青金石、方解石和黄铁矿颗粒组成。根据 M·科贝舍娃－波斯诺娃的计算，从奥瓦列城地区得到的玉雕制成青金石薄片上统计，这几种矿物的比例如下：青金石82.8%～84.4%，方解石15.2%～16.8%，黄铁矿0.34%～0.37%。蓝色段由方解石和青金石细粒集合体组成；而在天蓝色段内，无色透明的细小方解石颗粒被青金石胶结；烟色段则由含黏土物质包裹体的细小方解石颗粒集合体组成。

根据迄今已积累的实际资料，有足够的把握可以说青金石矿床是交代成因的。而且，围岩是形成青金石所必需的所有组分的来源。

可能青金石的其他组分——钠和氯，也是岩浆期后溶液从旁侧的碳酸盐类岩石和镁质碳酸盐类岩石中汲取的。这些化学元素本是石盐夹层和透镜体所固有的，而在原生碳酸盐沉积物和陆源沉积物中又可能有石盐夹层和透镜体存在。当这些沉积岩系受到变质作用时，其中所含的蒸发岩，就能产生在滨贝加尔哈马尔山群中所见到的那种方柱石斑花大理岩中、以及含方柱石和含富铁钠闪石的片麻岩中。类似的斑花大理岩和片麻岩也见于其他含青金石区，例如，帕米尔西南部和阿富汗的巴达赫尚青金石区。还见于加拿大巴芬岛南端的累克港青金石矿区。

产在古老片麻岩－大理岩岩系中的硅酸盐－镁质矽卡岩中的青金石矿床，在成因上可能与超变质作用时片麻岩发生选择性熔融而产生的深成花岗岩建造有关。

后　记
——珠宝生涯 30 年

在 20 世纪 80 年代，从地质矿产部矿管局调到组建的宝石公司，担任总工程师兼管地质矿产部水晶管理处和宝石研究所业务技术工作。当时由于事业发展需要和个人兴趣，虽然年过半百，仍全身心投入新的职场，乐此不疲，时至今天算起来已有 30 年了！

作为终身全职矿山地质工作者，在我心中珠宝业始终被视为兼职"副业"。但是"在商言商"、爱岗敬业、宝－矿双岗勇担当的理念记心上。

早在 20 世纪 50～60 年代，对铜矿中的孔雀石、汞矿中的鸡血石、绿柱石矿中之海蓝宝石、碧玺和芙蓉石以及砂锡矿的托帕石等回收利用问题极感兴趣，并向科研所提出建议，资助北京钢院刘正杲教授对湖北铜录山矿孔雀石进行矿物学研究。在"文化大革命"后轻工业部、冶金部、财政部、国家地质总局颁布"关于加强玉石开采的规定"，我参加了文件会商及签发工作，进一步引起对宝玉石矿产的关注。1985 年初，赴加拿大考察，在温哥华首次见到那翠绿温润的 B.C 省产的碧玉及成品"熊含鱼"，深受震撼。后在泰国、斯里兰卡和俄罗斯采购红、蓝宝石及琥珀等，颇感全球化市场之广阔。

近 20 多年在担任中国宝协理事和北京宝协副会长期间，应邀在中央电视台（CCTV－10）举办珠宝首饰知识讲座（讲义已由气象出版社出版）。在北京大学地质学院和地质大学珠宝学院讲课及在菜百、王府井百货大楼办班和培训珠宝商贸骨干。赴云南与省宝协共同举办翡翠赌石研修班，学员来自全国各地。授课之余还聆听"赌商"暴富与破产典型实例。在纽约第五大道观摩豪华名店蒂夫尼珠宝店，在圣彼得堡参观被誉为世界第八大奇迹的夏宫琥珀厅。在诸位同仁协助和促进以及出版界朋友鼓励下，尤其中南大学出版社刘石年教授鼎力相助下，我把讲稿和考察见闻并参考摘录有关资料，分为 10 章（讲）汇编成册。内容以全球化视野面向国内外两个市场两种资源来思考中国珠宝首饰产业的品牌化、规模化、多元化、国际化方向。做为地质人员应充分认识矿产资源在全球分布的不均衡性，以及本国的资源优势，扬长避短，千万应记牢这是重大经营战略问题。本书是珠宝从业者入门读物，对于消费者可增长知识、具引导意义。错漏之处，请批评指正。

彭　觥
2015 年 6 月 1 日于北京